“十三五”普通高等教育本科规划教材
全国本科院校机械类创新型应用人才培养规划教材

锻造成形工艺与模具

主　编　伍太宾　彭树杰
参　编　丁明明　刘艳雄　李振红
主　审　任广升

北京大学出版社
PEKING UNIVERSITY PRESS

内容简介

本书较系统地介绍了锻造成形的成形工艺方法及模具设计。全书共18章，内容包括锻造概述、金属锻造成形的理论基础、锻造用金属材料及坯料的制备方法、锻造过程中的加热、常见的锻造成形设备、自由锻造、胎模锻造、锤上模锻、热模锻压力机上模锻、摩擦压力机上模锻、平锻机上模锻、精密热模锻、冷锻成形、大型锻件与高合金钢及有色金属的锻造、锻造成形过程的数字化、模锻件的后续处理、锻造成形过程中的缺陷及其防止方法、锻模的损坏及延寿措施。

本书可作为高等学校机械类、材料工程类专业本科及专科教材，也可供从事锻造成形生产和科研工作的工程技术人员、科研人员参考使用。

图书在版编目(CIP)数据

锻造成形工艺与模具/伍太宾，彭树杰主编. —北京：北京大学出版社，2017.5
(全国本科院校机械类创新型应用人才培养规划教材)
ISBN 978-7-301-28239-7

Ⅰ. ①锻…　Ⅱ. ①伍… ②彭…　Ⅲ. ①锻造—成形—工艺学—高等学校—教材②锻造—模具—高等学校—教材　Ⅳ. ①TG31

中国版本图书馆CIP数据核字(2017)第075279号

书　　名　锻造成形工艺与模具
Duanzao Chengxing Gongyi yu Muju
著作责任者　伍太宾　彭树杰　主编
策划编辑　童君鑫
责任编辑　黄红珍
标准书号　ISBN 978-7-301-28239-7
出版发行　北京大学出版社
地　　址　北京市海淀区成府路205号　100871
网　　址　http://www.pup.cn　新浪微博：@北京大学出版社
电子信箱　pup_6@163.com
电　　话　邮购部62752015　发行部62750672　编辑部62750667
印 刷 者　北京鑫海金澳胶印有限公司
经 销 者　新华书店
787毫米×1092毫米　16开本　32.25印张　762千字
2017年5月第1版　　2017年5月第1次印刷
定　　价　69.00元

前　　言

锻造成形技术广泛应用于机械、冶金、造船、航空、航天、兵器及其他工业部门，在国民经济中占有极为重要的地位。锻造生产能力及工艺水平对一个国家的工业、农业、国防和科学技术所能达到的水平有很大的影响。

本书以金属锻造成形过程为主线，本着理论与实际相结合的原则，通过典型生产实例，着重讨论并阐述了锻造成形的理论基础、锻造成形过程的工艺设计及工艺参数的确定、锻造成形模具设计和锻造成形加工实例等内容。

编者编写本书的主要目的是给在教学实践、生产现场和科研第一线进行锻造成形工艺及模具设计方面的教师、学生和工程技术人员提供具体且可靠的教材、参考书和指导书。为此，编者编写时在讲清基本概念、工艺方法、模具设计特点的前提下，力求深入浅出、切实可行，使所介绍的工艺方法及模具设计方法具有较强的可操作性。

本书由伍太宾和彭树杰担任主编，具体编写分工如下：伍太宾编写第1、2、3、5、8、9章及第16～18章，刘艳雄编写第4章和第14章，彭树杰编写第6、12章和第13章，丁明明编写第7、10章和第11章，李振红编写第15章。

在本书的编写过程中，编者得到了有关单位的大力协助，并得到我国著名的特种锻造成形专家、机械科学研究总院北京机电研究所任广升教授的认真审阅，在此表示诚挚的谢意！

由于编者水平有限，书中难免存在疏漏或不妥之处，恳请广大读者批评指正。

编　者

2017年1月

目　　录

第1章 锻造概述

锻造是利用锻压机械对金属坯料施加压力，使其产生塑性变形以获得具有一定力学性能、形状和尺寸的锻件的加工方法。它是机械制造中常用的成形方法。通过锻造能消除金属的铸态疏松、焊合孔洞，因此，锻件的力学性能一般优于同样材料的铸件。机械中负载高、工作条件严峻的重要零件，除形状较简单的可用轧制的板材、型材或焊接件外，多采用锻件。

1.1 锻造的分类及特点

1.1.1 锻造生产的重要性

锻造生产是机械制造工业中提供毛坯的主要途径之一。锻造生产的重要性体现在以下几方面：

(1) 国防工业中，飞机上的锻件质量占总质量的85%，坦克上的锻件质量占总质量的70%，大炮、枪支上的大部分零件都是由锻件制成的。

(2) 机床制造工业中，各种机床上的主要零件，如主轴、传动轴、齿轮和切削刀具等都是由锻件制成的。

(3) 电力工业中，发电设备的主要零件，如水轮机主轴、涡轮机叶轮、转子、护环等均由锻件制成。

(4) 交通运输工业中，机车和汽车上的许多零件都是由锻件制成的，如机车的车轮、车轴、连杆，汽车的前梁、半轴、连杆、气门挺杆、传动轴、轴叉、传动套等；轮船上的发动机曲轴和推力轴承等主要零件也是由锻件制成的。

(5) 农业用拖拉机、收割机等现代农业机械上的许多主要零件也都是由锻件制成的。例如，拖拉机上就有560多种锻件。

(6) 日常生活用品，如锤子、斧头、钢丝钳、刀等也是由锻件制成的。

1.1.2 锻造的分类

1. 按工作时所受作用力的来源分类

根据工作时所受作用力的来源，锻造分为手工锻造和机器锻造两种。

(1) 手工锻造是利用简单的锻造工具，依靠人力在铁砧上进行的。这种锻造方式已有数千年的历史，目前已逐渐被淘汰；仅用于单件或小批量锻件的生产，或初学者对基本操作技能的训练。

(2) 机器锻造是现代锻造生产的主要方式，在各种锻造设备上进行。根据所用设备和工具的不同可分为自由锻造、模型锻造、胎膜锻造和特种锻造。

① 自由锻造。自由锻造又称自由锻。它把加热后的金属毛坯放在自由锻造设备的平砧之间或简单的工具之间进行锻造。由锻造操作工人来控制金属的变形方向，从而获得符合形状和尺寸要求的锻件。

② 模型锻造。模型锻造又称模锻。它把加热后的金属毛坯放在固定于模锻设备上的模具内进行锻造，由模具型腔来限制金属的变形，从而获得与模具型腔形状一致的锻件。

③ 胎模锻造。胎模锻造又称胎模锻，是自由锻向模型锻造过渡的一种锻造方法。它把加热后的金属毛坯用自由锻方法预锻成近似锻件的形状，然后在自由锻设备上用胎模终锻成形(形状简单的锻件可直接把毛坯放入胎模内成形)。胎模是一种不固定在自由锻设备上，依靠平砧来传递锤击力的单型腔模具。

④ 特种锻造。特种锻造是近代发展的新工艺，即在专用锻造设备上或在特殊模具内使金属毛坯成形的一种特殊锻造工艺。它包括精密模锻、径向锻造、辊锻、电热顶镦等。一般锻造方法很难或无法得到的锻件可用特种锻造得到。

2. 按金属变形时的温度分类

锻造按坯料在加工时的温度可分为冷锻、温锻、热锻和等温锻造。冷锻一般在室温下加工，热锻在高于坯料金属的再结晶温度下加工。有时还将处于加热状态，但温度不超过再结晶温度时进行的锻造称为温锻。这种划分在生产中并不完全统一。

钢的再结晶温度约为460℃，但普遍采用800℃作为划分线，高于800℃的是热锻；在300～800℃称为温锻或半热锻。

(1) 热锻。在金属再结晶温度以上进行的锻造成形，称为热锻。提高温度能改善金属的塑性，使之不易开裂；提高温度还能减小金属的变形抗力，降低所需锻压机械的吨位；高温变形有利于提高锻件的内在质量。但热锻工序多、锻件精度差、表面不光洁，锻件容易产生氧化、脱碳和烧损。当金属(如铅、锡、锌、铜、铝等)有足够的塑性和变形量不大时，或变形总量大而所用的锻造工艺(如挤压、径向锻造等)有利于金属的塑性变形时，常不采用热锻，而改用冷锻。为使一次加热完成尽量多的锻造工作量，热锻的始锻温度与终锻温度间的温度区间应尽可能大。但始锻温度过高会引起金属晶粒生长过大而形成过热现象，会降低锻件质量。

加热温度接近金属熔点时，会发生晶间低熔点物质熔化和晶间氧化，形成过烧。过烧的坯料在锻造成形时往往碎裂。

一般采用的热锻温度：碳素钢800～1250℃、合金结构钢850～1150℃、高速钢900～1100℃，常用的铝合金380～500℃、钛合金850～1000℃、黄铜700～900℃。

(2) 冷锻。在低于金属再结晶温度下进行的锻造成形，称为冷锻。通常冷锻又专指在常温下的锻造，而将在高于常温，但又不超过再结晶温度下的锻造称为温锻。在常温下冷锻成形的工件，其形状和尺寸精度高、表面光洁、加工工序少，便于自动化生产。许多冷锻件可以直接用作零件或制品而不再需要切削加工。但冷锻时，因金属的塑性低，变形时易产生开裂，变形抗力大，需要大吨位的锻压机械。当加工工件大、厚，材料强度高、塑性低时，都采用热锻。

(3) 温锻。温锻是将钢质金属坯料加热到300～800℃进行锻造成形的工艺，其加热温度较热锻低许多。因此，温锻既兼顾了冷锻成形和热锻工艺的优点，又避免了冷锻和热锻存在的缺点，特别适合变形程度大的中、高强度钢零件的成形。在温锻成形过程中，由于金属的塑性好、变形抗力较低，而且变形过程中的回复和部分再结晶减弱了变形强化作用，因此金属坯料的变形程度可以很大；同时由于温锻时坯料的温度不高，其氧化、烧损较少，因此温锻件的尺寸精度和表面质量高。

(4) 等温锻造。等温锻造是指在整个成形过程中，坯料温度保持恒定值。等温锻造是为了充分利用某些金属在等温温度下所具有的高塑性，或是为了获得特定的组织和性能。等温锻造需要将模具和坯料一起保持恒温，所需费用较高，仅用于特殊的锻压工艺，如超塑成形。

3. 按成形方式分类

锻造按成形方法可分为自由锻、模锻、镦锻、挤压、拉拔、旋转锻造和高速锻造等，如图1.1所示。

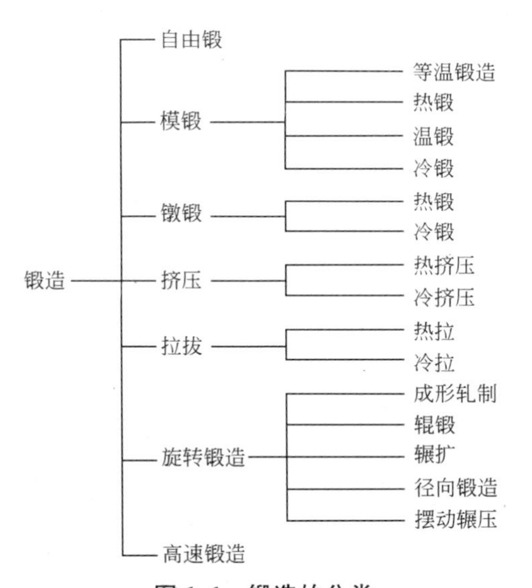

图1.1 锻造的分类

自由锻也可称为开式锻造，即金属毛坯在压力作用下产生的变形基本不受外部限制。

其他锻造方法的金属变形都受到模具的限制，故也称为闭模式锻造。

成形轧制、辊锻、摆动辗压、辗扩等锻造方法的成形工具与坯料之间有相对的旋转运动，对坯料进行逐点、渐近的加压和成形，故又称为旋转锻造。

图1.2所示为常用的锻造成形方法。

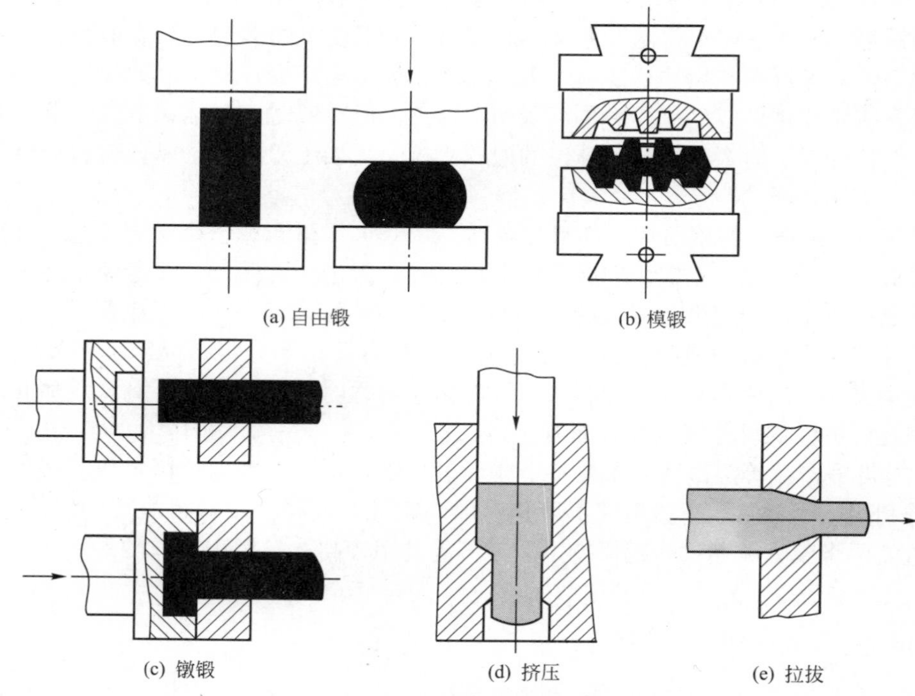

图 1.2　常用的锻造成形方法

1.1.3　锻造的特点

与其他加工方法相比，锻造具有以下特点：

1）锻造能改变金属的组织，提高金属的力学性能和物理性能

铸锭经过热锻造后，原来的铸态疏松、孔隙、微裂纹等被压实或焊合；原来的枝状结晶被打碎，使晶粒变细；同时改变原来的碳化物偏析和不均匀分布，使组织均匀，从而获得内部密实、均匀、细微、综合性能好、使用可靠的锻件，如图 1.3 所示。锻件经热锻变形后，金属是纤维组织（图 1.4）；经冷锻变形后，金属晶体呈有序性。

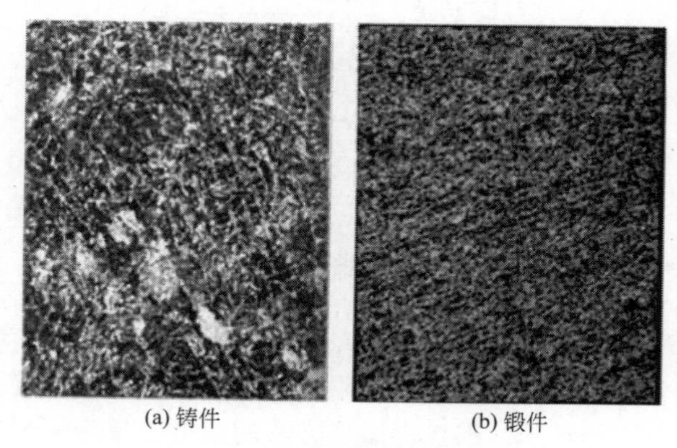

图 1.3　铸件与锻件的内部组织

例如，美国用315000kN水压机模锻F-102歼击机的整体大梁，取代了272个零件和3200个铆钉，使飞机质量减轻了45.5～54.5kg。

图1.4 锻件的纤维组织

2）金属塑性流动而制成所需形状的工件

金属受外力后按以下规律产生塑性流动：

(1) 体积不变规律：除有意切除的部分外，其余金属只有相互位置的转移，总体积不变。

(2) 最小阻力规律：金属总是向阻力最小的部分流动。

生产中，常按照这些规律控制工件形状，实现镦粗、拔长、扩孔、弯曲、拉深等变形。

3）锻件尺寸精确，有利于组织批量生产

模锻、挤压、旋转锻造等锻造生产均是利用模具进行锻件的成形，成形后的锻件尺寸精确、一致性好，因此，锻造生产能显著地节约金属材料和减少后续机械加工工时。例如，某型汽车的曲轴净重只有17kg，采用钢坯直接切削加工时，铁屑质量为曲轴质量的189%；采用锻件再切削加工时，其铁屑质量只占曲轴质量的30%，并可减少约1/6的加工工时。

同时，锻造可以采用高效的锻造机械和自动化锻造生产线，组织专业化大批量或大量生产。以生产内六角螺钉为例，用模锻成形，生产效率可比切削加工提高约50倍；如采用多工位冷镦机冷镦成形，其生产效率更高。

据统计，每模锻100万吨钢，可比切削加工减少2万～8万名工人，少用15000台机械加工设备。

4）锻造有很大的灵活性

锻造既可以锻造成形形状简单的锻件(如模块、齿轮坯等)，又可以锻造成形形状复杂、不需要或只需少量切削加工的精密锻件(如曲轴、精锻齿轮等)。锻造既可以成形微小的锻件，又可以锻造质量在几百克、几千克甚至几百吨的锻件。锻造既可以单件或小批量生产，又可以大批量生产。

1.2 锻造成形技术的发展简况

人类在新石器时代末期已经开始以锤击(锻造)天然红铜(紫铜)来制造装饰用品和小的日常生活用品和劳动工具。我国约在公元前2000多年已应用冷锻成形工艺制造工具。例如，甘肃武威皇娘娘台齐家文化遗址出土的红铜器就有明显的锤击痕迹。商代中期用陨铁制造武器，采用了加热、锻造成形工艺。在2500多年前，我国的春秋时期就已应用锻造方法制造生产工具和各类兵器，并已达到了较高的技术水平，如春秋后期出现了块炼熟铁，经过反复加热、锻造以挤出氧化物、夹杂并成形，以及在秦始皇陵兵马俑坑的出土文物中有三把合金钢锻造的宝剑，其中一把至今仍光彩夺目，锋利如昔。

最初，人们靠抡锤进行锻造成形，后来出现通过人拉绳索和滑车来提起重锤再自由落下的方法锻造坯料。14世纪以后出现了畜力和水力落锤锻造。1842年，英国的J·内史密斯制成第一台蒸汽锤，使锻造成形技术进入应用动力的时代。以后陆续出现锻造水压机，电动机驱动的夹板锤、空气锤和机械压力机，到 19 世纪末已形成近代锻压机械的基本门类。夹板锤最早应用于美国内战(1861—1865 年)期间，用以模锻成形武器的零件；随后在欧洲出现了蒸汽模锻锤，模锻成形工艺逐渐得到推广和应用。

冷锻的出现先于热锻。早期的红铜、金、银薄片和硬币都是冷锻的。

冷镦、冷挤工艺是 20 世纪 30 年代出现的，材料利用率在 85%以上。

20 世纪 40 年代出现精密锻造轴类件技术。

20 世纪 50 年代中期，我国的模锻技术开始应用于工具行业，如扳手、钳子摩擦压力机生产线。同时出现辊轧生产钢球、滚柱、轴承内外环。

20 世纪 50 年代末苏联模锻件占锻件总量的 58.5%，60 年代模锻件占 65.2%。

20 世纪 60 年代出现精密锻造锥齿轮、圆柱齿轮及各类叶片。

20 世纪末，美国模锻件占锻件总量的 78.6%，法国占 89.4%，日本占 86.2%，德国占 81.9%，我国占 60%。

1.3 锻造成形技术在我国的发展及应用情况

1.3.1 我国锻造生产的发展情况

我国约在公元前 2000 多年已应用冷锻成形工艺制造工具。但是，由于长期的封建统治，我国的生产力长期处于停滞状态。新中国成立前，我国的机械制造工业非常落后，而锻造生产更是其中最落后的一环。当时，我国的锻造生产基本上采用手工锻造，仅少数工厂采用小吨位的自由锻锤，生产一些形状简单的自由锻件。全国仅 3～4 个铁路机车修理厂有几台 3～5t 的自由锻锤。

中华人民共和国成立后，我国的锻造业可以说是从无到有，从小到大逐渐建立、发展起来。不仅改革了旧的锻造加热炉，广泛采用机械设备来代替锻造工人繁重的体力劳动，而且改善了车间环境，进行文明生产，从而改善了锻造工人的劳动条件。

我国锻造生产的发展主要表现在如下几个方面：

1）锻造成形工艺

推广了胎模锻造和模锻工艺，采用了高效率、少或无切削的特种锻造工艺，如精密热模锻、辊锻和挤压等。基本上掌握了合金钢和大型锻件的各种锻造技术，如电动机转子、护环、立轴、大型高压容器、轧辊等。

2）锻造成形设备

20 世纪 50 年代末至 60 年代初，大量苏联和少量民主德国、捷克制造的锻造设备陆续进入我国(如某厂有捷克制 120MN 水压机)。几乎与此同时，我国开始实现锻造设备国产化，成功制造了万吨水压机(上海江南造船厂)和各种类型的锻造机械。

目前，我国有不同规格和等级的锻造企业约 6500 家，其中骨干企业 400 多家(中外合资或独资的锻造企业 20 余家)，各种锻造设备应有尽有。

我国现有锻压设备 32000 多台，模锻设备 5000 多台。最大模锻设备为 800MN 模锻油压机，最大热模锻压力机为 125MN，最大模锻锤为 16t，我国摩擦压力机最大压力达 100MN。最大冷、温锻压力机的压力为 10MN，最大摆辗机的公称压力为 8.0MN。

我国自主开发的先进锻压设备如下：

(1) 中国第二重型机械集团公司研制的800MN大型模锻压机，其公称压力为800MN；该模锻压机已于2013年4月投入试生产。

(2) 中国重型机械研究院研制的195MN自由锻造油压机，其公称压力为195MN；该自由锻造油压机已于2014年4月投入试生产。

(3) 北京机电研究所研制的J55－4000型离合器式高能螺旋压力机，其公称压力为40MN；研制的D46－165×1200型楔横轧机，其轧辊中心距达到1500mm；研制的ZGD－1250型自动辊锻机，其辊锻模外径达到1250mm。

(4) 青岛青锻锻压机械有限公司在成功研制J53－8000型双盘摩擦压力机的基础上，于2010年研制成功J53－10000型双盘摩擦压力机，其公称压力为100MN；2012年该公司在成功研制国内第一台EPC－2500型电动螺旋压力机的基础上，又研制成功了国内首台EPC－8000型电动螺旋压力机，其公称压力为80MN。

(5) 天津锻压机床总厂为某企业设计的100MN数控等温锻造液压机在2003年11月完成技术鉴定和验收。该机不仅可用于常温锻造，还可用于热模锻、等温超塑性成形。

(6) 我国第二重型机器厂能生产125MN热模锻机械压力机。

改造蒸汽锤的动力源始于20世纪60年代，于70年代初步成功，并在80年代有了很大的发展，既达到了高效、节能的目的，又保持了锻锤原有的优点，还不改变操作习惯，投资也不太大。至今有几十家工厂的百余台锻锤接受了这种以电液驱动代替蒸汽驱动的“换头”技术。

3) 锻造加热设备

用无烟节煤炉代替了落后的燃煤炉，制造了高效薄壁的旋转加热炉和敞焰无氧化加热炉。随着我国机械制造业的进一步发展，煤气和燃油加热炉及电加热炉已经广泛采用，感应电加热炉(中频、工频)已在先进的自动化锻造生产线中广泛采用。

4) 锻造成形辅助设备

为了提高锻造生产的机械化、自动化程度，目前我国已发展了具有中国特点的锻造操作机和装料、出料机(包括机械传动、液压传动和混合传动的锻造成形辅助装备)。

1.3.2 精密锻造成形技术在我国的应用情况

1. 冷锻与温锻成形

由于汽车、摩托车工业的发展，大大促进了我国冷、温锻造成形技术的发展。例如，花键、齿轮、轮套、连杆、曲轴等零件均可冷锻成形或温锻成形。冷锻件已从早年开发的活塞销、轮胎螺母、球头销发展到等速万向节、发电机爪极、花键轴、起动齿轮、差速器锥齿轮、十字轴、三销轴、螺旋锥齿轮、汽车后轮轴等。冷锻成形的齿轮单件质量在1.0kg以上，齿形精度达公差等级IT7。最大汽车冷锻件(半轴套管)重10.0kg以上。用冷挤压工艺生产的轴类件最大长度达到400mm以上。日本和德国的一辆汽车上应用的冷锻件达到40～50kg，我国目前每辆汽车约有30.0kg的冷锻件。

汽车、摩托车及通用机械的阶梯轴、花键轴类件，大多数采用冷挤压方法生产；螺旋花键轴、蜗杆类零件，大多采用冷滚轧成形；端面齿、小尺寸的直齿锥齿轮等零件，大多采用冷摆辗成形。轿车齿轮采用冷锻工艺，精度可以达到公差等级IT7。等速万向节的复杂内型腔采用冷锻或温锻工艺成形，其尺寸精度达到0.05～0.08mm，可以直接装机使用。

图1.5所示为冷锻或温锻成形的各种精密锻件。

图1.5 冷锻和温锻成形的各种精密锻件

2. 闭塞锻造成形

闭塞锻造成形工艺是先进的锻造成形技术之一。与传统的锻造方式不同，它是在封闭的模具型腔内，通过冲头单向或双向复动挤压成形。锻件无飞边，材料利用率达到85%～90%，生产率为每班2000～3000件，制造成本较传统工艺降低15%～20%；尺寸精度高(一般可以达到：直径≤0.04mm、同心度≤0.05mm、厚度≤0.15mm)。

该技术可用于轿车差速器行星齿轮、半轴齿轮、等速万向节星形套、十字轴、三角恒速器接头、连杆盖、离合器齿轮等高精度复杂锻件的生产。这类锻件的机加工余量很小，如万向节十字轴仅留0.30～0.40mm的磨削余量；锥齿轮的传动精度可达到IT7级，齿面可取代机加工直接使用；星形套的内球道直径公差为0.05～0.08mm。

图1.6所示为闭塞锻造成形的各种精密锻件。

图1.6 闭塞锻造成形的各种精密锻件

3. 铝合金精密锻造成形

大批量铝合金精密锻件的开发与应用，是与汽车工业的飞速发展密切相关的。铝合金锻件需求的迫切性主要是汽车“减重”这一大趋势推动的结果。

我国铝合金的整体锻造水平较发达国家落后10～20年，目前仍处于用单工位的简单镦粗与挤压方式生产形状相对简单的锻件的阶段。20世纪60年代，我国开始研究铝合金活塞的挤压工艺，并得到广泛应用。在复杂形状零件的铝合金锻造成形工艺的研发上投入单位较少，特别是在大批量生产上及在先进实用的锻造成形技术方面鲜有人开发研究。

用自由锻造方法单件或小批量生产飞机上的铝合金锻件，由于材料利用率低、成本高，无法在大批量生产上应用。近年来，随着我国汽车工业特别是轿车工业的发展，国内采用冷挤压、温冲压、等温锻造等锻造成形工艺进行支架、引信体、安全气囊壳体、通信器材壳体等复杂铝合金锻件(图1.7)的大批量工业生产，满足了生产需要。

图1.7 锻造成形的铝合金精密锻件

4. 精密热模锻成形

精密热模锻成形技术是我国汽车工业、摩托车、通用机械、兵器、航空航天等行业广泛应用的制造工艺方法。它可以生产更接近零件最终形状的锻件，不仅节约材料、能源、减少加工工序和设备，而且显著提高了生产率和产品品质，降低了生产成本。图1.8所示为精密热模的各类锻件。

(1) 汽车差速器齿轮的精密热模锻。图1.9所示为汽车差速器齿轮(直齿锥齿轮)，是精密热模锻成形技术应用最普遍的一例。目前我国载重汽车的直齿锥齿轮基本都是采用精密热模锻工艺进行生产的，其齿形精度达到IT8级，完全取代了切齿加工。

图1.8 精密热模锻的各类锻件

图1.9 精密热模锻的汽车差速器锥齿轮

(2) 汽车前轴的精密热模锻。前轴是载重汽车上最大的锻件，其质量通常为70.0～130.0kg。对于载重汽车的前轴，采用“成形辊锻-整体热模锻”的精密锻造成形技术。该项技术使前轴难以锻造成形的工字梁和弹簧座通过成形辊锻成形，而热模锻只对两端弯臂成形，从而大大降低了锻造主机的吨位，只需用25MN(2500t)螺旋压力机即可锻造120.0kg左右的前轴锻件，产品精度达到125MN(12500t)热模锻压力机锻件水平，而模具寿命比后者提高50%，生产成本降低20%。目前在国内已经建成多条前轴“成形辊锻-整体热模锻”生产线，成为前轴锻造企业技术改造的主要方案。

图1.10所示为某车桥有限公司生产某重型汽车前轴的“成形辊锻-整体热模锻”生产过程；其中图1.10(a)所示为1000mm自动辊锻机的成形辊锻过程图，图1.10(b)所示为25MN(2500t)螺旋压力机的弯曲和终锻成形过程图，图1.10(c)所示为成形辊锻-整体热模锻的各道工序的锻件实物。

(a) 1000mm自动辊锻机成形辊锻过程

(b) 25MN(2500t)螺旋压力机的精密锻造成形过程

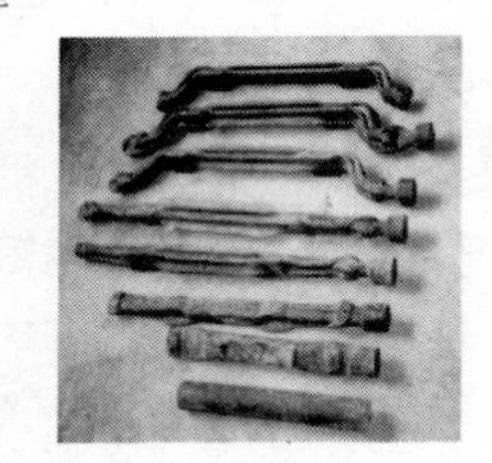

(c) 成形辊锻-热模锻各道工序的锻件

图1.10　某重型汽车前轴“成形辊锻-整体热模锻”生产过程

5. 复合成形

复合成形技术突破了传统锻造成形加工方法的局限性，或将不同种类的锻造成形加工方法组合起来，或将其他金属成形方法(如铸造、粉末冶金等)和锻造成形加工方法结合起来，使变形金属在外力作用下产生塑性流动，得到所需形状、尺寸和性能的锻件。复合成形技术扩展了锻造成形技术的加工对象，有效利用了不同成形工艺的优势，具有良好的技术经济效益。精密冲裁与挤压、热锻与冷整形、温锻与冷整形、热锻与温整形等各种相互交叉的复合成形技术都在迅速发展。

温锻较热锻可获得较高精度的锻件，如等速万向节外套的温锻-冷精整成形(图1.11)，30CrMnSiNi2A超高强度钢壳体零件的温挤压-冷变薄拉深成形(图1.12)。

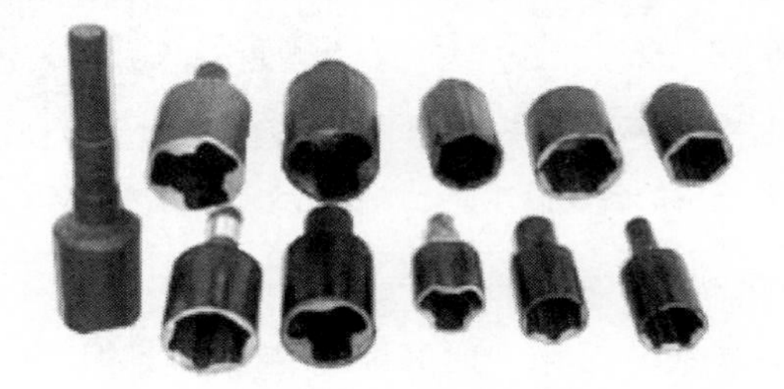

图1.11　采用温锻-冷精整成形的等速万向节外套

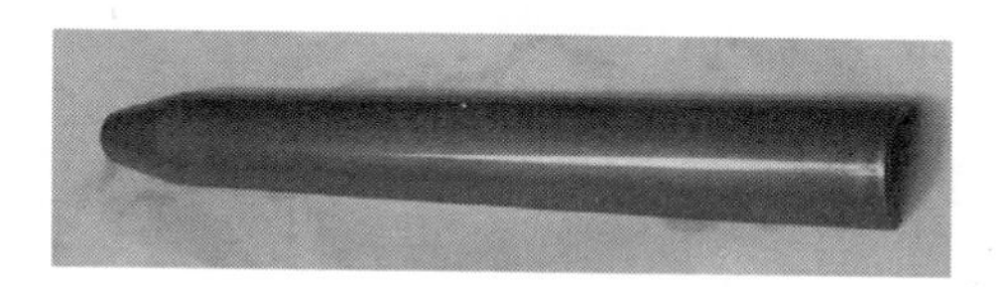

图1.12　温挤压-冷拉深成形的超高强度钢壳体

采用温锻-冷锻联合成形工艺生产的等速万向节外套(零件质量为3.5kg)，其型腔精度误差≤0.08mm，达到少、无切削的水平。汽车用交流发电机转子通过四次温挤(变形力分别为500kN、1659kN、2000kN、250kN)、五次冷挤(反挤、弯曲、冲孔、精压，变形力分别为700kN、1250kN、250kN、3300kN)成形。汽车差速器锥齿轮通过冷镦头、温成形、冲孔、冷精整生产(图1.13)，齿厚公差为±0.005mm，齿间误差为0.01～0.03mm。汽车万向节每件重1.0～2.5kg，经过4～5道温挤(正挤、镦粗、冲边、反挤、成形等)，然后冷成形两次，其公差可达0.04～0.08mm。还有半闭式挤压预成形件生产带枝叉转向节锻件，冷/温挤联合成形生产直径100～400mm轴承套圈，采用铸造毛坯再精锻生产有色金属铝合金轮毂锻件等。

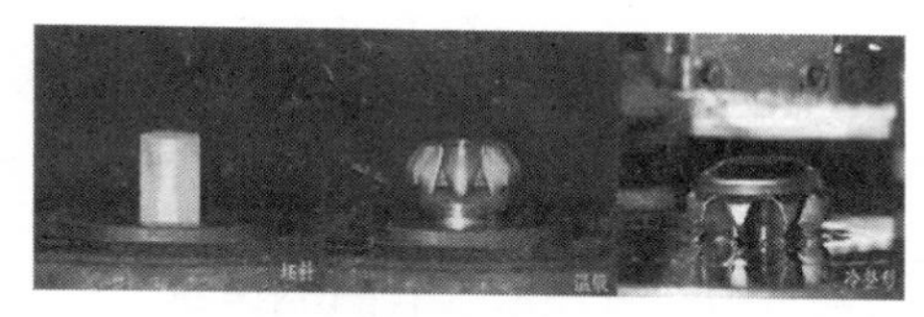

图1.13　锥齿轮的温锻-冷精整成形的复合成形工艺

6. 等温锻造成形

对于钛合金、铝合金、镁合金等难变形材料，常采用等温锻造成形工艺进行成形加工。图1.14所示为等温锻造成形生产的钛合金、高强度铝合金锻件。

(a) 各种钛合金等温锻锻件

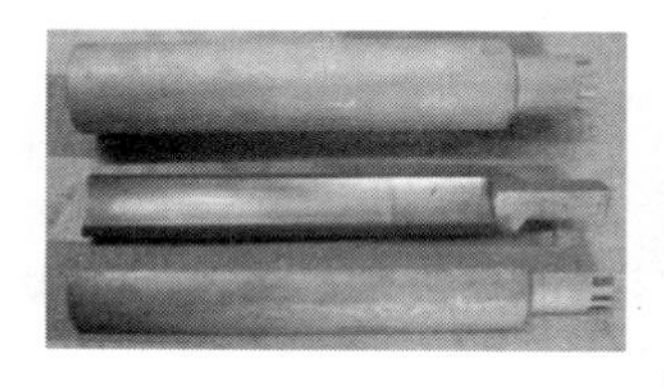

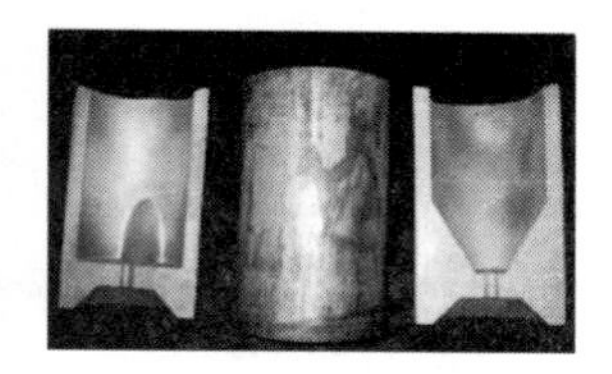

(b) 各种铝合金等温锻锻件

图1.14　等温锻造成形的钛合金、铝合金锻件

7. 其他精密锻造成形方法

锻造所用的坯料一般均为体积金属。目前大力发展的粉末锻造成形工艺能提高粉末冶金件的密度，大大提高了粉末冶金件的抗拉强度，从而大大扩大了它的应用范围。用粉末锻造成形加工的连杆早已问世，并在生产实践中应用。

另外，用板料毛坯代替体积毛坯的锻造工艺也在发展中。

1.4 我国锻造成形技术的现状及发展趋势

1.4.1 我国锻造成形技术与国外的差距

我国是一个锻件生产大国，锻件总产量位居世界前列。20 世纪 80 年代以后，随着我国摩托车工业、汽车工业、国防军事工业及通用机械等机械制造行业的快速发展，锻造成形技术获得了广泛的工业应用，对汽车配件、摩托车配件及其他相关产业的发展和技术进步起到了很大的促进作用。但与世界工业发达国家相比，我国在锻造成形设备的精密化、自动化(包括全自动化锻造生产线)、大型化等方面还存在相当大的差距。

1. 锻造成形设备的资源消耗大

我国仍有 2200 多台老式蒸(空)锻锤(其中 30%为模锻锤)正在使用之中；而常用蒸(空)锻锤设备的能源利用率不到 5%，同时产生驱动锤头的蒸汽会消耗大量水资源，并且燃烧煤产生蒸汽时会排放出大量的 CO_2 及其他有害气体而污染空气。

表 1-1 所示为我国锻造成形设备在能源、材料利用率等资源方面与国外的差距。

表 1-1 我国锻造成形设备在能源、材料利用率等资源方面与国外的差距

	工业发达国家 20 世纪 90 年代水平	国内水平
锻件能耗 (每吨锻件)	大锻件：燃耗 0.44t 标煤 模锻件：燃耗 0.3t 标煤 综合能耗：0.6 ～0.8t 标煤	大锻件：燃耗 1.3t 标煤 模锻件：燃耗 0.55t 标煤 综合能耗：1.3～1.5t 标煤
材料利用率	大锻件钢锭利用率 65% 模锻件：日本丰田 76%～93%， 俄罗斯卡马 84%	大锻件钢锭利用率 54% 模锻件：一汽 73%，二汽 78%， 一拖 70%，其余企业平均 63%
锻件废品率	大锻件：0% 模锻件：丰田 0.55%，三菱川崎 0.35%， 五十铃 0.5%	大锻件：10% 模锻件：一汽 2%～3%，二汽 2%
锻造生产 自动化水平	锻压自动线：美国 5085 条，日本 8000 条，德国 6130 条，广泛应用多工位锻压机、电动、液压、离合器式螺旋压力机等先进锻压设备	锻压自动线、半自动线约 300 条，模锻锤、摩擦压力机占大多数。50～125MN 曲柄热模锻压力机锻造线约 30 条

可以看出，我国锻造成形设备在资源消耗方面(考虑能源、材料与环境因素)与国外的差距还很大，不符合可持续发展的战略。

2. 锻件精度较低

我国锻造成形设备生产的锻件精度较低，锻件“肥头大耳”，造成材料的利用率低，

浪费比较严重。

发达国家锻造成形设备可以生产质量公差小于±1%的轿车精密连杆，即通常只有8g左右的质量差(意味着锻件必须控制小于0.1mm的厚度差)，这在数千吨级的锻造成形设备上是非常高的要求。我国一般能达到±(2%～3%)。

发达国家大量的轿车零件是在专用的大型冷、温锻造压力机上进行冷锻或温锻(每辆轿车上约有50kg重的冷锻件)的。锻件直径方向精度可达0.02mm，同心度不大于0.05mm，零件机加工余量仅留0.30mm，真正实现了净形加工。我国由于缺少大型精密冷锻、温锻成形设备，以及模具寿命等工艺条件所限，轿车上开发冷、温锻工艺生产的零件品种较少(冷、温锻锻件质量不到30kg)。

3. 缺乏对大型锻件的锻造成形工艺和成形质量的可靠管控

在能源、钢铁、电力、铁路运输、船舶、航空航天等工业部门重大装备(如大型火电、核电、三峡工程成套设备、钢铁企业的连铸连轧设备、重载提速内燃机车、大型飞机、大型运输船、大型舰艇、航空母舰等)的制造中，装备的巨型化所需要的单个零件质量达2000～300000kg，而且要求零件必须经过锻造成形。

大型锻件(包括大型自由锻锻件和大型模锻件)是电力、石化、冶金、舰船、兵器、航空航天、重型机器中的关键件、基础件。例如，火电中的超超临界转子、发电机护环，核电中的反应堆压力容器壳体、主管道，水电中的水轮机主轴，冶金机械中的轧辊，石油化工、煤化工的容器壳体，远洋轮船中的大型组合曲轴，航空航天、兵器等重型机械中的重载承力构件，还有一些大型环筒型件、大型模块等通用件等。因此，大型锻件的制造对一个国家的国民经济和国防建设具有十分重要的意义。

大型锻件的制造涉及冶炼、锻造、热处理、理化检测等多个学科，属于劳动密集型和技术密集型生产，因此，大型锻件制造的技术水平、生产能力、技术经济指标等已经成为衡量一个国家工业发展水平和综合国力的重要标志之一。

改革开放以后，特别是在“十一五”“十二五”期间，我国在大型锻造成形设备和成形技术方面进行了一系列的攻关，取得了一些成果，一批先进的塑性成形技术得到运用与发展，在应用基础技术、关键工艺技术、模具技术与装备技术等方面都取得了进步。“十二五”期间，万吨以上的自由锻造液压机和模锻压力机的数量一再增加，世界上最大的自由锻造液压机、模锻液压机、多向模锻液压机、等温锻造液压机、挤压机等大型锻造成形设备完成建设并投入生产，使我国大型锻件的锻造能力大幅度增加，锻造技术水平大大提高。与“十一五”期间相比，我国锻造产品的国际化速度加快，锻造企业参与国际竞争的能力持续加强，锻件总产量已位居世界第一，大型锻造成形设备的台套数和锻造成形能力已位居世界第一。

虽然我国在大型锻件制造行业取得了举世瞩目的成绩，但部分高端核心技术尚未完全掌握，一些关键锻件和原材料还依靠进口，其国产化研制和应用性能研究工作还比较薄弱，一些高端锻件尚未实现国产化。综合起来，在锻件的质量、产量和成形技术水平方面，与国外先进工业国家相比尚存在一定差距。

在发电设备行业，核电用大型锻件产品依赖进口现象最为严重。与常规岛用转子等锻件相比，核岛用锻件的技术含量最高，目前国产化率较低，自主化产业之路更加任重道远；火电用大型锻件产品中，用于超临界、超超临界电站汽轮机的高中压转子和阀体，用于100万kW超超临界汽轮机的特殊钢转子等均存在技术难点，也是实现产业自主化突破的重点。

表1-2世界各国大型锻造成形设备及其生产能力。

表1-2　世界各国大型锻造成形设备及其生产能力

大型自由锻造成形设备					
国别	厂家	设备名称	公称力/MN	生产能力	投产年份
日本	日本制钢所室兰工厂(JSW)	14000吨水压机	140	可锻最大钢锭613t、最大锻件325t	1987年
	神户制钢高砂工厂(KOBE)	13000吨油压机	130	可锻最大钢锭500t、最大锻件350t	1975年
	日本铸锻钢株式会社(JCFC)	10500吨油压机	105	可锻最大钢锭530t、最大锻件300t	
韩国	斗山重工(DOOSAN)	13000吨油压机 10000吨液压机	130 100	可锻最大钢锭530t	1982年
	Hyundai重工业有限公司(HHI)	10000吨油压机	100		1996年
英国	谢菲尔德铸锻有限公司(SHEFFIELD)	10000吨水压机	100	可锻最大钢锭280t	
意大利	ILVA公司	12600吨水压机	126	可锻最大钢锭230t	1990年
法国	克鲁索(Cli)	11300吨油压机	113	可锻最大钢锭250t(空心)	
美国	莱赫重型锻造公司	12600吨水压机 10000吨油压机	126 100		1893年
	卡内基钢铁公司Homestead钢铁厂	10000吨水压机	100	可锻最大锻件110t	1952年
	合众钢铁公司	12000吨水压机	120	可锻最大钢锭320t	
乌克兰	新克拉马托尔斯克机器厂(HKM3)	10000吨油压机 12500吨水压机	100 125	可锻最大钢锭420t、可锻最大锻件260t	1982年
俄罗斯	依若尔斯克重机厂(ИЖЗ)	12500吨水压机	125	可锻最大钢锭420～500t、最大锻件260t	1982年
	乌拉尔重机厂(Y3TM)	12000吨水压机	120	可锻最大钢锭360t	
	日丹诺夫重机厂	12500吨水压机 15000吨水压机	125 150		

（续）

国别	厂家	设备名称	公称力/MN	生产能力	投产年份
大型自由锻造成形设备					
俄罗斯	列宁格勒水电设备厂	12000吨水压机	120		
	动力机器特殊钢厂	15000吨水压机	150		
捷克	捷克 Kovarny 厂	10500吨液压机	105		1984年
	捷克 Kuncice 厂	12000吨水压机	120		
中国	第一重型机械集团公司	12500吨水压机 15000吨水压机	125 150	可锻最大钢锭600t、最大锻件400t	1964年 2006年
	第二重型机械集团公司	12000吨水压机 16000吨水压机	120 160	可锻最大钢锭600t、最大锻件400t	1968年（捷克进口） 2008年
	上海重型机器厂有限公司	12000吨水压机 16500吨油压机	120 165		1962年 2009年
	中信重工机械股份有限公司	18500吨油压机	185	可锻最大钢锭600t、最大锻件400t	2009年
	江苏国光重型机械有限公司	19500吨油压机	195	可锻最大锻件450t	2014年
大型模段成形设备					
美国	美国苏尔茨制钢公司（Shulz）	400MN模锻液压机	400	钛合金、高温合金、钢锻件	2001年
	美国 Wyman-Gordon	450MN模锻水压机	450	钛合金、高温合金、钢锻件 （1）F-22的Ti-64合金整体框模锻件，投影面积5.53m^2，质量2770kg； （2）F-22的Ti-64合金整体框模锻件，投影面积5.16m^2，尺寸为3.8m×1.7m，质量为1590kg； （3）波音747的Ti-64合金主起支撑梁模锻件，长6.1m，质量约1800kg； （4）DC-10的铝合金支撑环模锻件，圆环直径2.7m、长5.3m，质量约1540kg	1955年

（续）

大型模锻成形设备					
国别	厂家	设备名称	公称力/MN	主要产品	投产年份
美国	美国 Wyman - Gordon	315MN 模锻水压机	315	钛合金、高温合金、钢锻件	1955 年
	美国 ALCOA 铝公司	450MN 模锻水压机	450	铝合金锻件	1955 年
法国	Aubet & Duval 公司	400MN 模锻液压机	400	钛合金、高温合金、钢锻件	2007 年
	Aubet & Duval 公司	650MN 模锻水压机	650	钛合金、高温合金、铝合金、钢锻件，如 A - 350 的 300M 钢起落架外筒锻件，长 3.55m、宽 1.525m、高 0.785m，质量 5500kg	1976 年
	伊索公司	200MN 模锻液压机	200	宇航锻件	1953 年
	Crcout - Loire 公司	200MN 模锻水压机	200	宇航锻件	1953 年
俄罗斯	上萨尔达冶金联合公司(VSMPO)	750MN 模锻水压机	750	钛合金、高温合金、钢锻件	1961 年
	古比雪夫铝厂	750MN 模锻水压机	750	铝合金锻件	1961 年
	卡敏斯克铝厂	300MN 模锻水压机	300	铝合金锻件	1951 年
中国	青海康泰铸锻机械有限责任公司	68000 吨多功能重型液压机	680	碳钢无缝钢管，直径 0.63m、长度 12.8m、壁厚 0.11m	2014 年
	河北宏润重工股份有限公司	16000 吨立式冲孔制坯机 50000 吨垂直挤压机	160 500	可挤压钢管尺寸：外径 ϕ406mm～ϕ1320mm、壁厚 20～240mm、长度 4000～12000mm，年生产能力 10 万 t 无缝钢管	2012 年
	中国第二重型机械集团公司	200MN 模锻压机 800MN 模锻压机	200 800		2008 年 2012 年
	西安三角航空科技有限责任公司	40000 吨模锻油压机	400		2011 年
	山东兖矿轻合金有限公司	15000 吨油压双动铝挤压机	1500		2011 年
	兰州兰石换热设备有限责任公司	30000 吨模锻油压机	300		2010 年
	昆仑先进制造技术装备有限公司	25000 吨模锻油压机	250		2009 年

（续）

大型模锻成形设备					
国别	厂家	设备名称	公称力/MN	生产能力	投产年份
中国	内蒙古北方重工业集团有限公司	15000吨制坯机 36000吨垂直挤压机	150 360	可挤压钢管尺寸：外径 ϕ406～ϕ1320mm、壁厚20～240mm、长度4000～12000mm，年生产能力10万t无缝钢管	2009年
	洛阳一拖锻造厂	12500吨热模锻压力机	125		2008年
	长春一汽锻造有限公司	12500吨热模锻压力机	125		2007年
	天津天锻压力机有限公司	10000吨等温模锻压力机	100		2004年
	山东丛林集团有限公司	10000吨油压双动铝挤压机	100		2002年
	辽宁忠旺集团有限公司	12500吨油压双动铝挤压机	125		2002年
	湖北神力锻造有限公司	12500吨热模锻压力机	125		1994年
	十堰东风锻造有限公司	12500吨热模锻压力机	125		1977年
	西南铝业(集团)有限责任公司	12500吨水压卧式铝挤压机 30000吨模锻水压机 10000吨多向模锻水压机	125 300 100		1971年 1973年 1982年
日本	日本金属工业公司大阪制钢所	16000吨压力机	160	曲轴、前梁模锻生产线	1980年
瑞典	瑞典AB Bofors－Kilsta锻造公司	16000吨压力机	160	曲轴、前梁模锻生产线	1980年

4. 锻造生产的自动化程度较低

我国是一个锻件生产大国，锻件总产量居世界前列，但是代表锻造成形技术水平的汽车模锻件的比例和产量都低于日本和欧洲。

美国、日本和欧洲多国的发展都表明，一个国家的工业化过程在很大程度上取决于汽车工业发展的水平，汽车工业正成为高新技术的最大载体和最重要的市场。

由于占汽车总质量60%以上的钢质结构件大多数都是通过锻造、冲压方法制造的，因此汽车锻件的市场需求十分巨大(2014年，全球汽车产销量为8600万辆，中国汽车产销量为2300万辆；而当年我国模锻件总产量为679.45万t，汽车锻件总产量高达478.43万t)；同时，汽车锻件都是精密级的优质锻件。

因此，从某种意义上说，锻造工业是随着汽车工业的发展而壮大起来的。

一个国家汽车锻件总产量占锻件总产量的比例反映了锻造成形工艺与成形设备的水平，表 1－3 是 2010—2014 年中国锻压协会统计和推算的锻造行业年产量，表 1－4 是 2009—2011 年我国模锻和自由锻的产能效益。

表 1－3　2010—2014 年中国锻造行业产量和企业数量统计

项　　目	2010 年	2011 年	2012 年	2013 年	2014 年
锻件总产量/万 t	1022.40	1068.10	908.80	1001.50	1081.22
模锻件总产量/万 t	690.00	669.63	568.80	642.90	679.45
汽车锻件产量/万 t	480.00	460.00	404.60	464.50	478.43
自由锻件总产量/万 t	260.00	315.80	340.00	358.60	401.77
重要锻造企业数量/家	500	460	460	460	460
重要锻造企业人员数量/人	200000	143000	14300	143000	143000
汽车锻件总产量占锻件总产量比例/(%)	47	43	45	46	44

表 1－4　2009—2011 年我国模锻和自由锻的产能效益

项　　目	单位	2009 年		2010 年		2011 年	
		模锻	自由锻	模锻	自由锻	模锻	自由锻
每人每年锻件产量	t/(人・年)	34.69	64.71	44.02	67.07	37.72	69.23
每位锻工每年锻件产量	t/(锻工・年)	95.03	284.90	146.06	381.185	137.06	389.77
每位锻工每小时锻件产量	kg/(锻工・h)	45.51	136.45	69.95	182.88	65.64	186.67
每人每年销售收入	万元/(总人数・年)	37.58	84.28	49.58	80.55	50.62	75.03
每千克锻件材料费	元/kg	6.38	7.73	6.56	7.10	7.87	6.42
能源成本占比	%	8.17	11.76	7.23	11.24	7.40	10.36
模具成本占比	%	3.71	1.99	3.91	0.70	3.93	1.14
效益	%	14.12	10.45	13.58	11.57	16.08	10.92
人工成本占比	%	7.50	3.31	7.49	4.68	8.37	6.00
锻件能源消耗	吨标煤/吨锻件	0.48	0.83	0.39	0.61	0.44	0.66

由表 1－3 可知，我国在 2010—2014 年期间汽车锻件总产量占锻件总产量的比例为 40%～50%。而日本和欧洲在 2000 年时其汽车锻件总产量占锻件总产量的比例就达到了 62%和 58%。

由表 1－4 可知，我国锻造行业生产普遍较低，每人每年模锻件产量仅有 30～40t；我国人工工资和国外相比虽然低，但是单位人工成本不低，单件产值的能耗和模具消耗也很高；产品附加值低，锻件的毛利率为 30%～40%，有的甚至低于 30%。

由以上分析可知，我国虽然是一个锻件生产大国，但是代表锻造成形技术水平的汽车模锻件的比例、产量和生产效率等都低于日本和欧洲。这主要就是我国在锻造成形设备的精密化、自动化(包括全自动锻造成形生产线)方面与发达国家相比存在着相当大的差距，具体表现在：发达国家汽车锻件生产广泛采用热模锻压力机、电动螺旋压力机、离合器式螺旋压力机，以及由这些先进锻造成形设备组成的自动线(约占总量的 60%)；而我国大多数锻造成形设备还是锻锤和机械效率很低的摩擦压力机，自动化锻造线只有不到5%，绝大多数锻造企业都是手工操作。

1.4.2 我国锻造成形技术的发展趋势

锻造成形技术的发展思路是在努力提高锻件内在质量、表面质量和锻件精度的基础上，尽量提高生产效率、减少材料消耗和能源消耗。

提高锻件的内在质量主要是提高锻件的力学性能(如强度、塑性、韧性、疲劳强度)和可靠度，这需要更好地应用金属塑性变形的理论，采用内在质量更好的原材料(如真空处理钢和真空冶炼钢)，正确进行锻前加热和锻后热处理，更严格和更广泛地对锻件进行无损探伤。

要提高锻件的表面质量和锻件精度，提高生产效率和减少材料消耗和能源消耗，必须广泛采用机械化、自动化技术和先进工艺，使锻件的形状和尺寸及表面质量最大限度地与产品零件相接近，以达到少、无切削加工的目的。

1. 锻造成形技术的数字化

锻造成形技术的数字化主要体现在对锻造成形过程和产品品质、成本、效益的预测和可控程度。

利用计算机辅助设计系统(CAD)可对锻件、锻模进行最优化设计，用计算机语言描述零件的几何形状，把信息输入到计算机，进行资料检索，再输出必要的参数，如材料性质、锻件设计规则等，从而自动分析计算设计锻件图、终锻型槽图，再根据锻件图及其他数据和有关条件，最后设计预锻、制坯工步。

将CAD的最优化方案的程序转换成数控加工用的指令，输入到数控中心，即可实现自动控制机械加工锻模的全过程。计算机辅助制造系统(CAM)同样是对锻模加工过程自动进行监督、控制和管理。CAD和CAM结合，便构成了自动控制集成系统，即由计算机控制的自动化信息流对锻件的工艺过程设计、锻模的机械加工、装配、检验和管理进行连续处理，并且发展到以它为中心的锻件、锻模设计制造和锻造过程模拟(CAE)一体化的自动控制系统。

CAE也称锻造工艺过程虚拟制造技术或锻造过程的计算机辅助工程分析。它以材料锻造加工过程的精确数学物理建模为基础，以数字模拟及相应的精确测试为手段，在计算机虚拟现实环境中动态模拟锻造工艺过程。该技术所采用的各种假设与实际应用条件应一致，形象地显示各种工艺的实施过程及材料形状、轮廓尺寸及内部组织的发展变化情况，预测材料经成形改性制成锻件毛坯后的组织性能、品质，特别是找出发生缺陷的成因及消除方法；还可以通过虚拟条件对工艺参数反复比较，在计算机上修改构思，实现锻造技术的优化设计，将锻件缺陷及“隐患”消灭在计算机模拟加工的反复比较中，减少试模次数，确保关键锻件一次锻造成功。

CAE丰富了塑性成形机理的研究手段，使塑性成形向智能化方向发展，为锻模的设计制造提供了科学基础，改善了锻造工程师的工作环境，节省了试制费用和设计时间，缩短了产品研发周期，改进和提升了传统锻造工艺过程及模具设计水平。

CAE通过引入计算机技术等高新技术，架起了联系材料科学基础理论与热加工工程实际的桥梁，使基础学科的理论能够直接定量地指导锻造过程，改变了锻造过程设计中长期依赖经验的落后状况。它使工艺设计由经验判断走向定量分析，使锻造过程由“技艺”发展为真正的工程科学，是信息化提升传统工艺过程水平的一个重要体现。

锻造过程的CAD、CAM和CAE不要求锻造技术人员精通电子计算机内部结构原理和设计分析所用的数学计算细节，在设计过程中能发挥设计人员的主观能动作用，充分利用他们的实践经验和物理模拟知识，对计算机提供的结果进行合理的分析，做出正确判断和及时修正。

2. 锻造成形技术的可控化

锻造成形技术的发展不仅应使锻造成形技术的开发更加合理，更加符合金属变形实际，而且还应可控。可控化就是数字化技术从单目标优化向多目标综合优化发展，从传统的“成形过程”单一环节向产品制取“全过程”系统整体发展，实现从原材料到产品设计，再到成形过程，最后到产品性能的“全过程”综合优化，使所有的变形和过程控制都实现数字化，而且实践操作可靠。由于服务个性化，为适应市场需求的不确定的、个性化的用户要求，锻造生产不再是简单的坯件供应，而是发展为零件、部件供应，还可以在产品初步设计阶段，针对零件的可生产性，提供快速分析手段，形成将设计思想转化为产品原型零件，直至市场效果的快速评估系统。此外，先进的锻造行业不断吸取各种高新技术和现代管理技术信息，并将其综合应用于价值链中，实现优质、高效、低耗、清洁、灵敏及柔性化生产，真正做到“设计、制造、营销”一体，协同实现对市场需求的快速响应。

3. 锻造成形技术的自动化、精密化、专门化和柔性化

随着我国汽车工业、摩托车工业、国防军事工业和通用机械行业等机械制造业的快速发展，精密锻件的市场需求急剧扩大，当然对精密锻造成形过程的资源消耗、环境质量及精密锻件的品质也提出了越来越高的要求，从而迫使我们在锻造设备和锻造成形工艺过程等方面向着自动化、精密化、专门化的方向发展。

应用成组技术、快速换模等，使多品种、小批量的锻造生产能利用高效率和高自动化的锻压设备或生产线，使其生产率和经济性接近于大批量生产的水平。

4. 锻造成形技术的绿色化

绿色制造是一个综合考虑环境影响和资源效率的现代制造模式，其追求的目标是使产品在整个生命周期中对环境影响(副作用)最小，资源利用率最高。

绿色制造已经成为全世界的共同课题。

锻造成形企业本身就是能耗大户，能耗占成本很大比例，并且具有高污染的特点。

利用高效节能的加热(如IGBT技术的电加热就比传统KDPS式的加热能效更高)、热处理、锻造成形设备是企业可持续发展的必要手段，这也是整个行业研究和优化的方向(很多企业都淘汰或改造了蒸汽锤)；另外，采用环保的锻造成形工艺、润滑手段、冷却介质、余热处理，同时加大非调质钢的应用比例会使整个锻造成形企业更环保。

习　题

1. 简述锻造生产的特点。
2. 论述锻造生产技术的发展趋势。

第2章 金属锻造成形的理论基础

锻造是金属压力加工的一种方法。通过锻造不仅可以得到一定形状和尺寸的锻件，而且可以改变锻件内部组织，改善锻件的性能，使其达到技术要求。塑性变形是金属锻造加工的基础，各种形状的锻件就是利用金属的塑性变形来制造的。只有了解金属塑性变形的基本原理、认识塑性变形的本质，使制订的锻造工艺规程和生产操作符合塑性变形的规律，才能保证锻件的质量。

2.1 金属锻造成形基础理论概述

2.1.1 金属的晶体结构

1. 金属原子的结合方式

金属中除铋、锑、锗、镓等亚金属的金属原子结合为共价键结合外，绝大多数金属均以金属键方式结合。

金属依靠正离子和自由电子之间的相互吸引力而结合起来的结合方式称为金属键，它没有饱和性、选择性和方向性。

2. 金属的晶体结构

构成晶体的原子(离子或分子)在空间规则排列的方式称为晶体结构。将原子(或分子)抽象成其平衡中心位置的纯粹几何点，称为结点，用一些假想的空间直线把这些点连接起来，构成空间格架，称为晶格或点阵，如图 2.1 所示。从晶格中选取一个能够完全反映晶格特征的最小的几何单元称为晶胞，如图 2.2 所示。

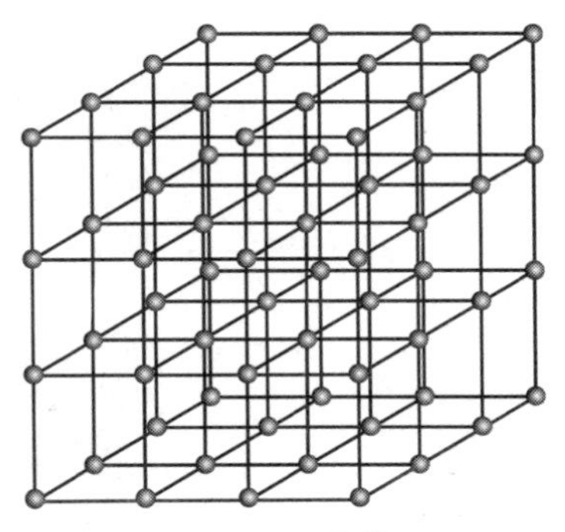

图 2.1 晶格

金属元素中，绝大多数的晶体结构比较简单，其中最典型、最常见的有体心立方结构、面心立方结构和密

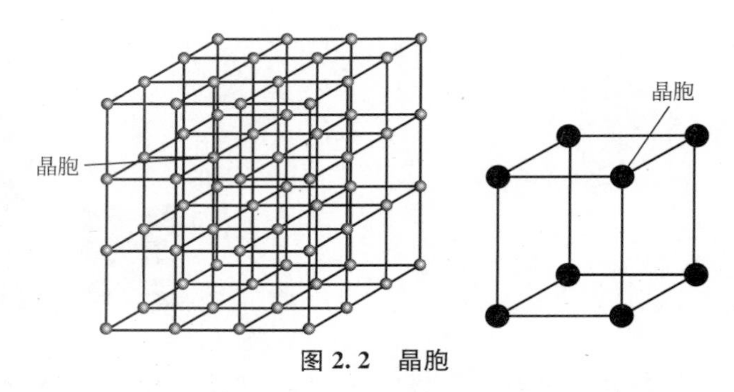

图 2.2 晶胞

排六方结构三种类型。

1）体心立方晶格(BCC)

体心立方晶格的晶胞模型如图 2.3 所示，金属原子分布在立方晶胞的八个角上和立方体的体心。属于体心立方晶格的金属有 α-Fe、Cr、Mo、W、V 等 30 多种。

2）面心立方晶格(FCC)

面心立方晶格的晶胞模型如图 2.4 所示，金属原子分布在立方晶胞的八个角上和六个面的中心。属于面心立方晶格的金属有 γ-Fe、Cu、Ni、Al、Ag 等约 20 种。

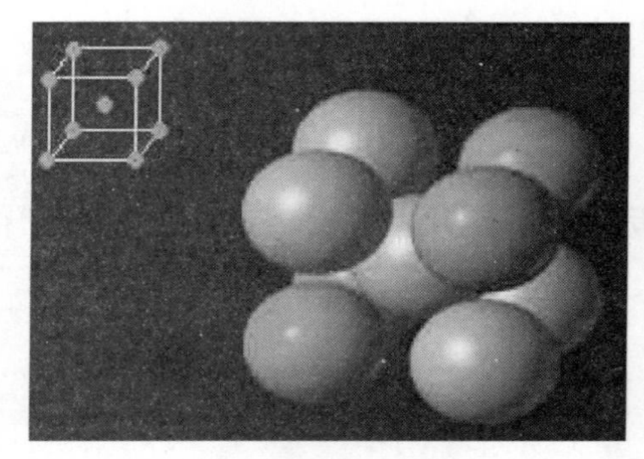

图 2.3 体心立方晶胞

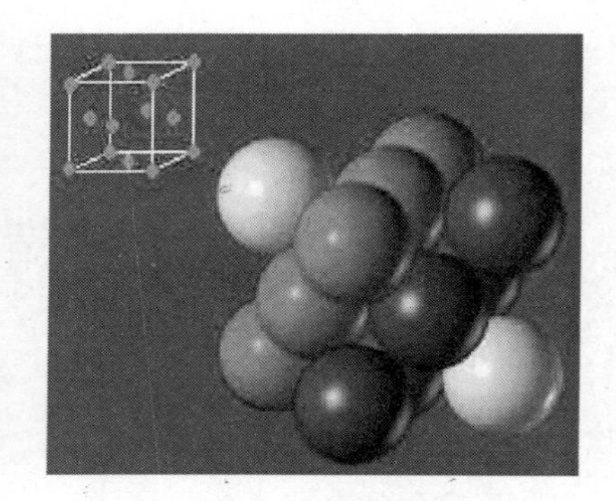

图 2.4 面心立方晶胞

图 2.5 密排六方晶胞

3）密排六方晶格(HCP)

密排六方晶格的晶胞模型如图 2.5 所示，金属原子分布在六方晶胞的十二个角上及上、下两底面的中心和两底面之间的三个均匀分布的间隙里。属于密排六方晶格的金属有 Zn、Mg、Be、Cd 等。

由于以上这三种晶格的原子排列不同，因此它们的性能也不同。一般来讲，体心立方结构的材料，其强度高而塑性相对低一些；面心立方结构的材料，其强度低而塑性高；密排六方结构的材料，其强度与塑性均低。

3. 实际金属的结构

1）单晶体和多晶体

单晶体是指晶格位向(或方位，简称晶向)一致的晶体，如图 2.6(a)所示。

所谓晶向一致，是指晶体中原子(离子或分子)按一定几何形状作周期性排列的规律没有破坏，因此晶体中实际的晶面与晶向的位置和方向保持与晶体作假想的周期性延伸时的晶面与晶向一致。在单晶体中，由于各晶面和各晶向上的原子排列的密度不同，因而同一晶体的不同晶面和晶向上的各种性能不同，这种现象称为各向异性。

工程上实际应用的金属材料一般为多晶体材料。

所谓多晶体是指一块金属材料中包含着许多小晶体，每个小晶体内的晶格位向是一致的，而各小晶体之间彼此方位不同。这种由许多小晶体组成的晶体结构称为多晶体结构，如图 2.6(b)所示。

多晶体中每个外形不规则的小晶体称为晶粒。

晶粒与晶粒间的界面就是晶界。

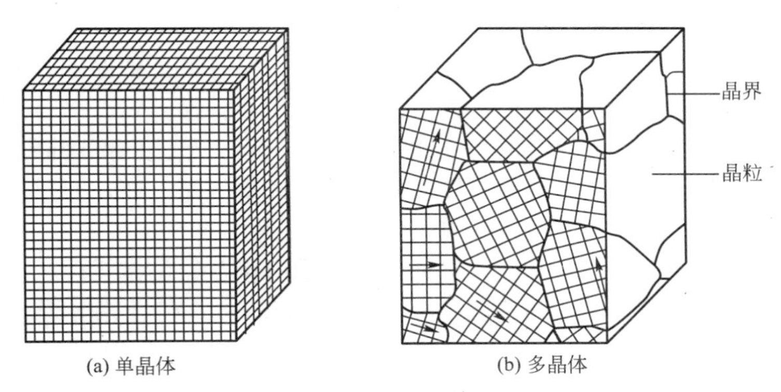

(a) 单晶体　　(b) 多晶体

图 2.6　单晶体与多晶体示意图

一般晶粒尺寸都很小，如钢铁材料晶粒尺寸一般为 10^{-3}～10^{-1}mm。

在显微镜下所观察到的金属材料各类晶粒的显微形态，即晶粒的形状、大小、数量和分布等情况，称为显微组织或金相组织，简称组织。

多晶体在性能上表现为各向同性，这是因为大量微小的晶粒之间位向不同，因此在某一方向上的性能，只能表现出这些晶粒在各个方向上的平均性能，实际是“伪各向同性”。

2) 晶格缺陷

在实际应用的金属材料中，原子的排列不可能像理想晶体那样规则和完整，总是不可避免地或多或少地存在一些原子偏离规则排列的区域，这些原子偏离规则排列的区域称为晶格缺陷。

尽管偏离其规定位置的原子数目很少，晶格缺陷对金属的许多性能仍有着重要的影响，因此，研究晶格缺陷有着重要的实际意义。

根据晶格缺陷的几何特征，可分为点缺陷、线缺陷和面缺陷三类。

(1) 点缺陷。点缺陷是指晶体在三维方向上尺寸很小(原子尺寸范围内)的缺陷。常见的点缺陷有空位、间隙原子、置换原子，如图 2.7 所示。

空位是指在正常的晶格结点上出现了空的位置，无原子；间隙原子是指个别晶格空隙之间存在的多余原子，以原子半径很小的杂质间隙原子为主；晶格结点平衡位置上的原子被异类原子置换，这种占据在晶格结点位置上的异类原子称为置换原子。

点缺陷的出现，使原子间作用力的平衡被破坏，促使缺陷周围的原子发生靠拢或撑开，

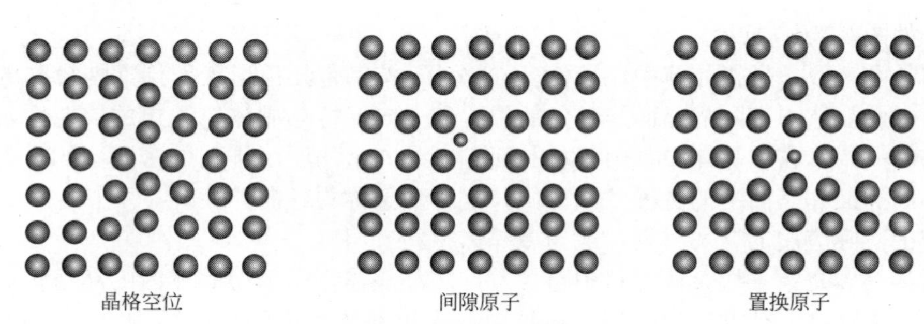

图 2.7　常见的点缺陷

即产生了晶格的畸变，从而引起金属强度、硬度、电阻等的增大，以及金属体积的膨胀等。

(2) 线缺陷。线缺陷是指晶体在三维方向上两个方向的尺寸很小，另一个方向的尺寸相对很大的呈线状分布的晶格缺陷。

线缺陷主要是指各种类型的位错，即在晶体中有一列或若干列原子，发生了有规律的错排现象。刃型位错是其中较常见的一种。

如图 2.8 所示，刃型位错的特征是晶体中有一原子面在晶体内部中断，犹如用一把锋利的钢刀将晶体上半部分切开，沿切口硬插入一额外半原子面一样，刃口处的原子列即为刃型位错。可见，刃型位错周围存在着弹性畸变。

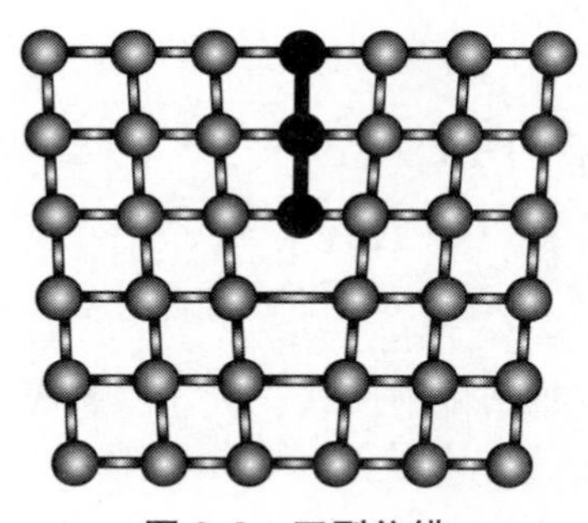

图 2.8　刃型位错

通常把单位体积中包含的位错线总长度称为位错密度 ρ(单位 cm/cm^3，即 cm^{-2})。在经充分退火的多晶体金属中位错密度为 $10^6 \sim 10^7 cm^{-2}$，经很好生长出来的超纯单晶体金属位错密度很低($<10^3 cm^{-2}$)，而经剧烈冷变形的金属位错密度可增至 $10^{12} \sim 10^{13} cm^{-2}$。

位错的存在，对金属材料的力学性能、扩散及相变等过程有着重要的影响。如果金属中不含位错，那么这种理想金属晶体将具有极高的强度；正是因为实际金属晶体中存在位错等晶体缺陷，金属的强度值降低了 2～3 个数量级。

(3) 面缺陷。面缺陷的特征是在一个方向上的尺寸很小，另外两个方向上的尺寸相对很大，呈面状分布。金属晶体中的面缺陷主要是指晶体材料中的各种界面，如晶界、亚晶界和相界等。

多晶体的界面处由于各晶粒的取向各不相同，原子排列很不规整，晶格畸变程度较大，如图 2.9 所示。金属多晶体中，各晶粒之间的位向差大多在 30°～40°，晶界层厚度一般在几个原子间距到几百个原子间距内变动。这是晶体中一种重要的缺陷。由于晶界上的原子排列偏离理想的晶体结构，脱离平衡位置，所以其能量比晶粒内部的高，从而也就具有一系列不同于晶粒内部的特性。例如，晶界比晶粒本身容易被腐蚀和氧化，熔点较低，原子沿晶界扩散快，在常温下晶界对金属的塑性变形起阻碍作用。由此可以看出，金属材料的晶粒越细，则晶界越多，其常温强度越高。因此对于在较低温度下使用的金属材料，一般总是希望获得较细小的晶粒。

晶粒也不是完全理想的晶体，而是由许多位向相差很小的所谓亚晶粒组成的。晶粒内的亚晶粒又称为晶块，其尺寸比晶粒小2～3个数量级，一般为10^{-6}～10^{-4}cm。亚晶粒之间位向差很小，一般小于1°～2°。亚晶粒之间的界面称为亚晶界，亚晶界实际上由一系列刃型位错构成，如图2.10所示。亚晶界上原子排列也不规则，易产生晶格畸变。与晶粒相似，细化亚晶粒也能显著提高金属的强度。

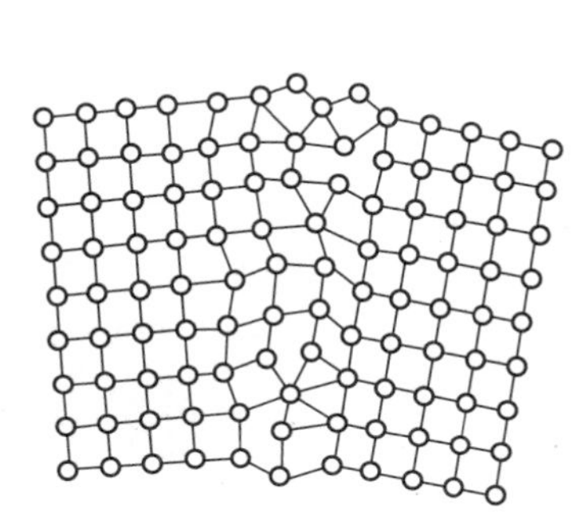

图2.9　大角度晶界——晶界

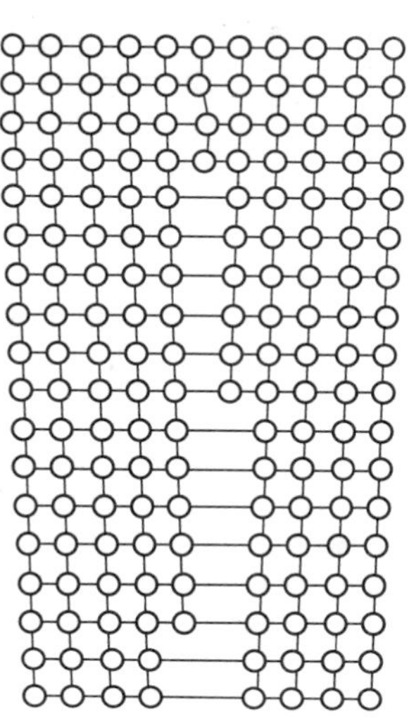

图2.10　小角度晶界——亚晶界

4. 合金相结构

纯金属的强度一般比较低，工程上很少使用纯金属，更多的是应用合金。

合金是两种或两种以上金属元素，或金属元素与非金属元素，经熔炼、烧结或其他方法组合而成，并具有金属特性的物质。

合金中的相是指合金中具有同一化学成分、同一聚集状态、同一结构且以界面互相分开的各个均匀的组成部分。

根据合金元素之间相互作用的不同，合金中的相结构可分成两大类：固溶体和金属化合物。

1) 固溶体

合金在固态时，组元之间相互溶解，形成的在某一组元晶格中包含有其他组元原子的新相，这种新相称为固溶体。保持原有晶格的组元称为溶剂，而其他组元称为溶质。

根据溶质原子在溶剂晶格中的配置不同，固溶体可以分为置换固溶体和间隙固溶体两类，如图2.11所示。若溶质原子代替了部分溶剂原子而占据着溶剂晶格中的某些结点位置，则称为置换固溶体。溶质原子分布在溶剂的晶格间隙时形成的固溶体称为间隙固溶体。

如图2.12所示，溶质原子溶入溶剂晶格以后，由于溶质和溶剂的原子大小不同，固体中溶质原子附近的局部范围内必然造成晶格畸变，而且晶格畸变随溶质原子浓度的增高而增大，溶质原子与溶剂原子的尺寸相差越大，所引起的晶格畸变也越严重。反映在性能上，使金属的强度和硬度提高。这种由于外来原子(溶质原子)溶入基体中形成固溶体而使其强度、硬度升高的现象称为固溶强化。这是金属强化的重要形式。

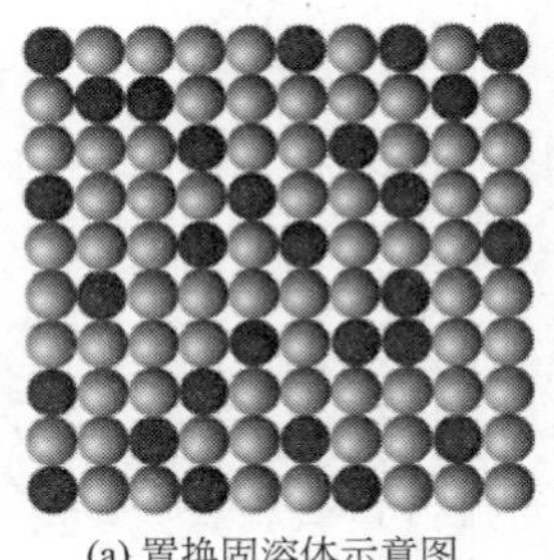
(a) 置换固溶体示意图

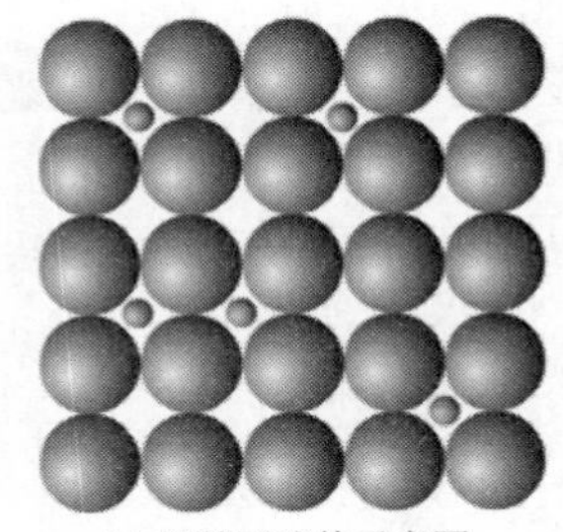
(b) 间隙固溶体示意图

图 2.11　置换固溶体与间隙固溶体

固溶强化的特点：当固溶体中溶质含量适当时，可以显著提高材料的强度和硬度，而塑性、韧性没有明显降低，即具有较好的综合力学性能。

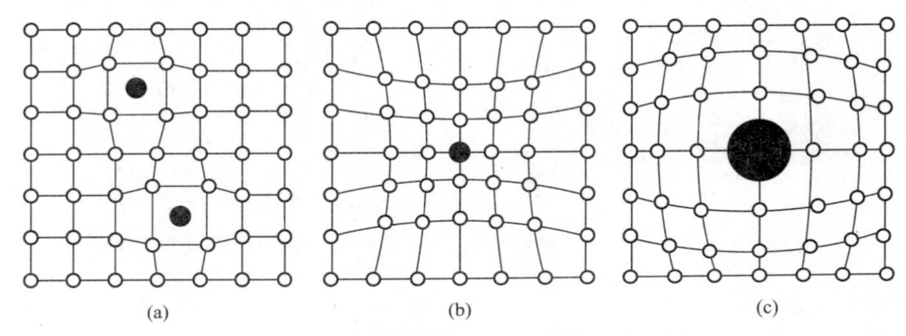

图 2.12　溶质原子对晶格畸变的影响示意图

○—溶剂原子；●—溶质原子

2）金属化合物

金属化合物是合金组元之间发生相互作用而形成的一种新相，又称为中间相，其晶格类型和特性不同于其中任一组元。

金属化合物可以用分子式来表示，除离子键和共价键外，金属键也在不同程度上参与作用，致使其具有一定程度的金属性质(如导电性)，因此称为金属化合物。

金属化合物的主要特点是熔点高，硬而脆。当合金中出现金属化合物相时，合金的强度、硬度、耐磨性及耐热性提高(但塑性有所降低)，因此目前在工业上广泛应用的结构材料和工具材料中，金属化合物是其不可缺少的重要组成相。

金属化合物由于太脆，所以不能单独构成合金，而只能作为合金中的强化相，即在固溶体的基础上，形成或加入少量金属化合物，以强化合金。

当金属化合物以细小的颗粒均匀分布在固溶体基体上时，将使合金的强度、硬度和耐磨性大大提高，同时又具有一定的塑性和韧性。这种强化方法称为弥散强化。

2.1.2　金属锻造成形时的受力

锻造时，坯料所受到的力可分为两大类，即外力和内力。外力是指坯料受到变形工具对它的作用力，包括与工具接触面上产生的摩擦力。内力是指坯料内的某一部分与其他部分之间相互作用的力，也就是两部分间的作用力与反作用力。

1. 外力

锻造时，使金属坯料发生变形的外力有作用力、反作用力和摩擦力。

图2.13所示为自由镦粗时作用在坯料上的外力。

1）作用力

作用力是由锻造设备的动作产生的。例如，锻锤的机械动作将作用力通过锤头或锻模等工具传给坯料，使它产生塑性变形。作用力的大小是由锻造设备的能力所决定的。

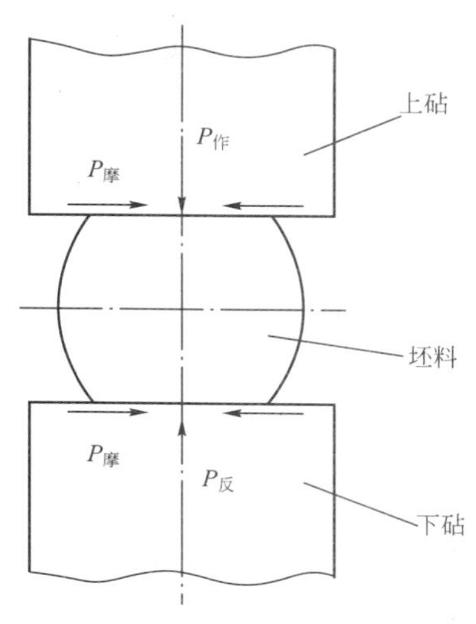

图2.13 自由镦粗时坯料的受力情况

2）反作用力

在锻造过程中，坯料除受作用力外，还有锤砧或锻模砧或锻模等不动部分的反作用力的作用。这种力限制了金属坯料的运动或变形。它的方向始终垂直于工具的工作表面而指向坯料。

3）摩擦力

摩擦力作用于工具与坯料间接触面的切线方向，而与金属的流动方向相反。摩擦力也属于反作用力，它对金属变形过程的影响很大，使变形抗力增大，并引起变形的不均匀性。

2. 内力

金属在受到外力作用而发生变形时，其内部的原子间距离将有变化而导致内力的产生。

内力是一种抗力，使金属保持一定的形状，当外力除去后，变形消失，金属恢复了原状；另外，内力抵抗破裂，它随外力的加大而相应地增加。

内力的产生不仅发生在抵抗外力作用所引起变形的情况下，而且在物理变化或物理化学变化的过程中，如果引起了金属不均匀变形时，也会产生内力。这种内力是由于变形金属要保持其完整性，对其各部分不均匀的变形产生阻碍作用而引起的。

3. 应力

应力是单位面积上的内力，如图2.14所示。在一般情况下，应力的方向并不一定与所取的截面相垂直。在研究应力与金属变形的关系时，常将一般应力分解为两个特定方向的应力分量来表示：一个是沿截面的法线方向，称为正应力，以σ_n表示；另一个是沿截面的切线方向，称为剪应力，以τ_n表示，如图2.14所示。正应力与剪应力对于金属的变形有着完全不同的作用。

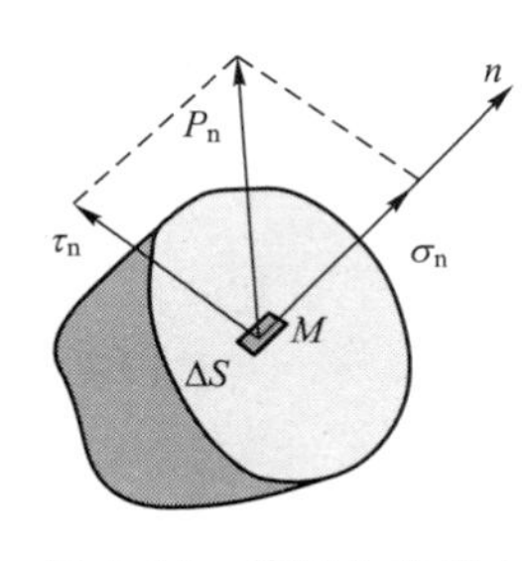

图2.14 截面上的应力

在研究金属的塑性变形时，还必须区分以下几种应力的不同作用：

（1）基本应力。它是直接由于外力引起的应力。

（2）附加应力。由于金属组织、化学成分及温度等原因造成坯料变形不均匀而引起的应力，称为附加应力。

（3）残余应力。外力去除后，仍然残留在坯料内的附加应力，称为残余应力。残余应力的危害性极大，它会使锻后的锻件发生扭曲变形，甚至形成裂纹。

2.1.3 变形和变形程度

金属坯料在外力作用下，其尺寸和形状都将有所改变，这种变化过程称为变形。金属的变形形式一般可分为弹性变形、塑性变形和破裂三种：

(1) 弹性变形。撤去外力后能完全消失的变形，称为弹性变形。

(2) 塑性变形。撤去外力后不能消失而残留下来的变形，称为塑性变形。

(3) 破裂。金属完整性受到破坏时的残留变形(如形成各种裂纹、断裂)，称为破裂。

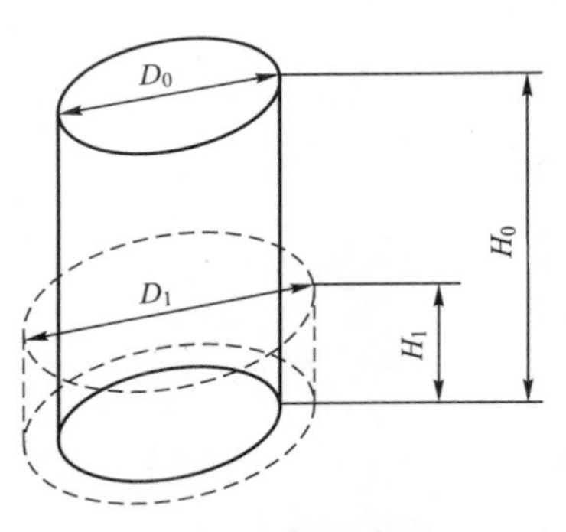

图 2.15 镦粗变形

变形的大小可用绝对变形 ΔH 来表示。但为了排除尺寸因素的影响，常用相对变形 ε 来表示，其值的大小表示金属的变形程度。

例如，图 2.15 所示的圆柱体经过一次压缩后，其尺寸由原来的 $D_0 \times H_0$ 变为 $D_1 \times H_1$ 时，则在高度方向的相对变形为

$$\varepsilon = \frac{(H_0 - H_1)}{H_0} = \frac{\Delta H}{H_0}$$

即表示该圆柱体在这一次压缩时的变形程度(通常用百分比表示)。

2.1.4 塑性与变形抗力

塑性和变形抗力是锻造生产中所密切关注的问题。金属产生塑性变形而不发生破坏的能力称为金属的塑性。变形抗力是指金属对于促使产生塑性变形的外力的抵抗能力。

由此可见，金属的塑性越好，变形抗力越小，则越有利于锻造生产，即金属的可锻性越好。

金属塑性的高低，可用允许最大变形程度、伸长率、断面收缩率、热扭转次数、冲击韧性等指标直接或间接表示。金属塑性取决于金属的化学成分、组织结构及变形条件等因素。

金属的变形抗力，通常指其屈服强度 σ_s。材料的屈服强度表示材料产生屈服时的最小应力，即当金属内部所受的应力超过该值时便开始产生塑性变形。可见，材料的屈服强度越大，使材料开始产生塑性变形所需要的作用力也越大。

2.2 金属的塑性变形

金属经塑性变形后，不仅改变了外形和尺寸，内部组织和结构也发生了变化，其性能也随之发生变化，因此，塑性变形也是改善金属材料性能的一种重要手段。

2.2.1 单晶体的塑性变形

单晶体塑性变形的最主要机理是滑移，当滑移难以进行时则以孪生机理进行。滑移是

晶体的一部分相对于另一部分沿一定晶面和晶向发生的相对滑动。

滑移变形的特点如下。

(1) 滑移只能在切应力的作用下发生。如图 2.16 所示，在切应力的作用下，晶格中沿一定晶面滑移的两侧晶体所产生的相对滑动距离不小于一个原子间距时，晶体便产生了塑性变形。晶体中许多晶面滑移的总和，就产生了宏观的塑性变形。单晶体开始滑移时，外力在滑移面上的切应力沿滑移方向上的分量必须达到一定值，即临界切应力，用 τ 表示。τ 的大小主要取决于金属的本性，同时受其纯度、变形温度和速度的影响。

(2) 滑移总是沿着晶体中原子排列最紧密的晶面和晶向发生。这是由于原子密度最大的晶面或晶向间的距离最大，原子间的结合力最弱，在较小的切应力作用下即可发生滑移。产生滑移的晶面和晶向，分别称为滑移面和滑移方向。一个滑移面与其上的一个滑移方向构成一个滑移系。在其他条件相同时，滑移系越多，金属晶体发生滑移的可能性越大，金属的塑性便越好。由于滑移系中的滑移方向比滑移面对塑性的贡献更大，所以，金属的塑性以面心立方最好，体心立方次之，密排六方最差。

(3) 滑移量即滑移时晶体一部分相对于另一部分沿着滑移方向移动的距离为原子间距的整数倍。滑移的结果会在金属表面造成台阶。每一滑移台阶对应一条滑移线，滑移线只有在电子显微镜下才能看见。许多滑移线组成了一条在一般显微镜下可观察到的滑移带，如图 2.17 所示。

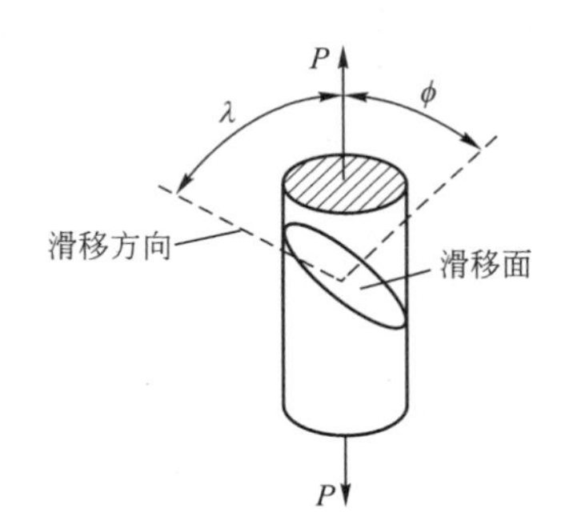

图 2.16　晶体滑移时的应力分析

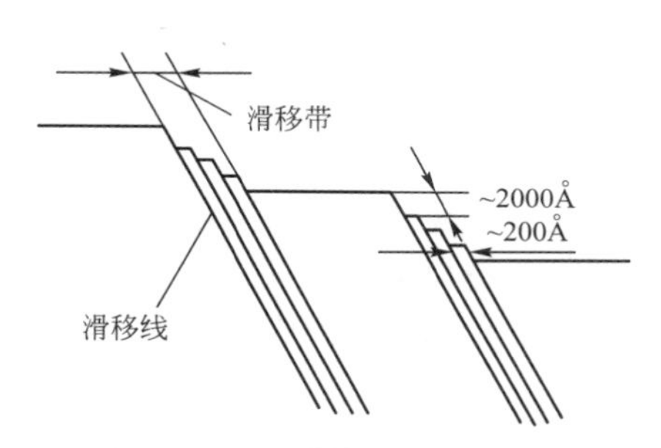

图 2.17　滑移带与滑移线示意图

(4) 滑移的同时伴随着晶体的转动。晶体借滑移发生塑性变形时，往往伴随着取向的改变(即晶面发生转动)，对于只有一组滑移面的密排六方结构金属，此现象尤为明显，如图 2.18 所示。

(5) 滑移的实质是在切应力的作用下，位错沿滑移面运动的结果。当一条位错线在切应力作用下，从左向右移到晶体表面时，便在晶体表面留下一个原子间距的滑移台阶，造成晶体的塑性变形；如果有大量位错重复按此方式滑过晶体，就会在晶体表面形成显微镜下能观察到的滑移痕迹，宏观上即产生塑性变形。

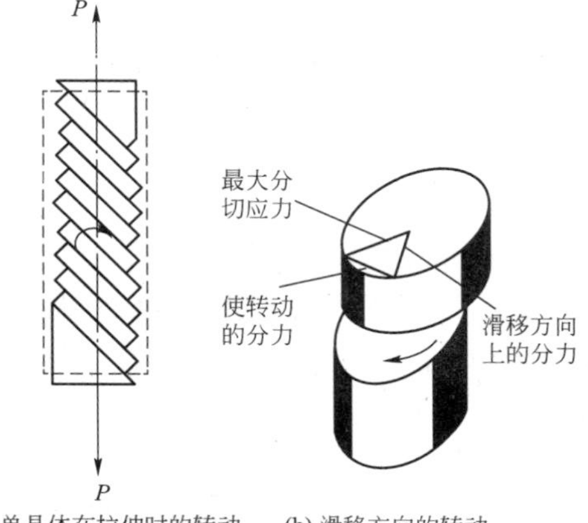

(a) 单晶体在拉伸时的转动　(b) 滑移方向的转动

图 2.18　滑移时晶面的转动

无论是刃型位错，还是螺型位错，它们的运动都可以产生晶体的滑移，从而导致晶体的塑性变形。

2.2.2 多晶体的塑性变形

实际使用的金属材料几乎都是多晶体。多晶体是由许多形状、大小、取向各不相同的单晶体(晶粒)组成的。多晶体塑性变形的基本方式与单晶体一样，也是滑移和孪生，但是由于多晶体各晶粒之间位向不同和晶界的存在，使得各个晶粒的塑性变形互相受到阻碍与制约，如图 2.19 所示。

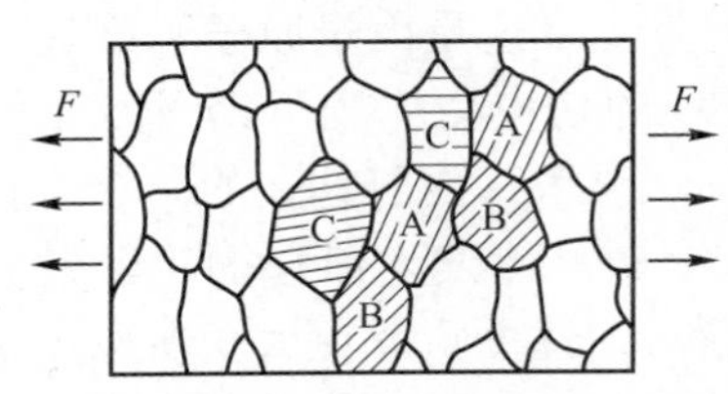

图 2.19 多晶体的受力示意图

晶界附近是两晶粒晶格位向过渡的地方。在这里，原子排列紊乱，杂质原子较多，增大了其晶格的畸变，因而在该处滑移时位错运动受到的阻力较大，难以发生变形，具有较高的塑性变形抗力。

各晶粒晶格位向不同时，因其中任一晶粒的滑移都必然会受到它周围不同位向晶粒的约束和阻碍。各晶粒必须相互协调，才能发生塑性变形，因而也会增大其滑移的抗力。多晶体的滑移必须克服较大的阻力，因而使多晶体材料的强度提高。金属晶粒越细小，晶界面积越大，每个晶粒周围具有不同取向的晶粒数目也越多，其塑性变形的抗力(即强度、硬度)就越高。用细化晶粒提高金属强度的方法称为细晶强化。

细晶粒金属不仅强度、硬度高，而且塑性、韧性也好。因为晶粒越细，在一定体积内的晶粒数目越多，则在同样变形量下，变形分散在更多晶粒内进行，同时每个晶粒内的变形也比较均匀，而不会产生应力过分集中现象。同时，因晶界的影响较大，晶粒内部与晶界附近的变形量差减小，晶粒的变形也会比较均匀，减少了应力集中，推迟了裂纹的形成与扩展，使金属在断裂之前可发生较大的塑性变形。综上所述，细晶粒金属的强度、硬度较高，塑性较好，断裂时需消耗较大的功，即韧性也较好。因此，工程上通常希望获得细小而均匀的晶粒组织，从而具有较高的综合力学性能。

2.3 塑性变形对金属组织和性能的影响

金属冷塑性变形后，在改变其外形尺寸的同时，其内部组织、结构及各种性能也发生变化。

1. 晶粒沿变形方向拉长，性能趋于各向异性

金属经冷塑性变形后，显微组织发生明显的改变；随着金属外形的变化，其内部晶粒的形状也会发生变化。例如，在轧制时，随着变形量的增加，原来的等轴晶粒沿轧制方向逐渐伸长，晶粒由多边形变为扁平形或长条形。变形量越大，晶粒伸长的程度也越显著。当变形量很大时，晶界变得模糊不清，各晶粒难以分辨，而呈现形如纤维状的条纹，通常称之为纤维组织，如图 2.20 所示。纤维的分布方向即金属流变伸展的方向。当金属中有夹杂存在时，塑性杂质沿变形方向被拉长为细条状，脆性杂质破碎，沿变形方向呈链状分布。纤维组织使金属的性能具有明显的方向性，其纵向的强度和塑性高于横向。

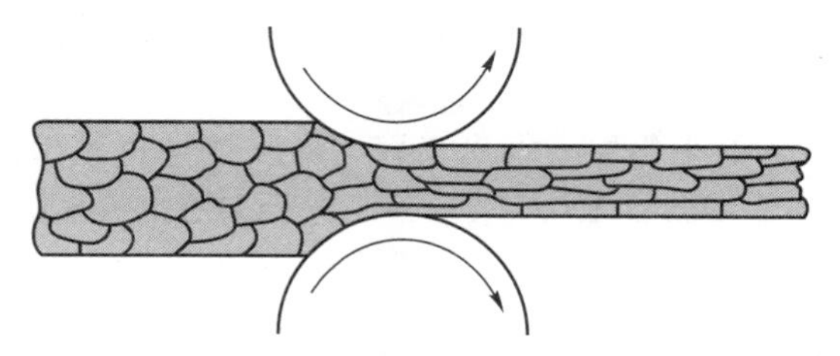

图 2.20　冷轧前后晶粒形状变化

2. 亚结构细化，位错密度增大，产生冷变形强化

金属经大量的冷塑性变形后，由于位错密度增大和发生交互作用，大量位错堆积在局部区域，并相互缠结，形成不均匀的分布，使晶粒分化成许多位向略有不同的小晶块，从而在晶粒内产生亚晶粒，如图 2.21 所示。

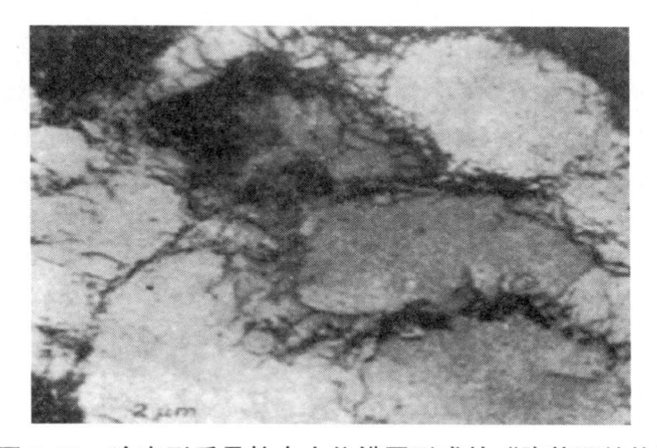

图 2.21　冷变形后晶粒内由位错网形成的“胞状亚结构”

随着位错密度的增大，位错间距越来越小，晶格畸变程度也急剧增大，加之位错的交互作用加剧，从而使位错运动的阻力增大，引起变形抗力增加，使金属的强度、硬度显著升高，而塑性、韧性显著下降，这一现象称为冷变形强化(或加工硬化)，如图 2.22 所示。

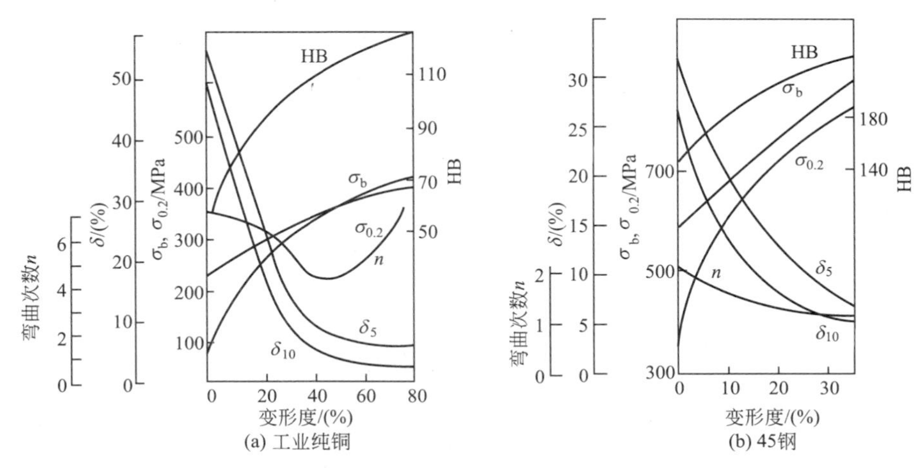

图 2.22　两种常见金属材料的力学性能与变形度曲线

冷变形强化现象在金属材料的生产与使用过程中具有重要的工程意义，具体表现为以下三点。

(1) 冷变形强化是一种非常重要的强化手段。冷变形强化可用来提高金属的强度，特别是对那些无法用热处理强化的合金(如铝、铜、某些不锈钢等)尤其重要。

(2) 冷变形强化有利于金属均匀变形。冷变形强化是某些工件或半成品能够拉深或冷冲压加工成形的重要基础。冷拔钢丝时，当钢丝拉过模孔后，其断面尺寸相应减小，单位面积上所受的力自然增加，如果金属不产生冷变形强化使强度提高，那么钢丝将会被拉断。正是由于钢丝经冷塑性变形后产生了冷变形强化，尽管钢丝断面尺寸减小，但由于其强度显著增加，因而不再继续变形，从而使变形转移到尚未拉拔的部分，这样，钢丝可以持续地、均匀地经拉拔而成形。金属薄板在冲压时也是利用冷变形强化现象保证得到厚薄均匀的冲压件的。

(3) 冷变形强化可提高金属零件在使用过程中的安全性。即使经最精确的设计和最精密的加工生产出来的零件，在使用过程中各部位的受力也是不均匀的，何况还有偶然过载等意想不到的情况，往往会在局部出现应力集中和过载；但由于冷变形强化特性，这些局部地区的变形会自行停止，应力集中也可自行减弱，从而提高了零件的安全性。但是冷变形强化也会给金属材料的生产和使用带来不利的影响：金属冷加工到一定程度后，变形抗力会增加，继续变形越来越困难，欲进一步变形就必须加大设备功率，增加动力消耗及设备损耗，同时因屈服强度和抗拉强度差值减小，载荷控制要求严格，生产操作相对困难；那些已进行了深度冷变形加工的材料，塑性、韧性大大降低，若直接投入使用，会因无塑性储备而处于较脆的危险状态。为此，要消除冷变形强化，使金属重新恢复变形的能力，以便于继续进行塑性加工或使其处于韧性的安全状态，就必须对其适时进行退火处理，但生产成本提高，生产周期加长了。

3. 产生变形织构

在塑性变形过程中，随着变形程度的增加，各个晶粒的滑移面和滑移方向逐渐向外力方向转动。当变形量很大(如70%～80%)时，各晶粒的取向会大致趋于一致，从而破坏了多晶体中各晶粒取向的无序性，形成特殊的择优取向，变形金属中这种有序化的结构称为变形织构。金属或合金经冷挤压、拉拔、轧制和锻造后，都可能产生变形织构。不同的塑性加工方式，会出现不同类型的织构。通常，将变形织构分为丝织构和板织构两种。

丝织构在拉拔和挤压中形成，板织构是在轧制或展宽很小的矩形件镦粗时形成的。变形织构使金属呈现明显的各向异性，对材料的性能和加工工艺有很大影响。

4. 产生残余应力

塑性变形时外力所做功的绝大部分转化为热能而散耗，而由于金属内部的变形不均匀及晶格畸变，还有不到10%的功保留在金属内部，转化为残余应力，并使金属内能增加。

2.4 金属的软化过程

金属冷变形强化的产生，不仅增加了变形所需的外力，而且使继续变形发生困难。为了使金属的塑性变形能正常地进行，以及保证锻后的锻件能获得良好的质量，必须采取措施来消除冷变形强化现象。

冷变形强化的金属，由于晶体缺陷增多，增加了晶体的畸变能，使内能升高，处于热力学上不稳定的状态。在常温下，由于原子的活动能力很微弱，由不稳定状态恢复到稳定状态是无能为力的。如果升高温度使原子获得足够的活性，材料将自发地恢复到稳定状态。冷塑性变形后的金属加热时，随加热温度升高，会发生回复、再结晶和晶粒长大等过程，如图2.23所示。

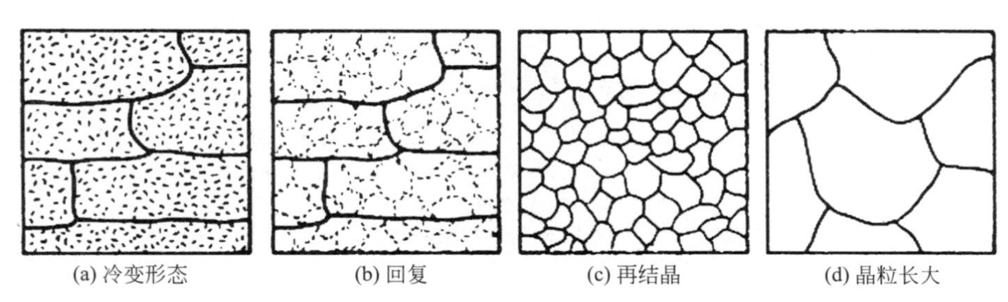

图2.23　冷变形金属组织随加热温度及时间的变化示意图

1. 回复

回复是指经冷塑性变形的金属材料加热时，在显微组织发生改变前所产生的某些亚结构和性能的变化过程。

当加热温度不太高时，点缺陷产生运动，通过空位与间隙原子结合等方式，使点缺陷数目明显减少。当加热温度稍高时，位错产生运动，使得原来在变形晶粒中杂乱分布的位错逐渐集中并重新排列，从而使晶格畸变减弱。在此过程中，显微组织(晶粒的外形)尚无变化，而电阻率和残余内应力显著降低，耐蚀性得到改善。但由于晶粒外形未变，位错密度降低很少，所以力学性能变化不大，冷变形强化状态基本保留。

2. 再结晶

1）再结晶概念

再结晶通常是指冷变形的金属材料加热到足够高的温度时，通过新晶核的形成及长大，最终形成无应变的新晶粒组织的过程，如图2.24所示。由于原子扩散能力增大，变形金属的显微组织彻底改组，被拉长、破碎的晶粒转变为均匀、细小的等轴晶粒。新晶粒位向与变形晶粒(即旧晶粒)不同，但晶格类型相同，故称为再结晶。同时，位错等晶体缺陷大大减少，再结晶后金属的强度、硬度显著下降，而塑性、韧性大大提高，即冷变形强化效应消失，内应力基本消除，金属的性能又重新恢复到冷变形前的高塑性和低强度状态，如图2.25所示。

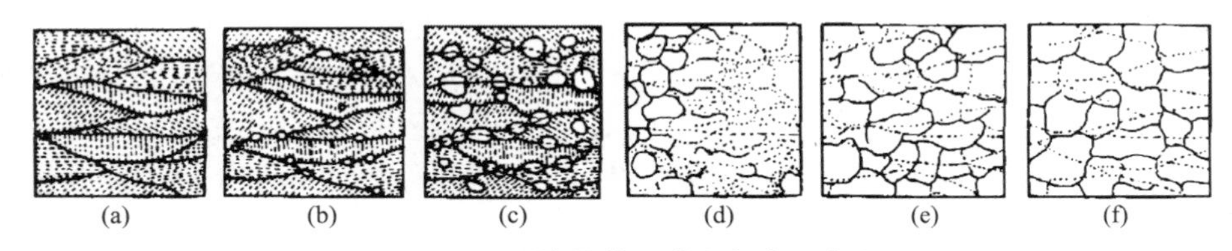

图2.24　再结晶的形成和长大示意图

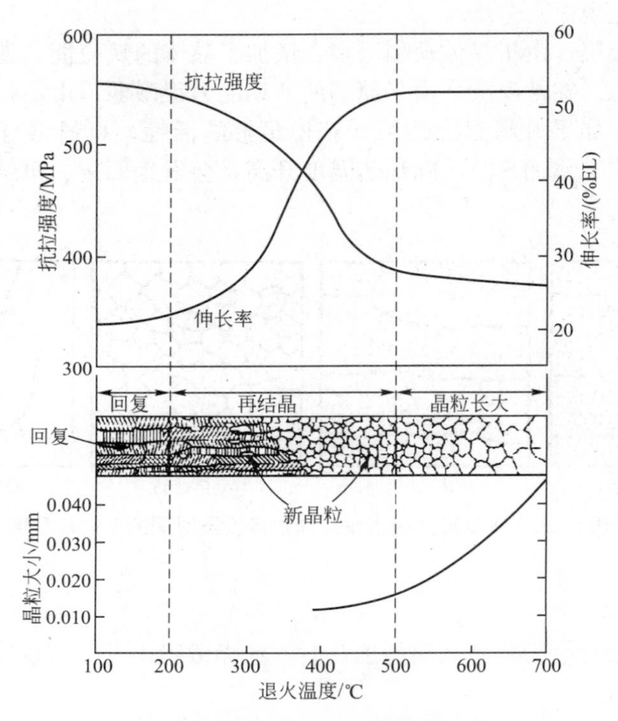

图 2.25　冷变形金属加热时组织和性能的变化

2）再结晶温度

开始产生再结晶现象的最低温度称为再结晶温度。再结晶温度 $T_{再}$ 与其熔点 $T_{熔}$ 按热力学温度(K)存在如下经验关系

$$T_{再} \approx (0.35 \sim 0.4) T_{熔}$$

显然，金属的熔点越高，其最低再结晶温度也越高。

最低再结晶温度除受预先变形程度和金属的熔点影响外，还与金属的纯度和退火工艺有关。

一般来说，金属的纯度越高，其再结晶温度就越低。如果金属中存在微量杂质和合金元素(特别是高熔点元素)，甚至存在第二相杂质，就会阻碍原子扩散和晶界迁移，可显著提高再结晶温度。例如，钢中加入钼、钨就可提高再结晶温度。

在其他条件相同时，金属的原始晶粒越细，变形抗力越大，冷变形后金属储存的能量越高，其再结晶温度就越低。

退火时保温时间越长，原子扩散移动越能充分地进行，故增加退火保温时间对再结晶有利，可降低再结晶温度。因为再结晶过程需要一定的时间才能完成，所以提高加热速度会使再结晶温度升高；但若加热速度太慢，由于变形金属有足够的时间进行回复，使储存能和冷变形程度减小，以致再结晶驱动力减小，也会使再结晶温度升高。

为了充分消除冷变形强化并缩短再结晶周期，生产中实际采用的再结晶退火温度，要比最低再结晶温度高 100～200℃。

3）再结晶后晶粒大小

再结晶退火后的晶粒大小直接影响金属的力学性能，因此生产上非常重视控制再结晶后的晶粒大小，特别是针对那些无相变的钢和合金。

影响再结晶晶粒大小的因素主要有变形程度和退火温度。

变形程度的影响主要与金属的变形量及均匀度有关。变形越不均匀，再结晶退火后的晶粒越粗大。当变形量很小时，不足以引起再结晶，晶粒不变；当变形度达2%～10%时，金属中少数晶粒变形，变形分布很不均匀，形成的再结晶核心少，而生长速度却很大，非常有利于晶粒发生吞并过程而急剧长大，得到极粗大的晶粒。我们将使晶粒发生异常长大的变形度称作临界变形度。生产上一般应避免在临界变形度范围内进行加工。超过临界变形度之后，随变形度的增大，晶粒的变形越发强烈和均匀，再结晶的核心越来越多，再结晶后的晶粒越来越细小。当变形度达到一定程度后，再结晶后晶粒大小基本保持不变。

3. 晶粒长大

冷变形金属在再结晶刚完成时，一般得到细而均匀的等轴晶粒组织。如果继续提高加热温度或延长保温时间，等轴晶粒将长大，最后得到粗大晶粒的组织，使金属的力学性能显著降低。因此，要尽量避免发生晶粒长大的现象。

晶粒长大是个自发过程，它能减少晶界的总面积，从而降低总的界面能，使组织变得稳定。晶粒长大的驱动力是晶粒长大前后总的界面能差。晶粒长大是通过晶界的迁移，由晶粒的互相吞并来实现的。也就是说，晶界由某些大晶粒向一些较小晶粒推进，而使大晶粒逐渐吞并小晶粒，晶界本身趋于平直化，并且三个晶粒的晶界的交角趋于120°，使晶界处于平衡状态，从而实现晶粒均匀长大，即正常晶粒长大。

值得注意的是，第二相微粒的存在会影响正常晶粒长大。当正常晶粒长大受阻时，可能由于某种原因(如温度升高导致第二相微粒聚集长大，甚至固溶入基体)，消除了阻碍因素，会有少数大晶粒急剧长大，将周围的小晶粒全部吞并掉。这种异常的晶粒长大称为二次再结晶，而前面讨论的再结晶称为一次再结晶。二次再结晶使得晶粒特别粗大，导致金属的力学性能(如强度、塑性和韧性)显著降低，并恶化材料冷变形后的表面粗糙度，对一般结构材料应予避免。但对于某些软磁合金，如硅钢片等，却可以利用二次再结晶获得粗大的晶粒，进而获得所希望的晶粒择优取向，使其磁性最佳。

2.5 锻造成形加工中变形量的计算方法

应变是表示变形大小的一个物理量，是指物体变形时任意两质点的相对位置随时间发生的变化。物体变形时，其体内各质点在各方向上都会有应变。

2.5.1 应变

应变是指物体发生变形时，连接两质点的向量的长短及方位发生变化。此时描述变形的大小可用线尺寸的变化与方位上的改变来表示，即线应变(正应变)与切应变(剪应变)。

线应变是描述线元尺寸长度方向上的变化(伸长或缩短)，分为一般相对应变(名义应变或工程应变)与自然应变(对数应变或真实应变)。

以杠杆拉伸变形为例，变形前两质点的标定长度为l_0，变形后为l_n，则其相对应变为

$$\varepsilon=\frac{l_n-l_0}{l_0}$$

这种相对应变一般适用于小变形(变形量在 $10^{-3}\sim10^{-2}$ 数量级的弹性变形、塑性变形)。在大塑性变形过程中，相对应变不足以反映实际变形情况，因为相对应变公式中的基长 l_0 是固定不变的。而实际变形过程中，长度 l_0 是由无穷多个中间的数值逐渐变形至 l_n 的，即 l_0、l_1、l_2、…、l_{n-1}、l_n。由 $l_0\sim l_n$ 的总的变形程度可近似看作各个阶段相对应变之和，即

$$\frac{l_1-l_0}{l_0}+\frac{l_2-l_1}{l_1}+\cdots+\frac{l_n-l_{n-1}}{l_{n-1}}$$

或用微分概念，设变形某一时刻杠杆的长度为 l，经历时间 $\mathrm{d}t$ 后杠杆伸长为 $\mathrm{d}l$，则杠杆的总变形程度为

$$\zeta=\int_{l_0}^{l_n}\frac{\mathrm{d}l}{l}=\ln\frac{l_n}{l_0}$$

式中，ζ 反映杠杆的真实变形情况，故称真应变。

真应变与一般相对应变的关系，可将自然对数按泰勒级数展开，得

$$\zeta=\ln\frac{l_n}{l_0}=\ln(1+\varepsilon)=\varepsilon-\frac{\varepsilon^2}{2}+\frac{\varepsilon^3}{3}-\frac{\varepsilon^4}{4}+\cdots$$

当变形程度很小时，$\zeta\approx\varepsilon$；当变形程度＞10％以后，误差逐渐增大。

2.5.2 锻造成形加工中实际变形量的计算

1. 绝对变形量

绝对变形量是指变形前后某主轴方向上尺寸改变的总量。绝对变形量只能描述某一变形工序物体某一方向绝对尺寸的变化情况，不能体现变形的剧烈程度。对于两个原始尺寸不同的工件，虽然它们的绝对变形量相等，但是其变形程度显然是不同的，原始尺寸小的，变形程度大；反之，原始尺寸大的，变形程度小。

1) 在锻造成形加工中常见的绝对变形量有拔长及轧制时的压下量和宽展量

(1) 压下量：

$$\Delta h=H-h$$

(2) 宽展量：

$$\Delta b=b-B$$

式中，H、B 为拔长及轧制前的高度和宽度；h、b 为拔长及轧制后的高度和宽度。

2) 管材拉拔时的减径量和减壁量

(1) 减径量：

$$\Delta D=D_0-D_1$$

(2) 减壁量：

$$\Delta t=t_0-t_1$$

式中，D_0、t_0 为拉拔前管材的外径和壁厚；D_1、t_1 为拉拔后管材的外径和壁厚。

2. 相对变形量

相对变形量是指某方向尺寸的绝对变化量与该方向原始尺寸的比值。这种表示方法是用相对应变表示的，在大变形程度时误差较大。

(1) 相对压缩率：

$$\varepsilon_h=\frac{h-H}{H}=\frac{\Delta h}{H}$$

(2) 相对伸长率：

$$\varepsilon_l=\frac{l-L}{L}=\frac{\Delta l}{L}$$

(3) 相对宽展率：

$$\varepsilon_b=\frac{b-B}{B}=\frac{\Delta b}{B}$$

式中，H、B、L 为原始的高、长、宽；h、b、l 为变形后的高、长、宽。

3. 用面积比或线尺寸表示的变形量

用面积比或线尺寸表示的变形量包括压缩率、伸长率、宽展率、锻造比、挤压比等。它们都可以明确地表示和比较物体变形程度的大小，但是应该根据实际的工艺形式选择。上述表示方法如取对数就成为对数应变。还应指出，以上表示变形程度的方法都只表示应变的平均值，并不代表各处的真实值。

(1) 自由锻时的锻造比 y：

$$y=\frac{A_0}{A}$$

式中，A_0、A 为坯料变形前和变形后的横截面积。

(2) 辊锻及轧制时的延伸系数 λ：

$$\lambda=\frac{A_0}{A}$$

式中，A_0、A 分别为辊锻件、轧制件入口断面和出口断面的横截面积。

(3) 挤压时的挤压比 ξ(或称延伸系数)或毛坯断面的缩减率 φ

$$\xi=\frac{A_0}{A},\quad \varphi=\frac{A_0-A}{A_0}$$

式中，A_0、A 分别为毛坯和挤压工件的断面面积。

2.5.3 锻造比的计算和选择

锻造比是指坯料在锻造前、后的横截面积的比值。在不同的锻造工序中，它有不同的计算方法。

1) 拔长

拔长时的锻造比可用拔长前、后坯料的横截面积之比或长度之比来表示，所以也称拔长比。

$$y_{拔}=\frac{A_0}{A}或\frac{L_0}{L}$$

式中，A_0、L_0为拔长前坯料的横截面积(mm^2)及长度(mm)；A、L 为拔长后坯料的横截面积(mm^2)及长度(mm)。

2) 镦粗

在镦粗时，锻造比可用镦粗前、后坯料的横截面积之比或高度之比来表示，所以也称镦粗比。

$$y_{镦}=\frac{A_0}{A}或\frac{H_0}{H}$$

式中，A_0、H_0为拔长前坯料的横截面积(mm^2)及高度(mm)；A、H 为拔长后坯料的横截面积(mm^2)及高度(mm)。

选择锻造比有重要意义，因为它关系到锻件质量、坯料尺寸、设备能力及加工工时等许多方面的问题。

锻造比的选择，主要是考虑到金属材料的种类和锻件具体的性能要求，以及工序种类和锻件尺寸等方面的因素。

结构钢钢锭的锻造，主要是为了消除铸态缺陷，改善金属性能，并使纤维分布符合要求。对于碳素结构钢取 $y_{拔}=2.0\sim3.0$，对于合金结构钢取 $y_{拔}=3.0\sim4.0$。

当用轧材作为原材料时，由于材料内部已经是热变形纤维组织，因此选择锻造比的大小主要是考虑纤维分布方向能否改变至所需要的方位，一般选用 $y_{镦}\geqslant1.5$。

对于一些高合金工具钢及特殊用途钢的钢锭，由于铸态组织缺陷较严重，碳化物又不易细化和分散，所以必须采用较大的锻造比。因此，不锈钢的锻造比取 $y=4.0\sim6.0$，高速钢的锻造比取 $y=5.0\sim12.0$。

应该指出，在选择锻造比的数值时，应充分考虑经济的因素。显然，锻造比越大，需要设备的功率也越大，这样就会提高锻造的生产成本，并且过大的锻造比对锻件质量并没有好处。因此，合适的锻造比数值将有不断减小的趋势。

2.6 金属塑性变形的基本定律

在金属压力加工过程中，金属的流动都有一定的规律性，即它们都遵循着塑性变形的基本定律。

1. 切应力定律

只有当金属内部的切应力达到临界切应力时，多晶体的滑移、孪晶和晶间变形才能发生，这就是切应力定律。

临界切应力的大小取决于金属材料本身和变形温度、变形程度及变形速度。

临界切应力随着钢中含碳量的增加和合金化程度的提高而增大，变形也就越困难，变形抗力也越大，变形所需的设备吨位也要加大。提高变形温度和降低变形速度及变形程度，都能减小临界切应力。

2. 体积不变定律

在锻造成形过程中，金属内部的疏松和缩孔得到消除，压实的结果使金属的密度略有增加。例如，密度为 $7.8g/cm^3$ 的普通钢锭经锻造后的密度可提高到 $7.85g/cm^3$。但这种增加对于金属的整个体积来说是微不足道的，可忽略不计。所以在热加工中，如果将加热时氧化皮损失量除去，可以认为金属变形前的体积等于变形后的体积，这就是体积不变定律。

体积不变定律是锻造工艺计算的基础。在制定锻造工艺时，坯料尺寸和质量的计算，以及确定锻件各部分金属的分配，都要应用体积不变定律。

例如，在模具设计中确定滚挤型槽和预锻型槽的尺寸时，就要特别注意滚挤型槽和预锻型槽各部分的体积关系。正确的体积计算，可以避免因金属对流造成的模锻件缺陷。

3. 最小阻力定律

当金属在外力作用下发生塑性变形时，金属内部的质点总是沿着阻力最小的方向移动(正如水总是往低处流一样)。质点朝阻力最小的方向移动的规律，叫作最小阻力定律。

最小阻力定律揭示：流动质点的方向总是和变形金属的部分周边相垂直，因为这是质点运动的最短路程，所以移动所需要的变形功也最小。

圆柱体自由镦粗时，外侧面总是出现鼓形；正方体镦粗时，横截面近于圆形；拔长变形时，变形部分宽而短的，总是比变形部分窄而长的伸长量来得大(即在窄平砧上拔长比在宽平砧上拔长来得快)，这些都是最小阻力定律的证明。

在外力作用下进行镦粗时(图 2.26)，由于接触面上摩擦力的影响，端面上金属的流动受到阻碍，而里层金属的变形又受到外层金属的阻碍，所以中心部分摩擦阻力最大。因为锻件是一个整体，这摩擦阻力就层层往下传递，形成了上、下两个基本上没有什么金属质点移动的变形死区。这两个变形死区就像压入金属内部的刚体，把外力转化为分力传递给移动的质点。该分力的纵向分量使质点向下移动，横向分量则使质点向径向移动，结果使镦粗时出现了鼓形。

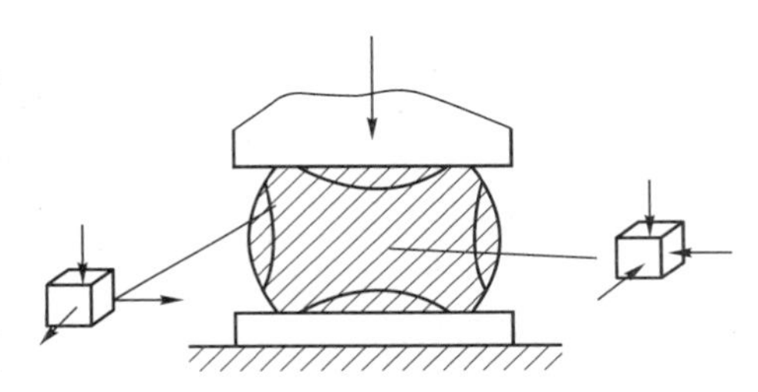

图 2.26 镦粗变形时的应力状态

镦粗不同断面的金属时，断面上质点按最小阻力定律流动的示意图如图 2.27 所示。

1) 圆形断面坯料的镦粗

其内部各质点在水平方向的移动是沿半径方向进行的，如图 2.27(a)所示。这是因为质点沿半径方向移动时路线最短，而所受的阻力也就最小，故圆形断面坯料经镦粗后的形状仍为圆形。

2) 矩形断面坯料的镦粗

根据最小阻力定律可知，断面上各质点应沿着垂直于周边并由质点至周边最近距离的方向，即质点离周边的最短法线方向移动。因此，按金属各质点的移动方向，可以用角平分线及平分线将断面划分为四个区域，如图 2.27(b)和图 2.27(c)所示。图中箭头所示的方向为各区域中质点移动的最短法线方向；角平分线为质点移动方向的分界线。

(a) 圆形断面坯料　(b) 正方形断面坯料　(c) 长方形断面坯料

图 2.27 不同断面的坯料镦粗时的金属流向

镦粗后，矩形断面的外形变成如图 2.27(b)和图 2.27(c)所示的中间图形形状；随着变形程度的增加，断面的周边将趋于椭圆形，而椭圆形又将趋向于圆形，最后将变形为圆形。

最小阻力定律在金属锻造成形过程中的坯料形状和尺寸选择、模具或工具形状和尺寸确定等实际问题的解决具有很大的实际意义。例如，在平砧下拔长坯料时，根据最小阻力定律可选择合适的砧宽或控制送进量的大小来提高拔长的效率，即令宽度方向的阻力较大，使金属的流动较为困难。

4. 金属塑性变形时存在弹性变形定律

根据切应力定律，只有当切应力达到一定数值后，塑性变形才能进行。由此可知，在塑性变形之前，弹性变形早已发生了。只要外力未消除，塑性变形之前所产生的弹性变形也不可能消除，因此，塑性变形时存在弹性变形。

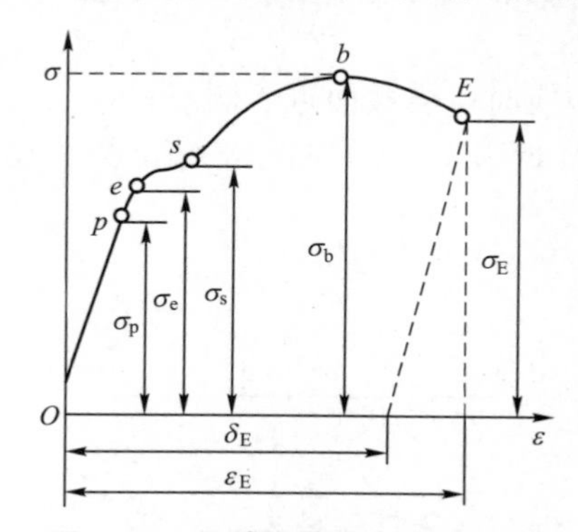

图 2.28　低碳钢的应力-应变曲线

σ_p—比例极限；σ_e—弹性极限；σ_s—屈服极限；σ_b—强度极限

由于变形金属都是多晶体结构，其应力-应变曲线是一条光滑的曲线，如图 2.28 所示。由图示可知，由外力引起的总变形 ε_E 中，既包含塑性变形 δ_E 部分，也包含弹性变形部分，但后者是次要的、微量的，当外力消除以后，这微量的弹性变形随之消失，这就是所谓的回弹现象。

因此，即使是塑性变形的工件，变形时的尺寸和外力消除后的尺寸也是不一致的，在模具设计和实际操作时要予以注意。例如，弯曲变形时，总要使弯曲角略小些，以便回弹后恰好等于要求的角度。

习　　题

1. 何谓晶格、晶粒和晶界？
2. 常见金属的晶格有哪几种类型？试用简图表示。
3. 金属在锻造时受有哪些力的作用？并指出这些力的产生原因。
4. 什么叫内力？并说明内力的产生原因。
5. 何谓应力？附加应力与残余应力有什么区别？
6. 试述金属的塑性和变形抗力的含义，并说明它们对可锻性的影响。
7. 试述单晶体塑性变形的特点及滑移过程的本质。
8. 单晶体的弹性变形与塑性变形的应力条件有何不同？
9. 多晶体结构有哪些特点？它的变形特点表现在哪些方面？
10. 何谓冷变形强化？冷变形强化是怎样产生的？金属在锻造过程中会不会产生冷变形强化？为什么？
11. 冷变形强化对金属的力学性能有何影响？怎样消除冷变形强化？
12. 合金变形容易还是纯金属变形容易？
13. 试述变形程度的含义。假设坯料原长为 200mm，经镦粗后长度缩短了 50mm，求它的变形程度。
14. 什么叫再结晶？再结晶作用对金属性能有什么影响？没有经过变形的金属能否发

生再结晶过程？为什么？

15. 根据冷变形强化与再结晶软化的关系，金属的塑性变形可分为哪几类？各有什么特点？

16. 试述最小阻力定律的含义。如何确定圆形、正方形和矩形等断面上各质点的最小阻力方向？

17. 影响金属塑性的因素有哪些？试分别举例说明。

18. 主应力状态对金属塑性的影响如何？

19. 摩擦力对金属塑性变形过程有何影响？它对变形工具又有什么影响？

第3章 锻造用金属材料及坯料的制备方法

要掌握锻造工艺，必须了解锻造用材料的种类、牌号、性能和用途。由于锻造是使材料在热态或冷态下的变形过程，所以锻造材料除应满足产品零件的各种性能要求外，还必须具有良好的成形加工性能，即在热态或冷态下具有较高的塑性和较低的变形抗力，以保证锻造过程的顺利进行。

锻造用金属材料主要有钢和有色金属及其合金。

3.1 热锻用金属材料

3.1.1 热锻用钢材

热锻用钢材有钢锭和钢坯两种。大型锻件使用钢锭作为原材料，中小型锻件使用各种截面的钢坯作为原材料。

1. 钢锭

钢锭是将炼好的钢液浇注到钢锭模中冷却凝固后获得的。钢的冶炼和浇注方法直接影响钢锭的质量。

(1) 钢锭的形式。钢锭的形状是截锥体，上端大、下端小。锻造用钢锭一般采取八角形截面，如图 3.1 所示。决定钢锭形状和尺寸的参数是锥度 α 和高径比 K。

钢锭的形式分为普通形式和特殊形式两种。普通形式的钢锭是供一般锻件用的，其锥度 $\alpha\approx4.0\%$，高径比 $K=1.8\sim2.3$，冒口的比例约为 17.0%；特殊形式的钢锭有短粗钢锭、空心钢锭、长钢锭等，其中短粗钢锭是供锻造重要的优质锻件用的，其锥度 $\alpha=11.0\%\sim12.0\%$，高径比 $K\approx1.5$，冒口的比例为 20.0%～24.0%。

(2) 钢锭的组织。钢锭是由冒口、锭身和底部三部分组成的，如图 3.2(a)所示。

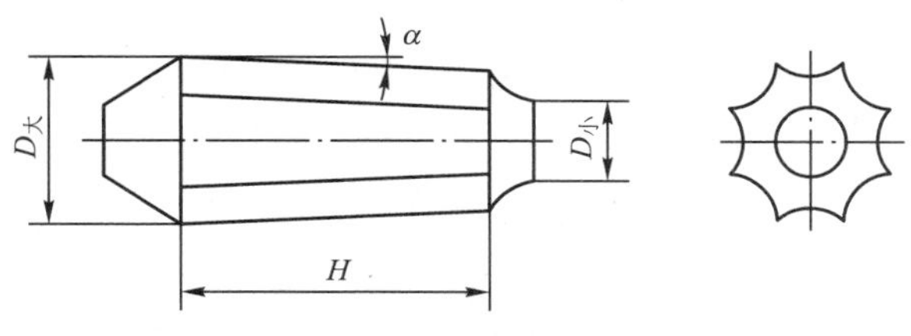

图 3.1　钢锭的形状和尺寸

① 冒口。冒口是钢锭浇注后最后冷却凝固的部分。这时由于锭身、底部均已凝固，冒口凝固时已无钢液补充体积的收缩，于是便在这里形成缩孔，在缩孔周围形成缩松；此外，低熔点的非金属杂质也大量聚集在这里。所以冒口是钢锭中缺陷严重、质量最差的部分，锻造时必须切除。

② 锭身。钢锭锭身部分是供锻造用的原坯料。锭身内部分为三个区：表面细晶粒区、柱状晶粒区、中心粗大等轴晶粒区，如图 3.2(b)所示。

锭身的中心晶粒粗大，杂质和疏松等缺陷较多，故此区质量较差。

③ 底部。钢锭底部沉积有大量的杂质(炉渣、重金属等)，组织疏松，是钢锭中质量低劣的部分，也要在锻造时切除。

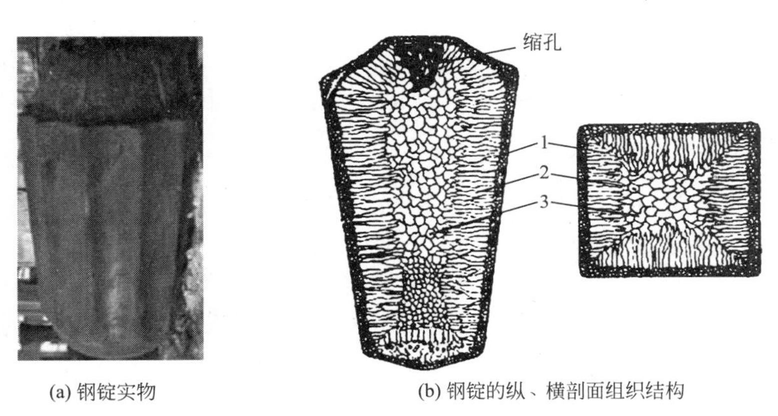

(a) 钢锭实物　　(b) 钢锭的纵、横剖面组织结构

图 3.2　钢锭及其内部组织

1—表面细晶粒区；2—柱状晶粒区；3—中心粗大等轴晶粒区

2. 钢坯

锻造用的钢坯有热轧钢材、冷拔棒料和锤或水压机锻造的钢坯，其中应用最广的是热轧钢材。冷拔棒料用于小锻件的精密模锻，锻造钢坯用于大锻件或合金钢锻件的模锻。

3.1.2　热锻用有色金属及其合金

锻造生产中常用的有色金属有铜和铜合金、铝和铝合金、钛和钛合金等。这些有色金属广泛应用于航空、电气、化学、机械和造船等工业部门。

1. 纯铜和铜合金

(1) 纯铜。纯铜是一种紫红色金属，密度为 8.93g/cm^3，熔点为 1083℃，有良好的塑性、导电性和导热性，在大气和海水中有良好的耐蚀性。纯铜的牌号以字母“T”加顺序号表示，有T1、T2、T3、T4四种，其纯度随顺序号的增大而降低。

（2）铜合金。

① 黄铜。以锌为主要合金元素的铜合金称为黄铜。只含有锌的黄铜称为普通黄铜；除锌之外还含有其他合金元素的称为特殊黄铜，如锡黄铜、铅黄铜、铝黄铜和铁黄铜等。

普通黄铜的牌号以字母“H”表示，有H62、H68、H82、H90、H96五种，后面的数字是铜的含量，锌的含量不标明。例如，H68表示含铜68.0%，其余是锌的普通黄铜。

特殊黄铜的牌号是在字母“H”后加上除锌以外的主要合金元素，后面的数字除标明铜的含量外相应标明该合金元素的含量。例如，HSn62-1表示含铜62.0%，含锡1.0%，其余是锌的锡黄铜。特殊黄铜常见的牌号有HSn62-1、HMn58-2、HPb59-1等。

② 白铜。含有镍和钴的铜合金称为白铜。白铜的牌号以字母“B”表示，后面的数字表示镍和钴的含量，其余是铜。如有其他合金元素时，相应标明该合金元素符号及含量。例如，B5表示含镍和钴5.0%，其余是铜的普通白铜；BZn15-20表示含镍和钴15.0%，含锌20.0%，其余是铜的锌白铜。白铜常见的牌号有B19、B30、BZn15-20、BFe30-1-1等结构用白铜和B0.6、B16、BMn3-12、BMn40-15等电工用白铜。

③ 青铜。除黄铜和白铜以外的铜合金均称为青铜。青铜可分为含锡的锡青铜和不含锡的特殊青铜两类，后者如铝青铜、铍青铜和硅青铜等。青铜的牌号以字母“Q”表示，后面标明主要的合金元素符号及其含量。例如，QSn4-4-4表示含锡4.0%、含铅4.0%、含锌4.0%，其余是铜的锡青铜；QAl9-4表示含铝9.0%、含铁4.0%、其余是铜的铝青铜。

2. 纯铝及铝合金

（1）纯铝。纯铝是银白色的金属，密度为2.73g/cm^3，熔点为658℃，有很高的塑性，有良好的导电性和导热性(仅次于银和铜)。铝在大气中有良好的耐蚀性。纯铝的牌号用“1×××”四位数表示，其中“1”表示纯铝，第一个“×”为原始纯铝的改型情况(A、B～Y)，后两个“××”为最低铝含量百分数(99%)小数点后的两位数。例如，1A97为原始纯铝，最低铝含量为99.97%。

（2）铝合金。由于纯铝的强度低，很少直接用来制造结构零件。常在铝中加入Cu、Mg、Mn、Zn、Si等合金元素，配制成铝合金使用。铝合金可分为变形铝合金和铸造铝合金两大类，前者可用于锻造。

① 防锈铝合金。防锈铝合金有Al-Mn系和Al-Mg系铝合金两类，如3A21、5A02、5A05等。其特点是强度低、塑性高，容易锻造，但不能用热处理强化。

② 硬铝合金。硬铝合金如2A11、2A12等。硬铝合金有以下两种类型：

a. 普通硬铝合金。它是Al-Cu-Mg系铝合金，如2A02、2A11等属于这一类。其特点是可以热处理强化，强度高、塑性较高。

b. 耐热硬铝合金。它是Al-Cu-Mn系铝合金，如2A16等属于这一类。其特点是高温下具有高的蠕变强度，常温下强度并不高，热态下的塑性较高。

③ 超硬铝合金。超硬铝合金是Al-Zn-Cu-Mg系铝合金，如7A03、7A04、7A06、7A09等。其特点是具有高的强度和硬度，较低的塑性。

④ 锻铝合金。锻铝合金如2A05、2A06、2A14等。锻铝合金有以下三种类型：

a. Al-Mg-Si系铝合金，它的强度较低，热态下塑性很高，容易锻造。

b. Al－Mg－Si－Cu 系铝合金，如 2A50 等。由于加入了 Cu，此类铝合金强度提高了，塑性稍有降低，锻造性能较好。

c. Al－Cu－Mg－Fe－Ni 系铝合金，由于这类铝合金有较多的 Fe、Ni 元素，故有较高的抗热性，常称耐热锻铝。其热态下塑性较高。

3. 纯钛及钛合金

(1) 纯钛。纯钛密度为 4.51g/cm^3，熔点为 1667℃，钛的导热性差。钛在高温下易吸收氧、氮和氢，吸收后将产生严重的“氢脆”现象，导致加工性能和使用性能大大降低。

工业纯钛的牌号用字母“TA”加顺序号表示，如 TA1、TA2、TA3 等。它们的强度较低、塑性较高、耐蚀性很好，可制造受力小的结构零件。

(2) 钛合金。为了使钛强化，扩大其使用范围，在钛中加入各种合金元素，如 Al、Mo、V、Cr、Fe、Si、Cu、Sn 和 Zr 等，从而形成各类不同性质的钛合金。

形成各类钛合金的合金元素可分为三类：一类是稳定 α 相的元素，主要是 Al 等；二类是稳定 β 相的元素，主要有 Mo、V、Cr、Mn、Fe、Si、Cu 等；三类是中性元素，常用的是 Sn、Zr。合金元素的加入，使钛合金在室温下具有不同组织。

按不同的组织形态，钛合金可分为以下三种。

① α 相钛合金。α 钛合金的牌号用字母“TA”加顺序号表示。这类合金主要含有一定量的稳定 α 相的元素 Al，其次是中性元素 Sn、Zr，以及少量的稳定 β 相的元素(不足以引起相变)。

由于 Al 对 α 相的稳定作用，因此，这类合金在室温下得稳定组织为单一的 α 相。

常见的 α 相钛合金如 TA7 等，它由 Ti－5Al－2.5Sn 组成。这种钛合金不能用热处理强化，具有良好的耐蚀性、塑性和热稳定性，适用于制造在 500℃以下长期工作的结构零件。

② $\alpha+\beta$ 两相钛合金。$\alpha+\beta$ 两相钛合金的牌号用字母“TC”加顺序号表示。这类合金既含有一定量的稳定 β 相的元素，又含有一定量的稳定 α 相的元素。因此，这类钛合金在室温下的稳定组织为 $\alpha+\beta$ 两相。

常见的 $\alpha+\beta$ 两相钛合金，如 TC4 等，它由 Ti－6Al－4V 组成。这种钛合金可以用热处理强化，在室温下具有很高的强度，并有很好的耐蚀性和热稳定性；在热态下塑性也很好。因此，在航空工业上应用很广，用于 400℃以上长期工作的零件，如航空发动机叶片等。

③ β 相钛合金。β 相钛合金的牌号用字母“TB”加顺序号表示。这类合金主要含有大量的稳定 β 相的元素及少量的稳定 α 相的元素。由于前者对 β 相的稳定作用，因此这类合金在室温下的稳定组织为单一的 β 相，或 $\beta+\alpha$(少量)。

β 相钛合金有 TB1 等，它由 Ti－3Al－8Mo－11Cr 组成。这种钛合金可以热处理强化，经淬火、时效后的强度很高，在冷、热态下具有良好的塑性，易于锻造。但是 β 钛合金的热稳定性差，实际上很少应用。

3.2 冷锻用金属材料

材料的组织、性能与质量是冷锻过程中的重要问题。它们不仅关系冷锻件的质量和性能，也直接影响冷锻模具的使用寿命，在某种程度上决定着冷锻成形的难易程度。

为了使毛坯容易变形和减少模具受力，要求在冷锻成形过程中，材料具有足够的塑性、最小的变形抗力、最高的不产生破裂的变形性能；同时它还必须具有极好的切削加工性能。为了达到这些基本的性能要求，对坯料的力学性能、化学成分与表面质量等方面，都将提出严格的要求。

目前，可冷锻成形用的材料主要有以下几种。

① 纯铝(1A70、1A60、1A50、1A30 等)；

② 铝合金(5A02、5A05、3A21、2A11、2A12、2A13、2A14、6061、6063 等)；

③ 纯铜(T1、T2、T3)与无氧铜(TU1、TU2 等)；

④ 黄铜(H80、H68、H62、HPb59-1 等)；

⑤ 锡磷青铜(QSn0.15～6.5 等)；

⑥ 镍(Ni-1、Ni-2 等)；

⑦ 锌与锌镉合金；

⑧ 纯铁(DT1、DT2、DT3、DT4 等)；

⑨ 低碳钢(A1、A2、B1、B2、08、10、15、20、25 等)；

⑩ 深冲钢(S10A、S15A、S20A)；

⑪ 中碳钢(30、40、45、50 等)；

⑫ 低合金结构钢(15Cr、20Cr、20CrMo、20CrMnTi、16Mn、20MnB、16MnCr5、40Cr、42CrMo、30CrMnSiA、35CrMnSi、30CrMnSiNi2 等)；

⑬ 不锈钢(1Cr13、0Cr13、2Cr13、0Cr18Ni9Ti、1Cr18Ni9Ti 等)。

此外，对于钛与某些钛合金、锆及可伐合金(铁镍钴合金)、坡莫合金(铁镍合金)等都可进行冷锻成形加工。甚至对轴承钢 GCr9、GCr15 与高速钢 W6Mo5Cr4V2 也可进行一定变形量的冷锻成形加工。

1. 工业纯铝

工业纯铝是很理想的冷锻成形材料，不仅变形抗力小、塑性好，而且冷作硬化不强烈，是一种冷锻成形性能良好的材料。常用于冷锻成形的工业纯铝的主要化学成分及力学性能见表 3-1。

表 3-1 工业纯铝的主要化学成分及力学性能

牌号	主要化学成分/(%)		状态	力学性能（室温）				
	Al	杂质		σ_b/MPa	σ_s/MPa	δ/(%)	ψ/(%)	HB/(kg/mm²)
1A70	99.7	0.3	退火(M)	70～110	50～80	35	80	15～25
1A60	99.6	0.4						
1A50	99.5	0.5						
1A30	99.3	0.7	冷作硬化(Y)	150	100	6	60	32

2. 铝合金

1）防锈铝合金

Al-Mg 系防锈铝合金如 5A02、5A05 和 Al-Mn 系防锈铝合金 3A21，也是一种较为理想的冷锻成形材料。其强度低、塑性高，压力加工性能良好。但是这些材料具有较高的硬化趋向，而且不能进行热处理，主要靠冷作硬化来强化。常用于冷锻成形的防锈铝合金有5A02和3A21，其化学成分及力学性能见表3-2。

表3-2 5A02和3A21防锈铝的化学成分及力学性能

牌号	主要化学成分/(%)			状态	力学性能(室温)				
	Al	Mg	Mn		σ_b/MPa	σ_s/MPa	δ/(%)	ψ/(%)	HB/(kg/mm²)
5A02	96.8～97.85	2.0～2.8	0.15～0.4	退火(M)	190	80	23	64	45
				半硬	250	210	6		60
3A21	98.4～99.0		1.0～1.6	硬化(Y)	220	180	5	50	55
				退火	130	50	23	70	30

2）硬铝型合金

Al-Cu-Mg系合金即硬铝型合金，如2A11、2A12等，其中2A11为标准硬铝、2A12为高强度硬铝。目前应用较多的就是这两种硬铝。与纯铝、低碳钢相比，硬铝的塑性较差、冷锻成形后的强化效果不甚显著，而且极易产生裂纹。因此，必须加强软化和润滑处理，制订不产生拉应力的最合理的变形条件和工艺方案。2A11和2A12硬铝合金的化学成分及力学性能见表3-3。

表3-3 2A11和2A12硬铝合金的化学成分及力学性能

牌号	主要化学成分/(%)					状态	力学性能(室温)		
	Cu	Mg	Mn	杂质	Al		σ_b/MPa	δ/(%)	HB/(kg/mm²)
2A11	3.8～4.8	0.4～0.8	0.4～0.8	1.80	余量	退火(M)	<240	12	55～65
						淬火(CZ)	380～420	8～12	95～110
2A12	3.8～4.9	1.2～1.6	0.3～0.9	1.50	余量	退火(M)	<240	12～14	55～65
						淬火(CZ)	440～470	8～12	110～120

3）锻铝合金

Al-Mg-Si-Cu系合金即锻铝合金，如2A14、6063、6061等，也称为高强度铝合金。与硬铝合金相比，含硅量较高，为0.60%～1.20%，硅可使2A14合金在热处理状态下的强度增加，淬火和人工时效后强度可达到470MPa，比2A11高出50MPa以上。但是其塑性却不及2A11，尤其是冷态下的塑性较差，容易形成裂纹。因此，在冷成形加工锻铝合金，如2A14等时，要特别注意软化效果及工艺变形条件。锻铝合金2A14的主要化学成分及力学性能见表3-4。

表 3-4 锻铝合金 2A14 的主要化学成分及力学性能

牌号	主要化学成分/(%)					状态	力学性能(室温)			
	Cu	Mg	Mn	Si	Al		σ_b/MPa	ψ/(%)	δ/(%)	HB/(kg/mm²)
2A14	3.9～4.8	0.4～0.8	0.4～1.0	0.6～1.2	余量	退火	190～215	43.5	10～15	62～65
						淬火	>460	25	>10	>130

3. 纯铜

纯铜俗称紫铜，是人类极早使用的金属之一。纯铜具有优良的冷锻成形加工性能，其强度不高，σ_b只有 200～240MPa，σ_s只有 60～70MPa，而塑性极好，伸长率 δ 可达 50%，断面收缩率 ψ 达到 70%；而且冷作硬化不强烈，是一种冷锻成形性能良好的材料。常用于冷锻成形的工业纯铜的主要化学成分及力学性能见表 3-5。

表 3-5 工业纯铜的主要化学成分及力学性能

牌号	主要化学成分/(%)		状态	力学性能(室温)		
	Cu	杂质		σ_b/MPa	ψ/(%)	HB/(kg/mm²)
T1	99.95	0.05	退火	210～230	47.5～50	40～50
T2	99.9	0.10	退火	210～230	47.5～50	40～50
T3	99.7	0.30	退火	210～230	47.5～50	40～50
T4	99.5	0.50	退火			
TU1	99.97	0.03	退火			
TU2	99.95	0.05	退火			

4. 黄铜

Cu-Zn 系合金即黄铜，如 H80、H68、H62 等，是以锌为主要添加元素的铜合金，锌加入后使塑性和强度都有所提高。铜合金中含锌量小于 32%时，具有优良的冷锻成形性能；而当铜合金中的含锌量超过 38%时，其塑性急剧下降。因此，含铜量越高越适宜于冷锻成形加工。

H68 和 H62 黄铜合金的主要化学成分及力学性能见表 3-6。

表 3-6 H68 和 H62 黄铜合金的主要化学成分及力学性能

牌号	主要化学成分/(%)			状态	力学性能(室温)		
	Cu	Zn	杂质		σ_b/MPa	ψ/(%)	HB/(kg/mm²)
H62	60.5～63.5	36～39	0.5	退火	300～350	30～40	50～60
H68	67～70	30～32	0.3	退火	300～320	30～45	45～55

5. 钢

目前，可冷锻成形的钢材大致可分为以下三类。

(1) 具有可成形性的钢。对这种钢的要求主要是它的可成形性，不要求有良好的冷作强化效果。这类钢主要是指含碳量在0.10%以下的普通碳素钢。

(2) 要求通过成形工艺来提高零件机械强度的钢。此类钢是指含碳量在0.20%以上的低碳、中碳和合金钢都可通过加工硬化来达到这一目的的钢。

(3) 要求通过热处理来提高零件力学性能的钢。当产品零件要求的强度比冷锻成形所能达到的强度更高时，或对整个横截面上的强度都要求很严格时，必须进行热处理。例如，汽车、摩托车的变速轴、齿轮类零件，多采用20Cr、20CrMo、20CrMnTi等低合金结构钢，冷锻成形后一般仍然达不到零件的性能要求，尚需进一步进行热处理。对于这类材料，要求在热处理时具有较高的淬透性，但是要能够适当软化，以减小冷成形力。

几乎凡是可以热锻的钢材都可以进行冷锻成形加工，但是由于受到模具和设备的限制，能够用于冷锻成形的钢材，一般只能采用含碳量在0.50%以下的中碳钢和低碳钢，以及含碳量在0.50%以下的低合金结构钢。在实际生产中，广泛采用的是含碳量在0.20%以下的低碳钢和低合金结构钢。

表3-7列出了目前可供冷锻成形使用的一些钢材的主要化学成分及力学性能。

表3-7 冷锻成形用钢材的主要化学成分及力学性能

名称	牌号	主要化学成分/(%)						力学性能(室温)			
		C	Mn	Si	P	S	Cr	σ_b/MPa	δ/(%)	ψ/(%)	HB/(kg/mm²)
低碳钢	10	0.07～0.14	0.35～0.65	0.17～0.37	<0.035	<0.04		340～360	40～43	60	107～110
	15	0.12～0.19	0.35～0.65	0.17～0.37	<0.04	<0.04		360～380	38～40	55～60	109～121
	20	0.17～0.24	0.35～0.65	0.17～0.37	<0.04	<0.04		390～420	28～32	55	121～131
合金结构钢	15Cr	0.12～0.18	0.4～0.7				0.7～1.0	450	20	40	
	20Cr	0.17～0.24	0.5～0.8				0.7～1.0	490			133～138
	40Cr	0.37～0.45	0.5～0.8				0.8～1.1	610			156
深冲钢	S10A	0.06～0.12	0.25～0.5	<0.10	<0.03	<0.035		300～400	46～50		
	S15A	0.12～0.18	0.25～0.5	<0.10	<0.03	<0.035		340～450	44～48		

3.3 坯料的制备方法

原材料在锻造成形之前，一般需按锻件大小和锻造工艺要求切割成具有一定尺寸的单个坯料。当原材料为钢锭时，由于其内部组织、成分不均匀，通常用自由锻方法进行开坯，然后将锭料两端切除，并按一定尺寸将坯料分割开来。当原材料为轧材、挤材和锻坯时，其下料工作一般在锻工车间的下料工段进行。

常用的下料方法有剪切法、锯切法、砂轮片切割法、车削法等，各种方法的毛坯质量、材料利用率、加工效率往往有很大不同。选择毛坯的下料方法时，应考虑生产要求、所需设备的条件和成本、工具和维修费用、材料的损耗、加工成本、所需工序(如去飞边、校正和退火等)次数，以及其他因素。毛坯的尺寸、形状、材料，需要保证的锻件精度和成形方式也是影响下料方法的重要因素。

3.3.1 剪切下料

图 3.3 为剪切下料示意图。刀口形状和棒料截面相似。小尺寸的棒料多用冷剪。

对有些合金钢和尺寸较大的碳素钢棒料，为防止断口产生裂纹，还须加热到 350～550℃剪切。剪切下料效率高，适用于大批生产，切口没有材料损耗；但剪切端面质量较差。采用精密剪切工艺和设备，可以改善剪切端面的平整度和减小下料的质量误差；剪切后的端面和轴线的不垂直度可小于 1°，质量误差为 0.5%～1%。

剪切下料通常在专用剪床上进行，也可以在一般曲柄压力机上进行。

1. 剪切下料的特点

大批量的成形生产过程中，剪切下料是一种普遍采用的方法。其特点是效率高、操作简单、断口无金属损耗、模具费用低等。

剪切下料时的受力情况如图 3.4 所示，在刀片作用力影响下，坯料产生弯曲和拉伸变形，当应力超过抗剪强度时发生断裂。

这种下料方法的缺点是：①坯料局部被压扁；②端面不平整；③剪断面常有飞边和裂纹。

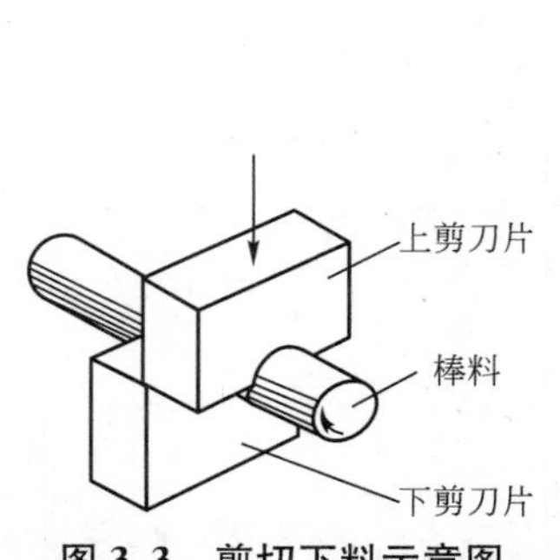

图 3.3 剪切下料示意图

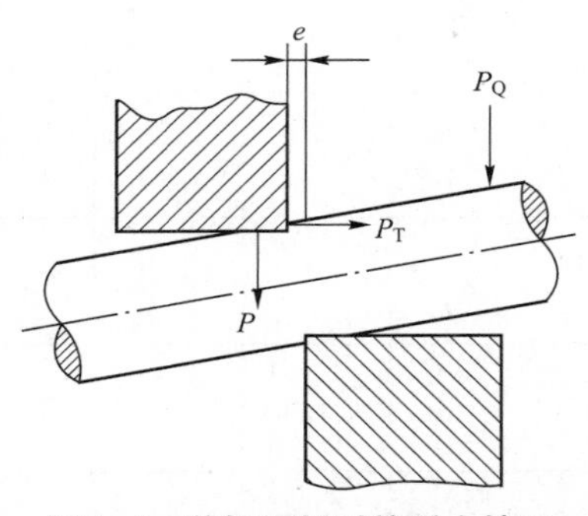

图 3.4 剪切下料时的受力情况

P—剪切力；P_T—水平阻力；P_Q—压板阻力

2. 剪切下料过程

剪切下料过程可分为三个阶段，如图 3.5 所示。

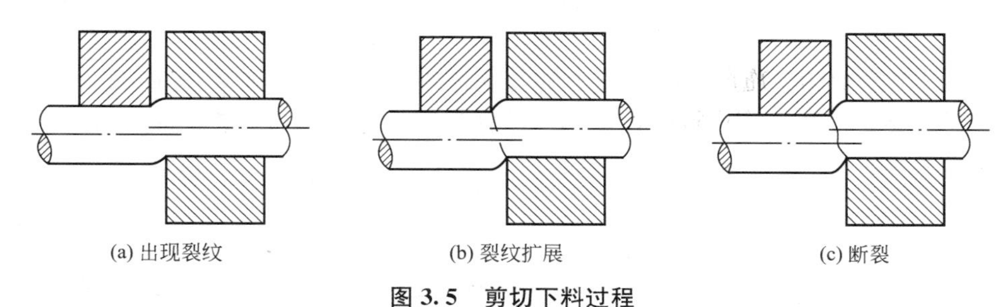

图 3.5 剪切下料过程

第一阶段：刀刃压进棒料，塑性变形区不大，由于加工硬化有作用，刃口端首先出现裂纹。

第二阶段：裂纹随刀刃的深入而继续扩展。

第三阶段：在刀刃的压力作用下，上、下裂纹间的金属被拉断，造成“S”形断面。

剪切端面质量与刀刃锐利程度、刃口间隙大小、支承情况及剪切速度等因素有关。刃口圆钝时，将扩大塑性变形区，刃尖处裂纹出现较晚，结果剪切端面不平整；刃口间隙大，坯料容易产生弯曲，结果使断面与轴线不相垂直；刃口间隙太小，容易碰伤刀刃，若坯料支承不利，因弯曲使上、下两裂纹方向不相平行，刃口则偏斜。剪切速度快，塑性变形区和加工硬化集中，上、下两边的裂纹方向一致，可获得平整断口；剪切速度慢时，情况相反。

3. 常用的剪切下料方法

剪切下料可以采用专用的棒料剪切机，也可采用剪切模具在普通压力机上进行。剪切下料的常用方法有开式剪切、闭式剪切、径向夹紧剪切及轴向加压剪切等。

(1) 开式剪切。开式剪切下料方法如图 3.6 所示。在开式模具内切断时，半月牙形切刀首先将棒料的端头压塌变形，剪切后坯料的端头出现了明显偏斜，此时剪切面 AB 和棒料水平轴线成 α 角，α 角应大于 90°而小于 97°。为了达到直角切断的目的，棒料的轴线必须有一个 0°～7°的倾角(β 角)。由于加工、调整方面的困难，这种倾斜剪切方法极少采用。

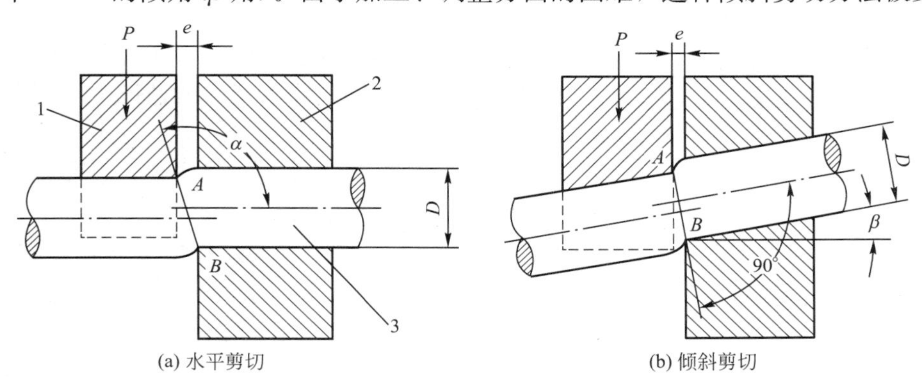

图 3.6 开式剪切下料方法

1—活动切刀；2—固定切刀；3—棒料

(2) 闭式剪切。采用闭式剪切下料方法(图 3.7)剪切时，由于棒料限制在活动切刀 1 和固定切刀 2 的孔内，剪切下来的坯料质量比开式剪切法要好得多，能够满足精密锻造成形工艺的要求。在精密锻造成形毛坯的剪切下料中，图示的双套筒式圆形剪切模具得到了广泛应用。

(3) 径向夹紧剪切。施加径向夹紧力的剪切原理如图 3.8 所示。施加径向夹紧力，可以使棒料径向夹紧，能稳定棒料位置，消除棒料旋转和弯曲的可能性，从而改善下料毛坯的质量。

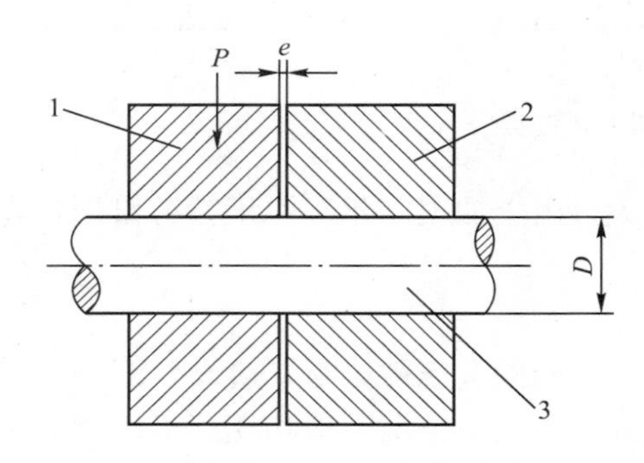

图 3.7　闭式剪切下料方法

1—活动切刀；2—固定切刀；3—棒料

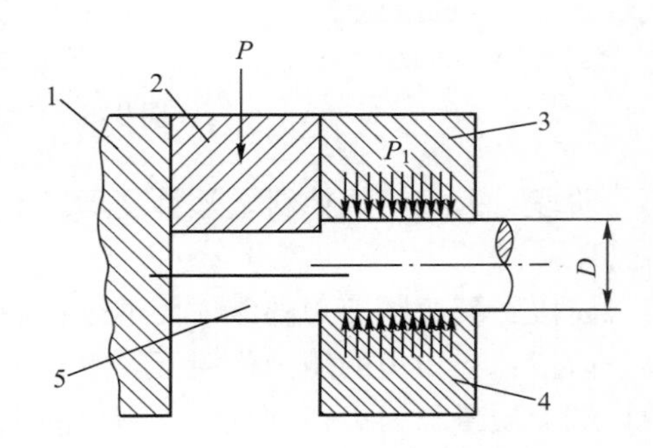

图 3.8　径向夹紧剪切下料方法

1—挡板；2—活动切刀；
3—夹紧压板；4—固定切刀；5—棒料

(4) 轴向加压剪切。轴向加压剪切下料方法如图 3.9 所示。施加轴向力的实质就是要改变剪切区的应力状态，使剪切区产生的压应力超过被剪切材料的屈服极限，从而使整个剪切过程在塑性状态下进行。

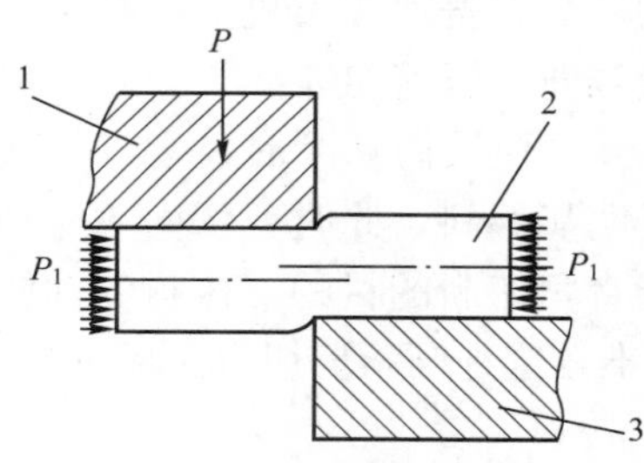

图 3.9　轴向加压剪切下料方法

1—活动切刀；2—棒料；3—固定切刀

在径向夹紧剪切和轴向加压剪切过程中，由于剪切材料的移动受到约束，这不但可以预防毛坯的倾斜，而且可以形成平坦而光亮的剪切表面。

径向夹紧剪切法和轴向加压剪切法最适合于剪切有色金属材料。

4. 对剪切下料毛坯的要求

为了满足精密锻造成形的工艺要求，对剪切下料的毛坯精度有一定的要求。一般情况下，对剪切毛坯应做如下规定。

(1) 质量公差。对于剪切下料毛坯，其质量应控制在一定的范围内，以便减小随后的机械加工余量，并且避免由于毛坯体积过大而造成的模具和成形设备的损坏。

(2) 端面倾斜。剪切毛坯的变形应尽可能小，以避免成形过程中模具承受偏心载荷，并保证模具的充填均匀。

(3) 断裂表面。断裂表面不应有裂纹、折叠、撕裂等现象存在。

3.3.2 锯切下料

用边缘具有许多锯齿的刀具(锯条、圆锯片、锯带)或薄片砂轮等将工件或材料切出狭槽或进行分割的切削加工，称为锯切。锯切可按所用刀具形式分为弓锯切、圆锯切、带锯切和砂轮锯切等，如图3.10所示。

1. 带锯下料

带锯下料是近十几年来在国内的锻造、机械加工行业获得广泛应用的一种高效、经济、快速的下料方法。带锯的切割效率超过了圆盘锯，它能向冷热锻造成形设备、挤压机、辊轧机、高效六角车床、自动机等提供金属坯料。

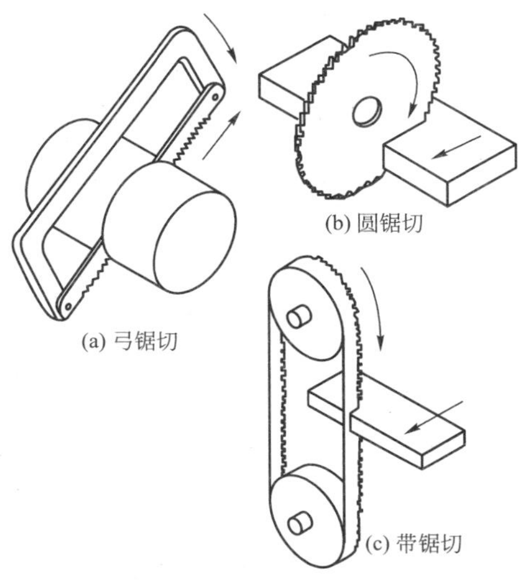

图3.10 锯切下料示意图

带锯下料具有如下特点：

(1) 下料毛坯的精度高。下料毛坯的尺寸精度和断面质量高：长度重复精度一般为±(0.13～0.25)mm，表面粗糙度可达 Ra6.3～12.5μm，端面垂直度不超过0.2mm (在切 ϕ95mm 的棒料时)；同时其端面平整，无弯曲、歪斜、压塌等疵病。

(2) 能耗低。与其他下料方法相比，带锯下料时的能耗仅为其他下料方法能耗的5%～6%。

(3) 生产效率高。金属带锯机的切割效率可以达到190～260cm^2/min。

(4) 材料利用率高。由于带锯机的锯缝宽为1.6mm、弓形锯的锯缝为2.5mm、圆盘锯的锯缝为3.0mm，因此带锯下料时的锯缝消耗的材料少，使材料的利用率显著提高。

2. 专用圆盘锯下料

圆锯片做旋转的切削运动，同时随锯刀箱做进给运动。锯片的圆周速度为0.5～1.0m/s，比普通切削加工速度低，故锯切生产率较低。锯片厚度一般为3～8mm，锯屑损耗较大；圆盘锯可锯切的材料直径可达750mm。

3. 弓形锯下料

装有锯条的锯弓做往复运动，以锯架绕一支点摆动的方式进给，机床结构简单、体积小，但效率较低。弓锯床锯条的运动轨迹有直线和弧线两种。弧线运动时，锯弓绕一支点摆动一小角度，每个锯齿的切入量较大，排屑容易，效率较高。锯片厚度为2～5mm，一般用来锯切直径在100mm以内的棒料。

3.3.3 其他下料方法

1. 车削下料

车削下料主要用于单件、中小批量生产或试制用毛坯的备料，常用车床加工。车床下料的毛坯尺寸精度和表面质量都比较高，其尺寸精度一般可达±0.05mm，表面粗糙度可

达 Ra1.6～3.2μm，几何形状比较规则；材料利用率低，一般只有70%～90%，生产效率也比较低。

2. 冷折下料

冷折下料如图3.11所示。坯料预先用锯切或气割加工出切口，这是为了在预切口处造成应力集中，保证坯料在一定部位折断，而不产生塑性变形。

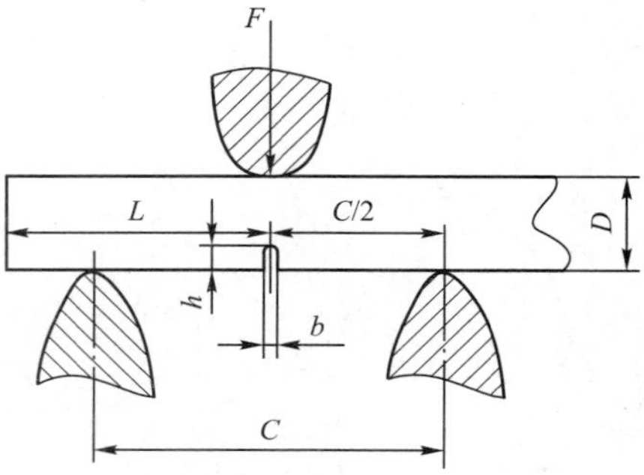

图3.11　冷折下料示意图

预切口尺寸按下式确定：

切口宽度 $b=5\sim8$mm，切口深度 h 为

$$h=\sqrt[3]{D}\,(\mathrm{mm})$$

式中，D 为坯料直径或边长(mm)。

冷折下料在摩擦压力机或曲柄压力机上进行，压力通过压头传到坯料上，使坯料沿预切口折断。

冷折下料适用于硬度较高的高碳钢及高合金钢，如GCr15、GCr15SiMn、GSiMnMo、GSiMnV等轴承钢，并须预热到300～400℃。

3. 热剁下料

热剁下料是锻工常用的下料方法，可用于各种材料和各种尺寸的坯料。

4. 砂轮切割

砂轮切割是在砂轮切割机上进行的，由电动机带动薄片(厚度在3mm以下)砂轮高速旋转，并向坯料送进，将坯料切断。

适用于其他下料方法难以切割的金属，如高温合金GH33、GH37等。砂轮切割的坯料端面质量好，尺寸精度高，但生产率不如剪切下料和冷折下料等方法高，而且砂轮片消耗大。

5. 气割

当其他下料方法受到设备功率或下料断面尺寸的限制时，可以采用气割法下料。

它是利用气割器或普通焊枪，把坯料局部加热至熔化温度，逐步使之熔断。

对于含碳量低于0.7%的碳素钢，可直接进行气割；含碳量在1.0%～1.2%的碳素钢和低合金钢均需预热至850℃左右才可以气割；高合金钢及有色金属不宜用气割法下料。

气割所用设备简单，便于野外作业，可切割各种截面材料，尤其适用于对厚板材料进行曲线气割。

气割法的主要缺点是切割面不平整，精度差，断口金属损耗大，生产效率低等。

6. 阳极切割

阳极切割是利用电蚀作用和电化学腐蚀作用的原理切开金属材料的。可切割坯料的断面尺寸为30～300mm。

阳极切割的优点是生产率高、废料少、断面光洁，可以切割任何硬度的金属材料。

习　　题

1. 钢锭按其外形可分为哪三部分？画出其示意图。
2. 钢锭内部组织是怎样的？
3. 锻造用有色金属有哪些？铜合金的主要种类有哪些？铝合金有哪些？
4. 锻压车间传统下料的方法主要有哪两种？它们各有什么优缺点？
5. 哪一种下料方法最适合于精密模锻车间？为什么？
6. 使用圆盘锯有什么缺点？
7. 目前常用的金属带锯锯带是由什么材料制作的？

第4章 锻造过程中的加热

一般地说，锻造材料(主要是钢和有色金属)，在锻造前都需要加热；其目的主要是提高金属的塑性，降低变形抗力，以利于金属的变形和获得良好的锻后组织。因此，加热工序是锻造成形工艺过程的一个重要环节。

4.1 锻造的加热方法

1. 对锻造加热的基本要求

(1) 能达到要求的加热温度，加热质量好，坯料温度均匀，氧化、脱碳少。
(2) 加热速度快，生产效率高。
(3) 节省燃料，热效率高。
(4) 设备结构简单、紧凑，造价低，使用寿命长。
(5) 劳动条件好，操作简单，维修方便，尽可能实现机械化和自动化。
(6) 对环境污染小。

对于热锻来讲，坯料的锻前加热，是锻造成形过程中的一个不可缺少的重要工序。其目的是：提高金属的塑性，降低金属的变形抗力，以利于坯料的锻造成形；同时还可改善原始坯料的内部组织，以及获得锻后良好的组织和力学性能。

对于冷锻而言，坯料的软化处理是冷锻生产过程中的重要工序之一。能否把金属坯料转化为高质量的冷锻件，软化处理的加热温度、保温时间及冷却速度的确定十分重要。

2. 锻造加热的基本方式

根据所采用的能源形式不同，可将锻造加热方式分为火焰加热和电加热两大类。

(1) 火焰加热。利用燃料燃烧的热能直接加热坯料的方法称为火焰加热。由于火焰加热的燃料来源广泛、加热设备维修方便、适应性强，因此，它是锻造生产中主要的加热方法。其缺点是加热速度较慢、加热质量难以控制、劳动条件差等。

(2) 电加热。将电能转换成热能加热坯料的方法称为电加热。它具有加热速度快、加热质量好、劳动条件好、便于实现机械化和自动化等优点。其缺点是对坯料的尺寸形状限制严格、适应性差、设备费用高。

通常热锻的加热方法有火焰加热和电加热两种。而冷锻成形过程中的坯料软化处理，大多采用电加热方法。

3. 火焰加热

1) 燃料的种类和成分

锻造加热用的燃料种类很多，按照来源可分为天然燃料和人造燃料；按照物态可分为固体燃料、液体燃料和气体燃料。燃料的分类见表4-1。

表4-1 燃料的分类

燃料的物态	来源	
	天然燃料	人造燃料
固体燃料	木柴、泥煤、褐煤、烟煤、无烟煤、可燃页岩等	木炭、焦炭、煤砖、煤粉等
液体燃料	石油	汽油、煤油、重油及其他石油加工产品、酒精、煤焦油、合成燃料、胶体燃料等
气体燃料	天然气	焦炉煤气、高炉煤气、水煤气、发生炉煤气、石油气等

2) 燃料的燃烧过程

燃料的燃烧是燃料中的可燃物质与空气中的氧进行强烈的化学反应过程，并且伴随有光和热的效应。

在氧气充足的条件下，燃料中可燃成分全部与氧发生化学反应，变成不可再燃烧的产物，如CO_2、H_2O和SO_2等，称为完全燃烧。但实际上，燃烧时往往会因种种原因使燃料中的可燃成分没有全部和氧起化学反应，在排出的燃烧产物中还有剩余的可燃物质，这就称为不完全燃烧。不完全燃烧包括化学的、机械的两种。

(1) 化学的不完全燃烧。化学的不完全燃烧是指燃料中的可燃成分没有全部与氧发生化学反应。此时燃烧产物中除含有CO_2、H_2O等之外，还含有CO、H_2等。这些未燃烧的可燃物最后被废气带走。

导致化学不完全燃烧的原因是空气供给不足、燃料与空气混合得不好，以及燃料本身的高温热分解。

(2) 机械的不完全燃烧。机械的不完全燃烧是指燃料中的可燃成分未参加燃烧反应即被损失掉的现象。例如，固体燃料中的可燃物从炉箅间隙中落下，被炉渣带走；小碳粒被废气带出；液体和气体燃料在输送系统中漏掉。

不完全燃烧不仅造成燃料的损失，而且造成热量的损失，从而降低加热炉的炉温。

要使燃料燃烧，除了需要氧气外，还要将燃料加热到一定的温度，这个温度称为燃料的着火温度，或称为燃料的燃点。几种常用燃料的着火温度见表4-2。

表 4-2 几种燃料的着火温度

燃料名称	着火温度/℃	燃料名称	着火温度/℃
木材、泥煤、褐煤	250	重油	500～650
烟煤	300～350	发生炉煤气	700～800
无烟煤、焦炭	650～800		

3）燃烧时的火焰特征

在加热过程中，往往以燃料燃烧时所产生火焰的特征来判别炉内空气量过剩与否。不同的燃料在不同的空气供给量下，燃烧时具有不同的火焰特征。掌握这些特征，对正确控制加热炉内燃料的燃烧，保证坯料的加热质量，是十分有效的。

根据炉气成分的不同，火焰可分为还原火焰、氧化火焰和中性火焰三种。

(1) 还原火焰。如果燃烧时进入炉中的空气量不足，则由于不完全燃烧而生成还原火焰。用还原火焰加热坯料，由于它的燃烧温度较低，坯料升温较慢，加热较均匀，产生的氧化皮也较少；但因为是不完全燃烧，不仅会冒黑烟污染环境，而且燃料消耗较多，故还原火焰一般不宜采用。

(2) 氧化火焰。如果在燃烧时进入炉中的空气量过多，则生成氧化火焰。用氧化火焰加热坯料，由于它的燃烧温度较高，坯料加热速度较快；但坯料加热温度不均匀，燃料并不节省，尤其是坯料氧化严重，故通常仅采用弱氧化火焰加热。

(3) 中性火焰。如果燃烧时进入炉中的空气量约等于理论量，则生成中性火焰。在这种火焰中，没有多余的氧，也没有一氧化碳和碳的微粒，金属很少氧化，金属氧化物也不被还原，所以称为中性火焰。用中性火焰加热坯料，加热温度均匀，产生的氧化皮很薄，消耗的燃料少于还原火焰，但人工操作较难做到中性火焰加热。

各种燃料在不同的空气供给状态下燃烧时的火焰特征见表 4-3。

表 4-3 各种燃料燃烧时的火焰特征

空气量状况	燃料种类			火焰性质
	煤	重油	煤气(有焰燃烧)	
不足	颜色晦暗带红，火苗较长，并冒黑烟	暗红色，烟黑且浓，火苗呈翻滚状	红黄色，火焰卷曲成团状，火苗短而软	还原性
过多	颜色明亮炫目，火苗较短，边界明显	青白色，发亮，火苗短而无烟，并且呈直线“冲击状”	青白色，火焰不明显，火苗短而尖(形如蛇舌)	氧化性
适量	颜色红黄，无刺目感，火苗略微冒烟	浅蓝色，无烟，火苗呈飘拂状	黄白色，火焰呈束状，火苗长而亮	中性

4. 电加热

电加热是用电能转换为热能来加热坯料的方法，按其传热方式可分为电阻加热和感应电加热。

1）电阻加热

电阻加热的传热原理与火焰加热相同。根据电阻发热元件的不同，电阻加热有箱式电阻炉加热、接触电加热、盐浴炉加热等。

(1) 箱式电阻炉加热。箱式电阻炉加热是利用电流通过炉内的电热体产生的热量，再通过对流、辐射等传热方式加热炉内的金属材料。这种方法的加热温度受到电热体的使用温度的限制，热效率比其他电加热方法低；但它对坯料加热的适应能力比较强，便于实现加热的机械化、自动化，也可以用保护气体进行少、无氧化加热。

(2) 接触电加热。接触电加热是以低电压、大电流直接通入金属坯料，由金属坯料自身的电阻在通过电流时产生的热量，使金属坯料加热的。其加热原理如图 4.1 所示。为了避免短路，常采用低电压的方法，以得到低电压的大电流，所以接触电加热用的变压器副端空载电压只有 2～15V。

电流通过金属坯料产生的热量 P，可按式（4-1）计算：

$$P=1.0048I^2Rt(\mathrm{J}) \tag{4-1}$$

式中，I 为通过坯料的电流(A)；R 为金属坯料的电阻(Ω)；t 为坯料通电的时间(s)。

对于一定尺寸的坯料，要加热到规定的温度，则需要产生一定的热量。为了缩短加热时间以提高生产率，必须以大电流通入坯料。

接触电加热具有加热速度快、金属烧损少、加热范围不受限制、热效率高、耗电少、成本低、设备简单、操作方便等优点，适用于长坯料的整体或局部加热，如常用的顶锻工艺。但对坯料的表面粗糙度和形状尺寸要求严格，坯料的端部要规整，不得产生畸变。

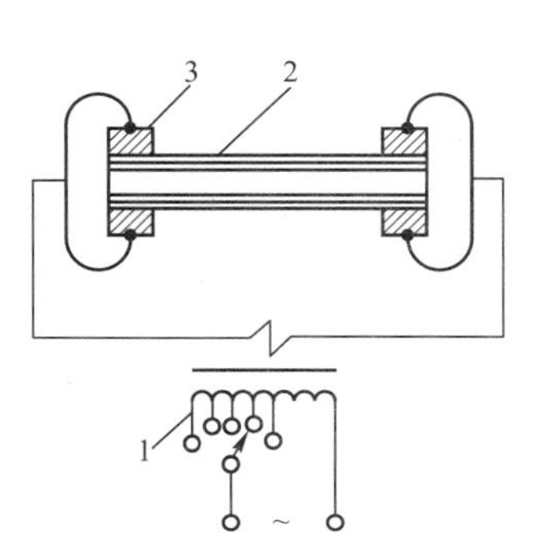

图 4.1　接触电加热原理

1—变压器；2—坯料；3—触头

(3) 盐浴炉加热。盐浴炉加热是电流通过炉内电极产生的热量把导电介质(盐类物质)熔融，通过高温介质的对流与传导将埋入介质中的金属坯料加热。

加热不同的金属坯料需要不同的温度，而许多盐类物质各有其不同的熔点。因此，对应 250～1300℃的任何温度都可以找到适当的盐或几种盐的混合物，使盐的熔液在这一温度时蒸发得很少，而同时又呈液体流动状态。

盐浴炉加热的升温快、加热均匀，可以实现金属坯料整体或局部的无氧化加热。但是，其热效率低、辅助材料消耗大、劳动条件差。

2）感应电加热

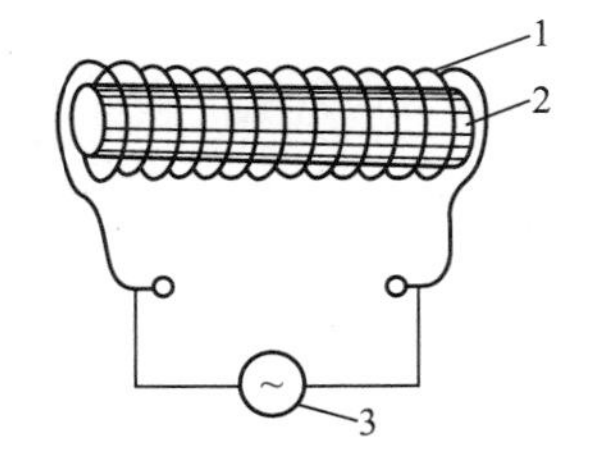

图 4.2　感应电加热原理

1—感应器；2—被加热工件；3—电源

感应电加热是近年来应用越来越广泛的一种加热方法，特别是大量用于精密锻造成形的加热。这是因为它具有加热速度快、加热质量好、温度容易控制、金属烧损少、操作简单、工作稳定、便于实现机械化与自动化等优点，有利于锻件质量的提高；另外，感应电加热的劳动条件好、对环境没有污染。其缺点是设备投资费用高、每种规格感应器加热的坯料尺寸范围窄、电能消耗大(大于接触电加热，小于电阻炉加热)。

感应电加热原理如图 4.2 所示。

如图 4.2 所示，当感应器(螺旋线圈)通入交变电流，在它周围就产生一个交变磁场，置于感应器中的被加热工件内部便产生感应电流(涡流)，由于涡流发热和磁性转变点以下的磁化发热(对有铁磁性材料而言)，使被加热工件加热。

加热方法的选择要根据具体的锻造要求和能源情况及投资效益、环境保护等多种因素确定。对于大型锻件往往以火焰加热为主；对于中、小型锻件可以选择火焰加热或电加热。但对于精密锻造应选择感应电加热或其他少、无氧化加热方法，如控制炉内气氛法、介质保护加热法、少无氧化火焰加热等。

上述各种电加热方法的应用范围见表 4-4。

表 4-4　各种电加热方法的应用范围

类型	应用范围			单位电能消耗/(kW·h/kg)
	坯料规格	加热批量	适用工艺	
工频电加热	坯料直径 150mm 以上	大批量	模锻、挤压、轧制	0.35～0.55
中频电加热	坯料直径为 20～150mm	大批量	模锻、挤压、轧制	0.40～0.55
高频电加热	坯料直径在 20mm 以内	大批量	模锻、挤压、轧制	0.60～0.70
接触电加热	直径小于 80mm 细长坯料	中批量	模锻、电镦、卷簧、轧制	0.30～0.45
电阻炉加热	各种中、小型坯料	单件、小批量	自由锻、模锻	0.5～1.0
盐浴炉加热	小件或局部无氧化加热	单件、小批量	精密模锻	0.30～0.80

4.2　钢的锻造加热规范

为了保证钢材在锻造过程中具有最好的可锻性(塑性高、变形抗力小)，以及在锻后能获得良好的内部组织，锻造必须在规定的温度范围内进行。

在拟定加热规范时，必须保证坯料在加热时不开裂；出炉时断面温差不超过工艺上允许的极限；在此前提下，能在最短时间内达到始锻温度，并使烧损和脱碳最少。

4.2.1　钢的锻造温度范围

锻造温度范围是指坯料开始锻造时的温度(即始锻温度)和结束锻造时的温度(即终锻温度)之间的温度区间。

确定锻造温度范围的基本原则：要求坯料在锻造温度范围内锻造时，金属具有良好的塑性和较低的变形抗力；保证锻件品质；锻出优质锻件；锻造温度范围尽可能宽广些，以减少加热次数，提高锻造生产率，减少热损耗。

确定锻造温度范围的基本方法：以合金平衡相图为基础，再参考塑性图、变形抗力图和再结晶图，从塑性、变形抗力和品质三个方面加以综合分析，从而定出合适的始锻温度和终锻温度。

合金相图能直观地表示出合金系中各种成分的合金在不同温度区间的相组成情况。一般单相组织比多相组织塑性好、变形抗力低。多相组织由于各相性能不同，使得变形不均匀；同时基体相往往被另一相机械地分割，故塑性差、变形抗力高。锻造时应尽可能使合金处于单相状态，以便提高塑性和减小变形抗力，因此，首先应根据相图适当地选择锻造温度范围。

塑性图和变形抗力图是对某一具体牌号的金属，通过热拉伸、热弯曲或热镦粗等试验所测绘出的关于塑性、变形抗力随温度而变化的曲线图。为了更好地符合锻造生产实际，常用动载设备和静载设备进行热镦粗试验，这样可以反映出变形速度对再结晶、相变及塑性、变形抗力的影响。图 4.3 所示为GH4033镍基高温合金及其他高温合金的塑性图和变形抗力图。

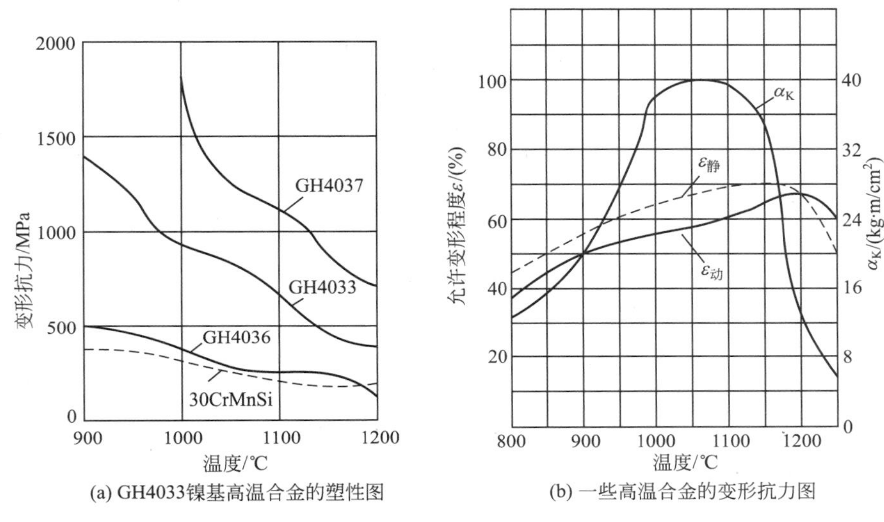

(a) GH4033镍基高温合金的塑性图　　(b) 一些高温合金的变形抗力图

图 4.3　一些高温合金的塑性图和变形抗力图

再结晶图表示变形温度、变形程度与锻件晶粒尺寸之间的关系，是通过试验测绘的。它对确定最后一道变形工步的锻造温度、变形程度具有重要参考价值。对于有晶粒度要求的锻件(如高温合金锻件)，其锻造温度常常要根据再结晶图来检查和修正。

一般来讲，碳素钢的锻造温度范围，仅根据铁-碳合金相图就可确定。大部分合金结构钢和合金工具钢，因其合金元素含量较少，对铁-碳合金相图形式并无明显影响，因此也可参照铁-碳合金相图来初步确定锻造温度范围。对于铝合金、钛合金、铜合金、不锈钢及高温合金等，往往需要综合运用各种方法，才能确定出合理的锻造温度范围。

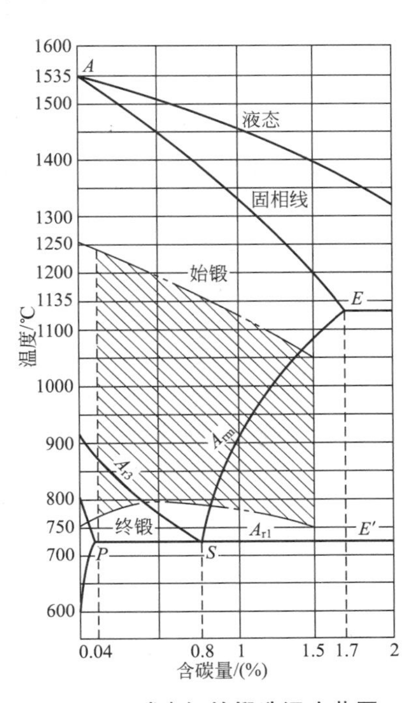

图 4.4　碳素钢的锻造温度范围

1. 钢的锻造温度范围

图 4.4 所示为碳素钢的锻造温度范围。

1）始锻温度的确定

确定始锻温度时，应保证坯料在加热过程中不产生过烧现象，同时也要尽力避免发生过热。碳素钢的始锻温度应比铁-碳合金平衡相图的固相线低 150～250℃。由图 4.4 可以看出，碳素钢的始锻温度随着含碳量的增加而降低。对于合金钢，其始锻温度通常随着含碳量的增加而降低得更多。

此外，始锻温度的确定还应考虑到坯料的组织、锻造方式和变形工艺过程等因素。

以钢锭为坯料时，由于铸态组织比较稳定，产生过热的倾向比较小，因此钢锭的始锻温度可以比同钢种钢坯和钢材高 20～50℃。

对于大型锻件的锻造，最后一火的始锻温度，应根据剩余的锻造比确定，以避免锻后晶粒粗大，这对不能用热处理方法细化晶粒的钢种尤为重要。

2）终锻温度的确定

在确定终锻温度时，既要保证金属在终锻前具有足够的塑性，又要保证锻件能够获得良好的组织性能，所以终锻温度不能过高。终锻温度过高，会使锻件的晶粒粗大，锻后冷却时出现非正常组织；相反，若终锻温度过低，不仅导致锻造后期冷变形强化，可能引起锻裂，而且会使锻件局部处于临界变形状态，形成粗大的晶粒。因此，通常钢的终锻温度应稍高于其再结晶温度。

按照以上原则，碳素钢的终锻温度在铁-碳合金平衡相图 A_{r1} 线以上 25～75℃。

中碳钢的终锻温度位于奥氏体单相区，其组织均匀、塑性良好，完全满足终锻的要求。

低碳钢的终锻温度虽处在奥氏体和铁素体的双相区，但因两相的塑性均较好，不会给锻造带来困难。

高碳钢的终锻温度处于奥氏体和渗碳体的双相区，在此温度区间锻造时，可借助塑性变形将析出的渗碳体破碎呈弥散状；若在高于 A_{rm} 线的温度下终锻，将会使锻后沿晶界析出网状渗碳体。

还应指出，终锻温度还与钢种、锻造工序和后续工艺等有关。

对于冷却时不产生相变的钢种，因为热处理不能细化晶粒，只能依靠锻造来控制晶粒度。为了使锻件获得较细的晶粒，这类钢的终锻温度一般偏低。

当锻后立即进行锻件余热处理时，终锻温度应满足余热处理的要求。如低碳钢锻件锻后进行余热处理，其终锻温度则要求稍高于 A_{r3} 线。

精整工序的终锻温度，比常规值低 50～80℃。

各类钢材的锻造温度范围见表 4－5。从表 4－5 可以看出，各类钢材的锻造温度范围相差很大，一般碳素钢的锻造温度范围比较宽，而合金钢的锻造温度范围比较窄，尤其高合金钢的锻造温度范围只有 200～300℃。因此，在锻造生产中，高合金钢锻造较困难，对锻造工艺过程要求严格。

表 4－5　各种钢材的锻造温度范围　（单位：℃）

钢种	始锻温度	终锻温度	锻造温度范围
普通碳素钢	1280	700	580
优质碳素钢	1200	800	400
碳素工具钢	1100	770	330
合金结构钢	1150～1200	800～850	350

（续）

钢种	始锻温度	终锻温度	锻造温度范围
合金工具钢	1050～1150	800～850	250～300
高速工具钢	1100～1150	900	200～250
耐热钢	1100～1150	850	259～300
弹簧钢	1100～1150	800～850	300
轴承铜	1080	800	280

2. 工业纯铁的锻造温度范围

工业纯铁的含碳量很少。在室温下其含碳量最多只有0.008%，因此又称为无碳钢。

工业纯铁锻造温度范围的确定，必须保证其在终锻前不产生冷变形强化且有较好的塑性，在终锻后具有细小的再结晶晶粒。

若将工业纯铁看成是低碳钢，其锻造温度范围应为850～1150℃。但工业纯铁在此温度区间锻造时会发生过烧，其原因主要如下：

（1）在850～1150℃这一温度区间锻造时，纯铁会产生同素异构转变。当纯铁由γ-Fe(面心立方晶格)转变为α-Fe(体心立方晶格)时，虽然滑移系均为12个，但由于滑移方向的数目作用比滑移面数目大，面心立方晶格每个滑移面上的滑移方向有3个，而体心立方晶格只有2个，故而具有面心立方晶格的γ-Fe比具有体心立方晶格的α-Fe塑性好。

（2）当纯铁产生同素异构转变时，由于微观组织发生变化，使其体积突变，致使晶胞体积产生一定的膨胀。虽然体积变化不大，但在较低温度时的固态中却能产生较大的组织应力，这种组织应力若超过铁素体的晶界强度，造成应力集中，晶间联系减弱，引起塑性恶化，严重影响了锻造性能。

因此，工业纯铁的锻造温度范围要避开产生过热和过烧的高温区和产生相变的温度范围，即避开红脆区，始锻温度应比其熔点低150～250℃，终锻温度应控制在γ-Fe形成的温度范围。故有两个温度范围：高温区为1150～1350℃，低温区为650～850℃。

工业纯铁的理想锻造温度范围应在高温区，即在1150～1350℃锻造；如果锻件的形状和尺寸不能达到所要求的形状和尺寸时，待温度降低到850℃时再锻造，此刻锻件颜色为深黄色，温度低于650℃时停锻，此刻锻件已成暗红色。

4.2.2 钢的加热规范

所谓加热规范(加热制度)，就是指坯料从装炉开始到加热结束的整个过程对炉子温度和坯料温度随时间变化的规定。

加热规范的主要内容有坯料装炉时的炉温、低温区和高温区的升温速度、保温阶段的保温时间、加热至始锻温度的最高炉温和所需加热时间。

1. 金属加热规范的确定方法

加热规范用温度-时间变化曲线表示。通常以炉温-时间的变化曲线(又称加热曲线)表示加热规范。

制订加热规范的基本原则是优质、高效、低消耗，要求坯料加热过程中不产生裂纹、过热与过烧，温度均匀、氧化和脱碳少、加热时间短、生产效率高和节省燃料等。

在锻造生产中，坯料锻前加热采用的加热规范类型有一段、二段、三段、四段及五段加热规范，其加热曲线如图 4.5 所示(图中 [v] 为允许的加热速度，[v_M] 为最大可能的加热速度)。

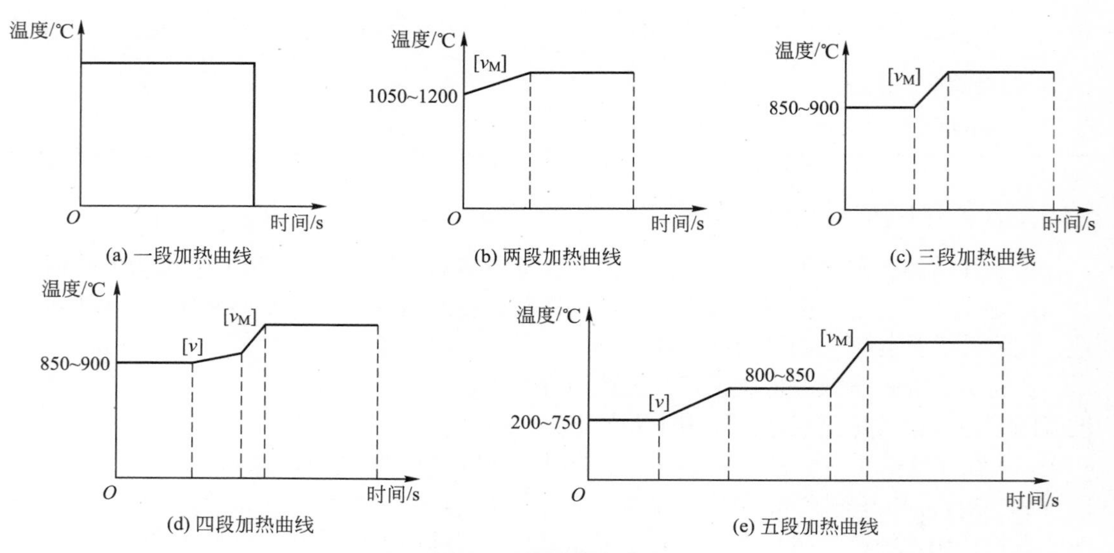

图 4.5　锻造加热曲线

加热规范的核心问题是确定金属在加热过程不同时期的加热温度、加热速度、保温时间和加热时间。通常可将加热过程分为预热、加热、保温三个阶段。预热阶段，主要是合理规定装料时的炉温；加热阶段，关键是正确选择升温加热速度；保温阶段，则应保证钢材温度均匀，给定保温时间。

1）加热温度

(1) 装料炉温。开始加热的预热阶段，坯料的温度低而塑性差，同时还存在蓝脆区。为了避免温度应力过大引起裂纹，要规定坯料的装炉温度。装炉温度的高低取决于温度应力，与钢材的导温性和坯料的大小有关。一般来讲，导温性好、尺寸小的钢材，装炉温度不受限制。而导温性差、尺寸大的钢材，则应规定装炉温度，并在该温度下保温一定时间。

目前，关于装炉温度的确定，虽然可以通过加热温度应力的理论计算确定，但实际上主要还是依据生产经验和实验数据制订。

(2) 中间保温的炉温。中间保温的炉温对钢材来说一般取 800～850℃。中间保温的目的有两个方面：一方面为了减小前一阶段升温在坯料内部引起的温差，从而减小温度应力；另一方面，这时的钢材正在进行相变，在相变过程中因吸热会加大温差，同时相变还伴随材料比容的变化所引起的组织应力。因此，为了减小温差和组织应力，必须进行均热保温。

中间保温是为后一阶段的快速升温做准备的。

(3) 最高炉温。最高炉温是为了保证达到坯料所要求的始锻温度。在最高炉温下保温的目的有两个方面：一方面为了减小坯料断面上的温差，使坯料温度均匀；另一方面，可以通过高温下的扩散作用，使坯料组织均匀化。

最高炉温一般高于坯料所要达到的始锻温度，这两者之差称为温度头。

加热钢材时温度头一般取 40～80℃。

最高炉温下要制订出适当的均热保温时间。时间太短，达不到均热保温的作用；时间过长，除了降低生产率外，还会使坯料氧化脱碳加剧、内部晶粒粗化，从而影响锻件的质量。

2）加热速度

坯料加热升温时的加热速度，一般采用单位时间内金属表面温度升高的多少(℃/h)来表示；还可用单位时间内金属截面热透的数值(mm^2/min)来表示。

加热规范中有两种不同含义的加热速度：一种称为最大可能的加热速度［v_M］；另一种称为坯料允许的加热速度［v］。

最大可能的加热速度［v_M］是指炉子按最大供热能量升温时所能达到的加热速度。它与炉子的类型、燃料状况、坯料形状尺寸及放在炉中的位置等有关。

坯料允许的加热速度［v］是指在不破坏金属完整性的条件下所允许的加热速度。它取决于金属在加热过程中的温度应力，而温度应力的大小与金属的导热性、热容量、线膨胀系数、力学性能及坯料尺寸有关。

对于碳素钢和有色金属，其断面尺寸小于 200mm 时，根本不用考虑允许的加热速度。然而，对于热扩散系数低、断面尺寸大的钢料，由于允许的加热速度较小，在炉温低于700～850℃时，应按允许的加热速度加热；当炉温超过 700～850℃时，可按最大可能的加热速度加热。

3）保温时间

保温包括装炉温度下的保温、700～850℃的保温和加热到锻造温度下的保温。

装炉温度下的保温目的是防止金属在温度内应力作用下引起破坏，特别是钢材在 200～400℃很可能因蓝脆而发生破坏。

700～850℃的保温目的是减少前段加热后钢材断面上的温差，从而减少钢材断面内的温度应力和使锻造温度下的保温时间不至过长。对于有相变的钢材，当其几何尺寸较大时，为了不至于因相变吸热使内外温差过大，更需要在 700～850 ℃保温。

锻造温度下的保温目的除减少钢材的断面温差以使其温度均匀外，还有借助扩散作用，使其组织均匀化，这样不但提高了金属的塑性，而且对提高锻件质量也具有重要的影响。例如，高速钢在锻造温度下保温的目的，就是使碳化物溶于固溶体中。但是对于有些钢，如铬钢(GCr15)在高温下易产生过热，因此在锻造温度下的保温时间不能太长，否则将产生过热和过烧。

保温时间的长短，要从锻件品质、生产效率等方面考虑，特别是终锻温度下的保温时间尤为重要。因此，终锻温度下的保温时间规定了最小保温时间和最大保温时间。

最小保温时间是指能够使钢材的温差达到规定的均匀程度所需的最短保温时间。最大保温时间是不产生过热、过烧缺陷的最大允许保温时间。

在实际生产中，保温时间应大于最小保温时间，这样能保证锻件的加热品质。但是又要防止出现缺陷，希望保温时间不要太长。如因故不能按时将加热到锻造温度的坯料出炉，应将炉温降至 700～850℃。

4）加热时间

加热时间是指坯料在炉中均匀加热到规定温度所用的时间，它是加热各个阶段保温时间和升温时间的总和。

在实际生产中，以经验公式、试验数据或图线等来确定加热时间。

(1) 钢锭(或大型钢坯)的加热时间。冷钢锭(或钢坯)在室式炉中加热到1200℃所需要的加热时间 τ 可按式(4-2)计算：

$$\tau=ak_1D\sqrt{D} \tag{4-2}$$

式中，τ 为加热时间(h)；a 为与钢材成分有关的系数(碳素钢与低合金钢 $a=10$，高碳钢和高合金钢 $a=20$)；k_1为与坯料的断面形状和在炉内排放情况有关的系数，其值为1～4；D 为钢材直径(m)(方形截面取边长，矩形截面取短边边长)。

(2) 钢材(或中小型钢坯)的加热时间。在连续炉或半连续炉中，加热时间 τ 可按式(4-3)确定：

$$\tau=a_0D \tag{4-3}$$

式中，D 为钢材的直径或边长(cm)；a_0为与钢材成分有关的系数(碳素结构钢 $a_0=0.1$～0.15h/cm，合金结构钢 $a_0=0.15$～0.2h/cm，工具钢和高合金钢 $a_0=0.3$～0.4h/cm)。

在制订坯料加热规范时，应考虑坯料的类型、钢材的种类、断面尺寸、组织性能，以及有关性能(如塑性、强度极限、导热系数、膨胀系数)、坯料的原始状态、加热时的具体条件。首先应制订出坯料的始锻温度，然后确定加热规范的类型及其相应的加热工艺过程参数，如装炉温度、加热速度、保温时间、加热时间等。

2. 钢的加热规范

1) 钢锭的加热规范

大型自由锻件与高合金钢锻件多以钢锭为原材料。钢锭可分为大型钢锭和小型钢锭。一般把质量大于2000kg、直径大于500mm的钢锭称为大型钢锭，其他便是小型钢锭。

钢锭按锻前加热装炉时的温度又分为冷锭(一般为室温)和热锭(一般为大于室温)。

因为冷锭在低于500℃加热时的塑性较差，加上其内部残余应力又与温度应力同向，各种组织缺陷还会造成应力集中，如果加热规范制订不当，容易引发裂纹。所以在冷锭加热的低温阶段，应限制装炉温度和加热速度。

加热大型钢锭时，由于其断面尺寸大，产生的温度应力也大，因此，要采用多段加热规范。

加热小型钢锭时，由于其断面尺寸小，产生的温度应力不大，因此，对于碳素钢与低合金钢小锭，多采用一段快速加热规范；对于高合金钢小锭，因其低温导温系数较差，和大型冷锭加热一样，也采用多段加热规范。

从炼钢车间铸锭脱模后，直接送到锻压车间装炉加热的钢锭称为热锭。由于热锭在装炉时，其表面温度一般不低于600℃，处于良好的塑性状态，温度应力小，装炉温度不受限制，入炉后便可以最大的加热速度进行加热。

2) 钢材与中小钢坯的加热规范

一般中、小锻件采用钢材或中小钢坯为原材料。由于其坯料断面尺寸小，钢材与钢锭经过塑性加工组织性能好。

在锻造生产中，钢材与小钢坯的加热规范如下。

(1) 直径小于200mm的碳素结构钢钢材和直径小于100mm的合金结构钢钢材，采用一段加热规范。一般炉温控制在1300～1350℃，温度头达100～150℃。

(2) 直径为200～350mm的碳素结构钢钢坯(含碳量大于0.45%～0.50%)和合金结构钢坯，采用三段加热规范。炉温控制在1150～1200℃，采用最大加热速度，钢坯入炉后需要进行保温，加热到始锻温度后也需保温，保温时间为整个加热时间的5%～10%，温度头达100～150℃。

(3) 对于导温性差、热敏感性强的高合金钢坯(如高铬钢、高速钢)，则采取低温装炉，装炉温度为400～650℃。

4.3 铝合金和铜合金的锻造加热规范

1. 铝合金的锻造加热规范

变形铝合金按其使用性能和工艺性能分为防锈铝、硬铝、超硬铝和锻铝四类。

变形铝合金的可锻性较好，几乎所有的变形铝合金都有良好的塑性。但是，一般来说，由于铝合金质地很软，外摩擦系数较大，流动性比钢差，因此在金属流动量相同情况下，铝合金消耗的能量比低碳钢多30%。

1) 锻造温度范围

铝合金的塑性受合金成分和变形温度的影响较大。随着合金元素含量的增加，铝合金的塑性不断下降；某些高强度铝合金的塑性还明显地与变形速度有关。

合金化程度低的铝合金，如3A21防锈铝，在300～500℃具有很高的塑性，由静压变形改为动载变形时其塑性变化不大。因此，这类铝合金无论在压力机上锻造或锤上锻造时，其变形程度均可达到80%以上。

合金化程度较高的铝合金，如2A50锻铝，在350～500℃具有较高的塑性，在锤上锻造时的变形程度可达50%～65%；在压力机上锻造时的变形程度可达80%以上。

合金化程度最高的7A04超硬铝合金，在锤上锻造时温度为350～400℃，允许的变形程度为30%～60%；在压力机上锻造时的锻造温度为350～450℃，允许的变形程度为65%～85%。

3A21防锈铝在300℃、2A50锻铝在350℃终锻时，随变形程度增大，合金的流动压力保持不变，其冷变形强化和再结晶的软化效应相互抵消。因此，这两种铝合金在该终锻温度终锻时，可保证铝合金处于热变形状态。

7A04超硬铝合金在350℃时的流动压力曲线随变形程度增大而略有升高，因此该合金在350℃终锻时有冷变形强化存在，不能保证完全热变形；在400℃时，当变形程度超过30%后，流动压力随变形程度增加而有所下降。由此可见，在高温下结束锻造时，允许有较大的变形程度。

铝合金的锻造温度间隔比较窄，一般在150℃左右。某些高强度铝合金的锻造温度范围甚至小于100℃。例如，7A04超硬铝合金，其主要强化相是$MgZn_2$和Al_2CuMg化合物，Al与$MgZn_2$形成共晶，其熔化温度是470℃，因此7A04超硬铝合金的始锻温度为430℃；另一方面，7A04超硬铝合金的退火加热温度为390℃，说明它具有较高的再结晶温度，所以其终锻温度取为350℃。这样7A04超硬铝合金的锻造温度范围仅有80℃。

尽管铝合金锻造温度范围较窄，但是由于铝合金一般是单模膛模锻，模具预热的温度也较高，同时铝合金变形时的热效应也比较明显，因此，在锻造过程中锻件温度降低得很少。

表4-6为常用铝合金的锻造温度范围。

表4-6　变形铝合金的锻造温度范围　　（单位：℃）

合金牌号	锻造温度范围	合金牌号	锻造温度范围
8A06(L6)	380～470	2A50(LD5“铸态”)	350～450
5A02(LF2)	380～590	2A50(LD5“变形”)	380～475
5A06(LF6)	380～450	2B50(LD6)	380～480
3A21(LF21)	380～500	2A70(LD7)	380～470
2A01(LY1)	380～470	2A80(LD8)	380～470
2A02(LY2)	350～450	2A90(LD9)	380～470
2A11(LY11)	380～475	2A14(LD10)	380～470
2A12(LY12)	380～460	7A04(LC4“铸态”)	350～430
6A02(LD2)	380～500	7A04(LC4“变形”)	350～430

2）铝合金的加热

由于铝合金锻造温度低、锻造温度范围狭窄、容易发生氧化，因此铝合金的加热方法多采用电阻炉加热，也可使用煤气炉或油炉加热。炉内最好装有强迫空气循环的装置，以使炉温均匀，并装有热电偶自动控制仪表，测量温度的准确度应在±5℃。

铝合金坯料装炉前应除去油污和其他脏物，以免污染炉气，防止硫等有害杂质渗入晶界。

铝合金有很高的导热性，因此坯料不需要预热，可直接高温装炉。铝合金的加热时间较长，以便有足够的时间使合金中的强化相充分溶解，获得均匀的单相组织，提高锻造性能。为使加热温度均匀一致，装炉量不宜过多，相互之间应有一定的间隙，坯料与炉墙距离应大于50～60mm。铝合金铸锭或大截面坯料加热到一半时间时，应将坯料翻转。

加热到始锻温度时，铸锭必须保温；锻坯和挤压坯料是否需要保温，以锻造时是否出现裂纹而定。

根据生产实践，铝合金坯料的加热时间确定如下：

(1) 直径或厚度小于50mm的坯料，按90s/mm计算。

(2) 直径或厚度大于100mm的坯料，按120s/mm计算。

(3) 直径或厚度在50～100mm的坯料，按式(4-4)计算。

$$\tau=90+0.6(d-50) \tag{4-4}$$

式中，τ为每毫米直径或每毫米厚度的加热时间(s)；d为坯料的直径或厚度(mm)。

2. 铜合金的锻造加热规范

铜及铜合金具有良好的塑性，既能在冷态下进行锻造，又能在热态下进行锻造。但是，铜合金的锻造，特别是锻造前的加热具有一些特点，不了解这些特点，不但不能正确制订加热规范，还可能引起锻件的大量报废。某些成分比较复杂的黄铜和青铜，如铅青铜、锡磷青铜尤其显著。

1）锻造温度范围

（1）纯铜。纯铜在室温及一定温度范围内具有很高的塑性，可用各种方法进行冷、热变形。图 4.6 所示为无氧铜的塑性图。

由图 4.6 可见，纯铜的强度随温度的升高而降低，但塑性在 500～600℃附近特别低，即有一个所谓的“低塑性区”。当温度继续升高，塑性又显著增加。在 800～950℃具有最高的塑性，能良好地进行自由锻及模锻。若加热温度超过 900℃后，由于晶粒迅速长大，将导致塑性下降。

（2）普通黄铜。普通黄铜在高温下具有良好的塑性和不大的变形抗力，所需的锻击力比普通碳素钢的小。普通黄铜中含锌量增加至 30%～32%，塑性及强度都有所提高；若含锌量进一步增加到 45%，则塑性显著下降。因此，锻造用普通黄铜的含锌量应低于 32%。

图 4.7 所示为 H68 黄铜的塑性图。

由图 4.7 可见，普通黄铜在 500～600℃出现“低塑性区”，但在 200℃以下的低温区和 700～900℃的高温区，都有很好的塑性。加热温度超过 900℃后，由于晶粒长大而使塑性下降。因此，普通黄铜的加热温度都不超过 900℃。在 200℃以下的低温区，普通黄铜虽有很高的塑性，但变形抗力很大，所以在低温区锻造比较困难。

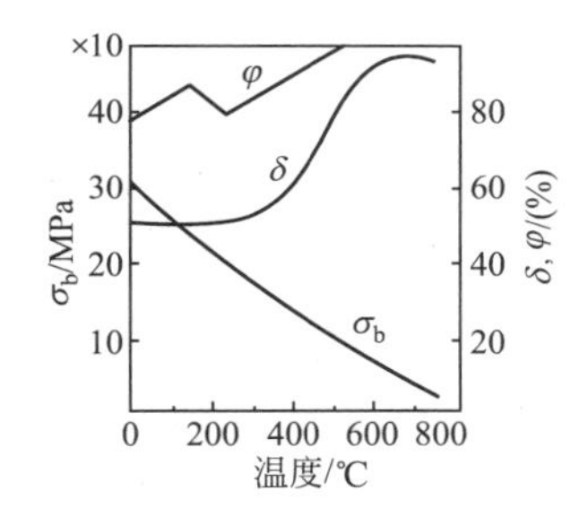

图 4.6 无氧铜的塑性图

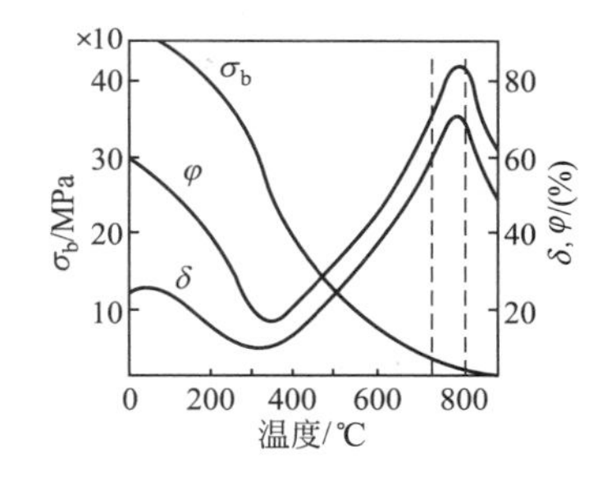

图 4.7 H68 黄铜的塑性图

（3）特殊黄铜。特殊黄铜中其他合金元素的加入对黄铜组织的影响，犹如增加锌的含量一样(除了镍以外)，其塑性没有普通黄铜的高。有些特殊黄铜在高温下塑性特别低，如铅黄铜的塑性比普通黄铜低得多，不能承受大的变形，否则容易开裂。当加热温度超过 730℃时，铅黄铜的塑性显著降低。因此，铅黄铜的加热温度较低，锻造温度范围比较窄。

（4）青铜。锻造用的青铜，合金元素含量都较少。青铜的种类繁多，组织复杂，它的塑性较低且随温度变化。

图 4.8 所示为 QSn7.0－0.2 锡青铜的塑性图。QSn7－0.2 锡青铜由于高温下塑性低，长期被视为只适宜冷锻的材料。但是，如果能正确选择锻造温度和变形程度，在高温下也可以锻造。

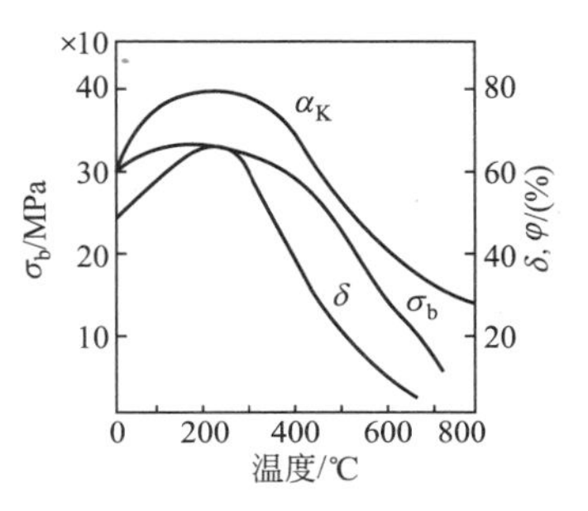

图 4.8 QSn7－0.2 锡青铜的塑性图

由此可知，铜合金在250～650℃存在一个脆性区，合金的塑性显著降低，很容易锻裂。其原因是合金中有铅、铋等杂质存在，它们在α固溶体中的溶解度极小，与铜形成Cu-Pb、Cu-Bi低熔点的共晶体，呈网状分布于α固溶体的晶界上，从而削弱了α晶粒之间的联系；当加热到500℃以上时，发生$\alpha\rightarrow\alpha+\beta$转变，铅和铋溶于$\beta$固溶体中，于是塑性提高。由于脆性区的存在，很多铜合金的$\alpha+\beta$双相区的塑性比α单相区的塑性高。

因此，铜合金的锻造变形主要在$\alpha+\beta$双相区的温度范围内进行，如图4.9所示。

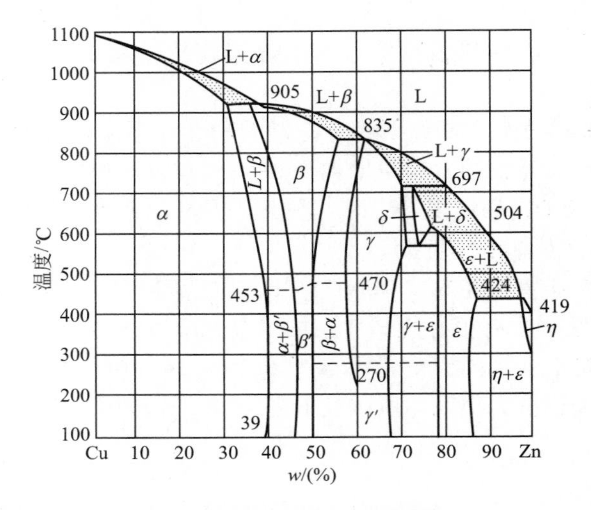

图4.9 Cu-Zn合金相图

铜合金的终锻温度也不宜过高，否则锻后晶粒会长大；而且，铜合金晶粒长大后不能像碳钢那样通过热处理方法来细化。因此，选用锻造温度时应根据变形量的大小和具体的变形条件来确定。如铝青铜QAl9-4胎模锻时较自由锻时散热快，所以胎模锻时始锻温度取900℃，而自由锻时始锻温度取850℃。

表4-7为铜合金的脆性区温度范围，表4-8为铜合金的锻造温度范围。

表4-7 铜合金的脆性区温度范围

牌号	温度范围/℃	牌号	温度范围/℃
H96	650～750	HPb59-1	550～650
H90	500～600	HPb64-2	350～650
H80	500～600	QAl9-4	200～700
H68	300～650	QBe2	200～600
H62	550～600	BZn15-20	330～670

表4-8 铜合金的锻造温度范围 (单位:℃)

类别	牌号	锻造温度范围	类别	牌号	锻造温度范围
普通黄铜	H96	700～930	青铜	QAl7	700～840
	H90	700～900		QAl9-2	700～900
	H80	700～870		QAl10-3-1.5	700～850
	H68	700～830		QSi3-1	650～800
	H62	700～820		QBe2	650～750
	H59	700～800		QSn7-0.2	700～800
特种黄铜	HPb63-3	700～850		QCd1	650～850
	HPb59-1	650～800		QMn5	650～850
	HSn90-1	650～900	白铜	B19	850～1000
	HSn62-1	650～820		BZn15-20	810～940
	HSn60-1	650～820		BM40-1.5	800～1030
	HMn58-2	650～800		BMn3-12	700～820
	HFe59-1-1	650～800		BMn43-0.5	750～1120
	HNi65-5	650～850	纯铜	T1	800～950
	HSi80-3	700～820		T2	800～950
	HAl59-3-2	650～800		T3	600～950
	HAl60-1-1	650～750			

2）铜合金的加热

铜合金最好用电阻炉加热，也可以用煤气炉或油炉加热。铜合金的加热温度较低，温度偏差要求严格，电阻炉内加热时用热电偶能比较准确地控制温度；在煤气炉或油炉中加热时，火焰的调节较困难，燃烧不稳定，炉膛内温度不均匀，单靠热电偶指示温度，误差较大，所以最好用光学高温计配合测温。

铜合金的始锻温度比钢低，而用火焰加热炉加热因需调整喷嘴在很小的燃烧功率下进行低温燃烧，较难保证燃烧稳定，故最好采用低温烧嘴燃烧。火焰加热炉的炉气成分最好呈中性，但在普通火焰加热炉中很难获得中性气氛，往往呈微氧化或微还原性气氛。对于高温下极易氧化并且氧化膜不致密的铜合金，如无氧铜、低锌黄铜、铝青铜、锡青铜和白铜等，采用氧化性气氛加热是不合适的，它们应在还原性气氛中加热；含氧量较高的铜合金，不适宜在还原性气氛中加热，因为在含有 H_2、CO、CH_4 等气体的还原性气氛中加热到700℃以上时，这些气体会向金属内部扩散，与 Cu_2O 反应生成不溶于铜的水蒸气或 CO_2，其反应式如下：

$$Cu_2O+H_2 \rightarrow 2Cu+H_2O\uparrow$$

$$Cu_2O+CO \rightarrow 2Cu+CO_2\uparrow$$

生成的气体具有一定的压力，力图从金属内部逸出，结果在金属内部形成微裂纹，使合金变脆，这种现象叫作“氢气病”。

纯铜在还原性气氛中加热，很容易得“氢气病”；但若在氧化性气氛中加热，又会形成较厚的氧化皮。故加热纯铜最好采用微氧化性气氛，使氧化很少又不产生“氢气病”。

高锌黄铜，如H62、H68等不宜采用还原性气氛加热。因为这类合金在还原性气氛中加热时，表面很难生成ZnO保护膜，Zn元素将发生升华，甚至造成严重脱锌，故应采用微氧化性气氛，这样既可以防止严重氧化，又可以防止严重脱锌。

铜合金具有良好的导热性，而且其导热性随温度的升高而增大。在加热过程中，尽管不少铜合金会发生相变，但相变过程比铝合金中的强化相的溶解过程快得多，所以铜合金坯料所需的加热时间较短。另一方面，一些铜合金的过热倾向性大，加热时间过长，容易引起晶粒过分长大。因此，铜合金坯料可直接在高温下装炉。

对于火焰加热炉，其炉温可比铜合金的加热温度高出100℃；对于电阻加热炉，其炉温可比铜合金的加热温度高出50℃。

根据生产实践，铜合金坯料的加热时间确定如下：

(1) 直径或厚度小于50mm的坯料，按45s/mm计算。

(2) 直径或厚度大于100mm的坯料，按60s/mm计算。

(3) 直径或厚度在50～100mm的坯料，按式(4-5)计算。

$$\tau=45+0.36(d-50) \tag{4-5}$$

式中，τ为每毫米直径或每毫米厚度的加热时间(s)；d为坯料的直径或厚度(mm)。

4.4 冷锻成形过程中坯料的软化处理

为了改善材料的冷锻成形性能，提高塑性、降低硬度和变形抗力，消除内应力和得到良好的金相组织，以降低单位挤压力和提高模具使用寿命，在冷锻成形加工之前或多道次成形加工工序之间，必须对坯料进行软化处理。

1. 常见的软化退火方法

1) 完全退火

原始坯料的内部组织和力学性能极不均匀，内部残余应力也大。为了改善这些缺陷，应进行完全退火。此时应选择可获得均一的奥氏体组织的退火温度，但不能超出这一温度，温度过高会造成晶粒粗大，降低韧性，以致力学性能不理想。一般采用比Ac_3点(亚共析钢)或Ac_1点(过共析钢)高30～50℃的温度加热。一般低碳钢和低碳低合金结构钢的完全退火加热温度在800℃左右，加热保温时间按壁厚来计算，一般取120s/mm。

退火过程中的冷却方法也是一个重要因素。对于低碳钢、低碳低合金结构钢，如20钢、10钢、15钢及18CrMnTi、20CrMnTi、20CrMo、15CrMo、16MnCr5等，其完全退火工艺中的冷却方式为随炉冷到100～200℃后再出炉空冷。完全退火所需要的时间较长。

2) 等温退火

等温退火的处理时间比完全退火短。其工艺特点是加热到奥氏体化温度以后急冷到600～700℃，并在该温度下等温一段时间以后再进行空冷或水冷。

对于高合金结构钢，采用等温退火比用完全退火更容易产生铁素体+珠光体组织，这样就可提高软化性能，降低单位变形力。

3）球化退火

一般认为，球化组织是获得低单位变形力的首要条件。因为这种组织具有较低的冷变形强化特性，也就是它的冷变形强化率较低，而使钢的变形性能得到改善。对于合金含量较低的钢，珠光体量较少，球化对硬度和变形抗力几乎不起作用；而对于珠光体量大的中碳钢，如25钢、35钢、45钢等和中碳低合金结构钢，如40Cr、30CrMnSi、35CrMnSi、42CrMo、40MnB、30CrMnSiNi2等，球化处理的作用就很大。因此，冷锻成形形状复杂的中碳钢、中碳低合金结构钢零件时，从获得最佳变形性能、减小单位变形力的角度来考虑，采用球化处理是有利的。

采用球化退火的中碳钢和中碳低合金结构钢，其内部组织是铁素体基体中分散着球状的Fe_3C；如果球化不良，还会混杂片状的Fe_3C。

球化退火有以下几种方法：

(1) 加热到A_1相变点(对于碳素钢，其A_1点为727℃)稍高的温度，然后缓慢冷却。

(2) 在比A_1相变点低20～30℃的温度长时间加热。

(3) 在A_1相变点上、下20～30℃，反复加热和冷却。

(4) 淬火或正火后在700℃高温下回火。

4）再结晶退火(不完全退火)

再结晶退火是单纯使钢软化的一种退火方法，加热温度比完全退火要低，一般是先将材料加热到稍低于或接近临界温度范围的下限，允许保温时间很长，然后根据需要进行冷却。采用这种下临界温度退火，可使钢的硬度降低到60～70HRB，没有晶粒长大，形成一种良好的晶粒组织。冷锻成形工序间的中间退火就属于此类。这种处理方法适合于低碳钢，但一般都会导致稍高的单位变形力；合金含量增高时，单位变形力的变化更大。

2. 软化退火设备及工艺过程

在软化退火的实际操作过程中，影响软化处理效果的主要因素是装炉方法及冷却速度。尤其是在大批量生产的条件下，更应注意装炉方法即坯料或退火工装在炉中的摆放形式。一般要求不直接放在炉膛板上，或接近炉门，要求与炉膛壁距离不应小于200mm，同排坯料或工装之间的相互距离不应小于相应截面宽度的1/3～1/2。尤其重要的是要随炉缓慢冷却；急速冷却将使软化的坯料重新硬化。

至于选择何种退火方法与设备，将依据坯料的变形程度的大小等而定，同时要考虑现有设备情况，以及处理方法的效果与成本。

目前，在生产中普遍采用的设备及退火方法有如下几种：

(1) 箱式电炉中退火。

(2) 在钟罩退火炉中进行光亮退火。

(3) 在惰性气体的保护下进行退火。

为了减少坯料的氧化、烧损，获得光亮的退火坯料，在第一种退火方法中通常采用如下方法：利用铸铁屑作为介质，将坯料装在一种圆形或方形的铁罐中，两端加上一定厚度的铸铁屑后，再用黄土捣实密封。采用这种方法时要注意的是，退火温度在800℃以上时，铸铁屑中的碳原子有可能扩散到坯料中，而产生渗碳现象。

采用后两种退火方法时，需要专用设备及特殊的装置。例如，氮气保护气体退火时通常要采用液氨制氮炉等。

因此，在实际生产中，广泛采用的仍然是箱式电炉、钟罩退火炉。

3. 不锈钢的软化处理

用于冷锻成形的不锈钢有两种类型，即Cr13型马氏体不锈钢和18－9－1型奥氏体不锈钢。这两种类型的不锈钢冷锻坯料的软化处理是不同的。

Cr13型马氏体不锈钢的软化热处理有三种方法：再结晶退火、完全退火和等温退火，其退火组织是在铁素体的基体上存在着不同尺寸的碳化物颗粒。

而18－9－1型奥氏体不锈钢冷锻坯料的软化处理，一般采用淬火。奥氏体不锈钢的这种热处理又称为固溶处理。随着固溶温度的升高，碳化物在奥氏体中的溶解度不断增加；当固溶温度在1100℃左右时，在沸水中淬火后，具有最低的强度和最大的塑性，其硬度为130HBS(热处理前的硬度为220HBS)。

4. 有色金属的软化处理

有色金属的冷锻成形比较常见，其主要原因是有色金属的冷成形加工性能比较优良。但为了提高有色金属的塑性、降低变形抗力，也必须在冷锻成形之前进行软化处理。

4.5 火焰加热炉

火焰加热炉按照燃料的种类的不同可分为煤炉、油炉和煤气炉；按照加热制度和炉膛内温度分布的不同可分为室式炉、半连续炉和连续炉；按照炉底机械化形式的不同可分为台车式炉和转底式炉等。每一种炉型均有其特定的工作条件和适用范围。对于单件小批量生产，如在生产中、小型锻件的锻造车间，要求有较大的灵活性，一般均采用室式加热炉；对于重量较大的坯料，如在生产大型锻件的锻造车间，考虑到大坯料(钢锭)装出炉的方便，多采用台车式加热炉；对于成批大量生产，如在模锻车间，多采用半连续炉、连续炉。

目前，在自由锻造生产中，常用的火焰加热炉有手锻炉、反射炉、重油炉和煤气炉等。

1. 火焰加热炉的构造

图4.10所示为典型的燃料室式炉(俗称反射炉)的结构。煤块在燃烧室3燃烧生成的高温炉气通过火墙5进入加热室6加热坯料，废气经烟道10由烟囱9排出。由鼓风机8送入的空气通过烟道10中的换热器11得到预热，然后分别通过一次送风管1和二次送风管4进入燃烧室3，二次风使经一次风燃烧后未烧尽的煤气完全燃烧。废气经烟道10通过烟囱9排入大气，烟囱9的抽力大小可由烟闸12来调节；燃烧生成的煤灰和炉渣从水平炉算2落下。

火焰加热炉一般都是由加热室、燃烧装置、烟囱和其他辅助装置等组成。

2. 常用的火焰加热炉

1）室式炉

室式炉主要有室式重油炉、双室炉和开隙式加热炉等。

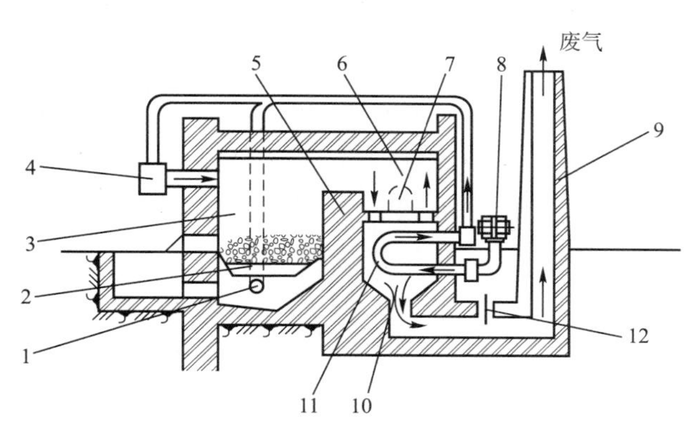

图4.10 燃料室式炉结构示意图

1—一次送风管；2—水平炉箅；3—燃烧室；4—二次送风管；5—火墙；6—加热室；
7—装出炉料门；8—鼓风机；9—烟囱；10—烟道；11—换热器；12—烟闸

（1）室式重油炉。图4.11为室式重油炉示意图。加热时炉膛两侧的喷嘴不断喷射重油和空气，燃烧生成的废气经烟道排出。炉膛正面有装出料口，外面设有炉门。

（2）双室炉。图4.12为双室炉示意图，因为有两个炉膛1和2，故称双室炉。两个炉膛可以交替工作，即当一个炉膛加热时，另一个炉膛可以预热；因为加热炉膛的炉气可进入另一个炉膛预热坯料，这样可以保证连续供给锻锤加热好的坯料。

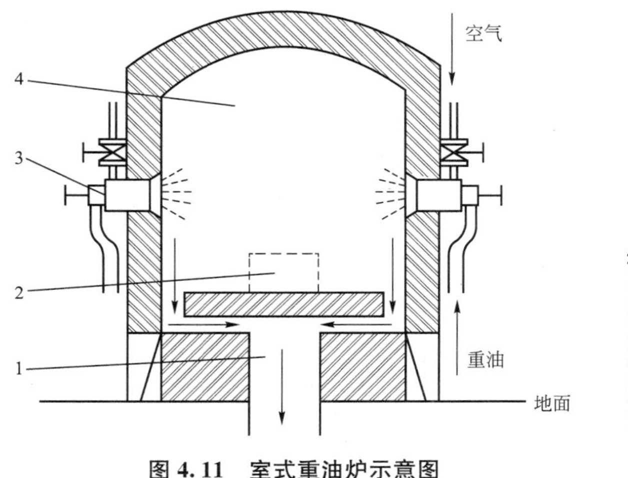

图4.11 室式重油炉示意图

1—烟道；2—炉口；3—喷嘴；4—加热室

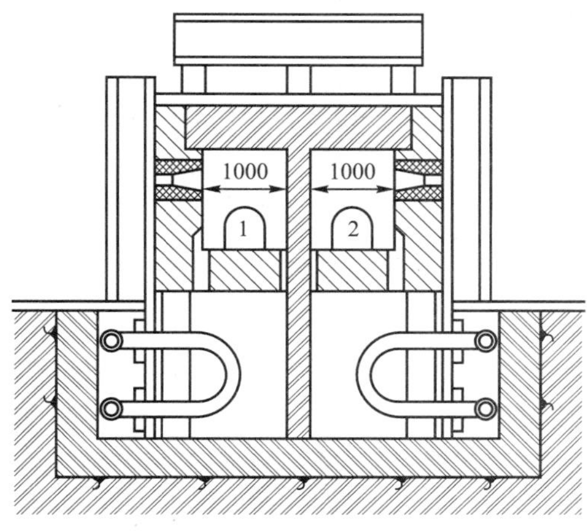

图4.12 双室炉示意图

（3）开隙式加热炉。开隙式加热炉与普通的室式炉的主要区别是装出炉口。普通室式炉炉口经常是关闭的，而开隙式加热炉由于需要连续地取放坯料，设置炉门反而不便，故在炉口处砌一个高度为100～200mm、宽度同炉膛宽度一样的缝隙，所以又称缝隙式加热炉。它适用于加热成批的小坯料或成批棒料的局部加热，故经常和平锻机配置使用。

2）机械化加热炉

模锻车间需要加热大量的型钢和钢坯，以保证锻压设备连续生产的需要，采用机械化加热炉是十分合适的。常见的机械化加热炉有推杆式连续炉、转底式连续炉和转壁式连续炉等。

(1) 推杆式连续炉。推杆式连续炉如图 4.13 所示。它可分为高温区和低温区，坯料放在装料台上由气动的推杆推入炉内，炉内密排的坯料随着推杆间歇式地推动，逐渐通过低温区，到达高温区，最后逐个由出料口出料。这种炉子适用于加热长而粗的圆棒料，以及便于在炉底上推送的方钢和扁钢等。由于坯料是分批装到装料台上的，在炉内被间歇地推动，所以这种加热炉也称为半连续炉。

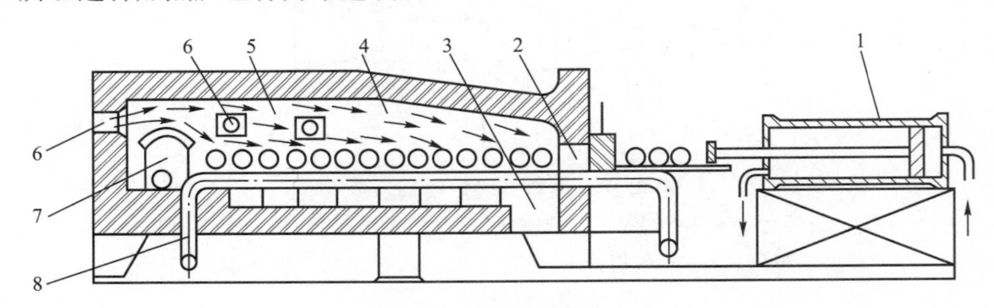

图 4.13　推杆式连续炉

1—推杆；2—装料口；3—烟道；4—低温区；5—高温区；6—烧嘴或喷嘴；7—出料口；8—水冷管

(2) 转底式连续炉。当加热形状不适于推动的异形坯料时，常采用转底式连续炉。转底式连续炉有碟形(圆盘形)和环形两种。碟形转底式连续炉一般炉底直径不超过 4000～4500mm，因此大多炉膛是同一温度，装出料通过同一炉口，装入的坯料经炉底转动一周加热到所需温度，再从炉口取出，同时装入新料，即随着炉底的转动，不断地出料和装料。环形转底式连续炉则可以有很大的直径，若沿炉膛周围适当地布置烧嘴，则可以实现合理的加热规范，因此应用较广。

(3) 转壁式连续炉。在模锻车间还常使用转壁式连续炉，它的特点是炉顶和炉底不转动，而由圆筒形炉墙转动，转动的炉墙和炉顶、炉底间分别由水封或沙封连接，炉墙周围均布有若干排圆形装料孔。这种连续炉用于棒料的局部加热，即棒料一端插入装料圆孔，另一端在炉墙外，随着炉墙转动，转动一周便出料。它常和平锻机配合使用。

4.6　箱式电阻加热炉

利用电流通过电阻发热体产生热量，再通过辐射和对流等传热方式加热金属坯料的装置称为电阻炉。箱式电阻加热炉作为金属材料的热处理加热设备和金属模锻成形加热设备，主要由电阻炉炉体、电炉控制器和热电偶三部分组成。

采用电阻炉加热，炉温容易控制，氧化皮很少，不污染环境，劳动条件好；但由于电能消耗大，目前主要用于加热高温合金和有色金属等对温度控制和质量要求严格的材料。

1. 箱式电阻炉的构造

箱式电阻炉一般由炉壳、炉衬、加热元件及电气控制系统等组成。炉壳由型钢、钢板焊接而成；炉衬采用超轻质耐火砖和优质硅酸铝耐火纤维等材料组合为复合型炉衬；加热元件中中温炉采用螺旋形高电阻合金丝，高温炉采用螺旋形 0Cr27Al17Mo2 高温合金丝，超高温电炉则采用U型硅碳棒。

箱式电阻炉与温度控制柜配合使用，可自动或手动控制电炉工作温度。超高温电炉炉体下方的自耦变压器用于调节硅碳棒的输入电压。箱式电阻炉炉顶插入的热电偶，用于控温及超温报警。

2. 箱式电阻炉的种类

箱式电阻炉按其所能达到的最高温度可分为低温、中温和高温三种。应用于锻压生产的箱式电阻炉有中温电阻炉和高温电阻炉。

1）中温箱式电阻炉

中温箱式电阻炉的工作温度为450～950℃。电热体材料为Cr25Al15铁铬铝合金及Cr20Ni8、Cr15Ni60等镍铬合金，常做成螺旋形，俗称电阻丝。中温箱式电阻炉用来加热有色金属及其合金的小坯料。

2）高温箱式电阻炉

高温箱式电阻炉的最高工作温度为1300～1350℃。由于炉温很高，其电热体通常采用非金属电热体即硅碳棒。高温箱式电阻炉可用来加热高温合金、高合金钢等坯料。

4.7 感应加热炉

1. 感应加热炉的工作原理

将被加热工件放入感应器(线圈)内(图4.14)，当感应器中通入一定频率的交变电流时，周围即产生交变磁场。交变磁场的电磁感应作用使被加热工件内产生封闭的感应电流——涡流。感应电流在被加热工件截面上的分布很不均匀，工件表层电流密度很大，向内逐渐减小，如图4.15所示，这种现象称为趋肤效应。工件表层高密度电流的电能转变为热能，使表层的温度升高，即实现表面加热。电流频率越高，工件表层与内部的电流密度差则越大，加热层越薄。

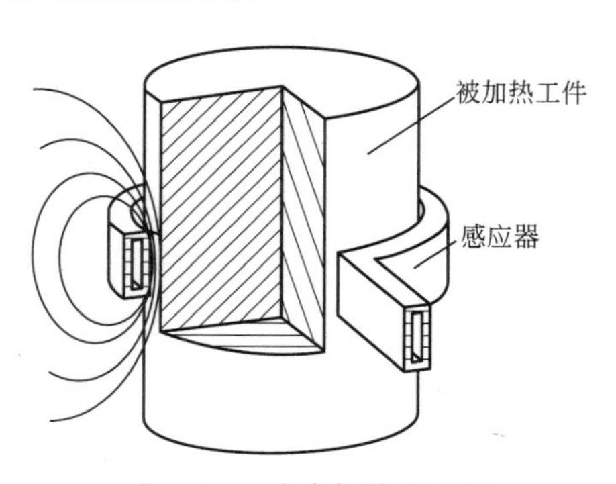

图4.14 感应加热原理图

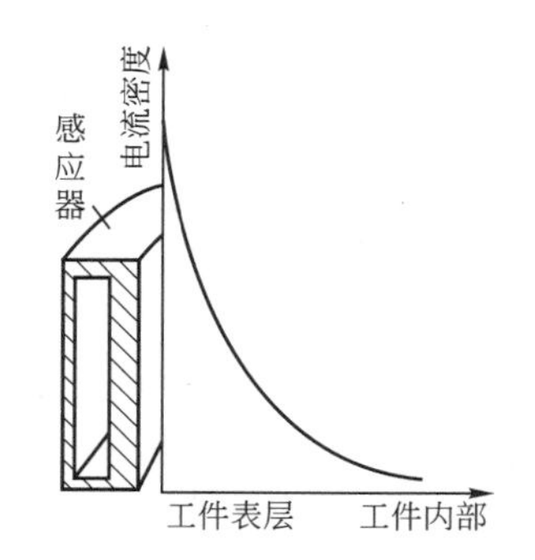

图4.15 沿工件截面的电流密度分布

感应电流通过被加热工件表层的厚度δ称为电流透入深度，可按式(4-6)计算

$$\delta = 5030\sqrt{\frac{\rho}{\mu f}} \qquad (4-6)$$

式中，δ 为电流透入深度(cm)；f 为电流频率(Hz)；μ 为金属的相对磁导率，对于钢材，当温度在磁性转变点(760℃左右)以下时，μ 值为变数；当温度在760℃以上，可取 $\mu=1.0$；ρ 为金属的电阻系数(Ω·cm)，在不同温度下，各种金属材料的电阻系数可由相关资料查得。

由式(4-6)可知，当被加热工件处于热态时($\mu=1.0$)，电流穿透深度与电流频率的平方根成反比。所以，电流频率越高，则电流穿透深度越小，趋肤效应越明显。因被加热工件表面的热量必须依靠热传导方式逐渐传到工件的中心，故当加热时间给定时，为了保证工件的表面和中心所需的温差，必须减小工件的尺寸；当工件的温差和尺寸给定时，就要延长加热时间。

2. 感应加热炉的种类

根据所用电流频率，感应电加热可分为高频($f=10^5\sim10^6$ Hz)加热，中频($f=500\sim10000$Hz)加热和工频($f=50$Hz)加热。

在锻造生产中，中频感应电加热应用最多。

表4-9为碳素钢和低合金钢感应电加热所需的时间。当加热高合金钢时，加热时间应相应增加15%；当加热无铁磁性材料(如奥氏体钢)时，应相应增加20%～30%。

表4-9　碳素钢和低合金钢感应电加热所需加热时间

坯料直径/mm	20	30	40	50	60	70	80	90	100	110	120	130	140
加热时间/s	2	6	12	30	60	90	120	150	180	210	240	300	350

在感应加热时，对于大直径坯料，要注意保证坯料加热均匀。选用低电流频率，增大电流透入深度，可以提高加热速度。而对于小直径坯料，可采用较高的电流频率，以提高电效率。

习　题

1. 锻前加热有什么作用?
2. 火焰加热有什么作用?
3. 火焰加热有什么优点?火焰加热适用于什么样的坯料的锻前加热?
4. 火焰加热有什么缺点?
5. 合理的锻造后的冷却与热处理可以达到什么目的?
6. 电阻加热有哪几种?
7. 什么叫盐浴炉加热?
8. 盐浴炉加热有什么优点?
9. 盐浴炉加热有什么缺点?
10. 简述接触电加热的加热原理。
11. 接触电加热有什么优点?
12. 接触电加热有什么缺点?
13. 什么是感应加热?
14. 感应加热有什么优点?

15. 感应加热有什么缺点？
16. 钢加热时坯料容易产生哪些缺陷？
17. 简述钢加热时坯料的氧化过程。
18. 有哪些措施可以减少或消除加热时的金属氧化？
19. 什么是锻造温度范围？确定锻造温度范围的原则是什么？
20. 简述图4.16所示的金属加热规范。
21. 简述图4.17所示的金属加热规范。

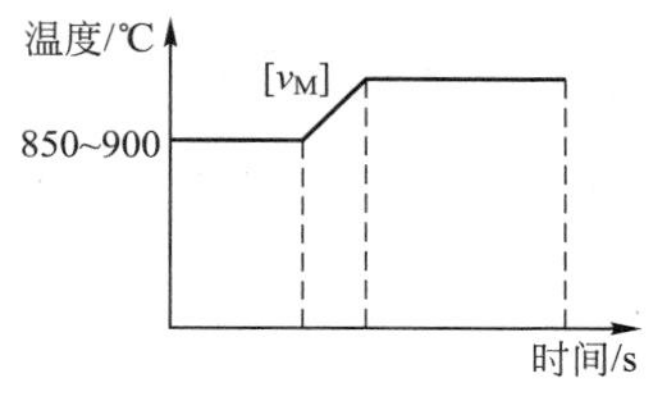

图4.16　题20图

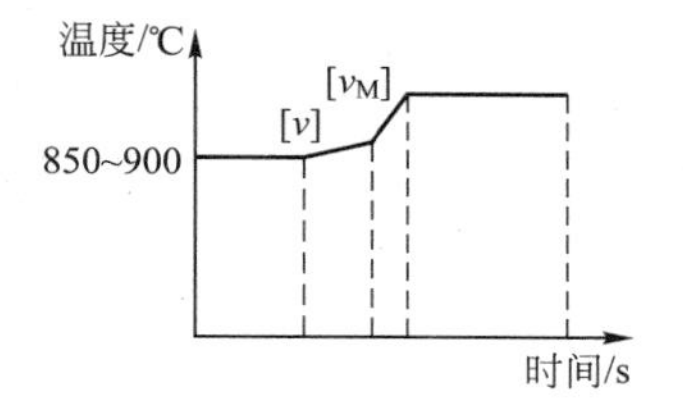

图4.17　题21图

22. 加热时对坯料保温的目的是什么？
23. 铝合金的加热规范有哪些特点？
24. 冷锻前必须对材料进行哪种预处理？为什么？热锻前需要这种预处理吗？
25. 热锻与温锻对坯料温度的要求有何相同点和不同点？
26. 热锻与温锻相比有何优缺点？
27. 钢坯料内部粗大片状珠光体对冷锻成形有何影响？
28. 为什么要对珠光体含量较多的中碳钢和中碳合金钢在冷锻前必须进行球化处理？
29. 为什么要对冷锻前的钢材进行退火软化处理？

第 5 章 常见的锻造成形设备

自由锻造用设备主要有空气锤、蒸汽-空气锤和水压机。

模锻用设备按其结构可分为以下几类。

(1) 锤类：包括蒸汽-空气模锻锤、液压模锻锤、无砧座模锻锤和高速锤等。

(2) 曲柄压力机类：包括热模锻压力机、平锻机、闭式压力机、冷挤压机等。

(3) 螺旋压力机类：包括摩擦压力机、液压螺旋压力机和电动螺旋压力机等。

(4) 液压机类：包括四柱液压机和多向模锻液压机。

(5) 特种模锻设备类：包括辊锻机、楔横轧机和摆辗机等。

锻锤是各种锻压设备的先驱，已有 100 多年的历史。锻锤以其结构简单、制造容易、操纵方便、设备投资少，而且能进行多模膛模锻，不必配备预锻设备，适应性强等优点，适用于中、小批量的模锻件及大、中、小型自由锻件的锻造成形。

曲柄压力机是锻造行业中广泛使用的设备，通过曲柄连杆机构获得锻造成形所需的成形力和直线位移，可进行挤压、锻造、切边等工艺，广泛应用于汽车工业、兵器工业、航空工业、电子仪表工业、五金轻工等领域。

螺旋压力机是介于锻锤和曲柄压力机之间的一种锻造成形设备，是中、小批量模锻件生产的首选设备。

5.1 空　气　锤

空气锤用于自由锻和胎模锻，是单件或小批量锻件生产的首选设备。空气锤的规格有 65kg、150kg、250kg、400kg、560kg、750kg，最大可达 1000kg。

1. 空气锤的工作原理

空气锤的工作原理如图 5.1 所示。它由电动机 1 驱动，通过减速机构 2 和曲柄连杆机构 3，带动压缩活塞 4 在压缩缸 5 中做上下往复运动。当压缩活塞 4 向下运动时，压缩缸下部空气被压缩，经下旋阀 7 进入工作缸 8 的下部，使工作活塞 9 抬起，带动落下部分向上运动；同时，工作缸上部的空气经上旋阀 6 进入压缩缸上部。当压缩活塞 4 向上运动时，压缩活塞4上部的空气被压缩，通过上旋阀6进入工作缸8的上部，使落下部分向下运动，对放在下砧11上的坯料10进行锻打；与此同时，工作缸8下部的空气经下旋阀7进入压缩缸5的下部。

依靠脚踏杆12操纵上、下旋阀6和7，就可使空气锤的落下部分实现空行程、悬空、压紧和连续打击等动作。

空气锤中空气是传动介质，它实现压缩活塞与工作活塞之间的柔性连接，保证将压缩活塞的运动传给工作活塞，使落下部分运动。

2. 空气锤的工作过程

空气锤工作时，靠脚踏杆12或手柄控制上、下旋阀6和7，可使锤头实现不同的运动，如图5.1所示。

锤头的各种动作是由配气机构控制的。配气机构由上旋阀6和下旋阀7组成，上旋阀6可在上旋阀套中旋转，下旋阀7可在下旋阀套中旋转。在上旋阀6和上旋阀套上开有能与工作缸8、压缩缸5和气道相通的孔或缺口；在下旋阀7和下旋阀套上也开有与工作缸8、压缩缸5、气道相通的孔或缺口，同时下旋阀7中还装有一只只准空气作单向流动的逆止阀，在锤头进行悬空和压紧时起作用。

操纵手柄或脚踏杆12，可使上旋阀6、下旋阀7在上旋阀套、下旋阀套中旋转，从而使气道发生改变。按上旋阀6、下旋阀7在上旋阀套、下旋阀套中所处位置的不同，可使锤头实现不同的运动。

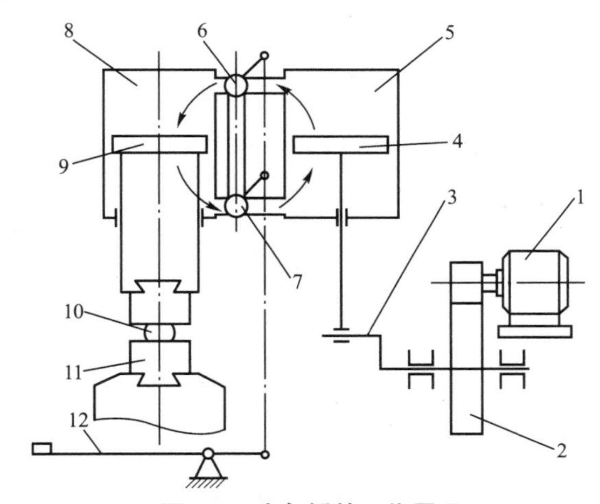

图5.1 空气锤的工作原理

1—电动机；2—减速机构；3—曲柄连杆机构；4—压缩活塞；5—压缩缸；
6—上旋阀；7—下旋阀；8—工作缸；9—工作活塞；10—坯料；11—下砧；12—脚踏杆

1）空行程

操纵手柄，转动上旋阀6和下旋阀7使其都与大气连通，这样压缩缸5的上部和下部的压缩空气分别经过上旋阀6和下旋阀7进入大气，此时锤头在自重的作用下自由地落在下砧11上，不工作。

2）悬空

操纵手柄，转动上旋阀6、下旋阀7，使压缩缸5和工作缸8的上气道都与大气连通；

而下旋阀 7 将与大气相通的气道封闭，压缩空气经下气道进入工作缸 8 的下部，并且由于逆止阀的作用，进入工作缸 8 的压缩空气不能流出，因此，气体的压力将工作活塞顶起，锤头被提起至行程的上方，直至工作活塞进入顶部的缓冲腔，在缓冲腔气压作用下达到平衡为止。悬空时，锤头在行程上方往复颤动。此时可放置工具或锻件。

3）压紧

操纵手柄，转动上旋阀 6、下旋阀 7，使压缩缸 5 和工作缸 8 的上、下气道分别相互隔断，而压缩缸 5 的上部和工作缸 8 的下部分别与大气连通。当压缩活塞 4 向上时，压缩空气经上气道排入大气，而当压缩活塞 4 向下时，压缩空气冲开逆止阀再转经上旋阀 6 进入工作缸 8 的上部，而工作缸 8 的上部的空气由于逆止阀的阻隔，不能倒流回压缩缸 5 内，因此，使锤头有足够的压力压紧坯料。此时可对工件进行弯曲或扭转操作。

4）打击

操纵手柄，使上旋阀 6、下旋阀 7 与大气连通的气道全部隔断，把压缩缸 5 和工作缸 8 的上、下气道分别连通，压缩空气被轮番压入工作缸 8 的上部和下部，从而实现连续打击。

当锤头打击一次后立即操纵脚踏杆至“悬空”位置时，锤头不再下落，就可实现单次打击。

打击的轻重是靠操纵脚踏杆来实现的，手柄拉的角度越大，则压缩缸 5 和工作缸 8 的上、下通道的气道孔就越大，打击就越重；反之，打击就较轻。

3. 空气锤的主要技术参数

国产空气锤的主要技术参数见表 5－1。

表 5－1　国产空气锤的主要技术参数

型号	C41－65	C41－75	C41－150	C41－250	C41－400	C41－560	C41－750
落下部分质量/kg	65	75	150	250	400	560	750
锤击次数/(次/min)	200	210	180	140	120	115	105
可锻工件最大截面尺寸	65mm×65mm		130mm×130mm			270mm×270mm	270mm×270mm
	ϕ85mm	ϕ85mm	ϕ145mm	ϕ175mm	ϕ220mm	ϕ280mm	ϕ300mm

5.2　蒸汽-空气锤

蒸汽-空气锤是利用蒸汽或压缩空气作为动力进行工作的，蒸汽或压缩空气的工作压力通常为$(6.0\sim9.0)\times10^5$Pa。因此，蒸汽-空气锤必须配备锅炉或空气压缩机等设备及管道系统。

蒸汽-空气锤分为单柱式、双柱式和桥式三种，是生产中、小型锻件的主要设备。

1. 蒸汽-空气锤的工作原理

蒸汽-空气锤的工作原理如图 5.2 所示。

蒸汽或压缩空气从进气管 1 经节气阀 2、滑阀 3 的中间凹部与阀套所形成的环形气道及下气道5进入气缸6的下部，作用在活塞7的下表面，使锤的落下部分(活塞7、锤杆8、锤头9和上砧10)向上运动；这时气缸6上部的废气就从上气道4经滑阀3的内腔由排气管15排出。

如果使滑阀3提起，蒸汽或压缩空气便经过滑阀3中间凹部与阀套形成的环形气道，从上气道4进入气缸6上部，锻锤落下部分由于气体和自重的双重作用而向下运动，锤击下砧12上的坯料11；这时气缸6下部的废气由下气道5从排气管15排出。

如果滑阀3处于中间位置，气缸6的上、下气道被隔断，则锤头处于悬空位置。

由此可知，蒸汽或压缩空气是通过滑阀3的上、下转换作用于活塞上，使锻锤落下部分上下运动，进行锻打的。

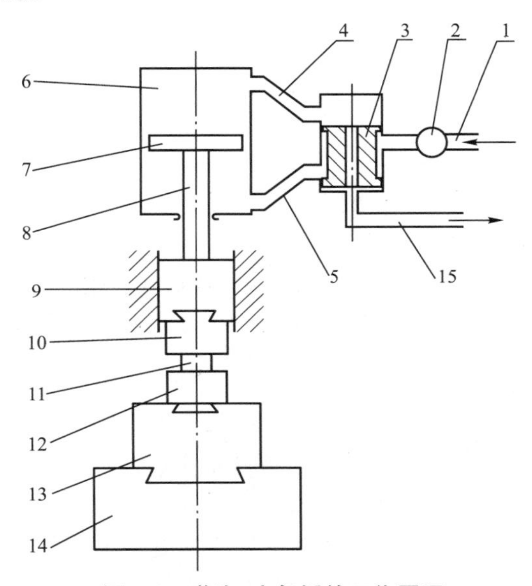

图5.2 蒸汽-空气锤的工作原理

1—进气管；2—节气阀；3—滑阀；4—上气道；5—下气道；6—气缸；7—活塞；8—锤杆；9—锤头；10—上砧；11—坯料；12—下砧；13—砧垫；14—砧座；15—排气管

2. 蒸汽-空气锤的工作过程

蒸汽-空气锤的操纵机构由杠杆系统组成，如图5.3所示。节气阀操纵杆1控制节气阀3的气道开口大小。当操纵杆1处于下极限位置时，节气阀3的气道完全关闭；滑阀操纵杆1向上提起，可使节气阀3的气道开口逐渐增大；当操纵杆1在上极限位置时，气道开口最大。滑阀操作杆2控制滑阀4的上、下运动，同时滑阀4还受到与锤头8的运动相关的月牙板7的控制。月牙板横臂6与滑阀4的拉杆相连接，当锤头8上下运动时，通过锤头8上导轨斜面的作用使月牙板活动支点5转动，从而带动滑阀4做上下运动。月牙板活动支点5又受滑阀操纵杆2的控制，当操纵杆2处于上极限位置时，活动支点向下移动，由于锤头8上月牙板导轨斜度小，月牙板横臂6也向下移动，于是滑阀4也随之向下移动，使气缸下部进气、上部排气，锤头上升；反之，当操纵杆2推至下极限位置时，滑阀4被提至上部，使气缸上部进气、下部排气，锤头向下运动，实现打击。

(1) 悬空。先提起节气阀操纵杆1，使节气阀3开启，然后提起滑阀操纵杆2，通过杠

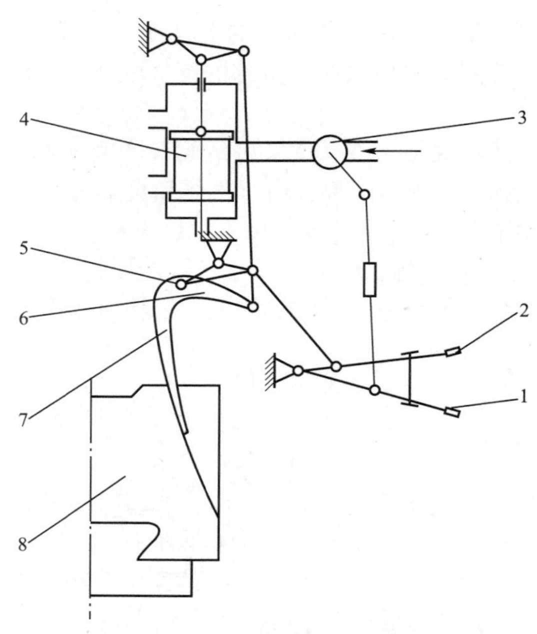

图 5.3　蒸汽-空气锤的操纵机构简图

1—节气阀操纵杆；2—滑阀操纵杆；3—节气阀；4—滑阀；
5—月牙板活动支点；6—月牙板横臂；7—月牙板；8—锤头

杆系统使滑阀 4 处于滑阀套的下部位置。这时气缸下部进气、上部排气，锤头 8 向上运动；随着锤头 8 的逐渐上升，锤头 8 上导轨的斜面推动月牙板 7 绕活动支点 5 转动，使连接在月牙板横臂 6 上的拉杆上升，滑阀 4 便随之上升，逐渐将滑阀套的上、下气道关闭，蒸汽被切断，气缸上、下部的气体被封闭，使锤头 8 处于上部悬空位置。

为了使锤头 8 稳定地悬空，滑阀 4 两端开有小沟槽，当滑阀 4 盖住阀套的上、下气道口时，气缸下部可以从小沟槽补充少量新蒸汽，而气缸上部也可以通过小沟槽适当排气，保证锤头 8 能悬于上部。

在锤头 8 上升的过程中，滑阀 4 又上移一个距离，处于接近滑阀套的中部位置。

(2) 压紧。由锤头 8 的悬空位置缓慢压下滑阀操纵杆 2，使锤头 8 的上砧缓慢压在坯料上。这时滑阀 4 处于滑阀套的上部位置，于是气缸上部进气、下部排气，锤头 8 以很大压力压紧坯料。

在锤头 8 下落的过程中，由于锤头上月牙板导轨斜面的作用，滑阀 4 又下移一个距离，处于接近滑阀套的中部位置。

(3) 单次打击。单次打击前，锤头 8 停止于下部，滑阀 4 处于滑阀套的中部位置。将滑阀操纵杆 2 提到上极限位置，滑阀 4 便下降一个距离，处于滑阀套的下部位置，这时气缸下部进气，使锤头 8 上升。由于月牙板 7 的作用，锤头 8 上升到上部时，滑阀 4 上升一个距离，达到滑阀套的中部位置；此时便可迅速压下操纵杆，使滑阀 4 上升一个距离，达到滑阀套的上部位置，蒸汽进入气缸上部，气缸下部排气，锤头 8 便迅速向下打击。与此同时，在锤头 8 向下打击的过程中，由于锤头上月牙板导轨斜面的作用，月牙板 7 又随锤头 8 的下降而使滑阀 4 下降一个距离，达到滑阀套的中部位置。这样，滑阀操纵杆 2 每提起、压下一次，滑阀 4 便完成一次操纵循环，锤头 8 就打击一次。

(4) 连续打击。要实现连续打击，操作时只要连续不断地提起和压下滑阀操纵杆2即可。连续打击时滑阀4的运动是单次打击时一次循环的连续多次重复。

3. 蒸汽-空气锤的主要技术参数

蒸汽-空气锤的能力(又称为吨位)是用落下部分的质量来表示的。其他主要技术规格还包括最大打击能量、最大行程、导轨间距、锤头长度、模座长度、使用蒸汽压力及打击次数等。

表5-2是蒸汽-空气锤锻造低、中碳钢和低合金钢锻件的能力范围。蒸汽-空气锤的主要技术参数见表5-3。

表5-2 蒸汽-空气锤锻造低、中碳钢和低合金钢锻件的能力范围

落下部分质量/kg	锻件质量/kg			方断面坯料的最大边长/mm
	成形锻件质量		光轴类锻件的最大质量	
	一般质量	最大质量		
1000	20	70	250	160
2000	60	180	500	225
3000	100	320	750	275
5000	200	700	1500	350

表5-3 蒸汽-空气锤的主要技术参数

结构形式	双柱式1	双柱式2	单柱式	双柱式3	桥式
落下部分质量/kg	1000	2000	3000	3000	5000
锤击次数/(次/min)	100	85	90	85	90
最大打击能量/kJ	35.3	70.0	120.0	150.0	180.0
锤头最大行程/mm	1000	1260	1200	1450	1728
锤杆直径/mm	110	140	300	180	203
砧座质量/t	12.7	28.39	30.0	45.8	75.0
机器总重/t	27.6	57.94	61.1	77.38	138.52

5.3 液 压 锤

蒸汽-空气锤的能源效率极低，废气带走了大量的热能。蒸汽锤的一次能源效率仅为1.0%～2.0%，而用压缩空气传动的效率也只有3.0%～5.0%。而液压传动与蒸汽传动相比，能源消耗仅为后者的4.0%～12%；与压缩空气传动相比，其能源消耗也只有后者的16%～50%。

因此，为了提高锻锤的能源效率，采用液压传动代替蒸汽传动或压缩空气传动是必然的。

1. 液压锤的特点及工作原理

1）液压锤的特点

（1）与蒸汽-空气锤的操作方法一样，操作方便、动作灵活、性能可靠。

（2）能满足各种锻造工艺要求，进行镦粗、拔长、滚挤、预锻和终锻。

（3）能实现轻、重、缓、急等锻造成形操作。

（4）手动打击和自动打击相互转换。

（5）通过调整液压锤的气、液压力，可以实现打击能量的适量调整。

（6）锤头在全行程打击时，不出现爬行或动作缓慢、压锤等现象。

（7）节能效果达到85%。

（8）能满足连续生产需要。

（9）具有很大的打击能量。

2）液压锤的工作原理

液压锤的工作原理如图5.4所示，工作缸上腔是封闭的高压氮气，下腔是液压油，中间靠锤杆活塞隔开。系统对下腔单独控制，下腔进油，锤头提升，高压氮气受到压缩，储存能量；下腔排油，高压氮气驱动活塞带动锤头打击，简称“气压驱动，液压蓄能”。

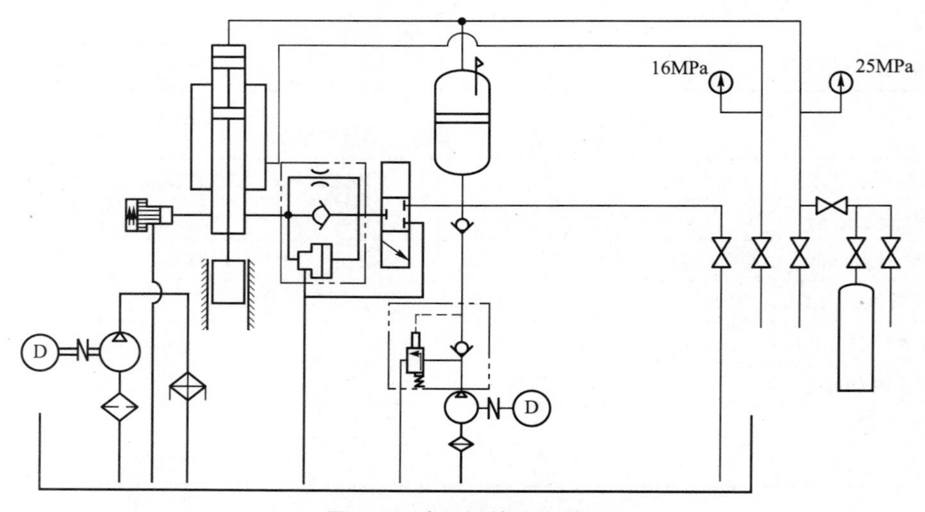

图5.4 液压锤的工作原理

2. 液压动力头的结构

液压动力头(图5.5)的主体是一个油箱4，作为工作时短期容油的油箱(不工作时，油箱内的油液经回油管进入置于地面的液压站的油箱内)，用螺栓通过缓冲垫、预压弹簧固定在锻锤机架的气缸底板上。该油箱又称连缸梁，在其中间装有主液缸6，主液缸6顶部装有气缸14，内有减振活塞12，减振活塞12的上部充有一定压力的氮气，其压力与蓄能器16上部的气压相同。

主液缸6的下部有两个孔，分别与打击阀10和保险阀5连通。液压站来油通过管路进入箱体右上侧安装的主操纵阀18和蓄能器16中，蓄能器16下部的油腔直接和主操纵

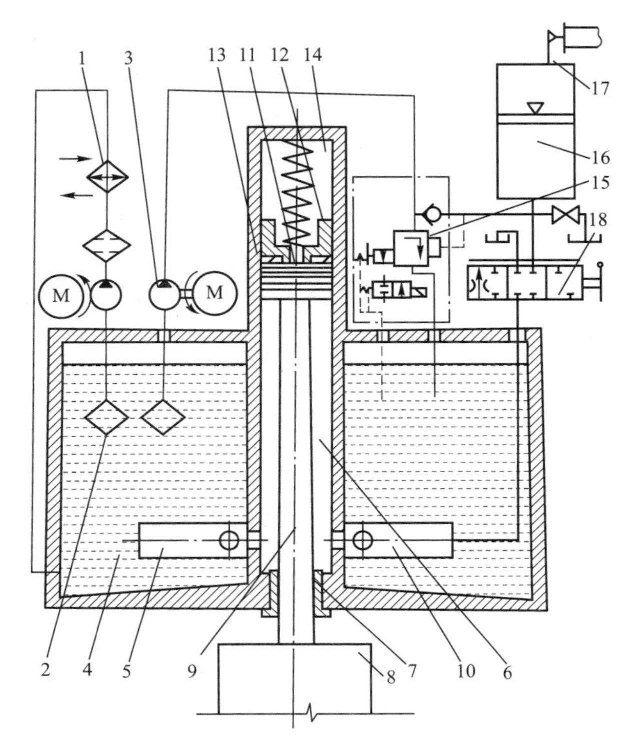

图 5.5　液压动力头的结构

1—冷却器；2—过滤器；3—液压泵电机组；4—油箱；5—保险阀；6—主液缸；
7—锤杆密封导套；8—锤头；9—锤杆；10—打击阀；11—锤杆活塞；12—减振活塞；
13—活塞密封；14—气缸；15—卸荷阀；16—蓄能器；17—发讯器；18—主操纵阀

阀 18 相通，上部通过管路接气瓶组。主液缸 6 内装有锤杆活塞 11，锤杆活塞 11 将下部的油液和上部的氮气分开，锤杆活塞 11 的上部充有一定压力的氮气并与副气罐连通。锤杆 9 下部和锤头 8 刚性连接，靠楔铁压紧。

液压系统采用液压泵电动机组 3、蓄能器 16、卸荷阀 15 组成的组合传动恒压液源，以保证系统的稳定性和可靠性。

3. 液压锤的工作过程

液压锤的基本动作是打击和提锤(回程)两种。

1）打击

如图 5.5 所示，向下打击时，通过主操纵阀 18 使打击阀 10 打开，主液缸 6 中的液体通过打击阀 10 泄入油箱 4，锤杆活塞 11 下部失去液压支持，上部气体的压力和落下部分的自重使锤头 8 加速向下进行锻击。

2）提锤

如图 5.5 所示，回程时，主操纵阀 18 使打击阀 10 关闭，来自液压泵电动机组 3 和蓄能器 16 的高压油经主操纵阀 18 和打击阀 10 进入主液缸 6，锤杆活塞 11 使锤杆 9 带动锤头 8 提升，并将气缸 14 内的气体压缩蓄能。蓄能器 16 上的发讯器 17 在蓄能器 16 充满液体后发出控制信号，通过卸荷阀 15 使液压泵卸荷运行。

5.4　无砧座模锻锤(对击锤)

在无砧座模锻锤上进行模锻，由于对锻件采用对击成形，其能量几乎全部用于使金属变形，能量损失极少。

无砧座模锻锤适用于中、小批量锻件的生产，是大型模锻件生产的主要设备之一。目前世界上最大的无砧座模锻锤的打击能量为1500kJ，用于生产宇航和军工上的大型模锻件。

1. 无砧座模锻锤的特点和工作原理

1）无砧座模锻锤的特点

（1）无砧座模锻锤的打击速度为3.0～4.0m/s，即上、下锤头的相对运动速度为6.0～8.0m/s，与蒸汽-空气模锻锤的打击速度大致相当。无砧座模锻锤的打击能量只有相同落下部分质量的蒸汽-空气模锻锤打击能量的50%左右，即一台20kJ无砧座模锻锤的打击能量大约相当于一台1000kg的蒸汽-空气模锻锤。

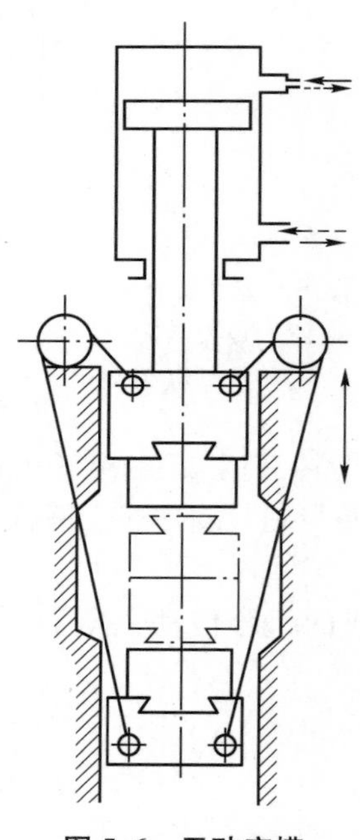

图5.6　无砧座模锻锤的工作原理

（2）由于无砧座模锻锤采用下锤头代替了蒸汽-空气模锻锤的庞大砧座，因而使无砧座模锻锤的质量大大减轻。一般地，无砧座模锻锤的总质量仅为相同能力的蒸汽-空气模锻锤的1/3～1/2。

（3）由于无砧座模锻锤是悬空打击，对地基的振动小，厂房造价低。无砧座模锻锤的地基体积仅为相同能力的蒸汽-空气模锻锤的1/8～1/3。

（4）由于无砧座模锻锤工作时下锤头移动量大，给操作带来不便。但对大型模锻件，操作不便的影响并不显著。

2）无砧座模锻锤的工作原理

无砧座模锻锤的工作原理如图5.6所示。上、下锤头之间通过联动机构带动，没有固定的砧座。当上锤头在气缸上腔的气体压力作用下加速运动时，联动机构带动下锤头同时向上加速运动，使两个锤头(即上、下锻模)对击；回程时，气体进入气缸下腔，推动上锤头上升，下锤头则靠自重下落。

2. 无砧座模锻锤的主要技术参数

无砧座模锻锤的能力是用打击能量kJ或N·m表示的。其主要技术参数见表5-4。

表5-4　无砧座模锻锤的主要技术参数

打击能量/kJ	160	250	400	630	1000
打击次数/(次/min)	45	45	40	35	30
导轨间距/mm	900	1000	1200	1500	1700
锤头前后长度/mm	1200	1800	2000	2500	3700

（续）

锤头行程/mm	2×650	2×650	2×700	2×800	2×900
锻模公称闭模高度/mm	2×355	2×400	2×450	2×500	2×600
锻模最小闭模高度/mm	2×200	2×250	2×280	2×315	2×355
工作气体压强/MPa	0.7～0.9	0.7～0.9	0.7～0.9	0.7～0.9	0.7～0.9
总质量/t	101	149		435	940

5.5 高 速 锤

高速锤是利用高压气体驱动，用高压液体蓄能，悬空对击的设备。

1. 高速锤的特点和适用范围

1）高速锤的特点

(1) 打击速度高，金属流动性能好。高速锤是一种打击速度为18～20m/s的悬空对击式模锻锤。由于打击速度高、打击能量大、金属变形热效应高，大大提高了金属的塑性变形性能。

(2) 悬空对击振动小，对地基无特殊要求。高速锤在工作过程中，锤头与框架进行对击。因此，高速锤锻造时的地面振动小，对地基和厂房无特殊要求。

(3) 同蒸汽-空气锤相比，设备体积小、制造成本低。高速锤的质量仅为相同打击能量的蒸汽-空气锤的1/20～1/10，因此其造价很低。

但高速锤也存在如下缺点：工作循环周期长，每分钟行程次数少，生产效率低；由于打击速度高，设备的各连接部分容易松动；对模具的冲击、施压和温升比较强烈，模具容易磨损，所以模具使用寿命短。

2）适用范围

高速锤适用于强度高、塑性低、锻造温度范围窄(如镍合金、钛合金、耐热合金，以及钼、钨、钽等金属)、形状复杂的金属零件的精锻。

2. 高速锤的分类

高速锤的主要类型有悬挂式、快放油式和内燃式高速锤。

表5-5为高速锤的种类、特点及应用范围。

表5-5 高速锤的种类、特点及应用范围

种类	特点	应用范围
悬挂式高速锤	(1) 能量效率高，可达90%～95%； (2) 打击周期长，回程较慢，影响模具使用寿命； (3) 打击能量调节不便，只能进行单向打击； (4) 气压悬挂式工作可靠性差，悬挂失灵不易发现，必须增加保险机构	一次成形的闭式模锻和挤压模锻

（续）

种类	特点	应用范围
快放油式高速锤	(1) 把锤头回程和悬挂结合起来，取消了悬挂机构； (2) 工作可靠； (3) 打击周期短； (4) 工作行程打击能量调节方便； (5) 能量效率80%左右	开式、闭式模锻和挤压模锻
内燃式高速锤	(1) 结构简单，设备费用低； (2) 动力(燃料)费用低； (3) 打击周期短、回程快； (4) 工作可靠； (5) 操作不便	单模膛闭式模锻

3. 高速锤的结构

图5.7所示为300kJ三梁二柱高速锤的结构。高压缸7与上梁6相连，充入高压空气或高压氮气作为驱动力；动梁8(上锤头)的上部与锤杆连接，下部固定上模5；动梁8以两根立柱为导向；下梁2的上部固定下模4，两旁有支承缸3；支承缸3中事先充入高压气体，与锤体全重相平衡，使锤体呈悬浮状态；回程缸9固定在下梁2。

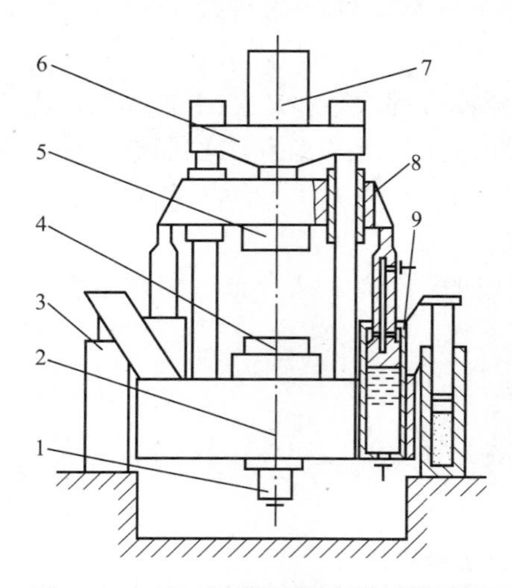

图5.7　300kJ三梁二柱高速锤的结构

1—顶出缸；2—下梁；3—支承缸；4—下模；5—上模；6—上梁；7—高压缸；8—动梁；9—回程缸

4. 高速锤的工作原理

1) 悬挂式高速锤的工作原理

图5.8所示为密封悬挂式高速锤的工作原理。工作缸4被锤杆上部的活塞密封圈3分成上腔13和下腔12两部分，上腔13在活塞密封圈3的内部充有低压气体，12腔内充有高压气体，由于活塞下端的环形面积大于活塞密封圈3的外环形面积，从而使锤头6悬挂，处于待启动状态。如启动设备，需自上腔口14通入一股高压气体，以破坏端面的密封状态，使下腔12内的高压气体进入到活塞的上腔13，使锤头6向下运动，打击锻件，此时，锤头速度大致可达到18m/s；锤击时，机架7在反作用力的作用下沿机座11的导轨向上运动，故呈现对击状态，最后机架7停止在隔振缸9上。随后回程缸10的活塞在高压液体作用下向上运动，将锤头6抬起；顶件活塞8将锻件顶出。当锤头6由回程缸10的活塞推至最高位置时，密封圈内容纳的少量气体被排出于大气中，残余气体被重新压缩到原来的压力和体积。此后，回程缸10的活塞退回，设备处于待启动状态。

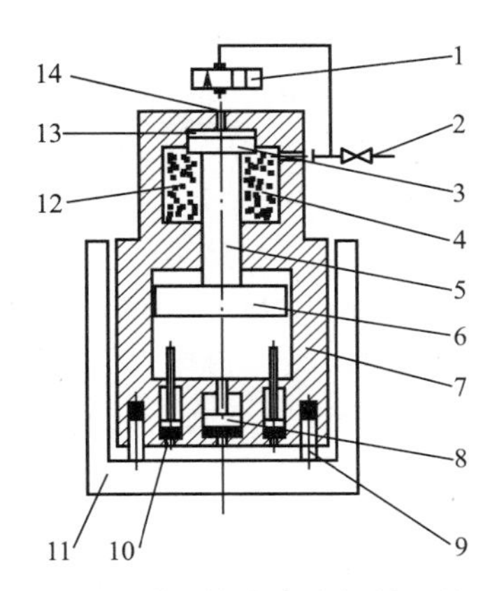

图 5.8　密封悬挂式高速锤的工作原理

1—启动阀；2—高压气源；3—活塞密封圈；4—工作缸；5—锤杆；6—锤头；7—机架；8—顶件活塞；9—隔振缸；10—回程缸；11—机座；12—下腔；13—上腔；14—上腔口

2）快放油式高速锤的工作原理

图 5.9 所示为快放油式高速锤的工作原理。E 腔为高压气体，F 腔为高压油。打击时，切断 A 孔油路，C 孔通高压油，B 孔通回油箱，快放油阀 6 下落；同时机架 7 向上运动，实现对击。打击后，B 孔改通高压油，C 孔接回油箱，快放油阀上升，封住排油口 5，A 孔接通高压油路，推动活塞上升，锤头重新处于悬挂状态，完成一次工作行程。A 孔进高压油量的多少，可控制锤头的悬空高度，从而获得不同的打击能量。

3）内燃式高速锤的工作原理

图 5.10 所示为内燃式高速锤的工作原理。其工作过程分为四个阶段。

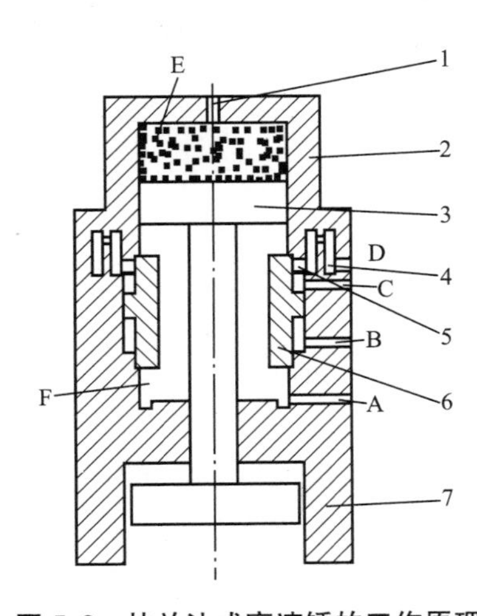

图 5.9　快放油式高速锤的工作原理

1—高压气源；2—工作缸；3—活塞；4—中间油箱；5—排油口；6—快放油阀；7—机架

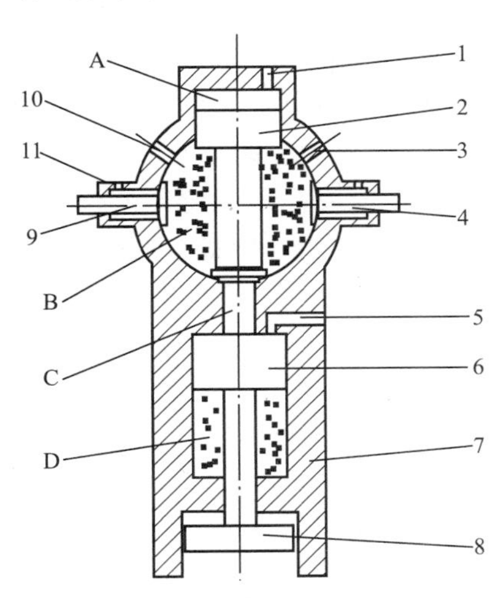

图 5.10　内燃式高速锤的工作原理

1—压缩空气源；2—启动阀；3—喷油嘴；4—进气阀；5—通大气孔；6—活塞；7—机架；8—锤头；9—排气阀；10—火花塞

(1) 充气阶段。通过进气阀 4 给燃烧室 B 充入 0.5～1.5MPa 的压缩空气。

(2) 燃烧阶段。燃料(汽油、柴油或液化石油气等)从喷油嘴 3 射入燃烧室 B 并由火花塞 10 点火，使燃烧室内的气压猛增。

(3) 工作行程阶段。由于燃烧室内压力猛增，将密封 C 破坏，开始工作行程；此时，机架 7 在反作用力的作用下上升，实现上、下模对击。

(4) 回程和排气阶段。打击后打开排气阀 9，锤头 8 被密封于反压室 D 内的压缩空气推回到上端密封位置。当活塞 6 上升时，废气自排气阀 9 处排出。

此后，关闭排气阀，准备下一次打击。

5.6 热模锻压力机

热模锻压力机是一种比较先进的模锻设备，常用于大批、大量的流水线生产中，便于实现机械化、自动化。随着设备锻造能力的提高，几乎所有在模锻锤上能够锻造的锻件，在热模锻压力机上都能锻造。

1. 热模锻压力机的特点和适用范围

1) 热模锻压力机的优点

(1) 热模锻压力机的滑块有固定的下死点，在锻造过程中滑块每次行程都能使锻件得到相同高度；另外，热模锻压力机具有较高的刚度，因此模锻件的尺寸精度较高。

(2) 曲柄连杆滑块机构具有严格的运动规律，滑块有固定的行程和上、下死点，因此在热模锻压力机上易于实现机械化和自动化生产。

(3) 热模锻压力机工作时没有冲击，是静载荷，振动小、噪声小；而且热模锻压力机具有上、下顶出机构，因而有利于延长模具的使用寿命，并且不需要强大的安装基础。

(4) 热模锻压力机直接采用电力-机械传动，传动效率比较高。

2) 热模锻压力机的缺点

(1) 由于滑块行程一定，与模锻锤相比其工艺万能性差，不适合于滚压和延伸等工序，因此对于某些锻件(如连杆等)，还需要配备制坯的辅助设备(如辊锻机等)。

(2) 在锻造过程中清除氧化皮比较困难。

(3) 超负荷工作时容易使压力机损坏。

(4) 结构比较复杂，加工要求较高，故制造成本较高。

3) 热模锻压力机的适用范围

(1) 单机生产时，适合于锻造没有滚压和延伸等工序的单工序模锻件，如齿轮坯、轨链节等。配有辊锻机等辅助设备时，适合于锻造有滚压和延伸等工序的锻件，如连杆等。

(2) 特别适合于大批量生产和机械化、自动化程度高的锻造生产。

2. 热模锻压力机的分类

按照工作机构的类型，热模锻压力机可分为连杆式、双滑块式、楔式及双动式四大类，这里仅介绍连杆式热模锻压力机和楔式热模锻压力机。

1) 连杆式热模锻压力机

连杆式热模锻压力机(又称 Mp 型压力机)，采用了与通用曲柄压力机相似的曲柄滑块机构，在热模锻压力机中应用最广泛。

图 5.11 所示为连杆式热模锻压力机传动系统。该设备采用一级传送带、一级齿轮的两级传动方式，离合器、制动器分别装在偏心轴左、右两端，采用气动联锁，多用盘式摩擦片结构；滑块采用有附加导向的象鼻式结构，采用双楔式楔形工作台完成装模高度调整。

机身分为机架和底座两部分，用四根拉紧螺栓连接成整体。

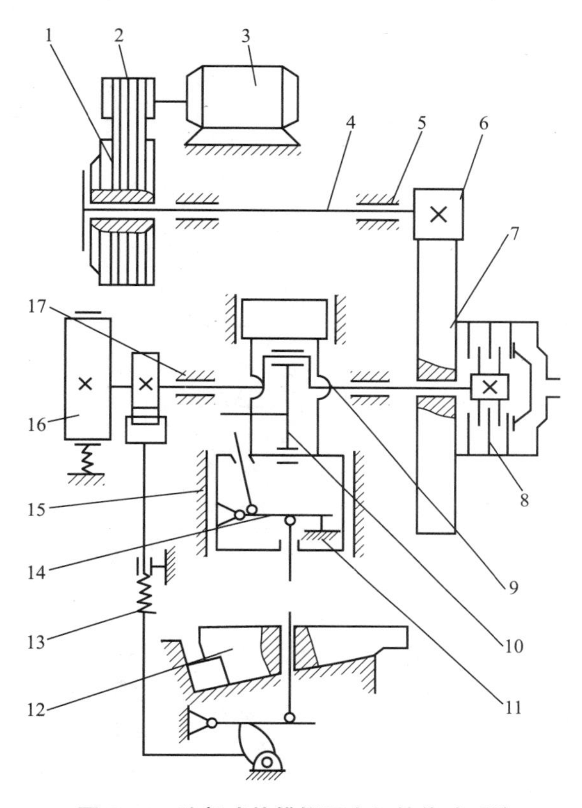

图 5.11 连杆式热模锻压力机的传动系统

1—大带轮；2—小带轮；3—电动机；4—传动轴；5—轴承；6—小齿轮；7—大齿轮；8—离合器；9—偏心轴；10—连杆；11—滑块；12—楔形工作台；13—下顶件装置；14—上顶料装置；15—导轨；16—制动器；17—轴承

2）楔式热模锻压力机

楔式热模锻压力机(又称 Kp 型压力机)，其传动方式是在连杆和滑块之间增加了一个楔块，如图 5.12 所示。滑块 3 不是由连杆 4 直接驱动的，而是由楔块驱动滑块完成。在连杆大头装有偏心蜗轮 5，用以调节连杆长度，达到调节装模高度的目的。

这种压力机因在垂直方向没有曲轴连杆，故垂直刚度高；又由于楔块传动，支承面积大，抗倾斜能力强，特别适合于多模腔模锻。

3. 热模锻压力机的主要参数

热模锻压力机的主要参数是公称压力。热模锻压力机模锻时所需锻造成形力的经验公

式为

$$F=(64\sim73)KA$$

式中，F 为所需锻造压力；K 为与所锻造材料有关的系数，从低碳钢到高合金工具钢，其数值在 0.9～1.55 变化；A 为包括飞边桥部在内的锻件投影面积。

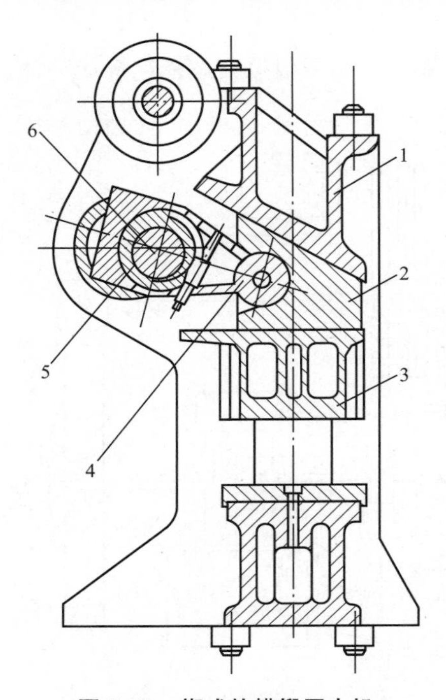

图 5.12　楔式热模锻压力机

1—机身；2—传动楔块；3—滑块；4—连杆；5—偏心蜗轮；6—曲轴

由于热模锻压力机的装模高度调节范围小，故在选定了设备后，模具闭合高度值应根据设备的装模高度设计，考虑到模具的修理，取偏上限值。

表 5－6 为 Mp 系列热模锻压力机的技术参数，表 5－7 为 Kp 系列热模锻压力机的技术参数。

表 5－6　Mp 系列热模锻压力机的主要技术参数

设备型号		Mp1000	Mp1600	Mp2000	Mp2500	Mp3150	Mp4000	Mp5000	Mp6300
公称压力/MN		10	16	20	25	31.5	40	50	63
滑块行程/mm		250	280	300	320	340	360	400	450
滑块行程次数/(次/min)		100	90	85/70	85/65	60	55	45	42
最大封闭高度/mm		700	875	950	1000	1050	1110	1180	1250
封闭高度调节量/mm		14	18	20	22.5	25	28	32	35
导轨间距/mm		850	1090	1250	1340	1450	1550	1650	1900
工作台面尺寸/mm	左右	850	1050	1210	1300	1400	1500	1600	1840
	前后	1120	1400	1530	1700	1860	2050	2250	2300

（续）

电动机功率/kW		45	75	90	110	132	185	230	300
设备质量/t		75	120	170	200	274	360	420	560
外形尺寸/mm	长	4100	4800	4900	5250	5800	6100	6850	7410
	宽	3050	3300	3450	3700	4100	4450	5000	5810
	高	5440	6630	7225	7790	8475	9005	9650	10350

表5-7 Kp系列热模锻压力机的主要技术参数

设备型号		Kp2000	Kp2500	Kp3150	Kp4000	Kp5000	Kp6300	Kp8000	Kp10000
公称压力/MN		20	25	31.5	40	50	63	80	100
滑块行程/mm		270	290	310	330	360	390	420	450
滑块行程次数/(次/min)		70	63	55	50	45	40	40	35
最大封闭高度/mm		890	1000	1050	1100	1200	1320	1420	1600
封闭高度调节量/mm		10	12	12	15	15	20	20	25
工作台面尺寸/mm	左右	1100	1260	1310	1500	1600	1700	1700	2000
	前后	1420	1700	1750	1800	1900	2000	2000	2500
电动机功率/kW		90	110	132	185	230	300	370	450

5.7 平 锻 机

平锻机是曲柄压力机的一种，又称为卧式锻造机。按其夹紧凹模的分开方式不同，可分为垂直分模平锻机和水平分模平锻机两种。平锻机主要用局部镦粗的方法来生产模锻件。在该设备上还能实现局部积聚、冲孔、翻边、切边、弯曲、切断等工序。它广泛用于汽车、摩托车、拖拉机、航空和轴承工业。由于它的生产效率比较高，因此在成批或大量生产中得到广泛的应用。

1. 平锻机的特点

1）平锻机的优点

(1) 有两个相互垂直的分型面，主要作用力的方向是水平的，可实现多模膛模锻，因此它可以完成模锻锤或其他模锻设备所不能完成的工作。

(2) 刚性好，工作时振动小，滑块行程准确，行程不变，生产的模锻件质量好，可以获得极小的加工余量。

(3) 生产效率高，一般不需要配备切边或其他辅助设备。

(4) 采用水平分模的平锻机模锻时，由于操作方便，容易实现机械化和自动化。

2）平锻机的缺点

(1) 要求坯料有精确的尺寸，否则将产生难以清除的飞边或不能夹紧坯料。

(2) 模膛中的氧化皮不易清除，最好采用少、无氧化加热。

(3) 平锻机的造价高，锻件的形状有一定局限性。

2. 平锻机的工作过程

平锻机的工作过程包括送料、夹紧、镦锻和退料四个阶段，如图 5.13 所示。

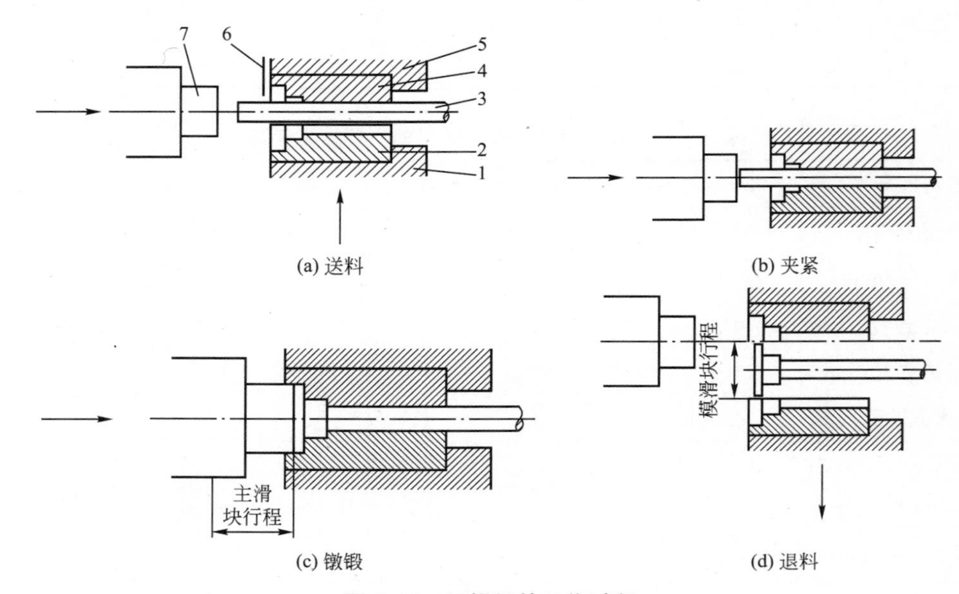

图 5.13　平锻机的工作过程

1—横滑块；2—活动凹模；3—坯料(或棒料)；4—固定凹模；5—固定凹模横座；6—前挡料杆；7—凸模

(1) 送料阶段。活动凹模与固定凹模处于分开状态，把加热好的坯料置于固定凹模内，用前挡料杆或后定料装置控制送料长度，此时曲轴停止在后死点位置，如图 5.13(a)所示。

(2) 夹紧阶段。踩下脚踏板，制动器脱开，离合器结合；随着曲轴的旋转，当凸模尚未与坯料接触之前(即主滑块进行空行程时)，活动凹模与固定凹模闭合而将坯料夹紧。前挡料杆迅速离开工作位置，如图 5.13(b)所示。

(3) 镦锻阶段。曲轴旋转到使凸模与坯料接触时起，至曲轴旋转到前死点时止为镦锻阶段。它必须在主滑块的有效行程内完成，如图 5.13(c)所示。

(4) 退料阶段。随着曲轴继续旋转，当主滑块返回一定行程，活动凹模才开始退回并回到原来的位置；同时，前挡料杆也恢复到工作位置。离合器松开，制动器制动，曲轴停止在后死点上，取出锻件，如图 5.13(d)所示。

若锻件还需进行其他工步时，可移到下一个模膛中，重复以上的操作过程进行镦锻。

3. 平锻机的主要技术参数

平锻机的锻造能力是以平锻机在行程终了时所能产生的最大压力(kN)来表示的。

平锻机主要技术参数除设备的最大能力(kN)和主滑块的有效行程(mm)外，还有凹模开启的大小、凹模的尺寸、每分钟的行程次数等。

垂直分模平锻机的主要技术参数见表 5-8。

表5-8 垂直分模平锻机的主要技术参数

公称压力/kN		5000	8000	12500	20000
夹紧滑块行程/mm		125	160	220	312
主滑块行程/mm		280	380	460	610
夹紧模闭合后主滑块的有效行程/mm		190	250	310	340
夹紧模闭合时主滑块的返回行程/mm		30	130	170	140
主滑块行程次数(次/min)		45	33	27	25
主滑块在最前极限位置时其边缘与夹紧模间的距离/mm		110	175	180	230
模具尺寸(长×宽×高)/mm×mm×mm		450×180×435	550×210×660	700×260×820	850×320×1030
进料窗口尺寸(宽×高)/mm×mm		410×150	190×610	265×780	330×980
电动机功率/kW		28	55	115	155
设备质量/t		40.2	85	129.3	256.4
外形尺寸/mm	长	4600	5215	6345	8620
	宽	3055	2931	3930	5185
	高	1945	2296	3000	3140

5.8 螺旋压力机

螺旋压力机是介于锻锤与压力机之间的一种锻压设备。它在工作时的打击性质近似于锤，其工作特性又近似于压力机。一般用在中、小批生产的车间里模锻各种形状的锻件。

1. 螺旋压力机的特性、分类和工作原理

1）螺旋压力机的特性

(1) 工艺适应性好，可进行模锻、冲压、镦锻、挤压、精压、切边、弯曲、校正等工序。

模锻同样大小的工件可以选用公称压力比热模锻压力机小25%～50%的螺旋压力机。大多数螺旋压力机的允许压力为公称压力的1.6倍，如果有摩擦超载保险装置，允许在这个压力下长期工作。

(2) 螺旋压力机的滑块位移不受运动学上的限制，因此终锻可以一直进行到模具靠合为止，压力机和模具的弹性变形可由螺杆的附加转角自动补偿，锻件在垂直方向上的尺寸精度比在热模锻压力机上模锻高1～2级。

(3) 模具容易安装、调整，不需要调整封闭高度或导轨间隙。

(4) 螺旋压力机滑块的最大线速度为0.6～1.5m/s，最适合各种钢和合金的模锻，模具所受应力小。

(5) 设备结构简单，价格较低，振动小。

(6) 基础简单，没有砧座，因而大大减少了设备和厂房的投资。

(7) 劳动条件较好，操作安全、容易维护。

(8) 由于有顶出装置，可减少锻件的模锻斜度。

但螺旋压力机也有其不足之处，如打击力不易调整、生产效率较低、对于高筋或圆角半径较小的锻件较难充满等。

2) 螺旋压力机的分类

螺旋压力机按照传动原理可分为惯性螺旋压力机和高能螺旋压力机。其中惯性螺旋压力机按动力形式又可分为摩擦压力机、液压螺旋压力机、电动螺旋压力机和复合传动螺旋压力机。

摩擦压力机的摩擦损失大、效率低，不适合制造大吨位的设备。我国常用的摩擦压力机是双圆盘式摩擦压力机。我国已能制造公称压力达100000kN的摩擦压力机。

液压螺旋压力机和电动螺旋压力机的出现是为了克服摩擦压力机的缺点，便于精锻大型叶片。国外能制造公称压力315MN的电动螺旋压力机。

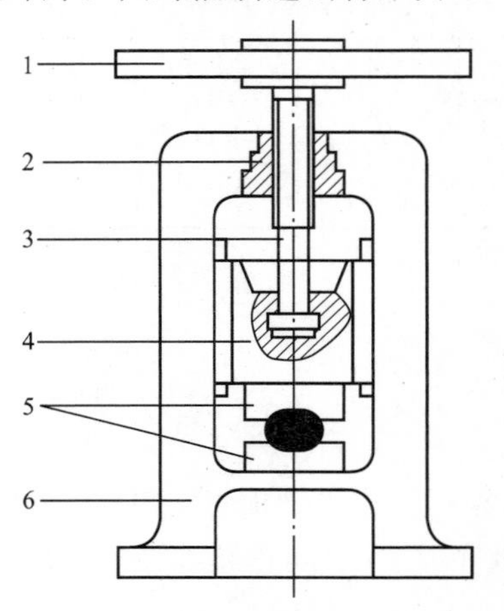

图 5.14　惯性螺旋压力机的工作原理

1—飞轮；2—螺母；3—螺杆；4—滑块；5—上、下模；6—机身

3) 螺旋压力机的工作原理

螺旋压力机是采用螺旋副作工作机构的锻压设备。现以惯性螺旋压力机为例说明螺旋压力机的工作原理。

惯性螺旋压力机的工作原理如图5.14所示。

惯性螺旋压力机的特征是采用一个惯性飞轮。打击前，传动系统输送的能量以动能形式暂时存放在打击部分(包括飞轮和直线运动部分质量)，飞轮处于惯性运动状态；打击过程中，飞轮的惯性力矩经螺旋副转化成打击力使毛坯产生变形，对毛坯做变形功，打击部件受到毛坯的变形抗力阻抗，速度下降，释放动能，直到动能全部释放停止运动，打击过程结束。

惯性螺旋压力机每次打击，都需要重新积累能量，打击后所积累的动能完全释放。

每次打击的能量是固定的，其工作特性与锻锤接近，这是惯性螺旋压力机的基本工作特性。

2. 螺旋压力机的力能关系

螺旋压力机的运动部分(包括飞轮、螺杆和滑块)在传动系统的驱动下，经过规定的向下行程所储存的能量 E 为

$$E=\frac{1}{2}mv^2+\frac{1}{2}I\omega^2=\frac{1}{2}\left(m+\frac{4\pi^2}{h^2}I\right)v^2=\frac{1}{2}\left(\frac{h^2}{4\pi^2}m+I\right)\omega^2 \tag{5-1}$$

式中，m 为飞轮、螺杆和滑块的质量(kg)；I 为飞轮、螺杆的转动惯量(kg·m^2)；v 为打击时滑块的最大线速度(m/s)；ω 为打击时飞轮的最大角速度(rad/s)；h 为螺杆螺纹的导程(m)。

由式(5-1)可知，运动部分的打击能量由直线运动动能和旋转运动动能两部分组成。

一般情况下，前者仅为后者的1.0%～3.0%，因此常称E为飞轮能量。

3. 螺旋压力机的技术参数

螺旋压力机的基本参数和主要尺寸表示该种型号设备的力学特性、操作尺寸、生产率等特征。其主要技术参数有以下四个方面：

(1) 公称压力。公称压力是螺旋压力机的名义压力，是在允许过载条件下螺杆允许承受的压力。惯性螺旋压力机的打击力是不固定的，打击力的大小与有无打滑飞轮及锻击状态有关。

螺旋压力机的公称压力为0.4～140MN。

(2) 运动部分能量。运动部分能量包括飞轮、螺杆、滑块的总动能。大、中型螺旋压力机有时也考虑上模的质量。在螺旋压力机上完成较薄锻件的压印和精压工序时，要求的力很大而能量较小；完成厚锻件的镦粗和压印工序时，需要消耗很大的能量。在公称压力相同时，压印—精压、镦粗和体积模锻的能量之比为1∶2∶3。

(3) 滑块行程。工作部分加速获得动能和锻件变形需要的滑块位移之和为滑块最大行程，它影响装料和锻件的取出条件、采用机械化措施的可能性和安装组合模具的可能性。

(4) 滑块行程次数。螺旋压力机滑块每分钟行程次数对压力机的生产效率、模具寿命和传动功率有重要影响。

表5-9为双盘摩擦压力机的技术参数。

表5-9 双盘摩擦压力机的技术参数

基本参数		主要技术参数系列								
		63	100	160	250	400	630	1000	1600	2500
公称压力/kN		630	1000	1600	2500	4000	6300	10000	16000	25000
运动部分能量/kJ		2.2	4.5	9.0	18	36	72	14	28	50
滑块行程/mm		200	250	300	350	400	500	600	700	800
滑块行程次数/(次/min)		35	30	27	24	20	16	13	11	9
最小封闭高度/mm		315	155	400	450	530	630	710	800	1000
垫板厚度/mm		80	90	100	120	150	180	200	220	250
工作台面尺寸/mm	左右	250	315	400	500	630	750	900	1120	1250
	前后	315	400	500	630	750	900	1120	1250	1500

5.9 四柱液压机

1. 液压机的特点和工作原理

1) 液压机的特点

液压机的优点如下：

(1) 易于得到较大的总压力及较大的工作空间。基于液压传动的原理，液压机的执行元件结构简单，而且动力设备可以分别布置，可以多缸工作，液体压力及活塞(或柱塞)工作面积可以在较大范围内变动；同时，由于液压机是静压设备，无需很大的地基，因此可以造到很大的吨位。

(2) 易得到较大的工作行程。

(3) 在行程的任何位置能得到额定的最大压力，并可以进行长时间保压。

(4) 调压、调速方便。液压机利用工作液体的压力传递能量，可以利用调节各种压力控制阀的方法进行调压和限压，并可以可靠地防止过载，有利于保护模具和设备。活动横梁运动速度的调节范围很大，可以适应不同的工艺过程对工作速度的不同要求。

(5) 工作平稳。

(6) 冲击和振动很小，噪声小。

(7) 结构比较简单，操作方便。

液压机存在如下缺点：

(1) 液压机在快速性方面不如机械压力机，机械效率不够高。

(2) 不太适合冲裁、剪切等切断类工艺。

(3) 液压机的调整、维修较机械压力机困难。

(4) 由于采用液体作为传动介质，易产生泄漏。

2) 液压机的工作原理

液压机是根据静态下密闭容器中液体压力等值传递的帕斯卡定律制成的，是一种利用液体的压力来传递能量，以完成各种成形加工工艺的机器。

液压机的工作原理如图 5.15 所示。两个充满工作液体的具有柱塞或活塞的容腔由管道连接，小柱塞 1 相当于泵的柱塞，大柱塞 2 则相当于液压机的柱塞。小柱塞在外力 F_1 的作用下使容腔内的液体产生压力 $p=F_1/A_1$，A_1为小柱塞的面积，该压力经管道传递到大柱塞的底面上。

根据帕斯卡定律：在密闭容器中液体压力在各个方向上处处相等。可知，大柱塞 2 上将产生向上的作用力 F_2，使毛坯 3 产生变形。F_2为

$$F_2=p\times A_2=\frac{F_1\times A_2}{A_1}$$

式中，A_2为大柱塞 2 的工作面积。

由于 $A_2>A_1$，显然 $F_2>F_1$。这就是说，液压机能利用小柱塞上较小的作用力 F_1在大柱塞上产生很大的力 F_2。

同时，液压机能产生的总压力取决于工作柱塞的面积和液体压力的大小。因此，要想获得较大的总压力，只需增大工作柱塞的总面积或提高液体压力即可。

2. 液压机的基本结构

液压机一般由本体和液压系统两部分组成，如图 5.16 所示。

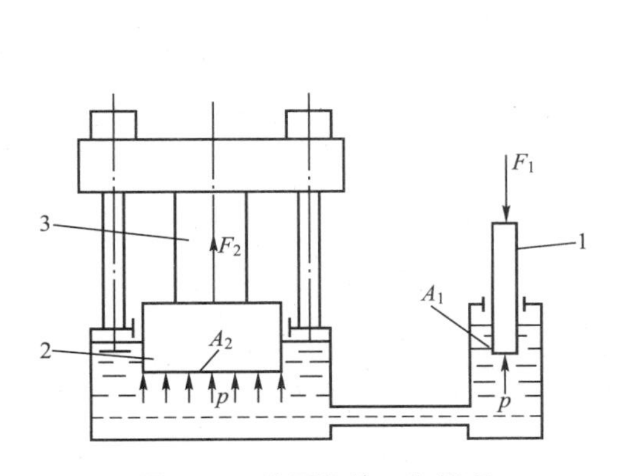

图 5.15 液压机的工作原理

1—小柱塞；2—大柱塞；3—毛坯

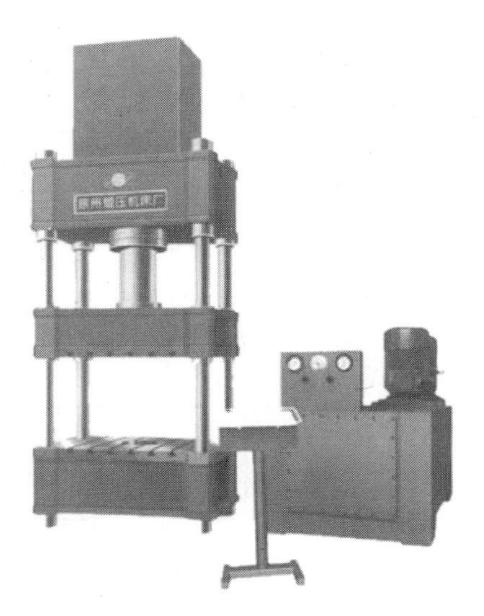

图 5.16 四柱液压机

本体由上横梁、活动横梁、下横梁、四根立柱所组成，立柱用立柱螺母与上、下横梁紧固地联系在一起组成一个封闭的框架，该框架叫作机身。工作时，全部的工作载荷都由机身承受。液压机的各部件都安装在机身上。

工作缸固定在上横梁的缸孔中，工作缸内装有活塞，活塞的下端与活动横梁相连接，活动横梁通过其四个孔内的导向套导向，沿立柱上下活动；活动横梁的下表面和下横梁的上表面都有 T 形槽，以便安装模具；在下横梁的中间孔内还有顶出缸，供顶出工件或其他用途。

液压机工作时，在工作缸的上腔通入高压液体，在液体压力作用下推动活塞、活动横梁及固定在活动横梁上的模具向下运动，使工件在上、下模之间成形；回程时，工作缸下腔通入高压液体，推动活塞带着活动横梁向上运动，返回其初始位置。若需顶出工件，则在顶出缸下腔通入高压液体，使顶出活塞上升将工件顶起，然后向顶出缸上腔通入高压液体，使其回程，这样就完成了一个工作循环。

3. 液压机的工作过程

液压机的工作循环一般包括空程向下(充液行程)、工作行程、保压、回程、停止、顶出缸顶出、顶出缸回程等。上述各个行程动作靠液压系统中各种阀的动作来实现。

液压机的液压系统包括各种泵(高、低压泵)、各种容器(油箱、充液罐等)和各种阀及相应的连接管道。

最简单的液压控制系统如图 5.17 所示。在该系统中，液压泵将高压液体直接输送到工作缸中，通过两个三位四通阀来实现液压机的各种行程动作。

1) 空程向下(充液行程)

工作缸 11 下腔的油液通过开启的液控单向阀 7 和换向阀 5 排入油箱，活动横梁靠自重从初始位置快速下行，直到上模接触工件。此时，换向阀 3 置于“回程”位置，换向阀 5 置于“工作”位置，液压泵输出的油液通过阀 3、4、5、8 进入工作缸上腔，不足的油液

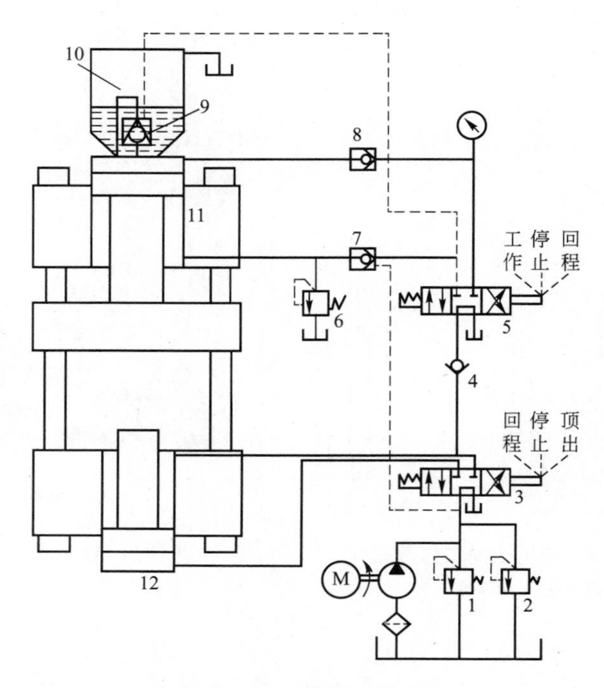

图 5.17　液压控制系统

1、2、6—溢流阀；3、5—换向阀；4—单向阀；7、8—液控单向阀；
9—充液阀；10—充液罐；11—工作缸；12—顶出缸

由充液罐 10 内的油液通过充液阀 9 补充。

2）工作行程

换向阀 3 和 5 的位置不变，当上模接触到工件后，由于下行阻力增大，充液阀自动关闭，这时液压泵输出的液体压力随阻力增大而升高，此油液进入工作缸上腔推动活塞下行进行成形加工。工作缸下腔的油液继续经液控单向阀 7 和换向阀 5 排回油箱。

3）保压

若工艺有保压要求，则将换向阀 5 置于“停止”位置，换向阀 3 的位置不变，液压泵通过换向阀 5 卸荷，工作缸内的油液被液控单向阀 8 封闭在缸内进行保压。

4）回程

换向阀 5 置于“回程”位置，换向阀 3 位置不变，液压泵输出的油液通过阀 3、4、5、7 进入工作缸下腔。此时，液控单向阀 8 和充液阀 9 反向打开，使工作缸上腔卸压，在工作缸下腔高压液体的作用下，活塞带动活动横梁上行，工作缸上腔的油液经过打开的充液阀排入充液罐中。

5）停止

换向阀 3 和 5 置于“停止”位置，液压泵通过换向阀 3 卸荷，工作缸下腔的油液被液控单向阀 7 封闭于缸内，使活塞及活动横梁稳定地停止在任意所需位置。

6）顶出缸顶出

换向阀 5 置于“停止”位置，换向阀 3 置于“顶出”位置，液压泵输出的压力油通过换向阀3进入顶出缸的下腔，同时顶出缸上腔的油液经换向阀3流入油箱，在下腔压力油的作用下顶出缸活塞上升顶出工件。

7）顶出缸回程

换向阀5的位置不变，换向阀3置于“回程”位置，顶出缸下腔的油液可经换向阀3流入油箱，液压泵输出的油液经换向阀3进入顶出缸上腔，使顶出缸活塞下行。

这样就完成了一个工作循环。

4. 液压机的主要技术参数

(1) 公称压力。液压机的公称压力是指液压机名义上能产生的最大压力，单位为kN。公称压力在数值上等于液压机液压系统的额定液体压力与工作柱塞(或活塞)的总面积的乘积(取整数)，它反映了液压机的主要工作能力。

我国液压机的公称压力标准为3150kN、4000kN、5000kN、6300kN、8000kN、10000kN等。

(2) 最大净空距(开口高度)H。最大净空距H(mm)是指活动横梁停在上限位置时从工作台上表面到活动横梁下表面的距离。

最大净空距H反映了液压机在高度方向上工作空间的大小。它应根据模具及相应垫板的高度，工作行程大小，以及放入坯料、取出工件所需空间大小等因素来确定。

(3) 最大行程S。最大行程S(mm)是指活动横梁能够移动的最大距离。它反映了液压机能加工零件的最大高度。

(4) 活动横梁运动速度。活动横梁运动速度分为工作行程速度及空程(充液及回程)速度两种，它的变化范围很大。锻造液压机要求工作速度较高，可达50～150mm/s。

空程速度一般较高，以提高生产率。

(5) 顶出器公称压力和行程。

表5-10为四柱液压机的主要技术参数。

表5-10　四柱液压机的主要技术参数

技术参数		规格	
		YA32-200A	YA32-315A
公称压力/kN		2000	3150
主缸回程力/kN		450	630
顶出缸顶出力/kN		400	400
液体最大工作压力/MPa		25	25
滑块最大行程/mm		710	800
顶出缸活塞最大行程/mm		250	250
滑块下平面至工作台上平面最大距离/mm		1120	1250
滑块行程速度/(mm/s)	空程下行	60	80
	工作时最大	10	8
	回程最大	52	42

（续）

技术参数		规格	
		YA32－200A	YA32－315A
顶出缸活塞行程速度/(mm/s)	顶出最大	65	65
	退回最大	95	95
工作台有效面积/mm^2		900×900	1260×1120
立柱/mm^2		1120×720	1400×900
主机轮廓尺寸/mm	左右	1340	1660
	前后	940	1160
	地面以上高	3960	4223

习　题

1. 试述自由锻锤的工作特点、优点和缺点。锻锤的吨位大小是以什么来表示的？
2. 画出蒸汽-空气自由锻锤的工作原理简图，并简述其工作过程。
3. 蒸汽-空气自由锻锤由哪些主要部件组成？简述各部件的作用。
4. 试比较空气锤与蒸汽-空气自由锻锤的动力来源。
5. 画出空气锤的工作原理简图，并简述其工作过程。
6. 空气锤由哪些主要部件组成？简述各部件的作用。
7. 空气锤在实现各种动作时，空气在工作气缸上、下部与压缩气缸顶部、底部的流通情况如何？
8. 常用的模锻设备有哪几种？
9. 蒸汽-空气模锻锤的各种工作循环是怎样得到的？
10. 摩擦压力机的构造怎样？各工作循环是怎样得到的？
11. 热模锻压力机的工作原理如何？它有哪些工作循环？
12. 平锻机的工作原理是什么？简述其工作过程。
13. 试述高速锤的结构和工作原理。
14. 液压机的工作原理是什么？
15. 比较液压机与锻锤的工作行程图，并说明液压机的工作特点、优点和缺点。
16. 液压机本体由哪些主要部件组成？简述各部件的作用。

第6章 自由锻造

6.1 自由锻造的变形工序

无论是手工锻造、锤上自由锻造，还是水压机上自由锻造，锻造工艺过程都是由一系列锻造工序所组成的。根据坯料在锻造过程中变形的性质和程度，自由锻造工序可分为基本工序、辅助工序和修整工序三类。

自由锻造的基本工序是使坯料产生大变形并获得锻件形状的锻造工序，有镦粗、拔长、冲孔、扩孔、切割、弯曲、扭转、错移和锻接等工序。

自由锻造的辅助工序是为了帮助基本工序的进行而预先使坯料产生某些局部变形的锻造工序，如钢锭压钳把、倒棱，台阶轴拔长前压痕、压肩等工序。

自由锻造的修整工序是用来精整锻件的形状和尺寸，使它成为符合图样要求的产品的工序，如滚圆、平整、校直及剔除飞边等工序。

6.1.1 镦粗

镦粗可分为完全镦粗、垫环镦粗和局部镦粗三种方法。

1. 完全镦粗

1）镦粗方法

完全镦粗是将坯料竖立于下砧上，在上砧的作用下，使整个坯料高度减小、横截面增大的锻造工序，如图 6.1 所示。图 6.1(a)所示为平砧间镦粗，是最常用的镦粗方法；图 6.1(b)所示为上球面板、下平砧镦粗，主要应用于冲孔后要求端面平整的坯料的镦粗；图 6.1(c)所示为带钳把坯料的平砧间镦粗，图 6.1(d)所示为带钳把坯料的球面砧间镦粗，两者均是水压机上钢锭开坯后的镦粗，并且还要进一步进行拔长等其他锻造工序。

2）镦粗的操作规则

完全镦粗应遵守如下操作规则：

(1) 合金钢和质量大于 8t 的碳素钢钢锭镦粗前必须倒棱。其目的是焊合皮下缺陷，提

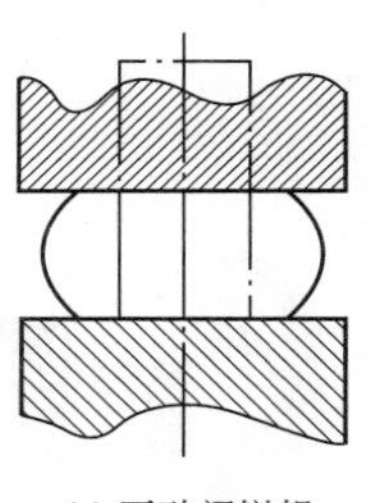
(a) 平砧间镦粗

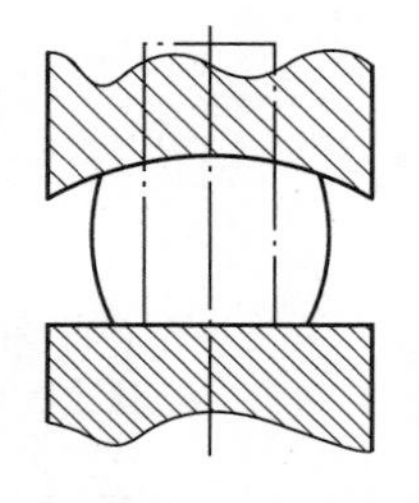
(b) 上球面板、下平砧镦粗

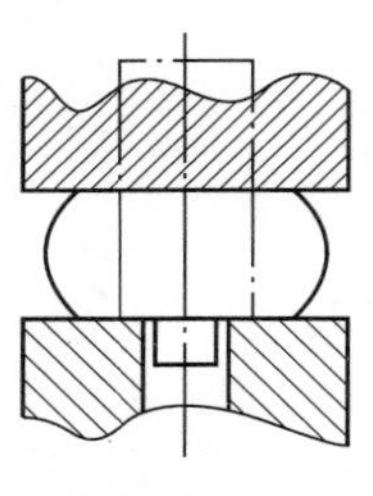
(c) 带钳把平砧间镦粗

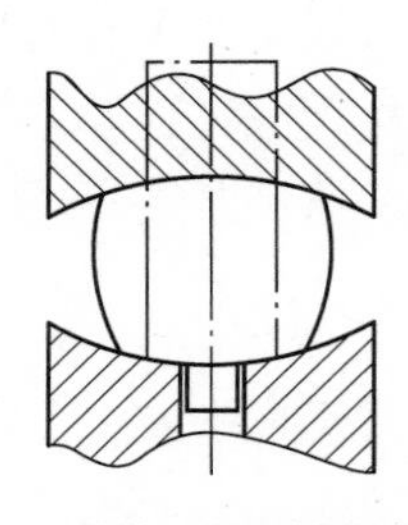
(d) 带钳把球面砧间镦粗

图 6.1　完全镦粗

高表层塑性，使镦粗表面不裂；同时也是为了去除钢锭锥度，使锭身平直，避免不均匀性镦粗。

(2) 镦粗前，锭料应加热到材料允许的最高温度，并进行适当保温，使锭料内外温度均匀，防止镦粗时锭料中心偏移及不均匀变形，使锻件质量变坏。

(3) 镦粗前，坯料的长径比 $H/D \leqslant 3.0$，最好使 H/D 介于 2.0～2.5，目的是防止镦粗时产生纵向弯曲。

(4) 坯料两端面必须平整，并且应垂直于中心线，镦粗时坯料还应严格垂直安放在下砧上。

(5) 坯料表面不应有凹坑、划痕、裂纹等缺陷，否则镦粗时表面缺陷会进一步扩大。

(6) 镦粗时，压缩量应小于材料塑性所允许的极限值，而且镦粗时应将坯料绕轴心不断地转动，以避免不均匀变形。

(7) 锤上镦粗时，坯料高度尺寸应受到锤头行程的限制，即

$$H-h_0>0.25H \tag{6-1}$$

式中，H 为锤头最大行程(mm)；h_0为坯料的原始高度(mm)。

(8) 水压机上镦粗锭料时，锭身高度和上、下镦粗板高度之和应小于水压机的最大净空距，即

$$H_{净} \geqslant H_{上}+H_{锭}+H_{下}+(100 \sim 200)\text{mm} \tag{6-2}$$

式中，$H_{净}$为水压机最大净空距(mm)；$H_{上}$ 为上镦粗板高度(mm)；$H_{锭}$ 为锭身高度(mm)；$H_{下}$为下镦粗板高度(mm)。

(9) 若镦粗后进一步拔长，镦粗高度应考虑到拔长的可能性，即不能镦得太矮。

(10) 坯料镦粗后侧面产生的鼓形应进行滚圆修整。水压机锻造时，可以用套筒套住坯料的钳把进行滚圆操作，然后剁掉钳把。滚圆修理能使锻件节约不少金属和机械加工工时。只有当盘类锻件尺寸符合下述条件时，方可不进行滚圆修整。

$$H_{锻} \leqslant 150\text{mm},\ \frac{D_{锻}}{H_{锻}} \geqslant 3.5$$

$$H_{锻} > 150\text{mm},\ \frac{D_{锻}}{H_{锻}} \geqslant 4.5 \tag{6-3}$$

式中，$H_{锻}$、$D_{锻}$分别为盘类锻件的高度和直径(mm)。

2. 垫环镦粗

坯料在单个垫环上或在两个垫环间进行的镦粗，称为垫环镦粗，如图 6.2 所示。

垫环镦粗时，金属朝两个方向流动，一部分沿径向流动，使坯料外径增大；一部分沿轴向流入环孔，形成凸肩。这种镦粗方法用于锻造带有单面或双面凸肩的饼类锻件。由于凸肩的高度和直径都比较小，采用的坯料直径要大于环孔直径，因此垫环镦粗实际上属于镦挤变形。

垫环环孔孔壁可以有斜度和无斜度两种。环孔孔壁有斜度时，金属向孔中流动时除有摩擦阻力外，还有孔壁斜面上的反作用力；斜度越大，反作用力越大；反作用力的垂直分力阻止金属流入环孔，水平分力则有利于坯料内部缺陷的焊合。环孔孔壁无斜度时，金属向环孔流动仅受孔壁的摩擦阻力。对于一般带凸肩锻件，为了有利于凸肩形成，常采用无斜度垫环。

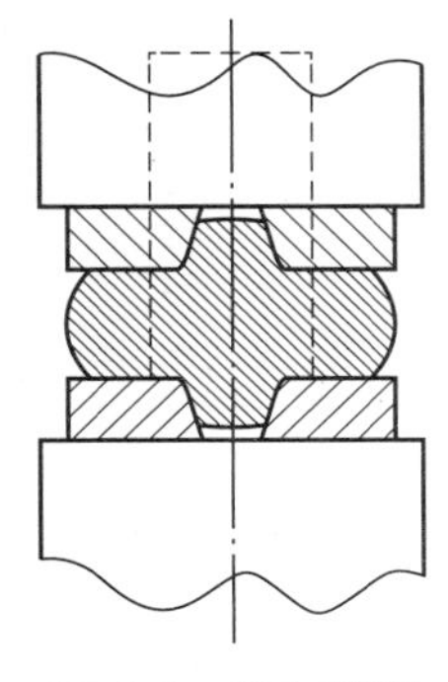
图 6.2 垫环镦粗

3. 局部镦粗

局部镦粗是将坯料的一部分进行镦粗，不变形部分插在漏盘或胎模内，不使其镦粗，如图 6.3 所示。图 6.3(a)所示为漏盘上坯料端部局部镦粗；图 6.3(b)所示为胎模内坯料端部局部镦粗；图 6.3(c)所示为漏盘间坯料中部局部镦粗，这时先将坯料两端拔长到所要求的尺寸，然后插入上下漏盘内进行镦粗。

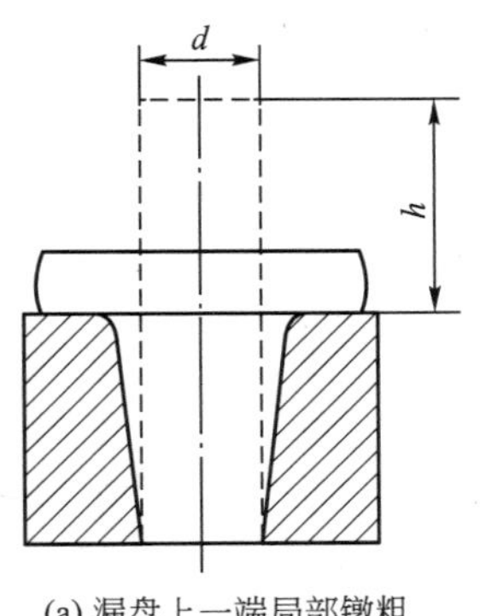

(a) 漏盘上一端局部镦粗

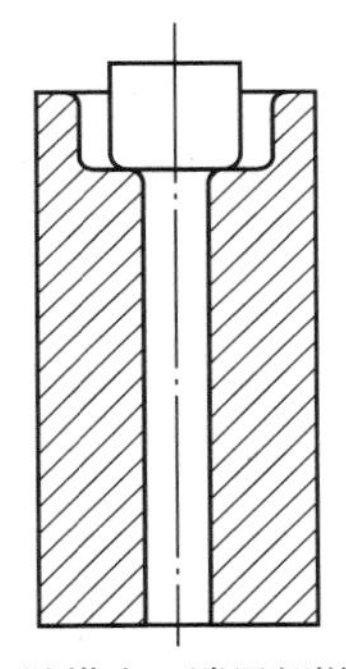
(b) 胎模内一端局部镦粗

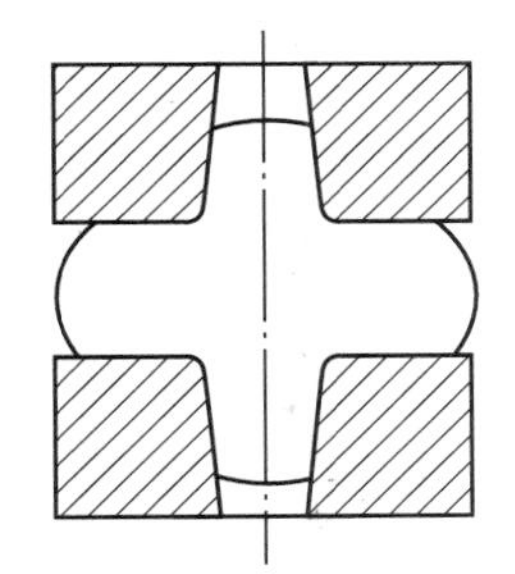
(c) 上、下漏盘间中部局部镦粗

图 6.3 局部镦粗

为了使局部镦粗后锻件易于出模，漏盘(或胎模)孔壁可做出适当的斜度 α。为了防止锻件截面过渡处产生缺陷，漏盘(或胎模)相应处应做出圆角。为了避免局部镦粗时坯料产生纵向弯曲，坯料变形部分的高径比 h/d 应介于 2.5～3.0。端部镦粗时最好采用局部加热，即只加热坯料的变形部分。

6.1.2 拔长

拔长可分为实心坯料的拔长和空心坯料的拔长(即芯轴拔长)。

1. 实心坯料的拔长

1) 拔长方法及使用的工具

拔长是使坯料横截面积减小而长度增大的锻造工序。平砧拔长(图 6.4)时坯料一边送

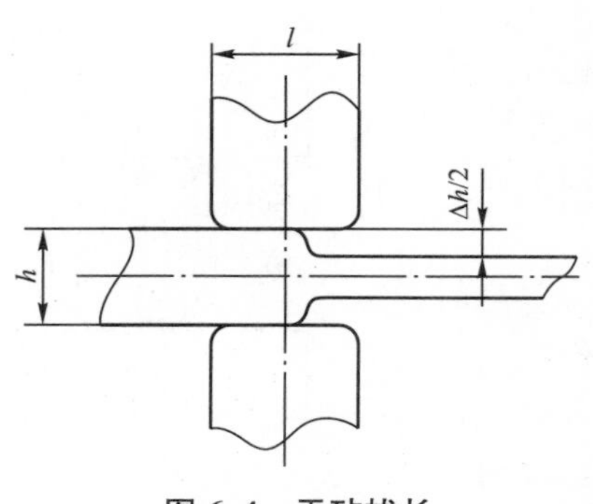

图 6.4　平砧拔长

进一边翻转，一直拔长到所要求的横截面积尺寸和长度尺寸。

平砧拔长时坯料的送进与翻转方法有三种，如图 6.5 所示。

(1) 反复左右翻转 90°：用于一般材料的小锻件。

(2) 沿螺旋线翻转 90°：用于锻造台阶轴锻件，或用于锻造高合金钢或一些塑性较差的材料。

(3) 沿坯料全长拔长一遍后翻转 90°再依次拔长：用于锻造大型锻件。该方法容易使坯料产生弯曲，故拔完一段后应先翻转 180°将坯料平直，再翻转 90°依次拔长。

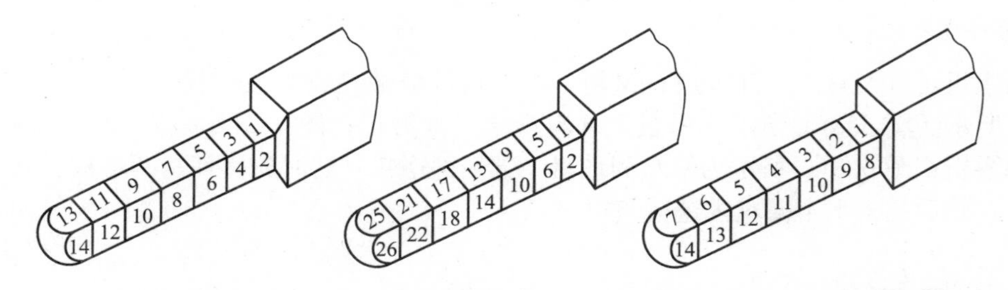

图 6.5　拔长操作方法

拔长使用的工具(砧子)有三种。

(1) 锻造一般材料用上、下平砧。

(2) 锻造中塑性及低塑性材料，为了改善拔长时的应力状态和焊合钢锭中心缺陷(特别是对于大型钢锭)，多用上平砧、下 V 型砧或上、下 V 型砧，如图 6.6 所示；其中，以后者的效果最好。

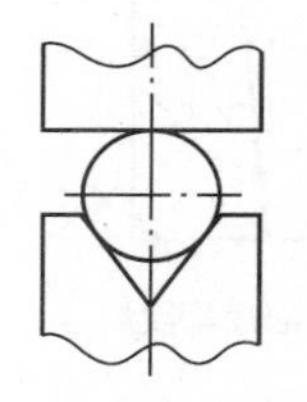

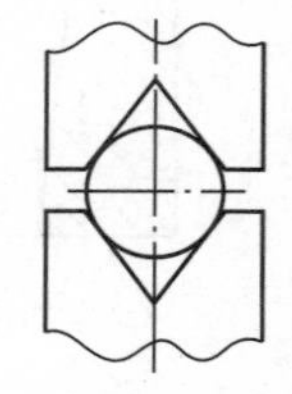

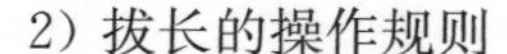

图 6.6　砧子型式

2) 拔长的操作规则

(1) 在水压机上拔长钢锭前，必须先拔出供夹持用的钳把。钳把由钢锭冒口端拔出，如图 6.7 所示。钳把的直径 d 比套筒内径小 10mm 左右；若钢锭倒棱后需进行镦粗，则钳把直径可取钢锭直径的 0.45～0.5。钳把长度可取为钢锭直径的 1.5 倍；对于大钢锭，钳把长度 l 可取钢锭直径的 1.2～1.3 倍。当锻件成形修整之后(或锻造到不需要钳把时)，便可将钳把剁掉。

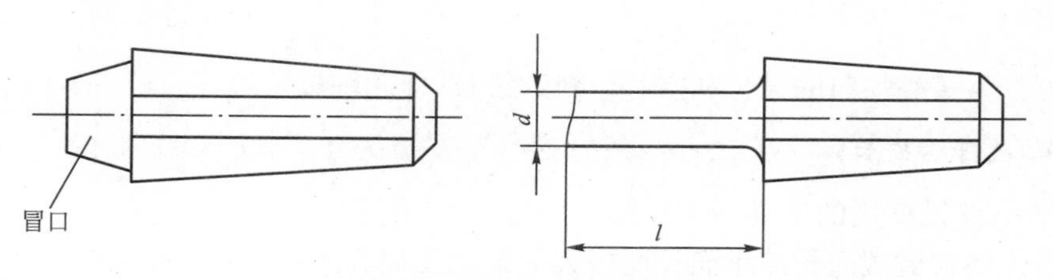

图 6.7　钢锭上拔出钳把

(2) 钢锭拔长时，应在尽可能高的始锻温度下倒棱。其目的是将钢锭皮下气泡焊合，消除钢锭的锥度，提高钢锭表层的塑性。倒棱时，压下量应控制在30～50mm内，而且还应轻压，避免皮下气泡爆裂形成表面缺陷。为了确保高温倒棱，可采取倒棱前预压钳把，倒棱后再精压钳把的操作方法。

(3) 拔长时坯料的送进顺序。对于长坯料，应从中部往两端拔，这样可使坯料保持平衡。对于钢锭，采取从中部往两端拔的方法，还可将疏松区、偏析区往端部赶，最后随钳把和锭底一起剁掉。对于短坯料，可从端部开始拔长。

(4) 拔长时，坯料每次送进量 l 不得小于单边压下量 $\Delta h/2$。如果单边压下量 $\Delta h/2$ 大于送进量 l，则会产生折叠缺陷(图6.8)。为了保证锻件表面平整光洁，送进量 l 应取砧宽 B 的0.4～0.8，即 $l=(0.4\sim0.8)B$。

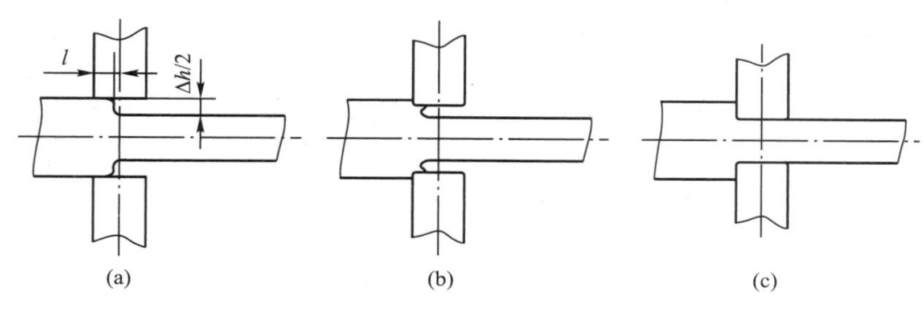

图6.8　拔长时形成折叠的过程

(5) 在水压机上拔长时的相对送进量，即送进量 l 和坯料截面高度 h 的比值，应控制在0.5～0.7。对于一般材料的钢坯，为了提高拔长效率，l/h 允许降低到0.4；锤上拔长时，l/h 可控制在0.6～0.8。

(6) 在水压机上拔长钢锭，为了使内部锻透及焊合中心缺陷，应在高温下采用大压下量，见表6-1。

表6-1　水压机拔长压下量

水压机公称压力/kN	8000	12500	30000	60000	120000
压下量/mm	≥120	≥150	≥200	250～300	300～350

(7) 平砧拔长过程中坯料的中间截面都是矩形。如果拔长时压下量过大，使矩形截面的宽高比 b/h 超过2.5～3.0，则坯料翻转90°拔长时，截面会发生弯曲，甚至会发生折叠。所以拔长过程中应注意中间截面的宽高比 b/h 的值。

(8) 从大直径圆坯拔长成小直径圆轴锻件时，如果用上、下平砧拔长，拔长到边长为圆轴直径 d 的正方形截面时，就应倒成正八边形截面，然后滚圆，如图6.9所示。倒棱滚圆时，锤击不宜过重，尤其对塑性较差的材料更应注意，否则锻件中心将产生裂纹。小型锻件倒棱滚圆后还可以采用摔子整形。如采用V型砧拔长，大直径圆坯料便可直接拔长成小直径圆轴锻件。

(9) 为了拔出带台阶或凹档的轴类锻件，须先拔到最大直径，进行分段。分段是使用圆棍压痕或用三角刀压肩，如图6.10所示，分段后再拔出台阶或凹档。压痕、压肩是自由锻造的辅助工序，它们能使锻件台阶或凹档的过渡部分平直整齐，保证锻件各台阶轴心线重合，同时使锻件获得连续的纤维组织。

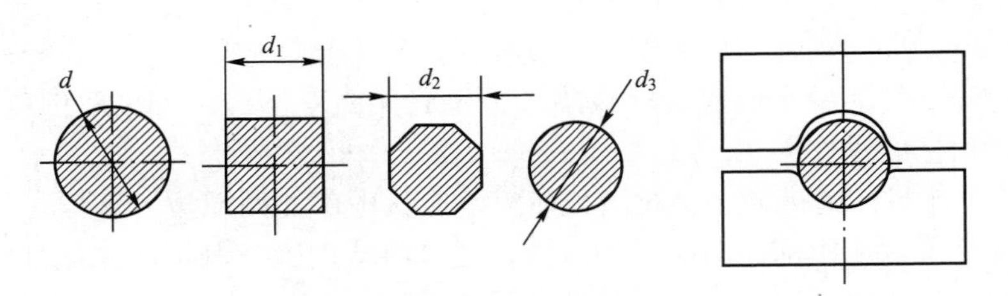

图 6.9　圆坯拔圆轴时截面形状的变化过程

(10) 端部拔长时，拔长部分应有足够的长度，否则端部拔长后会产生窝心或裂纹，如图 6.11 所示。端部拔长时，坯料拔长部分的长度规定如下(图 6.12)。

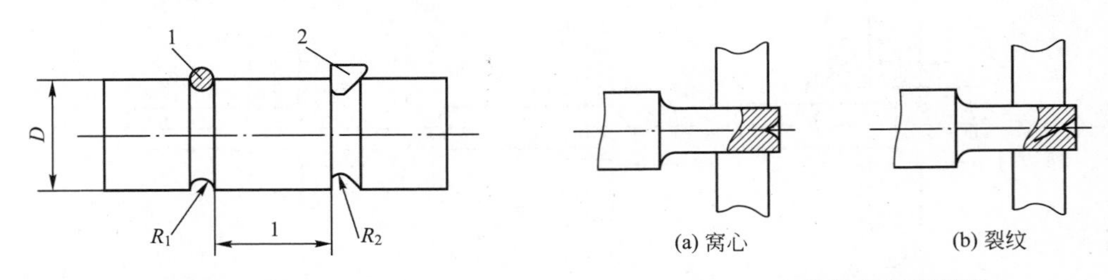

图 6.10　台阶轴的分段

1—圆棍压痕；2—三角刀压肩

图 6.11　端部窝心或裂纹

圆形截面坯料：

$$A > \frac{1}{3}D \tag{6-4}$$

矩形截面坯料：

$$A > (0.4 \sim 0.5)B \tag{6-5}$$

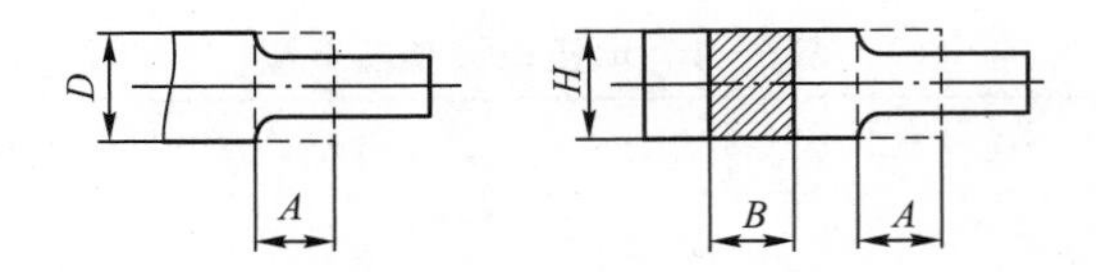

图 6.12　端部拔长时坯料的长度

(11) 拔长后，锻件应沿全长修整、调直，达到表面平整、光滑，轴心线不弯曲。修整时，送进量要大，并须将下砧更换成平台或宽砧。

2. 空心坯料的拔长

1) 拔长方法

空心坯料的拔长是一种减小空心坯料的外径以增大其长度的锻造工序。空心坯料的拔长操作方法如图 6.13 所示。坯料套入芯轴时，应使芯轴凸缘与坯料端留有一定距离，然后按图示 1、2、3、4、5 的顺序拔长。芯轴一端做有凸缘，芯轴本体表面光滑，做出 1∶150～1∶100 的斜度，以便在锻造过程中，锻件孔壁与芯轴之间形成间隙，拔长结束后易于取出芯轴。

拔长使用的砧子一般为上平砧、下 V 型砧，或上、下 V 型砧。

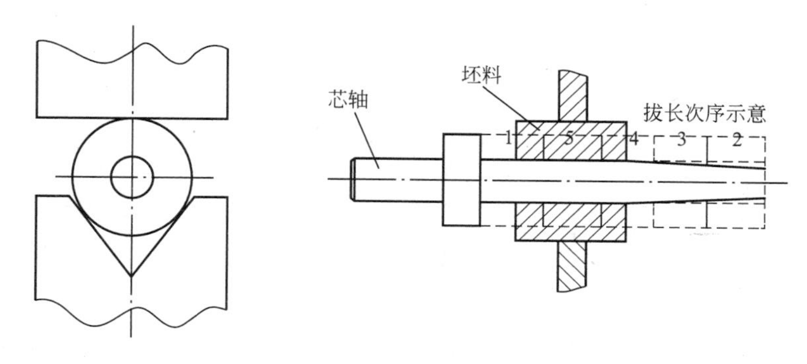

图 6.13 空心坯料的拔长操作方法

2）空心坯料拔长的操作规则

（1）长筒类锻件的拔长变形过程如图 6.14 所示。坯料冲孔前应锻成 $D_0 \approx H_0$ 的尺寸，冲孔直径 d_1 应能使芯轴穿入而间隙又不宜过大；在水压机上拔长时，冲孔直径 d_1 应等于芯轴直径加 30～50mm。

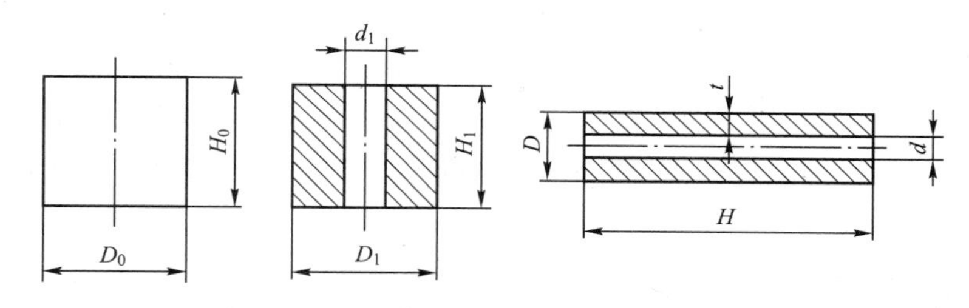

图 6.14 长筒类锻件的拔长变形过程

（2）为了减小空心坯料的温降，拔长前应将芯轴预热到 150～250℃。为了减小轴向摩擦力，拔长时芯轴表面涂以润滑剂(石墨加油)。

在水压机上拔长时，直径大于 200mm 的芯轴，其内部必须通循环水加以冷却，以防止芯轴弯曲。

（3）为了避免锻件两端孔壁产生纵向裂纹及提高拔长的效率，对不同尺寸的长筒类锻件应采用不同的上、下砧拔长：对于 $t/d_{芯轴} \leqslant 0.5$ 的薄壁锻件，应采用上、下 V 型砧；对于 $t/d_{芯轴} > 0.5$ 的薄壁锻件，应采用上平砧、下 V 型砧。其中，t 为锻件壁厚，$d_{芯轴}$ 为芯轴直径。

（4）拔长中，每次转动的角度应均匀，以保证锻件壁厚均匀和端面平整。

（5）拔长结束后，如发生芯轴被咬住的情况，若是在锤上拔长，可将锻件在平砧上沿长度轻压一遍，然后翻转 90°压一遍，使锻件内孔扩大，即可取出芯轴；若是在水压机上拔长，可按图 6.15 所示的方法取出芯轴。在不得已的情况下，也可将锻件连同芯轴一起返炉加热，然后将水通入芯轴，使芯轴骤冷收缩，便可取出芯轴。

6.1.3 冲孔和扩孔

1. 冲孔

在坯料上冲出透孔或不透孔的锻造工序，称为冲孔。

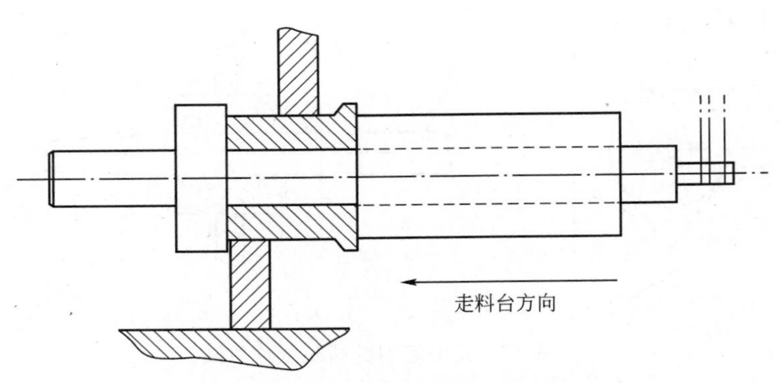

图 6.15　水压机上拔长后取出芯轴的方法

1）实心冲头双面冲孔

先从一面将冲头冲入坯料，当深度达到坯料高度的 2/3～3/4 时，取出冲头，将坯料翻转 180°，再从反面对准孔位将冲头冲入，将孔冲穿，芯料落入漏盘孔内成为废料，如图 6.16 所示。双面冲孔时，为了使冲孔位置精确及冲头易于取出，往往将冲头置于坯料上后，先轻轻捶击一下，取下冲头，观察冲出的凹坑位置；如果位置不正，则重新放上冲头，矫正冲头位置，再压一个凹坑；如果凹坑位置是正确的，则在凹坑内放些煤末，放上冲头继续锤击，达到冲孔深度，再翻转 180°冲透。凹坑内放煤末的目的，是利用煤燃烧生成的气体将冲头顶出。这种方法不太安全，冲头易弹出伤人，所以操作时应特别小心，且不可连击，也不可将锤头抬得过高。

为了保证冲孔锻件所要求的尺寸和重量，可通过控制芯料的厚薄进行调节。例如，对较大坯料，可冲出较厚芯料；对较小坯料，可冲出较薄芯料。

实心冲头双面冲孔时，坯料会发生变形：坯料高度减小，直径增大，上端面凹入，下端面凸出，如图 6.17 所示。孔径 d_1 越大，即 D_0/d_1 越小时(D_0 为冲孔前坯料直径)，变形越严重。为了减轻坯料变形，实心冲头双面冲孔应控制在 $D_0/d_1 \geqslant 2.5 \sim 3.0$ 的条件下进行。

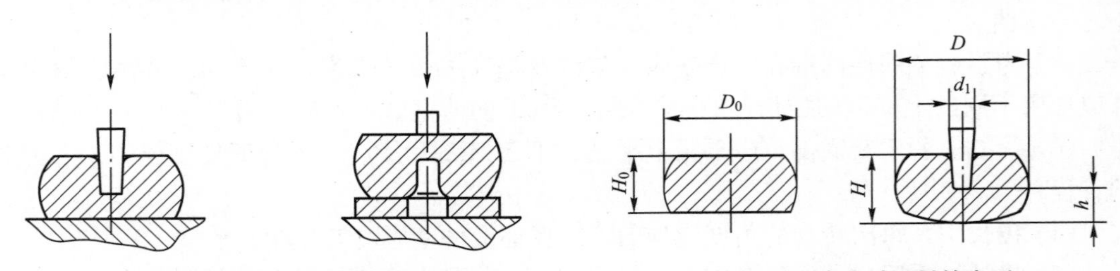

图 6.16　实心冲头双面冲孔　　**图 6.17　冲孔时坯料的变形**

如果冲孔后锻件不再拔长，而冲孔后坯料高度 H 又会减小，则冲孔前坯料高度 H_0 应控制在以下范围内：

(1) 当 $D_0/d_1 < 0.5$ 时，$H_0 = (1.1 \sim 1.2)H$。

(2) 当 $D_0/d_1 \geqslant 0.5$ 时，$H_0 = H$。

其中，H_0 和 H 分别为冲孔前后坯料的高度。

锤上冲孔用的实心冲头按照所冲孔的形状，可做成各种截面，其中以圆截面和方截面最多；冲头上下端应平整光滑，上、下端棱边应留圆角；为了便于取出，冲头均做成锥形；较大冲头上应有起吊孔；实心冲头材料常采用碳素工具钢T7。

水压机上冲孔用的实心冲头常用材料为5CrMnMo、5SiMn2W、5SiMnMoV、60SiMnMo、60CrMnMo、35CrMo等，其硬度控制在320～380HB。

2）实心冲头单面冲孔

实心冲头单面冲孔常用于$H/D<0.125$的薄坯料冲孔（H、D分别为冲孔工件的高度和直径）。

操作时，将坯料置于漏盘上，将冲头大端朝下对准孔位，锤击冲头直至冲透，如图6.18所示。这种冲孔方法的特点是坯料变形小，但芯料损耗大。

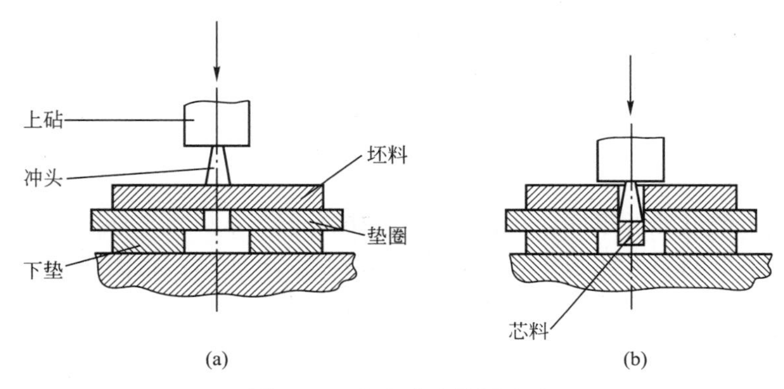

图6.18 实心冲头单面冲孔

3）空心冲头冲孔

在水压机上冲孔，孔径大于400mm时，采用空心冲头冲孔（图6.19）。空心冲头冲孔可除去质量较差的钢锭中心部分，从而改善锻件的力学性能。

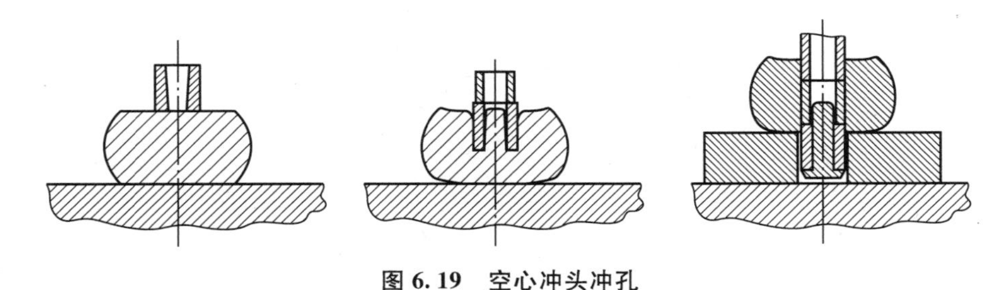

图6.19 空心冲头冲孔

4）冲孔的操作规则

（1）坯料加热应均匀，冲孔前须经镦粗，使端面平整。

（2）冲孔前应仔细检查冲头，冲头不得有裂纹，否则容易被击碎，碎片飞出伤人；冲头端面应平整，且需与中心线垂直，防止冲头歪斜冲入坯料，影响冲孔质量。

（3）冲孔时，应先用浅冲办法找正孔的中心，然后将冲头冲入坯料，否则孔冲偏后改正较难。

（4）对钢锭进行冲孔时，冒口部分应朝下放，使质量不好的部分在芯料中除去。

2. 扩孔

减小空心坯料的壁厚、增大其内外径的工序，称为扩孔。

1）冲头扩孔

当空心锻件的直径与孔径的比值 $D/d \geqslant 1.7$、高度 $H \geqslant 0.125D$ 时，可采用冲头扩孔。冲头扩孔的操作方法如图 6.20 所示，是使用直径较大且带有锥度的冲头进行的。

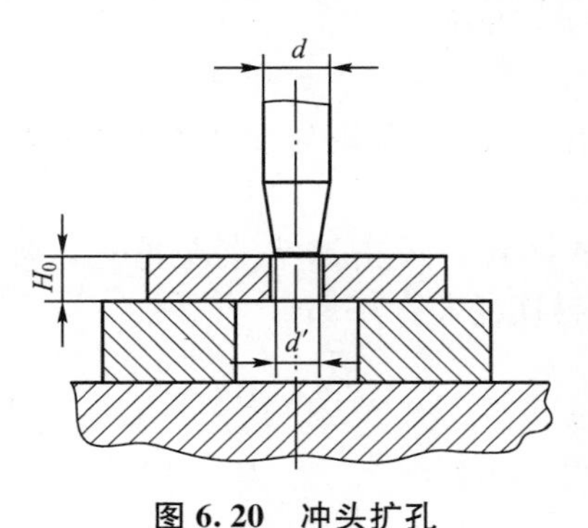

图 6.20　冲头扩孔

冲头扩孔时坯料厚度减薄，内外径扩大，端面略有拉缩，高度略有减小。因此，扩孔前坯料高度 H_0 应为锻件高度 H 的 1.05 倍，即 $H_0 = 1.05H$，使扩孔后可进行端面平整和侧面的滚圆等修整工序。

为了防止扩孔时坯料的胀裂，每次孔径的扩大量不宜过大，一般应控制在 15～30mm。对于扩孔量较大的锻件，必须更换不同直径的冲头进行多次冲孔；同时还应避免扩孔时温度过低。

2）芯轴扩孔

芯轴扩孔用于锻造环形锻件，或者用于芯轴拔长筒形锻件前的准备工序。芯轴扩孔的变形实质是将坯料沿圆周方向拔长，操作方法如图 6.21 所示，将芯轴穿入预先冲好孔的坯料中，并支承在马架上，然后一边锻压，一边沿圆周方向依次均匀转动(送进)坯料，直至扩孔到所要求的尺寸。

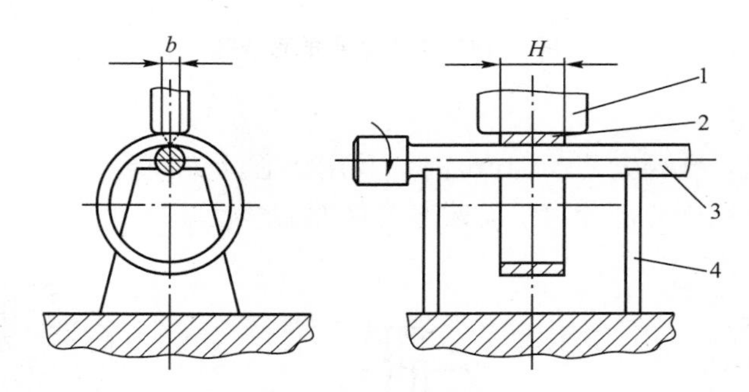

图 6.21　芯轴扩孔

1—扩孔砧子；2—锻件；3—芯轴(马杠)；4—支架(马架)

芯轴扩孔时，坯料壁厚减薄，内外径扩大，高度稍有增大。所以扩孔前坯料的尺寸应满足以下条件：

$$\frac{D_0 - d_0}{H_0} \leqslant 5\text{mm} \tag{6-6}$$

$$d_0 = d_1 + (30 \sim 50)\text{mm} \tag{6-7}$$

式中，D_0、d_0 为坯料的外径、孔径(mm)；H_0 为坯料的高度(mm)；d_1 为芯轴直径(mm)。

芯轴扩孔不易产生裂纹，用这种扩孔方法可以锻造薄壁圆环锻件。

芯轴扩孔应遵循如下操作规则：

(1) 扩孔前，如坯料冲孔直径 d_0 小于芯轴直径 d_1 时，则应先用冲头扩孔，然后进行芯轴扩孔。

(2) 为了保证扩孔后壁厚均匀，坯料每次的转动量和压缩量应尽可能做到均匀一致。

（3）芯轴直径 d_1 的大小，应保证芯轴强度和锻件质量。若芯轴直径 d_1 过小，不仅芯轴易折断，还会使锻件孔壁形成梅花压痕。所以在扩孔过程中，随着锻件孔径的扩大，应换用直径较大的芯轴。

（4）马架间的距离不能过宽，一般控制在比锻件高度尺寸大100mm。

（5）大圆环锻件扩孔时，其直径应考虑锻后冷缩现象。

锤上芯轴扩孔用的最小芯轴直径见表6-2。

表6-2 锤上芯轴扩孔用的最小芯轴直径

锻锤吨位/t	芯轴最小直径/mm	锻锤吨位/t	芯轴最小直径/mm
0.3～0.5	40	2.0	100
0.75	60	3.0	120
1.0	80	5.0	160

6.1.4 切割

将坯料割开或部分分割开的工序称为切割。切割是在热态下进行的，又称为热剁。切割用于切除钳把、钢锭底部、锻件料头和锻工下料等。

切割应遵循如下操作规则：

（1）切割前剁刀必须在加热炉炉门前进行预热。

（2）切割操作中，料头飞出方向不得站人，不得对着人行通道切割，无法回避时应采用挡板等安全措施。

（3）当坯料将切断时，锤击应轻，最后一锤应在切断坯料的同时压紧在已切断的两个坯料上，以免料头飞出伤人。

（4）如果切割后坯料端面留有飞边，应用单面剁刀切掉或圆棍克掉，以免在以后锻造中形成折叠。

6.1.5 弯曲

将坯料轴线弯成曲线或一定角度的工序称为弯曲。弯曲工序用于锻造各种弯曲形状的锻件，如角尺、U形板、吊钩等。弯曲变形时，坯料的纤维组织不切断，沿锻件外形连续分布，力学性能不受影响。

弯曲应遵循如下的操作规则。

（1）坯料弯曲时，弯曲部分的断面形状会变形，外侧产生拉缩，内侧产生皱折，并且断面积会减小，如图6.22所示。为了弯曲后修正上述缺陷，可在弯曲前将弯曲部分进行局部镦粗并修出凸肩(图6.23)，或者选用断面稍大的坯料(增10%～15%)，弯曲后再将两端拔长到要求的尺寸。

（2）当锻件有多处需要弯曲时，弯曲的次序是先弯端部，再弯直线部分和曲线部分的交界处，最后弯其余的圆弧部分，如图6.24所示。

（3）弯曲前坯料的加热最好局限在受弯曲的一段，不宜过长，同时加热要均匀。

6.1.6 扭转

将坯料的一部分相对于另一部分绕共同的轴线旋转一定角度的工序，称为扭转。

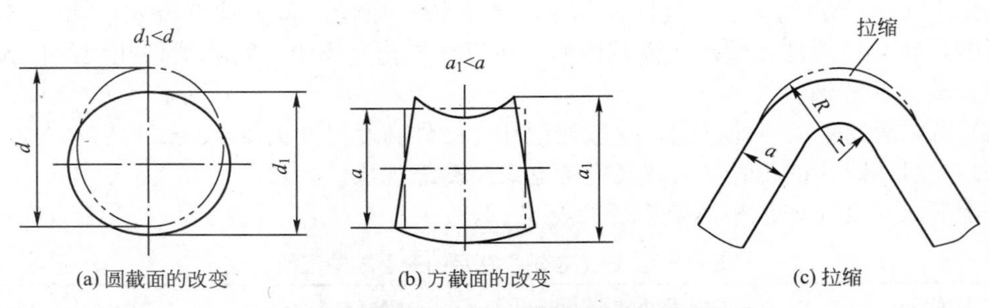

(a) 圆截面的改变　　(b) 方截面的改变　　(c) 拉缩

图 6.22　弯曲时坯料断面的变形和产生的缺陷

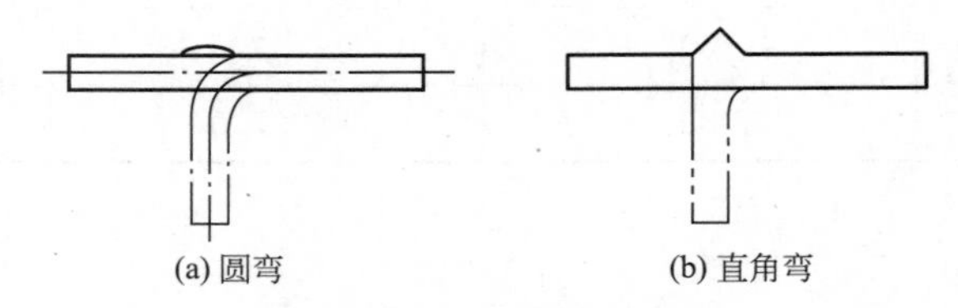

(a) 圆弯　　(b) 直角弯

图 6.23　弯曲前的凸肩

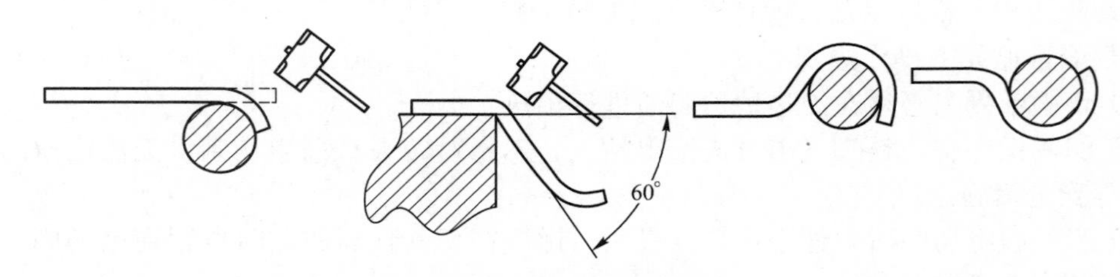

图 6.24　弯曲锻件的操作次序

扭转用于锻造曲轴、麻花钻等锻件。

扭转应遵循如下的操作规则：

(1) 受扭转的部分必须仔细锻造，沿全长横断面要均匀一致，表面要光滑无缺陷，必要时受扭转部分预先进行粗加工。

(2) 受扭转的部分应加热到金属所允许的最高温度，并要求均匀热透。

(3) 锻件扭转后必须缓慢冷却，最好进行退火处理。

6.1.7　错移

将坯料的一部分相对于另一部分错开但仍保持这两部分轴线平行的工序，称为错移。错移常用于锻造曲轴。

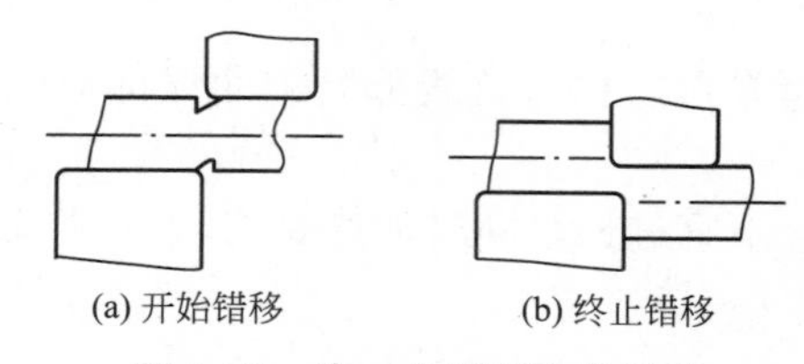

(a) 开始错移　　(b) 终止错移

图 6.25　在一个平面内的错移

(1) 在一个面内的错移。如图 6.25 所示，这时上、下压肩切口位置在同一垂直面上。

(2) 在两个面内的错移。如图 6.26 所示，这时上、下压肩切口位置彼此有一距离 b，b 的大小由轴颈所需金属体积决定

$$b=\frac{0.9V}{H_0B_0}(\text{mm}) \tag{6-8}$$

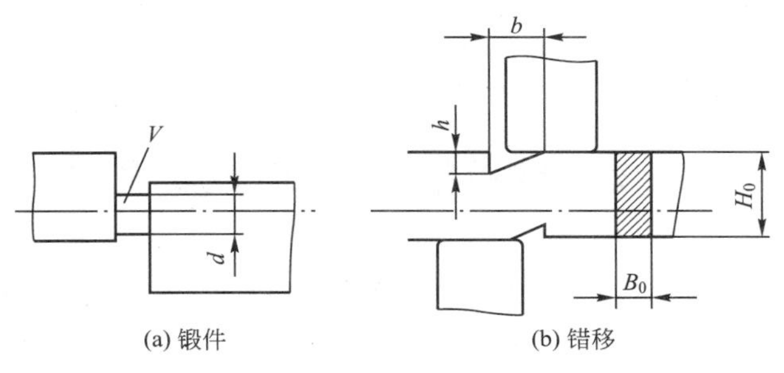

(a) 锻件 (b) 错移

图 6.26 在两个平面内的错移

式中，V 为锻件轴颈部分体积(mm^3)；H_0、B_0为坯料的高度和宽度(mm)。

压肩深度必须保证轴颈能锻出，应取

$$h=\frac{H_0-1.5d}{2} \tag{6-9}$$

式中，h 为压肩深度(mm)；d 为轴颈部分锻件直径(mm)。

由于用三角切刀压肩会使坯料切口肩部产生拉缩现象，错移后必须进行修整，所以决定错移前坯料的高度 H_0和宽度 B_0时，都必须留有足够修整余量。

6.1.8 锻接

将两段或几段坯料加热后用锻造方法连成一体的工序称为锻接，又称锻焊。

锻接主要用于小锻件生产或修理工作。例如，刃具的夹钢和贴钢，是将两种不同成分的钢料锻焊在一起，也是锻接的一种。

典型的锻接方法有搭接法、咬接法和对接法等，如图 6.27 所示。搭接法是最常用的，也易于保证锻接质量；咬接法的缺点是锻接时接头中氧化熔渣不易挤出；对接法的锻接质量最差，只在被锻接的坯料很短时采用。

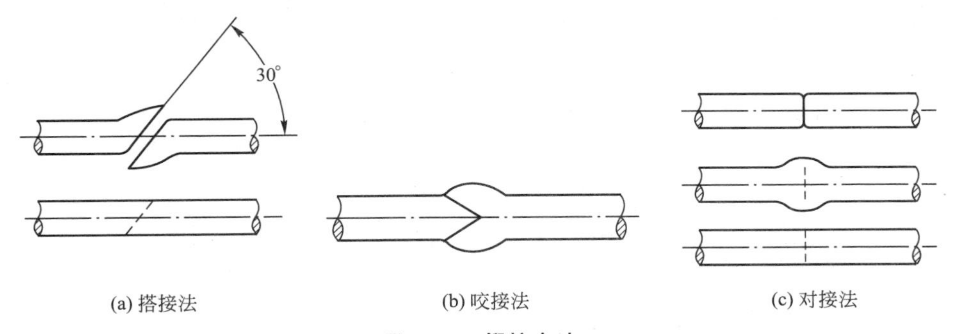

(a) 搭接法 (b) 咬接法 (c) 对接法

图 6.27 锻接方法

锻接的质量不仅和锻接方法有关，还与钢料化学成分和加热温度有关。

含碳量 0.15%～0.25%的软钢很易锻接，含碳量超过 0.30%～0.35%的钢料锻接较困难；所有合金成分都会降低钢的锻接性。

锻接的加热温度应高于锻造温度，与熔点相接近(软钢约为 1350℃)，使接头表面钢料处于半流动的黏软状态。但这样高的温度，钢料氧化剧烈，易引起过烧。为了防止氧化结渣影响锻接质量，加热时可在接头表面上撒上焊药(石英砂、硼砂、食盐等混合物)。锻接过程中还应注意操作要迅速准确，开始锤击宜轻，以后应重击。

6.2 自由锻造的工艺过程

自由锻件的生产应根据锻件的形状和锻造工艺过程特点制订工艺规程。自由锻工艺规程的制订包括设计锻件图、确定坯料的质量和尺寸、确定变形工艺过程和锻造比、选择锻造设备等主要内容。

6.2.1 自由锻件的分类

根据锻件的外形特征及其成形方法，可将自由锻件归分为六类：饼块类、轴杆类、空心类、曲轴类、弯曲类和复杂形状类，见表 6-3。

表 6-3 自由锻件的分类

锻件类别	图 例
饼块类锻件	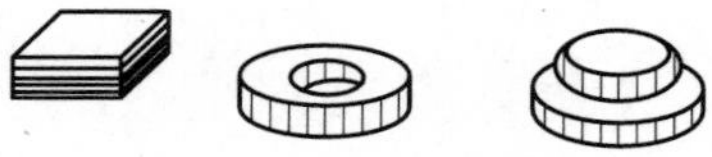
轴杆类锻件	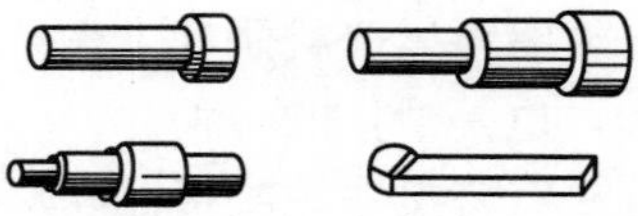
空心类锻件	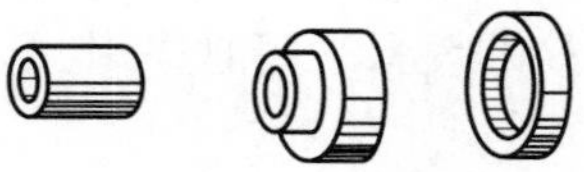
曲轴类锻件	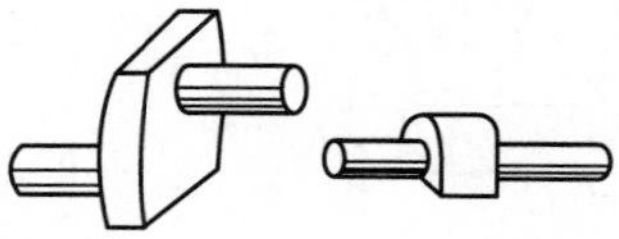
弯曲类锻件	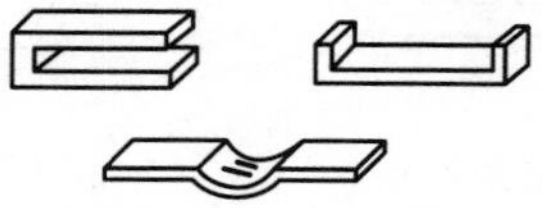
复杂形状类锻件	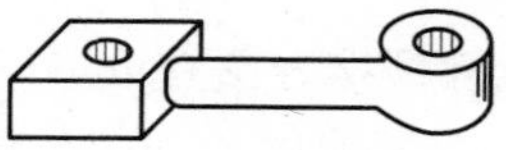

1. 饼块类锻件

饼块类锻件的外形特征为横向尺寸大于高度尺寸，或两者相近，如圆盘、叶轮、齿轮、模块、锤头等。所用的基本工序为镦粗。随后的辅助工序和修整工序为倒棱、滚圆、平整等。

图 6.28 所示为饼块类锻件的自由锻过程。

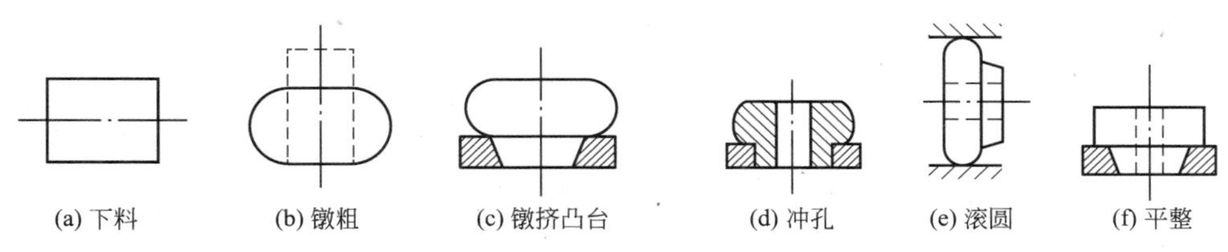

图 6.28　饼块类锻件的自由锻过程

2. 空心类锻件

空心类锻件的外形特征是有中心通孔，一般为圆周等壁厚锻件，轴向可有阶梯变化。例如，圆环、齿圈和各种圆筒(异形筒)、缸体、空心轴等，所采用的基本工序为镦粗、冲孔、扩孔和芯轴拔长，辅助工序和修整工序为倒棱、滚圆、校正等。

图 6.29 所示为圆环类锻件的自由锻过程。图 6.30 所示为圆筒类锻件的自由锻过程。

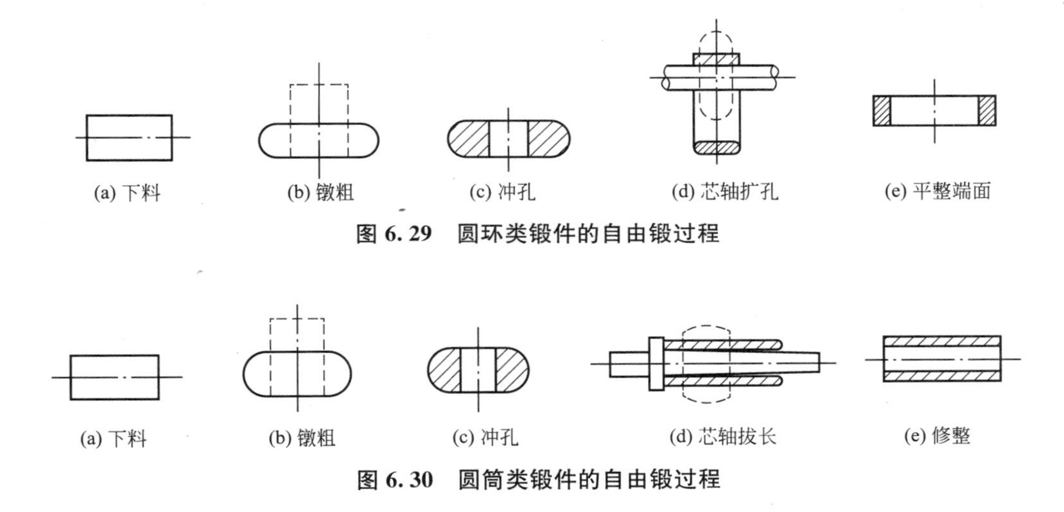

图 6.29　圆环类锻件的自由锻过程

图 6.30　圆筒类锻件的自由锻过程

3. 轴杆类锻件

轴杆类锻件的外形特征为轴向尺寸远远大于横截面尺寸的实轴轴杆，可以是直轴或阶梯轴，如传动轴、车轴、轧辊、立柱、拉杆等，也可以是矩形、方形、工字形或其他形状截面的杆件，如连杆、摇杆、杠杆、推杆等。锻造轴杆类锻件的基本工序是拔长，或镦粗加拔长；辅助工序和修整工序为倒棱、滚圆和较直。

图 6.31 所示为轴类锻件的自由锻过程。

4. 曲轴类锻件

曲轴类锻件的外形特征是不仅沿轴线有截面形状和面积变化，而且轴线有多方向弯曲的实心长轴，包括各种形式的曲轴，如单拐曲轴和多拐曲轴等。锻造曲轴类锻件的基本工序是拔长、错移和扭转；辅助工序和修整工序为分段压痕、局部倒棱、滚圆、校正等。

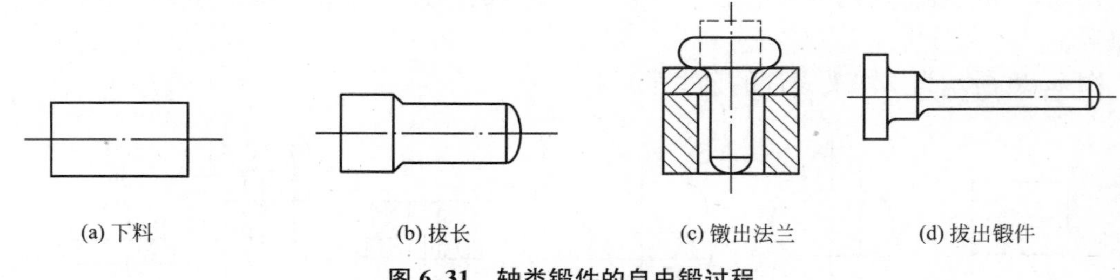

图 6.31　轴类锻件的自由锻过程

如图 6.32 所示为曲轴类锻件的锻造过程。

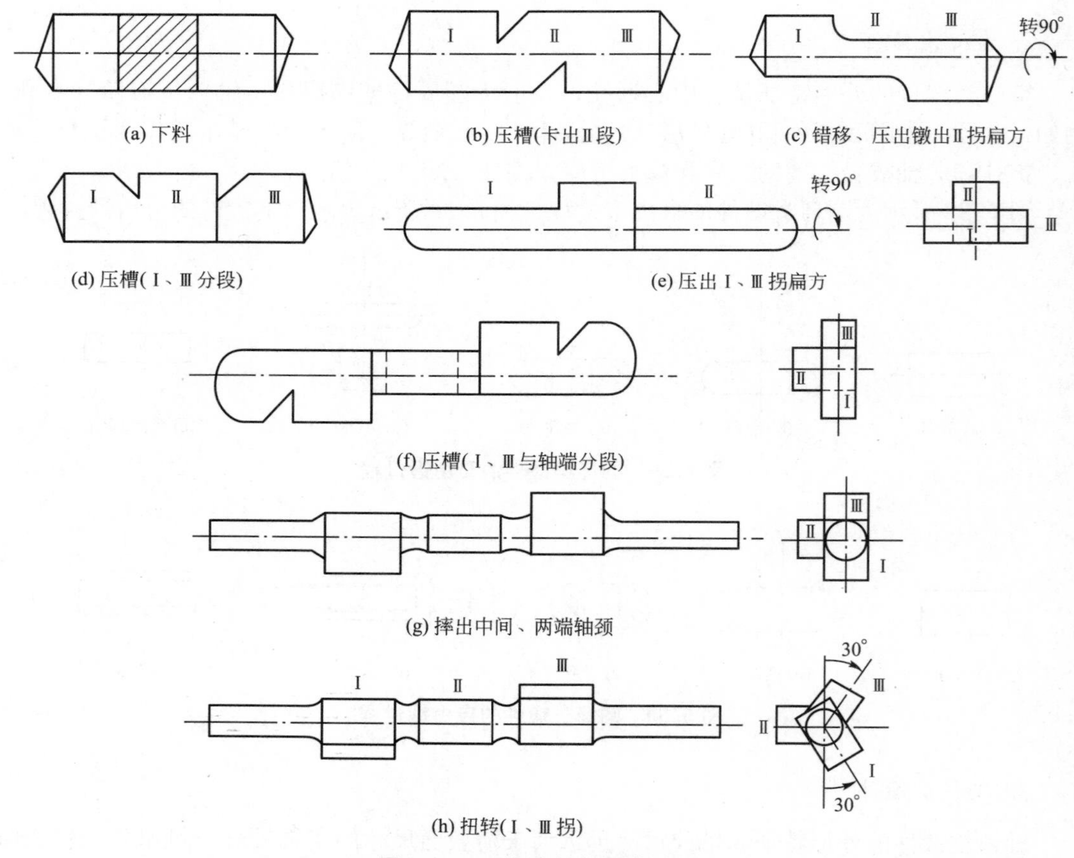

图 6.32　三拐曲轴的锻造过程

5. 弯曲类锻件

弯曲类锻件的外形特征是轴线有一处或多处弯曲，沿弯曲轴线，截面可以是等截面，也可以是变截面。弯曲可以是对称和非对称弯曲。锻造弯曲锻件的基本工序是拔长、弯曲；辅助工序和修整工序为分段压痕和滚圆、平整。

图 6.33 所示为弯曲类锻件的锻造过程。

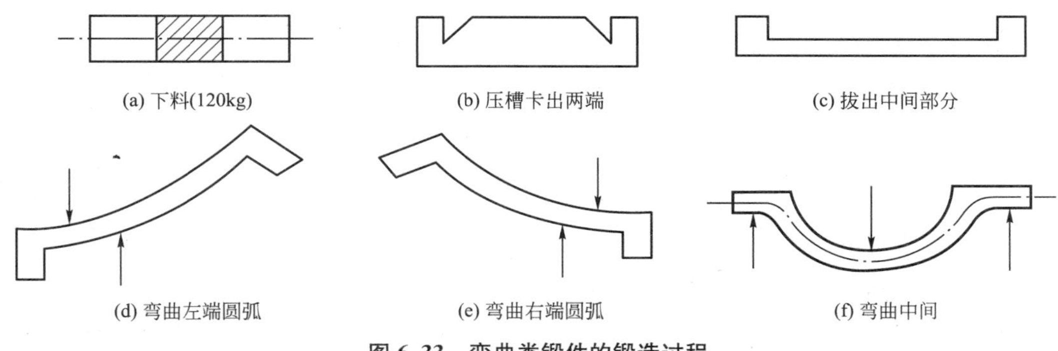

图 6.33 弯曲类锻件的锻造过程

6. 复杂形状类锻件

复杂形状类锻件的外形特征是除了上述五类锻件以外的其他形状锻件，也可以是由上述五类锻件的特征所组成的复杂锻件，如阀体、叉杆、吊环体、十字轴等。由于这类锻件锻造难度较大，所用辅助工序较多，因此，在锻造时应合理选择锻造工序，以保证锻件顺利成形。

6.2.2 自由锻件变形工艺过程的确定

制订自由锻锻件的变形工艺过程，就是确定锻件成形必须采用的基本工序、辅助工序和修整工序，以及确定各变形工序顺序和中间坯料尺寸等。

制订变形工艺过程规程是编制自由锻规程最重要的部分。对于同一锻件，不同的工艺过程规程会产生不同的效果。合理的工艺过程使变形过程工序少、时间短，并能保证锻件的各部分尺寸。

各类锻件变形工序的选择，应根据锻件的形状、尺寸和技术要求，结合各锻造工序的变形特点，参考有关典型工艺过程具体确定。

各工序坯料尺寸设计和工序选择是同时进行的，在确定各工序毛坯尺寸时应注意下列各项。

(1) 各工序坯料尺寸必须符合变形规则。例如，镦粗时坯料的高径比小于2.5～3.0等。

(2) 应考虑各工序变形时坯料尺寸的变化规律。例如，冲孔时坯料高度略有减小，扩孔时坯料高度略有增加等。

(3) 锻件最后需要精整时，应留有一定的修整量。

(4) 较大锻件须经多火次完成时，应考虑中间各火次加热的火耗损失。

(5) 有些长轴类锻件的轴向尺寸要求精确(而锻件太长又不能镦粗)，必须预计到锻件在精修时会略有伸长。

(6) 应保证锻件各个部分有适当的体积。

6.2.3 自由锻工艺规程的制订

自由锻工艺规程是指导、组织锻造生产，确保锻件品质的技术文件，包括如下具体内容。

(1) 根据零件图，绘制锻件图。

(2) 确定坯料的质量和尺寸。

(3) 制订变形工艺过程及选用工具。

(4) 确定设备吨位。

(5) 选择锻造温度范围，制订坯料加热和锻件冷却规范。

(6) 制订锻件热处理规范。

(7) 提出锻件的技术条件和检验要求。

(8) 填写工艺过程规程卡片等。

制订自由锻工艺规程，必须密切结合生产实际条件、设备能力和技术水平等实际情况，力求在经济合理、技术先进的条件下生产出合格的锻件。

1. 自由锻件图的制订与绘制

锻件图是编制锻造工艺过程、设计工具、指导生产和验收锻件的主要依据。它是在零件图的基础上考虑加工余量、锻造公差、锻造余块、检验试样及操作用夹头等因素绘制而成的，如图 6.34 所示。

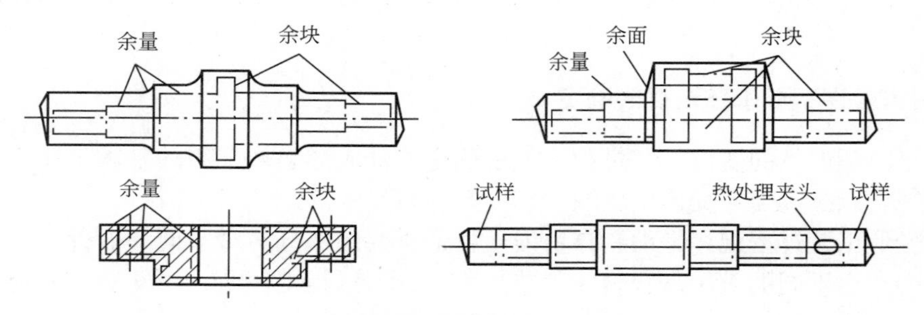

图 6.34　锻件的各种余块

1) 加工余量

一般锻件的尺寸精度和表面粗糙度达不到零件图的要求，锻件表面应留有供机械加工用的金属层，这层金属称为机械加工余量(以下简称余量)。余量大小的确定与零件的形状尺寸、加工精度、表面要求、锻造加热品质、设备工具精度和操作技术水平等有关。对于非加工面则无须加放余量。

零件公称尺寸加上余量，即为锻件公称尺寸。

2) 锻造公差

锻造生产中，由于各种因素的影响，如终锻温度的差异，锻压设备、工具的精度和工人操作技术水平的差异，锻件实际尺寸不可能达到公称尺寸，允许有一定的偏差，称为锻造公差。锻件尺寸大于其公称尺寸的部分称为上极限偏差(正偏差)，小于其公称尺寸的部分称为下极限偏差(负偏差)。锻件上各部位不论是否机械加工，都应注明锻造公差。

通常锻造公差为余量的 1/4～1/3。

锻件的余量和公差具体数值可查阅有关手册，或按工厂标准确定。在特殊情况下，也可与机加工技术人员商定。

3) 锻造余块

为了简化锻件外形以符合锻造工艺过程需要，零件上较小的孔、狭窄的凹槽、直径差较小而长度不大的台阶等难于锻造的地方，通常填满金属，这部分附加的金属叫作锻造余块。

4）检验试样及操作用夹头

对于某些有特殊要求的锻件，须在锻件的适当位置添加试样余块，以供锻后检验锻件内部组织及测试力学性能。另外，为了锻后热处理的吊挂、夹持和机械加工的夹持定位，常在锻件的适当位置增加部分工艺过程余块和操作用夹头。

5）绘制锻件图

在余量、公差和各种余块确定后，便可绘制锻件图。锻件图中，锻件形状用粗实线描绘。为了便于了解零件的形状和检验锻后的实际余量，在锻件图内，用假想线(双点画线)画出零件形状。锻件尺寸和公差标注在尺寸线上面，零件的公称尺寸要加上括号，标注在相应尺寸线下面。如锻件带有检验试样、热处理夹头时，在锻件图上应注明其尺寸和位置。在图形上无法表示的某些要求，以技术条件的方式加以说明。

2. 坯料质量和尺寸的确定

自由锻用原材料有两种：一种是钢材、钢坯，多用于中、小型锻件；另一种是钢锭，主要用于大、中型锻件。

1）毛坯质量的计算

毛坯质量 $G_{坯}$ 为锻件质量与锻造时各种金属损耗质量之和。

$$G_{坯}=G_{锻}+G_{损} \tag{6-10}$$

式中，$G_{锻}$ 为锻件质量，锻件质量按锻件的公称尺寸计算；$G_{损}$ 为各种金属损耗质量，包括钢料加热烧损 $G_{烧}$、冲孔芯料损失 $G_{芯}$、端部切头损失 $G_{切}$，用钢锭锻造时，还应考虑冒口质量和锭底质量。

钢料加热烧损 $G_{烧}$，即为烧损率，一般以坯料质量的百分比表示，其数值与所选用的加热设备类型有关，可参见有关资料。

冲孔芯料损失 $G_{芯}$(kg)，取决于冲孔方式、冲孔直径 d(dm)和坯料高度 H_0(dm)。在数值上可按式(6－11)～式(6－13)计算。

(1) 实心冲子冲孔

$$G_{芯}=(1.18\sim1.57)d^2H_0 \tag{6-11}$$

(2) 空心冲子冲孔

$$G_{芯}=6.16d^2H_0 \tag{6-12}$$

(3) 垫环冲孔

$$G_{芯}=(4.32\sim4.71)d^2H_0 \tag{6-13}$$

端部的切头损失 $G_{切}$ 为坯料拔长后端部不平整而应切除的料头质量，与切除部位的直径 D(dm)、截面宽度 B(dm)和高度 H(dm)有关，可按式(6－14)～式(6－15)计算。

(1) 圆形截面

$$G_{切}=(1.65\sim1.8)D^3 \tag{6-14}$$

(2) 矩形截面

$$G_{切}=(2.2\sim2.36)B^2H \tag{6-15}$$

在采用钢锭锻造时，为保证锻件品质，必须切除钢锭的冒口和锭底。切除的质量以占钢锭质量的百分比表示。

2）坯料尺寸的确定

坯料尺寸与锻件成形工序有关，采用的锻造工序不同，计算坯料尺寸的方法也不同。

当头道工序采用镦粗方法制造时，为避免产生弯曲，坯料的高径比应小于2.5。但坯料过短会使坯料的剪切下料操作困难。为便于剪切下料，高径比应大于1.25，即

$$1.25 \leqslant \frac{H_0}{D_0} \leqslant 2.5 \tag{6-16}$$

根据上述条件，将 $H_0=(1.25\sim2.5)D_0$ 代入到 $V_{坯}=\frac{\pi}{4}D_0^2H_0$，便可得到坯料直径 D_0 或边长 a_0 的计算式

$$D_0=(0.8\sim1.0)\sqrt[3]{V_{坯}} \tag{6-17}$$

$$a_0=(0.75\sim0.9)\sqrt[3]{V_{坯}} \tag{6-18}$$

当头道工序为拔长时，原坯料直径应按锻件最大截面积 $F_{锻}$，并考虑锻造比和修整量等要求来确定。从满足锻造比 y 要求的角度出发，原坯料截面积 $F_{坯}$

$$F_{坯}=y\times F_{锻} \tag{6-19}$$

由此便可算出原坯料直径 D_0，即

$$D_0=1.13\sqrt{y\times F_{锻}} \tag{6-20}$$

初步算出坯料直径 D_0 或边长 a_0 后，应按材料的国家标准，选择标准直径或标准边长，再根据选定的直径或边长计算坯料高度(即下料长度)。

（1）圆坯料

$$H_0=\frac{V_{坯}}{\frac{\pi}{4}D_0^2} \tag{6-21}$$

（2）方坯料

$$H_0=\frac{V_{坯}}{a_0^2} \tag{6-22}$$

3）钢锭规格的选择

根据钢锭损耗或经验确定钢锭利用率，计算钢锭质量，然后查表选取钢锭规格。

3. 锻造比 y 的确定

锻造比 y 的大小能反映锻造对锻件组织和力学性能的影响。一般规律是，随着锻造比 y 增大，由于内部孔隙的焊合、铸态树枝晶被打碎，锻件的纵向和横向力学性能均得到明显提高；当锻造比 y 超过一定数值时，由于形成纤维组织，其垂直方向(横向)的力学性能(塑性、韧性)急剧下降，导致锻件出现各向异性。因此，在制订锻造工艺规程时，应合理地选择锻造比 y。

用钢材锻制锻件(莱氏体钢锻件除外)，由于钢材经过了大变形的锻造或轧制，其组织与性能均已得到改善，一般不需考虑锻造比 y。用钢锭(包括有色金属铸锭)锻制大型锻件时，就必须考虑锻造比 y。

由于各锻造变形工序变形特点不同，则各工序锻造比 y 和变形过程总锻造比 $y_{总}$ 的计算方法也不尽相同。为能合理选择锻造比 y，表6-4列出了各类常见锻件的总锻造比 $y_{总}$ 要求，使用时可作为参考。

表6-4 典型锻件的锻造比 $y_{总}$

锻件名称	计算部位	总锻造比 $y_{总}$
碳素钢轴类锻件	最大截面	2.0～2.5
合金钢轴类锻件	最大截面	2.5～3.0
热轧辊	辊身	2.5～3.0
冷轧辊	辊身	3.5～5.0
齿轮轴	最大截面	2.5～3.0
船用尾轴、中间轴、推力轴	法兰	＞1.5
	轴身	≥3.0
水轮机主轴	法兰	最好＞1.5
	轴身	≥2.5
水压机立柱	最大截面	≥3.0
曲轴	曲拐	≥2.0
	轴颈	≥3.0
锤头	最大截面	≥2.5
模块	最大截面	≥3.0
高压封头	最大截面	3.0～5.0
汽轮机转子	轴身	3.5～6.0
发电机转子	轴身	3.5～6.0
汽轮机叶轮、旋翼轴、涡轮轴	轮毂	4.0～6.0
	法兰	6.0～8.0
航空用大型锻件	最大截面	6.0～8.0

6.3 自由锻造设备吨位计算与选择

自由锻造的常用设备为锻锤和水压机，锻造过程中这类设备不会发生过载损坏。但设备吨位选得过小，锻件内部锻不透，而且生产效率低；设备吨位选得过大，不仅浪费动力，而且由于大设备的工作速度低，同样也影响生产率和锻件成本。因此，正确选择锻造设备吨位是编制工艺过程规程的重要环节之一。

自由锻造所需设备吨位，主要与变形面积、锻件材质、变形温度等因素有关。自由锻造时，变形面积由锻件大小和变形工序性质决定。镦粗时，锻件与工具的接触面积相对于其他变形工序要大得多，而很多锻造过程均与镦粗有关，因此，常以镦粗力的大小来选择自由锻设备。

确定设备吨位的传统方法有理论计算法和经验类比法两种。

6.3.1 理论计算法

理论计算法是根据塑性成形原理的公式计算变形力或变形功来选择设备吨位的。尽管目前这些计算公式还不够精确，但仍能在确定设备吨位时，提供一定的参考。

1. 在水压机上锻造

采用水压机锻造时，锻件成形所需最大变形力可按式(6-23)计算。

$$P=p\times F \tag{6-23}$$

式中，P 为变形力(N)；p 为坯料与工具接触面上的平均单位流动应力(MPa)；F 为坯料与工具的接触面在水平方向上的投影面积(mm^2)。

平均单位流动应力 p 须根据不同情况分别计算。

(1) 圆形截面坯料镦粗。

① 当$\frac{H}{D}\geqslant 0.5$时，平均单位流动应力为

$$p=\sigma_S\left(1+\frac{\mu}{3}\times\frac{D}{H}\right)(\mathrm{MPa})$$

② 当$\frac{H}{D}\leqslant 0.5$时，平均单位流动应力为

$$p=\sigma_S\left(1+\frac{\mu}{4}\times\frac{D}{H}\right)(\mathrm{MPa})$$

式中，D、H 分别为锻造终了时锻件的直径和高度(mm)；σ_S为在相应变形温度和速度下的真实流动应力(MPa)；μ 为摩擦因数。其中，热锻时 μ 为 0.3～0.5，如无润滑一般取 $\mu=0.5$。

(2) 长方形截面坯料的镦粗。设坯料长、宽、高分别为 L、B、H 时，其单位流动应力的计算公式为

$$p=1.15\sigma_S\times\left[1+\frac{3L-B}{6L}\times\mu\times\frac{B}{H}\right](\mathrm{MPa}) \tag{6-24}$$

(3) 矩形截面坯料在平砧间拔长。其单位流动应力可按式(6-25)计算。

$$p=1.15\sigma_S\times\left[1+\frac{\mu}{3}\times\frac{l}{h}\right](\mathrm{MPa}) \tag{6-25}$$

式中，l 为送进量(mm)；h 为坯料截面高度(mm)。

(4) 圆截面坯料在圆弧砧上拔长。其单位流动应力可按式(6-26)计算。

$$p=\sigma_S\times\left[1+\frac{2\mu}{3}\times\frac{l}{d}\right](\mathrm{MPa}) \tag{6-26}$$

式中，l 为送进量(mm)；d 为坯料直径(mm)。

2. 在锻锤上锻造

在锻锤上自由锻时，由于打击力是不定的，所以应根据锻件成形所需变形功来选择设备的打击能量或吨位。

1) 圆柱体坯料镦粗变形功 A

$$A=\sigma_S\times V\times\left[\ln\left(\frac{H_0}{H}\right)+\frac{1}{9}\times\left(\frac{D}{H}-\frac{D_0}{H_0}\right)\right]\times 10^{-3} \tag{6-27}$$

式中，D_0，H_0分别为坯料的直径和高度(mm)；D，H 分别为坯料镦粗后的直径和高度

(mm)；V 为锻件体积(mm^3)。

2）长板形坯料镦粗变形功 A

$$A=\sigma_S \times V \times \left[\ln\left(\frac{H_0}{H}\right)+\frac{1}{8}\times\left(\frac{B}{H}-\frac{B_0}{H_0}\right)\right]\times 10^{-3} \tag{6-28}$$

式中，B_0，H_0 分别为坯料的宽度和高度(mm)；B，H 分别为坯料镦粗后的宽度和高度(mm)；V 为锻件体积(mm^3)。

镦粗时，根据最后一次锤击的变形功 A(变形程度可取 $\varepsilon=3\%\sim5\%$)，考虑锻锤打击效率 η，便可算出所需打击能量 E(J)，即

$$E=\frac{A}{\eta} \tag{6-29}$$

通常锻锤吨位是以落下质量 G(kg)表示的。G 与打击能量 E 之间有如下关系

$$G=\frac{2g}{v^2}\times\frac{A}{\eta}\times\frac{1}{10} \tag{6-30}$$

式中，g 为重力加速度，$g=9.8m/s^2$；v 为锻锤打击速度，一般取 $v=6\sim7m/s$；η 为打击效率，一般取 $\eta=0.7\sim0.9$。

当锻锤打击速度取 $v=6.5m/s$，打击效率取 $\eta=0.8$ 时，则

$$G=\frac{A}{17.2} \tag{6-31}$$

6.3.2 经验类比法

经验类比法是根据生产实践统计整理出的经验公式或图表选择设备吨位。应用时，只需根据锻件的某些主要参数(如质量、尺寸、材质等)，便可迅速确定设备吨位。

锻锤吨位 G(kg)按镦粗和拔长两种情况计算。

1. 镦粗时

$$G=(0.002\sim0.003)\times k\times F \tag{6-32}$$

式中，k 为与钢材强度极限 σ_b 有关的系数，按表 6-5 查取；F 为坯料横截面积(mm^2)。

表 6-5 系数 k

σ_b/MPa	k	σ_b/MPa	k
400	3～5	800	8～13
600	5～8		

2. 拔长时

$$G=2.5\times F \tag{6-33}$$

式中，F 为坯料横截面积(cm^2)。

6.4 自由锻造工艺实例

6.4.1 齿轮的自由锻造工艺

对于图 6.35 所示的齿轮，其技术要求如下：

(1) 材料：40Cr 钢。

(2) 调质处理：HRC 28～32。

(3) 齿部高频淬火处理：表面 HRC 45～50。

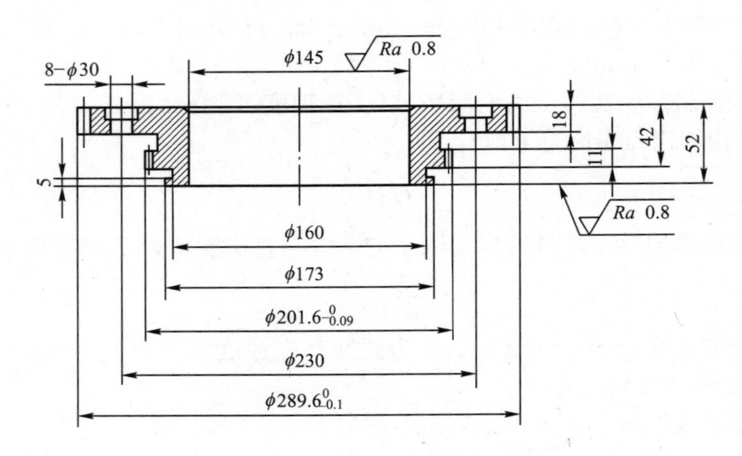

图 6.35　齿轮零件简图

1. 绘制锻件图

锻件图直接从零件图，考虑余块、余量和公差后绘制。

齿轮上的齿形间 13mm 和 5mm 的凹档，自由锻很难锻出；ϕ173mm×10mm 的凸肩及轮辐上的 8 个 ϕ30mm 的小孔，要锻出来也很困难。对于零件图上这些无法锻出的部分，都要加余块，简化锻件外形，以利于锻造。

ϕ201.6mm×34mm 的小台阶是否锻出来，也要看生产批量和车间现有工具而定；生产批量大到足以制造专用垫环时，这个小台阶就可锻出来；虽然生产批量不大，但车间已有类似的垫环时，也可以把这个小台阶锻出来，但绘制锻件图时要按工具来决定余量。

零件图上，除了形状、尺寸外，还标有表面粗糙度 Ra0.8μm 等，自由锻工艺不可能满足这种要求。因此锻件还需在形状简化的基础上，再给出切削加工余量。余量的大小可根据 GB/T 21470—2008 查得。

根据零件图，查 GB/T 21470—2008 得到此锻件的外径余量为 11mm、公差为$^{+3}_{-4}$mm，内孔余量为 15mm、公差为$^{+6}_{-4}$mm，高度余量为 10mm、公差为$^{+2}_{-3}$mm。

按查得的余量和公差绘制成如图 6.36 所示的锻件图。

2. 确定变形工序

此锻件的主要变形工序是镦粗和冲孔。因锻件带有凸肩，还应采用垫环局部镦粗；由于内孔较大，还应采用冲子扩孔。因此，此锻件的变形工步顺序应是镦粗→垫环上局部镦粗→冲孔→冲子扩孔→修整。其锻造工艺过程见表 6－6。

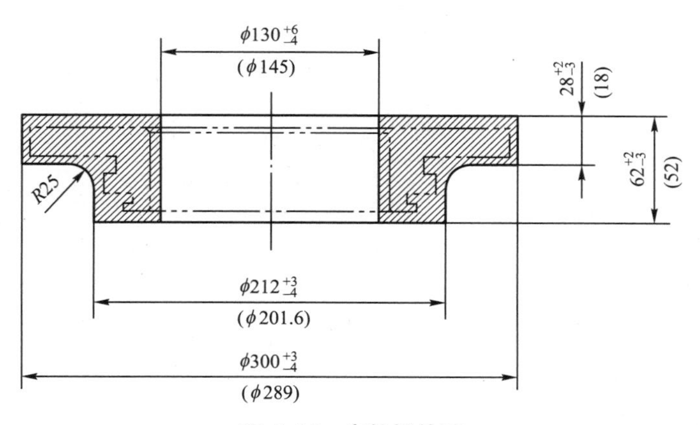

图 6.36　齿轮锻件图

表 6-6　齿轮的自由锻造工艺

锻件名称：齿轮
锻件材料：40Cr
锻件质量：19.9kg
坯料规格：ϕ150mm×143mm
锻造设备：1.0t 蒸汽锤

序号	温度/℃	工序说明		设备	工具
1		坯料	ϕ150 143	加热炉	
2	750～1250	垫环局部镦粗	ϕ275 42 ϕ159	蒸汽锤	垫环
3	750～1250	冲孔	ϕ60	蒸汽锤	冲子
4	730～1200	冲子扩孔	ϕ130	蒸汽锤	冲子

（续）

序号	温度/℃	工序说明		设备	工具
5	730～1200	修整	ϕ130 28 62 ϕ212 ϕ300	蒸汽锤	

3. 计算坯料质量和尺寸

（1）锻件质量。锻件质量为

$$G_{锻}=V_{锻}\times\gamma_{钢}=\frac{\pi}{4}(3^2\times0.28+2.12^2\times0.34-1.3^2\times0.62)\times7.85=18.52(\text{kg})$$

（2）冲孔芯料损耗。取冲头直径 $d=60\text{mm}$，冲孔深度 $H_0=65\text{mm}$ 来计算，得冲孔芯料损耗为

$$G_{芯}=1.3d^2H_0=1.3\times0.6^2\times0.65=0.30(\text{kg})$$

（3）烧损量。此锻件需要加热两次，故取 $G_{烧}=0.045G_{锻}$，则有烧损量为

$$G_{烧}=0.045G_{锻}=0.045\times18.52=0.83(\text{kg})$$

（4）坯料质量。坯料质量为

$$G_{坯}=G_{锻}+G_{芯}+G_{烧}=18.52+0.30+0.83=19.66(\text{kg})$$

（5）坯料的尺寸。坯料的计算直径为

$$D_{计}=0.95\times\sqrt[3]{V_{坯}}=0.95\times\sqrt[3]{\frac{G_{坯}}{\gamma_{钢}}}=0.95\times\sqrt[3]{\frac{19.66}{7.85}}=129(\text{mm})$$

由于坯料直径与高度比不要大于 2.5 倍，但也不要太小。由上式可知坯料尺寸的计算值为 ϕ130mm×189mm；为了便于锻造现选用直径为 150mm、长度为 143mm 的坯料。

4. 确定工序尺寸

工序尺寸见表 6－6，其中考虑到冲孔和扩孔时金属还会沿径向流动，并且沿凸肩高度方向产生拉缩现象，因此，局部镦粗后的径向尺寸比锻件略小，凸肩高度略大。

5. 选定设备吨位

此锻件属圆环类，应选 1.0t 自由锻锤。

6.4.2 齿轮轴的自由锻造工艺

对于图 6.37 所示的齿轮轴，其毛坯的自由锻造成形工艺制订过程如下。

1. 绘制锻件图

为简化锻造工序，将此 6 段台阶轴简化为 3 段，对 ϕ54mm、ϕ35mm 和 M24mm 的外圆

加余块。根据GB/T 21470—2008确定各部分的加工余量和公差，锻件图如图6.38所示。

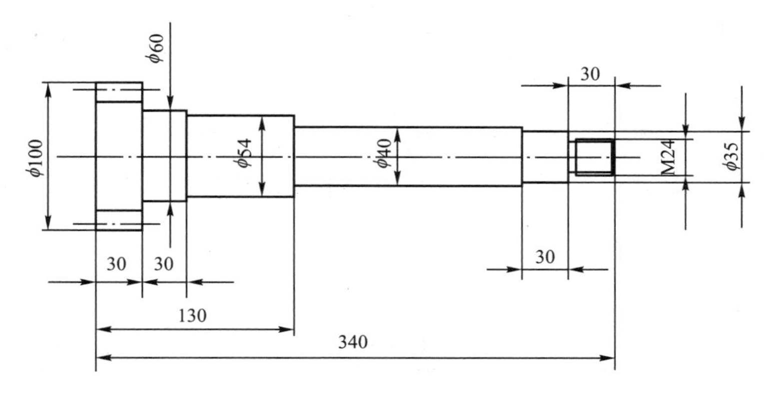

图6.37 齿轮轴零件简图

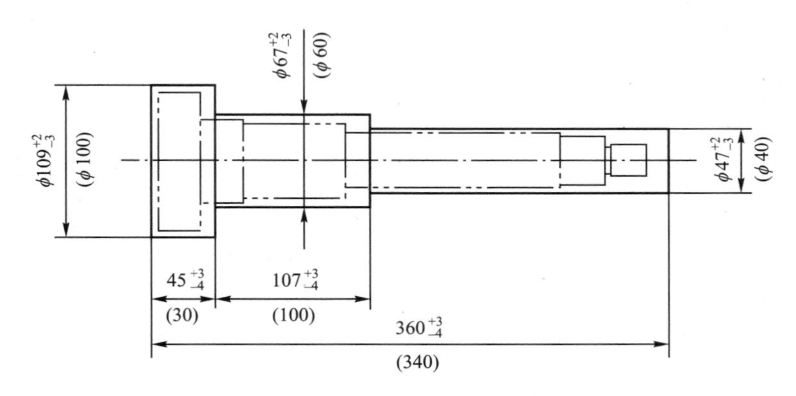

图6.38 齿轮轴锻件图

2. 确定变形工序

此锻件为带有较大头部的台阶轴，应采用镦粗—拔长复合工艺，即选择直径在67～109mm的坯料，先整体拔长至ϕ67mm，然后采用局部镦粗，锻出ϕ109mm的头部，最后拔长ϕ47mm的杆部。

3. 计算坯料质量和尺寸

(1) 锻件体积。

$$V_{锻}=\frac{\pi}{4}(1.09^2\times0.45+0.67^2\times1.07+0.47^2\times2.08)=1.16(dm^3)$$

(2) 锻件质量。

$$G_{锻}=V_{锻}\times\gamma_{钢}=1.16\times7.85=9.11(kg)$$

(3) 烧损量。

$$G_{烧}=0.03\times G_{锻}=0.03\times9.11=0.27(kg)$$

(4) 切头损耗。

$$G_{切}=1.8\times0.47^3=0.19(\text{kg})$$

(5) 坯料质量。

$$G_{坯}=G_{锻}+G_{切}+G_{烧}=9.11+0.27+0.19=9.57(\text{kg})$$

(6) 坯料尺寸。取坯料直径为 ϕ85mm，则坯料长度应为 L=214mm。

4. 确定工序尺寸

工序尺寸见表 6-7。

表 6-7　齿轮轴的工序尺寸

锻件名称：齿轮轴
锻件材料：20CrMnTi
锻件质量：9.54kg
坯料规格：ϕ85mm×214mm
锻造设备：0.25t 蒸汽锤

序号	工序说明	工序示意图
1	坯料	φ85 214
2	整体拔长	φ67
3	局部镦粗	45 223
4	修整大端并压肩	107

（续）

序号	工序说明	工序示意图
5	拔长一端、截总长、切头	$\phi47$ 360
6	修整	

习　　题

1. 拔长时因操作不当而产生的缺陷有哪些？应如何避免？
2. 芯轴拔长操作要注意哪些问题？
3. 镦粗方法有哪几种？适用于锻造怎样的锻件？
4. 镦粗时常见的缺陷有哪些？如何防止及校正？
5. 实心冲头双面冲孔时，如何确定冲孔前坯料的工艺尺寸？
6. 比较冲头扩孔与芯棒扩孔时金属的变形情况。这两者对扩孔前坯料高度的要求有何不同？
7. 冲孔及扩孔的缺陷有哪些？如何防止及校正？
8. 常用的弯曲方法有哪些？如何选用？
9. 扭转工序用来锻造什么样的锻件？应注意哪些问题？
10. 错移工序用于锻造什么样的锻件？试述错移的操作过程。
11. 编制锻造工艺规程的主要步骤包括哪些内容？
12. 绘制锻件图要考虑哪些问题？
13. 计算锻件质量应考虑哪些问题？
14. 如何确定坯料的质量和尺寸？试举例说明。
15. 如何确定钢锭的质量和规格？试举例说明。
16. 拟定锻造工序方案时应注意哪些问题？
17. 工序尺寸如何计算？
18. 如何选择设备和工具？
19. 什么叫自由锻？它的英文译名是什么？
20. 镦粗变形的主要特征是什么？如何减小镦粗变形后的鼓形度？
21. 什么叫锻造比？它有什么作用？
22. 平砧拔长圆形截面坯料的截面变化情况(图6.39)怎样才算合理？为什么？
23. 能够在一块金属上一次冲出通孔吗？为什么？
24. 如何确定自由锻件变形工艺过程？
25. 如何确定锻件尺寸？
26. 如何确定设备吨位？

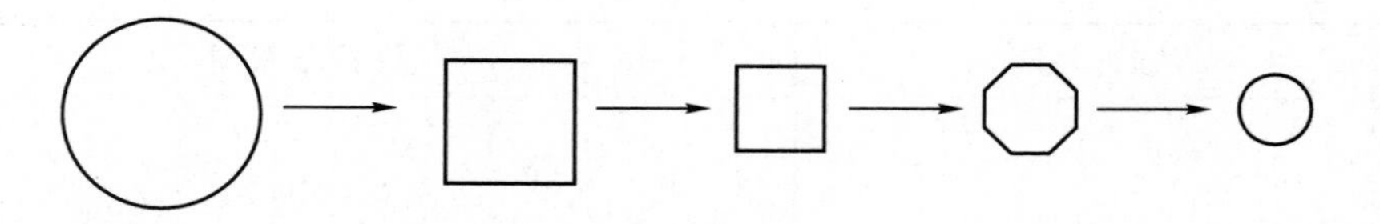

图 6.39　平砧拔长圆形截面时的截面变化过程

第7章 胎模锻造

7.1 胎模锻造的特点及应用

胎模锻造是在自由锻锤上用胎模生产锻件的一种方法。胎模在使用时放上去，不用时取下来，不固定在自由锻锤上。在中、小型锻件的生产中，广泛采用自由锻造制坯，胎模成形的工艺方法。胎模锻造的最大特点是设备、工具简单，工艺灵活多样，可以巧妙地锻出各种形状复杂、尺寸精确的锻件。这是由于胎模锻造是介于自由锻和模锻之间的锻造方法，它既具有自由锻的某些特点，又具有模锻的某些特点。

1. 胎模锻造的优点

1）生产率高

由于锻件形状尺寸是由胎模模膛控制的，对制坯要求不高(或不需要制坯)，所以锻件成形迅速。据统计，胎模锻造的生产率比自由锻要高出1～5倍。

2）锻件质量好

胎模锻造的锻件，几何形状一致，尺寸精确，表面光洁，锻件内部纤维组织分布较合理。

3）节约原材料、减少机械加工工时

与自由锻相比，胎模锻件的余块少、余量小，零件上的一些不重要的非配合面甚至不需要机械加工。同时由于加热火次减少，降低了金属烧损量。

4）生产成本低

胎模设计、制造较为简便，耗用模具钢少，成本低，使用方便，因此用于锻造中、小批量锻件时，能收到较好的经济效果。

2. 胎模锻造的缺点

1）模具寿命低

胎模锻造过程中，由于金属与胎模的接触时间长，模具温度迅速上升，模膛易回火而软化变形；而且氧化皮难以清除，润滑条件差，模具易磨损。

胎模锻造时，锤头直接打在胎模上，上、下砧容易磨损，锻锤机件容易损坏。

2）锻锤吨位大

由于锻件在模具内成形，胎模减少了锻锤的有效行程，所以胎模锻造必须提高锻锤的吨位。

3）操作工人劳动强度大

目前胎模主要靠人力搬运、把持及翻转，操作工人的劳动强度大。

胎模锻造是一种适用于中、小型锻件，中、小批量生产的锻造方法。

7.2　胎模锻造的变形工序

胎模锻造是由一系列工序组成的，按变形的性质和作用，可分为基本工序、辅助工序和修整工序。

由于胎模锻造是介于自由锻和模锻之间的一种锻造方法，所以它一方面采用许多自由锻和模锻的基本工序，另一方面又有它本身特有的工序。

胎模锻造的基本工序如下：①镦粗、拔长、摔形、扣形；②冲孔、扩孔；③弯曲、翻边；④剁形、劈形；⑤挤压、焖形；⑥冲切。

可见胎模锻造的基本工序比自由锻和模锻要多样化，这就是胎模锻件种类繁多，胎模锻造工艺灵活多样的原因所在。

上述工序大多数既可用于制坯，也可用于最后成形。

制坯就是按锻件图的要求预先分配金属的体积。对于长轴类锻件，就是如何沿轴向合理分配金属体积(如台阶轴)；对于短轴类锻件，就是如何沿径向合理分配金属体积(如齿轮)。

焖形就是最终成形，即将制好坯的中间坯料焖成形状、尺寸精确的锻件；相当于锤上模锻时的终锻工序。根据胎模结构的不同，焖形有开式焖形和闭式焖形两种。开式焖形时锻件出飞边，因此备料及制坯的精度要求较低；闭式焖形时锻件不出飞边，对备料和制坯的精度要求较高。

1. 镦粗

胎模锻造中的镦粗可分为完全镦粗、局部镦粗、滑动镦粗和展宽镦粗等。

1）完全镦粗

完全镦粗就是自由锻的基本工序。胎模锻造中采用完全镦粗的目的，除了得到所需中间坯料外，还可除去氧化皮。为了便于将镦粗制坯后坯料放入模膛和造成焖形时良好的充满条件，镦粗坯料外径应略小于模膛最大直径；当生产批量较大时，可采用垫铁来限制坯料的镦粗高度，从而控制镦粗后坯料的外径，如图 7.1 所示。

2）局部镦粗

局部镦粗有端部局部镦粗、中部局部镦粗和空心坯料局部镦粗等方法。

空心坯料的局部镦粗如图 7.2 所示，坯料镦粗部分高度与壁厚的比值 $h_0/S \leqslant 2.5 \sim 3.0$ 为宜。

3）滑动镦粗

滑动镦粗本质上是一种连续送料的局部镦粗，如图 7.3 所示。滑动镦粗的特点如下。

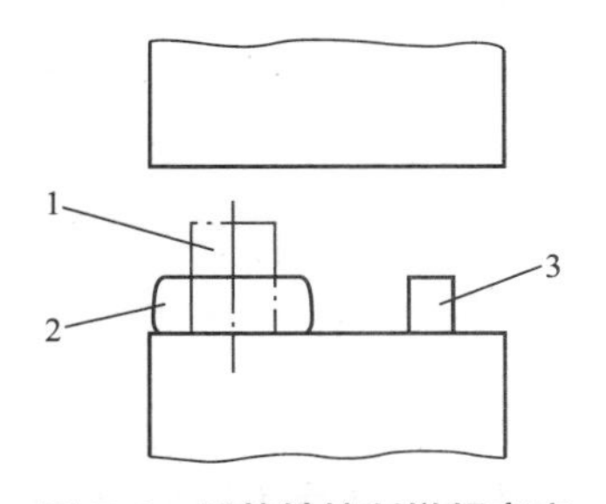

图 7.1 用垫铁控制镦粗高度

1—坯料；2—镦粗后坯料；3—垫铁

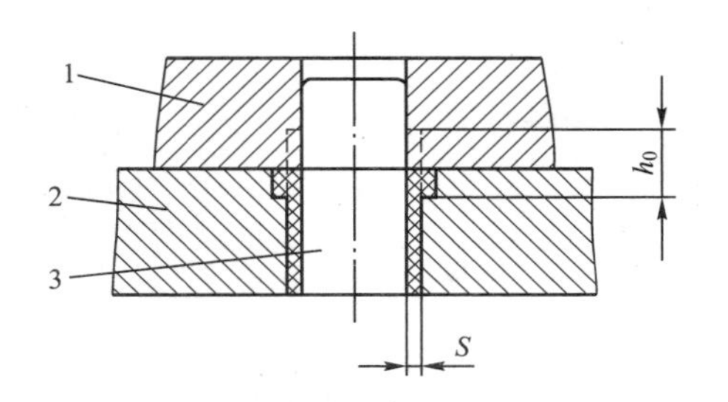

图 7.2 空心坯料的局部镦粗

1—空心上模垫；2—套模；3—芯轴

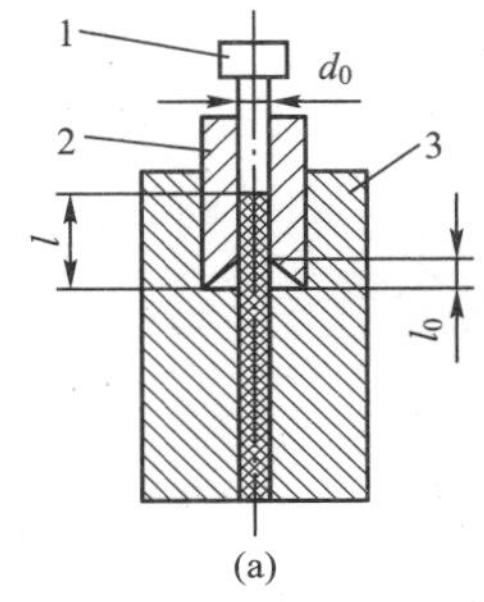

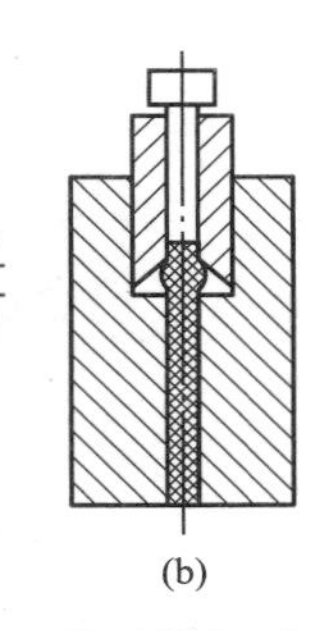

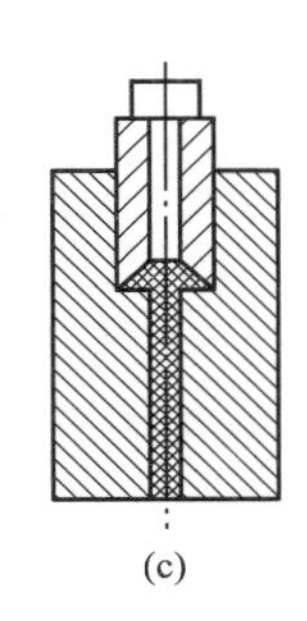

图 7.3 滑动镦粗过程

l—坯料变形部分变形前的高度；d_0—坯料的直径；l_0—坯料变形部分变形后的高度

(1) 坯料变形部分高径比不受 2.5～3.0 的限制。变形部分高径比 l/d_0 虽然大于 2.5，但一部分长度在浮动模内，实际高径比 $l_0/d_0<2.5$，故可采用一套胎模直接镦粗成形。在镦粗过程中，已镦粗的部分逐渐将浮动模顶起，甚至其上端面与冲头的凸缘接触，然后浮动模与冲头同时向下移动，锻件获得最后的形状。

(2) 对中部窄凸缘锻件，采用滑动镦粗时，胎模结构简单，生产率高。

(3) 滑动镦粗与焖形相结合，可锻造出端部有凸台或凹坑的锻件。

4) 展宽镦粗

使用平砧或压铁在坯料局部面积上进行锻压，使坯料高度减小，截面增大的工序，称为展宽镦粗。

胎模锻造常用的展宽镦粗法如图 7.4 所示。展宽镦粗主要用于大、中型带凸缘(端部凸缘或中部凸缘)锻件。

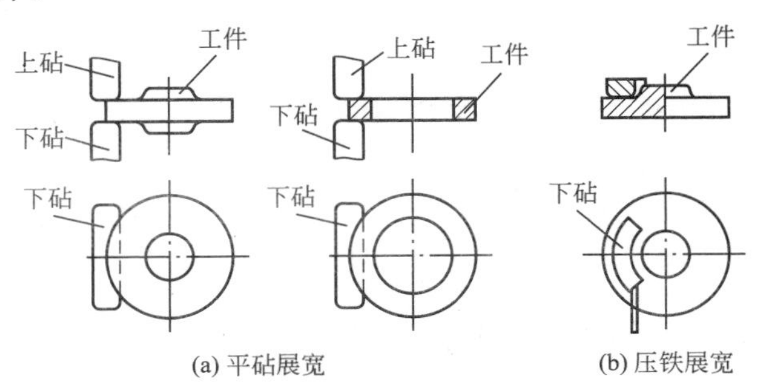

图 7.4 展宽镦粗

2. 拔长

当坯料直径与锻件直径相差不大时，可采用光摔直接整形拔长。当锻件杆部在中间且长度小于砧宽时，应采用卡摔进行拔长(图 7.5)，卡摔截面形状可以是菱形或椭圆形，也可以是矩形，视锻件杆部截面形状而定。

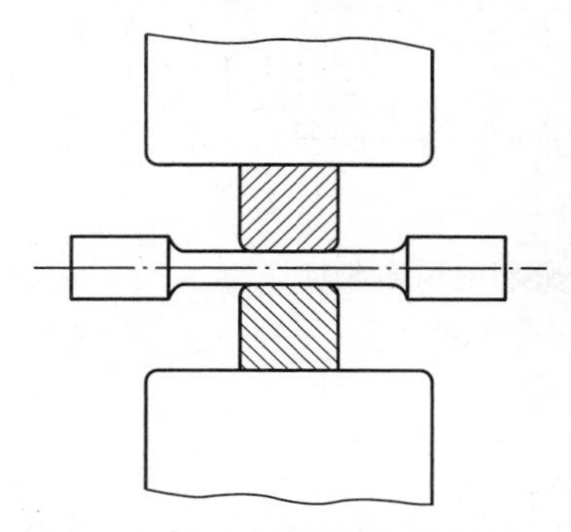

图 7.5 卡摔(窄摔)拔长

有一些大凸缘轴的胎模锻造工艺，常采用拔长制坯以得到杆部和初步凸缘，然后在套模中焖形的方法。

为了保证锻件质量，拔长应注意以下几点。

(1) 坯料拔长前的压肩位置一定要准确［图 7.6(a)］，压肩位置不准确，会造成拔长后杆部长度不合适。杆部过长，焖形时便会在凸缘根部形成夹层，如图 7.6(b)所示；杆部过短，焖形时虽有一部分金属进入杆部，但杆部长度仍会达不到要求，如图 7.6(c)所示。

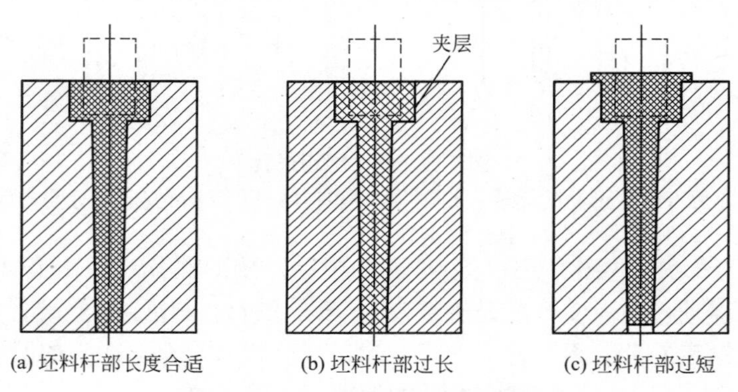

图 7.6 坯料压肩不准造成的缺陷

合理的坯料杆部长度应等于锻件杆部长度。因此，坯料拔长前的压肩位置(图 7.7)应按式(7 - 1)计算

$$L=\frac{d^2}{D_0^2}l \tag{7-1}$$

式中，L 为坯料拔长部分长度(压肩位置，单位为 mm)；d 为锻件杆部直径(mm)；l 为锻件杆部长度(mm)；D_0为坯料直径(mm)。

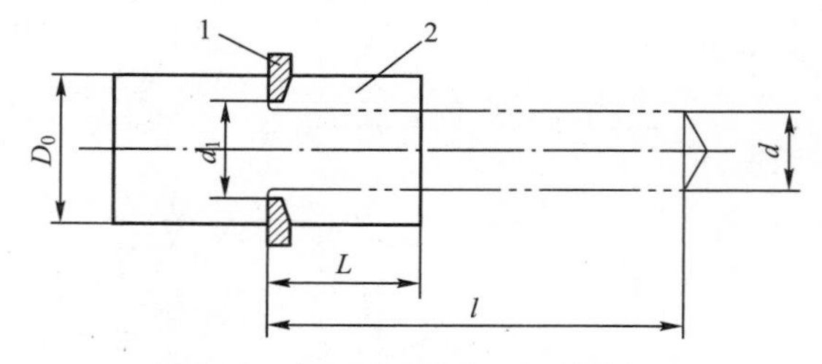

图 7.7 坯料压肩位置及压肩深度

1— 卡摔；2—坯料

压肩深度过大，焖形时会在凸缘根部形成夹层。合理的压肩尺寸为

$$d_1 = d + (3 \sim 10)\text{mm}$$

式中，d_1为压肩直径(mm)。

(2) 当只在坯料端部拔长制坯时，应注意避免杆部端面产生窝心和夹层，因为这些缺陷在以后焖形时是无法消除的。当拔长长度小于产生窝心的最小长度时，常采取增加坯料长度，拔长后切头，或采取双件压肩拔长，然后剁开的工艺。

(3) 拔长时应留有足够的摔光量，以便摔圆摔光，因为这种坯料在以后胎模内镦头时，杆部直径几乎不再变形。

3. 摔形

坯料在摔模中不断旋转并按需要沿轴向分配金属体积的变形工序，称为摔形。摔形是胎模锻造中应用较多的一个工序。

摔形可分为制坯摔形［图7.8(a)］和修整摔形［图7.8(b)］。

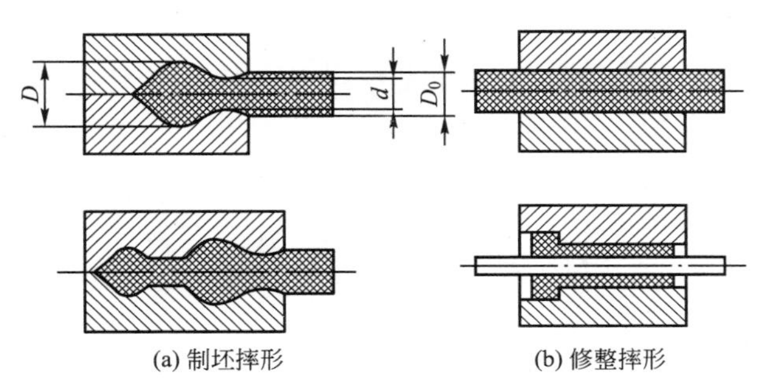

图7.8　摔形

1) 制坯摔形

根据制坯长度可采用局部摔形和整体摔形两种形式。当坯料中间杆部直径d与头部直径D的比值在0.6～0.9内，可用坯料直接摔形。由于坯料始终与摔模接触，降温迅速，摔模一端不封闭，金属易外流，所以用胎模锻造作制坯摔形，摔模的聚料能力低于锤上模锻的滚压模膛。原坯料直径D_0一般应等于或略小于坯料头部最大直径D，即当$d/D<0.6$时，一般不能由坯料直接摔形，需首先压肩、拔长后再进行摔形。

摔形的主要缺陷是夹层、端部窝心和端部飞边，如图7.9所示。形成夹层的主要原因

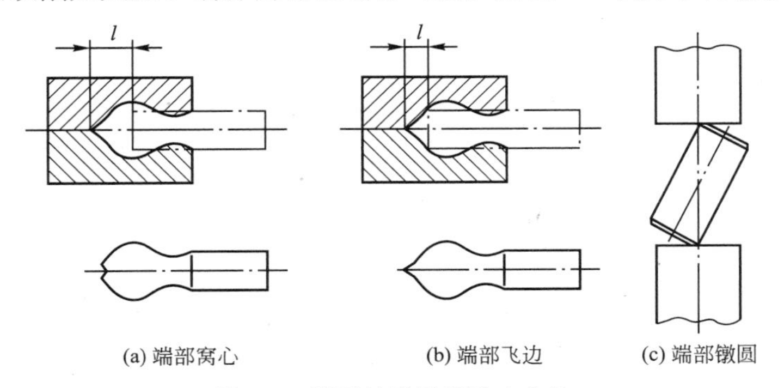

图7.9　摔形缺陷及其防止方法

是摔模模口结构不正确、上下摔模夹料。端部窝心和端部飞边取决于操作，坯料送进长度太短，产生端部窝心［图 7.9(a)］；送进长度过多，产生端部飞边［图 7.9(b)］。为了防止端部窝心的产生，可预先将坯料端部倒角或镦圆［图 7.9(c)］。产生端部飞边，不利于后续工序，一般须剁去或打磨掉。

2）修整摔形

修整摔形主要指摔光和校正摔光，是长轴类锻件必不可少的修整工序，也可以用于实心锻件或空心锻件。

4．扣形和卡形

扣形与锤上模锻的卡压、成形工序相近似。坯料在扣模内不旋转，通过上砧拍打，主要沿轴线方向分配金属体积，也有部分金属横向流动，所以扣形后一般须翻转 90°将坯料拍平。由于可以反复进行扣形、拍平操作，能比锤上模锻获得较准确的形状和较大的变形量。

扣形是胎模锻造中常用的制坯工序，可得到对称与不对称的扁平中间坯料；有些锻件也可采用扣模最终成形。扣形方法主要有单扇扣形、双扇扣形、压板扣形等，如图 7.10 所示。

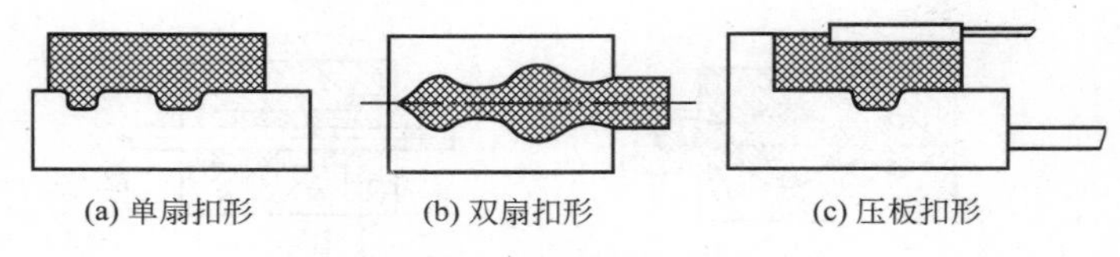

图 7.10　扣形方法

采用各种压铁，在坯料上卡压出所需形状的工序称为卡形。其作用和扣形类似，如卡出局部凸起、卡出十字形，如图 7.11 所示。

5．翻边

将薄壁筒筒壁变为平面凸缘，或将平面坯料变为薄壁筒形件的工序，称为翻边。前者是外翻边(扩口)，后者是内翻边(浅拉深)。翻边过程中坯料厚度变化不大。

外翻边如图 7.12(a)所示，主要用于薄壁凸缘(法兰)的成形，这时在锻件内孔端面上不可避免地要产生拉缩圆角(圆角半径 R)。

内翻边如图 7.12(b)所示，主要用于薄壁筒形件的成形，这时为了避免产生拉缩圆角，在预制坯料时应考虑拉缩余量 A。

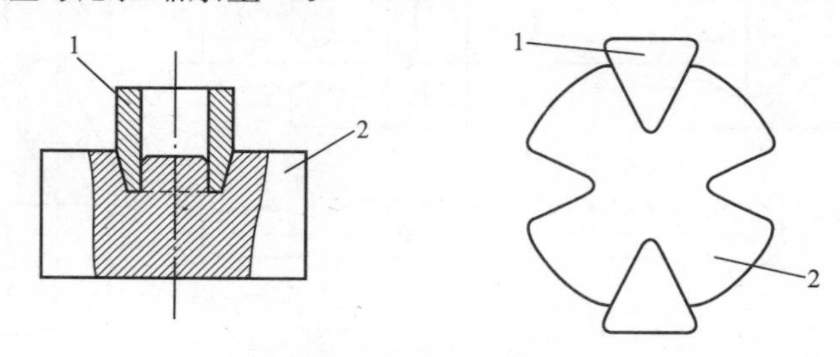

图 7.11　卡形

1—卡形工具；2—锻件

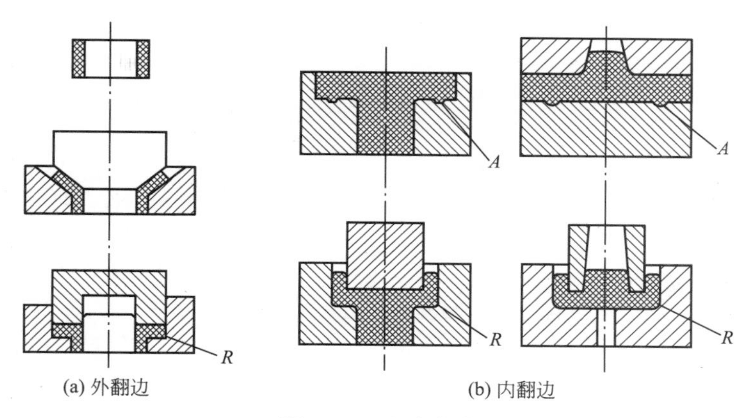

图 7.12 翻边方法

6. 挤压

1）镦挤

坯料在镦粗的同时挤入模孔的工序称为镦挤。镦挤可分为开式镦挤和闭式镦挤两种。

(1) 开式镦挤又称垫环镦粗，如图 7.13 所示。开式镦挤为了获得良好的挤压效果(挤入较大的凸台体积)，可以采取以下工艺措施。

① 选择合理的预镦坯料尺寸。当 $H_0/d=1.35\sim3.0$ 时，挤入效果显著。

② 减小模孔摩擦系数。模孔内表面及圆角 R 应光洁并加润滑；同时增大垫环镦粗表面的摩擦系数，此处仅仅用粗加工，也不加润滑。

③ 选择合理的模孔圆角半径 R。一般 $R=(0.05\sim0.15)d$，其值为 3.0～10.0mm。R 太大，坯料底面与垫环接触面过小，变形剧烈且不易找正；R 太小，锻件易损伤。

④ 尽量减小模孔锥度。最好采用无锥度直孔，甚至采用倒拔锥模孔。

⑤ 反向镦挤效果比正向镦挤要好。为了定位找正，可在正向先打一二锤，然后将垫环翻转 180°进行反向镦挤，直至挤入部分与模面平齐，如图 7.14 所示。

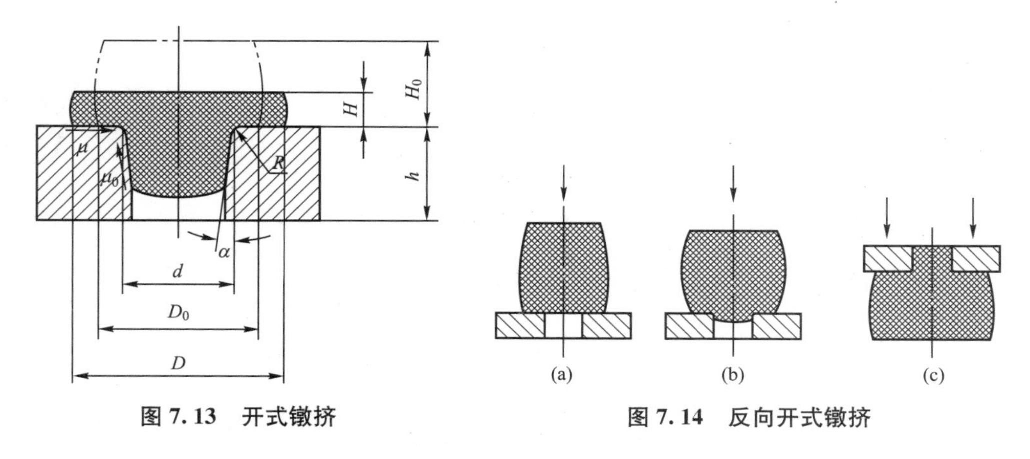

图 7.13 开式镦挤

图 7.14 反向开式镦挤

⑥ 为了增大镦挤体积，可以采用卡形→镦挤［图 7.15(a)］或镦挤→滚圆→镦挤［图 7.15(b)］的方法。

⑦ 采用能量足够的锻锤，尽量提高锻造温度。这一条是所有工艺措施中最基本的重要措施。

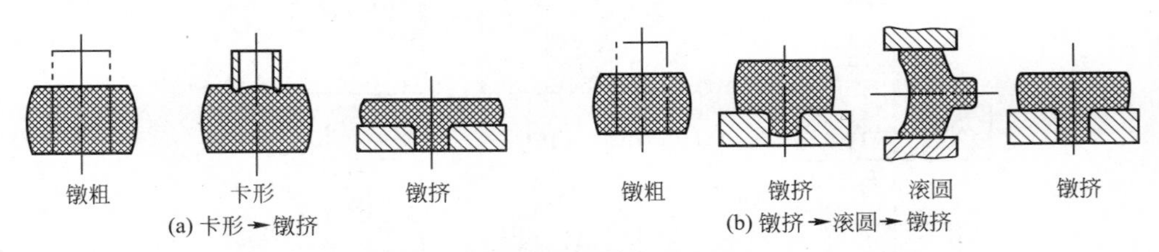

图 7.15　增大挤压凸台高度的方法

(2) 闭式镦挤，如图 7.16 所示。闭式镦挤就是通常所说的挤压。开式镦挤时坯料镦粗部分侧壁为自由表面，闭式镦挤时坯料镦粗部分侧壁则受模具的限制，所以闭式镦挤时三向压应力状态更为强烈，挤压变形效果更为显著。根据金属的流动方向与锻锤锤击方向是否一致，闭式镦挤可分为正向、反向与复合镦挤三种方式。

闭式镦挤由于存在坯料与模具侧壁接触产生的摩擦，和开式镦挤相比增大了变形力和变形功。变形力大小与断面减缩率 $\psi=\frac{D^2}{D^2-d^2}$、凸缘尺寸 H/D 及模孔斜度等参数成正比。尤其是当上模与模套间的间隙较大时，一部分金属挤入间隙中形成纵向飞边，而且很快冷却，所需变形力剧增，模具剧烈磨损。

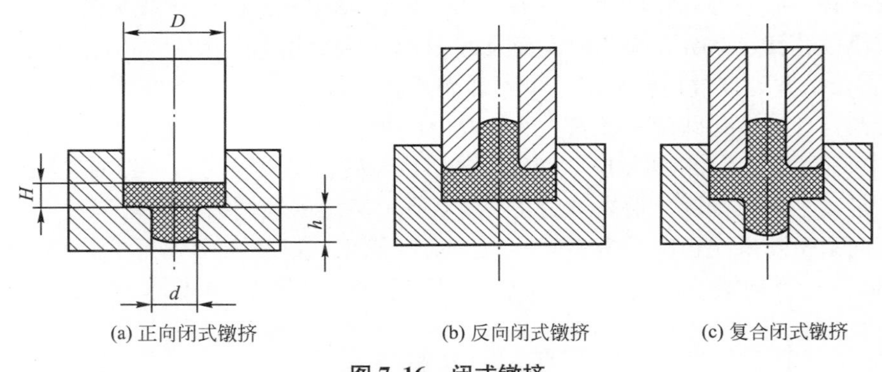

图 7.16　闭式镦挤

2) 冲挤

冲挤如图 7.17 所示，即通常所说的模内冲孔。冲挤可制出直壁深孔工件，但变形力很大。变形力与断面减缩率 $\psi=\frac{D^2}{D^2-d^2}$ 和连皮尺寸比值 d/S 成正比。所以在采用冲挤工艺时，应采取工艺措施，如设法减小断面减缩率、避免冲挤薄壁深孔及薄连皮大孔等形状。

胎模锻造中，常采用套筒模冲挤带连皮孔锻件(如有孔法兰、套环、轮盘等锻件)和不通孔锻件(杯筒形锻件)，如下基本方法。

(1)固定冲头冲挤连皮孔。如图 7.17(a)所示，这时冲孔与焖形同时进行，变形方式与锤上模锻连皮孔锻件基本相同。冲挤过程中，冲头被四周高温金属包围，温升快，变形与磨损大，因此冲头常做成镶块式，便于更换。为了便于锻件脱模，冲头的模锻斜度不小于

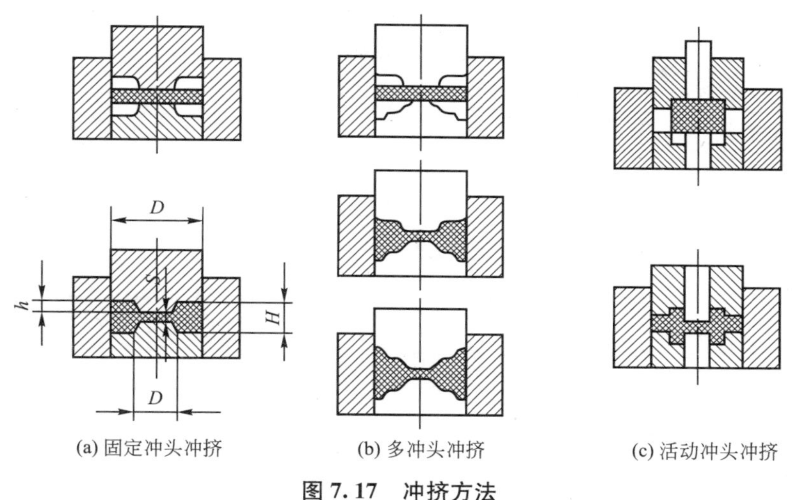

图 7.17　冲挤方法

7°。同时，用固定冲头冲挤带连皮孔时，冲孔深度与冲孔直径之比 h/d 一般应小于 0.7。

能否采用冲挤带连皮孔工件的参数如下：

① 当 $H/D \leqslant 2.0$，$d > 30\text{mm}$ 时，可锻出带连皮孔。

② 当 $H/D > 2.0$，$d > 30\text{mm}$ 时，可单面或双面压凹。

③ 当 $H/D > 2.0$，$d < 30\text{mm}$ 时，一般不锻出带连皮孔或压凹。

(2) 多冲头冲挤带连皮孔。如图 7.17(b)所示，通过更换冲头方式以改善冲头工作条件，以利于锻件冲挤成形。此法适用于带阶梯内孔或不易成形内孔的冲挤。

(3) 活动冲头冲挤带连皮孔。如图 7.17(c)所示，活动(滑动)冲头冲孔方式是锤上模锻所没有的，是胎模锻造的特有工艺。其特点是冲孔过程与成形过程顺序进行。首先是冲孔，由于冲头面积小，故锤击力量集中，冲孔速度快，冲头温度也较低；当冲头与上模垫顶面平时，便一边冲孔一边使锻件变形，冲孔结束时锻件也同时成形；冲孔后冲头不是从上面取出，而是翻转冲连皮时同时冲出冲头，所以冲孔斜度可以很小(1°左右)。因此采用活动冲孔时孔深较大(h/d 可达 1.5)，效率较高。但冲头温度较高，需多备几个冲头，以便轮换使用。

活动冲头冲挤方法亦可在锻件基本成形后，再采用冲头冲孔。冲孔过程中金属被挤向尚未填满的边角。带孔凸缘锻件胎模锻造工艺中常采用此方案。

3) 翻挤

用冲头翻边的同时，挤压出带连皮孔或不通孔的工序称为翻边挤压，简称翻挤。它是胎模锻造中一种独特的工艺，与冲挤相比大大减小了所需设备能力，减轻了胎模质量，特别适用于大孔薄壁矮法兰的成形。

根据锻件各部分尺寸比例不同，为了最合理地分配金属体积，翻挤前坯料可为多种形式：平环、压凹环、圆饼坯料、镦挤坯料。

(1) 平环翻挤。平环翻挤过程如图 7.18 所示，平环为冲孔坯料或冲孔后扩孔坯料。其设计参数如下：

① 坯料高度 $H_0=(0.65\sim0.80)\times(H+h)$，当 h/d 大时，系数取上限；当 h/d 较小时，系数取下限。

② 坯料孔径 $d_0=(0.7\sim0.75)d$。

③ 坯料外径 $D_0<D$，可按体积不变定律算出。

④ 冲头直径 d' 等于锻件内孔直径 d。

⑤ 冲头高度 $h'=0.9(H+h)$。

⑥ 冲头斜度 $\alpha=30'\sim1.5°$。

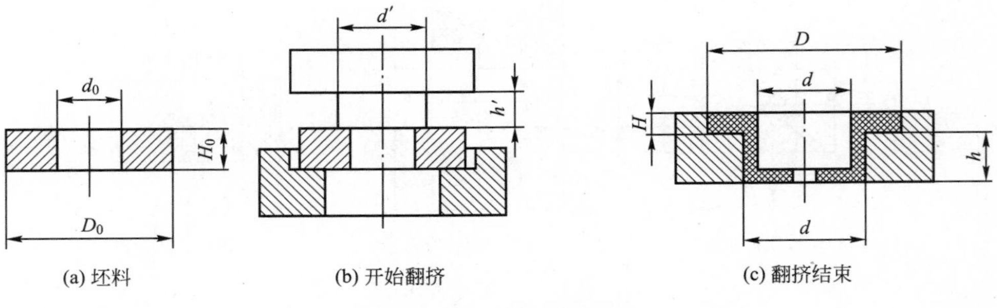

图 7.18　平环翻挤过程

(2) 压凹环翻挤。压凹环翻挤过程如图 7.19 所示，多用于锥凸台黑皮法兰的胎模锻造。其设计参数如下：

① 坯料高度 $H_0=1.5H$，$D_0<D$。

② 压凹尺寸 $d_1\leqslant1.05d$，$h_1\approx0.2(H+h)$。

③ 冲孔直径 $d_0=(0.45\sim0.55)d$，凸台薄壁时采用 0.55，厚壁时采用 0.45。

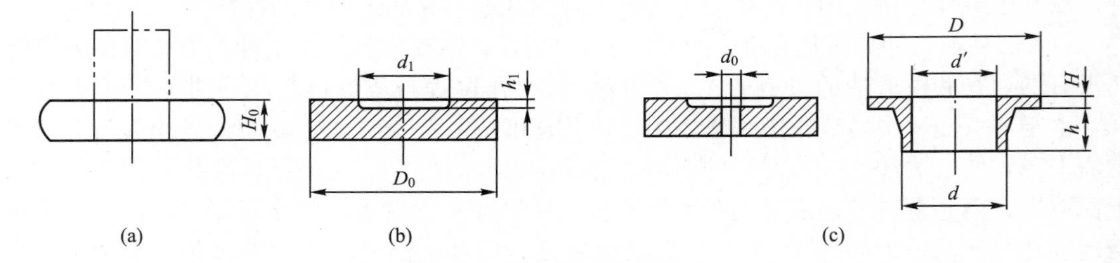

图 7.19　压凹环翻挤过程

(3) 圆饼坯料翻挤。圆饼坯料翻挤如图 7.20(a)所示，主要用于大凸缘小凸台($D/d>2.5$)的法兰。

(4) 镦挤坯料翻挤。镦挤坯料翻挤如图 7.20(b)所示。通过翻挤冲孔有助于凸台端部圆角的充满。

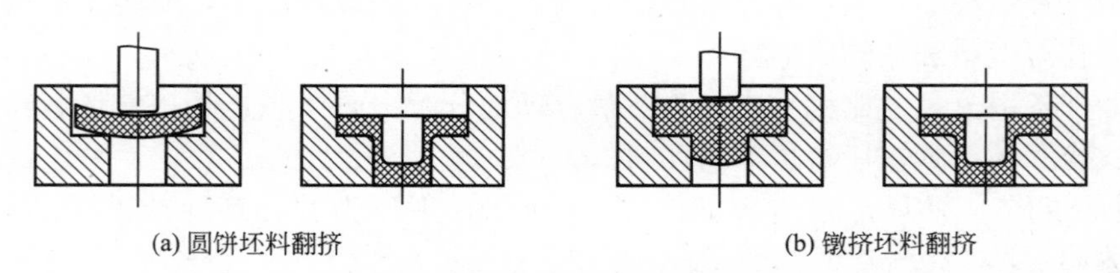

图 7.20　圆饼坯料和镦挤坯料的翻挤

4）拉挤

坯料在冲头作用下变为杯筒且厚度变化较大的工序称为拉挤，如图 7.21 所示。

拉挤与翻边的区别：翻边后坯料厚度基本不变，而拉挤后坯料厚度明显减小。

拉挤与翻挤的区别：翻挤时变形区主要集中在冲头下方的金属，而凸缘部分变形很小；拉挤时变形区主要为凸缘部分，通过模口拉挤成筒壁，而冲头下方的金属变形较小。

5）劈挤

劈挤是劈形与挤压结合在一起的工序，如图 7.22 所示。劈挤用于叉类锻件的制坯。劈挤的变形过程如下：

(1) 上模下移，坯料一边被镦粗，一边被劈开，直至坯料侧面与模壁相接触。

(2) 坯料与模壁接触后，上模下方金属继续被镦粗，两侧金属被反挤，向上流动形成叉部。

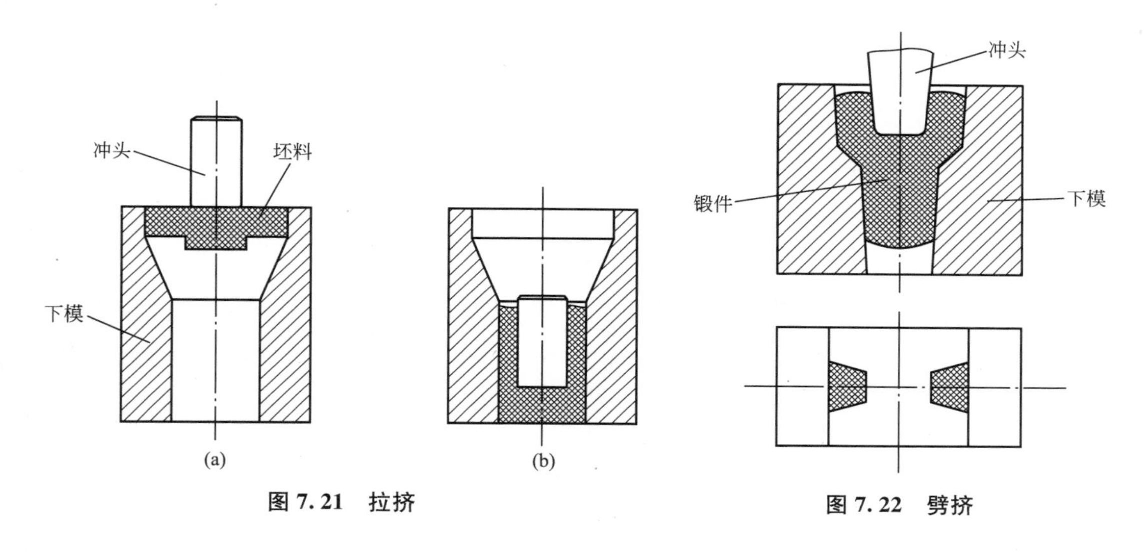

图 7.21　拉挤　　**图 7.22　劈挤**

7. 焖形

在胎模锻造中得到锻件最后形状的工序称为焖形，相当于锤上模锻的终锻。

胎模锻造和锤上模锻一样，有两种基本方法：开式焖形(出飞边)和闭式焖形(不出飞边)。一般有飞边焖形采用合模，小飞边焖形采用开式套模，无飞边焖形采用闭式套模。

胎模锻造可以直接由坯料焖形，但在多数情况下采用坯料制坯后焖形的工艺。

1）闭式(无飞边)焖形

闭式焖形在闭式套模内进行。不论锻件形状如何，坯料在模膛内的变形过程均可以分为开式变形、闭式变形和充满圆角三个阶段，如图 7.23 所示。

第一阶段：开式镦挤，即图 7.23(a)→图 7.23(b)，从上模接触坯料起至坯料镦粗部分与模膛侧壁接触止。

第二阶段：闭式镦挤，即图 7.23(b)→图 7.23(c)，从坯料镦粗部分与模膛侧壁接触起至模膛基本填满止(除一些圆角未填满外)。

第三阶段：充满圆角，即图 7.23(c)→图 7.23(d)，从模膛基本填满至模膛所有圆角全都充满止。在本阶段中，显然圆角半径越小，充满越困难。

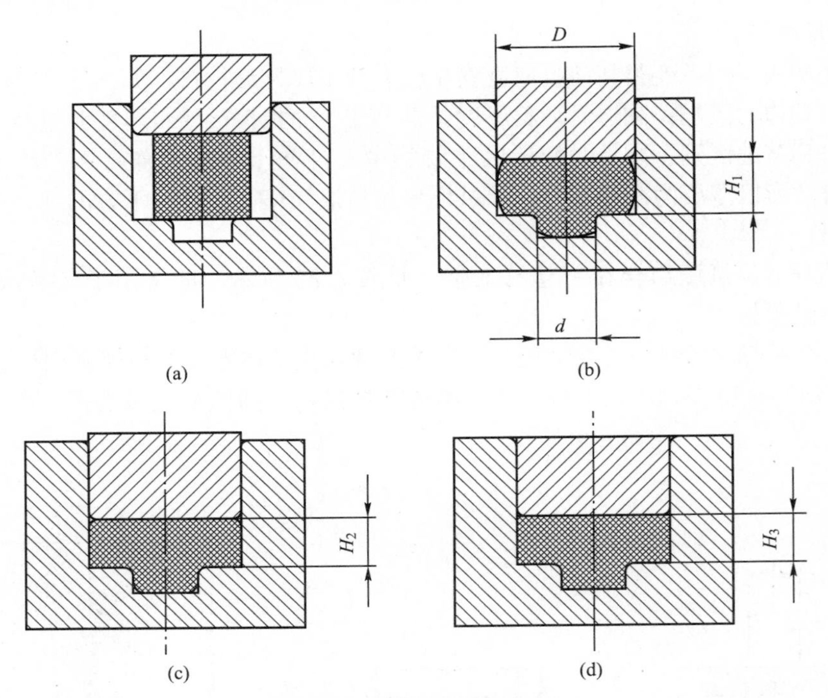

图 7.23 闭式镦挤焖形过程

2）开式（有飞边）焖形

开式焖形在合模内进行。坯料在模膛内的变形过程，可分为开式变形、充满模膛和打靠三个阶段，如图 7.24 所示。

第一阶段：开式镦粗，即图 7.24(a)→图 7.24(b)，从上模接触坯料起至坯料鼓形与模膛侧壁接触止。

第二阶段：充满模膛，即图 7.24(b)→图 7.24(c)，从坯料鼓形与模膛侧壁接触起至坯料完全充满模膛止。

在本阶段一开始，模膛沿周形成水平飞边，由于飞边逐渐减薄和降温，产生越来越大的流动阻力，迫使金属去充满模膛。飞边形成阻力的大小，取决于飞边槽桥部宽度 b 和飞边高度 h；b 增大，h 减小，阻力便加大。

第三阶段：打靠阶段，即图 7.24(c)→图 7.24(d)，从金属完全充满模膛起至上、下模分模平面打靠止。

在第二阶段末，虽然模膛已经充满，但上、下模尚未合模，两分模面间存在间隙 Δ，锻件高度尚未达到所要求的尺寸，所以在第三阶段锻锤尚需锤击，直至将模膛内的多余金属挤出到飞边槽内，将上、下模分模平面打靠为止。

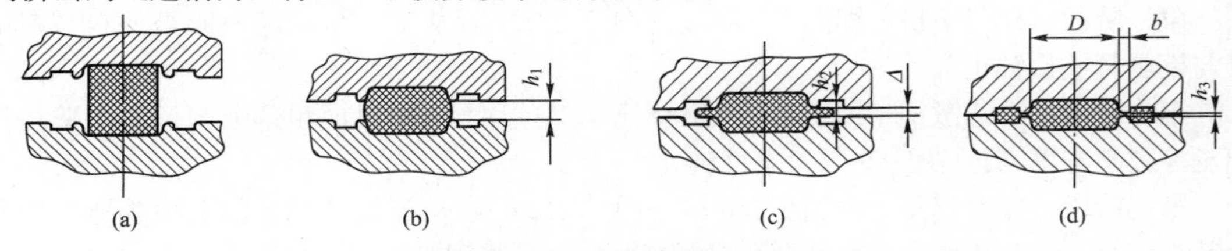

图 7.24 开式镦粗焖形过程

改善合模焖形工艺的措施如下：

(1) 一般长杆类锻件应制坯，使中间坯料各部分的体积分配符合锻件各部分的要求，并尽量以镦粗成形代替挤压成形。因为合模焖形时飞边冷却特别快，较小的飞边就能形成金属充满模膛所需的阻力；制坯及以镦粗法成形也能减少焖形所需锻锤的吨位，并且节省金属和提高胎模的寿命。

(2) 制坯使坯料温度降低，所以常需重新加热后再焖形。因此，长杆类锻件合模锻造时常需加热两次，使焖形在较高温度下进行，能减少锻击次数，有利于金属的流动和充满模膛及提高胎模寿命。

(3) 形状简单的锻件和小型杆件在锻锤吨位足够的条件下可以采用由坯料直接焖形或经过简单制坯(如镦粗、拍扁、局部拍扁等)后直接焖形的方法，这样能减少加热次数，提高生产率，对降低锻件成本和提高锻件表面质量有利。

(4) 在锻锤能力较小的情况下，只有二三锤对变形的作用较大，产生飞边后变形困难。所以用合模锻造时，常采用焖形→切边→加热→焖形的工艺过程。两次焖形间采用切边的作用是使第二次焖形时变形力降低，使锻件充满成形。

(5) 简单的旋转体短轴线锻件如凸缘、齿轮等镦挤成形的锻件，可选用长径比合适的坯料直接焖形，或将坯料镦粗到合适高度后再焖形。长径比合适的坯料，可使凸台(轮毂)易于充满，减小飞边和锻击次数。合适的长径比根据锻件形状和尺寸由试验确定，通常为1.0～1.6。

8. 冲切

采用剪切变形分离金属的工序，称为冲切。在胎模锻造中常用的冲切形式有单面冲孔、冲形、切飞边与冲连皮。

冲形是采用专用模具对扁平坯料进行封闭的或不封闭(局部)的定型冲切，它的特点是可以用简单的模具得到外形复杂的锻件。

切飞边与冲连皮是切除锻件飞边和冲去锻件内孔连皮的工序，是胎模锻造中重要的修整工序。根据锻件的具体形状，可分为纯剪切(上、下模均为工作部分)与弯曲—剪切(上模或下模只有一个是工作部分，另一个起推压或支持锻件的作用)，如图7.25所示。

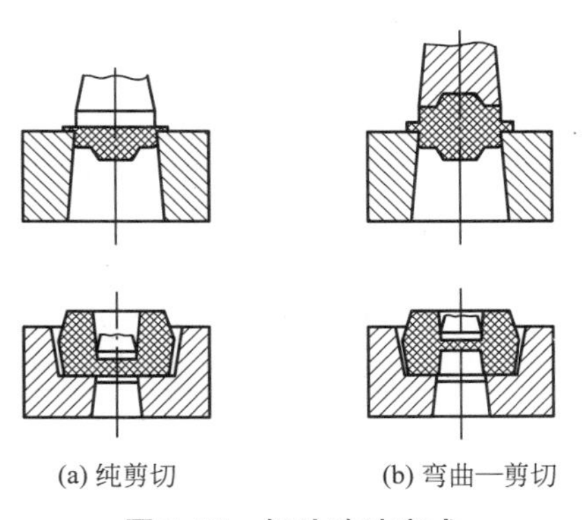

(a) 纯剪切　　(b) 弯曲—剪切

图7.25　切边冲孔方式

切边冲孔的主要工艺参数是冲切温度(冷切、热切)与上、下模间隙。较大锻件一般采用热切，小型锻件或开式套模锻件(小飞边)多采用冷切。由于冲切模结构较简单，经常在锻锤上冲切，因此上、下模间隙较难准确控制，使冲切质量降低。

7.3 胎模的种类

1. 摔子(摔模)

摔子是最常见的胎模，由上、下摔组成。

使用摔子锻造时，需不断旋转工件，工件变形过程中不产生飞边，可以获得尺寸精确，表面光洁的圆柱面，带台阶的圆柱面、圆锥面、圆球面等，所以适用于锻造回转体锻件。

摔子分为卡摔、整形摔子和制坯摔子。

(1) 卡摔。卡摔用于轴类锻件的压痕、压肩。

(2) 整形摔子。整形摔子用于已成形轴类锻件的整形、摔光和校正工作，坯料的变形量不大；图 7.26(a)所示的摔子是用于圆轴类锻件的整形光摔，图 7.26(b)所示的摔子是用于台轴类锻件的整形型摔。

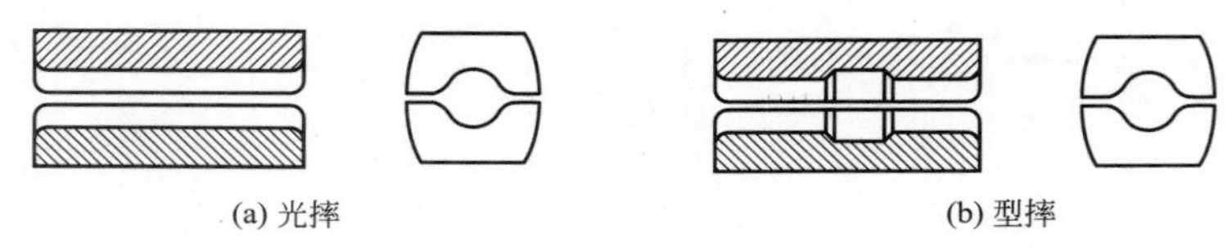

图 7.26 整形摔子

(3) 制坯摔子。图 7.27 所示的制坯摔子用于锻件的滚挤制坯工作，坯料在摔子中变形量较大，可以将坯料缩小一部分截面以增大一部分截面，按锻件图的要求沿坯料的轴线分配好金属体积，为焖形做准备。

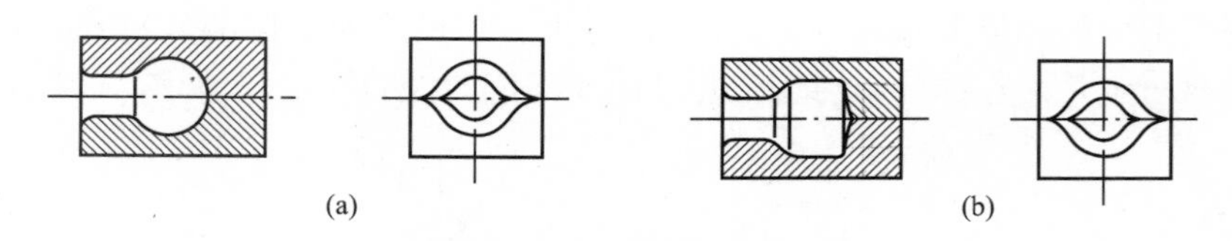

图 7.27 制坯摔子

2. 扣模

用于锻件的局部成形或整体成形，有开口扣模和闭口扣模两种。用于终锻的扣模常采用导锁定位，以防止错模；用于制坯的扣模一般不需定位结构。扣模型式如图 7.28 所示。

在扣模中锻造时工件不翻转，扣形后取出翻转 90°在锤砧上平整侧面；工件不产生飞边。扣模用于具有平直侧面的非回转体锻件的成形。

3. 弯曲模

弯曲模由上、下模组成，如图 7.29 所示。

弯曲模的作用是改变坯料或工件的轴线形状，常用于锻件的最后成形或为合模锻造

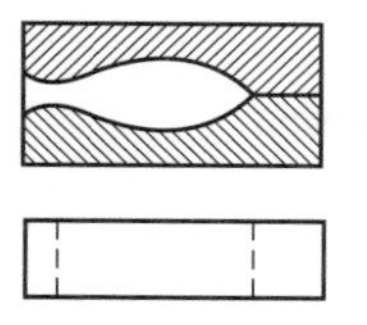

(a) 无定位的开口模

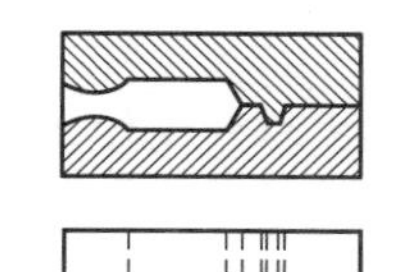

(b) 导锁定位的开口模

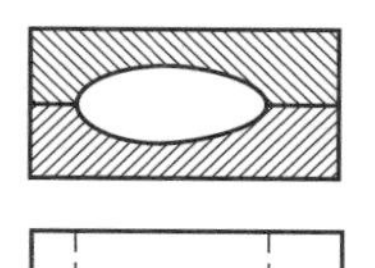

(c) 无定位闭口扣模

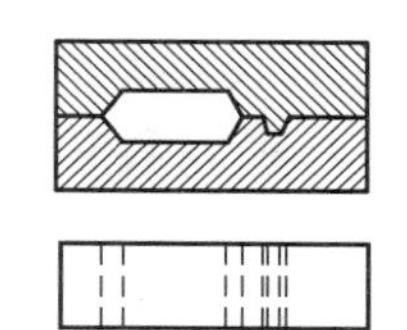

(d) 导锁定位的闭口扣模

图 7.28　扣模型式

制坯。

4. 套模(套筒模)

套模由模套和上、下模垫等组成。锻造时模套与模垫等形成封闭模腔，金属在封闭的模腔中变形。

套模可分为开式套模和闭式套模两种。

(1) 开式套模。如图 7.30 和图 7.31 所示，开式套模只有下模，没有上模，锻锤上砧直接锻击坯料。坯料充满模膛后便在上端面形成横向小飞边。

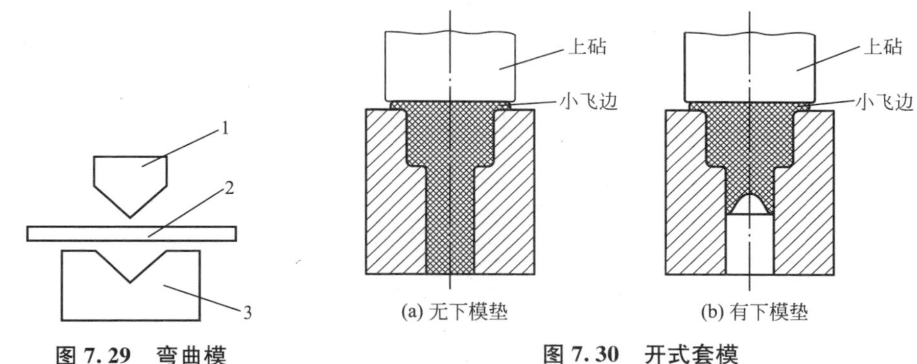

图 7.29　弯曲模

1—上模；2—坯料；3—下模

(a) 无下模垫　　(b) 有下模垫

图 7.30　开式套模

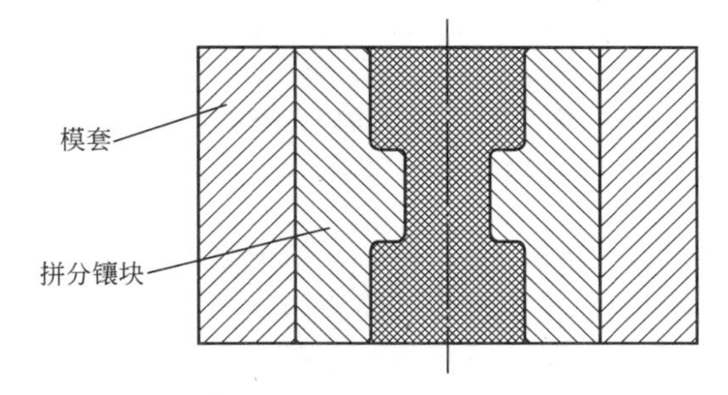

图 7.31　拼分镶块式开式套模

常用的开式套模分为无下模垫、有下模垫及拼分镶块式三种。开式套模主要应用于回转体锻件(如法兰盘、齿轮等)的最终成形或制坯。用于最终成形的开式套模锻造，其锻件的端面必须是平面。

开式套模是应用较广泛的一种胎模。它的优点是结构简单、制造容易、金属容易充满模膛、所需设备吨位小、生产率高。因此，当锻件批量小时，应尽量简化锻件的端面，优先采用开式套模。

(2) 闭式套模。如图 7.32 和图 7.33 所示，闭式套模由模套、上模垫等组成。

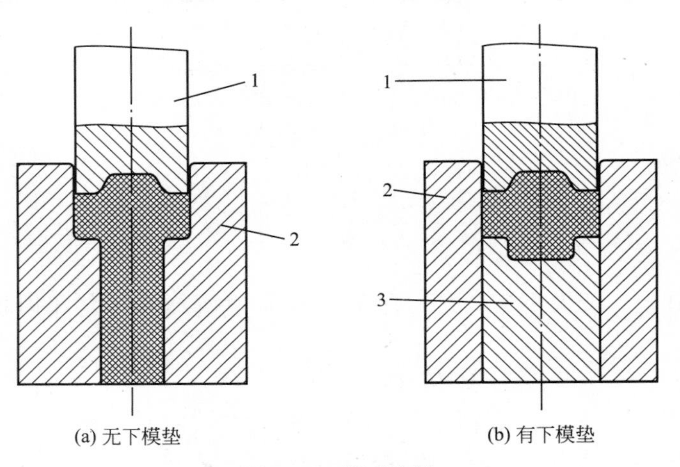

图 7.32 闭式套模

1—上模垫；2—模套；3—下模垫

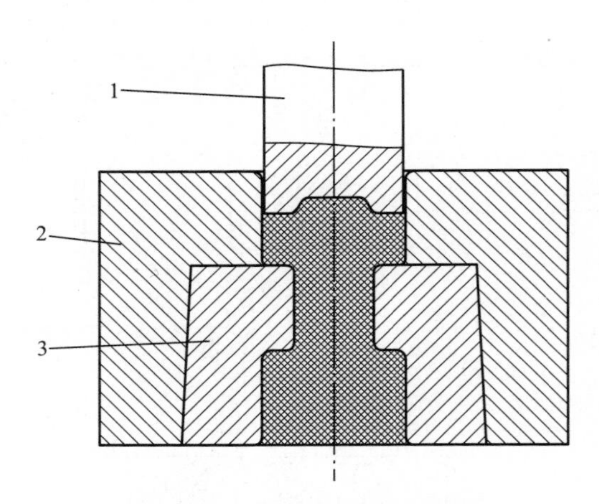

图 7.33 拼分镶块式闭式套模

1—上模垫；2—模套；3—拼分镶块

常用的闭式套模分为无下模垫、有下模垫及拼分镶块式三种。它与开式套模不同之处是锻锤上砧通过打击上模垫使金属在封闭的模膛内成形。

闭式套模锻造属于无飞边模锻，但往往有少量金属挤入上模垫与模套之间的导向间隙中，形成纵向飞边。

闭式套模主要应用于端面有凸台或凹坑的回转体锻件的最终成形或制坯，有时也用于非回转体锻件的成形。

闭式套模由于能锻出具有凹、凸端面的较复杂锻件，而且不出飞边，所以节约金属材料。但由于上模垫与金属接触时间长，与开式套模相比，金属易冷却，不易充满型腔，需要较大吨位的锻锤。另外，对坯料精度要求高，否则锻件高度尺寸不准确；模具笨重、寿命低；工人劳动强度大。

5. 合模

合模由上、下模及导向装置组成，如图7.34所示。

在上、下模分型面上环绕模膛开有飞边槽。坯料在模膛内形成过程中，金属也流入飞边槽内形成横向飞边。由于飞边厚度较薄、温度较低、流动阻力较大，所以模锻过程中，飞边一出来就形成一个封闭的环，阻止金属沿分型面继续流出，迫使金属去充满模膛；等到模膛填满，而锻件高度尚未达到要求的尺寸，在锻锤的重击下，多余的金属又沿分型面流出，这时飞边槽内成为容纳多余材料的场所，一直到上、下模分型面打靠，模锻过程结束。锻件的飞边在后续专用切边模中切除。所以合模锻造就是开式模锻。

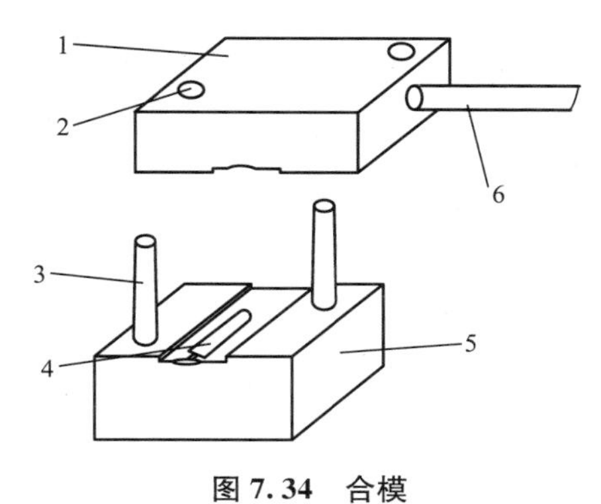

图7.34 合模

1—上模块；2—销孔；3—导销；4—模膛；5—下模块；6—手柄

合模是一种通用性较大的胎模，它适用于各种锻件的焖形，特别是非回转体类形状复杂的锻件，如连杆、叉形锻件等；它可以用于锻件的整体模锻，也可以用于锻件的局部模锻。此外，合模锻造生产率高，劳动条件好，模具寿命比套模长；但是合模锻造有飞边损耗，模具质量大，模具制造较复杂，所需设备的吨位比套模锻造时大。

6. 切边模和冲孔模

切边模如图7.35所示，用来切除合模锻件的横向飞边。

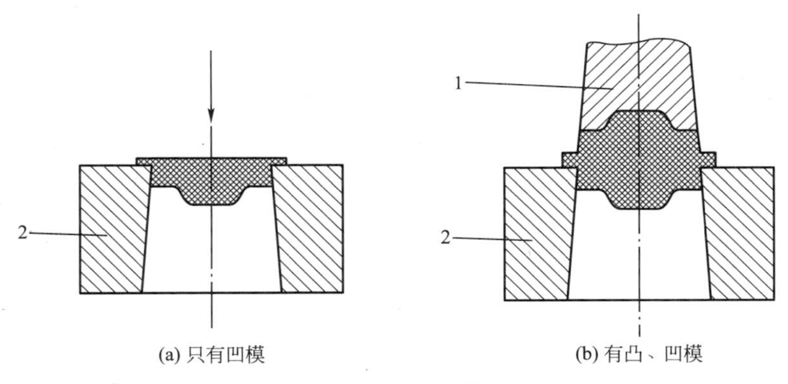

图7.35 切边模

1—凸模；2—凹模

冲孔模如图7.36所示，用来冲掉带孔锻件在胎模锻造时所形成的连皮。

一般来说，切边模和冲孔模由凸模(冲头)和凹模所组成。但对于一些外形简单的锻件，并且锻件的顶面是一个平面时，则只需一个凹模，凸模即可用上砧代替。切边时，将锻件放在凹模上，由上砧直接锤击锻件进行切边。对于刚性好、底面平的锻件，冲孔时可不用凹模，锻件放在下砧上，由上砧锤击凸模进行冲孔，如图7.36(a)所示；当锻件刚性较差时，为了防止锻件冲连皮时变形，须采用凹模，如图7.36(b)所示。

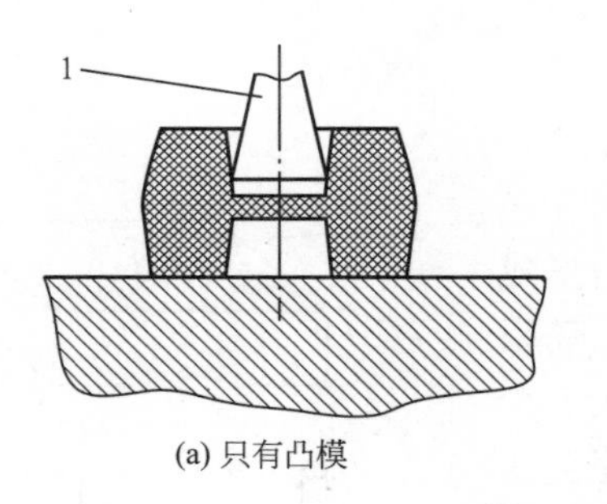

(a) 只有凸模

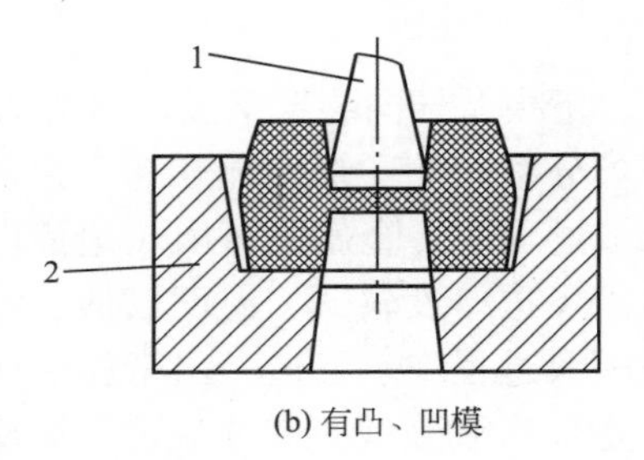

(b) 有凸、凹模

图 7.36 冲孔模

1—凸模；2—凹模

7.4 胎模锻件图的制订

为了用胎模锻造工艺生产出合格的锻件，首先要根据零件图的尺寸和要求制订胎模锻件图。胎模锻件图分为冷锻件图和热锻件图两种。

冷锻件图(通常称为锻件图)是在产品零件图的基础上考虑分型面的选择、工艺余块、机械加工余量、锻造公差、模锻斜度及圆角半径等绘制而成的。它表示锻件的最后形状和尺寸，供锻件检验和生产管理使用。

热锻件图供模具制造和检验使用。它表示锻件在终锻时的状态，其尺寸是在冷锻件图的基础上加上材料的冷缩量。对需要冲孔的锻件还应考虑冲孔连皮。尺寸小、形状简单的胎模锻件，一般可不另行绘制热锻件图。

1. 选择分型面

上、下模的分界面称为分型面。不同种类的胎型有不同的分型面，它直接影响到锻件的形状和成形过程。确定分型面位置的最基本原则是保证锻件能从模具型腔中取出。

1）套模锻件的分型面

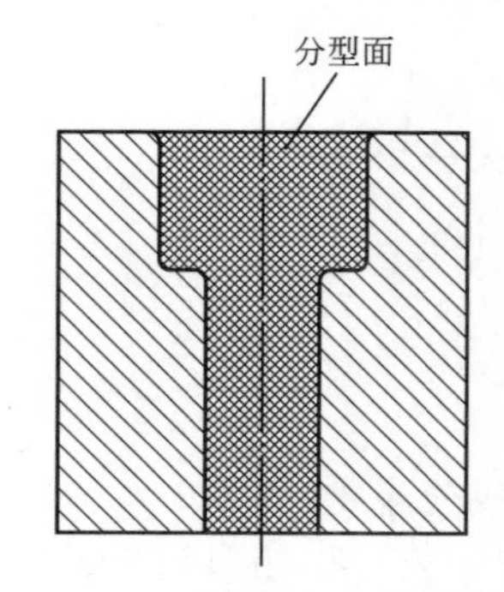

图 7.37 开式套模分型面

开式套模锻造时，分型面应设在锻件最大断面的端部，如图 7.37 所示。

闭式套模锻造时，因上模垫的最终位置取决于坯料体积的大小，没有固定的分型面，上模垫与模套之间的垂直导向面应选在锻件的最大断面处，如图 7.38 所示。

对于双联齿轮类锻件，当用套模锻造时，可采用多向分模(拼分模)方法锻出锻件侧壁凹档部分，以便于锻件从胎模中取出，如图 7.39 所示。

2）合模锻件的分型面

合模锻造时，选择锻件分型面应考虑的主要原则有以下几点。

(1) 分型面的位置应保证锻件能从模具型腔中方便地取出。

(2) 分型面的位置应使模具型腔的深度最小和宽度最大。金属在宽而低的模具型腔中是以镦粗方式充满的，容易成形；狭而窄的模具型腔则是以压入方式充满的，金属成形较困难。

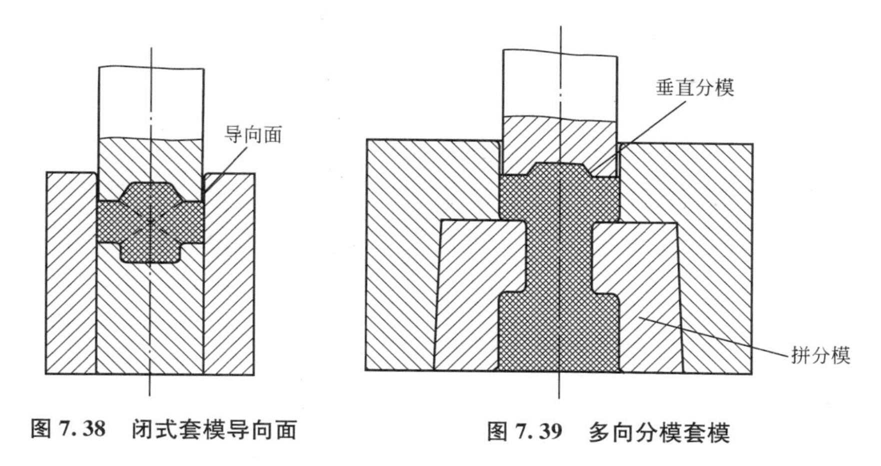

图 7.38　闭式套模导向面　　**图 7.39　多向分模套模**

(3) 为了容易发现上、下模具的错移，分型面应尽量做在锻件最大截面的中部。

(4) 为了简化型具的制造，分型面应尽量做成平面。

2. 确定余块、机械加工余量和锻件公差

为了简化锻件形状，便于锻造，对零件的某些部位，如小孔、凹槽、长度不大或直径相差不大的台阶等都应添加余块。胎模锻件上凡是需要机械加工的部位，都要留以加工余量。胎模锻时，由于模具磨损、少量的充不满和锻不足等原因，锻件的实际尺寸与锻件图上规定的公称尺寸之间总有一定的偏差，因此必须规定尺寸公差，以控制偏差范围。

余块的大小主要取决于零件形状、尺寸、生产批量、锻造方法及锻造技术水平，一般根据经验确定。确定余块时，应注意正确处理节约金属材料、减少机械加工工时与增加锻造工时、降低胎模使用寿命的关系。对图 7.40(a)所示的零件，闭式套模锻造［图 7.40(c)］时余块要比开式套模锻造［图 7.40(b)］时小，但闭式套模质量大于开式套模，生产效率也低；用拼分模锻造［图 7.40(d)］时余块又比一般闭式套模锻造时小，但模具质量更大，模具寿命及生产效率更低。

胎模锻件的余量及公差是根据零件形状、尺寸、表面粗糙度要求和采用的胎模种类决定的。

采用光摔成形时，由于锤击轻重和操作旋转不均匀，锻件易产生椭圆度、弯曲、压痕、偏心等缺陷，而且台阶的两侧端面也很难保证平整；但采用型摔成形时，锻件同轴度、台阶长度及各台阶之间的相互位置均由模具型腔控制，所以光摔成形的余量及公差都较型摔成形的大。

3. 模锻斜度

为了便于将成形后的锻件从模具型腔中取出，模具型腔侧壁必须做成一定的斜度，模锻后锻件侧面就具有相同的斜度，称为模锻斜度。

模锻斜度有两种：锻件外壁上的斜度称为外壁斜度 α；锻件内壁上的斜度称为内壁斜度 β，如图 7.41 所示。锻件冷却时，其外壁因收缩而离开模具型腔，容易出模；而内壁则包住模具型腔的凸出部分，出模困难。因此，内壁斜度应比外壁斜度要大 $2^{\circ}\sim3^{\circ}$。

对于深而窄的模具型腔，锻件难以取出，应采用较大的模锻斜度；反之，对于浅而宽

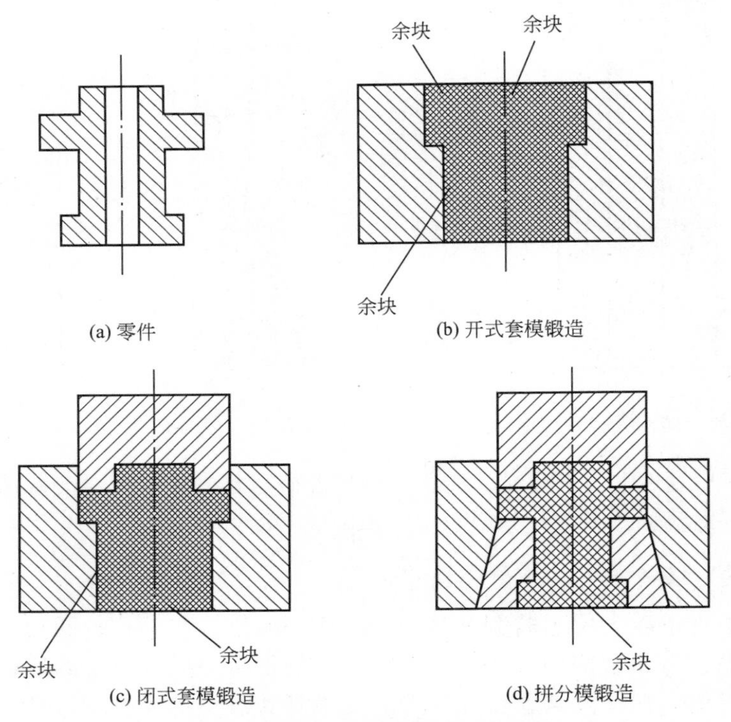

图 7.40　采用不同胎模锻造时的余块

的模具型腔，应采用较小的模锻斜度。

为了便于胎模的机械加工。模锻斜度应按标准系列选取，一般为 0.5°、1°、1.5°、2°、3°、5°、7°、10°、12°。

(1) 套模锻件的模锻斜度。凡是能以锤击出模的外壁，一般不取斜度，或取 0.5°～3°的小斜度；不能以锤击出模的内、外壁，斜度与合模锻件相同。

(2) 合模锻件的模锻斜度。合模锻件的外壁斜度 α 取 5°～7°；内壁斜度 β 取 7°～10°，个别情况下取 12°。

合模锻件若分型面上、下两部分高度或宽度不等时，应以分型面上形成宽度较大的一面为基准，另一面用作图方法与其吻合。如图 7.42 中 α 应按斜度标准系列确定，α' 由作图方法确定，此时 α' 为非标准系列斜度。

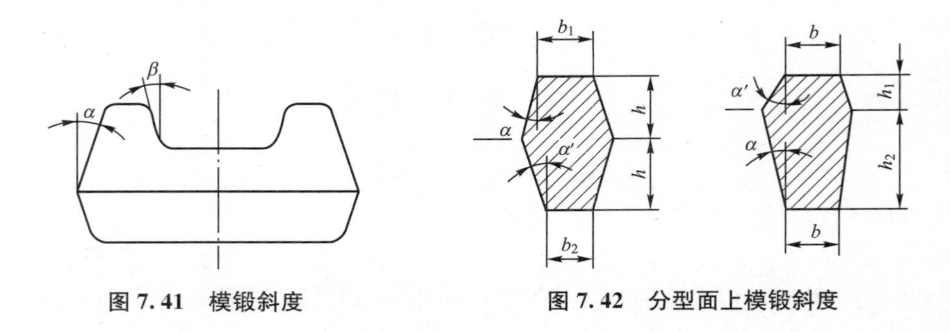

图 7.41　模锻斜度　　**图 7.42　分型面上模锻斜度**

一般情况下，同一锻件的各部分斜度，应分别按外壁斜度与内壁斜度尽可能统一，不要采用太多的不同斜度。

4. 圆角半径

为了便于金属在模具型腔中流动，避免产生折纹并保持金属流线的连续性，同时提高胎模的寿命，必须将锻件上凸出或凹下的部位做成圆角，如图7.43所示。锻件上向外凸出的圆角半径 r 称为外圆角半径，而把锻件上向内凹下的圆角半径 R 称为内圆角半径。

较大的圆角半径对金属充填模具型腔、提高锻件质量和台模使用寿命是有利的。但是外圆角半径太大，会使锻件在圆角处的余量减少；而内圆角半径太大，又会增加金属的消耗，如图7.44所示。

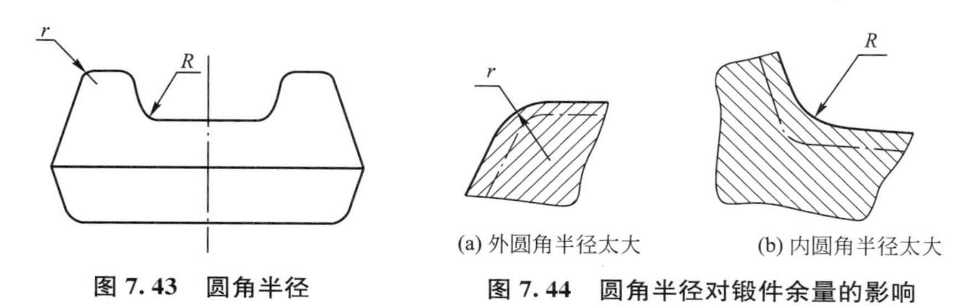

图7.43 圆角半径

图7.44 圆角半径对锻件余量的影响

为了便于制造模具时采用标准刀具，圆角半径应选取以下标准系列：1.0mm、1.5mm、2.0mm、2.5mm、3.0mm、5.0mm、8.0mm、10.0mm、12.0mm、15.0mm、20.0mm。

5. 冲孔连皮

具有穿透孔的锻件，是不能在胎模中冲穿的。为了节省金属材料和机械加工工时，可以锻成盲孔，中间留有一层金属，待以后在锤上或压力机上切除，这层金属称为连皮。

连皮应有适当的厚度。如果连皮太厚，则难以冲穿且浪费金属；如果连皮太薄，则模具型腔中凸出部分容易磨损和变形，锻件尺寸就不准确，甚至难以出模。

当锻件孔径小于30mm时，为了减少工序和模具磨损，一般都不锻成连皮。当孔径大于100mm时，为了减小变形力，可先以自由锻冲孔，再胎模锻成形，此时孔内没有连皮，而有内飞边。

胎模锻中常用的连皮形式有两种：平底连皮和端面连皮，如图7.45所示。平底连皮

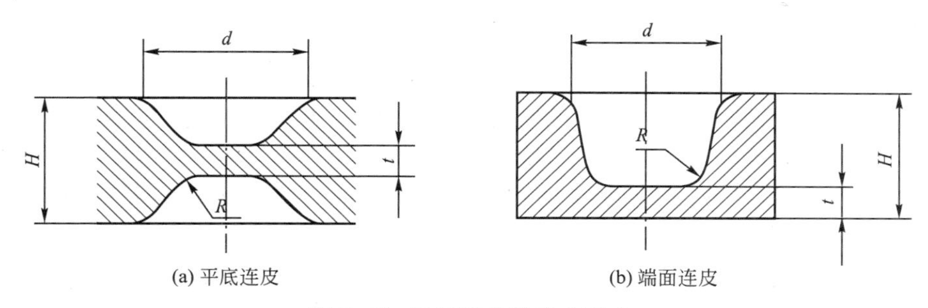

图7.45 胎模锻件的连皮形式

的位置设在锻件高度的中部；端面连皮设在锻件的端面，常用于高度不大的锻件。

6. 确定锻件的技术条件

凡是影响锻件质量，而又不能在锻件图上表示出来的技术要求，都应在锻件技术条件中加以说明，如图 7.46 所示。

锻件技术条件通常包括如下内容：

(1) 锻件热处理工艺过程及硬度要求，锻件测硬度的位置；

(2) 未注明的模锻斜度和圆角半径；

(3) 允许的表面缺陷深度(包括加工表面和非加工表面)；

(4) 允许的模具错移量和残余飞边宽度；

(5) 表面清理方法；

(6) 其他特殊要求，如锻件同心度、弯曲度等。

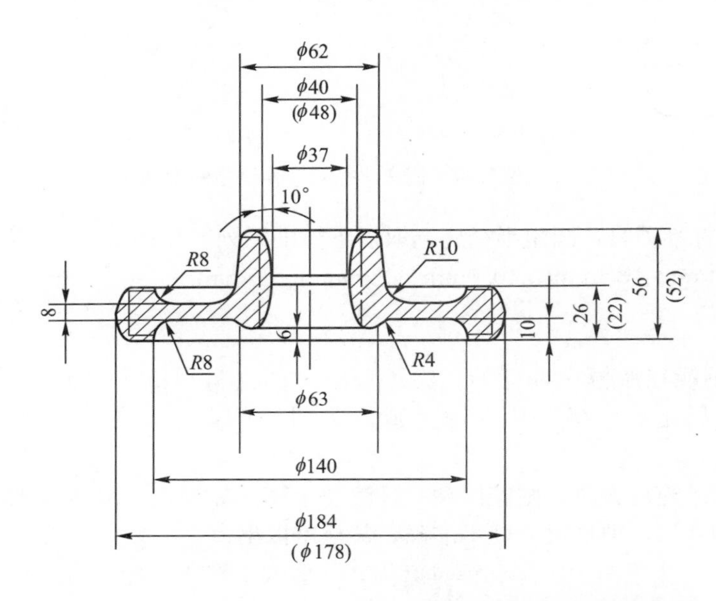

技术要求

1. 正火：HB158~228；
2. 表面缺陷深度不大于1.0mm；
3. 错移量不大于1.0mm；
4. 未注公差：高度方向$^{+2.5}_{-1.0}$mm
直径方向$^{+1.8}_{-1.4}$mm；
5. 未注斜度：外壁7°，内壁10°；
6. 未注圆角：*R*5。

图 7.46　常啮合齿轮胎模锻件图

7.5　胎模锻造所需锻锤吨位的选择

正确选择所需锻锤的吨位，是保证胎模锻造顺利进行的重要条件。锻造吨位过小，打击能量不足，则金属难以充满模膛，不能保证锻件成形，生产率降低，模具受热严重使寿命降低；相反，锻锤吨位过大，除增大设备动力消耗外，胎模容易被打塌或破裂，并且不利于安全生产。所以锻锤吨位应合理选择。

表 7 - 1 列出了胎模锻造所需锻锤吨位。

表 7-1 胎模锻造所需锻锤吨位

胎模锻造种类	锻件尺寸	锻锤落下部分重量
摔子 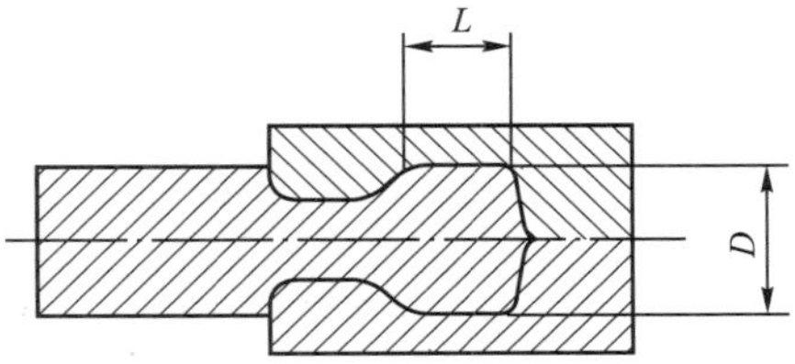	$D \times L$/mm×mm	kg
	60×80	250
	80×90	400
	90×120	560
	100×150	750
	120×180	1000
有下模垫的开式套模 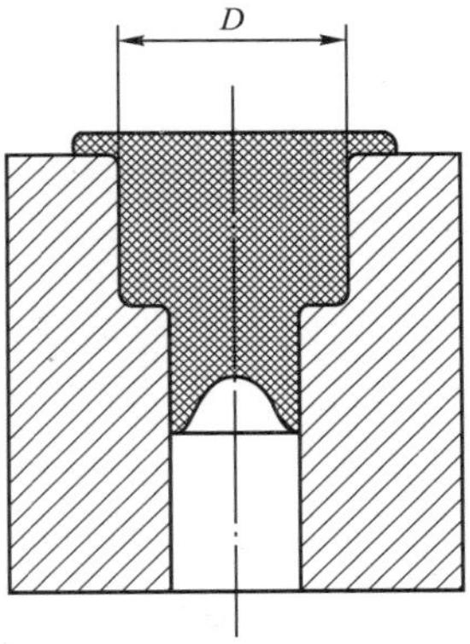	D/mm	kg
	120	250
	140	400
	160	560
	180	750
	220	1000
无下模垫的开式套模 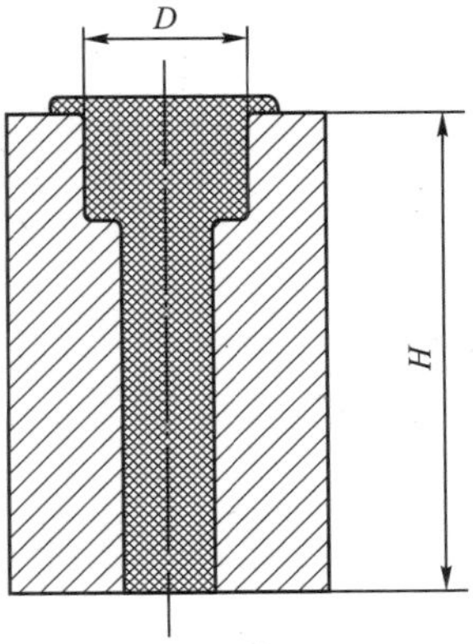	$D \times H$/mm×mm	kg
	65×250	250
	100×320	400
	120×380	560
	140×450	750
	160×500	1000

（续）

胎模锻造种类	锻件尺寸	锻锤落下部分重量
闭式套模	D/mm	kg
	80	250
	130	400
	155	560
	175	750
	200	1000
合模 （F为锻件最大投影面积，不计飞边） $D=1.13\sqrt{F}$	D/mm	kg
	60	250
	75	400
	90	560
	110	750
	130	1000

7.6 胎模设计

1. 摔子

摔子是一种最简单的胎模，通常用反印法制造。对摔子使用的基本要求是不发生“夹料”、卡模现象，坯料旋转方便，锻件表面光洁。

整形摔子只作摔光和校正用，金属的变形量不大，横断面可做成圆形或稍具椭圆形，如图 7.47 所示。制坯摔子中金属变形量大，为了提高延伸效率和防止“夹料”，模具型腔的横断面应做成椭圆形或菱形，如图 7.48 所示。

为了防止“夹料”和卡模，摔子口部和上、下摔分模处都用圆弧过渡。型摔各台阶过

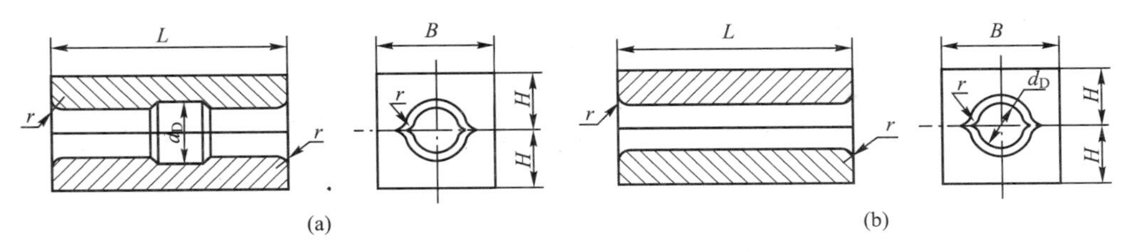

图 7.47　整形摔子的横断面形状

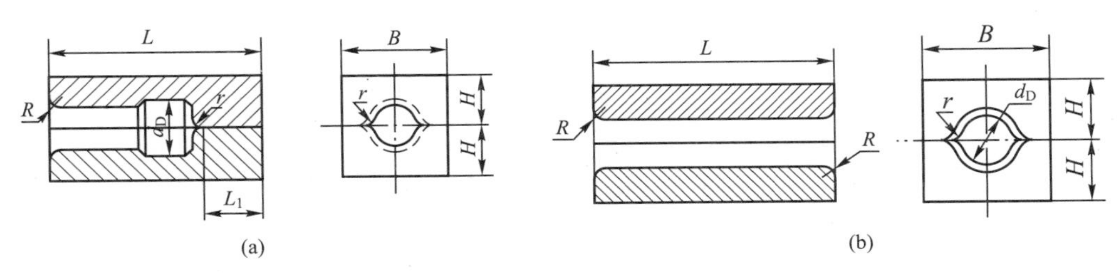

图 7.48　制坯摔子的横断面形状

渡处，要有一定的模锻斜度，并用圆弧光滑连接，以利于金属流动。

2. 扣模

1）扣模结构

常见的扣模结构如图 7.49 所示。只有下扣的称为单扇扣模［图 7.49(a)］，它适用于顶面为平面的不对称锻件的制坯或成形。双扇扣模［图 7.49(b)］一般用来为合模锻制坯，也可对形状对称、精度要求不高的锻件进行成形。当成形的锻件精度要求较高，特别是锻件形状不对称，有较大水平错移力时，需采用具有导向装置的扣模，如锁扣扣模［图 7.49(c)］和导板扣模［图 7.49(d)］。导板扣模具有质量轻、制造容易的优点。

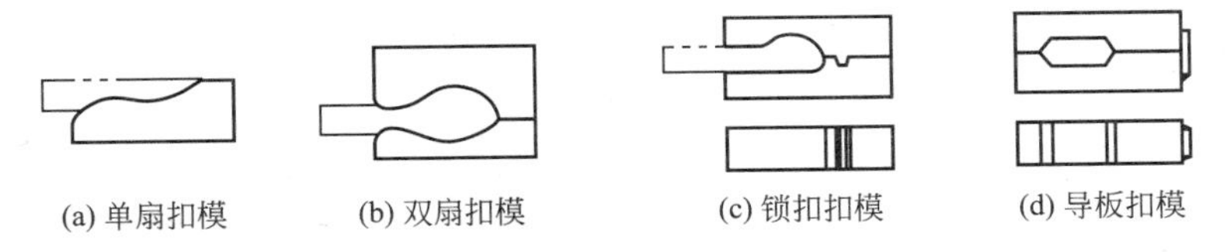

图 7.49　扣模结构

2）扣模尺寸(图 7.50)

(1) 模膛尺寸。当扣模是用作锻件直接成形时，模具型腔的尺寸应与热锻件图一致；当扣模是为合模制坯时，模具型腔总高度 $2h$ 应比相应的合模模具型腔宽度减小 2～3mm，以便扣形后坯料翻转 90°放入合模内，并形成良好的镦粗充满条件。

(2) 锁扣尺寸。扣模的锁扣形状和尺寸如图 7.51 所示。

3. 套模

1）套模的选择

套模基本上分为无下模垫和有下模垫两种，设计时应尽量采用无下模垫的套模。若采用有下模垫的套模，则模具高度增加、质量增大，劳动强度高，操作时需放入模垫而使生

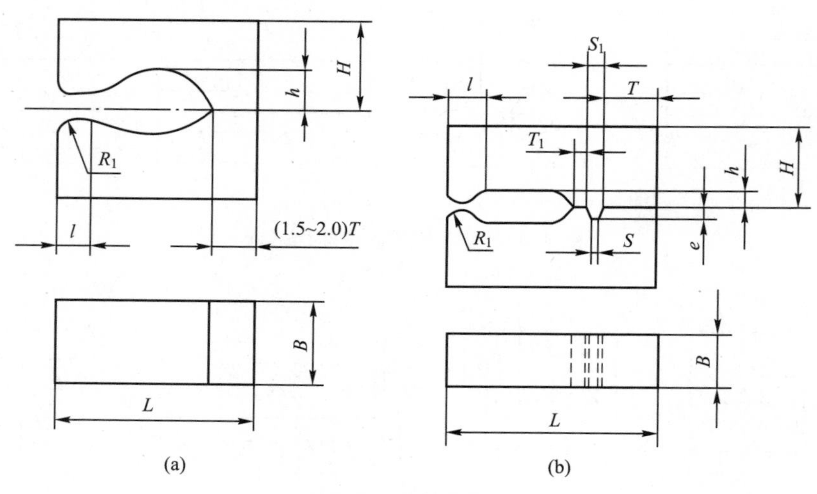

图 7.50　扣模尺寸

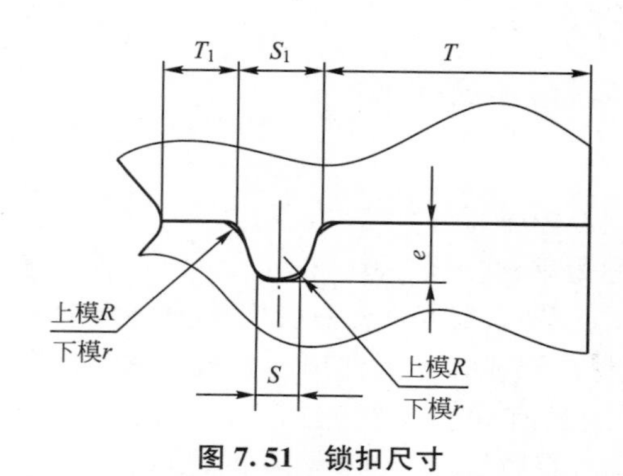

图 7.51　锁扣尺寸

产率降低。但在下列情况下则必须采用有下模垫的套模。

(1) 当套模［图 7.52(a)］的高度 $H<50$mm 或外径 $D>200$mm 且 $H<D/4$ 时，为了提高模具寿命和保证生产安全，应采用带平模垫的套模，如图 7.52(b)所示。

(2) 锻件凸台的高度 h 较薄时，应采用带平模垫的套模，如图 7.52(c)所示。

(3) 当需要锻出锻件端面的凹坑或小凸台时，为了减轻模套的质量，便于模具加工和热处理，应采用凸台模垫［图 7.52(d)和图 7.52(e)］或型腔模垫［图 7.52(f)］。

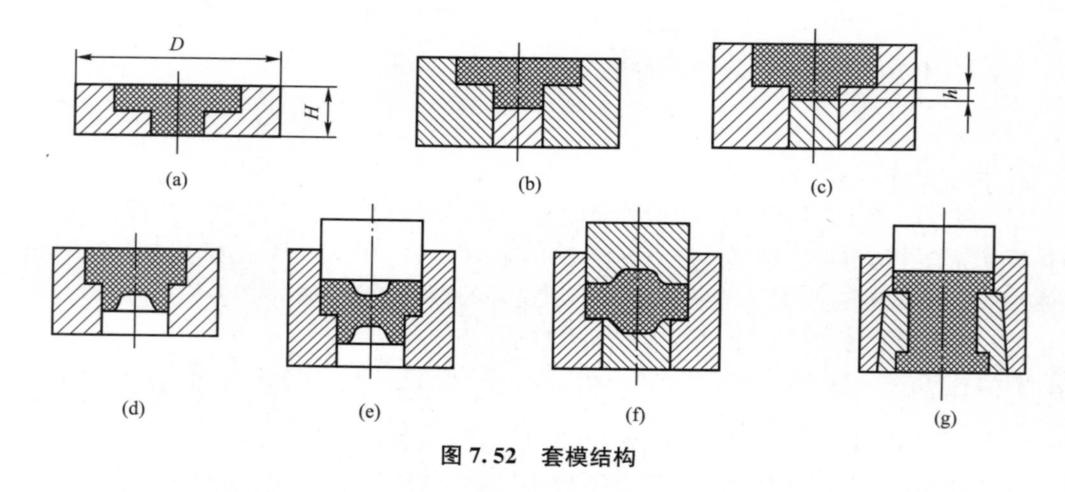

图 7.52　套模结构

(4) 对双联齿轮类锻件，为了锻出中间凹档，应采用拼分模块结构，如图 7.52(g)

所示。

(5) 如果有几种锻件，当其他尺寸相同，只是凸台高度不同时，可以通过调换不同高度的模垫，达到一模多用的目的。

2) 模具型腔尺寸

模具型腔的尺寸根据热锻件图确定，即等于锻件公称尺寸加冷缩量。冷缩率一般取0.8%～1.2%。考虑到模具型腔在使用过程中的磨损和受锤击变形，其尺寸逐渐增大，为了延长胎模的使用寿命，可按如下两种方法确定模具型腔尺寸。

(1) 负偏差法。模具型腔尺寸由锻件最小尺寸(公称尺寸减下极限偏差)加冷缩量确定，这时以新制胎模锻制的锻件尺寸为下极限尺寸。

(2) 公称尺寸法。以锻件的公称尺寸作模具型腔尺寸。锻件冷缩后尺寸减小，但是仍然在负偏差范围内，以新胎模锻制的锻件尺寸接近下限。这是一种最简便的方法。但是当锻件尺寸较大时，冷缩量也大，可能出现超差，所以这种方法只用于小型锻件。当锻件尺寸大于100mm时，最好采用负偏差法。

模具型腔内的模锻斜度和圆角半径采用与锻件图上相应部分的数值。

3) 开式套模主要尺寸设计(图7.53)

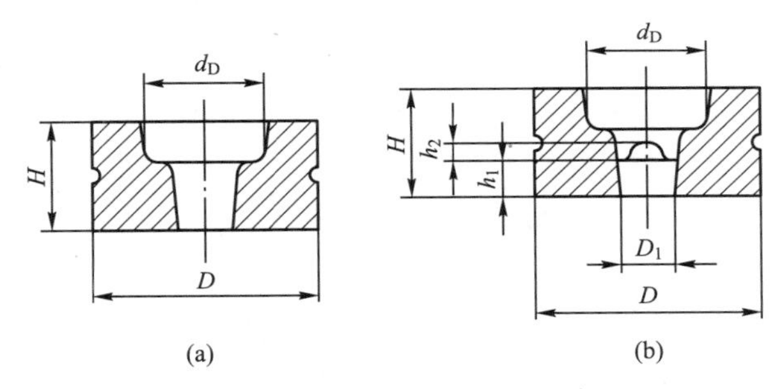

图7.53 开式套模主要尺寸

(1) 下模垫高度 H_1。下模垫高度 H_1 按式(7-2)确定。

$$H_1=h_1+h_2 \tag{7-2}$$

式中，h_1 为下模垫最小高度(mm)，如图7.54所示；h_2 为锻件凸台或凹坑高度(mm)。

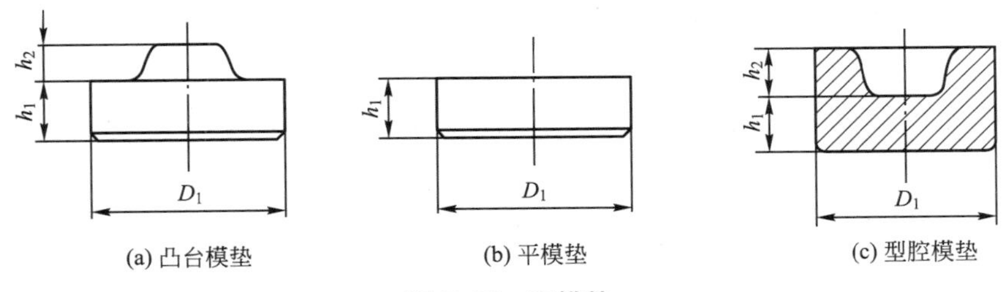

图7.54 下模垫

(2) 套筒高度 H。

① 无下模垫式套模，如图7.54(a)所示，H 的值为

$$H=H_D-(1\sim3)(\text{mm}) \tag{7-3}$$

② 有下模垫式模套，如图7.54(b)所示。H 的值为

$$H=H_D+h_1-(1\sim3)(\text{mm}) \tag{7-4}$$

式中，H_D为锻件高度(mm)。

(3) 模垫与模套的配合。为了便于将模垫放入模套中，模垫与模套之间应有合理的间隙，单边间隙值为0.3～0.6mm。

4) 闭式套模主要尺寸设计(图7.55)

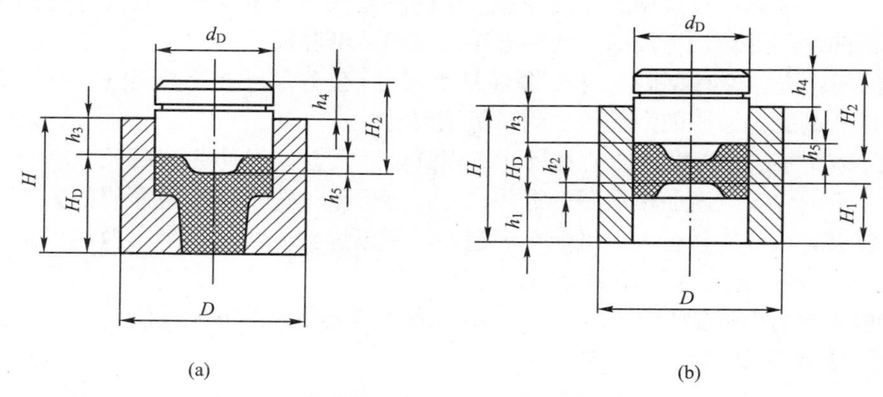

图7.55　闭式套模主要尺寸

(1) 套模外径D。由于在闭式套模中成形时，金属的变形阻力较开式套模大，所以套模壁厚应相应地比开式套模的大些。

(2) 下模垫高度H_1。其确定方法与开式套模相同。

(3) 套筒高度H。

① 无下模垫式套模，如图7.55(a)所示。H的值为

$$H=H_D+h_3(\text{mm}) \tag{7-5}$$

② 有下模垫式模套，如图7.55(b)所示。H的值为

$$H=H_D+h_1+h_3(\text{mm}) \tag{7-6}$$

式中，H_D为锻件高度(mm)；h_1为下模垫最小高度(mm)；h_3为上模垫进入套筒部分高度(mm)。h_3数值的确定，应保证上模垫刚与坯料接触时，上模垫进入套筒深度不得少于15mm。

(4) 上模垫高度H_2。其值为

$$H_2=h_3+h_4+h_5(\text{mm}) \tag{7-7}$$

式中，h_4为上模垫高出模套部分高度(mm)，为了便于取出及操作方便，一般h_4取30～50mm；h_5为锻件上端面凹坑高度(mm)，若锻件上端面有凸台，则取$h_5=0$。

(5) 模垫与模套的配合。闭式套模中上、下模垫与模套的配合间隙与开式套模的相同。

4. 合模

1) 合模的结构形式

按照导向装置的形式，合模可分为导销式、锁扣式、导销-锁扣式和导框(套)式四种，如图7.56所示。

(1) 导销式。导销式合模是用两根定位销导向，是最常用的一种结构。导向部分较高，能保证整个锻打过程上、下模都得到导向，制造容易，调整和修理方便。但是，导销

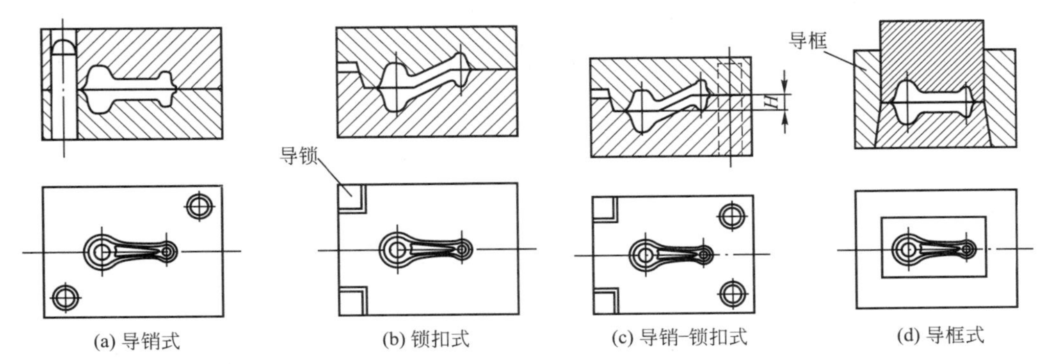

图 7.56 合模结构

所能承受的错移力较小，易弯曲及变形，致使起模困难。

导销式合模主要用于分型面为平面，形状简单，精度要求不高的小锻件。

(2) 锁扣式。锁扣式合模是以上、下模块上的锁扣导向定位的。

锁扣式合模的优点是能够承受较大的水平错移力，定位可靠，起模方便。其缺点是模具加工困难；修理不便；当上、下模未锻合时，因锁扣斜度引起的错移较大；锁扣的有效导向段较短，当坯料较高时，在锤击的最初阶段无法导向。

锁扣式合模主要用于具有弯曲分模的锻件及精度要求较高的水平分模锻件的成形。

(3) 导销-锁扣式。这是导销与锁扣联合使用的一种合模结构，它弥补了前两种合模使用上的缺点。

变形开始阶段，错移力较小，由定位销导向；变形最后阶段，错移力较大，由锁扣定位。

导销-锁扣式合模主要用于分模面水平落差 H 较大的弯曲分模锻件的成形，如图 7.56(c)所示。

(4) 导框(套)式。它由导框及上、下模垫组成。其中导框为通用零件，模垫为专用零件。导框可以是圆形的或方形的。对于形状和尺寸相近的胎模锻件，可以共用同一导框导向。这种合模操作方便，出模迅速，生产率高，保管方便，适用于生产批量较大的小型胎模。

2) 模具型腔尺寸

合模的模具型腔尺寸等于热锻件图尺寸，即锻件公称尺寸加冷缩量。

3) 飞边槽尺寸

合模上、下模块的分型面上，环绕模具型腔四周都设有飞边槽。

飞边槽的作用如下：

(1) 起阻流作用。飞边槽增大金属流出模具型腔的阻力，有助于充满模具型腔。

(2) 容纳多余金属。多余的金属被挤到飞边槽里，从而保证锻件的高度方向有更高的精度。

(3) 起缓冲作用。减轻了上模对下模的打击，模块不易损坏。

胎模锻造中采用的飞边槽有平面飞边槽和单面开仓式飞边槽两种。

(1) 平面飞边槽，如图 7.57(a)所示。该种类型的飞边槽容积较小，对金属阻力作用很大，用于形状简单、制坯准确的锻件及所用设备能量足够的情况下。

(2) 单面开仓式飞边槽，如图 7.57(b)所示。它由桥部(b_1部分)和仓部(b_2部分)组成。桥部主要起阻流作用，仓部能容纳较多的多余金属。单面开仓式飞边槽用在形状复杂、制坯较差的锻件中。

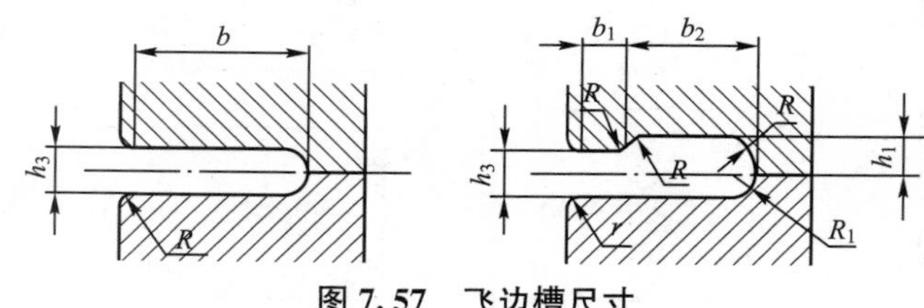

图 7.57　飞边槽尺寸

4) 导向装置设计

(1) 导销，如图 7.58 所示。

①导销直径 d。导销直径 d 按模块高度查有关手册得到。模块水平尺寸越大，设备吨位越大，则导销直径应选取较大值。

② 导销长度。导销长度根据模块高度确定。

插入下模深度：

$$L_1=h-5(\mathrm{mm})$$

导向部分长度：

$$L_2\leqslant 0.9H_2(\mathrm{mm})$$

顶端锥体部分：

$$l=10\sim15\mathrm{mm}$$

导向部分长度 L_2，在保证导向作用的前提下力求最短，以上模销孔进入导销 10.0～15.0mm 后上模才与坯料接触为准。

③ 导销与销孔的配合。上、下模块的销孔取相同的直径 d，并一起加工。导销导向部分 d_1 与销孔取间隙配合，单面间隙为 0.15～0.3mm。导销与下模销孔采用压入配合。

④ 导销在模块上的位置。一般设计在模块对角线的两端(图 7.59)。

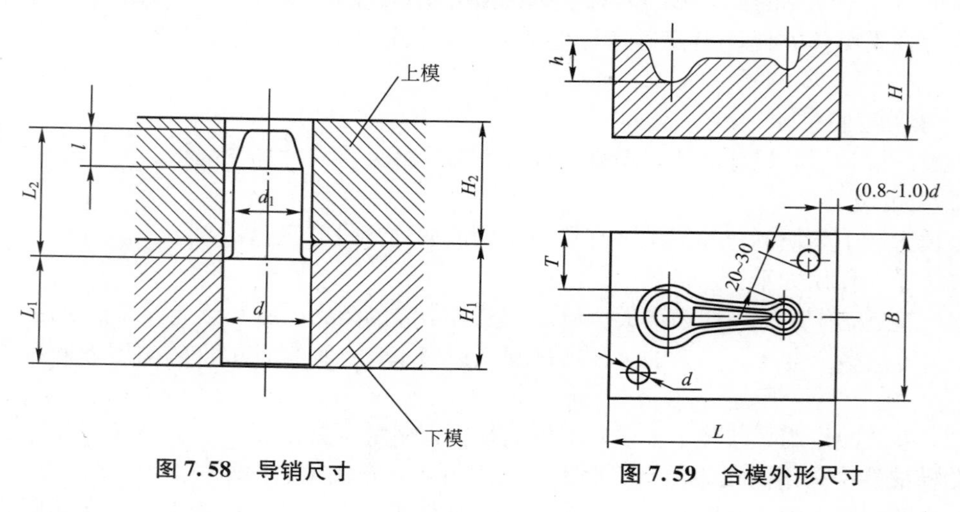

图 7.58　导销尺寸　　**图 7.59　合模外形尺寸**

销孔壁与模块边缘的距离应大于(0.8～1.0)d，与模具型腔的距离应大于 20～30mm，必要时可占用部分飞边槽仓部。

(2) 锁扣，如图 7.60 所示。

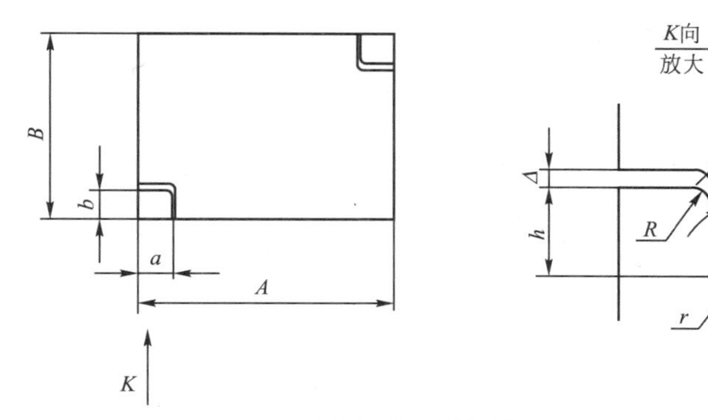

图 7.60 锁扣尺寸

① 锁扣高度 h。一般应保证坯料放入下模后，上模导入下模锁扣不小于 10mm；为了便于加工，节约模具钢，锁扣高度最好不要超过 35mm。

② 锁扣长度 a 和宽度 b，可按式(7-8)和式(7-9)选取。

$$a=(0.2\sim0.3)A(\text{mm}) \tag{7-8}$$

$$b=(0.2\sim0.3)B(\text{mm}) \tag{7-9}$$

式中，A、B 为模块的长度和宽度(mm)。

③ 锁扣斜度 α。一般取 $\alpha=3°\sim5°$。α 过小，起模困难；α 过大，锻件容易产生错移。

④ 锁扣间隙 δ 和 Δ。导向面间隙 δ 取 0.1～0.3mm；水平面间隙 Δ 取 1.0～1.6mm。

⑤ 圆角。锁扣的内圆角半径 r 一般取 3～5mm；相应的外圆角半径 $R=r+(2\sim3)$mm，一般为 5～8mm。

5) 模块外形尺寸

模块外形尺寸如图 7.59 所示。

(1) 合模模块长度 L 和宽度 B 的确定。模块外形尺寸是根据模具型腔和导向装置的位置及尺寸确定的。模块尺寸要力求紧凑，但又必须要有足够的强度，为此，模壁厚度 T 应不小于最小模壁厚度 T_0。T_0 可按式(7-10)计算。

$$T_0=0.5h+(25\sim30)(\text{mm}) \tag{7-10}$$

式中，h 为模具型腔的最大深度(mm)。

当模具型腔为半圆形时，最小模壁厚度 $T_{半圆}=0.8T_0$。锻模在长度方向的模壁厚度可以比宽度方向的模壁厚度小些。

矩形模块长度和宽度要有适当的比例，一般情况下长宽比 $L/B<1.75$，个别情况下长宽比 L/B 不应超过 2.2。

(2) 合模模块高度 H 的确定。合模高度 H 与模具型腔的最大深度 h 有关。为了保证有足够的强度，则模块必须保证有最小的厚度($H-h$)，其值可根据所使用的锻锤吨位按有关手册查得；然后确定模块高度 H。

5. 切边模

1) 凹模形状和尺寸(图 7.61)

(1) 刃口部分。刃口是切边凹模的工作部分，其周边形状与锻件分型面形状完全一

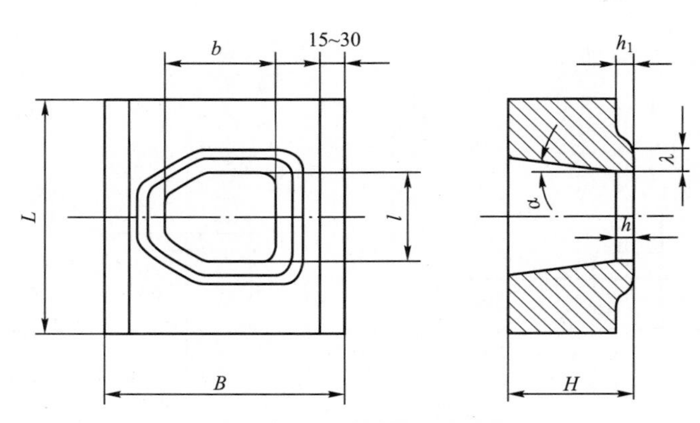

图 7.61　切边凹模主要尺寸

致，尺寸则根据冷、热切边的不同，分别以冷、热锻件图的相应尺寸标注。

凹模刃口直壁高度 h 为 3～10mm，薄件、小件取小值。刃口台宽度 λ 应小于飞边槽桥部宽度 1～2mm。斜壁 α 取 5°～7°。刃口台高度 h_1 等于飞边槽仓部高度或加 2～3mm。

(2) 凹模外形尺寸。凹模宽度 B 根据锻件最大宽度 b 按有关手册选取。为了防止上砧直接打击在凹模刃口上，凹模顶面设有刃口保护台。

凹模长度 L 根据锻件最大长度 l 按有关手册选取。

凹模高度 H 根据锻件高度 H_D 确定。

$$H = H_D + (20\sim40)(\text{mm}) \tag{7-11}$$

H_D 大时 H 取小值，H_D 小时则 H 取大值。必须注意，为了防止切边时将锻件压坏，应使切边模高度大于凸模扣在锻件上以后两者的总高度。

2) 凸模形状及尺寸

(1) 凸模工作部分与凹模刃口形状要一致，并使凸模与凹模间有均匀的间隙 δ，如图 7.62 所示。

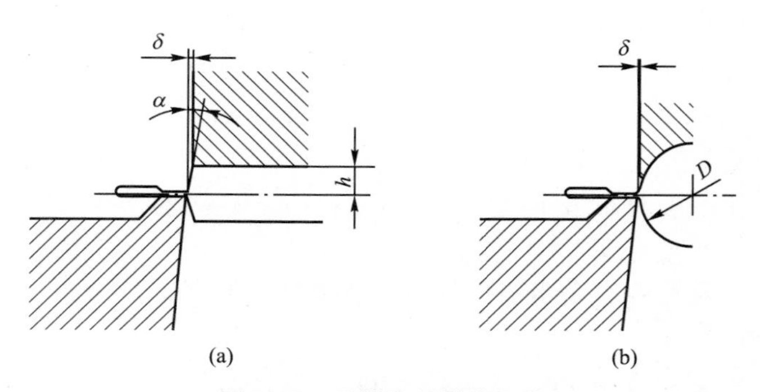

图 7.62　凸模和凹模的间隙

δ 值靠减小凸模尺寸而得，一般为 0.5～1.5mm。δ 值太大，切边后在锻件上留有飞边；δ 值太小，刃口容易碰坏和磨损。

(2) 凸模与锻件各接触面尽可能吻合一致，以防止切边时锻件变形和损坏切边模。但应在侧面处留出适当空隙 Δ，如图 7.63 所示。

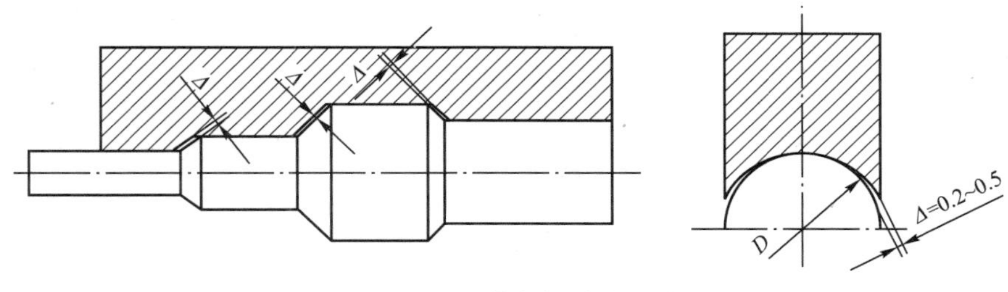

图 7.63 凸模与锻件的空隙

6. 胎模材料及热处理硬度

1) 对胎模材料的要求

胎模在工作时要承受很大的变形力，特别是在锻锤的冲击载荷作用下，模具内的应力值往往超过材料的强度极限，使模具破裂。胎模的模膛直接与高温金属相接触，同时又经常不断地在水中冷却，冷热交替作用，模膛表面容易出现热疲劳裂纹(龟裂)。胎模锻时，由于金属在模膛内流动，产生剧烈的摩擦，促使模膛表面磨损；并由于坯料氧化皮不易清除干净，磨损更为严重。可见，胎模的工作条件是十分恶劣的，故对胎模的材料应有以下几点基本要求：

(1) 有较高的强度、冲击韧性和耐磨性。

(2) 有较高的热硬性，在工作中不会因与高温金属相接触而产生硬度下降的现象。

(3) 有较高的抗热疲劳性，即反复骤冷骤热时不易产生龟裂。

(4) 有良好的导热性。

(5) 有良好的切削加工性能和热处理性能。

2) 胎模常用材料及热处理硬度

选用胎模材料时除应考虑上述要求外，还应考虑经济性。当锻件生产数量较少时，应尽量选用中碳钢和高碳钢。

表7-2列出了胎模常用材料及热处理硬度。

表 7-2 胎模常用材料及热处理硬度

胎模或零件名称		主要材料	代用材料	热处理硬度(HRC)
摔子、扣模、弯曲模	上、下模	45、40Cr、T7		37～41
	模把	20	Q235	
套模	模套	5CrMnMo、5CrNiMo	45、40Cr、45Mn2	38～42
	冲头、下垫	5CrMnMo、5CrNiMo	T7、T8、45Mn2	40～44
合模	小型	5CrMnMo、5CrNiMo	T7、T8、40Cr、45Mn2	40～44
	中型		40Cr、45Mn2	40～44
	大型		40Cr、45Mn2	38～42
	导销	40Cr	45、T7	38～42

（续）

胎模或零件名称		主要材料	代用材料	热处理硬度(HRC)
切边模、冲孔模	热切冲头	1Cr13、5CrMnMo	T7、T8	42～46
	热切凹模	T8A	T7、60Si2Mn、40Cr	42～46
	冷切冲头、冷切凹模	T8	T7	46～50

7.7 胎模锻造应用实例

1. 轴类锻件的胎模锻造

图 7.64 所示的台阶轴锻件是一种小型台阶轴，通过型摔的合理设计，仅用一副型摔，即能完成全部工序。其胎模锻造工序见表 7－3。

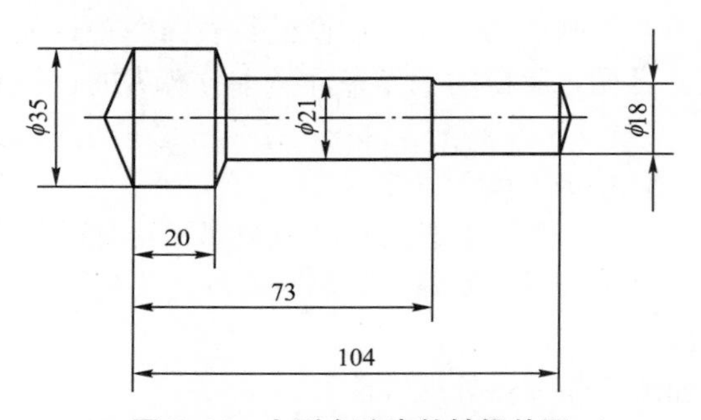

图 7.64 小型台阶齿轮轴锻件图

表 7－3 小型台阶齿轮轴的胎模锻造工序

锻件名称：齿轮轴
锻件材料：45 钢
锻件质量：0.37kg
坯料规格：ϕ36mm×50mm
锻造设备：150kg 空气锤

序号	工序说明	工序示意图
1	下料、加热	ϕ36　50

（续）

序号	工序说明	工序示意图
2	摔大头，卡出 ϕ21mm	
3	平砧拔长至 ϕ21mm	
4	摔小头 ϕ18mm	
5	摔光及校正	

2. 空心类锻件的胎模锻造

图7.65所示的轴套锻件带中间法兰，采用开式套模制坯、闭式套模焖形并冲孔的工艺。其胎模锻造工序见表7-4。

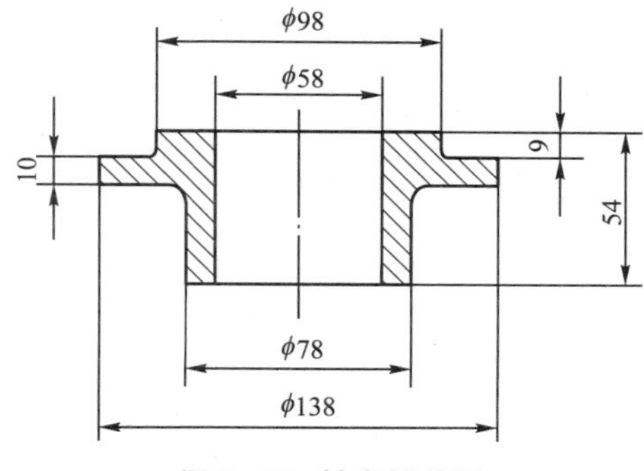

图7.65 轴套锻件图

表 7-4　轴套的胎模锻造工序

锻件材料：40Cr
锻件质量：2.0kg
坯料规格：ϕ60mm×90mm
锻造设备：400kg 空气锤

序号	工序说明	工序示意图
1	下料、加热	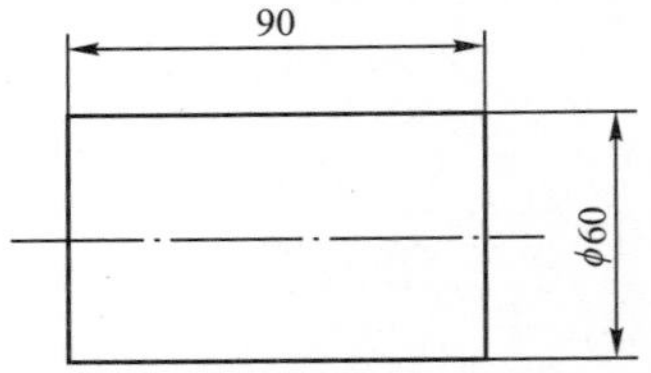 90 ϕ60
2	开式套模制坯	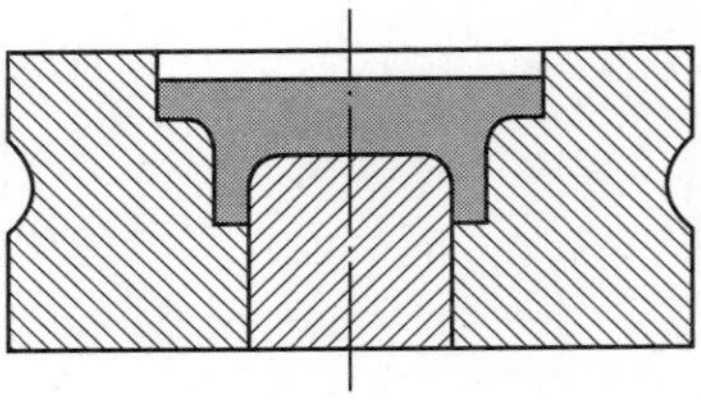
3	加热	
4	闭式套模焖形	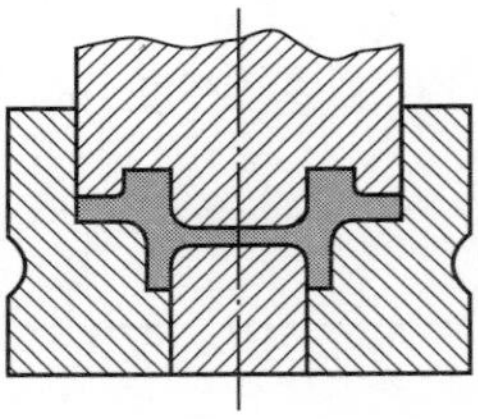
5	冲孔	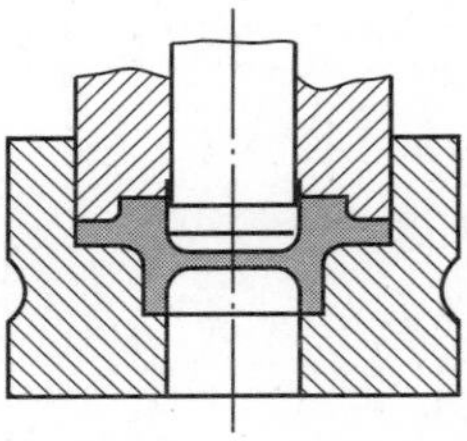

习　题

1. 胎模锻造有什么特点？为什么说它适用于中、小批量的锻件生产？
2. 摔子分为哪两种？适用于锻造什么锻件？
3. 使用扣模时如何操作？扣模适用于锻造什么锻件？

4. 套模分为哪两种？适用于锻造什么锻件？
5. 合模由哪些部分组成？适用于锻造什么锻件？
6. 切边模和冲孔模的作用是什么？
7. 胎模锻件图分为哪两种？它们的作用有何不同？
8. 试述合模锻件的分模原则，并举例说明。
9. 确定胎模锻件加工余量及锻件公差的依据是什么？
10. 模锻斜度的作用是什么？分哪两种？确定模锻斜度时应考虑哪些问题？
11. 圆角半径的作用是什么？如何确定圆角半径？
12. 为了减小胎模锻造时的变形抗力，应采取什么工艺措施？
13. 常见扣模的结构形式有哪些？如何选用？
14. 如何确定扣模、套模和合模的模膛尺寸？
15. 合模的导向形式有哪几种？适用于怎样的合模锻件？
16. 飞边槽的作用是什么？胎模锻造中常用的飞边槽形式有哪两种？
17. 在决定套模和合模的外形尺寸时，应主要考虑什么原则？
18. 胎模材料应具备什么性能？写出常用的胎模材料。
19. 为了提高胎模的使用寿命，生产过程中应注意哪些问题？

第 8 章 锤上模锻

8.1 锤上模锻件图的制订及模锻件的分类

1. 模锻工艺过程

锤上模锻是在自由锻、胎模锻基础上发展起来的一种锻造方法。它在模锻生产中是最常见的一种方法。这是因为锻锤和其他锻压设备相比，具有工艺适应性强、生产效率高、设备造价低等优点。模锻锤的打击能量可在操作中调整，能够实现轻、重、缓、急的打击，毛坯在多次锤击下，可以经过镦粗、压扁、拔长、滚挤、弯曲、卡压、成形、预锻和终锻等各类工步，使各种形状的锻件得以成形。因此，具有一定规模的锻造工厂都配备有不同吨位的模锻锤。

锤上模锻可分为多种不同方式，如图 8.1 所示。有带飞边的开式模锻及无飞边的闭式模锻、单型腔模锻及多型腔模锻、单件模锻及多件模锻等。

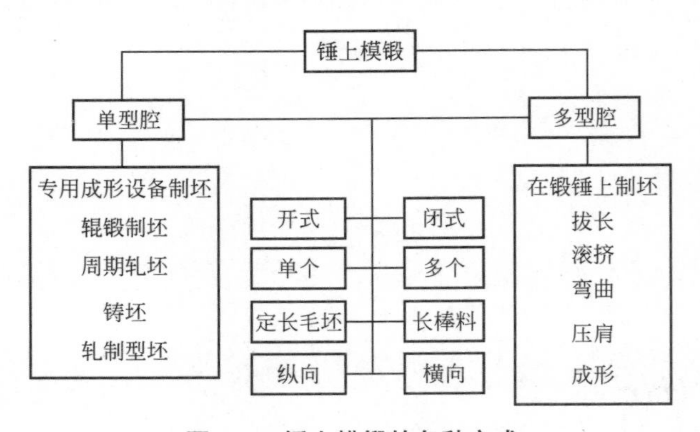

图 8.1 锤上模锻的各种方式

无飞边模锻最大的优点是节省飞边损耗，但无飞边模锻对锻件坯料的体积要求十分精确，工艺适应性较差，锻模寿命不高，所以应用并不广泛。

单型腔模锻适用于简单形状的锻件，或者锻件外形虽然复杂，但锻件坯料已经用辊轧、挤压或自由锻等方法制成预制坯的情况。

在生产中，为使从坯料到锻件的整个塑性成形过程是连续的，常采用多型腔模锻。其不足之处是锻模结构和操作都较复杂，生产率较低，锻锤打击能量不能充分利用。

锤上模锻，一般情况都是单件模锻。有时当锻件不大，但为了提高生产率或材料利用率，或有时需要克服锤击错移力，则可考虑采用双件或多件模锻。

2. 模锻件图的制订

模锻件图是确定模锻工艺和设计锻模的基本资料，又是指导模锻操作人员进行生产和检验人员验收合格锻件的重要技术文件。为了设计出合理的模锻件图，首先必须了解下列情况。

(1) 产品零件图。

(2) 零件生产的技术要求。

(3) 零件生产的工艺过程。

(4) 生产量的大小。

(5) 模锻车间所具备的条件等。

模锻件图分为热锻件图和冷锻件图。在设计冷锻件图时，必须考虑以下几点。

(1) 分型面的位置。

(2) 加工余量和公差。

(3) 模锻斜度和圆角半径。

(4) 冲孔连皮的型式。

(5) 锻件金属流线的要求。

(6) 力学性能试样的位置。

(7) 钢号等印记的位置。

(8) 锻件材料和技术条件等。

根据上述资料设计出来的锻件图，称为冷锻件图，它是检验锻件形状和尺寸及设计冷校正模的依据。在冷锻件图的基础上，各尺寸相应地加上收缩量，就成为热锻件图。热锻件图则是设计锻模模膛尺寸的依据。

冷锻件图设计的步骤和方法如下：

1) 分型面位置的选择

选择分型面的原则如下：

(1) 要保证锻件自由地沿锤击方向从模膛中取出来。

(2) 分型面的位置要尽量使模膛的深度最小和宽度最大，这样金属容易充满模膛。因为宽而浅的模膛是以镦粗的方式充满的，如图 8.2(a)所示；窄而深的模膛则是以压入的方式充满的，如图 8.2(b)所示。从金属的流动来看，镦粗法比压入法的阻力小，所以金属容易充满宽而浅的模膛；并且，这种模具加工方便，使用时模具磨损量也相对减小，延长了模具的使用寿命。

应该指出，有时为了节约金属，简化切边模的形状，不一定按照上述原则选择分型面。因为，这样有可能减少制坯工序或便于切边。如图 8.3 所示的锻件不采用图 8.3(a)和

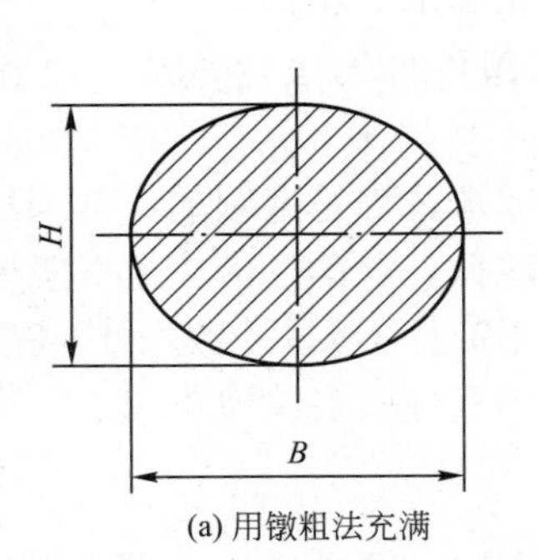

(a) 用镦粗法充满

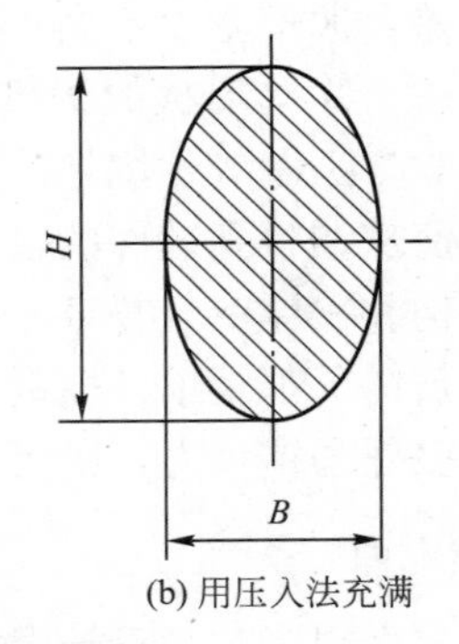

(b) 用压入法充满

图 8.2　两种典型锻件截面

图 8.3(b)所示的分模方法，而采用图 8.3(c)和图 8.3(d)所示的分模方法就是这个原因。

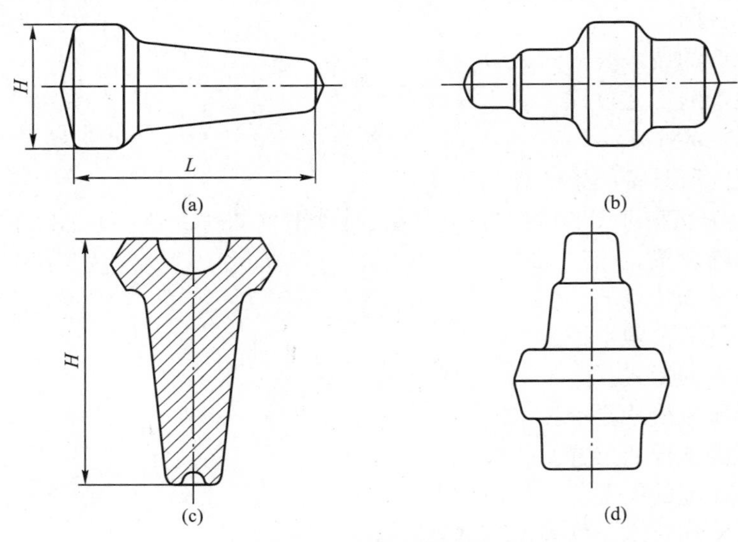

图 8.3　模锻件的分型面

(3) 为了容易发现模锻时锻件错移，分型面应尽量使上、下两部分对称。也就是说，上、下模的形状尽可能一样，如图 8.4(a)所示；而且应尽量避免使分型面选择在端面上，如图 8.4(b)所示。

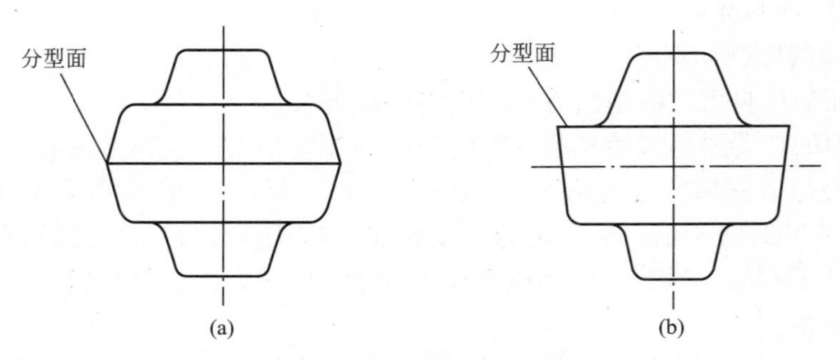

图 8.4　分型面位置示意图

(4) 为了简化模具制造，分型面应尽量选成平面。

(5) 锻件较复杂部分应尽量安排在上模，因为金属较容易充满上模模膛。

分型面位置的选择是很重要的，它直接影响锻造工艺、模具制造和产品质量，因此在制订锻件图时要全面考虑各种因素，正确而合理地选择分型面的位置。

2) 加工余量的确定

模锻件是加工产品的毛坯，所以必须留有足够的机械加工余量。加工余量要选择适当。加工余量过大，势必出现“肥头大耳”，既浪费材料，又会增加机械加工工时。所以，在不影响产品零件加工的前提下，应大力推广小余量锻造，精化毛坯。加工余量的大小取决于零件的轮廓尺寸、质量大小、精度等级等。

3) 锻件公差的确定

锻件公差是锻件的实际尺寸与锻件图规定的公称尺寸之间的偏差。在锻件图上规定尺寸公差是为了控制锻件实际尺寸的偏差范围。

锻件的公称尺寸是在零件公称尺寸的基础上加上相应的机械加工余量而确定的。锻件上有些尺寸比零件尺寸大(外形尺寸)，有些尺寸比零件尺寸小(内孔尺寸)，还有些尺寸保持不变(不加工表面)。

锻件图上除注明锻件的公称尺寸外，还应根据锻件的尺寸和精度确定锻件公差，如图8.5所示。因此，锻件的最大尺寸是锻件公称尺寸加上上极限偏差，锻件的最小尺寸是锻件公称尺寸减去下极限偏差。为了便于模锻工了解机械加工余量，锻件图上还经常用括号标注出零件尺寸。

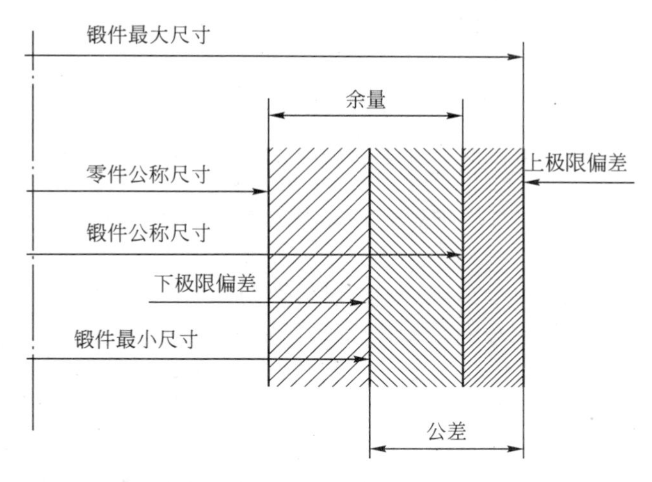

图8.5　锻件的各种尺寸与余量、公差之间的关系

锻件图上各尺寸公差是否标注可参照以下两点：

(1) 模锻件高度方向上的所有尺寸采用相同的公差，一般在锻件图上可对其中容易锻不足部位的尺寸标出公差或在锻件图中注明。

(2) 模锻件长(宽)度方向上的尺寸公差，在锻件图上可不标出，由检验人员根据各处尺寸大小，按表8-1进行检查；对需要经常做检查的尺寸或有特殊要求的尺寸公差，则应在锻件图上标出。

表 8-1　锤上模锻件长(宽)度尺寸公差　　　　（单位：mm）

模锻件长(宽)度尺寸	≤50	51～120	121～260	261～500	501～800	>800
偏差	+1.0 −0.5	+1.5 −0.7	+2.0 −1.0	+2.5 −1.5	+3.0 −2.0	+3.5 −2.5

4）模锻斜度的选择

为了便于将成形后的锻件从模膛中取出，锻模侧壁必须做成一定的斜度，称为模锻斜度。

模锻斜度有两种：锻件外壁上的斜度称为外斜度 α，锻件内壁上的斜度称为内斜度 β，如图 8.6 所示。锻件冷却时，其外壁因收缩而离开模膛，容易出模；而锻件内壁收缩时，则包住模膛中的突出部分，出模困难。因此，内斜度应比外斜度增大 2°～3°(增大一级)。

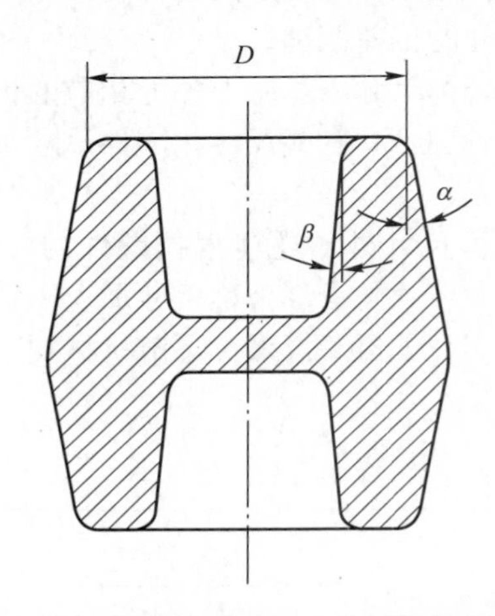

图 8.6　锻件图上的内、外壁模锻斜度

对于深而窄的模膛，锻件难以取出，应采用较大的斜度；反之，对于浅而宽的模膛，应采用较小的斜度。

为了方便模具加工和统一刀具、量具规格，所采用的标准模锻斜度是 3°、5°、7°、10°、12°和 15°。在选择模锻斜度时，斜度太小会使操作困难，而且金属充满模膛也困难；斜度太大则会浪费金属和增大机械加工量。因此，确保模锻件易出模的前提下，应尽可能采用较小的模锻斜度。

如何恰当地选择模锻斜度是十分重要的。模锻斜度是根据锻件的外形尺寸来选择的。其值和模锻件相应部分长、宽、高的尺寸及相互间的比值有关，如图 8.7 所示。图中，b 为锻件在确定模锻斜度处的宽度，h 为锻件在确定模锻斜度处的高度，L 为锻件在确定模锻斜度处的长度。

5）圆角半径的确定

为了使金属在模膛内易流动，避免锻件上产生夹层，保持金属流线的连续性，提高锻模使用寿命，必须把锻件上所有尖锐棱角做成圆弧，圆弧的半径称为圆角半径，如图 8.8 所示。锻件上向外凸出的圆角半径称为外圆角半径 r；向内凹进的圆角半径称为内圆角半径 R。

较大的圆角半径对金属充满模膛、提高锻件质量和模具寿命是有利的，但是外圆角半径太大，会使锻件在圆角处的余量减小；而内圆角半径太大，又会增加金属的消耗。

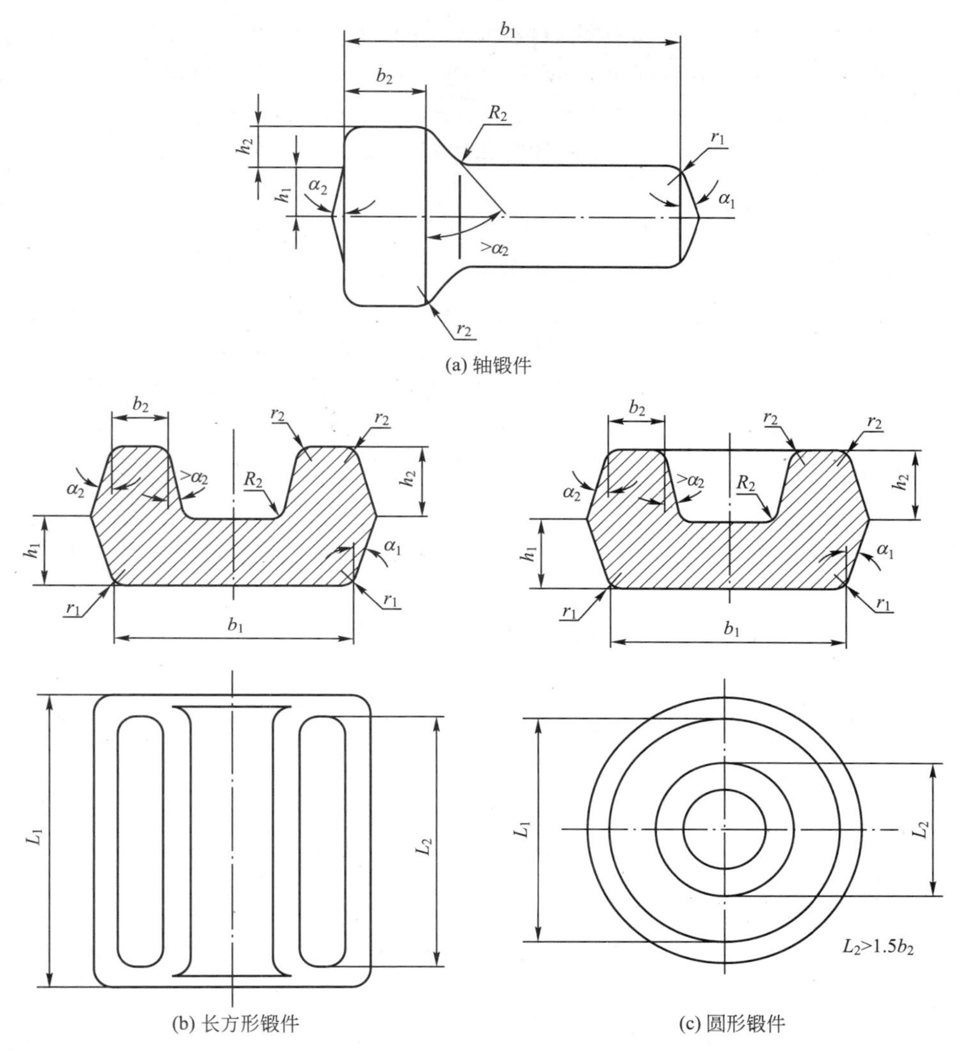

图 8.7 确定模锻斜度

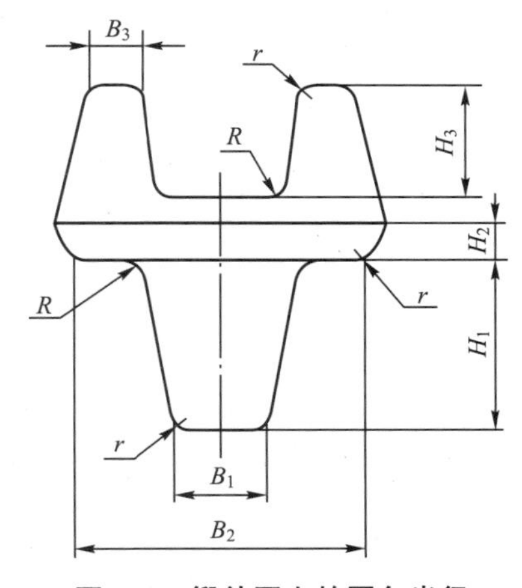

图 8.8 锻件图上的圆角半径

确定圆角半径的数值，一般是根据锻件相应部分的高度 h 与宽度 b 之比 h/b 来确定的。计算出的圆角半径应圆整(因满足某种要求而进行的数据修正)为以下的标准值：1.0mm、1.5mm、2.0mm、2.5mm、3.0mm、5.0mm、8.0mm、10.0mm、12.0mm、15.0mm、20.0mm。

同一锻件应尽量不要采用太多不同的圆角半径。对于压入法成形和金属流动特别剧烈的部位，应适当加大圆角半径。

6）冲孔连皮

模锻时，不能直接锻出通孔，仅能冲出一个盲孔，即孔内还留有一层具有一定厚度的金属，这部分金属称为冲孔连皮。冲孔连皮可以在切边压力机上冲掉或在机械加工时切除。模锻时采用盲孔，是为了使锻件更接近零件形状，减少金属浪费，缩短机加工时；同时，冲孔连皮还可以减轻锻模的刚性接触，起到缓冲作用，以免损坏锻模。

冲孔连皮厚度应适当。若冲孔连皮过于薄，锻件需要的打击力增大，模膛中的凸出部分会加速磨损或被打塌；若冲孔连皮太厚，不但浪费金属，而且切除连皮时，锻件会出现较大变形。

冲孔连皮可以有不同的形式，如平底连皮、斜底连皮、带仓连皮、拱底连皮等，如图 8.9 所示。

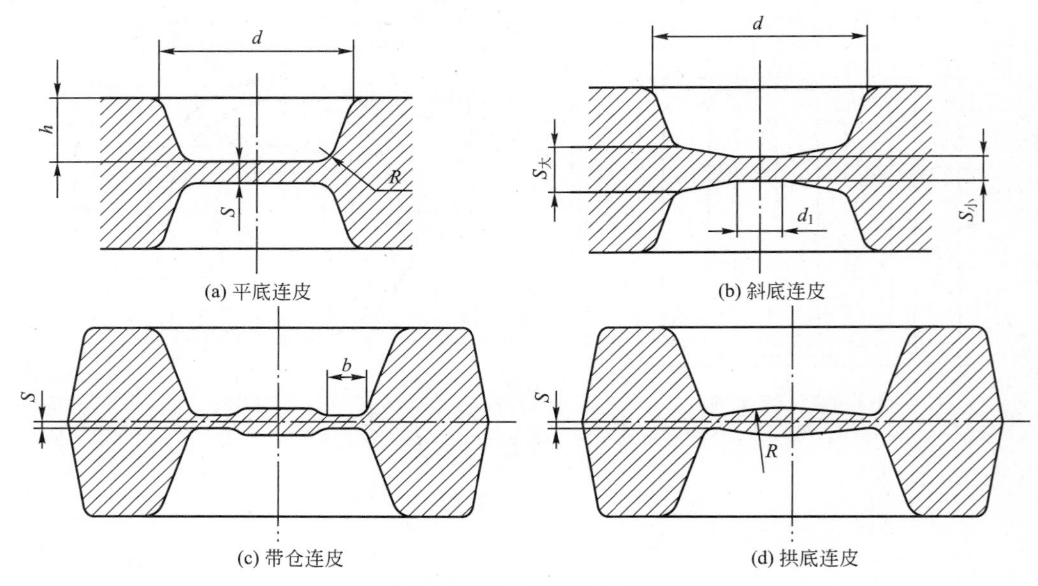

图 8.9　锻件的连皮形式

7）锻件图的技术条件

凡是有关锻件质量而又不能在锻件图上表示出来的，都应在锻件图的技术条件中注明。一般来说，技术条件里列有未注明的模锻斜度和圆角半径、错模量、允许表面缺陷值、锻件翘曲范围、允许残留飞边的大小、锻件壁厚差的规定、热处理硬度值、锻件的清理方法、印记项目和位置及其他的特殊要求。

技术条件是按零件图的要求和模锻车间的具体情况，并参考有关资料制订的。

应该指出，生产中所使用的是冷锻件图。由于锻件的热胀冷缩现象，锻模模膛的尺寸应与热锻件图一致。热锻件图的尺寸可按式(8－1)换算。

$$L=l\times(1+\delta\%) \tag{8-1}$$

式中，L 为热锻件尺寸(mm)；l 为冷锻件尺寸(mm)；δ 为终锻温度下金属的断面收缩率(钢为1.2%～1.5%，不锈钢为1.5%～1.8%，钛合金为0.5%～0.7%，铝合金为0.8%～1.0%，铜合金为1.0%～1.3%)。

3. 模锻件分类

按照锻件外形和模锻时毛坯的轴线方向，可以将模锻件分成两大类，即方圆类和长轴类锻件。

1）方圆类锻件

在分型面上锻件投影为圆形或长宽尺寸相差不大的锻件，都列入这一类。模锻时，金属沿高度、宽度和长度方向同时流动。终锻前通常利用镦粗平台或压扁平台制坯，以保证成形质量。这类锻件还可按形状的复杂程度分为简单形状、较复杂形状和复杂形状三类，如图8.10所示。

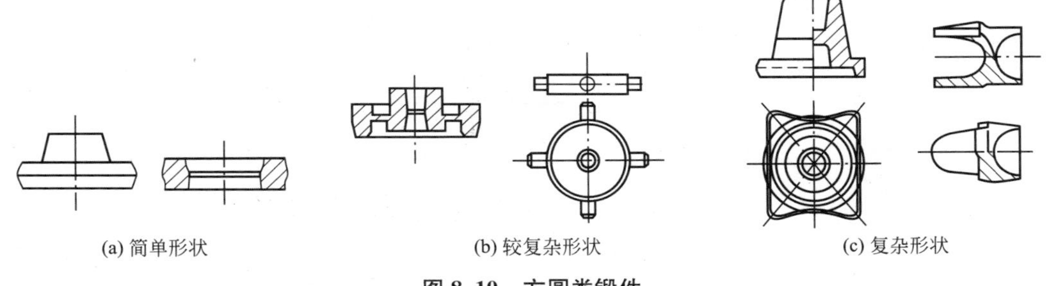

(a) 简单形状　　(b) 较复杂形状　　(c) 复杂形状

图8.10　方圆类锻件

2）长轴类锻件

这类锻件轴线较长，即锻件长度与宽度和高度的尺寸比例较大。模锻时，毛坯轴线与打击方向垂直，金属主要沿着高度和宽度方向流动，沿长度方向流动很小。为此，当锻件沿长度方向截面积变化较大时，必须采用有效的制坯工步，如卡压、成形、拔长、滚挤、弯曲工步等，以保证锻件能充满模具型腔。

按锻件外形、主轴线和分型面的特征，长轴类又可分为以下四类。

(1) 直长轴锻件。直长轴锻件的主轴和分模线均为直线，一般采用拔长制坯或滚挤制坯。

(2) 弯曲轴锻件。弯曲轴锻件指锻件的主轴为曲线或锻件的分型线为曲线。在工艺过程措施上除了可能要拔长制坯或拔长加滚挤制坯外，还要有弯曲制坯或成型制坯。

(3) 枝芽类锻件。枝芽类锻件指锻件上带有突出部分，如同枝芽状。因此，除了需要拔长制坯或拔长加滚挤制坯外，为了便于锻出枝芽，还要进行成型制坯或预锻制坯。

(4) 叉类锻件。叉类锻件指锻件头部呈叉状，杆部或长或短。针对这两种情况采用的工艺过程措施也不同。若叉类锻件的杆部较短，则除拔长制坯或拔长加滚挤制坯外，还要进行弯曲制坯；若叉类锻件的杆部较长，则需采用带劈料台的预锻制坯工步，不需弯曲制坯。

表8-2为长轴类锻件的分类，并对每类锻件均给出了典型的图例。

表 8-2　长轴类锻件的分类

类别	简图	工艺过程特征
直长轴锻件		一般采用拔长制坯或滚挤制坯
弯曲轴锻件		采用拔长制坯或拔长加滚挤制坯，还要加弯曲制坯或成型制坯
枝芽类锻件		采用拔长制坯或拔长加滚挤制坯，再加成型制坯或增加预锻制坯工步
叉类锻件		采用拔长制坯或拔长加滚挤制坯外，对短杆锻件加弯曲制坯；对长杆锻件预锻中带劈料台

8.2　锤上模锻的变形工步和模膛结构

8.2.1　制坯工步与制坯模膛结构

1. 制坯工步

除极少数很简单的锻件或采用辊轧、平锻等辅助设备制坯的锻件外，锤上模锻一般都包含一个或几个制坯工步。

锤上模锻的各种制坯工步的特征和用途见表 8-3。其中，镦粗和压扁工步主要用于方圆类锻件，拔长、滚挤、卡压、弯曲、成形等工步用于长轴类锻件。

表 8-3　制坯工步及其用途

名称	制坯工步简图	用途
镦粗		模锻方圆类锻件必需的制坯工步，其作用是清除氧化皮，有助于终锻时提高成形质量

（续）

名称	制坯工步简图	用途
压扁	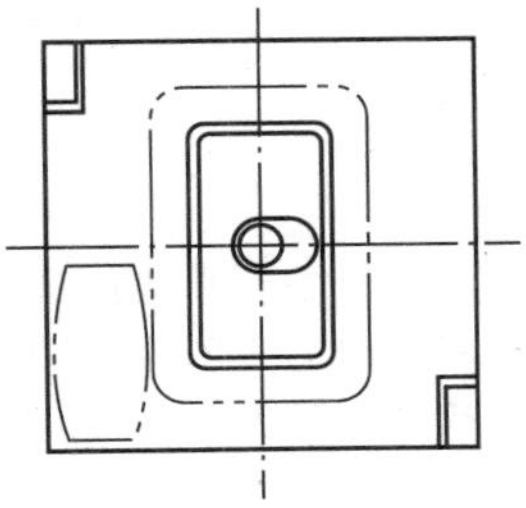	用来增大水平面尺寸，具有与镦粗平台相同的作用
开式拔长	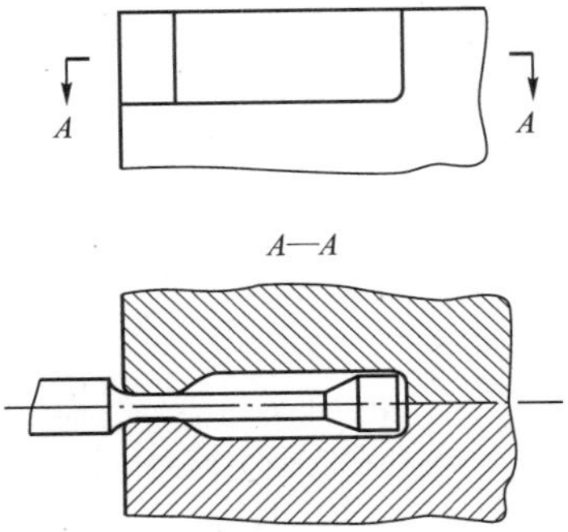 A A A—A	使坯料局部断面积减小，而增大其长度
闭式拔长	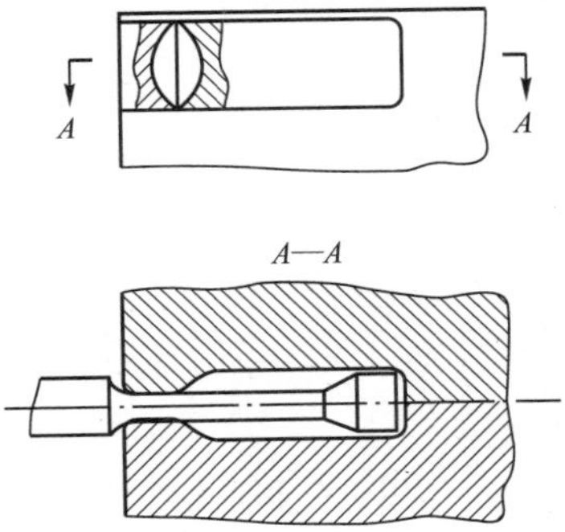 A A A—A	其作用与开式拔长相同，但拔长效率高，适用于断面变化较大的长轴类锻件
开式滚挤	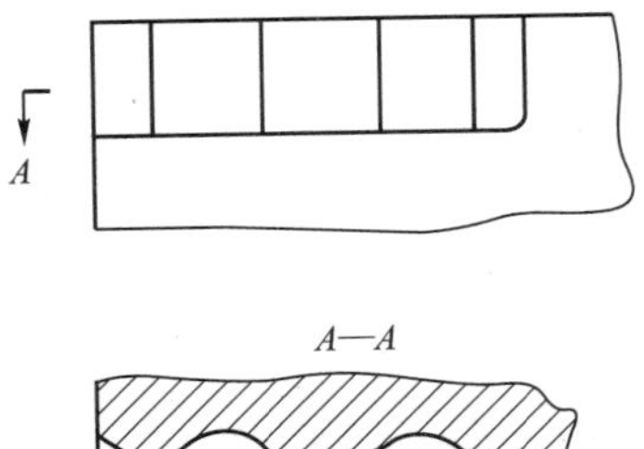 A A A—A	使坯料局部断面积减小，而另一部位断面积增大

（续）

名称	制坯工步简图	用途
闭式滚挤	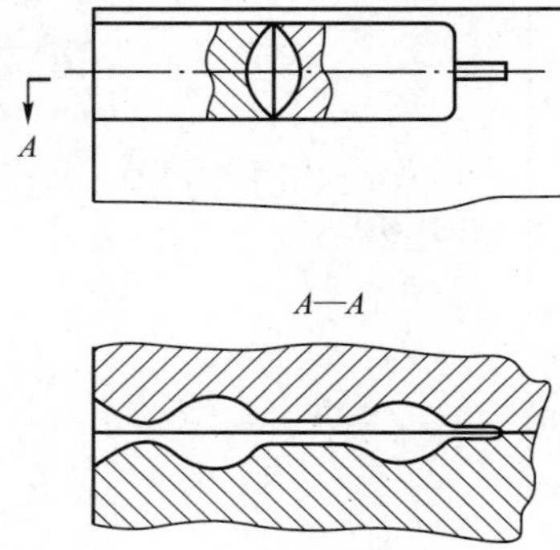 A A A—A	其作用与开式滚挤相同，但滚挤效率高，更适用于断面变化大的长轴类锻件，制坯后坯料表面光滑，不易产生折叠
混合式滚挤	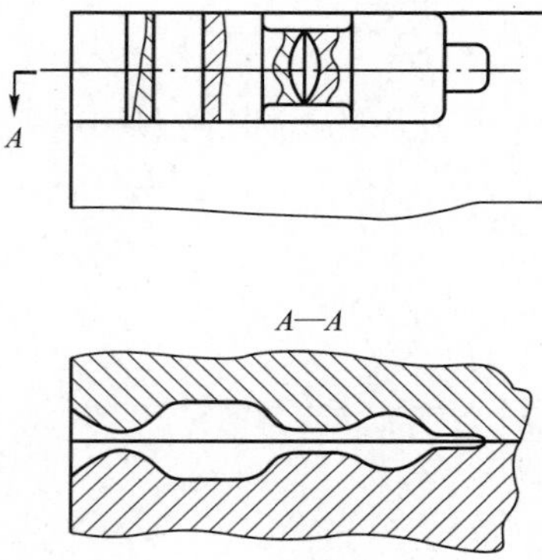 A A A—A	当锻件头部需冲孔时，用此型式滚挤后，坯料在终锻型槽内放置稳定
不对称滚挤	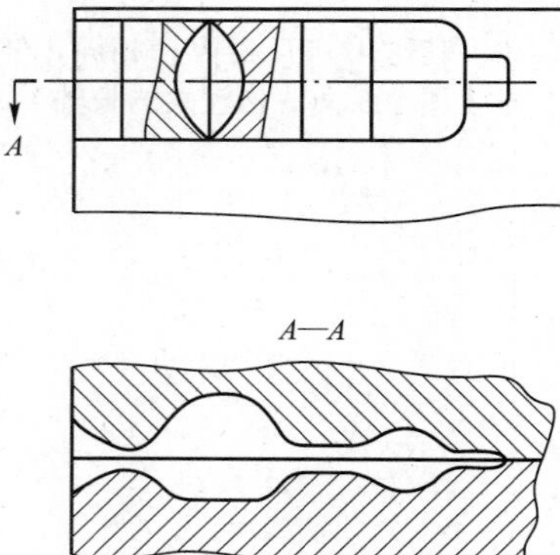 A A A—A	用于在水平投影不对称的锻件
卡压	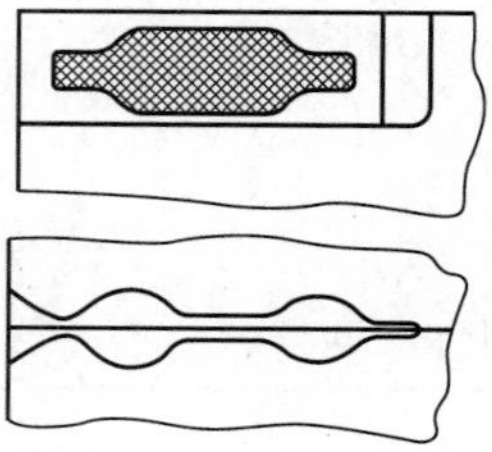	金属轴向流动不大，坯料局部聚集、局部压扁

（续）

名称	制坯工步简图	用途
弯曲	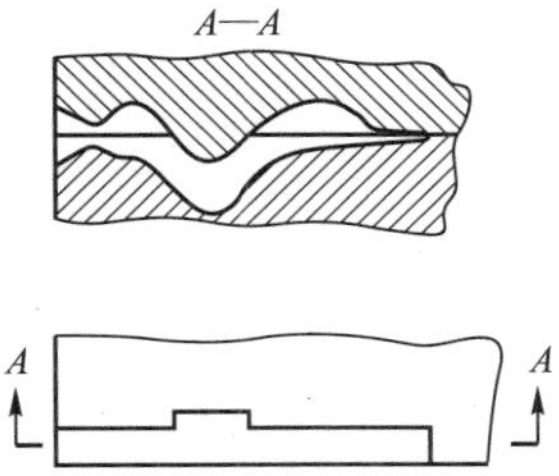 A—A A A	使坯料弯曲后符合锻件水平投影的轮廓，金属轴向流动很小，并局部卡压
成形	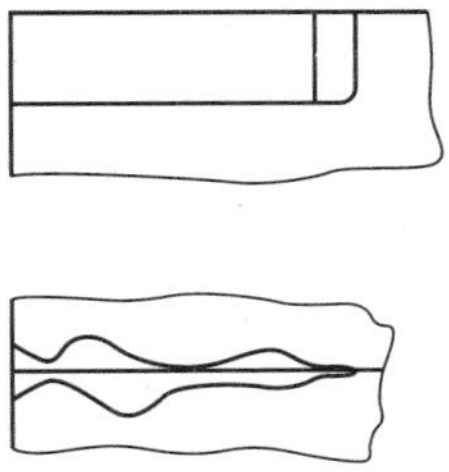	使坯料符合锻件水平面图形，金属轴向流动不大，适用于带枝芽的锻件

2. 制坯工步的主要目的

(1) 合理分配材料，保证模具型腔充满又不造成浪费。

(2) 避免产生折叠等缺陷。

(3) 除去氧化皮，提高锻件表面质量。

3. 制坯模膛结构

1) 拔长模膛设计

(1) 拔长模膛的作用。拔长模膛用来减少坯料的截面积，增加坯料长度。一般拔长模膛是变形工步的第一道，它兼有清除氧化皮的作用。为了便于金属纵向流动，在拔长过程中，坯料要不断翻转，还要送进。

(2) 拔长模膛的形式。通常按横截面形状将拔长模膛分为开式和闭式两种。

开式模膛的拔长坎横截面形状为矩形，边缘开通，如图 8.11 所示。这种型式结构简单，制造方便，实际应用较多，但拔长效率较低。

闭式模膛的拔长坎横截面形状为椭圆形，边缘封闭，如图 8.12 所示。这种型式拔长效果较好，但操作较困难，要求把坯料准确地放置在模膛中，否则坯料易弯曲，一般用于 $L_{杆}/d_{杆}>1.5$ 的细长锻件。

按拔长模膛在模块上的布置情况，拔长模膛又可分成直排式和斜排式两种，如图 8.13 所示。其中，直排式杆部的最小高度和最大长度靠模具控制，斜排式杆部的高度及长度完全靠操作者控制。

当拔长部分较短，或拔长台阶轴时，可以采用较简易的拔长模膛，即拔长台，如图 8.14 所示，它是在锻模的分模面上留一平台，将边缘倒圆，用此平台进行拔长的。

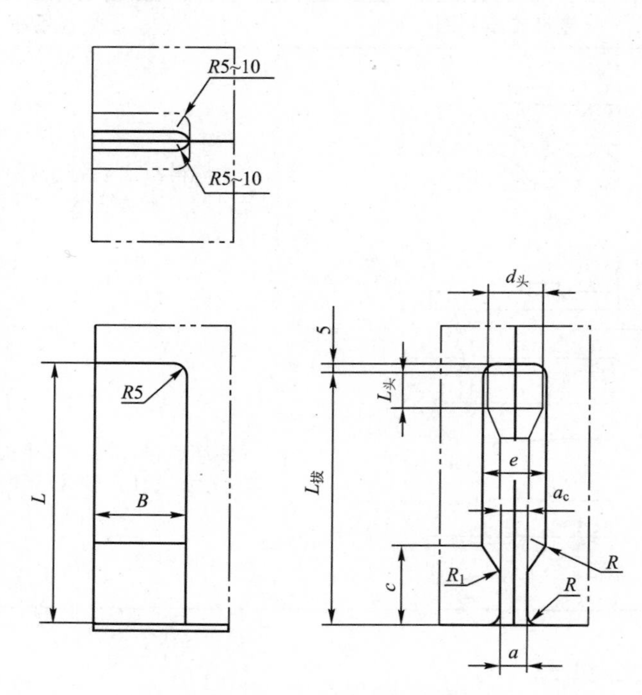

图 8.11 开式拔长模膛

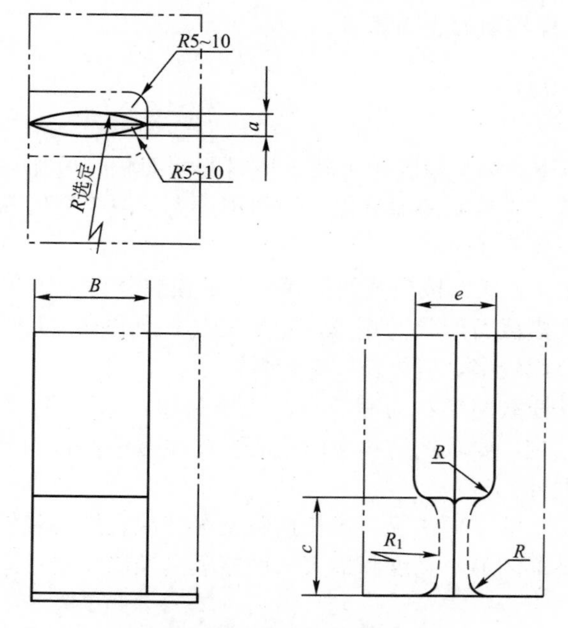

图 8.12 闭式拔长模膛

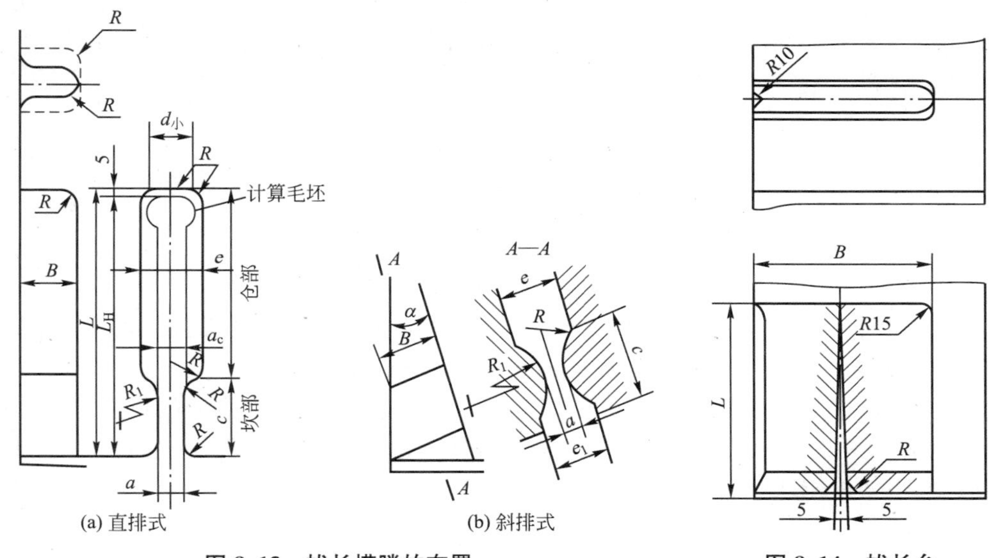

图 8.13　拔长模膛的布置　　**图 8.14　拔长台**

(3) 拔长模膛的尺寸计算。拔长模膛由坎部和仓部组成。坎部是主要工作部分，而仓部容纳拔长后的金属，所以在拔长模膛设计中，主要设计坎部尺寸，包括坎部的高度 h、长度 c 和宽度 B。设计依据是计算毛坯。

① 拔长模膛坎部的高度 h。拔长模膛坎部的高度 h 与坯料拔长部分的厚度 a 有关

$$h=0.5(e-a)=0.5(3a-a)=a$$

式中，$e=1.2d_{\min}=3a$，e 是拔长模膛仓部的高度，如图 8.13 所示；a 是坯料拔长部分的厚度。

② 坯料拔长部分的厚度 a。坯料拔长部分的厚度 a 应该比计算毛坯的最小截面的边长小，这样每次的压下量可以较大，拔长效率较高。因此在计算坯料拔长部分的厚度 a 时，可根据两个条件确定。

a. 设拔长后坯料的截面为矩形，$b_{平均}$ 为平均宽度，并取

$$\frac{b_{平均}}{a}=1.25\sim1.5$$

b. 根据计算毛坯的形状和尺寸。如果坯料杆部尺寸变化不大，拔长后不再进行滚压，其坯料拔长部分的厚度 a 应保证能获得最小截面，而较大截面可以用上、下模打不靠来保证。因此取

$$a\times b_{计}=S_{计\min}$$

运算后可得

$$a=(0.8\sim0.9)\sqrt{S_{计\min}}$$

或

$$a=(0.7\sim0.85)d_{\min}$$

式中，$b_{计}$ 为坯料拔长后的宽度；$S_{计\min}$ 为计算毛坯的最小面积(包含锻件相应处的截面积和飞边相应处的截面积)。

当$L_{杆}>500mm$时，上述计算拔长部分厚度a的公式中，系数取小值；当$L_{杆}<200mm$时，系数取大值；当$200mm\leqslant L_{杆}\leqslant 500mm$时系数取中间值。

拔长后需进行滚压的，则应保证拔长后获得平均截面积或直径。其值取

$$b_{平均}\times a=S_{杆平均}$$

运算后得

$$a=(0.8\sim0.9)\sqrt{S_{杆平均}}$$

或

$$a=(0.7\sim0.8)d_{平均}$$

式中，$S_{杆平均}$为锻件杆部平均截面积，$S_{杆平均}=V_{杆}/L_{杆}$；$d_{平均}$为锻件杆部平均直径；$V_{杆}$为计算毛坯杆部体积；$L_{杆}$为计算毛坯杆部长度。

③ 坎部的长度c。坎部的长度c取决于原坯料的直径和被拔长部分的长度。坎部长度c太短将影响坯料的表面品质。为了提高拔长效率，每次的送进量应小，坎部不宜太长。

坎部长度c可按式(8-2)选取

$$c=K\times d_0 \tag{8-2}$$

式中，d_0为被拔长的原坯料直径；K为与被拔长部分长度l有关。

④ 坎部的宽度B。选取坎部的宽度B时，应考虑上、下模一次打靠时金属不流到坎部外面；翻转90°锤击时，不产生弯曲。

坎部的宽度B一般按如下公式选取

$$B=(1.3\sim2.0)d_0$$

式中，d_0为被拔长的原坯料直径。

⑤ 坎部R_1的选取。坎部的纵截面形状应做成凸圆弧形，这样有助于金属的轴向流动，可以提高拔长效率。其中R_1按式(8-3)选取

$$R_1=10R=25c \tag{8-3}$$

2）滚挤模膛设计

滚挤模膛可以改变坯料形状，起到分配金属，使坯料某一部分截面积减小，某一部分截面积稍稍增大(聚料)，获得接近计算毛坯图形状和尺寸的作用。滚挤时，杆部的金属可以近似看作镦粗与拔长的组合。在两端受到阻碍的情况下杆部拔长，而杆部金属流入头部使头部镦粗。它并非是自由拔长，也不是自由镦粗。由于杆部接触区较长，两端又都受到阻碍，沿轴向流动受到的阻力较大。在每次锤击后大量金属横向流动，仅有小部分流入头部。每次锤击后翻转90°再行锤击并反复进行。直到接近计算毛坯形状和尺寸为止。另外，滚挤还可以将毛坯滚光和清除氧化皮。

(1) 滚挤模膛的分类。滚挤模膛从结构上可以分为以下几种。

① 开式滚挤模膛：模膛横截面为矩形，侧面开通，如图8.15(a)所示。此种滚挤模膛结构简单、制造方便，但聚料作用较小，适用于锻件各段截面变化较小的情况。

② 闭式滚挤模膛：模膛横截面为椭圆形，侧面封闭，如图8.15(b)所示。由于侧壁的阻力作用，此种滚挤模膛，聚料效果好，坯料表面光滑，但模膛制造较复杂，适用于锻件各部分截面变化较大的情况。

③ 混合式滚挤模膛：锻件的杆部采用闭式滚挤，而头部采用开式滚挤，如图8.15(c)所示。此种模膛通常用于锻件头部具有深孔或叉形的情况。

④ 不等宽式滚挤模膛：模膛的头部较宽，杆部较窄，如图 8.15(d)所示，当 $B_{头}/B_{杆}>1.5$ 时采用。因杆部宽度过大不利于排料，所以在杆部取较小宽度。

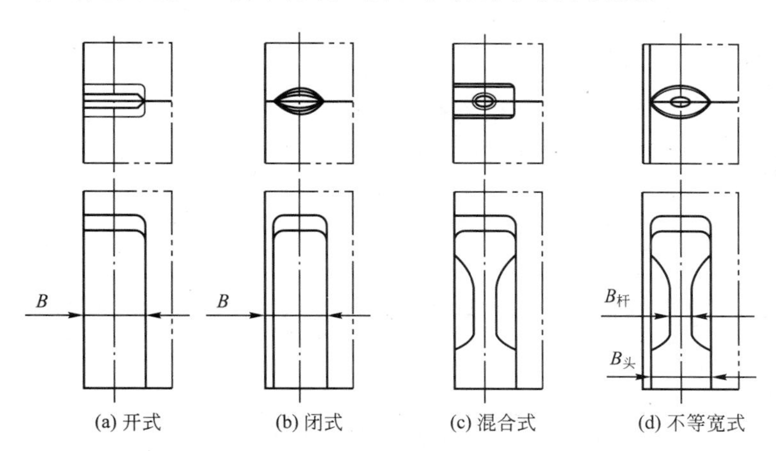

图 8.15　滚挤模膛

⑤ 不对称式滚挤模膛：上、下模膛的深度不等，如图 8.16 所示。这种模膛具有滚挤模膛与成形模膛的特点，适用于 $h'/h=1.5$ 的杆类锻件。

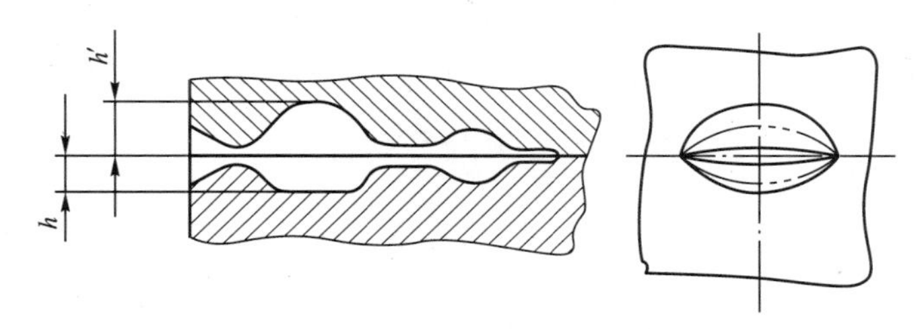

图 8.16　不对称式滚挤模膛

为了得到所要求的坯料尺寸，每次锤击后，翻转 90°再进行锤击，并反复进行，直到接近计算毛坯尺寸。

(2) 滚挤模膛的组成。滚挤模膛由钳口、模膛本体和飞边槽三部分组成。钳口不仅是为了容纳夹钳，同时也可用来卡细坯料，减少料头损失。飞边槽用来容纳滚挤时产生的端部飞边，防止产生折叠。

(3) 滚挤模膛的设计。滚挤模膛的设计依据是计算毛坯。

① 滚挤模膛的高度。

a. 杆部高度。在杆部，模膛的高度应比计算毛坯相应部分的直径小。这样每次的压下量较大，由杆部排入头部的金属增多。虽然滚挤到最后的坯料截面不是圆形，但是只要截面积相等即可。

在计算闭式滚挤模膛杆部高度时，应注意滚挤后的坯料截面积 $S_{滚}$ 等于计算毛坯图相应部分的截面积 $S_{计}$，即

$$S_{滚}=S_{计}$$

$$\frac{1}{4}\pi Bh_{杆}=\frac{1}{4}\pi d_{计}^{2}$$

一般滚挤后坯料椭圆截面的长径与短径之比 $B/a=3/2$(图 8.17)，因而可求得杆部高度

$$h_{杆}=\sqrt{\frac{2d_{计}^2}{3}}\approx 0.8d_{计}$$

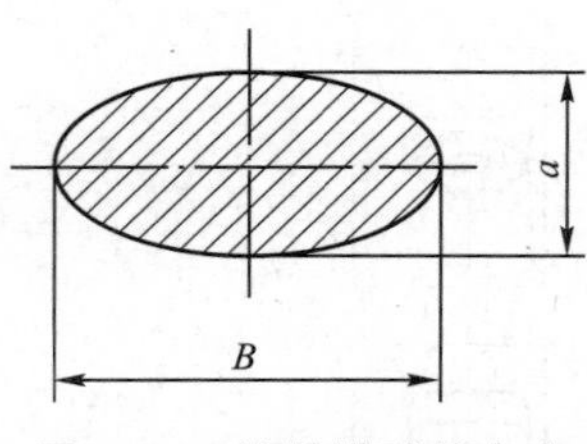

图 8.17　滚挤模膛的高度

考虑到在模锻锤上滚挤时，上、下模一般不打靠，故实际采用的模膛高度比计算值小，一般取

$$h_{杆}=(0.7\sim 0.8)d_{计}$$

对于开式滚挤，由于截面近似矩形，故

$$h_{杆}=(0.65\sim 0.75)d_{计}$$

b. 头部高度。为了有助于金属的聚集，滚挤模膛的头部模膛高度应等于或略大于计算毛坯图相应部分的直径，即

$$h_{杆}=(1.05\sim 1.15)d_{计}$$

当头部靠近钳口时，可能要有一部分金属由钳口流出，这时系数取 1.05。

② 滚挤模膛的宽度。滚挤模膛的宽度过小，金属在滚挤过程中流进分模面会形成折叠；过大，因侧壁阻力减小，降低滚挤效率，而且增大模块尺寸。一般假设第一次锤击锻模打靠，并且仅发生平面变形，金属无轴向流动，滚挤模膛的宽度应满足式(8-4)。

$$\frac{\pi}{4}Bh\geqslant F_{坯} \tag{8-4}$$

即

$$B\geqslant\frac{1.27F_{坯}}{h}$$

考虑实际情况，上、下模打不靠，并且金属有轴向流动，取

$$B=\frac{0.9\times 1.27F_{坯}}{h}=\frac{1.15F_{坯}}{h}$$

考虑到第二次锤击不发生失稳，所以有

$$\frac{B}{h_{min}}\leqslant 2.8$$

由此可得

$$B\leqslant 1.7d_{坯}$$

滚挤模膛头部尺寸应有利于聚料和防止卡住，所以宽度应比计算毛坯的最大直径略大，即

$$B\geqslant 1.1d_{max}$$

综上所述，滚挤模膛宽度的计算和校核条件为

$$1.7d_{坯}\geqslant B\geqslant 1.1d_{max} \tag{8-5}$$

③ 滚挤模膛的截面形状。为了有助于杆部金属流入头部，一般在纵截面的杆部设计 2°～5°的斜度(若毛坯图上原来就有，则可用原来的斜度)。在杆部与头部的过渡处，应做成适当圆角。滚挤模膛长度应根据热锻件长度 $L_{锻}$ 确定。因为轴类件的形状不同，所以设计也不同。

闭式滚挤模膛的横截面形状有两种：圆弧形和菱形。圆弧形断面较普遍，其模膛宽度和高度确定后，得到三点，通过三点作圆弧而构成截面形状。菱形截面是在圆弧形基础上

简化而成的，用直线代替圆弧，能增强滚挤效果。

还有一种用于直轴类锻件的制坯模膛，称为压肩模膛。实质上就是开式滚挤模膛的特殊使用状态。其形状与设计方法都与开式滚挤模膛一样，仅仅只是一次压扁，不作90°翻转，然后再锻。

3）弯曲模膛设计

弯曲工步是将坯料在弯曲模膛内压弯，使其符合终锻模膛在分模面上的形状。在弯曲模膛中锻造时坯料不翻转，但弯好后放在模锻模膛中锻造时需要翻转90°。

弯曲所用的坯料可以是原坯料，也可以是经拔长、滚压等制坯模膛变形过的坯料。

按变形情况不同，弯曲可分为自由弯曲(图8.18)和夹紧弯曲(图8.19)两种。自由弯曲是坯料在拉伸不大的条件下弯曲成形，适用于具有圆弧形弯曲的锻件，一般只有一个弯曲部位。夹紧弯曲是坯料在模膛内除了弯曲成形外，还有明显的拉伸现象，适用于多个弯曲部位的、具有急突弯曲形状的锻件。

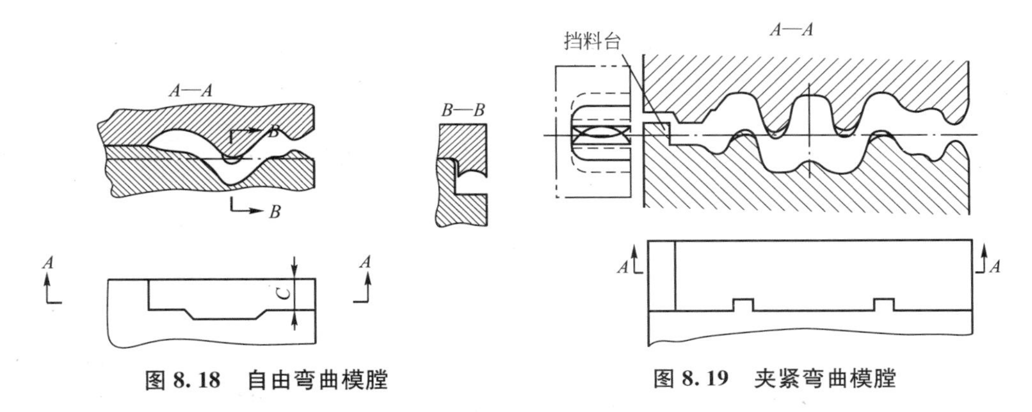

图8.18　自由弯曲模膛　　**图8.19　夹紧弯曲模膛**

锤上模锻时弯曲模膛的设计要点如下：

(1) 弯曲模膛的形状是根据模锻模膛在分型面上的轮廓外形(分型线)来设计的。为了能将弯曲后的坯料自由地放进模锻模膛内，并以镦粗方式充填模膛，弯曲模膛的轮廓线应比模锻模膛相应位置在分型面上的外形尺寸减小2～10mm。

(2) 弯曲模膛的宽度C按式(8-6)计算。

$$C=\frac{F_{坯}}{h_{\min}}+(10\sim20)(\text{mm}) \tag{8-6}$$

(3) 弯曲模膛支承和定位。为了便于操作，在模膛的下模上应有两个支点，以支承压弯前的坯料。两支点的高度应使坯料呈水平位置。毛坯在模膛中不允许发生横向移动，为此，弯曲模膛的凸出部分(或仅上模的凸出部分)在宽度方向应做成凹状，如图8.18中B—B所示部位。如果弯曲前的坯料未经制坯，应在模膛末端设置挡料台，以供坯料前后定位用；如坯料先经过滚压制坯，可利用钳口的颈部定位。

(4) 坯料在模锻模膛中锻造时，在坯料剧烈弯曲处可能产生折叠，所以弯曲模膛的急突弯曲处，在允许的条件下应做成最大圆角。

(5) 弯曲模膛分型面应做成上下模突出分型面部位的高度大致相等。

(6) 为了防止碰撞，弯曲模膛下模空间应留有间隙。

4）成形模膛设计

成形工步与弯曲工步相似，也是将坯料变形，使其符合终锻模膛在分型面上的形状。它与弯曲工步不同，它是通过局部转移金属获得所需要的形状，坯料的轴线不发生弯曲。

成形模膛按纵截面形状可分为对称式(图 8.20)和不对称式(图 8.21)两种，常用的是不对称式。成形模膛的设计原则与设计方法同弯曲模膛相同。

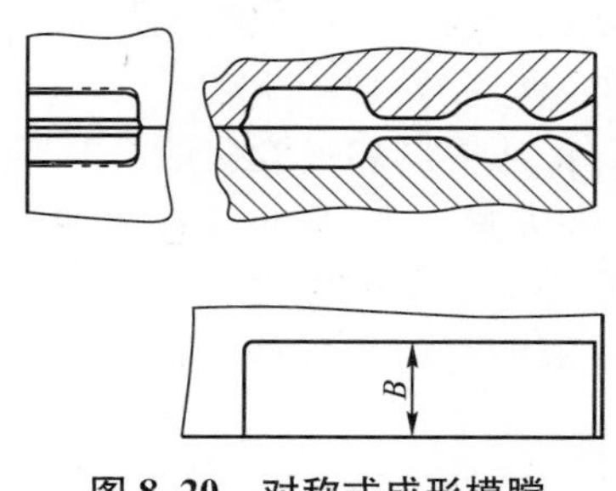

图 8.20　对称式成形模膛

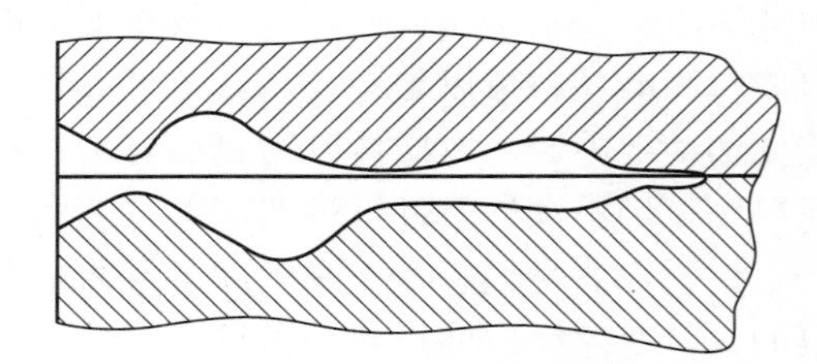

图 8.21　不对称式成形模膛

5）镦粗台和压扁台设计

镦粗台适用于圆饼类锻件，用来镦粗坯料，减小坯料的高度，增大直径，使镦粗后的坯料在终锻模膛内能够覆盖指定的凸部与凹槽，防止锻件产生折叠与充不满，并起清除坯料上氧化皮、减少模膛磨损的作用，如图 8.22 所示。

压扁台适用于锻件平面图近似矩形的情况，压扁时坯料的轴线与分型面平行放置。压扁台用来压扁坯料，使坯料宽度增大，使压扁后的坯料能够覆盖终锻模膛的指定凸部与凹槽，起到与镦粗台相同的作用，如图 8.23 所示。

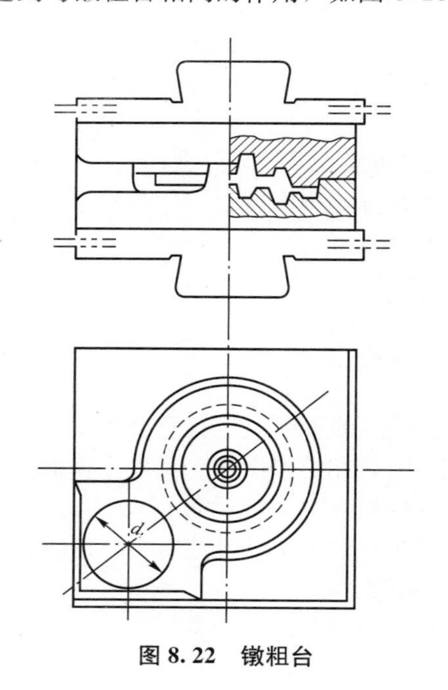

图 8.22　镦粗台

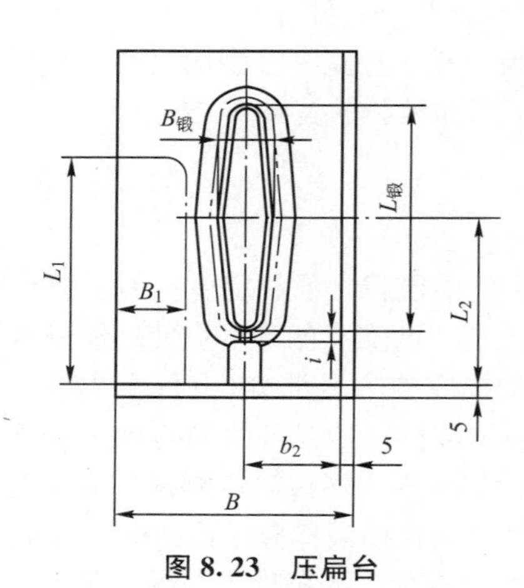

图 8.23　压扁台

根据锻件形状的要求，在镦粗或压扁的同时，也可以在坯料上压出凹坑，兼有成形镦粗的作用。

镦粗台或压扁台都设置在模块边角上，所占面积略大于坯料镦粗或压扁之后的平面尺寸。为了节省锻模材料，可以占用部分飞边槽仓部，但应使平台与飞边槽平滑过渡连接。

镦粗台一般安排在锻模的左前角部位，平台边缘应倒圆，以防止镦粗时在坯料上产生压痕，使锻件容易产生折叠。

在设计镦粗台时，先根据锻件的形状、尺寸和原坯料尺寸确定镦粗后坯料的直径 d（图 8.22），再根据 d 确定镦粗平台的尺寸。

压扁台一般安排在锻模左边，为了节省锻模材料，也可占用部分飞边槽仓部。

压扁台的长度 L_1 和压扁台的宽度 B_1 的有关尺寸(图 8.23)如式(8-7)所示。

$$\begin{aligned} L_1 &= L_{压} + 40\text{mm} \\ B_1 &= b_{压} + 20\text{mm} \end{aligned} \tag{8-7}$$

式中，$L_{压}$ 为压扁后的坯料长度(mm)；$b_{压}$ 为压扁后的坯料宽度(mm)。

6) 切断模膛设计

为了提高生产率、降低材料消耗，对于小尺寸锻件，根据具体情况可以采用一棒多件连续模锻，在锻造下一个锻件之前要将已锻成的锻件从棒料切断，这就需要使用切断模膛(切刀)完成。

为了减少锻模平面尺寸，切断模膛通常放置在锻模的四个角上。根据位置不同可分为前切刀和后切刀，如图 8.24 所示。

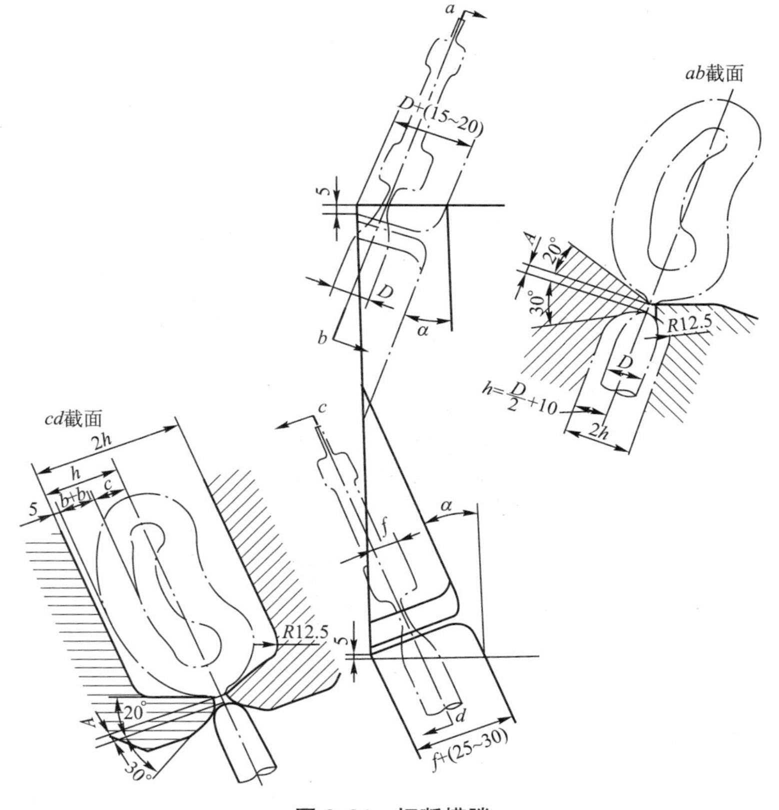

图 8.24 切断模膛

前切刀操作方便，但切断过程中锻件容易碰到锻锤锤身，切断锻件易堆积在锻锤的导轨旁。

后切刀切下的锻件直接落到锻锤后边的传送带上，送到下一工位，在设计时应根据坯料直径 d 来确定切断模膛的深度和宽度。

同时切断模膛的布置还要考虑拔长模膛的位置，当拔长模膛为斜排式时，切断模膛应与拔长模膛同侧。

切断模膛(切刀)的斜度通常为15°、20°、25°、30°等，应根据模膛的布置情况而定。

8.2.2　模锻工步与模锻模膛结构

模锻工步即将制坯工步锻得的坯料进一步锻打成合格模锻件的工步。对于形状简单的锻件，可以在一个模膛内终锻成形。一般形状较复杂的锻件，除了终锻外，还必须有相应的预锻工步，以保证锻件质量。

1. 模锻工步及其用途

(1) 预锻。形状复杂的锻件，如拨叉、连杆、叶片等，为使终锻模膛得以充满，并且消除折叠等缺陷，在制坯后首先要进行预锻。

预锻形状与终锻形状的差别如图8.25所示。

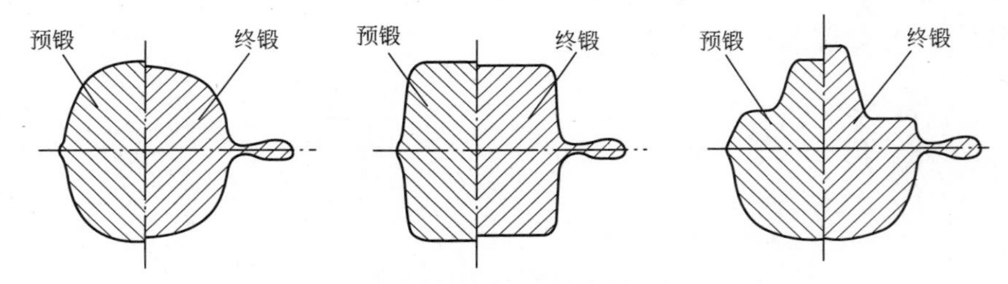

图8.25　预锻形状与终锻形状的差别

在模具上有时预锻模膛和终锻模膛非常相似，其区分方法如下：

① 预锻模膛没有飞边槽。

② 圆角比终锻模膛大。

③ 预锻模膛比终锻模膛离锻模中心远。

(2) 终锻。终锻是模锻中最主要的工步，终锻模膛是按热锻件图设计的。终锻模膛都带有飞边槽，用来容纳多余金属，保证模膛充满。

终锻模膛一般都布置在模块中部，以减小偏心力矩对锤杆的损害。终锻工步需要最大的锻造力，必须打靠，以保证锻件的厚度合格。

因为终锻后坯料已得到锻件形状，所以终锻时如果产生缺陷，往往无法修复，甚至会造成成批报废。

2. 模锻工步的选定

1) 方圆类锻件的模锻工步

方圆类锻件的模锻工步比较简单，一般为镦粗后终锻。形状较复杂或轮毂较高的，也可以采用镦粗→预锻→终锻或成形镦粗→终锻的工步；少数简单的锻件，如行星齿轮坯等，若坯料表面氧化皮很少，也可以直接终锻。

方圆类锻件在操作上比较简单。模锻工应掌握合适的镦粗高度，以免出现折叠或充不满等缺陷。一般来说，在轮毂根部出现折叠是由于坯料镦粗后直径太小；而高度方向充不满则是由于镦得太低。若两种缺陷同时存在，就需要采用成形镦粗工步。

当锻模上有锁扣时，应注意镦粗时不得使坯料碰上锁扣，以免出现废品。

表 8－4 为方圆类锻件的工步。

表 8－4 方圆类锻件的工步

序号	锻件简图	变形工步	说明
1	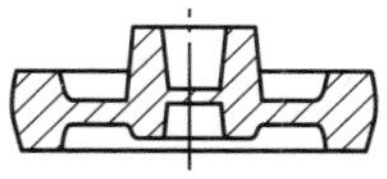	(1) 自由镦粗； (2) 终锻	一般齿轮锻件
2	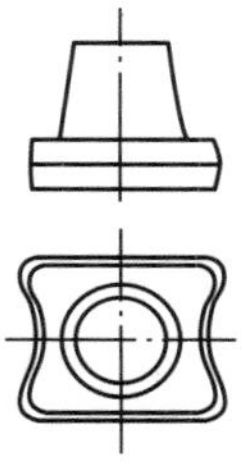	(1) 自由镦粗； (2) 成形镦粗； (3) 终锻	轮毂较高的法兰锻件
3	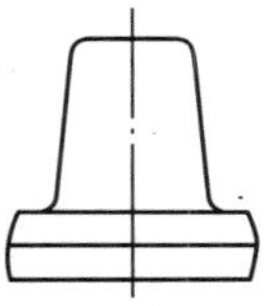	(1) 拔长； (2) 终锻	轮毂很高的法兰锻件
4	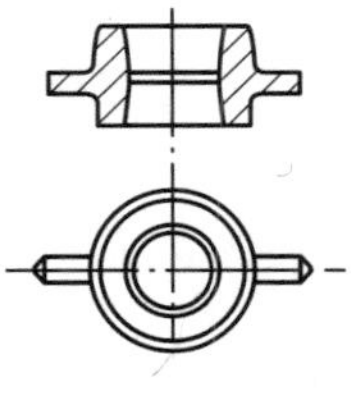	(1) 自由镦粗； (2) 打扁； (3) 终锻	平面接近圆形的锻件

2) 轴杆类锻件的模锻工步

轴杆类锻件模锻工步的选择比较复杂，有时需要有较丰富的经验才能选出生产效率高、操作也方便的最佳工艺方案。

由于形状的需要，轴杆类锻件的模锻工步见表 8－5。

表 8－5 轴杆类锻件的模锻工步

模锻件类型	模锻件简图	制坯工步简图	制坯工步说明
直长轴锻件	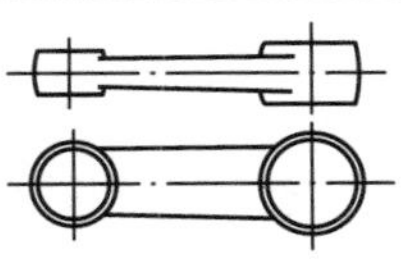	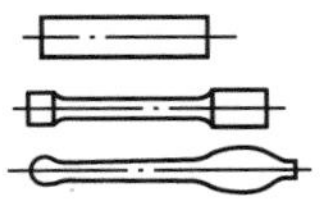	(1) 拔长； (2) 滚挤

（续）

模锻件类型	模锻件简图	制坯工步简图	制坯工步说明
弯曲轴锻件	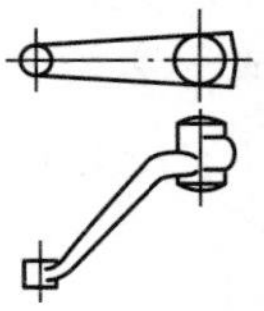	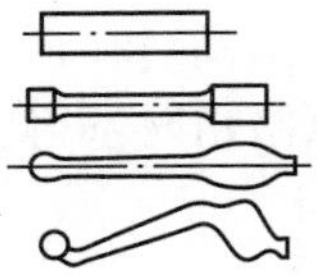	（1）拔长； （2）滚挤； （3）弯曲
带枝芽长轴件	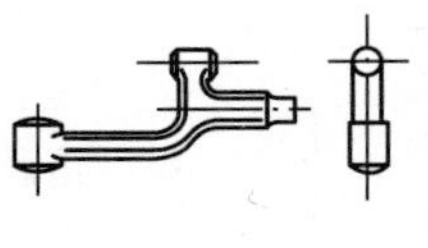	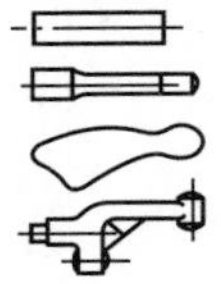	（1）拔长； （2）成形； （3）预锻
带叉长轴件	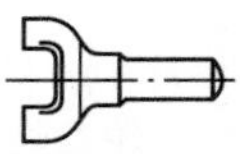	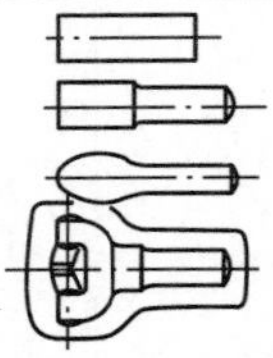	（1）拔长； （2）滚挤； （3）预锻

在生产实际中，大部分轴杆类锻件的轴线长度均远大于锻件宽度，这时模锻工步的选择常采用经验计算法，即假设模锻时金属不沿轴向流动，坯料轴向各截面积与锻件相应截面积和飞边截面积之和相等，从而绘制、计算出有关的繁重系数，参考有关图表，结合实际条件确定模锻工步。

（1）绘制计算毛坯的截面图和直径图。以模锻件图为依据，沿模锻件轴线作若干个横截面，计算出每个横截面的面积，同时加上飞边处的金属面积。

$$F_{计}=F_{锻}+2\eta F_{毛} \tag{8-8}$$

式中，$F_{计}$为计算毛坯的截面积；$F_{锻}$为模锻件的截面积；η为飞边充满系数；形状简单的模锻件取0.3～0.5，形状复杂的取0.5～0.8；$F_{毛}$为飞边槽的截面积。

计算毛坯的截面图就是以模锻件轴线为横坐标，计算毛坯的截面积为纵坐标绘出的曲线。该曲线下的面积就是计算毛坯的体积。

根据计算毛坯的截面积$F_{计}$可以得到计算毛坯直径$d_{计}$

$$d_{计}=\sqrt{\frac{4}{\pi}F_{计}}$$

计算毛坯的直径图是以模锻件轴线为对称轴，计算毛坯的半径为纵坐标绘出的对称曲线。一张完整的计算毛坯图包括三个部分，即模锻件主视图、计算毛坯截面图和计算毛坯直径图，如图8.26所示。

（2）计算平均直径$d_{均}$。将计算毛坯的体积$V_{计}$除以模锻件长度$L_{锻}$或模锻件计算毛坯长度$L_{计}$，可得到平均截面积$F_{均}$。

$$F_{均}=\frac{V_{计}}{L_{计}}$$

$$d_{均}=\sqrt{\frac{4}{\pi}F_{均}}$$

将平均截面积 $F_{均}$ 在截面图上用虚线绘出，平均直径 $d_{均}$ 在图上也用虚线绘出，如图 8.26 所示。凡是大于平均直径的部分称为头部，反之称为杆部。

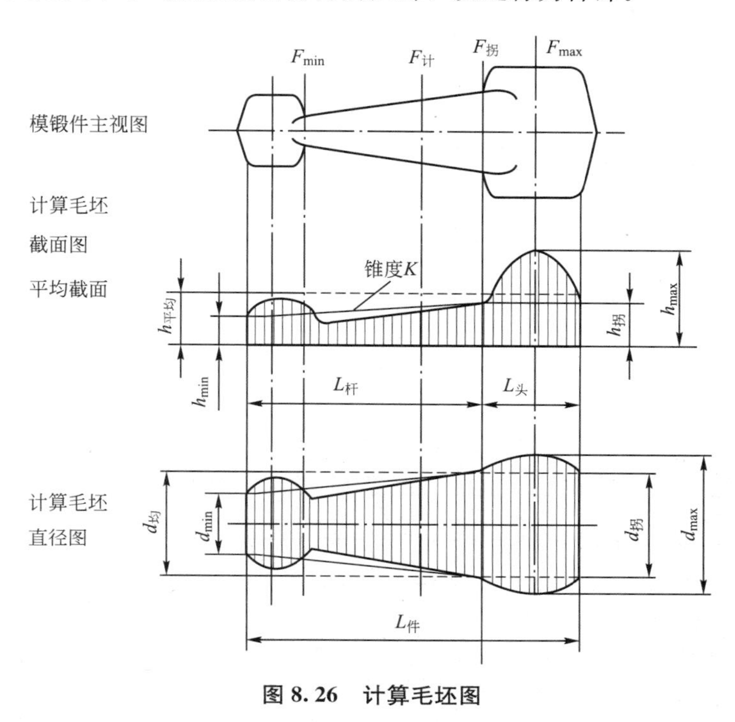

图 8.26 计算毛坯图

如果选用的毛坯直径恰与计算毛坯的平均直径相等，并且不制坯进行模锻，将导致头部金属不足而杆部金属多余。为了使模锻件顺利成形，应选择合适的毛坯直径和制坯工步。

(3) 计算工艺过程繁重系数。制坯工步的基本任务是完成金属的轴向分配，该任务的难易可用金属变形工艺过程繁重系数来描述。

$$\alpha=\frac{d_{max}}{d_{均}}$$

$$\beta=\frac{L_{计}}{d_{均}} \qquad (8-9)$$

$$K=\frac{d_{拐}-d_{min}}{L_{杆}}$$

式中，α 为金属流入头部的繁重系数；d_{max} 为计算毛坯的最大直径；$d_{均}$ 为计算毛坯的平均直径；β 为金属沿轴向变形的繁重系数；d_{min} 为计算毛坯的最小直径；K 为计算毛坯的杆部斜率；$d_{拐}$ 为计算毛坯的拐点处直径，可由拐点处截面积来换算。

α 值越大，表明变形时往头部流动的金属越多；β 值越大，表明金属轴向流动的距离越长；K 值越大，表明杆部锥度越大，杆部的金属越过剩。

此外，锻件质量 G 越大，表明金属的变形量越大，制坯更困难。

(4) 查表确定制坯工步。根据生产经验绘制的工步方案选择图如图 8.27 所示。可将上述系数 α、β、K 和锻件质量 G 分别代入图中查找，得出制坯工步的初步方案。图 8.27 中开滚指开式滚挤制坯，闭滚指闭式滚挤制坯。

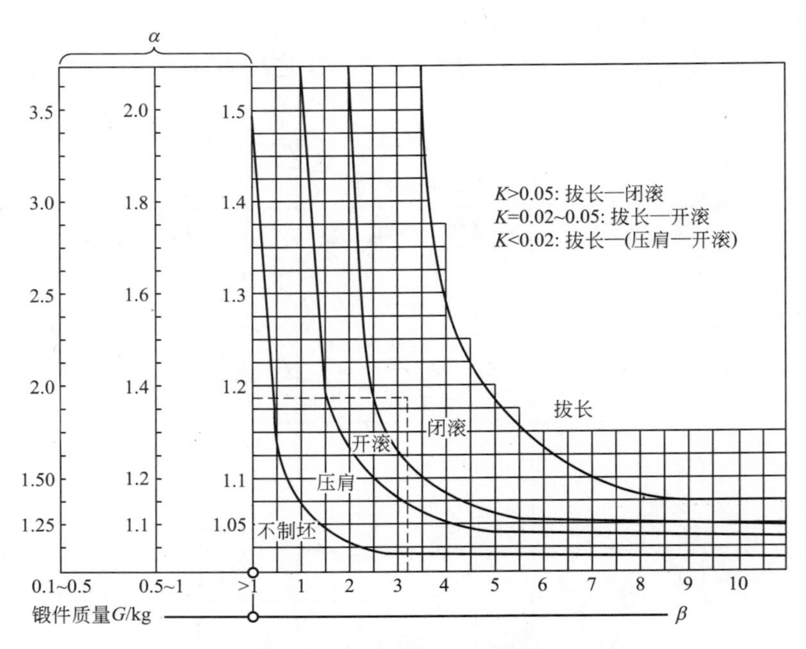

图 8.27　长轴类模锻件制坯工步选择图

必须指出，制坯工步的选择并非易事，上述方法得出的方案应作为参考，还要根据具体锻件和生产条件充分考虑实际情况，对工步方案进行必要的修改。

弯曲轴线的锻件，其制坯工步仍然按上述原则制订；不过应先将锻件轴线展开成直线，并增加一道弯曲制坯工步。

(5) 确定单件模锻、调头模锻及切断模锻的工艺方案。多数锻件是单件模锻，即一件坯料只锻一件模锻件。但在特定条件下，某些中型锻件可采用调头模锻，小型锻件可采用一火多件等不同的模锻方法，这样不但提高了生产效率，也节省了锻钳夹头金属。

① 单件模锻。单件模锻即一件坯料锻制一件模锻件的模锻方案。大、中型模锻件均可采取这种方案。对于长轴类锻件，单件模锻时要在棒料上留出锻钳夹头，以便用锻钳夹持坯料进行各工步的锻造操作。锻钳夹头在切边时，作为废料与飞边一起切掉。

② 调头模锻。对于质量小于 2.5kg，长度小于 300mm 的中、小型模锻件，可以采用每一坯料锻制两个模锻件的模锻方案。锻完第一件后，将坯料调转 180°，以第一个锻件作为锻钳夹头锻制第二个模锻件，这种模锻方案即调头模锻，如图 8.28 所示。调头模锻后，连在一起的两个锻件可以送至切边压力机进行单个切边。

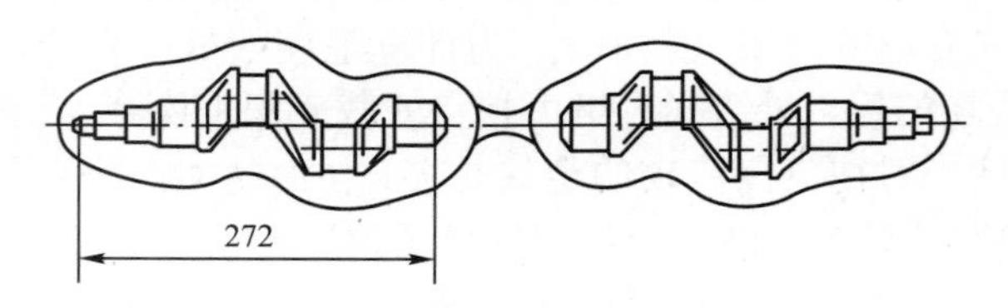

图 8.28　调头模锻图

对于细长、扁薄或带落差的锻件，不宜采用调头模锻。因为在模锻第二个锻件时，会使夹持着的第一个锻件产生变形。

③ 一火多件模锻。对于质量在 0.5kg 左右的小型模锻件，可以采用每一坯料在一次加热后连续锻制数个模锻件的模锻方案。锻造时，每锻完一个模锻件需要用切断模膛将锻件从坯料上切下。一火多件模锻所用的锤锻模必须设置切断模膛。当锻出倒数第二个模锻件时，可以不切下锻件而采用调头模锻，不要锻钳夹头。连续锻打的锻件数一般为 4～6 件。件数过多时操作不方便，而且会因温度过低降低锻模寿命。为了避免坯料温度降低过多，同时也便于操作，坯料的长度一般不超过 600mm。

④ 一模多件模锻。对于质量小于 0.5kg 的小型锻件，在设备允许的情况下，可以在一副模具上设置几套模膛，同时锻出几个模锻件，即一模多件的模锻方案，如图 8.29 所示。一模多件也可以是一火多件，这样就需要设置切断模膛。一模多件的锻件往往采取冷切毛边。

⑤ 成对锻造。带落差的锻件，通过对称排列，可以抵消模锻单个模锻件时产生的错移力，如图 8.30 所示。

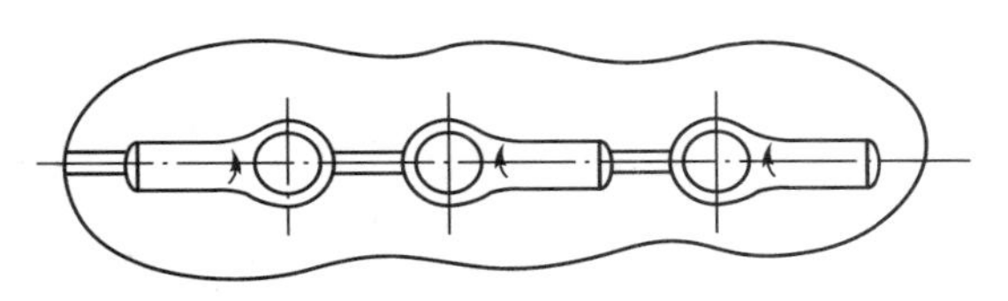

图 8.29 一模多件模锻

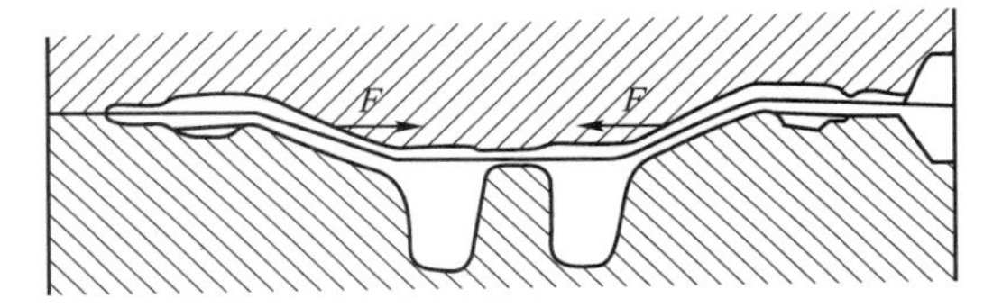

图 8.30 成对锻造

3) 其他模锻件的模锻工步

直长轴类锻件有枝芽组成部分时，视其尺寸大小和所处位置，除需拔长、滚挤制坯工步外，还可能用到成形制坯或不对称滚挤工步，迫使部分金属流向枝芽一边。

(1) 带枝芽锻件。带枝芽锻件的模锻工步为拔长后成形，再预锻，最后终锻，见表 8-5。

(2) 叉形锻件。大部分叉形锻件都需要拔长和滚挤制坯，为了使叉部能充满，预锻模膛中设有劈料台，在预锻时使金属流向两侧，见表 8-5。

劈料台的结构形式如图 8.31 所示。

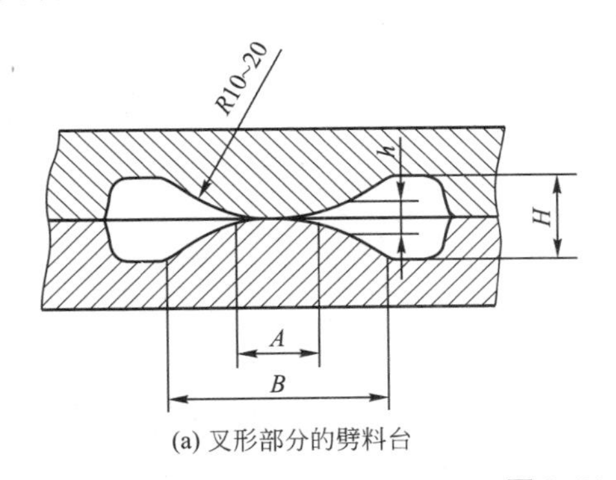

(a) 叉形部分的劈料台

B
H
R

(b) 窄深叉形部分的劈料台

图 8.31 劈料台

有时叉形锻件尾柄不长，而叉距又很大(图 8.32)时，可以将这种叉形锻件视为弯曲轴线的锻件，用拔长、弯曲后终锻的工步模锻。

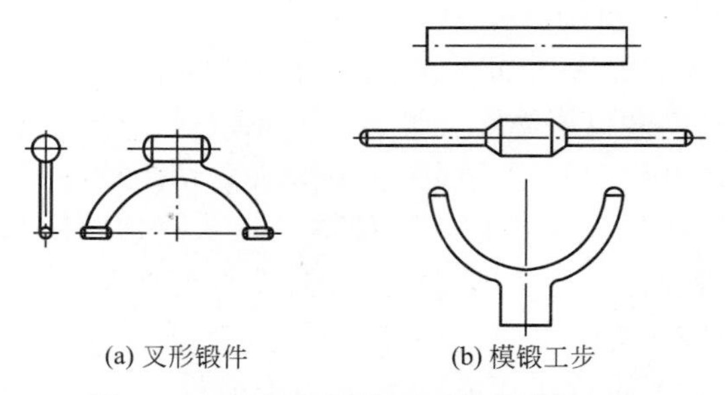

图 8.32 尾柄不长的叉形锻件模锻工步

8.2.3 切断工步

为了提高工效，减小钳口损失，有些小型锻件可采用一棒多件的模锻方法。当模具上只有一个终锻模膛时，每锻一件后就要采用切断工步将锻件切下，所余棒料(余料)再继续锻造。

切断模膛如图 8.24 所示，切断模膛一般在锻模的角部。

切断工步操作时应注意：

(1) 锻件和余料应如图 8.33 所示放置，不得碰到锻模的承击面。

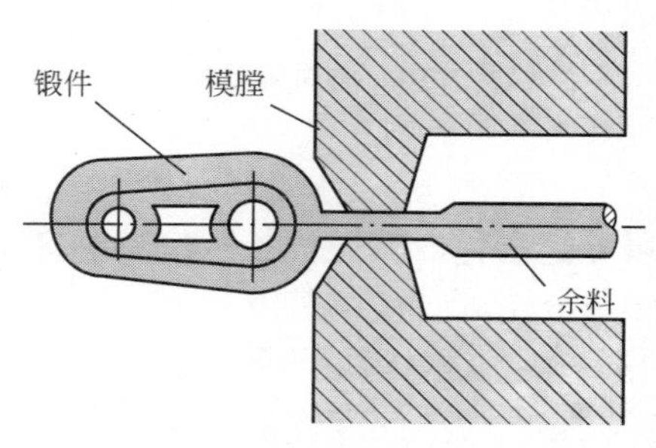

图 8.33 切断时锻件和余料的位置

(2) 钳口应尽可能远离切断刃口，钳把不得对准身体，以免发生事故。

(3) 切断工步所需打击能量较小，但又需要一定的速度才能达到切断的目的，因此应用轻快的锤击，避免重击损坏模具。

(4) 当头一锤打下后未能切断时，应翻转 90°后再打第二锤。

(5) 当切断模膛置于锻模前部时，切下的锻件会在导轨下部堆积，应及时清理，以免碰上锤头，造成意外。

8.3 锤上模锻的锻模设计

8.3.1 锤上锻模的种类

锤上锻模的分类可以有不同的方法，如按材料可分为不同材料制造的锻模，按导向可分为带锁扣和不带锁扣的锻模，按用途可分为锻模和校正模等，而从使用的角度，可以分为整体式和镶块式锻模。

1. 整体式锻模

整体式锻模是锤上锻模的主要形式，这是因为大部分模锻件的生产批量都很大，而整体式锻模直接固定在锤头和砧座上，紧固可靠；同时整体式锻模有较大的工作面，能够安排多个工步，还可以设置锁扣等结构，有利于保证模锻件的质量。

但是整体式锻模加工比较困难，而且当模具型腔的某一部分需要返修时，必须同时加工所有的工作面；另外，整体式锻模的安装和调整都比较复杂。

2. 镶块式模锻

由于模具钢价格昂贵，模具制造过程繁杂，加工费用也高。因此，当锻件生产批量不大，而且模锻工步简单，仅需单模膛时，可采用镶块式锻模。

有时也将模膛中的易损坏部分做成镶块，以便单独更换。

镶块式锻模可用楔铁或热压等方法固定在一副模座上，模座紧固在锤头和砧座上。当模具损坏或更换产品时，只需要更换镶块即可，既节省了换模时间，又降低了模具费用。其缺点是不适用于多工步模锻。

(1) 圆镶块锻模。饼类锻件常采用圆镶块锻模。圆镶块锻模的典型结构如图 8.34 所示。

(2) 方镶块锻模。杆类锻件可采用方镶块锻模。方镶块锻模的典型结构如图 8.35 所示。

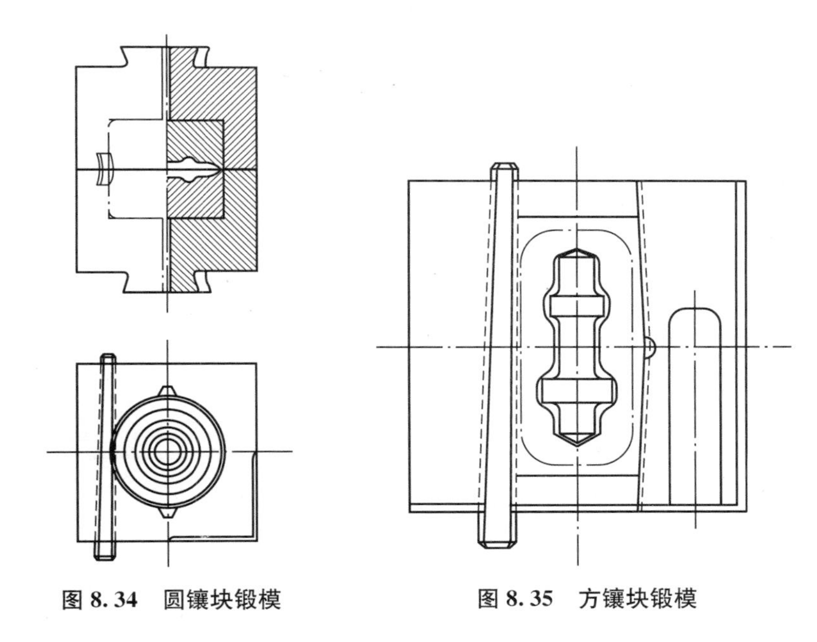

图 8.34 圆镶块锻模　　**图 8.35 方镶块锻模**

对锤上锻模上的易损部位，可采用堆焊的方法修复。安装镶块时，模锻工必须将锤头支好，进气阀也必须关闭，避免在装卸过程中，锤头落下造成事故。

8.3.2 锤上锻模的外形

锤上锻模的外形如图 8.36 所示，其各部分的作用如下：

(1) 分型面。一副锻模是由上、下两块模块组成的。在两块模块上分别加工了模膛，上、下模膛的分界面称为分型面。模锻工在生产过程中，需要依据分型面来判断锻件的错移量。分型面的选取，对于金属的流线，锻件是否容易脱模等均有重要影响。

(2) 模膛。锤上锻模上都加工出模膛来完成不同的变形工步。

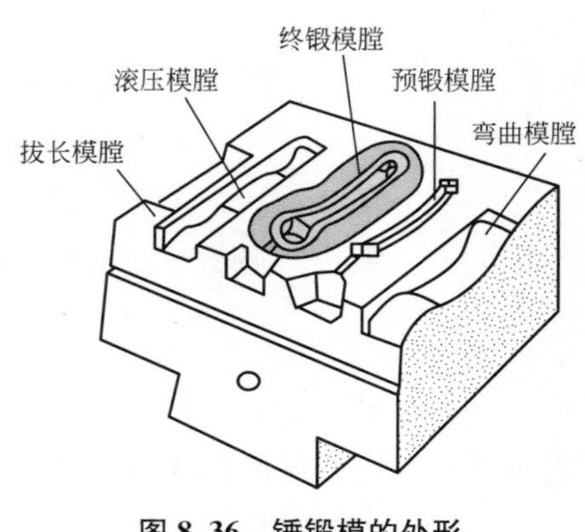

图 8.36 锤锻模的外形

(3) 钳口。在模膛前端的特制凹腔，一般称为钳口，如图 8.37 所示。钳口的作用主要是在锻打时容纳夹持坯料的钳子，便于锻件从模膛中取出。在制造锻模时，钳口还用作浇铅或金属盐的浇口，以便复制模膛形状，作检验用。

(4) 飞边槽。在终锻模膛周边有飞边槽，如图 8.38 所示。飞边槽的作用主要是容纳多余金属，并在水平方向造成较大阻力，以利金属充满模膛。

有、无飞边槽，是区分预锻模膛和终锻模膛最明显的标志。模锻工可依此很方便地判断哪个模膛是终锻模膛。在模锻过程中，由于飞边槽中金属的流动速度最快，飞边温度又较低，因此飞边槽磨损得最快。模锻工应注意观察飞边槽磨损情况，及时将需返修的模具换下。

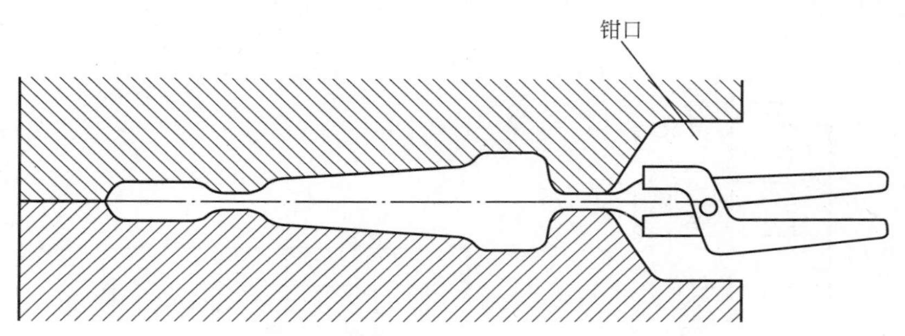

图 8.37 钳口

(5) 锁扣。锁扣又称导锁，主要作用是克服错移力，保证上、下模具对中。锁扣可分为圆锁扣、平面导向锁扣和角锁扣(图 8.39)等。应该注意，即使模具上设计了锁扣，模锻时也必须精心调整模具使之对中，绝不允许安装锻模后出现锁扣的磕碰，否则极易损坏模具。检查锁扣间隙是否均匀的方法，可将一张纸铺在锻模上，轻击一锤，若纸各处均不破则说明锻模已调整好。

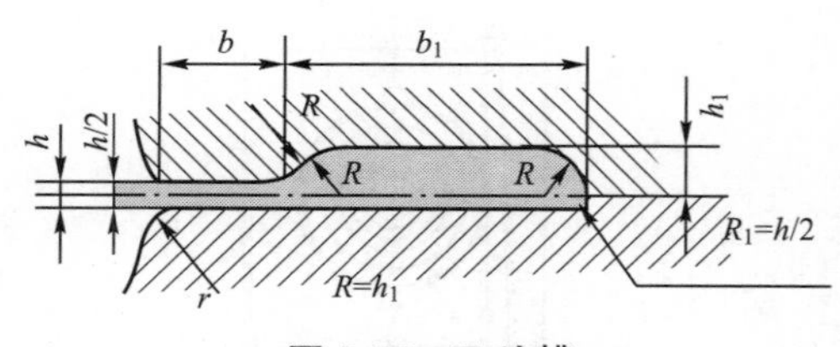

图 8.38 飞边槽

锻模上的锁扣会增加模块尺寸，有时还会妨碍操作，因此，如果对锻模错移量要求不高，同时模锻锤导轨间隙也较小时，一般不设置锁扣。

(6) 检验角。锻模的四个侧面中，有两个面的垂直度要求较高，这两个面构成的角称为检验角。这两个面是锻模加工时划线的基准面。模锻工在安装、调整锻模时，只需要检查上、下模检验角处是否有错移，便可知模具是否装正。检验角一般是锻模的右前角。有时为减少加工量，锻模的其他侧面并不完全加工出来，只加工出检验角。

(7) 起重孔。锤上锻模需要用天车吊装，因此上、下模上均有起重孔。吊运锻模时要使用专业的链子，并将链子打结以防滑脱。

(8) 燕尾和键槽。锻模是固定在锤头和模座上的。生产实践表明，锤上锻模用燕尾和楔铁的方法固定是比较可靠的。为了保证锻模在前、后方向定位，燕尾中部、锤头和模座上均有键槽，用键将它们固定，保证模具不得前后移动。

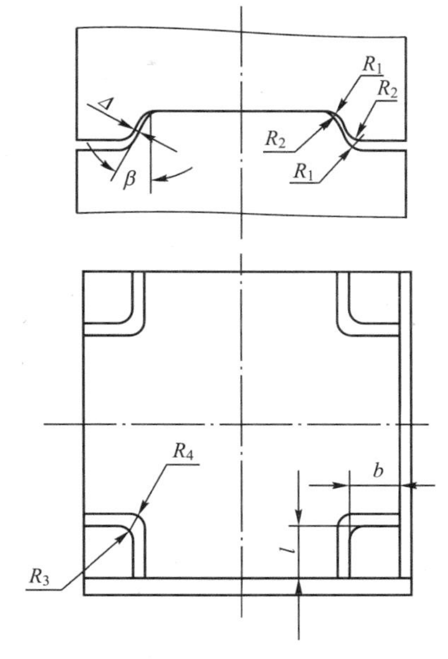

图 8.39 角锁扣

8.3.3 锤上锻模的结构设计

锤上锻模的结构设计对锻件品质、生产率、劳动强度、锻模和锻锤的使用寿命等有很大的影响。锤上锻模的结构设计应着重考虑模膛的布排、错移力的平衡及导向问题、锻模的强度、模块尺寸。

1. 模膛的排列

模膛的排列要根据模膛数及各模膛的作用和操作方便安排。锤上锻模一般有多个模膛，以终锻模膛和预锻模膛的变形力较大，在模膛布置过程中一般首先应考虑模锻模膛。

模膛布排的基本原则如下：

(1) 预锻模膛和终锻模膛的中心尽可能靠近模锻中心。

(2) 模膛的排列应与加热炉和切边压力机的位置相适应。

(3) 弯曲模膛的位置应使坯料翻转90°后直接放入预锻或终锻模膛。

(4) 拔长模膛如在右边，应取直排式为宜；如在左边，应取斜排式为宜。

(5) 模膛应尽可能按工步顺序排列。

1) 终锻与预锻模膛的排列

(1) 模块中心、锻模中心和模膛中心。模块中心指模块对角线的交点，即模块的重心。锻模中心指燕尾中心线和键槽中心线的交点，这点一般与锤杆中心重合，如图8.40所示。模膛中心一般指模膛投影面的形心。当模膛中心与锻模中心不重合时，锻造时锤头锤杆均要受到偏心力矩，对设备很不利，如图8.41所示。当多模膛模锻时，这种现象是无法避免的。模锻工应注意模膛中心的位置，当模膛中心与锻模中心之间距离较大时，不要全力打击，以延长模具和设备的寿命。

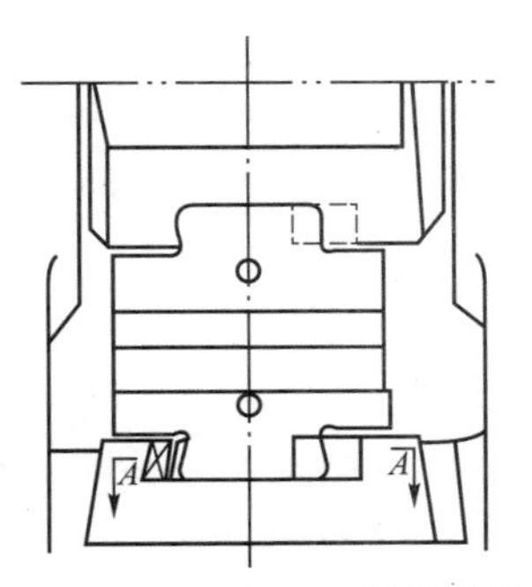

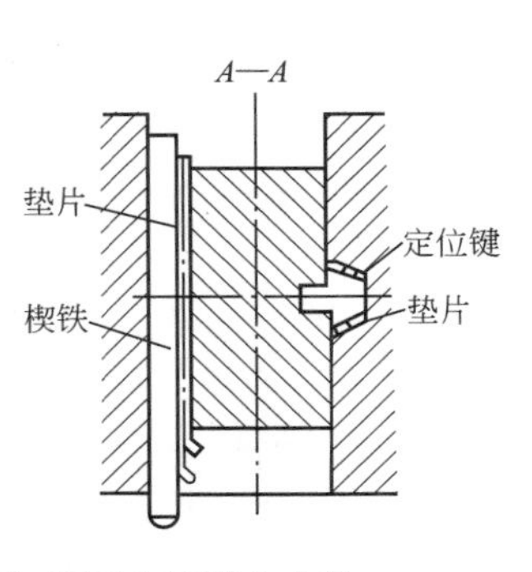

图 8.40 锻模燕尾中心线与燕尾上键槽中心线

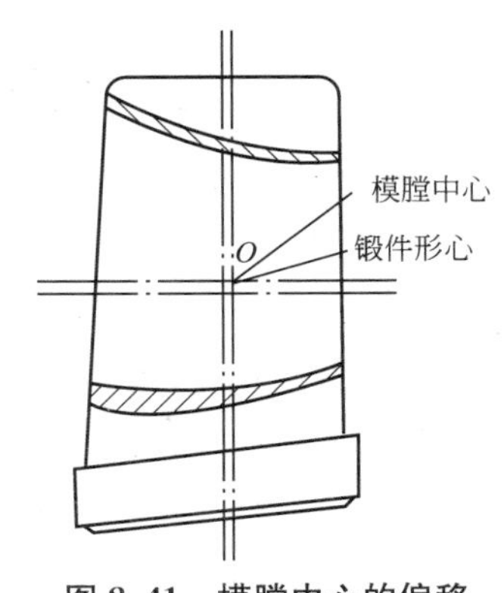

图 8.41 模膛中心的偏移

(2) 模膛中心的排列。当模膛中心与锻模中心位置相重合时，锻锤打击力与锻件反作用力在同一垂线上，不产生错移力，上、下模没有明显错移，这是理想的排列。当锻模模膛中心与锻模中心偏移一段距离时，锻造时会产生偏心力矩，使上、下模产生错移，造成锻件在分型面上的错差，增加设备磨损。模膛中心与锻模中心的偏移量越大，偏心力矩越大，上、下模错移量及锻件错差量越大。因此终锻模膛与预锻模膛排列设计的中心任务是最大限度减小模膛中心对锻模中心的偏移量。

当锻模无预锻模膛时，终锻模膛中心位置应取在锻模中心。

当锻模有预锻模膛时，两个模膛中心一般都不能与锻模中心重合。为了减少错差、保证锻件品质，应力求终锻模膛和预锻模膛中心靠近锻模中心。

模膛排列时应注意：

① 在锻模前后方向上，两模膛中心均应在键槽中心线上，如图 8.42 所示。

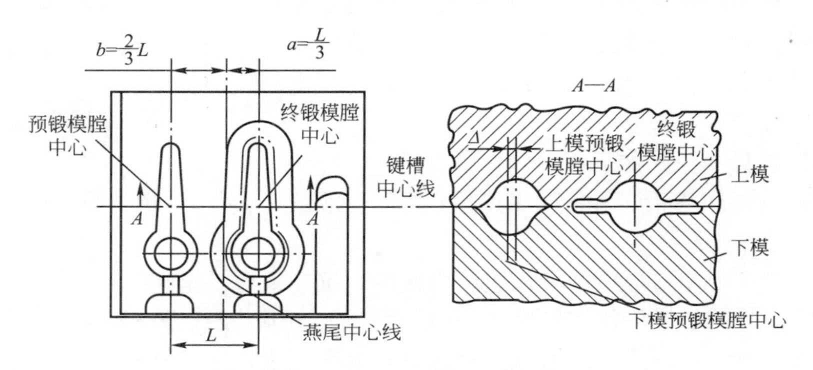

图 8.42　终锻、预锻模膛中心的排列

② 一般情况下，终锻的打击力约为预锻的两倍，为了减少偏心力矩，预锻模膛中心线至锻模燕尾中心线距离与终锻模膛中心线至锻模燕尾中心线距离之比，应等于或略小于 0.5，即 $a/b\leqslant 0.5$，如图 8.42 所示。

③ 预锻模膛中心线必须在燕尾宽度内，模膛超出燕尾部分的宽度不得大于模膛总宽度的 1/3。

④ 当锻件因终锻模膛偏移使错差量过大时，允许采用 $L/5<a<L/3$，即 $2L/3<b<4L/5$。在这种条件下设计预锻模膛时，应当预先考虑错差量 Δ。Δ 值由实际经验确定，一般为 1～4mm，如图 8.42 中 A—A 剖面图所示；锤吨位小者取小值，大者取大值。

⑤ 若锻件有宽大的头部(如大型连杆锻件)，两个模膛中心间距超出上述规定值，或终锻模膛因偏移使错差量超过允许值，或预锻模膛中心超出锻模燕尾宽度，可使两个模膛置于不同锻锤的模块上联合锻造。这样两个模膛中心便可都处于锻模中心位置上，能有效减少错差，提高锻模寿命，减少设备磨损。

⑥ 为减小终锻模膛与预锻模膛中心距 L，为保证模膛间模壁有足够的强度，可选用下列排列方法。

a. 平行排列法，如图 8.43(a)所示，终锻模膛和预锻模膛中心位于键槽中心线上，L 值减小的同时，前后方向的错差量也减小，锻件品质较好。

b. 前后错开排列法，如图 8.43(b)所示，预锻模膛和终锻模膛中心与键槽中心线的距离不等。前后错开排列能减小 L 值，但增加了前后方向的错移量，适用于特殊形状的锻件。

c. 反向排列法，如图 8.43(c)所示，预锻模膛和终锻模膛反向布排，这种布排能减小 L 值，同时有利于去除坯料上的氧化皮并使模膛更好充满，操作也方便，主要用于上下模对称的大型锻件。

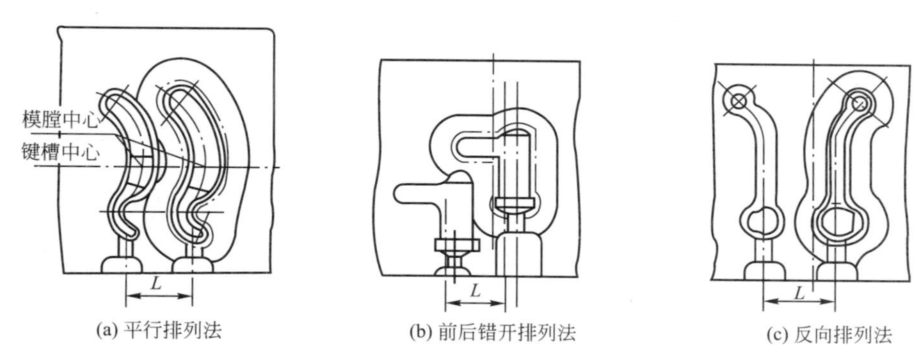

(a) 平行排列法　(b) 前后错开排列法　(c) 反向排列法

图 8.43　终锻模膛与预锻模膛的排列

2）模膛前、后方向的排列方法

终锻模膛、预锻模膛的模膛中心位置确定后，模膛在模块还不能完全放置，还需要对模膛的前、后方向进行排列。

具体排列方法有以下两种：

（1）如图 8.44(a)所示的排列法，大头难充满部分放在钳口的对面，对金属充满模膛有利。这种排列法还可利用锻件杆部作为夹钳料，省去了夹钳料头。

（2）如图 8.44(b)所示排列法，锻件大头靠近钳口，使锻件质量大且难出模的一端接近操作者，这样操作方便、省力。

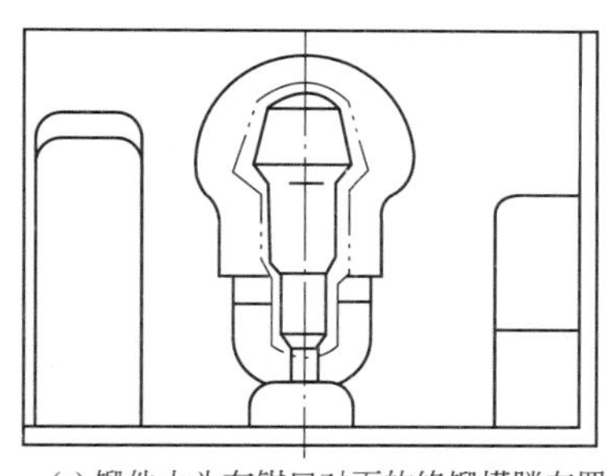

(a) 锻件大头在钳口对面的终锻模膛布置

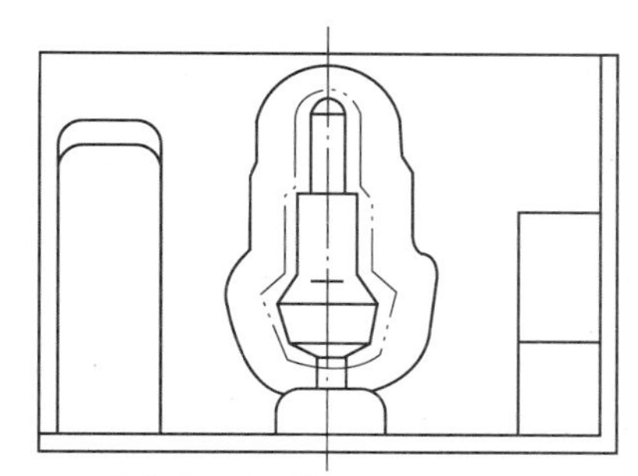

(b) 锻件大头靠近钳口的终锻模膛布置

图 8.44　模膛前、后方向的排列方法

3）制坯模膛的排列

除终锻模膛和预锻模膛以外的其他模膛由于成形力较小，可布置在终锻模膛与预锻模膛两侧。具体原则如下：

（1）制坯模膛尽可能按工艺过程顺序排列，操作时一般只让坯料运动方向改变一次，以求缩短操作时间。

（2）模膛的排列应与加热炉、切边压力机和吹风管的位置相适应。例如，氧化皮最多的模膛是锻模中头道制坯模膛，应位于靠近加热炉的一侧，并且在吹风管对面，不要让氧化皮吹落到终锻模膛、预锻模膛内。

(3) 弯曲模膛的位置应便于将弯曲后的坯料顺手送入终锻模膛内，如图 8.45(a)所示。图 8.45(a)所示的布置较图 8.45(b)所示的布置为佳。

(4) 拔长模膛位置如在锻模右边，应采用直排式；如在左边，应采用斜排式，这样可方便拔长操作。

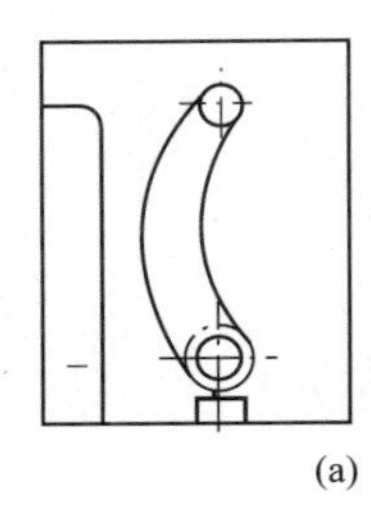
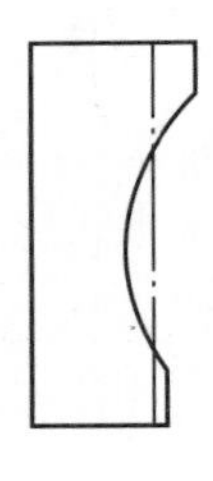

(a)

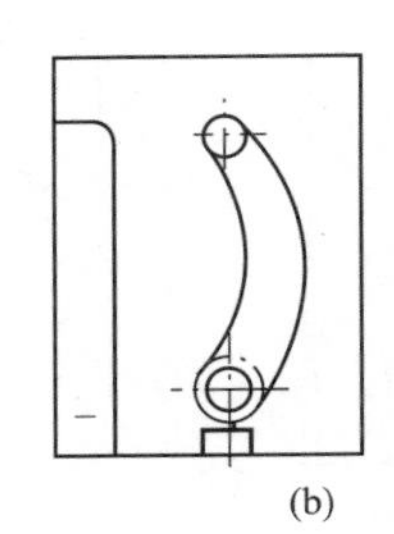
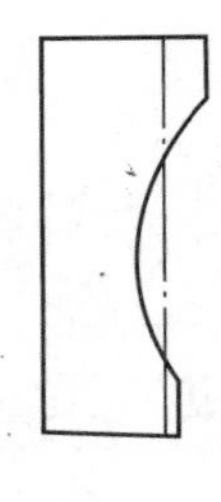

(b)

图 8.45　弯曲模膛的布置

2. 错移力的平衡与锁扣设计

错移力一方面使锻件错移，影响尺寸精度和加工余量；另一方面加速锻锤导轨磨损和使锤杆过早折断。因此错移力的平衡是保证锻件尺寸精度的一个重要问题。

锻锤精度的高低对减小锻件的错差有一定的影响，但是最根本、最有积极意义的是在模具设计方面采取措施，因为后者的影响更直接，更具有决定作用。

1) 对于有落差的锻件错移力的平衡

当锻件的分型面为斜面、曲面，或锻模中心与模膛中心的偏移量较大时，在模锻过程中将产生水平分力。这种分力会引起锻模在锻打过程的错移，通常称为错移力。

锻件分型线不在同一平面上(即锻件具有落差)，在锻打过程中，分型面上产生水平方向的错移力，错移力的方向很明显。错移力一般比较大，在冲击载荷的作用下，容易发生生产事故。

锤上模锻这类锻件时，为平衡错移力和保证锻件品质，一般采取如下措施：

(1) 对小锻件可以成对进行锻造，如图 8.28 所示。

(2) 当锻件较大，落差较小时，可将锻件倾斜一定角度锻造，如图 8.46 所示。由于倾斜了一个角度 γ，使锻件各处的拔模斜度发生变化。为保证锻件锻后能从模膛取出，角度 γ 值不宜过大。一般 $\gamma < 7°$，而且以小于拔模斜度最佳。

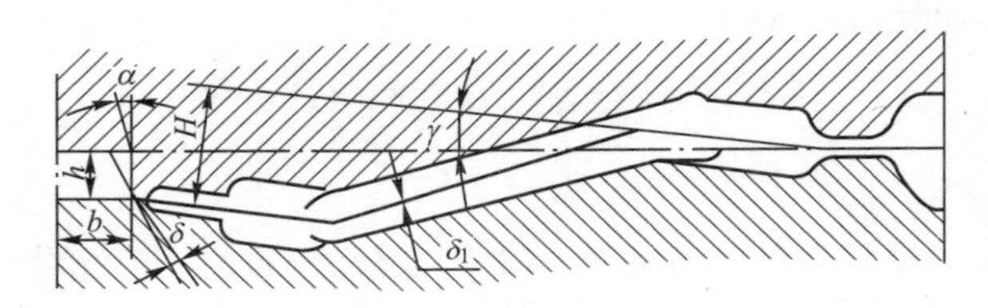

图 8.46　锻件倾斜一定角度的锻造

(3) 如锻件落差较大(15～50mm)，用第二种方法解决不好时可采用平衡锁扣，如图 8.47 所示。锁扣的高度等于锻件分型面落差高度。由于锁扣所受的力很大，容易损坏，故锁扣的厚度应不小于 $1.5h$。

锁扣的斜度 α 值按如下条件选取：

① 当 $h=15\sim30\text{mm}$ 时，$\alpha=5°$；

② 当 $h=30\sim60\text{mm}$ 时，$\alpha=3°$。

锁扣的间隙 δ 取 0.2～0.4mm，注意其必须小于锻件允许的错差的 1/2。

(4) 如果锻件落差很大，可以采用图 8.48 所示的方法，既将锻件倾斜一定角度，也设计平衡锁扣。

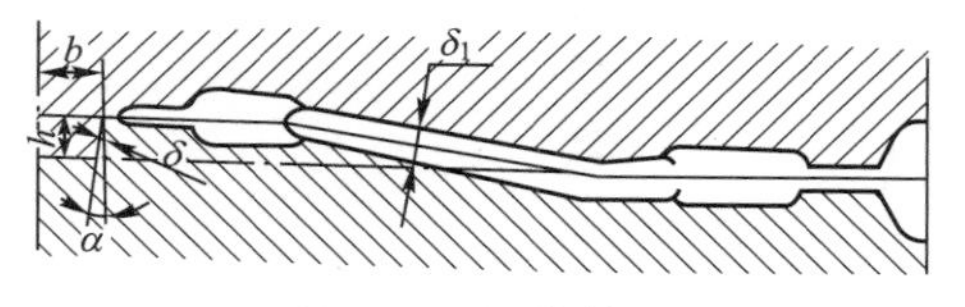

图 8.47 平衡锁扣

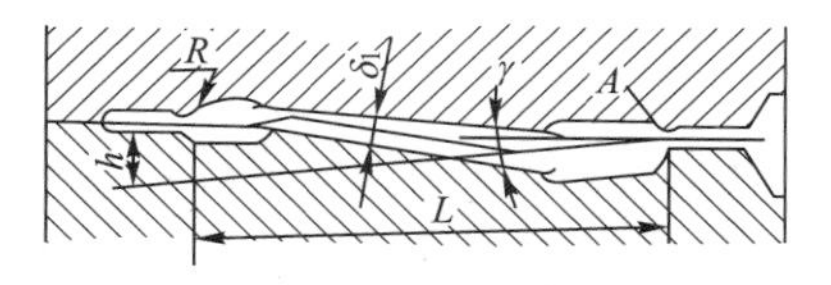

图 8.48 倾斜锻件并设置锁扣

具有落差的锻件，采用平衡锁扣平衡错移力时，模膛中心并不与键槽中心相重合，而是沿着锁扣方向向前或向后偏离一个数值，目的是减少错差量与锁扣的磨损。

① 平衡锁扣凸出部分在上模，如图 8.49(a)所示。此时模膛中心应向平衡锁扣相反方向离开锻模中心，其距离 b_1 为

$$b_1=(0.2\sim0.4)h$$

② 平衡锁扣凸出部分在下模，如图 8.49(b)所示。此时模膛中心应向平衡锁扣方向离开锻模中心，其距离 b_2 为

$$b_2=(0.2\sim0.4)h$$

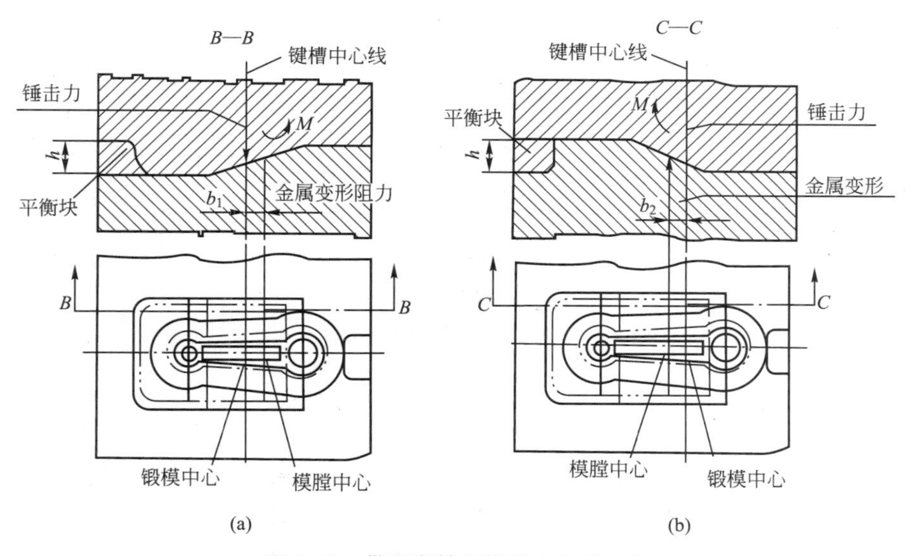

图 8.49 带平衡锁扣模膛中心的布置

2) 模膛中心与锤杆中心不一致时错移力的平衡

模膛中心与锤杆中心不一致，或因工艺过程需要(如设计有预锻模膛)，终锻模膛中心偏离锤杆中心，都会产生偏心力矩。设备的上、下砧面不平行，模锻时也产生水平错移力。

为减小由这些原因引起的错移力，除设计时尽量使模膛中心与锤杆中心一致外，还可采用导向锁扣。

导向锁扣常用于下列情况：

(1) 一模多件锻造、锻件的冷切边及要求锻件小于0.5mm的错差等。

(2) 容易产生错差的锻件的锻造，如细长轴类锻件、形状复杂的锻件及在锻造时模膛中心偏离锻模中心较大时的锻造。

(3) 齿轮类锻件及叉形锻件、工字形锻件等在模锻时不易检查和调整其错移量的锻件的锻造。

(4) 锻锤锤头与导轨间隙过大，导向长度低。

常用的锁扣形式如下：

(1) 纵向锁扣：如图8.50(a)所示，一般用于直长轴类锻件。能保证轴类锻件在直径方向有较小的错移，常应用于一模多件的模锻。

(2) 侧面锁扣：如图8.50(b)所示，用于防止上模与下模相对转动或在纵横任一方向错移，但制造困难，采用较少。

(3) 角锁扣：如图8.50(c)所示，作用和侧面锁扣相似，但可在模块的空间位置设置两个或四个角锁扣。

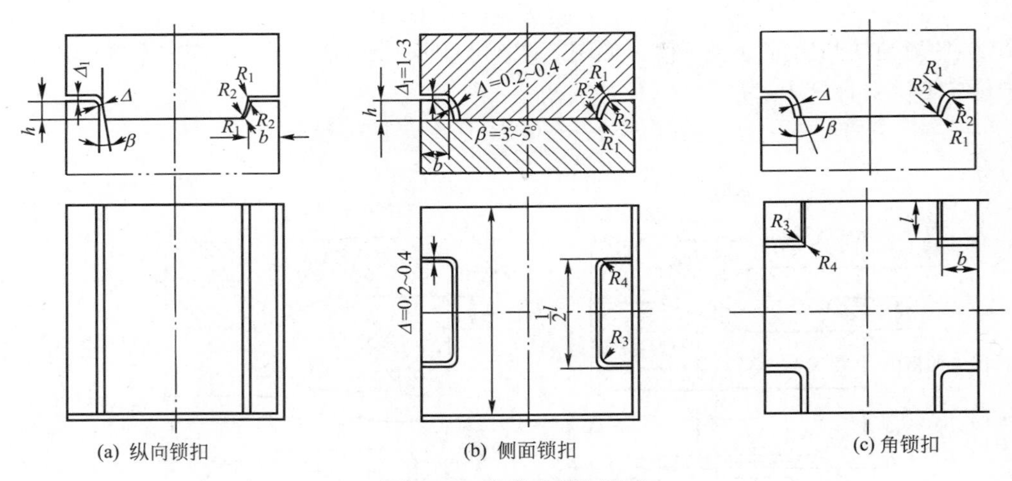

图8.50 常用的锁扣形式

锁扣的高度、宽度、长度和斜度一般都按锻锤吨位确定，设计锁扣时应保证有足够的强度。为防止模锻时锁扣相碰撞，在锁扣上设计有斜面，一般取3°～5°。

在上、下锁扣间应有间隙，一般为0.2～0.6mm。这一间隙值是上、下模打靠时锁扣间的间隙尺寸。未打靠之前，由于上、下锁扣都有斜度，故间隙大小是变化的。因此，锁扣的导向主要是在模锻的最后阶段起作用的。与常规的导柱、导套导向相比，锁扣导向的精确性差。

采用锁扣可以减小锻件的错差，但是也带来了一些不足。例如，模具的承击面减小，模块尺寸增大，减少了模具可翻新的次数，增加了制造费用等。

3. 脱料机构设计

一般模锻时，为了迅速从模膛中取出锻件并使模具可靠地工作，在设计和制造中，非常重视模具的脱料装置。

锤上模锻时，由于锻锤上没有顶出装置，不宜在锤上精锻形状复杂、脱模困难的锻件。一般应在模膛中做出拔模斜度或在模具中设顶出装置，以利取出锻件。

图 8.51 所示为有脱料装置的锤上闭式模锻的锻模。模具的工作部分是下模芯 3、下模圈 4 和上模 6；锻模底座 1 是通用的，在底座中有螺栓 2、7，套管 8 和弹簧 9。图 8.51(a)所示为模锻时的位置，图 8.51(b)所示为脱料时的位置，U 形钳 10 放在下模圈 4 上，上模 6 把下模圈 4 压下，便可从模膛中取出锻件 5。

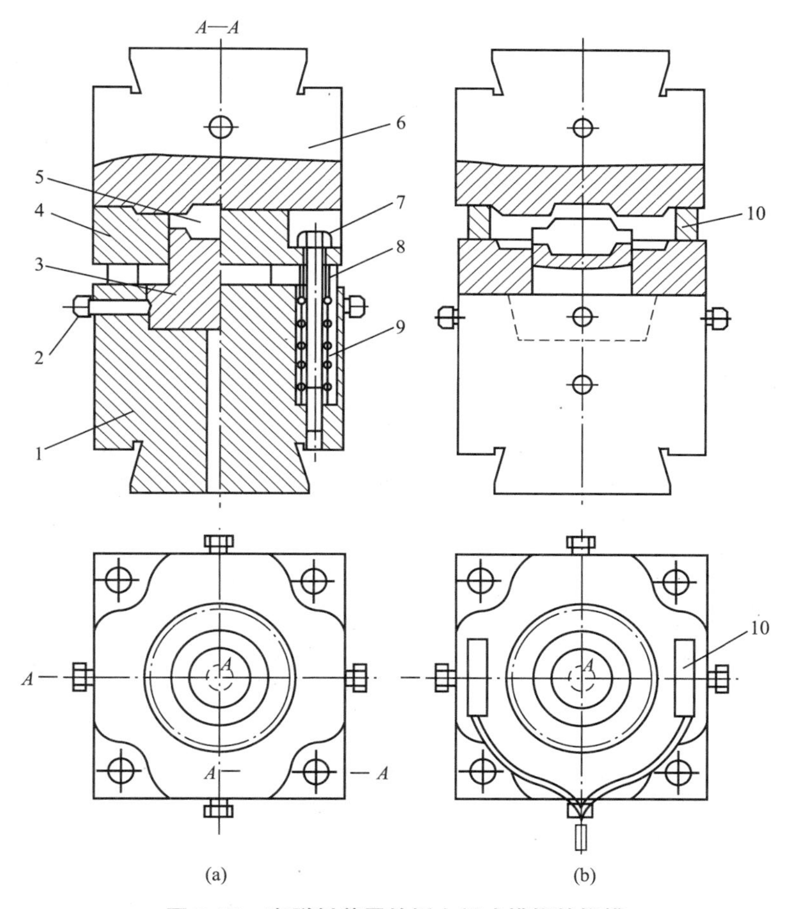

图 8.51　有脱料装置的锤上闭式模锻的锻模

1—下模底座；2、7—螺栓；3—下模芯；4—下模圈；5—锻件；6—上模；8—套管；9—弹簧；10—U 形钳

4. 锻模的强度设计

模锻变形时，通过模具将外力传给变形金属，与此同时，变形金属也以同样大小的反作用力作用于模具。当模具内的应力值超过材料的强度极限时，模具便发生破坏。尤其在

冲击载荷下，模具更容易破坏。

锤上锻模与强度有关的破坏形式主要有以下几种。

(1) 在燕尾根部转角处产生裂纹。

(2) 在模膛深处沿高度方向产生纵向裂纹。

(3) 模壁打断。

(4) 承击面打塌。

上述各种破坏形式，从外因来看主要有如下原因。

(1) 在极高的打击力作用下，由于应力值超过模具的强度极限，经一次打击或极少次数打击模具便产生裂纹或断裂。

(2) 在较低的应力下，经多次反复打击，由于疲劳而产生断裂。

从内因来看，主要因为锻模的强度设计不合理，锻模强度不够。例如，模膛壁厚较薄，模块高度较低，模具承击面小，模具燕尾根部的转角过小，模块纤维方向分布不合理等。

1) 模壁厚度

由模膛到模块边缘，以及模膛之间的壁厚都称为模壁厚度。模壁厚度应在保证足够强度的情况下尽可能减小。一般根据模膛深度、模壁斜度和模膛底部的圆角半径来确定最小的模壁厚度。

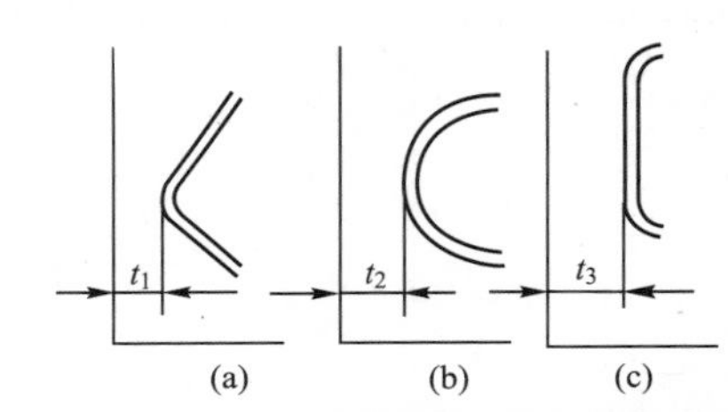

图 8.52　模膛形状对模膛壁厚的影响

模壁厚度还与模膛在分型面上的形状有关，如图 8.52(a)所示的情况，模壁厚度可以取小值，而对图 8.52(b)及图 8.52(c)所示的情况，模壁厚度则可以相应地取较大一点的值。

2) 模块高度

模块高度可根据终锻模膛最大深度和翻新要求选定，也可参照相关手册选定。

3) 承击面积

承击面积是指上、下模接触面，即分型面的面积减去模膛、飞边槽和锁扣面积。锻模承击面积 S 按下式确定。

$$S=(30\sim40)G$$

锻模分型面的承击面积 S 的单位取 cm^2 时，锻锤吨位 G 的单位为 kN。

设计承击面不能太小，承击面太小易造成分型面压塌。但是应当指出，随着锻锤吨位增大，单位吨位的承击面相应减小。

4) 燕尾根部的转角

锤击时，燕尾与锤头和下砧的燕尾槽接触，两侧悬空(间隙约为 0.5mm)，当偏心打击时，燕尾根部转角处的应力集中较大。例如，模锻连杆的锻模，由于有预锻和终锻两个模膛，常常从燕尾根部转角处破坏。燕尾转角半径越小，加工时越粗糙、留有加工的刀痕越明显，燕尾就越易破坏。燕尾部分热处理后的硬度越高(相应的冲击韧度越低)和应力集中现象越严重时，燕尾也越易破坏。

从模具本身来看，如果锻模材质不好也易产生这种损坏。

为减小应力集中，燕尾根部的圆角一般取 $R=5$mm。转角处应光滑过渡，表面粗糙度值低，不能有刀痕，热处理淬火时此处的冷却速度应取慢一些。

5）模块纤维方向

锻模寿命与其纤维方向密切相关，任何锤锻模的纤维方向都不能与打击方向相同，否则模膛表面耐磨性下降，模壁容易剥落。

对于长轴类锻件，当磨损是影响锻模寿命的主要原因时，锻模纤维方向应与锻件轴线方向一致，如图 8.53(a)所示，这样在加工模具型腔时被切断的金属纤维少；当开裂是影响锻模寿命的主要原因时，纤维方向应与锻模键槽中心线方向一致，如图 8.53(b)所示，这样裂纹不易发生和扩展。

对短轴类锻件，锻模纤维方向应与键槽中心线方向一致，如图 8.53(c)所示。

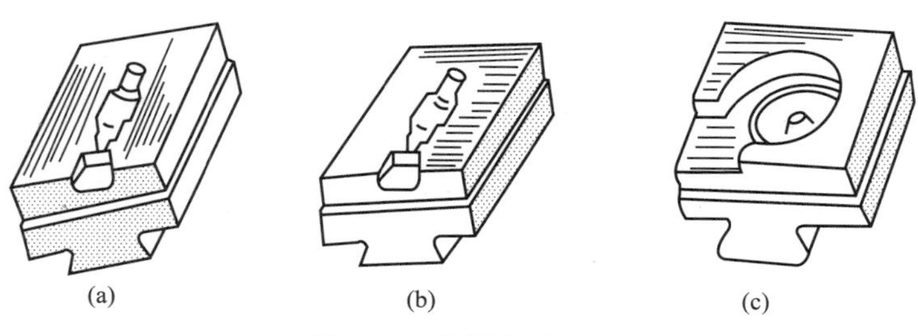

(a) (b) (c)

图 8.53 锻模纤维方向

8.3.4 模锻模膛的设计

模锻模膛包括终锻模膛和预锻模膛。

任何锻件的模锻工艺过程都必须有终锻，都要用终锻模膛。模锻件的几何形状和尺寸靠终锻模膛保证，预锻模膛要根据具体情况决定是否采用。

1. 终锻模膛设计

终锻模膛是锻模上各种模膛中最主要的模膛，它用来完成锻件最终成形的终锻工步。通过终锻模膛可以获得带飞边的锻件。

终锻模膛通常由模膛本体、飞边槽和钳口三部分组成，其中模膛本体是根据热锻件图设计的。

1）热锻件图的制订和绘制

热锻件图是将冷锻件图的所有尺寸计入断面收缩率而绘制的。钢锻件的断面收缩率一般取 1.2%～1.5%，钛合金锻件取 0.5%～0.7%，铝合金锻件取 0.8%～1.0%，铜合金锻件取 1.0%～1.3%，镁合金锻件取 0.8%左右。

加放断面收缩率时，对无坐标中心的圆角半径不加放断面收缩率；对于细长的杆类锻件、薄的锻件、冷却快或打击次数较多而终锻温度较低的锻件，断面收缩率取小值；带大头的长杆类锻件，可根据具体情况将较大的头部和较细杆部取不同的断面收缩率。

由于终锻温度难以准确控制，不同锻件的准确的断面收缩率往往需要在长期实践中修正。

为了保证能锻出合格的锻件，一般情况下，热锻件图形状与锻件图形状完全相同。但在如下情况下，需将热锻件图尺寸作适当的改变以适应锻造工艺过程要求。

(1) 终锻模膛易磨损处，应在锻件负公差范围内预留磨损量。例如，图 8.54 所示的齿轮锻件，其模膛中的轮辐部分容易磨损，使锻件的轮辐厚度增加。因此，应将热锻件图

上的尺寸 A 比锻件图上的相应尺寸减小 0.5～0.8mm。

(2) 锻件上形状复杂且较高的部位应尽量放在上模。在特殊情况下要将复杂且较高的部位放在下模时，易使锻件在该处表面“缺肉”。这是由于下模局部较深处易积聚氧化皮。如图 8.55 所示的曲轴，可在其热锻件图相应部位加厚约 2mm。

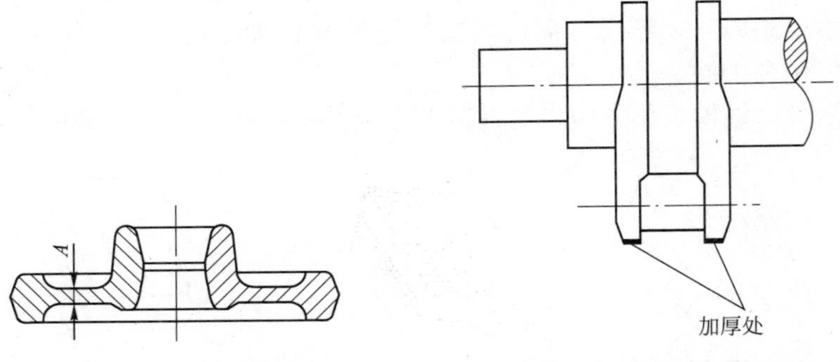

图 8.54　齿轮锻件　　　图 8.55　曲轴锻件局部加厚

(3) 当设备的吨位偏小，上、下模有可能打不靠时，应使热锻件图高度尺寸比锻件图上相应高度减小(接近负偏差或更小一些)，抵消模锻不足的影响。相反，当设备吨位偏大或锻模承击面偏小时，可能产生承击面塌陷，适当增加热锻件图高度尺寸，其值应接近正公差，保证在承击面下陷时仍可锻出合格锻件。

(4) 锻件的某些部位在切边或冲孔时易产生变形而影响加工余量时，应在热锻件图的相应部位增加一定的弥补量，提高锻件的合格率，如图 8.56 所示。

(5) 如图 8.57 所示的一些形状特别的锻件，不能保证坯料在下模膛内或切边模内准确定位。在锤击过程中，可能因转动而导致锻件报废。热锻件图上需增加定位余块，保证多次锻击过程中的定位及切飞边时的定位。

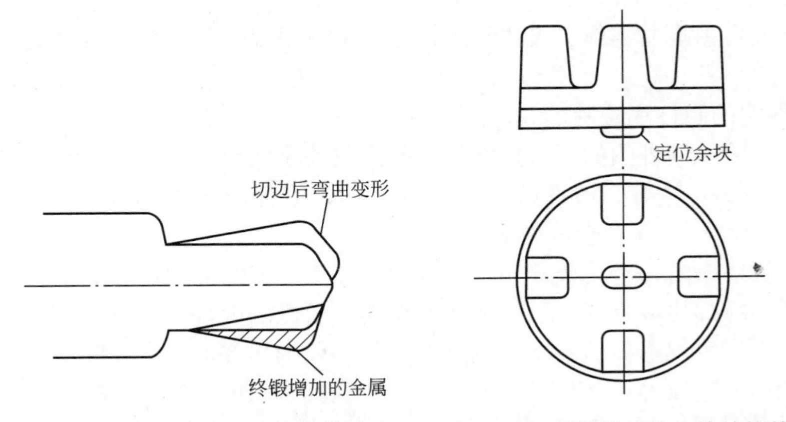

图 8.56　切边或冲孔易变形的锻件　　　图 8.57　需增设定位余块的锻件

此外，在绘制热锻件图时还需将分型面和冲孔连皮的位置、尺寸全部注明，写明未注圆角半径、模锻斜度与断面收缩率。高度方向尺寸以分型面为基准，以便锻模机械加工和准备样板；但在热锻件图中不需注明锻件公差和零件的轮廓线。

2）飞边槽及其设计

锤上模锻为开式模锻，一般终锻模膛周边必须有飞边槽，其主要作用是增加金属流出模膛的阻力，迫使金属充满模膛。飞边槽还可容纳多余金属。锻造时飞边还能起缓冲作用，减弱上模对下模的打击，使模具不易被压塌和开裂。此外，飞边处厚度较薄，便于切除。

（1）飞边槽的结构形式。飞边槽一般由桥口与仓部组成，其结构形式如图 8.58 所示。

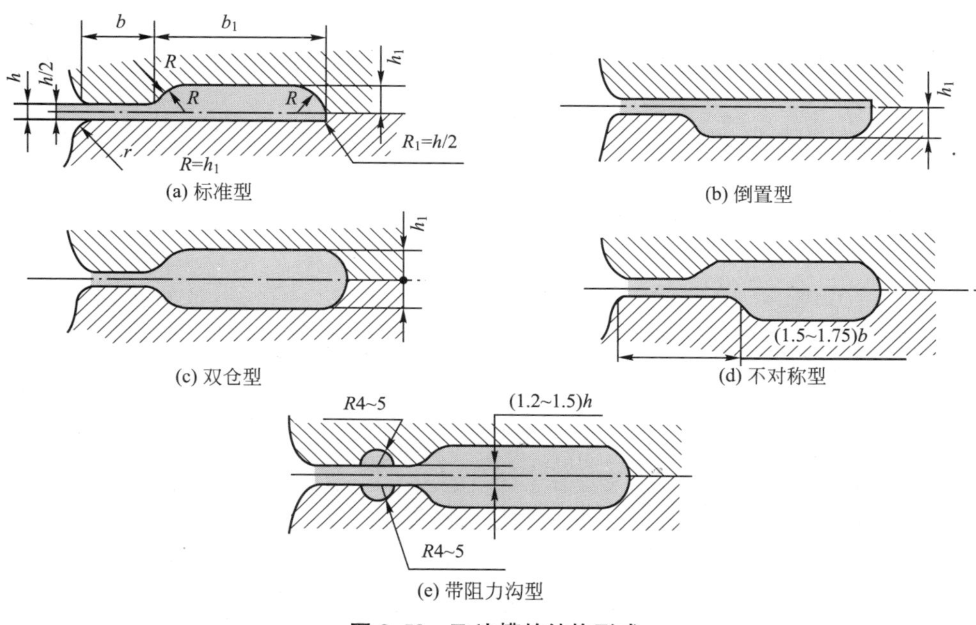

图 8.58　飞边槽的结构形式

① 标准型：一般都采用此种型式。其优点是桥口在上模，模锻时受热时间短，温升较低，桥口不易压塌和磨损。

② 倒置型：当锻件的上模部分形状较复杂，为简化切边冲头形状，切边需翻转时，采用此型式。当上模无模膛，整个模膛完全位于下模时，采用此型式的飞边简化了锻模的制造。

③ 双仓型：此种结构的飞边槽特点是仓部较大，能容纳较多的多余金属，适用于大型和形状复杂的锻件。

④ 不对称型：此种结构的飞边槽加宽了下模桥部，提高了下模寿命。此外，仓部较大，可容纳较多的多余金属。该型式用于大型、复杂锻件。

⑤ 带阻力沟型：更大地增加金属外流阻力，迫使金属充满深而复杂的模膛。多用于锻件形状复杂、难以充满的部位，如高肋、叉口与枝芽等处。

（2）飞边槽尺寸的确定。飞边槽的主要尺寸是桥口高度 h、桥口宽度 b。桥口高度 h 增大，阻力减小。桥口宽度 b 增加，阻力增加。在成形过程中，如阻力过大，导致锻不足，锻模过早磨损或压塌；如阻力太小，产生大的飞边，模膛不易充满。

设计锤上飞边槽尺寸有两种方法：

① 吨位法：锻件的尺寸既是选择设备吨位的依据，也是选择飞边槽尺寸的主要依据。生产中通常按设备吨位来选定飞边槽尺寸。

② 计算法：根据锻件在分型面上的投影面积，利用如下的经验公式计算求出桥口高

度 h

$$h=0.015\sqrt{S}$$

式中，S 为锻件在分型面上的投影面积(mm^2)。

模锻锤吨位偏大时，要防止金属过快向飞边槽流动，应减小 h 值；模锻锤吨位偏小时，应减小飞边的变形阻力，防止锻不足，在保证模膛充满的条件下，应适当增大 h 值。

锻件形状比较复杂时，要增加模膛阻力，应增加 b 值，或适当减少 h 值。

短轴类锻件锻模带有封闭形状的锁扣时，应适当加大仓部宽度 b_1。

3）钳口及其尺寸

钳口是指在锻模的模锻模膛前面加工成的空腔，一般由夹钳口与钳口颈两部分组成，如图 8.37 所示。

(1) 钳口的形式。齿轮类锻件在模锻时无夹钳料头，钳口作为锻件起模之用。钳口颈用于加强夹钳料头与锻件之间的连接强度。

钳口的形式如图 8.59 所示。其中图 8.59(a)所示为长轴类锻件常用的钳口形式，图 8.59(b)所示为用于模锻齿轮等短轴类锻件的钳口形式，图 8.59(c)所示为用于模锻质量大于 10kg 的锻件的钳口形式。

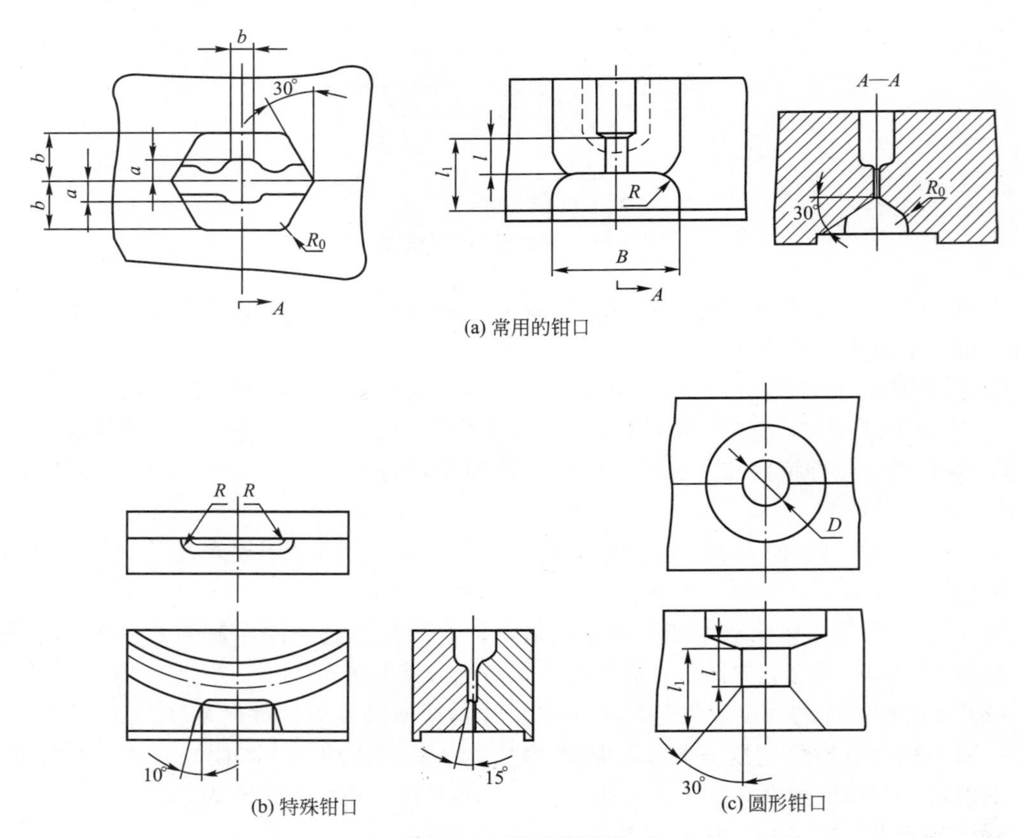

图 8.59　钳口的形式

如果有预锻模膛，并且预锻与终锻两模膛的钳口间壁小于 15mm 时，为了便于模具加工，可将两相邻模膛的钳口开通，如图 8.60 所示。

(2) 钳口尺寸的确定。钳口的尺寸如图8.59(a)所示，主要依据夹钳料头的直径及模膛壁厚等尺寸确定；应保证夹料钳子自由操作，在调头锻造时能放置下锻件的相邻端部(包括飞边)。

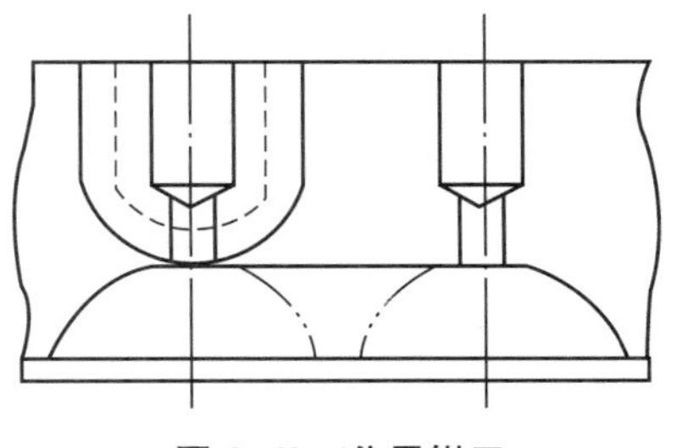

图8.60 公用钳口

2. 预锻模膛设计

预锻模膛用来对制坯后的坯料进一步变形，合理地分配坯料各部位的金属体积，使其接近锻件的外形，改善金属在终锻模膛内的流动条件，以保证终锻时成形饱满；避免折叠、裂纹或其他缺陷，减少终锻模膛的磨损，有利于提高模具寿命。预锻带来不利的影响是增大了锻模平面尺寸，使锻模中心不易与模膛中心重合，导致偏心打击增大错移量，降低锻件尺寸精度，使锻模和锤杆受力状态恶化，影响锻模和锤杆寿命。

预锻并不是在任何情况下都必需的。

1) 预锻模膛的设计要点

预锻模膛和终锻模膛的形状基本一样，也是根据热锻件图加工出来的，两者之间的主要区别如下。

(1) 预锻模膛的宽和高。预锻模膛与终锻模膛的差别不大，为了尽可能做到预锻后的坯料能容易地放入终锻模膛并在终锻过程中以镦粗成形为主，预锻模膛的宽度比终锻模膛小1～2mm。预锻模膛一般不设飞边槽，但在预锻时也可能有飞边产生，因此上、下模不能打靠。预锻后，坯料实际高度将比模膛高度大一点。预锻模膛的横断面积应比终锻模膛略大些，高度比终锻模膛的高度大2～5mm。也就是说，要求预锻模膛的容积应比终锻模膛略大些。

(2) 模锻斜度。为了锻模制造方便，预锻模膛的斜度一般应与终锻模膛相同。但根据锻件的具体情况，也可以采用斜度增大、宽度不变的方法解决成形困难问题。

(3) 圆角半径。预锻模膛的圆角半径一般比终锻模膛大，这样可以减轻金属流动阻力，防止产生折叠。

凸圆角半径R_1可按式(8-10)计算。

$$R_1=R+C \tag{8-10}$$

式中，R为终锻模膛相应位置上的圆角半径值(mm)；C为与模膛深度有关的常数，其值为2～5mm。

对于终锻模膛在水平面上急剧转弯和断面突变处，预锻模膛可采用大圆弧，防止预锻和终锻产生折叠。

2) 典型预锻模膛的设计

(1) 带工字断面锻件。带工字断面锻件模锻成形过程中主要缺陷是折叠。根据金属的变形流动特性，为防止折叠产生，应当：①使中间部分金属在终锻时的变形量小一些，即由中间部分排出的金属量少一些；②创造条件(如增加飞边桥口部分的阻力或减小充填模膛的阻力)，使终锻时由中间部位排出的金属尽可能向上和向下流动，继续充填模膛。

带工字断面的锻件的预锻件参考图8.61。

为防止工字形锻件终锻时产生折叠，在生产实践中制坯时还可采取如下措施，即根据

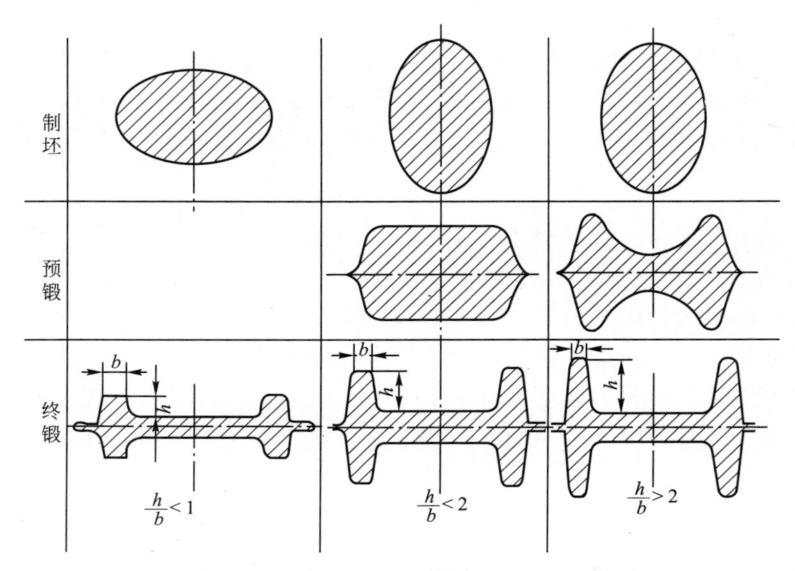

图 8.61　带工字形断面的锻件的预锻件形状

面积相等原则，使制坯模膛的横截面积接近于终锻模膛的横截面积(图 8.62)，使制坯模膛的宽度比终锻模膛的相应宽度 B 大 10～20mm，即

$$B_1 = B + (10 \sim 20)(\text{mm})$$

由制坯模膛锻出中间坯料，将其绰绰有余地覆盖终锻模膛。终锻时，首先出现飞边，在飞边桥口部分形成较大的阻力，迫使中心部分的金属以挤入的形式充填肋部。因中心部分金属充填肋部后已基本无剩余，故最后仅极少量金属流向飞边槽，从而可避免折叠产生。

对于带孔的锻件，为防止折叠产生，预锻时用斜底连皮，终锻时用带仓连皮。这样保证模锻最后阶段内孔部分的多余金属保留在冲孔连皮内，不流向飞边，造成折叠。

(2) 叉形锻件。叉形锻件模锻时，常常在内端角处产生充不满的情况，如图 8.63 所示。其主要原因是将坯料直接进行终锻时，金属的变形情况如图 8.64 所示。横向流动的金属

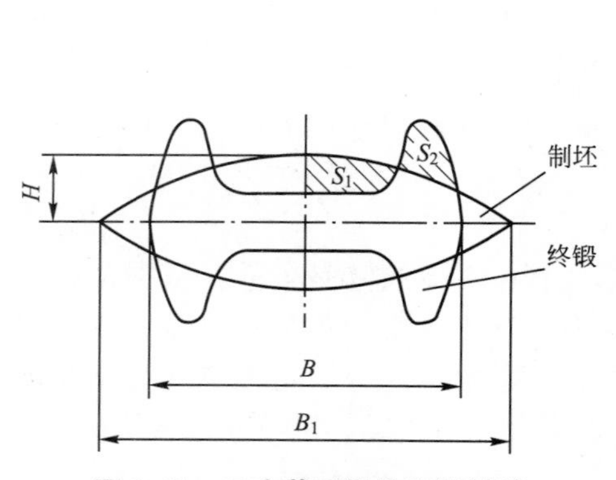

图 8.62　工字截面锻件预锻模膛

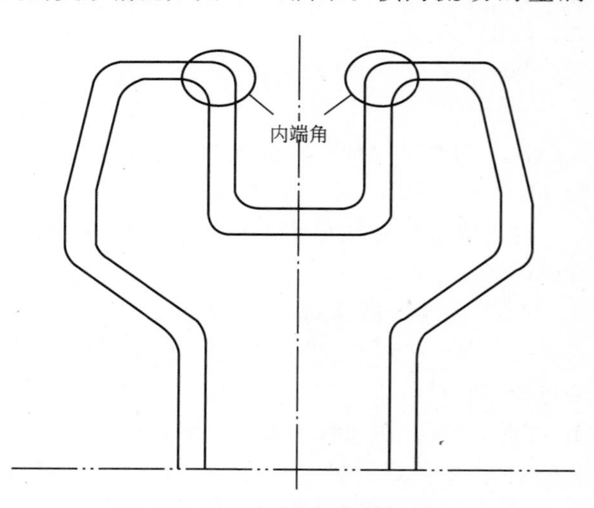

图 8.63　叉形锻件的内端角充不满

与模壁接触后，部分金属转向内角处流动。这种变形流动路径决定了内角部位最难充满；同时此处被排出的金属除沿横向流入模膛之外，有很大一部分轴向流入飞边槽(图 8.65)，造成内端角处金属量不足。为避免这种缺陷，终锻前需先进行预锻，用带有劈料台的预锻模膛先将叉形部分劈开，如图 8.31(a)所示。这样，终锻时就会改善金属的流动情况，保证内端角部位充满。

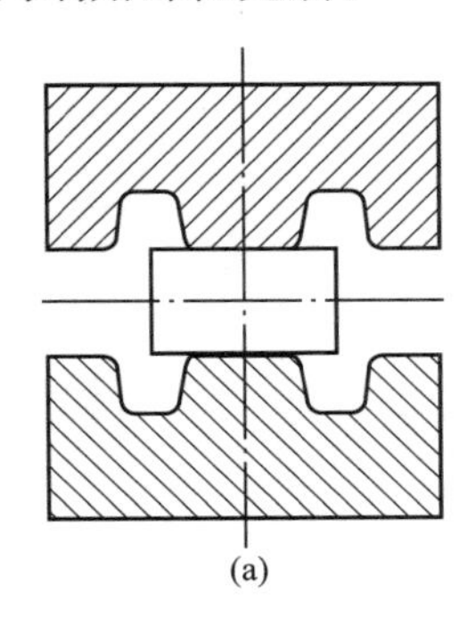
(a)

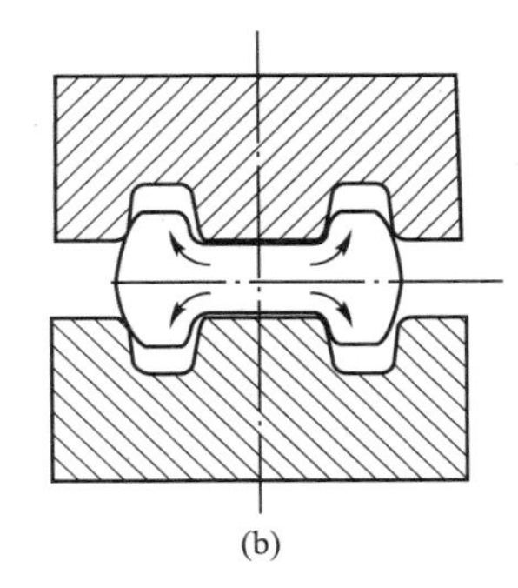
(b)

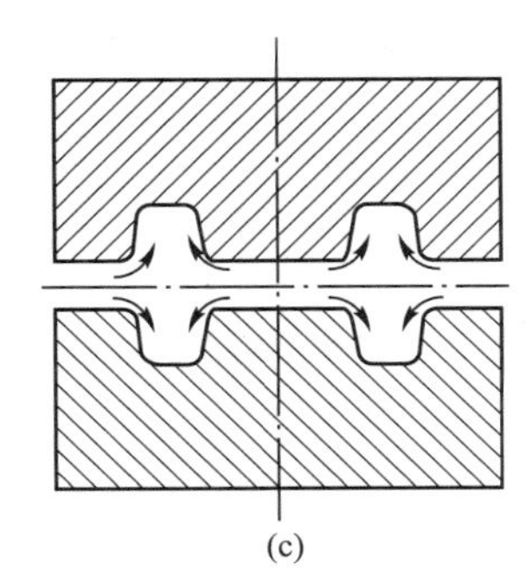
(c)

图 8.64 叉形锻件金属的流动

各部分尺寸按下列各式确定［图 8.31(a)］。

$A \approx 0.25B$，但要满足 $5 < A < 30$；

$h = (0.4 \sim 0.7)H$，通常取 $h = 0.5H$；

$\alpha = 10° \sim 45°$，根据 h 选定。

当需劈开部分窄而深时，可设计成如图 8.31 (b) 所示的形状。为限制金属沿轴向大量流入飞边槽，在模具上可设计制动槽，如图 8.65 所示。

(3) 带枝芽锻件。带枝芽锻件模锻时，常常在枝芽处充不满。其充不满的原因是由于枝芽处金属量不足。因此，预锻时应在该处聚集足够的金属。为便于金属流入枝芽处，应简化预锻模膛枝芽形状，与枝芽连接处的圆角半径适当增大，必要时可在分型面上设阻力沟，加大预锻时流向飞边的阻力，如图 8.66 所示。

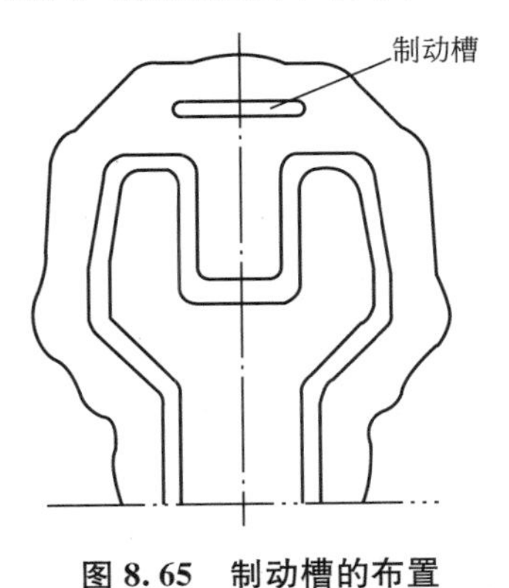

图 8.65 制动槽的布置

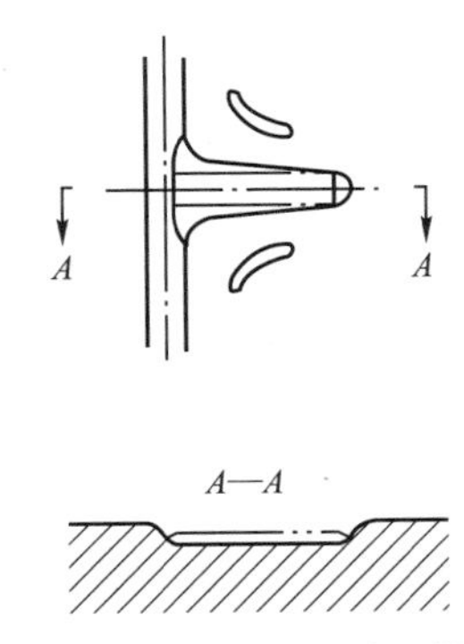

图 8.66 带枝芽锻件的预锻模膛

(4) 带高筋锻件。带高筋锻件模锻时，在筋部由于摩擦阻力、模壁引起的垂直分力和此处金属冷却较快、变形抗力大等原因，常常充不满。在这种情况下设计预锻模膛时，可采取一些措施迫使金属向筋部流动。例如，在难充满的部分减少模膛的高度和增大模膛的斜度(图 8.67)。这样，预锻后的坯料终锻时，坯料和模壁间有了间隙，模壁对金属的摩擦

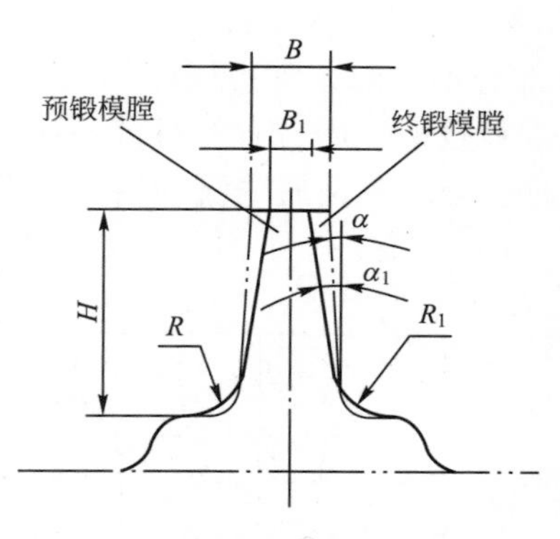

图 8.67　高筋锻件的预锻模膛

阻力和由模壁引起的向下垂直分力减小，金属容易向上流动充满模膛。但是，要注意可能由于增大了模膛斜度，预锻模膛本身不易被充满。为了使预锻模膛也能被充满，必须增大圆角半径。圆角半径不宜增加过大，因为圆角半径过大不利于预锻件在终锻时金属充满模膛，甚至终锻时可能在此处将预锻件金属啃下并压入锻件内形成折叠，一般取 $R_1=(1.2R+3)$mm。

如果难充填的部分较大，B 较小，预锻模膛的拔模斜度不宜过大，否则预锻后 B_1 很小，冷却快，终锻时反而不易充满模膛。

也可把预锻模膛的拔模斜度设计成与终锻模膛一致，减小高度 H。

8.4　模锻锤吨位的计算

模锻锤吨位选择恰当，既能获得优质锻件，又能节省能量，保证正常生产，并能保证锻模有一定的寿命。关于模锻变形力的计算，尽管有不少理论计算方法，但因模锻过程是一个短暂的动态变化过程，受到诸多因素的制约，要获得准确的理论解是很困难的。因此，在生产中，为方便起见，多用经验公式或近似解的理论公式确定设备吨位。有时，甚至采用更为简易的办法，即参照类似锻件的生产经验，通过类比来选择设备吨位。

8.4.1　经验-理论公式

1. 根据锻件折算直径和终锻温度下的强度极限确定模锻锤的吨位

1）对击锤吨位的计算

苏联学者 A.B 列别尔斯基（Ребелвский）在 С.И 古布金（Губкин）、Е.П 翁克索夫（Унксов）、М.В 斯托罗热夫（Сторожев）等人理论推导的基础上，结合生产实际，简化得出对击锤吨位计算公式。该公式的推导过程如下：

设想模锻成形时最后一次锤击力最大，其变形功 $A_{件}$ 为

$$A_{件}=\varepsilon\times p_k\times V_{件} \tag{8-11}$$

式中，$A_{件}$ 为变形功(J)；ε 为最后一次锤击时的平均变形程度；p_k为最后一次锤击温度下金属的变形抗力或单位流动应力(MPa)；$V_{件}$为锻件体积(cm^3)。

(1) 最后一次平均变形程度 ε 的计算。根据生产经验，最后一次锤击时的绝对变形量 Δh 与锻件直径 $D_{件}$有如下关系

$$\Delta h=\frac{2.5\times(0.75+0.001\times D_{件}^2)}{D_{件}}(\text{cm})$$

因此，平均变形程度 ε 为

$$\varepsilon=\frac{\Delta h}{h_{均}}=\frac{2.5\times(0.75+0.001\times D_{件}^{2})}{D_{件}\times h_{均}}$$

式中，$h_{均}$为锻件平均高度，即 $h_{均}=V_{件}/F_{件}$。

(2) 最后一次锤击时单位流动应力 p_{k}的计算。单位流动应力 p_{k}除与材料变形抗力有关外，还受到各工艺因素的影响，可列式表达如下

$$p_{k}=\omega\times z\times q\times\sigma$$

式中，ω 为变形速度系数，与锻件尺寸有关，$\omega=3.2\times(1-0.005D_{件})$；$z$ 为应力不均匀系数，一般 $z=1.2$；q 为摩擦力、锻件形状和应力状态影响系数，一般 $q=2.4$；σ 为终锻温度下的变形抗力。

综合上述各因素，单位流动应力计算式可改写成

$$p_{k}=9.2\times(1-0.005D_{件})\times\sigma$$

应当指出，式中 $D_{件}$以 cm 为单位，并小于 60cm 时方有效。

(3) 锻件体积 $V_{件}$的计算。锻件体积 $V_{件}$由下式确定。

$$V_{件}=\frac{\pi}{4}\times D_{件}^{2}\times h_{均}$$

由以上各式，可得到锤上模锻时锻件所需变形功 $A_{件}$为

$$A_{件}=18\times(1-0.005D_{件})\times(0.75+0.001D_{件}^{2})\times D_{件}\times\sigma$$

最后一次锤击成形所消耗的变形功 A 还应包含飞边的变形功 $A_{飞}$，即

$$A=A_{件}+A_{飞} \tag{8-12}$$

式中，$A_{飞}$为飞边变形所消耗的变形功。

$A_{飞}$与锻件变形功 $A_{件}$的关系为

$$A_{飞}=(\xi-1)\times A_{件}$$

其中，$\xi\geqslant 1$。

根据实践总结，得

$$\xi=\left(1.1+\frac{2}{D_{件}}\right)^{2}$$

(4) 圆饼类锻件最后一次锤击时所需锻锤吨位的计算。

圆饼类锻件最后一次锤击时所需变形功的计算公式：

$$A=18\times(1-0.005D_{件})\times\left(1.1+\frac{2}{D_{件}}\right)^{2}\times(0.75+0.001D_{件}^{2})\times D_{件}\times\sigma$$

而对击锤的有效变形能量 E(J)与锻锤落下部分质量 G(kg)在数值上有如下关系

$$E=18G$$

由于 $A=E$，所以对于圆饼类锻件最后一次锤击所需锻锤吨位为

$$G=(1-0.005D_{件})\times\left(1.1+\frac{2}{D_{件}}\right)^{2}\times(0.75+0.001D_{件}^{2})\times D_{件}\times\sigma(\mathrm{kg})$$

(5) 长轴类锻件最后一次锤击时所需锻锤吨位的计算。对于长轴类锻件，计算锻锤吨位时应考虑形状因素 G'，即

$$G'=G\left(1+0.1\times\sqrt{\frac{L_{件}}{B_{均}}}\right)$$

式中，$L_{件}$为锻件长度(mm)；$B_{均}$为锻件平均宽度(mm)。

2）蒸汽-空气模锻锤的吨位计算

计算蒸汽-空气模锻锤的吨位时应在对击锤的计算吨位基础上，加大1.5～1.8倍。

以上公式仅适用直径或换算直径小于60cm的锻件。

2. 按功能关系确定模锻锤的吨位

锻锤一次所能释放的能量为

$$E=\frac{G}{2g}\times v^2 \tag{8-13}$$

式中，G 为锤头、连杆等落下部分的质量(kg)。v 为锤头接触坯料瞬间的打击速度(m/s)。对于空气锤，v=5～7m/s；对于无砧座锤，v=7～8m/s；对于蒸汽-空气锤，v=6～8m/s；对于高速锤，v=10～15m/s。g 为重力加速度(m/s^2)。

假设一次打击下使坯料变形的平均锻压力为 P，终锻(最后一锤)重击下的压下量为 ΔH(m)，则变形功 A 为

$$A=P\times\Delta H$$

式中，P 为平均锻压力。

其中平均锻压力 P 可按式(8-14)确定

$$P=\kappa_1\times\kappa_2\times\sigma_S\times F \tag{8-14}$$

式中，κ_1为变形速度系数。对于锻锤，κ_1=2.5～3.0；对于高速锤，κ_1=3.0～3.5。

κ_2为变形方式与摩擦条件影响系数。对于开式模锻，κ_2=3.0～4.0；对于闭式模锻，κ_2=6.0～8.0。F 为包括飞边在内的锻件在分型面上的投影面积(mm^2)。σ_S为终锻温度下金属的静载荷屈服强度。对于一般弹塑性材料，一般可以认为终锻温度下的 $\sigma_S=\sigma_b$；对于有加工硬化现象的材料，用 $\sigma_S=\sigma_b$ 计算出的 P 值偏大。

根据打击时能量转换关系有

$$A=\eta\times E$$

式中，η 为打击效率。

则有

$$P\times\Delta H=\eta\times\frac{G}{2g}\times v^2(\text{kN}\cdot\text{m})$$

或

$$G=\frac{2g\times P\times\Delta H}{\eta\times v^2}(\text{kN})$$

在一般情况下，模锻锤的打击速度 v=6m/s，打击效率 η=0.8～0.9(轻击时)，压下量 ΔH=1.2～1.5mm，所以确定模锻锤的吨位 G(落下部分质量)，可近似按下式计算

$$G=(0.73\sim1.02)\times10^{-3}\times P(\text{kN})$$

或

$$G=(0.073\sim0.102)\times P(\text{kg})$$

8.4.2 经验公式

1. 按锻件在分型面上的投影面积和材料性质确定模锻锤吨位

(1) 对于双动模锻锤，其吨位可按下式计算。

$$G=(3.5\sim6.3)\times k\times F$$

式中，G 为锻锤落下部分质量(kg)；k 为材料系数，可查表 8-6；F 为包括飞边(按仓部的 50%计算)在内的锻件在水平面上的投影面积(cm^2)。

表 8-6 终锻温度下部分钢材的材料系数 k

材料	k	材料	k
$w_C<0.25\%$的碳素结构钢	0.9	$w_C>0.25\%$的低合金结构钢	1.15
$w_C>0.25\%$的碳素结构钢	1.0	$w_C>0.25\%$的高合金结构钢	1.25
$w_C<0.25\%$的低合金结构钢	1.0	合金工具钢	1.55

(2) 对于单动模锻锤，其吨位可按下式计算。

$$G_1=(1.5\sim1.8)\times G$$

式中，G_1 为锻锤落下部分质量(kg)。

(3) 对于无砧座锤，其打击能量可按下式计算。

$$E=(20\sim25)\times G$$

式中，E 为无砧座锤的打击能量(J)。

2. 按锻件在分型面上的投影面积、锻件复杂程度和变形抗力大小来确定模锻锤吨位

$$G=\alpha\times\beta\times F_{件} \tag{8-15}$$

式中，α 为合金变形抗力系数，可查表 8-7；β 为锻件复杂程度系数，可查表 8-6；$F_{件}$ 为不包括飞边的模锻件在分型面上的投影面积(mm^2)，对于钛合金锻件则应包括飞边桥部在内进行计算。

表 8-7 合金变形抗力系数 α 和锻件复杂程度系数 β

锻件材料	α	锻件形状	β	
			钛合金	其他材料
铜合金	0.5	形状复杂（带有薄而宽的腹板）	0.09	0.1
镁合金	0.6			
铝合金	0.8			
钛合金	1.2～1.5	中等复杂程度	0.07	0.09
结构钢	1.0	形状简单	0.05	0.07
不锈钢	1.5			
耐热钢	2.0			

8.5 锤上模锻实例

8.5.1 锻锤吨位计算

现模锻一长轴类锻件，材料为35钢，分型面投影面积为162cm²，锻件长20.1cm，其所需模锻锤的吨位计算如下：

(1) 根据锻件投影面积计算换算直径$D_{件}$和平均宽度$B_{均}$为

$$D_{件}=1.13\sqrt{162}\approx 14.4(\mathrm{cm})$$

$$B_{均}=\frac{162}{20.1}\approx 8.0(\mathrm{cm})$$

(2) 先按圆饼类锻件计算锻锤吨位G，查有关手册可知：$\sigma=60\mathrm{MPa}$，则

$$G=(1-0.005\times 14.4)\times\left(1.1+\frac{2}{14.4}\right)^2\times(0.75+0.001\times 14.4^2)\times 14.4\times 60\approx 1178(\mathrm{kg})$$

(3) 再换算成长轴类锻件所需的锻锤吨位G'，则

$$G'=G\left(1+0.1\times\sqrt{\frac{20.1}{8.0}}\right)\approx 1365(\mathrm{kg})$$

(4) 若用经验公式$G=(3.5\sim 6.3)\times k\times F$来计算，取$k=1.0$，并假定飞边宽为2.5cm，则

$$F_{件}=\frac{\pi}{4}(14.4+2.5\times 2)^2\approx 295.6(\mathrm{cm}^2)$$

故

$$G_{\min}=3.5\times 1.0\times 295.6=1034.6(\mathrm{kg})$$

$$G_{\max}=6.3\times 1.0\times 295.6=1862.3(\mathrm{kg})$$

(5) 若用式$G=(0.073\sim 0.102)\times P$来计算，取$k_1=3.0$、$k_2=3.0$，则

$$P=\frac{3.0\times 3.0\times 60}{1000}\times 29560=15962.4(\mathrm{kN})$$

故

$$G_{\min}=0.073\times 15962.4=1165.3(\mathrm{kg})$$

$$G_{\max}=0.102\times 15962.4=1628.2(\mathrm{kg})$$

(6) 若用式$G=\alpha\times\beta\times F_{件}$来计算，并取$\alpha=1.0$、$\beta=0.09$，则

$$G=1.0\times 0.09\times 16200=1458(\mathrm{kg})$$

计算结果均表明，选用1.5t模锻锤或2t模锻锤均可。这是由于计算公式不能完全反映锻件的实际需要，可能偏大或偏小，但只要在一定范围内，不至于影响锻件成形，而只影响生产效率。若选用的锻锤吨位偏大，则生产效率高；若选取的锻锤吨位偏小，则必须增加锤击次数。但锤击次数增加是有限的，否则坯料温度下降，变形抗力急剧上升，失去增加打击次数的意义。

8.5.2 某型汽车发动机变速拨叉的锤上模锻

图8.68所示为某型汽车发动机的变速拨叉零件图。

1. 锻件图的制订

1）分型面位置的确定

根据变速拨叉的形状，采用如图 8.68 所示的折线分模。

2）锻件公差和加工余量的确定

经计算拨叉锻件的质量约为 0.6kg。该拨叉材料为 45 钢，即材质系数为 M_1。

锻件形状复杂系数：

$$S=\frac{G_d}{G_b}=\frac{600}{14.2\times8\times3.3\times7.85}\approx0.204$$

由此可知，该锻件的形状复杂系数为 3 级复杂系数 S_3。

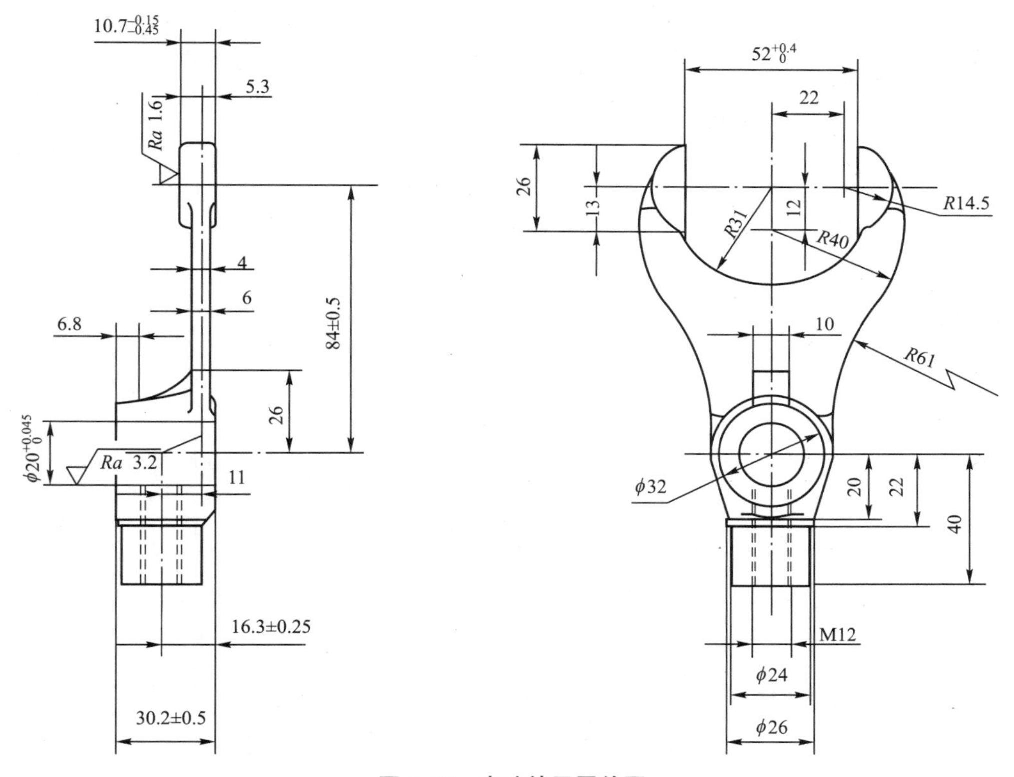

图 8.68 变速拨叉零件图

由国家标准(GB/T 12362—2003)查得：长度公差为$^{+1.5}_{-0.7}$mm，高度公差为$^{+1.2}_{-0.6}$mm，宽度公差为$^{+1.2}_{-0.6}$mm。

该零件的表面粗糙度为 $Ra3.2\mu m$，即加工精度为 F_1，由国家标准(GB/T 12362—2003)的锻件内、外表面加工余量表查得：高度及水平尺寸的单边余量均为 1.5～2.0mm，取 2mm。

在大量生产条件下，锻件在热处理、清理后要增加一道工序，即对变速拨叉锻件的圆柱端上、下端面和叉的头部上、下端面进行平面冷精压。锻件精压后，机械加工余量可大大减小，取 0.75mm，冷精压后的锻件高度公差取 0.2mm。

变速拨叉冷精压后，大小头高度尺寸为 32.5＋2×0.75＝34(mm)，单边精压余量取 0.4mm，叉头部分的高度尺寸为 13＋2×0.75＝14.5(mm)。

由于精压需要余量，如锻件高度公差为负值(－0.6)时，则实际单边精压余量仅 0.1mm，为了保证适当的精压余量，锻件高度公差可调整为$^{+1.2}_{-0.3}$mm。

由于精压后，锻件水平尺寸稍有增大，故水平方向的余量可适当减小。

3）模锻斜度

零件图上的技术条件中已给出模锻斜度为 7°。

4）圆角半径

锻件高度余量为 0.75＋0.4＝1.15(mm)，则需倒角的变速拨叉内圆角半径为 1.15＋2＝3.15(mm)，圆整为 3mm，其余部分的圆角半径均取 1.5mm。

5）技术条件

(1) 未注模锻斜度 7°。

(2) 未注圆角半径 1.5mm。

(3) 允许的错差量 0.6mm。

(4) 允许的残留飞边量 0.7mm。

(5) 允许的表面缺陷深度 0.5mm。

(6) 锻件热处理：调质。

由此，可绘制出变速拨叉的锻件图如图 8.69 所示。

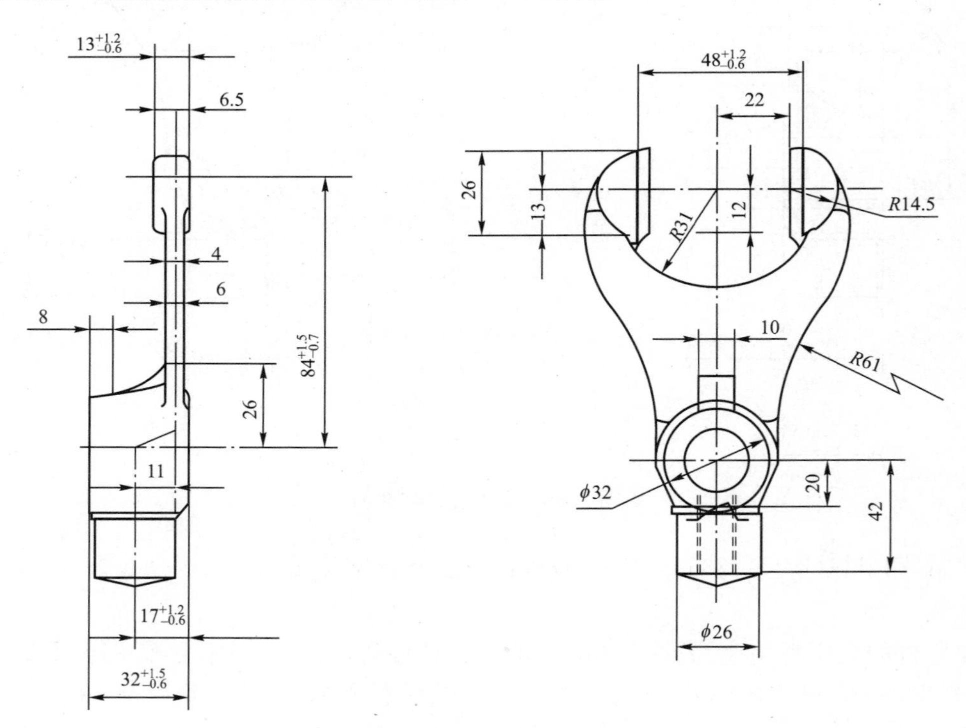

图 8.69　变速拨叉锻件图

2. 计算锻件的主要参数

(1) 锻件在水平面上的投影面积为 $4602mm^2$。
(2) 锻件周边长度为 485mm。
(3) 锻件体积为 $76065mm^3$。
(4) 锻件质量为 0.6kg。

3. 锻锤吨位的确定

总变形面积为锻件在水平面上的投影面积与飞边水平投影面积之和。按 1～2t 锤来考虑飞边槽尺寸：假定飞边平均宽度为 23mm。总的变形面积 $S=4602+485\times23=15757$ (mm^2)。

按确定双作用模锻锤吨位的经验公式

$$G=63KA$$

的计算值选择锻锤。

取钢种系数 $K=1.0$，锻件和飞边(按飞边仓部的 50%容积计算)在水平面上的投影面积为 A(单位为 cm^2)，得

$$G=63KA=63\times1.0\times15757\div100=9927(N)$$

故选用 1t 双作用模锻锤比较适宜。

4. 确定飞边槽的型式和尺寸

选用图 8.58 中标准型飞边槽。选定飞边槽的尺寸为 $h_飞=1.6mm$、$h_1=4.0mm$、$b=8.0mm$、$b_1=25.0mm$、$r=1.5mm$、$F_飞=126mm^2$。

飞边体积 $V_飞=485\times0.7\times126=42777(mm^3)$。

5. 终锻模膛设计

终锻模膛是按照热锻件图来制造和检验的，热锻件图尺寸一般是在冷锻件图尺寸的基础上考虑 1.5%冷缩率。根据生产实践经验，考虑锻模使用后承击面下陷，模膛深度减小及精压时的变形不均、横向尺寸增大等因素，可适当调整尺寸。

绘制的热锻件图如图 8.70 所示。

6. 预锻模膛设计

由于锻件形状复杂，需设置预锻模膛。

在叉部采用劈料台，由于坯料叉口部分高度较小，其劈料台中取 $A=10mm$。

预锻模膛在变速叉柄大头部分高度增加到 19mm，圆角增大到 $R15mm$，大头部分的筋上水平面内的过渡圆角增大到 $R10mm$，垂直面内的过渡圆角增大到 $R15mm$。

图 8.71 所示为预锻坯件图。

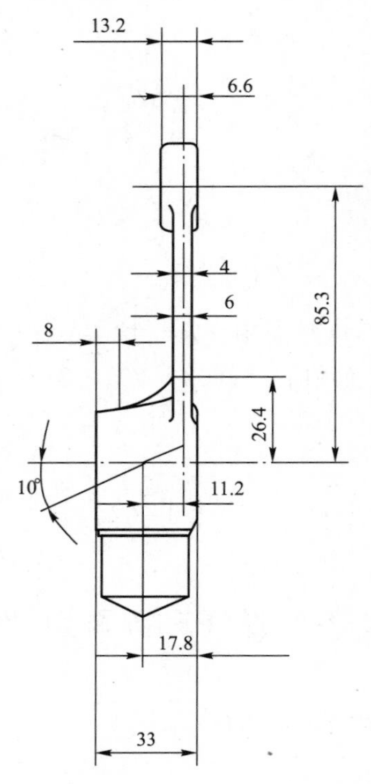

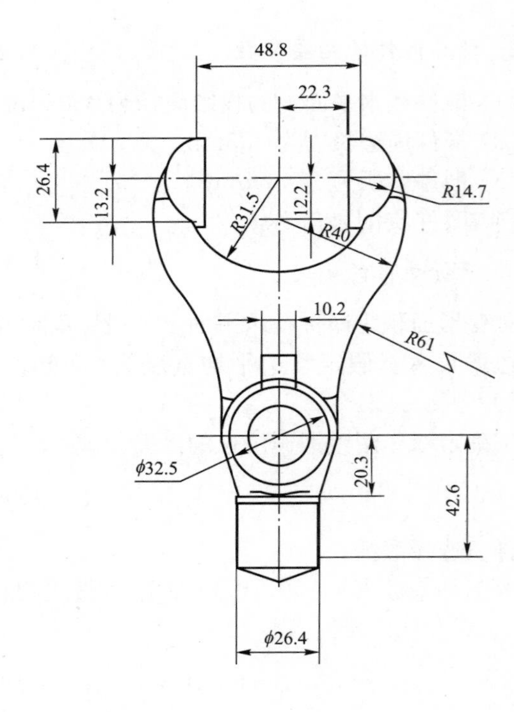

图 8.70　拔叉的热锻件图

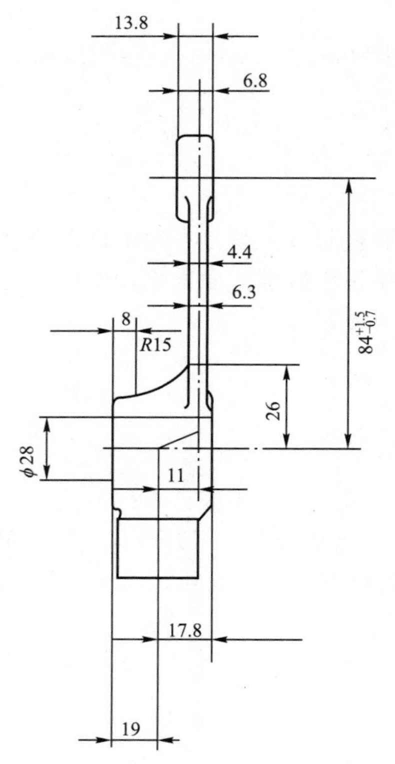

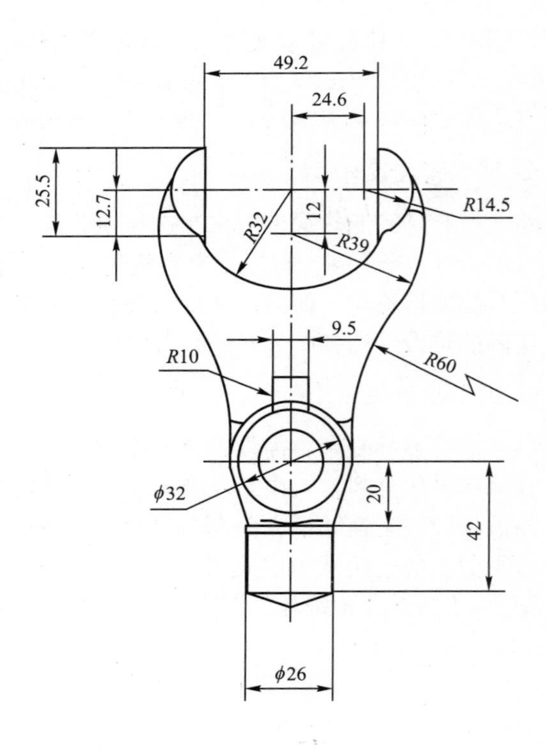

图 8.71　预锻坯件图

7. 绘制计算毛坯图

根据变速拨叉的形状特点，共选取19个截面，分别计算$S_{锻}$、$S_{计}$、$d_{计}$，计算结果列于表8-8。

表8-8 计算毛坯的计算数据

断面号	$S_{锻}$/mm^2	$1.4S_{飞}$/mm^2	$S_{计}=S_{锻}+1.4S_{飞}$/mm^2	$d_{计}=1.13\sqrt{S_{计}}$/mm	修正$S_{计}$/mm^2	修正$d_{计}$/mm	K	$h=Kd_{计}$/mm
1	0	252	252	17.6			1.1	19.7
2	452	176	628	28.3			1.1	31.1
3	531	176	707	30.0			1.1	33.1
4	690	176	866	33.4			1.1	36.6
5	1059.5	176	1235.5	39.7			1.1	43.7
6	1167	176	1343	41.4			1.2	49.7
7	1078	176	1254	40.0			1.1	44.0
8	587	176	763	31.2			1.1	34.3
9	432	176	608	27.9			1	27.9
10	323	176	499	25.2	550	26.5	0.8	20.2
11	226	176	402	22.7	491.5	25.1	0.8	18.1
12	356	176	532	26.1	472.4	24.6	0.9	23.4
13	408	176	584	27.3	512.3	25.6	0.9	24.6
14	295	176	471	24.5	532.5	26.1	1	24.5
15	250	176	426	23.3	610.4	27.9	1	23.3
16	596	176	772	31.4	652.8	28.9	1	31.4
17	560	176	736	30.7	635.6	28.5	1	30.7
18	400	176	576	27.1	468	24.4	0.9	24.4
19	152	252	404	22.7			0.9	20.4

在坐标纸上绘出变速拨叉的截面图和计算毛坯图，如图8.72所示。

截面图所围面积即为计算毛坯体积，得101760mm^2。

平均截面积$S_{均}=717mm^2$，平均直径$d_{均}=30.2mm$。

按体积相等修正截面图和计算毛坯图(如图8.72中双点画线部分)。修正后最大截面积和最大直径没有变化。

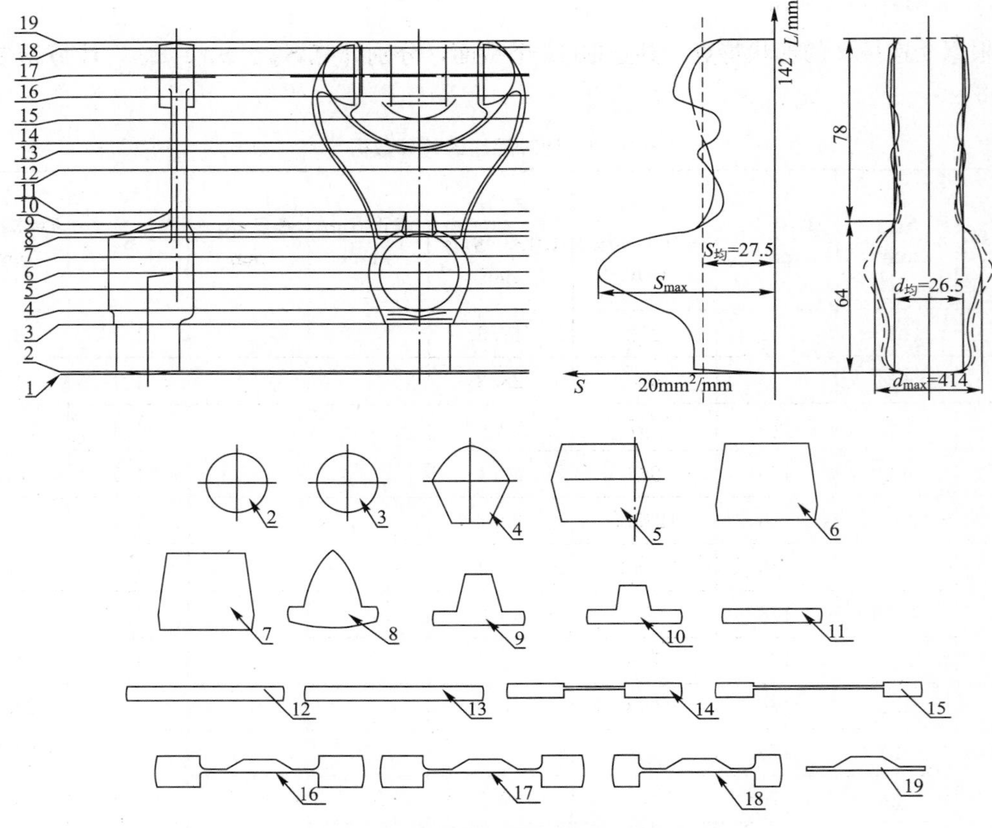

图 8.72 变速拨叉的截面图和计算毛坯图

8. 制坯工步选择

$$d_{拐}=\sqrt{3.82\frac{V_{杆}}{L_{杆}}-0.75d_{\min}^{2}}-0.5d_{\min}=\sqrt{3.82\frac{45200}{78}-0.75\times 22^{2}}-0.5\times 22=32(\text{mm})$$

$$\alpha=\frac{d_{\max}}{d_{均}}=\frac{41.4}{30.2}=1.37$$

$$\beta=\frac{L_{计}}{d_{均}}=\frac{142}{30.2}=4.70$$

$$k=\frac{d_{拐}-d_{\min}}{L_{杆}}=\frac{32-22}{78}=0.128$$

此锻件应采用闭式滚压制坯工步。为在锻造时易于充满，应选用圆坯料，其模锻工艺过程为闭式滚压→预锻→终锻→切断。

9. 确定坯料尺寸

由于此锻件只有滚压制坯工步，所以可根据公式

$$S_{坯}=S_{滚}=(1.05\sim1.2)S_{均}$$

来确定坯料的截面尺寸，取系数为 1.1，则

$$S_{坯}=1.1S_{均}=1.1\times717=788.7(\text{mm}^2)$$

$$d_{坯}=1.13\sqrt{S_{坯}}=1.13\times\sqrt{788.7}\approx31.7(\text{mm})$$

实际取 $d_{坯}=34\text{mm}$。

坯料的体积

$$V_{坯}=V_{计}\times(1+\delta)=101760\times(1+3\%)=104813(\text{mm}^3)$$

式中，δ 为烧损率。

坯料长度为

$$L_{坯}=\frac{V_{坯}}{S_{坯}}=\frac{104813}{34^2\times\frac{\pi}{4}}\approx115.5(\text{mm})$$

由于此锻件质量较小，仅为 0.6kg，所以采用一火三件，料长可取

$$L_{料}=3\times L_{坯}+L_{钳}=3\times115.5+1.2\times34=387.3(\text{mm})$$

考虑实际锻造和切断情况，可适当加长到 400mm。试锻后再根据实际生产情况适当调整。

10. 其他模膛设计

1）滚压模膛设计

（1）模膛高度 h。

$$h=Kd_{计}$$

计算结果列于表 8-8，按各断面的高度值绘出滚压模膛纵剖面外形，如图 8.72 所示变速拨叉的截面图和计算毛坯图中计算毛坯直径图中的虚线，然后用圆弧和直线光滑连接并进行适当简化，最终尺寸如图 8.71 所示。

（2）模膛宽度 B。

$$1.7d_{坯}\geqslant B\geqslant1.1d_{\min}$$

根据实际生产情况，模膛宽度取 $B=60\text{mm}$。

（3）模膛长度。模膛长度 L 等于计算毛坯图的长度。

2）切断模膛设计

由于采用一火三件，需要设计切断模膛，切刀倾斜角度取 15°，切刀宽度为 5mm，切断模膛的宽度，根据坯料的直径和带有飞边锻件的尺寸，结合生产实际经验，确定为 65mm。

11. 锻模结构设计

模锻此变速拨叉锻件的 1t 模锻锤机组，加热炉在锤的左方，故滚压模膛放在左边，预锻模膛及终锻模膛从右至左布置，如图 8.73 所示。

由于锻件具有 11mm 的落差，故采用平衡锁扣，锁扣高度为 11mm、宽度为 50mm，将两模膛中心线下移 3mm。

锻件宽度为 80mm。取模壁厚度为

$$t_0=1.5\times(19+11.2)=45.3(\text{mm})$$

预锻模膛与终锻模膛的中心距为

$$J=80+45.3=125.3(\text{mm})$$

圆整取为 125mm。

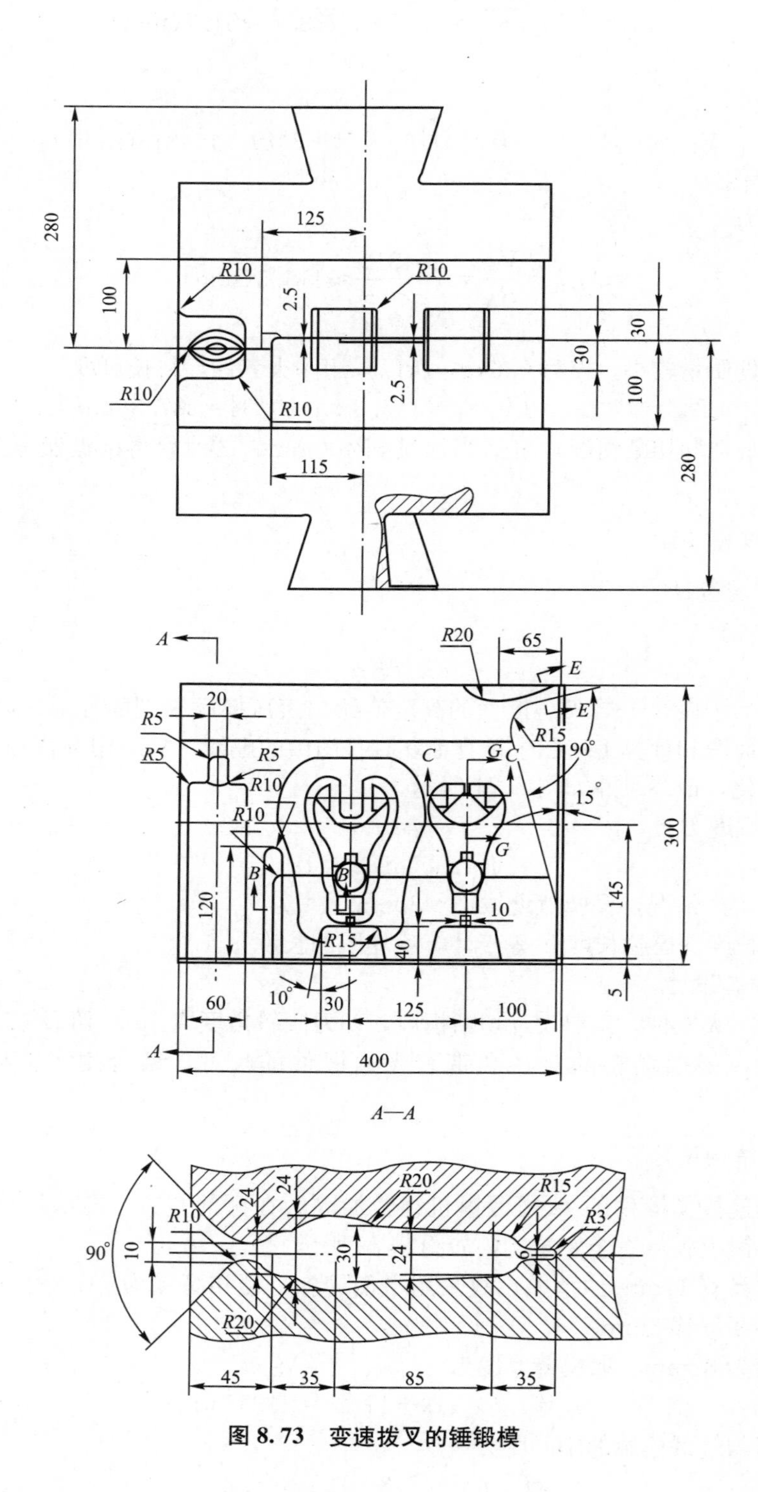

图 8.73　变速拨叉的锤锻模

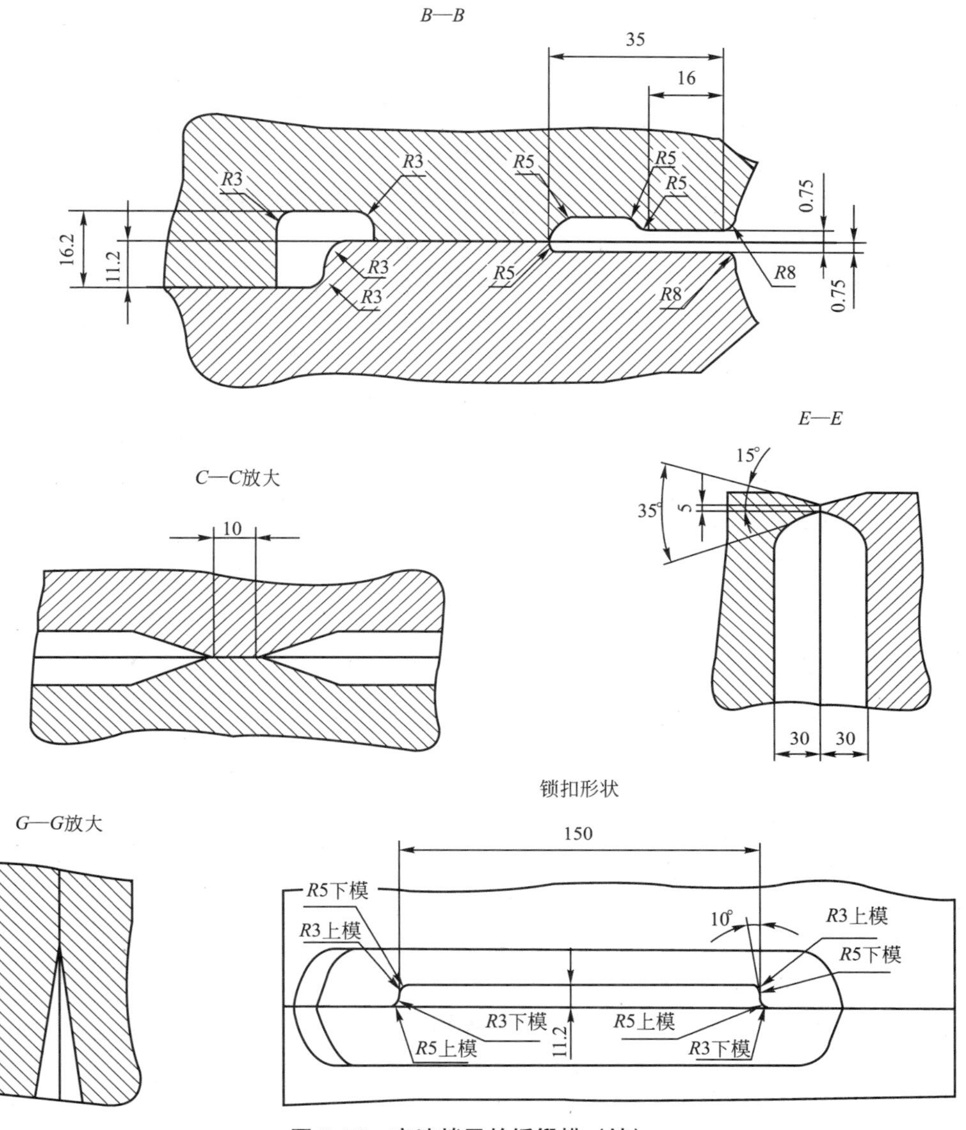

图 8.73 变速拔叉的锤锻模（续）

用实测方法找出终锻模膛中心离变速拔叉大头后端 90mm，结合模块长度及钳口长度定出键槽中心线的位置为 145mm。

选择钳口尺寸：B=60mm、h=25mm、R_0=10mm；钳口颈尺寸：a=1.5mm、b=10mm、l=15mm；模块尺寸：400mm×300mm×280mm(宽×长×高)。

1t 模锻锤导轨间距为 500mm，模块与导轨之间的间隙大于 20mm，满足安装要求；锻模应有足够的承击面，锁扣之间的承击面可达 42677mm^2；燕尾中心线至检验边的距离为 180mm。

习　题

1. 简述锤上模锻的工艺过程。
2. 锤上模锻件分为哪几类？试各举一例说明。
3. 锤锻模的结构怎样？各个模膛的作用如何？各个模膛怎样使用？
4. 如何在单模膛及多模膛的锻模上进行模锻？
5. 如何安装锤锻模？如何调整和使用锤锻模？
6. 金属变形时在模膛内遇到的阻力与哪些因素有关？
7. 预锻模膛有什么作用？
8. 制坯模膛有什么作用？
9. 拔长模膛有什么作用？
10. 滚挤模膛有什么作用？
11. 弯曲模膛有什么作用？
12. 成形模膛的作用是什么？
13. 锻模设计主要包括哪些内容？
14. 什么叫锻模中心？
15. 什么叫模膛中心？
16. 如果有预锻模膛和终锻模膛，应当如何设计？
17. 如何布置制坯模膛？
18. 什么叫单模膛模锻？
19. 什么叫多模膛模锻？
20. 模锻锤是一种什么样的锻压设备？其公称吨位有什么定义？模锻锤吨位与终锻成形所需的最大打击能量是否一致？
21. 什么样的锻件是圆饼类锻件？它们常用什么方法制坯？
22. 什么样的锻件是长轴类锻件？长轴类锻件大约分几种？它们各用什么方法制坯？
23. 什么是模锻生产过程、模锻工艺过程规范制订、锻模设计、锻模检验及锻模制造的依据？
24. 模锻件图是根据什么设计的？它分为几种？
25. 冷锻件图有什么功用？
26. 热锻件图有什么功用？
27. 确定分型面位置最基本的原则是什么？
28. 分型面位置与模锻方法有什么关系？它与锻件内部金属纤维方向有什么关系？
29. 锻件分型面位置一般选择在什么地方？
30. 简述图 8.74 所示分型面位置设计的优点和缺点。
31. 锻件形状较复杂部分应该尽量安排在什么位置？
32. 为什么要在锻件上预留加工余量？

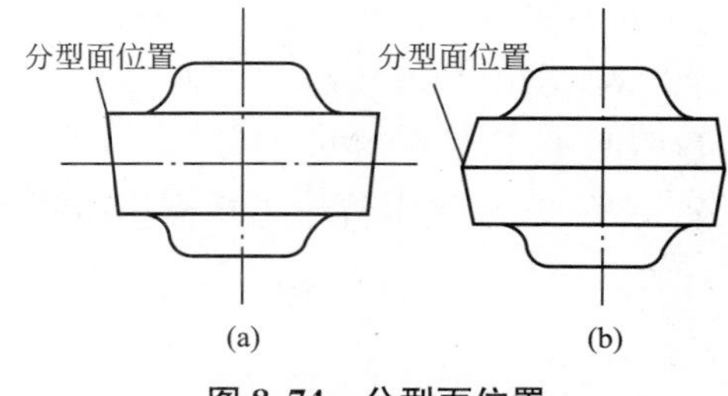

图 8.74　分型面位置

33. 为什么要在锻件上设计模锻斜度？
34. 一般在同一锻件上内模锻斜度与外模锻斜度哪一个大？
35. 内模锻斜度和外模锻斜度分别起什么作用？
36. 锻件上凸起和凹下的部位应该设计成尖角吗？
37. 凸圆角的作用是什么？
38. 凹圆角的作用是什么？
39. 技术条件有什么功用？
40. 一般技术条件内容有哪些？
41. 如何设计连皮厚度？
42. 模锻工艺过程的设计依据是什么？
43. 模锻工艺过程的总体设计要点是什么？
44. 圆饼类模锻件一般使用什么制坯方法？
45. 长轴类模锻件有几种？一般采用什么制坯方法？
46. 按金属流动效率，长轴类模锻件制坯工步的优先次序怎样？
47. 如何绘制计算毛坯的截面图和直径图？
48. 如何制作计算毛坯的截面图？如何计算计算毛坯的体积？
49. 什么是计算毛坯的直径图？什么是计算毛坯的半径图？
50. 一张完整的计算毛坯图包括几个部分？
51. 什么是计算毛坯的平均直径？
52. 如何使用图 8.27 所示的这个长轴类锻件制坯工步选择图？

第9章 热模锻压力机上模锻

热模锻压力机滑块行程一定，每次行程都能使锻件得到相同高度，模锻件的尺寸精度较高，滑块运动速度比模锻锤低，有保证导向良好的导向装置，承受偏载的能力较模锻锤强，因而在热模锻压力机上模锻有利于延长模具的使用寿命。热模锻压力机的滑块机构具有严格的运动规律，易于实现机械化和自动化生产，特别适合于大批量生产和机械化、自动化程度高的模锻车间。热模锻压力机不需要强大的安装基础，但其结构比较复杂，加工要求较高，制造成本高。

由于热模锻压力机的刚性大、滑块行程不变并有精确的导向、有锻件顶出装置、以静压力锻打等优点，近年来在大批量生产小型模锻件的流水线中，已越来越多地采用先进的热模锻压力机来取代模锻锤。在热模锻压力机上除了进行一般的模锻外，还可以进行热挤压和热精压等工艺。

9.1 模锻件分类及模锻件图的制订

1. 热模锻压力机上模锻的工艺特点

在热模锻压力机上可以进行多种模锻工步，如镦粗、挤压、成形、弯曲、预锻、终锻、校正及精压等。

1）模锻前坯料的加热和消除氧化皮

在压力机模锻过程中，坯料上的氧化皮不易打碎，被压入锻件表面。这是由于热模锻压力机上模锻一般是在滑块的一次行程内完成的。因此，模锻前必须采取一定的方法清除氧化皮，最好采用少、无氧化加热。

2）金属流动的特点

在压力机上模锻时金属流动与充满模膛的方式和锤上模锻不一样，具有如下特点。

(1) 在锤上模锻时，金属以压入方式充满模膛比较强烈；而在压力机上模锻时，金属向四周扩展的镦粗作用比较强烈，如图 9.1 所示。

因此，对于需要用压入方式来充满模膛的锻件，在锤上模锻容易充满成形，而在压力

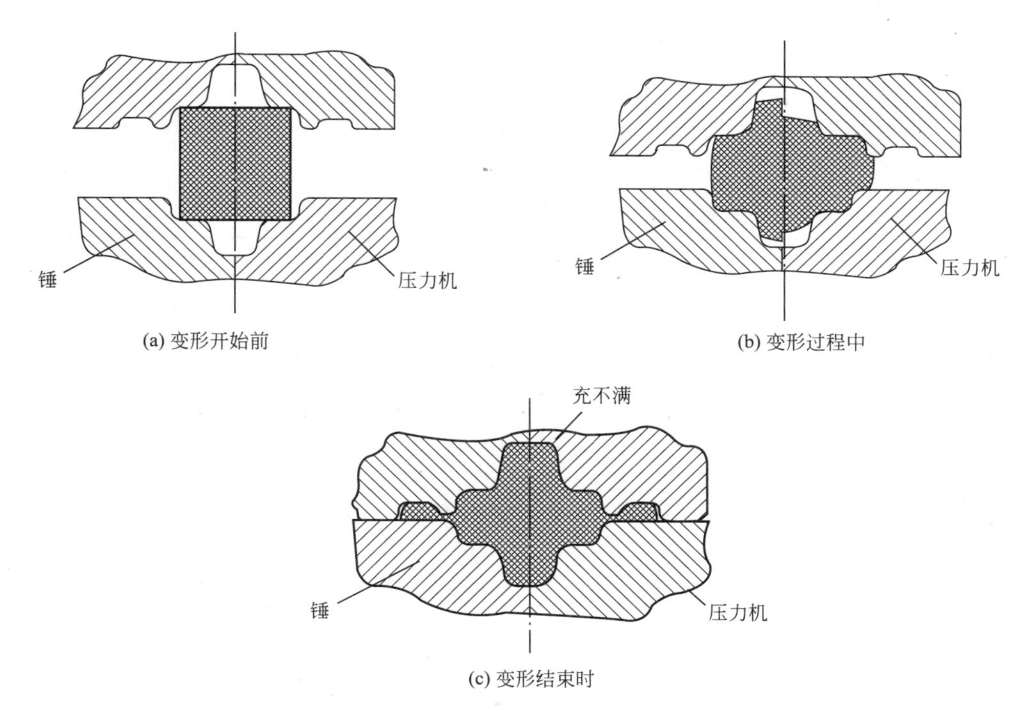

(a) 变形开始前　(b) 变形过程中

(c) 变形结束时

图 9.1　金属在锤上及热模锻压力机上模锻时的充填模膛情况

机上模锻时，即使采用较大的坯料，变形后产生较大的飞边，也未必能充满模膛。当锻件成形所需的压入作用越大时，在这两种设备上充满的情况相差也越大。

(2) 在锤上模锻时，上模比下模容易充满；而在压力机上模锻时，这种差异并不明显。

由于上述原因，对于某些复杂形状的锻件，在锤上只需要一个终锻模膛就能模锻出来；而在压力机上，则必须采用多模膛的模锻，使锻件逐步成形。在实际生产中，压力机上所需要的模膛数目，一般采用 2～3 个，也可采用 4 个(镦粗、挤压、预锻、终锻)模膛来完成复杂锻件的金属变形过程。

3) 关于拔长和滚挤

由于模锻锤锤头每分钟行程次数多，打击的轻重快慢可以任意控制，对于拔长、滚挤等制坯操作很方便。但是对于压力机，因其行程和压力不易调节，故滚挤和拔长相当困难。为了解决此问题，一般是将拔长和滚挤工步放在其他设备上(如辊锻机、平锻机、电热镦粗机和自由锻锤)进行，或采用周期性断面轧坯。在大批量生产中，采用周期性断面的坯料和辊锻制坯是比较理想的。

4) 压力机上模锻的锻件质量

由于压力机刚性好，有可靠的导向和顶料装置，从而保证了锻件的尺寸精度高、加工余量小、高度方向尺寸较稳定，很少受模锻工操作技术的影响。

在压力机上生产的锻件，废品率比锤上模锻低。虽然有时因压力机气压不足、坯料加热温度不均、下料质量不准确和润滑不良等原因而引起锻件高度尺寸的变动，但是，这种变动也是非常小的。

2. 模锻件分类

一般在模锻锤上可以生产的锻件都可以在热模锻压力机上生产。但由于压力机滑块行程固定，并装有顶出装置，所以还可以生产以挤压方式成形的锻件。根据各种锻件在热模锻压力机上锻造时的工艺特点，可将其分为三类，见表 9－1。

表 9－1　热模锻压力机上模锻件的分类

第一类	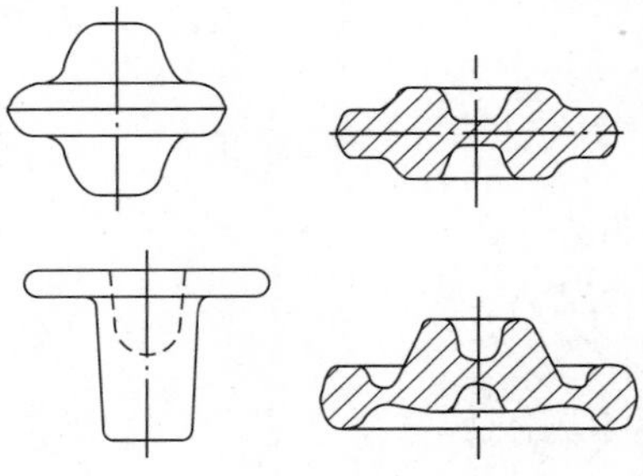 第 1 组	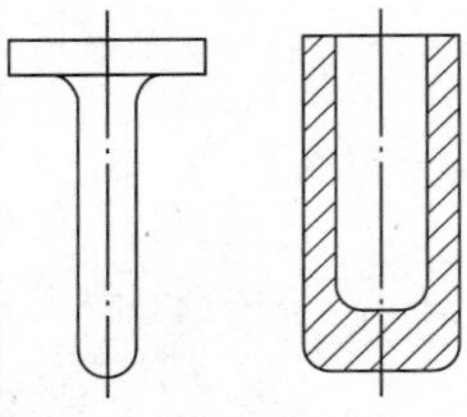 第 2 组	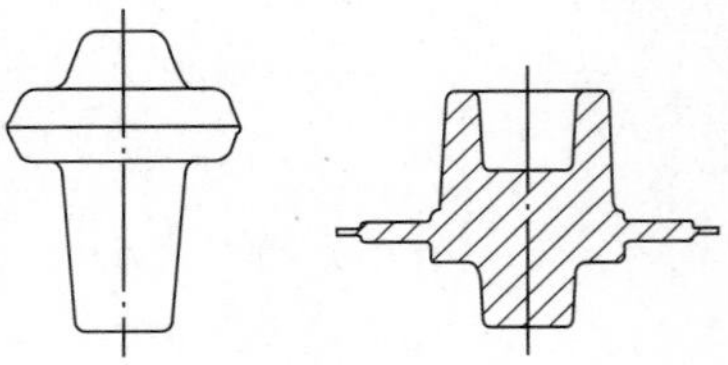 第 3 组
第二类	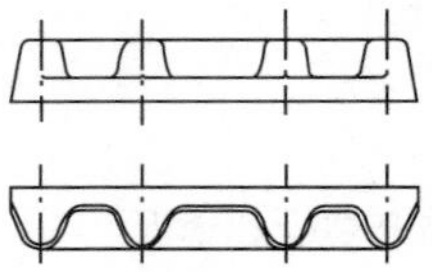 第 1 组	 第 2 组	
第三类	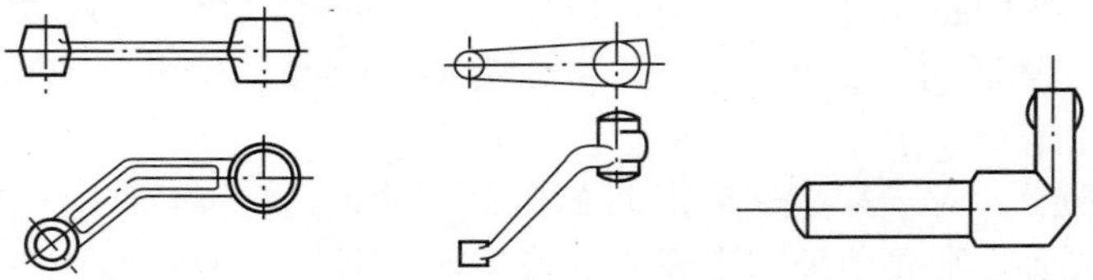		

第一类：平面图上为圆形、方形或近似这种形状的锻件。根据这类锻件的成形特点，又可分为三组：

(1) 第 1 组：以镦粗为主并略带压入方式成形的锻件。

(2) 第 2 组：以挤压为主并略带镦粗方式成形的锻件。

(3) 第 3 组：变形时镦粗和挤压都带有很大体积质量的锻件。

第二类：长轴类锻件。这类锻件在平面图上有一条较长的轴线，称为主轴线，并且主轴线是直的。根据锻件的体积沿着主轴线分布的情况，这类锻件又可以分两组：

(1) 第 1 组：锻件体积沿着主轴线分布得比较均匀。

(2) 第 2 组：锻件体积沿着主轴线分布得不均匀。

第三类：弯轴线锻件。这类锻件在平面图上也有一条主轴线，但主轴线是弯的。

3. 模锻件图的制订

热模锻压力机模锻件图的制订规则和过程与锤上模锻相同，包括选择分型面位置、确定余量和公差、选择模锻斜度和圆角半径及冲孔连皮，最后按零件图绘制锻件图；不同之处主要是这些参数在数值大小上与锤上模锻的相应参数有差别。

1）分型面的选择

多数情况下，压力机上和锤上锻件的分型面位置相同，而且仅有一个分型面位置，如图9.2所示。但由于压力机有顶出装置，锻件容易从较深的模膛里取出来，因此可以“立着”锻造带长轴的锻件(即轴的轴线与压力机滑块方向一致)，从而可以较灵活地选择分型面。如图9.3(b)所示的方案可锻出内孔，并减少飞边损失。

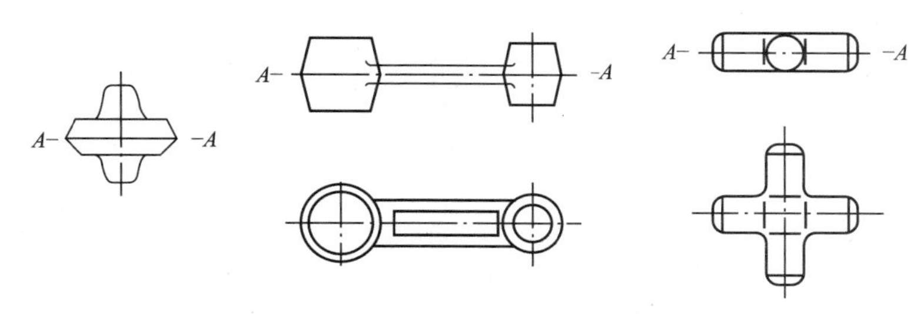

图9.2　只可能有一个分型面位置的锻件

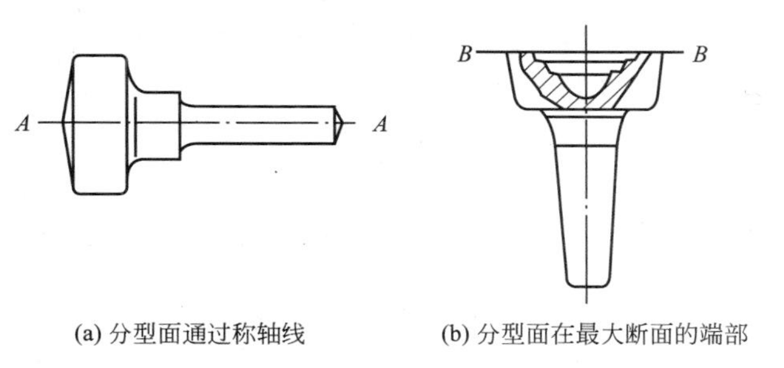

(a) 分型面通过称轴线　　(b) 分型面在最大断面的端部

图9.3　长轴类件的两种分模方法

2）余量和公差的确定

因为热模锻压力机的导向精度高，所以锻件余量及公差较锤上模锻时小。

3）模锻斜度的选择

当采用手工从终锻模膛中取出锻件时，模锻斜度与锤上模锻时相同。如果模具设有顶杆，模锻斜度可以小些，一般锻件外壁取3°～7°，多数用5°。有孔的锻件出模较为困难，因为锻件的孔径遇冷缩小，模膛内冲头因接触热锻件而直径扩大，锻件即箍在冲头上。所以锻件孔壁斜度较其他部分大。当孔深大于孔径的75%时，还可使用两级斜度，如图9.4所示。

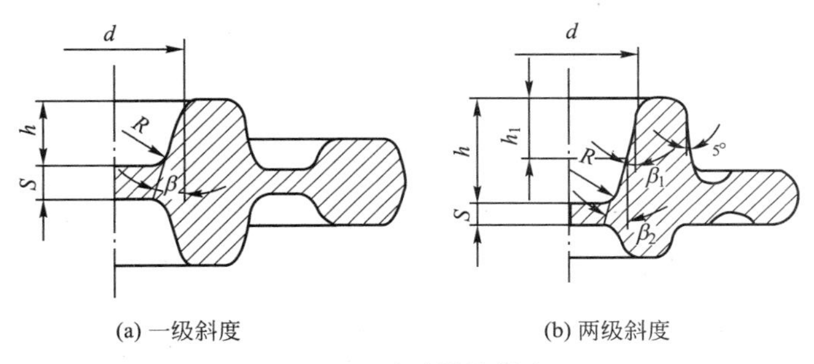

(a) 一级斜度　　(b) 两级斜度

图9.4　孔壁模锻斜度

4) 圆角半径的确定

圆角半径尺寸的确定与锤上模锻件一样，一般是根据锻件相应部分的高度(h)与宽度(b)之比(h/b)来确定。圆角半径的标准值：1mm、1.5mm、2mm、2.5mm、3mm、5mm、8mm、10mm、12mm、15mm、20mm。

同一锻件应尽量不要采用太多不同的圆角半径。对于压入法成形和金属流动特别剧烈的部位，应适当加大圆角半径。

5) 冲孔连皮的确定

热模锻压力机上模锻时，冲孔连皮的厚度通常采用 $S=6\sim8$mm。对于直径小于26mm的孔，设计时一般不予考虑。

9.2 热模锻压力机上模锻的变形工步及设备吨位的确定

在压力机上模锻也和锤上模锻一样，对于形状简单的锻件可以用坯料在压力机上一次终锻成形；对于形状复杂的锻件，也可采用多模膛模锻。常用的模锻工步有镦粗、挤压、预锻、终锻。选择工步的原则和锤上模锻有较大的区别，主要原因是在压力机上预锻工步用得多，而且重要；其次是采用挤压工步很方便。

1. 变形工步的种类

变形工步分为模锻和制坯两类。模锻工步包括预锻和终锻；制坯工步主要有镦粗、成形、卡压、弯曲等。挤压既可作为制坯，又可作为模锻工步；可分为正挤压和反挤压，如图9.5和图9.6所示。

热模锻压力机上的成形、卡压和弯曲工步，其作用与锤上模锻时相同。而拔长和滚压这两个制坯工步不宜在热模锻压力机上进行。

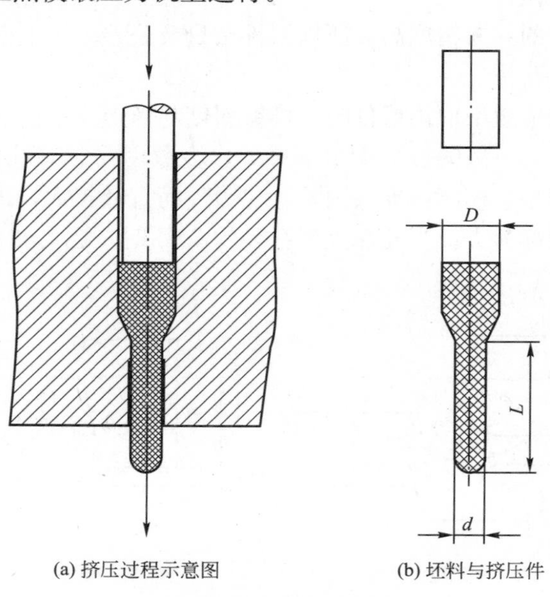

(a) 挤压过程示意图　　(b) 坯料与挤压件

图9.5　正挤压

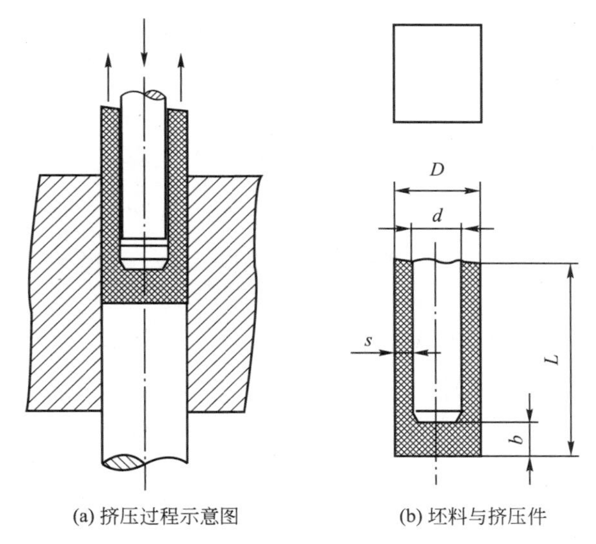

(a) 挤压过程示意图　　(b) 坯料与挤压件

图 9.6　反挤压

2. 变形工步的选择

第一类锻件：这类锻件可按外形复杂程度选用不同工步，见表 9－2。

表 9－2　第一类锻件变形工步示例

第1组		
第2组	D_0　D_1　D_2	D_0　D_1　D_2

（续）

第3组	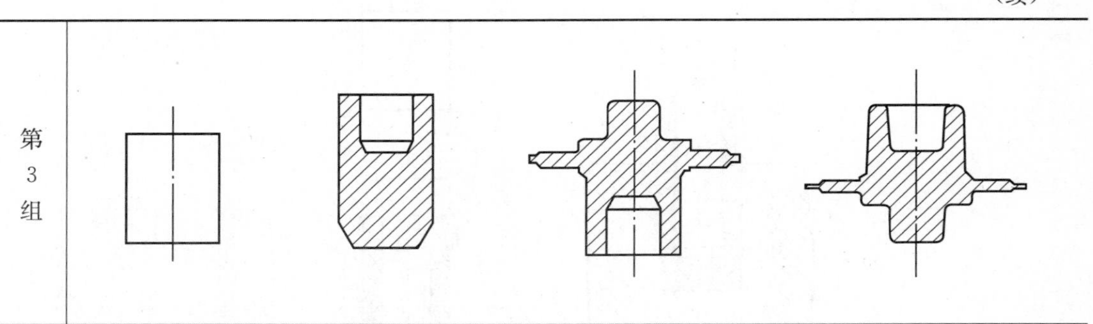

(1) 第1组锻件：当形状简单、轮廓线光滑过渡时，可直接将毛坯终锻成形或镦粗后终锻成形。

锻件形状比较复杂时，应采用镦粗→终锻或镦粗→预锻→终锻成形。镦粗工步不仅可以改变坯料形状，又能去掉一些氧化皮，所以有些锻件尽管形状很简单，但当加热条件不好时，还应采用镦粗制坯。

(2) 第2组锻件：对于第2组锻件，在终锻之前需要挤压(一次或两次)，有时在挤压之前还要先镦粗制坯。

(3) 第3组锻件：对于第3组锻件，工步选择比较灵活。当锻件很小时，如直径小于80mm的小齿轮、小十字轴等，采用一模多件的模锻方案(表9-3)常常带来很好的经济效果，但此时变形工步应按第二类锻件选择。

表9-3　一模多件的变形工步

一模多件	

第二类锻件：锻件的变形工步选择原则上和锤上模锻相同。对于沿主轴线断面变化不大的锻件，一般不须制坯，可直接模锻。但当锻件宽度与毛坯直径之比大于1.6时，应增加压扁工步。当锻件断面变化不超过15%时，可采用卡压→终锻或者卡压→预锻→终锻。对于断面变化大的锻件，需要在其他设备上拔长、滚压制坯。制坯工步都可去掉一些氧化皮，有利于提高锻件质量。形状复杂的锻件在热模锻压力机上模锻时，预锻工步是必不可少的。

第三类锻件：锻件在模锻工步前须采用弯曲工步。弯曲前是否须拔长和滚压，要先将锻件沿弯曲轴线展开，再按第二类锻件的原则确定。

质量和尺寸较小的锻件：对于质量和尺寸较小的锻件，为了简化制坯工步和提高生产率，可以采用多件模锻的方法，如图9.7所示。

3. 各变形工步的设计要点

热模锻压力机上模锻的变形工步设计过程和方法与锤上模锻基本相同。但由于压力机上预锻工步应用较多，预锻模膛的形状与终锻模膛差别较大，设计是否正确对锻件质量有很大影响，所以除了设计热锻件图之外，还须设计各个热预锻件图，通常称为工步设计，用于制造各个模膛。

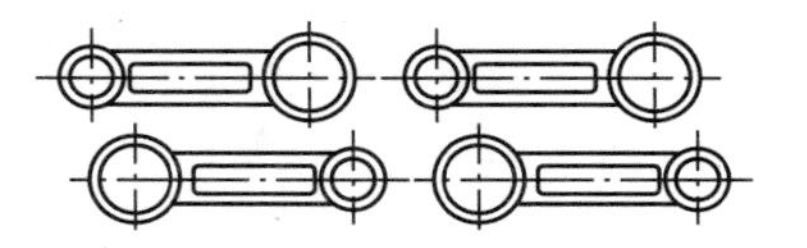

图 9.7 多件模锻示例

1）终锻工步的设计要点

终锻工步设计包括两部分，即热锻件图和飞边槽。

模锻时锻件的高度由压力机的行程保证，上、下模面并不靠合，而保持一定的间隙，这样可防止闷车。间隙的大小根据飞边槽桥部的高度而定。

热模锻压力机用锻模的飞边槽有两种型式，如图 9.8 所示。一般情况下仓部是开通的。当仓部宽度过大时，会增加模具机械加工量，这时可做成图 9.9 所示的形状。仓部应保证容纳多余的金属，如果估计锻件某部分的飞边将会很大，则该部分的飞边仓部可以开得大些。

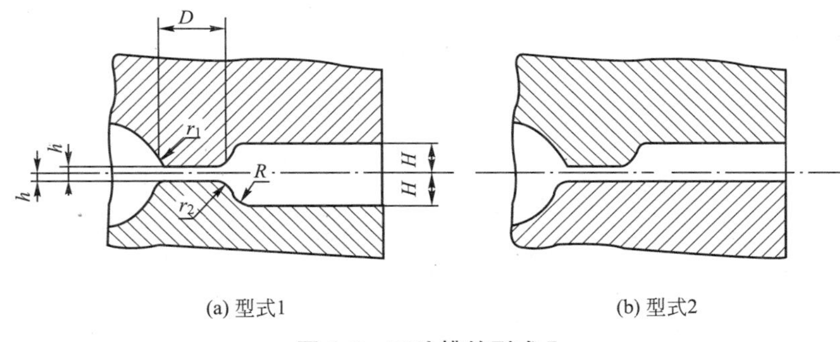

(a) 型式1　　(b) 型式2

图 9.8 飞边槽的型式Ⅰ

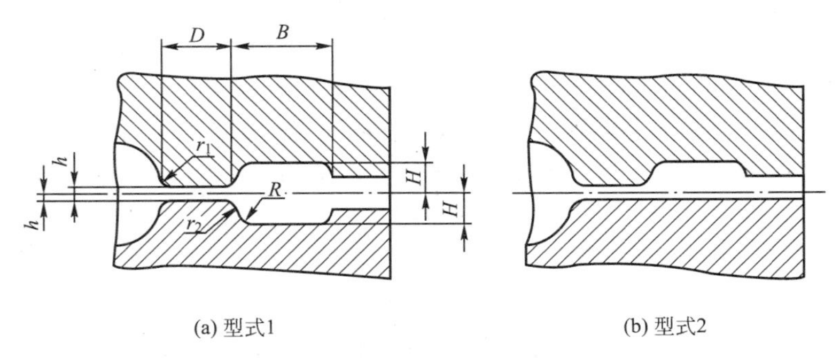

(a) 型式1　　(b) 型式2

图 9.9 飞边槽的型式Ⅱ

2）预锻工步的设计要点

预锻工步设计的基本原则是保证终锻时锻件充满，避免折叠。

预锻工步图是在终锻工步图的基础上设计的，两者在圆角半径、模锻斜度等方面的差别与锤上模锻的基本相同。

预锻工步设计时应着重考虑以下几点：

(1) 为了保证金属良好地充满终锻模膛，应使设计的预锻工步图在终锻模膛内尽可能以镦粗方式成形，即预锻工步图的高度尺寸相应要比终锻大 2～5mm(齿轮类锻件取小值，叉类锻件取大值)，而宽度尺寸比终锻要小 0.5～1.0mm，特别是对高筋和凸出部分，应取较大差值。

(2) 预锻工步的体积要比终锻工步略大，以保证终锻时充满。同时，在预锻工步中金属还应合理地分配，以避免终锻产生裂纹。对于齿轮的轮毂部分，预锻工步体积可比终锻体积大 1.0%～6.0%。

(3) 对于冲孔件，当孔径不大时，如图 9.10(a)所示，预锻冲孔深度与终锻冲孔深度之差不应大于 5mm，否则终锻时连皮部分有较多的金属沿半径向外流，形成折纹，如图 9.11(a)所示。而当冲孔直径较大时，如图 9.10(b)所示，在终锻连皮的中心应开一个仓，以容纳多余的金属，减少从连皮向外流出的金属量，避免如图 9.11(b)所示的折纹。

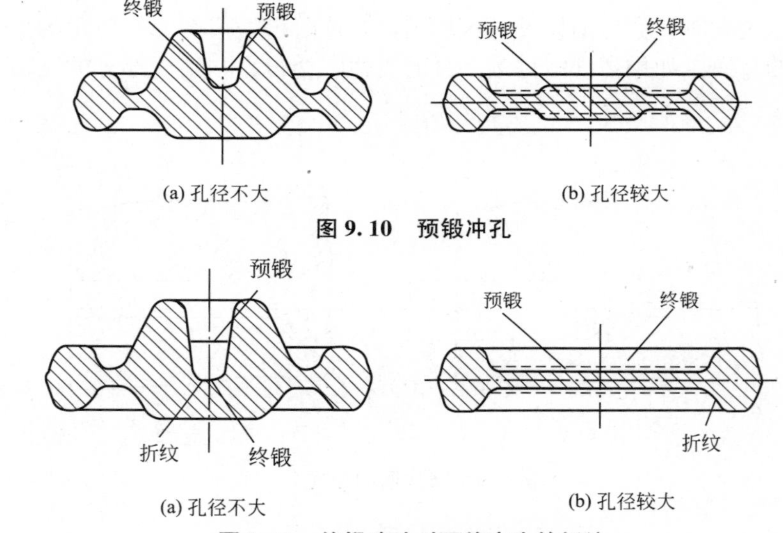

(a) 孔径不大　　(b) 孔径较大

图 9.10　预锻冲孔

(a) 孔径不大　　(b) 孔径较大

图 9.11　终锻冲孔时可能产生的折纹

(4) 预锻工步图某些部位的形状尺寸要与终锻工步基本吻合，以便终锻时很好地定位和防止折纹产生。对于齿轮类锻件［图 9.12(a)］，如果预锻工步的下部设计成图 9.12(b)所示的形状，或者预锻直径 $D_{预}$ 大于终锻直径 $D_{终}$，如图 9.12(c)所示，终锻时就可能在轮缘内侧造成折纹。

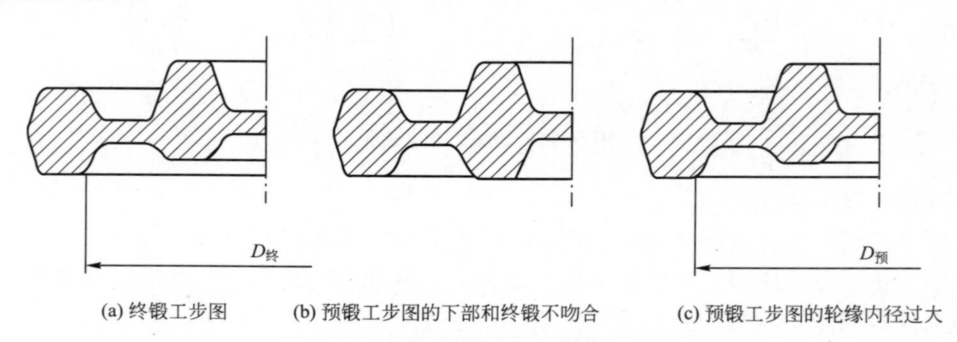

(a) 终锻工步图　　(b) 预锻工步图的下部和终锻不吻合　　(c) 预锻工步图的轮缘内径过大

图 9.12　几种预锻工步的错误设计方法

（5）当终锻时金属不能以镦粗变形为主，而主要靠压入方式充填模膛时，预锻件的形状与终锻件差别较大，应使预锻后毛坯的侧面在终锻模膛中变形一开始就靠在模壁上，以限制金属的径向剧烈流动，而迫使其流向模膛深处，如图 9.13 所示；否则锻件飞边很大，锻件却不能充满。

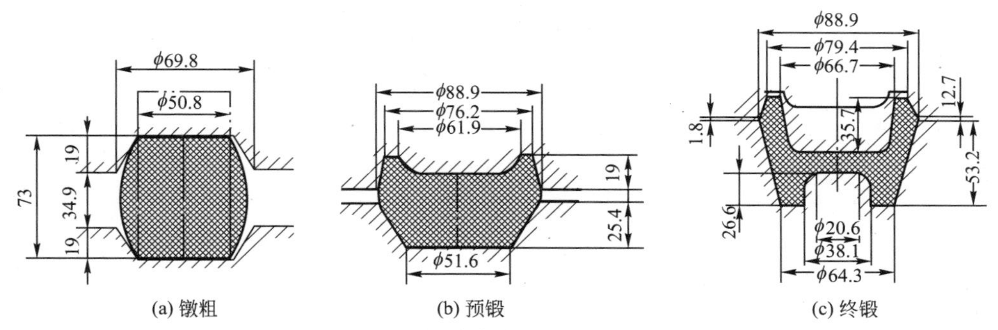

(a) 镦粗　　(b) 预锻　　(c) 终锻

图 9.13　预锻件在终锻模膛中压入成形

3）镦粗工步的设计要点

第一类锻件常采用镦粗工步。镦粗工步按其作用可分为自由镦粗和成形镦粗两种。

（1）自由镦粗：如图 9.14(a)所示。其目的是减小坯料高度，增大直径，以利于定位，同时去除表面氧化皮。

（2）成形镦粗：如图 9.14(b)所示。形状复杂的第一类第 1 组锻件，预锻前须将坯料成形镦粗，使它接近预锻形状。成形镦粗时氧化皮容易压入毛坯，影响锻件质量，所以成形镦粗前应清除氧化皮。

镦粗后毛坯的高度一般应等于锻件的最大高度或小 1.0～2.0mm，使毛坯的外径尽可能接近锻件的外径，便于下一工步的定位。

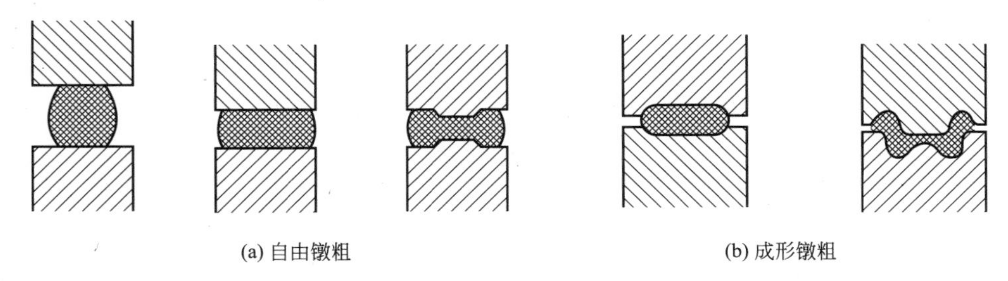
(a) 自由镦粗　　(b) 成形镦粗

图 9.14　镦粗工步的种类

4. 设备吨位的选择

热模锻压力机的能量是以滑块行程到接近下死点时所能产生的最大压力 P(即公称压力）来表示的。在确定所需压力机的压力时，是根据锻件的尺寸来计算的，一般按式(9－1)计算。

$$P=(6.4\sim7.3)K\times F \tag{9-1}$$

式中，P 为热模锻压力机吨位(t)；F 为包括飞边桥部在内的锻件投影面积(cm^2)；K 为钢种系数，按表 9-4 选取。对于外形简单，圆角较大，筋薄而高，以及小型锻件取大值。

当 $K=1.0$ 时(如锻件为 45 钢时)，按式(9－1)计算的结果见表 9－4。

表 9-4 压力机吨位选择

锻件投影面积(包括飞边桥部)F/cm²	盘形锻件允许锻造的直径/mm		推荐的合理锻造直径/mm	设备吨位/t
	包括飞边桥部	锻件本体		
137～159	132～143	112～123	100～110	1000
219～250	167～178	147～158	125～138	1600
246～281	177～189	157～169	138～149	1800
274～312	187～199	163～175	147～158	2000
342～390	208～223	184～199	163～175	2500
430～490	234～250	210～226	182～199	3150
547～625	264～282	240～258	212～228	4000
860～985	331～354	301～324	276～292	6300
1095～1250	374～399	344～369	308～326	8000
1570～1820	422～465	392～435	369～390	12000

注：1. 根据生产实践经验，使用吨位最好不大于设备公称吨位的80%，这样有利于防止闷车，提高锻件质量，减少设备维修。因此，表中列出了“推荐的合理锻造直径”。

2. 生产实践表明，闷车常常在预锻工步中发生，在选用曲柄压力机吨位及设计模具时应予注意。

9.3 热模锻压力机上锻模的设计

9.3.1 锻模的结构

1. 特点

热模锻压力机用锻模的结构与锤锻模不同，虽然它也是由上、下模两部分组成的，但不是两个模块，而是两个铸造的模座。工作时，上模座固定在压力机的滑块上，下模座则固定在压力机的工作平台上。锻模模膛是用镶块的形式，借助于楔、压板或螺钉，固定在上、下模座内。

可根据锻件所需的工步数目来确定一副模座内镶块数。可设一个单模膛的镶块，也可设几个单模膛的镶块，对于某些小型锻件也有一个镶块上做两个模膛的。镶块的形状大小视锻件而定，有采用圆形的，也有采用矩形的。为了减少模座的磨损凹陷，便于更换与维修，在镶块模底部装有模衬(或称模套、垫板)。一般是用螺钉或键将它固定在模座凹槽内，以防工作时产生位移。有的模衬上还可以安装预热镶块模的加热器。为了便于锻件脱模，在镶块中央可以安装顶杆，以便在压力机滑块上升时，能自动将锻件从模膛中顶出。同时，为了保证上、下模的对中，在模座上设有导向装置，即在下模座上装有两个导柱，上模座上装有两个相应配合的导套。

镶块模膛是按热锻件图设计的。

终锻时所需变形力最大，为了使压力机曲柄连杆机构的零件载荷均匀，终锻模膛尽可能布置在中心，这样可以简化取出锻件的装置。

2. 锻模的结构形式

按锻件的形状、工步特点和使用情况，有如下三种模具结构。

(1) 单模膛矩形镶块模。单模膛矩形镶块模是用楔固定的模具结构，如图 9.15 所示。

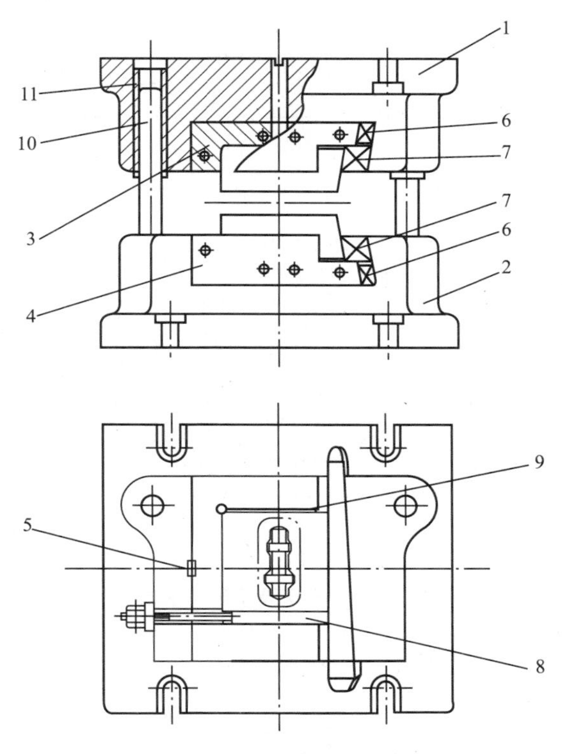

图 9.15 单模膛矩形镶块模

1、2—上、下模座；3、4—上、下模衬；5—键；6、7—斜楔；
8—螺杆式拉楔；9—调整垫片；10—导柱；11—导套

这类模具是由铸钢件制成的上模座 1 和下模座 2，用连接螺钉及定位键固定在压力机上，用键 5 和斜楔 6 将模衬 3 和 4 固定在模座的上、下模膛内，模衬中有四个圆孔，内装有预热模膛用的电阻丝管形加热器，镶块模是直接用一对斜楔 7 固定的，能保证镶块的快速更换。在下模衬 4 靠近操作者一端，有一带斜度的侧面，内装有带螺杆的拉楔 8 用于固定下镶块模，在另一端有一组调整前后错移用的调整垫片 9，对于调整镶块模的前后错移和装卸镶块模都很方便。在模座后端装有一对导柱 10 和导套 11，保证上、下模具的正确导向。

(2) 三模膛矩形镶块模。三模膛矩形镶块模是用螺钉固定的模具结构，如图 9.16 所示。

这类模具也有由铸钢制成的上模座 1 和下模座 2，中间设一矩形槽，槽底部有模衬 4，用沉头螺钉固定在模座上，槽中装入一组矩形镶块模 3，每一矩形镶块模长度的两侧面制

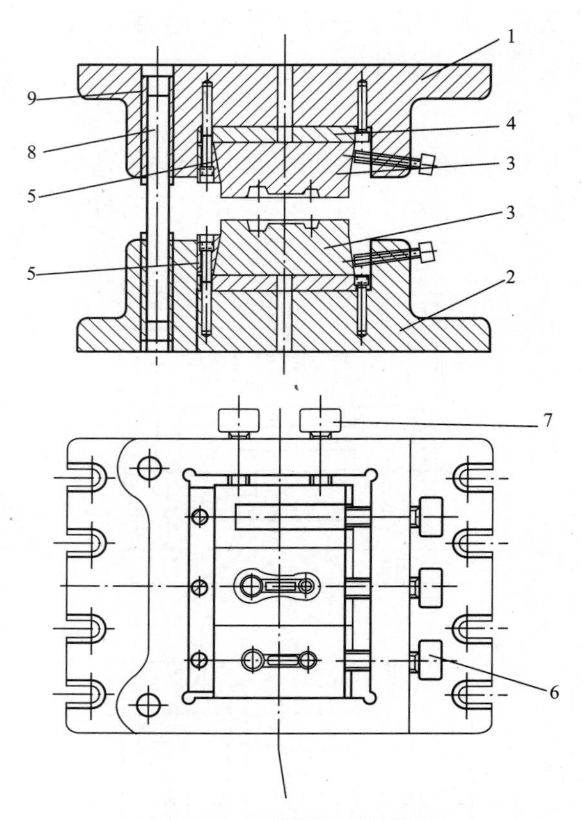

图 9.16　三模膛矩形镶块模

1、2—上、下模座；3—矩形镶块模；4—模衬；5—楔形板；
6、7—顶紧螺钉；8—导柱；9—导套

成 5°斜面，用楔形板 5 和顶紧螺钉 6 固定在槽中，顶紧螺钉 7 用来防止镶块发生纵向移动，模座后部设有一对导柱 8 和导套 9，用来保证模座的正确导向。

(3) 三模膛圆形镶块模。三模膛圆形镶块模是用压板固定的模具结构，如图 9.17 所示。

这类模具有由铸钢制成的上模座 1 和下模座 2，模座中间的模膛中有模衬 3 作为预防模座磨损用。一组圆形镶块模 4 装于模衬上，以挡板 5 作为镶块定位用，以一组压板 6 来固定镶块。在模座后端设有导套 7 和导柱 8，以保证模具良好的导向。

3. 模具的顶料装置

(1) 单模膛顶料装置。单模膛顶料装置如图 9.18 所示。上、下顶出器 1 和 2 带有凸肩，支承在模衬 3 和 4 上，它是镶块模 6 的一部分，承受模锻变形负荷，上顶出器 1 上装有弹簧 5 以保证工作后回复到原位置。上、下顶杆 7 和 8 将压力机的推力传到顶出器上，从模膛中顶出锻件。

(2) 三模膛下顶料装置。三模膛下顶料装置如图 9.19 所示。压力机顶杆 1 传来的推力，经过两个绕轴 2，转动的杠杆 3 传到平板 4 上，平板 4 上方顶出器 5 从模膛中顶出锻件。

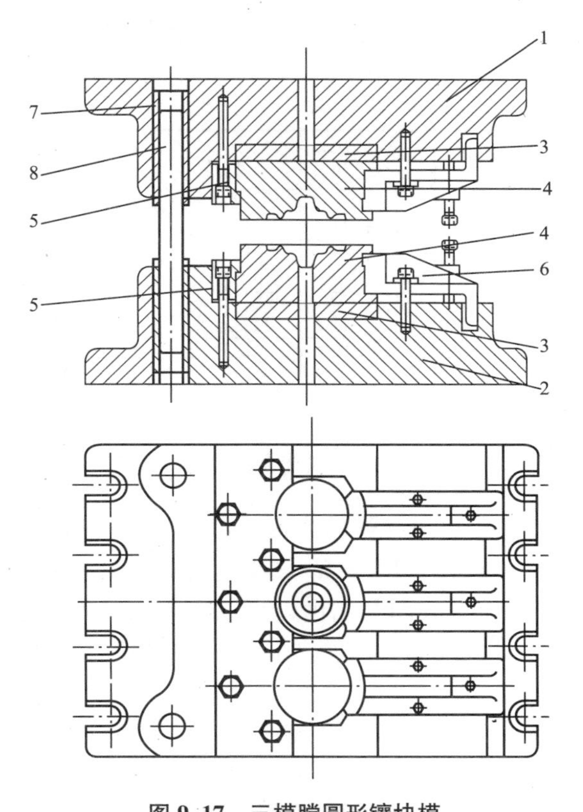

图 9.17　三模膛圆形镶块模

1、2—上、下模座；3—模衬；4—圆形镶块模；
5—挡板；6—压板；7—导套；8—导柱

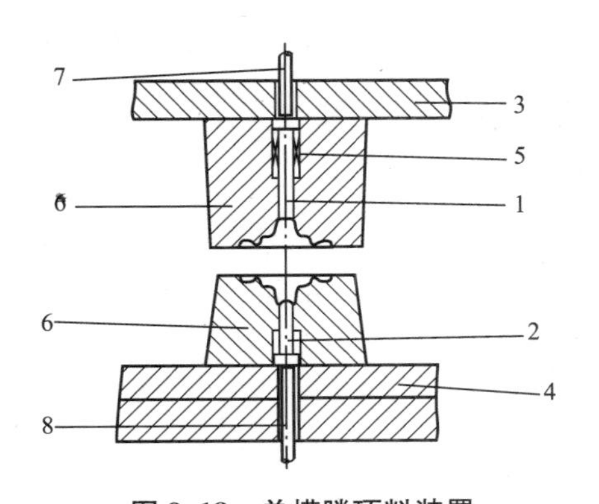

图 9.18　单模膛顶料装置

1—上顶出器；2—下顶出器；3—上模衬；4—下模衬；
5—弹簧；6—镶块模；7—上顶杆；8—下顶杆

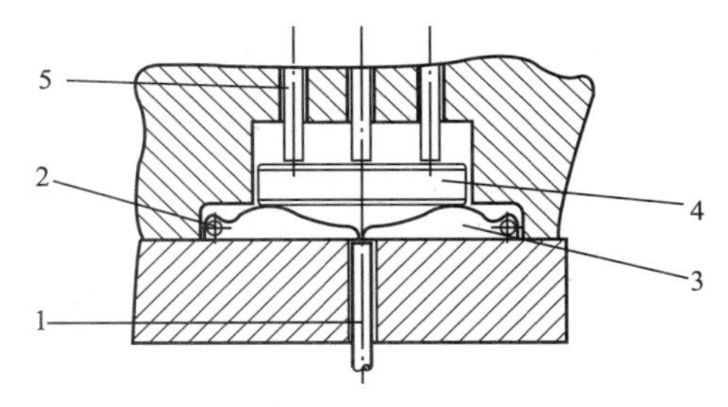

图 9.19　三模膛下顶料装置

1—顶杆；2—绕轴；3—杠杆；
4—平板；5—顶出器

9.3.2　锻模的闭合高度

热模锻压力机的运动机构是曲柄连杆机构或曲柄肘杆机构，其闭合高度由热模锻压力机的结构决定。由于热模锻压力机的行程固定，因此模具在闭合状态下各零件在高度方向上的尺寸关系如图 9.20 所示。

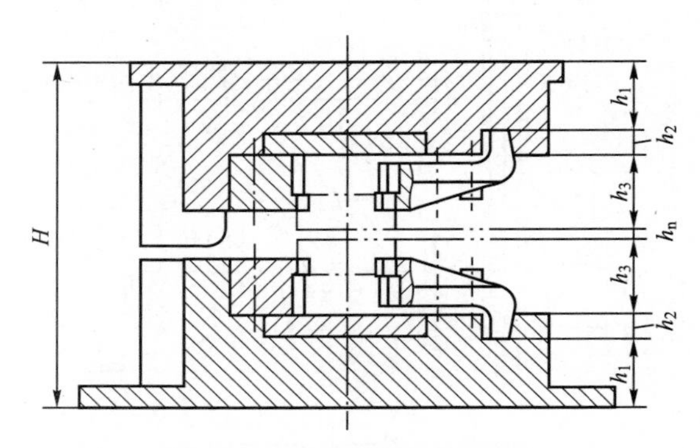

图 9.20　模具闭合高度的组成

锻模的闭合高度 H 是指上、下模架装好镶块以后的闭合高度，其中包括了上、下镶块之间在分型面必须保留的间隙。闭合高度 H 是根据压力机的封闭高度设计的。当使用翻新过的镶块时，为了保持模具的闭合高度，可以在镶块和低层垫板之间加一块中间垫板，垫板也可以制成各种不同的厚度，以备换用。无论何时，锻模的闭合高度不能大于压力机封闭高度的最大值。

锻模的闭合高度 H 由式(9-2)计算。

$$H=2(h_1+h_2+h_3)+h_n \tag{9-2}$$

式中，H 为模具的闭合高度(mm)；h_1为上下模座厚度(mm)；h_2为上下垫板厚度(mm)；h_3为上下锻块高度(mm)；h_n为上下模间隙(mm)。

9.3.3　锻模模膛的设计

热模锻压力机上的锻模常用的模膛有终锻模膛、预锻模膛、镦粗模膛、成形模膛(压挤模膛)、弯曲模膛等。

1. 终锻模膛设计

热模锻压力机上锻模的终锻模膛设计内容主要包括确定模膛轮廓尺寸、选择飞边槽型式、设计钳口、设计排气孔和正确布置顶料杆的位置。其中模膛轮廓尺寸是根据热锻件图设计的。

1) 飞边槽

热模锻压力机用锻模的飞边槽型式与锤上锻模有所不同，如图 9.8 所示。

(1) 飞边槽的形式。热模锻压力机上锻模的飞边槽桥部高度尺寸小而仓部断面积大，这是为了有利于金属充满模膛，并防止飞边金属过多而闷车。

(2) 没有承击面。一般情况下仓部开通。当仓部宽度过大时，为了减小机械加工余量，可做成图 9.9 所示的形状。这样可减轻模具的负荷，提高模具寿命。

(3) 飞边槽的位置。热模锻压力机上锻模的飞边槽应放置在使分型线位于飞边桥部高度的 1/2 处。为了减轻压力机的负荷，避免压力机在工作时卡住，上、下模膛镶块不应直接接触，一般应保持 1～3mm 的间隙。

2）排气孔

热模锻压力机上模锻与锤上模锻不同，金属是在滑块的一次行程中完成变形的。若模膛有深腔，在模锻过程中聚积在深腔内的空气受到压缩无法逸出时，将产生很大的压力阻止金属向模膛深处充填，所以一般在模膛深腔金属最后充填处应开设排气孔，如图 9.21 所示。

(1) 排气孔的尺寸。排气孔的直径为 1.2～2.0mm，孔深为 20～30mm，后端可用 ϕ8～20mm 的通孔与通道连通。

(2) 排气孔的布置。对环形模膛，排气孔一般对称设置；对深而窄的模膛，一般只在底部设置一个。模膛底部有顶出器或其他排气缝隙时，不需要开排气孔。

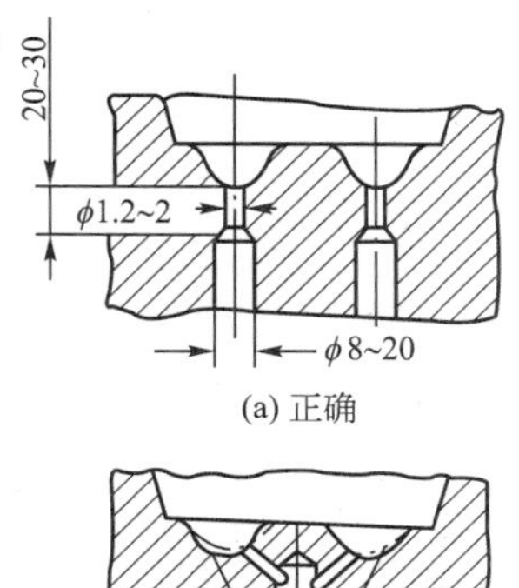

(a) 正确

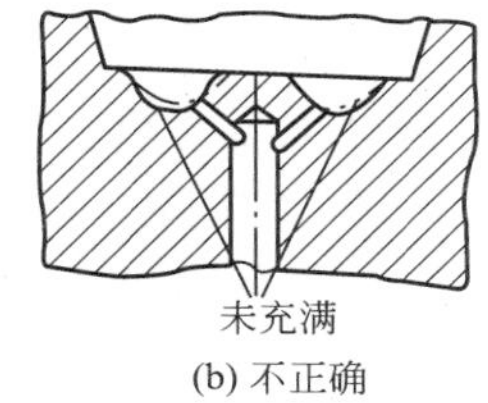

(b) 不正确

图 9.21　排气孔的布置

3）顶料杆的位置

热模锻压力机的顶料杆主要用于顶出预锻模膛或终锻模膛内的锻件。顶料杆的位置，应根据锻件的具体情况而定。在模锻时尽量不要使顶料杆受载。

一般情况下，顶料杆顶出锻件时应顶在锻件的飞边上或具有较大孔径的冲孔连皮上，如图 9.22 所示。如果顶料杆要顶在锻件本体上时，应尽可能顶在加工面上，如图 9.23 所示。

为防止顶料杆弯曲，设计时应注意顶料杆不能太细，一般取其直径为 10～30mm；并应有足够长度的导向部分。顶杆孔与顶料杆之间应留有 0.1～0.3mm 的间隙。顶料杆周围的间隙也能起排气作用。

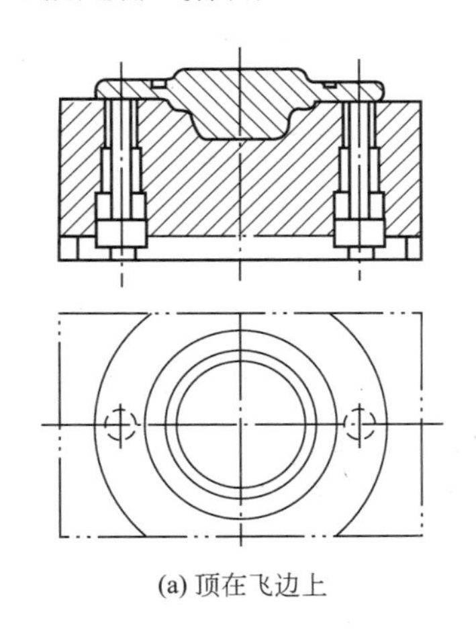
(a) 顶在飞边上

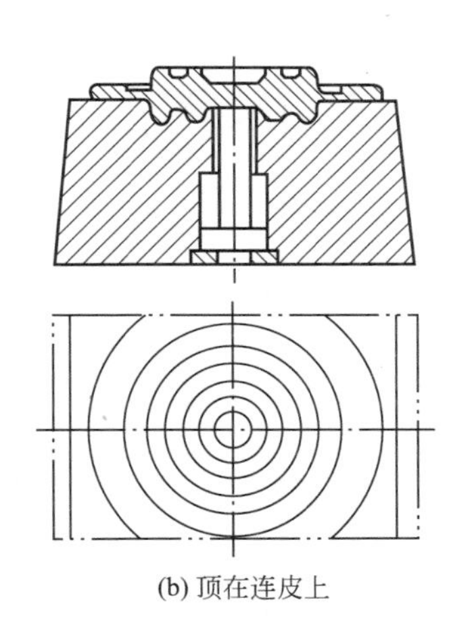
(b) 顶在连皮上

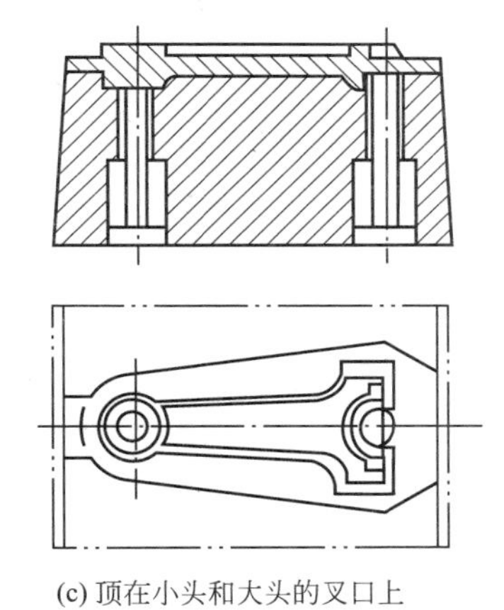
(c) 顶在小头和大头的叉口上

图 9.22　顶料杆的位置Ⅰ

2. 预锻模膛设计

热模锻压力机是一次行程完成金属的变形。因此热模锻压力机上模锻的一般成形规律是金属沿水平方向流动剧烈，沿高度方向流动相对缓慢。这就使得在热模锻压力机上模锻更容易产生充不满和折叠等缺陷。因此，通常要设计预锻模膛。

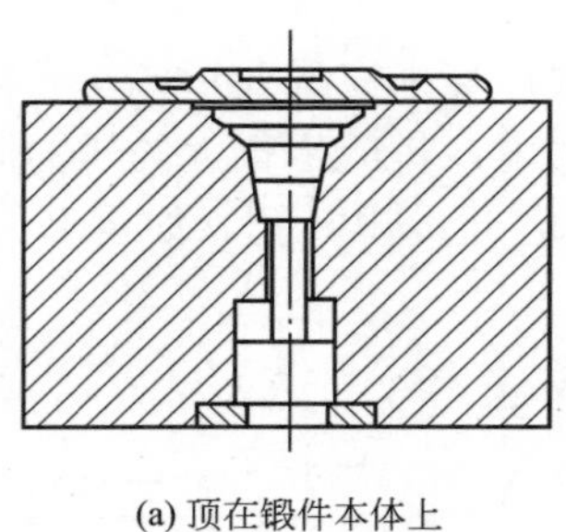
(a) 顶在锻件本体上

(b) 连芯顶料杆

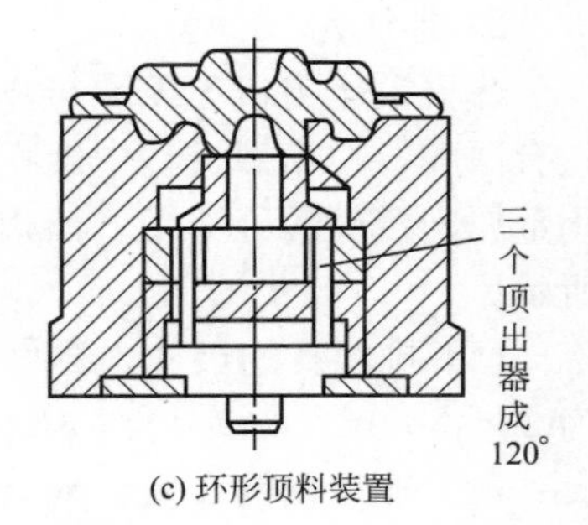

(c) 环形顶料装置

图 9.23　顶料杆的位置Ⅱ

预锻模膛的设计原则是使预锻后的坯料在终锻模膛中以镦粗方式成形。其模膛轮廓尺寸是根据热预锻件图设计的。

3. 制坯模膛设计

热模锻压力机上常用的制坯模膛有镦粗模膛、压挤(成形)模膛和弯曲模膛等。

1) 镦粗模膛

镦粗模膛有镦粗台和成形镦粗模膛两种。

(1) 镦粗台。镦粗台上、下模的工作面是平面，用于对原坯料进行镦粗，通常用于镦粗圆形件。

(2) 成形镦粗模膛。成形镦粗模膛的结构如图 9.24 所示，其作用是使成形镦粗后的坯料易于在预锻模膛中定位或有利于金属成形。

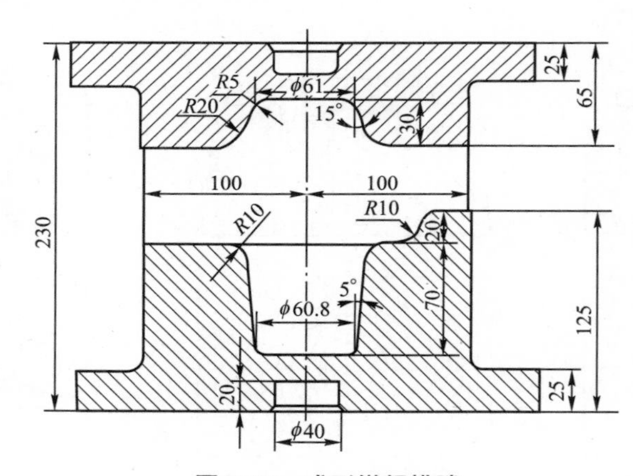

图 9.24　成形镦粗模膛

2) 压挤(成形)模膛

压挤模膛与锤上模锻的滚压模膛相似，其主要作用是沿坯料纵向合理分配金属，以接近锻件沿轴向的断面变化，如图 9.25 所示。

压挤时，坯料主要被延伸，截面积减小而在某些部位(如靠近长度方向的中部)有一定的聚料作用。压挤模膛在热模锻压力机模锻中用的较多，特别是在没有辊锻制坯的情况下。

压挤还能去除坯料表面氧化皮。

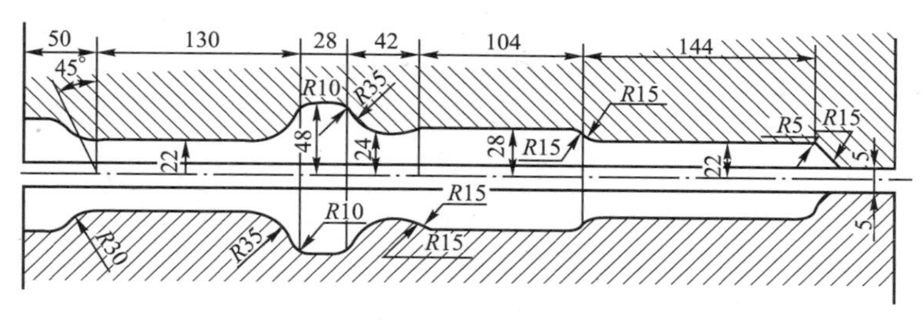

图 9.25 压挤模膛

3）弯曲模膛

弯曲模膛的作用是将坯料在弯曲模膛内压弯，使其符合预锻模膛或终锻模膛在分型面上的形状。弯曲模膛的设计原则与锤上模锻相似，其设计依据是预锻模膛或终锻模膛的热锻件图在分型面上的投影形状。

9.4 热模锻压力机上锻模的使用

1. 锻模的安装

1）模座的安装

为了保证锻件质量，在安装模座之前应检查压力机的精度，包括工作台面的不平度、滑块与工作平台的平行度、压力机的闭合高度及导轨间隙等。经检查合格，方可安装模座。上、下模座的闭合高度是由设计制造来保证的，它必须和压力机的装模空间闭合高度尺寸相适应。安装模座时，在吊车和吊具的配合下，将成套对合的模座推到压力机的工作平台上，放到适当的位置后，先将上模座用螺钉固定在滑块上，通过对下模座前后、左右位置的调整，直到导柱和导套的间隙均匀、相互滑动良好后，再用螺栓将下模座紧固。同时要保证上、下模衬的凹槽的侧基面相互一致，如用直角尺检查时，应在一个垂直面上。

2）安装和调整镶块模

(1) 单模膛矩形镶块模的安装与调整。单模膛矩形镶块模在安装之前，先应检查高度与长度尺寸，看其是否与模衬空间闭合高度和长度相适应，以防模具尺寸超过而使滑块卡住或压坏模具。

单模膛矩形镶块模的安装、调整步骤如下。

① 先将滑块升到最高位置。

② 将上、下镶块模合起对正，并使侧面平齐，置于模衬中间位置，与模衬侧基面稍保持一定距离。

③ 关闭电动机，在飞轮转速降低时，用调整行程慢速将滑块降到接近最低位置。

④ 将镶块模的侧基面与模衬的侧基面靠紧，并打紧固定上、下镶块模的斜楔。

⑤ 模具紧固后，可用适当大小的铅块放入模膛试锻出样件，或用加热好的坯料试锻，检查锻件的几何尺寸是否合格。

⑥ 模锻件高度尺寸的调整靠增减镶块模底部的垫片或升降压力机的工作平台来实现。

⑦ 模锻件错移的控制：左右由模具基准面保证，前后由增减垫片或松紧带螺杆的斜

楔来实现。

(2) 多模膛矩形或圆形镶块模的安装与调整。多模膛矩形或圆形镶块模的安装、调整步骤与单模膛矩形镶块模大致相同，只是采用的紧固零件不同，当将镶块模从左至右依次放入模衬后，用压板和螺钉压紧在模衬中。

锻件高度尺寸既可用调整垫片，也可用升降工作平台的方法调整。

锻件的错移一般都采用增减垫片的方法调整。

2. 锻模的使用

装好的模具在使用之前应预热到150～250℃。锻造有色金属锻件时，模具预热温度另行确定。

新装好的模具须经过试锻，以发现模具安装和锻件质量方面的问题。试锻合格后，才能投入生产；试锻件一般要划线检查尺寸，必要时，须经酸洗后检查折纹。

锻造过程中，应及时清理落在模具上的氧化皮，注意模具的冷却和润滑。

模锻时，不能将任何异物留在上、下模之间。

3. 模锻过程中应注意的问题

由于热模锻压力机的行程固定，又有顶出机构，所以操作比模锻锤容易些。但应注意如下问题：

(1) 如果终锻温度过低，变形力太大，会造成压力机闷车，严重时会损坏模具及设备。当闷车发生在下死点之前时，可打反车提起滑块或退下楔形工作台。若上述措施不能解脱闷车，就只能将模具割掉。

(2) 注意毛坯放入模膛时的定位。毛坯放偏，锻件局部充不满，有时会造成大量金属进入分型面，也可能造成闷车。一般情况下，经过制坯或预锻之后，毛坯的外形可自然地在终锻模膛内定位。当毛坯外形和终锻模膛差别很大，难以自然定位时，则在制坯或预锻工步做出定位台。

(3) 终锻所用的钳子应该尽量和制坯或预锻的钳子一样，换钳子会降低生产率。带钳夹头的毛坯常用圆口钳，不带钳夹头的毛坯常用圆钳。

(4) 锻件终锻后应及时出模，以防模具过热。带顶料杆的终锻模膛，为了使毛坯容易定位，在模具打开时预料杆不会长久地露在外面，所以当锻件被顶出时，应立即夹住锻件出模，否则锻件又会落入模膛。对于形状复杂又很重的锻件手工不容易取出，操作时应掌握顶出时机。

4. 模锻过程中的质量问题

(1) 充不满。如果各工步设计正确，充不满的原因可能是锻件温度低，金属流动不易。新装模具如果预热不充分，初始的几个锻件可能充不满。

(2) 尺寸超差。由于模膛磨损，有可能造成锻件外轮廓尺寸超上偏差，内孔超下偏差；如果模具局部塌陷，有可能造成锻件外轮廓尺寸超下偏差，内孔超上偏差，如图9.26所示；对于很细的长轴类锻件，如果出模温度太低，长度有可能超上偏差。

所以应经常检查锻件的尺寸。由于锻件图上的尺寸和公差是冷态的，所以检查热锻件时，必须考虑热膨胀的影响；有时也先将锻件在水中冷却，然后检查。但应注意，由于终锻温度高，对于一些能淬硬的钢种，水冷会造成淬火裂纹。

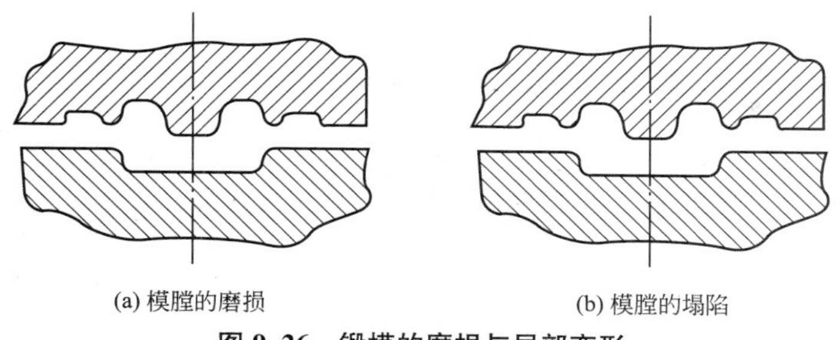

图 9.26 锻模的磨损与局部变形

(3) 错差。终锻工步操作时应经常检查错差。带飞边锻件的错差常靠眼力检查，也可以检查切边后锻件的轮廓线。要了解错差的准确值，可以进行划线检查。发现错差后，要检查模具是否松动，调整模具的定位，以消除错差。

(4) 氧化皮坑。因为热模锻压力机上的终锻是一次成形，所以氧化皮不易消除。有时氧化皮能积存于下模模膛深处，粘在模具上，造成连续几个锻件缺肉，所以必须及时吹掉模膛内的氧化皮。

(5) 折叠。终锻的折叠常常来自不合适的制坯和预锻，所以发生折叠时要全面分析变形工步。

9.5 热模锻压力机模锻实例

图 9.27 所示为直齿圆柱齿轮坯的精锻件图，其材料为 12Cr2Ni4A 钢。齿面加工余量为 0.60mm，齿顶圆和齿根圆的加工余量为 1.0mm，其余部分的加工余量为 2.0mm。

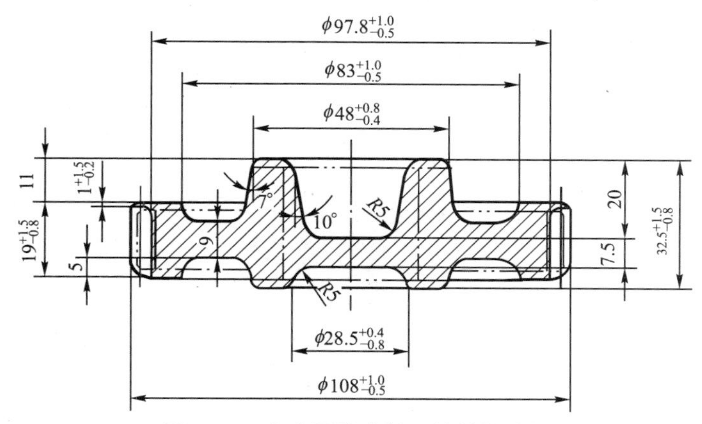

图 9.27 直齿圆柱齿轮坯的精锻件图

该圆柱齿轮坯的精密模锻工艺过程有以下几个步骤。

(1) 原材料为热轧棒料，表面氧化和脱碳层深度为 0.5mm。用车削加工制成尺寸为 40mm×91.5mm 的毛坯。

(2) 在充有氩气的电阻炉内加热毛坯，炉温约为 1160℃。

(3) 预锻锻坯(图 9.28)：温度为 850～1160℃。

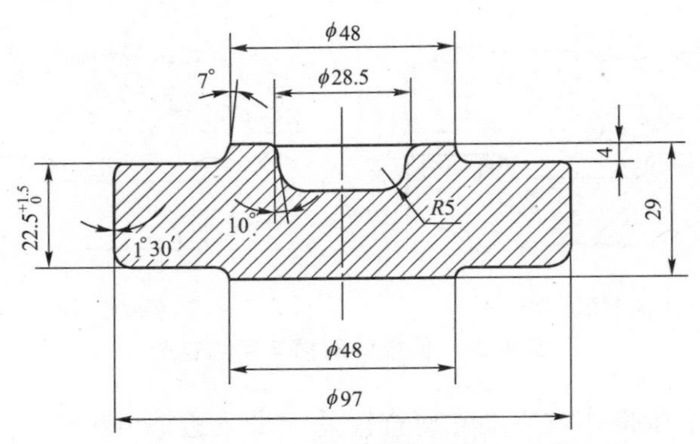

图 9.28　预锻锻坯图

(4) 在充有氩气的电阻炉内加热锻坯，炉温约为 1160℃。

(5) 在温度 850～1160℃内锻造成形该精锻件，并在温度 700～850℃内整形。

图 9.29 所示为无飞边的闭式精锻模。精锻在 15000kN 热模锻压力机上进行。因为该压力机精度和刚度较高，模具无导柱、导套。为了便于安放锻坯和顶出锻件，有齿形模膛的凹模安装在下模；模锻后由顶杆把锻件从凹模中顶出。为了避免损坏模具，当压力机滑块下行至下死点时凹模齿圈端面与上模的下端面仍有 1.0mm 的间隙，因此在齿轮锻件的齿形端面有 1.0mm 的连皮，在机械加工时被加工掉。

预锻锻坯时，仍采用图 9.29 所示的通用模架，仅需更换上模和凹模。

用 5CrNiMo 钢制造模具工作部件，其热处理硬度为 HRC 48～52。

凹模的齿形模膛是采用电火花加工方法加工的。

模锻时，用 70%的机油和 30%的石墨润滑剂润滑模膛，在模膛表面涂一薄层润滑剂并用压缩空气吹均匀且吹掉多余的润滑剂。如果精锻模膛齿形角部留有多余润滑剂，则在模锻时形成气泡，因而使齿形角部不能充满，这时就必须进行整形。为了防止锻件在空气中氧化，应把锻件放入干砂内冷却。

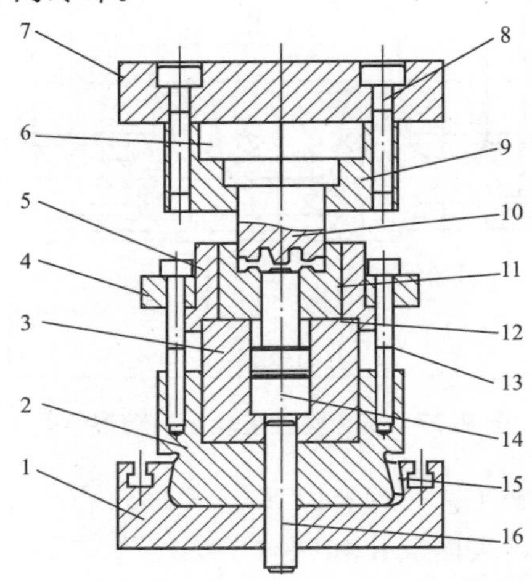

图 9.29　直齿圆柱齿轮坯的精锻模

1—底板；2—下模座；3—垫板；4—压板；5—预应力圈；6—上模垫板；7—上模板；8—螺钉；9—上模座；10—上模；11—凹模；12—下顶冲；13—螺栓；14—垫块；15—楔；16—顶杆

习　　题

1. 热模锻压力机上模锻有哪些优缺点?
2. 热模锻压力机上模锻的工艺特点有哪些?
3. 热模锻压力机锻模的构造怎样?
4. 热模锻压力机有无顶出装置?
5. 热模锻压力机允许超载使用吗? 为什么?
6. 热模锻压力机是一种什么机构传动的锻压设备? 其滑块上的载荷随曲柄的转角有什么变化?
7. 热模锻压力机用锻模的主要导向装置由什么组成? 如何设计?
8. 热模锻压力机上模锻模具的模架有几种形式?
9. 热模锻压力机上模锻模具上有深腔时，在设计时要注意什么问题?
10. 热模锻压力机模锻件模锻斜度如何选择?
11. 热模锻压力机导向精度如何? 与锤上模锻相比，锻件的余量和公差值如何?
12. 和同样能力的模锻锤相比，热模锻压力机有哪些特点?

第10章 摩擦压力机上模锻

摩擦压力机是工厂普遍使用的一种锻压设备。它的工作速度比模锻锤低，但比热模锻压力机高。一般用来镦锻螺钉、螺母、铆钉等紧固件和完成整形、压弯、精密锻造等工序。

随着生产的发展，现已广泛采用摩擦压力机进行一般模锻或精密模锻，特别是在中、小批量生产条件下其优越性尤为显著。

10.1 模锻件分类及模锻件图的制订

1. 摩擦压力机上模锻的特点

1) 摩擦压力机上模锻的优缺点

摩擦压力机与模锻锤相比，其设备构造简单，造价低；并且没有砧座，因而土建基础简单，投资费用少；操作安全，容易维护，振动小，劳动条件好；同时它的工艺适应性较广，材料利用率高，容易实现机械化。

摩擦压力机与胎模锻相比，其生产效率高，模具寿命长，劳动条件好。但对有高筋或尖角的锻件较难充满模膛，所以在生产形状较复杂的锻件时，一般都要在其他设备上制坯。

2) 摩擦压力机上模锻的工艺特点

(1) 摩擦压力机速度较慢，略带冲击性，可以在一个模膛内进行多次打击变形。所以，它可以为大变形工序(如镦粗、挤压)提供大的变形能量，也可以为变形小的工序(如精压、压印)提供较大的变形力。

(2) 由于滑块行程不固定并设有顶料装置，很适于无飞边模锻及轴杆类锻件的镦锻。它可以模锻出接近平锻机上生产的锻件，如排气阀、螺钉、齿轮等。用于挤压和切边工序时，须在模具上增设限制行程的装置。

(3) 摩擦压力机承受偏心载荷的能力较差，通常用于单模膛模锻，而用其他设备制坯。也可在偏心力不大的情况下布置两个模膛，一般将压弯(或镦粗)与终锻模膛布置在一起。对于细长锻件也可将预锻和终锻两个模膛放在一个模块上，但是这两个模膛的中心线距离应小于摩擦压力机压下螺杆直径的1/2。

(4) 由于摩擦压力机行程速度慢，给低塑性的金属创造了有利的变形条件，很适合于耐热合金、铜合金和铝合金模锻。

2. 模锻件分类

摩擦压力机通用性强，所生产的模锻件品种繁多。根据模锻件外形、成形特点和所用模具形式的不同，将其分为四类，见表10-1。

表10-1 模锻件的分类

锻件类别		锻件简图	备注
第Ⅰ类	顶镦类锻件	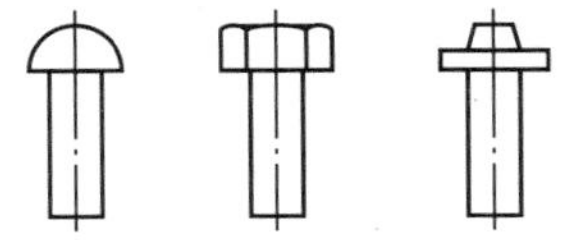	(1) 头部局部镦粗成形，杆部不变形； (2) 多用开式模具，进行小飞边模锻
	杯盘齿轮类锻件	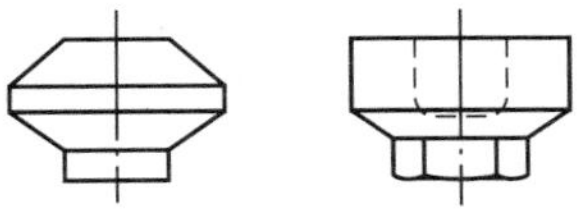	(1) 整体镦粗、挤压成形； (2) 多采用闭式模具，进行无飞边模锻
第Ⅱ类	长轴类锻件	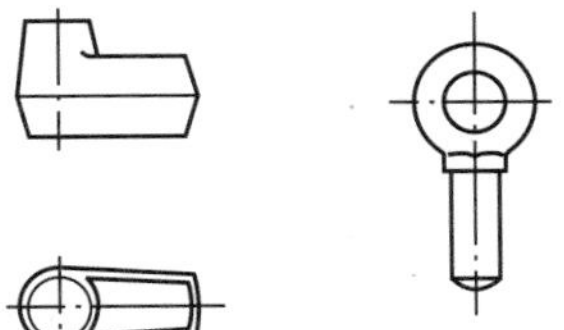	(1) 相当于锤上模锻的长轴类锻件，又可分为直线主轴、弯轴、叉杆及带枝芽类锻件； (2) 采用开式模具，进行有飞边模锻
第Ⅲ类	有表面侧凹的锻件	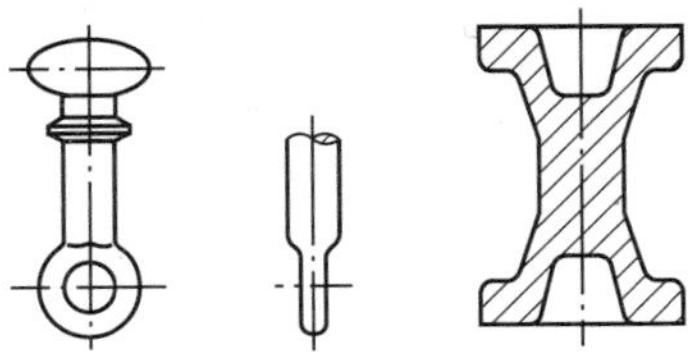	采用组合凹模，可得到在两个方向有凹坑、凹档的锻件，如法兰、三通阀体等
第Ⅳ类	精密锻件	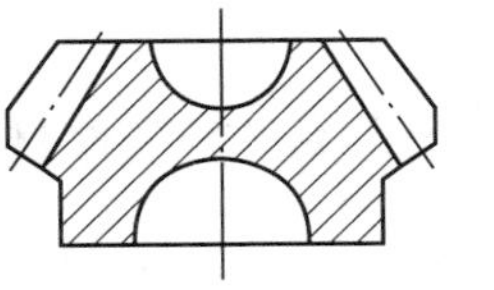	是少、无切削工艺在摩擦压力机上的应用

3. 模锻件图的制订

1）分型面的选择

（1）第Ⅰ类和第Ⅲ类锻件：该类锻件多采用无飞边或小飞边模锻工艺，并且须采用摩擦压力机的顶料装置。这两类锻件分型面的位置基本固定，一般选在最大断面部分的端面或金属最后充满处。

（2）第Ⅱ类锻件：该类锻件采用开式模锻，分型面的选择和锤上模锻相同。

表10-2为同一锻件采用不同的模锻方案时的分型面的位置。在可能的情况下，回转体锻件采用无飞边模锻有很多优点，如便于模具加工、容易保证锻件外形、节约金属等。

表10-2　锻件分型面的选择

模锻工艺	模锻件的类型					备注
	1	2	3	4	5	
有飞边模锻	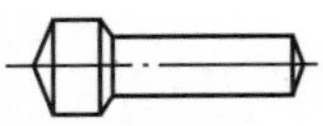	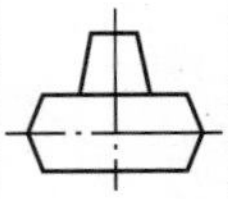	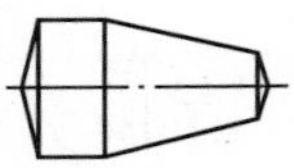	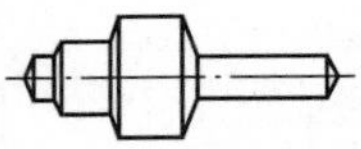	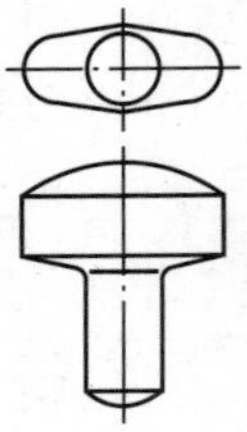	一般选在对称轴线上
无飞边模锻	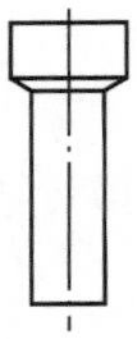	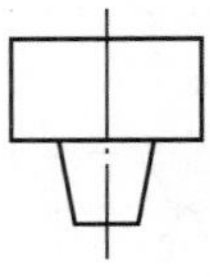	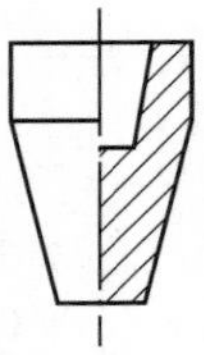	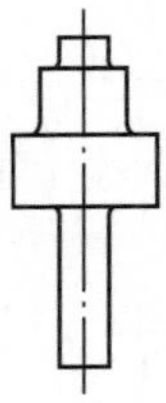	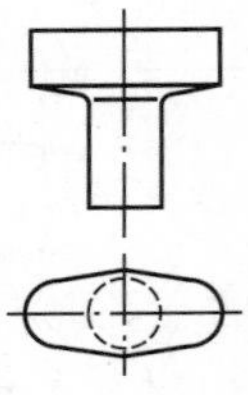	一般选在最大截面的端部

2）余量和公差的确定

摩擦压力机模锻件的加工余量及公差可按锤上模锻件的余量及公差选择。对比较复杂或需两火以上锻造的锻件，余量可以适当加大。如果氧化皮特别严重，可适当增加公称尺寸。对于无飞边模锻件，高度方向的余量及公差比有飞边模锻时大些。

3）模锻斜度的选择

摩擦压力机模锻件的模锻斜度是根据零件几何形状、尺寸及材质和是否采用顶料装置确定的。采用顶料装置时，外壁模锻斜度取1°～5°，内壁取1.5°～7°；无顶料装置时，模锻斜度可取大些。

4）圆角半径

摩擦压力机模锻件圆角半径根据锻件该部分的高度和锻件材质而定。在选取圆角半径后，应从下列数值中取最接近的数值：1.5mm、2mm、2.5mm、3mm、4mm、5mm、6mm、8mm、10mm、12mm、15mm、20mm、25mm、30mm。

5）冲孔连皮

摩擦压力机上锻造带有通孔的模锻件，其冲孔连皮型式可参照锤上模锻。

10.2 摩擦压力机上模锻的变形工步

在摩擦压力机上可以进行的变形工步有模锻工步、制坯工步和模锻后续工步。模锻工步包括终锻和预锻；制坯工步包括镦粗、聚料、弯曲制坯、成形、压扁等；模锻后续工步包括精压、压印、校正、精整、切边、冲连皮等。但是，在摩擦压力机上主要采用单模膛模锻。如果锻件所需工步较多，须更换模具、增加火次，或多机联合锻造。另外，因为摩擦压力机每分钟打击次数少，打击速度低，所以拔长和滚压这两种工步只有在其他设备上进行。

1．终锻工步和预锻工步设计

摩擦压力机上的终锻模膛及预锻模膛的设计方法与锤上模锻相同。

采用有飞边锻造时，飞边槽的形式基本与锤上模锻的相同，只是飞边仓部可比锤上模锻的小些。

由于摩擦压力机抗偏载能力差，一般不能在一块模块上同时布置终锻和预锻模膛。有时将细长轴类件的终锻和预锻工步在同一块模块上进行，但此时两个模膛压力中心的距离应小于摩擦压力机压下螺杆直径的1/2，两个模膛要分设在压下螺杆中心的两侧，并且终锻和预锻模膛各自的压力中心到压下螺杆中心的距离保持1∶2的比例。

2．第Ⅰ类锻件的制坯工步

1）顶镦类锻件

顶镦件在工艺上的主要问题是限制坯料变形部分的长径比(L_0/d_0)，以免镦锻时坯料弯曲造成锻件折纹，见表10－3。如果锻件头部体积较大，杆部较细，不能一次顶镦成形，可选用较粗的坯料，和其他设备联合，采用先镦头后拔杆或先拔杆后镦头的工艺。

表10－3 设备一次行程的顶镦条件

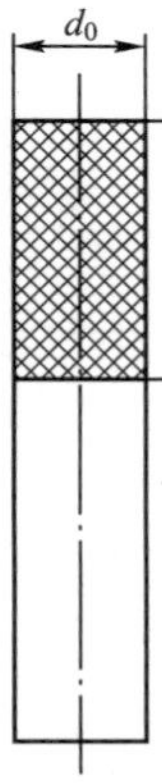 d_0, L_0	局部顶镦方式	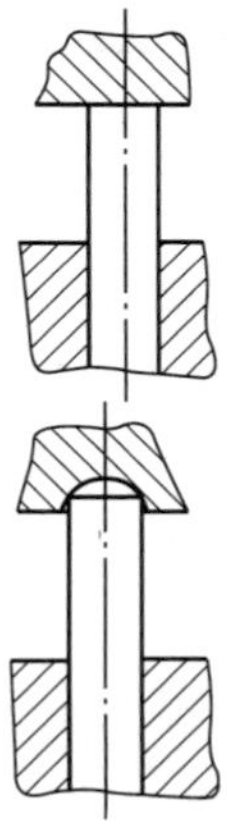	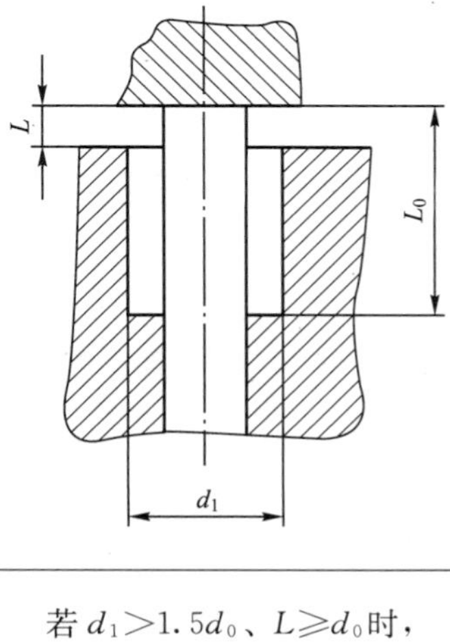 L, L_0, d_1	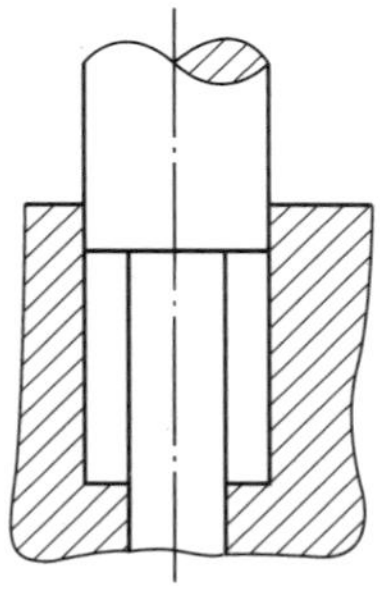
	一次行程的顶镦条件	$L_0\leqslant 2.3d_0$	若$d_1>1.5d_0$、$L\geqslant d_0$时，$L_0\leqslant 2.5d_0$	若$d_1<1.5d_0$及$L\leqslant d_0$时，$L_0\leqslant 4.0d_0$

2）杯盘类锻件

杯盘类锻件多采用无飞边模锻。

对于形状简单的锻件及小孔、厚壁锻件，可将原毛坯直接终锻，如图 10.1 所示。

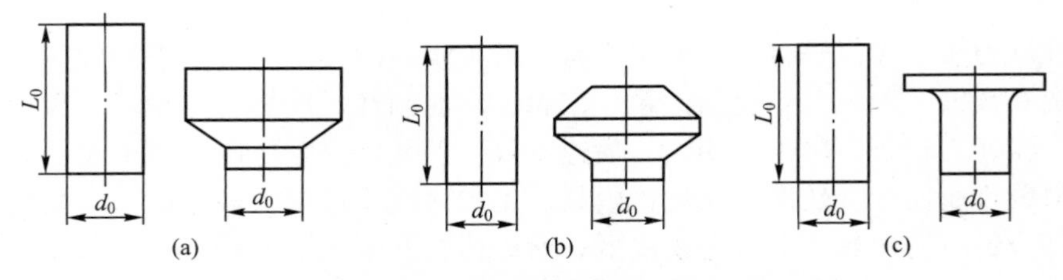

图 10.1　形状简单的杯盘类锻件模锻工艺过程

对于形状比较复杂，特别是带孔和小凸台的锻件，为了便于成形并防止折纹，必须先镦粗后终锻，如图 10.2 所示。

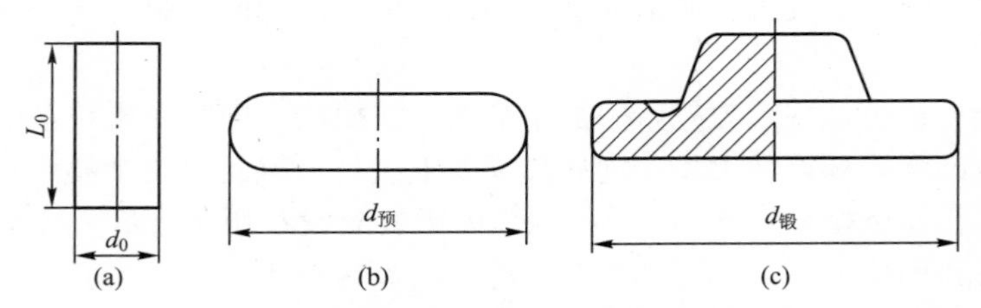

图 10.2　形状较复杂的杯盘类锻件模锻工艺过程

对于形状特别复杂的锻件，要采用预锻工步，如图 10.3 所示。

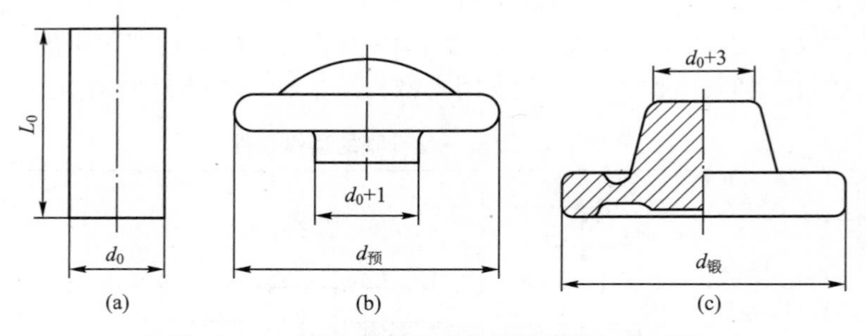

图 10.3　形状复杂的杯盘类锻件模锻工艺过程

3. 第Ⅱ类锻件的制坯工步

模锻第Ⅱ类锻件(即长轴类锻件)时，制坯工步多数在其他设备上进行，如自由锻锤、辊锻机、楔横轧机等。

在自由锻锤上制坯可分为胎模锻制坯和空气锤固定型砧制坯两种：

(1) 胎模锻制坯：可参考胎模锻造的有关资料。

(2) 空气锤固定型砧制坯：这是一种常用的制坯方法。在型砧上可进行拔长、滚压、卡压、压扁、镦粗等工步，合理地选用和组合这些工步，就可为摩擦压力机模锻准备符合要求的毛坯。

空气锤上的型砧可分为型砧和异形型砧两类。其所锻毛坯形状分为六类，见表 10-4。

表 10-4 坯料和型砧分类表

形式	序号	类别	简图	工艺方法
型砧	1	单球体		滚压球体→调头拔长
	2	双球体		滚压球体→调头拔长→滚压→拔中间杆部
	3	三球体		滚压中间球体→一端拔长→滚压→另一端拔长→滚压→拔杆部
				两球体中心距较近，可一次滚压。方法如下：滚压球体→调头拔长→滚压→拔中间杆部
	4	弯曲轴线		在前三类方法基础上增加弯曲工步
异形型砧	5	扁平类		拔长→打扁到要求高度→倒圆弧
	6	一般成形类		按坯料形状具体订出

4. 第Ⅲ类锻件工艺特点

这类锻件一般在两个方向有凹档，为了保证出模，凹模必须是组合的。这类锻件的工艺差别很大，模锻工步和模具设计要具体分析。

10.3 摩擦压力机上的锻模设计

10.3.1 锻模结构特点

由于摩擦压力机具有模锻锤与热模锻压力机的双重特点，所以摩擦压力机锻模的结构形式既可采用锤锻模结构形式，如图 10.4(a)和图 10.4(b)所示；也可采用热模锻压力机锻模结构形式，如图 10.4(c)和图 10.4(d)所示。

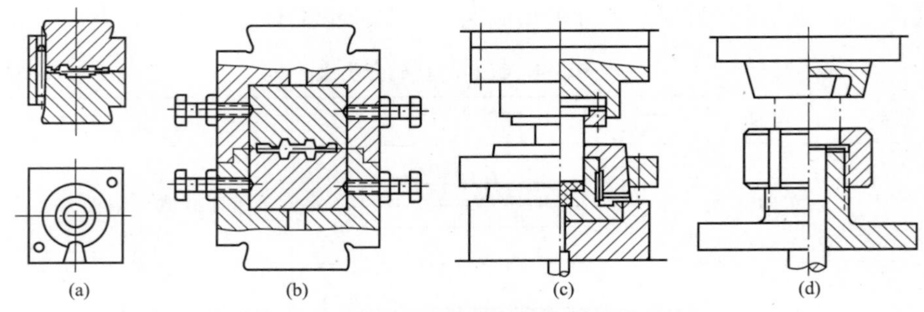

图 10.4　摩擦压力机常用的锻模结构形式

1. 整体式锻模

摩擦压力机上使用的整体式锻模结构形式和锤锻模相同。目前较大规格的摩擦压力机常用整体式锻模，如图 10.5 所示。

2. 组合式锻模

组合式锻模是一种装配式结构，如图 10.6 所示。

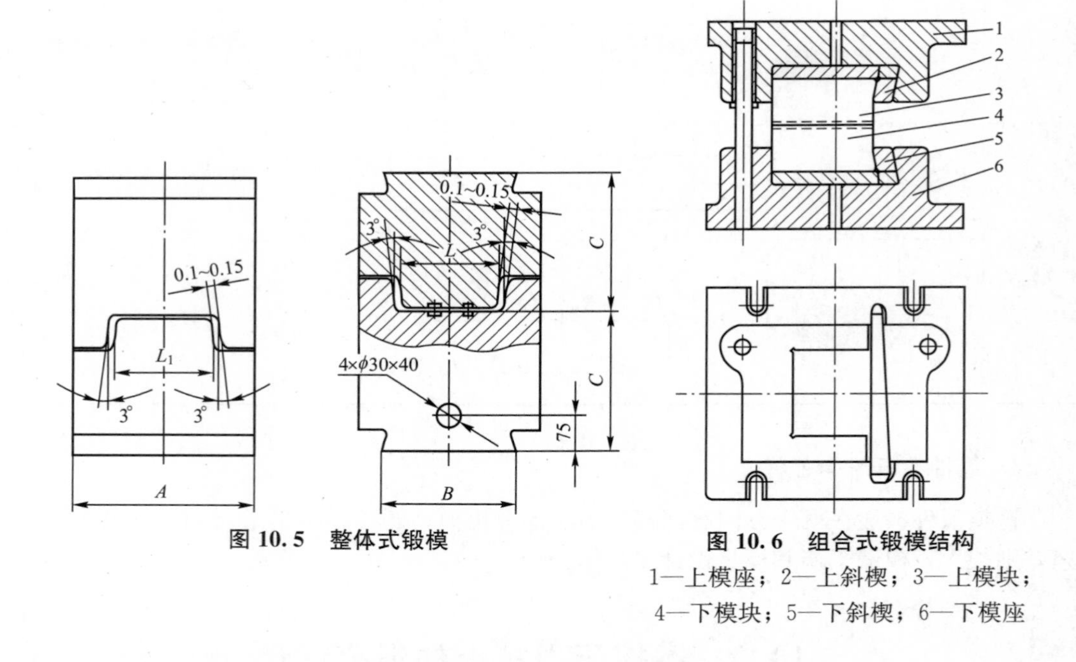

图 10.5　整体式锻模

图 10.6　组合式锻模结构

1—上模座；2—上斜楔；3—上模块；4—下模块；5—下斜楔；6—下模座

1）模架与模块

目前广泛采用圆形模块和矩形模块，如图 10.7 所示，前者主要用于圆形锻件或不太长的小型锻件；后者主要用于长杆类锻件。模块尺寸应根据锻件尺寸而定，尽量做到标准化、系列化。

模架是锻模的主要零件。设计时要力求制造简单、经久耐用、装卸方便、易于保管。图 10.8 所示的通用模架既可安装圆形模块，又可安装矩形模块，减少了模架种类，便于生产管理。

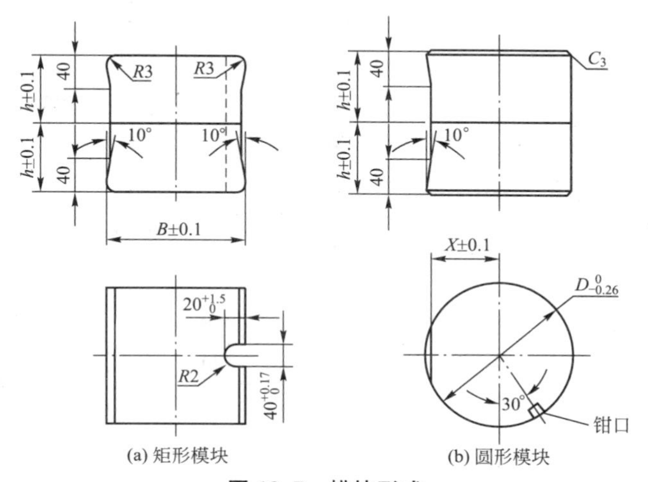

(a) 矩形模块　　(b) 圆形模块

图 10.7　模块形式

为了便于调节上下模块间的相对位置，防止因模块和模架孔的变形影响正常装卸，模块和模架孔之间应留有一定的间隙。

2）模块的紧固方式

摩擦压力机上模锻的模块在模架上的紧固方式种类繁多，如用斜楔紧固、螺钉紧固、压板紧固、直接将模块热镶套在模架上、在1600kN摩擦压力机上用大螺母紧固等。

(1) 斜楔紧固。这种紧固方式和锤锻模的固定方式相同，模块有燕尾，用斜楔将模块紧固在模架上，如图10.9所示。这种方式结构简单，具有较高的可靠性，模块装卸方便。

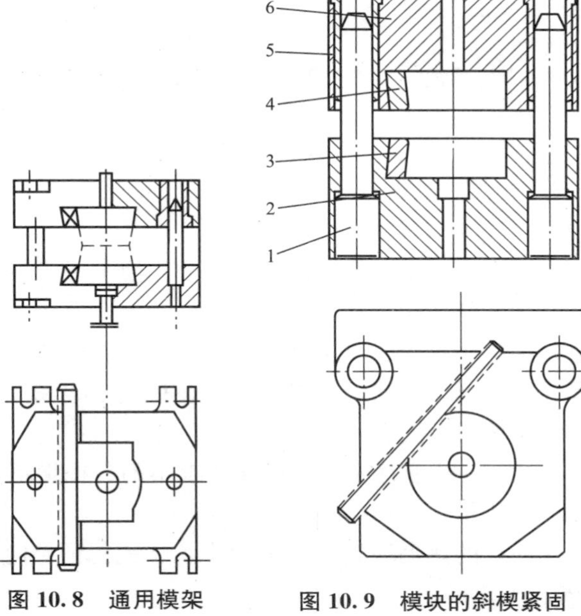

图 10.8　通用模架

图 10.9　模块的斜楔紧固

1—导柱；2—下模架；3—下斜楔；4—上斜楔；5—导套；6—上模架

但斜楔紧固占用的空间大，相应减少了模具面积，增加了燕尾高度的模具材料消耗。同时模块容易将模架的燕尾槽压塌，影响其他规格模块的安装。

(2) 螺钉紧固。这种紧固方式是用螺钉将模块紧固在模架上，如图 10.10 所示。

这种方法仅适用于小型模块。其原因是螺钉在工作时容易发生松动，装卸不方便，而且过多的螺钉孔会削弱模架与模块的强度。

(3) 压板紧固。这种紧固方式是用压板将模块紧固在模架上，其结构形式如图 10.11 所示。

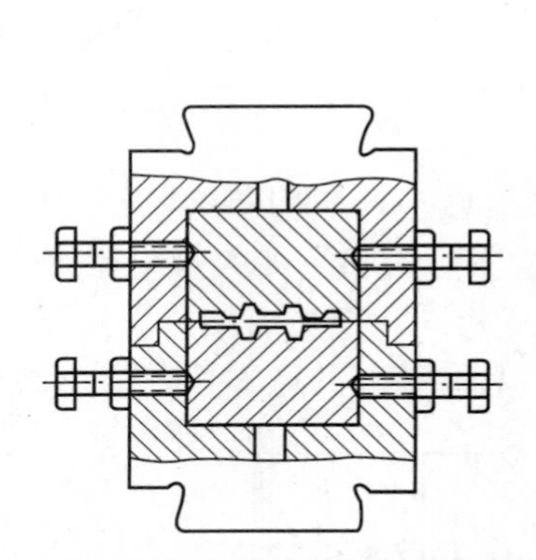

图 10.10　模块的螺钉紧固

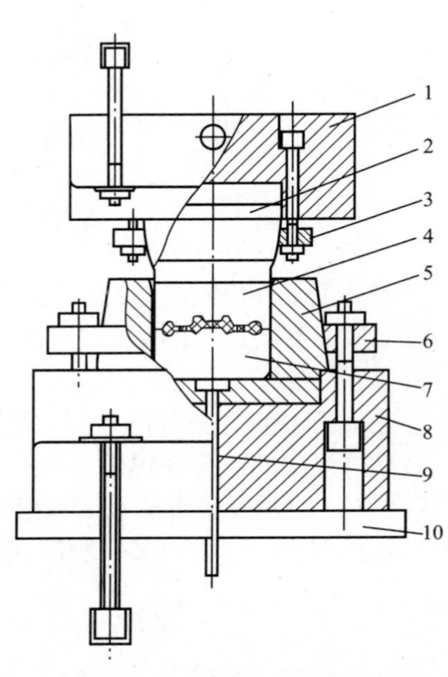

图 10.11　模块的压板紧固

1—上模座；2—上冲头柄；3—上压板；4—上冲头；5—凹模；6—下压板；7—下冲头；8—下模座；9—顶杆；10—下垫板

3) 模具的导向装置

为了平衡模锻过程中所产生的纵向及横向水平分力，使上下模导向准确，减少锻模错移，保证锻件质量；同时为了便于安装和调整，须在模架上或模块上设导向装置。

(1) 导柱、导套导向结构。这种方式在防止上、下模错移方面效果较好，其结构如图 10.12 所示。导柱和导套分别以过盈配合的方式安装在下模架和上模架上面。导柱、导套之间可采用 2 级或 3 级精度滑动配合。

(2) 导销导向装置。对于一些形状简单、精度要求不高、批量不大的锻件，可在模块上设导销导向，如图 10.13 所示。

导销的有效长度要比入模的热毛坯高 10mm 以上，才能保证导向。

导销的总长度 L 按下式计算

$$L=H-(5\sim15)\text{mm}$$

式中，H 为上、下模总高度(mm)。

导销孔一般可占据一部分飞边槽的位置，销孔中心距模块边缘距离 t 为

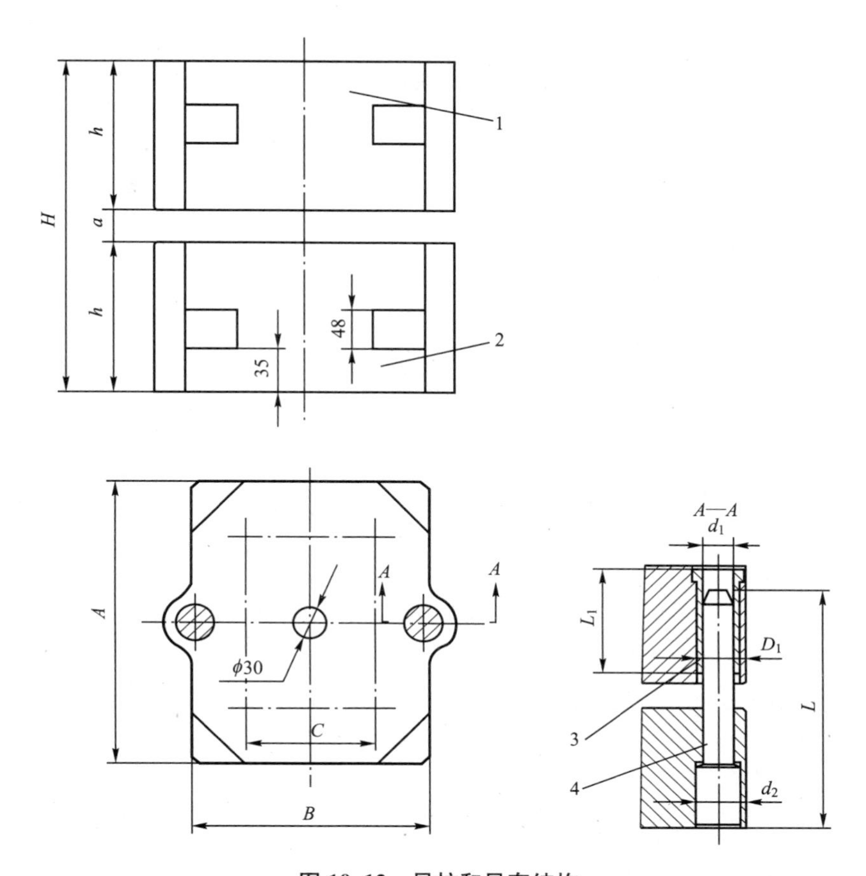

图 10.12 导柱和导套结构

1—上模架；2—下模架；3—导套；4—导柱

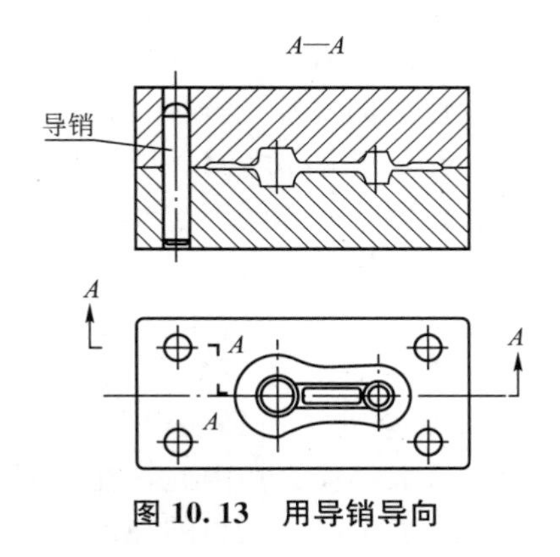

图 10.13 用导销导向

$$t=(1.2\sim1.4)d$$

式中，d 为导销直径(mm)。

导销以冷压过盈配合或热压过盈配合安装在下模块上，导销与上模孔的配合一般比导柱、导套的配合松些。

(3) 凸、凹模导向结构。凸、凹模导向结构形式有三种：凸、凹模的圆柱面导向，如图 10.14 所示；凸、凹模圆锥面导向，如图 10.15 所示；以及凸、凹模之间一段喇叭口导向。

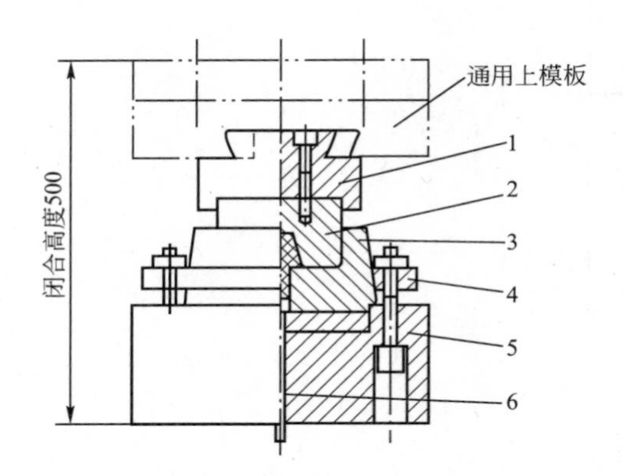

图 10.14　凸、凹模的圆柱面导向的镦头模

1—凸模固定座；2—凸模；3—凹模；
4—压板；5—下模座；6—顶杆

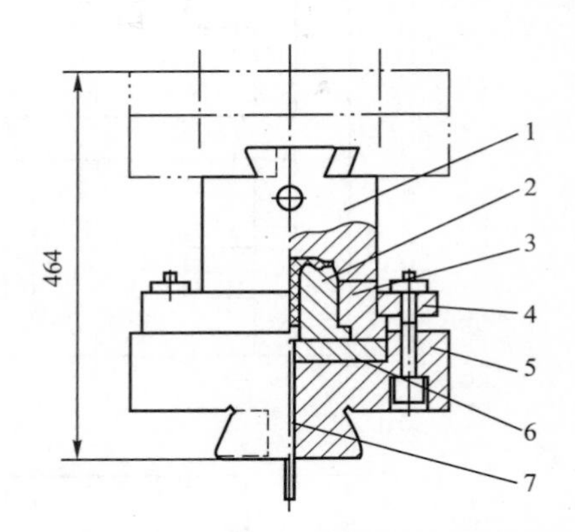

图 10.15　凸、凹模的圆锥面导向的终锻模

1—上模；2—下模镶块；3—下模模体；
4—压板；5—下模座；6—垫板；7—顶杆

凸、凹模的圆柱面导向的这种导向结构一般用于精密模锻，而凸、凹模的圆锥面导向和凸、凹模之间一段喇叭口导向的导向方式多用于普通模锻。

(4) 锁扣导向结构。对于大吨位的模具，为了加工制造方便，节省模具材料，可采用锁扣导向的结构，参阅图 8.50。带锁扣锻模设计原则可按锤上模锻的进行。

10.3.2　终锻模膛与预锻模膛的设计

摩擦压力机终锻模膛的设计要点与锤锻模相同，飞边槽的设计也基本相同，需要考虑承击面的大小。

摩擦压力机闭式模锻较适用于轴对称变形或近似轴对称变形的锻件。

摩擦压力机上锻模设计应考虑如下因素：

(1) 在闭式锻模设计中，如冲头和凹模孔之间、顶杆和凹模孔之间间隙过大，会形成纵向飞边，加速模具磨损且造成顶件困难；如间隙过小，因温度的影响和模具的变形，会造成冲头在凹模孔内、顶杆在凹模孔内运动困难。通常按 3 级滑动配合精度选用。通常冲头与凹模孔的间隙为 0.05～0.20mm。

(2) 设计闭式锻模的凹模和冲头时，应考虑多余能量的吸收问题。当模膛已基本充满，再进行打击时，滑块的动能几乎全部为模具和设备的弹性变形所吸收。坯料被压缩后，使模具的内径变大，模具承受很大的应力。因此，在摩擦压力机上闭式模锻时模具的尺寸不取决于模锻件的尺寸和材料，而取决于设备的吨位。

(3) 摩擦压力机通常只有下顶出装置，所以锻件上的形状复杂部分应放在下模，以便于脱模。在设计细长杆件局部顶镦模具时，为防止坯料弯曲和皱折，应限制坯料变形部分的长度和直径的比值。

(4) 当锻模上只有一个模膛时，模膛中心要和锻模模架中心与压力机主螺杆中心重合；如在螺旋压力机的模块上同时布置预锻模膛，应分别布置在锻模中心两侧。两中心相对于锻模中心的距离分别为 a、b，其比值 $a/b \leqslant 1/2$，$a+b<D$，如图 10.16 所示。

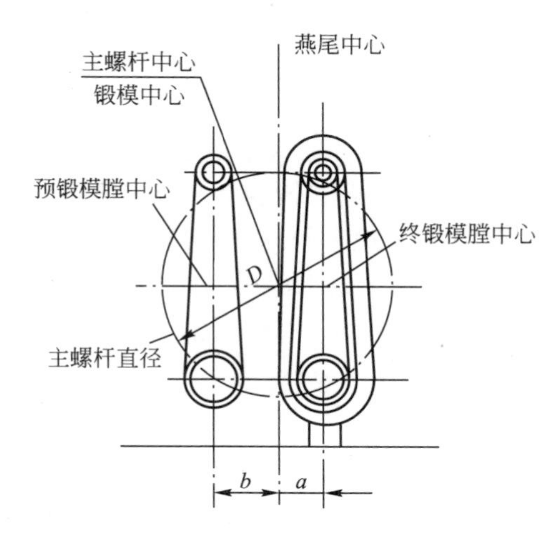

图 10.16　模膛中心的安排

(5) 因摩擦压力机的行程速度慢，模具的受力条件较好，所以开式模锻模块的承击面积比锤锻模小，大约为锤锻模的 1/3。

(6) 对于模膛较深、形状较复杂、金属难以充满的部位，应设置排气孔。

(7) 由于摩擦压力机的行程不固定，上行程结束的位置也不固定，所以在模块上设计顶出器时，应在保证强度的前提下留有足够的间隙，以防顶出器将整个模架顶出，如图 10.17 所示。

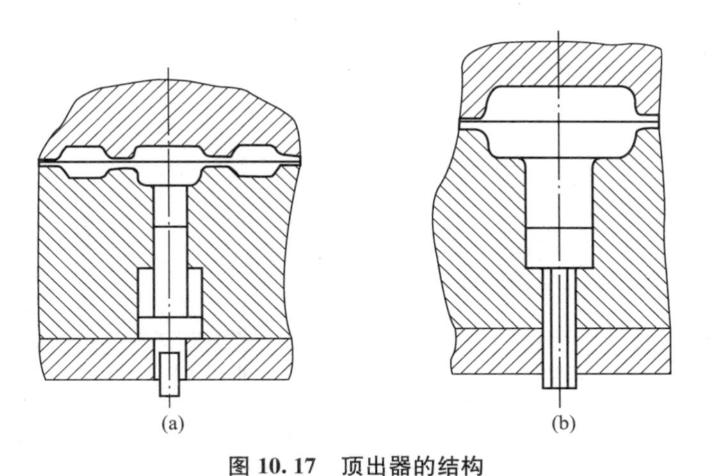

图 10.17　顶出器的结构

10.3.3　制坯模膛的设计

1. 型砧的设计

1) 毛坯图的制订

毛坯图是型砧设计的依据。可按锤上模锻工步设计的方法确定计算毛坯图，由此确定制坯工步及坯料尺寸。

2）制坯模膛设计

(1) 拔长模膛。图 10.18(a)所示的形式是限制拔长高度的、前端有定位的拔长模膛，适用于较小的坯料。

图 10.18(b)～图 10.18(d)所示的形式是不限制拔长高度，与砧面同平面的拔长模膛，这类模膛既可作拔长用，又可作为压扁台、镦粗台和承击面，设计时根据毛坯两端的球体距离大小选取具体形式。图 10.18(b)用于两球体距离较小时，图 10.18(c)用于两球体距离较大时，图 10.18(d)用于两球体距离较大或单球体毛坯。

图 10.18 所示拔长模膛尺寸，按下列公式确定

$$L \geqslant \left(\frac{1}{4} \sim \frac{1}{3}\right) L_0，B=(1.0 \sim 1.3) D_{坯}，E=D_1-D_2+10(\mathrm{mm})，R=(0.2 \sim 0.4) D_{坯}$$

式中，L 为拔长模膛的长度，最大等于 L_0；L_0 为型砧的宽度(mm)；$D_{坯}$ 为原坯料直径(mm)；D_1 为毛坯球体最大直径(mm)；D_2 为毛坯杆部直径(mm)。

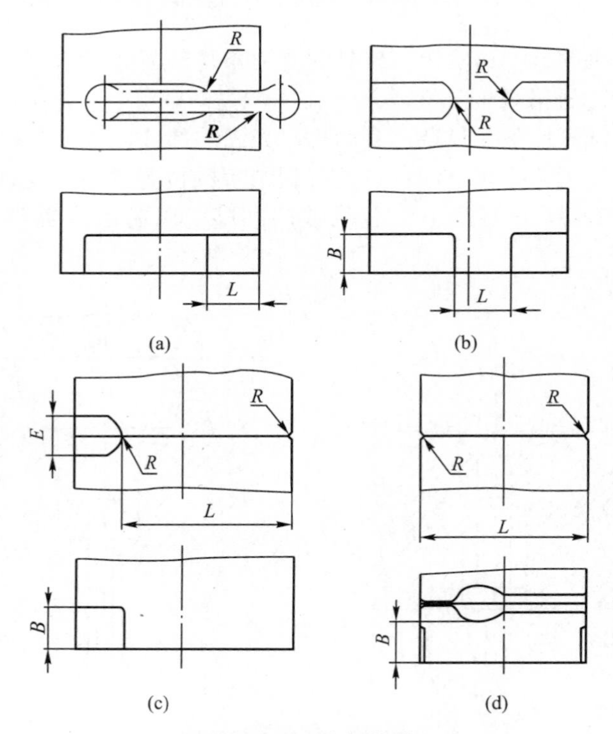

图 10.18　拔长模膛

(2) 滚压模膛。滚压模膛各部分尺寸见表 10－5。

当 $h/H=0.4 \sim 0.9$ 时，可一次滚压得到球体。

当 $h/H<0.4$ 时，难以一次滚压成形，须适当放大 h 值或先拔长后滚压。

表 10－5 中，型式Ⅰ为最常用的滚压模膛；这类模膛在卡细部分有一段平直区域，便于操作定位，并保证球体与杆部较平直、不歪斜。

表 10-5 滚压模膛各部分尺寸

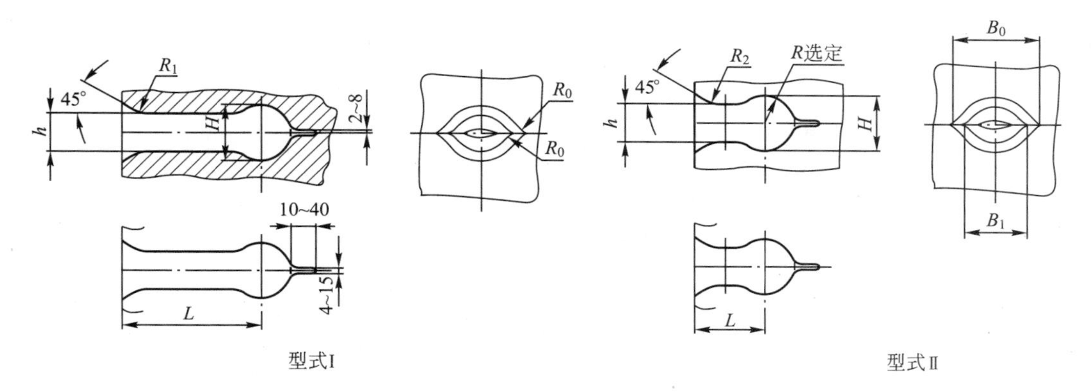

基本参数	滚压模膛	
	型式Ⅰ	型式Ⅱ
h/H	0.55～0.90	0.40～0.60
L	(1.3～2.0)H	(1.0～1.3)H
R_0	$h/2$	
R_1、R_2	R_1=(0.2～0.4)$D_{坯}$	R_2=(0.3～0.5)$D_{坯}$
B_0		(1.1～1.2)H
B_1		(0.8～1.0)H

注：$D_{坯}$为原坯料直径，单位为 mm。

当 h/H=0.55～0.9 时，一般采用型式Ⅰ；当 h/H=0.4～0.6 时，采用型式Ⅱ。

(3) 弯曲模膛。由于砧面大小有限，在其上同时布置几个模膛较困难，因此常将弯曲工步放在另外的设备上完成。当弯曲力不大时，可将弯曲和终锻模膛放于摩擦压力机的同一模块上。

弯曲模膛的设计方法可参照锤上模锻。

3) 模膛的布置及型砧的尺寸

模膛到砧边的壁厚和模膛间的壁厚，一般要求大于 20mm。但当模膛深度较小，内壁斜度较大，斜壁至模膛底部圆角半径较大或圆角半径大大超过模膛深度时，壁厚可适当减小，但最小不得小于 10mm。

应把受力较大的滚压模膛设在砧面中心，尽可能接近锤杆中心。另外，安排模膛的次序时，要考虑操作方便。

空气锤型砧制坯时，上型砧的最大砧面要比锤杆横截面积小，当上型砧进入工作缸时，每边至少要有 3～5mm 的间隙；下型砧水平方向尺寸不受此限制，但也不宜过大。型砧的高度按空气锤原设计的平砧高度再加上 5～10mm。型砧一般用修磨或焊补方法修复，不必翻新。

2. 异形型砧设计

异形型砧是在砧面上按毛坯图的要求加工出特殊模膛的型砧。模膛形状有正方、长方、六角等，按具体要求设计。

10.3.4 模具的安装与调整

1. 模具的紧固方式

(1) 组合式模具的紧固方式。组合式模具在摩擦压力机上常用的紧固方式是将上、下模架用T形螺栓分别紧固在滑块底面和机身台面上。T形螺栓可以直接紧固模架，也可通过压板压紧模架；有时一副模架上可同时使用上述两种紧固方式。

组合式模具在工作台面上的平面位置靠上模架顶部的定位销和滑块底面的定位孔对中。

(2) 整体式模具的紧固方式。带燕尾的整体式锻模在摩擦压力机上紧固时，要求摩擦压力机备有过渡垫板。过渡垫板用螺栓紧固在滑块上及台面上。垫板上设有燕尾槽和键槽。整体式模具在垫板上的紧固方式和锤锻模的相同。

2. 模具的安装与调整步骤

(1) 如果是组合式模具，在地面上将上、下模块紧固在模架上。

(2) 以模具导向装置为准，将上、下模合模。

(3) 升起摩擦压力机的滑块，并以可靠的顶杠顶住滑块，以防装模过程中滑块自然落下；清理装模空间。

(4) 将上、下模一起吊入摩擦压力机的装模空间。如果是整体式模具，注意对正下模架的定位键；如果是组合式模具，尽可能准确地将模具摆放在工作台面的中心。

(5) 稍抬滑块，取下顶杠。慢慢落下滑块，注意上键或定位销是否对准键槽或销孔，如果位置不合，应及时调整模具位置，防止撞击。

(6) 滑块底面顺利地落在模具上之后，停车，紧固模具。

(7) 缓慢地将滑块上、下运动几次，检查导向间隙是否均匀。如果不均匀，须再次调整。行车时避免模具空击，以免损坏设备和模具。每次调整后，不许将任何异物留在分型面上。

(8) 检查所有的紧固零件是否已紧固牢靠。

如果组合式模具的模架已安装在摩擦压力机上，仅需更换一部分模具零件，其安装、调整过程及安全措施可参考上述过程进行。

3. 试锻

模具安装完毕，投产之前须经过试锻，以发现模具设计、制造、安装及调整方面可能存在的问题，检验制坯工步是否正确。

试锻中，如果发现模具错移，可根据具体的模具结构调整。对于工艺和锻件质量方面的问题，可结合具体的工艺流程解决，一般需要参考胎模锻、锤上模锻等工艺的调整方法。

试锻后，应再次检查模具紧固是否牢靠。因为摩擦压力机工作时带有一定冲击性，应随时注意模具是否松动。

10.4 摩擦压力机上模锻实例

图 10.19 所示为汽车轮胎螺母零件图，其材质为 35 钢。为了使用可靠，对零件的尺寸精度和强度有较高要求。外螺纹对内螺纹的径向跳动公差 0.50mm，球面对内螺纹跳动公差 0.25mm。

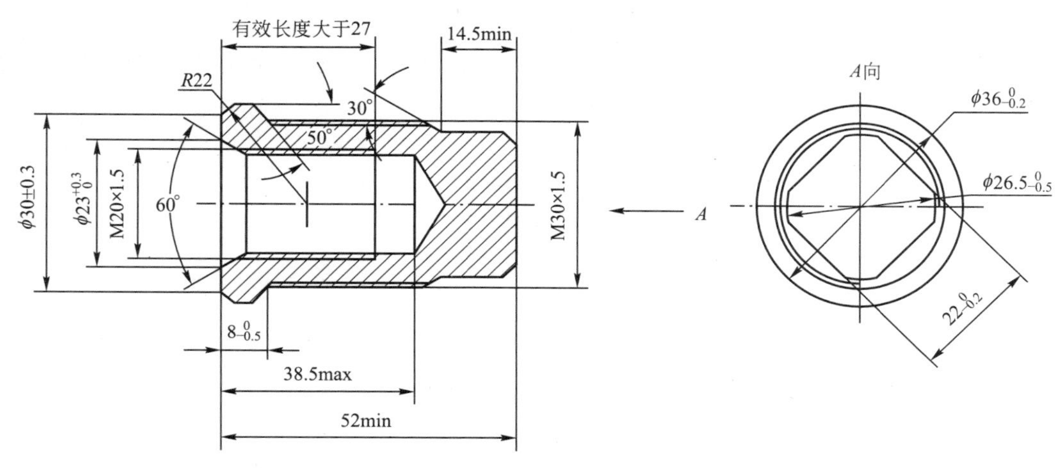

图 10.19 汽车轮胎螺母零件图

1. 热挤压件图的制订

经热挤压后，内孔可直接加工螺纹，四方头部达到零件图的尺寸精度和表面粗糙度要求，不留加工余量；外圆柱表面、大端面和球面 $R22$mm 处留加工余量。其热挤压件图如图 10.20 所示。

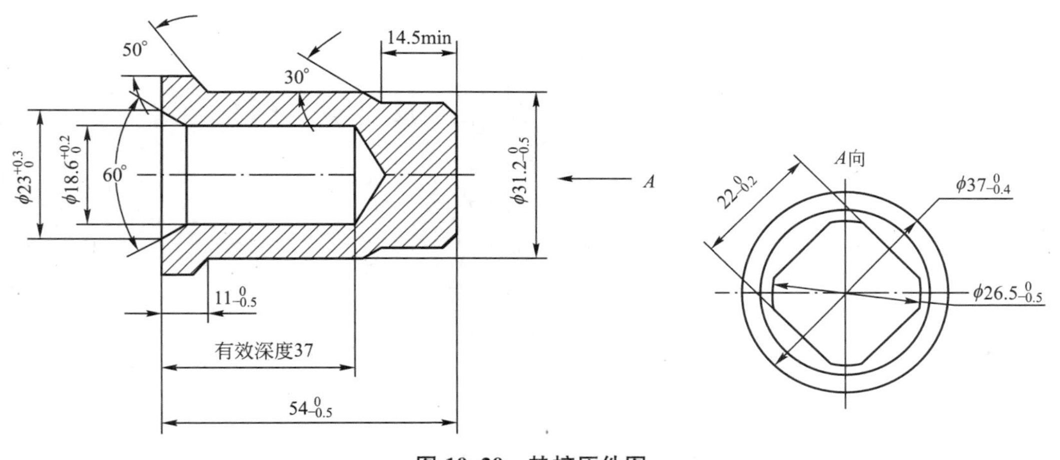

图 10.20 热挤压件图

2. 加热及清除氧化皮方法

在普通旋转式加热炉中加热毛坯到1200～1250℃。将加热好的毛坯浸入 NaCl 饱和溶液中，然后迅速放入冷水中使氧化皮爆裂，并在镦粗台上镦粗除净氧化皮。

3. 工艺过程

在冲床上用剪切模下料，坯料尺寸如图 10.21 所示；加热坯料并清除氧化皮，接着把坯料预镦成形如图 10.22 所示的预制坯；然后进行热挤压，获得图 10.20 所示的热挤压件。

热挤压的变形过程包括正挤压、反挤压和最后镦粗凸缘。正挤四方头时的变形程度为30%，反挤内孔时的变形程度为36%，最大变形力发生在镦锻凸缘阶段。

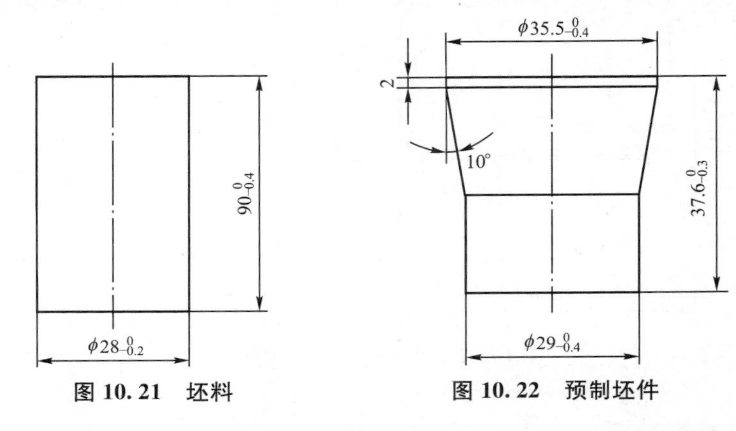

图 10.21　坯料　　**图 10.22　预制坯件**

4. 热挤压模具结构设计

图 10.23 所示为 J53－100 型摩擦压力机用的热挤压模具。

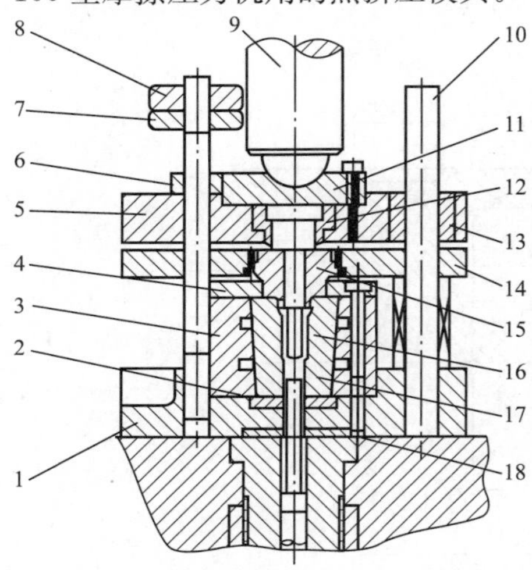

图 10.23　J53－100 型摩擦压力机用的热挤压模具

1—下模板；2—垫板；3—预应力圈；4—压板；5—上模板；6—调节垫圈；7—调节螺母；8—紧固螺母；9—传力器；10—导柱 ；11—球面承力器；12—冲头固定圈；13—滚珠导套；14—凸模套垫板；15—凸模套；16—冲头；17—凹模；18—顶料杆

为了在精度较差的设备上挤压出精度较高的锻件，采取了下列措施：

(1) 采用滚珠导柱、导套作为模具的导向装置。其导向精度高，且使用寿命长。一副滚珠导柱、导套可使用10万次以上。

(2) 采用球面承力器。机床滑块仅起传力作用，滑块运动的不稳定性不会影响模具运动精度，锻件精度由模具的精度和导向装置的精度决定。

(3) 采用刚性好、精度高的模架。采用组合凹模，凹模用预应力圈加强；预应力圈内壁有环槽，冷却水通过冷却水管进入环槽冷却凹模。凹模与预应力圈用锥面配合，锥面大端朝上，通过凹模压板用螺栓把组合凹模固定在模板上。凹模与预应力圈配合锥面大端朝上，保证挤压过程中配合面不会松动，冷却水不会从配合面漏出。当滑块向下行进时，通过传力器推动球面承力器，使冲头进入固定在卸料板上的凸模套并带动它一起向下运动，进行挤压，最后由凸模套镦粗锻件的凸缘。当滑块回程时，通过拉杆使冲头上行，在弹簧的作用下卸料板也向上运动，回复到原始位置，锻件从冲头上卸下。卸料板的位置可利用定位螺栓和螺母调整。由顶杆把锻件从凹模中顶出。

习　题

1. 摩擦压力机上模锻有何优缺点？

2. 摩擦压力机上模锻件分为哪几类？

3. 摩擦压力机模锻用模具具有哪几种紧固形式？

4. 摩擦压力机锻模的导向形式有哪几种？

5. 综合对比锤上模锻、摩擦压力机上模锻和热模锻压力机上模锻时锻件图的设计特点和锻模设计特点。

6. 为何摩擦压力机上模锻一般只设置单模膛？若设置预锻模膛，对预锻和终锻模膛打击中心线有何要求？

7. 简要说明摩擦压力机上模锻工艺及模具设计过程和工艺流程。

第11章 平锻机上模锻

平锻机上模锻是模型锻造中的主要生产方式之一。在汽车、拖拉机及轴承的制造中，以及在国防工业中应用相当广泛。

11.1 模锻件分类及模锻件图的制订

11.1.1 平锻机上模锻的工艺特点

1. 平锻机上模锻的优缺点

模锻锤的锤头、热模锻压力机的滑块都是上下往复运动的，但它们的装模空间高度有限，因此，不能锻造很长的锻件。如果长锻件仅局部镦粗，而其较长的杆部不须变形，则可将棒料水平放置在平锻机上，以局部变形的方式锻出粗大部分。

平锻机有两个工作部分，即主滑块和夹紧滑块。其中，主滑块做水平运动，而夹紧滑块的运动方向随平锻机种类而变。垂直分模平锻机的夹紧滑块做水平运动，水平分模平锻机的夹紧滑块做上下运动。

装于平锻机主滑块上的模具称为凸模(或冲头)，装于夹紧滑块上的模具称为活动凹模；另一半凹模固定在机身上，因此称为固定凹模。所以，平锻模有两个分型面，一个在冲头和凹模之间，另一个在两块凹模之间。

平锻工艺的实质就是用可分的凹模将坯料的一部分夹紧，而用冲头将坯料的另一部分镦粗、成形和冲孔，最后锻出锻件。

在平锻机上不仅能锻出局部粗大的长杆类锻件，而且可以锻出带盲孔的短轴类锻件，还可以对坯料进行卡细、切断、弯曲与压扁等工序，同时还能用管坯模锻。因此，在平锻机上可以模锻形状复杂的锻件。

1）平锻机上模锻的优点

（1）能锻造热模锻压力机和模锻锤不能锻造的具有通孔或长杆类锻件。

（2）因为大部分采用闭式模锻没有飞边，在凹模中成形的锻件外壁不需要模锻斜度，并能直接锻出通孔，因此能节约大量金属，如图 11.1 所示。

(3) 对于形状简单、质量不大的锻件，可用长棒料进行多件模锻，可以节省下料工时和减轻劳动量。

(4) 平锻机结构刚性好，工作时振动小，滑块行程准确，行程不变，锻件精度高。

(5) 便于采用电感应加热和机械传送装置，使坯料自动地在模槽内移动，容易实现机械化和自动化操作，改善劳动条件。

(6) 平锻时冲击力小，设备基础小，厂房造价低；同时平锻时振动和噪声小，劳动条件较好。

(7) 易于和模锻锤、热模锻压力机进行联合模锻。

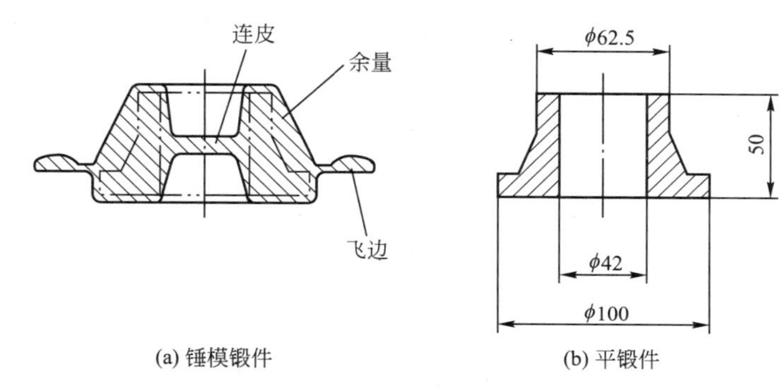

图 11.1 平锻机模锻时节约金属的实例

2) 平锻机上模锻的缺点

(1) 平锻机造价高，设备投资较高。

(2) 平锻时氧化皮不易清除，平锻前需清除氧化皮或采用少、无氧化加热。

(3) 要求棒料尺寸精确，否则将产生难以清除的飞边或不能夹紧棒料。

(4) 对非回转体、中心不对称锻件，较难锻造，适应性较差。

(5) 锻造同类大小的零件，平锻机生产效率比模锻锤要低。

(6) 平锻孔类锻件时，剩余料头较多，应该考虑充分利用，否则会使材料消耗大。

2. 垂直分模和水平分模平锻工艺的比较

在水平分模平锻机上，两块凹模的分型面是水平的。由于水平分模平锻机在设备结构上的特点，反映在模锻工艺和操作上有如下特点：

(1) 垂直分模平锻机的夹紧力是主滑块镦锻力的 25%～30%，而水平分模平锻机的夹紧力是镦锻力的 1.0～1.3 倍。由于夹紧力大，可以提高锻件精度，可利用夹紧滑块作为模锻变形机构，扩大了应用范围。

(2) 机床刚度大，有些水平分模平锻机采用了夹紧连杆，夹紧时机身封闭，对提高锻件精度有利。

(3) 设有凹模夹紧度的调节装置，调整迅速方便。

(4) 模锻时，坯料沿水平方向传送，较易实现机械化和自动化。

(5) 不易清除落在凹模上的氧化皮，因此坯料加热质量要高。

(6) 安装和调整模具不如在垂直分模平锻机上方便。

11.1.2 模锻件的分类

模锻件的外形是锻件分类的依据。因为外形直接决定了模锻工艺的特点，为了便于平锻工艺和模具设计，将模锻件分成四类，见表 11 - 1。

表 11 - 1 模锻件的分类

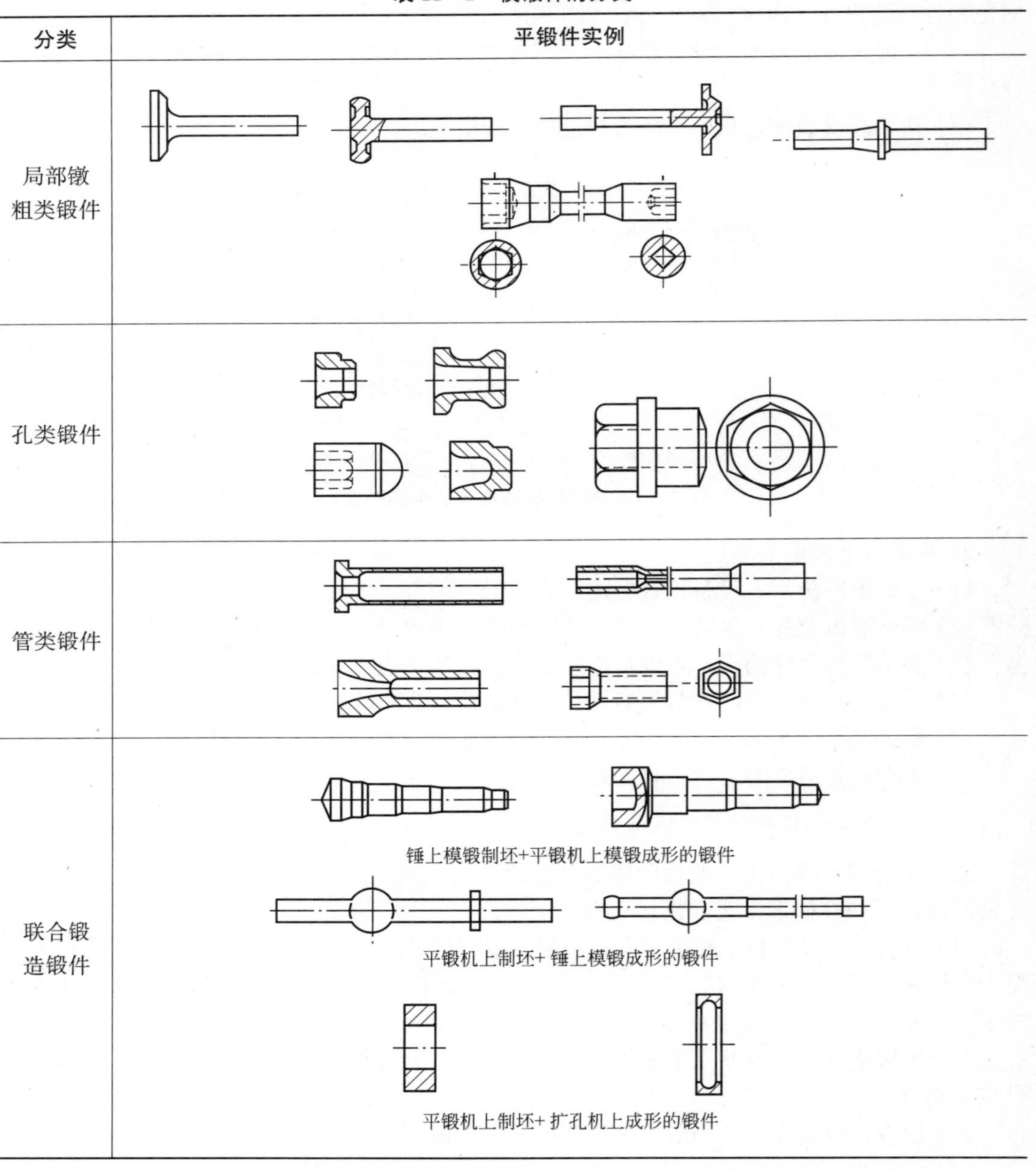

分类	平锻件实例
局部镦粗类锻件	
孔类锻件	
管类锻件	
联合锻造锻件	锤上模锻制坯+平锻机上模锻成形的锻件 平锻机上制坯+ 锤上模锻成形的锻件 平锻机上制坯+ 扩孔机上成形的锻件

11.1.3 模锻件图的制订

平锻件图的制订也同样与锤上模锻相同，包括分型面的选择、加工余量和公差的确定、模锻斜度的选择、圆角半径的确定等。只是在选择这些参数时应该考虑到这种模锻设备的特点。

1. 分型面的选择

开式平锻如图 11.2 所示，产生横向飞边，需要采用切边工序。

闭式平锻如图 11.3 所示，产生纵向飞边，不需要切边工序；如果飞边过大，可用角磨机打磨，较小飞边不影响加工。

对于采用后挡板定位的局部镦粗类锻件，因棒料尺寸精度会影响变形部分金属体积，因此大多采用开式平锻，分型面的位置应设在锻件最大轮廓处。

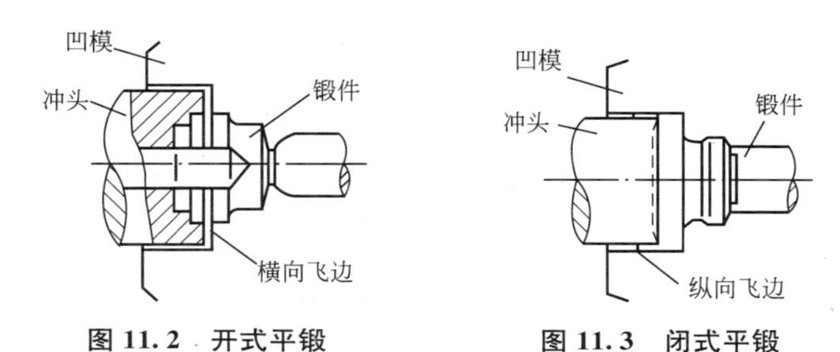

图 11.2　开式平锻　　**图 11.3　闭式平锻**

图 11.4 所示的分模方式是将飞边设在锻件最大轮廓的前端面。其优点是凸模结构简单，凸模和凹模的错移不会反映在锻件上，对非回转体锻件还可以简化模具的调整工作；但是缺点是在切边时容易拉出纵向飞边。

图 11.5 所示的分模方式是将飞边设在锻件最大轮廓中间。其优点是便于检查凸模与凹模的错移，切飞边后可获得良好质量的锻件。

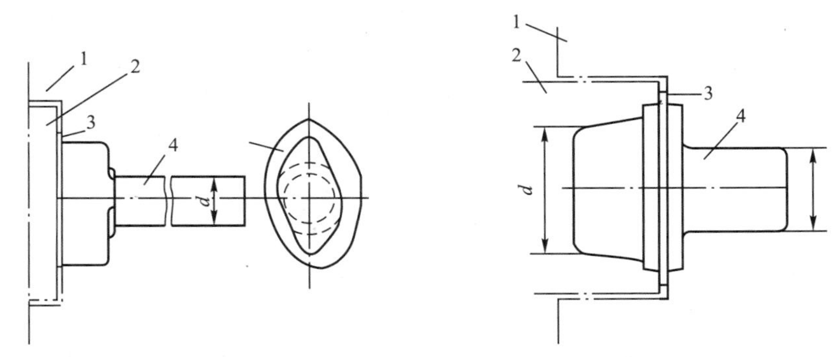

图 11.4　分型面设在锻件最大轮廓前端面
1—凹模；2—凸模；3—飞边；4—锻件

图 11.5　分型面设在锻件最大轮廓中间
1—凹模；2—凸模；3—飞边；4—锻件

图 11.6 所示的分模方式是将飞边设在锻件最大轮廓的后端。这样，由于锻件在凸模内成形，锻件内外径同心度好，没有凹模分型面飞边。

2. 余量和公差的确定

根据零件外形尺寸和设备吨位按表 11 - 2 选取余量和公差。使用表 11 - 2 时，应根据下列情况做适当修正。

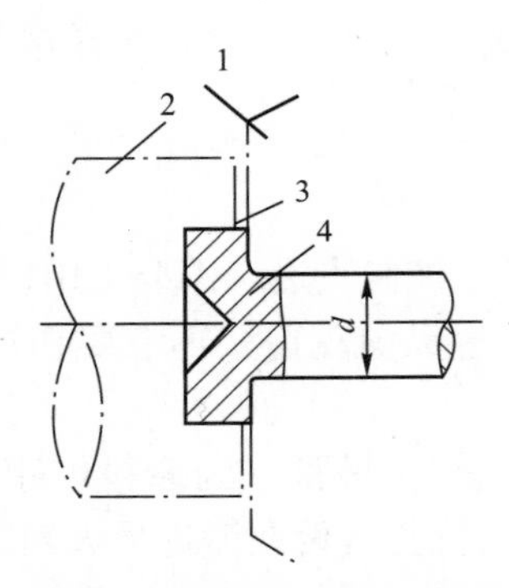

图 11.6 分型面设在锻件最大轮廓后端面

1—凹模；2—凸模；3—飞边；4—锻件

(1) 零件加工表面粗糙度小于 $Ra0.8\mu m$ 时，增加余量 0.5mm；大于 $Ra12.5\mu m$ 时，可减少余量 0.5mm。

(2) 对于局部镦粗类锻件，杆部采用粗(精)磨加工时，仅须留磨加工量 0.5～0.75mm，这时可选用冷拔钢，并且杆部台肩应增加余块。

表 11-2 锻件余量和公差 (单位：mm)

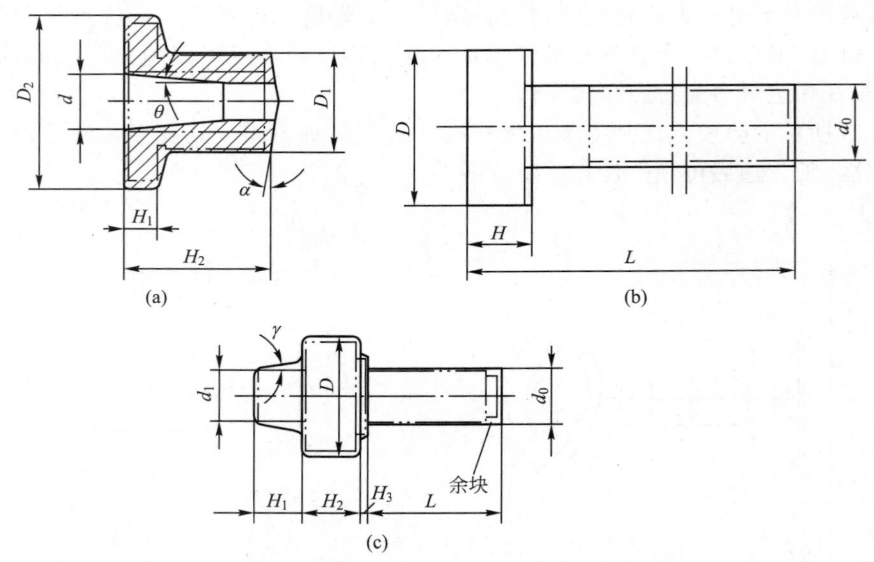

设备规格/kN		<3150		4500～6300		8000～12500		16000～20000	
尺寸		D	H	D	H	D	H	D	H
余量		1.5～2.0	1.25～1.75	1.75～2.5	1.5～2.25	2.0～3.0	1.75～2.75	2.25～3.5	2.0～3.25
公差	正偏差	1.0～1.5	1.0～1.5	1.0～1.75	1.0～2.0	1.0～2.0	1.5～2.5	1.5～2.5	1.5～3.0
	负偏差	0.5～1.0	0.5～1.0	0.5～1.0	0.5～1.5	1.0～1.5	1.0～1.5	1.0～1.5	1.0～1.5

注：1. 表中所列值为单边余量。

2. 孔和凹档的尺寸，其公差取偏差相反的符号。

3. 模锻斜度的选择

平锻件模锻斜度的选取主要根据平锻的成形方法。

(1) 在凹模中成形的带凹档锻件，需给予外斜度 α 和内斜度 β，如图 11.7(a)所示。外斜度 α 一般取 3°，内斜度 β 可按表 11－3 选取。

表 11－3 锻件内斜度 β

C/mm	≤10	10～20	20～30
β/(°)	5～7	7～10	10～12

注：尺寸 C 如图 11.7 所示。

(2) 在凸模中成形的带凹档锻件，需要给予外斜度 γ，如图 11.7(b)所示，其值可按表 11－4 选取。

表 11－4 锻件外斜度 γ

H/d	<1.0	1.0～5.0	>5.0
γ/(°)	0.25	0.5	1.0

(3) 内孔斜度 θ 如图 11.7(a)所示，可按表 11－5 选取。

表 11－5 锻件内孔斜度 θ

H/d	<1.0	1.0～5.0	>5.0
θ/(°)	0.25～0.5	0.5～1.0	1.0～1.5

4. 圆角半径

锻件上的外圆角半径 r 如图 11.7(a)所示，可按式(11－1)计算。

$$r=\frac{H\text{ 方向的余量}+D\text{ 方向的余量}}{2}+a\,(\text{mm}) \tag{11-1}$$

式中，a 为零件边缘倒棱或圆角半径值(mm)。

锻件上的内圆角半径 R 按下式计算

$$R=0.2C+1.0\,(\text{mm})$$

式中，C(mm)如图 11.7(a)所示。

通过计算的 R 和 r 值，一般应圆整为整数值。

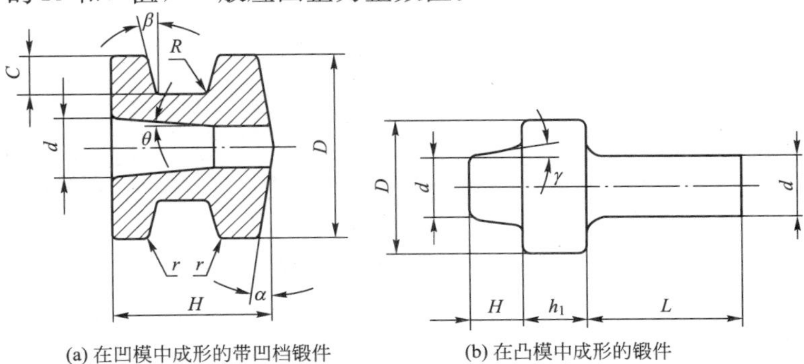

(a) 在凹模中成形的带凹档锻件　　(b) 在凸模中成形的锻件

图 11.7 模锻斜度

5. 锻件允许形状偏差值

为了保证锻件质量，在技术条件中要定出锻件的形状偏差值。

11.2 平锻机上模锻的变形工步

11.2.1 平锻工步分类

在平锻机上可进行的工步有局部镦粗(积聚)、成形、冲孔、穿孔、切断、切边及特种工步(在凹模中压扁、拔长、弯曲)。平锻工步设计就是根据锻件最后成形的需要，设计合理的变形工步，绘出相应的工步图，供模具设计使用。

11.2.2 局部镦粗类锻件的工步设计

1. 局部镦粗原则

平锻机上局部镦粗时，坯料在一部分被夹紧的情况下发生局部变形。为了获得良好的顶镦锻件，应遵守下列规则。

1) 局部镦粗第一规则

局部镦粗第一规则如图 11.8 所示。在理想的状态下，即坯料端面平整且垂直于坯料轴线时，顶镦部分的长度 L_0 和直径 D_0 之比 $\psi=L_0/D_0=3.0$ 时，可以在平锻机一次行程中自由镦粗到任意尺寸而不产生纵向弯曲。但是在生产条件下，坯料端面既不平整且与轴线也不垂直，所以，坯料变形部分的长径比 ψ 的允许值不大于 2.5。这称为局部镦粗第一规则。

如果坯料变形部分的长径比 $\psi>2.5$，则必须在凹模或凸模的型腔内制坯(积聚)，以免因纵向弯曲而产生折纹。

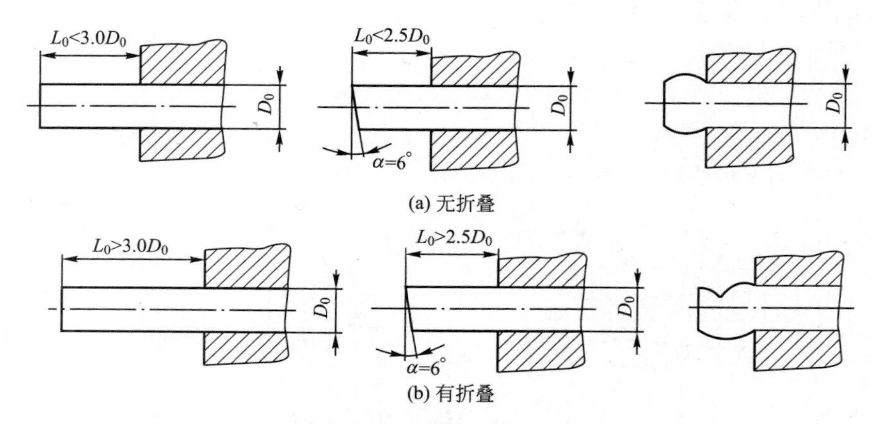

图 11.8 局部镦粗第一规则

2) 局部镦粗第二规则

当在凹模内积聚时(图 11.9)，凹模孔径 $D_凹$ 一般控制在$(1.25\sim1.5)D_0$，同时必须限制坯料伸出凹模型腔的自由端的长度 A。其中 A 应满足如下条件：

(1) 当 $D_{凹}=1.5D_0$时，$A\leqslant D_0$；

(2) 当 $D_{凹}=1.25D_0$时，$A\leqslant 1.5D_0$。

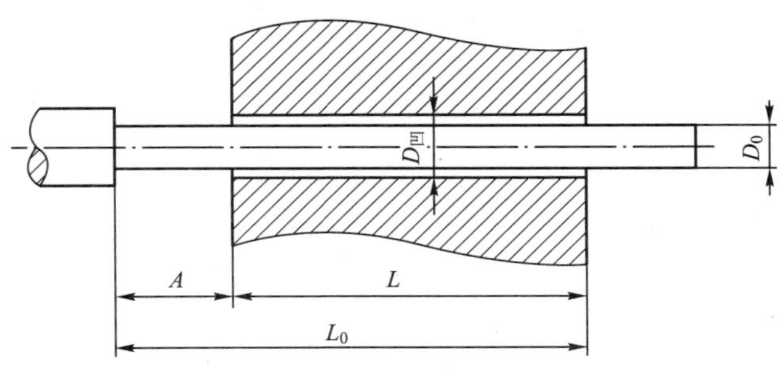

图 11.9 局部镦粗第二规则

这称为局部镦粗第二规则。

在凹模中积聚时，易在端面产生纵向飞边，影响锻件表面质量，所以目前很少采用。

3) 局部镦粗第三规则

在凸模的锥形模膛中积聚时(图 11.10)，由于变形体积是一定的，选用的锥形模膛的大头直径 D_K越大，在顶镦开始时，坯料露在凸、凹模之外的部分 A 就越长。为了进行正常的局部镦粗而不产生弯曲折叠，当锥体小头直径 $d_K=d_0$时，应满足：

(1) 当 $D_K=1.5d_0$时，$A\leqslant 2.0d_0$；

(2) 当 $D_K=1.25d_0$时，$A\leqslant 3.0d_0$。

这称为局部镦粗第三规则。

凸模内积聚是平锻机上局部镦粗的常用方法。

2. 顶锻工步的计算

使用局部镦粗第三规则仅能给出特定情况的锥形模膛尺寸。在具体情况下，为了保证顶镦顺利进行，在锥形模膛内积聚时应符合下列条件(其中符号如图 11.10 所示)。

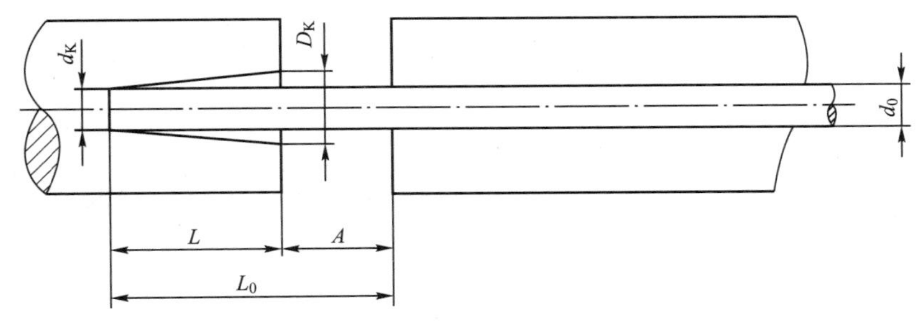

图 11.10 局部镦粗第三规则

$$\beta=\frac{A}{d_0}\leqslant 3.0$$

或

$$\beta\leqslant 8.0-4\varepsilon$$

式中，$\varepsilon=D_K/d_0$称为锥体的大头系数，其值为

$$\varepsilon=1.73\sqrt{\frac{\psi}{\psi-\beta}-\left(\frac{\eta}{2}\right)^{2}}-\frac{\eta}{2} \tag{11-2}$$

式中，$\mu=d_{\mathrm{K}}/d_0=1.0\sim1.2$ 称为锥体的小头系数；$\psi=L_{\mathrm{b}}/d_0$ 为镦粗坯料的长径比。

为了简化计算，已经将上述公式制成如图 11.11 所示的图表。图中的折线 abc 是根据具体条件绘制的限制线。使用该图时，根据不同的 ψ 值和 η 值，找到相应的曲线和横坐标，就可以求出所需的 ε 值和 β 值；再根据 η、ε 和 β 值计算锥形模膛的尺寸，即

$$\begin{aligned} d_{\mathrm{K}}&=\eta d_0(\mathrm{mm})\\ D_{\mathrm{K}}&=\varepsilon d_0(\mathrm{mm})\\ L&=\lambda d_0=(\psi-\beta)d_0(\mathrm{mm}) \end{aligned} \tag{11-3}$$

第一次积聚后是否需要第二次积聚，可以用以下方法判断：

(1) 先求出第一次积聚后锥体的平均直径 $d_{平1}$

$$d_{平1}=\frac{D_1+d_1}{2}(\mathrm{mm})$$

(2) 用 $d_{平1}$ 代替 d_0，用 L_1 代替 L，求出长径比 $\psi_2=\frac{L_1}{d_{平1}}$。

(3) 若 $\psi_2\leqslant2.5$，则不再进行锥形积聚，可直接顶镦到任意形状；否则需要第二次积聚。第三次及以后各次积聚的判断和设计构成依次类推。

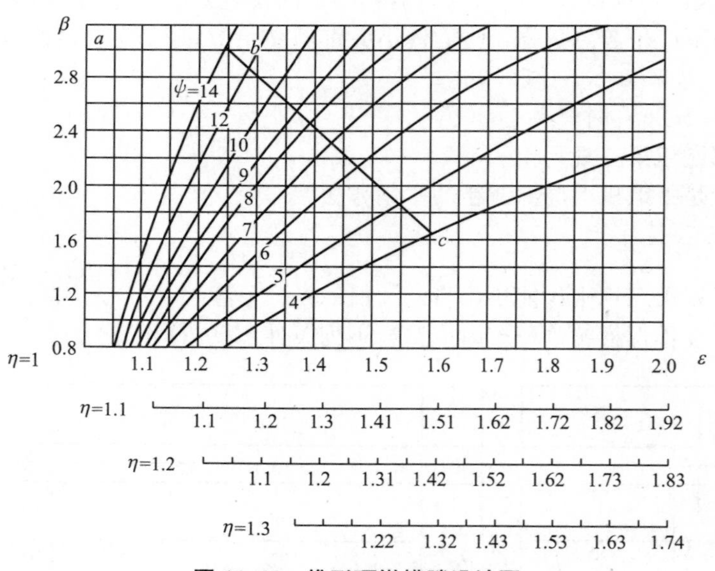

图 11.11　锥形顶镦模膛设计图

锥形顶镦模膛设计还须注意以下几点：

(1) 在积聚次数较多时，小头系数 η 取较小值，有时采用二级锥度模膛，以增大顶镦的稳定性，如图 11.12 所示。

(2) 在积聚时，为防止因毛坯直径的偏差而挤出飞边，应考虑顶镦模膛的不充满系数 K，将锥体体积放大，选择如下：

第一道：$K_1=1.06\sim1.08$；

第二道：$K_2=1.04\sim1.06$；

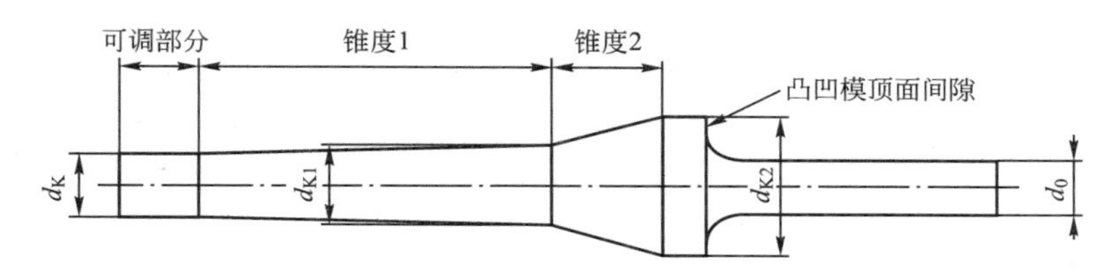

图 11.12 二级锥度、可调式积聚

第三道：$K_3=1.02\sim1.04$。

(3) 对于较深的顶镦模膛，须考虑一定长度的调节量(可调部分)，如图 11.12 所示。

(4) 在进行多次积聚时，各工步尺寸应取与限制线 abc 相近的值，可以得到比较满意的积聚效果。

11.2.3 孔类锻件的工步设计

孔类锻件通常采用的平锻工步是积聚、预锻、终锻、冲孔和切心轴，如图 11.13 所示。其中基本变形工步是积聚和冲孔。

制订孔类锻件的平锻工艺时，要首先确定终锻成形，并在此基础上确定冲孔次数、冲孔尺寸及坯料尺寸。

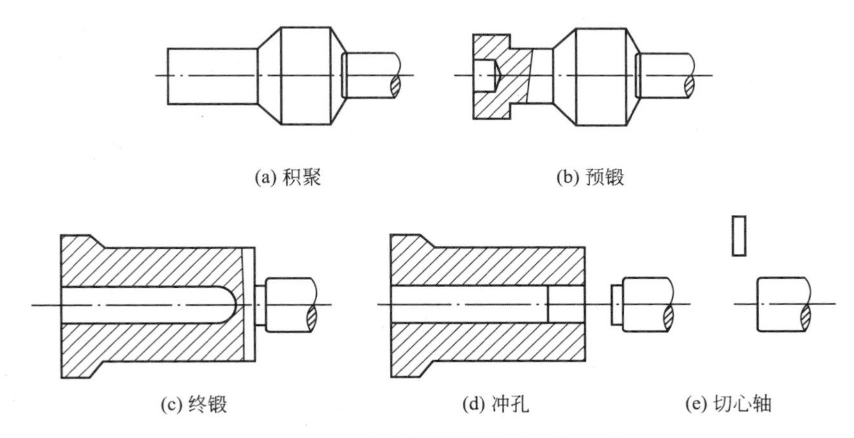

图 11.13 孔类锻件的典型平锻工步

1. 终锻成形设计

终锻成形时只能得到带冲孔芯料的不通孔锻件，经下一步冲穿后才能得到通孔锻件。冲孔芯料(连皮)不能太厚，否则冲孔费力，冲头寿命短；当模锻件支承面较小时，还会引起模锻件底面变形。若芯料太薄则终锻成形冲头回程时，可能将芯料拉断而将模锻件带走。合适的冲孔芯料尺寸，应该使最后一次冲孔力大于终锻成形的卸件力，小于模锻件支承面的压皱变形力。

生产中的冲孔连皮尺寸按下列经验公式确定。

(1) 尖冲头冲孔。尖冲头冲孔如图 11.14(a)所示，其中

$$L=K_1d\,(\mathrm{mm})$$

$$C=0.5L(\mathrm{mm})$$
$$R_1=0.2d(\mathrm{mm})$$
$$R_2=0.4d(\mathrm{mm})$$

系数 K_1 可按表 11-6 选取。冲头锥角 α 常用 60°、75°、90°、110°、120°等。

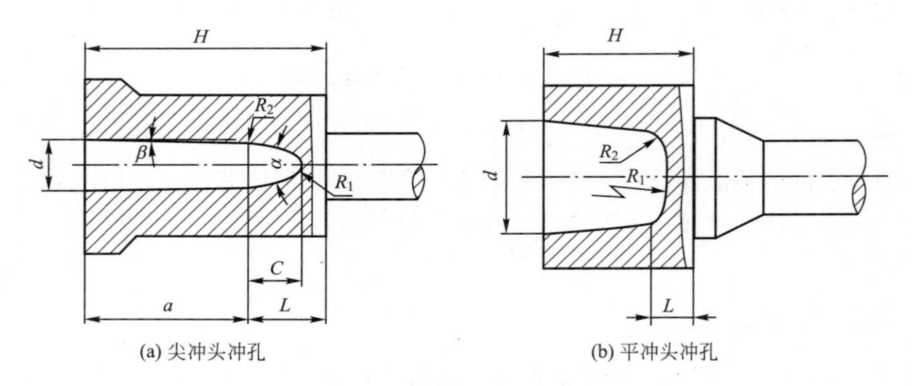

(a) 尖冲头冲孔　　(b) 平冲头冲孔

图 11.14　终锻(冲孔)成形形状

尖冲头冲孔的冲孔力小，锻件壁厚均匀；但是冲穿力大、冲头寿命短。因此，尖冲头冲孔适用于 $H/d>1.0$ 的深孔类环形锻件。

表 11-6　系数 K_1

$\frac{H}{d}$	0.4	0.8	≥1.2
K	0.2	0.4	0.5

(2) 平冲头冲孔。平冲头冲孔如图 11.14(b)所示，其中

$$L=2\sim8\mathrm{mm}$$
$$R_1=(0.8\sim1.8)d(\mathrm{mm})$$
$$R_2=(0.1\sim0.15)d(\mathrm{mm})$$

平冲头冲孔时，需要较大的终锻变形力，并且易造成锻件冲孔的壁厚差；但是冲穿省力、穿孔质量好、冲头寿命长。

平冲头冲孔适用于 $H/d\leqslant1.0$ 的深孔类环形锻件。

2. 冲孔次数的确定

生产中，平锻机一次行程的冲孔深度常取 $(1.0\sim1.5)d$。若一次冲孔深度过大，坯料和冲头容易弯曲和冲偏；另外也可能因冲孔变形功过大使飞轮转速急剧降低，如图 11.15 所示。所以，对于深孔锻件，必须多次冲孔。

冲孔次数取决于锻件终锻成形的孔深与冲孔直径的比值，按表 11-7 选取。

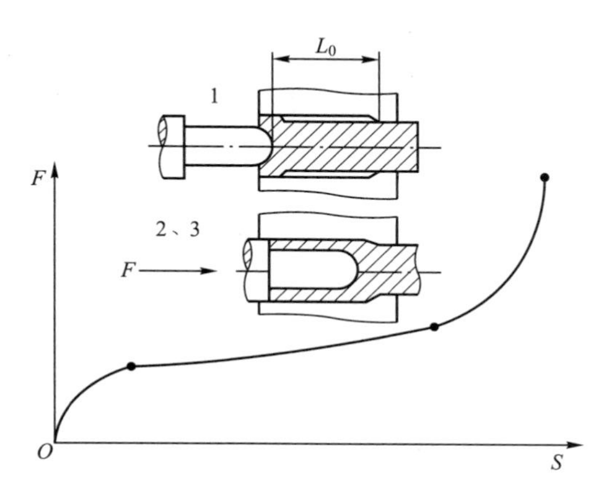

图 11.15 冲孔过程中冲孔力与行程的关系曲线

表 11-7 确定冲孔次数表

冲孔深度与冲孔直径的比值	<1.5	1.5～3.0	3.0～5.0
冲孔次数	1	2	3

3. 预锻成形设计

孔类锻件的预锻成形设计，一般指冲孔成形工步前的毛坯形状设计。但对于深孔锻件，由于需多次冲孔，预锻设计中也包括了预冲孔的设计。

预锻的目的是改善终锻成形时金属的流动条件，使得金属易于充满，避免冲孔偏斜和其他缺陷的产生。

1) 预锻工步设计的要点

(1) 在锻件轴线方向，预锻成形应给终锻成形留有 5.0～15.0mm 的压缩量，使得终锻成形时尽量以镦粗变形为主，利于充满。

(2) 为了准备以后冲孔，在预锻成形毛坯的前端面上制出一块直径比孔径稍大的平面。

(3) 预锻成形的某个部位的外径应该等于或接近终锻成形在该处的外径，使毛坯冲孔时能收到终锻成形凹模的限制，不易冲歪。

(4) 冲孔时，如果金属在冲子的作用下仅仅发生径向分流，而无明显的轴向流动，将使冲孔力降低，有利于锻件充满。所以，在某些部位，应尽量使须预锻成形的直径等于终锻成形在该处的计算毛坯直径 $d_{计}$，如图 11.16 所示，此处：

$$d_{计}=\sqrt{D_{锻}^2-d_{锻}^2}\text{(mm)}$$

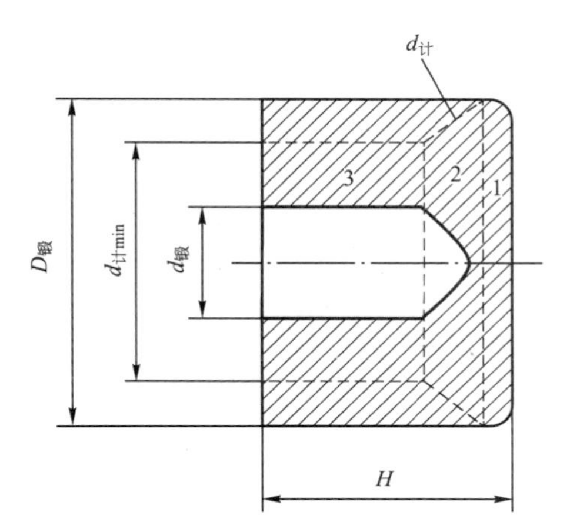

图 11.16 平锻件计算毛坯图

(5) 预锻成形时应考虑一定的不充满系数，以防产生横向或纵向飞边，终锻时压入锻件形成折叠。

2）浅孔厚壁锻件的预锻成形工步设计

浅孔厚壁锻件如图 11.17 所示。这类锻件高度比较低，孔径小而孔壁较厚，$H/d_{锻}<1.5$，不必预冲孔，只需在终锻成形时一次冲出。

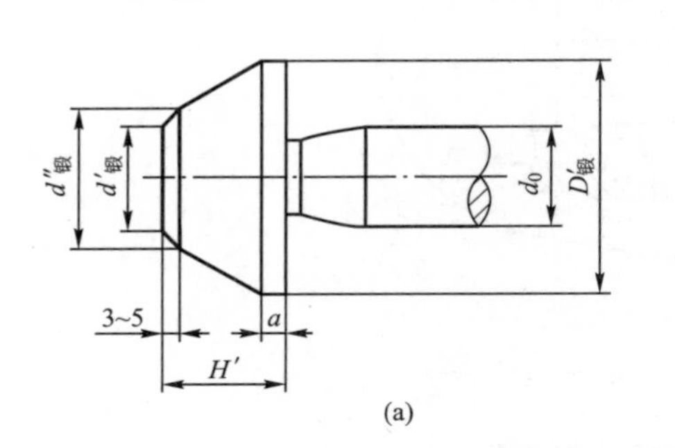

(a)

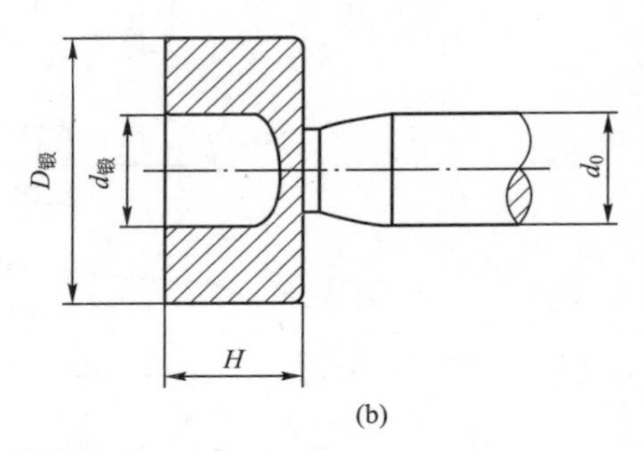

(b)

图 11.17　浅孔厚壁锻件

浅孔厚壁锻件的预锻成形设计如下：

(1) 大头设在尾部，其直径：

$$D'_{锻}=D_{锻}(\text{mm})$$

或

$$D'_{锻}=D_{锻}-(1\sim2)(\text{mm})$$

$$d'_{锻}=d_{锻}+(8\sim10)(\text{mm})$$

宽度为

$$a=5\sim20\text{mm}$$

高度为

$$H'=H+(10\sim15)(\text{mm})$$

(2) 不充满系数 $K=1.1\sim1.2$。

(3) 其余尺寸在满足上述条件后按体积不变求出。

3）浅孔薄壁锻件的预锻成形工步设计

浅孔薄壁锻件如图 11.18 所示。这类锻件高度比较低，孔径大而孔壁较薄，$H/d_{锻}<1.5$，不必预冲孔。

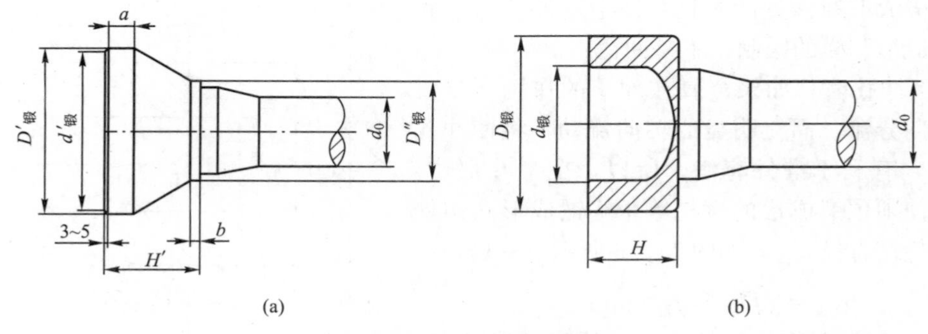

(a)　　(b)

图 11.18　浅孔薄壁锻件

浅孔薄壁锻件的预锻成形设计为如下：

(1) 大头设在前端，其直径为

$$D'_{锻}=D_{锻}-(0\sim2)(\text{mm})$$

$$d'_{锻}=d_{锻}+(8\sim10)(\text{mm})$$

宽度为

$$a=5.0\sim20.0\text{mm}$$

高度为

$$H'=H+(8\sim15)(\text{mm})$$

(2) 不充满系数 $K=1.1\sim1.2$。

(3) 其他尺寸在满足上述条件后按体积不变求出。

4) 深孔薄壁锻件的预锻成形工步设计

深孔薄壁锻件如图 11.19 所示。这类锻件孔较深，须冲孔；孔壁较薄，所以计算直径小，如果预锻成形毛坯直径过大，终锻成形冲孔时多余的金属将被迫反流去充满模膛的其他部位；预锻成形毛坯较长，终锻成形的冲头也较长，所以冲孔时不稳定，容易冲偏。

深孔薄壁锻件的预锻成形设计为以下尺寸。

(1) 在前端和尾部各设一个大头，直径为

$$D'_{锻}=D''_{锻}=D_{锻}-(0\sim2)(\text{mm})$$

以增加毛坯在冲孔时的稳定性。

(2) 在中腰部位尽量保证

$$d_1^2=D_{锻}^2-d_{锻}^2(\text{mm}^2)$$

以防金属倒流。

(3) 其高度方向尺寸为

$$H_2=H+(5\sim10)(\text{mm})$$

$$H_1=H_2+(5\sim10)(\text{mm})$$

$$\alpha'<\alpha$$

每次冲孔斜度 β 保持不变。

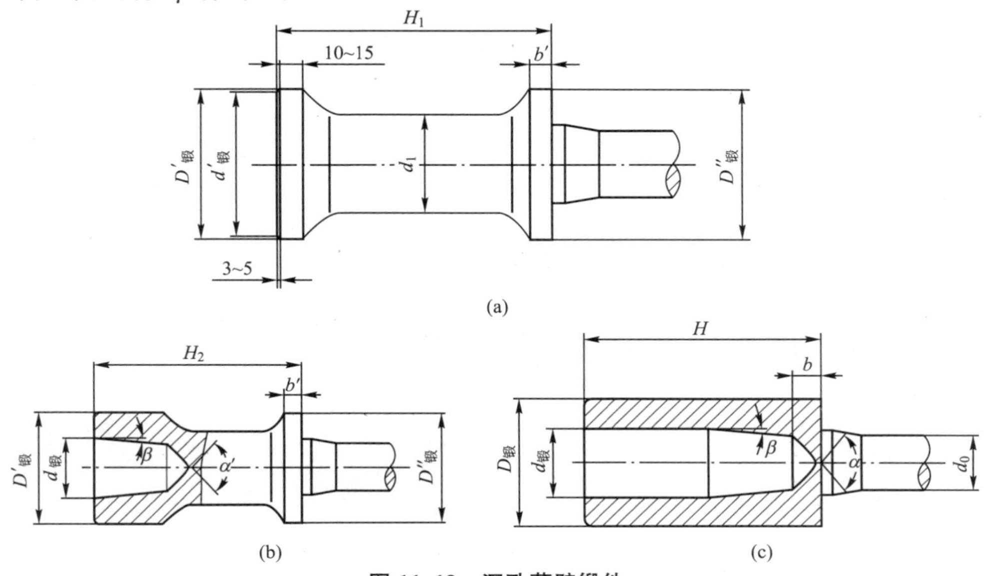

图 11.19 深孔薄壁锻件

5）深孔厚壁锻件的预锻成形工步设计

深孔厚壁锻件如图 11.20 所示。

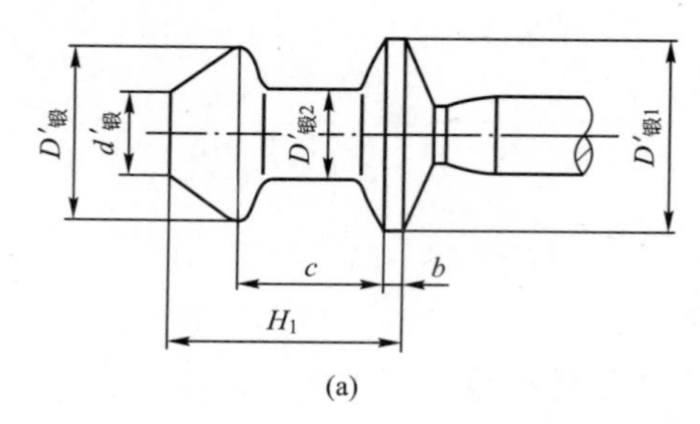

(a)

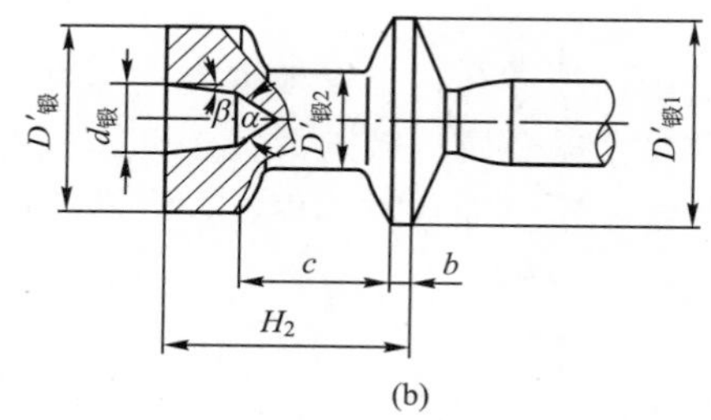

(b)

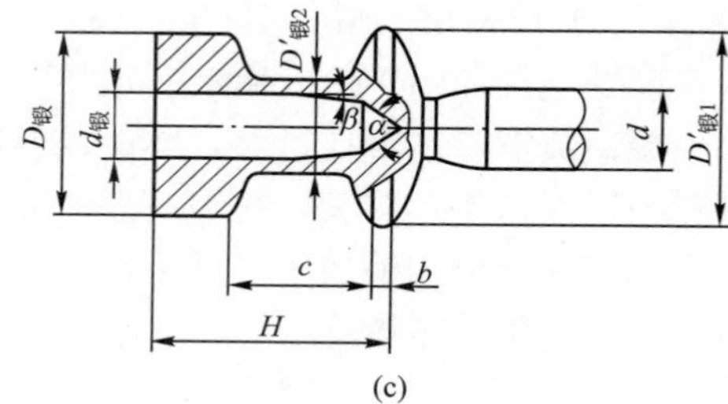

(c)

图 11.20　深孔厚壁锻件

深孔厚壁锻件的预锻成形设计如下：

（1）在前端大头，直径为

$$D'_{锻}=D_{锻}-(0\sim2)(\text{mm})$$

$$d'_{锻}=d_{锻}+(8\sim10)(\text{mm})$$

（2）在中腰部位尽量保证

$$D'^2_{锻2}=D^2_{锻2}-d^2_{锻}(\text{mm}^2)$$

（3）尾部法兰

$$D'_{锻1}=D_{锻1}(\text{mm})$$

在预锻成形时应使尾部法兰充满，否则靠终锻成形是很难将其充满的。

其他尺寸 H_1、H_2、β 和 α 的计算与深孔薄壁锻件相同。

4. 原始坯料尺寸的确定

1）坯料体积的确定

（1）根据锻件图设计终锻时的热锻件图，包括确定冲孔深度与冲头的型式。

（2）如果用开式模锻，应设计横向飞边。

（3）按终锻时的热锻件图计算锻件体积 $V_{锻}$，包括飞边、冲孔芯料及锻件尺寸正公差的 1/2。

（4）计入火耗 δ。

坯料体积为

$$V_{坯}=(1+\delta)\times V_{锻}(\text{mm}^3)$$

2）选择坯料直径的原则

（1）局部镦粗类锻件的坯料直径等于杆部直径。

(2) 孔类锻件的坯料直径按下列原则选取：

① 最好使坯料直径 $d_{坯}$ 等于锻件孔径 $d_{锻}$(图 11.17)，从而省去卡细后切料芯工步。

② 尽量防止冲孔时金属倒流，为此应使 $d_{坯}<d_{计min}$。

③ 坯料的长径比 $\psi=L_{坯}/d_{坯}<8\sim9$ 时，才可能以四道工步成形，否则就要加大坯料直径。

④ 采用前挡板定位时，要求坯料伸出凹模的长度大于 15mm，否则应减小坯料直径。

⑤ 浅孔薄壁类锻件的坯料直径小于锻件孔径，才能保证足够的压缩量及锻件表面粗糙度。

综合以上情况，建议：

① 在 $d_{计min}/d_{锻}=1.0\sim1.2$ 时，尽量采用 $d_{坯}=d_{锻}$，即 $d_{坯}=(0.82\sim1.0)d_{计}$。

② 在 $d_{计min}/d_{锻}>1.2$ 时，为减少工步，应取 $d_{坯}>d_{锻}$。在此情况下，坯料要进行卡细。

③ 在 $d_{计min}/d_{锻}<1.0$ 时，为防止金属倒流，应取 $d_{坯}<d_{锻}$。在此情况下，坯料要进行扩径。

3) 坯料长度的确定

$$L_{坯}=\frac{V_{坯}}{\frac{\pi}{4}d_{坯}^{2}}(\text{mm})$$

11.2.4 管坯顶镦工艺特点

在平锻机上可以进行管坯局部镦粗。

对于加粗管坯外径而内径保持不变的锻件，当冲头导向部分的长度 L_H 在变形开始前即超过凹模中粗大部分的长度 L_b 时，若使外径加大到 D_1，再到 D_2(图 11.21)，应遵循以下规则：

(1) 当 $L_b/t\leqslant3.0$ 时，允许一次顶镦到任意外径而不产生弯曲。

(2) 当 $L_b/t>3.0$ 时，必须在模膛内顶镦，模膛尺寸应满足如下条件才不致产生折纹。

$$t_1/t\leqslant1.25\sim1.50$$

$$t_2/t_1\leqslant1.25\sim1.50$$

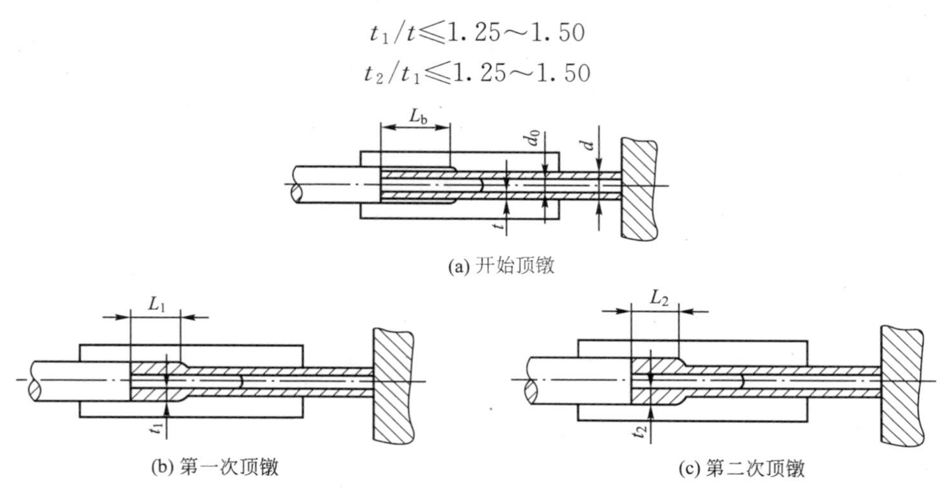

图 11.21 管坯顶镦

实践证明，顶镦时因管壁失稳产生的纵向弯曲方向向外，因此管坯镦粗是限制外径。若外径不变，靠缩小内径而增加管壁厚度，则不易产生折纹，因而可以提高一次顶镦的 t_1/t 比值，而不受上述规则(2)的限制。因此在管坯多次顶镦时，可先缩小内径，外径保持不变，增加管壁厚度，下一工步再扩大内径到达所需尺寸，由此减少顶镦次数。

管坯镦粗一般在凹模中进行。由于管坯难以夹紧，同时为了保证冲头导向，坯料前端应不伸出凹模外，所以常用后挡板定位。

11.3 平锻机上的锻模设计

11.3.1 模膛设计特点

1. 终锻模膛设计

终锻模膛的形状和尺寸取决于热锻件图，如图 11.22 所示。

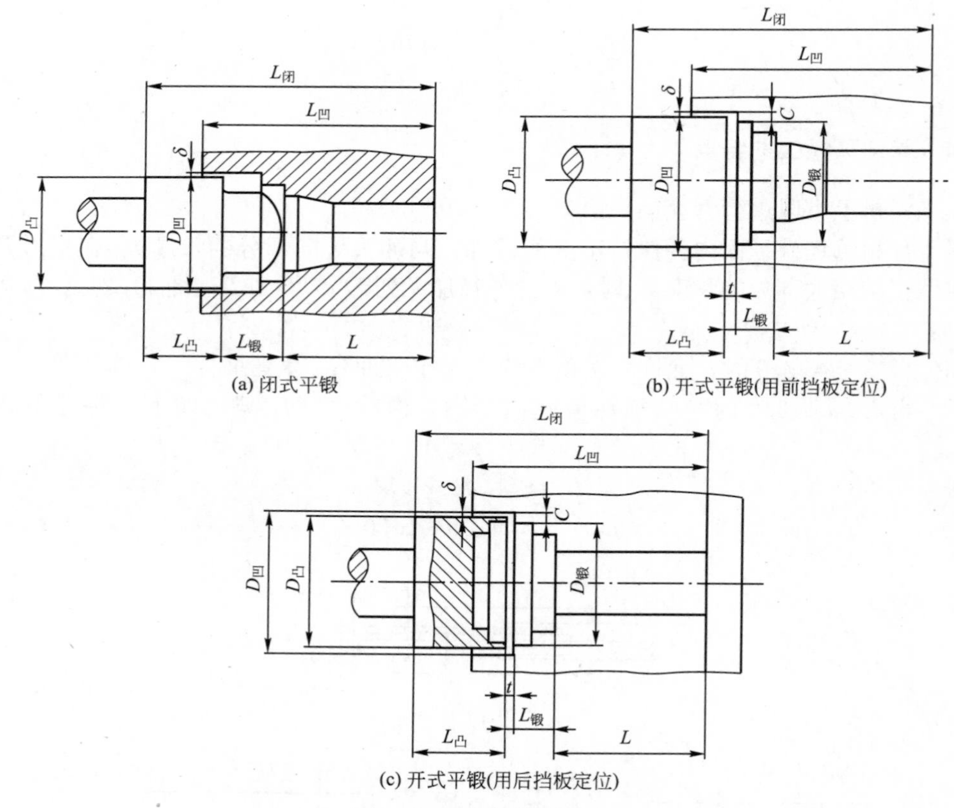

图 11.22 终锻模膛设计

1）凹模直径

(1) 闭式平锻。闭式平锻时，取

$$D_{凹}=D_{锻}(\text{mm})$$

(2) 开式平锻。开式平锻用前挡板定位时，由于定料较准，飞边较小，取

$$D_{凹}=D_{锻}+(2\sim2.5)\times C(\text{mm})$$

式中，C 为飞边宽度(mm)，见表 11－8。

开式平锻用后挡板定位时，由于定料欠准，飞边可能较大，所以取

$$D_{凹}=D_{锻}+(2.5\sim3.0)\times C(\text{mm})$$

表 11－8　飞边尺寸　　(单位：mm)

$D_{锻}$	＜20	20～80	80～160	160～260	260～360
C	5～8	8～12	12～16	16～20	20～25
t	1.2～1.5	1.5～2.5	2.5～3.5	3.5～4.5	4.0～4.5

2) 凸模直径

凸模直径取

$$D_{凸}=D_{凹}-2\times\delta(\text{mm})$$

式中，δ 为凸、凹模间隙(mm)，见表 11－9。

表 11－9　凸、凹模间隙 δ

平锻机公称压力/kN	2250～3150	4500～5000	6300～8000	9000～10000	12000～12500	16000	20000
δ/mm	0.2	0.25	0.3	0.35	0.4	0.5	0.75

3) 凸模长度

凸模长度按凸、凹模封闭长度计算确定。闭式平锻时，凸模长度保证锻件厚度；开式平锻时，凸模长度保证飞边厚度 t。

2. 预锻模膛设计

预锻模膛的形状和尺寸按预锻工步图设计，其设计方案可参考终锻模膛。

3. 积聚模膛设计

积聚模膛设计应遵循以下原则：

(1) 设计依据是积聚工步图的锥体尺寸 D_K、d_K、L_K，如图 11.23 所示。

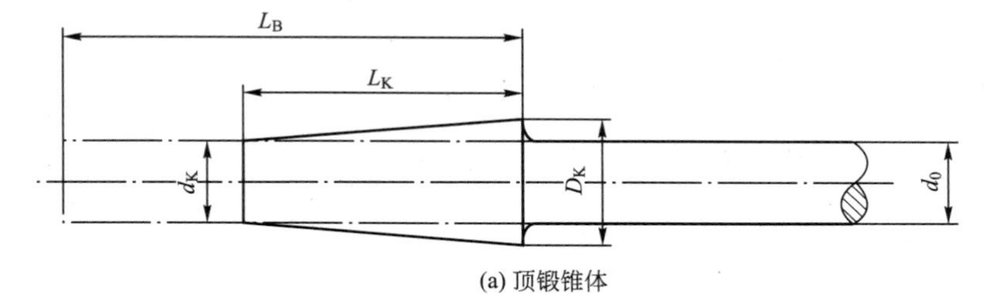

(a) 顶锻锥体

图 11.23　积聚工步凸、凹模结构

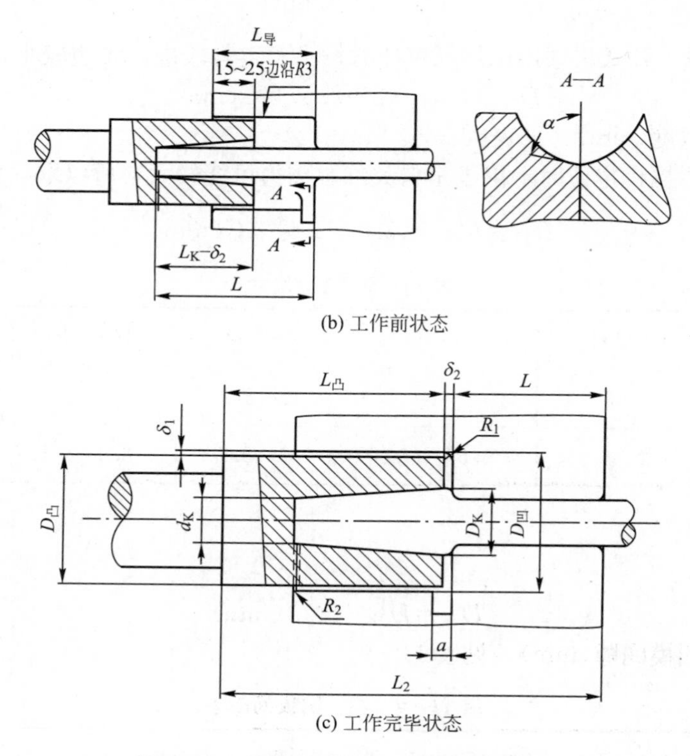

(b) 工作前状态

(c) 工作完毕状态

图 11.23 积聚工步凸、凹模结构（续）

(2) 凸模在工作时不应撞击凹模，应该在模具封闭时二者保持一定的顶面间隙 δ_2，见表 11-10。

表 11-10 凸模与凹模的顶面间隙 δ_2

平锻机公称力/kN	δ_2/mm		
	第一次积聚	第二次积聚	第三次积聚
12000	7～9	5～6	3
8000	5～7	4	3
5000	3～5	3	2
2250	3～4.5	2	2

(3) 凸模外径 $D_凸$ 应保证凸模强度，按下式计算。

$$D_凸 = D_K + 0.2(D_K + L_K) + 5(\text{mm})$$

(4) 凹模直径 $D_凹$ 按下式计算。

$$D_凹 = D_凸 + 2 \times \delta_1(\text{mm})$$

式中，δ_1为凸、凹模之间的径向间隙(mm)，见表 11-11。

表 11-11　凸模与凹模的径向间隙 δ_1

平锻机公称压力/kN	δ_1/mm		
	第一次积聚	第二次积聚	第三次积聚
12500	0.7	0.6	0.4
8000～9000	0.6	0.5	0.4
4500～6300	0.6	0.4	0.3
2250～3150	0.5	0.4	0.3

(5) 积聚开始时，凸模进入凹模导程 15～25mm，可增加积聚的稳定性。

(6) 在凸模模膛底部开出气孔。

(7) 为储存平锻脱落的氧化皮，以免被压入锻件形成凹坑，在凹模模膛内开设有氧化皮槽，其尺寸为

$$a=20\sim30\text{mm}$$

$$\alpha=30°\sim60°$$

4. 夹紧模膛设计

夹紧模膛有两种形式：一种为平滑式夹紧模膛，另一种为带筋条式夹紧模膛。

1) 平滑式夹紧模膛

平滑式夹紧模膛制造简单，因为在锻件杆部没有压痕，所以用于杆部质量要求高的锻件，锻造时一般使用后挡板。

平滑式夹紧模膛的长度 L 计算如下

$$L=K\times d_0(\text{mm})$$

式中，K 为系数，见表 11-12；d_0为坯料直径(mm)。

表 11-12　系数 K 值

坯料直径 d_0/mm	10～19	20～28	30～48	50～65	70～95	100～130
K	9～5	5～3.8	3.8～3.3	3.3～2.8	2.8～2.5	2.7～2.4

模膛的横截面呈椭圆形，是由两个偏心 Δ 的圆弧组成的，Δ 值取决于坯料直径 d_0，见表 11-13。

表 11-13　平滑式夹紧模膛其他尺寸　(单位：mm)

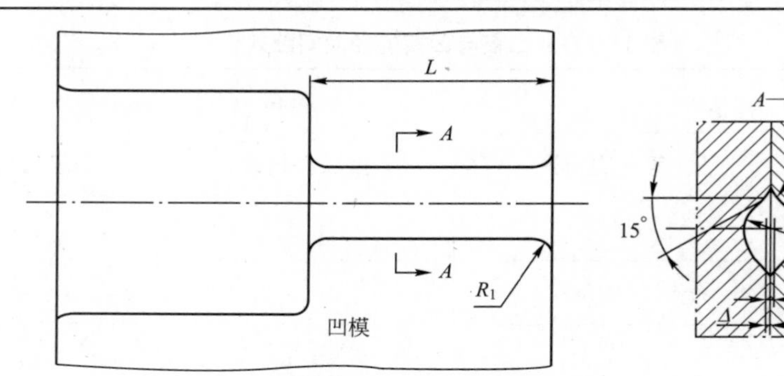

坯料直径 d_0	10～19	20～28	30～38	40～48	50～58	60～65	70～75	80～85	90～95
Δ	0.2	0.3	0.4	0.5	0.6	0.7	0.8	0.9	1.0
R_1	3	3	3	4	5	6	6	8	8
R_2	1	1.5	1.5	2	2.5	3	3	3.5	3.5

2）带筋条式夹紧模膛

带筋条式夹紧模膛如图 11.24 所示，适用于平锻孔类锻件或对杆部要求不高的杆类锻件。由于筋条的作用，模膛的夹紧长度可以缩短，减少料头损失。但是，模膛内不带筋条部分的截面仍然为椭圆形。

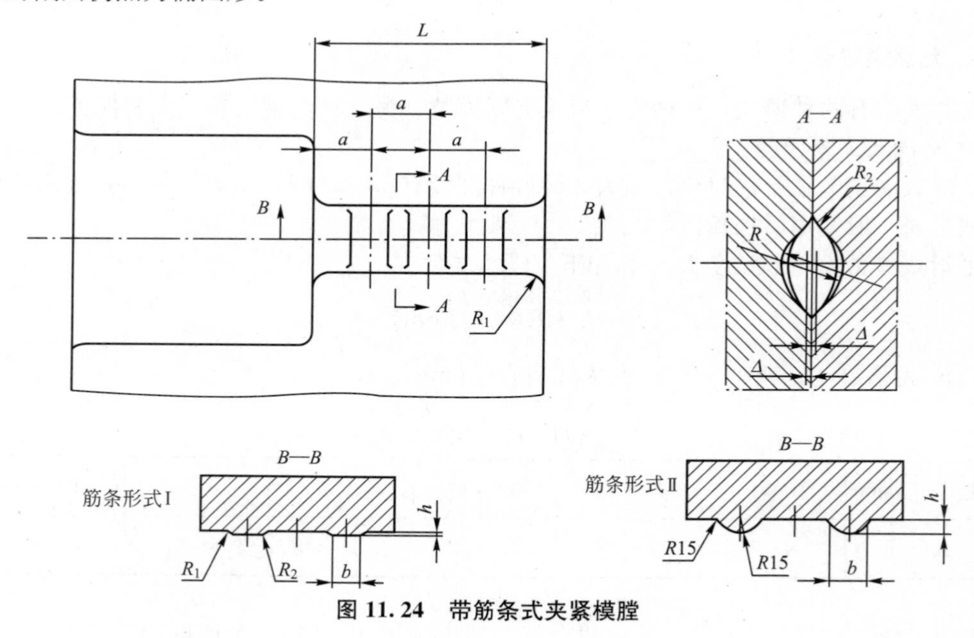

图 11.24　带筋条式夹紧模膛

5. 扩径模膛设计

扩径模膛如图 11.25 所示，用于平锻孔径比坯料直径大的孔类锻件。扩径后的毛坯直径 d_0' 比锻件孔径 $d_{锻}$ 稍小，以便穿孔时冲掉料芯，按下式计算。

$$d'_0 = d_{锻} - 0.5(\text{mm})$$

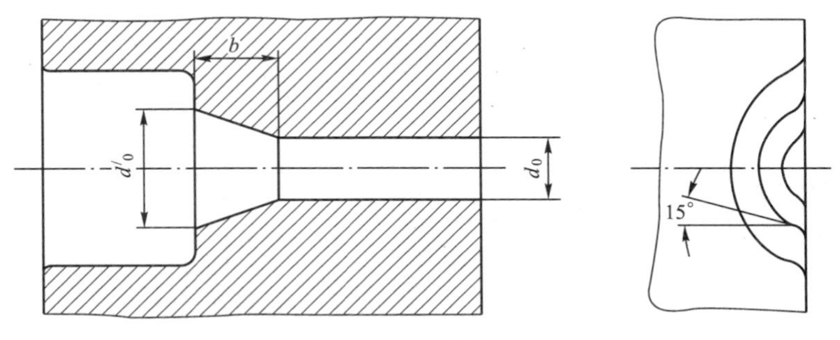

图 11.25 扩径模膛

6. 卡细模膛设计

卡细模膛如图 11.26 所示，用于孔径比坯料直径小的锻件。如果应用卡细工步，为了避免金属流入分模面之间，每次卡细的变形量不能大于坯料直径的 5%(从圆形卡细到圆形)。如果所需的变形量过大，可分为多次椭圆→圆形卡细，每卡细一次之后须将坯料转动 90°。卡细次数可查表 11－14。每次卡细的变形量应合理分配。

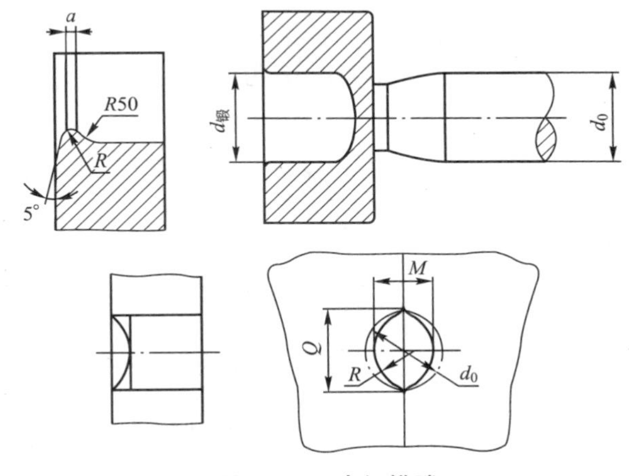

图 11.26 卡细模膛

表 11－14 卡细次数

$\dfrac{d_0}{d_锻}$	<1.56	1.56～2.5	>2.5
卡细次数	2	3	4

注：d_0为坯料直径，$d_锻$为锻件孔径。

7. 切断模膛设计

当用一根坯料锻造多个短杆类锻件时，终锻之后须在切断模膛中将锻件从坯料上剪掉，如图 11.27 所示。当锻造孔类零件时坯料被卡细，料芯和坯料直径相差较大时，可用切断模膛将废芯料切掉，如图 11.28 所示，以免镦锻下一个锻件时产生折纹。

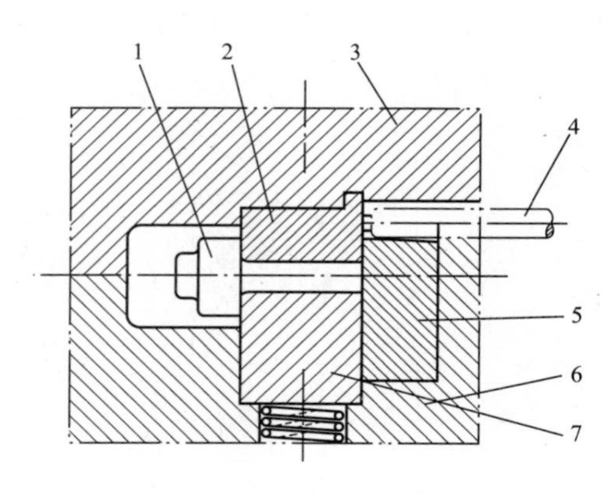

图 11.27　锻件切断模膛

1—锻件；2—固定刀片；3—固定凹模；4—长坯料；5—活动刀片；6—活动凹模；7—夹紧块

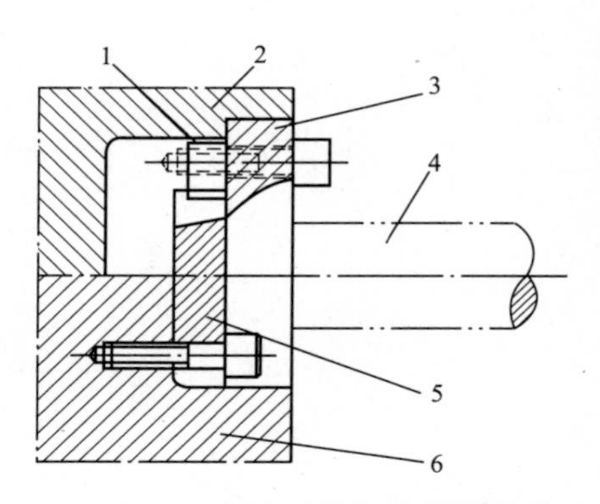

图 11.28　穿孔后废料芯切断模膛

1—废料芯；2—固定凹模；3—固定刀片；4—长坯料；5—活动刀片；6—活动凹模

固定刀片装在固定凹模上，活动刀片装在活动凹模上。当用来剪断锻件时，如图 11.27 所示，在活动凹模上还装有压紧块，在剪切之前靠弹簧的力量压紧锻件，以防切歪。

刀片形状如图 11.29 所示。3°的斜度保证刃口的锋利，注意装配时不要将刀片装反。

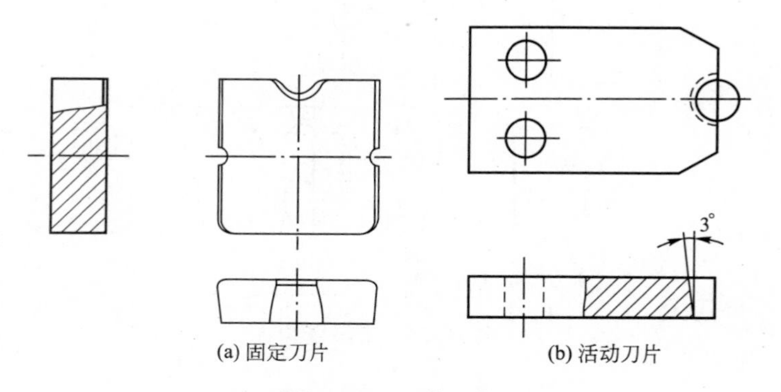

(a) 固定刀片　　(b) 活动刀片

图 11.29　刀片形状

8. 穿孔模膛设计

穿孔模膛的凹模刃口部分有两种形式：一种用于冲掉卡细的料芯，另一种用于冲掉扩径(或直径和坯料直径相等)的料芯。冲头和凹模刃口的尺寸取决于锻件孔径 $d_{锻}$，如图 11.30 所示，计算如下

$$d_1=d_0+(5\sim10)(\text{mm})$$

$$d_2=D_{锻1}+x(\text{mm})$$

$$d_3=D_{锻2}+x(\text{mm})$$

$$d_4=d_{锻}(\text{mm})$$

$$d_5=1.01\times d_{锻}+0.2(\text{mm})$$

$$d_6 = d_0 + (1.5\sim3.0)(\text{mm})$$
$$d_7 = d_5 + 8(\text{mm})$$
$$d_8 = \text{进入凹模中的冲头最大外径}(\text{mm})$$
$$d_9 = d_8 + (10\sim20)(\text{mm})$$
$$h_1 = h_{\text{锻}1} + y(\text{mm})$$
$$h_2 = h_{\text{锻}2} + (10\sim15)(\text{mm})$$
$$h_3 > 20\text{mm}$$
$$s = 20\sim30\text{mm}$$
$$a = 5\text{mm}$$
$$b = 35\sim45\text{mm}$$

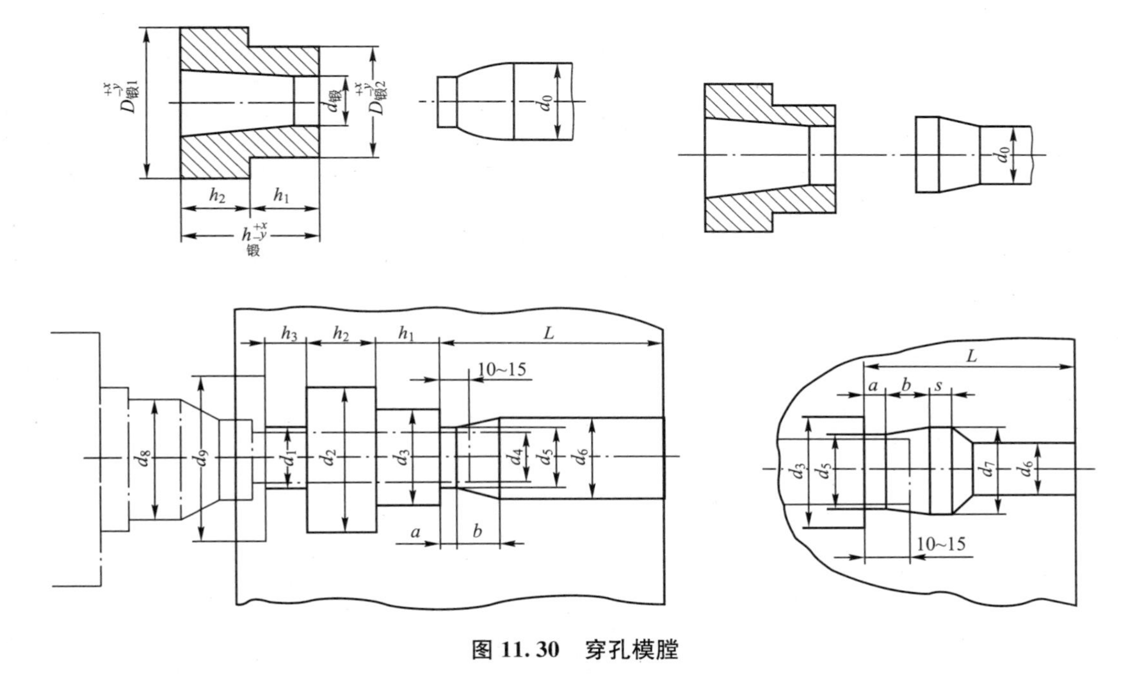

图 11.30　穿孔模膛

由此可见，径向间隙不大，所以装模时应注意避免冲头和凹模相撞。

模具闭合时，冲头应进入凹模刃口 10～15mm，以保证冲掉料芯。

凹模刃口前端的空腔供容纳锻件用，其径向尺寸应计入锻件尺寸正公差，轴向尺寸应保证锻件容易放入和掉出模膛，又要防止穿孔时将锻件压塌。此空腔的前端设有刮料板，当冲头退回时可以卸下锻件。

9．切边模膛设计

开式平锻必须有切边工步，通常在平锻模切边模膛内进行。切边模膛的形状与尺寸如图 11.31 所示。凹模刃口的尺寸和形状与锻件外轮廓一致，凸模刃口则按凹模刃口轮廓均匀缩小，二者之间保持径向间隙 $\Delta/2$。Δ 值按表 11－15 选取。

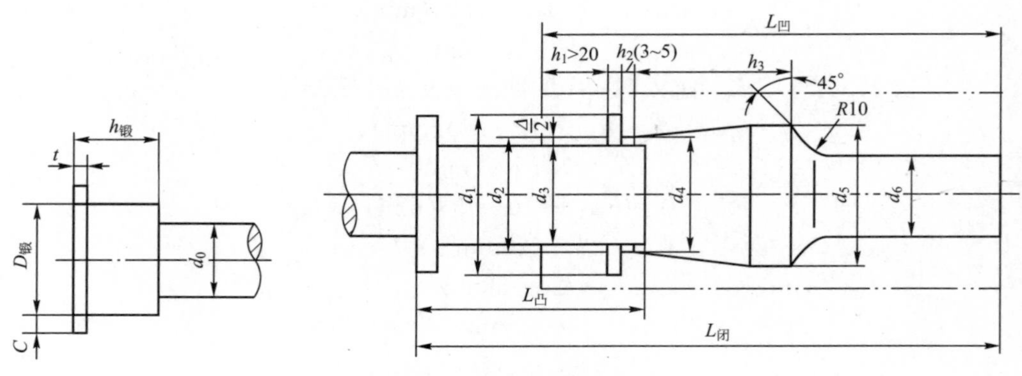

图 11.31　切边模膛

表 11－15　切边凸、凹模刃口的双向间隙　　（单位：mm）

$D_{锻}$	＜30	30～80	＞80
Δ	0.4	0.6	0.8

切边模膛各部分的计算公式如下：

$$d_1=L_{锻}+3C+5(\text{mm})$$
$$d_4=D_{锻}(\text{mm})$$
$$d_3=d_4-\Delta(\text{mm})$$
$$d_2=d_3+(1\sim2)(\text{mm})$$
$$d_5=d_4+(8\sim10)(\text{mm})$$
$$d_6=1.02d_0+1(\text{mm})$$
$$h_2=(4\sim5)t(\text{mm})$$
$$h_3=h_{锻}+(10\sim15)(\text{mm})$$

11.3.2　平锻模结构设计特点

平锻模是由凸模(冲头)和凹模组成的。凹模又分成左、右或上、下两块，分别用于垂直分模或水平分模平锻机。

1. 平锻模的总体结构

1) 垂直分模平锻机的模具结构

垂直分模平锻机的模具结构如图 11.32 所示，一般由冲头夹持器 1、凸模(冲头)2、后挡板 3 和凹模 4 组成。

锻造工步所需的冲头装于冲头夹持器上，夹持器装于平锻机上主滑块的凹座内。

左凹模(活动凹模)装于平锻机的夹紧滑块上，工作时向右凹模靠拢或分离；右凹模(固定凹模)装于机身右边的支承座上，工作时固定不动。

变形工步在模具上一般由上到下按顺序排列，偶尔有变动。终锻工步放在下面，并且靠近曲轴轴线所在的水平面。

夹持器和凹模上各工位之间的中心距靠模具机加工精度保证，工作时不能调整。

后挡板用来控制锻件杆部的长度，它可以装在模具上，也可以装在机身上。至于前挡

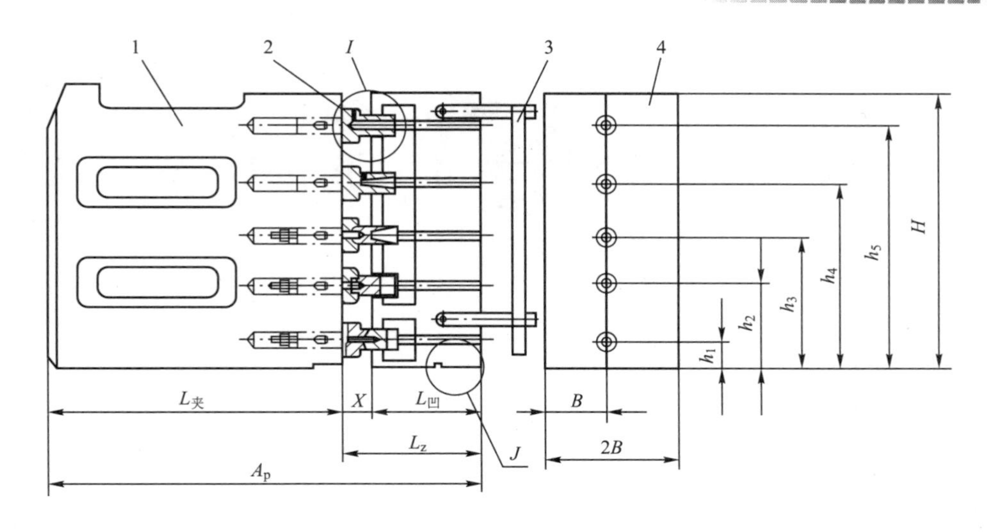

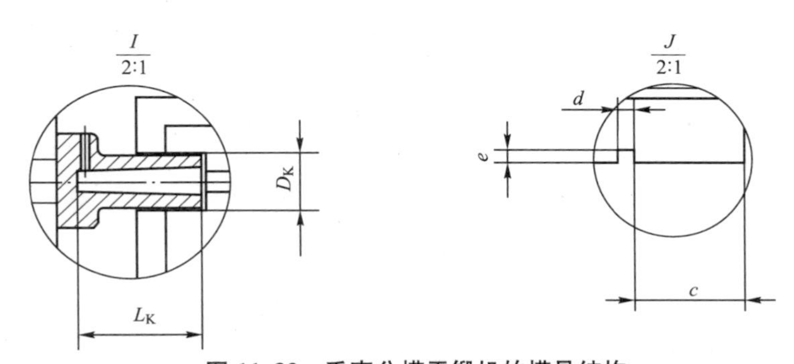

图 11.32　垂直分模平锻机的模具结构

1—冲头夹持器；2—凸模；3—后挡板；4—凹模

板，它设在机身上，用来控制镦锻金属的体积，一般在一根坯料锻造多个锻件时使用。

2）水平分模平锻机的模具结构

水平分模平锻机的模具结构如图 11.33 所示，它与垂直分模平锻机的模具结构相同。但是，为了便于安装，水平分模平锻机的冲头夹持器制作成分块式的。活动凹模装在上面，固定凹模装在下面。

变形工步一般由右到左在模具上顺序排列。

凹模上各工位之间的中心距靠模具机加工精度保证，工作时不能调整。冲头夹持器上各工位的中心距也应该由机加工保证，确有必要时，才在分块之间加垫片调整。

上、下凹模体内设有冷却水道。当凹模打开时，冷却水喷出，冷却模膛和冲头，这和垂直分模平锻机模具的冷却方法不同。

2. 冲头夹持器

根据锻件平锻时工步数量的不同，冲头夹持器可分为三个、四个和五个模膛的冲头夹持器。

1）垂直分模平锻机冲头夹持器

根据冲头在夹持器上的紧固方式，可以分为螺钉顶紧式、压盖式(图 11.34)及插销式夹持器。

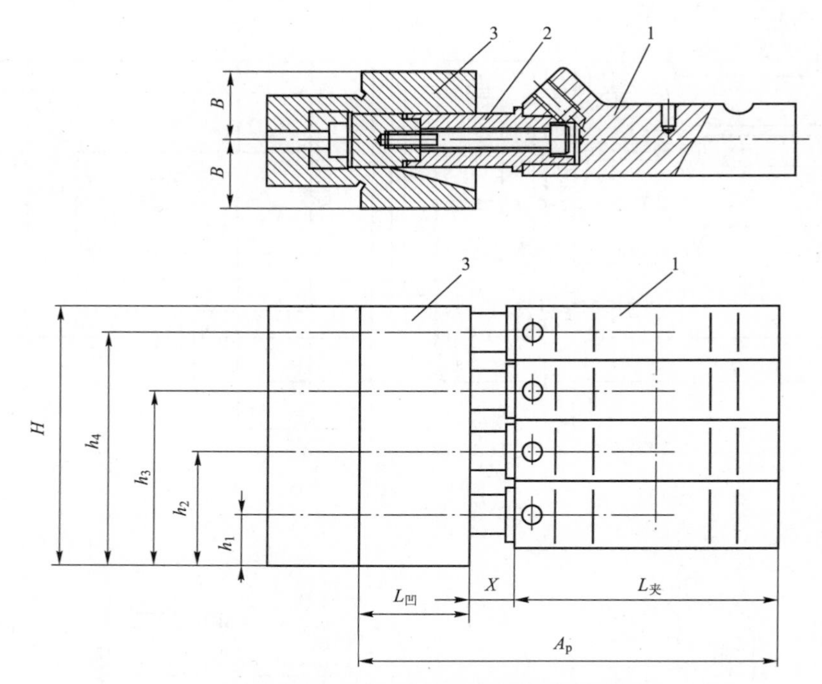

图 11.33　水平分模平锻机的模具结构

1—冲头夹持器；2—冲头；3—凹模

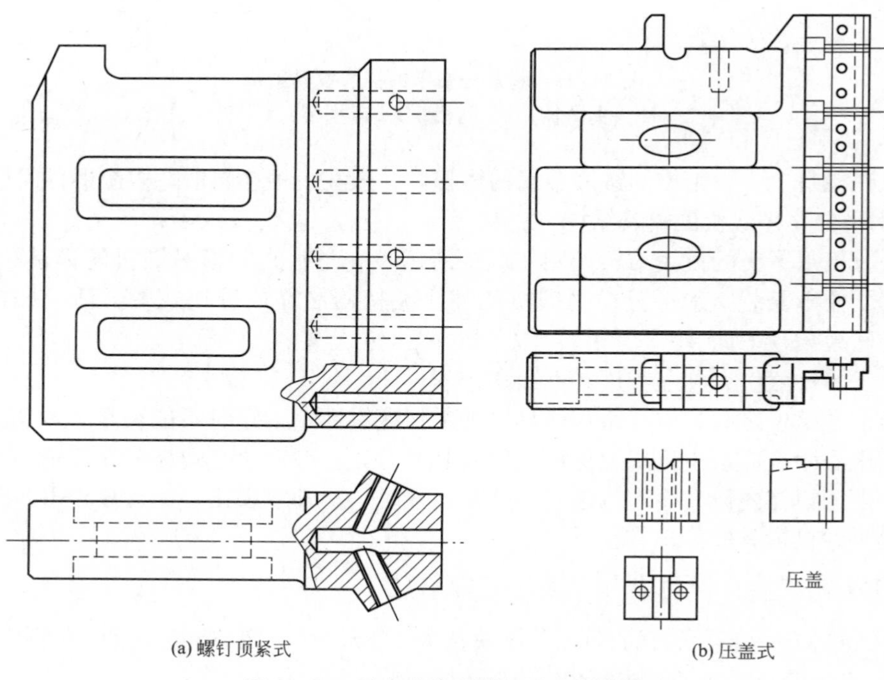

图 11.34　垂直分模平锻机冲头夹持器

冲头夹持器在滑块上的安装及调整方式如图 11.35 所示。在左右方向，夹持器和滑块凹座相配合，不能调整相对位置；夹持器的前后相对位置可利用斜楔(或加垫片)来调节；夹持器底部加减垫片可以调节上下位置。

2) 水平分模平锻机冲头夹持器

水平分模平锻机冲头夹持器上冲头的紧固方式与垂直分模平锻机上的基本相同，也有螺钉顶紧式、压盖式及插销式等。图 11.36 所示为 4500kN 水平分模平锻机冲头夹持器，是一种螺钉顶紧式冲头夹持器。

夹持器在主滑块上的紧固方式如图 11.37 所示。三个斜楔 1、5 和 7 可分别在前后、上下和左右方向调节夹持器的位置；螺栓 2 将夹持器朝下、后方向顶紧；另外，滑块右侧的压板将夹持器紧压在左边斜楔 7 的定位面上。

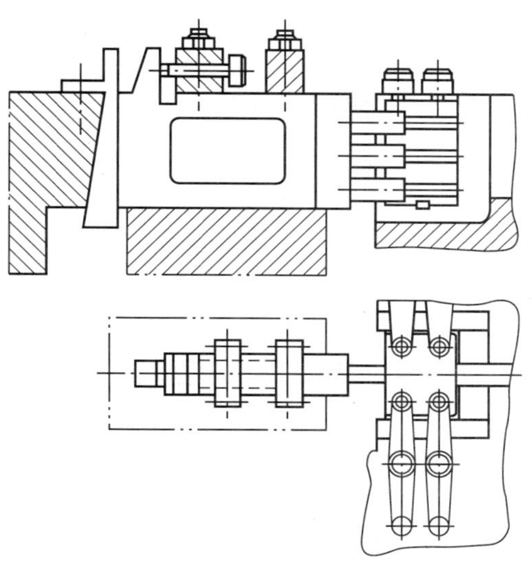

图 11.35　垂直分模平锻机模具固定简图

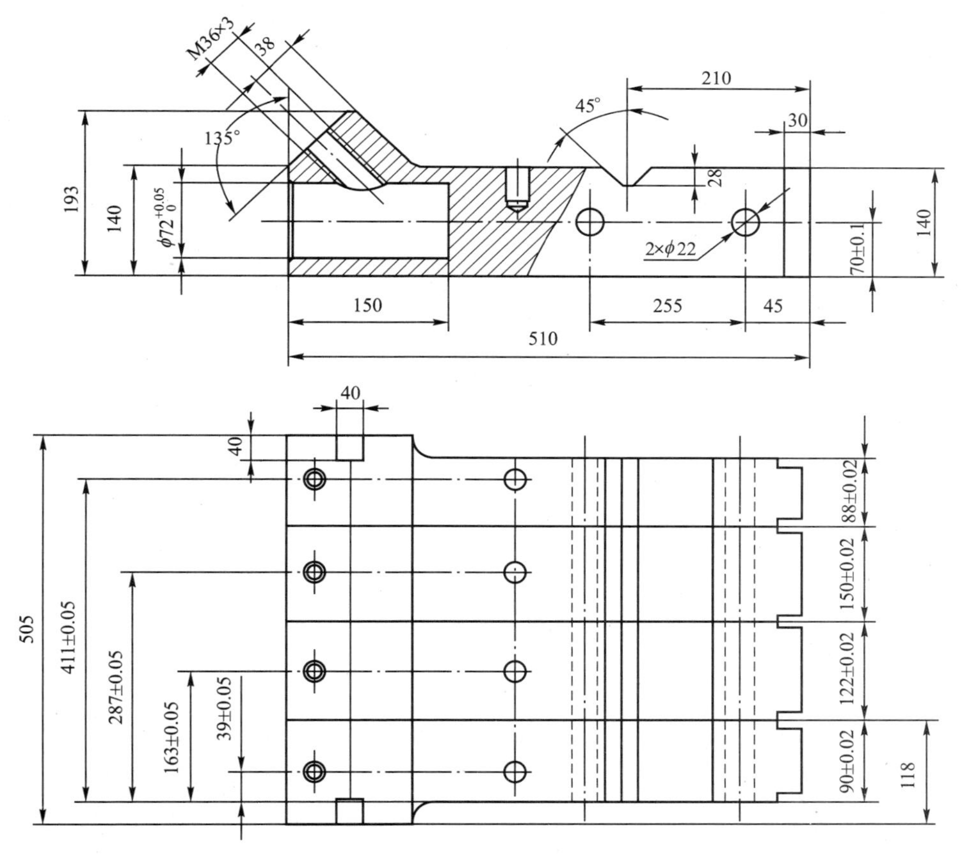

图 11.36　4500kN 水平分模平锻机冲头夹持器

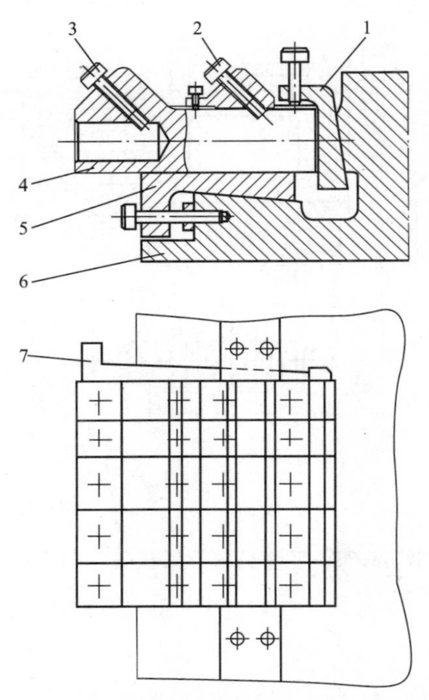

图 11.37　水平分模平锻机冲头夹持器的紧固

1—前后调整斜楔；2—紧固冲头夹持器螺栓；3—紧固冲头螺栓；4—冲头夹持器；5—上下调整斜楔；6—主滑块；7—左右调整斜楔

3. 冲头

冲头由两部分组成，即尾柄和工作部分，如图 11.38 所示。

尾柄形状根据所配夹持器的冲头紧固方式而定。工作部分可与尾柄整体制造，如图 11.38(a)和图 11.38(b)所示，也可制成组合式的，如图 11.38(c)～图 11.38(h)所示。锥形积聚冲头的模膛较深，多用整体式；其他冲头一般都制作成组合式的。尾柄部分有两个凸肩，前面的凸肩 A［图 11.38(d)］在金属产生塑性变形时承受压力，其承压面积(环形面积)不能太小，否则在工作时凸肩 A 和夹持器接触面上将产生压缩变形；后面的凸肩 B［图 11.38(d)］在回程时承受卸件力的作用；在凸肩 A 处还要加工出小平面 s［图 11.38(d)］，以免使用过程中冲头转动，这一点对非圆形锻件特别重要。图 11.38(c)所示只有一个凸肩，用螺钉顶紧 A 处，以防止冲头转动和避免回程时冲头与夹持器脱离。因为工作时冲头各部位磨损不同，组合式冲头仅需经常更换易损部分，所以可以节省模具材料，提高冲头整体寿命。

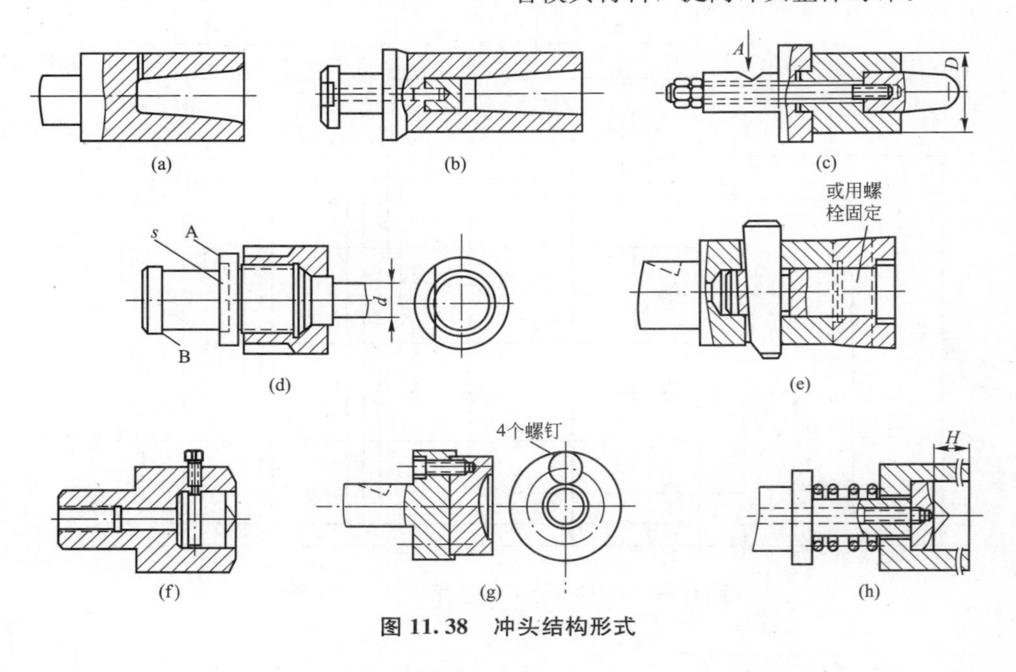

图 11.38　冲头结构形式

4. 凹模

为了节省模具材料和提高模具寿命，镶块式模已被广泛采用，如图 11.39 所示。根据模膛各部分磨损情况的不同，模膛可以全部采用镶块，也可以局部采用镶块。

通常都采用半圆形镶块，有时也采用方形镶块。镶块外形尺寸要足够大，以保证镶块本身的强度，也保证镶块与模体间的承压面积。此面积太小，则容易将模体压塌，从而失去配合精度。

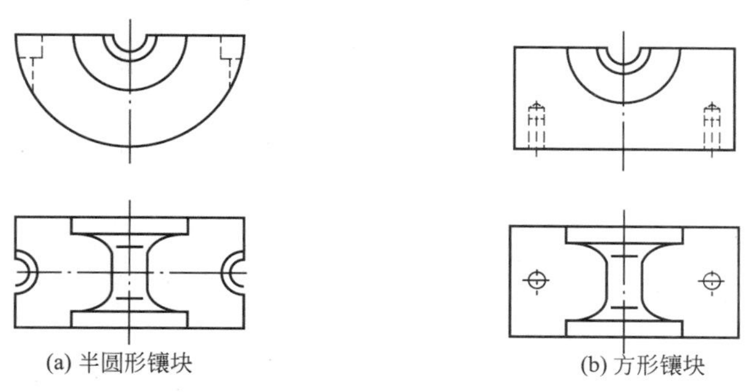
(a) 半圆形镶块　　(b) 方形镶块

图 11.39　凹模镶块形式

镶块在模体上的紧固方式如图 11.40 所示。

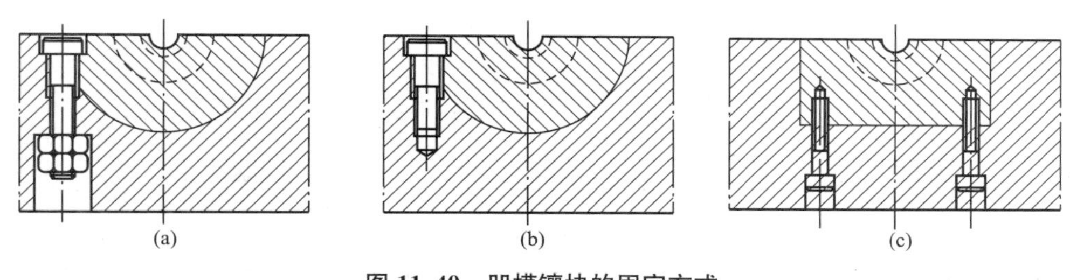
(a)　　(b)　　(c)

图 11.40　凹模镶块的固定方式

5. 后挡板

后挡板常用于杆类锻件的平锻。其主要作用是保证锻件的总长，有时也承担一部分镦锻力。当使用后挡板时，前端镦锻部分的体积可能因坯料直径和长度的公差而产生较大波动，所以常用开式平锻，产生飞边，保证充满，避免闷车。如果必须采用闭式平锻，最好使用直径公差较小的冷拔钢。

后挡板结构形式如图 11.41 所示。

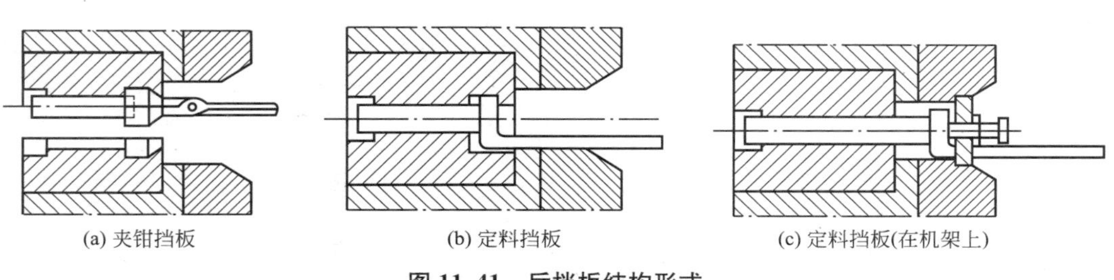
(a) 夹钳挡板　　(b) 定料挡板　　(c) 定料挡板(在机架上)

图 11.41　后挡板结构形式

操作时，必须确保坯料后端顶住后挡板。使用夹钳挡板时，夹料时必须使坯料后端和钳口底部靠死，然后镦锻。

11.4　平锻机上模锻实例

1. 双联齿轮的平锻

图 11.42 所示为双联齿轮，零件材料为 45 钢；该件大量生产，根据工厂工艺条件，决定采用 12500kN 平锻机，可以锻出内孔和凹档。

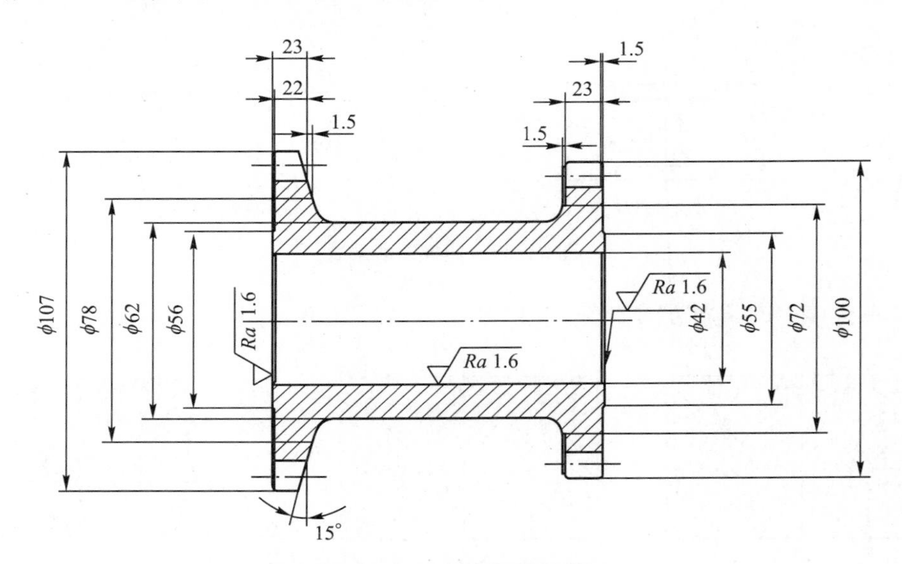

图 11.42　双联齿轮零件简图

其锻件图的制订步骤如下：

(1) 分型面的选择。按图 11.4 所示的形式，飞边设在锻件最大轮廓前端面，即锻件在凹模内成形，飞边设在 ϕ107mm 前端面。

(2) 余量和公差的确定。按表 11－2 查得直径方向余量为 2～3mm，取 2.5mm；高度方向余量为 1.75～2.75mm，取 2.5mm；直径方向公差为$^{+2.0}_{-1.0}$mm，高度方向的公差为$^{+1.5}_{-1.0}$mm。

(3) 圆角半径［参考图 11.7(a)］。外圆角半径 r［参考式 (11－1)］为

$$r=\frac{D\text{ 方向余量}+H\text{ 方向余量}}{2}+a=\frac{2.5+2.5}{2}+1=3.5(\text{mm})$$

取 $r=4.0$mm。

内圆角半径 R 按下式计算：

$$R=0.2C+1=0.2\times25+1=6.0(\text{mm})$$

(4) 模锻斜度［参考图 11.7(a)］。凹模中成形部分内斜度 β，因 C 分别为 25.0mm 和

21.5mm，β 取 12°(表 11-3)。内孔斜度 θ，因 $H/d=106/37=2.9$，θ 取 1.0°(表 11-5)。外斜度 α 一般取为 3.0°。

(5) 锻件允许形状偏差。锻件允许的形状偏差可按供需双方协商确定。

根据以上数值绘制出的锻件图如图 11.43 所示。

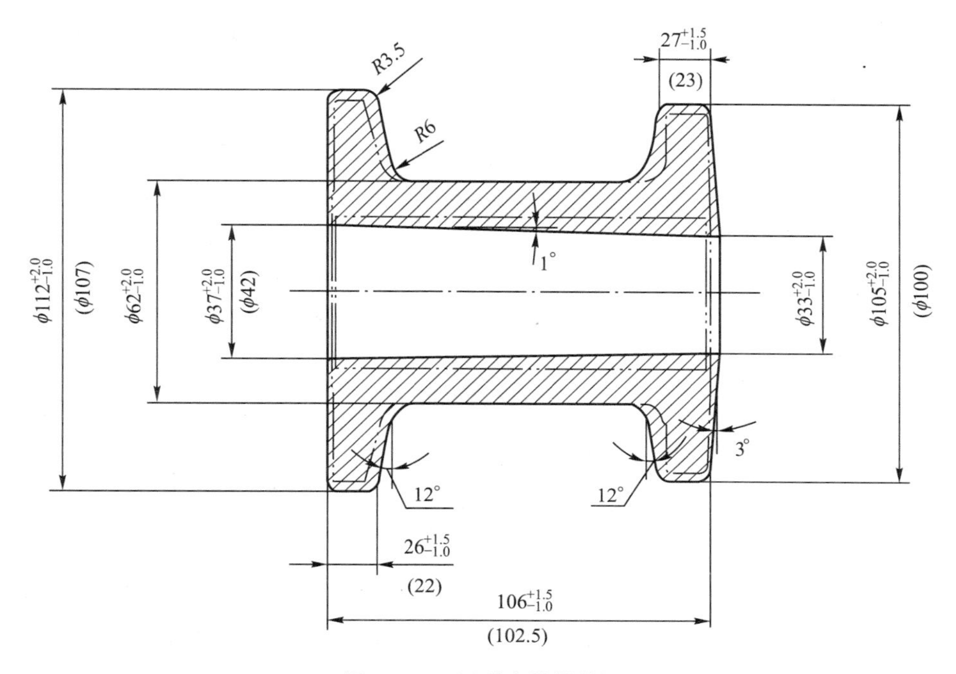

图 11.43 双联齿轮锻件图

2. 活塞的平锻

活塞锻件图如图 11.44 所示，其材料为 20CrV。采用 ϕ22.2mm 的圆棒料在 2250kN 平锻机上进行锻造成形。

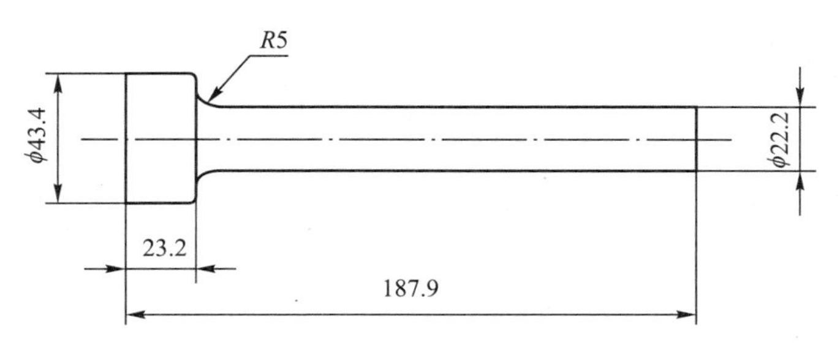

图 11.44 活塞锻件图

其平锻工艺过程如图 11.45 所示。其镦粗比 $\psi=4.43$，采用三次平锻工步，包括两次镦粗和一次成形。

第一次和第二次镦粗工步均在凸模内进行，成形工步在凹模内进行。

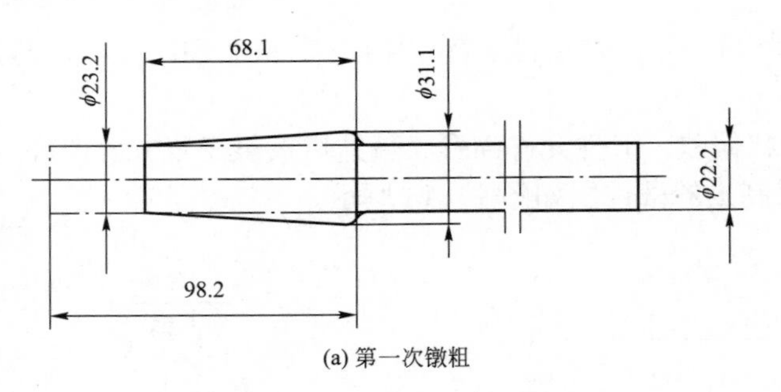

(a) 第一次镦粗

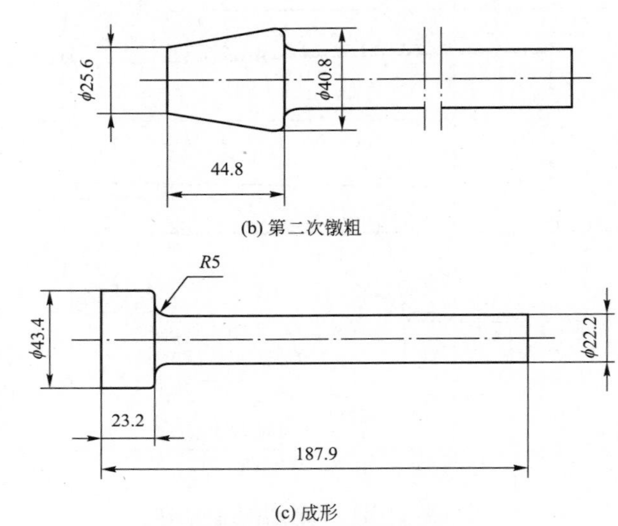

(b) 第二次镦粗

(c) 成形

图 11.45　活塞的平锻工艺过程

习　　题

1. 平锻机上模锻的工艺特点有哪些?
2. 平锻机上用得最广泛的模锻件有哪两类? 试举出一些典型件。
3. 平锻机镦粗规则有哪些?
4. 平锻机的工作原理是什么? 工作过程是什么?
5. 什么叫顶镦? 顶镦可分为哪两种?
6. 顶镦工艺的技术关键是什么?
7. 什么是顶镦第一规则?
8. 顶镦第二规则适用于什么场合?
9. 顶镦第三规则适用于什么场合?
10. 在平锻机上可进行哪些基本工步?
11. 平锻工艺过程设计的主要内容是什么?
12. 什么工步是平锻机上模锻的基本工步?
13. 平锻机上的局部镦粗工步与立式锻压设备上的一些局部镦粗工步的根本区别是什么?

第12章 精密热模锻

12.1 精密热模锻概述

精密热模锻是在常规的锤上模锻、热模锻压力机上模锻、摩擦压力机上模锻的基础上逐步发展起来的一种少、无切削加工新工艺。与常规的锤上模锻、热模锻压力机上模锻、摩擦压力机上模锻相比，它能获得表面品质好、机械加工余量少且尺寸精度较高的锻件，从而能提高材料利用率，取消或部分取消切削加工工序，可使金属流线沿零件轮廓合理分布，提高零件的承载能力。因此，对于生产批量大的中小型锻件，若能采用精密热模锻成形方法生产，则可显著提高生产率、降低产品成本和提高产品质量。特别是对一些材料贵重并难以进行切削加工的工件，其技术经济效果更为显著。有些零件，如汽车的同步齿圈，不仅齿形复杂，而且其上有一些盲槽，切削加工很困难；而用精密热模锻方法成形后，只需少量的切削加工便可装配使用。因此，精密热模锻是机械加工工业中的一种先进的制造方法，也是锻造技术的发展方向之一。

根据技术经济分析，零件的生产批量在2000件以上时，精密热模锻将显示其优越性；若现有的锻造设备和加热设备均能满足精密热模锻工艺要求，则零件的批量在500件以上，便可采用精密热模锻方法生产。

目前，常规的锤上模锻、热模锻压力机上模锻、摩擦压力机上模锻模锻件所能达到的尺寸精度为±0.50mm，表面粗糙度只能达到Ra12.5μm。而精密热模锻件所能达到的尺寸精度一般为±0.10～±0.25mm，较高的可达到±0.05～±0.10mm，表面粗糙度可达到Ra0.8～3.2μm。例如，用精密热模锻工艺过程生产的直齿圆锥齿轮，齿形不再进行机械加工，齿轮精度即可达到国家标准IT10级；精密热模锻的叶片，其轮廓尺寸精度可达±0.05mm，厚度尺寸精度可达±0.06mm。

1. 精密热模锻的特点

精密热模锻是提高锻件精度和降低表面粗糙度的一种先进的热模锻方法。精密热模锻成形具有如下特点：

(1) 精密热模锻件的余量和公差小，锻件精度可达±0.20mm，表面粗糙度可达 $Ra0.8\sim3.2\mu m$，能部分或全部代替零件的机械加工，因而能节约大量的机械加工工时，提高劳动生产率和材料利用率，大大地降低零件的成本。

(2) 采用精密热模锻生产的零件，由于金属流线不仅没有被切断，而且分布更合理，因此，其力学性能比切削加工的零件高，使用寿命也长。

(3) 采用精密热模锻的方法，可以成批生产某些形状复杂、使用性能高，而且难以用机械加工方法制造的零件，如齿轮、带齿零件、叶片等。

(4) 精密热模锻对毛坯要求严格，因为毛坯的形状和尺寸直接影响到锻件成形、金属充满效果及模具寿命，因此，要求毛坯尺寸精确、形状合理，同时表面要进行清理(如打磨、抛光、酸洗或滚筒清理等)，去除氧化皮、油污、锈斑等。这样才能保证锻件质量和延长模具使用寿命。

(5) 精密热模锻对毛坯加热质量要求高。为了得到尺寸精确、表面光洁的精锻件，要求采用少、无氧化加热的方法。如在带有保护气氛的加热炉中加热、感应炉中加热，以及在电炉中快速加热，或采用在毛坯表面上涂刷玻璃润滑剂后进行加热，这样才能保证毛坯表面光洁，以使锻件的表面质量好。

(6) 精密热模锻后的锻件需要在保护介质中冷却，如在砂箱、石灰坑中冷却，或在无焰油炉中进行冷却。

2. 适合于精密热模锻的锻件分类

适合于精密热模锻的锻件种类繁多，其几何形状的复杂程度差别很大。表 12-1 为斯皮思(Spies)提出的锻件分类方法。

(1) 密集形状的锻件。该类锻件的长度 l、宽度 b 和高度 h 均大致相等。

(2) 盘形锻件。该类锻件的长度 l 与宽度 b 大致相等，而高度 h 较小。

(3) 长杆类锻件。该类锻件的长度 l 远远大于其宽度 b 和高度 h，即 $l>b\geqslant h$。

表 12-1　精锻件的分类

密集形状锻件	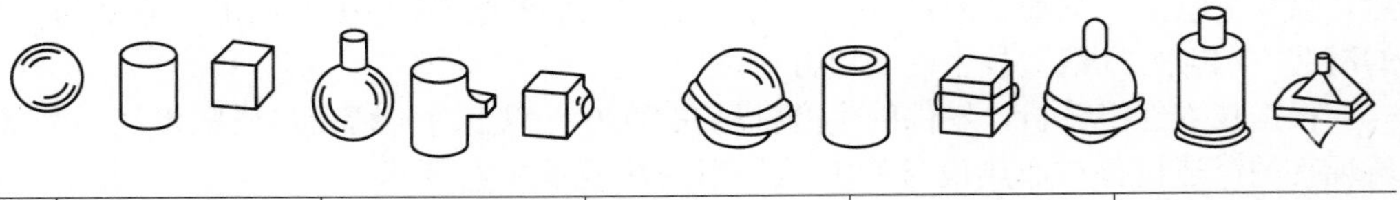					
盘形锻件		无轮毂和凸缘	带轮毂	带轮毂和孔	带凸缘	带凸缘和轮毂
	第一组	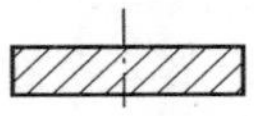	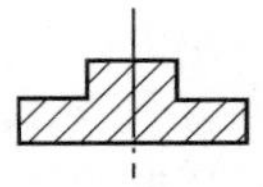	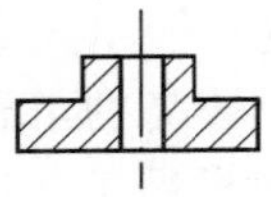	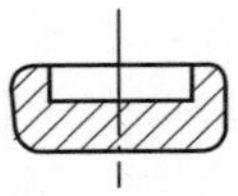	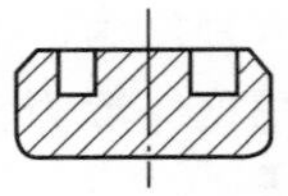
	第二组		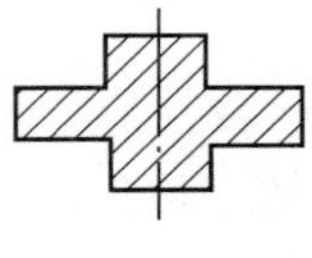	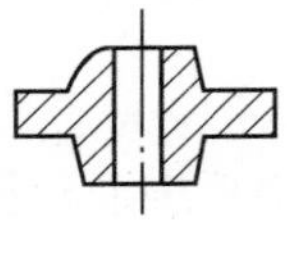	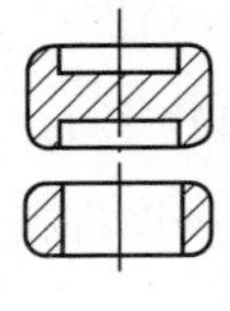	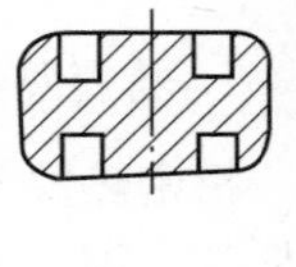

（续）

		无枝芽	带有与主轴平行的枝芽	带X型的	带不对称枝芽	带两个以上枝芽
长杆类锻件	直杆类	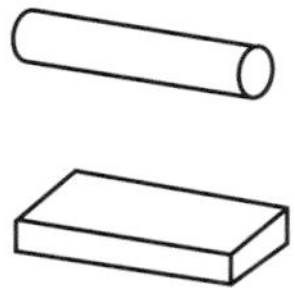	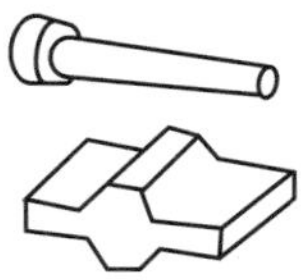	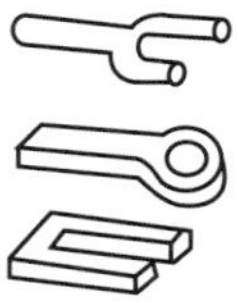	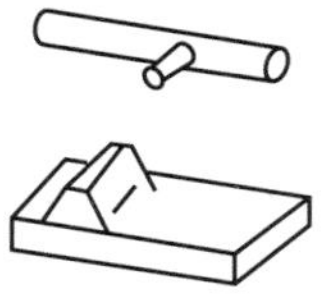	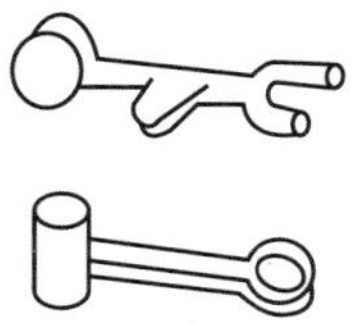
	一个方向为曲线的长杆类	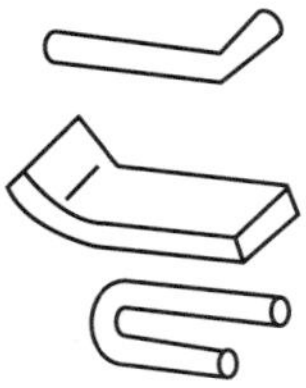	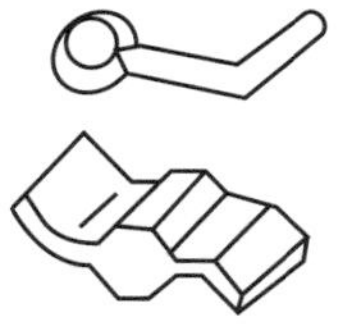	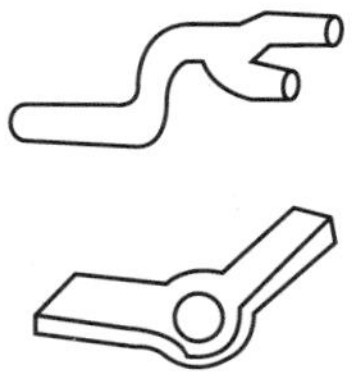	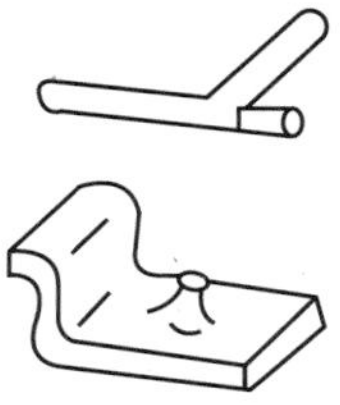	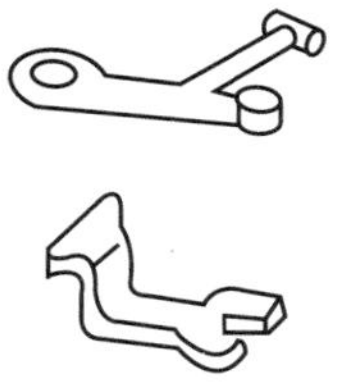
	几个方向为曲线的长杆类	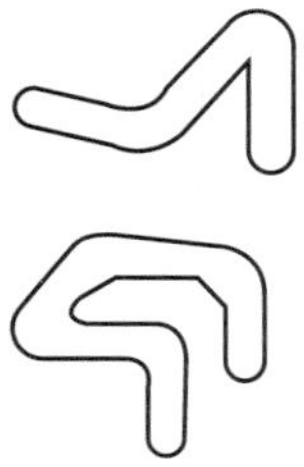	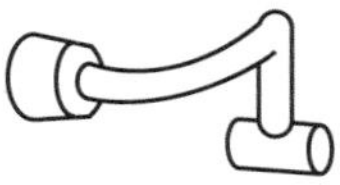	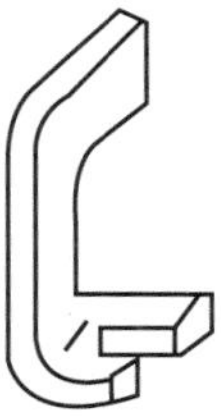	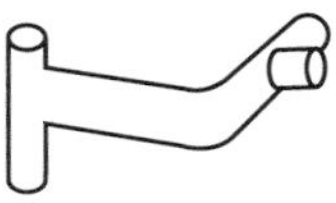	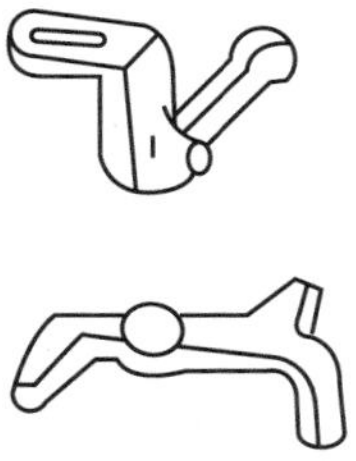

3．精密热模锻的应用范围

目前，精密热模锻主要用于如下两个方面：

（1）生产精化毛坯。生产精度较高的零件时，利用精密热模锻工艺取代粗切削加工，即将精密热模锻件进行精机加工得到成品零件。

（2）生产精密热模锻零件。精密热模锻用于生产精密热模锻能达到其精度要求的零件。多数情况下用精密热模锻制成零件的主要部分，以省去切削加工，而零件的某些部分仍需少量切削加工。有时也可完全采用精密热模锻方法生产成品零件。

12.2　精密热模锻工艺的分类

与普通热模锻相比，精密热模锻能获得表面质量好、后续机械加工余量少和尺寸精度较高的锻件。如果精密热模锻件的全部精度都高于普通热模锻件，则称为完全精密模锻件；如果精密热模锻件的部分精度高于普通热模锻件，则称为局部精密模锻件。

目前已用于生产的精密热模锻工艺很多，包括小飞边开式模锻、闭式模锻、闭塞式锻造、热挤压、热摆辗、等温锻造、超塑成形等。其中，精密热模锻中常用的成形方法有小飞边开式模锻［图 12.1(a)］、闭式模锻［图 12.1(b)］、闭塞式锻造［图 12.1(c)］、热挤压［图 12.1(d)］、体积精压和等温锻造等。

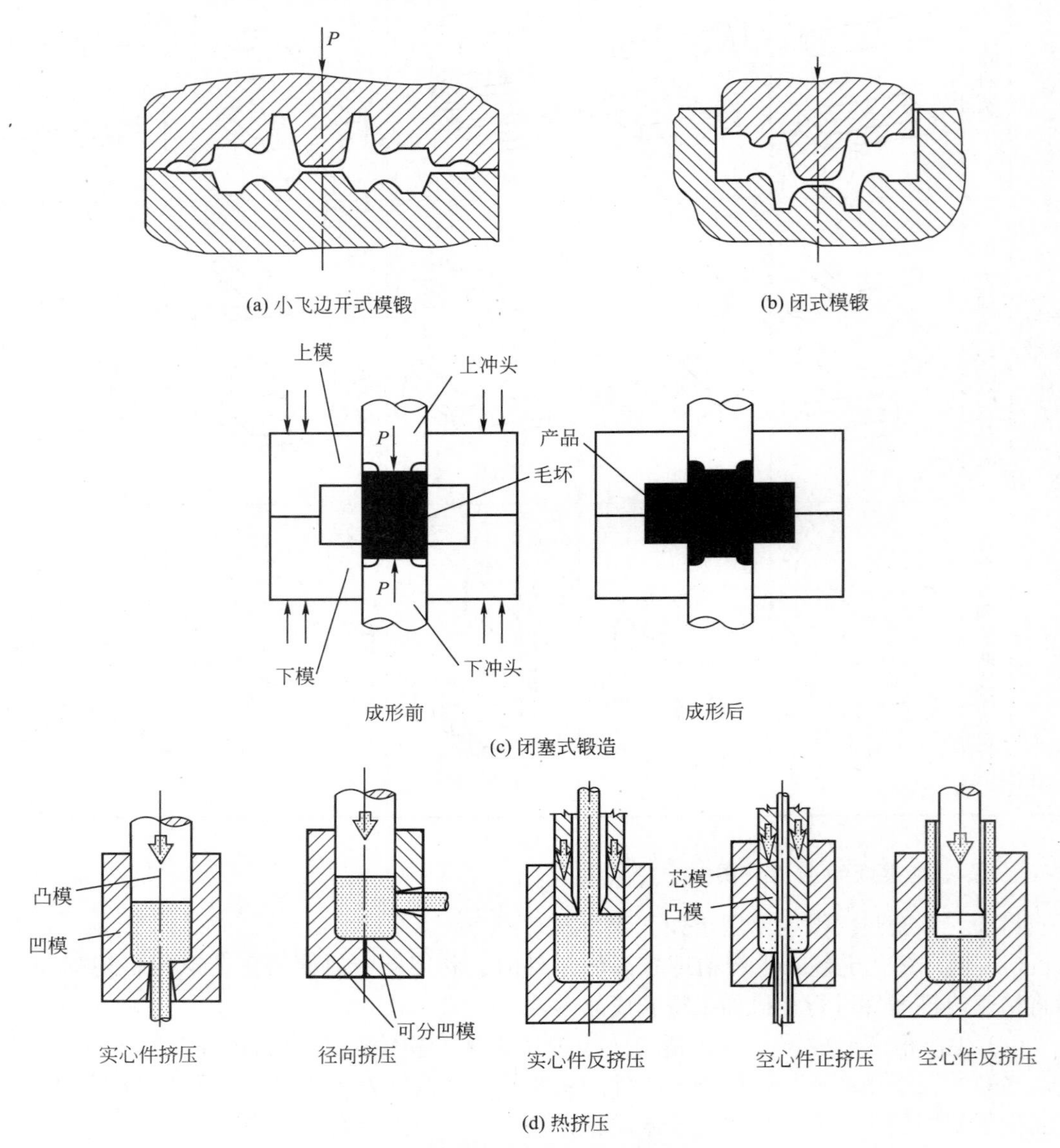

图 12.1 精密热模锻中常用的成形方法

1. 小飞边开式模锻

小飞边开式模锻是一种常用的精密热模锻成形工艺。其成形过程可分为自由镦锻、模膛充满和打靠三个阶段，如图 12.2 所示。

小飞边开式模锻模具的分型面与模具的运动方向垂直，模锻过程中分型面之间的距离

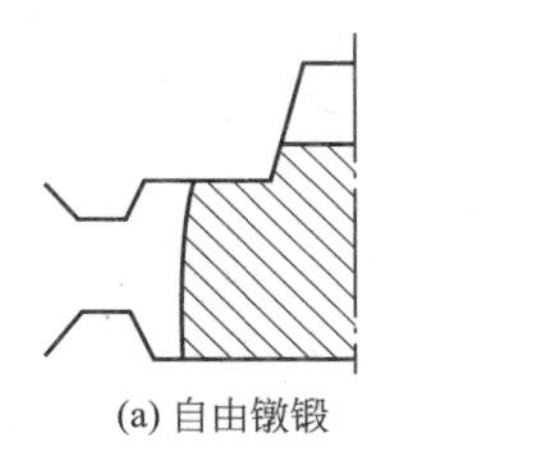

(a) 自由镦锻

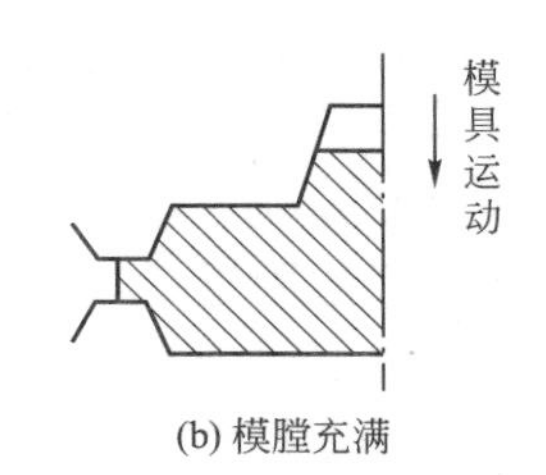

(b) 模膛充满

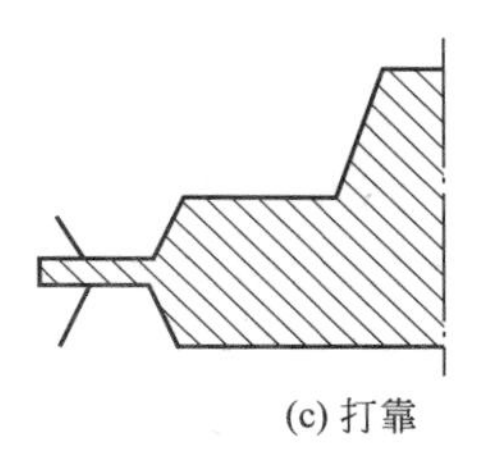

(c) 打靠

图 12.2　小飞边开式模锻的变形过程

逐渐减小，在模锻的第二阶段(模膛充满阶段)形成横向飞边，依靠飞边的阻力使金属充满模膛。

2. 闭式模锻

闭式模锻也称无飞边模锻。其成形过程可以分为三个阶段，如图 12.3 所示。

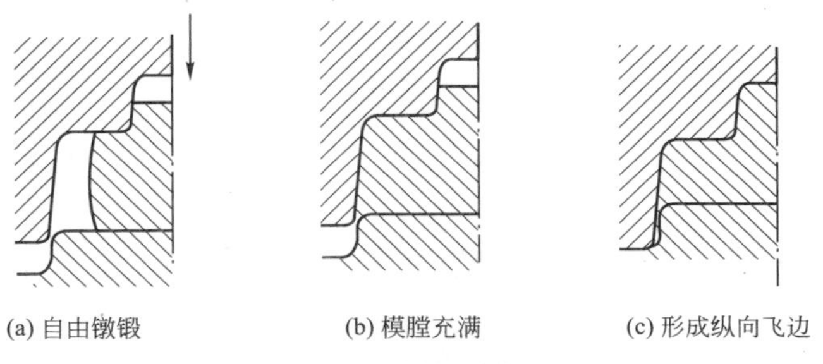

(a) 自由镦锻　(b) 模膛充满　(c) 形成纵向飞边

图 12.3　闭式模锻的变形过程

1）自由镦锻阶段

自由镦锻阶段即从毛坯与上模模膛表面(或冲头表面)接触开始到坯料金属与模膛最宽处侧壁接触为止的阶段。在这一阶段，金属充满模膛中某些容易充满的部分。

2）模膛充满阶段

模膛充满阶段即从毛坯金属与模膛最宽处侧壁接触开始到金属完全充满模膛为止的阶段。在这一阶段，坯料金属的流动受到模壁阻碍，毛坯各个部分处于不同的三向压应力状态。随着坯料变形的增大，模壁的侧向压力也逐渐增大，直到模膛完全充满。

3）结束阶段——形成纵向飞边阶段

结束阶段即多余金属被挤出到上模和下模的间隙中形成少量纵向飞边，锻件达到预定高度的阶段。

闭式模锻模具的分型面与模具运动方向平行，在模锻成形过程中，分型面之间的间隙保持不变，在模锻的第二阶段(即充满阶段)不形成飞边，即模膛的充填不需要依靠飞边的阻力。如果毛坯体积过大，则在模锻的第三阶段会出现少量的纵向飞边。

由变形过程可以看出，闭式模锻时要求毛坯体积比较精确。如果毛坯体积过大，在锤上模锻时上模和下模的承击面不能接触(打靠)，不但会使锻件高度尺寸达不到要求，而且会使模膛压力急剧上升，导致模具迅速破坏；在曲柄压力机上模锻时，轻则造成闷车，重则导致模具和锻造设备损坏。

闭式模锻与小飞边开式模锻相比，除了没有飞边外，还有如下特点：

（1）小飞边开式模锻时，模壁对变形金属的侧向压力较闭式模锻时小，虽然两者的坯料金属都处于三向受压状态，但剧烈程度不同。从应力状态对金属塑性的影响来看，闭式模锻比小飞边开式模锻好，它适用于低塑性金属的锻造。

（2）小飞边开式模锻时，金属流线在飞边附近汇集。锻件切边后，流线末端外露，会使锻件的力学性能降低。采用闭式模锻可使锻件有良好的力学性能。因此，对应力腐蚀敏感的材料，如高强度铝合金和各向异性对力学性能有较大影响的材料，如非真空熔炼的高强度钢，采用闭式模锻更能保证锻件的质量。

3. 闭塞式锻造

闭塞式锻造也称为闭模挤压、可分凹模锻造、径向挤压、多向模锻等。

闭塞式锻造是在封闭模膛内的挤压成形，是传统闭式模锻的一个新发展。

闭塞式锻造的变形过程是先将可分凹模闭合形成一个封闭模膛，同时对闭合的凹模施加足够的压力，然后用一个冲头或多个冲头，从一个方向或多个方向，对模膛内的坯料进行挤压成形。

4. 热挤压

热挤压也称挤压模锻，按挤压时金属流动的方向分为正挤压、反挤压、径向挤压和复合挤压。

热挤压与闭式模锻的区别在于闭式模锻时当金属充满模膛后，多余的金属一般形成纵向飞边；而热挤压时金属挤出端处于自由状态，多余的金属只引起锻件挤出部分长度的变化。与闭式模锻相同，热挤压件具有较好的质量。

5. 体积精压

体积精压往往用于精密热模锻的精整工序，以提高锻件的精度。体积精压时，锻件只发生少量变形，其变形过程相当于模锻变形过程的第二、第三阶段。

12.3 精密热锻件的尺寸精度和表面粗糙度

12.3.1 影响精密热模锻件精度的因素

影响精密热模锻件精度的因素如下：①坯料体积的偏差；②模具和锻件的弹性变形；③模具和坯料(锻件)的热胀冷缩；④模具设计和模具加工精度；⑤设备精度等。

正确分析这些因素的影响并采取有效的解决措施是保证精密热锻件精度的重要环节。

1. 坯料体积的偏差

1）小飞边开式模锻

在小飞边开式模锻中，因为锻模有容纳多余金属的飞边槽，正常情况下多余的金属全部挤入到飞边中，坯料体积变化并不影响锻件的尺寸。

2）闭式模锻

在精密热模锻成形过程中，坯料体积的变化直接引起锻件尺寸的变化。当模膛的水平尺寸不变和不产生飞边或飞边体积不变时，坯料体积偏差增大将使锻件尺寸偏差增大。

(1) 模膛水平尺寸不变时。对于图12.4所示的简单锻件，假设模膛水平尺寸不变，那么坯料体积的偏差仅引起锻件高度尺寸 H_1 的改变。由体积不变条件有

$$\Delta H_1=\frac{\Delta V}{V}\times H_1 \quad (\mathrm{mm})$$

式中，V 为坯料体积(mm^3)；ΔV 为坯料体积的允许偏差(mm^3)；ΔH_1 为锻件高度尺寸 H_1 的偏差(mm)。

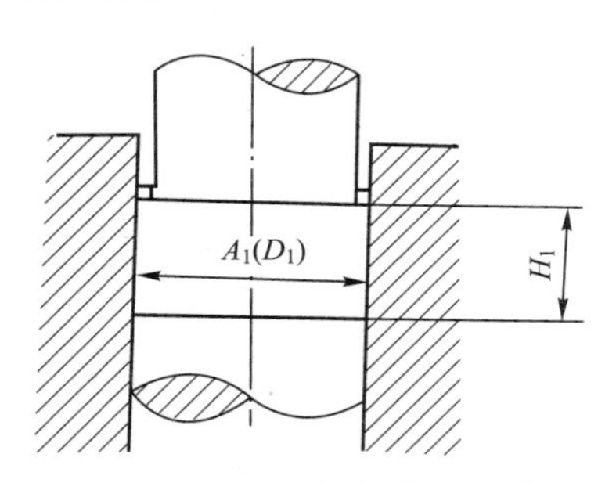

图 12.4 闭式模锻件的尺寸

对于轧材下料的圆柱形坯料，应有

$$\Delta V\approx\frac{\pi}{2}\times d_{坯\min}^2\times\left[\Delta l+m\times(\Delta_1+\Delta_2)\right] \quad (\mathrm{mm}^3)$$

$$l_{坯}=l_{坯公称}\pm\Delta l \quad (\mathrm{mm})$$

$$d_{坯}=d_{坯公称}{}^{+\Delta_1}_{-\Delta_2} \quad (\mathrm{mm})$$

式中，$l_{坯}$、$l_{坯公称}$分别为坯料长度的实际尺寸和公称尺寸(mm)；Δl 为坯料长度的对称偏差值(mm)；$d_{坯}$、$d_{坯公称}$分别为坯料直径的实际尺寸和公称尺寸(mm)；Δ_1、Δ_2 分别为坯料直径的正、负偏差的绝对值(mm)；$d_{坯\min}$为坯料的最小直径(mm)；m 为坯料的长径比，$m=l_{坯}/d_{坯}\approx l_{坯公称}/d_{坯公称}$。

(2) 模膛水平尺寸变化时。当模膛水平尺寸有变化时，即锻件水平尺寸有偏差时，坯料体积与锻件尺寸偏差有如下关系：

① 对于矩形截面锻件

$$\frac{\Delta V}{V}=\frac{\Delta H_1}{H_1}+\frac{\Delta A_1}{A_1}+\frac{\Delta B_1}{B_1}$$

② 对于正方形截面锻件($A_1=B_1$)

$$\frac{\Delta V}{V}=\frac{\Delta H_1}{H_1}+2\times\frac{\Delta A_1}{A_1}$$

③ 对于圆柱形锻件

$$\frac{\Delta V}{V}=\frac{\Delta H_1}{H_1}+2\times\frac{\Delta D_1}{D_1}$$

④ 对于如图12.5所示的锻件

$$\Delta V=\sum_{i=1}^{n}(S_i\times\Delta H_i+H_i\times\Delta S_i)-\sum_{j=1}^{n}(f_j\times\Delta h_j+h_j\times\Delta f_j) \quad (\mathrm{mm}^3)$$

式中，ΔV 为坯料体积偏差(mm^3)；S_i、H_i 分别为锻件第 i 部分的截面积(mm^2)和高度(mm)；ΔS_i、ΔH_i 分别为锻件第 i 部分的截面积允许偏差(mm^2)和高度允许偏差(mm)；f_j、h_j 分别为锻件第 j 部分孔的截面积(mm^2)和高度(mm)；Δf_j、Δh_j 分别为锻件第 j 部分孔的截面积允许偏差(mm^2)和高度允许偏差(mm)。

(3) 模具闭合高度变化。锻件高度 H_1 的变化将直接引起模具闭合高度的改变，ΔH_1 可由下式计算：

$$\Delta H_1=\frac{\Delta V}{S_1}-\Delta S_1\times\frac{H_1}{S_1}-\frac{1}{S_1}\times\sum_{i=2}^{n}(S_i\times\Delta H_i+H_i\times\Delta S_i)+\frac{1}{S_1}\times\sum_{j=1}^{k}(f_j\times\Delta h_j+h_j\times\Delta f_j) \quad (\mathrm{mm})$$

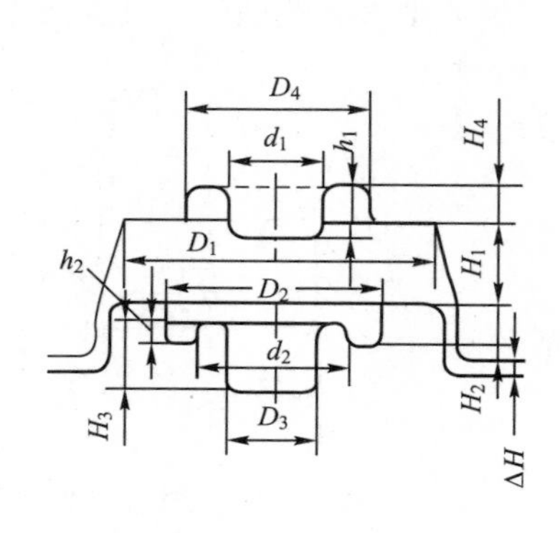

(a) 锤上模锻

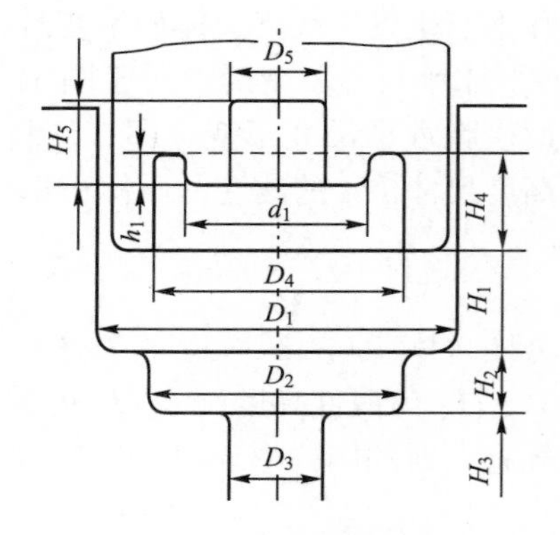

(b) 机械压力机上模锻

图 12.5　闭式模锻轴对称锻件的模膛

当锻件各部分均为圆形截面时，有

$$\Delta V=\frac{\pi}{4}\times\sum_{i=1}^{n}(D_i^2\times\Delta H_i+2\times H_i\times D_i\times\Delta D_i)-\frac{\pi}{4}\times\sum_{j=1}^{k}(d_j^2\times\Delta h_j+2\times h_j\times d_j\times\Delta d_j)\quad(\mathrm{mm}^3)$$

$$\Delta H_1=\frac{4\times\Delta V}{\pi\times D_1^2}-\Delta D_1\times\frac{2\times H_1}{D_1}-\frac{1}{D_1^2}\times\sum_{i=2}^{n}(D_i^2\times\Delta H_i+2\times H_i\times D_i\times\Delta D_i)+\frac{1}{D_1^2}\times\sum_{j=1}^{k}(d_j^2\times\Delta h_j+2\times h_j\times d_j\times\Delta d_j)\quad(\mathrm{mm})$$

式中，D_i、H_i 分别为锻件第 i 部分的直径和高度(mm)；ΔD_i、ΔH_i 分别为锻件第 i 部分的直径允许偏差和高度允许偏差(mm)；d_j、h_j 分别为锻件第 j 部分孔的直径和高度(mm)；Δd_j、Δh_j 分别为锻件第 j 部分孔的直径允许偏差和高度允许偏差(mm)。

从以上分析可知，根据坯料体积的允许偏差，可以计算出锻件高度的波动范围，从而预先估计在锤上或螺旋压力机上闭式模锻时模具的最大不闭合量。当在机械压力机上闭式模锻时，则可预测压力机和模具最大的附加变形和压力机的超载情况。

例如，如果新模具所有尺寸符合公称尺寸，则由于坯料体积偏差 ΔV 引起模具闭合量的变化 ΔH_1 为

$$\Delta H_1=\frac{\Delta V}{S_1}\quad(\mathrm{mm})$$

对于圆形截面锻件，其由于坯料体积偏差 ΔV 引起模具闭合量的变化 ΔH_1 为

$$\Delta H_1=\frac{4\times\Delta V}{\pi\times D_1^2}\quad(\mathrm{mm})$$

3）可分凹模闭式模锻

在图 12. 6 所示的可分凹模中闭式模锻时，当不考虑模具磨损等因素时，坯料体积偏差 ΔV 可能使锻件截面变成椭圆(由于夹紧装置的弹性变形和退移)和引起锻件高度尺寸变化。

坯料体积偏差 ΔV 按下式计算：

$$\Delta V = H_1 \times D_1 \times \Delta D + H_2 \times D_2 \times \Delta D + \frac{\pi}{4} \times D_1^2 \times \Delta H_1 \quad (\text{mm}^3)$$

由上式可知：

（1）当锻件高度尺寸没有偏差时，即 $\Delta H_1 = 0$，则

$$\Delta D = \frac{\Delta V}{H_1 \times D_1 + H_2 \times D_2} \quad (\text{mm})$$

这是在可分凹模中闭式模锻时由坯料体积偏差可能引起锻件截面圆度的最大绝对值，也就是由坯料体积偏差引起夹紧装置弹性变形和退移的最大可能值。

（2）当夹紧装置为刚性时，即 $\Delta D = 0$，则

$$\Delta H_1 = \frac{4 \times \Delta V}{\pi \times D_1^2} \quad (\text{mm})$$

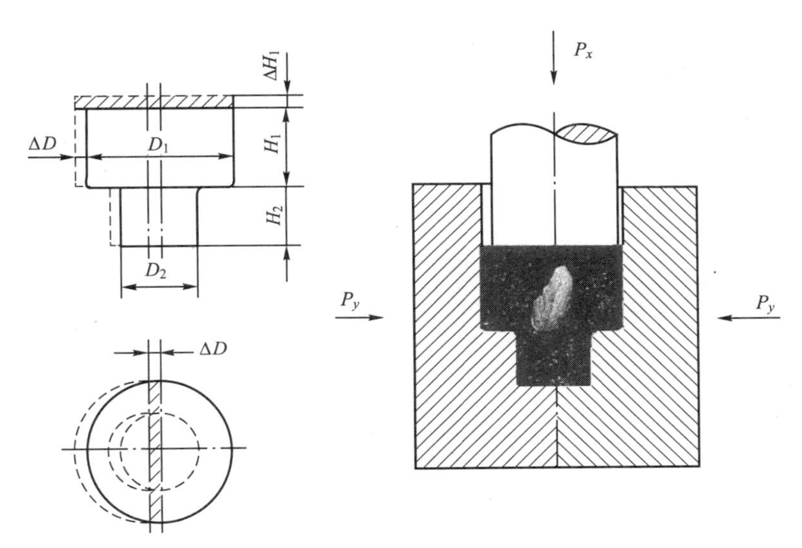

图 12.6　可分凹模中闭式模锻示意图

这是在可分凹模中闭式模锻时由坯料体积偏差可能产生的锻件高度尺寸偏差值，也就是由坯料体积偏差引起模具可能的最大不闭合量。

（3）由坯料体积偏差产生的锻件尺寸偏差 ΔD 和 ΔH_1，与锻件侧向变形力 P_y 和轴向变形力 P_x、夹紧装置及主滑块系统的刚度有关。若没有给出刚度指标，则在工艺设计时可按下述近似计算，然后在工艺试验时调整确定。

假设锻模模膛受到变形金属的压力是均匀分布的；夹紧装置和主滑块系统刚度相同，即在相同的载荷下产生相同的弹性变形和错移，不形成飞边。则有

$$\frac{P_x}{P_y} = \frac{\Delta H_1}{\Delta D}$$

式中，P_x 为轴向变形力(kgf)；P_y 为侧向变形力(kgf)。

而

$$P_x = p \times F_x = p \times \frac{\pi}{4} \times D_1^2 \quad (\text{kgf})$$

$$P_y = p \times F_y \quad (\text{kgf})$$

式中，F_x 为锻件水平投影面积(mm^2)；F_y 为锻件纵截面面积(mm^2)；p 为模锻时模膛内的平均单位压力(kgf/mm^2)。

则有

$$\frac{F_x}{F_y}=\frac{\Delta H_1}{\Delta D}$$

按照体积相等条件，坯料体积偏差 ΔV 与 ΔH_1 和 ΔD 有如下关系

$$\Delta V=F_x\times\Delta H_1+F_y\times\Delta D \quad (mm^3)$$

所以

$$\Delta H_1=\frac{F_x\times\Delta V}{F_x^2+F_y^2} \quad (mm)$$

$$\Delta D=\frac{F_y\times\Delta V}{F_x^2+F_y^2} \quad (mm)$$

如果已知夹紧装置和主滑块系统的刚度，则锻件的尺寸偏差可按下式计算。

$$\Delta H_1=\frac{F_x\times\Delta V}{F_x^2+F_y^2\times\dfrac{\tan\beta_x}{\tan\beta_y}} \quad (mm)$$

$$\Delta D=\frac{F_y\times\Delta V}{F_y^2+F_x^2\times\dfrac{\tan\beta_y}{\tan\beta_x}} \quad (mm)$$

式中，$\tan\beta_x$ 为主滑块系统的刚度；$\tan\beta_y$ 为夹紧装置的刚度。

2. 模膛的尺寸精度和磨损

模膛的尺寸精度和使用过程中的磨损对锻件尺寸精度有直接影响。在模膛的不同部位，由于金属的流动情况和所受到的压力不同，其磨损程度也不相同。

1）模具磨损量的计算

在小飞边开式模锻中，模膛水平方向的磨损会引起锻件外形尺寸的增大和内腔形状尺寸的减小，模膛垂直方向的磨损会引起锻件高度尺寸的增大。其模具磨损公差如下所示。

(1) 外长度、外宽度和外径尺寸的模具磨损公差是用外长度、外宽度和外径尺寸乘以相应的材料系数而得的。该公差加在锻件外长度、外宽度和外径尺寸的正偏差上。

(2) 内长度、内宽度和内径尺寸的模具磨损公差按同样的方法计算，但该公差应加在内长度、内宽度和内径尺寸的负偏差上。

(3) 内、外尺寸上单面模具磨损公差均为计算总值的 1/2。

(4) 模具磨损公差不能应用于中心线到中心线间的尺寸。

在其他精密热模锻工艺中，其模具磨损公差可参照小飞边开式模锻的模具磨损量选取；但由于坯料通常没有或只有少量氧化皮，因此模锻无氧化皮的坯料时其模具磨损量比模锻有氧化皮的坯料时减少约 16%。

2）锻件尺寸公差

在闭式模锻中，模膛磨损对锻件尺寸的影响，如图 12.4 所示。模膛磨损将引起锻件水平方向尺寸 A_1 增大。若坯料体积不变，而且不产生纵向飞边(或飞边体积不变)，此时为了获得充填良好的锻件，应该减少锻件高度尺寸 H_1。在这种情况下，锻件高度尺寸的公差 ΔH_1 就不能由模膛垂直方向的磨损来决定，而应该是锻件水平方向尺寸磨损公差的

函数。在模具设计时，锻件水平方向尺寸应该取最小值，而高度方向尺寸应该取最大值；当模具磨损达到最大值时，锻件水平方向尺寸达最大值，而高度方向尺寸达最小值。按照体积不变条件，锻件高度尺寸公差由水平尺寸公差决定，其关系式为

矩形截面锻件

$$-\Delta H_1=\Delta A_1\times\frac{H_1}{A_1}+\Delta B_1\times\frac{H_1}{B_1}$$

正方形截面锻件($A_1=B_1$)

$$-\Delta H_1=2\times\Delta A_1\times\frac{H_1}{A_1}$$

圆柱形锻件

$$-\Delta H_1=2\times\Delta D_1\times\frac{H_1}{D_1}$$

式中，A_1 为锻件长边尺寸(mm)；B_1 为锻件短边尺寸(mm)；ΔA_1 为锻件长边尺寸的偏差(mm)；ΔB_1 为锻件短边尺寸的偏差(mm)；H_1 为锻件高度尺寸(mm)；ΔH_1 为锻件高度尺寸的偏差(mm)；D_1 为锻件直径尺寸(mm)；ΔD_1 为锻件直径尺寸的偏差(mm)。

3. 模具温度波动和锻件温度波动

模具温度的波动将引起模膛容积的变化，其变化值可按下式计算：

$$\frac{\Delta V_t}{V_0}=\varepsilon_1+\varepsilon_2+\varepsilon_3$$

式中，ΔV_t 为模膛容积变化值，$\Delta V_t=V_t-V_0$(mm^3)；V_0 为设计所预定的模具温度下的模膛容积(mm^3)；V_t 为锻造时实测的模具温度下的模膛容积(mm^3)；ε_1、ε_2、ε_3 分别为三个相互垂直方向上模膛尺寸相对改变量。

如果模具温度分布均匀，当模具实测温度与设计预定的模具温度相差为 Δt 时，则

$$\frac{\Delta V_t}{V_0}=3\varepsilon=3\alpha\times\Delta t$$

式中，α 为模具材料的线膨胀系数。

对于淬硬钢，可取 $\alpha\approx0.000012$，则

$$\frac{\Delta V_t}{V_0}=0.000036\times\Delta t$$

由模具温度和锻件温度波动引起的锻件尺寸改变，可按下式计算：

$$\Delta A=A_1\times\alpha_1\times\Delta t_1+A_2\times\alpha_2\times\Delta t_2$$

式中，ΔA 为 A 方向锻件尺寸对公称尺寸的波动值(mm)；A_1 为在公称温度下 A 方向的锻件尺寸(mm)；Δt_1 为模锻结束时锻件温度对公称温度的波动值(℃)；A_2 为在公称温度下 A 方向的模膛尺寸(mm)；Δt_2 为模锻结束时模具温度对公称温度的波动值(℃)；α_1、α_2 分别为锻件材料和模具材料的线膨胀系数，可由相关手册查得。

应用上式时应注意，提高终锻时的锻件温度将使锻件尺寸减小，而提高模具温度则使锻件尺寸增大。

4. 模具和锻件的弹性变形

精密热模锻时，由于应力作用，模具和坯料均产生弹性变形，这对锻件的尺寸精度有

较大的影响。以闭式模锻为例，模膛因受内压力作用，尺寸增大；而坯料受压则产生压缩弹性变形；当外力去除以后，二者都向相反方向回弹，结果使锻件尺寸增大，其值是模具和锻件弹性变形量的总和。模具和锻件的弹性变形量，可根据材料的弹性模量、应力大小和相应部分的尺寸来确定。但是应用弹性理论算出的弹性变形值是十分困难的，实际的弹性回复值通常是通过各种工艺试验来确定的。

5. 锻件的形状与尺寸

锻件的形状和尺寸对可能达到的锻件尺寸精度有一定的影响。对于呈扭曲形状的汽轮机叶片，锻造成形后的锻件上各处的回弹量和冷收缩量均不一样；对于曲轴类锻件，锻造成形时由于分模面不在同一平面内，有时产生的错移较大，即使采取了平衡错移力的措施，也不能完全消除，使尺寸偏差增大。

6. 精密热模锻成形工艺方案

对一定形状的锻件，其模锻成形工艺方案是否合理，对锻件尺寸精度有很大影响。

对于齿轮类锻件，如果齿形在端面，齿高较短时，可利用带齿槽的冲头进行冷锻或温锻成形直接压出齿形，而不必在后续机械加工齿形；如果是齿形在端面且齿高较长的锥齿轮，应先采用高温热模锻，再经过切边和清理，然后进行温锻或冷锻成形，得到高精度的齿形；而对于一端带齿的圆柱齿轮轴，则采用冷挤压工艺成形齿形，可较好地保证齿形精度。

7. 模膛和模具结构的设计

模膛和模具结构的设计，对锻件的精度有很大影响。例如，模膛的设计精度、冷缩量和弹性回复量等选择是否得当，模具的导向精度和刚度等都会影响锻件的尺寸精度。

8. 润滑剂及润滑方式的选择

润滑剂及润滑方式的选择直接影响金属充满模膛的难易程度及金属的变形抗力和弹性回复量的大小，从而影响锻件的尺寸精度。

9. 锻造成形设备

锻造成形设备的精度、刚度及吨位大小对锻件的尺寸精度有一定的影响。

10. 锻造成形工艺的操作规范

实际的锻造成形工艺操作是否符合锻造成形设备的技术操作规范，对锻件的尺寸精度也有影响。例如，在锻造成形过程中，实际变形温度偏高或偏低都将影响锻件的冷缩量和弹性回复量的大小，从而引起锻件尺寸的波动。

综上所述，坯料的形状与尺寸、模具、锻造设备、润滑条件、工艺操作规范等对锻件的精度都有重要影响。其中，模锻成形工艺方案、模具设计与制造是保证锻件精度的最重要的环节。

12.3.2 确定精密热模锻件的尺寸精度和表面粗糙度

在精密热模锻成形工艺设计和模具设计中，应考虑上述影响锻件精度的因素，进行具体分析计算，以确定锻件的尺寸精度。

在实际生产中严格控制各种因素，则精锻件的尺寸精度约比模具精度低两级。目前，温锻件的尺寸精度达到IT4级，热锻件的尺寸精度达到IT5级左右。

精密热模锻件的表面粗糙度与下列因素有关：坯料的氧化程度(加热时氧化程度和加热后氧化皮清除情况)、模膛的表面粗糙度、锻模的使用情况(润滑、冷却和清洁等)和锻件的冷却条件等。

精密热模锻件的表面粗糙度通常为$Ra1.6 \sim 6.3\mu m$。

12.4 精密热模锻成形工艺设计

1. 零件的成形工艺性分析

零件的成形工艺性分析主要考虑如下因素：

(1) 零件的材料。用普通热模锻方法能够锻造的金属材料都可以进行精密热模锻。

普通热模锻用的铝合金和镁合金等轻金属和有色金属，因其具有锻造温度低、不易产生氧化皮、模具磨损少和锻件表面粗糙度低等特点，适宜于采用精密热模锻成形。

钢在精密热模锻时因坯料的温度较高，要求模具具有较高的红硬性和热态下的抗疲劳性等；此外，坯料加热时容易氧化和脱碳；对于某些耐热合金，其变形抗力很大，模具寿命低，精锻成形更为困难。所以钢质精锻件的精密热模锻比轻合金和有色金属困难。

(2) 零件的形状。旋转体零件，如齿轮、轴承等，最适宜于精密热模锻。形状复杂的零件，只要锻造时能从模具模膛中取出，一般就可以进行精密热模锻。

(3) 零件的尺寸精度和表面质量。由于精密热模锻件的尺寸精度约比模具精度低两级。目前温锻件的尺寸精度达到IT4级，热锻件的尺寸精度达到IT5级左右。

如果零件的尺寸精度和表面质量(包括表面粗糙度和表面脱碳层深度等)要求不高，普通热模锻即可达到，则应采用普通模锻方法生产；如果零件的尺寸精度和表面粗糙度要求很高，用精密热模锻尚不能达到，则精密热模锻可作为精化毛坯的工序以取代一般精度的切削加工，此时精密热模锻件应留有精加工余量。

(4) 生产批量。采用精密热模锻是否经济，直接与生产批量、节约原材料、减少机械加工工时及模具成本等有关。

一般地，零件的生产批量在2000件以上，精密热模锻已充分显示其优点；若现有锻造成形设备和加热设备均能满足精密热模锻工艺要求时，则零件的生产批量在500件以上便可采用精密热模锻方法生产。

2. 精密热模锻工艺过程的制订

制订精密热模锻工艺过程的主要内容如下：

(1) 根据产品零件图绘制精锻件图。

(2) 确定模锻工序和辅助工序(包括切除飞边等)，决定工序间尺寸。

(3) 确定加热方法和加热规范。

(4) 确定清除坯料表面氧化皮或脱碳层的方法。

(5) 确定坯料尺寸、质量及其允许公差，选择下料方法。

(6) 选择锻造成形设备。

(7) 确定坯料润滑和模具润滑及模具的冷却方法。

(8) 确定锻件冷却方法和规范，确定锻件热处理方法。

(9) 提出锻件的技术要求和检验要求。

3. 对精密热模锻成形工艺的要求

(1) 精密模锻件表面不应有(或允许有少量的)氧化皮，必要时还要控制脱碳层厚度。精密热模锻时通常采用少无氧化加热坯料，加热前应清除坯料表面氧化皮，必要时还要除去表面脱碳层，或者采用专门方法清除加热坯料表面的氧化皮。

(2) 尽量减少热锻件与空气的接触时间。精密热模锻成形的锻件应在防止氧化的介质中冷却以防止二次氧化，或者利用保护涂层防止热锻件在空气中氧化。

(3) 使用具有较高精度的模具和合适的精锻成形设备。

(4) 严格控制模具温度、锻造温度规范、润滑条件和锻造操作等工艺因素。

(5) 提高坯料的下料精度和质量。闭式模锻时，对坯料体积精度有严格的要求，最好采用高效率的精密下料方法。

4. 精锻件图的制定

1) 精密热模锻件的机械加工余量

零件图上某些不便模锻成形的部位(如小孔和某些凹槽等)，可以加上敷料，简化锻件形状。精密热模锻件的尺寸精度或表面质量达不到产品零件图的要求时，须为后续的机械加工留加工余量。

2) 分型面

分型面的选择原则与普通热模锻相同，应考虑模膛易充满、能从模膛中取出锻件、易于检查锻件的错移和便于模具加工等问题。

分型面的位置与模锻成形工艺直接相关，而且决定着锻件的流线方向。锻件的流线方向对其性能有较大影响。合理的锻件设计应使最大载荷方向与流向方向一致。

因此，在确定分型面时应考虑以下几点：

(1) 材料的各向异性。必须将锻件材料的各向异性与零件外形联系起来，选择恰当的分型面，以保证锻件的流线方向与主要工作应力方向一致。

(2) 平面分模。对于带有一个或一个以上腹板的锻件，若其主要工作应力在平行于腹板的平面内，则分型面可布置于腹板中心平面上；对于盘形锻件，分型面可置于外表面或者近于外表面处。

(3) 曲面分模。为了便于模具加工，应优先选择平面分模；但当受到锻件形状限制时，也可采用曲面分模。当采用曲面分模时，应保证既得到最合适的流线，又要便于模具制造和尽量减少模锻时的错移力；必要时应在模具中设置锁扣。

(4) 多向流线。若精锻件的主要工作应力是多向的，则要设法造成与其相适应的多向流线。

3) 模锻斜度

为了便于脱模，锻件侧面上需有模锻斜度。精密热模锻铝合金锻件时的模锻斜度为1°～3°，精密热模锻钢质锻件时的模锻斜度为3°～5°；模锻斜度公差值为±0.5°或±1.0°。

4) 圆角半径

精密热模锻件的最小圆角半径见表12-2。

5）筋、凸台和腹板厚度

筋的长度一般超过其高度且大于其宽度的3倍。

凸台的长度一般小于其宽度的3倍，其可以是圆形、矩形或其他不规则形状。

推荐采用的锻件筋的最大高宽比 $h:W=6:1$，高宽比上限为 $h:W=8:1$，高宽比下限为 $h:W=4:1$；可锻性较好的材料如铝合金等，当筋的高宽比 $h:W=6:1\sim8:1$ 时可以锻造；而可锻性较差的材料，如镁合金、钛合金和钢，其筋的高宽比取为 $h:W=4:1\sim6:1$ 较适宜。中小型铝合金锻件，其筋的最大高宽比为 $h:W=15:1$，通常采用的筋高宽比范围是 $h:W=8:1\sim15:1$；而上限范围 $h:W=15:1\sim24:1$ 的筋也可以锻出，但必须采用预锻制坯的方法进行制坯。

表12-2　精密热模锻件的最小圆角半径　　（单位：mm）

锻件高度 H	一般精度		较高精度	
	R_1、R_2	R_3、R_4、R_5	R_1、R_2	R_3、R_4、R_5
5.0以下	0.5～0.8	0.4～0.6	0.4～0.5	0.3～0.5
5.0～10.0	1.0～1.5	0.8～1.0	0.8～1.0	0.5～0.6
10.0～15.0	1.5～2.5	1.0～1.5	1.2～1.5	0.8～1.0
15.0～25.0	2.5～3.0	2.0～2.5	2.0～2.5	1.5～2.0
25.0～40.0	3.0～4.0	2.5～3.0	2.5～3.0	2.0～2.5
40.0～80.0	4.0～5.0	3.0～4.0	3.0～4.0	2.5～3.0

12.5　中间预制坯的设计

当中间预制坯具有合理的几何形状和尺寸时，可以在飞边损耗很少的情况下，得到轮廓清晰而无表面缺陷的精锻件。但要设计合理的中间预制坯形状和尺寸，需要积累生产实践经验和掌握金属在模具模膛内的流动规律。

12.5.1　中间预制坯概述

精密热模锻时模膛内的金属流动，一般有两种方式：

（1）镦粗成形：金属流动方向与模具运动方向垂直。

（2）挤压成形：金属流动方向与模具运动方向平行。

许多精锻件，在模锻成形过程中同时产生这两种方式的金属流动，即既有镦粗成形，也有挤压成形。

设计长轴类锻件的中间预制坯时，先将锻件沿与分型面垂直的方向作若干个横截平面，称为金属流动平面，如图12.7和图12.8所示。也就是说，在模锻成形过程中，对于这些地方的金属，可近似地认为只沿这些平面流动，即只产生平面变形。而在这些平面的中心线上的金属流动，则是与模具运动方向平行。把各个流动平面的中心线连接起来，便得到锻件的中性面。中性面内的金属流动与模具运动方向平行；中性面以外的金属流动，则与模具运动方向垂直。因此，在设计中间预制坯时，应遵循如下原则：

(1) 沿各个流动平面，中间预制坯的横截面积应等于锻件的横截面积和飞边横截面积之和。

(2) 中间预制坯在高度方向上的尺寸，一般应大于锻件的相应尺寸，使金属流动采取镦粗成形。这样，可以减少金属流动时的摩擦阻力，从而减少变形力和模具磨损。

(3) 中间预制坯转角处凹模的圆角半径，应大于锻件相对应处的圆角半径，以免产生折叠。

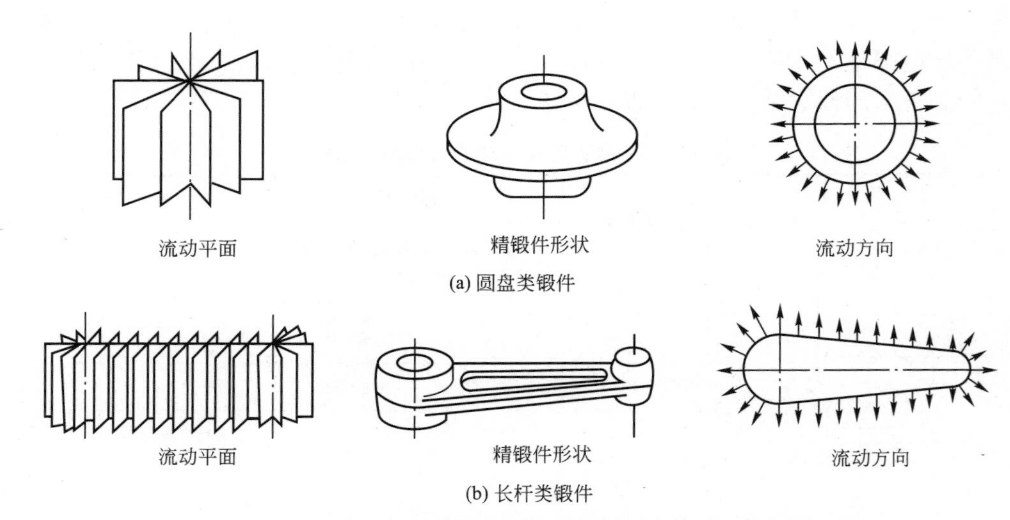

图 12.7　两种简单形状精锻件模锻成形时金属流动的平面与方向

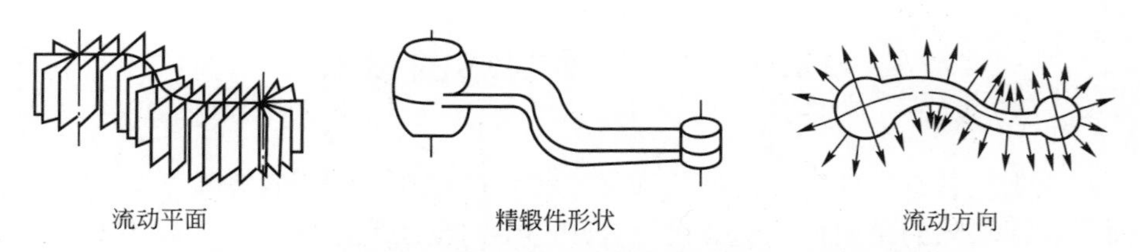

图 12.8　复杂形状精锻件模锻成形时金属的流动平面和方向

图 12.9 和图 12.10 所示为钢质精锻件的中间预制坯设计实例。

为了保证金属充满模膛而不产生锻件缺陷，可将设计好的中间预制坯，利用软金属(如铅)或黏性蜡泥、石蜡等进行试锻。根据试验结果，对中间预制坯设计进行修改，再用碳素钢进行热模锻试验；经过反复试锻和修改，便可得到满意的中间预制坯形状和尺寸，从而可设计合理的中间预制坯工艺和模具。

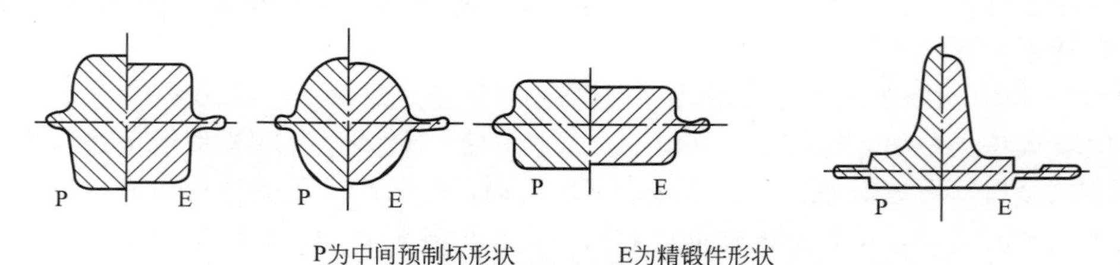

图 12.9　钢质精锻件各种中间预制坯形状的横截面实例

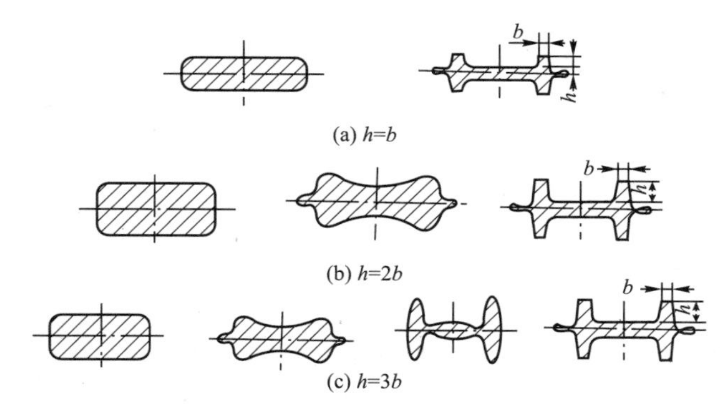

图 12.10 带飞边的工字形钢质精锻件的各种中间预制坯形状

12.5.2 设计中间预制坯的经验数据

1. 对于具有腹板和筋条形状的铝合金、钛合金中间预制坯的经验数据

表 12-3 列出了这种中间预制坯的经验数据，可供设计中间预制坯时参考。

中间预制坯的拔模斜度一般等于精锻件的拔模斜度。但如果终锻模膛很深时，中间预制坯的拔模斜度可大于精锻件的拔模斜度；当腹板面积较小而其相邻的筋条高度很大时，则腹板的厚度应适当增大。

表 12-3 具有腹板和筋条形状的铝合金、钛合金中间预制坯的经验数据

（单位：mm）

精锻件尺寸	中间预制坯尺寸	
	铝合金	钛合金
腹板厚度 t_F	$t_P \approx (1.0 \sim 1.5) \times t_F$	$t_P \approx (1.5 \sim 2.2) \times t_F$
内圆角半径 R_{FF}	$R_{PF} \approx (1.2 \sim 2.0) \times R_{FF}$	$R_{PF} \approx (2.0 \sim 3.0) \times R_{FF}$
外圆角半径 R_{FC}	$R_{PC} \approx (1.2 \sim 2.0) \times R_{FC}$	$R_{PC} \approx 2.0 \times R_{FC}$
拔模斜度 α_F	$\alpha_P \approx \alpha_F$，$\alpha_P = 2° \sim 5°$	$\alpha_P \approx \alpha_F$，$\alpha_P = 3° \sim 5°$
凸缘宽度 W_F	$W_P \approx W_F - 0.8$	$W_P \approx W_F - (1.4 \sim 1.6)$

注：表中下标 F 表示精锻件，P 表示中间预制坯。

2. 设计碳素钢和低合金钢中间预制坯的经验数据

图 12.11(a)所示为中间预制坯，图 12.11(b)所示为精锻件。

$$R_P \approx R_F + C$$

式中，C 值可按表 12-4 选取。

R_P 也可按下式计算：

$$\frac{H_R}{6} < R_P < \frac{H_R}{4}$$

R_{PF} 一般应大于 R_{FF}。当 $D_F > W_F$ 时，可取

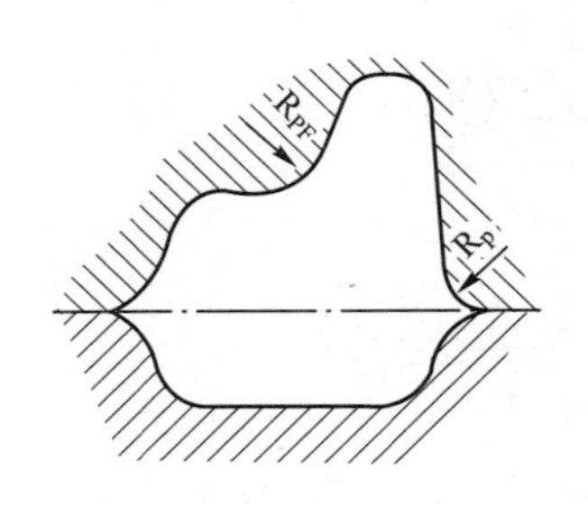

(a) 中间预制坯

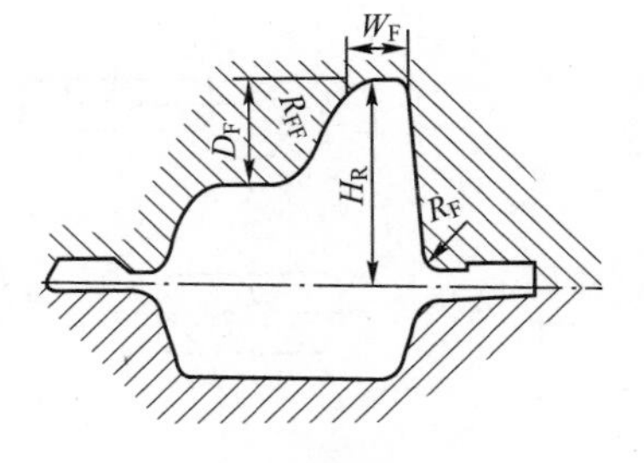

(b) 精锻件

图 12.11　碳素钢或低合金钢锤上精密模锻件的中间预制坯和精锻件横截面形状

表 12-4　*C* 值的选取　　（单位：mm）

模膛深度	*C* 值	模膛深度	*C* 值
＜10	0.08	25～50	0.16
10～25	0.12	＞50	0.2

$$R_{PF}=1.2\times R_{FF}+3.175$$

对于工字形截面的精锻件，如图 12.12 所示，其中间预制坯有两种设计：

(1) 当 $D_F<2\times W_F$ 时，可取

$$B_P=B_F-(2.03\sim10.16)$$

原始坯料高度 H_P 是根据流动平面内中间预制坯横截面积应等于精锻件横截面积与飞边面积之和来决定的(飞边质量占精锻件总质量的 5%～15%)。

(2) 当 $D_F>2\times W_F$ 时，可取

$$B_P=B_F-(1.02\sim2.03),\ x=0.25\times(H_F-H_P)$$

式中，H_P 为原始坯料高度。

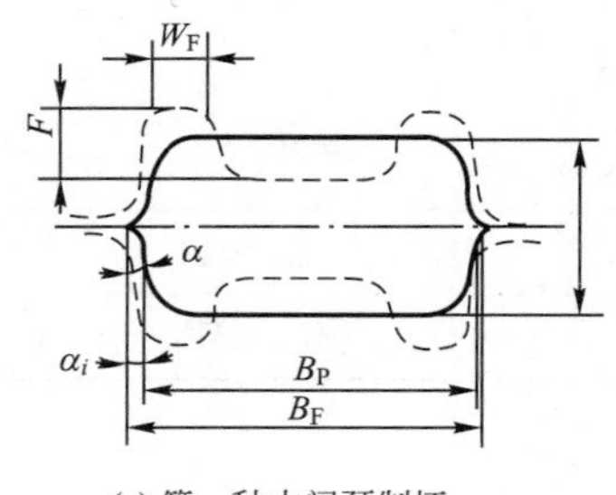

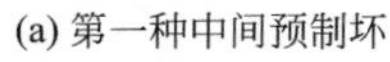
(a) 第一种中间预制坯

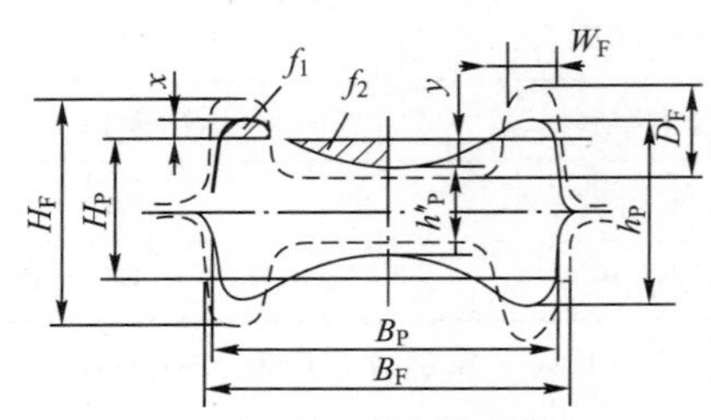

(b) 第二种中间预制坯

图 12.12　工字形横截面的中间预制坯形状

y 可按面积 $f_1=f_2$ 算出，用大半径圆弧将腹板和筋条连接。

当两筋条之间的距离很大时，如图 12.13 所示，可取

$$x=(0.6\sim0.8)\times D_F$$

h_P 是根据面积 f_3 加飞边面积应等于 f_4 求出。

上述工字形中间预制坯的设计方法也可用于其他类似形状的中间预制坯。

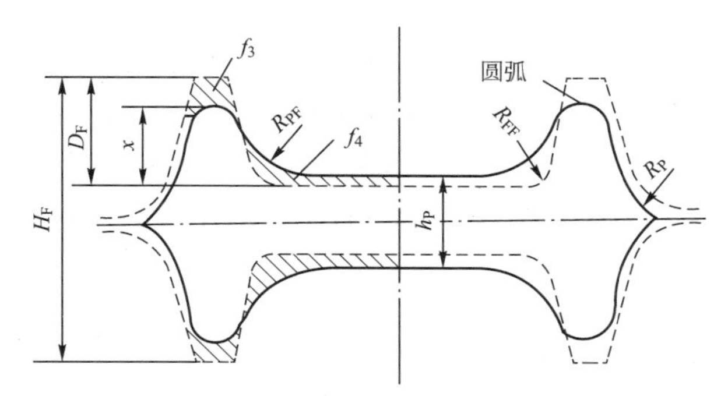

图 12.13　横向距离较大的工字形横截面中间预制坯尺寸的确定

12.5.3　一般中小型精锻件中间预制坯的形状和尺寸确定

对于一般尺寸较小的精锻件，可以采用试验方法来决定最佳的中间预制坯形状和尺寸。其试验方法和步骤如下：

(1) 根据产品图和精锻工艺所能达到的要求，设计制造终锻成形模具。

(2) 根据对金属流动的分析计算，拟定几种可能的中间预制坯的形状和尺寸，画出中间预制坯图，用切削加工方法制造这些中间预制坯试件(用铝、铅或产品图规定的材料)，在试验模具中进行模锻。然后将锻出的试件进行分析比较。如此反复几次，便可得到能保证良好成形的最佳中间预制坯尺寸。这样经过实际试锻所确定的中间预制坯形状和尺寸，用来作为设计制坯工艺和模具的依据，可以避免制坯模具的返工浪费，缩短模锻成形工艺的试验周期，是一种便于实际采用和行之有效的方法。

12.6　精密热模锻的变形力与变形功

1. 精密热模锻对成形设备的基本要求

精密热模锻的主要特点是要保证所得锻件的尺寸精确和表面光洁。为此，除了需要采用少、无氧化加热和其他一些工艺措施外，还必须选择合适的锻造成形设备。

用于精密热模锻的锻造成形设备应满足如下基本要求：

1) 刚度高

刚度是指锻造成形设备所承受的载荷 P 与设备总弹性变形量 ε 之比，即

$$C=\frac{P}{\varepsilon}$$

式中，C 为锻造成形设备的刚度(t/mm)；P 为锻造成形设备所能承受的载荷(t)；ε 为锻造成形设备的总弹性变形量(mm)。

任何锻造成形设备工作时，都要发生弹性变形，因而直接影响着锻件高度尺寸的精度。刚度越高，锻造成形设备的弹性变形越小，锻件高度尺寸越精确。此外，刚度越高，锻造成形设备的弹性变形越小，用于弹性变形的能量也少，锻造成形设备的总效率相应提高；刚度越高，锻造时的加载和卸载时间越短，锻件在压力作用下与模具的接触时间短，有利于延长模具寿命。

2）精度好

锻造成形设备的精度同时影响着锻件水平和高度两个方向的尺寸精度。锻造成形设备的精度越好，既能保证锻模不产生错移又不产生倾斜，从而锻出的锻件就越精确。

如果锻造成形设备的精度指标较低，特别是导向精度较低时，就应在模具上增加导柱、导套或采取其他导向措施，以弥补锻造成形设备精度差的缺陷。

3）具有顶出机构

精密热模锻与常规的模锻相比，锻件的拔模斜度很小，甚至没有。因此，锻造成形设备必须备有顶出机构，否则在模具结构上必须加以考虑，但这只适用于顶出力很小的情况。

4）具有超载保险装置

在锻造成形过程中，若锻件的变形抗力大于锻造成形设备允许负荷曲线上的许用应力，就会发生超载。锤类锻造成形设备可在一定范围内超载；机械压力机在超载时会发生闷车现象，甚至损伤设备或模具；螺旋压力机虽有一定的超载能力，但工作时，锻件的变形抗力也是由机身封闭系统的弹性变形来吸收的，锻造成形时最容易发生超载现象。故对于机械压力机和螺旋压力机这两类锻造成形设备必须有超载保险装置，以确保设备安全。

5）具有能量调节装置

锻件的形状和尺寸不同，精密模锻成形时所需要的能量也不相同。机械压力机是由飞轮自行调节能量的，即锻件成形需要的能量大，飞轮释放出的能量就大；锻件成形需要的能量小，飞轮释放出的能量就小。螺旋压力机就不相同，它们在每次工作行程末了，将其能量全部释放出来；因此，对于这类锻造成形设备，最好具有能量调节装置；在工作时能进行能量调节，以便经济合理地使用设备，同时也有利于提高设备和模具的使用寿命。

2. 精密热模锻用锻造成形设备

目前，精密热模锻用锻造成形设备有三大类：机械压力机、螺旋压力机和高速锤。在这三大类精密热模锻设备中，机械压力机和螺旋压力机比高速锤应用广泛。

3. 精密热模锻的变形力和变形功

在精密热模锻成形过程中，精锻件的几何形状和尺寸、原材料的性能、变形金属与模具的温度及其热交换、变形金属与模具接触表面的摩擦，以及变形金属在模膛中的非稳定不均匀流动等，都对精密热模锻变形力和变形功有着直接或间接的影响。要完全依靠理论计算方法来精确求出精密热模锻的变形力和变形功是比较困难的，因此在实际工作中常常用经验公式近似计算法来求出精密热模锻的变形力和变形功。

1）精密热模锻变形力

（1）契伊(Schey)公式(美国钢铁研究所)。变形力 P_t 按照下式计算。

$$P_t = C \times \bar{\sigma}_a \times A_t$$

式中，C 为与精锻件复杂程度有关的系数，见表 12-5；A_t 为精锻件在分型面上的投影面积(包括飞边桥部，单位为 mm^2)；$\bar{\sigma}_a$ 为在平均锻造温度 t_a 和平均应变速率 $\dot{\bar{\varepsilon}}_a$ 下金属的平均流动应力(kgf/cm^2)；若金属的变形抗力只与应变有关，则应取平均应变 $\bar{\varepsilon}_a$ 下的 $\bar{\sigma}_a$ 值。

格雷伊(Geleji)建议，当精锻件直径 $D=100\sim300mm$ 时，系数 C 可从图 12.14 中查出。当盘形精锻件的直径 D 给定后，随着辐板厚度 S 和轴杆部直径 d 的减小、轴杆部或轮缘高度的增加，而 C 值增大。

表 12－5 与精锻件复杂程度有关的系数 C

变形方式	有、无飞边	C
简单形状锻件的精密热模锻	无	3.0～5.0
	有	5.0～8.0
复杂形状锻件(高肋)的精密热模锻	有	8.0～12.0

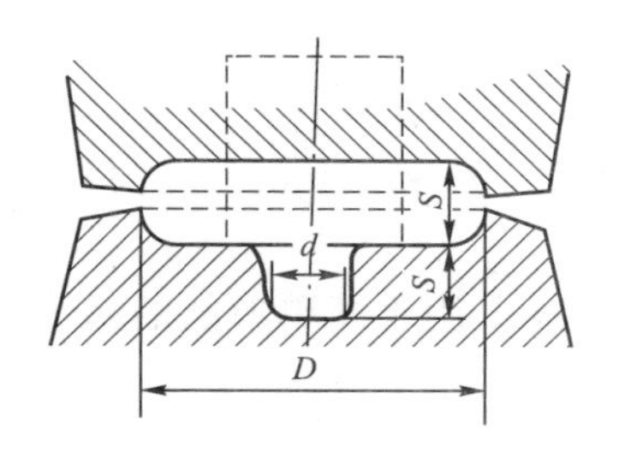

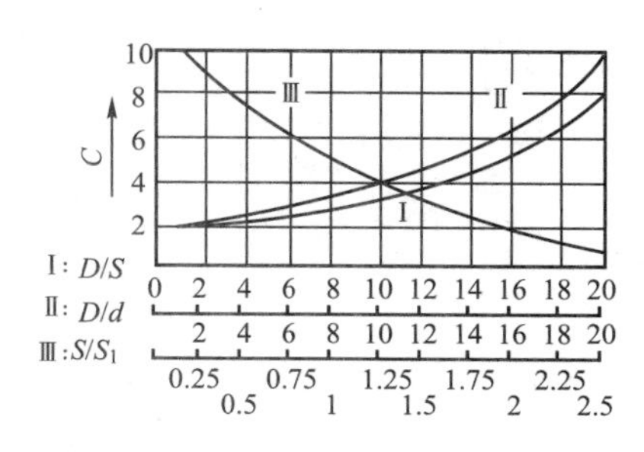

(a)

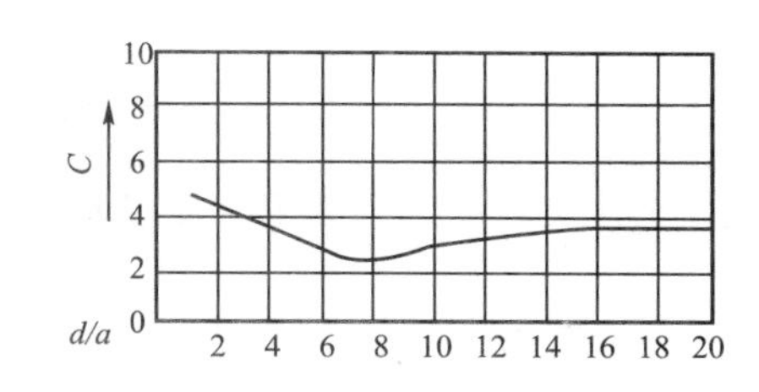

(b)

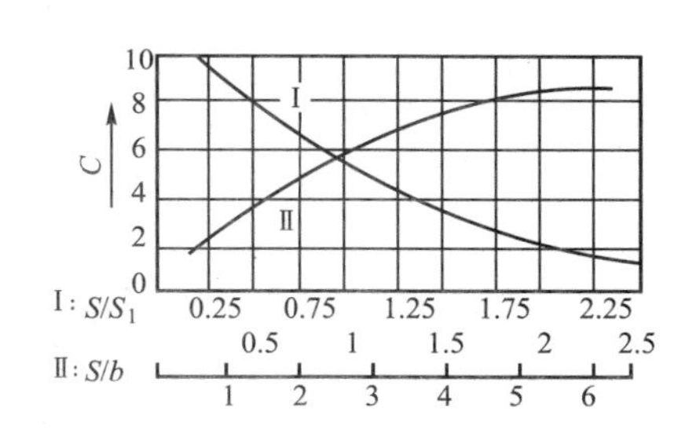

(c)

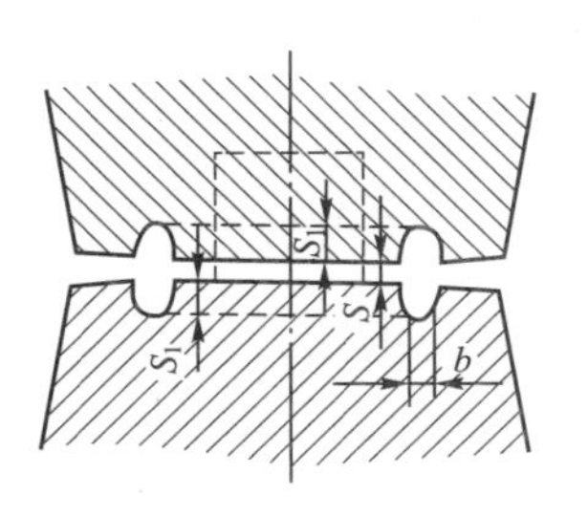

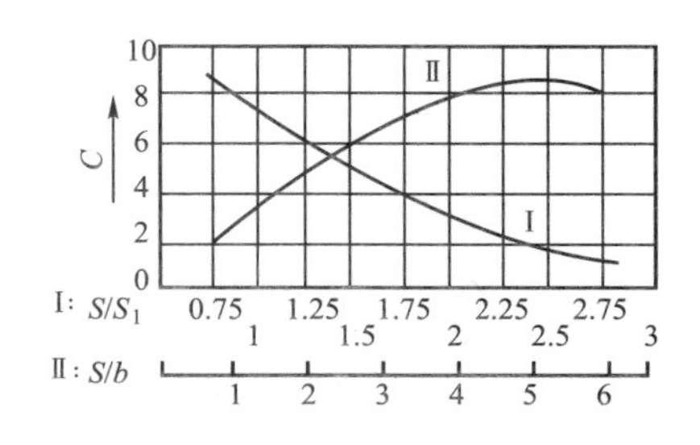

(d)

图 12.14 精锻件的形状系数 C

(2) 内伯格(Neuberger)和班纳奇(Pannasch)公式。内伯格和班纳奇对含碳量为0.6%以下的碳素钢和低合金钢精密热模锻件的变形力进行测试。当飞边桥部宽度 b 与其厚度 $h_{飞}$ 之比 $b/h_{飞}=2.0\sim4.0$ 时，发现影响锻造变形力的主要因素是精锻件的平均高度 h_a。

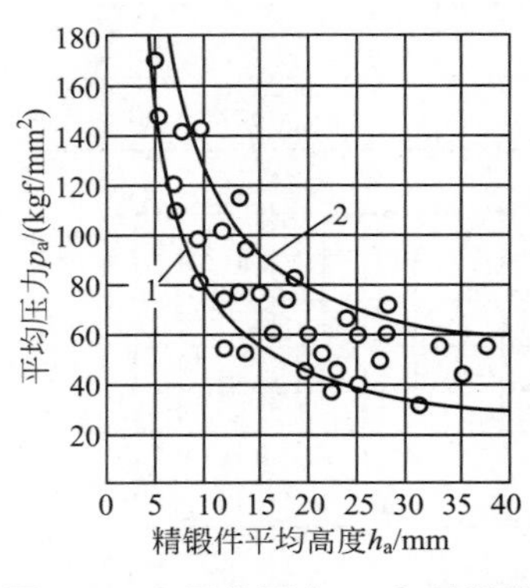

图 12.15　平均压力 p_a 与精锻件平均高度 h_a 的关系

h_a 的值可按下式确定

$$h_a=\frac{Q}{A_t\times\rho}$$

式中，Q 为精锻件质量；ρ 为锻件材料的相对密度。

变形力 P_t 为

$$P_t=p_a\times A_t$$

式中，p_a 为平均压力(kgf/mm²)，由图 12.15 中查出。

图 12.15 中曲线 1 用于简单形状的精锻件，它可表示为

$$p_a=14+\frac{618}{h_a}(\text{kgf/mm}^2)$$

图 12.15 中曲线 2 用于复杂形状的精锻件，它可表示为

$$p_a=37+\frac{781}{h_a}(\text{kgf/mm}^2)$$

(3) 德恩(Dean)公式。当变形金属沿整个飞边桥部产生滑动时，即 $R_s<R_c$ 时，变形力 P_t 为

$$P_t=\pi\times R_t^2\times\sigma_s\times\left\{\left[e^{\frac{2\times\mu\times b}{h_{飞}}}\times\left(\frac{2\times\mu\times R_c}{h_{飞}}+1\right)-\frac{2\times\mu\times R_t}{h_{飞}}-1\right]+\left(\frac{R_c}{R_t}\right)^2\times\left(e^{\frac{2\times\mu\times b}{S}}+\frac{2\times\sqrt{3}}{9\times h_{飞}}\times R_c\right)\right\}$$

当金属在飞边桥部既有滑动又有黏附区时，即 $R_c<R_s<R_t$ 时，变形力 P_t 为

$$P_t=\pi\times R_t^2\times\sigma_s\times\left\{\left(\frac{h_{飞}}{\sqrt{2}\times\mu\times R_t}\right)^2\times\left[\left(\frac{2\times\mu\times R_s}{h_{飞}}+1\right)\times e^{\frac{2\times\mu\times b}{h_{飞}}}-\frac{2\times\mu\times R_t}{h_{飞}}-1\right]+\left(\frac{R_s}{R_t}\right)^2\times\left[\frac{1}{\sqrt{3}\times\mu}+\frac{2\times\sqrt{3}}{9\times h_{飞}}\times R_s\right]\right\}$$

式中，R_t 为从精锻件中心至飞边桥部外缘的半径；R_c 为从精锻件中心至飞边桥部内缘的半径；R_s 为黏附区的半径；一般 $R_s=R_t-\left(\frac{h_{飞}}{2\times\mu}\right)\times\ln\frac{1}{\sqrt{3}\times\mu}$；$\sigma_s$ 为锻件材料的屈服强度。

(4) 托特(Tot)公式。对于轴对称锻件，其变形力 P_t 为

$$P_t=\pi\times R_c^2\times(\sigma_{f1}\times C_{f1}+\sigma_{fg}\times C_{fg})$$

式中，$C_{f1}=\left(1+\frac{b}{2\times R_c}\right)\times\left(1+\frac{b}{h_{飞}}\right)$；$C_{fg}=0.28\times\left(1+\frac{b}{R_c}\right)+\left(1.54+0.288\times\frac{h_{飞}}{R_c}\right)\times\ln\left(0.25+\frac{R_c}{2h_{飞}}\right)$；$\sigma_{f1}$ 为飞边部分的屈服强度；σ_{fg} 为锻件本体部分的屈服强度。

对于长轴类锻件，其变形力 P_t 为

$$P_t=W\times\ln(\sigma_{f1}\times C_{f1}+\sigma_{fg}\times C_{fg})$$

式中，$C_{f1}=\left(1+\frac{b}{W}\right)\times\left(1+\frac{b}{h_{飞}}\right)$；$C_{fg}=\left(2+\frac{2\times b}{W}\right)\times\left[0.28+\ln\left(0.25+0.25\times\frac{W}{h_{飞}}\right)\right]$；$W$

为锻件质量(不包括飞边)。

(5) 列别利斯基(Ребелъскцй)公式。对于轴对称锻件，其变形力 P_t 为

$$P_t=6.284\times(1-0.0254\times D_t)\times\left(1.1+\frac{0.787}{D_t}\right)^2\times\sigma_s\times D_t^2$$

对于长轴锻件，其变形力 P_t 为

$$P_t=8.0\times(1-0.0287\times\sqrt{A_t})\times(1.1+0.696\sqrt{A_t})^2\times\left(1+0.1\times\sqrt{\frac{l_t}{A_t}}\right)\times\sigma_s\times A_t$$

式中，D_t 为包括飞边桥部的锻件直径；A_t 为包括飞边桥部的锻件投影面积；σ_s 为屈服强度。

(6) 鲍布科夫(A. A. Боъков)公式。对于图12.16所示的轴对称锻件，其变形力 P_t 为

$$P_t=2\times\pi\times\left[1.1\times(D-3.1\times r)\times r+M+A+\frac{d^2\times B}{8}\right]\times\sigma_s$$

其中

$$M=0.15\times h\times(2\times D-h)\times\ln\frac{h}{4.2\times r}+0.18\times h\times(1.14\times D-h)-3.08\times r\times(0.28\times D-r)$$

$$A=\left[\frac{(D-d)^2-d^2}{2}\right]\times\left(\frac{4\times D+8\times h-d}{6\times h}+1.2\times\ln\frac{h}{4.2\times r}\right)$$

$$B=1.5+\frac{D+d}{2\times h}+1.2\times\ln\frac{h}{4.2\times r}+\left(0.167-0.044\times\frac{h_0}{h}\right)\times\frac{d}{h}$$

式中，h_0 为坯料高度；σ_s 为屈服强度(kgf/mm^2)。

(7) 摩擦压力机上精密热模锻时变形力的计算。摩擦压力机上精密热模锻时变形力 P_t 可按下式计算：

$$P_t=10\times\sigma_a\times A\quad(\text{kgf})$$

式中，σ_a 为锻造温度下的屈服强度(kgf/mm^2)，由表12－6查出；A 为锻件水平投影面积(包括飞边桥部，单位为mm^2)。

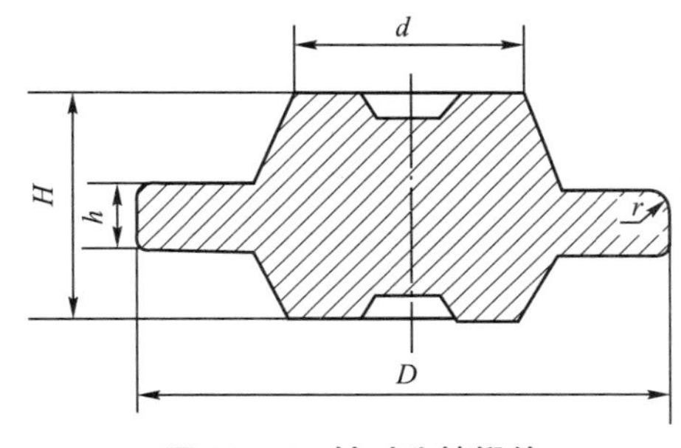

图12.16 轴对称精锻件

表12－6 锻造温度下的屈服强度 σ_a (单位：kgf/mm^2)

钢号	σ_a	钢号	σ_a
20钢、30钢	5.5	30CrMnSi	6.5
45钢、50钢	5.5	Cr9Si2	7.0～8.0
20Cr、15CrV	6.0	2Cr13	7.0～8.0
40Cr、45CrMo	6.5	合金工具钢	9.0～10.0

(8) 温锻变形力的图解法。只要知道某种材料的温锻变形温度和变形程度(断面缩减率)，就可从图12.17中查出正挤压时凹模承受的单位压力 $p_{凹}$ 和反挤压时冲头承受的单位压力 $p_{凸}$。

$$p_{凹}=\frac{P}{\frac{\pi}{4}\times(D^2-d^2)}\text{；}\ p_{凸}=\frac{P}{\frac{\pi}{4}\times d^2}$$

式中，P 为锻造成形总压力(kgf)。

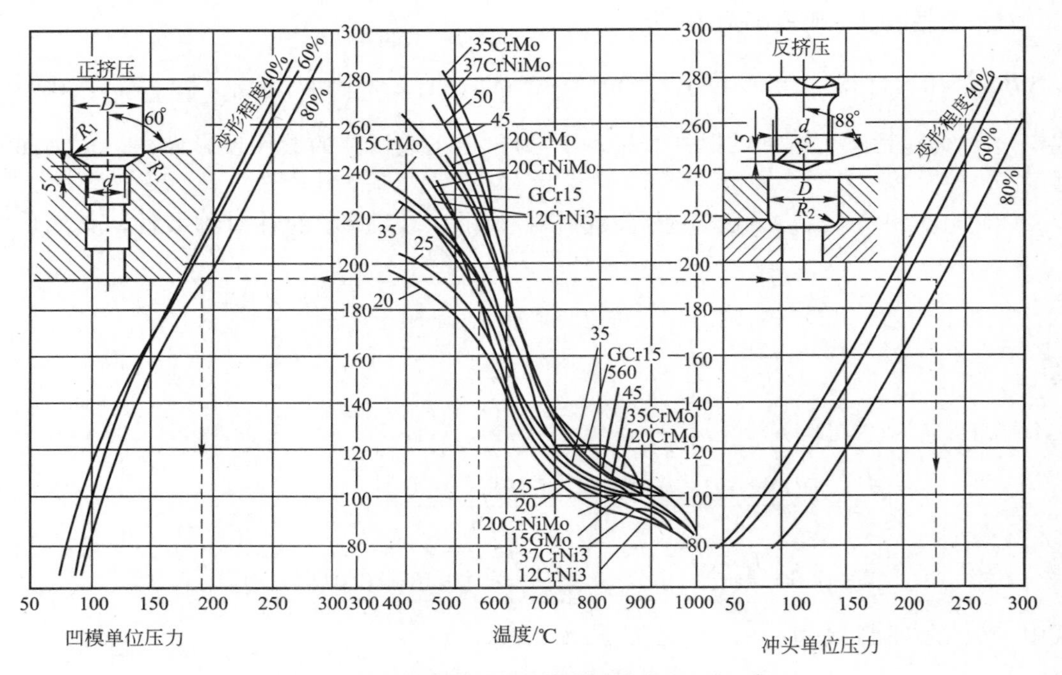

图 12.17　各种材料的温锻变形抗力(kgf/mm²)

由图 12.17 可以看出，如果是反挤压，可从右图查出凸模所需的单位挤压力 $p_{凸}$；如果是正挤压，可从左图查出凹模所需的单位挤压力 $p_{凹}$。

图 12.17 中的曲线是在图中所示模具参数的条件下获得的。挤压前模具预热到 60～100℃，用油和石墨的混合物进行润滑；挤压温度在 600℃以上时，坯料不需要磷化处理；挤压温度在 600℃以下时，坯料需要经过磷化处理。

(9) 热挤压平均单位压力的图解法。图 12.18 所示为查热反挤压单位压力用曲线，图 12.19 所示为查热正挤压单位压力用曲线。

挤压变形程度以断面缩减率 ε_F 表示，即

$$\varepsilon_F=\frac{F_0-F_1}{F_0}$$

式中，F_0 为坯料横截面积(mm^2)；F_1 为挤压件横截面积(mm^2)。

由图 12.18 求热反挤压平均单位压力和总挤压力时，要根据挤压件尺寸，算出挤压变形程度 ε_F 和系数 d_1/h，由第 1 坐标系求出压力系数 n；引线向左，根据挤压件材料的高温抗拉强度 σ_b，在第 2 坐标系中求出未经修正的平均单位压力 p'；再由变形程度 ε_F 与挤压行程 h_x，在第 5、6 坐标系中求出变形速度，在第 7 坐标系中求出速度系数 K；根据查得的 p'、K，在第 3 坐标系中即可查出平均单位挤压力 p；然后由 p 和凸模直径，在第 4 坐标系中求出总挤压力 P。

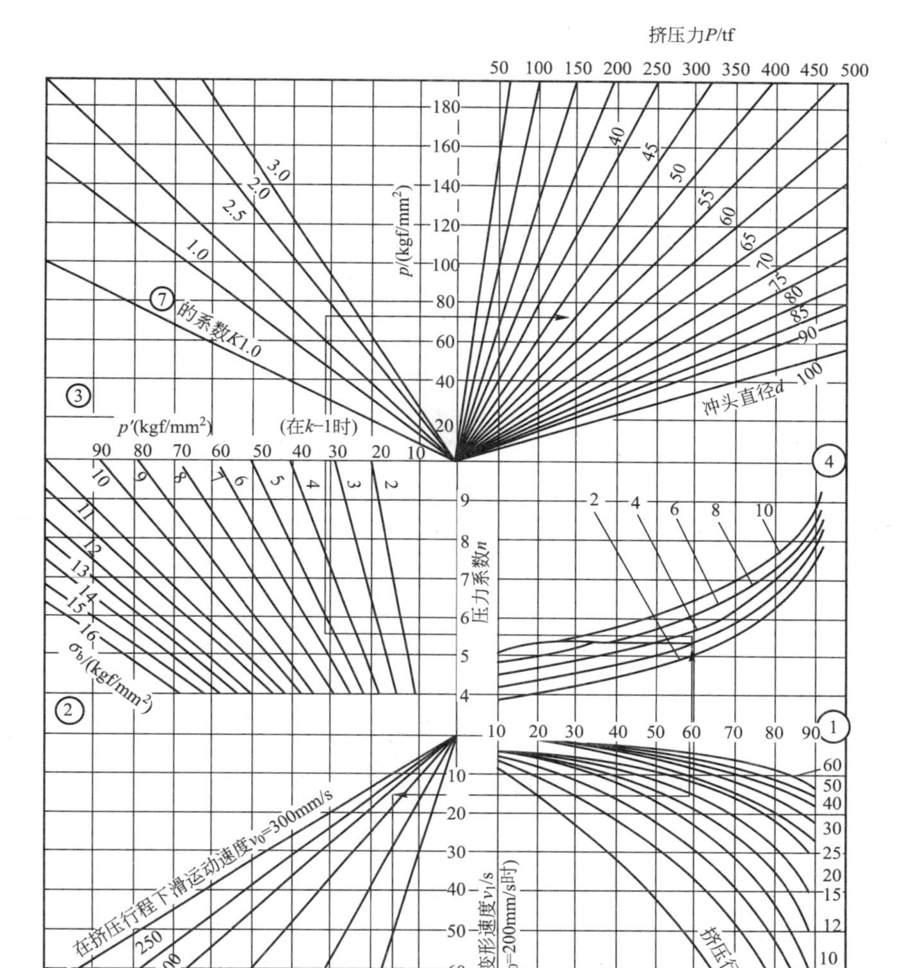

图 12.18 热反挤压单位压力

由图 12.19 求热正挤压平均单位压力和总挤压力时，要根据挤压件尺寸，算出挤压变形程度 ε_F；在第 1、2 坐标系中，由变形程度 ε_F 与凹模锥角 2α、坯料相对高度 H_0/D_0 求出压力系数 n；在第 3 坐标系中，由查得的 n 值与挤压件材料的高温抗拉强度 σ_b 求出未经修正的平均单位压力 p'；在第 4 坐标系中，根据查得的 p' 与速度系数 K(由图 12.18 查出)，即可查出平均单位挤压力 p；在第 5 坐标系中，由 p 和凸模直径，便可求出总挤压力 P。

表 12－7 为各种钢材在 800～1200℃的抗拉强度 σ_b。

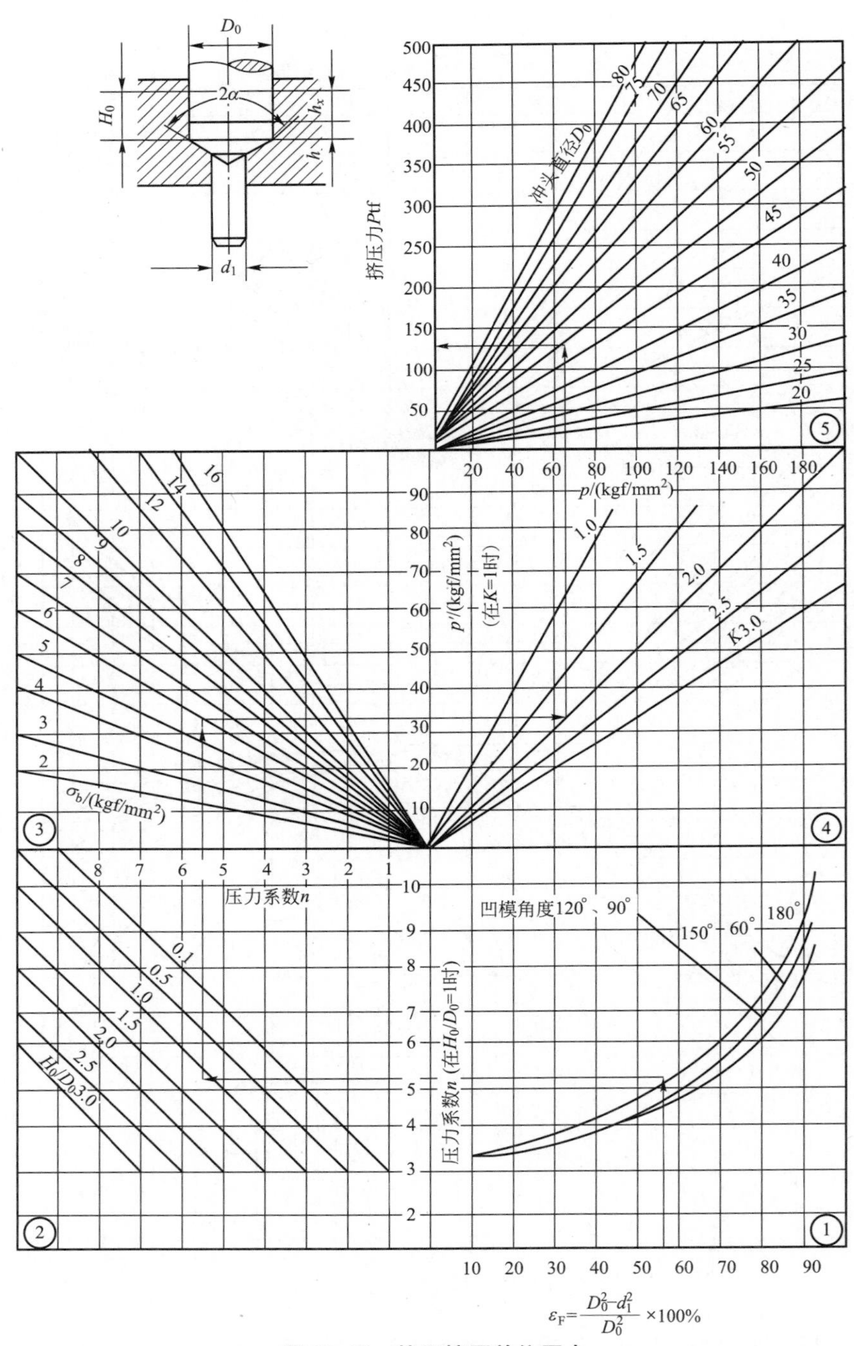

图 12.19 热正挤压单位压力

(10) 齐别尔公式。锻造变形力 P 为

$$P=\frac{V}{h}\times K_f\times\left(1+C\times\frac{D}{h}\right)$$

对于机械压力机，其 $C=\frac{0.34}{\sqrt[3]{G}}$，$K_f=0.6\mathrm{tf/cm^2}$，因此有

表 12-7　各种钢材在 800～1200℃的抗拉强度 σ_b

（单位：kgf/mm²）

钢　号	温度/℃					钢号	温度/℃				
	800	900	1000	1100	1200		800	900	1000	1100	1200
15	5.8	4.5	2.8	2.4	1.4	W18Cr4V	28	13.5	6.5	3.3	2.1
20	9.1	7.7	4.8	3.1	2.0	Cr17	4.1	2.2	2.1	1.4	0.8
30	10	7.9	4.9	3.1	2.1	Cr28	2.6	1.6	1.1	0.8	0.8
35	11.1	7.5	5.4	3.6	2.2	1Cr13	6.6	4.9	3.2	2.1	1.2
45	11	8.3	5.1	3.1	2.1	2Cr13	12①	10.6	6.3	3.7	—
55	16.5	11.5	7.5	5.1	3.6	1Cr18Ni9Ti	18.5	9.1	5.5	3.8	1.8
20Cr	10.7	7.6	5.3	3.8	2.5	1Cr18Ni9	12.2	6.9	3.9	3.1	1.6
40Cr	14.9	9.32	5.6	4.37	2.7	2Cr13Ni4Mn9	12.7	7.6	4.2	2.3	1.4
60Si2	8.1	5.7	3.4	2.6	3.3	4Cr9Si2	8.8	8.5	5.0	2.6	1.6
20CrV	5.86	4.87	3.31	2.42	—	1Cr25A15	8.23	4.82	2.05	1.0	0.62
12CrN13A	8.1	5.2	4.0	2.8	1.6	Cr20Ni80	21.8	9.45	7.32	3.61	2.34
18Cr2N14WA	11.3	6.6	4.9	2.7	1.9	Cr15Ni60	16.4	8.5	6.5	4.2	2.9
18CrMnTi	14	9.7	8.0	4.4	2.6	Cr18Ni25Si2	18	10.2	6.2	3.1	2.2
30CrMnSiA	7.9	4.4	2.9	2.1	1.8	1Cr14Ni14W2Mo	—	14.6	7.2	4.4	2.7
40CrNiMn	13.5	9.3	6.32	4.6	3.23	Cr25Ti	2.6	1.9	1.1	0.8	0.8
CCr15	9.8*	7.4	4.8	3.0	2.1	Cr18Mn11Si2N	28.7～31.9	18.3～21.2	8.9～10.0	—	—
T7	6.1	3.8	3.1	1.9	1.1	Cr20Mn9Ni2Si2N		15～24.7	9.0	4.5	—
T12	6.9	2	2.4	1.6	1.3	3Cr13	13.3	9.1	7.8	4.4	3.0
Cr12Mo	19.8	10.1	5.4	2.5	0.8	4Cr13	13.5	12.7	7.6	5.4	3.3
W9Cr4V	22.2	9.5	6.4	3.3	2.1						

$$P=K_{\mathrm{f}}\times\left(\frac{V}{h_1}+\frac{0.34}{\sqrt[3]{G}}\times\sqrt{\frac{4}{\pi}}\right)\times\sqrt{\frac{V\times3}{h\times5}}\quad(\mathrm{tf})$$

对于高速液压机，其 $C=\dfrac{2}{\sqrt{G}}$，$K_{\mathrm{f}}=0.22\mathrm{tf/cm^2}$。

式中，V 为锻件体积($\mathrm{cm^3}$)；G 为坯料质量(kg)；h_1 为镦粗后的锻件高度(cm)。

图 12.20 和图 12.21 分别为 45 钢在 1150～1200℃时机械压力机上模锻成形时的锻造

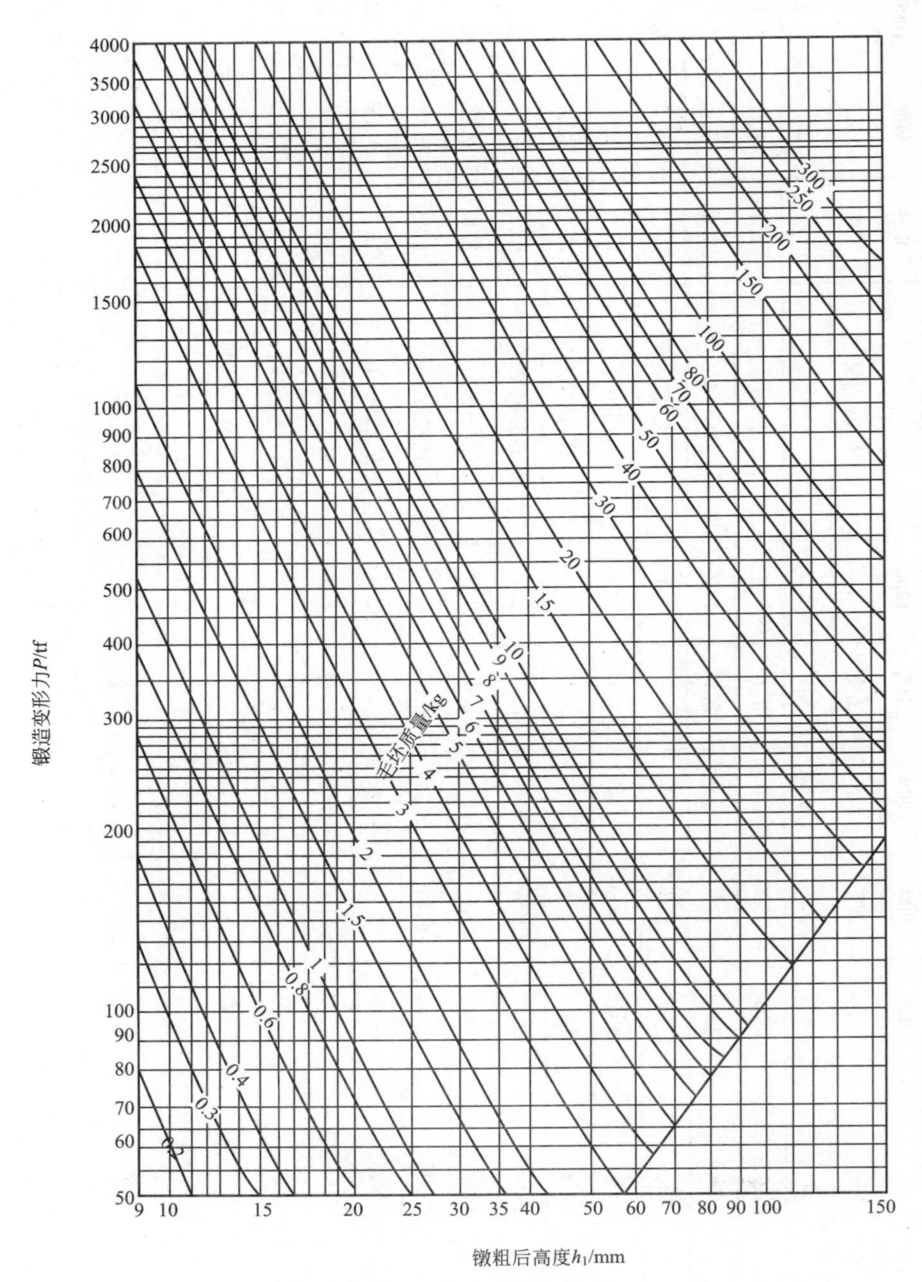

图 12.20　在机械压力机上锻造成形时的变形力 P(45 钢，1200℃)

变形力和在高速液压机上模锻成形时的锻造变形力。

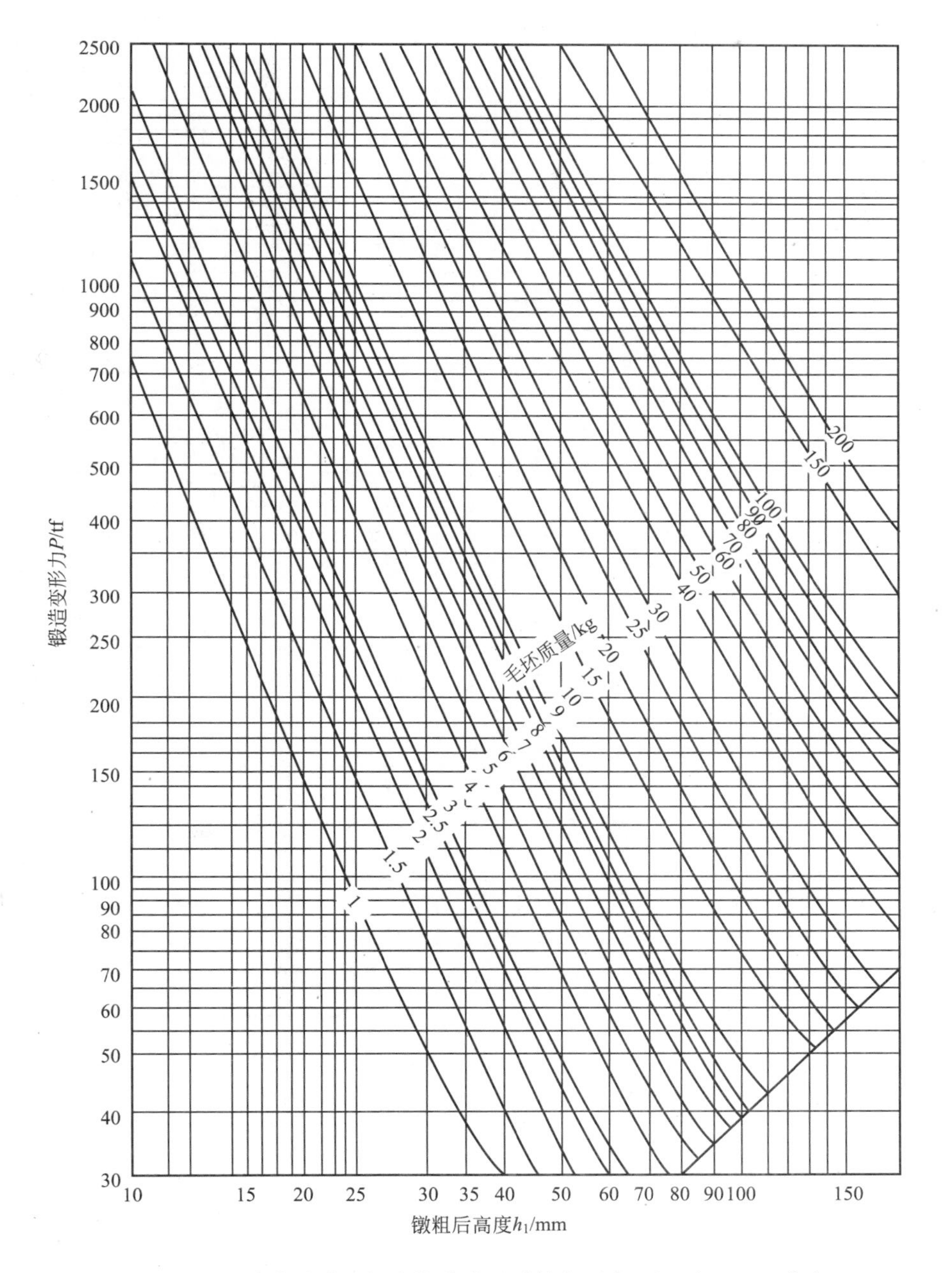

图 12.21　在高速液压机上锻造成形时的变形力 P(45 钢，1200℃)

(11) 机械压力机上挤压时的单位压力。图 12.22 中的直线簇为在机械压力机上挤压时的单位面积上的挤压力。不同温度和不同摩擦条件均会改变图中直线的斜率。

图 12.23 所示为盘类锻件在机械压力机上模锻成形时的单位压力。图 12.24 所示为长轴类锻件在机械压力机上模锻时的单位压力。根据单位压力乘以承压面积就可确定锻造变形总压力。

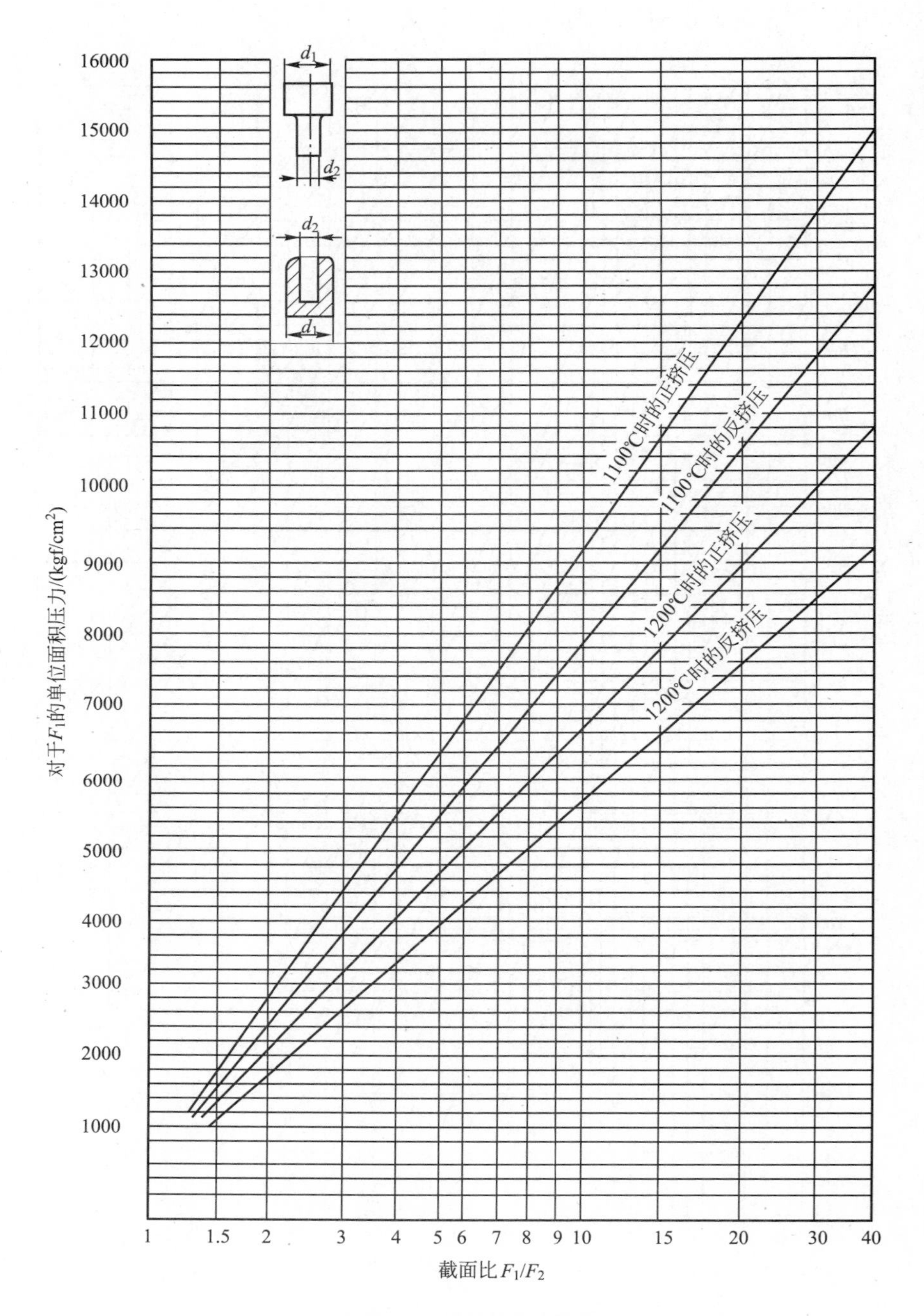

图 12.22　45 钢的单位挤压力

2）精密热模锻变形功

在制订精密热模锻成形工艺或选用锻造成形设备时，需要计算锻造变形功。例如，在锤上或螺旋压力机上模锻时，若打击能量过大，则容易损坏锻造成形设备和模具；若打击能量过小，则会增加打击次数，降低生产效率。

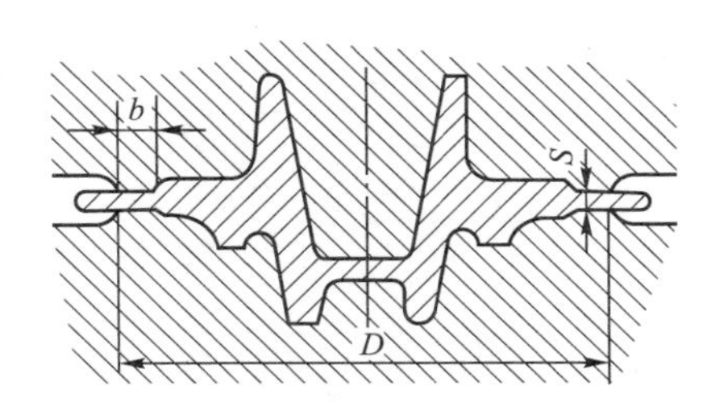

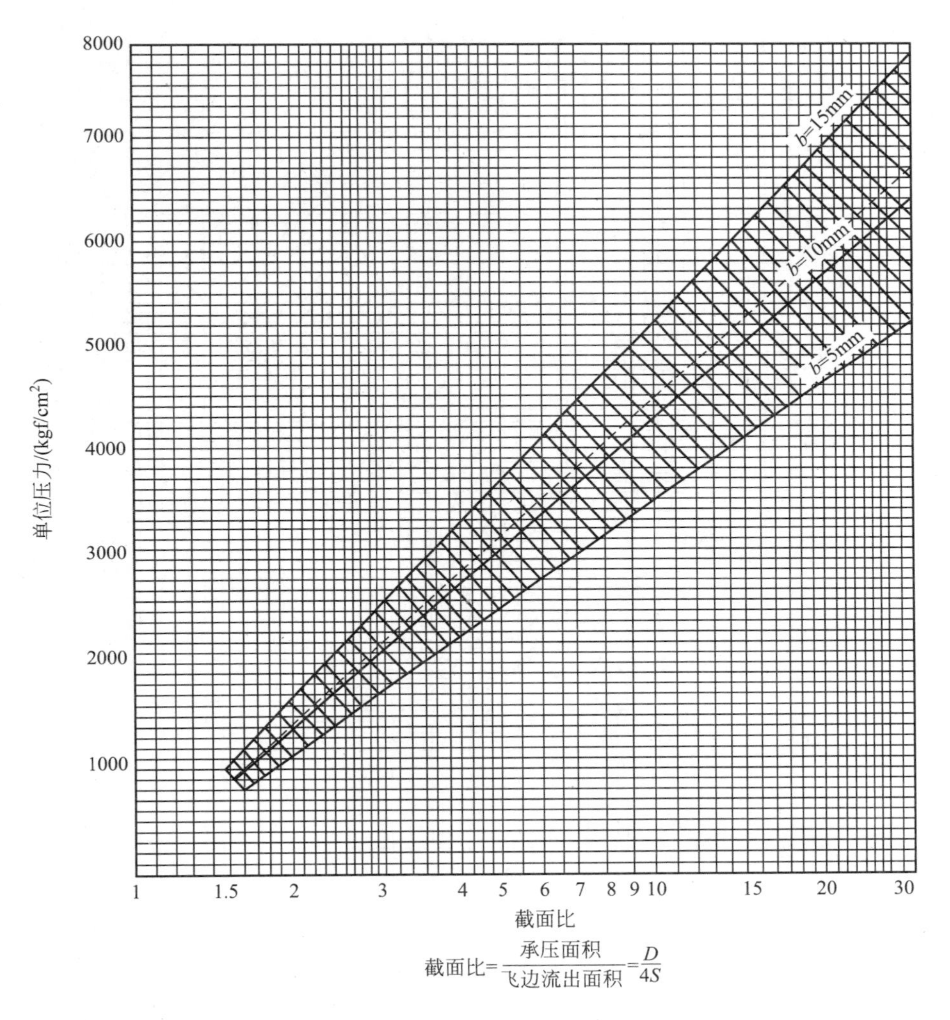

图 12.23　机械压力机上 1200℃ 模锻轴对称锻件时的单位压力

图 12.25 所示为精密热模锻成形时各个变形阶段的锻造变形力与行程曲线。

由图 12.25 可知，精密热模锻成形过程可分为三个阶段：

(1) 镦粗阶段：如图 12.25 所示，坯料外侧的金属流向法兰部分，内侧的金属流向凸台部分。

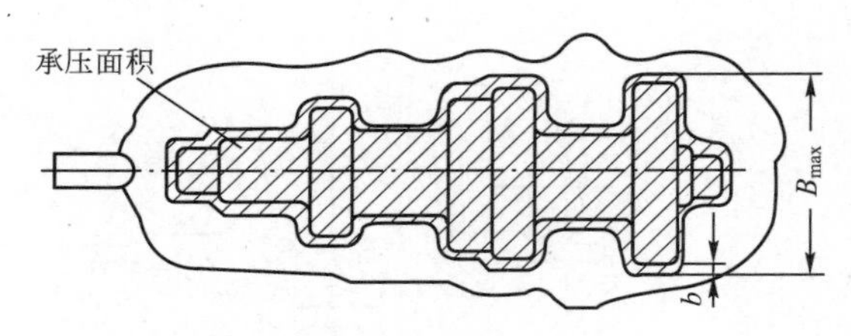

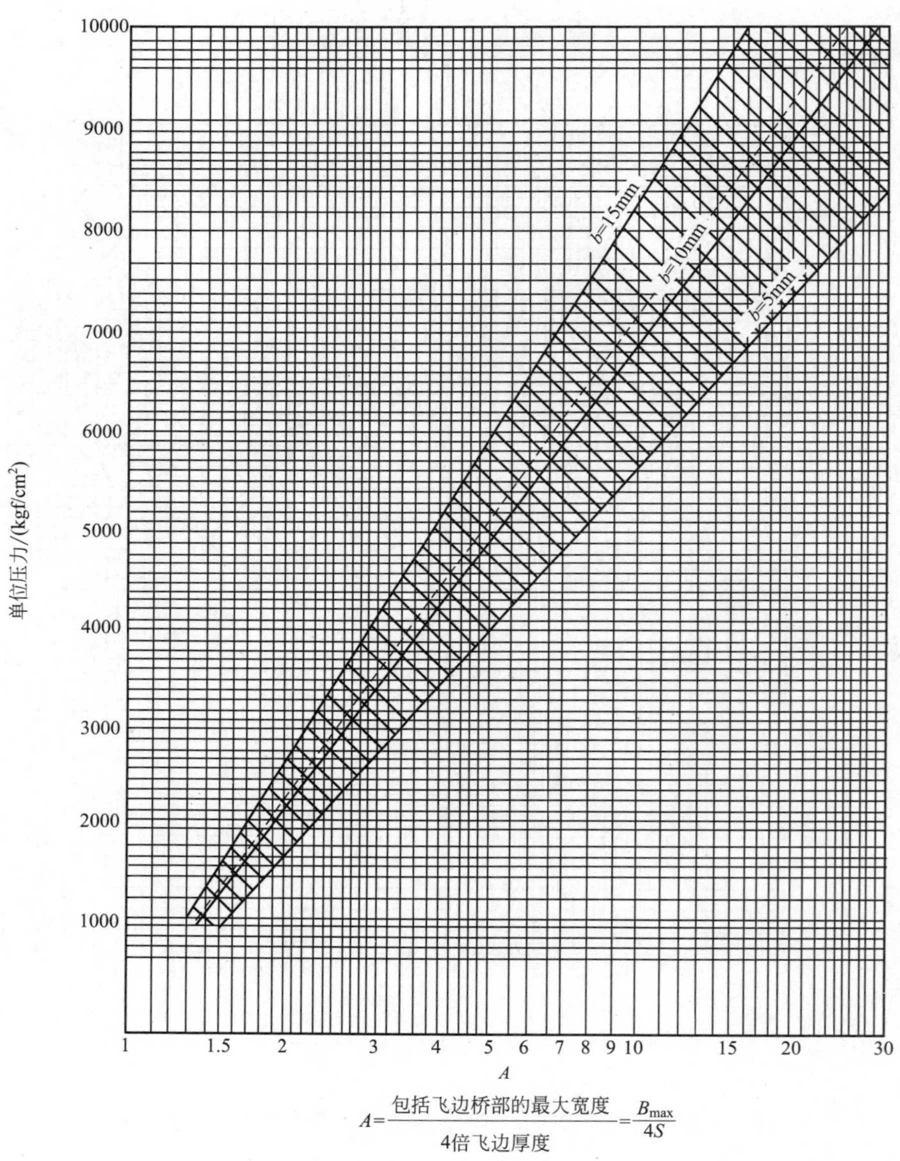

$$A=\frac{\text{包括飞边桥部的最大宽度}}{\text{4倍飞边厚度}}=\frac{B_{max}}{4S}$$

图 12.24　机械压力机上 1200℃模锻长轴类锻件时的单位压力

(2) 模膛充满阶段：如图 12.25 所示，下模膛已经充满，而凸台部分尚未充满，金属开始流入飞边槽。随着飞边桥部金属的变薄，金属流入飞边的阻力增大，迫使金属流向凸台和角部，以完全充满模膛。

(3) 打靠阶段：如图 12.25 所示，金属已完全充满模膛，但上、下模面尚未完全打靠。此时，多余金属挤入飞边槽，锻造变形力急剧增大。

因此，锻造变形功可根据锻造变形力-行程曲线图的面积求出。

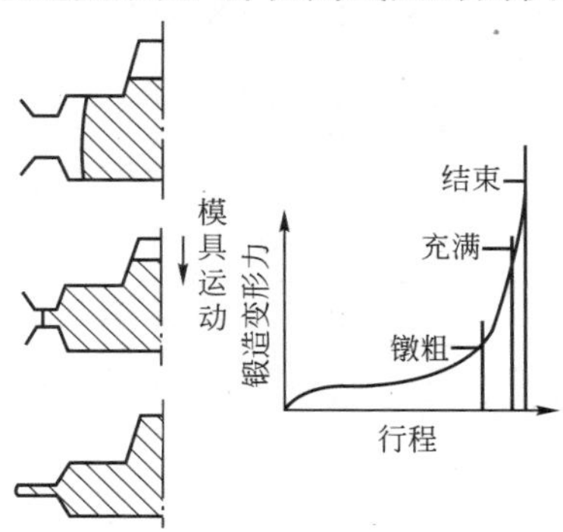

图 12.25　精密热模锻成形过程的锻造变形力-行程曲线

(1) 契伊(Schey)公式(美国钢铁研究所)。锻造变形功按下式计算。

$$E=C_2\times V\times\bar{\varepsilon}_a\times\bar{\sigma}_a$$

式中，$\bar{\varepsilon}_a$ 为平均应变，$\bar{\varepsilon}_a=\ln\left(\frac{h_0\times A_t}{V}\right)$，其中 h_0 为坯料高度；C_2 为与精锻件复杂程度有关的系数，见表 12-8；A_t 为精锻件在分型面上的投影面积(包括飞边桥部，单位为 mm^2)；V 为精锻件的体积(mm^3)；$\bar{\sigma}_a$ 为在平均锻造温度 t_a 和平均应变速率 $\dot{\bar{\varepsilon}}_a$ 下金属的平均流动应力(kgf/cm^2)；若金属的变形抗力只与应变有关，则应取平均应变 $\bar{\varepsilon}_a$ 下的 $\bar{\sigma}_a$ 值。

表 12-8　与精锻件复杂程度有关的系数 C_2

变形方式	有、无飞边	C_2
简单形状锻件的精密热模锻	无	2.0～2.5
	有	3.0
复杂形状锻件(高筋)的精密热模锻	有	4.0

(2) 用诺莫图确定钢锻件的锻造变形功。实际生产中可利用图 12.26 所示的诺莫图来确定钢质锻件的锻造变形功。

图中区域Ⅰ：

① 轴 1 表示不包含飞边的锻件投影面积。

② 轴 2 表示锻件质量。

③ 轴 3 表示锻件平均高度。

图中区域Ⅱ：考虑两种不同类型的锻件。

① 线 A 表示没有尖锐轮廓横截面的锻件。

② 线 B 表示具有尖锐轮廓横截面的锻件。

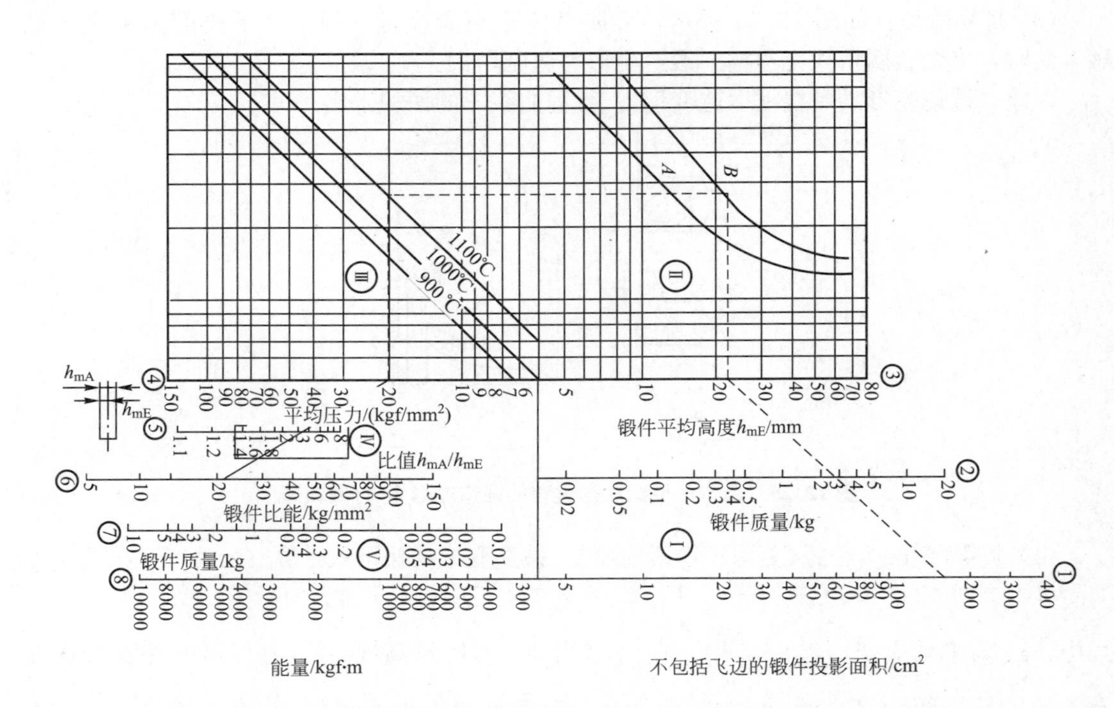

图 12.26　在机械压力机上模锻碳素钢、低合金钢锻件时的变形功诺莫图

图中区域Ⅲ：考虑温度影响，其中三条线分别表示 900℃、1000℃和 1100℃。

图中区域Ⅳ：

① 轴 4 上的平均压力 p_a(在整个锻造行程内的平均值)是根据不同锻造温度进行修正后平均压力。

② 根据轴 4 上的平均压力 p_a 与其相关$\frac{h_{mA}}{h_{mE}}$比值(在轴 5 上)，借以求出轴 6 上的锻件比能(每单位质量的能量)。其中，h_{mA}为坯料的平均高度；h_{mE}为锻件的平均高度。

图中区域Ⅴ：在轴 6 上求得的锻件比能，对应于轴 7 上的锻件质量，就可以求出总锻造变形能(在轴 8 上)。

(3) 齐别尔公式。锻造变形功 E 为

$$E=V\times K_f\times\ln\frac{h_0}{h}-\frac{2}{3}\times\sqrt{\frac{4}{\pi}}\times\frac{0.34}{\sqrt[3]{G}}\times K_f\times\sqrt{\frac{V\times 3}{h_0^5}}-\sqrt{\frac{V\times 3}{h_1^5}}\qquad(\mathrm{tf\cdot cm})$$

式中，V 为锻件体积(cm³)；G 为坯料质量(kg)；h_1 为镦粗后的锻件高度(cm)；h_0 为镦粗前的坯料高度(cm)。

图 12.27～图 12.29 分别为 45 钢在 1150～1200℃时机械压力机上模锻成形时的锻造变形功。

(4) 锤上模锻时的变形功。图 12.30 用来确定锤上模锻时所需的变形功。它适用于碳素钢和低合金结构钢。

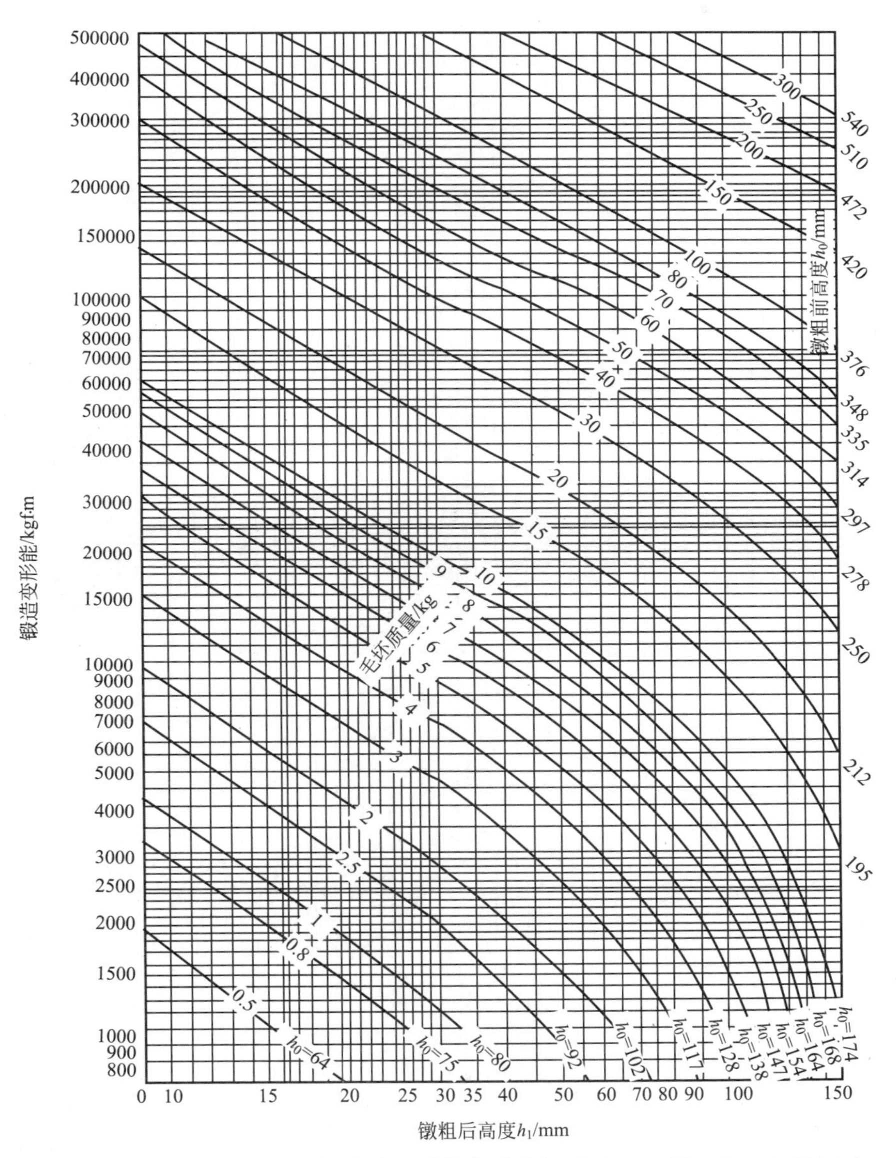

图 12.27　在机械压力机上锻造成形时的变形功(45 钢，1200℃，$h_0=1.8\times d_0$)

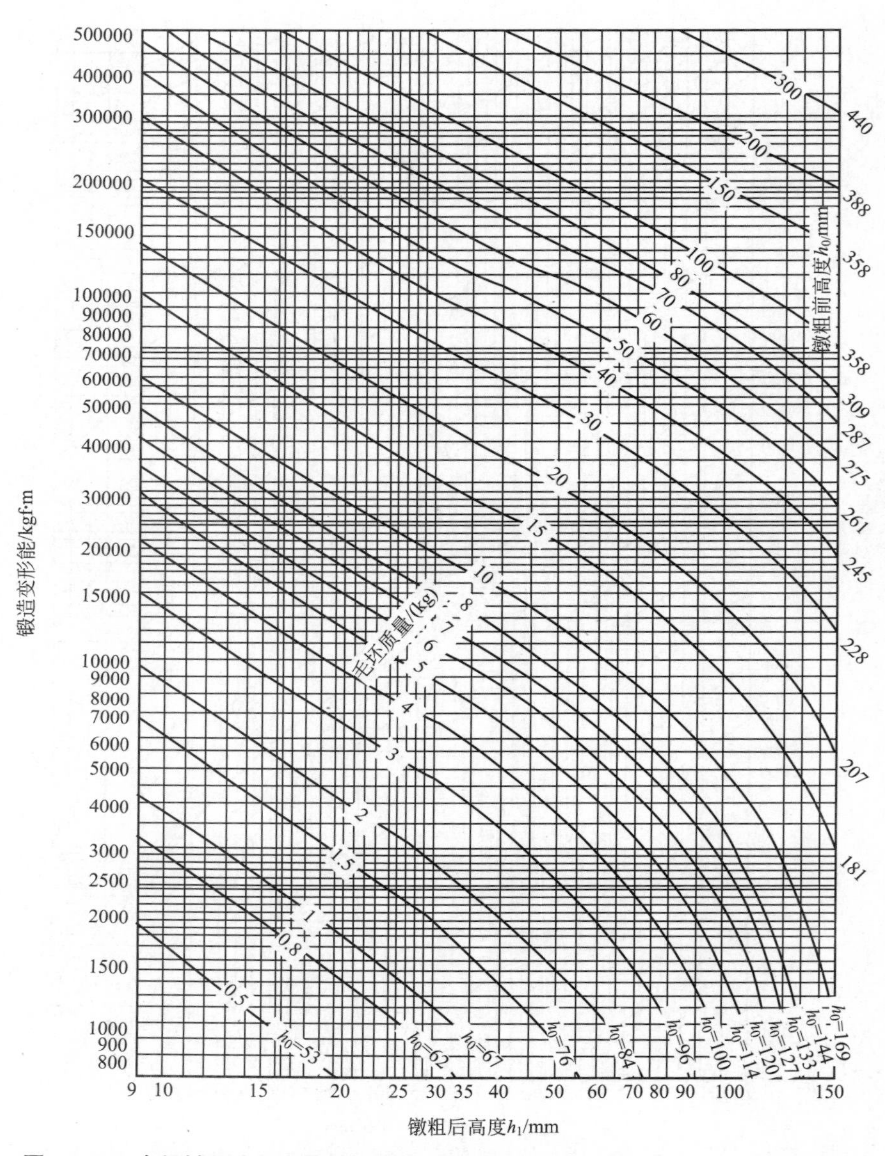

图 12.28　在机械压力机上锻造成形时的变形功(45 钢，1200℃，$h_0=1.35\times d_0$)

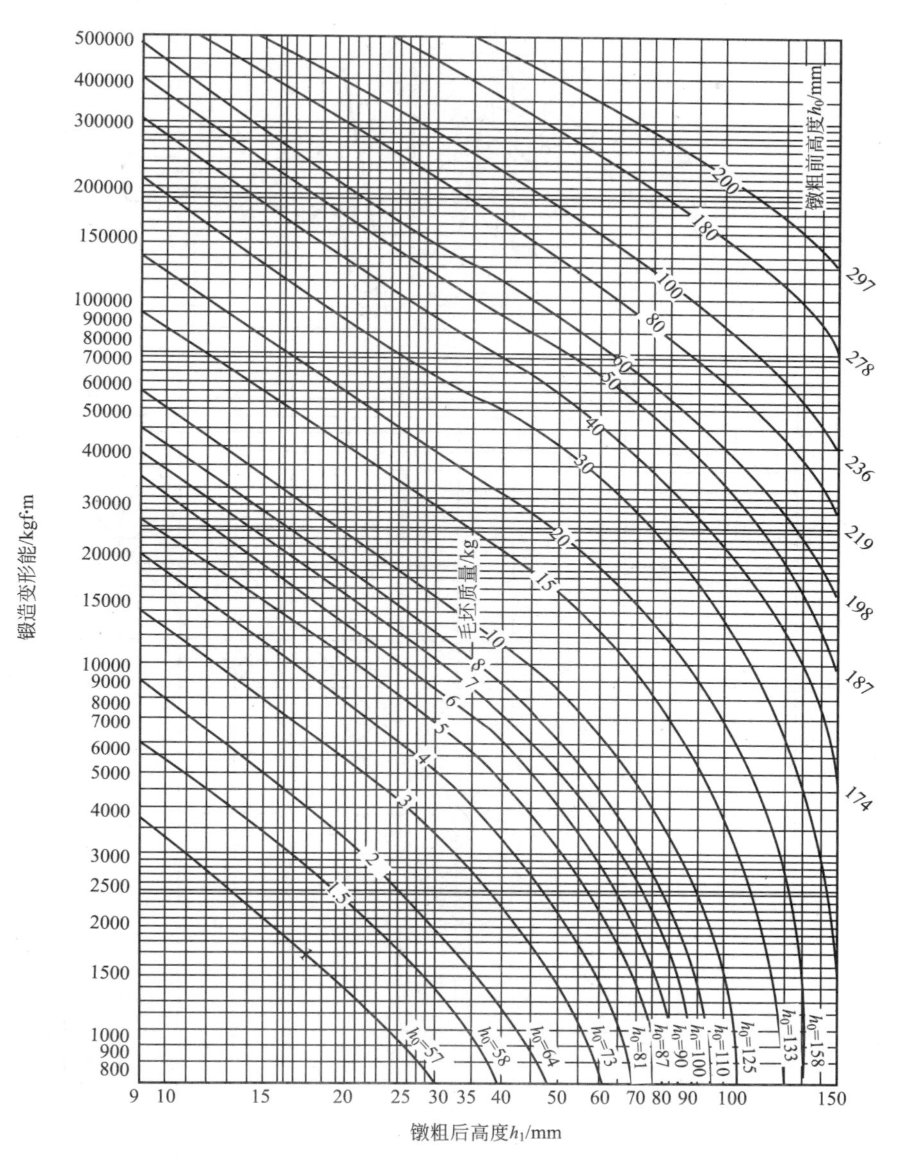

图 12.29 在机械压力机上锻造成形时的变形功(45 钢，1200℃，$h_0=0.895\times d_0$)

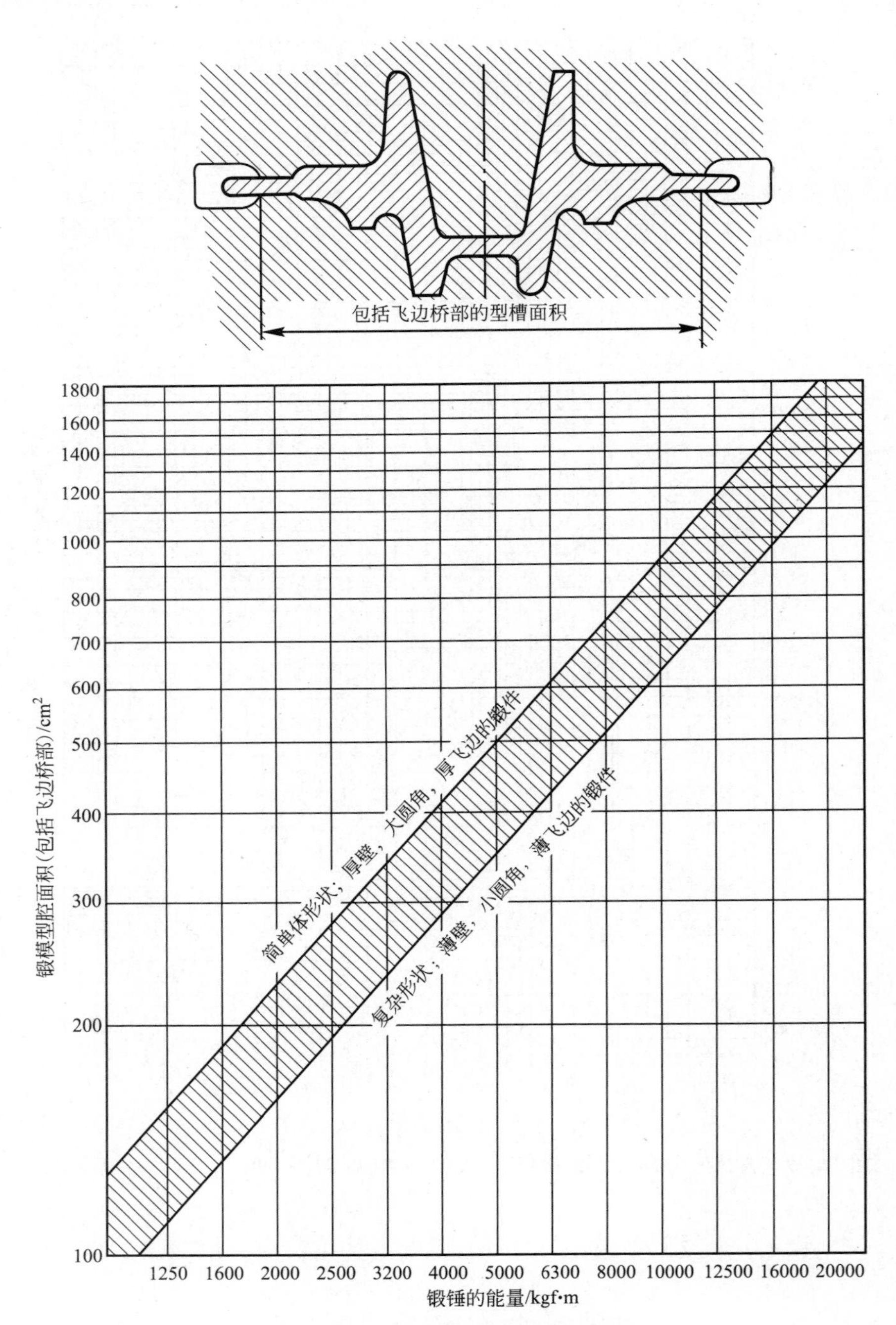

图 12.30　1200℃模锻时锻锤的能量

12.7 精密热模锻用润滑剂及润滑方式

润滑在精密热模锻成形过程中有着极为重要的作用。润滑可以减小金属在模膛中的流动阻力，提高金属充满模膛的能力，以及便于从模膛中取出锻件。合理地选择润滑剂，可以有效地提高产品质量、提高模具寿命、提高生产效率、降低变形力和变形功的消耗等。

1. 精密热模锻对润滑剂的要求

在精密热模锻成形过程中，由于在一定的温度和高压下成形，给润滑增加了困难。精密热模锻的润滑剂应满足如下要求：

(1) 对摩擦表面具有最大的活性和足够的黏度，使润滑剂在摩擦表面形成足够厚的、牢固的润滑层，而且在塑性变形的高压作用下，润滑剂也不会被挤出；

(2) 具有良好的润滑性，能有效地减小变形金属与模膛表面间的摩擦；

(3) 具有良好的绝热性和热稳定性；

(4) 保证锻件有较低的表面粗糙度数值，并能保证锻件顺利脱模；

(5) 残渣积聚较少，容易从模具和锻件上清除；

(6) 对锻件和模膛表面无腐蚀、氧化及其他有害的化学反应；

(7) 对人体无毒害作用；

(8) 应具有化学稳定性，便于存放，便于机械化喷涂；

(9) 经济，并且容易获得。

2. 精密热模锻用润滑剂

目前，温锻和热锻时通常采用二硫化钼(MoS_2)、石墨和玻璃粉等配制的润滑剂。

1) 石墨润滑剂

在精密热模锻成形过程中，常采用石墨润滑剂，并在其中加入黏结剂和某些添加剂，以防止沉淀和利于锻件脱模。

胶体石墨含灰量比麟状石墨含灰量少，因此模膛中的残渣少。虽然水基、油基和软膏石墨润滑剂均可使用，但一般多采用水基石墨润滑剂。

石墨是目前应用最广泛的精密锻造用润滑材料。石墨是碳的一种结晶体，具有最稳定的层状或片状六方晶格，如图12.31所示。在同一平面层内，碳原子呈六角形排列，相邻碳原子间距为1.42×10^{-10}m，结合强度很高；层与层间碳原子间距为3.4×10^{-10}m，结合强度较弱，因此，受力后总在层与层之间发生滑动。当吸附蒸汽后，层间键的结合力减弱，更易滑移，增强了石墨的润滑作用。

石墨不宜在真空中使用。在真空中，石墨的摩擦系数会急剧增加。

石墨的摩擦系数和温度的关系如图12.32所示。

从图12.32中可以看出，在空气中，石墨加热到500℃时开始氧化，生成CO_2，摩擦系数急剧增加。

用作润滑剂的石墨，粒度选用0.5毫米到几个微米。随着加热温度的提高，加热时间的增长，润滑性能将降低。据日本的草田祥平研究，石墨在700℃加热2.5min时氧化并不严重；但加热到800℃时2.5min可燃烧掉50%左右；加热到900℃时1.0min就全部烧毁。

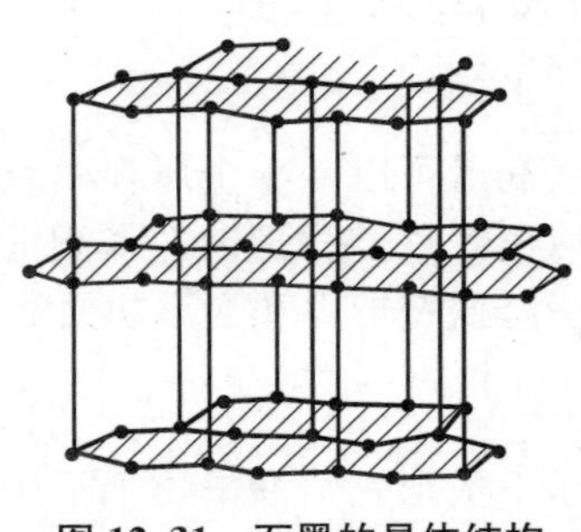
图 12.31　石墨的晶体结构

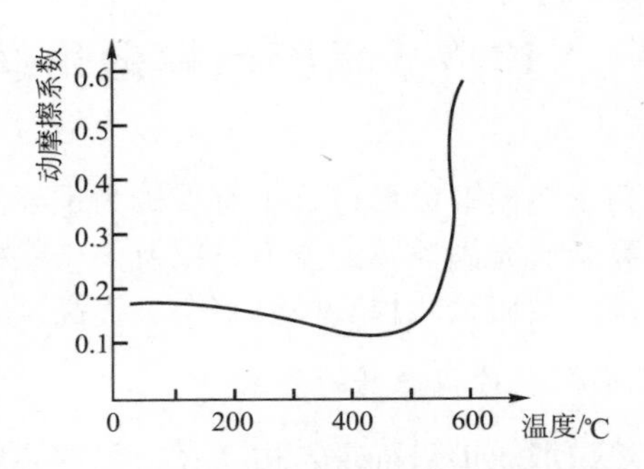

图 12.32　石墨摩擦系数和温度的关系

石墨润滑剂的润滑方式对润滑效果有较大的影响。目前有些厂家在精密锻造时将雾状水剂石墨直接喷到加热后的毛坯和模具上来润滑和冷却。这种工艺的缺点是毛坯加热时表面没有保护层，易氧化，模腔内积存物比较多，要时常清理。

在实际精密热锻成形过程中，石墨润滑剂的应用最好采用如下润滑方式：先将清洁的毛坯加热到 150～200℃，将毛坯迅速浸入水剂石墨槽中，并立即拿出。因为毛坯有温度，粘在表面的石墨很快干燥。将粘有干燥石墨的毛坯放入中频感应加热炉中迅速加热到 850℃，然后精密锻造。这种润滑方式可以防止毛坯加热时氧化，石墨在毛坯表面涂覆得均匀，带入模腔的残留石墨较少。

2）玻璃粉润滑剂

玻璃粉润滑剂可在 450～2200℃的广泛温度内使用。玻璃粉受热后，由固态粉变成液态，牢固地附着在金属表面，起到良好的润滑作用。

当精密热锻的温度在 700～800℃时，玻璃润滑剂的主要成分是石英砂(SiO_2)23%、红丹粉(Pb_3O_4)30%、硼酸(H_3BO_3)41%、氧化铝(Al_2O_3)1.8%、硝酸钠($NaNO_3$)4.2%。

精密热锻温度在 850℃以上时，不锈钢、耐热钢等难加工材料一般选用玻璃粉润滑剂为宜。

玻璃粉润滑剂的润滑方式如下：按黏度要求调制好玻璃粉，将毛坯加热到 80～120℃，将调制好的玻璃粉润滑剂均匀地喷涂到毛坯表面，由于毛坯温度较高，润滑剂很快干燥，牢固地粘附在毛坯表面，将此毛坯加热到精密热锻温度进行锻造成形即可。由于加热时有玻璃粉润滑剂的保护，即使在 1000℃以上的高温下，毛坯也极少氧化。

成形后锻件表面的玻璃粉润滑层可以用酸洗法除掉。酸洗液为盐酸：硫酸＝1：4 的混合液。也可用机械方法或喷丸等方法去除这层玻璃粉覆盖物。

3. 常用的热锻润滑剂

表 12－9 为工程上常用的热锻润滑剂。

表 12－9　常用的热锻润滑剂(成分配比为质量百分比)

润滑剂成分	使用方法	适用的锻件材料
石墨水悬浮液	A、B	钢、钛
石墨＋机油(各 50%)	A、B	钢

（续）

润滑剂成分	使用方法	适用的锻件材料
MoS_2粉剂15%＋铝粉5%～10%＋胶体石墨20%～30%＋炮油（余量）	A	碳钢、不锈钢、耐热钢
石墨3%＋食盐10%＋水87%	A	钢
银色石墨34%＋亚硫酸盐纸浆溶液34%＋水（余量）	A	钢
碳酸锂28%＋甲酸锂14%＋胶体石墨25%＋水28%＋次生羟基硫酸盐5%	A	耐热钢
49.5%的$ZnSO_4$与50.5%的KCl共熔物＋2.3%的K_2CrO_4	A	钛及钛合金
氧化硼	A	钛及钛合金
C-9玻璃57%＋苏州黏土3%～5%＋水40%外加水玻璃5%	C	碳钢、不锈钢、耐热钢
豆油磷脂＋滑石粉＋38＃汽缸油＋石墨粉微量	B	纯铜及黄铜
机油95%＋石墨粉5%	B	纯铜及黄铜
机油＋松香＋石墨30%～40%	A、B	铝、镁及其合金

注：A表示喷涂于模具上；B表示喷涂于热坯料上；C表示加热前喷涂于坯料上。
C-9玻璃成分：SiO_2 43.2%、Al_2O_3 0.9%、BaO 43.8%、CaO 3.9%、ZnO 5.1%、MoO 3.1%。

4. 常用的温锻润滑剂

表12-10为工程上常用的温锻润滑剂。

表12-10 常用的温锻润滑剂

温度范围/℃	预处理膜层	润滑剂	润滑剂喷涂处
200～400	磷酸盐①	二硫化钼或石墨	坯料
400～700	磷酸盐①（可用，但加热要迅速）	石墨或水剂石墨	坯料②、模膛
700～850		石墨或水剂石墨	坯料②、模膛

① 磷酸盐适用于碳素钢，不锈钢是采用草酸盐或镀铜处理。
② 对于镦粗和变形不大的反挤压，只需把润滑剂喷涂在模具上。

12.8 精密热模锻用模具设计

设计精密热模锻的模具时，应该根据精锻件图、工艺参数、金属流动分析、变形力与变形功的计算、锻造成形设备参数和精密热模锻过程中模具的受力情况等，确定模具工作零件的结构、材料、硬度等，核算其强度并确定从模膛中迅速取出锻件的方法。然后，进行模具的整体设计和零件设计，确定各模具零件的加工精度、表面粗糙度和技术条件等。

12.8.1 模具结构

精密热模锻模具可分为整体凹模(图 12.33)、组合凹模(图 12.34 和图 12.35)、可分凹模(图 12.36)和闭塞锻造模具(图 12.37)等。

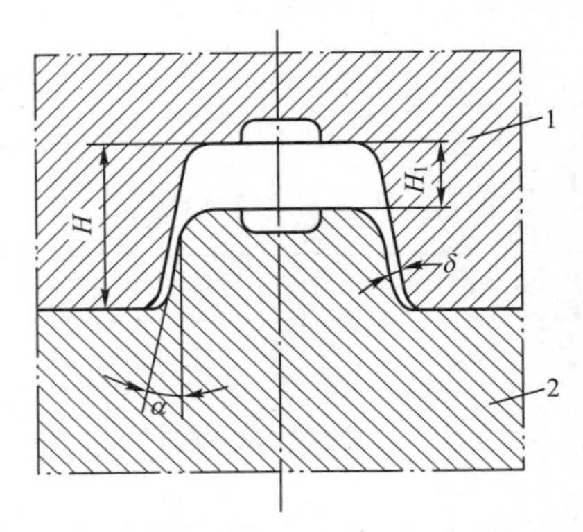

图 12.33 整体凹模式无飞边锻模

1—上模；2—凹模

1. 整体凹模

整体凹模结构比较简单，适用于精密模锻时单位压力不大的锻件。如图 12.33 所示的整体凹模，用于锤上模锻，利用锁扣作为上、下模的导向。锁扣的间隙 δ 应保证锻件的错移量符合锻件图的要求。一般取 $\delta=0.1\sim0.4$mm，锁扣的高度 $H=(2.0\sim2.5)H_1$（H_1 为锻件高度），斜度 $\alpha=3°\sim5°$。

用 H13 和 3Cr2W8V 等模具钢来制造精密热模锻凹模时，若模膛的工作压力小于 1000MPa，就可采用整体凹模。选定凹模材料后，可按弹性力学方法根据模膛直径 d 和工作压力 P 来决定凹模外径 D，并核算其强度。对于圆形截面的凹模，可按受内压的厚壁圆筒计算公式近似计算。

2. 组合凹模

组合凹模是精密热模锻中常用的模具结构形式，其特点如下：

(1) 可以施加预应力，使凹模能承受较高的单位压力。

(2) 节约模具材料和便于模具热处理。

(3) 便于采用循环水或用压缩空气冷却模具。

用 H13 和 3Cr2W8V 等模具钢制造的精密热模锻凹模，若模膛的工作压力为 1000～1500MPa，则采用双层组合凹模；若模膛的工作压力为 1500～2500MPa，则采用三层组合凹模。

图 12.35 所示为中温反挤压模具，采用三层组合凹模结构，利用预应力圈对凹模施加预应力。为了获得尺寸精度高的挤压件，模具中设置有加热器 8，也可以通过压缩空气冷却模具，使其工作温度控制在规定的范围内。为了提高挤压件的表面质量，利用卸料板 2 和凹模顶块 7 刮刷冲头 1 和凹模 3 上的润滑剂残渣。

3. 可分凹模

可分凹模用于模锻形状复杂的锻件。当锻件需要两个以上的分型面才能进行成形和顺利地从模膛中取出时，采用这种结构。但可分凹模的模具结构较复杂，对模具加工要求高。

采用可分凹模时，往往由于活动凹模部分的刚度不够而产生退让，在分型面上形成飞边(纵向飞边)，并造成锻件的椭圆度。如果飞边尺寸稳定，可在模具设计时预先估计，以获得椭圆度很小甚至没有椭圆度的锻件。但是，由于各种因素的变化，飞边的厚度往往不稳定，所以锻件的椭圆度是不易消除的。只有采用足够刚度的可分凹模，才能防止形成飞边，可靠地减小以至消除锻件的椭圆度。

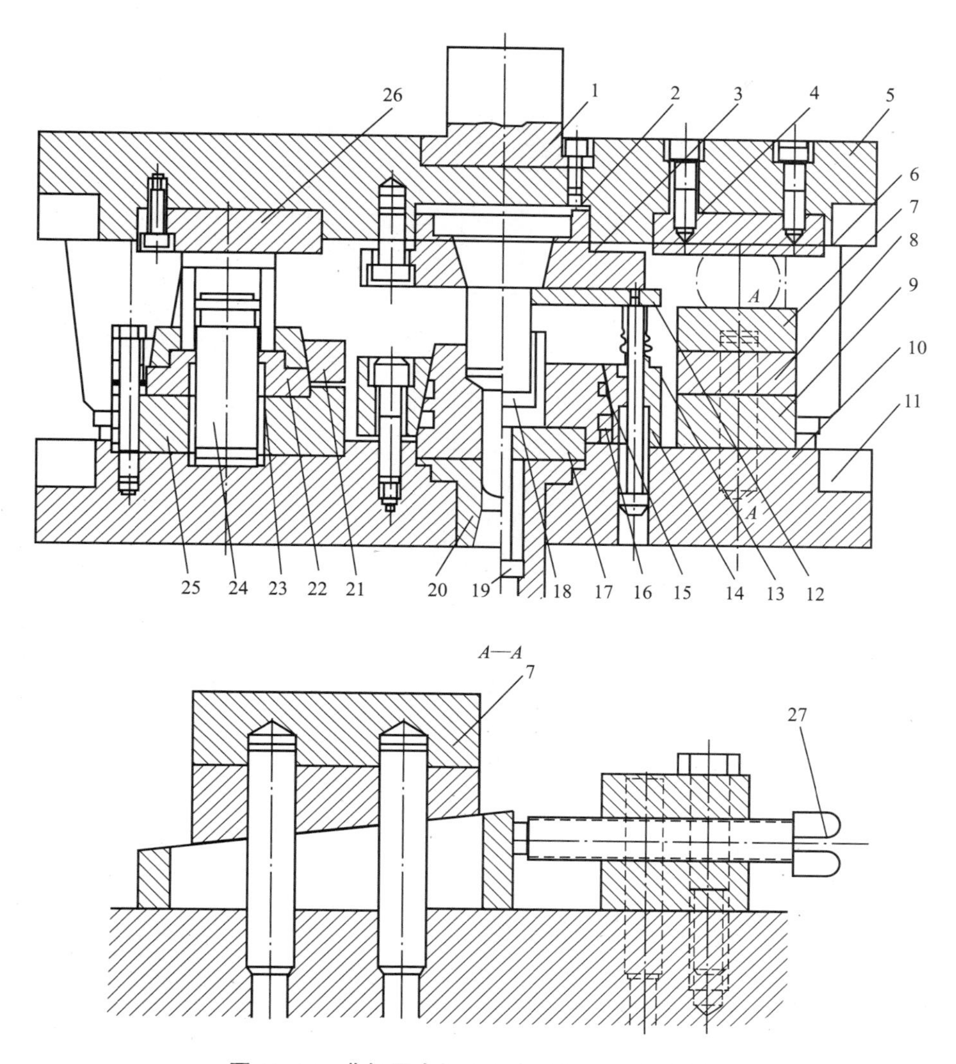

图 12.34 曲柄压力机用组合凹模式热挤压模具

1—模柄；2—冲头垫板；3—冲头固定板；4—上垫板；5—上模板；6—导套；7—下垫板；8—垫板；9—调节垫板；10—导柱；11—下模板；12—卸料板；13—卸料弹簧；14—凹模预应力圈；15—卸料螺钉；16—凹模；17—凹模垫板；18—冲头；19—顶杆；20—托环；21—凹模压板；22—定位环；23—冲孔凹模；24—活动冲头；25—漏板；26—上垫块；27—调节螺栓

图 12.36 所示为在液压机或螺旋压力机上热挤压钛合金台阶轴锻件的可分凹模式模具。两个三棱柱形的半凹模 7 和 8 通过销轴 9 与连接推杆 2 铰接，连接推杆 2 固定在压力机的顶出器上。两半凹模安置在凹模座 1 中，支承表面间的角度为 30°。利用过渡圈 5 把冲头 6 固定在冲头固定器 4 中。利用支承环 3 作为凹模顶起时的支承或作为冲头工作行程的限位。采用这种模具挤压锻件时，由于模具弹性变形，在凹模分型面间会出现厚度为 0.1～1.25mm、宽度为 3～5mm 的飞边。

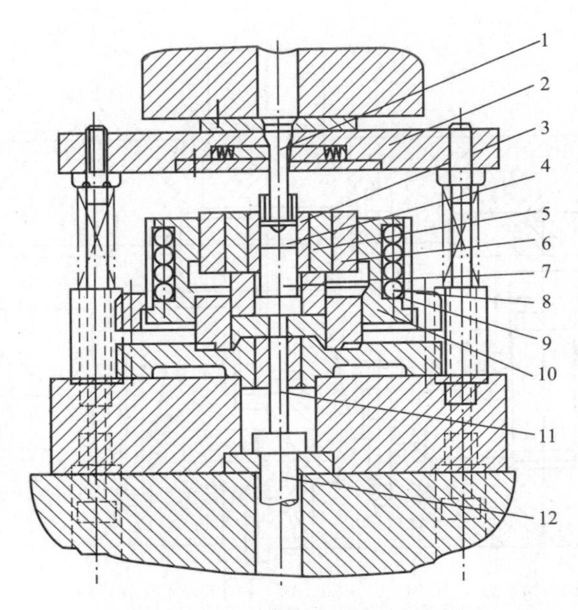

图 12.35　组合凹模式中温反挤压模具

1—冲头；2—卸料板；3—凹模；4—挤压件；5—内预应力圈；6—外预应力圈；
7—凹模顶块；8—加热器；9—金属套；10—固定圈；
11—推杆；12—顶出器

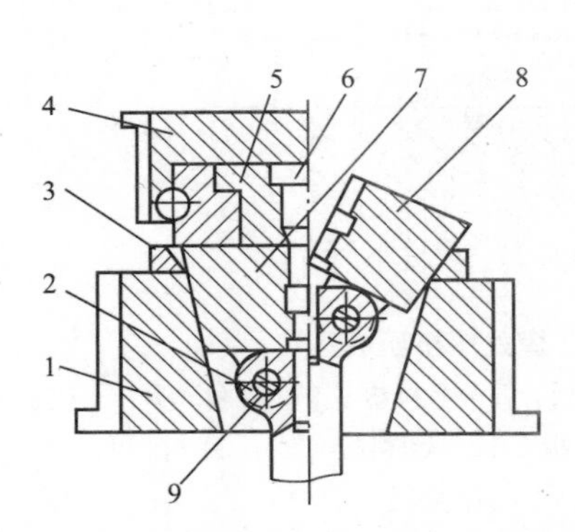

图 12.36　挤压台阶轴锻件的可分凹模式模具

1—凹模座；2—连接推杆；3—支承环；
4—冲头固定器；5—过渡圈；6—冲头；
7—左凹模；8—右凹模；9—销轴

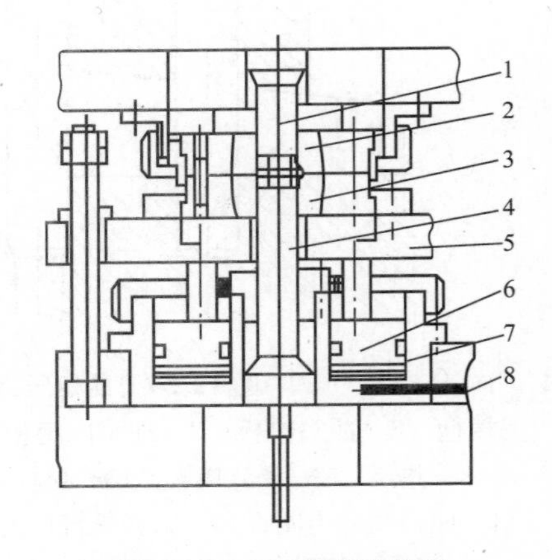

图 12.37　闭塞锻造模具

1—上冲头；2—上凹模；3—下凹模；
4—下冲头；5—活动模架；6—活塞；
7—氮气弹簧；8—可进气管道

4. 闭塞锻造模具

1）液压式闭塞锻造模具

图 12.38 所示为液压式闭塞锻造模具的原理简图。

该闭塞锻造模具的合型力来自液压缸。为了在有限的模具空间内得到足够大的合型

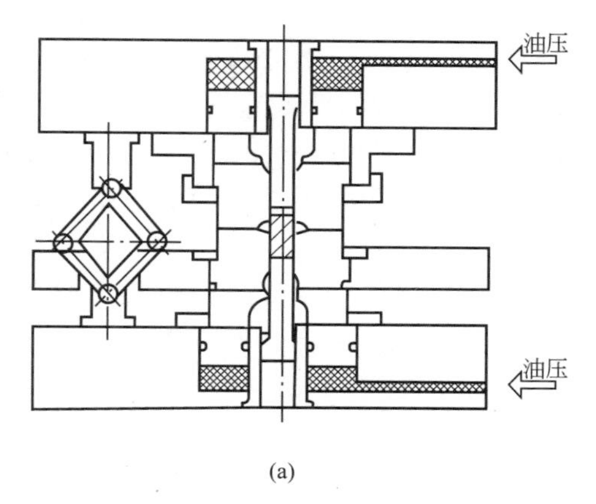

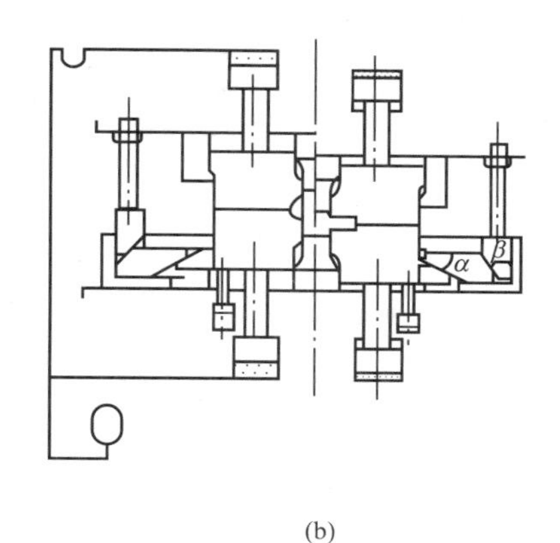

图 12.38　液压式闭塞锻造模具结构示意图

力，液压缸工作在高压状态。为了减少锻造时的液压冲击和降低液压油的发热，要配置专用冷却系统，还要采用粗大的液压软管输送高压油。这使整个闭塞锻造模具系统变得比较复杂，造价高，可靠性变差。

2）气动式闭塞锻造模具

为了简化闭塞锻造模具的结构，降低制造成本，可以将氮气弹簧(氮缸或气体弹簧)应用到闭塞锻造模具中。应用氮气弹簧代替液压缸，并用高压储气瓶充当蓄能器。

图 12.37 所示为单向气动闭塞锻造模具的结构简图。图 12.39 所示为该模具的气动原理图。

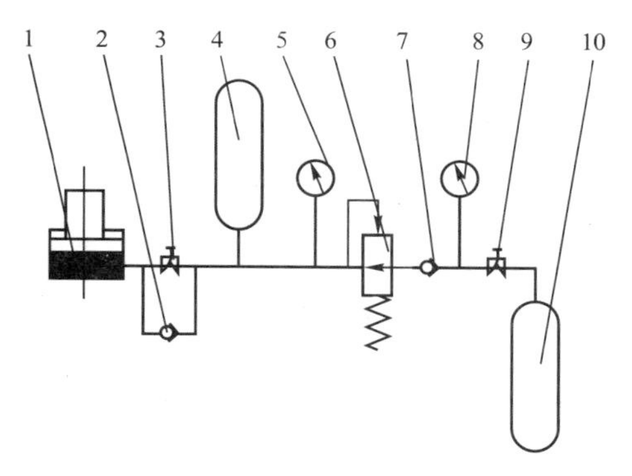

图 12.39　单向气动闭塞锻造模具的气动原理图

1—氮气弹簧；2、7—单向阀；3、9—截止阀；
4—高压气瓶蓄能器；5、8—压力表；
6—减压阀；10—高压气瓶(气源)

图 12.39 表明，来自高压气瓶 10 的高压(≤15MPa)氮气经减压阀 6 减压后，经过单向阀 2 和截止阀 3 进入氮气弹簧 1，推动单向气动闭塞锻造模具(图 12.37)中的活动模架 5，使凹模得到足够的闭模力，从而与液压模架一样完成闭塞锻造加工。

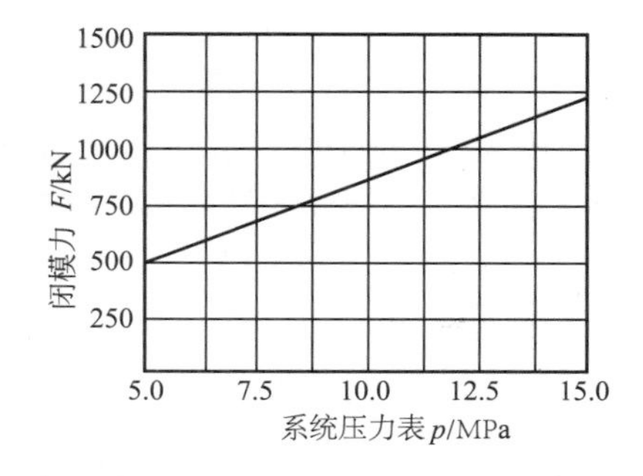

图 12.40　某气动闭塞锻造模具的系统压力与闭模力的关系曲线

由于气体具有可压缩性，所以可对气动系统进行改进，得到比液压模架的行程-压力变化性能更理想的行程-压力变化性能。

截止阀 3 处于开启状态时，锻造过程中活塞下行，气缸中的高压氮气经管道和截止阀进入蓄能器 4。由于蓄能器 4 比氮气弹簧 1 的容积大得多，可以维持氮气弹簧的压力随锻造中滑块行程不发生明显的变化。闭模力的大小只取决于系统中调压阀的设定压力。

图 12.40 所示为某气动闭塞锻造模具的系统压

力与闭模力的关系曲线。

气动式闭塞锻造模具的另一种工作状态为系统在截止阀 3 关闭状态时进行闭塞锻造加工。这时氮气弹簧的初始闭模力取决于系统气压。而当合模后闭塞锻造行程开始时，氮气弹簧的气路处于截止状态，当活塞向下运动时，氮气弹簧发生强烈压缩，随着容积的减少，氮气弹簧压力急剧升高。氮气弹簧的最终压力取决于压力机到达下死点时氮气弹簧容积的减少率。

根据理想气体绝热压缩过程中的压力 p 和体积 V 的关系，当气缸容积减少一半时，压力 p 升高，大约为系统压力的 2 倍。实际上，由于氮气弹簧处于非绝热状态，压力升高是系统压力的 2 倍以上。

因此，气动式闭塞锻造模具采取这种工作状态时，可以明显提高闭塞锻造压力。而且合型力与工件变形力基本上同步增加，可以减少闭塞锻造中的能量损失。另外，氮气弹簧的压力随着压力机滑块的速度和氮气弹簧内温度的变化有所变化，由于变化幅度较大，所以闭塞锻造力的变化范围也大，而且不稳定。

图 12.41 所示为某气动式闭塞锻造模具在截止阀关闭时闭塞锻造力随锻造行程和行程次数变化的情况。

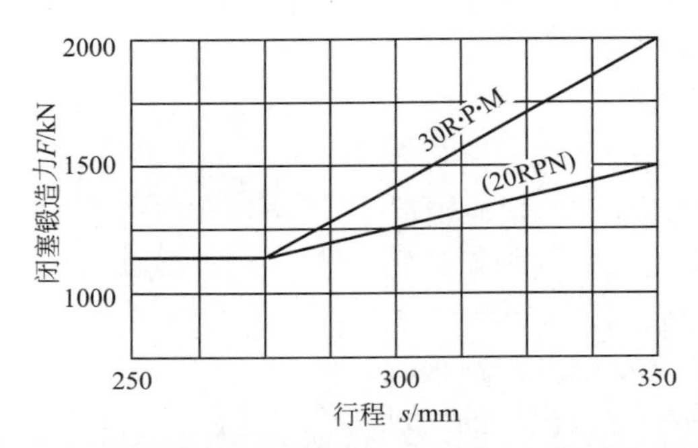

图 12.41　某气动式闭塞锻造模具闭塞锻造力随锻造行程和行程次数变化的情况

12.8.2　模膛设计

1. 模膛尺寸

在普通热模锻时，终锻模膛尺寸按热锻件图确定，由于仅考虑了锻件的冷却收缩，没有考虑其他因素，所以锻件的公差较大。对于精度要求较高的精密模锻件，应考虑各种因素的影响，合理地确定模膛尺寸。

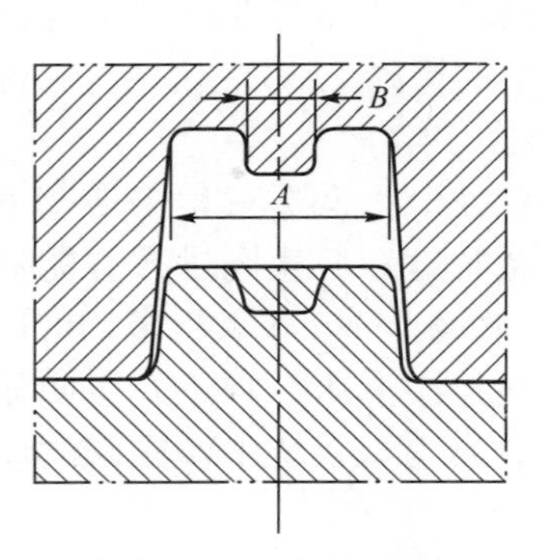

图 12.42　模膛尺寸简图

如图 12.42 所示的精密模锻锻模的模膛尺寸可按下式简化确定，然后通过试锻修正。另外，还应在锻件公差中考虑模膛的磨损等因素。

模膛直径 A

$$A=A_1+A_1at-A_1a_1t_1-\Delta A$$

凸模直径 B

$$B=B_1+B_2at-B_1a_2t_1+\Delta B$$

式中，A 为模膛直径(mm)；A_1 为锻件相应直径的公称尺寸

(mm)；a 为坯料的线膨胀系数(℃$^{-1}$)；t 为终锻时锻件的温度(℃)；a_1 为模具材料的线膨胀系数(℃$^{-1}$)；t_1 为模具工作温度(℃)；ΔA 为模锻时模膛直径 A 的弹性变形绝对值(mm)；B 为凸模(模膛冲孔凸台)直径(mm)；B_1 为锻件孔的公称直径(mm)；ΔB 为模锻时凸模直径 B 的弹性变形值(单位为 mm，当直径 B 增大时，ΔB 为负值；当直径 B 减小时，ΔB 为正值)。

2. 模膛的尺寸公差和表面粗糙度

模膛的尺寸和表面粗糙度要根据锻件所要求的精度和表面粗糙度等级选定。一般地，中小型锻模和形状不太复杂的模膛取 IT1～IT3 级精度；大锻模和形状复杂的模膛取 IT4～IT5 级精度。如果锻件要求较高的精度，则要相应提高模膛的制造精度，因而使模具制造难度增加。

确定模膛表面粗糙度应考虑加工的可能性，为了利于金属流动和减小摩擦，应降低表面粗糙度。通常，模膛中重要部位的表面粗糙度值应小于 $Ra0.4\mu m$，一般部位应具有 $Ra0.8$～$1.6\mu m$ 的表面粗糙度。

12.8.3 凹模尺寸和强度计算

1. 整体凹模

图 12.33 所示的上模是锤上精密热模锻用锻模的一种整体凹模结构。图 12.43 所示为机械压力机上精密热模锻用锻模的一种整体凹模结构，其凹模压板是用来紧固凹模和密封水槽的，而不是对凹模施加预应力。

当选定凹模材料后，即可按弹性力学方法根据模膛直径 d 和工作压力 p 来决定凹模外径 D，并核算其强度。

对于 3Cr2W8V 和球墨铸铁 QT60-2 材料制造的整体凹模(图 12.44)，根据模膛直径 d 和工作压力 p 来决定凹模外径 D。3Cr2W8V 材料制造的凹模，淬火并回火后的硬度为 HRC 48～52。球墨铸铁 QT60-2 材料制造的凹模，正火后的硬度为 HB240～285。

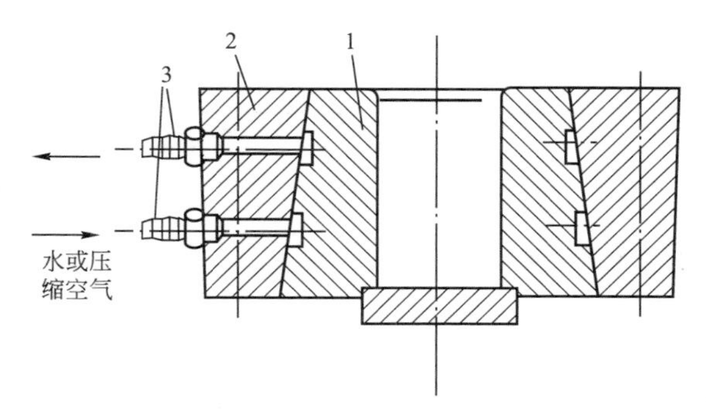

图 12.43 用循环水或压缩空气冷却的整体凹模

1—凹模；2—凹模压板；3—管接头

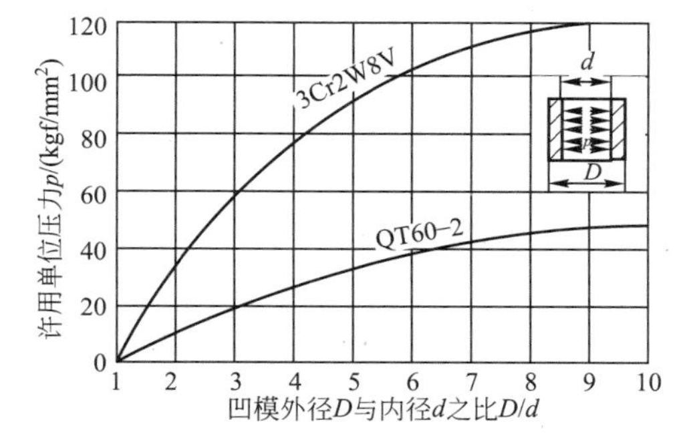

图 12.44 整体凹模允许单位工作压力

2. 组合凹模

组合凹模用于下述两种情况：

(1) 当凹模承受大的单位压力时，整体凹模强度往往不够而容易破裂。此时，采用预应力圈对凹模施加预应力，以提高凹模的承载能力。

对于由 3Cr2W8V 和 W18Cr4V 等模具钢制造的凹模，可按如下情况确定：当模膛工作压力小于 100kgf/mm²时，可采用整体凹模；模膛工作压力为 100～150kgf/mm²时，采用双层组合凹模(图 12.45)；模膛工作压力为 150～250kgf/mm²时，采用三层组合凹模(图 12.46)。

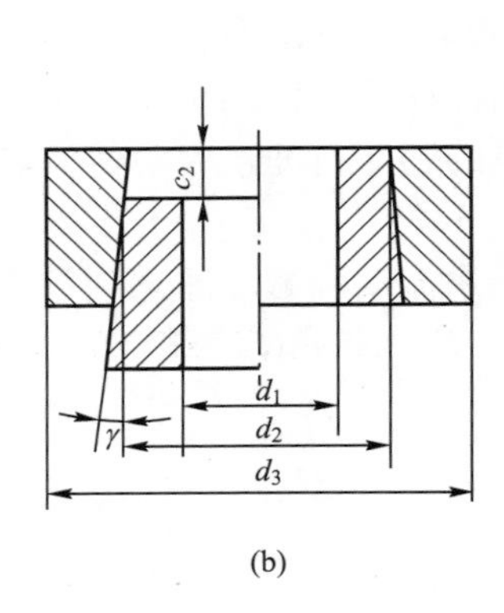

(b)

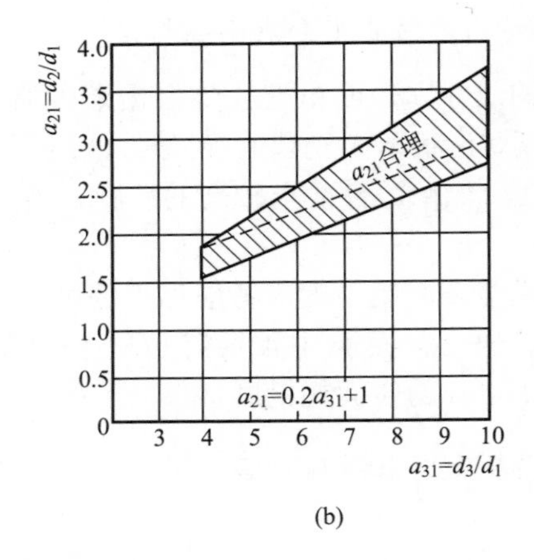

(b)

图 12.45　双层组合凹模

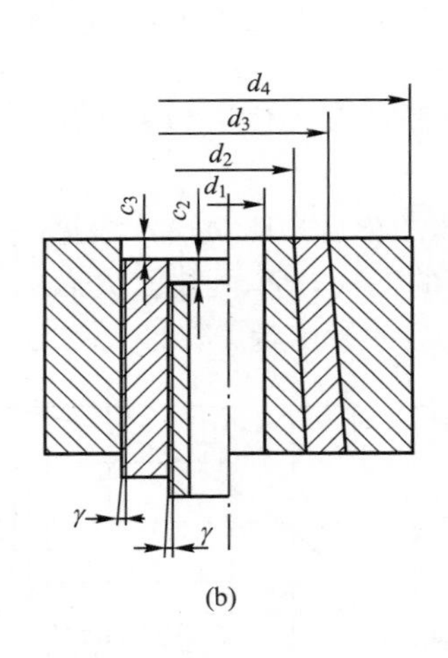

(b)

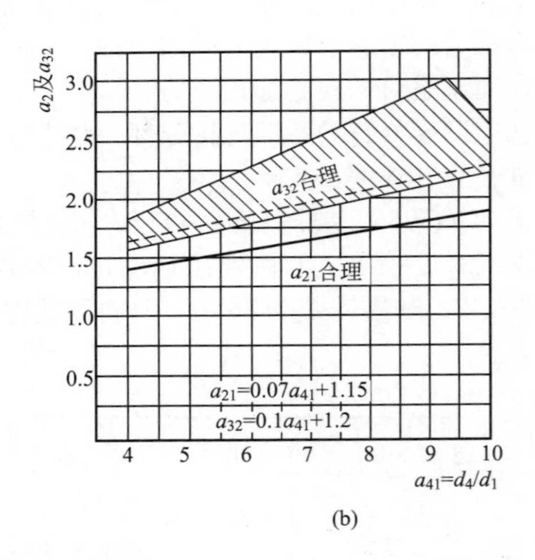

(b)

图 12.46　三层组合凹模

(2) 节约模具材料。模膛工作压力虽没有达到 100kgf/mm²以上，但为了节约模具材料，仍可采用双层或三层组合凹模。

组合凹模各个预应力圈的直径可参考图 12.45 和图 12.46 来确定。压合面的角度 γ 一般为 1°30′，外预应力圈外径 d_3 与凹模模膛直径 d_1 的比值一般为 4.0～6.0。

图 12.45(a)的左边表示双层组合凹模压合前的配合情况，右边表示压合后的状态；图 12.45(b)所示为确定凹模外径 d_2(也就是预应力圈的公称内径)的线图；图中阴影线区域为凹模外径与凹模模膛直径比 $a_{21}=d_2/d_1$ 的合理范围，根据模膛直径 d_1 和选定的预应力圈外径 d_3 即可计算出总直径比 $a_{31}=d_3/d_1$，由此 a_{31} 值作横坐标的垂线向上与阴影线区

域相交截，即可求得 a_{21}，从而确定 d_2。

图 12.46(a)的左边表示三层组合凹模压合前的配合情况，右边表示压合后的状态；图 12.46(b)所示为确定凹模外径 d_2(也就是内预应力圈的公称内径)和内预应力圈的公称外径 d_3(也就是外预应力圈的公称内径)的线图；根据模膛直径 d_1 和选定的外预应力圈外径 d_4 即可计算出总直径比 $a_{41}=d_4/d_1$，由此 a_{41} 值作横坐标的垂线向上与阴影线区域相交截，即可求得 a_{21} 和 a_{32}，由 $a_{21}=d_2/d_1$ 和 $a_{32}=d_3/d_2$ 来确定 d_2 和 d_3；图中 c_2 和 c_3 分别表示凹模与内预应力圈的轴向压合量和内预应力圈与外预应力圈的轴向压合量。

组合凹模各圈的径向过盈量和轴向压合量，根据强度计算决定。不论模具是在压合状态还是在工作状态，凹模和预应力圈中的应力均应小于其材料的许用应力，预应力圈不应产生塑性变形。

3. 可分凹模

为了防止在凹模分模面间形成飞边，可分凹模应有足够的刚度和夹紧力。

如图 12.47 所示，夹紧力可按下式计算。

$$\frac{P_1}{F_1}\geqslant\frac{P_n}{F_n}$$

式中，P_1 为凹模夹紧力(kgf)；P_n 为冲头总压力(kgf)；F_1 为锻件在凹模分模平面上的投影面积(mm²)；F_n 为冲头横截面积(mm²)。

除了对凹模进行上述强度计算外，一般还应核算模膛底面承受的挤压应力。当凹模受到较大的弯曲应力时，还应核算弯曲应力。

12.8.4 凸模尺寸和强度计算

对于凸模，除了核算抗压强度外，还应该核算纵向弯曲的稳定性。

图 12.48 所示为高速钢凸模自由部分长度 l 与直径 d 之比 l/d 与许用单位压力 p 的关系。

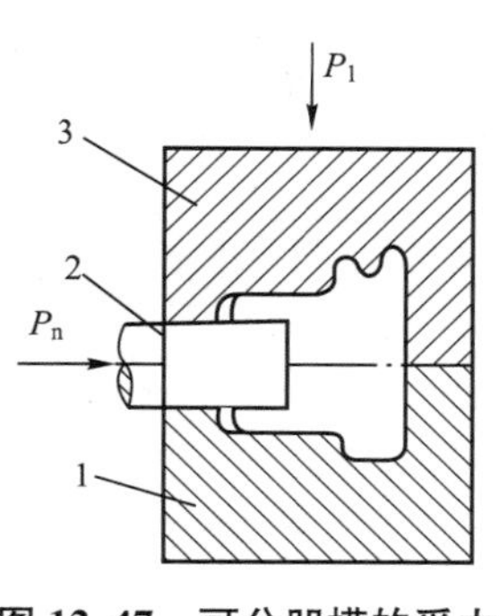

图 12.47 可分凹模的受力

1—下凹模；2—冲头；3—上凹模

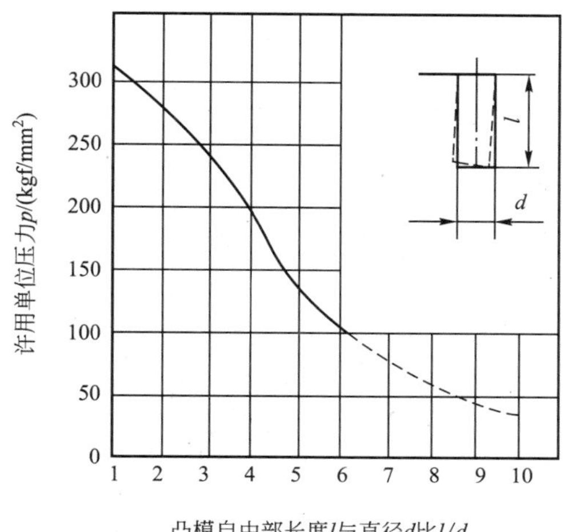

图 12.48 高速钢凸模的许用单位压力曲线

表 12－11 列出了热正挤压冲头和凹模尺寸，表 12－12 列出了热反挤压冲头和凹模尺寸，表 12－13 列出了热挤压冲头紧固部分尺寸。

表 12－11　热正挤压冲头和凹模尺寸

示意图	代号	尺寸/mm
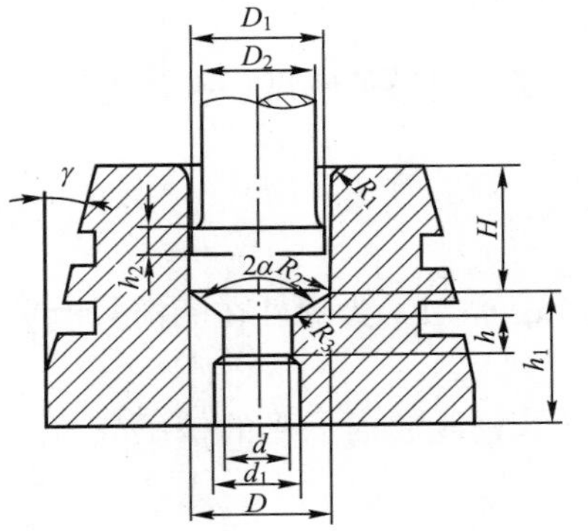	D	模膛设计时确定
	D_1	$D-0.10$
	D_2	$D_1-(1.0\sim2.0)$
	d	模膛设计时确定
	d_1	$d+(0.4\sim0.8)$
	H	H_0+R_1+10 （H_0 为坯料高度）
	h	$\leqslant 0.5d$
	h_1	$(1.0\sim1.5)D\geqslant 25\sim30$
	h_2	$10.0\sim15.0$
	R_1	$2.0\sim5.0$
	R_2	$1.0\sim2.0$
	R_3	$1.5\sim2.0$
	2α	$90°\sim120°$
	γ	$5°\sim10°$ （用于整体凹模）
		$1°30'$ （用于组合凹模）

表 12－12　热反挤压冲头和凹模尺寸

示意图	代号	尺寸/mm
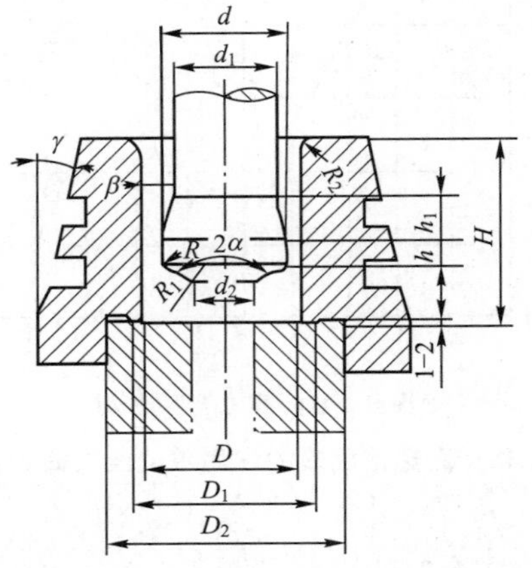	d	模膛设计时确定
	d_1	$d-(1.0\sim2.0)$
	d_2	$0.5d$
	D	模膛设计时确定
	D_1	$1.2D$
	D_2	$(2.0\sim2.5)D$
	H	$H_0+R_2+(5.0\sim10.0)$ （H_0 为坯料高度）
	h	$\leqslant 0.5d$
	h_1	$(1.5\sim2.0)h$

（续）

示意图	代号	尺寸/mm
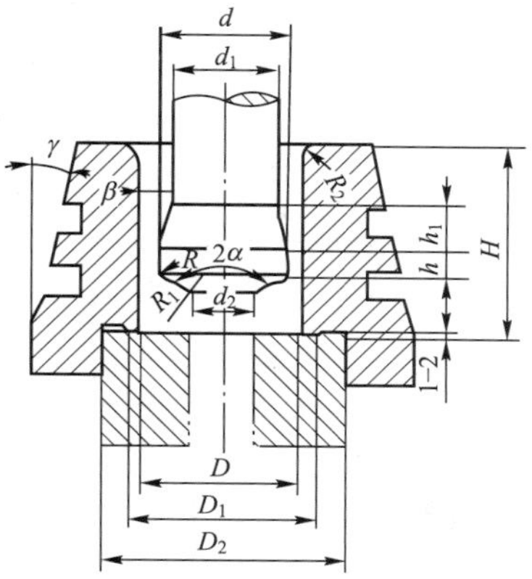	R，R_1	1.0～2.0
	R_2	2.0～5.0
	2α	120°～150°
	β	0°～30′
	γ	5°～10°（用于整体凹模）
		1°30′（用于组合凹模）

表12-13 热挤压冲头紧固部分尺寸

示意图	代号	尺寸/mm
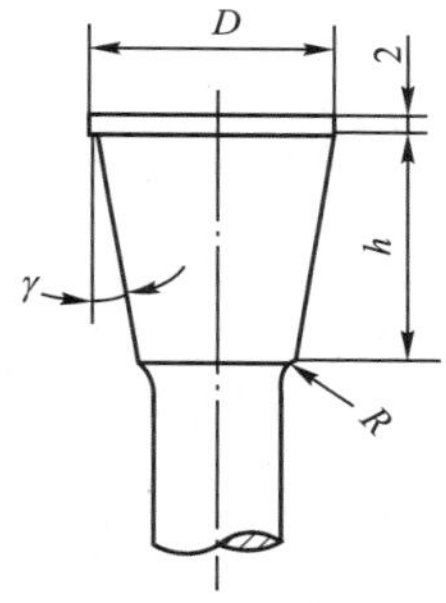	D	$d+2h\tan\gamma$
	h	$(1.0\sim1.5)D$
	R	3.0～5.0
	γ	10°～15°

12.8.5 模具的导向装置

压力机用精密热模锻用锻模，一般采用导柱、导套作为模具的导向装置。通常，导柱与导套按二级精度 D/dc 配合；要求较低的锻模，可采用三级精度滑动配合。

锤上用精密热模锻用锻模，一般采用锁扣作为导向和防止错移。图12.33所示为锤上闭式模锻用锻模的一般锁扣结构，其锁扣间隙根据图样要求的精锻件错移精度和锻模工作温度条件规定。由于工作时上模和下模温度不同，所以锁扣间隙在模锻过程中可能增大或减小。

当利用凸模和凹模本身作为导向时，凸模与凹模的导向间隙值，对锤上精密热模锻用锻模可取0.1～0.5mm（双边间隙）；对于压力机用精密热模锻用锻模可取0.05～0.30mm（双边间隙）。

12.8.6 模具的顶出装置

精密热模锻时，为了能迅速地从模膛中顶出锻件和使模具可靠地工作，在模具设计和制造中对模具的顶出装置应给予足够的重视。

1. 锤上精密热模锻的顶出装置

在锤上精密热模锻时，由于不便在锻锤上装设顶出装置（一般是在模膛中作出拔模斜度，以利取出锻件），所以，不宜在锤上精锻形状复杂、脱模困难的锻件。

图 12.49 所示为锤上精密热模锻盘形锻件用锻模。其模具工作部分是下模 3、活动环 4 和上模 6。锻模底座 1 是通用的，在底座中有螺栓 2、螺栓 7、弹簧 9 和套管 8。图 12.49(a)所示为模锻时的位置，图 12.49(b)所示为顶料时的位置，U 形钳 10 放在活动环 4 上，上模 6 把活动环 4 压下，于是可从模膛中取出锻件。

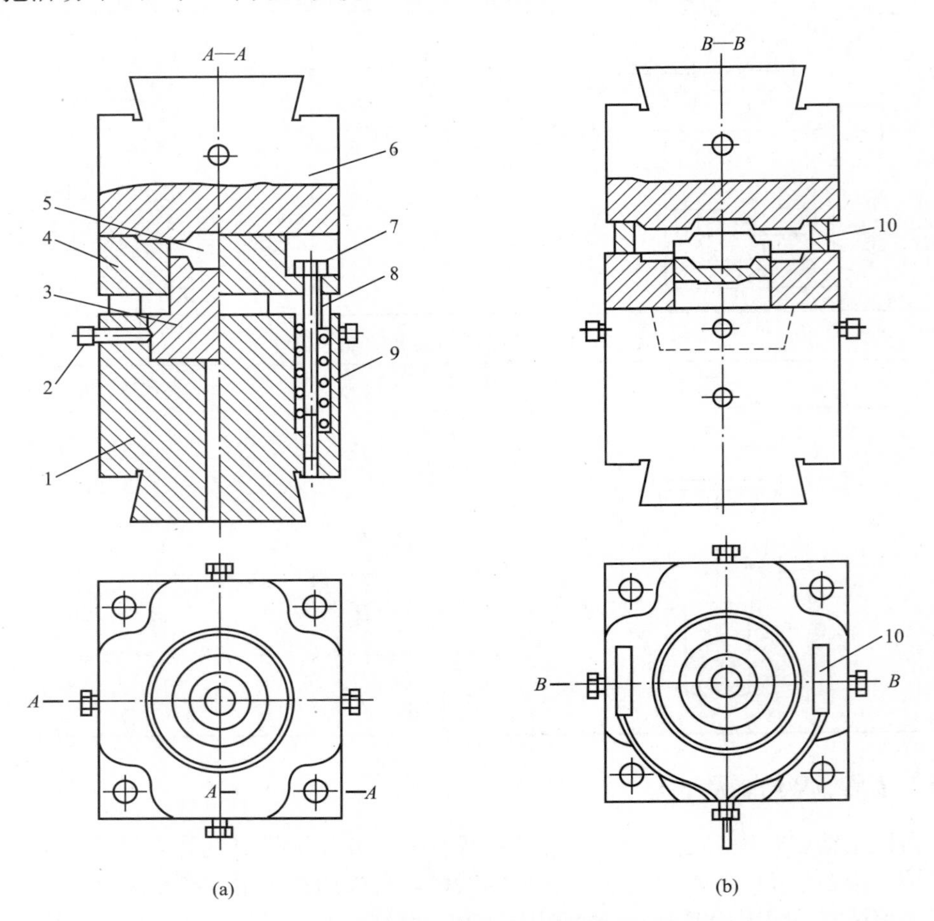

图 12.49　有顶出装置的锤上精密热模锻模具

1—锻模底座；2、7—螺栓；3—下模；4—活动环；5—锻件；6—上模；8—套管；9—弹簧；10—U 形钳

2. 机械压力机上精密热模锻的顶出装置

在机械压力机、螺旋压力机上精密热模锻时，可利用压力机中的顶出装置迅速把锻件从模膛中顶出。

图 12.50 所示为有顶出装置的机械压力机用精密热模锻锻模。由压力机中的液压顶出器或机械顶出器推动推杆 1，通过调节垫板 3 推动锻模顶杆 5 而顶出锻件。

图 12.51 所示为摩擦压力机精密热模锻用锻模，它是利用摩擦压力机中的机械顶出装置来顶出锻件的。这种机械顶出装置的优点是当滑块回程时立刻把锻件顶出，工作可靠；但只

有当顶杆处于最高位置不妨碍坯料在凹模中的正确安放和定位时，才能采用这种顶出装置。

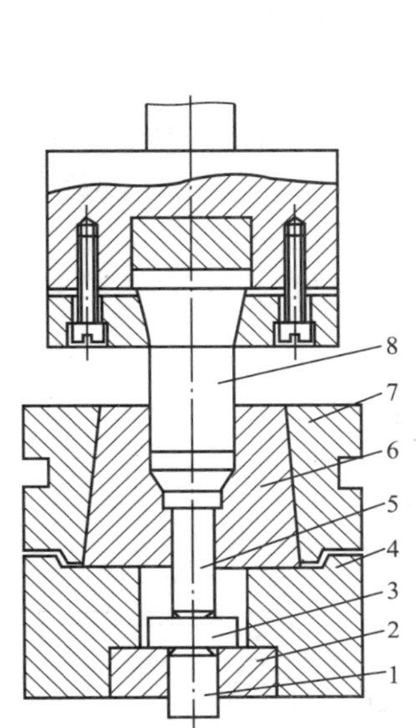

图 12.50　有顶出装置的机械压力机用精密热模锻锻模

1—推杆；2—垫板；3—调节垫板；4—下模板；5—顶杆；6—凹模；7—预应力圈；8—冲头

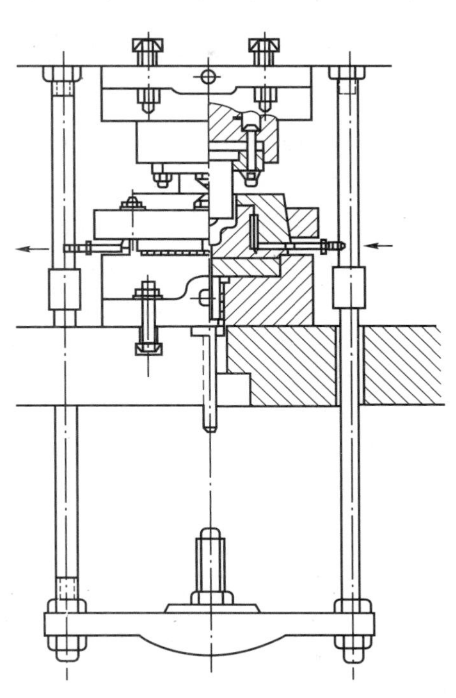

图 12.51　有顶出装置的摩擦压力机用精密热模锻锻模

3. 液压机上精密热模锻的顶出装置

图 12.52 所示为在 2500t 液压机上精密热模锻用锻模。

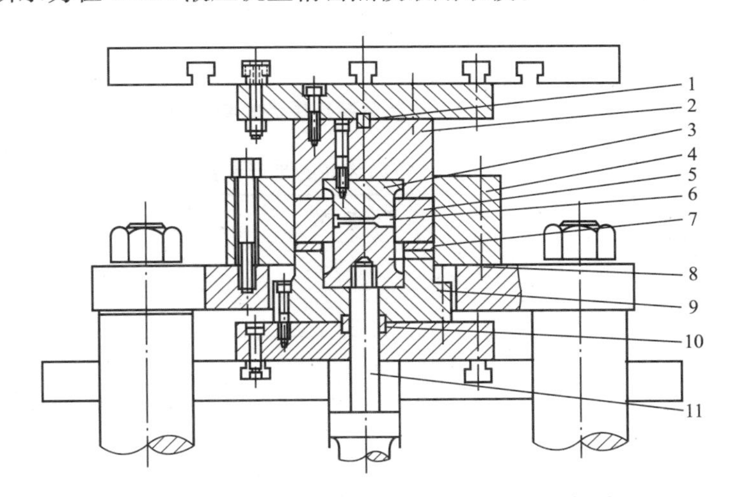

图 12.52　2500t 液压机用精密热模锻锻模

1—定位销；2—上模固定板；3—上冲头；4—预应力圈；5—凹模；6—锻件；7—垫板；8—下冲头；9—下模固定板；10—定位环；11—顶杆

12.9 精密热模锻成形工艺实例

以某汽车差速器中行星齿轮(直齿锥齿轮)的精密热模锻成形工艺及模具设计为例。

直齿锥齿轮的精密模锻获得了广泛的应用。精锻齿轮有沿齿廓合理分布而连续的金属流线和致密组织，齿轮的强度、齿面的耐磨能力、热处理变形量和啮合噪声等都比切削加工的齿轮优越。与切削加工比较，精锻齿轮的硬度可提高20%、抗弯疲劳寿命提高20%、热处理变形量比切削齿轮减少30%、生产成本降低20%以上。

图12.53所示为某汽车差速器行星齿轮零件简图，材料为18CrMnTi钢；其齿形参数见表12-14。

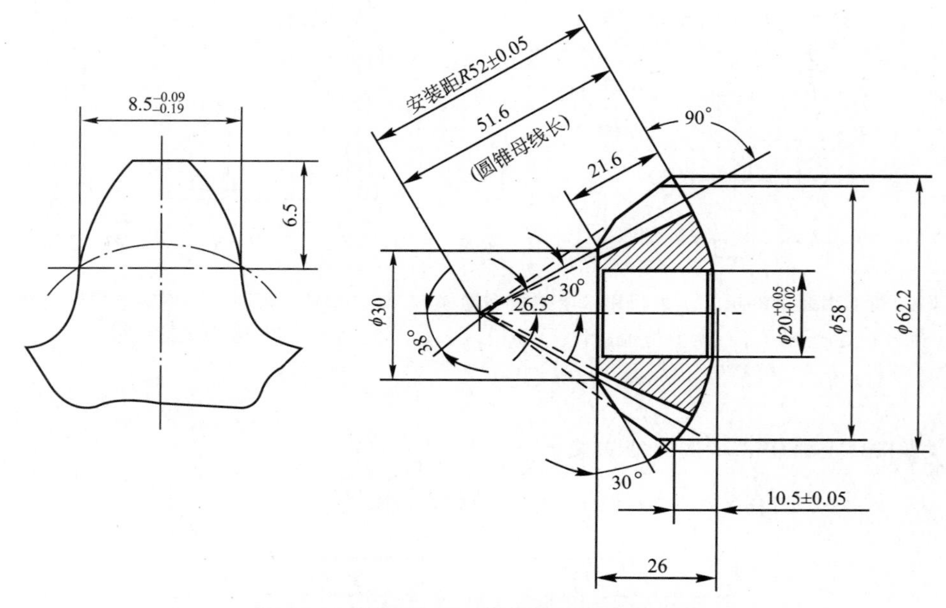

图12.53 某汽车差速器行星齿轮零件简图

表12-14 行星齿轮的齿形参数

齿形参数	
齿　数	12
模数/mm	4.3
齿形角/(°)	20
分度圆直径/mm	51.6
齿高系数	1.0
径向移距系数	0.50
切向移距系数	0.05

（续）

齿形参数	
齿顶高/mm	6.162
齿全高/mm	9.39
分度圆上理论弧齿厚/mm	8.534
精度等级	8-DC

1. 锻造工艺过程

精锻齿轮生产流程是下料→车削外圆、除去表面缺陷层（切削余量为1.0～1.50mm）→加热→精密热模锻→冷切边→酸洗（或喷砂）→加热→温精锻→冷切边→酸洗（或喷砂）→检验。

精密热模锻时，在燃油环形转底式快速少、无氧化加热炉中加热坯料。温精锻时，把精密热模锻成形的锻件加热至800～900℃，用高精度模具进行温精锻成形。采用温精锻成形工序有利于保证精锻件的精度和提高模具寿命。

2. 锻件图的制订

图12.54所示为行星齿轮精锻件图。

制订锻件图时主要考虑如下几个方面：

（1）分型面位置。把分型面安置在锻件最大直径处，能锻出全部齿形和顺利脱模。

（2）加工余量。齿形和小端面不需机械加工，不留余量。背锥面是安装基准面，精锻时不能达到精度要求，预留1.0mm机械加工余量。

（3）冲孔连皮。对于锥齿轮的精密模锻，当锻出中间孔时，连皮的位置对齿形充满情况有影响，连皮至端面的距离约为0.6H时，齿形充满情况最好，其中H为不包括轮毂部分的锻件高度，如图12.55所示。

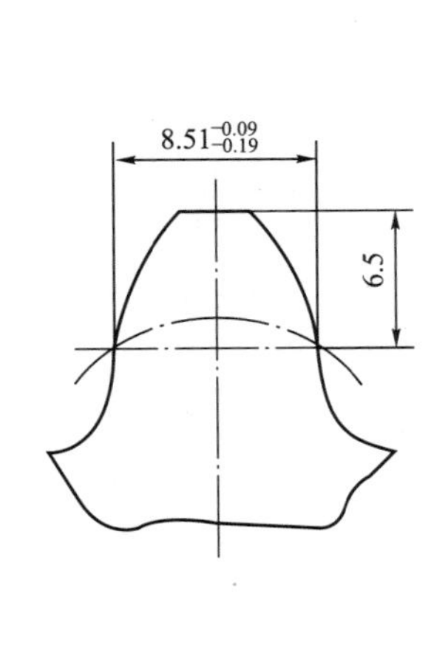

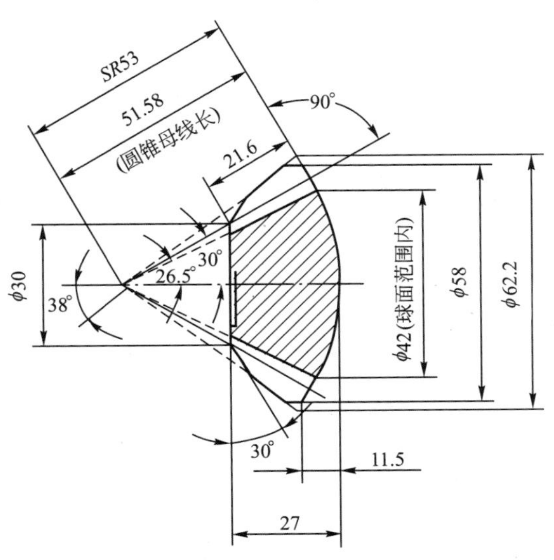

图12.54 行星齿轮精锻件图

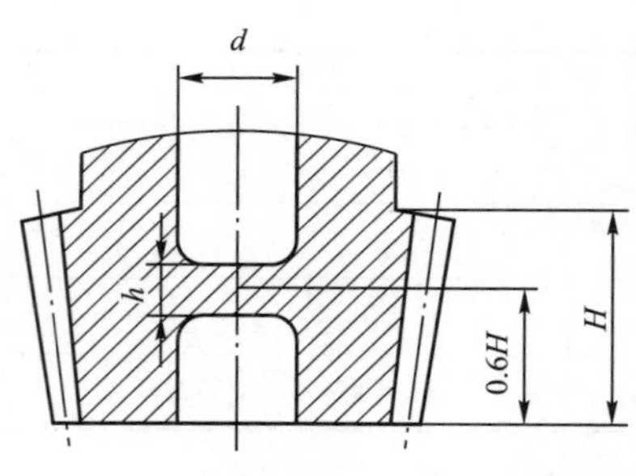

图 12.55　冲孔连皮位置

图 12.53 所示的行星齿轮孔径 $d=20\text{mm}$，不锻出；但在小端压出 $1\times45°$ 的孔倒角(图 12.54)，以省去机械加工时的倒角工序。

3. 坯料尺寸的选择

1）坯料体积的确定

采用少、无氧化加热时，不考虑氧化烧损，坯料体积应等于锻件体积加飞边体积。可按下式计算(图 12.56)：

$$V_0=V_1+V_2+V_3$$

$$V_1=\frac{\pi}{4}d_1^2(h_3-h_4)+\pi h_4^2\left(R-\frac{h_4}{3}\right)$$

$$V_2=\frac{\pi}{3}\tan^2\delta_m[(R_0\cos\delta_m)^3-h_1^3]+\frac{\pi}{3}\cot^2\delta_0\times\left[(R_0\sin\delta_m\times\tan\delta_0)^2-\left(\frac{d_1}{2}\tan\delta_0\right)^3\right]+\left(R_1+\frac{\Delta R_1}{2}\right)\sec\frac{3\delta_K-2\delta_0+\delta_r}{4}\sin\frac{3\delta_K+\delta_r}{4}\times2\pi\Delta R_1\times\frac{h_K-h_f}{2}$$

$$V_3=\frac{\pi}{4}\Delta R_1(d_3^2-d_1^2)\sec\delta_0$$

式中，V_0 为毛坯体积(mm^3)；V_1 为高度 h_3 部分的锻件体积(mm^3)；V_2 为高度 h_2 部分的锻件体积(mm^3)；V_3 为飞边体积(mm^3)；ΔR_1 为飞边厚度(mm)；h_K 为齿顶高(mm)；h_f 为齿根高(mm)；d_3 为飞边直径(mm)。

$$R_0=(R_1+\Delta R_1)\sec(\delta_0-\delta_m)$$

$$\delta_m=\frac{\delta_r+\delta_K}{2}$$

$$h_4=R-\frac{1}{2}\sqrt{4R^2-d_1^2}$$

2）坯料形状选择

坯料形状常见的有三种：①采用平均锥形锻坯(即预锻锻坯)；②采用较大直径的圆柱形坯；③采用较小直径的圆柱形坯，即坯料直径很接近于小端齿根圆直径。

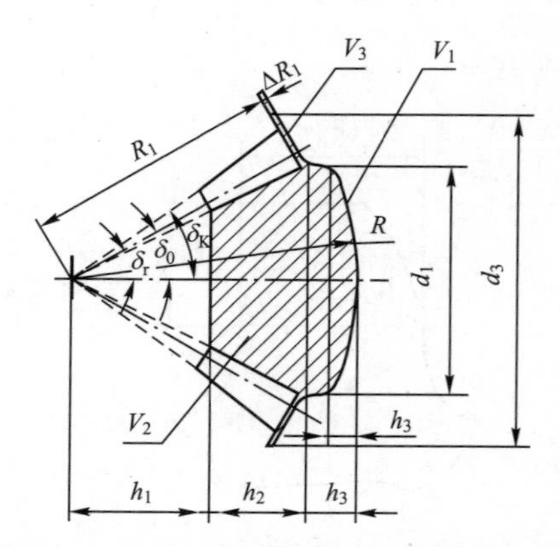

图 12.56　计算直齿锥齿轮坯料体积的简图

采用前两种坯料的优点是模锻时金属流动速度低，模具磨损较小；其缺点是采用预锻锻坯，则增加一道预锻工序。采用较大直径圆柱形坯时，由于坯料较短、较大，精锻齿轮小端纤维分布不好，并且模锻时可能产生折叠、充不满等缺陷；同时，短而粗大的坯料也不利于精密剪切下料；需要在模膛小端齿根处开排气孔以利于模膛的充满，使模具加工复杂化，并且如果挤入排气孔中的金属小长条较长时，模锻后就得磨去，否则温精锻时会形成折叠。

采用较小直径圆柱形坯的优点是不必在模膛中开排气孔，有利于精密剪切下料；其缺点是模膛磨损较大。

因此，在模锻时不产生纵向弯曲的前提下，宜采用小直径坯料。

采用圆柱形坯时，为了保证锻件齿形没有折叠和充不满等缺陷，并且在齿形和齿根部分具有沿齿形圆滑分布的金属纤维流线，坯料除了有足够的体积外，其尺寸还应满足如下的条件(图12.57)。

① 坯料的高度 h_B 与齿轮的齿宽 b 的关系为

$$h_B \geqslant \frac{b}{K_h}$$

式中，K_h 为实验确定的系数，当节圆锥角 $\delta_0=32°$时，$K_h=0.37$；当节圆锥角 $\delta_0=45°$时，$K_h=0.33$；当节圆锥角 $\delta_0=58°$时，$K_h=0.275$。

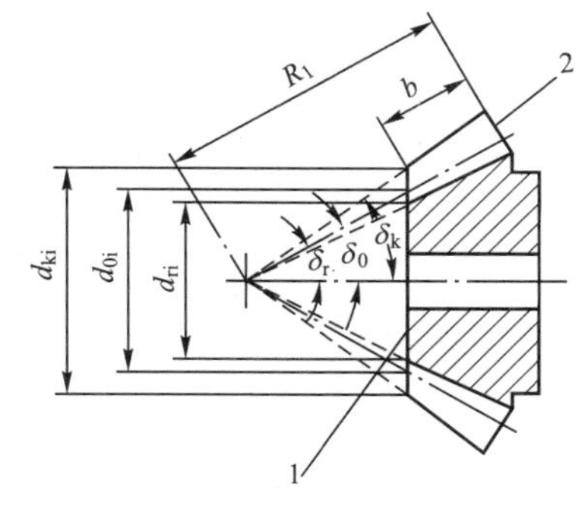

图12.57 直齿锥齿轮的尺寸参数

1—轮体；2—轮齿

② 坯料直径 d_B 与模膛参数(即齿轮参数)的关系为

$$0.03z\times m_i+d_{ri}\leqslant d_B\leqslant(d_{ki}-d_{ri})\sin^2\delta_r+d_{ri}$$

对于图12.57所示的直齿锥齿轮，有

$$d_{ki}-d_{ri}=z\times m_i(\tan\delta_k-\tan\delta_r)\cot\delta_0$$

所以上式变为

$$0.03z\times m_i+d_{ri}\leqslant d_B\leqslant z\times m_i(\tan\delta_k-\tan\delta_r)\sin^2\delta_r\times\cot\delta_0+d_{ri}$$

式中，z 为齿轮的齿数；$m_i=\frac{d_{0i}}{z}$为小端面模数(mm)；d_{ri}为小端面齿根圆直径(mm)；d_{ki}为小端面齿顶圆直径(mm)；δ_k 为齿顶圆锥角(°)；δ_r 为齿根圆锥角(°)；δ_0 为节圆锥角(°)。

上述条件适用于模数 $m=2.0\sim6.5$mm、齿宽 $b=(0.2\sim0.5)R_1$、压力角 $\alpha_0=20°\sim22.5°$、节圆锥角 $\delta_0=32°\sim58°$的各种直齿锥齿轮的热精密模锻。对于齿顶圆锥、齿根圆锥和节圆锥顶点不在同一点的齿轮，若顶点相差不远，可按上式计算。

根据上述计算并经试锻后，确定采用 $\phi28^{+0.10}$mm×$68^{+0.5}$mm 的圆柱形坯，其质量约为311g。

4. 精锻模具

图12.58所示为该行星齿轮的精锻模具结构图。

一般来说，齿形模膛设置在上模有利于成形和提高模具寿命。但对于行星齿轮的精锻模来说，为了安放坯料方便和便于顶出锻件，凹模安放在下模板上，这对于清除齿形模膛中的氧化皮或润滑剂残渣、提高模具寿命是不利的。采用双层组合凹模，凹模用预应力圈加强。凹模压圈仅起紧固凹模的作用。模锻后，由顶杆把锻件从凹模中顶出。

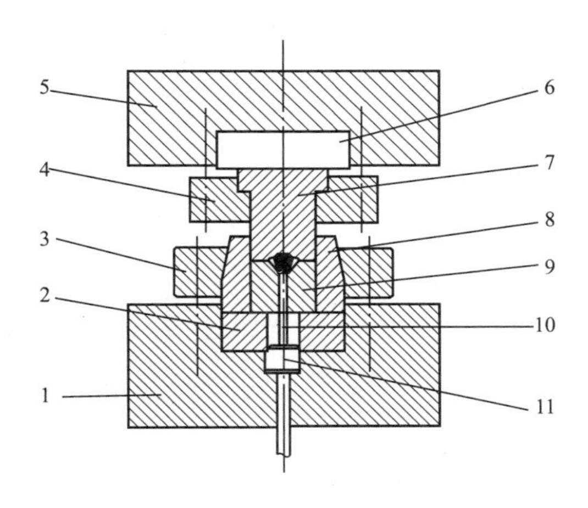

图12.58 行星齿轮的精锻模具结构图

1—下模座；2—下垫板；3—下压板；4—上压板；5—上模座；6—上垫板；7—上模；8—预应力圈；9—凹模；10—顶料杆；11—顶杆

习　题

1. 什么叫闭式模锻？它有什么优点？
2. 采用闭式模锻工艺过程的必要条件是什么？
3. 闭式模锻工艺过程共分几个阶段？
4. 对于一定形状的锻件，坯料的体积和模膛体积之间的偏差对高度偏差有什么影响？
5. 怎样才能保证在液压机上进行挤压和闭式模锻时不产生纵向飞边？
6. 精密模锻的目的是什么？
7. 精密模锻工艺有什么特点？
8. 热挤压工艺分几种？

第13章 冷锻成形

13.1 冷锻成形概述

冷锻成形工艺作为一种少无切削加工的制造工艺方法，已经在生产领域中得到广泛应用。

所谓冷锻是指在冷态条件下的精密锻造成形加工，即在室温条件下利用安装在锻造设备上的模具将金属坯料锻造成形为具有一定形状及一定使用性能的冷锻件的塑性成形方法。

1. 冷锻成形的特点

与普通热模锻、粉末冶金、铸造及机械切削加工相比，冷锻成形具有如下优点：

(1) 冷锻件的精度高，强度性能更好。

(2) 节省原材料。

(3) 生产效率高，易实现自动化。

(4) 能耗较低。

(5) 生产成本较低。

(6) 对环境无污染。

由于冷锻成形工艺具有上述优点，它已越来越多地用来大量生产软质金属、低碳钢、低合金钢锻件。

要实现冷锻成形加工，需要有如下特殊要求：

(1) 所需冷锻成形设备的吨位较大。冷锻成形时的变形抗力大。在冷挤压成形时，单位挤压力可以达到坯料材料强度极限的4.0～6.0倍甚至更高。

(2) 对模具材料要求高。在冷锻成形过程中，单位冷锻力常常接近甚至超过模具材料的抗压强度。在冷挤压成形时，其单位挤压力可以高达2500～3000MPa；在冷压印或冷精压时，其单位成形力可以高达3500MPa。

(3) 模具制造工艺复杂。冷锻成形模具不仅对模具材料的要求很高，而且需要设计、制造两层或三层的预应力组合凹模。

(4) 对所加工的原材料要求高。冷锻成形时，坯料在冷态下产生很大的变形；坯料的高度可能被镦粗至原来的几十分之一，坯料的截面积可能被挤至原来的几分之一至几十分之一。

为了避免在冷锻成形过程中对坯料进行多次中间软化退火，必须选用组织致密和杂质少(特别是易导致钢的冷脆性的含磷量要低)的材料。

(5) 坯料往往要进行软化退火和表面润滑处理。润滑对冷锻成形工艺至关重要。

2. 适合于冷锻成形的零件

国际冷锻协会在20世纪70年代推荐了适宜冷锻成形的零件的代表性形状。图13.1所示为适宜冷锻成形的轴类零件，图13.2所示为适宜冷锻成形的空心零件。

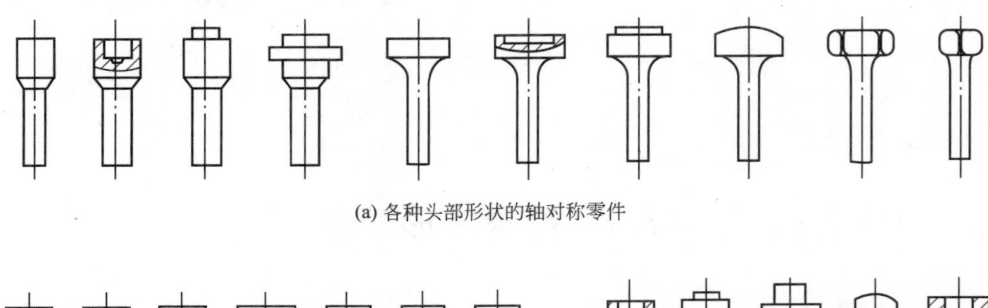

(a) 各种头部形状的轴对称零件

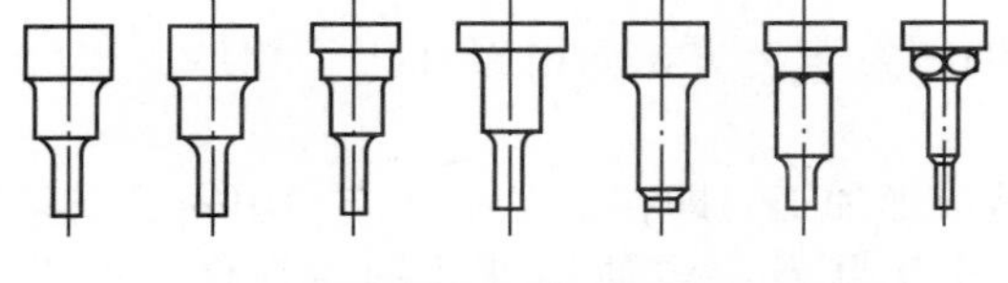

(b) 各种阶梯形状的轴对称零件

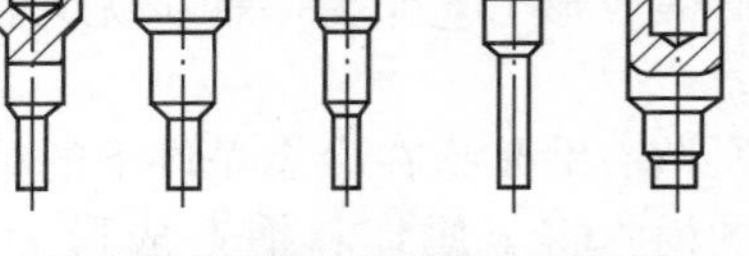

(c) 头部成形杆部为阶梯的轴对称零件

图13.1　适宜冷锻成形的轴类零件

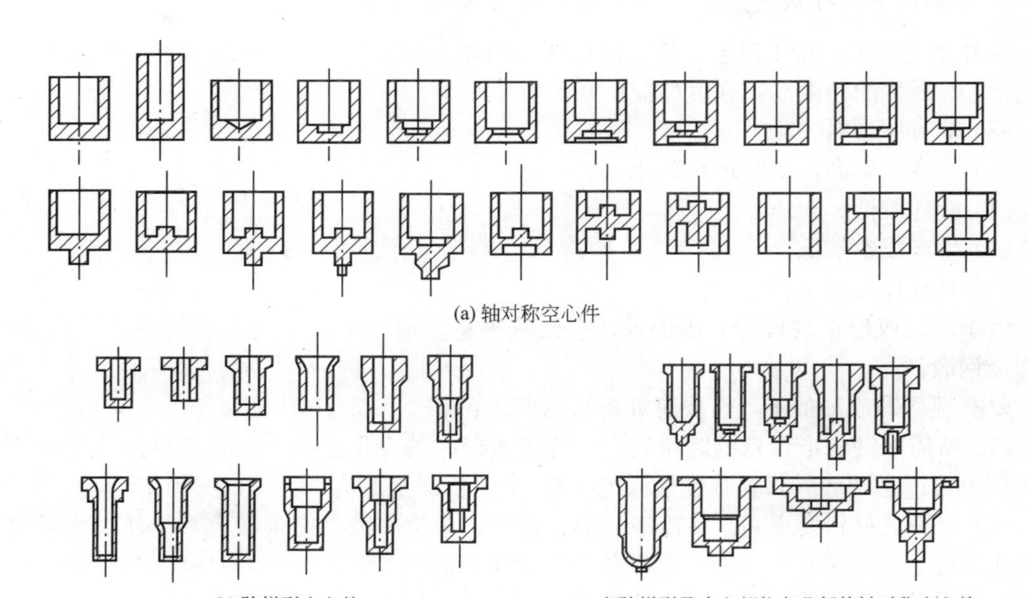

(a) 轴对称空心件

(b) 阶梯形空心件

(c) 有阶梯形及中心部位有凸起的轴对称空心件

图13.2　适宜冷锻成形的空心零件

13.2 冷锻成形的基本工序

冷锻成形主要包括冷镦锻、冷型锻、冷压印、冷挤压和冷模锻等基本工序。

1. 冷镦锻

冷镦锻是利用冷锻成形设备通过冷锻模具对金属坯料施加轴向压力，使其产生轴向压缩、横截面增大的冷锻成形方法，如图 13.3 所示。

冷镦锻的特点是坯料的横截面积增大。

根据坯料变形部位的不同及模具工作部分形状的不同，冷镦锻可分为以下三种：

(1) 冷整体镦锻，如图 13.3(a)和图 13.3(b)所示；

(2) 冷顶镦(或镦头)，如图 13.3(c)和图 13.3(d)所示；

(3) 中间镦粗，如图 13.3(e)和图 13.3(f)所示。

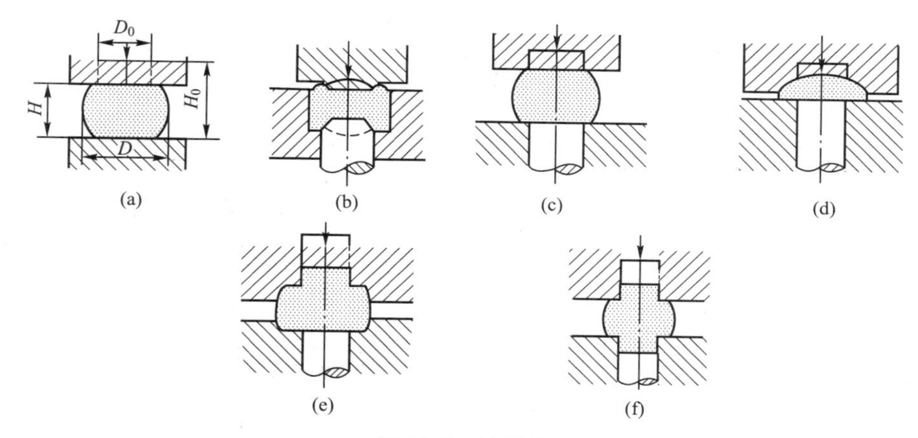

图 13.3 冷镦锻

1) 冷整体镦锻

冷整体镦锻是使整个坯料由轴向压缩转为横向扩展的一种冷锻成形工序。

冷整体镦锻的变形特点与镦粗的变形特点相同。

2) 冷顶镦(或镦头)

冷顶镦是在坯料一端的头部产生轴向压缩、横向扩展的冷镦锻工序，如图 13.4 所示。

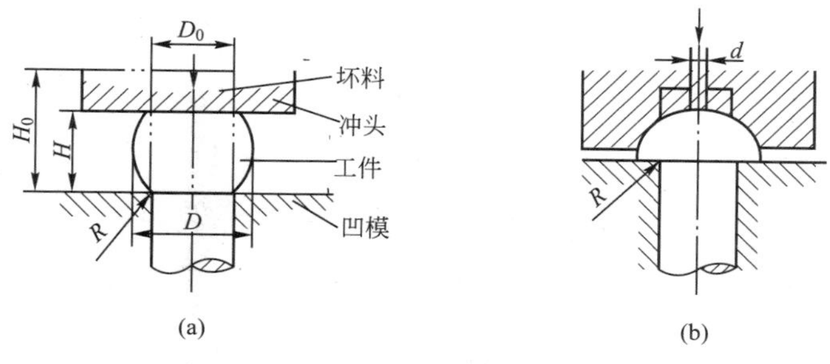

图 13.4 冷顶镦

冷顶镦的变形特点与镦粗工序完全相同。

冷顶镦模具工作部分的设计应注意如下几点：

(1) 冷顶镦所用凹模要有夹持好坯料不变形部分的功能，凹模口部边缘应有圆角。

(2) 冷顶镦外凸曲面形镦头件时，凸模工作部分的形状要有相应的内凹曲面形状。

(3) 当冷顶镦件头部外曲面的表面粗糙度要求不高时，凸模内凹中心处一般设计出气孔，如图 13.4(b)所示。如果端面形状精度要求较高，凸模面上不允许有出气孔，可用预成形或机加工法加工出符合要求的圆弧端面再顶镦。

(4) 形状复杂的头部(如螺栓六角头等)的工件冷顶镦时，应按多次顶镦逐步成形的工艺方案进行模具设计。

3) 中间镦粗

中间镦粗是指使坯料的中间部位产生轴向压缩、横向扩展的冷镦锻工序，如图 13.5 所示。

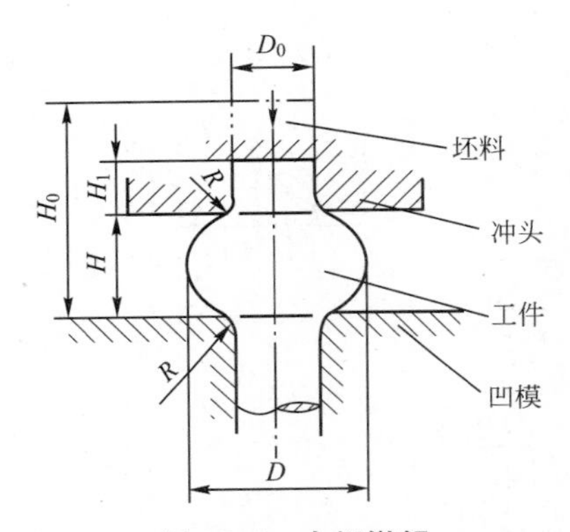

图 13.5　中间镦粗

中间镦粗的变形特点与镦粗工序基本相同。

中间镦粗的模具工作部分设计要点如下：

(1) 凹模的设计原则与顶镦凹模相同。

(2) 凸模工作部分要带有内孔且孔口边缘要成圆角。

(3) 中部形状要求较高的工件中间镦粗时，应采用半封闭式冷镦锻。

(4) 中部形状复杂的工件中间镦粗时，应按逐步成形、多次冷镦锻的工艺方案进行模具设计。

2. 冷型锻

冷型锻是利用冷锻成形设备通过模具对金属坯料施加压力使其产生横向压缩变形的冷锻成形方法，如图 13.6(a)所示。

冷型锻的特点是坯料的横截面变薄。

根据坯料变形部位的不同，冷型锻可以分为端部拔长和中间压扁两种基本工序，如图 13.6(b)和图 13.6(c)所示。

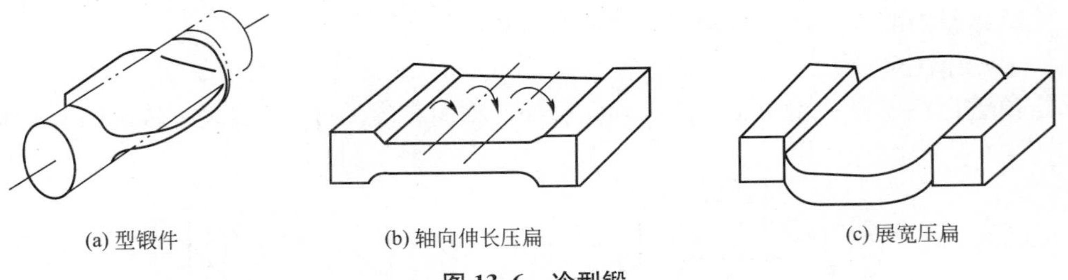

(a) 型锻件　(b) 轴向伸长压扁　(c) 展宽压扁

图 13.6　冷型锻

1) 端部拔长

端部拔长是使坯料的一端沿其横向压缩、轴向伸长的一种冷型锻工序。

2) 中间压扁

中间压扁是在坯料的中间部位沿其横向压缩而变薄的一种冷型锻工序。

(1) 轴向伸长的压扁：如图 13.6(b)所示，中间压扁时，阻碍材料在宽度方向上的扩展，迫使其沿轴向扩展。

(2) 展宽压扁：如图 13.6(c)所示，中间压扁时，由于变形区内轴向变形阻力大于宽向变形阻力，材料沿宽度方向扩展相对容易，而且由于变形区的轴向切应力相对增大，不变形区对变形区的剪切阻力的作用相对减弱。

3. 冷压印

冷压印是利用冷锻成形设备通过模具对金属坯料施加压力使之产生轴向压缩、横向不明显扩展的冷锻成形方法，如图 13.7 所示。

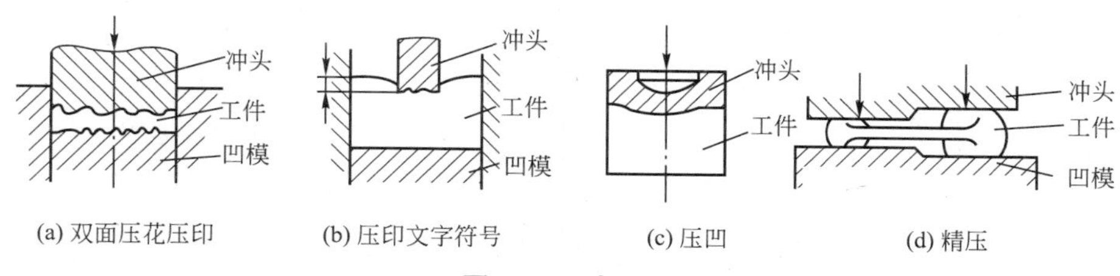

图 13.7 冷压印

冷压印的特点是压缩量不大，横向变形量及总体变形量不大，但压力很大。

依据坯料形状的不同及所用模具结构特点的不同，压印可以分为压花压印、压凹及精压三种基本工序。

1）压花压印

压花压印是在平板形坯料的上、下表面上成形出深度浅而清晰的凹凸花纹、图案或文字符号的一种压印工序。

图 13.7(a)所示为双面压花压印，如各种硬币的制造；图 13.7(b)所示为压印文字符号，其压印出的文字符号深度相对于坯料的厚度(高度)很小，一般不需凹模。

2）压凹

在坯料的端面上成形出有一定深度的凹坑的压印工序称为压凹，如图 13.7(c)所示。

压凹压出的凹坑深度比压花压印的深度要大一些，但坯料的横向变形量及总变形量并不是很大。

压凹不仅可以成形出带有凹坑的冷锻零件，而且可以为挤压和平面精压等工序制坯。

3）精压

精压是为提高半成品的尺寸精度及形状精度而进行的轻微压缩变形的一种压印工序，如图 13.7(d)所示。

精压分为立体精压和平面精压，其中平面精压应用较多。

虽然精压的变形量很小，但由于其压缩面积大，因而所需的变形力很大。

4. 冷挤压

冷挤压是在冷态下将金属坯料放入模具模腔内，在强大的压力和一定的速度作用下，迫使金属从模腔中挤出，从而获得所需形状、尺寸及具有一定力学性能的冷挤压件，如图 13.8所示。

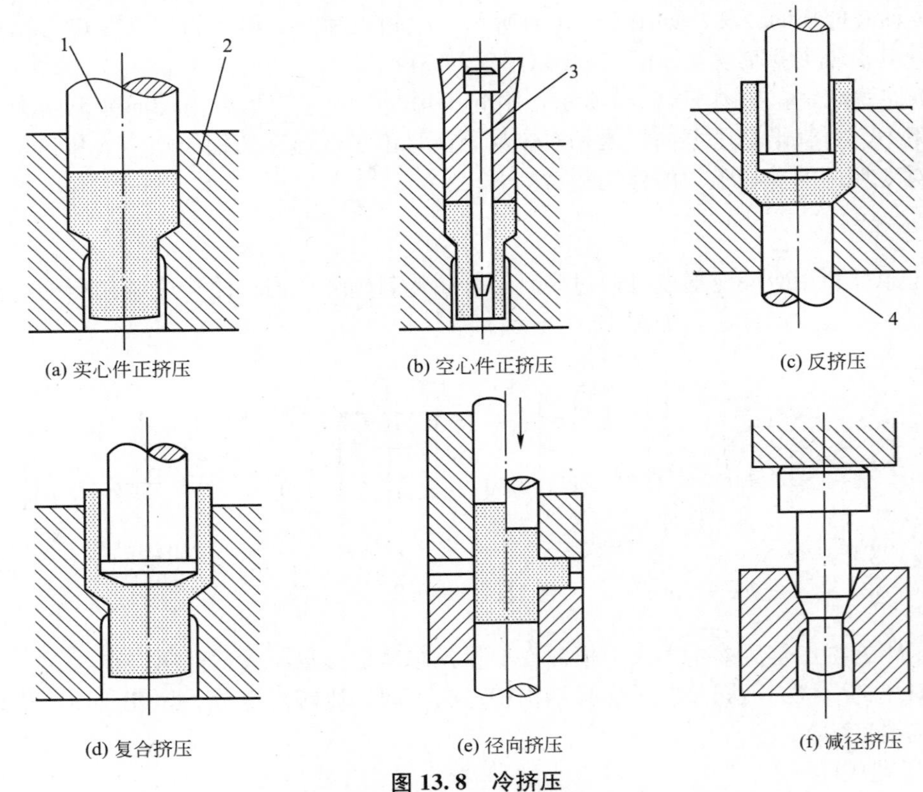

(a) 实心件正挤压　(b) 空心件正挤压　(c) 反挤压

(d) 复合挤压　(e) 径向挤压　(f) 减径挤压

图 13.8　冷挤压

1—凸模；2—凹模；3—凸模芯轴；4—顶冲

根据金属被挤出方向与加压方向的关系可将冷挤压分为正挤压、反挤压、复合挤压、径向挤压和减径挤压等基本工序。

1）正挤压

正挤压是在成形过程中金属被挤出方向与加压方向相同的挤压成形方法。图 13.8(a)所示为实心件的正挤压，图 13.8(b)所示为空心件的正挤压。

正挤压件的断面形状既可以是圆形也可以是非圆形。

2）反挤压

反挤压是在成形过程中金属被挤出方向与加压方向相反的挤压成形方法，如图 13.8(c)所示。

反挤压法适用于制造断面是圆形、矩形、“山”形、多层圆形、多格盒形的空心件。

3）复合挤压

复合挤压是在成形过程中一部分金属的挤出方向与加压方向相同，另一部分金属的挤出方向与加压方向相反的挤压成形方法，如图 13.8(d)所示。复合挤压是正挤压和反挤压的复合。

复合挤压法适用于制造断面是圆形、方形、六角形、齿形等的杯-杯类、杯-杆类或杆-杆类挤压件，也可以是等断面的不对称挤压件。

4）径向挤压

径向挤压是在成形过程中金属的流动方向与凸模轴线方向相垂直的挤压成形方法，如

图 13.8(e)所示。

径向挤压法用于制造某些需在径向有突起部分的工件。

5）减径挤压

减径挤压是在成形过程中坯料断面仅作轻度缩减的正挤压成形方法，如图 13.8(f)所示。

减径挤压的挤压力低于坯料的屈服力，坯料不会产生镦粗，其模具可以是开式的，因此减径挤压也称“开式挤压”或“无约束正挤压”。

减径挤压法主要用于制造直径差不大的阶梯轴类挤压件及作为深孔薄壁杯形件的修整工序。它特别适合于长轴类件的挤压，是加工带有多台阶轴的有效方法，并适合于加工沟槽浅的花键轴和三角形齿花键轴。

5. 冷模锻

冷模锻是利用冷锻成形设备通过带有型槽的凸模和凹模，对金属坯料施加压力并使之充满模具型腔的冷锻成形方法，如图 13.9 所示。

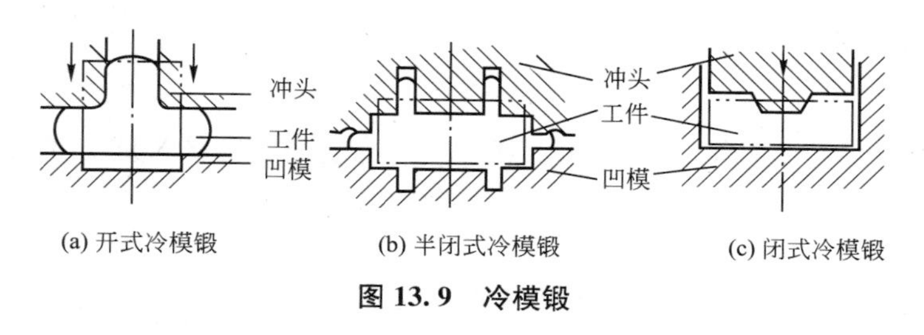

(a) 开式冷模锻　(b) 半闭式冷模锻　(c) 闭式冷模锻

图 13.9　冷模锻

根据金属坯料流动方式的不同，冷模锻可以分为开式冷模锻、半闭式冷模锻和闭式冷模锻三种基本工序。

1）开式冷模锻

开式冷模锻时，受轴向压缩的坯料在侧面是敞开的模具内作比较自由的横向变形，如图 13.9(a)所示。

2）半闭式冷模锻

半闭式冷模锻指的是带有飞边槽的冷模锻，如图 13.9(b)所示。

半闭式冷模锻模具工作部分设计要点如下：

(1) 模腔形状、尺寸及圆角应由冷锻件图要求决定。

(2) 飞边槽是由桥部与仓部两部分组成的。

(3) 应设计拔模斜度，以便取出工件。

半闭式冷模锻件有飞边，须安排切边工序。

3）闭式冷模锻

将金属坯料完全限制在模具型腔内进行冷锻成形的工序称为闭式冷模锻，如图 13.9(d)所示。

闭式冷模锻的变形分为镦粗、充满模腔和挤出端部飞边三个阶段。闭式冷模锻的变形力很大。

13.3 冷锻成形工艺过程的设计

1. 冷锻件的设计原则

冷锻件和冷锻成形工艺过程的设计目标和要求是工艺上合理、经济上合算。

冷锻件的设计是冷锻成形工艺设计的基础。

冷锻件图是根据产品零件图，考虑冷锻成形工艺和机械加工的工艺要求及经济原则而设计的。设计冷锻件图时，必须遵循下列基本原则：

(1) 设计的冷锻件形状要易于冷锻成形，使模具受力均匀。

(2) 确定的冷锻件尺寸及精度要求应该在冷锻成形可能范围之内。

(3) 用机械切削加工等方法更适宜实现形状和尺寸要求的零件，不应强求用冷锻成形方法；否则，经济上不一定合算。

2. 冷锻件的结构工艺性

1) 对称性

冷锻件的形状最好是轴对称旋转体，其次是对称的非旋转体，如方形、矩形、正多边形、齿形等；冷锻件为非对称形时，模具受侧向力，易损坏，如图 13.10 所示。

2) 断面积差

冷锻件不同断面上，特别是相邻断面上的断面积差设计得越小越有利。断面积差较大的冷锻件，可以通过改变成形方法，增加变形工序而获得，如图 13.11 所示。

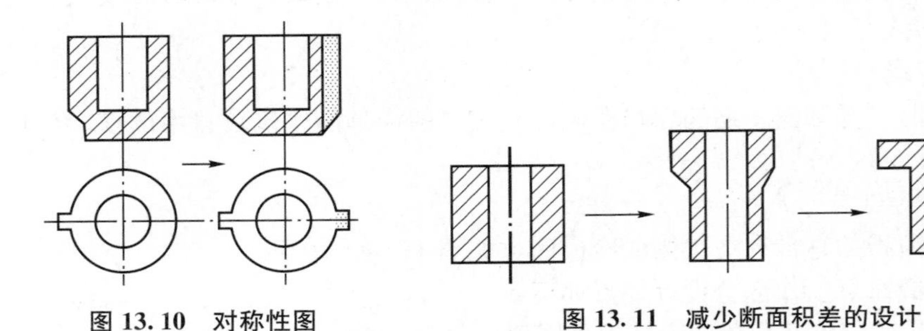

图 13.10 对称性图

图 13.11 减少断面积差的设计

3) 断面过渡及圆角过渡

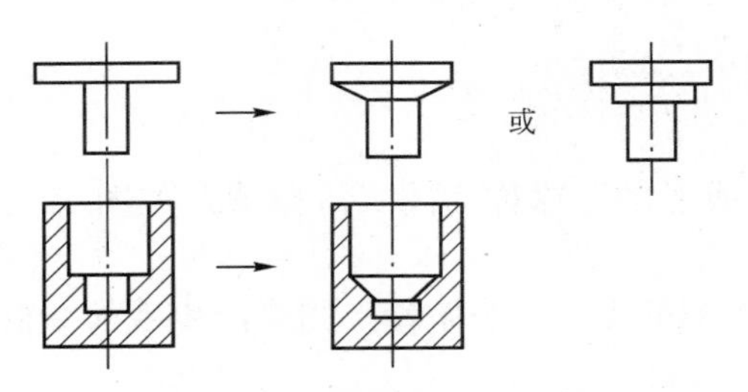

图 13.12 断面的合理过渡

冷锻件断面有差别时，通常应设计为从一个断面缓慢地过渡到另一个断面；为了避免急剧变化，可以用锥形面或中间台阶来逐步过渡(图 13.12)，而且过渡处要有足够大的圆角。

4) 断面形状

(1) 锥形问题。锥形件冷锻会产生一个有害的水平分力，故应先冷挤成形为圆筒形；然后单独镦粗成形外部锥体或切削加工出内锥体，如图 13.13所示。

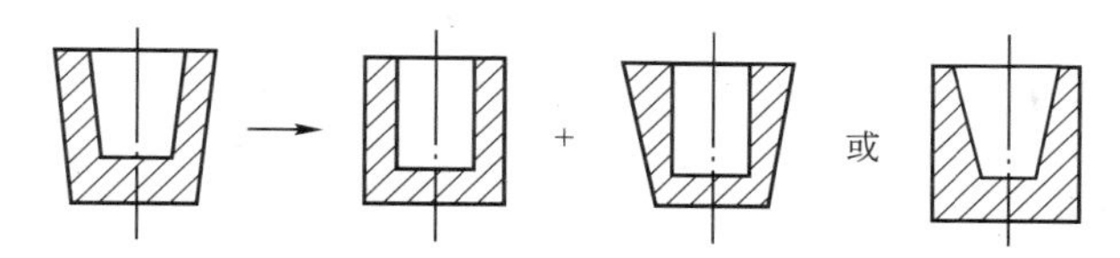

图 13.13　锥形件的冷锻

(2) 阶梯形。对如图 13.14 所示的阶梯形冷锻件适宜正挤压或减径挤压，但差异很小的阶梯形件采用冷锻成形并不经济；对如图 13.15 所示的空心阶梯形件，其阶梯之间的尺寸相差很小，最好冷锻成形为大阶梯形或简单空心件，然后切削出来。

(3) 避免细小深孔。冷锻直径很小的孔或槽是很困难的，也是不经济的，应尽量避免。

对如图 13.16 所示的零件，其深孔 1、侧孔 2、沟槽 3 及螺纹 4，均不宜用冷锻成形的方法成形，而需要用机械切削加工的方法来制造。

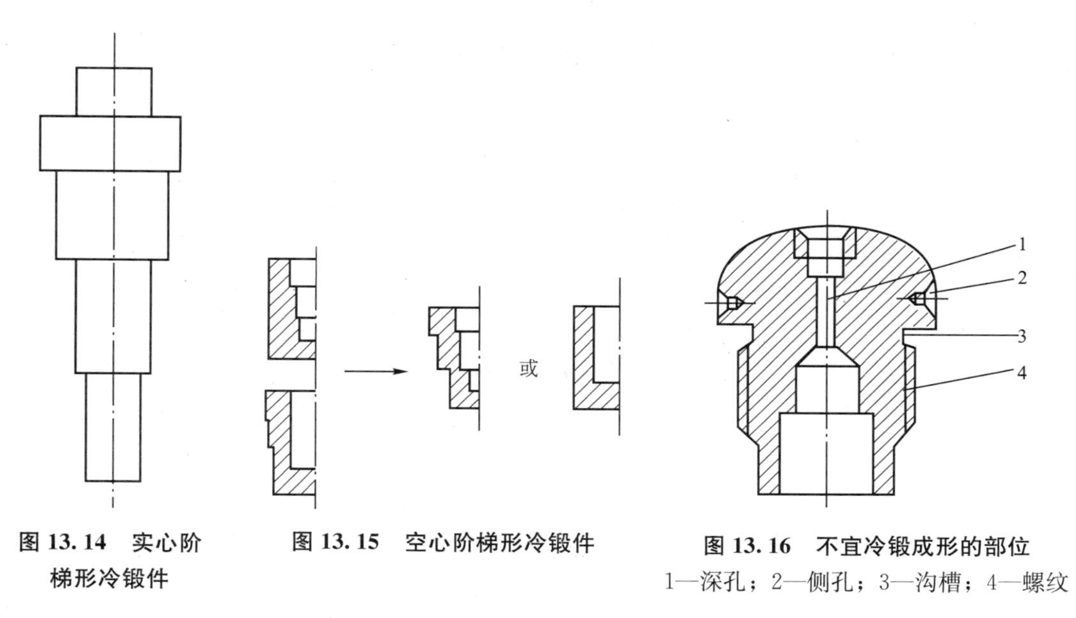

图 13.14　实心阶梯形冷锻件

图 13.15　空心阶梯形冷锻件

图 13.16　不宜冷锻成形的部位

1—深孔；2—侧孔；3—沟槽；4—螺纹

3. 冷锻成形工艺方案的制订

对于任何一种冷锻件，从不同的角度和设计观点出发，会有多个工艺方案。在制订工艺方案时，既要考虑到技术上的可能性和先进性，又要注重经济效益。应该拟定两个或更多个工艺方案，然后进行经济技术分析，以便得出合理的工艺方案。

1) 冷锻件图的制订

冷锻件图根据零件图制订，以 1∶1 的比例绘制，包括内容如下：

(1) 确定冷锻成形和进一步加工的工艺基准。

(2) 对于不需机械切削加工的部位，不加余量，应按零件图的技术要求直接给出公差；而对于需进行机械切削加工的部位，应考虑加工余量，并按冷锻成形可以达到的尺寸精度给出公差。

(3) 确定冷锻成形后多余材料的排除方式。

(4) 按照零件的技术要求及冷锻成形可能达到的精度，确定冷锻件的表面粗糙度等级和形位公差值。

2) 制订冷锻成形工艺方案的技术经济指标

为了确保冷锻成形工艺方案在技术经济上的合理性和可行性，常采用下述几个指标来衡量：

(1) 冷锻件的尺寸。冷锻件的尺寸越大，所需冷锻成形设备吨位越大，采用冷锻成形加工的困难性越大。

(2) 冷锻件的形状。冷锻件的形状越复杂、变形程度越大，所需的冷锻成形工序数目就越多。

(3) 冷锻件的精度。冷锻件的精度和表面粗糙度有一定限度。增加修整工序可提高冷锻件精度。

(4) 冷锻件的材料。冷锻件的材料影响冷锻成形的难度和许用变形程度。

(5) 冷锻件的批量。冷锻件的批量大时可以使总的成本降低。

(6) 冷锻件的费用。冷锻件的制造成本一般包含材料费、备料费、工具及模具制造费、冷锻成形加工费及后续工序加工费等。这是一项综合指标，往往是决定工艺方案是否合理、可行的关键因素。

对于上述几个指标进行全面分析、平衡之后，就可以选择一个最佳的冷锻成形工艺方案。

最佳的冷锻成形工艺方案的具体标志是采用尽可能少的冷锻成形工序和中间退火次数，以最低的材料消耗、最高的模具寿命和生产效率，冷锻成形出符合技术要求的冷锻件。

冷锻成形加工的全过程应包含下料工序、预成形工序、辅助工序、冷锻工序及后续加工工序等，其中冷锻成形工序的设计是制订冷锻成形工艺方案的核心工作。

4. 不同冷锻成形工序的一次成形范围

不同冷锻成形工序的一次成形范围是指在当前的技术条件下，一次成形所允许的加工界限。它是根据不超出许用变形程度、一定的模具使用寿命及良好的工件质量等原则来确定的。

1) 正挤压件的一次成形范围

正挤压件的典型形状如图13.17所示。

(1) 坯料的高径比 h_0/D。正挤压时，坯料的高度(h_0)与直径(D)之比 h_0/D 过大，会加大摩擦阻力，增大挤压力。因此，正挤压时坯料的高径比一般应限制在 $h_0/D<5$。

(2) 正挤压实心件的杆部直径 d。正挤压实心件的杆部直径 d 过小，其变形程度会超出许用变形程度。对于黑色金属实心件的正挤压，其一次成形的杆部直径 d 应控制在 $0.5D\leqslant d\leqslant 0.85D$。

(3) 余料厚度 h。正挤压时，其余料厚度 h 值过小，单位挤压力会急剧增加；而且对于实心件的正挤压还会出现缩孔缺陷。正挤压实心件余料厚度 h 不宜小于挤出部分直径的1/2；正挤压空心件余料厚度 h 则不宜小于挤出部分的壁厚。

(4) 凹模锥角 α。凹模锥角 α 是影响正挤压件质量与单位挤压力的主要因素之一。α

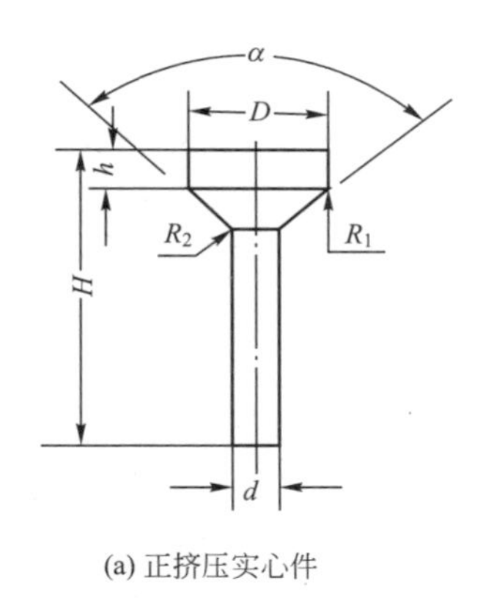

(a) 正挤压实心件

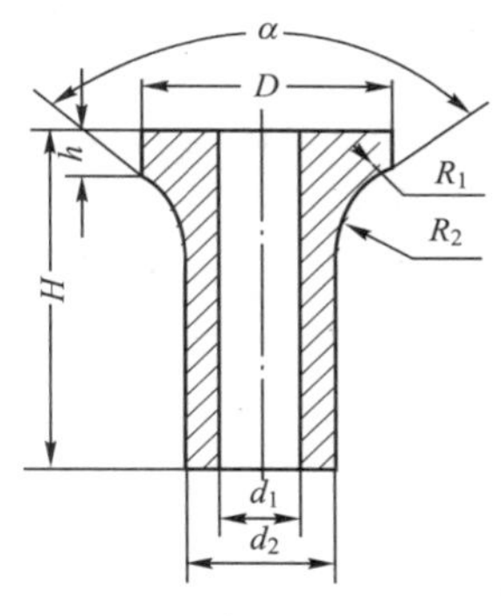

(b) 正挤压空心件

图 13.17　正挤压件的典型形状

的大小往往取决于零件的技术要求；若遇到凹模锥角 $\alpha=180°$时，为了降低单位挤压力和改善质量，就要对零件的结构作适当的修改或增加一道镦粗工序。

生产中，凹模锥角 α 应根据冷挤压件的材料和变形量选择。对于黑色金属，其凹模锥角 α 一般取90°～120°，变形程度小时取大值；对于有色金属，其凹模锥角 α 取160°～180°。若在变形程度大时凹模锥角 α 取180°，就会出现死角区、缩孔和表面裂纹缺陷；严重时会出现死区剥落现象。

2）反挤压件的一次成形范围

反挤压杯形件的典型形状如图 13.18 所示。

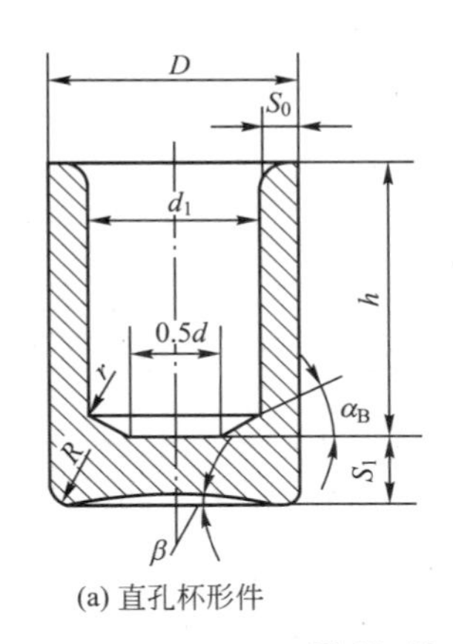

(a) 直孔杯形件

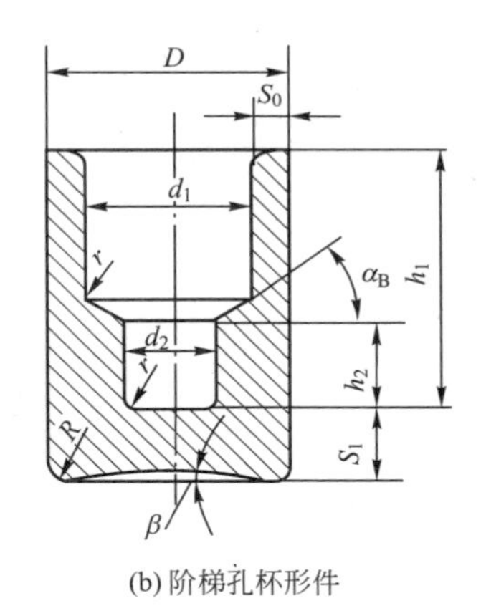

(b) 阶梯孔杯形件

图 13.18　反挤压杯形件的典型形状

(1) 孔的深度 h。为了保证反挤压凸模在挤压成形过程中不失去稳定性，其孔深 h 应受凸模长径比的限制。不同材料的杯形挤压件允许的相对孔深 h/d_1 不同，对于有色金属及其合金，其杯形挤压件的相对孔深 h/d_1 为 3～6；对于黑色金属，其杯形挤压件的相对孔深 h/d_1 为 2～3。

(2) 壁厚 S_0。反挤压杯形件的杯壁 S_0 越薄，则反挤压的变形程度越大。所以，反挤压件的壁厚 S_0 受材料的许用变形程度的限制。

(3) 底厚 S_1。反挤压杯形件的底厚 S_1 过小，除了引起挤压力的急剧上升以外，还可能在底部转角处引起缩孔缺陷。因此，一般情况下应使 $S_1 \geqslant S_0$（S_0 为壁厚），特殊情况才允许 $S_1 < S_0$，最低限度必须保证 $S_1 \geqslant 0.8S_0$。

(4) 内孔径 d_1。为了保证反挤压时不超出模具的许用单位压力，根据反挤压单位压力与变形程度的关系，内孔径 d_1 的一次成形范围应受最小许用变形程度和最大许用变形程度的限制。

黑色金属反挤压时，合适的变形程度应为 $25\% \leqslant \varepsilon_A \leqslant 75\%$。经换算后，其内孔径 d_1 的一次成形应为 $0.5D \leqslant d_1 \leqslant 0.86D$。

(5) 阶梯孔杯形件的小孔长径比 h_2/d_2。带阶梯内孔的杯形件反挤压时［图 13.18(b)］，凸模工作带会加长，成形压力随之加大，凸模寿命就会大大缩短。因此，一般情况下应使 $h_2/d_2 \leqslant 1.0$，只在特殊情况下才允许 $h_2/d_2 > 1.0$，但必须限制 $h_2/d_2 \leqslant 1.2$。

(6) 凸模锥顶角 α_B。采用平底凸模时，挤压力较大。一般在挤压黑色金属时，凸模顶角 α_B 取 7°～27°；当挤压铝、铜等有色金属时，其凸模顶角 α_B 取 3°～25°。当采用锥形凸模时，其凸模顶角 α_B 仍取上述数值。反挤压的孔底也可采用半球形孔底，它只适用于变形程度较小时。若变形程度超过 60%，则所需的单位挤压力会急剧上升。

3）复合挤压件的一次成形范围

复合挤压件的典型形状如图 13.19 所示。

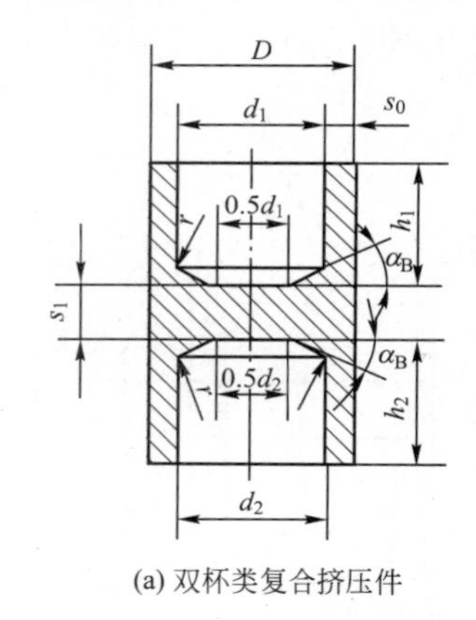

(a) 双杯类复合挤压件

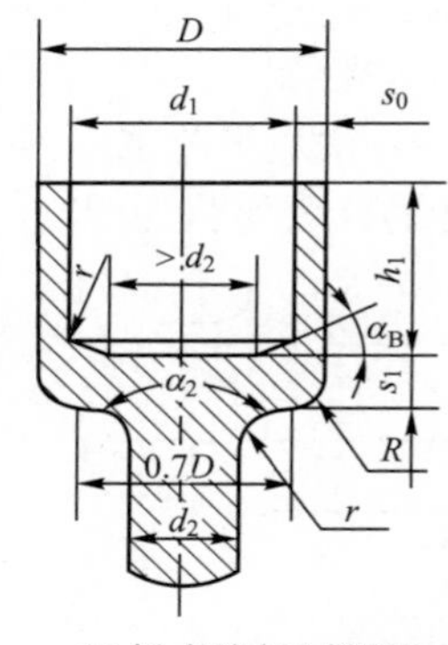

(b) 杯-杆类复合挤压件

图 13.19　复合挤压件的典型形状

由于复合挤压力总不会超过单纯正挤压或单纯反挤压的挤压力，因此，复合挤压件的一次成形范围应比单纯正挤压或单纯反挤压大些。

在实际生产中，复合挤压件的一次成形范围可参照单纯正挤压和单纯反挤压的一次成形范围来确定。例如，双杯类挤压件按单个反挤压杯形件的一次成形范围来确定其一次成形范围；而对于杯杆类挤压件，其正挤压成形的杆径 d_2 的一次成形范围可以扩大一些，因为这时的实际挤压变形程度要比名义变形程度小。

对于黑色金属，一般可以取 $d_2/D \geqslant 0.4$，其他尺寸仍按与单个正挤压件相同的成形范围来确定。

4）减径挤压的一次成形范围

减径挤压件的典型形状如图 13.20 所示。

减径挤压是一种在开式模具内变形且变形程度较小的变态正挤压。坯料在进入变形区以前不能有任何的塑性变形，因此，减径挤压件的一次成形范围应综合考虑坯料材料的变形抗力、挤压件的变形程度、模具的许用单位压力及不产生内部裂纹等因素，由此来确定其主要尺寸参数。

碳钢零件减径挤压的一次成形范围是，当锥角 $\alpha=25°\sim30°$时，若采用的坯料经退火处理，则取 $d_1/d_0\geqslant0.85$；若采用经冷拉拔加工的坯料，则取 $d_1/d_0\geqslant0.82$。

5）镦挤复合成形工艺的一次成形范围

镦挤复合成形工艺在多台阶零件中应用较广，多台阶零件又分为长轴类和扁平类两种。

(1) 多台阶长轴类冷锻件的镦挤复合成形。多台阶长轴类冷锻件的台阶在两个以上，在设计此工艺时，考虑到一次行程中完成多台阶的镦挤成形，势必要选定合理的坯料直径 d_0，如图13.21所示。

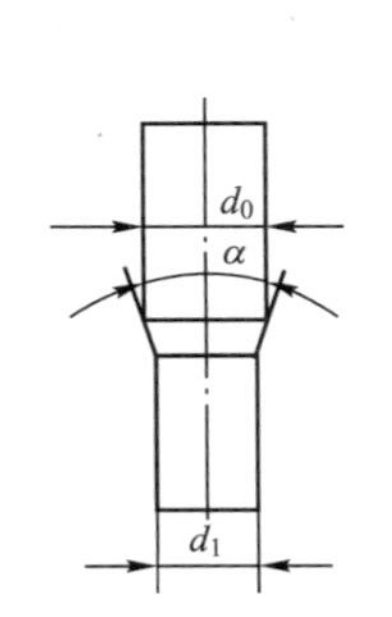

图13.20　减径挤压件的典型形状

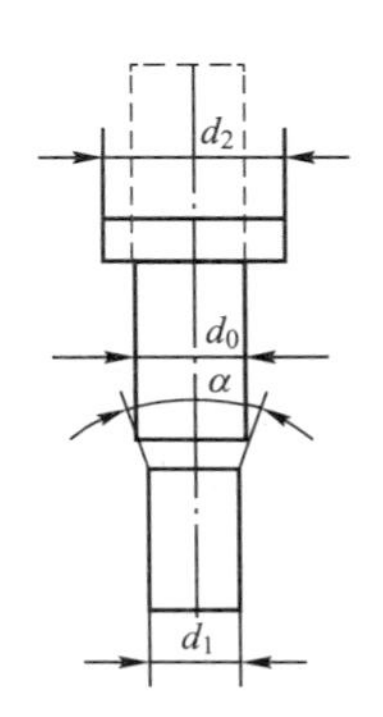

图13.21　长轴类冷锻件的镦挤复合成形工艺

坯料直径 d_0 与自由减径直径 d_1 与镦粗头部直径 d_2 的关系要满足如下条件：

由坯料直径 d_0 自由缩径至 d_1 时，其变形程度 ε_A 应控制在25%～30%，凹模锥角 $\alpha=25°\sim30°$；而由坯料直径 d_0 镦粗至 d_2 时，必须符合镦粗变形规则。

此工艺的变形特点是先进行自由缩径，再进行头部镦粗。

(2) 扁平类多台阶冷锻件的镦挤复合成形。常见扁平类多台阶冷锻件的镦挤复合成形工艺如图13.22所示。

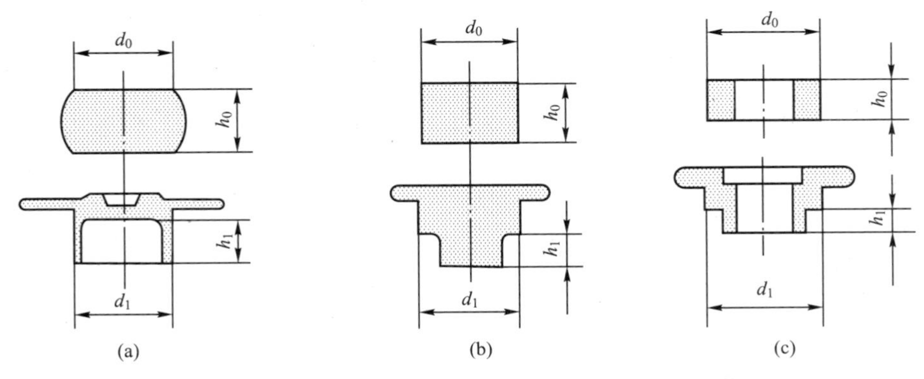

图13.22　扁平类多台阶冷锻件的镦挤复合成形工艺

图 13.22(a)所示零件的毛坯一般由棒料切断后镦粗获得。设计时应注意 h_1 的高度，当挤压部分变形程度较大时，$h_1 \approx (0.3 \sim 0.5)d_0$。因为金属在变形过程中产生轴向与径向两个方向的流动，轴向流动变形抗力较大，大部分的金属朝径向流动，所以取毛坯直径 $d_0 \approx d_1$。

图 13.22(b)所示零件的毛坯 $d_0 = d_1$，由正挤压与头部镦粗复合成形，h_1 的高度取决于正挤压的变形程度。

图 13.22(c)所示零件除具有镦粗及正挤压外，还具有反挤压的性能。h_1 的高度受正挤压变形程度的影响，与图 13.22(b)相似，不同之处在于反挤大孔，加速了金属朝径向流动，h_1 的高度在较大的正挤压变形程度下，会有所下降。

在镦挤复合工艺的金属流动过程中，应尽可能减少已镦粗的头部金属向正挤压方向流动。这样不会因为头部尺寸的增大，而增加正挤压的变形程度，造成正挤压的困难。镦挤复合工艺中，若存在反挤压，最好的选择是反向流动金属不要过多地参加镦粗，这样就可尽量地减少由于金属经轴向流动后再参加径向流动，确保挤压件的质量。

6) 镦挤联合工艺设计

正挤压件头部的凸缘尺寸较大或反挤压后杯形件底部带有较大的凸缘时，因冷挤压的单位压力很大，不能采用最大尺寸作为毛坯外径，应分成二道或更多的成形工序。挤压之后采用镦头的办法来获取所需的工件。如图 13.23 所示，若采用外径 ϕ35mm 的环形毛坯一次挤压，则正挤压的变形程度 $\varepsilon_A = 93\%$，单位挤压力高达 3500MPa，模具强度承受不了此负荷。为了降低单位挤压力，只有降低变形程度，把一次成形工序改为多次成形。采用外径 ϕ26mm 的环形毛坯进行正挤压，而后镦粗头部，达到产品要求。

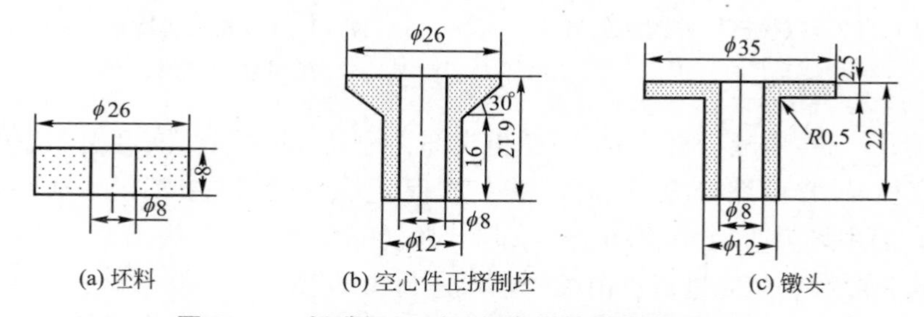

图 13.23　低碳钢(10 钢)钢套镦挤联合成形工艺

7) 镦粗工艺

图 13.24 所示为各种镦粗方式的加工界限，在此范围内可以获得一次或二次镦粗成圆柱体或鼓形头部。

图 13.25 所示为粗腰类锻件的局部镦挤的一次成形范围(即在上、下固定的凹模间隙内，将材料镦出凸缘的加工界限)。图中实线包围的区域为可以一次成形范围；阴影线部分为引起纵向弯曲或表面裂纹的区域。当间隙 Z 和毛坯直径 d_0 的比值 Z/d_0 在 0.7～0.8，凸模行程 l_0 和直径 d_0 的比 $l_0/d_0 = 4.25$ 时，不产生裂纹和纵弯曲，可以镦出凸缘(材料为 10 钢经退火、磷化-皂化处理，直径 $d_0 = 12.7$mm，$Z = 12.7$mm，凸模工作速度为 212.00mm/min)。

8) 压印零件的设计

硬币、纪念章及一些花纹餐具等是采用压印的典型零件。注意这类压印中尽量避免有

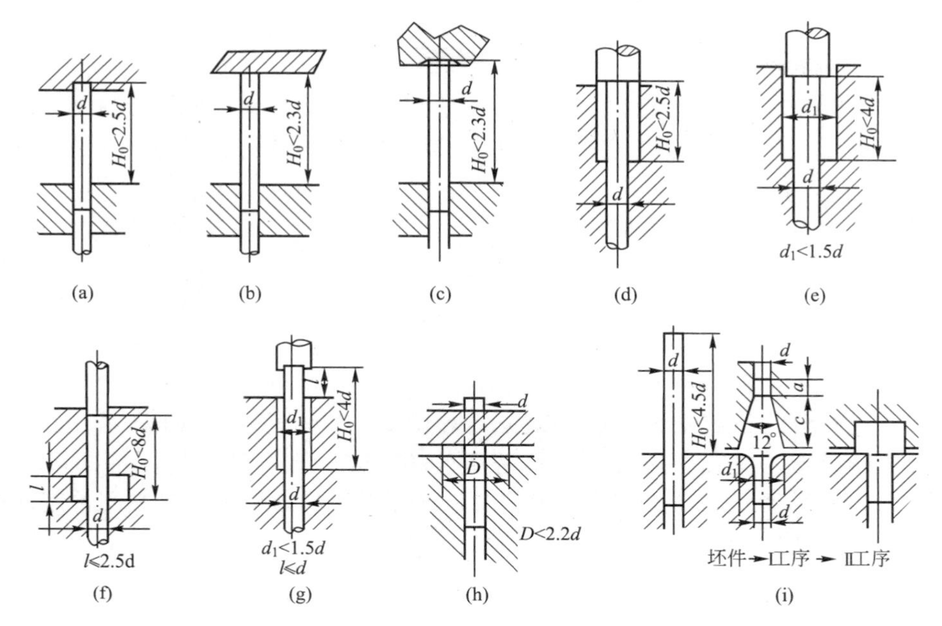

图 13.24　各种镦粗方式的加工界限

太高太窄的凸起，花纹中不要有尖角。精压是对已成形的毛坯的平面及厚度或高度尺寸进行的冷锻加工。精压中的镦粗程度一般不超过毛坯厚度的5%～10%。由于精压平面中部的变形抗力比边缘大，故精压后工件的厚度并非完全一致，而是中间会比边缘稍厚些。这是用平模精压获得精压件的特点。如果要获得十分平整的精压面，可以做成相应凸起的精压模或在毛坯件上预先加工有相应程度的凹面，进行精压。

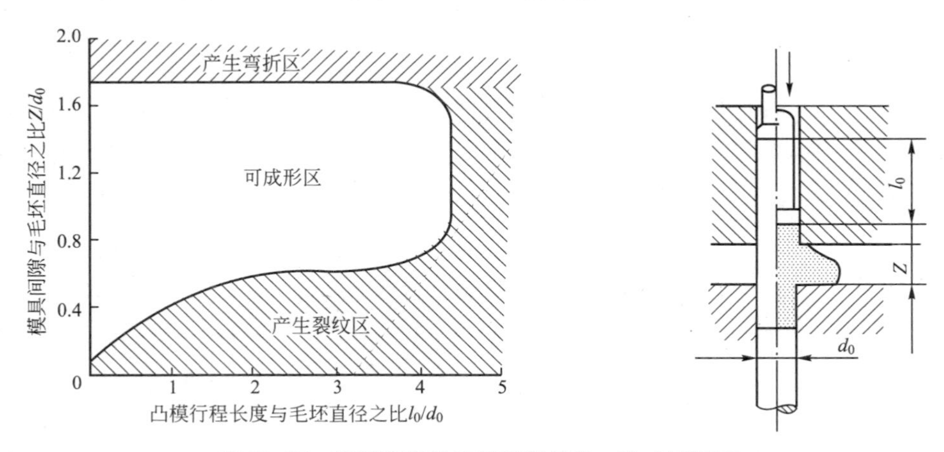

图 13.25　粗腰类锻件的局部镦挤的一次成形范围

9）型锻、模锻零件的设计

一端粗大、一端扁平，或两端粗大、中间扁平的零件可采用型锻加工。当零件扁平度较大时，要进行多次拔长、压扁。扁平形、齿形及带凸缘类形状的零件，可采用冷模锻加工。一般情况下，开式模锻和半闭式模锻应用稍多；而闭式模锻则受到冷锻变形力、模具许用单位压力及环境条件(噪声与振动)的限制。

5. 中间工序的设计要点

中间工序是得到中间预制坯的工序。中间工序主要进行坯料体积变形量的分配，为冷锻件做形状和尺寸方面的准备。它对冷锻工艺的成败和冷锻件的质量与尺寸精度都有极其重要的影响。

1) 中间预制坯的形状和尺寸的确定

确定中间预制坯的形状和尺寸最主要的是符合金属变形的规律及零件冷锻变形的具体要求。

(1) 中间预制坯的尺寸、形状设计，应该最大限度地满足冷锻成形工艺和冷锻件的质量要求。例如，冷挤压带有凸缘的深孔杯形件时，如果中间预制坯是平底的，那么在冷挤压时，在孔底转角附近就会出现收缩缺陷，如图 13.26(a)所示。如果将中间预制坯的底部设计成阶梯形，使其小端尺寸与冷挤压件的杯体一致，则冷挤压件的形状就很理想，如图 13.26(b)所示。又如镦挤锥齿轮时，顶部不易成形饱满，故中间预制坯的锥角应比冷挤压件的圆锥角小，7°～12°最为适宜。

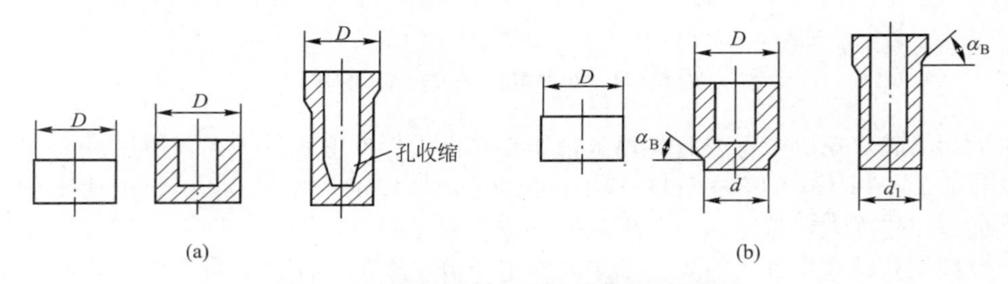

图 13.26　中间预制坯形状对冷锻件的影响

(2) 选择中间预制坯形状时，一般有外台阶的冷锻件，取用锥形过渡能改善变形条件。

(3) 在确定中间预制坯的形状与尺寸时，应该考虑冷锻件局部成形的工艺需要及所需要的材料储备。例如，反挤底部中间圆柱高于四周的圆柱形零件时，中心圆柱的高度应在中间工序里先挤压出来，如图 13.27 所示。

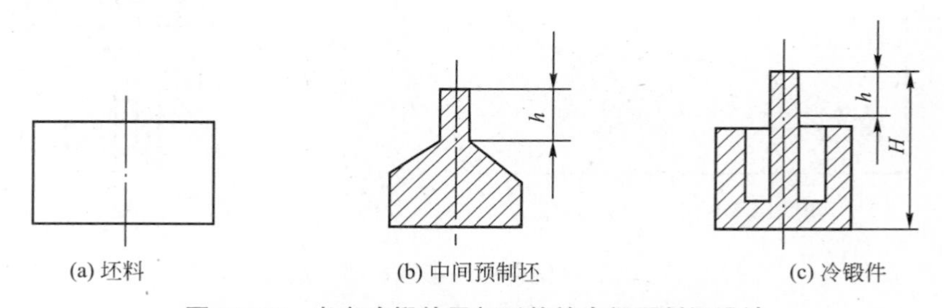

图 13.27　考虑冷锻件局部形状的中间预制坯设计

(4) 采用多道次工序挤压锥形件时，中间预制坯形状不应与冷锻件的锥体形状一致，且一般是前者的锥形角要大些(图 13.28)，这样做能使中间预制坯放入凹模后，与模壁及模膛下部有一定空隙存在(称为工艺悬空)，使得在成形过程中成形力减小，最后又能提高成形件锥体部分的表面质量。

2）各道工序间的尺寸配合

在多道次工序挤压成形过程中，合理地确定各道工序间的尺寸配合关系也是很重要的，可以使各道工序配合良好，确保冷锻件的尺寸精度及质量要求。

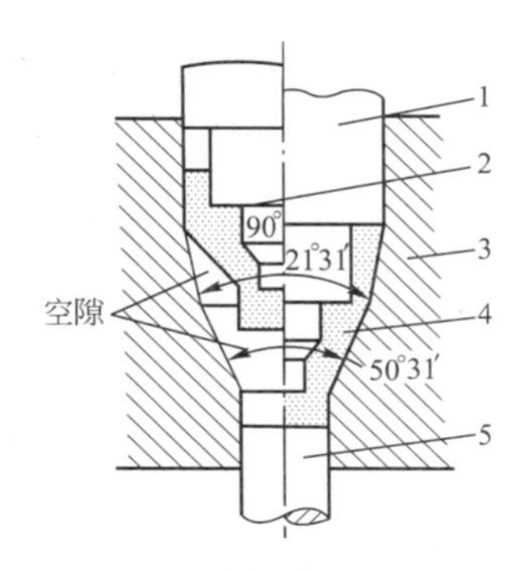

图 13.28　锥形冷锻件的中间预制坯形状

1—凸模；2—中间预制坯；3—凹模；4—锥形冷锻件；5—顶冲

(1) 径向尺寸配合关系。确定径向尺寸配合关系的原则是要使坯料或中间预制坯能够自由放入下一道工序的模腔内。在确定各道工序尺寸时，应从冷锻件开始反过来推算。如图13.29所示的冷挤压件，其外径尺寸为D，中间预制坯上的相应尺寸应减小一间隙值Z_2，坯料外径又要比中间预制坯的外径小一间隙值Z_1，即中间预制坯的外径尺寸为$(D-Z_2)$，坯料的外径尺寸为$(D-Z_2-Z_1)$，间隙值Z_2和Z_1视挤压件的精度要求而定，通常为0.05～0.1mm。如果冷挤压件的内孔径为d_2，那么中间预制坯相应的孔径为d_2+Z_3。由于各道工序的变形性质与质量要求不同，配合间隙取值是不一样的。一般规律是，从坯料到冷锻件，间隙值应逐渐减小。

(2) 轴向尺寸的配合关系。考虑到冷挤压件挤压时，将有部分金属挤入凹模型腔内，使轴向尺寸增加一高度ΔH。因此，中间预制坯的轴向尺寸H_1应略小于冷挤压件相应处尺寸H_2，即$H_2-H_1=\Delta H$。该增长量ΔH的大小要视具体零件的形状尺寸、变形特点、材料性能及变形程度的大小来决定。

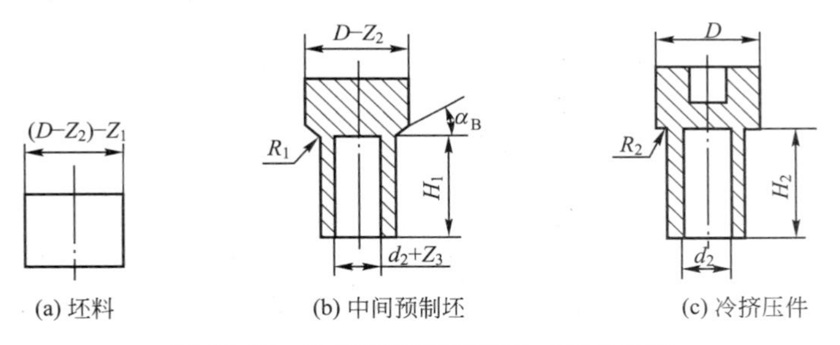

图 13.29　冷挤压工序间的尺寸配合关系

(3) 其他尺寸的配合关系。为了防止金属滞留，中间预制坯的过渡部位应设计成锥形。为了避免金属的堆积和折叠，中间预制坯的圆角半径应与冷锻件相应处的圆角半径相协调，即$R_1 \geqslant R_2$。

13.4　冷锻变形力的计算与成形设备的选择

冷锻变形力即冷锻变形所需要的作用力。它是设计模具、选择成形设备的依据，并可衡量冷锻变形的难易程度。冷锻变形力受变形材料及状态、变形程度、速度、润滑条件及模具结构等因素的影响，因此在进行成形设备选用时应考虑相应的安全系数。

13.4.1 冷锻变形力的计算

冷锻变形力的计算方法主要有公式计算法、查表法和图算法等。

1. 公式计算法

1）冷镦变形力

在冷镦机上进行冷镦成形所需的冷镦变形力可由式(13－1)求得。

$$P=Z\times N\times\sigma_b\times\left(1+d\times\mu\times\frac{D}{4\times H}\right)\times A \tag{13-1}$$

式中，P 为冷镦变形力(N)；H 为冷镦件头部高度(mm)；D 为冷镦件头部直径(mm)；A 为冷镦件头部与模具接触的投影面积(mm^2)；其他系数由表 13－1 查出。

表 13－1　计算冷镦变形力的系数值

符号	项目	条件		数值	符号	项目	条件		数值
σ_b	冷镦材料的抗拉强度/MPa	10 钢		350	d	冷镦部分的形状系数	圆柱形		1.3
		20 钢		400			正方形、六角形		2.0
		25 钢		500			矩形		2.3
		30 钢		550			非对称形、复杂形		2.5～3.0
Z	变形系数	工序	形状	系数	μ	摩擦系数	面	润滑	系数
		预镦	简单	1.0～1.2			研磨	石墨	0.05～0.10
		精镦	简单	1.2～1.5			研磨	无	0.10～0.15
		精镦	复杂	1.5～1.8			精加工		0.15～0.20
N	工具形状系数	凹陷	陵角	系数			粗加工		0.20～0.30
		无	无	1.0					
		有	无	1.75～2.0					
		有	有	2.5					

2）正挤压变形力

$$P=p\times A_0=c\times\sigma_b\times\left(\ln\frac{A_0}{A_1}+e^{\frac{2\times\mu\times h}{s}}\right)\times A_0 \tag{13-2}$$

3）反挤压变形力

$$P=p\times A=c'\times f\times\sigma_b\times\left(2+\frac{0.5\times\mu\times d}{s}\right)\times A \tag{13-3}$$

式中，c、c'为坯料材料的加工硬化系数，分别可查表 13－2 及表 13－3。σ_b 为坯料材料的抗拉强度(N/mm^2)。A_0、A_1 分别为坯料及挤出部分的横断面积(mm^2)。μ 为摩擦系数，按表 13－4 选取或取 $\mu=0.1$(有润滑时)。h 为凹模工作带长度(mm)。s 为挤压成形件的壁厚，对于实心挤压件则为挤出部分直径的 1/2(mm)。f 为凸、凹模工作部分几何形状系数，一般取 0.8～1.3；合适的凸、凹模工作部分形状取偏小值，否则取偏大值。d 为凸模工作部分直径(mm)。A 为凸模与挤压坯料的接触表面在凸模运动方向上的投影面积(mm^2)。

另外，用锥形凹模挤压时，还可将式(13－3)的计算结果乘以系数0.85。

表13－2　正挤压成形时材料硬化系数 c

材料	抗拉强度 σ_b/MPa	硬化系数 c/(%)							
		空心件 ε_A				实心件 ε_A			
		40	60	80	95	40	66	80	95
纯铜	220	1.9	2.0	1.8	1.5	1.8	1.9	2.0	1.6
黄铜H62	330	1.6	1.9	2.0	—	1.6	2.0	2.1	—
纯铝1070A	330	2.0	2.2	2.1	2.5	2.1	2.0	2.0	1.6
10钢	340	1.8	2.0	2.2	—	1.7	2.2	2.2	—
15钢	380	1.8	2.0	2.2	—	1.7	2.0	2.1	—
20钢	420	1.8	2.0	2.1	—	1.8	2.0	2.1	—
30钢	500	1.7	2.0	2.1	—	1.7	2.0	2.1	—
40钢	580	1.7	1.9	2.0	—	1.7	1.9	2.2	—
15Cr	450	1.5	1.7	1.8	—	1.5	1.7	1.9	—
18CrMnTi	720	1.5	1.7	1.9	—	1.5	1.7	1.9	—

表13－3　反挤压时材料硬化系数 c'

材料	抗拉强度 σ_b/MPa	硬化系数 c'/(%)			
		40	60	80	95
纯铜	220	1.8	2.0	2.1	1.5
黄铜H62	330	1.7	1.9	2.2	—
纯铝1070A	90	1.9	2.2	2.0	1.5
10钢	340	1.5	2.0	2.0	—
15钢	380	1.6	2.0	2.0	—
20钢	420	1.7	2.0	2.1	—
30钢	500	1.7	2.0	—	—
40钢	580	1.7	1.9	—	—
15Cr	450	1.4	1.7	1.9	—
18CrMnTi	720	1.5	1.7	—	—

表13－4　摩擦系数 μ 值

材料	润滑剂	摩擦系数	材料	润滑剂	摩擦系数
铝	动物油	0.15～0.20	黄铜	石墨＋机油	0.08～0.10
铝合金	动物油	0.12～0.15	钢	磷化＋MoS_2	0.06～0.08
纯铜	石墨＋机油	1.10～0.13			

4）正挤的单位挤压变形力

$$p=2\times\bar{\sigma}\times\left(\ln\frac{d_0}{d_1}+2\times\mu\times\frac{h_1}{d_1}\right)\times e^{\frac{2\times\mu\times h0}{d0}} \qquad (13-4)$$

5）反挤的单位挤压变形力

$$p=\bar{\sigma}\times\left[\frac{d_0^2}{d_1^2}\times\ln\frac{d_0^2}{d_0^2-d_1^2}+(1+3\times\mu)\times\left(1+\ln\frac{d_0^2}{d_0^2-d_1^2}\right)\right] \qquad (13-5)$$

式中，h_1 为凹模工作带高度(mm)；$\bar{\sigma}$为挤压材料的真实变形抗力(MPa)，可在图 13.30 中查取，其他符号与前面相同或相对应。

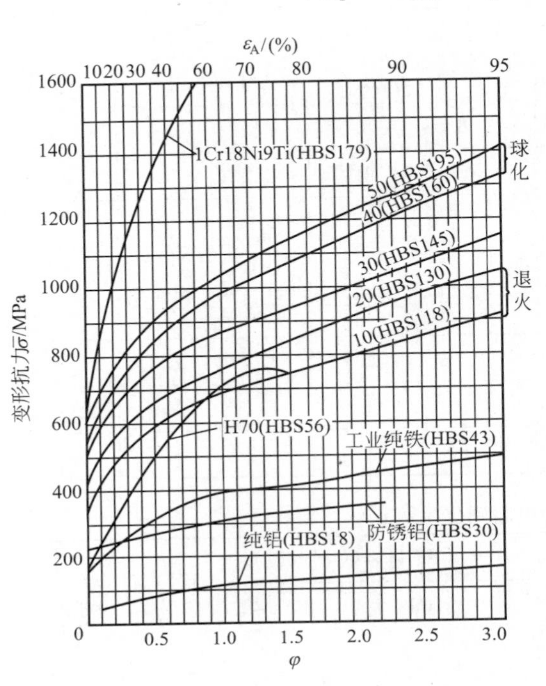

图 13.30　不同材料的变形抗力

6）复合挤压变形力

复合挤压变形力低于单向正挤压和单向反挤压的压力。

当复合挤压不限定某一方向尺寸时

$$P_{复}=\min(P_{正}，P_{反}) \qquad (13-6)$$

当复合挤压限定某方向尺寸时

$$P_{复}=P' \qquad (13-7)$$

式中，P'为不限制尺寸的那一方向的挤压变形力。

7）自由镦粗时的单位变形力

$$p=\bar{\sigma}\times\left(1+\frac{1}{3}\times\mu\times\frac{d_1}{H_1}\right) \qquad (13-8)$$

式中，p 为自由镦粗的单位变形力(MPa)；$\bar{\sigma}$为变形终了时变形抗力(MPa)，由对数应变 φ 值查图 13.30 可知；μ 为摩擦系数，可查表 13-5；d_1 为变形后的直径(mm)；H_1 为变形后的高度(mm)。

表 13-5　镦粗时不同润滑剂的摩擦系数 μ(钢对钢)

润滑方法	磷化-皂化	石墨+机油	MoS_2+机油	矿物油
摩擦系数 μ 值	0.06～0.08	0.08～0.1	0.07～0.08	0.12～0.14

8）其他形式的镦粗变形力

$$P=A\times C\times\bar{\sigma}_{均} \qquad (13-9)$$

式中，P 为最大镦粗力(N)。A 为镦粗终了时的受压面积(mm^2)。C 为不同镦粗形式的系数。如图 13.31 所示，对于开式镦粗，当 $H_1>d_1$ 时 $C\approx1.2$，$H_1\leqslant 0.8\times d_1$ 时 $C=1.5\sim2.7$；对于闭式镦粗，当 $H_1>d_1$ 时 $C\approx2.4$，$H_1\leqslant0.8\times d_1$ 时 $C=3.0\sim5.0$；对于中间镦粗，其 C 值如图 13.32 所示。$\bar{\sigma}_{均}$为平均变形抗力(MPa)。

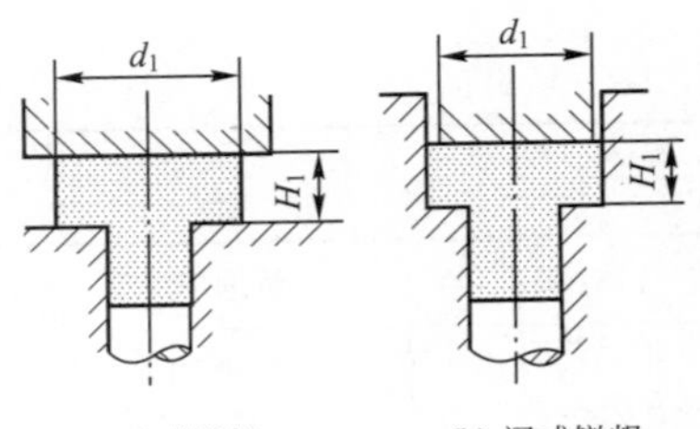

图 13.31　镦粗时的系数 C

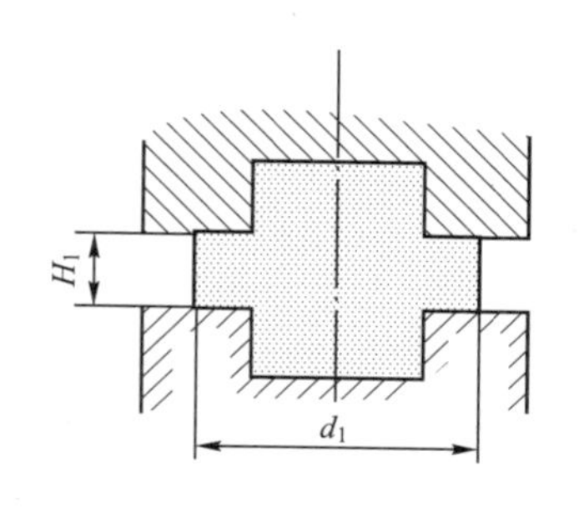

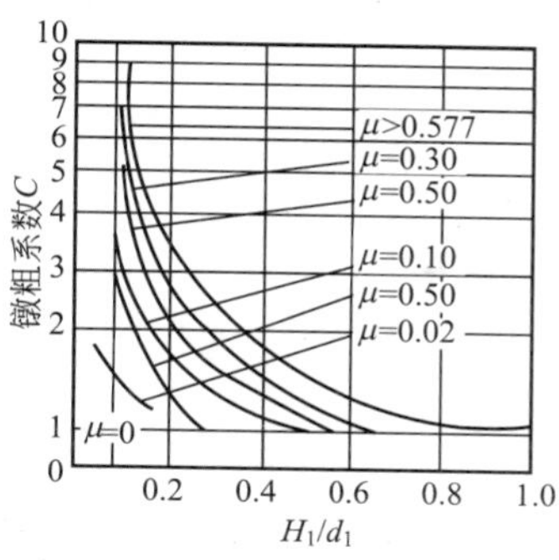

图 13.32　镦粗时的系数 C(图中 μ 为摩擦系数)

由 φ_1 和 $\varphi_2=\ln(H_0/H_1)$(H_0 为变形前镦粗部分的高度)查图 13.30 求得 $\bar{\sigma}_1$ 和 $\bar{\sigma}_2$，然后取此两个变形抗力的平均值，即

$$\bar{\sigma}_{均}=\frac{1}{2}\times(\bar{\sigma}_1+\bar{\sigma}_2) \tag{13-10}$$

9) 压印变形力

$$P=A\times\sigma_b\times\left(1+\frac{h}{t}\right) \tag{13-11}$$

式中，A 为压印面积(mm^2)；σ_b 为材料的抗拉强度(MPa)；h 为压印深度(mm)；t 为坯料厚度(mm)。

2. 查表法

各种冷锻变形的单位压力，还可以从有关资料提供的表格数据值中直接查到。表 13-6～表 13-8 分别列出了各种材料在压印、精压及挤压、镦粗、模锻等变形时的单位变形力的试验值或推荐值。

表 13-6　压印时的单位变形力　(单位：MPa)

材料及加工	单位变形力	材料及加工	单位变形力
金币的压印	1200～1500	黄铜板上压凸凹图案(板厚<1.8mm)	800～900
银币及镍币的压印	1500～1800	黄铜板上的刻度盘(板厚 0.04mm)	2500～3000
黄铜板上压凸纹(四周自由)	200～500	不锈钢餐具压印	2500～3000

表 13-7　精压时的单位变形力　(单位：MPa)

材料	单位变形力	
	平面精度	立体精度
铝合金	1000～1200	1400～1700
10～15 钢	1300～1600	1800～2200

（续）

材料	单位变形力	
	平面精度	立体精度
20～25 钢	1800～2200	2500～3000
35～45 钢	2500～3000	3000～3500
4Cr14Ni14W2Mo	2500～3000	3000～3500

表 13-8　不同钢种、不同冷锻变形方式的单位变形力

冷锻变形方式	碳的质量分数低于0.1%的低碳钢		碳的质量分数为0.1%～0.3%的渗碳钢		碳的质量分数为0.3%～0.5%的碳素钢、低合金钢	
	ε_A 或 ε_h/(%)	p/MPa	ε_A 或 ε_h/(%)	p/MPa	ε_A 或 ε_h/(%)	p/MPa
正挤压	50～80	1400～2000	50～70	1600～2600	40～60	2000～2500
反挤压	40～75	1600～2200	40～70	1800～2500	30～60	2000～2500
缩径	25～30	900～1100	24～28	1000～1300	23～28	1150～1500
自由镦粗	50～60	500～700	50～60	800～1000	50～60	1000～1500
模锻	30～50	1000～1600	30～50	1600～2000	30～50	1800～2500
型腔挤压		2000～2500		2000～2500		2200～2500

注：1. $\varepsilon_A=\frac{A_0-A_1}{A_0}\times100\%$，$\varepsilon_h=\frac{h_0-h_1}{h_0}\times100\%$。

2. 变形程度较大时，单位变形力取偏上限，反之取偏下限。

13.4.2　冷锻成形设备的选择

1. 冷锻成形设备的类型

冷锻成形设备分为通用压力机和专用压力机，具体可分为以下三大类：

(1) 普通曲轴压力机、肘杆压力机、摩擦压力机、油压机和冷挤压机。

(2) 自动冷镦机和多工位成形机。

(3) 锻锤。

在第一类通用设备上作冷锻成形加工时，需要预先切断坯料，然后通过手工或自动送料机构把经过处理的坯料送入安装在设备上的模具里进行冷锻成形。这类成形设备的通用性强，适用于中、小批量的冷锻件生产，并可以冷锻成形形状复杂的冷锻件。

自动冷镦机和多工位成形机一般采用自动的方式供给盘料，包括切断在内的各个成形工序全是自动进行的，生产效率很高。这类成形设备对于形状简单的锻件可锻出细微部分，但对于形状复杂的锻件，因受机械工位数的限制往往难以充分成形。

锻锤类设备包括空气锤、模锻锤等，以落下部分的质量和打击能量对短坯料或预制坯进行成形，主要用于型锻和模锻成形工序。

2. 冷锻成形设备的选用原则和要求

铆钉、螺栓类零件的冷锻成形主要在自动冷镦机和多工位成形机上进行。其他类型零件的冷锻成形，特别是冷挤压成形，究竟使用何种冷锻成形设备，则必须作认真的考虑。

一般冷锻成形设备的选择原则和要求如下：

(1) 冷锻变形力的大小。液压机可在全行程以额定压力加压。

机械压力机根据行程位置不同所提供的压力是变化的，在下死点附近时可以提供公称压力，离开下死点越远，提供的压力越小，在行程中点附近时，提供的压力仅为公称压力的35%～50%，故可压缩坯料的长度受到限制。

(2) 行程长度。液压机比机械压力机的行程长度要长，并且可任意调节。因此，液压机可以挤压坯料长度较长、能量要求较大的零件。

(3) 精度要求。如果冷锻件的尺寸精度、几何公差要求比较严，此种情况下除了模具的精度应相应提高外，冷锻成形设备的精度也应较高，而且还应有足够的刚度。因此，采用普通压力机进行冷锻成形加工时，往往必须采取提高模具导向精度的技术要求以弥补设备精度与刚度的不足。

机械压力机的下死点位置是一定的，而液压机是用限位开关来限定的，因此液压机的下死点位置精度比机械压力机差得多。因此，对于保证良好的冷锻件的底厚精度来说，液压机不如机械压力机。

(4) 过载安全装置。为了防止由于过载所引起的冷锻成形设备零件损坏，应该选择有过载安全装置的冷锻成形设备。

(5) 顶料机构。冷锻成形时，锻件往往需要在上模脱开之后再从下模内顶出，因此，冷锻成形设备需要有锻件的顶料机构，尤其是冷挤压，其顶料力会相当大。

(6) 闭合高度。冷锻成形模具特别是冷挤压成形模具，由于其强度及刚度方面的要求，模具的闭合高度一般都较大，因此要求压力机的闭合高度较大。

(7) 行程次数。机械压力机的行程次数比液压机高得多，因此生产率也高得多。但液压机在一定范围内可任意调节行程次数，而机械压力机却不能调节。

13.5 冷锻成形模具的设计

冷锻成形模具对冷锻变形的顺利进行和冷锻件质量的稳定起到保证作用。冷锻成形模具可分为下料模、型锻模、预制坯模、顶镦模、正挤压模、反挤压模、复合挤压模、镦挤模、压印模和缩径模等。冷锻成形模具中，下料模、型锻模及预制坯模基本上与热锻模相同或相似；而缩径模与正挤压模基本相同，因此具有冷锻变形特点的模具主要是顶镦模、正挤压模、反挤压模、复合挤压模、镦挤模和压印模。

1. 冷锻成形模具的特点

冷锻成形模具由于工作时承受很大的压力，必须特别重视模具的强度、刚度和使用寿命等问题。

冷锻成形模具的特点如下：

(1) 模具结构应紧凑、合理，模具安装及模具易损件的更换、拆卸应方便。

(2) 模具工作部分的形状及尺寸的设计，应有利于坯料的塑性变形、降低单位冷锻变形力。

(3) 模具的强度、刚度好，模具的工作部分应具有较高强韧性。

(4) 模具应有良好的导向，保证冷锻件的精度要求。

(5) 冷锻成形凹模大多采用预应力组合模具结构，有时凸模也可采用预应力组合模具结构。

(6) 模具型腔应采用较大圆角的光滑过渡。

(7) 凹模、凸模与下模座、上模座之间多采用间隙配合。

2. 冷锻成形模具的组成

冷锻成形模具中最典型、最重要的是正挤压模、反挤压模、复合挤压模、镦挤模。

冷锻成形模具的典型构造如图 13.33 所示，它是一种典型的具有导向装置的反挤压模，主要由以下几部分组成：

(1) 工作部分，如凸模、凹模芯、顶料杆等。

(2) 传力部分，如上模垫板、下模垫板、下模垫块等。

(3) 顶件部分，如顶料杆、顶杆、拉杆、拉杆垫板等。

(4) 卸件部分，如卸料板、卸料圈等。

(5) 导向部分，如导柱、导套等。

(6) 紧固部分，如上模压板、下模压板、上模座、下模座、模柄等。

该模具是在小型(无顶出装置)压力机上使用的黑色金属反挤压模具。

为便于从凹模中取出反挤压件，设计了间接顶出装置，反挤压力在下模完全由顶料杆 17 承受，顶件力由反拉杆式联动顶出装置(由件 3、20、21、22、23、24 组成)提供，该顶出装置在模座下方带有活动块 22，当挤压件顶出一段距离后，通过带斜面的斜块 24 将活动块 22 撑开，使顶杆 23 的底面悬空，使之靠自重复位，为下一次放置毛坯做好准备。而活动块 22 靠其外圈的拉簧 21 合并。

上模也设计了卸件装置，由于杯形挤压件较深，为了加强凸模的强度，除工作段外，凸模的直径加粗并开出三道卸料槽，供带有三个内爪形的卸料圈 12 卸料。

该模具的凹模为组合式结构，其上、下模板要厚，选材要好；导柱直径要大，以满足模具的强度、刚度要求；工作零件尾部位置均加有淬硬的垫板。

只要将凸模、凹模、顶料杆、下模垫块和下模垫板加以更换，这副模具就可以挤压不同形状和尺寸的工件；也适用于正挤压和复合挤压。

3. 冷锻成形模具的材料选择及硬度要求

冷锻成形模具各个零件的材料及硬度要求应根据冷锻件的形状、尺寸、单位变形力及生产批量等因素选择。

表 13－9 为图 13.33 所示黑色金属杯形件的反挤压模模具中除标准件以外的模具零件的材料和热处理硬度要求。

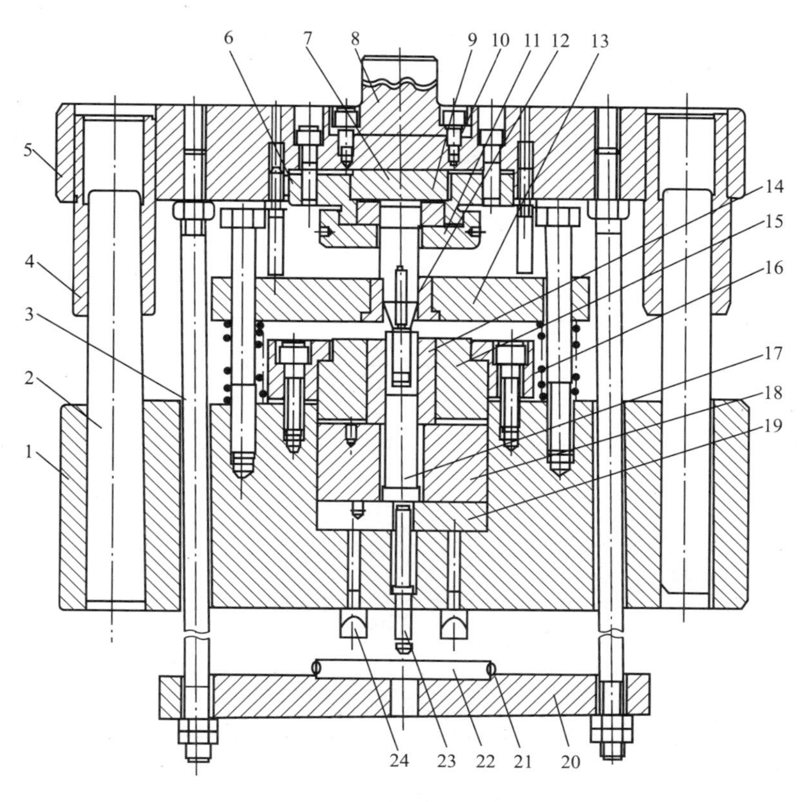

图 13.33 黑色金属杯形件的反挤压模

1—下模座；2—导柱；3—拉杆；4—导套；5—上模板；6—上模座；7—凸模；8—模柄；9—上模垫板；10—凸模定位圈；11—上模压板；12—卸料圈；13—卸料板；14—凹模芯；15—凹模外套；16—下模压板；17—顶料杆；18—下模垫块；19—下模垫板；20—拉杆垫板；21—拉簧；22—活动块；23—顶杆；24—斜块

表 13-9 黑色金属杯形件的反挤压模的模具材料及热处理硬度

序号	零件名称	材料	热处理硬度(HRC)
1	下模座	40Cr	38～42
2	导柱	GCr15	56～60
3	拉杆	45	32～38
4	导套	GCr15	56～60
5	上模板	45	32～38
6	上模座	45	38～42
7	凸模	Cr12MoV	56～60
8	模柄	45	
9	上模垫板	T10A	54～56
10	凸模定位圈	45	38～42

（续）

序号	零件名称	材料	热处理硬度(HRC)
11	上模压板	45	38～42
12	卸料圈	T10A	54～58
13	卸料板	45	38～42
14	凹模芯	Cr12MoV	54～58
15	凹模外套	40Cr	32～38
16	下模压板	45	38～42
17	顶料杆	Cr12MoV	56～60
18	下模垫块	T10A	54～56
19	下模垫板	T10A	54～56
20	拉杆垫板	40Cr	38～42
21	拉簧		
22	活动块	T10A	54～58
23	顶杆	T10A	54～58
24	斜块	45	38～42

4. 常见的冷锻成形模具

1）无导向装置的反挤压模

图 13.34 所示为无导向装置的纯铝反挤压模。凸模 11 的导向依靠压力机的导轨来保证，因此要求压力机的导轨具有较高的精度。该模具依靠调整螺钉 9 来调节下模座 8 的位置，以保证下模和上模的同心度。为确保凸模 11 装卸方便、对中准确，采用了上模压板 12、凸模定位圈 13 紧固。内层凹模采用横向分割式结构，皆用硬质合金制造，外面分别装有上、下凹模外套 4 和 6，靠下模座 8 组合在一起。为了缓和从凹模传来的高压，组合凹模下面衬有淬硬的下模垫板 7。卸料块 1 分成三块，外表面装有弹簧 2，以保证卸料块始终紧贴在凸模 11 上。

2）导柱导套导向的正挤压模

图 13.35 所示是用于黑色金属空心零件正挤压的模具简图。模具的工作部分为凸模和凹模。凸模 16 的心部装有凸模芯轴 15，芯轴 15 的心部设有通气孔与模具外部相通。凸模 16 的上顶面与淬硬的上模垫板 13 接触，以便扩大上模板 3 的承压面积。凹模 2 经下模垫块 8 及垫板 9 固定于下模板 11 上。由图 13.35 可知，凸模与凹模的中心位置是不能调整的，凸、凹模之间的对中精度完全靠导柱 7 与导套 6 及各个固定零件之间的配合精度来保证，因此这种模具结构常称为不可调整式模具。很明显，不可调整式模具的制造精度要求很高；但安装方便，而且模架具有较强的通用性，若将工作部分更换，则这副模具可以用作反挤压或复合挤压。由图 13.35 还可知，凸模回程时，挤压件将留在凹模内，因此需在模具下模板 11 上设置顶料杆 10。

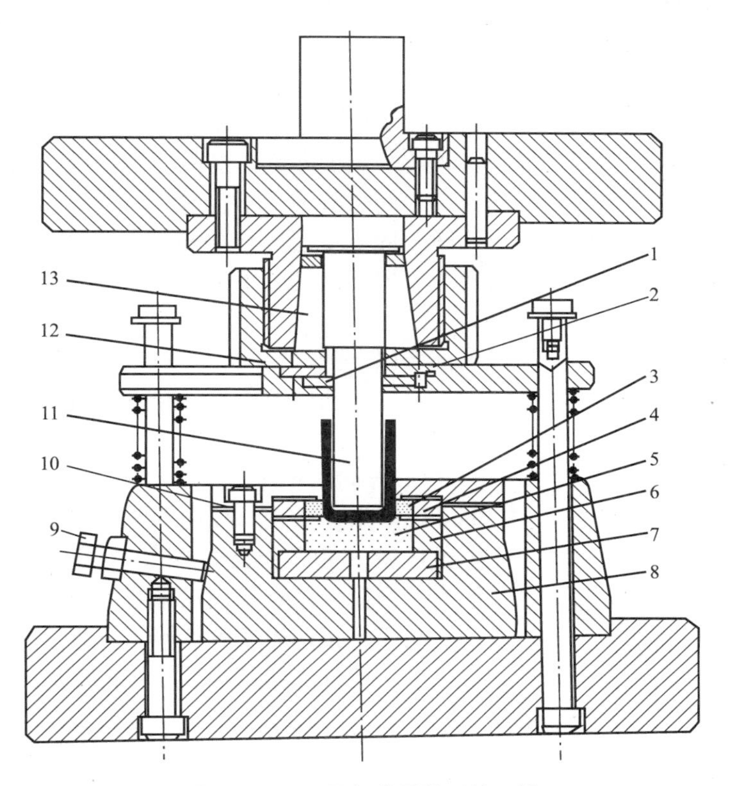

图 13.34　无导向装置的反挤压模

1—卸料块；2—弹簧；3—上凹模；4—上凹模外套；5—下凹模；6—下凹模外套；7—下模垫板；8—下模座；9—凹模调整螺钉；10—下模压板；11—凸模；12—上模压板；13—凸模定位圈

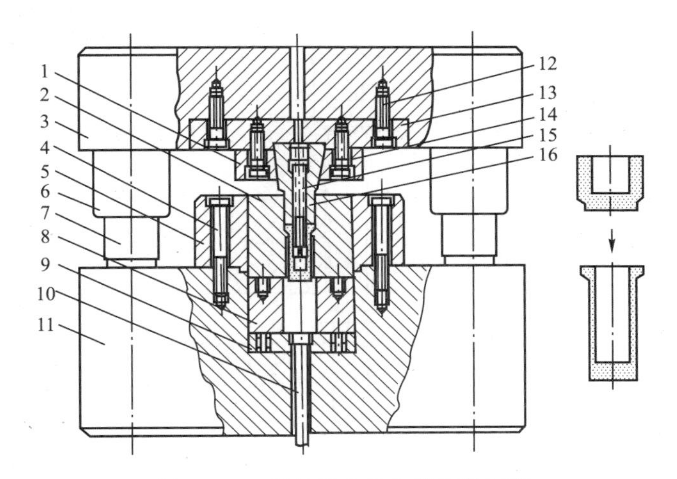

图 13.35　导柱导套导向的正挤压模

1—上模压板；2—凹模；3—上模板；4、12、14—紧固螺钉；5—凹模外套；6—导套；7—导柱；8—下模垫块；9—下模垫板；10—顶料杆；11—下模板；13—上模垫板；15—凸模芯轴；16—凸模

3）导板导向的反挤压模

图 13.36 所示为导板导向的反挤压模。该模具可以保证挤压件具有较小的壁厚差；加工制造也比导柱导套模简便。但为了保证导板起导向作用，导板必须有一定的厚度，这就会增加模具的总高度。导板 2 与凸模 1 之间的间隙也不宜过大，否则起不了导向作用，其最大间隙一般不得超过 0.02mm。

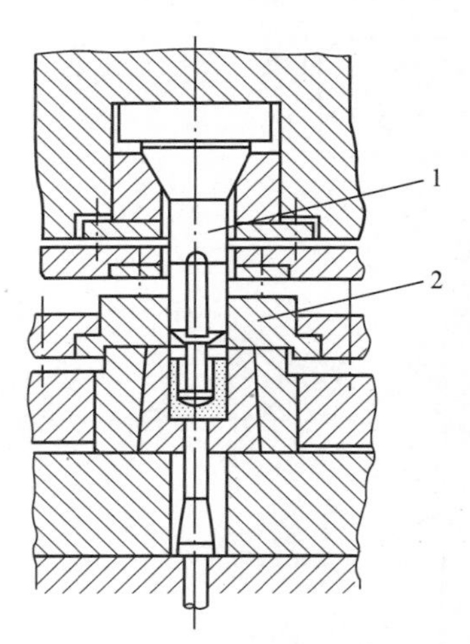

图 13.36　导板导向的反挤压模

1—凸模；2—导板

另外，这副模具采用了凸模防失稳的结构。当反挤压黑色金属的凸模长径比大于 2.0 时，为防止凸模失稳，可将凸模成形部分以上的直径加大，并铣出三条凹槽，卸件板便在这三点上将套在凸模上的工件卸下，该结构有效地增加了凸模纵向稳定性。

4）模口导向的正挤压模

图 13.37 所示为模口导向的正挤压模。该模具的凸模 1 采用上模压板 3 和凸模定位圈 2 紧固，对中准确、装拆方便；凹模为纵向分割式，内层凹模由凹模芯 4、凹模芯块 5 构成，有利于防止凹模型腔在转角急剧变化处产生开裂；顶件时由组合式拉杆 8 通过顶杆 7、顶料杆 6 将挤压件顶出。

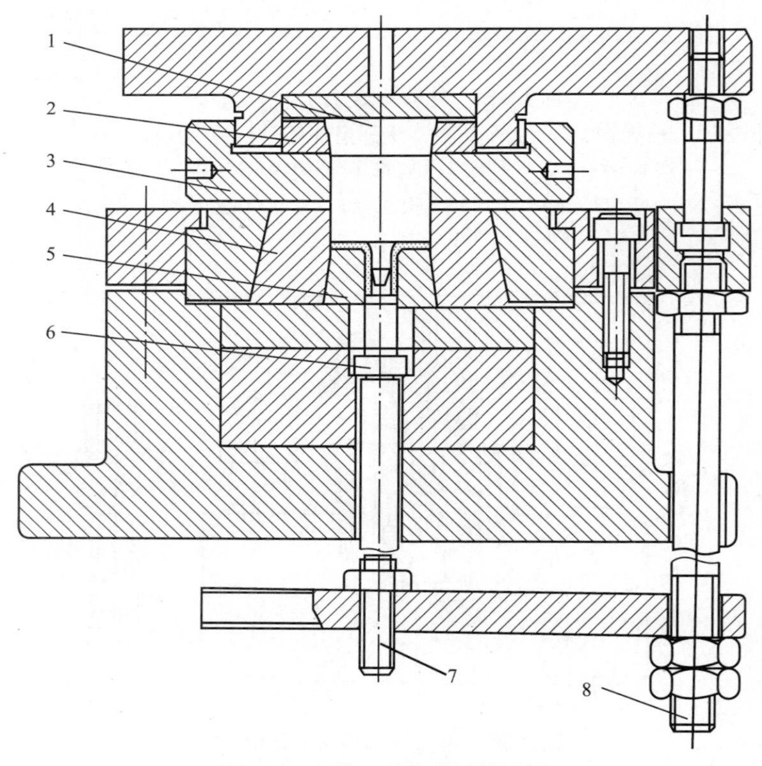

图 13.37　模口导向的正挤压模

1—凸模；2—凸模定位圈；3—上模压板；4—凹模芯；

5—凹模芯块；6—顶料杆；7—顶杆；8—拉杆

该模具可以保证挤压件具有很高的同心度，均匀的壁厚；但对压力机的导向精度要求较高，对模具的加工要求也较高，如果同心度有较大的误差，就会给模具的调整带来困难。

5）冷镦模

图13.38所示为凹穴六角螺栓多工位冷镦成形模与冷镦工步简图。

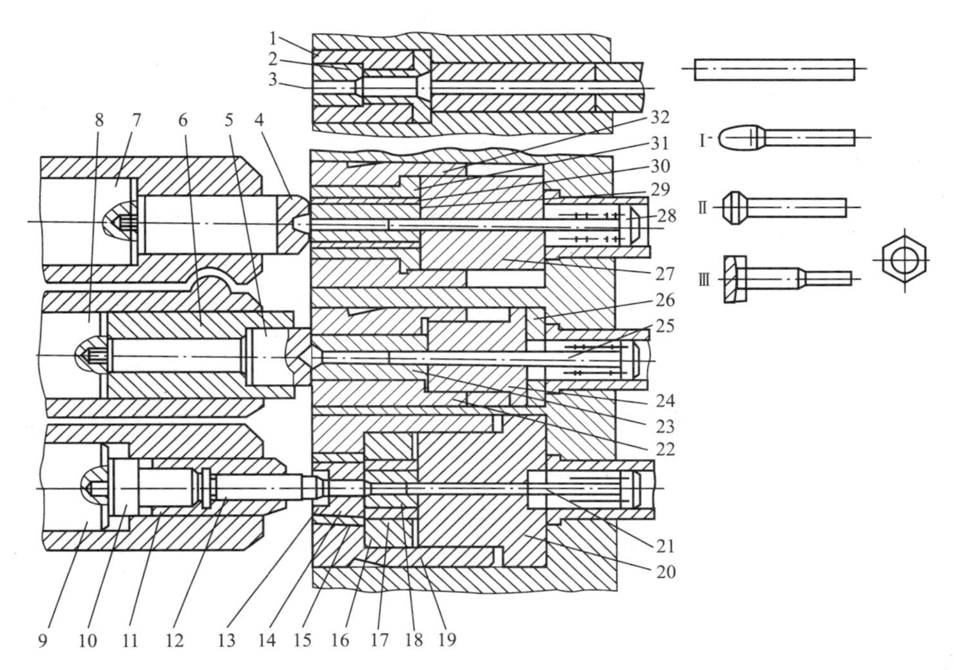

图13.38 六角螺栓多工位冷镦成形模与冷镦工步

1—切料模外套；2—切料模模芯；3—切料模垫块；4—一工位凸模；5—二工位凸模；6—二工位凸模套；7—一工位凸模垫块；8—二工位凸模垫块；9—三工位凸模垫块；10—凸模中间垫；11—三工位凸模套；12—三工位凸模；13—六角凹模芯；14—三工位凹模芯；15—三工位凹模中套；16—缩颈凹模外套；17—缩颈凹模中套；18—缩颈凹模芯；19—三工位凹模外套；20—三工位凹模垫块；21—三工位顶杆；22—二工位凹模外套；23—二工位凹模芯；24—二工位凹模垫块；25—二工位顶杆；26—二工位凹模垫板；27—一工位凹模垫块；28—一工位顶杆；29—一工位凹模芯；30—一工位凹模中套；31—一工位凹模外套；32—一工位凹模座套

5．冷锻凹模的结构

(1) 冷锻凹模的结构形式。冷锻凹模(图13.39)分整体式凹模和组合式凹模两大类。组合式凹模又分为预应力组合凹模和分割型组合凹模。

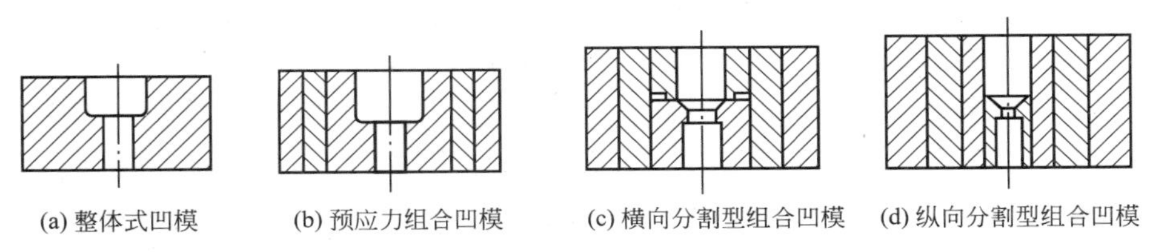

(a) 整体式凹模　(b) 预应力组合凹模　(c) 横向分割型组合凹模　(d) 纵向分割型组合凹模

图13.39 冷锻凹模的结构形式

(2) 整体式凹模。整体式凹模如图 13.39(a)所示，此种凹模加工方便，但强度低。在凹模内孔转角处有严重的应力集中现象，容易开裂，如图 13.40 所示。

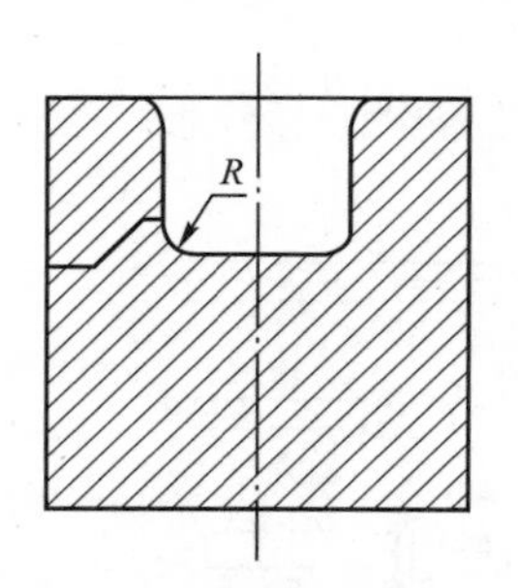

图 13.40　整体式凹模的开裂

(3) 预应力组合凹模。预应力组合凹模如图 13.39(b)所示，冷锻成形时，凹模内壁承受着极大的压力。例如，冷挤压黑色金属时，凹模内壁的单位压力高达 1500～2500MPa，在如此高的内压力作用下，靠增加凹模的厚度已不能防止凹模的纵向开裂。而在凹模的外表面上套装具有一定过盈量的预应力圈，可以提高凹模的整体强度。

(4) 分割型组合凹模。为了消除整体式凹模转角处的应力集中，可将整体式凹模于内孔转角处分割为两部分，即为分割型组合凹模，如图 13.39(c)和图 13.39(d)所示。

6. 预应力组合凹模的设计

预应力组合凹模就是利用过盈配合，用一个或两个以上预应力圈把凹模芯紧套起来而制成的多层组合式结构，如图 13.41 所示。这种组合式结构可以使两个预应力圈之间及预应力圈与凹模芯之间，由于过盈配合而产生接触压应力，这样，凹模芯的内壁处便承受着径向外压力，就可以部分或全部抵偿产生在凹模芯内壁的切向拉应力，有效地防止凹模芯内壁的纵向开裂。

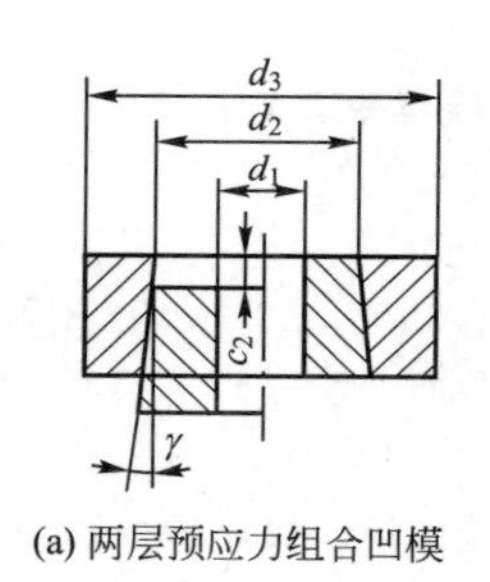

(a) 两层预应力组合凹模

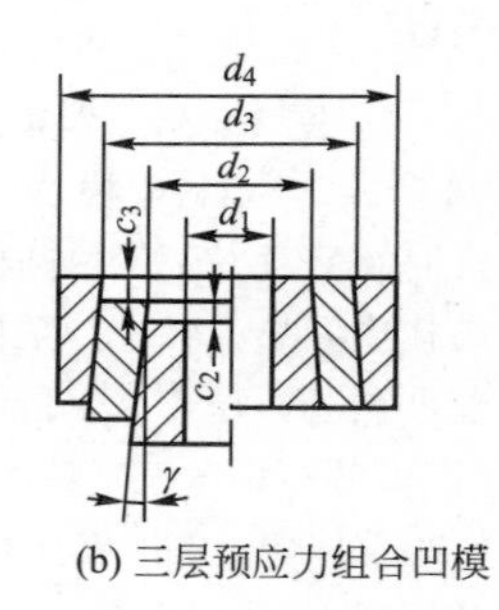

(b) 三层预应力组合凹模

图 13.41　预应力组合凹模

1) 预应力组合凹模的优点

(1) 可以使凹模芯内壁处的切向拉应力大大地减小，甚至可以使凹模芯内壁完全没有切向拉应力的作用；从而提高凹模芯的强度，延长模具的使用寿命。

(2) 可以减少昂贵的、高强韧性配合的模具材料消耗，大大降低模具成本。这是因为在预应力组合凹模中仅凹模芯采用昂贵的、高强韧性配合的模具材料，而预应力圈一般用一般合金工具钢或调质钢。

(3) 由于凹模芯尺寸大大减小，使之便于进行热处理和易达到规定的技术要求。

预应力组合凹模的设计，就是根据单位变形力、冷锻件的材料及形状尺寸、模具材料的许用应力等设计预应力组合凹模的预应力圈的内径和外径、凹模芯的外径、压合斜度、过盈量的大小等。

2）预应力圈的内孔斜度及高度确定

在预应力组合凹模中，预应力圈承受着较大的切向拉应力，因此，预应力圈必须具有足够的壁厚以满足预应力组合凹模承载能力的要求。

(1) 预应力圈的内孔斜度 γ。在实际生产中，预应力组合凹模的压合斜度一般取 $\gamma=1.0°\sim1.5°$。因此，预应力圈的内孔斜度 $\gamma=1.0°\sim1.5°$。

(2) 预应力圈的高度。预应力圈的高度尺寸(即凹模的厚度)的确定，主要考虑冷锻件的形状与尺寸、冷锻成形过程中的实际工作内压作用区域、模具导向和退料的要求、模具的结构和模具封闭高度等。

为了便于压合及使预应力圈与凹模芯接触面积率达到75%以上，预应力圈的内孔锥面应进行磨削加工，其表面粗糙度值应控制在 $Ra1.6\mu m$ 以下。预应力圈的高度通常比凹模芯短 1.0～2.0mm，以便使凹模芯与通用模架中的下模垫板紧密接触。

3）凹模芯的结构形式

整体的凹模型腔，除了制造加工容易外，存在如下缺点：材料不能充分发挥作用，凹模型腔底部容易压塌、变形和开裂等；因此这种整体结构的凹模芯只适合于塑性极好、变形程度较小的材料的冷锻成形加工。因此，对于形状复杂、断面变化较大的冷锻件，凹模芯应尽可能采用分体组合形式。凹模芯的分割形式可以根据工作载荷的分布选择，分割的目的是均匀分布载荷以减少应力集中而导致开裂，并且便于制造和更换。

(1) 凹模芯的分割方式。

① 横向分割。横向分割就是分割面与凹模芯轴线相互垂直。

② 纵向分割。纵向分割就是沿与凹模芯轴线相同的方向进行分割。

分割时，一般将分割开来的较小部分制作成单独的镶块；也有将整个预应力组合凹模分成上、下两部分，它们各自单独形成一个预应力组合凹模，两部分与模座之间采取一到二级精度第一种间隙配合。

(2) 凹模芯的分割原则。

① 将磨损较快的部位，尽量做成镶块。

② 在转折及断面变化的地方进行分割。

③ 对于形状复杂的凹模芯，为了便于加工，可以分割成许多镶块。

(3) 常见的凹模芯分割形式。实际生产中，常见的凹模芯分割形式如图 13.42 和图 13.43 所示。空心模膛的下部有顶料杆作为成形的支承面。

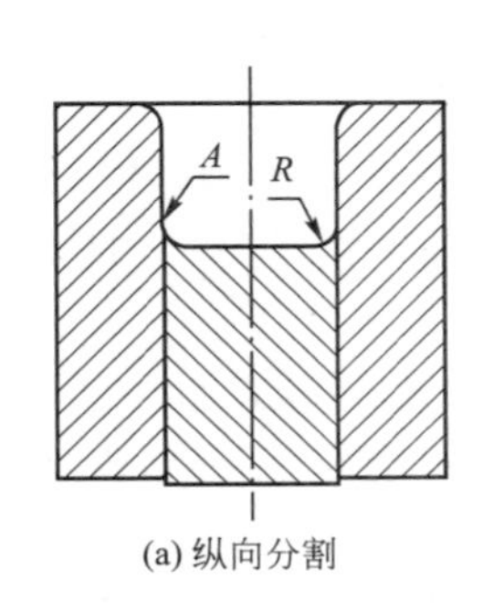

(a) 纵向分割

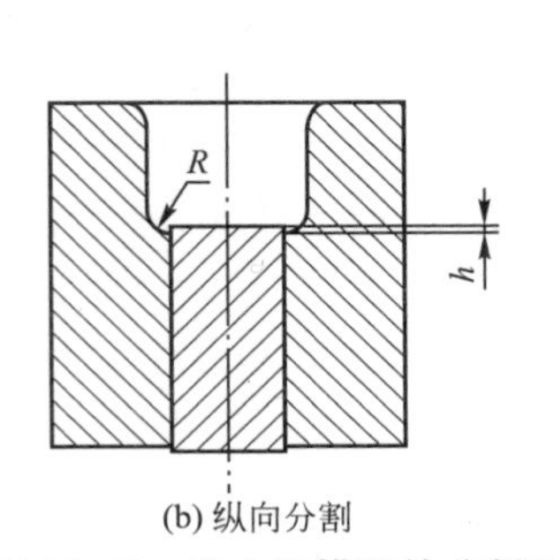

(b) 纵向分割

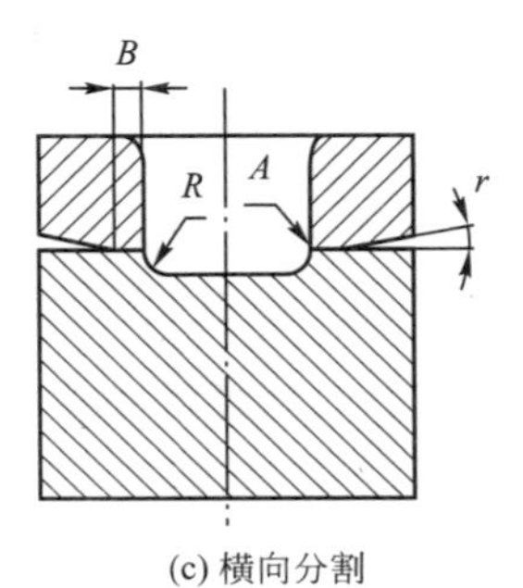

(c) 横向分割

图 13.42 实心凹模芯的分割形式

采用图 13.42(a)和图 13.43(a)所示纵向分割形式的凹模芯，在设计时应考虑如下两

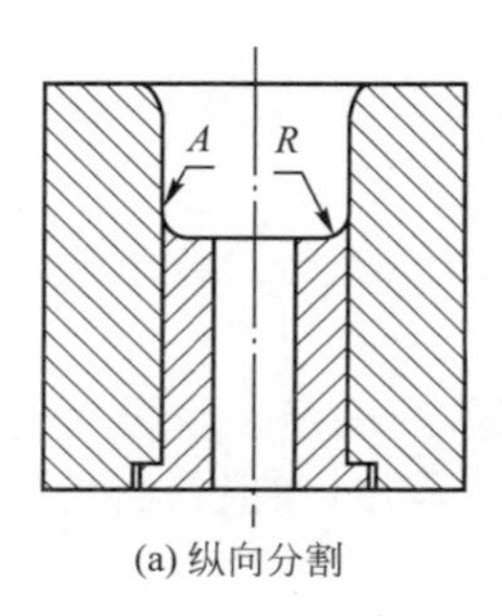

(a) 纵向分割

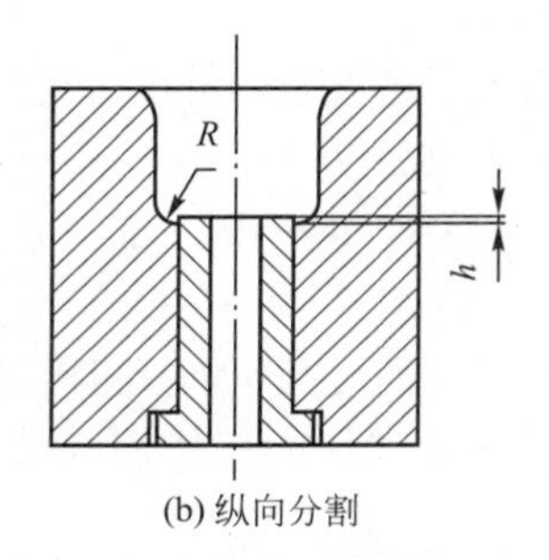

(b) 纵向分割

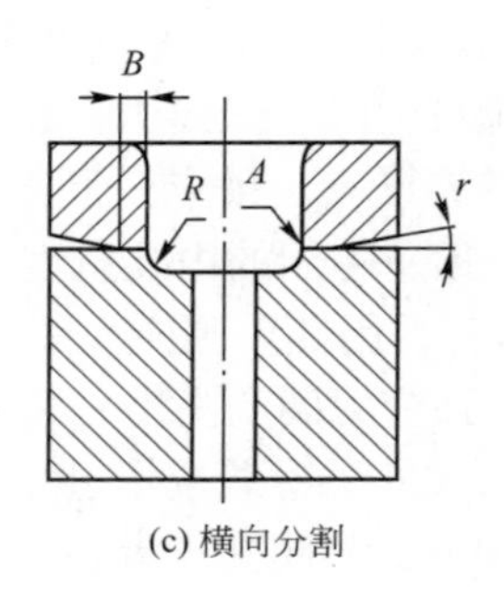

(c) 横向分割

图 13.43　空心凹模芯的分割形式

个问题：

① 为了便于装配，要保证压装品质及凹模型腔尺寸与圆角 R 的衔接一致，故圆角 R 应在装配以后加工。

② 防止在圆角 R 与凹模型腔相接处出现空隙。空隙是由受力不同的两部分(镶块与压套)的变形(弹性膨胀与压缩)差异所引起的；其控制方法是选择合适的预过盈，并根据载荷分布选择与之相适应的材料和热处理工艺规范。

采用图 13.42(b)和图 13.43(b)所示纵向分割形式的凹模芯，在设计时应考虑成形时镶块的压缩变形量 h。为此，镶块顶面应比凹模转角处高出一些，但高出量甚小，原则上为 $h=0.2$mm；这一高出量若不合适，成形以后冷锻件的底部将留有压痕。

采用图 13.42(c)和图 13.43(c)所示横向分割形式的凹模芯，在设计时其分割面应选择在凹模芯圆角之上 1～2mm 处，将凹模芯分割成上、下两个独立的部分。这种模具分割形式的加工制造容易，使用更换方便，互换性好。为了防止成形加工时金属进入接合面间，应该控制上、下两部分接触环形面积的大小；一般是将单面接触宽度 B 控制在 2.0～3.0mm，其余部分做成 $1°$～$3°$的斜面，并采取强有力的紧固方式，以增大环形面上的接触压力；此外，还必须考虑型腔分割处的衔接一致，它可由分割的上、下两部分之间的配合关系和加工精度保证。

4) 凹模芯型腔尺寸的确定

(1) 凹模芯型腔径向尺寸的确定。冷锻预应力组合凹模的凹模芯型腔的工作尺寸基本上取决于冷锻件的尺寸。为了得到最大的模具磨损留量，其尺寸一般按冷锻件的负公差设计，并且尺寸公差一般不超过冷锻件公差的 10%；同时还必须考虑冷锻成形时的凹模芯弹性变形和温度上升所引起的热膨胀，以及冷锻成形以后冷锻件的冷却收缩等。因此，凹模芯型腔的内径要比冷锻件小，一般地，采用碳素工具钢和合金工具钢制作的凹模芯内径要比冷锻件小 0.02～0.05mm，采用硬质合金制作的凹模芯内径要比冷锻件小 0.005～0.015mm。

除此之外，凹模芯型腔尺寸还必须考虑坯料及中间预制件与模具间的配合间隙，这一间隙一般为 0.02～0.10mm；随着坯料尺寸的加大，这一间隙可能增大到 0.20mm。所以，凹模芯型腔的直径相当于坯料外径放大 0.02～0.10mm。在保证坯料能自由放入凹模芯型腔的情况下，这一间隙越小越好。在多道次成形加工工艺中，为了保证中间预制件能够自由地放入下一道工序，各工序间应有一定的配合间隙；为了避免在冷锻件的表面上产生接痕，这一间隙越小越好，一般取 0.02～0.04mm。

现以图13.44(a)所示的坯料经过两次冷锻成形为例，说明冷锻预应力组合凹模的凹模芯型腔尺寸的确定。

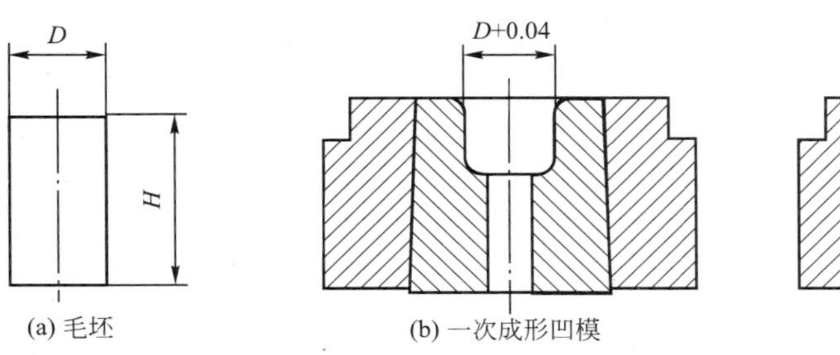

(a) 毛坯　(b) 一次成形凹模

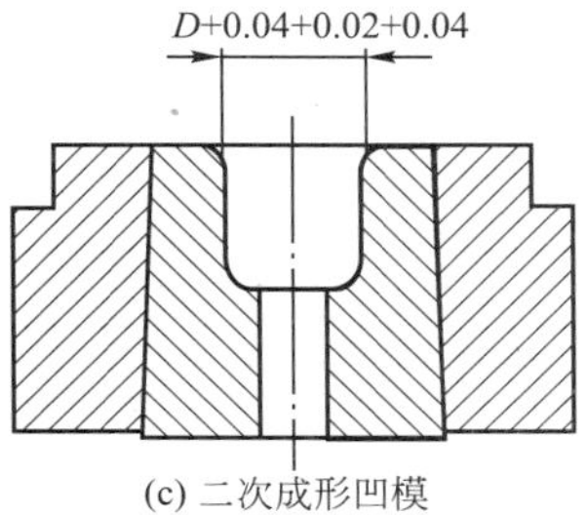

(c) 二次成形凹模

图13.44　凹模芯的型腔尺寸

① 确定坯料的尺寸。若坯料外径为 D，则高度为 H。

② 一次冷锻成形的凹模芯型腔尺寸。凹模芯型腔尺寸为 $D+0.04$mm，即坯料与凹模芯型腔的间隙值为0.04mm。冷锻成形时，若模具的弹性变形量为0.02mm，则一次冷锻件的尺寸为 $D+(0.04+0.02)$mm。

③ 二次冷锻成形的凹模芯型腔尺寸。凹模芯型腔尺寸为 $D+(0.04+0.02+0.04)$mm$=D+0.10$mm。

(2) 凹模芯型腔深度尺寸的确定。凹模芯型腔的深度必须大于坯料的高度，高出的数值一般不得少于3.0～5.0mm，即在冷锻凸模与坯料接触前，至少已进入凹模芯型腔3.0～5.0mm。为了便于装料与引导冷锻凸模，凹模芯的模口应做成圆角 R 或倒角，一般取 $R=2.0\sim3.0$mm 或倒角为 $2\times45°$。

5) 预应力圈的内径和外径、凹模芯外径的确定

预应力组合凹模中预应力圈的外径［图13.41(a)中的 d_3 和图13.41(b)中的 d_4］与凹模芯的内径［图13.41(a)和图13.41(b)中的 d_1］的比值增大，凹模芯的强度增加，但当预应力圈的外径为凹模芯内径的4.0～6.0倍以后，再继续增大预应力圈的外径便没有多大的意义了。因此，在设计预应力组合凹模时，往往取预应力圈的外径和凹模芯的内径之比为4.0～6.0。

7. 横向分割型组合凹模的设计

图13.45所示的三种横向分割型组合凹模中，其各自的特点如下：

(1) 图13.45(a)所示的横向分割型组合凹模，靠凹模芯本身进行找正并对准中心。但加工、装配要求比较高，若在冷锻成形加工时分割处进入金属，无论是清理和修复都很困难。

(2) 图13.45(b)所示的横向分割型组合凹模，无论从加工和使用上，都被认为是一种较好的组合形式。

(3) 图13.45(c)所示的横向分割型组合凹模，靠其外径与模架的模座进行配合。但由于模座长时间使用后可能会磨损，使该凹模上、下两部分的同轴度受影响。其解决办法是在模座孔中镶上用硬质合金或工具钢制作的淬硬衬套。

8. 预应力组合凹模的压合工艺

为了保证冷锻凹模有足够的预应力，除了保证过盈量外，凹模芯与预应力圈的配合面

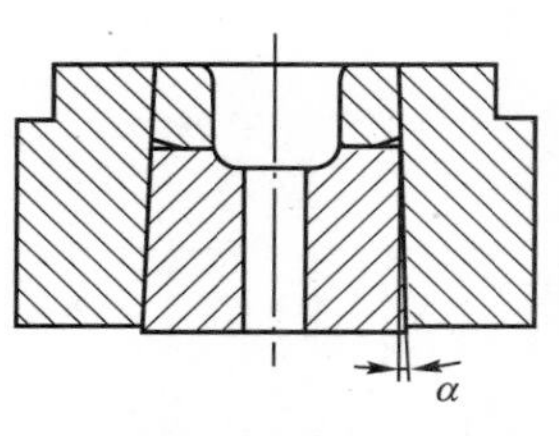

(a) 凹模芯与预应力圈配合

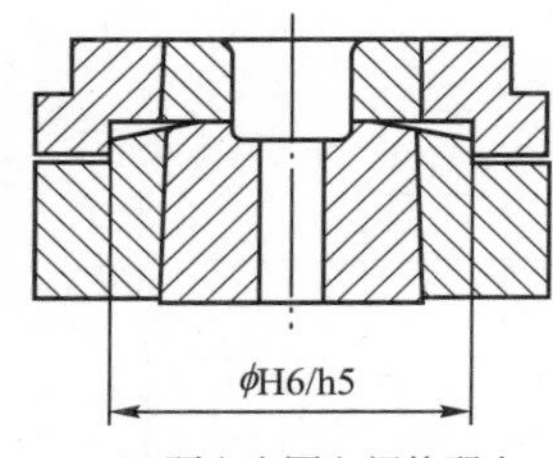

(b) 预应力圈之间的配合

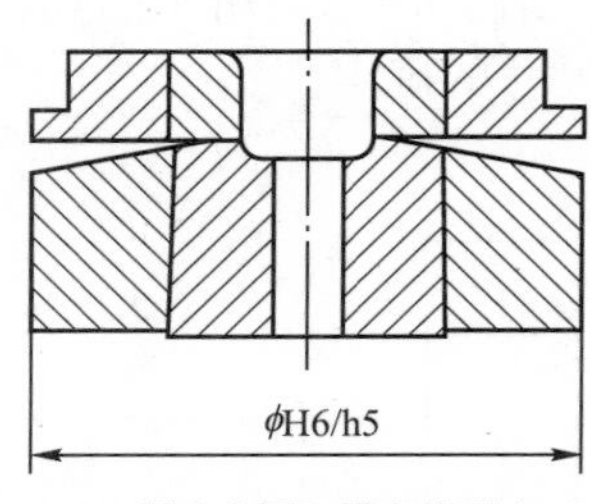

(c) 预应力圈与模座的配合

图 13.45　组合凹模的横向分割形式

的表面粗糙度值应控制在 $Ra0.8\mu m$ 以下，并保证配合面间良好接触。通常用红丹来检验凹模芯和预应力圈在配磨过程中的接触情况：先将已磨内孔的预应力圈紧固在专用工装上或夹钳上，再用少量红丹均匀地涂敷在凹模芯的外圆表面上，将凹模芯轻轻地插入预应力圈内并均匀地转动，然后取出凹模芯，观察凹模芯的外圆表面的红丹分布情况或接触斑点情况。在冷锻成形工艺中，要求凹模芯与预应力圈之间的接触面积不应小于总配合面积的 80%，而且要求小端处接触面积几乎为 100%。

习　　题

1. 为什么要对冷锻前的钢材进行软化退火处理？
2. 退火后钢坯料的性能有哪些改变？
3. 什么叫光亮退火？
4. 何谓磷化处理？它有什么功用？
5. 被膜处理过的坯料还要润滑吗？
6. 铝合金和铜合金冷挤压和冷锻成形前要进行磷化处理吗？
7. 冷锻前必须对材料进行哪种预处理？为什么？热锻前需要这种预处理吗？
8. 正挤压时凹模模膛口锥角的大小对金属流动有何影响？

第14章 大型锻件与高合金钢及有色金属的锻造

14.1 大型锻件的锻造

质量在1t以上的锻件，通常称为大型锻件。随着现代工业技术的迅速发展，大型锻件生产的地位日益重要。例如，大型发电机的转子、护环，大型汽轮机叶轮，水轮机的主轴，船用大型曲轴，轧钢机的冷、热轧辊及各种高压容器等重要零件，均需采用大型锻件制造。

生产大型锻件，不仅需要大型水压机等锻造成形设备，而且要求有很高的技术水平。目前，我国能生产的大型锻件最大质量已达450t，采用钢锭重600t。

大型锻件在机器中往往起着关键的作用，工作条件和受力情况复杂而繁重，因而常常要求具有较高的综合力学性能，有时还要求有某些特殊的物理化学性能。为了保证使用过程中的安全、可靠，对它们的质量(主要是内部质量)提出了越来越严格的要求。例如，大型锻件内不允许留有严重危害性的缺陷，包括白点、裂纹、气泡及大块的夹杂物等；尤其是当缺陷出现在受力较大的部位时，在机器的长期运行中会因应力集中而扩大，导致严重事故的发生。

影响大型锻件的内部质量的因素很多，包括炼钢时原材料的精选和准备、钢的冶炼、钢锭的浇注、钢锭的加热与锻造、锻件的冷却与热处理等。如何防止大型锻件产生废品，提高质量，就成了锻造生产中极其重要的问题。

大型锻件的质量主要依靠以下几个方面来保证：

(1) 提高钢的冶金质量。

(2) 合理的加热工艺和锻造温度规范。

(3) 先进的锻造成形工艺。

(4) 正确的锻后冷却方法及热处理工艺。

1. 大型锻件锻造的主要问题和特点

大型锻件锻造的主要问题是如何保证锻件的质量(主要是内部质量)。在此前提下，应尽可能提高生产效率和材料利用率、减轻劳动强度，从而降低锻件的成本等。

大型锻件锻造工艺的特点如下：

(1) 大型锻件一般采用钢锭直接在水压机上锻造。随着钢锭质量的增大，内部的固有缺陷，如疏松、偏析、气泡、夹杂等问题就越严重，这对保证大型锻件的锻造质量也就越不利。

(2) 由于大型锻件截面尺寸大，加热时，产生很大内应力，易于出现加热裂纹，而且长时间加热又会引起晶粒粗大；锻造时，变形难以渗透到钢锭的中心部位，中心缺陷不易焊合。

(3) 锻后冷却和热处理时，由于大型锻件内部晶粒粗大而不均匀，扩氢和消除内应力较困难，使冷却和热处理工艺更为复杂。

(4) 通常大型锻件内部缺陷多，性能不易保证，所以规定有较全面的质量检查项目。

2. 大型锻件用钢锭

大型锻件一般是直接用钢锭锻造的。锻件质量的好坏与钢锭的质量优劣有着密切的关系。

1) 大型锻件用钢锭的冶炼

冶炼方法直接关系钢锭质量的优劣，先进的冶炼方法能尽量减少钢中的有害元素，如硫、磷、非金属夹杂物及气体(尤其是氢)。

重要的大型锻件用钢锭多在酸性平炉或碱性电炉中冶炼。目前国内外广泛应用真空熔炼、真空处理钢液、电渣重熔等新技术，可以更有效地减少钢中的气体与非金属夹杂物，提高钢锭的质量。

2) 大型钢锭的尺寸和形状

大型钢锭的尺寸和形状直接影响钢锭的结晶过程，要获得优质的钢锭，除要求有先进的冶炼方法外，还必须有合理的钢锭尺寸和形状(如钢锭的锥度、高径比和棱角数)。

钢锭的锥度 α 及高径比 K 按下式确定：

$$\alpha=\frac{D_{大}-D_{小}}{H_{身}}$$

式中，$D_{大}$为锭身上部直径(mm)；$D_{小}$为锭身下部直径(mm)；$H_{身}$为锭身高度(mm)。

常用的大型钢锭有两种：一种是一般锻件用的普通钢锭，锥度为 4%左右，高径比为 1.8～2.3，冒口比例为 17%；另一种是重要锻件用的短粗钢锭，锥度为 11%～12%，高径比在 1.5 左右，冒口比例为 20%～24%。

高径比减小，锥度加大，钢锭更能自下而上顺序凝固。有利于钢液补缩，中心比较结实；有利于钢液中的夹杂上浮、气体逸出，减小偏析程度。钢锭较矮，浇注时钢液纵向压力小，表面不易产生裂纹。横截面大，还可以减少镦粗的次数。

锭身采用多角形，通常多为八角形。棱角数多，可使钢锭凝固均匀。大型钢锭除八角形外，还有 12、16、24 角形等。

大型钢锭冒口所占的比例较大，有利于补充锭身的收缩和使夹杂、气体上浮，使锭身纯净。

由此可见，大冒口、大锥度、短粗、多角形是大型钢锭外形的特点。

3. 大型钢锭的加热特点

大型锻件生产中，钢锭的加热是很重要的环节，它对锻件质量和锻造生产率有很大的影响。必须根据大型钢锭的特点制订合理的加热工艺，生产中又必须严格按照加热工艺进行。

大型钢锭的特点如下：

(1) 截面尺寸大，加热时内、外层温差大，温度应力大，钢锭芯部处于三向拉应力状态。如果加热速度过高，应力可能超过金属的强度极限，致使内部开裂或原有的内部裂纹扩大。在低温阶段，金属的塑性差，钢锭尺寸越大，允许的加热速度就越小。因此，大钢锭的加热时间都较长。如果有条件，应尽量采用热钢锭加热，其优点是允许高温装炉，快速升温，不仅节省燃料，提高生产率，而且可以防止加热开裂。对于冷钢锭，铸锭冷却后的残余应力会加剧温度应力的破坏作用，加热前有必要进行退火处理，这不仅可以消除残余应力，提高塑性，而且退火可以提高钢的导热性，减小温度应力。

(2) 钢锭质量越大，组织越不均匀，缺陷越严重。由于组织不均匀和缺陷的存在，会降低钢的塑性，增大加热时的温度应力，缺陷的边缘容易引起应力集中。因此，对于冶金质量好的钢锭，可以采用较高的始锻温度和较低的终锻温度，而且能缩短加热时间。大钢锭加热时均热时间较长，一方面是借助高温扩散减轻偏析(主要是显微偏析)对锻件质量的影响；另一方面是保证缺陷集中的钢锭心部热透，使锻造过程中有充分的变形，获得较高的力学性能。

大型锻件也有用大钢坯锻造的。钢坯经过一定的变形后，内部的不均匀性和缺陷程度有所改善，塑性和导热性都有提高，所以冷钢坯的加热速度可比冷钢锭大些。

4. 大型锻件的锻造方法

为了保证大型锻件有良好的内部质量，大型锻件的锻造必须锻透，既充分破碎钢锭的铸造组织，焊合内部缺陷，分散非金属夹杂物，以及使晶粒细化并趋于均匀等；同时，还应满足对锻件纵向、横向或切向等提出的力学性能要求，因此，大型锻件的锻造除保证一定的锻造比以外，还应采取一些先进的锻造方法或工艺措施。

1) 选用合适的钢锭锭型

选用合适的钢锭锭型，对提高大型锻件的质量有很大关系。通常，锻造大型锻件采用大冒口、大锥度、小高径比、多角形的钢锭。由于高径比小，有利于增大拔长时的锻造比，这对于一般轴类锻件的锻造，有可能取消中间镦粗，直接拔长成形。对空心锻件的锻造，可采用空心钢锭，这样就可以减少加热次数和烧损，缩短锻造操作时间，节省材料，并且还能提高锻件质量。

图14.1所示的三瓣九角形钢锭，在铸造凝固时具有最佳的均匀结晶条件，可以有效地改善钢锭内部组织状况，并且锻造时表面不易出现裂纹，还可使芯部获得较大变形。

八角形钢锭锻造比为1.5时，芯部变形程度为56%；而三瓣九角形钢锭锻造比为1.3时，芯部变形程度就达到71%。

2) 改变坯料的形状

钢锭镦粗时，为使钢锭沿高度方向变形均匀，对于普通钢锭，倒棱后可将近冒口端压成凹形，这样镦粗时可以减少侧面的鼓形，因而可以增加变形程度，如图14.2(a)所示；

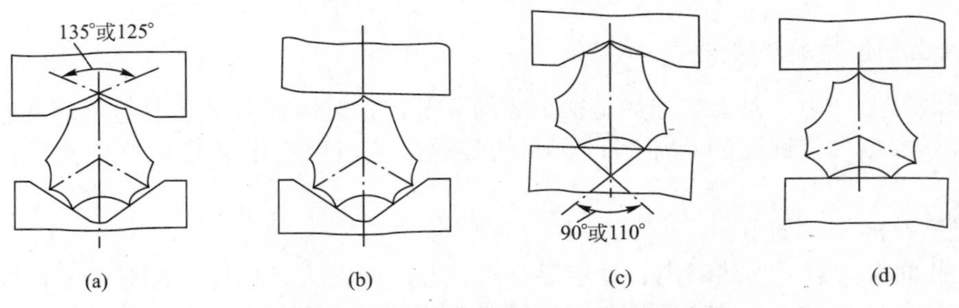

图 14.1　三瓣九角形钢锭及拔长砧子

对于粗短钢锭，可在钢锭倒棱后将锭身压成凹形，然后镦粗，也能获得同样效果，如图 14.2(b)所示。

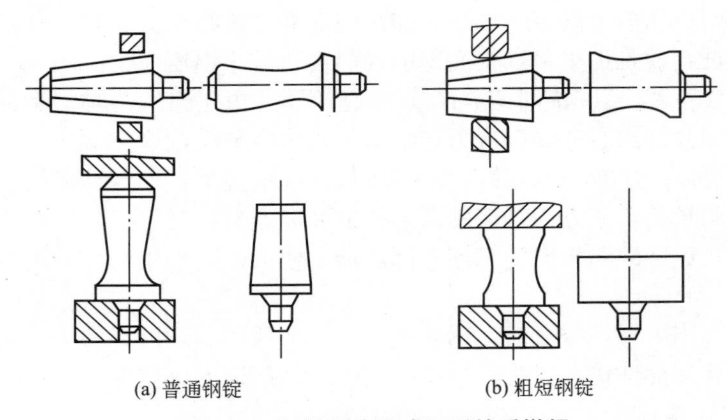

图 14.2　钢锭预先压成凹形然后镦粗

3）走扁方锻造

拔长轴类锻件时，将倒棱并拔成方截面的钢锭，加热后采用大压下量拔成扁方，扁方截面的高宽比约为 0.5，称为走扁方锻造。然后拔成方形、八角形，最后锻成圆形，如图 14.3 所示。

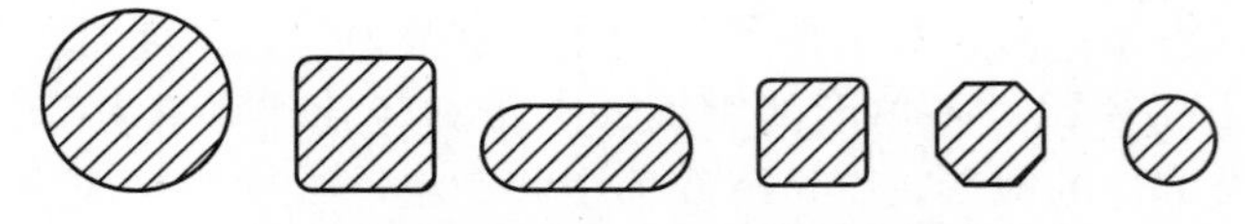

图 14.3　走扁方锻造坯料截面变化过程

走扁方锻造由于压下量大，坯料芯部变形剧烈，锻透性好，有利于焊合芯部缺陷。

走扁方锻造时应注意以下几点：

(1) 走扁方锻造前，坯料必须加热到最高始锻温度，以便在锻造中充分焊合坯料芯部缺陷。

(2) 走扁方锻造拔长时，应采用拔一遍翻转 180°再拔一遍，然后翻转 90°拔长的方法，如图 14.4 所示。这样，可以防止由于坯料与上砧接触部分变形大于与下砧接触部分，从而导致出现钢锭中心线的偏移。

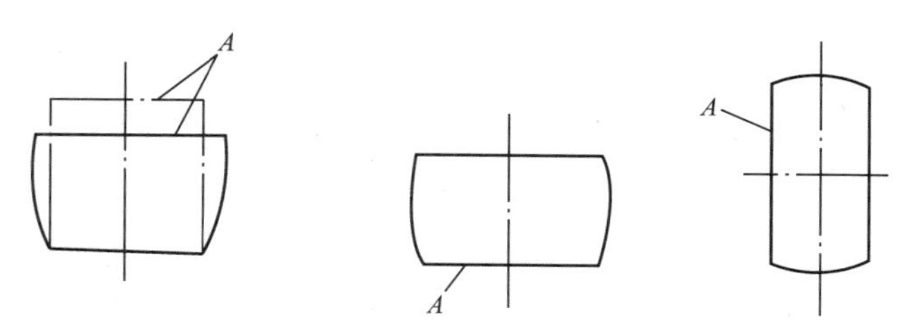

图 14.4 走扁方拔长时坯料 180°～270°翻转操作法

4）中心压实法

中心压实法又称为降温锻造或硬壳锻造，是大型锻件锻造的一种先进工艺。它是将加热到始锻温度的钢坯或钢锭出炉后，采取鼓风或喷雾的方法进行强制冷却，当钢坯表面温度冷到 700～800℃时立即锻造。这时芯部温度还很高，内外温差可达 250～350℃；钢坯表层好似一层硬壳，温度低，抗力大，不易变形；而被硬壳包围的芯部，温度高，抗力小，容易变形。因此，锻造时芯部处在强烈的三向压应力作用下，有利于焊合中心的孔隙缺陷。

中心压实的锻造方法有三种：

(1) 上、下平砧拔长。

(2) 上、下小砧双面局部纵压。

(3) 上小砧、下平台单面局部纵压，如图 14.5 所示。

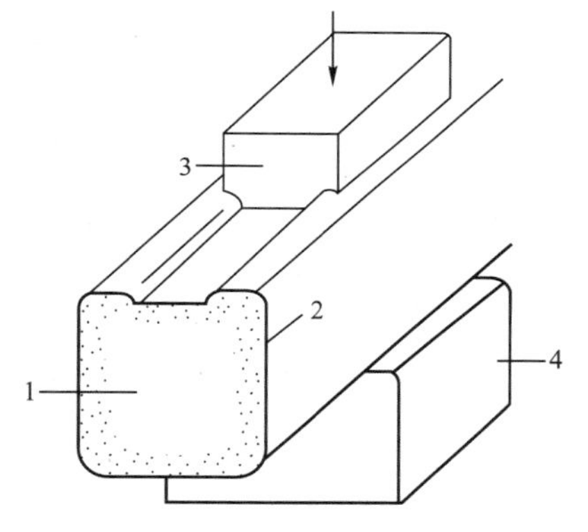

图 14.5 中心压实法

1—高温区；2—低温外壳；3—上纵向平砧；4—下砧

后两种方法，小砧系纵向锻造，小砧宽度为坯料宽度的 70%，只压坯料中部，以加强中心压实的效果。这时，如果将坯料锻造一遍后翻转 90°再锻造一遍，效果更佳。

中心压实法锻造时应注意：

(1) 坯料表面喷雾冷却时，应不断绕其轴线转动坯料，使坯料各面冷却均匀。

(2) 坯料表面温度用光学高温计测量。

(3) 增大压下量可以提高对心部缺陷的焊合效果，但压下量过大会使坯料低温表层开裂，一般相对压下量控制在 7%～10%。

(4) 锻造时应避免坯料表面产生折叠。

5）凸型砧展宽锻造

凸型砧展宽锻造用于大型钢板锻件。一般钢板锻造工艺是先将钢锭开坯后镦粗到一定直径，然后压扁锻出成品。镦粗直径 D 与板宽 B 的关系式为

$$D=B+(50\sim100)\text{mm}$$

对于某些大型钢板锻件，由于板宽较大，要求钢锭镦粗的直径过大，超过了水压机所能镦粗的最大能力，这时便可采用凸型砧展宽锻造工艺。它的工艺过程是将钢锭镦粗到水压机允许的程度后，拔成扁方，再用上凸型砧、下平台展宽(图 14.6)，然后用上、下平砧平整，锻成成品。用凸型砧展宽锻造法可以获得很大的展宽量，展宽系数 $\Delta B/\Delta H$ 可达

0.91(ΔB、ΔH 分别为坯料展宽前后宽度、厚度的差值)。坯料端头的凸出度较小，因此切头损耗较小。

凸型砧展宽锻造时应注意：

(1) 先展宽坯料的两侧部分，后展宽坯料的中间部分。

(2) 展宽时压下量不宜过大，并使压下量均匀一致，以保证金属均匀变形。

6) 变形强化

变形强化方法主要用于护环的锻造。护环(图 14.7)是圆筒形零件，是汽轮发电机转子两端上的重要零件。它承受很大的装配应力和随转子高速旋转时产生的强大离心力，因此，护环应具有高强度、高韧性的综合力学性能。护环的材料是无磁性的奥氏体钢40Mn18Cr3、50Mn18Cr4、50Mn18Cr4WN 等，不能用热处理方法来提高强度和细化晶粒，必须采取特殊方法进行强化处理。变形强化工艺便是经常采用的一种方法。

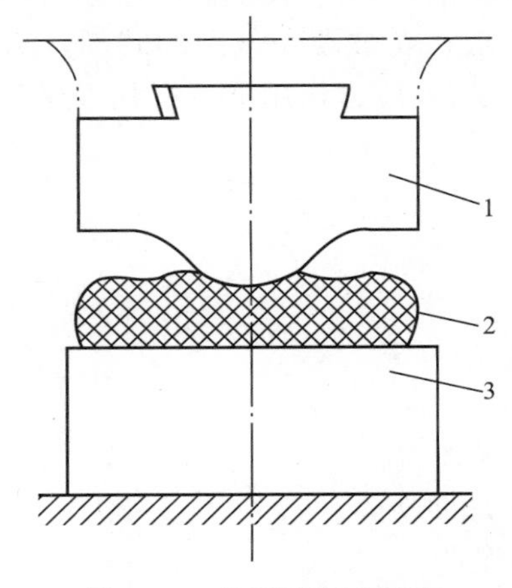

图 14.6　凸型砧展宽锻造

1—上凸型砧；2—坯料；3—下平台

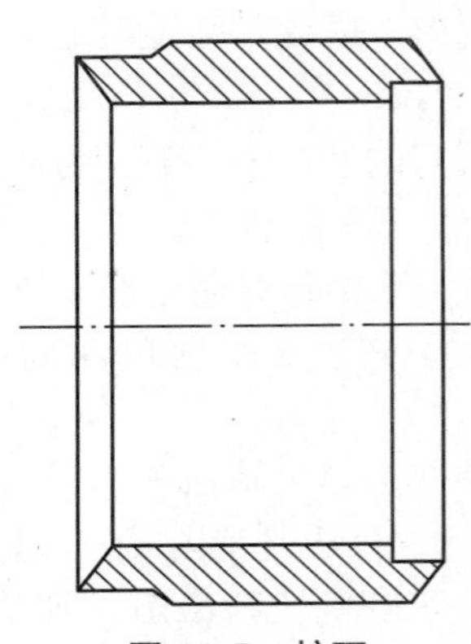

图 14.7　护环

在变形强化以前，先锻出护环坯料，对坯料进行粗加工(留有变形强化工艺所需的变形量)，然后对坯料进行奥氏体化处理(即固溶处理)，以获得晶粒细小的单相奥氏体组织。经过奥氏体化处理，护环虽然达到了无磁性的要求，但其强度远远达不到要求，必须进行强化处理。

变形强化方法有以下几种：

(1) 半热锻强化。半热锻强化是将奥氏体化处理后的坯料出炉后用水和空气交替冷却，一般冷却到 630℃以下，立即进行芯轴扩孔，使金属获得变形强化。芯轴扩孔时要求动作迅速，不允许增加退火次数，终锻温度不受限制；如终锻时温度较高，应放入水中冷却。

(2) 冷变形强化。冷变形强化方法主要有冷扩孔、冷胀孔、楔块扩孔、液压胀形等。

冷扩孔是将奥氏体化处理时放在水中冷却后的坯料直接进行芯轴扩孔。

冷胀孔是将护环坯料放在专用的装置上，在水压机作用下使坯料通过鼓形冲头将孔径扩大，获得变形强化，如图 14.8 所示。

楔块扩孔是将护环坯料预热到 250℃左右，并在内孔壁上均匀地涂上润滑剂，将它套在楔块模具上，当锥形冲头垂直下压时，通过斜面推动楔块沿径向向外胀开，使环坯产生一定变形，如图 14.9 所示。由于楔块外胀时楔体之间出现间隙，因而环坯与楔块接触处和间隙处变形不均匀。为使环坯沿周向均匀变形，可使环坯在扩孔过程中每次变更接触位置，或采取增加楔块数目的办法。但楔块数目太多，结构就复杂。目前国内一般采取 12 个楔块，国外采用 16～20 个楔块。楔块扩孔变形均匀，强化效果显著，残余应力小。

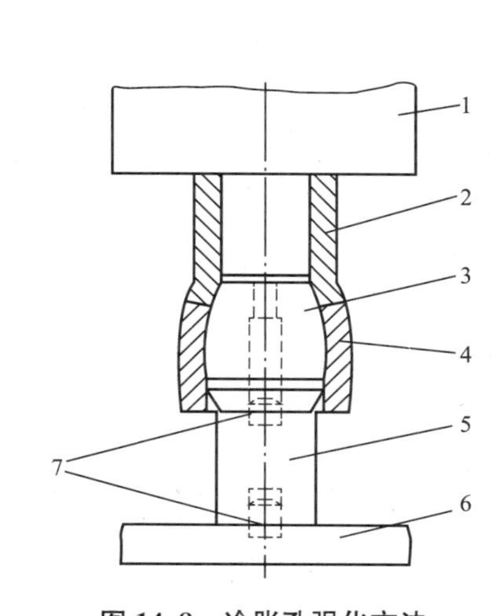

图 14.8　冷胀孔强化方法

1—上砧；2—第二个护环；3—鼓形冲头；4—第一个护环；5—顶柱；6—底板；7—销

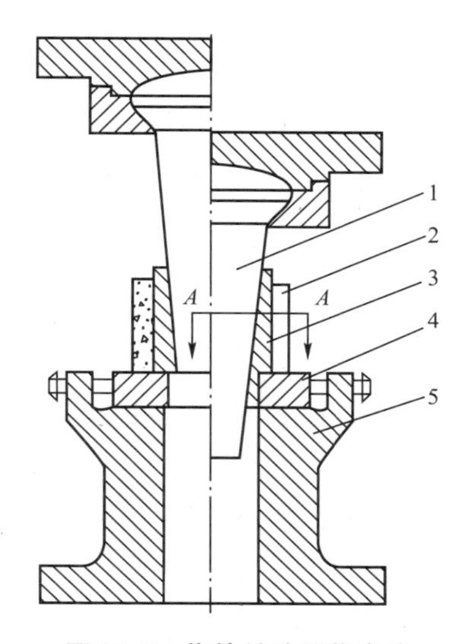

图 14.9　楔块扩孔强化方法

1—锥形冲头；2—护环；3—楔块；4—垫环；5—底座

液压胀形如图 14.10 所示，将环坯套在上、下锥形模之间，在环坯内注满液体，在水压机压力作用下，环坯内液体产生很高压强，使环坯全高沿径向胀大。由于胀形过程中多余液体强制向外喷出，在环坯与模具之间还起到良好的润滑作用。护环液压胀形具有变形均匀、成形精度高、残余应力小、模具结构简单等优点。

(3) 爆炸强化。爆炸强化方法如图 14.11 所示，是利用安放在环坯内的炸药爆炸后产生的冲击波和高压膨胀气体，以水为传递介质作用在环坯内壁上，使环坯变形强化。

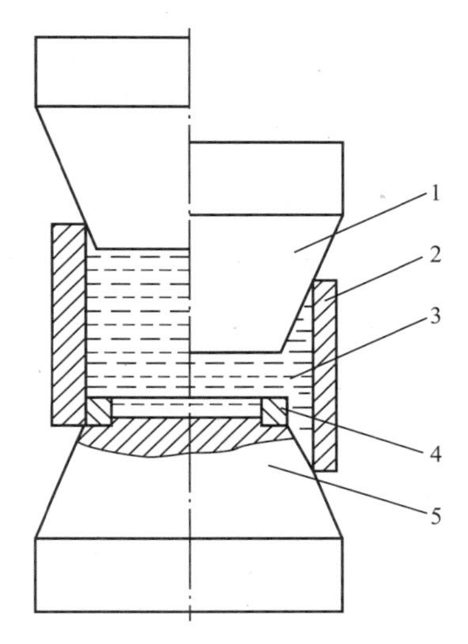

图 14.10　液压胀形强化方法

1—上锥形冲头；2—护环；3—液体；4—定位圈；5—下锥形冲头

7）扩展镦粗

扩展镦粗主要用于对切向力学性能要求很高的汽轮机叶轮的锻造。先将坯料在平台上镦粗后，放入专用漏盘上镦挤出下部带凸肩的中间坯料，然后放在旋转工作台上用专用扩展工具进行扩展镦粗，如图 14.12 所示。扩展镦粗是一种局部变形，两个上砧与坯料的接触面呈矩形，金属主要沿切向流动，两个接触面向外两端的少量金属沿径向流动，而向内两端的少量金属则被镦挤而逐渐形成上凸肩。每镦粗一次，旋转工作台将坯料旋转一定角度。这样逐渐将工件扩展镦粗到所需尺寸。

扩展镦粗方法可以保证被镦粗叶轮的轮缘部分具有很大的镦粗比，从而能很好地锻合坯料内部的缺陷；由于金属主要沿切向流动，因此能显著提高锻件切向力学性能。

扩展镦粗是一种局部变形，因此所需水压机的公称压力小。

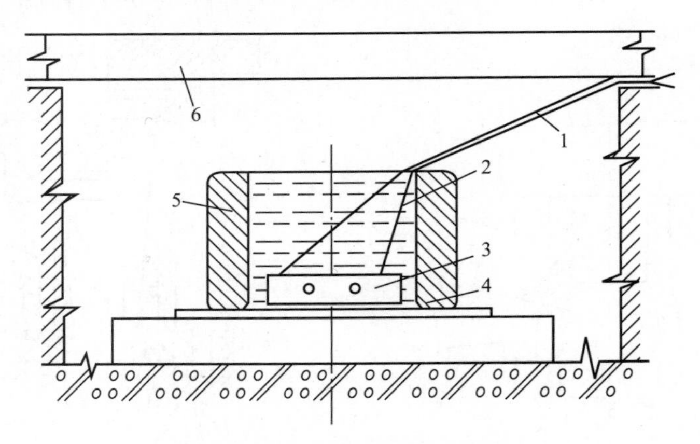

图 14.11　护环的爆炸强化方法

1—导线；2—水；3—炸药；4—油脂密封；5—护环坯；6—盖板

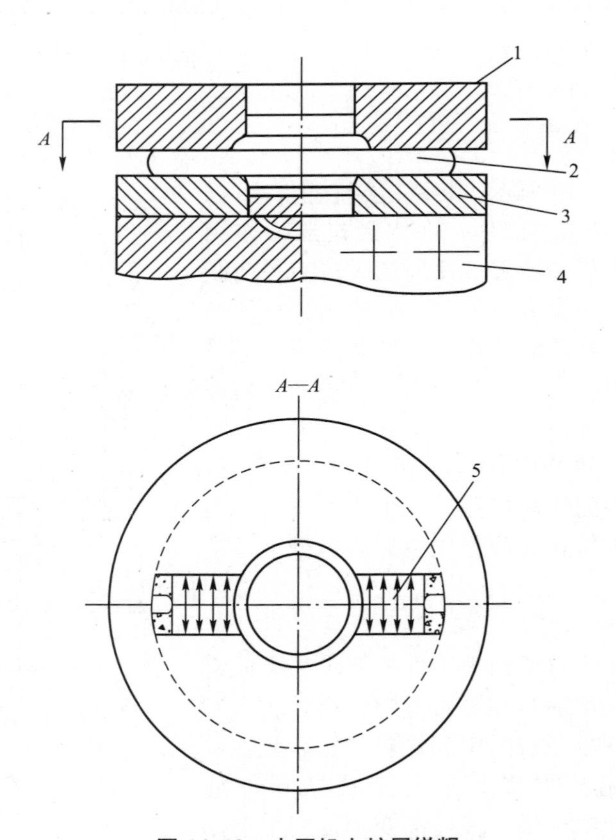

图 14.12　水压机上扩展镦粗

1—扩展工具；2—坯料；3—漏盘；4—旋转镦粗台；5—变形区金属流动方向

8）大型曲轴的全纤维锻造

错拐法和错拐扭拐法锻造的大型曲轴，其轴颈、拐颊和拐颈等切削加工时，热变形的纤维组织被切断，使坯料芯部缺陷外露，从而降低曲轴的力学性能和运转时的安全可靠性。

全纤维锻造是目前曲轴锻造的一种先进工艺。全纤维锻造的曲轴，纤维组织沿曲轴外形连续分布，坯料中心线与曲轴中心线基本重合，经切削加工后，纤维不被切断，坯料芯部缺陷也不外露，因而显著地提高了曲轴的力学性能和运转时的安全可靠性；同时还可节省金属材料，减少切削加工工时，提高生产效率等。

大型曲轴的全纤维锻造工艺有镦挤和错挤两种。

（1）全纤维曲轴的镦挤工艺。镦挤工艺是使坯料在模具内逐个将曲拐锻出。如图14.13所示，将坯料放入模具后夹紧轴颈，在横向压力作用下镦粗两个拐颊，当镦粗到一定程度时，纵向压力开始向下推挤拐颈，在镦粗和推挤的联合作用下使曲拐成形。全纤维曲轴镦挤工艺需采用大吨位水压机，模具结构复杂，安装调整较困难，成本较高，因而仅适用于大、中型曲轴的大批量生产。

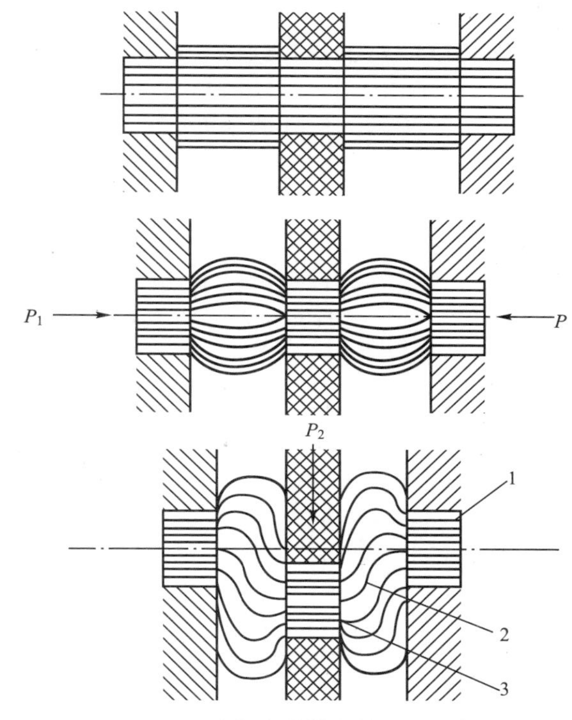

图 14.13　全纤维曲轴镦挤工艺示意图

1—轴颈；2—拐颊；3—拐颈

（2）全纤维曲轴的错挤工艺。错挤工艺也是使坯料在模具内逐个将曲拐锻出。如图14.14所示，将预制好的坯料放入模具，在纵向压力作用下，冲头向下错移两个拐颊，同时推挤拐颈，直至曲拐成形。

全纤维曲轴的错挤工艺过程主要包括制坯和错挤成形两步。

① 制坯。钢锭压钳把、倒棱和切底后拔长成圆截面，经加热出炉后，在图14.15所示的制坯模内按曲拐数逐个进行摔圆、压痕。坯料先通过摔子摔圆，

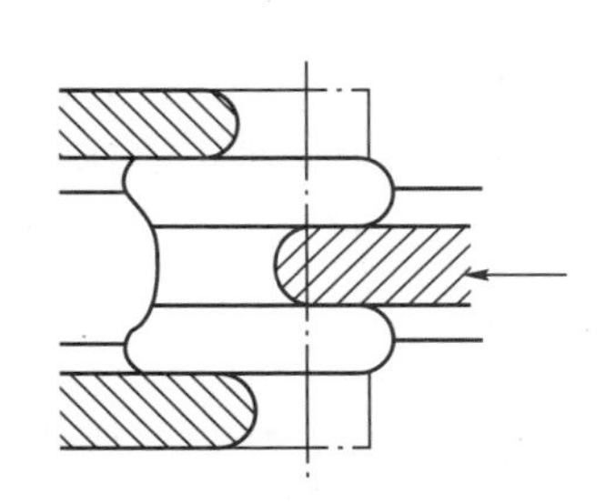
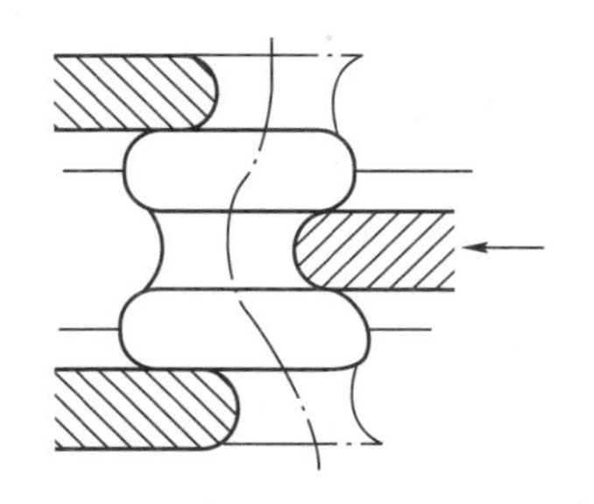
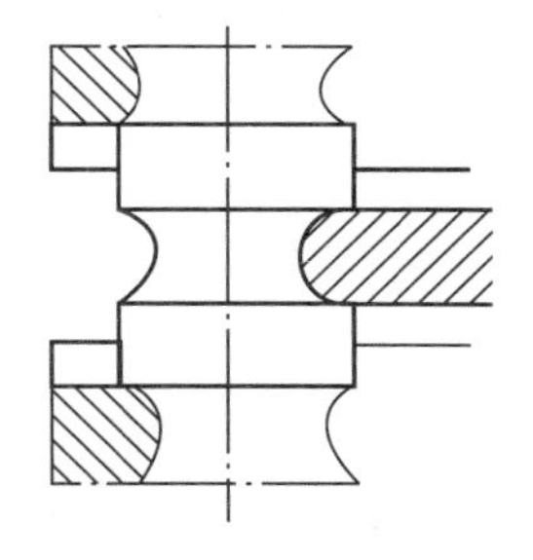

图 14.14　全纤维曲轴错挤工艺示意图

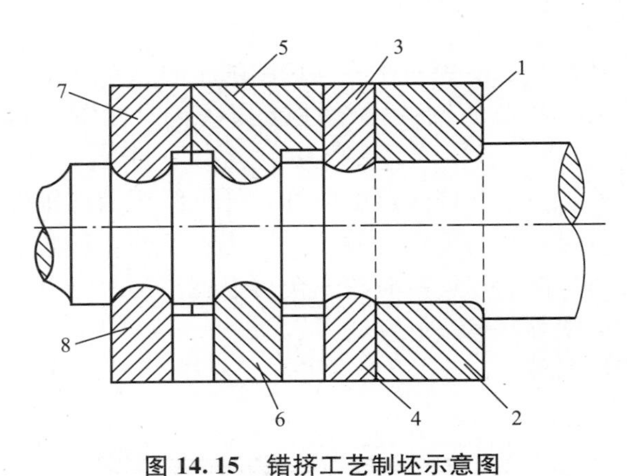

图 14.15　错挤工艺制坯示意图

1、2—摔圆模块；3、4、7、8—轴颈压痕模块；5、6—拐颈压痕模块

使拐颊部分直径均匀一致，然后已摔圆坯料往前送到三对压痕模内，进行两个拐颊两边的轴颈和中间拐颈的压痕分段。待摔完后，再送进下一个曲拐长度进行下一个曲拐的压痕分段，直至完成全部曲拐的制坯。

② 曲拐错挤成形。经制坯、加热后的坯料，便可在错挤成形模内逐个进行错拐。图 14.16(a)所示为已错拐完一拐，待错挤下一拐的初始位置。当坯料放在下模内时，已成形拐和待成形拐间的角度为 120°，下模支承块托住待成形拐颊的一半坯料及其相邻的轴颈，两个拐颊的另一半坯料各卡在冲头的左、右两侧面的模腔内。当上模压下时，先以成形节距板卡紧左、右两端的轴颈，与此同时冲头和下模支承块对拐颊部分坯料进行挤压剪切变形。当上模继续下降时，冲头凹档底部接触拐颈，使拐颈错移，直到上、下模闭合，曲拐在模腔内成形，如图 14.16(b)所示。最后抬起上模，顶出器顶出曲拐。坯料向前送进下一拐的长度，再错挤下一拐，直到全部曲拐错挤成形。

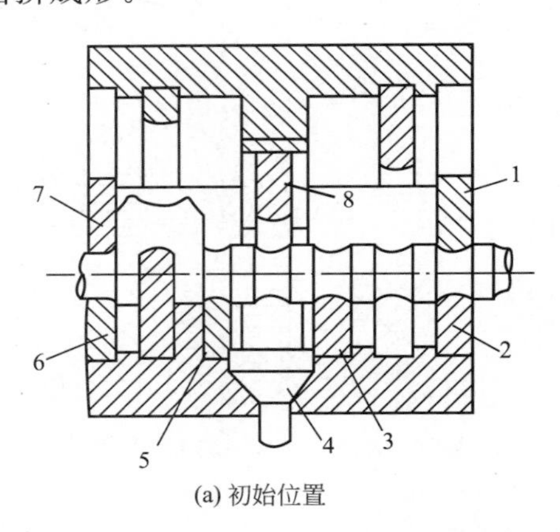

(a) 初始位置

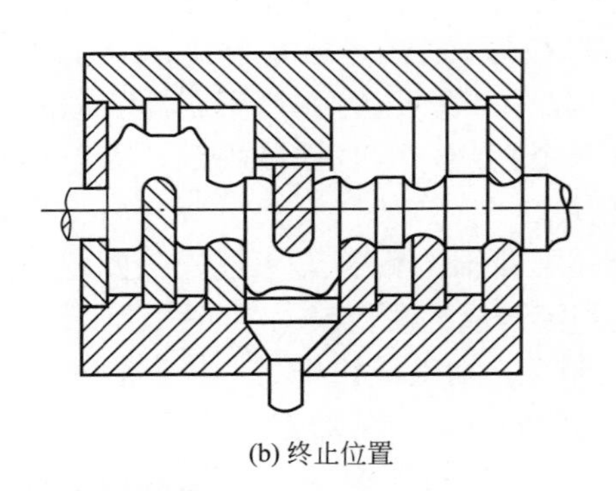

(b) 终止位置

图 14.16　曲拐错挤成形示意图

1、2、6、7—成形节距板；3、5—下模支承块；4—顶出器；8—上冲头

全纤维曲轴错挤工艺能在一火内错挤出大型曲轴的六个拐。其生产效率高、模具结构简单、制造成本低，而且所需水压机公称压力小，适于大型曲轴的中、小批量生产或系列化单件生产。

9）热拉深

热拉深工艺主要用于高压容器厚壁封头锻件的成批生产。

热拉深工艺是将经过压钳把、倒棱、拔长和切头后的坯料进行预镦粗，再在专用胎模中镦粗成圆锥形坯料；然后进行粗加工，使坯料具有准确的圆锥形；最后加热到始锻温度，在专用模具内用自由锻造水压机进行拉深成形，如图 14.17 所示。

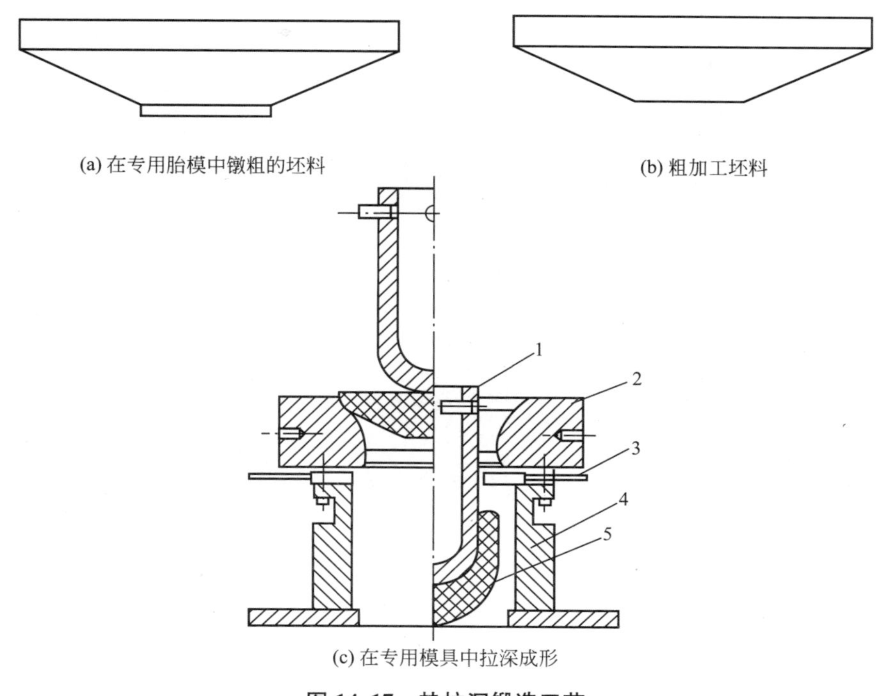

(a) 在专用胎模中镦粗的坯料

(b) 粗加工坯料

(c) 在专用模具中拉深成形

图 14.17 热拉深锻造工艺

1—凸模；2—凹模；3—退料柄；4—模座；5—拉深件

热拉深时应将拉深模具预热到 200～250℃，模具工作表面需用石墨水玻璃混合剂润滑；坯料加热后应清除氧化皮，放在凹模上时不允许歪斜和偏心。

14.2 高合金钢的锻造

高合金钢的合金元素总含量在 10%以上，其组织结构和性能与碳素钢及低合金钢有很大的差异，锻造时难度较大。

高合金钢按其正火组织可分为以下五类：

(1) 铁素体钢：如 Cr17、Cr28、Cr25Al15、0Cr13、Cr25SiAl 等；

(2) 珠光体钢：如 45Mn2、60Si2、GCr15、GCr9 等；

(3) 马氏体钢：如 Cr17Ni2、2Cr13、3Cr13、4Cr13 等；

(4) 奥氏体钢：如 Mn18Cr3、50Mn18Cr4、1Cr18Ni9Ti、4Cr14Ni14W2Mo 等；

(5) 莱氏体钢：如 W18Cr4V、W9Cr4V、Cr12MoV、Cr12 等。

14.2.1 高速钢的锻造

1. 高速钢锻造的主要目的

W18Cr4V、W9Cr4V 等高速钢，属于莱氏体高合金钢。高速钢在结晶过程中，通常产生三种碳化物，即初生的共晶碳化物、二次碳化物、三次共析碳化物，如图 14.18 所示。初生的共晶碳化物呈粗大的鱼骨状分布，存在于钢锭中心部位，具有很大的脆性。二次碳化物大都围绕晶界析出而形成网络状，也使钢的力学性能降低。三次共析碳化物颗粒细小，分布分散，使钢具有较高的力学性能。高速钢中的三次共析碳化物和部分二次碳化物，在淬火加热和冷却过程中会发生溶解和析出，而初生的共晶碳化物和部分二次碳化物即使加热到很高的温度也不会溶解，只能靠轧制、锻造来改变其形状、大小和分布情况。因此，初生的共晶碳化物和部分二次碳化物的形状、大小和分布情况，对高速钢刀具、模具的性能和使用寿命有很大的影响。碳化物颗粒细小、分布均匀的高速钢，无论是力学性能、热硬性、抗磨损性能都比碳化物粗大、分布集中(呈块状、网状、带状等)的高速钢好得多。

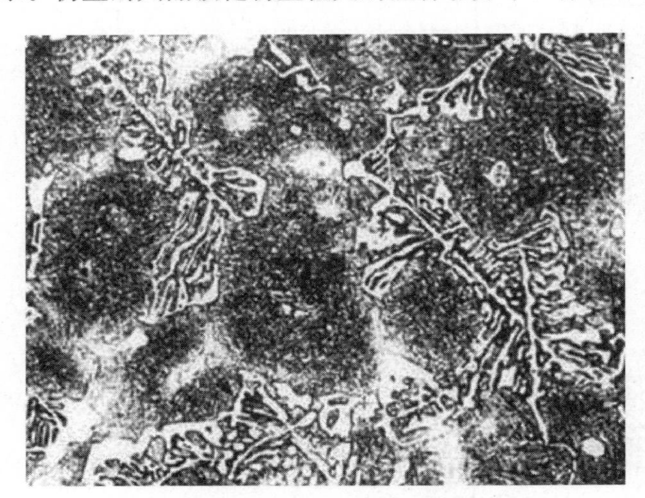

图 14.18　W18Cr4V 高速钢的铸态组织

高速钢中碳化物分布的不均匀性，称为碳化物偏析。碳化物偏析程度共分十级，一级代表最为细小均匀分布的碳化物结构，十级代表碳化物粗大、分布集中的铸态组织。

高速钢锻造的主要目的，就是破碎粗大的碳化物，并使之均匀分布，以达到锻件所要求的偏析级别。

2. 高速钢的加热

高速钢在 900～1200℃具有较好的塑性和较低的变形抗力，尤其在 1100℃时塑性、韧性最好。

温度高于 1200℃时，塑性显著下降，锻造时易开裂，所以，在实际锻造生产中高速钢的始锻温度低于 1200℃。

温度低于 900℃时，高速钢的强度增大，塑性、韧性大为下降，锻造时变形抗力大，加工硬化严重，容易出现裂纹和龟裂，因此，高速钢的终锻温度不应低于 900℃。但终锻温度不应高于 1000℃，否则会引起晶粒粗大而形成萘状断口，并出现网状碳化物。

常用高速钢的锻造温度范围见表 14－1。

表 14－1　高速钢的锻造温度范围　　(单位:℃)

钢的牌号	始锻温度	终锻温度
W18Cr4V、W9Cr4V、W9Cr4V2	1100～1150	900～950
W6Mo5Cr4V2	1080～1130	900～950
W12Cr4V4Mo	1050～1100	900～950

高速钢钢锭和钢材加热时应注意以下几点：

(1) 高速钢钢锭和钢材的中心部分容易发生过热和过烧。

(2) 高速钢在低温区的导热性比碳素钢低得多，当温度升到900℃时趋于相等，所以高速钢在低于800℃时应缓慢加热。

(3) 钢锭加热前应经过退火，以提高导热性和消除内应力。

(4) 高速钢加热时脱碳倾向大，所以最好在中性气氛中加热，而且在高温下停留的时间不要过长。

高速钢的加热规范一般采取分段加热。450～600℃装炉，按坯料每1mm厚度1min的加热时间升温到800～850℃，保温时间按每1mm厚度1.0～1.2min计算；按每1mm厚度0.5～0.6min的加热时间升温到始锻温度，再保温一段时间出炉锻造。

直径小于80mm的高速钢坯料，可以不经预热直接高温装炉，进行快速加热。这样不仅生产效率高、燃料消耗少、生产成本低，而且由于加热时间短，其内部组织较细、沿晶界的碳化物来不及聚集长大，从而减少了锻造过程中开裂的危险。

3. 设备吨位的选择

高速钢锻造时，锻锤吨位过小，变形局限于表面，不能击碎中心碳化物，偏析程度得不到改善。但是锻锤吨位过大，打击过重，也易使高速钢开裂。

一般所选锻锤吨位应比锻造同样尺寸的碳素钢大些。一般可按照表14-2来选择锻锤吨位。

表14-2 锻锤吨位的选择

锻锤吨位/t	0.15	0.25	0.30	0.40	0.50	0.75	1.00
拔长坯料直径或边宽/mm	≤35	≤40	20～50	35～70	50～85	70～120	85～150
反复镦拔坯料质量/kg	≤1	≤1.5	1～3	2～5	3～7	5～15	10～25

4. 高速钢的锻造方法

高速钢的锻造分为钢锭开坯和改锻两个阶段。

钢锭开坯的目的是改变钢锭的铸态组织，初步破碎晶粒和网状碳化物，改善其机械性能，得到一定形状和尺寸的坯料。为了保证钢坯的质量，必须保证一定的锻造比，一般取锻造比$y=7\sim8$。因为钢锭塑性较低，在锤上开坯锻造时，必须先轻轻锻打，以打碎钢锭表层的铸造组织，改善其塑性；然后加大锤击力量，才不致开裂。开坯中出现裂纹，要及时清除，以免扩大。

改锻的目的是对已经开坯的高速钢坯料进行锻造，进一步破碎内部的碳化物，使之均匀分布，以满足制造刀具、模具对碳化物偏析级别提出的要求，并得到一定尺寸和形状的锻件。所以高速钢的锻造的改锻的技术要求高，应用广泛。

合理地选择锻造方法，可以有效地改善高速钢的碳化物偏析。

1) 单向镦粗

单向镦粗就是只进行镦粗。这种方法适用于制作简单薄饼形刀具，当钢材的碳化物偏析级别与锻件所要求的级别接近时采用。坯料长径比一般应小于 3.0。

2）单向拔长

对于长形工件，当钢材碳化物偏析级别与工件所要求的级别接近时，采用单向拔长。单向拔长时锻造比取 $y=2\sim4$ 为宜，并非越大越好。

3）滚边锻造

滚边锻造操作方法如图 14.19 所示，坯料镦粗后，将其侧立，一边重击坯料边缘，一边绕轴心转动坯料，然后将坯料镦平。根据工件对碳化物偏析级别的要求，可以反复多次进行滚边锻造。滚边锻造时，在工件直径 1/4 的外环形带变形量大，改善碳化物偏析级别效果好，适用锻造刃部要求高、中心无特殊要求的圆饼形工件，如盘铣刀。

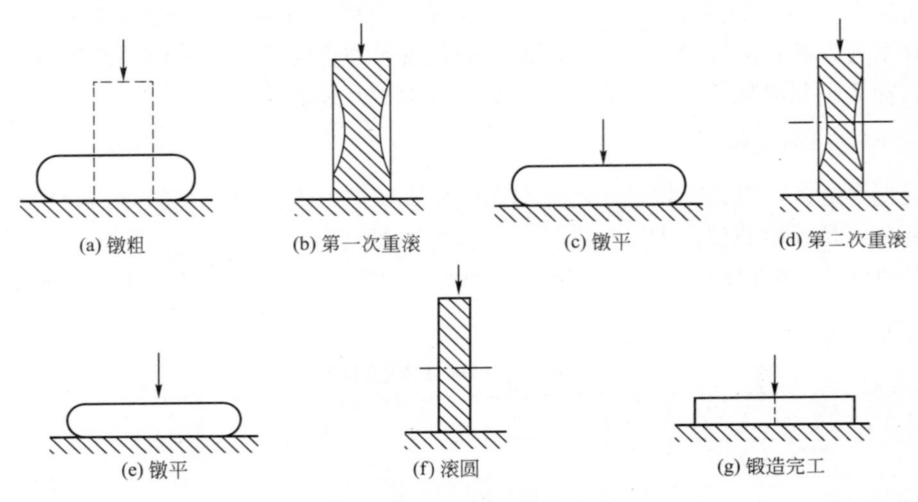

图 14.19　滚边锻造成形过程示意图

4）轴向反复镦拔

如图 14.20 所示，轴向反复镦拔是始终沿着轴线方向反复进行镦粗和拔长。镦粗时镦到原高度的 1/2，拔长时拔到长径比为 2～3。镦拔多次以后，从四边形截面经八边形、滚圆成锻件所要求的尺寸。轴向反复镦拔的镦拔次数，可按表 14－3 选用。

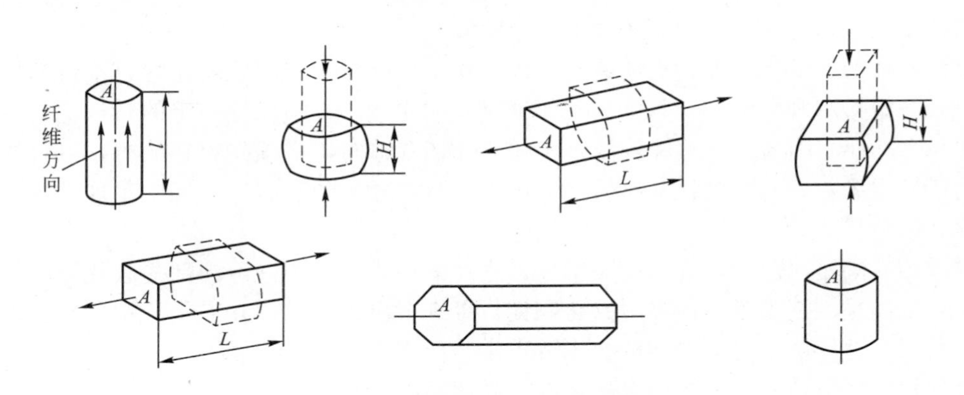

图 14.20　轴向反复镦拔示意图

表 14-3 镦拔次数

坯料的碳化物偏析级别	锻件对碳化物偏析级别的要求			
	3	4	5	6
4	3～4			
5	5～6	3～4		
6		5～6	2～3	
7		6～7	4～5	2～3

轴向反复镦拔能保证工件表层碳化物得到很好的破碎和均匀分布，坯料心部金属不易流到表面，锻造操作易掌握。但其有以下两种缺点：

(1) 芯部碳化物偏析改善不大。

(2) 由于坯料两端面长时间与锤头、下砧接触，冷却较快，两端面变形少，并且拔长时端面易于开裂。

这种方法适用于制造刃口分布在圆周的刀具，如滚齿刀、指状铣刀、拉刀、冲头等。

5) 径向十字锻造

径向十字锻造方法如图 14.21 所示。它是将镦粗后坯料沿 x 和 y 两个互相垂直的方向分别拔长、镦粗一次，最后沿 z 向拔出锻件或沿横向(x 或 y 方向)拔出锻件。这种方法使坯料变形方向变换多，对破碎心部碳化物效果明显。但其有以下两种缺点：

(1) 坯料心部金属可能流到表面，造成工件表面上碳化物分布不均匀。

(2) 锻造操作复杂，不易掌握变形方向。

这种方法适用于制造工作部位在中心的一些工具、模具。

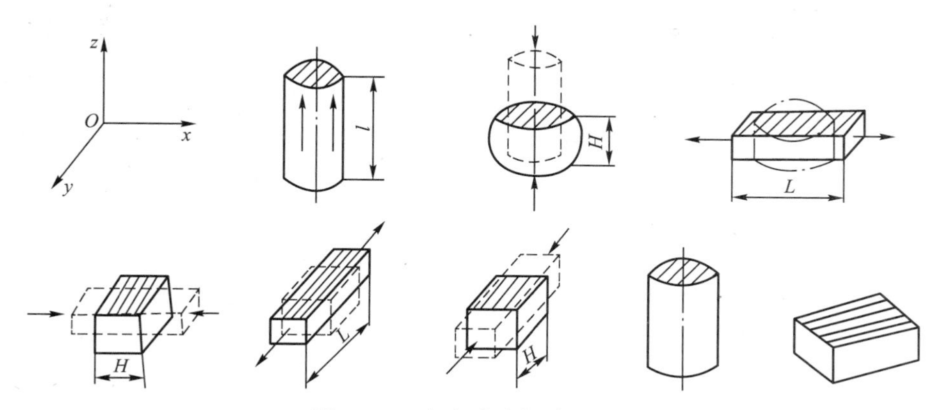

图 14.21 径向十字锻造示意图

6) 综合锻造法

综合锻造法如图 14.22 所示。它是在径向十字锻造后，旋转 45°进行倒角，然后进行拔长和镦粗。这种方法保留了径向十字锻造时坯料端面不易开裂、芯部质量改善及轴向镦拔坯料表层质量改善的优点，又由于倒角锻造使工件圆周表层碳化物分布比较均匀。但缺点是操作复杂，不易掌握。

这种方法适用于制造工作部位在圆周表面的工件及原材料中心质量较差的情况。

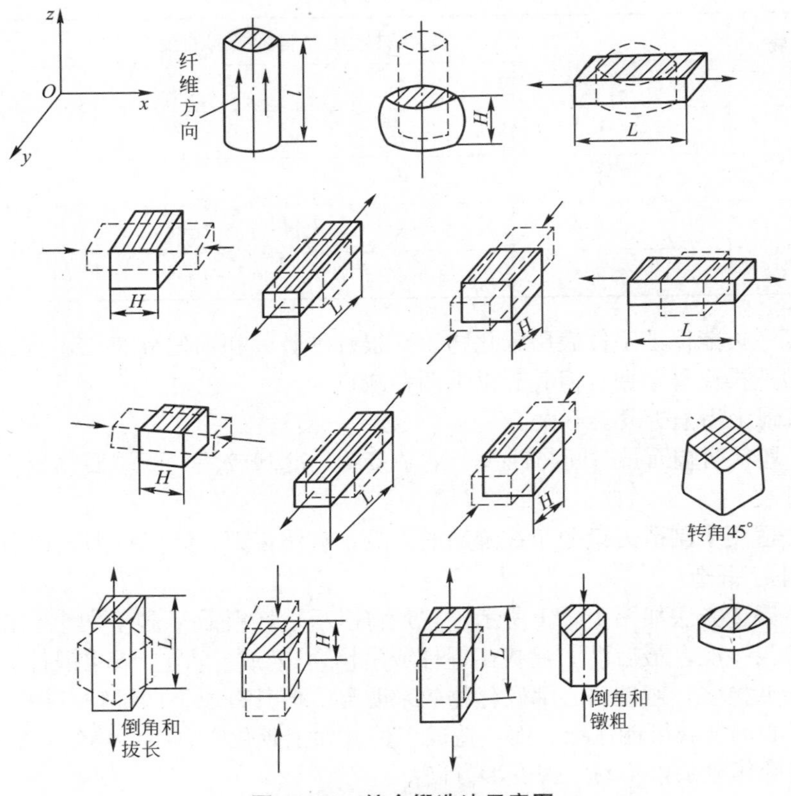

图 14.22 综合锻造法示意图

5. 锻后冷却和热处理

高速钢锻后如果在空气中冷却，便会发生马氏体转变。因此，高速钢锻件冷却时产生表面裂纹的倾向大。为了防止产生淬火裂纹，高速钢锻件锻后应置于白灰(或干砂)中冷却，白灰(或干砂)应保持在 100～200℃。较大的锻件可以在炉温为 600℃左右的炉内保温一段时间后，随炉冷却。

高速钢锻件冷却后应及时进行等温退火，因为即使是在热灰中冷却，锻件的硬度仍然很高，不能切削加工。退火的目的是消除内应力、降低硬度、增加韧性，以便于后续机械加工。高速钢的等温退火规范是将锻件加热至 860～900℃，适当保温后冷却到 700～750℃，在此温度下保温 1.5～2.0h，然后空冷或随炉冷却。

14.2.2 不锈钢的锻造

不锈钢具有导热性低、锻造温度范围窄、对过热敏感、变形抗力大和塑性低等特点，其锻造成形难度较大。

1. 奥氏体不锈钢的锻造

奥氏体不锈钢没有同素异构转变。其在高温时晶粒长大的倾向大，这种粗大晶粒不能用热处理方法细化，只能用热变形方法来细化。

1）加热

奥氏体不锈钢的始锻温度为1150～1180℃。始锻温度过高会出现δ相，降低热态下钢的塑性；同时还会使晶粒急剧长大。

终锻温度不低于850℃。终锻温度过低时变形抗力大，同时在700～900℃缓冷会析出α相(α是一种金属间化合物FeCr)，这时锻造容易开裂。所以终锻温度取850～900℃。

奥氏体不锈钢在低温时导热性差，故加热规范应采取低温装炉、分段加热的方案。加热时应避免和含碳物质接触，可采用氧化性气氛，避免钢料渗碳，因钢料渗碳会形成碳化铬，使奥氏体晶界贫铬而降低晶间抗腐蚀能力。

2）锻造

奥氏体不锈钢不论是钢锭或钢坯，加热前必须用剥皮或其他方法将表面缺陷铲除干净，以防止锻造过程中缺陷扩大。选择锻锤吨位应比锻造普通钢材大1/3，以克服热态下较高的变形抗力，将工件锻透。

锻造铸锭时，因铸锭有严重偏析、粗大柱晶及碳化物，开始时应轻击，待塑性提高后进行重击。

拔长时应沿轴向不停地翻转并送进坯料，不得在同一位置反复锤击。

应选择合适的锻造比，对于铸锭一般取$y=6\sim8$，对于钢坯一般取$y\geqslant2$。最后一火的变形量，不得在临界变形程度内($\varepsilon=7.5\%\sim20\%$)，避免晶粒粗大。

3）锻后处理和热处理

锻件锻后应空冷。为了获得单相奥氏体组织，提高抗腐蚀能力，还必须进行“固溶处理”，即先加热到1000～1100℃，然后在水中快速冷却，将锻造和冷却过程中析出的碳化物等全部溶解于奥氏体中，并在快速冷却中固定下来。

2. 马氏体不锈钢的锻造

马氏体不锈钢在加热和冷却过程中，组织会发生转变，高温时为奥氏体，从高温经空冷转变为马氏体。因此，可通过热处理细化晶粒，提高它的力学性能和抗腐蚀能力。

1）加热

马氏体不锈钢的始锻温度为1100～1150℃，终锻温度不低于870℃。始锻温度过高会出现δ铁素体，使塑性下降，锻造时容易开裂。在加热过程中表面脱碳也促使铁素体形成，因此要把脱碳减少到最小程度。终锻温度不能过低，过低使变形困难，内应力增大。

2）锻造

马氏体不锈钢对坯料表面缺陷很敏感，表面如存在划痕等缺陷，锻造过程中会扩大成裂纹。马氏体不锈钢在高温下是单相奥氏体组织，塑性好，易锻造，由于可以用热处理方法细化晶粒，因而对最后一火的变形量也无特殊要求。

3）锻后冷却和热处理

马氏体不锈钢对冷却速度十分敏感，锻后空冷就出现马氏体，内应力大，容易开裂。所以锻后应缓冷，一般在200℃的坑中或干砂中缓冷。缓冷到600℃左右，然后空冷。冷却后应及时进行等温退火，消除内应力，降低硬度，以利于后续机械加工。

3. 铁素体不锈钢的锻造

铁素体不锈钢含铬量高、含碳量少、没有同素异构转变，所以不能用热处理方法细化晶粒。此外，这类钢具有再结晶温度低、再结晶速度快、晶粒极易粗化的特点。从600℃

开始晶粒即长大，温度越高长大越剧烈。室温下粗晶的铁素体不锈钢的塑性、韧性差，抗腐蚀能力低。

1）加热

铁素体不锈钢的始锻温度为1100～1150℃。最后一火加热温度不应超过1100℃，这是为了尽可能减轻晶粒的粗化。终锻温度不低于705～790℃，加热时应缓慢升温到760℃，然后快速升温到始锻温度。

2）锻造

坯料需采用剥皮或风铲清理表面缺陷，不得使用砂轮，因为铁素体不锈钢导热性差，使用砂轮会因局部过热而引起裂纹。锻造时应保证足够的变形量，并应使各部分变形均匀，以便使锻件获得细小均匀的晶粒。因此，最后一火的变形量不应低于12%～20%；终锻温度应严格控制，不得高于800℃，以免锻件停锻后晶粒继续长大；也不得低于700℃，以免因温度过低产生加工硬化。

3）锻后冷却和热处理

铁素体不锈钢锻后采用空气快冷的方法。因为在475℃左右保持时间过长，会出现所谓475℃脆性，所以冷却时应快速通过475℃的脆性温度范围。为了消除锻件的内应力，可进行再结晶退火。

14.2.3 高温合金的锻造

凡是有高的抗化学腐蚀性、抗高温氧化性和高温强度的钢或合金，都可称为耐热钢或耐热合金，或统称为高温合金。

1. 高温合金的种类

目前工业生产中应用的高温合金主要有铁基高温合金和镍基高温合金。

铁基高温合金是以铁为基体，加入其他合金元素的耐热钢。按其正火组织，铁基高温合金可分为珠光体型（如GH34）、马氏体型（如1Cr11Ni2W2MoVA）和奥氏体型（如GH36）三种。铁基高温合金高温变形抗力小、塑性较好、容易成形、价格便宜，所以可以用来锻造大型锻件。但它的稳定性较差，目前多用于制造800～850℃条件下工作的零件。

镍基高温合金是以镍元素为基体，加入其他合金元素的高温合金。其基体组织为奥氏体，如GH33、GH37、GH49等。镍基高温合金呈面心立方晶格，具有较高再结晶温度和高温强度，因此具有较高使用温度和稳定性。例如，用它制造的涡轮叶片可在700～1000℃长期工作。

2. 高温合金的锻造

多数高温合金无同素异构转变，因此工件的晶粒大小及均匀性取决于锻造工艺。高温合金的临界变形程度在较广的温度范围内变化，一般为0.5%～20%，每火的变形量应大于临界变形程度；但高温合金的塑性低，变形过大又易开裂。此外，高温合金变形抗力大、锻造温度范围狭窄、再结晶速度较缓慢、导热性差，因此，高温合金难以锻造成形。

1）下料

由于高温合金变形抗力大，因此只有直径小于25mm的坯料可以剪切下料；直径25mm以上的坯料，以车床下料为好。如用砂轮机切割，由于切割时产生的高温不能很快传导，使坯料产生很大的内应力，这种内应力在室温下虽不致使坯料开裂，但当坯料放入炉内加热时，它与加热时产生的温度应力共同作用，会使坯料“炸裂”，即坯料两端开裂。

2）加热

高温合金的锻造范围，不仅取决于它们的塑性变形和变形抗力，而且取决于它们的晶粒组织。因为它们对锻造温度很敏感，温度偏高，晶粒便急剧粗大，而且不能用热处理改变；温度下降，变形抗力又急剧增大，使锻造成形困难。

高温合金的始锻温度一般为 1120～1200℃。由于高温合金开始再结晶的温度比合金结构钢要高 250～300℃，达到 900～1070℃，所以高温合金的终锻温度较高，一般控制在 900℃以上。

由于高温合金的锻造温度范围很狭窄，因此应严格控制锻造温度。表 14－4 是常用高温合金的锻造温度范围。

表 14－4　常用高温合金的锻造温度范围

牌号	锻造温度/℃	牌号	锻造温度/℃
GH132	1100～900	GH30	1180～900
GH135	1120～950	GH33	1150～980
GH36	1180～980	GH37	1200～1050
GH38	1100～900	GH43	1200～1050
GH78	1150～950	GH44	1180～1050
GH40	1150～900	GH49	1180～1050

由于高温合金导热性差，一些较大坯料必须缓慢加热，防止坯料炸裂。为了防止奥氏体晶粒长大，坯料应在 800℃左右的中温炉中预热，然后转入高温炉中加热，这样便可缩短坯料在高温炉中的加热时间。

高温合金一般都采用电阻炉加热，并应严格控制炉温。若采用火焰炉加热，则必须安装炉温测试仪表，并加强对炉温的检查。

此外，入炉的坯料不允许带有盐、碱之类的污物，否则高温下坯料会受到严重腐蚀，形成凹坑等缺陷而报废。

3）锻造

自由锻造拔长时，在锤上锻造时通常采用方形→矩形→方形的锻造方式进行，在水压机上锻造时应采用型砧。铸锭拔长时，开始应轻击，在水压机锻造时的压下量应小于 30mm，待铸态组织破碎后再加大变形量。拔长时，在锤上锻造时每火总变形量取 40％～70％，在水压机上锻造时允许的变形量可比锻锤高。拔长分段时，压痕压肩应小心，为防止裂纹产生，圆棍和三角刀应预热，三角刀应有较大圆角，而且压下量要小。为获得细晶粒的工件，最后一火的加热温度、保温时间、变形量、终锻温度等都要严格控制。

自由锻镦粗时应尽量使变形均匀，为此，要求砧面平整光洁，并预热到 250℃以上，坯料两端面使用润滑剂，或用碳素钢作为软垫，垫在镦粗坯料的两端，以减少镦粗引起的鼓形。对于 D/H 较大的坯料可采用叠镦，这时仅在最后一火使用润滑剂。镦粗最后一火的变形量控制在 20％～25％。

4）锻后冷却

高温合金的再结晶速度缓慢，多数情况下锻件的再结晶还将利用锻后的余热来完成，因此对中小型锻件，锻后常在空气中堆放冷却。有时为了获得锻件的完全再结晶组织，锻后可将锻件放入高于合金再结晶温度50～100℃的炉中保温5～7min后再在空气中冷却。

14.3　有色金属的锻造

14.3.1　铝合金的锻造

纯铝在室温下就有很高的塑性，若加热到400℃以上，则塑性更好。锻造用铝合金中主要合金元素有Cu、Mg、Zn、Mn、Si、Fe等。其中Cu、Mg、Zn是铝合金的主要强化元素，它们与铝形成的化合物，对铝合金能起到强化作用；Mn可提高铝合金的耐腐蚀能力；Si、Fe是有害杂质，它们降低铝合金的塑性和抗腐蚀性。目前锻造用铝合金有防锈铝合金(LF)、硬铝合金(LY)、锻铝合金(LD)和超硬铝合金(LC)等几种。

1. 铝合金的锻造性能

几乎所有的铝合金都有较好的塑性，低碳钢可以锻出的各种形状的锻件，用铝合金都可以锻出来。

铝合金的塑性主要受合金成分、变形温度和变形速度的影响。

铝合金的变形抗力，因合金种类不同而差异很大。低强度铝合金的变形抗力比低碳钢低，而高强度铝合金的变形抗力则较高。随着变形温度的下降，铝合金的变形抗力急剧上升，这就是铝合金锻造温度范围狭窄的主要原因。

铝合金变形时摩擦系数大，流动性差，充填模膛能力比钢差。

2. 坯料准备

锻造用的铝合坯料有铸锭、锻坯和挤压棒材三种。

铸锭可以锻造自由锻件或锻坯。铝合金铸锭由于晶粒粗大，区域偏析比较严重，锻造前须经均匀化退火。

锻坯各向异性较小，可作为进一步锻造或模锻的坯料。

挤压棒材由卧式水压机挤压而成，由于已经经过变形，塑性有所提高，可用于模锻；但挤压棒材各向异性较严重，内外层变形不均匀，表层有粗晶环等缺陷。

铝合金坯料一般采用锯床和车床下料，某些铝合金也用剪床下料；但不用砂轮切割下料，砂轮切割会影响切割断面的质量。

3. 加热

铝合金由于氧化能力很强，锻造温度范围很窄，一般采用电阻加热炉加热。加热炉应安装有各种自动控制仪表，其测量温度的准确度应在±5℃。变形铝合金的锻造温度范围见表4-6。

4. 锻造

铝合金锻造温度范围狭窄，在高温下表面摩擦系数大，粘附力大，对裂纹敏感性强，在锻造成形过程中应注意下列问题：

(1) 应尽量防止铝合金坯料的热量散失，以延长每一火的锻造时间，因此在锻造时凡是与铝合金坯料接触的工具，如上下砧、模具、钳口等，必须预热到250℃以上。

(2) 锻造必须在静止空气中进行，以免坯料过快冷却。

(3) 锻造成形时动作应迅速、准确，锤击要轻、快；拔长时应随时倒角，因棱角部分散热较快，容易产生裂纹。

(4) 锻造工具表面必须光滑，圆角半径要大，以降低铝合金的粘附力，避免锻造时锻件受到损伤。

(5) 锻造过程中如出现裂纹、折叠等缺陷，应及时消除，以免缺陷扩大而造成废品。

(6) 铝合金锻件冲孔较困难，因铝屑往往粘附在冲头表面不易去掉，从而使孔壁粗糙，扩孔时容易引起裂纹、折叠等表面缺陷。为此，需扩孔的锻件最好将内孔粗加工后再进行扩孔。

(7) 铝合金锻件锻后一般都在空气中冷却。

14.3.2 铜合金的锻造

纯铜在冷态及热态下都具有较高的塑性。铜合金具有适当强度、韧性，较耐磨，又有良好导电性、导热性，特别在空气和海水中耐腐蚀，因此铜合金在工业上有广泛应用，例如在船用零件中铜合金就占有相当的比重。

1. 铜合金的锻造性能

纯铜和普通黄铜是最易锻造的金属材料，具有很高的塑性和很小的变形抗力。黄铜中含锌量增加(在增加到30%～32%以前)，塑性和强度都有所提高；若含锌量进一步增加，则塑性很快下降。所以锻造用普通黄铜的含锌量应低于40%。

黄铜在300～700℃为低塑性区，锻造时应避开，否则会出现裂纹、折叠等缺陷。铜合金的锻造温度范围见表4-8。

特殊黄铜中所加入的其他合金元素，与增加Zn的含量一样(Ni除外)，使其塑性降低。特殊黄铜的塑性比普通黄铜的塑性低，其中尤以铅黄铜的塑性最差，它不能进行较大变形，容易开裂。

青铜含有多种合金元素，组织复杂，塑性不高。不同牌号的青铜，锻造性能也各不相同。QSn7-0.2的塑性图(图4.8)，高温时塑性差异很大，低塑性区也不相同。

2. 坯料的准备

铜及铜合金的坯料有铸锭、挤压或轧制棒材两种。

铸锭质量一般在50～1000kg，铸锭截面多为圆形。锻造一般需经过均匀化退火。由于铸锭表面质量差，锻造前要进行剥皮，最好将冒口也先除去。

棒材用作小型锻件的坯料。挤压或轧制后的铜合金棒材，或是锻造后的锻件，都应及时进行退火。因为这些铜合金的棒材、薄壁锻件或模锻件，在残余应力作用下，在静置时会自动开裂。其原因是内应力加速了制品的晶间腐蚀，而导致破坏。

铜及铜合金棒材多用带锯床、剪床、圆盘锯等下料。

3. 加热

由铜合金的锻造温度范围(表4-8)可知，铜合金的锻造温度范围很窄，应严格控制加

热温度。铜合金虽然可在火焰加热炉中加热，但最好采用电阻加热炉加热，以便准确地控制温度。采用火焰加热炉时，为使炉温稳定，应选用低压烧嘴或喷嘴，并应用热电偶和光学高温计配合测温。

铜合金的导热性好，坯料可直接装炉。虽然多数铜合金在加热过程中有相变，但强化相溶解较快，所以加热时间仍较短。加热时间过长将引起晶粒粗大，氧化增加，从而降低铜合金的塑性。各种铜合金的加热时间可按表 14－5 的数据进行计算或按式(4－6)进行计算。

表 14－5　铜合金的加热时间

铜合金牌号	加热时间(min/mm)
T1、T2、T3、T4、H96、H90、H85、H80、QCr0.5、QSi1－3、QCr1	0.4
H70、H68、H62、HAl77－2、HMn58－2、HPb59－1、HSn70－1、HSn62－1、HSn60－1、HPb60－1、HMn57－3－1、QAl5、QAl7、QSn4－0.3、QBe2、QMn5	0.6
QSn6.5－0.1、QSn6.5－0.4、QAl9－2、QAl9－4、QAl10－4－4、QSi3－1、QSi80－3、QSi65－5、H59	0.7

注：1. 重复加热时，时间减半。
2. 铜合金装炉温度为最高炉温。
3. 最高炉温为铜合金始锻温度＋50～100℃。
4. 铜合金达到锻造温度时的保温时间为加热时间的 1/5～1/4。

采用加热钢料的火焰加热炉加热铜合金时，为防止火舌引起局部过烧，应用薄板覆盖，最好在炉底上也先垫上薄钢板。加热完铜合金，及时取出钢板。

4. 锻造

铜合金锻造温度低、范围窄，一般只有 150～200℃；又有低塑性区。因此，铜合金锻造时应注意下列问题：

(1) 凡是锻造中所用工具，如上下砧、夹钳、冲头、漏盘、芯棒、摔子等均须预热到 200～300℃。

(2) 锤上锻造时，应轻、快，坯料应经常翻转，一次锤击的变形量不宜过大，以免坯料开裂。轴类锻件拔长时应及时调头，以免局部温度下降过快；同时也有利于变形均匀，减小锻件内应力。

(3) 由于不少铜合金在终锻温度下很快进入脆性区，如在 600℃以下进行锻造或进行辅助工序的操作，便有发生脆裂的危险，所以必须严格控制铜合金的终锻温度。例如，冲孔或扩孔的冲头温度过低，孔壁金属会因温度下降而出现裂纹；在脆性温度范围内切割余料，切口会呈粗颗粒状脆断。但终锻温度也不可过高，过高又会引起晶粒长大。

(4) 铜合金锤上锻造时容易产生折叠，因此上、下砧边缘的圆角半径应比锻造钢料的大一些。拔长时的送进量也相应要大一些。

铜合金的高温强度小、流动性好、导热性好，所以非常适合挤压成形或模锻。例如，带枝芽的锻件，并不需像钢锻件那样，采用拔长→滚挤→预锻→终锻等工序，而往往采用立放的可分凹模，在摩擦压力机上一次挤压成形。铜合金的锻模模锻斜度可比钢锻件小，一般为 3°，模具型腔表面光滑，模锻前预热到 150～300℃，模锻时常采用胶状石墨与水或油的混合物做润滑剂。挤压成形时采用两种润滑剂：一种是豆油磷脂＋滑石粉＋38号气缸油＋石墨粉(微量)；另一种是95％机油＋5％石墨粉。模锻后在空气中冷却。模锻件一般都采用冷切飞边，因为热切飞边时有可能处于脆性温度，易将锻件撕裂。

铜合金锻件锻后应及时进行退火。

14.3.3 钛合金的锻造

目前钛合金已广泛应用于航天及航空工业等方面，如火箭发动机壳体、各种飞机的结构零件等。

纯钛有两种同素异构组织，882℃是纯钛的同素异构转变温度，882℃以下的组织为α钛，882℃以上的组织为β钛。钛的熔点是1667℃。

纯钛中加入各种合金元素后，便成为具有不同性能的各种钛合金。按照室温下的组织，钛合金可分为三类：α钛合金(TA)、β钛合金(TB)、$\alpha+\beta$钛合金(TC)。

α钛合金，其室温下是α组织，加热时发生相变，由α相变为β相。转变开始先出现$\alpha+\beta$两相组织，随着温度升高，便完全转变成β相组织。由于α钛合金自β相以上温度快速淬火也不改变其平衡成分，所以它不可能用热处理强化。

β钛合金通过淬火或空冷都可以使高温β相保留下来，但很不稳定，通过低温时效，便析出弥散的α相使合金强化，所以β钛合金是可以通过淬火及时效强化的钛合金。

$\alpha+\beta$钛合金，其室温下是稳定的$\alpha+\beta$两相组织，高温时是β相组织。这类合金有良好的塑性，通过淬火和时效处理可使合金强化。

1. 钛合金的锻造性能

如图14.23所示，温度在900℃以上，钛合金的塑性迅速提高，在1000～1200℃，各类钛合金的塑性均达到最高值，其允许变形程度达到80％以上；而且铸态钛合金的塑性提高到接近锻件的塑性。钛合金的变形抗力(图14.24)，在锻造温度下，比合金结构钢大得多，而且随着温度的下降，变形抗力急剧增大。所以钛合金的锻造工艺规范应严格遵守，以便坯料出炉后能在降温最少的情况下结束锻造。

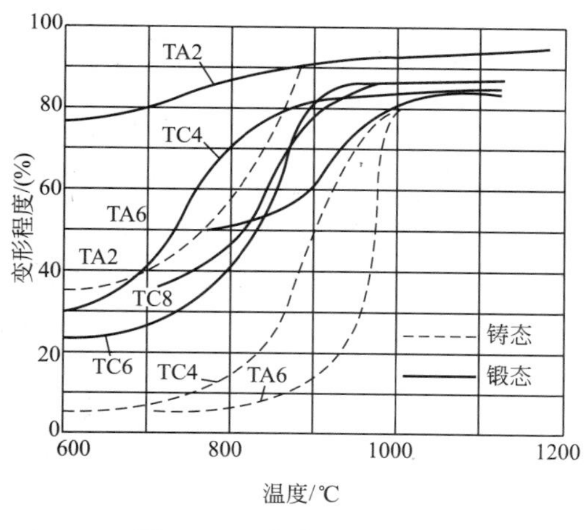

图14.23 钛合金的塑性图

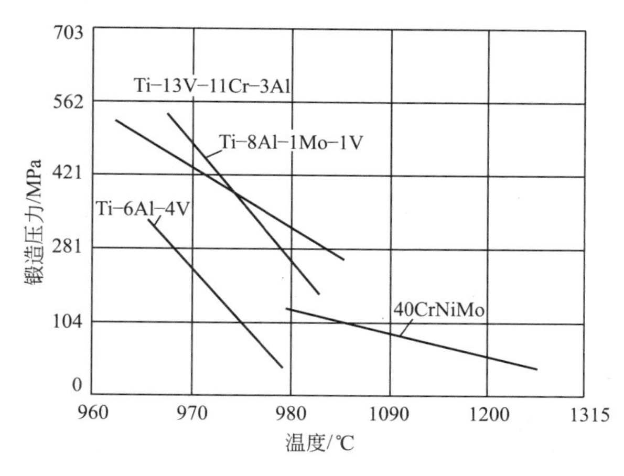

图14.24 几种钛合金与40CrNiMo中碳合金结构钢的变形抗力对比

此外，钛合金由于变形抗力大和摩擦系数大，因此流动性差；模锻时对模具型腔的粘附力大，甚至比铝合金的粘附力还大，必须采取有效的润滑措施，保证润滑良好。

由此可知，钛合金具有良好的塑性，凡是用钢和铝合金能够锻出的锻件，用钛合金也能锻造出来，不过锻造钛合金锻件需用更大吨位的设备。

2. 坯料的准备

钛合金的坯料有锭料、锻坯和挤压棒材。首先要清除坯料的表面缺陷，一般所有原坯料的表皮，都要经过车削或磨削加工。钛合金坯料可以在剪床、车床、带锯床等设备上下料。剪床下料的生产效率高，但要将坯料加热到650～850℃进行。当要求坯料端面平整时，可在车床上下料。

3. 加热

提高钛合金的锻造温度可以改善其可锻性，但是为了保证钛合金锻件具有良好的组织和力学性能，锻造温度的提高有一定的限制。

$\alpha+\beta$ 钛合金一般都在 $\alpha+\beta$ 两相区内锻造，因为此时该钛合金的可锻性良好，且锻后能获得极好的室温塑性和等轴细晶粒，如图 14.25 所示。如在 β 相区内锻造，由于温度过高，β 相晶粒粗大，锻后冷却后会产生针状 α 相组织，使钛合金的室温塑性下降，即引起 β 脆性。

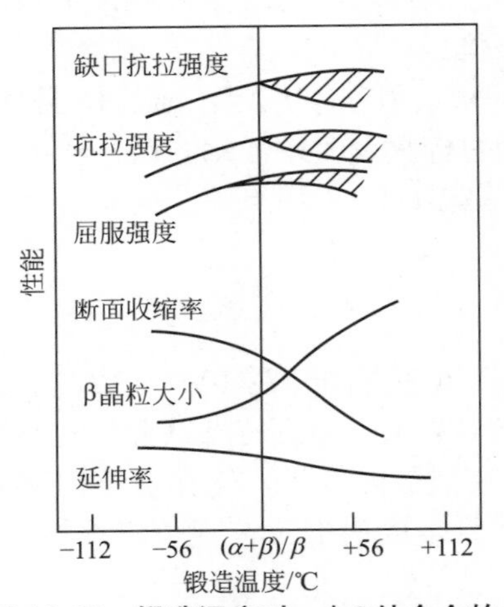

图 14.25　锻造温度对 $\alpha+\beta$ 钛合金的 β 相晶粒大小和室温力学性能的影响

当 $\alpha+\beta$ 钛合金组织中含有20%～30%的等轴 α 细晶粒时，合金具有最佳的综合力学性能。为了获得这种组织，锻造温度要选择正确，应选择在比 $\beta\to\alpha+\beta$ 的转变温度还低 56℃锻造，而且变形量应达到50%以上。

当 $\alpha+\beta$ 钛合金的铸锭采用自由锻造时，则需在 β 相区内始锻，在 $\alpha+\beta$ 相区内终锻；这不仅为了提高塑性，减小变形抗力，而且是为了扩大锻造温度范围。

α 钛合金通常也在 $\alpha+\beta$ 相区内锻造。因为，这时钛合金的可锻性良好，锻件冷却后的显微组织由等轴 α 晶粒组成。如果在 $\alpha+\beta\to\beta$ 的转变温度以上锻造，也会引起“β 脆性”。如果在 α 相区内锻造，那么坯料会出现表面裂纹，而且要求较高的锻造压力。

β 钛合金由于合金化程度高，β 晶粒长大倾向不如 α 钛合金和 $\alpha+\beta$ 钛合金，其 $\alpha+\beta\to\beta$ 的转变温度较低(一般在 700～800℃)，因此它的锻造温度应选择在 $\alpha+\beta\to\beta$ 的转变温度以上。

表 14-6 为钛合金的锻造温度范围。

钛合金的加热与其他合金不同，主要是它在高温下与氧、氮、氢等气体介质有极高的亲和力，以及它在低温下的导热性很低。

氧的有害作用如下：

(1) 在低温下形成氧化钛层，虽然该氧化层很薄，但很牢固，只有靠腐蚀才能除掉。高温下氧化更为厉害，而且氧化选择进行，沿坯料表面氧化层厚度不同，当除去氧化层后，钛合金表面出现凹凸不平的波纹状，降低锻件表面质量。

表14－6　钛合金的锻造温度范围　（单位：℃）

合金牌号	$\alpha+\beta\to\beta$ 转变温度	铸锭		经过变形的坯料	
		始锻温度	终锻温度	始锻温度	终锻温度
TA2、TA3		980	750	900	700
TC1	910～930	980	750	900	700
TC3	920～960	1050	850	920	800
TC4	960～1000	1050	850	950	800
TC5	930～980	1150	750	950	800
TC6	930～980	1150	750	950	800
TC8	970～1000	1150	900	970	850
TC9	970～1000	1150	900	970	850
TC10	930～960	1150	900	930	850
TA4		1050	850	980	800
TA5		1080	850	980	800
TA6		1150	900	980	800
TA7	1025～1050	1150	900	1000	850
TA8	950～990	1150	900	960	850
TB1	750～800			1150	850

（2）在β相区的高温下，氧从钛合金表面向里扩散，当氧含量超过一定值时，β相完全被α代替，形成了α层。

氮的有害作用和氧一样。由于α层是氧和氮的间隙固溶体，又硬又脆，称为α脆化层。这种脆化层即使在锻造温度下也会断裂，降低锻件表面质量，并加快模具的磨损。

氢的危害性更大，主要表现在如下两个方面：

（1）氢一部分能溶入α或$\alpha+\beta$相中，深入合金内部。

（2）另一部分氢与钛形成钛氢化合物析出。

氢的有害作用是使钛合金缓慢变脆，称为氢脆。

所以，钛合金最好在电阻加热炉中加热。当必须在火焰加热炉中加热时，为避免引起氢脆，应采用微氧化性气氛，并要防止火焰直接喷射到坯料表面上。为避免钛合金和炉底耐火材料发生作用，炉底可垫上不锈钢钢板。钛合金加热必须用热电高温计控制炉温。对于火焰加热炉，还需用光学高温计配合，定期测量炉内实际温度。

钛合金低温时导热性比碳素钢低得多，所以在1000℃以上的炉温中直接加热，会使坯料断面上温差较大，将产生很大温度应力，甚至引起微观裂纹或破坏；此外，长时间在高温下加热还引起吸气量增加和晶粒长大。

所以，对于钛合金铸锭和直径大于100mm的坯料，应采用分段加热方法进行加热。

(1) 预热阶段：炉温保持在800～850℃，其加热时间按坯料每2mm直径(或厚度)1min计算。

(2) 加热和均热阶段：将其移入高温炉内，采用快速升温，然后保温；其加热时间按坯料每3mm直径(或厚度)1min计算。

对于直径小于100mm的坯料，可直接装入高温炉内加热，加热时间按坯料每2mm直径(或厚度)1min计算。

4. 锻造

钛合金变形抗力大，而且随温度的下降，变形抗力迅速增加，所以锻造钛合金比锻造钢锻件需要较大吨位或公称压力的锻造设备。

钛合金在变形过程中的热效应现象非常强烈，而且由于导热性差，热量不能迅速散失，容易造成锻件局部温度升高，导致产生不均匀的显微组织，影响锻件的内部质量。例如，在锤上模锻时不宜采用连续重击，应采用间隙轻击的操作方法，使得有时间让热量散失，使锻件温度均匀。

由于钛合金锻造温度范围很窄，应尽量减缓坯料表面的温度下降。为此，锻造用的工具和模具必须预热。在锤上模锻和压力机上模锻时，工具和模具应预热到250～350℃；在水压机上模锻时，因变形速度较慢，工具和模具应预热到350～400℃。

钛合金的流动性差，充满模具型腔的能力较低。和铝合金相似，模锻时多采用单模膛、多套模具、多次模锻，并且尽量不采用拔长和滚压变形工序。为使金属易流动，模膛的圆角半径应大些，模膛的表面粗糙度应低些，通常达$Ra0.2 \sim 0.4\mu m$。

钛合金模锻时粘模现象严重，必须使用润滑剂，有助于改善钛合金的流动条件。常用的润滑剂有胶状石墨与水的混合物、石墨与水基或油基二硫化钼混合物、重油或机油与石墨的混合物；也可用玻璃类润滑剂涂在坯料表面，这样不仅在模锻时起了润滑作用，而且在加热时坯料免受有害气体的污染。

锤上模锻钛合金铸锭时，应先轻击，初步打碎铸态结构、改善塑性后，再逐渐加大锤击力；而且锻造过程要快速进行，并及时倒角，以免出现冷棱角和断裂现象。

钛合金一火加热的变形量，铸锭为30%～38%，坯料为40%～80%。最后一火的锻造，应保证有均匀足够的变形量。这对于α钛合金尤为重要，因为α钛合金不能通过热处理细化晶粒，只能通过塑性变形达到。

习　题

1. 试从金属组织、加热、锻造三个方面简述高合金钢的特点。
2. 高速钢的加热要注意哪些问题？
3. 试述高速钢各种锻造方法对碳化物的破碎作用，并说明它们的适用情况。
4. 选择镦拔次数对高速钢的改锻有什么意义？选择镦拔次数的依据是什么？
5. 高速钢的锻造操作要掌握哪些要点？
6. 铁素体不锈钢和奥氏体不锈钢在锻造工艺上有什么共同的特点？
7. 简述高温合金的锻造工艺特点。
8. 影响铝合金可锻性的主要因素有哪些方面？

9. 加热铝合金时要注意什么问题?
10. 铝合金锻造有什么特点?
11. 试比较纯铜．普通黄铜、特殊黄铜、青铜的可锻性。
12. 铜合金的加热应注意什么问题?
13. 铜合金锻造有什么特点?
14. 钛合金有哪几种类型? 影响钛合金可锻性的因素有哪些方面?
15. 锻造钛合金要注意哪些问题?

第15章 锻造成形过程的数字化

15.1 锻造成形过程的数字化概述

锻造成形技术发展的未来是锻造成形过程的数字化。锻造成形过程的数字化技术包括如下内容：

(1) 锻造成形过程中原始坯料、制坯成形坯件、预锻成形件、终锻成形件、锻件与零件的二维CAD设计及三维造型。

(2) 锻造成形模具总装图、模具零件图的二维CAD设计及三维造型。

(3) 锻造成形过程中模具的CAE分析及锻造成形过程的CAE分析。

(4) 锻造成形模具的CAM。

(5) 锻造成形工艺的计算机辅助工艺过程设计(CAPP)。

CAD可对锻件、锻模进行最优化设计，用计算机语言描述零件的几何形状，把信息输入到计算机，进行资料检索，再输出必要的参数，如材料性质、锻件设计规则等，从而自动分析计算设计锻件图、终锻模型腔图，然后根据锻件图及其他数据和有关条件，设计预锻、制坯工步。

图15.1所示为汽车发动机连杆锻造成形过程中制坯成形坯件、预锻成形件、终锻成形件、锻件的三维造型图。图15.2所示为工业压缩机叶片辊锻—模锻成形过程中辊锻模具、模锻模具的三维造型图。

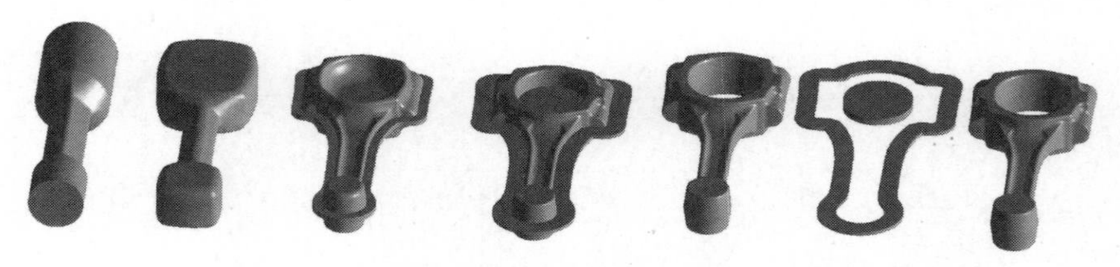

图15.1 汽车发动机连杆锻造成形过程中的三维造型图

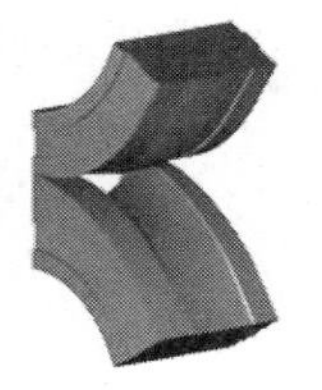

图 15.2 工业压缩机叶片辊锻—模锻成形过程中的三维造型图

将CAD的最优化方案的程序转换成数控加工用的指令，再输入到数控加工中心，即可实现自动控制机械加工锻模的全过程。CAM对锻模加工过程自动进行监督、控制和管理。CAD和CAM结合，便构成了自动控制集成系统，即由计算机控制的自动化信息流对锻件的成形工艺过程设计、锻模的机械加工、装配、检验和管理进行连续处理，并且发展到以它为中心的锻件、锻模设计制造和锻造成形过程模拟一体化的自动控制系统。

锻造成形过程模拟技术也称锻造成形工艺过程虚拟制造技术或锻造成形过程的计算机辅助工程分析(CAE)。以材料锻造成形加工过程的精确数学物理建模为基础，以数字模拟及相应的精确测试为手段，在计算机虚拟现实环境中动态模拟锻造成形工艺过程。所采用的各种假设与实际应用条件应该一致，形象地显示各种锻造成形工艺的实施过程及材料形状、轮廓尺寸及内部组织的发展变化情况，预测材料经锻造成形制成锻件毛坯后的组织性能、品质，特别是找出锻造成形过程中发生缺陷的成因及消除方法；还可以通过虚拟条件对成形工艺参数反复比较，在计算机上修改成形工艺方案和成形工艺参数，实现锻造成形技术的优化设计，将锻件缺陷及隐患消灭在计算机虚拟现实加工的反复比较中，从而减少试模次数，确保锻件一次锻造成功。

锻造成形过程的模拟技术丰富了塑性成形机理的研究手段，使塑性成形向智能化方向发展，为锻模的设计制造提供了科学基础，改善了锻造工程师的工作环境，节省了试制费用和设计时间，缩短了产品研发周期，改进和提升了传统锻造成形工艺过程及模具设计水平。图15.3所示为涡旋盘控制成形过程(FCF)的三维数值模拟变形情况。

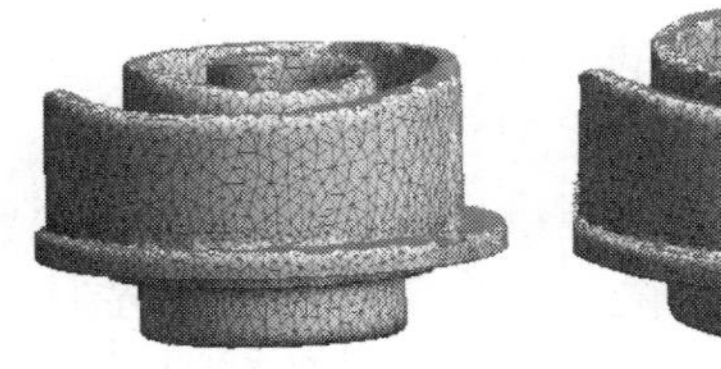
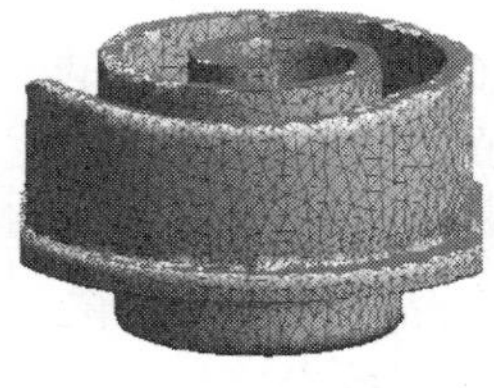
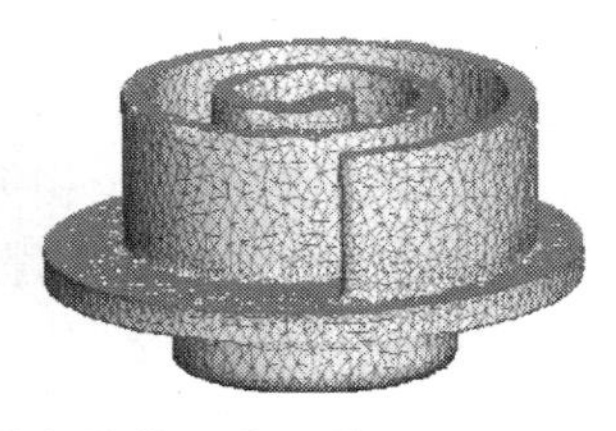

图 15.3 涡旋盘控制成形过程(FCF)的三维数值模拟变形情况

锻造成形过程的CAD、CAM和数字模拟技术不要求锻造技术人员精通计算机的内部结构原理和设计分析所用的数学计算细节，在设计过程中能发挥设计人员的主观能动作用，充分利用他们的实践经验和物理模拟知识，对计算机提供的分析、模拟结果进行合理分析，做出正确的判断和及时的修正。

15.2 锻造成形过程的CAD

锻造成形过程的CAD一般是基于图形工作站、个人计算机和各种CAD软件进行锻造成形模具和锻造成形过程中原始坯料、制坯成形坯件、预锻成形件、终锻成形件、锻件与零件的二维 CAD 设计及三维造型。

1. 常用 CAD 软件介绍

1）AutoCAD 软件

AutoCAD 是通用 CAD 软件的杰出代表，是目前国内外最受欢迎的 CAD 软件。

AutoCAD 从最初简易的二维绘图发展到现在，已成为集三维设计、真实感显示及通用数据库管理、Internet 通信为一体的通用微机辅助绘图设计软件包。

2）CAXA 软件

CAXA 是国产 CAD 软件，其 CAXA 电子图板具有较广泛的应用，可帮助设计人员进行零件图、装配图的设计。

CAXA 电子图板提供了强大的智能化图形绘制和编辑功能，可以绘制各种复杂的工程图。

CAXA 实体设计使实体设计跨越了传统参数化造型在复杂性方面受到的限制，无论是经验丰富的专业人员，还是刚接触 CAXA 实体设计的初学者，CAXA 实体设计都能提供便利的操作。

3）SolidWorks 软件

SolidWorks 是基于 Windows 平台的全参数化特征造型软件，可以十分方便地实现复杂的三维零件实体造型、复杂装配和生成工程图。其图形界面友好，用户易学易用。

4）其他的 CAD 软件

PICAD 是一种国产 CAD 软件产品，是参数化、集成化的计算机辅助设计系统，也是二维 CAD 支撑平台及交互式工程绘图系统。

开目 CAD 是基于微机平台的 CAD 和图纸管理软件。开目 CAD 支持多种几何约束种类及多视图同时驱动，具有局部参数化的功能，能够处理设计中的过约束和欠约束的情况。

高华 CAD 系列产品包括计算机辅助绘图支撑系统 GHDrafting、机械设计及绘图系统 GHMDS、工艺设计系统 GHCAPP、三维几何造型系统 GHGEMS、产品数据管理系统 GHPDMS。

Pro/Engineer 简称 Pro/E，是一个面向机械工程的 CAD 系统。PTC 公司提出的单一数据库、参数化、基于特征、全相关的概念改变了机械 CAD 的传统观念。

UG 是一个集成的 CAD 机械工程辅助系统，它为用户提供了一个全面的产品建模系统。

Cimatron 系统是以色列的 CAD 产品，该系统提供了比较灵活的用户界面、优良的三维造型、工程绘图，以及各种通用、专用数据接口及集成化的产品数据管理。

I-DEAS 是全世界制造业用户较广泛采用的大型 CAD 软件。

CATIA 系统是在起源于航空工业的 CAD 系统基础上扩充开发的 CAD 应用系统。CATIA 可以帮助用户完成大到飞机小到螺钉旋具的设计及制造，它提供了完备的设计能力：从 2D 到 3D 到技术指标化建模。

2. 锻造成形过程的 CAD 设计实例

以图 15.4 所示的铝合金连杆温闭塞锻造成形为例，采用 CAXA 电子图板和 UG 三维造型软件对铝合金连杆温闭塞锻造成形工艺过程和温闭塞锻造成形模具进行设计。

1）铝合金连杆温闭塞锻造成形工艺过程

对于图 15.4 所示的小型通用汽油发动机用铝合金连杆零件，其锻件图如图 15.5 所示。

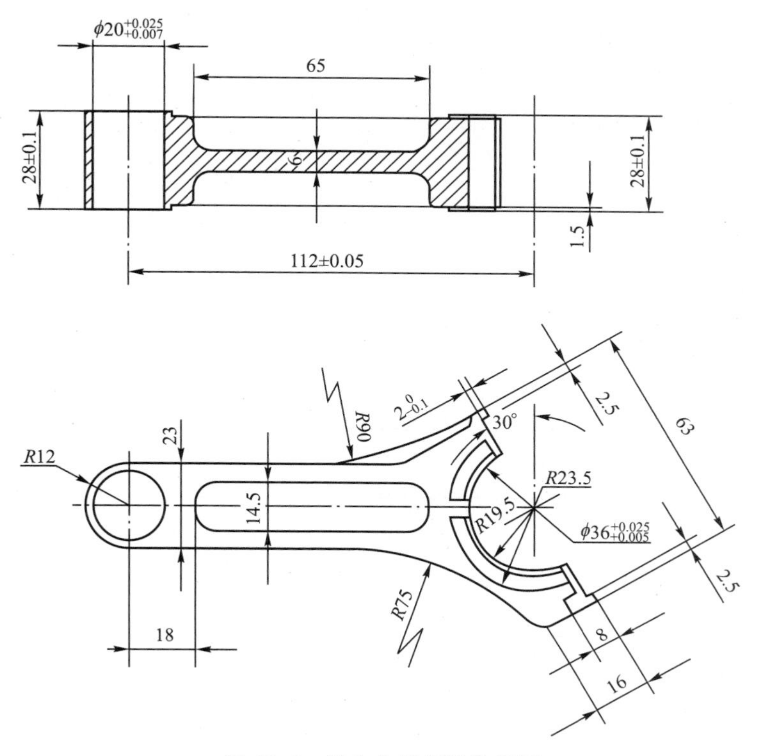

图 15.4 铝合金连杆零件简图

图 15.5 所示的锻件可由如图 15.6 所示的预制坯件在 YH32－200 型液压机上温闭塞锻造而成。

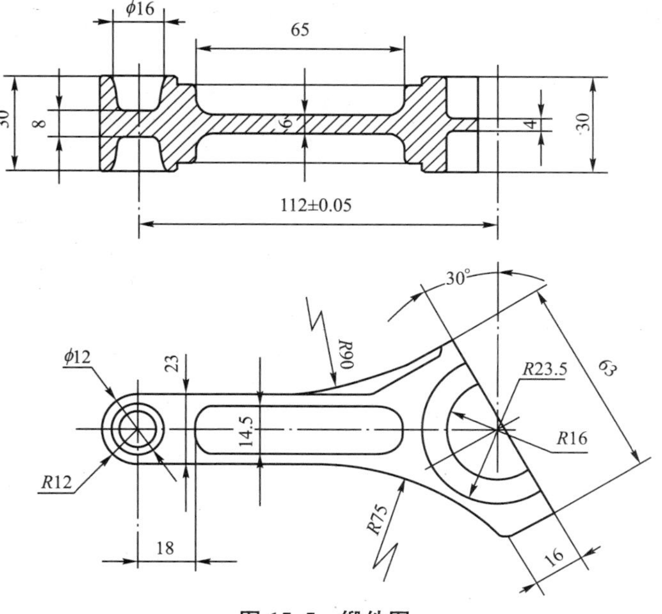

图 15.5 锻件图

图 15.6 所示的预制坯是由图 15.7 所示的原始坯件经过楔形横轧得到如图 15.8 所示的楔形横轧件，再经过压扁和预锻两道工序得到的。

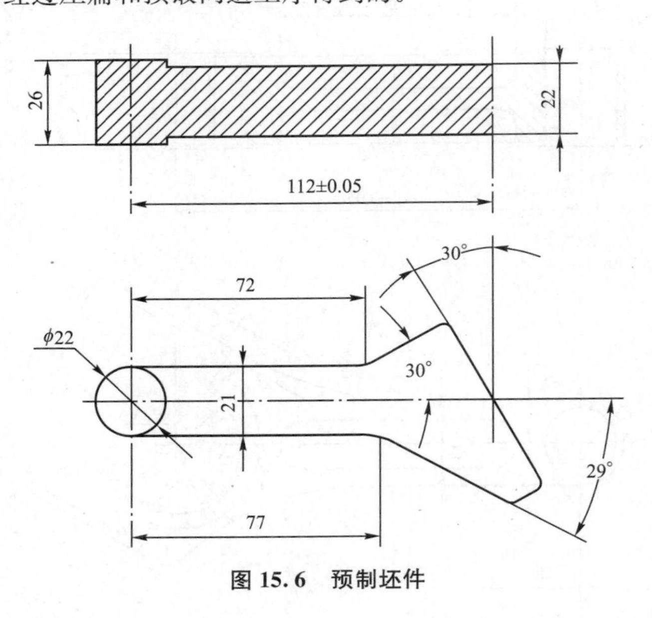

图 15.6　预制坯件

图 15.8 所示的楔形横轧件是由原始坯件在 D46－35×300 型楔形横轧机上经过如图 15.9所示的楔形横轧成形过程而得到的。

图 15.10 所示为铝合金连杆温闭塞锻造成形过程中半轧制件、楔形横轧件、预制坯件、锻件和零件的三维造型图。

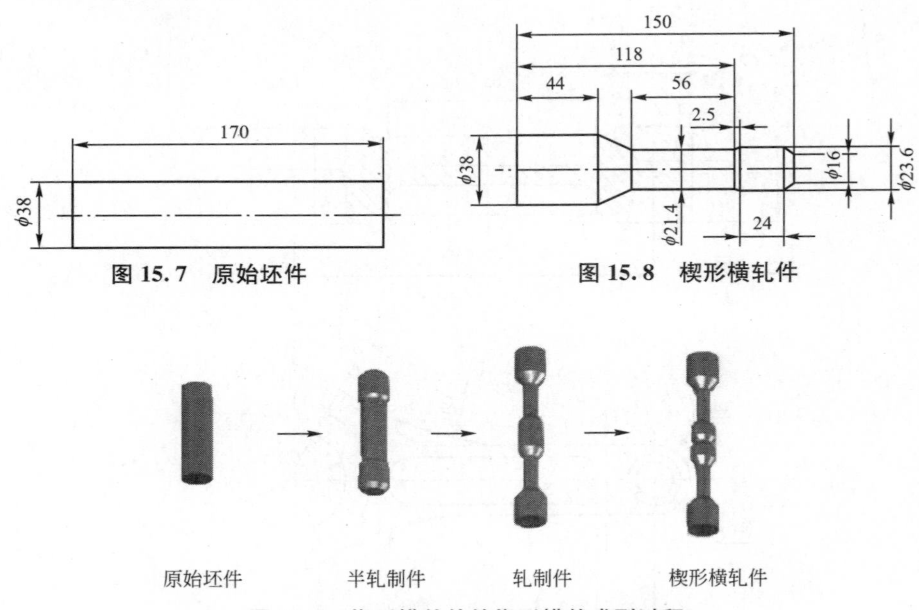

图 15.7　原始坯件

图 15.8　楔形横轧件

图 15.9　楔形横轧件的楔形横轧成型过程

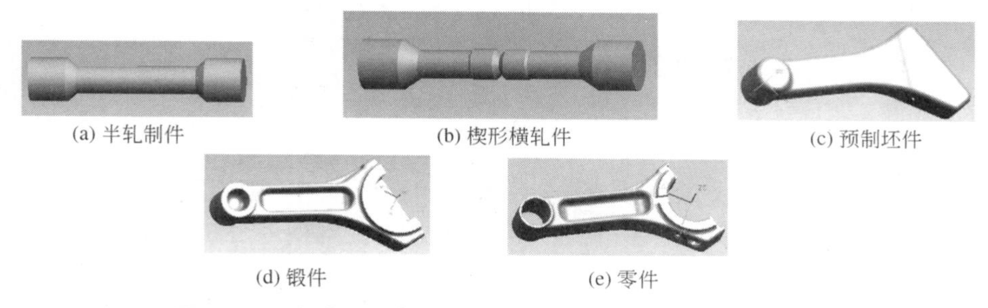

(a) 半轧制件 (b) 楔形横轧件 (c) 预制坯件

(d) 锻件 (e) 零件

图 15.10 铝合金连杆温闭塞锻造成形过程中的三维造型图

2）温闭塞锻造成形的模具

图 15.11 所示为在 YH32－200 型四柱液压机上使用的铝合金连杆温闭塞锻造成形模具的结构总装图。图 15.12 所示为该模具的爆炸图。

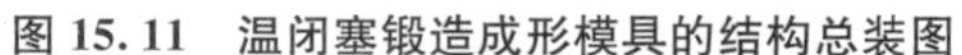

图 15.11 温闭塞锻造成形模具的结构总装图

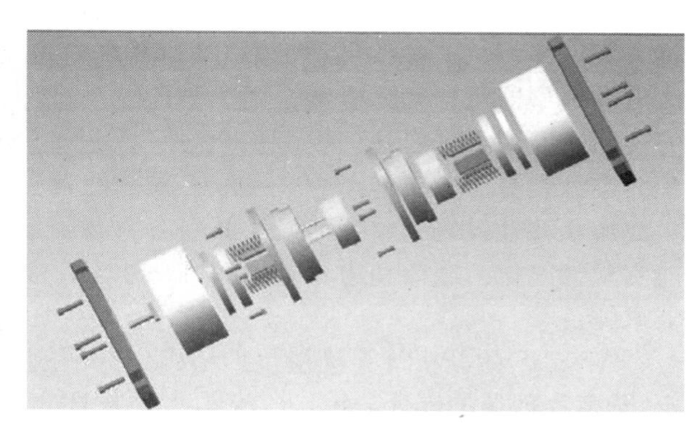

图 15.12 温闭塞锻造成形模具的爆炸图

15.3 锻造成形过程的 CAE

锻造成形过程的 CAE 是通过数值模拟的方法，计算锻造成形过程中工件和模具的速度场、温度场、应力场、应变场等，并将计算结果以计算机图形的方式直观地显示出来，供锻造成形工艺及模具设计时参考。

锻造成形过程 CAE 分析的内容如下：

(1) 对工件的可加工性能做出早期的判断，预先发现成形中可能产生的质量缺陷，并模拟各种工艺方案，以减少模具调试的次数和时间，缩短模具的开发时间。

(2) 对模具进行强度、刚度的校核，择优选取模具材料，预测模具的破坏方式和模具的寿命，提高模具的可靠性，降低模具成本。

(3) 通过仿真进行优化设计，以获得最佳的工艺方案和工艺参数，增强工艺的稳定性，降低材料消耗，提高生产效率和产品的质量。

(4) 查找工件质量缺陷或问题产生的原因，以寻求合理的解决方案。

锻造成形过程的 CAE 分析所采用的数值模拟方法有有限元法和有限差分法两种。一般在空间上采用有限元方法，而当涉及时间时，则运用有限差分法。

15.3.1 常用CAE分析软件介绍

1. 模具CAE分析软件——ANSYS分析软件

ANSYS分析软件是由美国ANSYS公司开发的大型通用有限元分析软件。

ANSYS的前处理模块提供了一个强大的实体建模及网格划分工具，用户可以方便地构造有限元模型。ANSYS Workbench Environment(AWE)是ANSYS公司新近开发的新一代前、后处理环境，AWE通过独特的插件构架与CAD系统中的实体及面模型双向相关，具有很高的CAD几何导入成功率。当CAD模型变化时，不需对所施加的载荷和支撑重新施加。AWE与CAD系统的双向相关性还意味着通过AWE的参数管理器可方便地控制CAD模型的参数，从而将设计效率更加向前推进一步。AWE在分析软件中率先引入参数化技术，可同时控制CAD几何参数和材料、力的方向、温度等分析参数，使得AWE与多种CAD软件具有真正的双向相关性，通过交互式的参数管理器可方便地输入多种设计方案，并将相关参数自动传回CAD软件，自动修改几何模型；模型一旦重新生成，修改后的模型即可自动无缝地返回AWE中。同时，ANSYS还提供了方便灵活的实体建模方法，协助用户进行几何模型的建立。ANSYS软件提供了极其丰富的材料库和单元库，单元类型共有200多种，用来模拟工程中的各种结构和材料。AWE的智能化网格划分能生成形状特性较好的单元，以保证网格的高质量，尽可能提高分析精度。此外，AWE还能实现智能化的载荷和边界条件的自动处理，根据所求解问题的类型自动选择合适的求解器求解。

ANSYS的分析计算模块包括结构分析(可进行线性分析、非线性分析和高度非线性分析)及多物理场的耦合分析，可模拟多种物理介质的相互作用，具有灵敏度分析及优化分析能力。

2. 锻造成形CAE分析软件——DEFORM分析软件

DEFORM分析软件是由美国SFTC(Scientific Forming Technologies Corporation)公司推出的用于锻造成形过程模拟的数值模拟软件。

DEFORM分析软件是基于锻造成形工艺过程模拟的有限元系统(FEM)，可用于分析各种锻造成形过程中的金属流动及应变、应力、温度等物理场量的分布，提供材料流动、模具充填、成形载荷、模具应力、金属流向、缺陷形成、韧性破裂和金属微结构等信息，并提供模具仿真及其他相关的工艺分析数据。

DEFORM是一个模块化、集成化的有限元模拟系统，包括前处理器、后处理器、有限元模拟器和用户处理器四个功能模块。

DEFORM有一个较完整的CAE集成环境，具有强大而灵活的图形界面，使用户能有效地进行前、后处理。在前处理中，模具与坯料的几何信息可由其他CAD软件生成的STL或SLA格式的文件输入，并提供了3D几何操纵修正工具，方便几何模型的建立；网格生成器可自动对锻造成形工件进行有限元网格的划分和变形过程中的重新划分，并自动生成边界条件，确保数据准备快速可靠；DEFORM的材料数据库提供了146种材料的宝贵数据，材料模型有弹性、刚塑性、热弹塑性、热刚黏塑性、粉末材料、刚性材料及自定义类型，为不同材料的锻造成形仿真提供有力的保障；DEFORM集成典型的锻造成形设备模型，包括液压机、锻锤、螺旋压力机、机械压力机、轧机、摆辗机和用户自定义类型(如表面压力边界条件处理功能解决胀形成形过程工艺模拟)等，帮助用户处理各种不同的工艺条件。

DEFORM的求解器是集弹性、弹塑性、刚(黏)塑性和热传导等于一体的有限元求解器。其可进行冷锻、温锻、热锻的成形过程和热传导耦合分析；典型应用包括锻造、挤压、镦头、轧制、自由锻、弯曲和其他锻造成形工艺的模拟；而运用不同的材料模型可分析残余应力、回弹问题及粉末冶金成形等；单步模具应力分析方便快捷，可实现多个变形体、组合模具、带有预应力环时的锻造成形过程分析。

DEFORM提供了有效的后处理工具，让用户能对有限元计算结果进行详细分析。在后处理中，具有网格变形跟踪和点迹示踪、等值线图、云图、矢量图、力-行程曲线等多种功能；而且具有2D切片功能，可以显示工件或模具剖面结果；后处理中的镜面反射功能，为用户提供了高效处理具有对称面或周期对称面的手段，并且可以在后处理中显示整个模型；自定义过程则可用于计算流动应力、锻造系统响应、断裂判据和一些特别的处理要求，如金属微结构、冷却速率、力学性能等；后处理还能以包括图形、原始数据、硬复制和动画等多种方式输出结果。

15.3.2 锻造成形过程的CAE分析实例

以图15.13所示的定心块的开式摩擦压力机模锻成形过程的DEFORM－3D模拟分析为例。

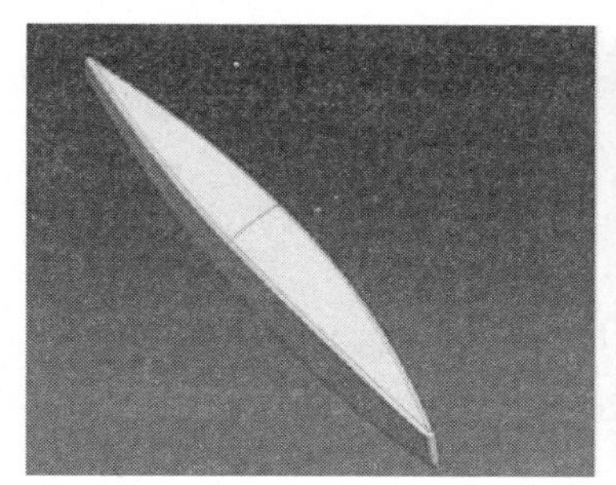

图15.13 定心块的三维造型

图15.13所示的定心块，是一种内、外表面均为空间曲面的薄壁零件，其材质为20钢。该产品为一薄壁曲面零件，沿长度方向厚度不均匀，其厚度尺寸最厚处约为8.0mm，两端厚度仅为4.0mm；最宽处宽度尺寸公差带要求为0.2 mm，长度及直径(厚度)方向尺寸公差带要求为0.5 mm；形状要求主要是内曲面的轮廓度小于或等于0.2 mm。

采用开式摩擦压力机模锻成形方法实现了该零件的精密成形。模锻成形的定心块锻件切边以后不需再进行后续机械切削加工就能达到定心块零件的尺寸精度和形状要求。

1. 模锻成形工艺路线

本模锻成形工艺的工艺路线为棒材剪切下料→喷丸→加热→锻造成形→切飞边，去飞边→喷丸→整形。

2. 坯料的形状与尺寸

根据零件的三维造型图，可以得到零件的体积；由零件体积加上飞边体积及锻造加热过程的烧损量，并考虑锻件截面面积，本工艺选取的坯料尺寸为 ϕ14～17mm×155mm 的圆棒料。

3. 模锻成形设备的选取

由于定心块的形状比较复杂，在锻造时采用一火一件。根据锻件的尺寸和质量属性采用摩擦压力机进行锻造成形。根据锻件的属性和经验公式选用公称压力为 1600kN 的摩擦压力机。

4. 锻模的三维造型

模锻用上模的三维造型图如图 15.14 所示，下模的三维造型图如图 15.15 所示。

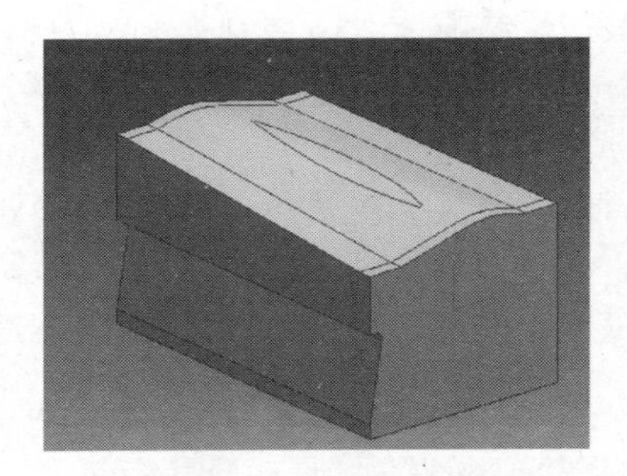

图 15.14 上模的三维造型图

图 15.15 下模的三维造型图

5. DEFORM－3D 模拟分析

1）前处理

(1) 创建新问题。选择“File”→“New Problem”选项或单击按钮，选择“DEFORM－3D Pre”选项，再单击“Next”按钮，然后输入文件名，最后单击“Finish”按钮，进入前处理界面，如图 15.16 所示。

(2) 设置模拟控制参数。单击按钮，进入控制界面。在“Simulation Title”一栏中将标题改为“block”，确保是在 SI 制的环境下，如图 15.17 所示；若不是，则选择“SI”单选按钮进行修改。

(3) 加载模型对象数据。

① 双击按钮，将“Workpiece”的标题改为“block”。选中“block”，在操作数据显示区单击“Geometry”按钮，进入几何建模界面。单击“Import”按钮，在指定的文件夹中选择“Block _ Billet. STL”选项。

② 划分网格：单击“Mesh”按钮进入网格划分窗口，在“Number of Element”文本框中输入 20040，将实体划分为 20040 左右个网格。单击“预览”按钮，在确定网格无误后，单击“Generate Mesh”按钮生成网格，如图 15.18 所示。

(4) 设置材料属性。选择“block”选项，单击“Material”按钮，选中“steel”中“AISI1043 [1300－2000F] (700～1100℃)”，双击即可添加材料。添加材料后，将会在树状显示区显示如图 15.19 所示的界面。

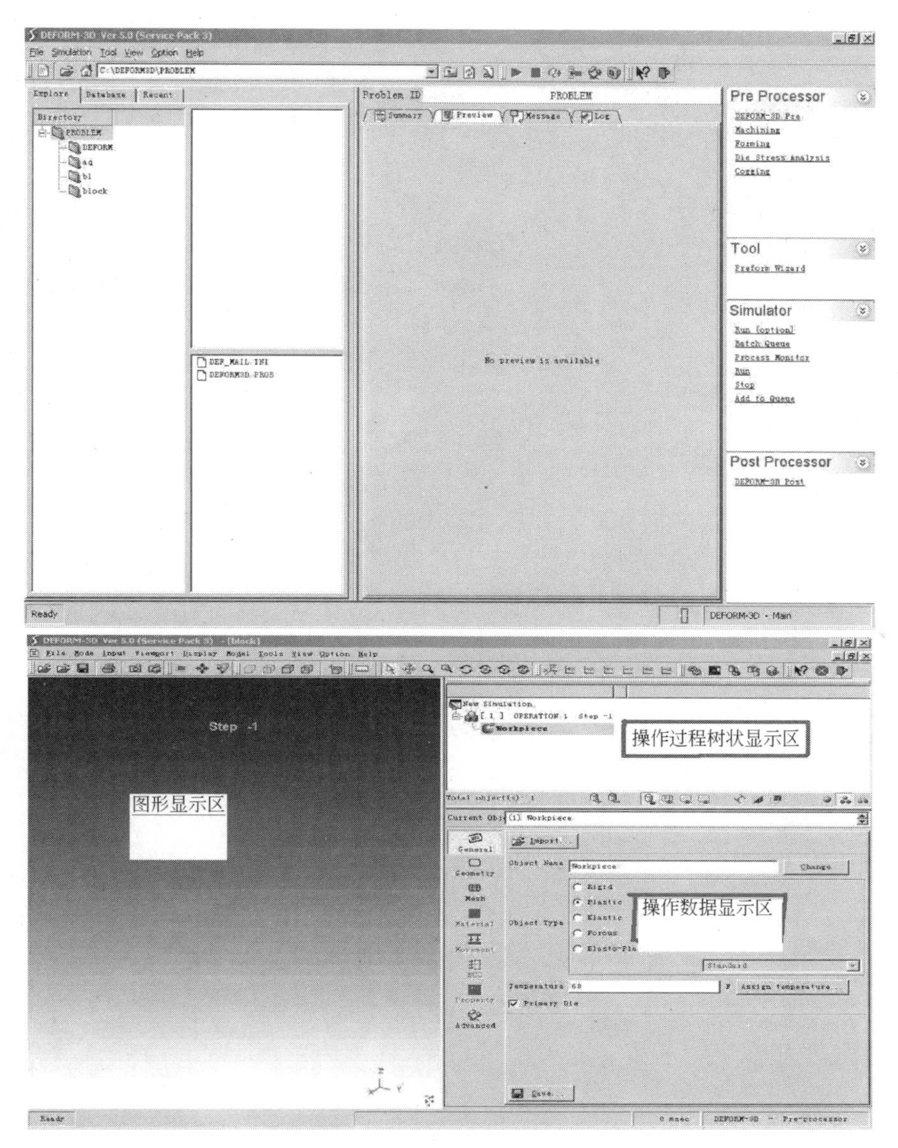

图 15.16 前处理界面

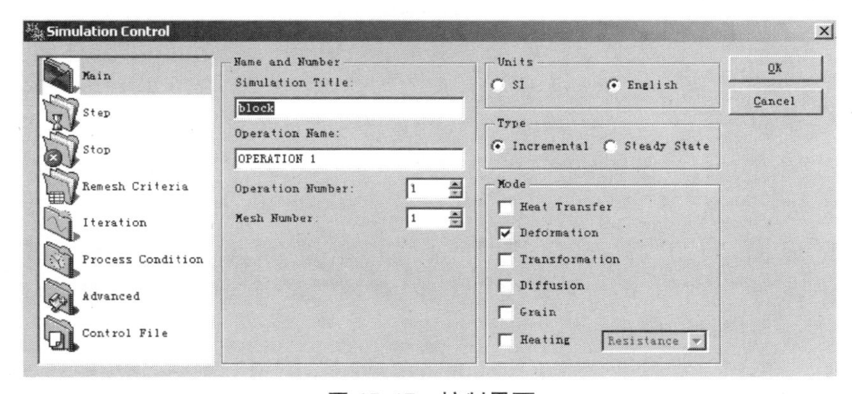

图 15.17 控制界面

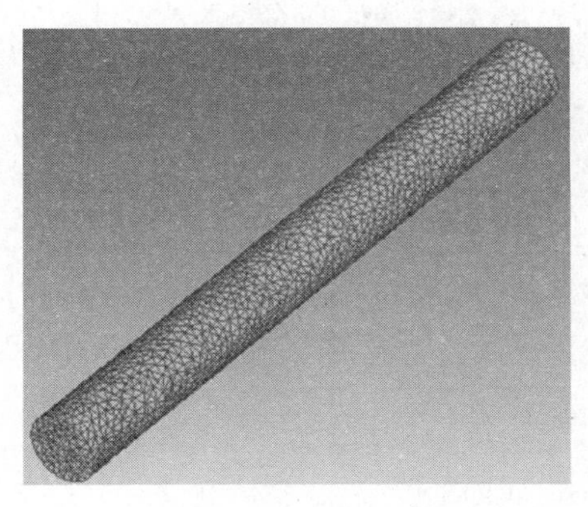
图 15.18　网格划分

(5) 添加上模和下模。选择“Top Die”(上模)选项，单击“Geometry”按钮，进入几何建模界面。单击“Import”按钮，在指定文件夹中选择“sm.STL”选项。

选择“Bottom Die”(下模)选项，单击“Geometry”按钮，进入几何建模界面。单击“Import”按钮，在指定的文件夹中选择“xm.STL”选项。加载完上、下模之后，显示区会出现如图 15.20 所示的界面。

(6) 模型定位。在本工艺中，上模向下运动，给坯料施加压力。选择“Top Die”选项，单击“Movement”按钮，类型选择“Speed”(速度)，以 1.0in/s 的速度向 $-Z$ 方向移动，如图 15.21 所示。

(7) 设置锻造成形的加热温度。本工艺是在高温下进行的，锻造成形温度为 800℃左右。设置温度时，先选择“block”选项，再单击“General”按钮，然后在“Temperature”中，把 68℉改成 1073℉。

图 15.19　材料属性

图 15.20　上、下模的添加

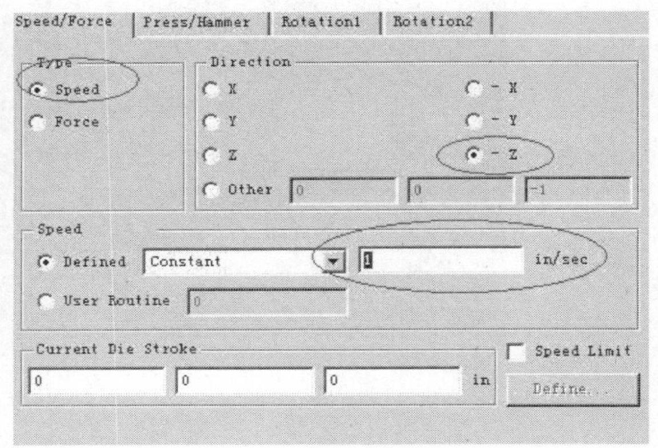

图 15.21　模型定位

(8) 设置模拟条件。单击按钮，进入控制界面。从-1 步开始，共运行 83 步，每步步长为 0.2；运行的对象是上模。点选“Solution Steps Definition”选项组中的“With Constant Die Displacement”单选按钮。其数值为网格尺寸的 1/10 左右。网格尺寸可通过测量得知。由于此次锻造采用的是开式锻造，是带有飞边的锻造，其数值应是网格尺寸的 1/10 左右，该模拟条件的设置如图 15.22 所示。

(9) 添加接触关系。单击按钮，进入对象关系设置界面，一般设置模具与工件之间的摩擦系数，以及工件与模具之间的热传导系数。在设置摩擦系数时，有两种摩擦条件可以选择，一种是剪切摩擦，另一种是库仑摩擦(剪切摩擦力大小与最大剪应力成正比，而库仑摩擦力大小与物体间的正压力大小成正比)。

由于这次模拟的设置温度为 800℃，所以在选用摩擦系数时选用的是 0.3 hot forging

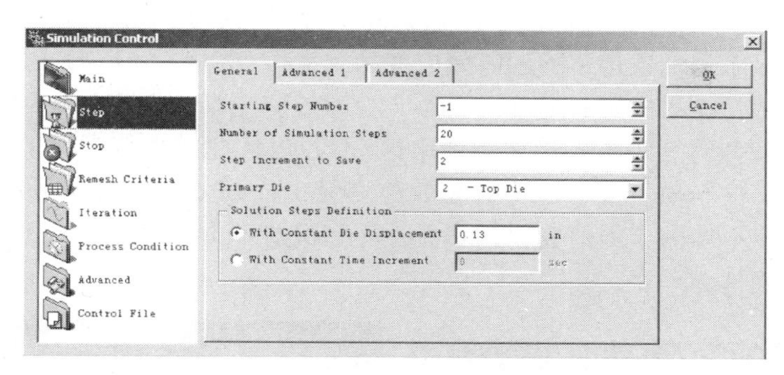

图 15.22 模拟条件的设置

(lubricated)，并且上、下模具都选用一样的摩擦系数。

在所有对象选用关系完毕，就可以设定接触容差值了，本次设置的接触容差值为0.0112in。此软件中要求有合理的接触容差值，如果容差值过大，则反映在模具的接触点过多，这可以导致工作网格的变形；相反，如果接触容差值太小，则意味着模具和工件没有接触。

(10) 数据文件生成。单击按钮打开数据文件生成视窗。只要单击主程序窗口中的运行按钮▶，或者选择“Simulator”→“Run(option)”选项，都可以启动模拟计算。

在程序开始计算后，所运行的文件名字上会显示“Running”，其所对应的“DB文件”也会显示“Running ”或“Remeshing”，后者表示重新划分网格。

如果使用“Run(option)”按钮启动模拟计算，程序启动后可以单击“Close”按钮关闭“Run(option)”界面。

程序运行阶段可以通过“Message”信息窗口来观察运行状况。

如果要中途停止程序来观察运行的效果，可以选择“Simulator”→“Stop”选项；也可以单击■按钮来结束正在运行的程序，这时所运行的程序文件名字上面显示“Aborting”(放弃)。

(11) 保存并退出前处理界面。当前期工作完成之后，可以认真检查一下各个参数的设置，也可以直接生成数据文件并退出前处理，这里建议先保存一下“Key”文件，再生成数据文件；或者生成数据文件之后再保存一次“Key”文件，这样所做的设置就被记录在“Key”文件中了。

2) 后处理

选择“Post Processor”→“DEFORM - 3D Post”选项，这时就可以打开后处理界面。系统默认的后处理显示窗口模型视角为等轴侧视图，该方向利于三维模型的观察。可以根据需要调整适当的视角让模型更有利于观察。⏮ ⏪ ◀ ■ ▶ ⏩ ⏭这几个按钮的作用分别为跳到第一步、向后一步、向后步步演示、停止、向前步步演示、向前一步、跳到最后一步。可以通过向前步步演示看到模拟运行的情况。

若需要形成图表或曲线图，则可以通过单击按钮来实现。其中 X 轴可以选择位移或时间，Y 轴可以选择各个方向的力、速度等参数。

(1) 状态变量的读取。步列选定后，在物体树中选择工件，接着单击“State Variables”按钮，选取“strain - effect”(等效应变)作为分析对象，接着选取“step -

global”作为缩放比例。此缩放比例是以整个模拟过程中等效应变的最小值和最大值作为显示的极限，来显示当前选定步列的等效应变的。

图 15.23 所示是模锻成形过程中第 83 步的等效应变情况(用渲染方法显示等效应变图，工件上各个部分的等效应变是靠颜色来区分的)，从此图中可反映出一些信息：由于摩擦力的作用，工件与模具接触部分的等效应变最小，以及中间部分等效应变变化最小，接近一常值。边界上等效应力值变化比较大。实际锻造中也往往发生以上现象，由此说明了模拟结果的正确性。

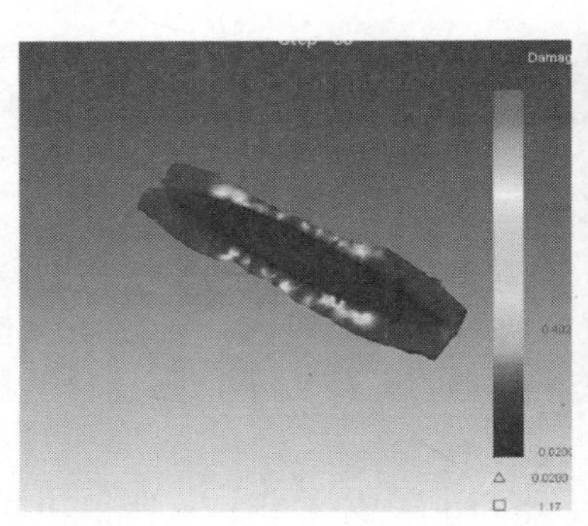

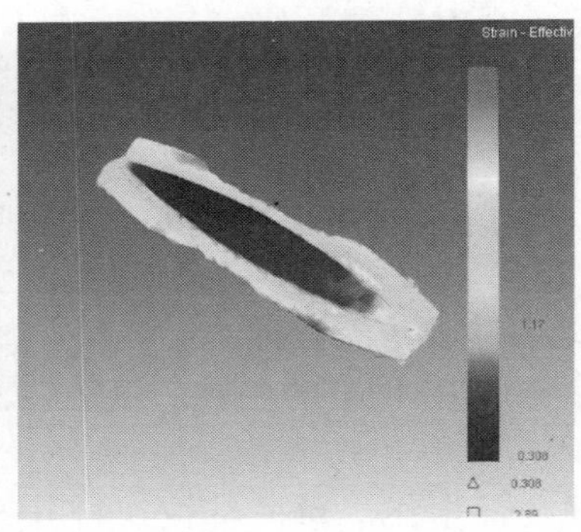

图 15.23　等效应变显示图

(2) 成形件上点的追踪。单击“Point Tracking”按钮，弹出点追踪对话框，进行步列选择，使步列到工件未变形时，连续单击工件上的三个点，这三个点的坐标会显示在点追踪对话框中，接着单击“Next”按钮，接受默认值单击“Finish”按钮。系统会用一些时间提取这三个点的数据信息；提取信息结束后，选择 83 步，并打开点追踪，可以看到三个点的坐标值，这三个坐标值就是未变形时定义的那三个点经过变形后的坐标值。

接下来单击“State Variables”按钮，选取 Z 坐标轴的应变，则这三个点在模拟过程中的 Z 方向的应变曲线图会显示在窗口上，如图 15.24 所示；同时还选取了 X 方向的应变曲线图。

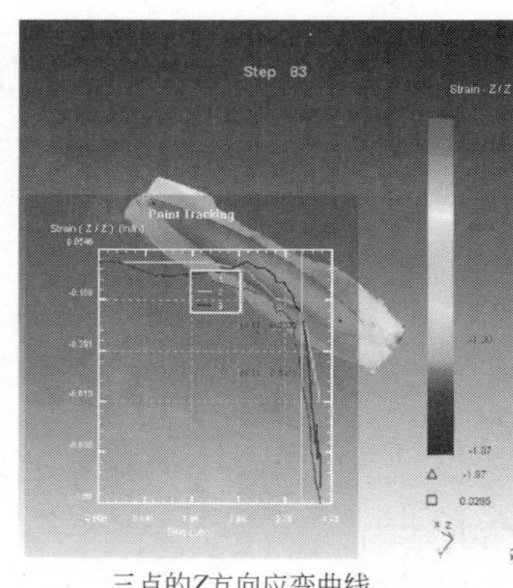

三点的Z方向应变曲线

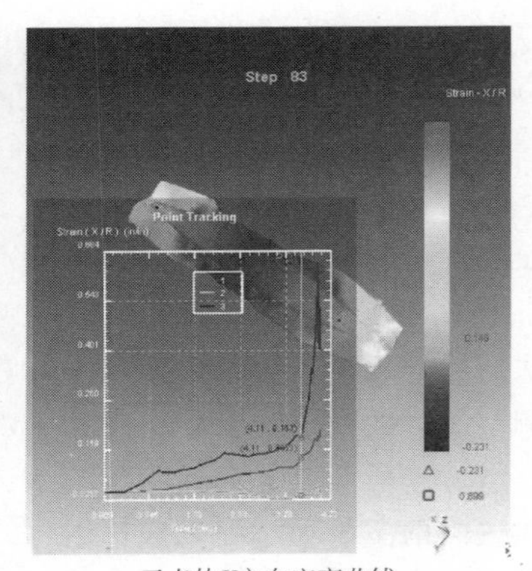

三点的X方向应变曲线

图 15.24　应变曲线图

图 15.24 中，竖线代表当前步列，三条曲线为三个点的状态变量曲线。交点为当前步

列状态变量的数值。

点追踪曲线的删除操作过程是在物体树栏中选择点追踪图标，右击该图标在弹出的快捷菜单中选取第二栏，即可删除点的追踪图。

3）模拟过程及模拟结果的分析

在模拟过程中，由于坯料体积没有确定，所以采用了多次模拟，并且模拟时的各种参数也不相同，这样可以根据模拟的过程和结果有效地改善锻造的工艺流程，提高锻件的质量，减少锻造时间，节约原材料，提高生产的效率。

(1) 采用 ϕ14mm×155mm 的坯料。在模拟过程中，设置总步数为 60 步，网格划分为 10000 个左右，每 6 步存储一次；上模具和下模具的温度都设置成 200℃，毛坯的锻造温度为 800℃；摩擦系数为 0.3。

图 15.25 所示为模拟过程的结果，从模拟的结果可以看出，在到达 60 步时，零件只有部分成形。

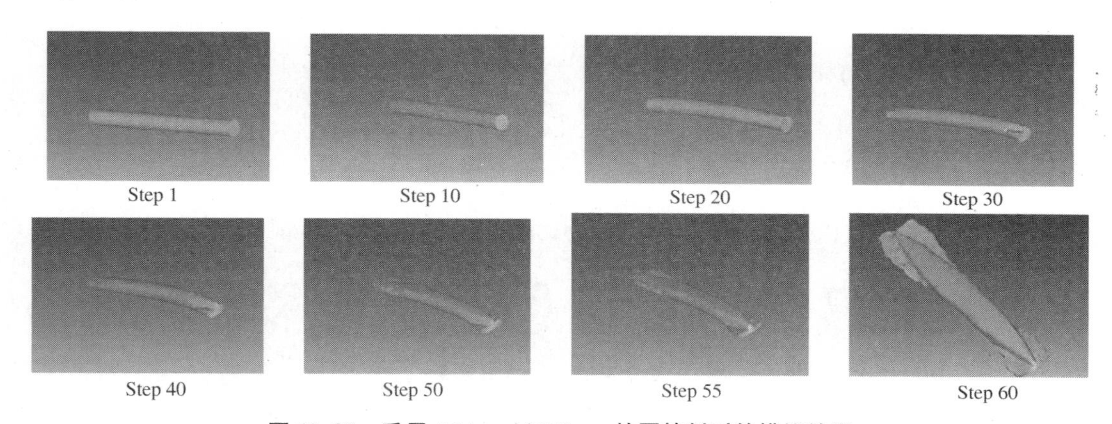

图 15.25　采用 ϕ14mm×155mm 的圆棒料时的模拟结果

(2) 采用 ϕ16mm×155mm 的坯料。在模拟过程中，设置总步数为 60 步，网格划分为 17000 个左右，每 8 步存储一次；上模具和下模具的温度都设置成 200℃，毛坯的锻造温度为 800℃；摩擦系数为 0.3。

图 15.26 所示为模拟过程的结果，从模拟的结果可以看出，在到达 80 步时，零件完全成形。因此可以得出，毛坯体积比较合适，但在划分网格时，网格划分数较小。

(3) 采用 ϕ17mm×155mm 的坯料。在模拟过程中，设置总步数为 83 步，网格划分为 20040 个左右，每 8 步存储一次；上模具和下模具的温度都设置成 200℃，毛坯的锻造温度为 800℃；摩擦系数为 0.3。

图 15.27 所示为模拟过程的结果，从模拟的结果可以看出，在到达 83 步时，零件完全成形，能达到所要求的效果。

从以上的模拟过程可以看出，采用第三种坯料比较合适，锻件的质量比较好，所产生的飞边也能达到要求。

图 15.28 所示为采用 ϕ17mm×155mm 的坯料经摩擦压力机开式模锻成形、切边以后的定心块零件实物图片。采用该工艺生产的定心块零件经尺寸精度检验，完全能满足图样技术要求，与标准样块贴合后检验内曲面形状，其贴合度均小于 0.2 mm，外观充型饱满、轮廓清晰。

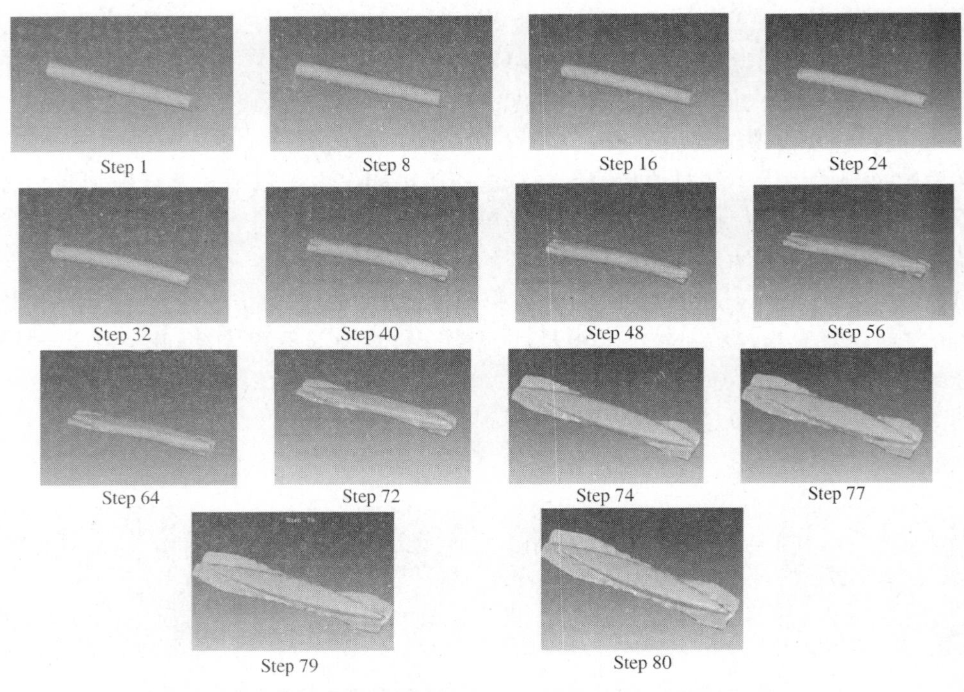

图 15.26　采用 ϕ16mm×155mm 的坯料时的模拟结果

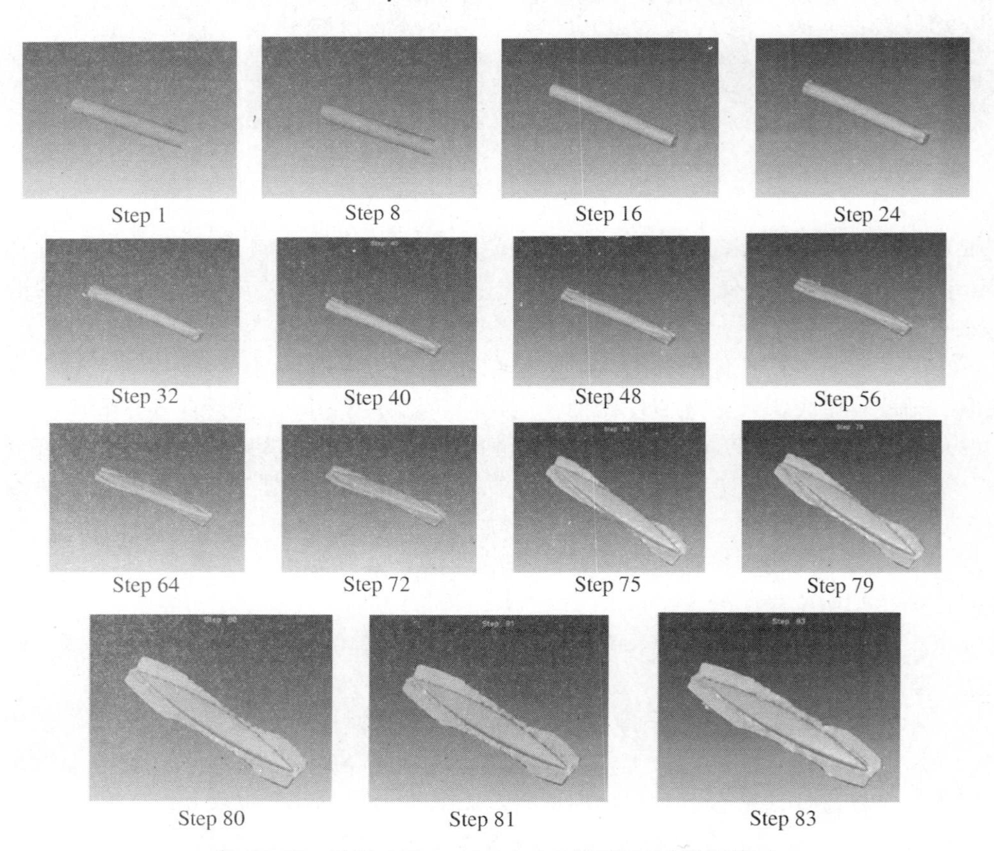

图 15.27　采用 ϕ17mm×155mm 的坯料时的模拟结果

图 15.28 经开式摩擦压力机模锻成形、切边后的定心块实物

15.4 锻造成形过程的CAM

锻造成形过程的CAM是利用计算机进行锻造成形过程的工艺规程自动编制，以及进行模具的数控加工程序自动编制和数控加工过程仿真等。

锻造成形过程的CAM内容如下：

(1) 锻造成形工艺规程编制，即锻造成形工艺的CAPP。

(2) 锻造成形模具的线切割加工、数控车加工、数控铣加工、数控电火花加工的数控程序自动编制和数控加工过程仿真。

15.4.1 常用CAM软件

1. CAXA的CAM模块

CAXA工艺图表是高效快捷的工艺卡片编制软件，它可以方便地引用设计的图形和数据，同时为生产制造准备各种需要的管理信息。CAXA工艺图表以工艺规程为基础，针对工艺编制工作烦琐重复的特点，以“知识重用和知识再用”为指导思想，提供多种方便实用的快速填写和绘图手段，可以兼容多种CAD数据，真正做到“所见即所得”的操作方式，符合工艺人员的工作思维和操作习惯。

CAXA数控车具有CAD软件的强大绘图功能和完善的外部数据接口，可以绘制任意复杂的图形，可通过DXF、IGES等数据接口与其他系统交换数据。

CAXA首先将线切割编程软件移植到了Windows平台，推出了“CAXA线切割”功能，它在使用上更方便，操作上更简单；在功能方面，“CAXA线切割”集成了CAXA以前的超强版和绘图版的优势，并根据用户的要求和建议对一些功能进行了加强和补充，能满足用户的各种不同需求。

2. UG NX的CAM模块

UG NX的CAM功能模块包括CAM基础、车削加工、平面铣削、型芯与型腔铣削、固定轴铣削、自动清根、变轴铣削、顺序铣削、后置处理和线切割等基本模块。

3. SurfCAM软件

SurfCAM是基于Windows的数控编程系统，附有全新透视图基底的自动化彩色编辑功能，可迅速而又简捷地将一个模型分解为型芯和型腔，从而节省复杂零件的编程时间。

4. MasterCAM 的 CAM 模块

MasterCAM 的 CAM 模块可分为以下几种：2D 铣削加工、2.5D 铣削加工、3D 铣削加工、车床加工、线切割加工。

当被加工物体的几何模型产生后，就可以进行加工规划，MasterCAM 的 CAM 模块会根据使用者设定的刀具尺寸、完成加工面的表面粗糙度及加工次数等特定参数计算而产生刀具路径。它会将路径资料及刀具参数存储在 NCI 文档中，通过后处理程序转换为 NC 加工程序，以控制刀具切削工件，这种 NC 程序常用的是 G 指令和 M 指令。

5. PowerMILL 软件

PowerMILL 是一个独立的加工软件包，它可基于输入模型快速产生无过切的刀具路径。

模型可以是由其他软件包产生的曲面、IGES 文件、STL 文件、三角形文件、OLE 模型，也可以是来自 SolidWorks、UG、Pro/E、CATIA 等的 PART 模型。

6. 其他的 CAM 软件

其他的 CAM 软件有 SolidWorks、CATIA、Pro/E、Cimatron、I-DEAS。

15.4.2 常用的数控系统

数控系统是数控机床和数控编程的核心部分。用户在编写数控加工程序之前，必须清楚地了解机床数控系统的功能，只有这样才能编写出正确的加工程序。

常见的数控系统有 FUNUC、SIEMENS、Fagor、华数 928、凯恩蒂系统等。

(1) FUNUC 数控系统。FUNUC 数控系统适用于数控铣床、加工中心和数控车床。

FUNUC 数控系统的主要功能如下：

① 控制轴：可控制 X、Y、Z 三轴和 A、B、C 三个辅助轴中的一个；可控制四个轴，实现三轴联动。

② G 代码(加工功能)。

③ M 代码(辅助功能)。

④ 最小设定单位：公制最小单位为 0.001mm，英制最小单位为 0.0001in，角度最小单位为 0.001°。

⑤ 外部设备：采用接口功能后可以实现打印输出。

⑥ 补偿功能：具有刀具长度补偿和刀具半径补偿功能，可以实现直线、圆弧插补合一加工功能。

(2) SIEMENS 数控系统。SIEMENS 数控系统适用于车、铣、镗和其他各种工艺，最多可扩展到 12 轴，可实现多坐标轴联动。

15.4.3 模具 CAM 应用实例

以 PowerMILL 软件进行模具零件在加工中心上铣削加工的自动编程和加工仿真为例。

PowerMILL 软件的自动编程和加工仿真过程包括两部分内容。

(1) 模型装载与参数设置。设置包括如下内容：装载模型、查看模型、定义毛坯、定义切削刀具、设置进给率和主轴转速、设置快进高度、设置刀具开始点。

(2) 刀具路径。刀具路径用来控制切削精度和残留在材料上的材料余量，如图15.29所示。控制这两个值的参数分别为公差和余量。公差用来控制切削路径沿零件形状的精度；余量用来指定加工后材料表面上所留下的材料量。

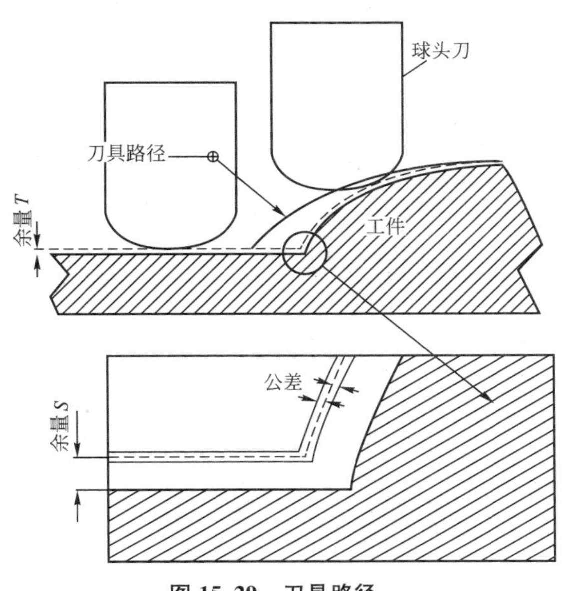

图15.29 刀具路径

PowerMILL软件中有两个独立的地方来设置这两个值，具体值的设置位置取决于是选取的区域清除加工选项还是选取的精加工选项。

PowerMILL软件所产生的刀具路径中包含产生刀具路径过程中所输入的全部信息，如使用的策略、公差、余量、毛坯尺寸等。这些信息可通过浏览器中的刀具路径部分来访问。

① 产生区域清除刀具路径(粗加工)。

② 产生半精加工刀具路径。

③ 产生精加工刀具路径。

④ 仿真刀具路径。

⑤ 产生NC程序。

1. 装载模型到PowerMILL

将PowerMILL中的范例模型保存在目录“examples”下。

(1) 选择“文件”→“范例”选项，如图15.30所示。

PowerMILL可装载多种类型的模型。单击对话框中的“文件类型”下拉列表可将所需类型的文件显示在对话框中。

(2) 选取“chamber. tri”文件，打开模型，于是模型显示在PowerMILL图形窗口，如图15.31所示。

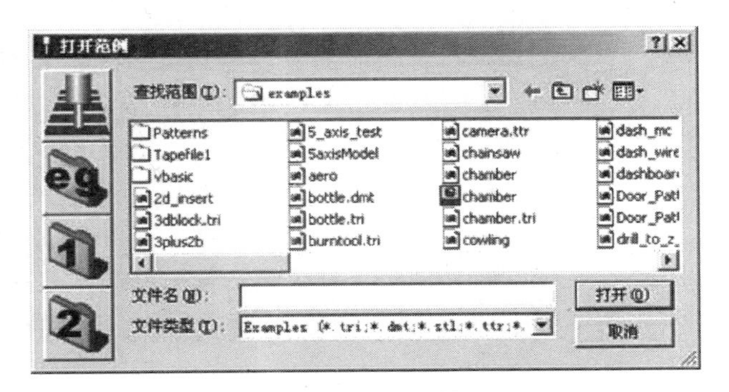

图15.30 装载模型

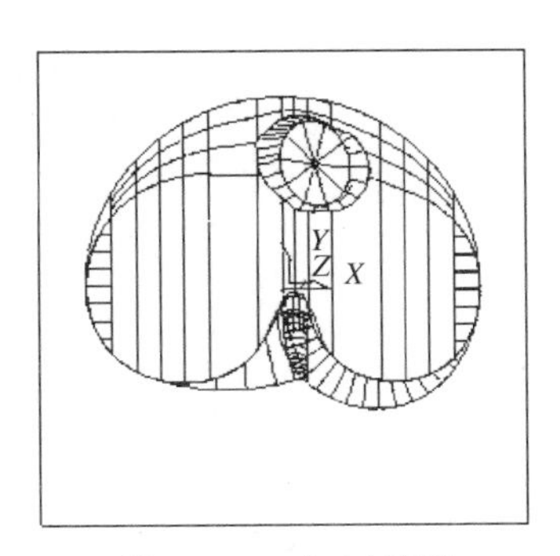

图15.31 打开模型

2. 查看模型

打开模型后最好从各个角度查看模型，这样可对模型有一个清楚的了解。选取“等轴查看”选项，此模型有一斜坡和底部平坦平面相接，如图 15.32 所示。

3. 定义毛坯

毛坯是 PowerMILL 用来限制刀具运动的基本矩形块。可将它想象为一块原材料。PowerMILL 提供了一些更高级的方法来限制刀具运动。

(1) 单击毛坯图标，弹出“毛坯表格”对话框，如图 15.33 所示。在对话框中的“限界”选项组中输入相应的最大和最小 X、Y、Z 值，即可定义毛坯尺寸。

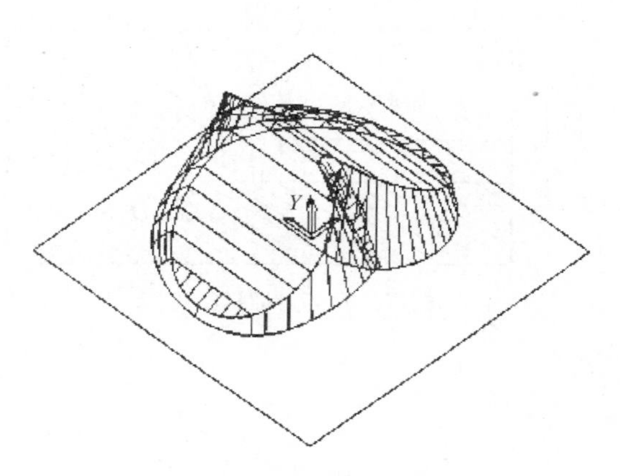

图 15.32　查看模型

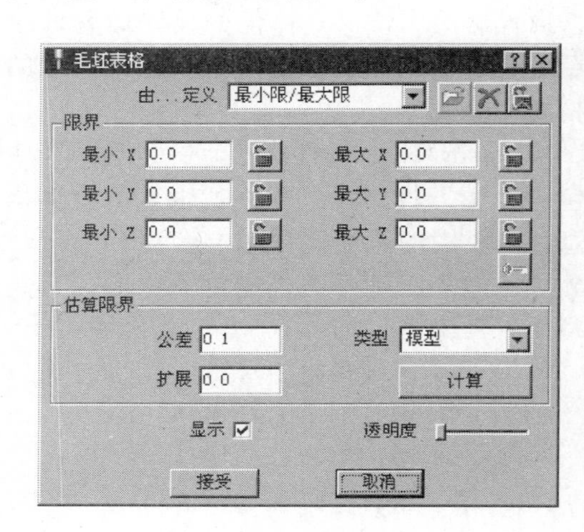

图 15.33　毛坯表格

(2) 单击“计算”按钮，PowerMILL 自动计算出毛坯尺寸；可对计算后的值进行单独编辑或锁住计算结果(锁住后该值将被灰化)。在“扩展”文本框中输入相应的偏置值可将毛坯按指定值偏置。

(3) 单击“接受”按钮，毛坯按默认设置以蓝色线框标示。使用“毛坯表格”对话框中的“透明度”滑块也可使毛坯以透明阴影或实体显示，如图 15.34 所示。

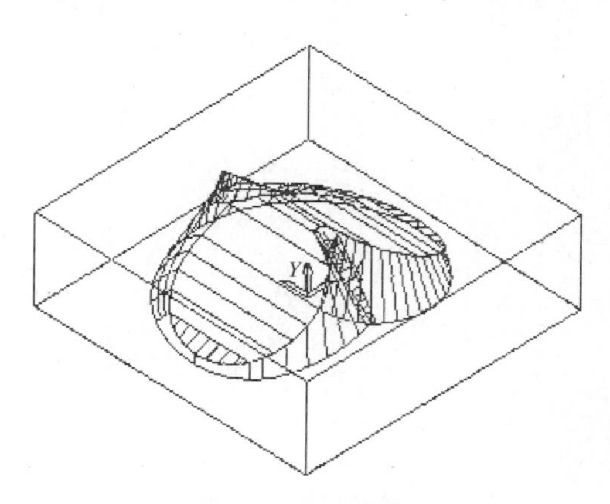

图 15.34　毛坯显示

4. 定义切削刀具

单击图形视窗左下部刀具工具栏中的相应刀具图标，可打开相应的刀具定义对话框。

(1) 单击刀具工具栏中的下拉按钮，打开全部刀具图标；屏幕上出现全部可定义刀具的图标，将鼠标指针停留在某一图标上，相应的刀具类型描述将出现在屏幕上，如图 15.35 所示。

(2) 单击端铣刀图标，弹出“端铣刀表格”对话框，通过此表格可以设置端铣刀参数，如图 15.36 所示。

输入直径值后，长度域自动按默认设置，其

为刀具直径的5倍；长度值也可根据需要改变。最好给刀具起一个容易理解和记忆的名称。例如，直径为14mm的球头刀的刀具名称可起为14bn。

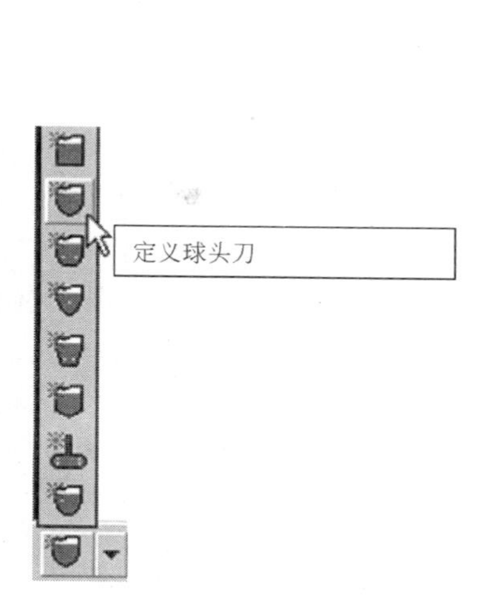

图15.35 刀具工具图标

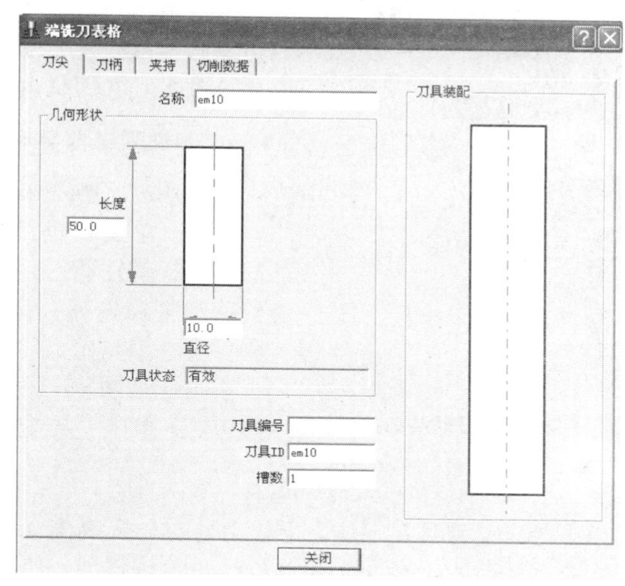

图15.36 端铣刀参数设置

(3) 设置“直径”为“10”，刀具“长度”自动按默认设置为“50”。

(4) 设置“刀具ID”“em10”。

(5) 单击“关闭”按钮，于是刀具显示在屏幕上，如图15.37所示。同时浏览器刀具段出现该刀具实体，如图15.38所示。

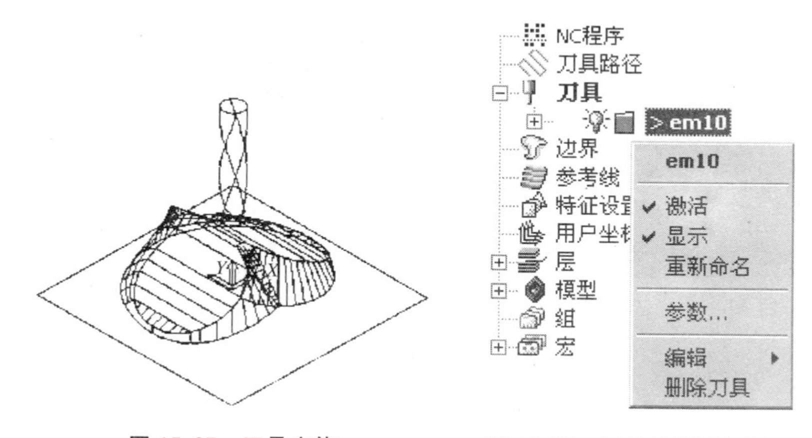

图15.37 刀具实体

图15.38 刀具的激活与显示

以下对该刀具的任何改动均应通过浏览器。单击黄色灯泡图标可将刀具隐藏。在浏览器的刀具段中在相应的刀具名称上右击，从弹出的快捷菜单中选择“激活”选项可撤销刀具的激活(勾选符号消失)；选择“参数”选项可弹出“刀具定义表格”对话框。

(6) 定义一直径为12的球头刀并将其命名为“bn12”，浏览器将更新为如图15.39所

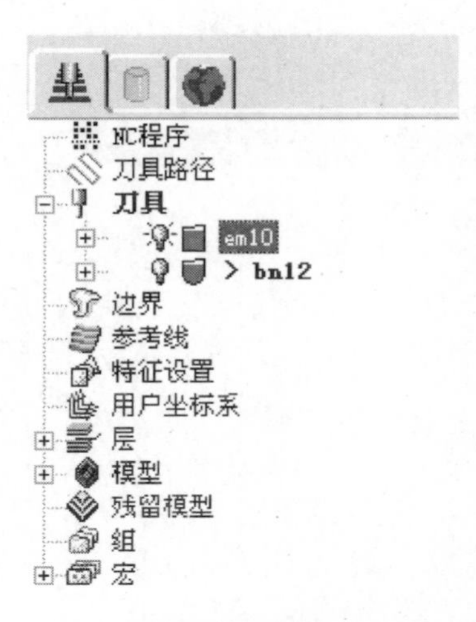

图 15.39 bn12 球头刀被激活

示的状态，刀具 bn12 被激活。

在“刀具定义表格”对话框中单击“切削数据”选项卡可弹出“切削数据表格”对话框，通过该对话框可定义其他的一些参数，如基本进给率、主轴转速等，并使这些参数和刀具数据保存在一起。

5. 设置进给率和主轴转速

采用如下方法来定义主轴转速和进给率。

(1) 单击“进给率”图标，弹出“进给率表格”对话框，使用此对话框可设置任何计算的刀具路径的进给率和主轴转速；也可单击“从激活刀具装载”按钮，将保存在刀具定义中的切削速度和主轴转速数据直接输入表格，如图 15.40 所示。

(2) 单击“接受”按钮，接受默认设置。

6. 快进高度

以下为定义刀具在毛坯之上移动的安全 Z 高度和开始 Z 高度。

安全 Z 高度必须保证刀具在以快进速率移动，使其不和零件或工件夹持装置发生任何接触，它是刀具撤回后在工件上快进的高度。开始 Z 高度是刀具从安全 Z 高度向下移动到一 Z 高度，转变为工进；一 Z 高度称为开始 Z 高度，如图 15.41 所示。

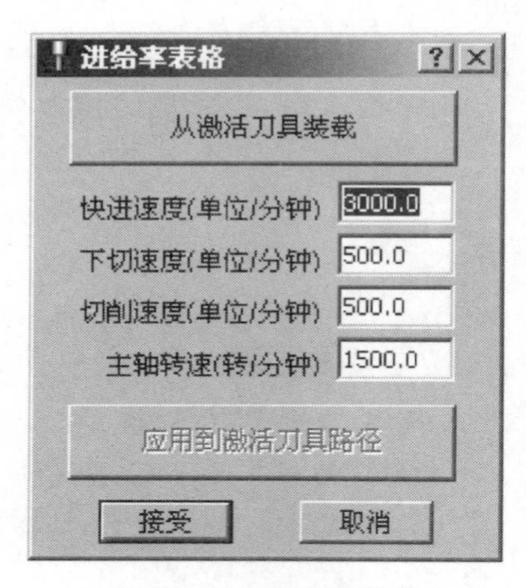

图 15.40 进给率表格

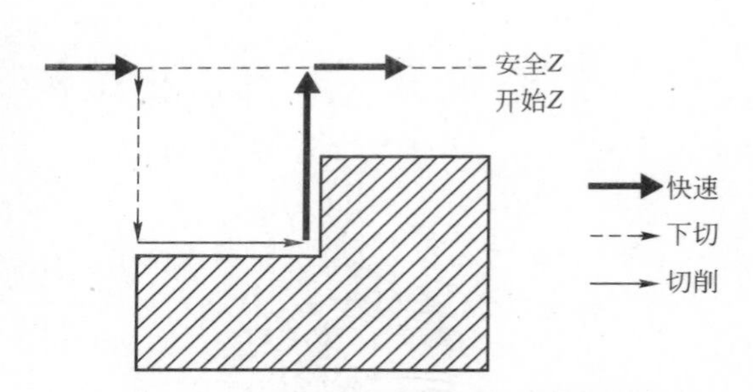

图 15.41 安全 Z 高度与开始 Z 高度示意

(1) 单击“快进高度”图标，弹出“快进高度表格”对话框，如图 15.42 所示。

(2) 单击“按安全高度重设”按钮，如图 15.42 所示。

(3) 单击“接受”按钮。

同样的原理也可用来定义零件内的刀具移动，以保证刀具能安全快速地移动；在表格中的“相对”选项组(图 15.42)中可选择另外两个额外选项——下切和掠过。

① 下切：以快进速度提刀到绝对安全 Z 高度，然后在工件上做快速移动，到达另一下刀位置时，以快进速度下切到绝对开始 Z 高度。

② 掠过：以快进速度提刀到相对安全 Z 高度，使刀具高于最低等高切面，避免刀具

和模型碰撞，然后下切到相对开始 Z 高度。

7. 刀具开始点

刀具的开始点为刀具开始进行每一条刀具路径加工的安全开始位置，也是进行完毕每一条刀具路径后的安全结束位置。此位置也和使用的机床有关，对于某些机床来说，开始点位置也可能在实际的换刀位置。

(1) 单击“开始点”图标，弹出“开始点表格”对话框，显示刀具的开始点位置，如图 15.43 所示。

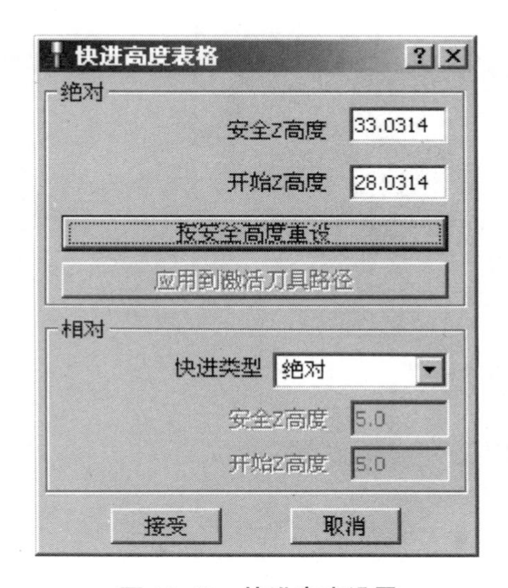

图 15.42　快进高度设置

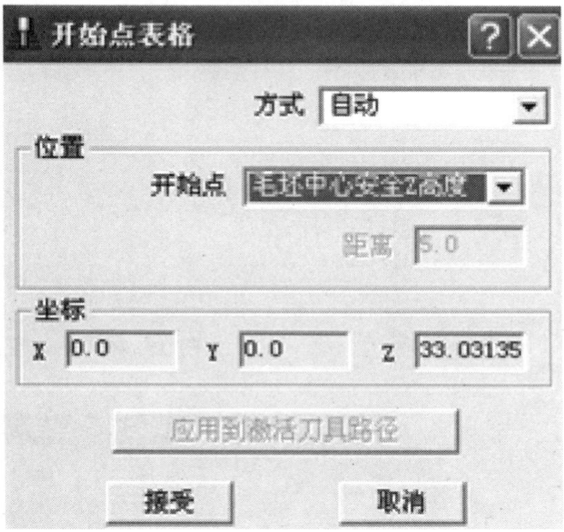

图 15.43　开始点表格

(2) 将坐标设置为(X50，Y50，Z50)。

(3) 单击“接受”按钮，刀具现在处于新的刀具开始位置，如图 15.44 所示。

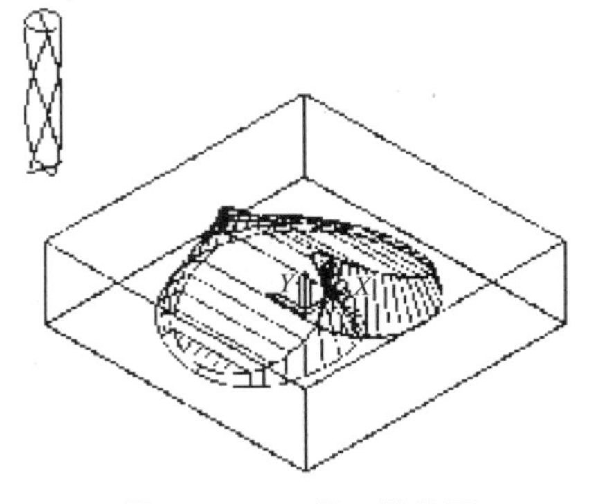

图 15.44　刀具开始位置

8. 产生区域清除加工策略

在 PowerMILL 中，称粗加工为三维区域清除。

产生三维区域清除刀具路径需经如下步骤：①产生 Z 高度；②定义策略；③选取值。

(1) 单击“刀具路径策略”图标，如图 15.45 所示；单击“三维区域清除”选项卡，选择该模型中的“平行区域清除模型”或“偏置区域清除模型”选项，如图 15.46所示。

设置“下切步距”(Z 高度)为“自动”方式，其值为 3(这是一个非常高级的分层方式，能自动考虑给后续剩余的加工余量)，如图 15.47 所示。

“Z 轴下切”方式为“斜向”，左斜角和右斜角取为 1°～3°。

(2) 按图 15.47 所示设置其他参数。

图 15.45　刀具路径策略

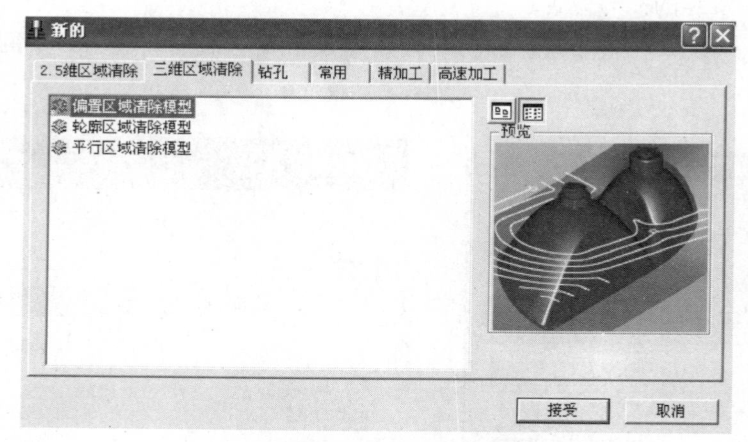

图 15.46　三维区域清除模型

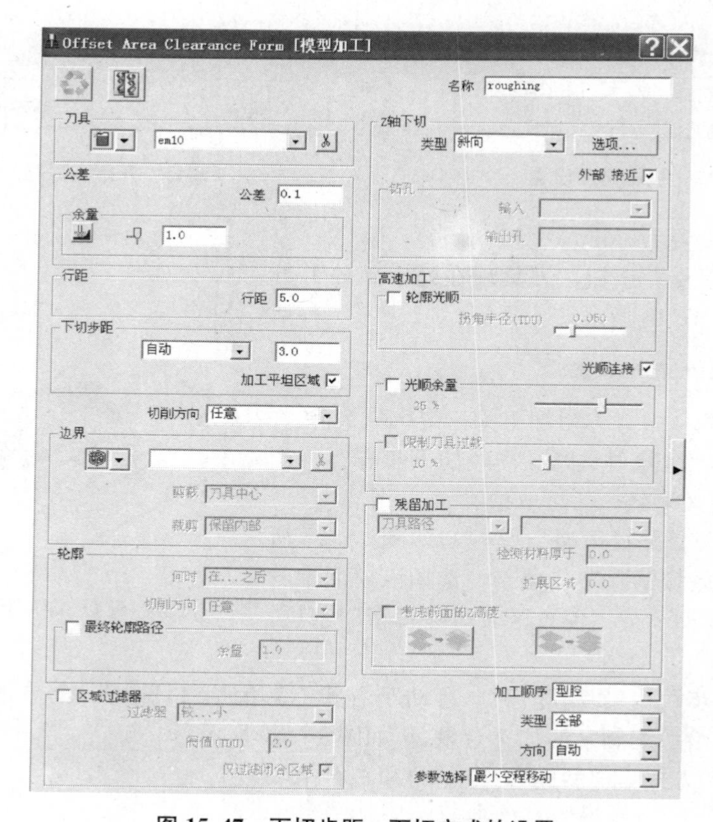

图 15.47　下切步距、下切方式的设置

(3) 接受“Offset Area Clearamce Form［模型加工］”对话框中的其他设置。

(4) 单击“应用”按钮，然后单击“接受”按钮，于是便产生一个区域清除刀具路径，此刀具路径自动地增加到树浏览器中的“刀具路径”部分中并激活，如图15.48(b)所示。对每一个 Z 高度而言，都有一个相对应的刀具路径。可通过显示或不显示操作来显示或不显示某些元素，以便更清晰地查看。

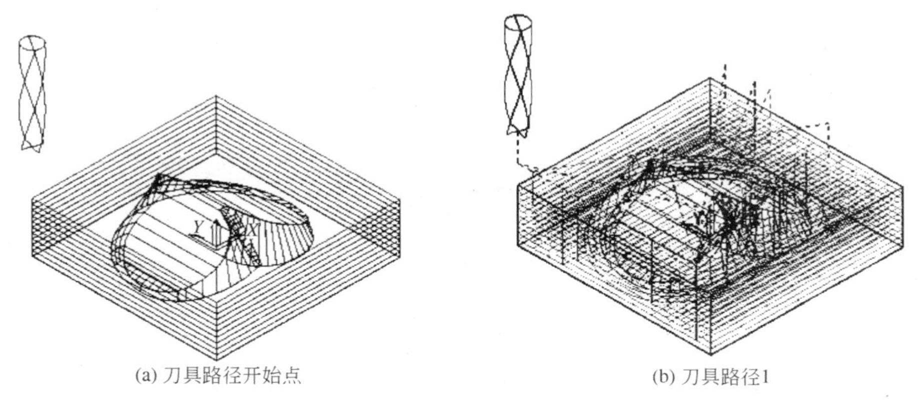

(a) 刀具路径开始点　　(b) 刀具路径1

图15.48　三维区域清除刀具路径

(5) 从主菜单中的“显示”下拉菜单中选择“全不显示”选项，于是仅激活的刀具路径显示在屏幕上，如图15.49所示。这样可动态模拟区域清除刀具路径。

(6) 从树浏览器的激活刀具路径段中选择“动态模拟→中”选项(图15.50)，于是系统将以中等速度动态模拟刀具路径。

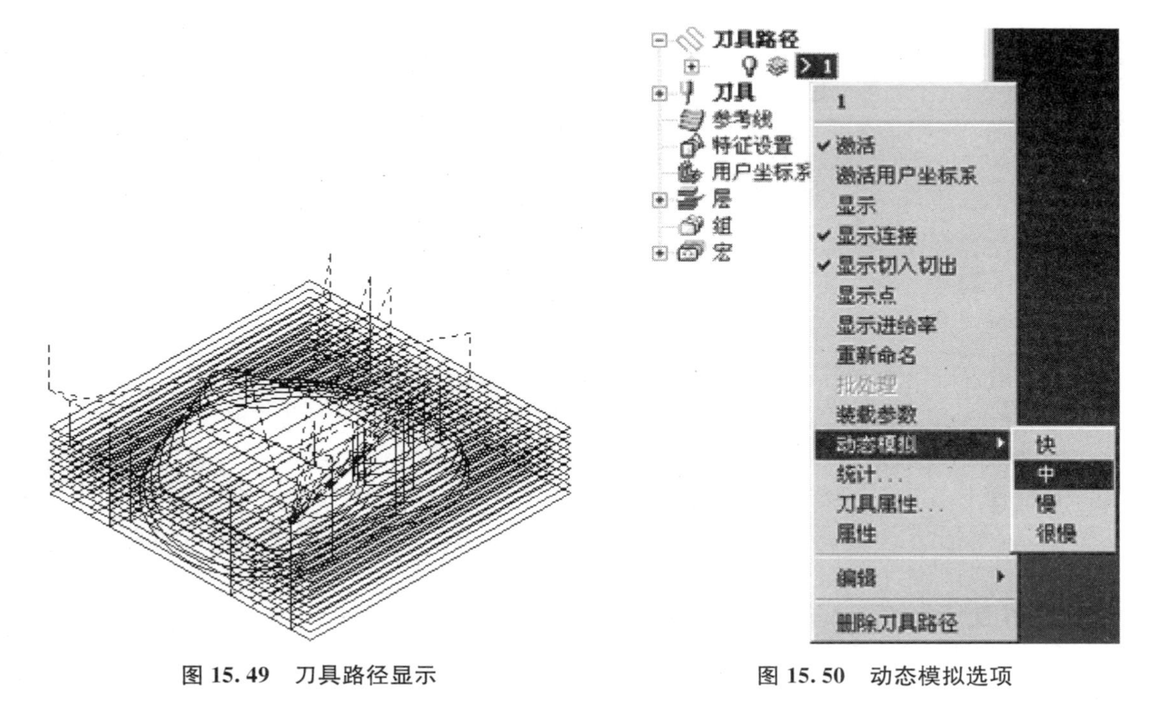

图15.49　刀具路径显示　　**图15.50　动态模拟选项**

若需在动态模拟中同时显示出刀具，则需选择“显示”→“刀具”选项，因为在前面选择“全不显示”选项后，屏幕上不再有刀具显示。

9. 产生半精加工刀具路径

使用同“三维区域清除”相同的策略来进行半精加工和精加工，留下最终所需路径余量。前面所设置的毛坯尺寸、快进高度、进给速率和刀具基准点均可保持不变。

(1) 单击“刀具”图标。

(2) 定义刀具，如图 15.51 所示。

(3) 选取精加工中的平行精加工策略，如图 15.52 所示。单击“接受”按钮，弹出如图 15.53 所示的对话框。

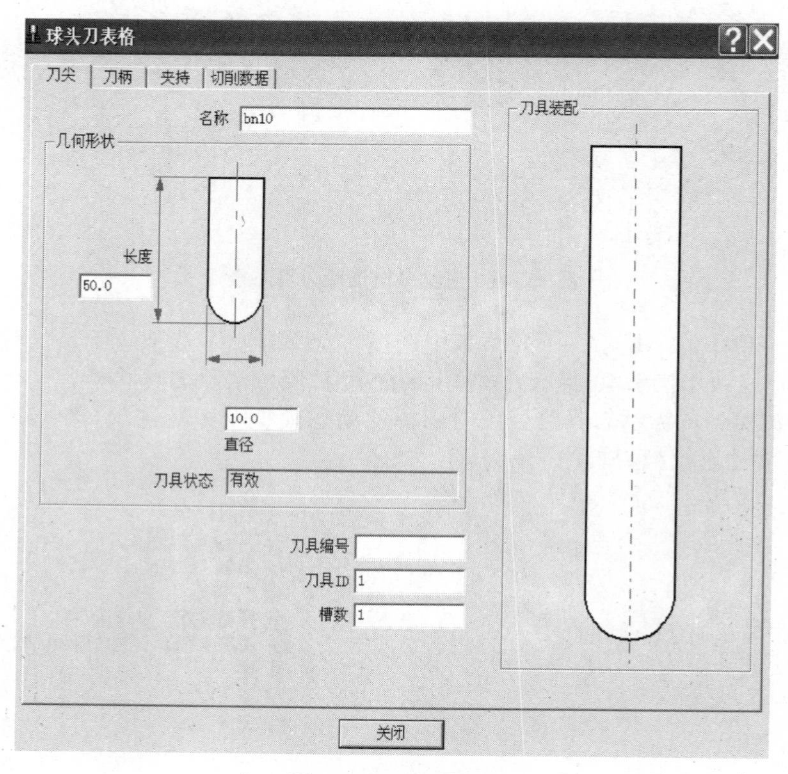

图 15.51　刀具定义

(4) 设置半精加工参数，按照图 15.53 所示进行表格参数设置：

① 设置公差为“0.1”，厚度余量为“0.3”，单击图 15.52 所示对话框中的“接受”按钮。

② 设置“切入切出和连接”选项组：“切入”为“无”，“切出”为“无”，“短连接”为“在曲面上”，“长连接”为“安全高度”。

切入、切出定义刀具如何切入毛坯和从毛坯中退出，连接定义刀具从一个路径以一定行距进入模型中的下一路径中刀具的移动。

③ 角度设为 45°，其他参数接受默认设置。

④“刀轴”一定要设置成“垂直”；若设置成其他刀轴控制，则为四轴或无轴加工。

(5) 单击“预览”按钮，查看刀具路径。于是刀具路径的预览图像显示在毛坯的顶部，在此刀具路径预览图像中可看到行距和用白色箭头所指示的刀具路径开始点，如

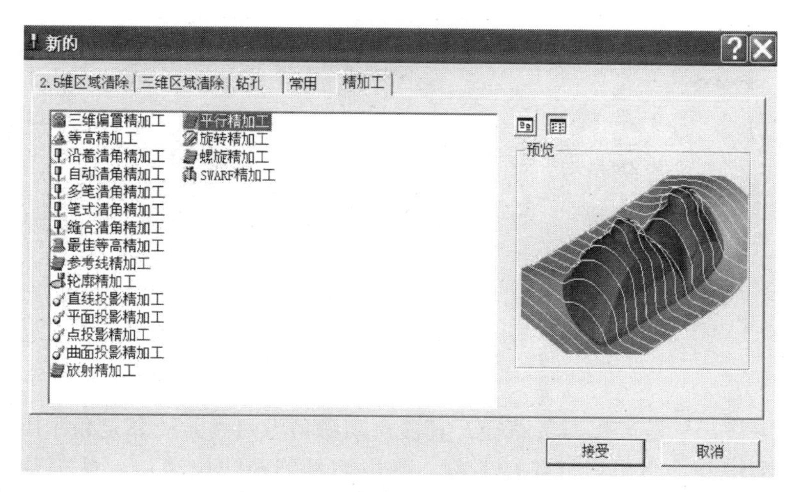

图 15.52　半精加工策略的选取

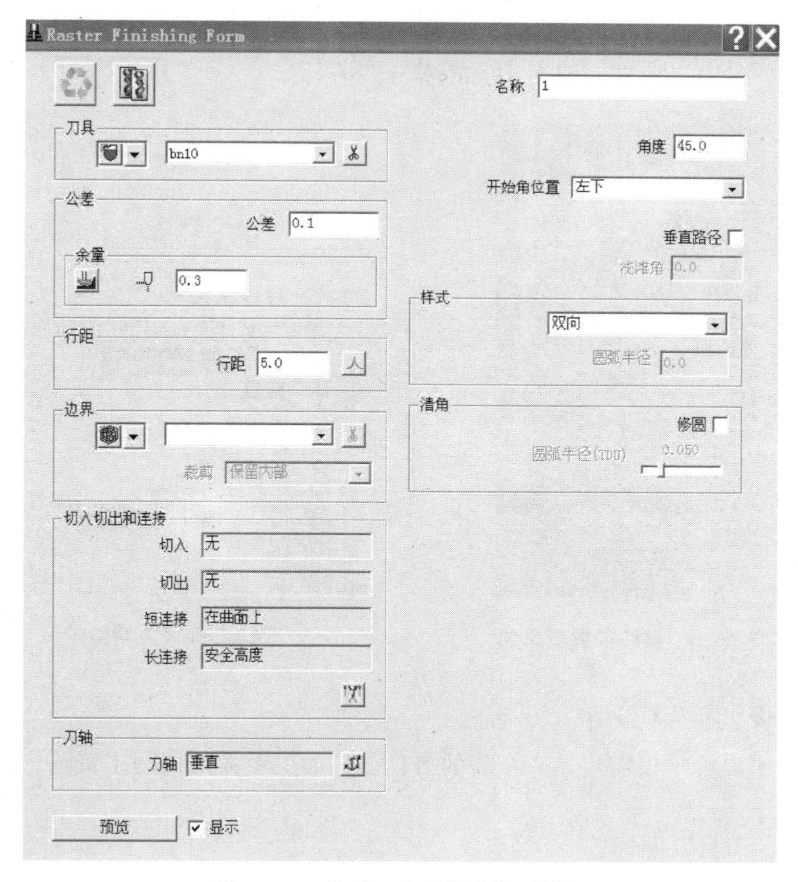

图 15.53　公差、余量等参数对话框

图 15.54(a)所示。

(6) 单击“应用”按钮，接受此刀具路径，然后单击图 15.52 所示对话框中的“接受”

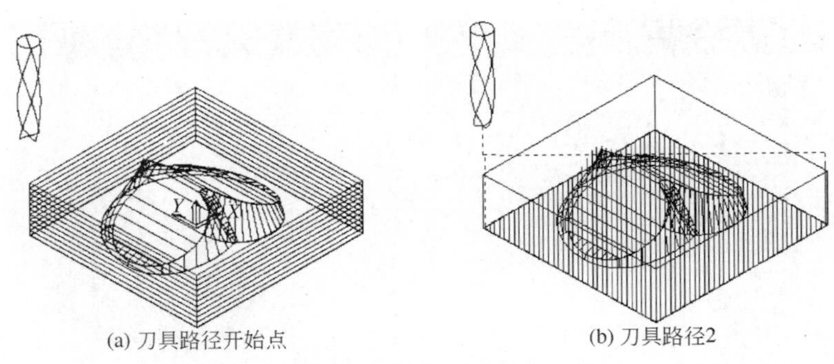

(a) 刀具路径开始点　　(b) 刀具路径2

图 15.54　半精加工刀具路径

按钮，关闭此表格。于是产生刀具路径，其被自动命名为刀具路径 2，如图 15.54(b)所示。

(7) 在树浏览器中右击刀具路径名称，弹出刀具路径快捷菜单，从菜单中选择“重新命名”选项。将刀具路径 1 重新命名为“rough”，刀具路径 2 重新命名为“semi”(图 15.55)，这样便于以后识别。

(8) 分别双击灯泡图标和刀具路径名称“semi”间的“参考线精加工”图标，不激活名称为“semi”的刀具路径，如图 15.56 所示。

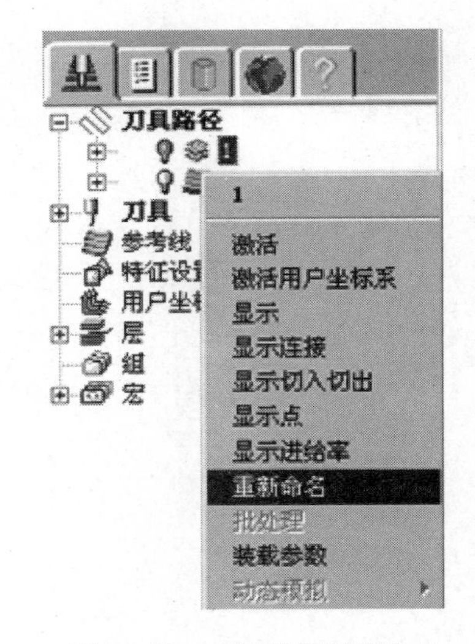

图 15.55　刀具路径重新命名

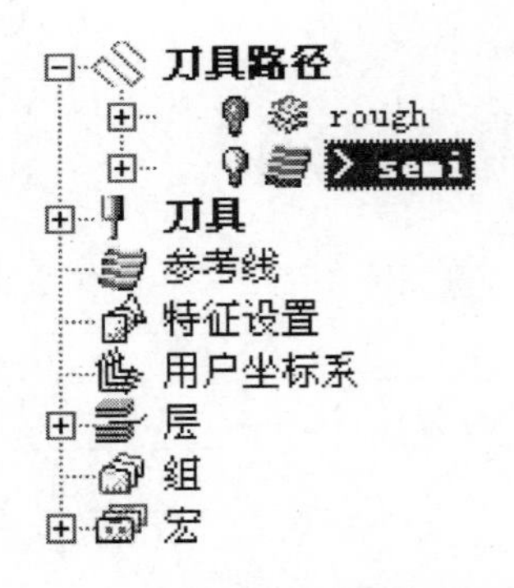

图 15.56　刀具路径

10. 产生精加工刀具路径

进行精加工设置，仅需定义一个新的刀具、精加工参数及精加工策略，其他的设置可保持不变。

(1) 双击“刀具”图标。

(2) 定义直径为 8 的球头刀具 bn8。

(3) 选取“精加工”选项卡中的“平行精加工”。

(4) 设置精加工参数。

① 在精加工参数表格中，不改变公差值，将厚度余量设置为 0.0。

② 确认选中了“垂直路径”选项，以确保加工从45°和135°方向交互进行。

③ 行距设置为0.5。

(5) 单击“应用”按钮，然后单击“接受”按钮。将刀具路径3重新命名为“fin”，如图15.57所示。

11. *仿真刀具路径*

ViewMill提供了一个三维图像仿真解决方案，使用它可在加工前对加工路径进行检查。ViewMill具有其自带的独立工具栏，通过单击顶部工具栏中的“加工仿真工具栏”图标可打开或关闭此工具栏。

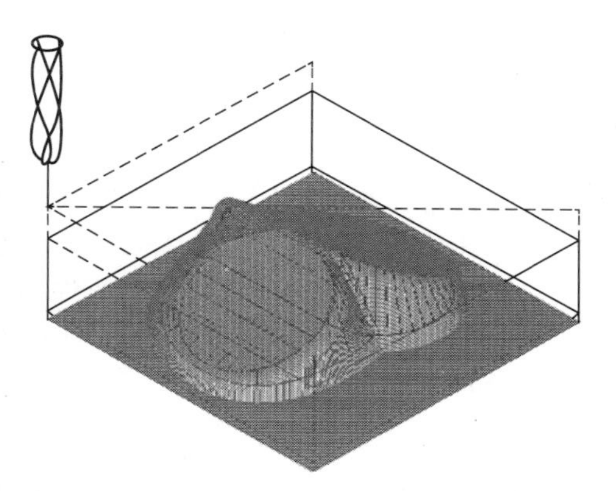

图15.57 精加工刀具路径

(1) 激活刀具路径“rough”。

(2) 单击“加工仿真”图标，打开加工仿真工具栏，选取“ISO1查看”选项，查看模型。

(3) 单击加工仿真切换图标，于是屏幕视窗切换成加工仿真视窗环境(图15.58)，屏幕上产生一阴影的毛坯。

图15.58 加工仿真视窗

(4) 单击阴影刀具图标，再单击“开始/重新开始”图标，进行粗加工刀具路径仿真，如图15.59所示。

(5) 完成粗加工仿真后，选取并激活刀具路径semi。

(6) 单击“开始/重新开始”图标，运行半精加工刀具路径仿真，如图15.60所示。

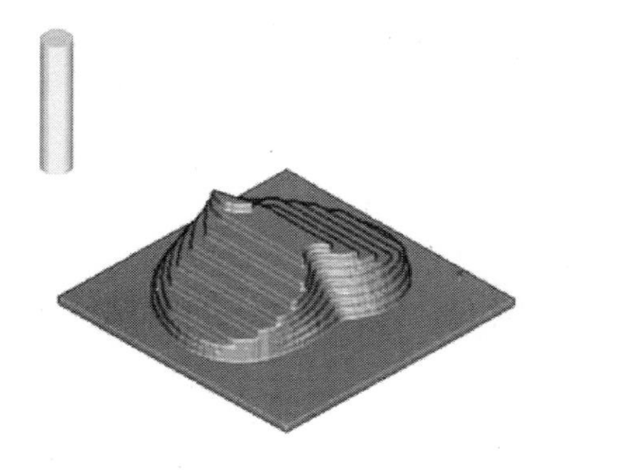

图15.59 粗加工刀具路径仿真

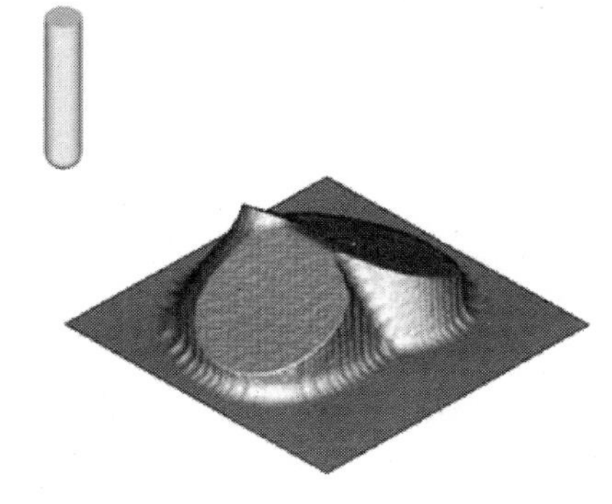

图15.60 半精加工刀具路径仿真

(7) 完成半精加工仿真后，选取并激活刀具路径fin。

(8) 单击喷色毛坯图标，于是模型被喷上蓝色。进行完精加工刀具路径仿真后，模型上仍然存在的任何蓝色区域都表示该区域未被加工到，需进行进一步加工。

(9) 单击“开始/重新开始”图标，运行精加工刀具路径仿真。

(10) 单击加工仿真视窗切换图标，重新回到 PowerMILL 标准查看视窗。

12. 产生 NC 程序

NC 程序(代码文件)是通过使用指定机床控制器(后处理器)，由刀具路径产生的。产生 NC 程序前，最好是先将刀具路径保存到项目文件中。

打开 PowerMILL 后，系统将首先产生一个空的项目文件；保存此项目时，系统将全部信息保存于一个目录中，这些信息包括刀具路径、参考线、用户坐标系、组合状态。此目录可用于保存代码文件、模型和与项目有关的其他信息。

如果退出 PowerMILL 时没有保存项目，则上述的全部信息均将丢失。因此，应每隔一段时间保存一次项目。再次保存项目时，系统将仅保存那些发生改变的部分，这样可加快处理速度。

可通过从主菜单中选取“文件”→“打开项目”选项，重新打开某一项目。

1) 将刀具路径保存到项目中(磁盘中)

(1) 选择“文件”→“保存项目”选项，弹出“保存项目”对话框，如图 15.61 所示。

(2) 在目录 D：/users/trainxx/powermill 下输入新的项目目录名称“Chamber”，把项目存入到该文件夹下；若不需要时，则可以在资源管理器中把这个文件夹删除。

(3) 单击“接受”按钮。

2) 产生 NC 程序(代码文件)

(1) 设置“选取”参数。在左端的树形管理器的 NC 程序上右击，在弹出的快捷菜单中选择“优选”选项，如图 15.62 所示。

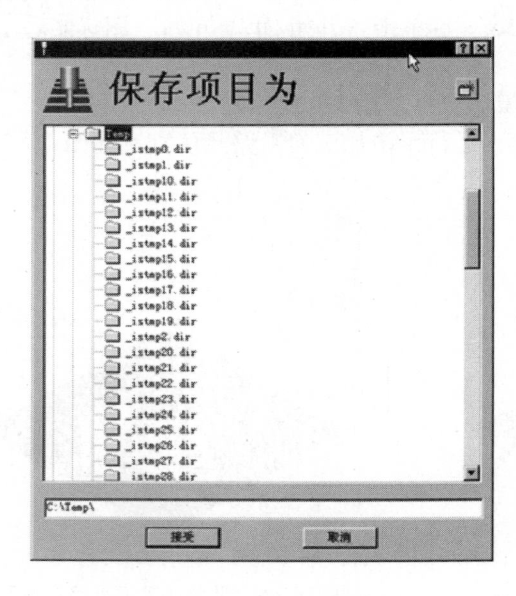

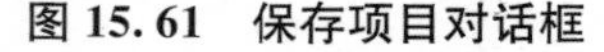

图 15.61　保存项目对话框

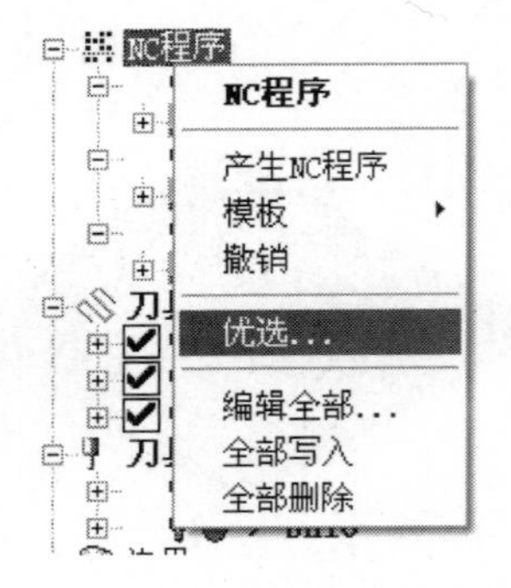

图 15.62　NC 程序选取图标

双击“Select Machine Option Filename”文件夹并选择机床控制系统，PowerMILL 支持世界上几十种控制系统，有 Fanuc、Fagor、Siem 等。选择“heid. opt”选项，如

图 15.63 所示；并且单击“Accept”(接受)按钮，设置输出目录，如图 15.64 所示。(在选取中设置机床控制系统，不需每一个 NC 程序都设置机床控制系统。)

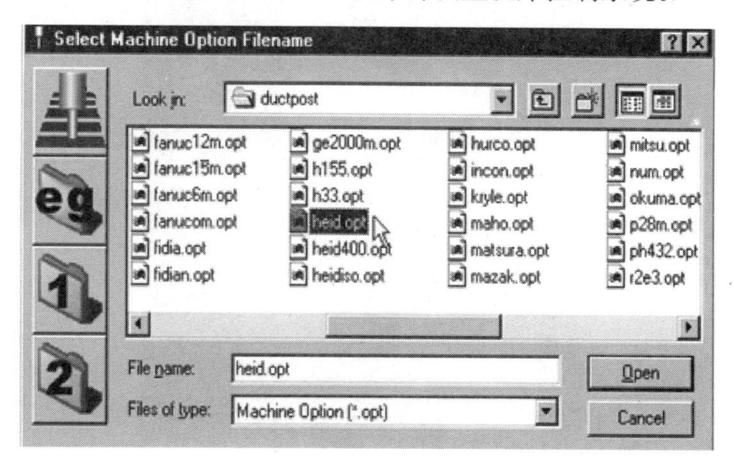

图 15.63 机床文件选项

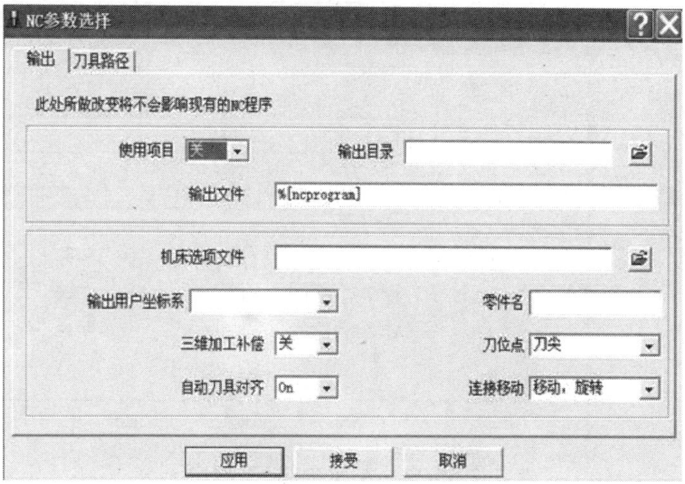

图 15.64 NC 参数设置

(2) 建立 NC 程序。在左端的树形管理器中的刀具路径上右击，在弹出的快捷菜单中选择“产生独立的 NC 程序”选项，如图 15.65 所示。在“NC 程序”图标下自动产生了 NC 程序 2，对应刀具路径 2。

产生所有的 NC 程序后，可以对它们进行“编辑全部”，修改输出文件的位置和机床选项文件等，如图 15.66 所示。

然后在 NC 程序下端的每一个程序上端右击，在弹出的快捷菜单中选择“写入”选项(图 15.67)，把程序写入到 D：/培训数据文件夹(在 NC 程序上端右击，也可在弹出的快捷菜单中选择“全部写入”选项)。

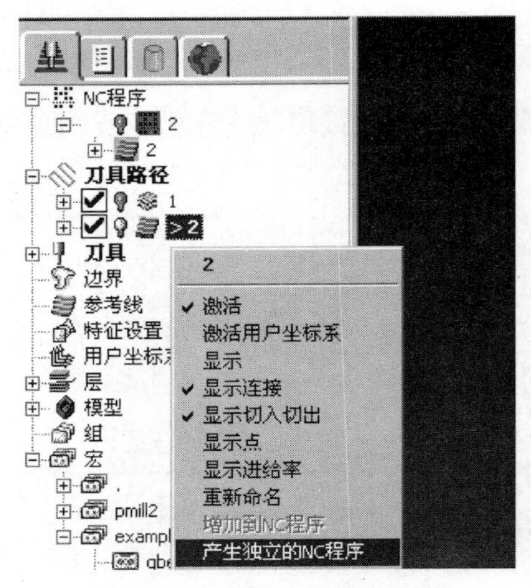

图 15.65　产生独立的 NC 程序

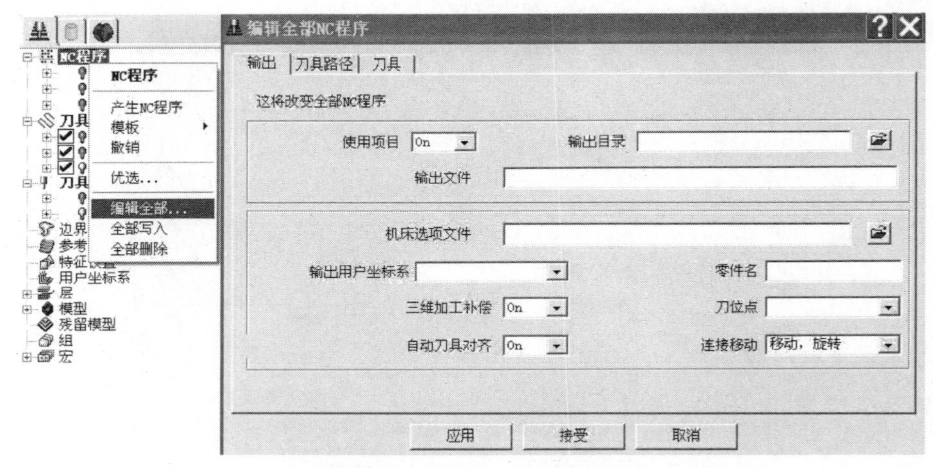

图 15.66　编辑全部 NC 程序

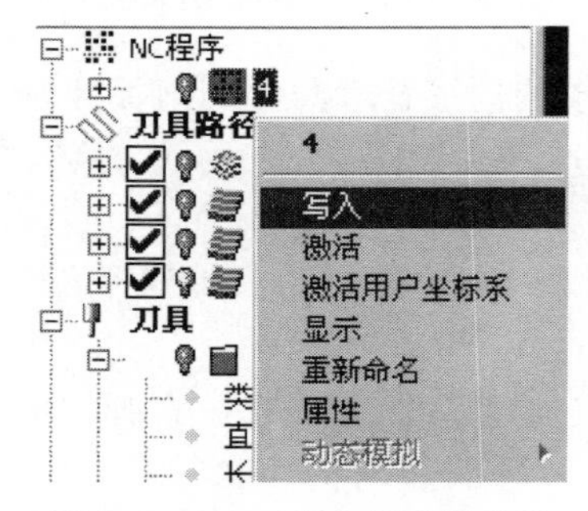

图 15.67　NC 程序的快捷菜单

习　题

1. 试述 CAD/CAM 的含义。
2. 常用的模具 CAD/CAM 软件有哪些?
3. 列举常见的塑性成形 CAE 软件并简述其优缺点。
4. 有限元仿真主要包括哪几个过程?
5. 一般有限元软件都包括哪几个模块?
6. 运用 DEFORM 模拟图 15.68 所示的圆柱体压缩过程。

1）压缩条件与参数

锤头与砧板：尺寸为 200mm×200mm×20mm，材质为 DIN－D5－1U，Cold，室温温度。

工件：材质为 DIN－CuZn40Pb2，尺寸见表 15－1，温度为 700℃。

2）上机内容与要求

(1) 运用 CAD 或 Pro/E 绘制各模具部件及工件的三维造型，以 .stl 格式输出。

(2) 设置模拟控制参数。

(3) DEFORM 前处理与运算。

(4) DEFORM 后处理，观察圆柱体压缩变形过程、载荷曲线图，通过轴对称剖分观察圆柱体内部的应力、应变分布状态。

(5) 比较方案 1、2、3、4 的模拟结果，找出圆柱体变形后的形状差别，并说明原因。

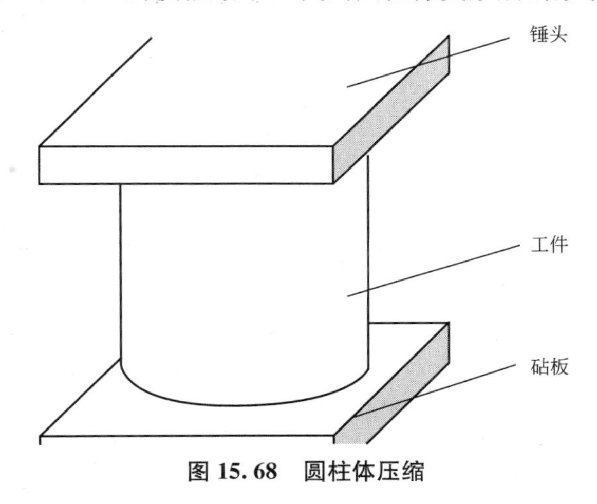

图 15.68　圆柱体压缩

表 15－1　工件尺寸及参数值

方案	圆柱体 直径/mm	圆柱体 高度/mm	摩擦系数， 滑动摩擦	锤头运动 速度/(mm/s)	压缩程序/(%)
1	100	150	0	1	30
2	100	150	0.4	1	30
3	100	250	0	1	30
4	100	250	0.4	1	30

第16章 模锻件的后续处理

锻件在模锻成形之后，还需进行许多后续工序。例如，锻件上的飞边和带孔锻件中的盲孔连皮均需切除；为了消除锻件中的残余应力，改善其组织和性能，需要对锻件进行热处理；为了消除锻件表面的氧化皮，便于检验表面缺陷和切削加工，要进行表面清理；在切边、热处理和清理过程中，如果锻件变形较大，则应进行校正；对精度要求高的锻件还应进行精压；最终还要对锻件质量进行检验。所以锻件成形之后，还需经过一系列后续工序，才能得到合格的锻件。

在上述后续工序中，切边、冲孔、校正、精压和清理的作用主要是改变锻件的外形或外观，提高锻件精度，因此后续工序又称为精整工序。

精整工序对锻件质量有很大影响，尽管模锻出来的锻件质量好，若精整工序处理不当，仍会造成废品。另外，这些工序在整个锻件生产过程中所占的时间也远比模锻成形工序的时间长，因此，精整工序的安排是否妥当，也与锻件的生产效率和成本紧密相关。

16.1 切边和冲孔

切边模(图 7.35)和冲孔模(图 7.36)主要由凸模(冲头)和凹模组成。切边时，锻件置于凹模型腔内，在凸模的推压下，锻件的飞边被凹模的刃口剪切而与锻件分离。通常情况下凸模只起传递力的作用，而凹模刃口起剪切作用。因此，切边时凹模磨损比凸模严重。冲孔时情况恰恰相反，冲孔凹模只起支承锻件的作用，而冲孔凸模起剪切作用。因此，冲孔时凸模磨损比较严重。

切边和冲孔时，凸模和凹模之间有一定的间隙，因此锻件承受着一定的弯曲力矩，往往会使锻件变形。

切边和冲孔通常在切边压力机上进行。特别大的锻件也可以采用液压机切边。

1. *确定冷、热切边的原则*

切边和冲孔分为热切、热冲和冷切、冷冲两种。热切和热冲可与模锻工序在同一火次内完成，即模锻后立即切边和冲孔。冷切和冷冲则在模锻以后集中在常温下进行。

热切和热冲所需压力比冷切、冷冲小得多，同时，锻件在热态下切边和冲孔时具有较好的塑性，不易产生裂纹。

冷切和冷冲的优点是劳动条件好，生产率高，冲切时锻件变形小，凸凹模的调整和修配比较方便。其缺点是所需设备公称压力大，锻件易产生裂纹。

因此，冷、热切边的确定原则如下：

(1) 高合金和高碳钢锻件必须在热态下切边和冲孔。

(2) 含碳量在0.45%以下的碳素钢或低合金钢锻件，当其质量小于0.5kg时，一般在冷态下切边和冲孔。

(3) 较大的锻件即使是低碳钢也应该用热切边冲孔，以减小所需设备的公称压力。

(4) 当切边和冲孔后需采用校正或弯曲工序时，应采用热切边冲孔。

(5) 铝、铜、镁等有色金属及其合金锻件均可采用冷切边，但钛合金锻件由于室温下塑性差，必须采用热切边冲孔。

(6) 锻件盲孔处连皮较厚，冲头截面又较小时应采用热冲孔。

(7) 对叉口飞边不易打磨，变形不易校正的叉形锻件，如果设备公称压力足够，最好采用冷切边。

2. 凸、凹模间隙 δ 及其调整

切边和冲孔时，凸、凹模之间必须有一定的间隙。间隙较大，不利于凸、凹模对中，容易产生偏心切边和不均匀的残余飞边；间隙过小，飞边不容易从凸模上取下，而且凸、凹模有“互啃”的危险。

切边模的凸、凹模间隙(图16.1)，可由表16-1来确定；也可按切边压力机的公称压力来确定凸、凹模之间的间隙，见表16-2。

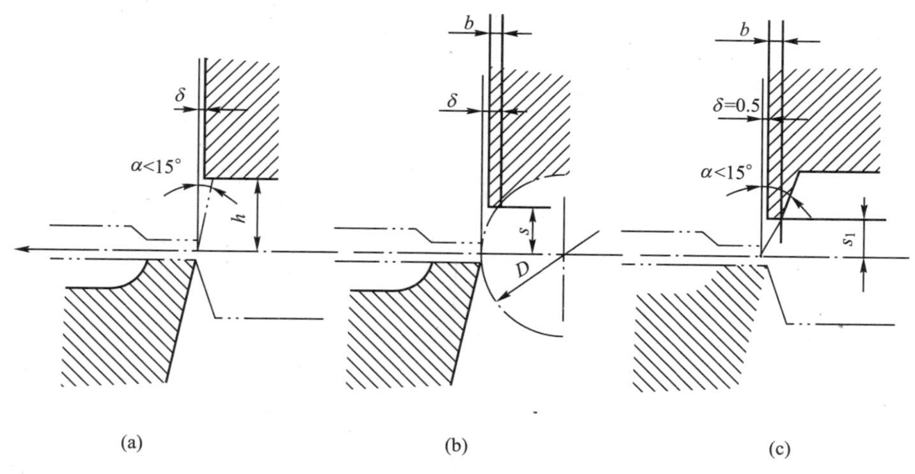

图16.1 切边凸、凹模的间隙

当锻件模锻斜度大于15°时，切边模的凸、凹模间隙 δ 不宜太大，以免切边时造成锻件边缘向上卷起，并形成较大的残留飞边；为此，凸模应按图示形式与锻件配合，并每边保持0.5mm左右的最小间隙。

切边模的性质不同，间隙 δ 也不同。当间隙 δ 较大时，凹模起切刃作用；当间隙 δ 较

小时，冲头、凹模同时起切刃作用。

表 16-1　切边凸、凹模的间隙 δ　（单位：mm）

图 16.1(a)		图 16.1(b)	
h	δ	D	δ
<10	0.5	<30	0.5
10～18	0.8	30～47	0.8
19～23	1.0	48～58	1.0
24～30	1.2	59～70	1.2
>30	1.5	>70	1.5

表 16-2　根据切边压力机公称压力确定的切边凸、凹模间隙 δ

切边压力机公称压力/kN	δ/mm	切边压力机公称压力/kN	δ/mm
1600～2500	0.5～0.8	10000	1.2～1.5
3150～5000	0.8～1.2		

对于凸、凹模同时起切刃作用的切边模，其凸、凹模间隙 δ 可按式(16-1)计算。

$$\delta=kt \tag{16-1}$$

式中，δ 为凸、凹模单边间隙(mm)；t 为切边厚度(mm)；k 为材料系数。对于钢、钛合金、硬铝，k=0.08～0.10；对于铝、镁、铜合金，k=0.04～0.06。

冲孔的凸、凹模间隙可参考表 16-3 来确定。

表 16-3　冲孔凸、凹模间隙 δ　（单位：mm）

连皮厚度 s	每边间隙为连皮厚度的百分数			
	热冲孔	冷冲孔		
		10、20 钢	20、25、35 钢	45 钢及以上
<2.5	1.8～2.0	3.5～4.0	4.0～4.5	4.5～5.0
2.5～5.0	2.0～2.5	4.0～4.5	4.0～5.5	5.0～6.0
6.0～10.0	2.5～3.0	4.5～5.5	5.5～6.5	6.0～7.0
>10.0	3.0～4.0	5.5～7.0	6.5～8.0	7.0～9.0

切边时，凹模尺寸应由锻件尺寸确定，靠改变凸模尺寸来调整凸、凹模间隙。冲孔时，所得锻件的孔径将与凸模尺寸一致，因此，应固定凸模尺寸并改变凹模尺寸来调整凸、凹模间隙。

3. 切边模

切边模一般由切边凹模、切边冲头、模座、卸飞边装置等零件组成。

1）切边凹模的结构及尺寸

切边凹模有整体式和组合式两种，如图 16.2 所示。整体式凹模适用于中小型锻件，特别是形状简单、对称的锻件。组合式凹模由两块以上的分块凹模组成，制造比较容易，热处理时不易淬裂，变形小，便于修磨、调整、更换，多用于大型或形状复杂的锻件。组合式切边凹模刃口磨损后，可将各分块接触面磨去一层，修整刃口恢复使用。对于受力受热条件差，最易磨损的部位应单独分为一块，便于调整、修模、更新。

切边凹模的刃口用来剪切锻件飞边，应制成锐边。刃口的轮廓线按锻件图在分模面上的轮廓线制造，若为热切边则按热锻件图制造，若为冷切边则按冷锻件制作。如果凹模刃口与锻件配合过紧，则锻件放入凹模困难，切边时锻件上的一部分敷料会连同飞边一起切掉，引起锻件变形或产生飞边，影响锻件品质。若凹模与锻件之间空隙太大，则切边后锻件上有较大的残留飞边，增加打磨飞边的工作量。

切边凹模落料口有三种形式，如图16.3所示。图16.3(a)所示的形式为直刃口，当刃口磨损后，将顶面磨去一层，即可达到锋利，并且刃口轮廓尺寸保持不变；直刃口切边凹模维修虽方便，但切边力较大，一般用于整体式凹模。如图16.3(b)的形式为斜刃口，切边省力，但易磨损，主要用于组合式凹模；刃口磨损后，轮廓尺寸扩大，可将分块凹模的接合面磨去一层，重新调整，或用堆焊方法修补。图16.3(c)所示的切边凹模，其凹模体用铸钢浇注而成，刃口则用模具钢堆焊，可大为降低模具成本。

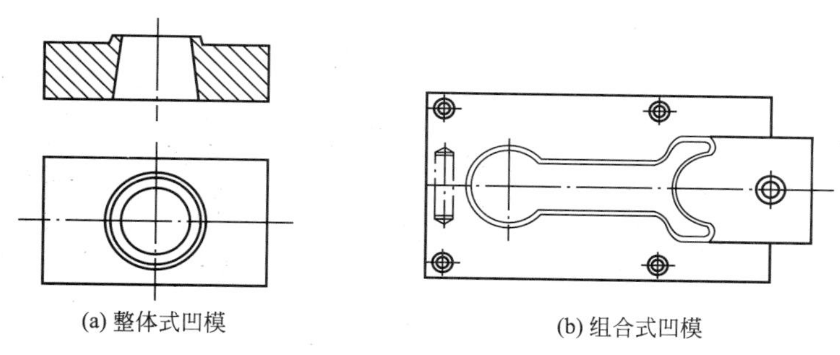

(a) 整体式凹模　　(b) 组合式凹模

图16.2　切边凹模形式

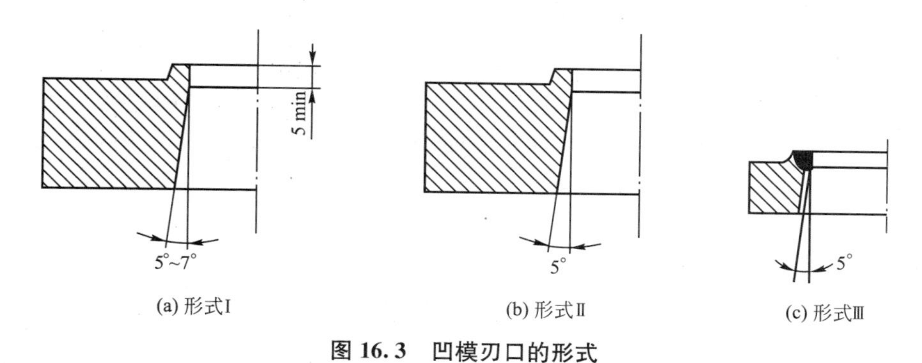

(a) 形式Ⅰ　　(b) 形式Ⅱ　　(c) 形式Ⅲ

图16.3　凹模刃口的形式

为了使锻件平稳地放在切边凹模上，刃口顶面应做成凸台形式。切边凹模的结构如图16.4所示。

图16.4中，B_{min}为最小壁厚，H_{min}为凹模许可的最小高度，E应小于终锻模膛前端至钳口的距离，b为飞边槽桥部宽度，图中L'与b存在如下关系

$$L'=b-(1\sim2)\text{或}L'=b\quad(\text{mm})$$

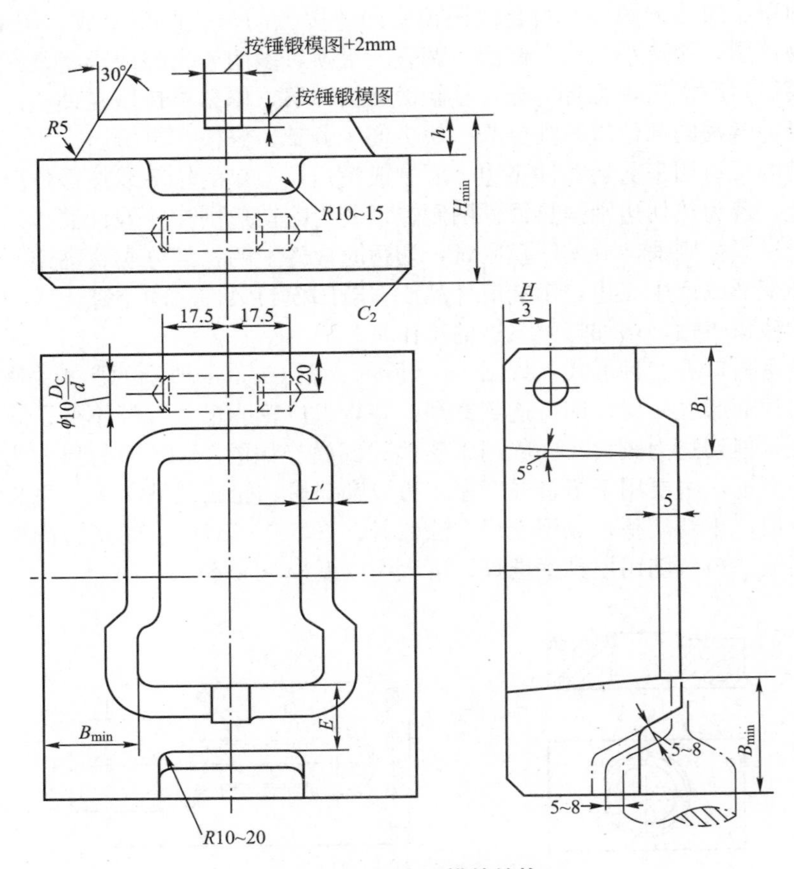

图 16.4 切边凹模的结构

切边凹模多用楔或螺钉紧固在凹模底座上。用楔紧固较简单、牢固，用于整体凹模或由对称的两块组成的凹模。螺钉紧固的方法多用于三块以上的组合凹模，便于调整刃口的位置。

带导柱导套的切边模，凹模均采用螺钉固定，以便调整冲头、凹模之间的间隙。

轮廓为圆形的小型锻件，也可用压板固定切边凹模。冲头与凹模之间的间隙靠移动模座来调整。

2）切边冲头的设计及固定方法

切边冲头起传递压力的作用，所以它与锻件需有一定的接触面积(推压面)，而且形状要吻合，不均匀的接触或推压面太小，切边时锻件因局部受压而发生弯曲、扭曲和表面压伤等缺陷，影响锻件品质，甚至造成废品。此外，为了避免啃坏锻件的过渡断面处，应在该处留出空隙Δ，如图 16.5 所示。

为了便于冲头加工，冲头并不需要与锻件所有的接触面接触，可作适当简化。也可将锻件形状简单的一面作为切边时的承压面，如图 16.6 所示。

切边时，冲头一般进入凹模内，冲头、凹模之间应有适当的间隙 δ。δ 靠减小冲头轮廓尺寸保证。

为了便于模具调整，沿整个轮廓线间隙应按最小值取成一致。冲头下端不可有锐边

(锐边在淬火时易崩裂，操作时易伤人，易弯卷变形)，应从 s 和 s_1 高度处削平，s 及 s_1 的大小可用作图法确定。冲头下端削平后的宽度 b：对于小型锻件，b 取 1.5～2.5mm；对于中型锻件，b 取 2～3mm；对于大型锻件，b 取 3～5mm。

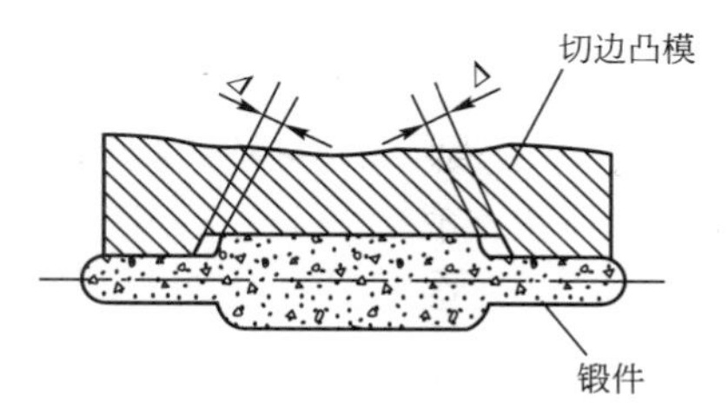

图 16.5 切边冲头与锻件间的空隙

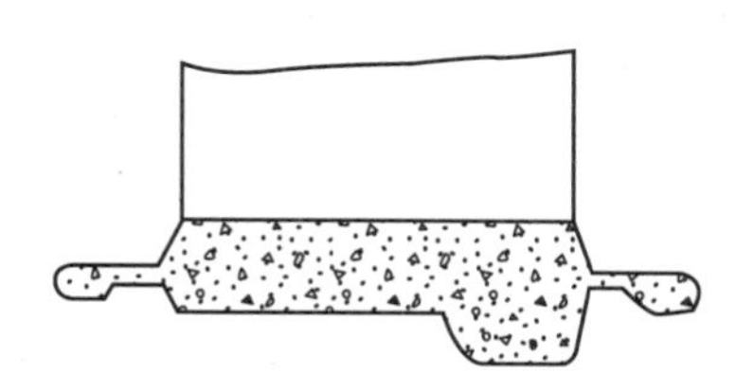

图 16.6 锻件承压面的选取

冲头直接紧固在压力机滑块上的方式有三种，如图 16.7 所示。图 16.7(a)所示是用楔将冲头燕尾直接紧固在压力机的滑块上，前后用中心键定位。图 16.7(b)所示是利用压力机上的紧固装置直接将冲头尾柄紧固在滑块上，其特点是夹持方便、紧固程度尚可，适用于紧固中小型锻件的切边冲头。对于特别大的锻件，可用压板、螺栓将冲头直接紧固在压力机的滑块上，如图 16.7(c)所示；这种方式紧固冲头夹持牢固，适用于紧固大型锻件的切边冲头。

中、小型锻件的切边冲头也常用键槽和螺钉或燕尾和楔固定在模座上，再将模座固定在压力机的滑块上，这样可减小冲头的高度，节省模具钢。

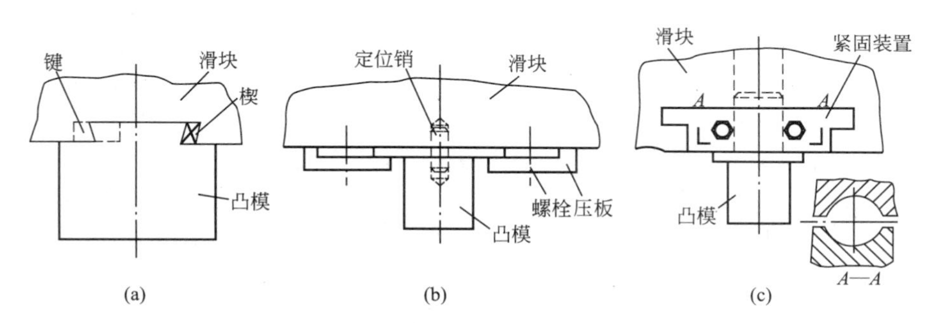

图 16.7 冲头与滑块的紧固方式

3) 模具闭合高度

切边过程结束时，上、下模具的高度称为模具闭合高度 H_b。它与切边压力机的闭合高度有关，应满足

$$H_{最小}-H_{垫}+(15\sim20)\leqslant H_b\leqslant H_{最大}-H_{垫}-(15\sim20)$$

式中，$H_{最小}$ 为压力机最小闭合高度(mm)；$H_{最大}$ 为压力机最大闭合高度(mm)；$H_{垫}$ 为垫板厚度(mm)。

4) 卸飞边装置

当冲头、凹模之间的间隙较小，切边时又需冲头进入凹模时，切边后飞边常常卡在冲头上不易卸除。所以当冷切边的间隙 δ 小于 0.5mm、热切边的间隙 δ 小于 1.0mm 时，要在切边模上设置卸飞边装置。

卸飞边装置分为刚性卸飞边装置和弹性卸飞边装置（图 16.8）两种。

刚性卸飞边装置是常用的卸飞边结构，适用于中、小锻件的冷、热切边。适用于大、中锻件的冷、热切边的爪形卸飞边装置，其结构简单，应用较多。

当高的锻件切飞边时，采用装设于支承管上的刚性刮板将会使冲头过长。为了减小冲头的长度可不使用支承管，将刮板装在弹簧上(图 16.8)。在压力机工作行程中，冲头肩部压下刮板。使用这种结构时，可使冲头的高度减小，其减小值与弹簧的压缩值相同；在工作行程终端，当刮板在最低位置时，刮板与凹模的距离要大于飞边的厚度。

小型锻件在冷切边时，可以采用橡皮圈刮板。此种刮板由一个或数个厚橡皮圈组成。橡皮圈的外形可以是任何形状，内孔与切边模模口同样大小。

若模锻件是圆形锻件，其直径尺寸为 26～300mm，则在切除飞边时，可以不采用弹性或刚性卸飞边装置，只需在该冲头上加工出一个偏心槽，如图 16.9 所示。在切飞边的过程中，切去的废料会自动从圆柱体凸模刃口上方的偏心槽掉下。

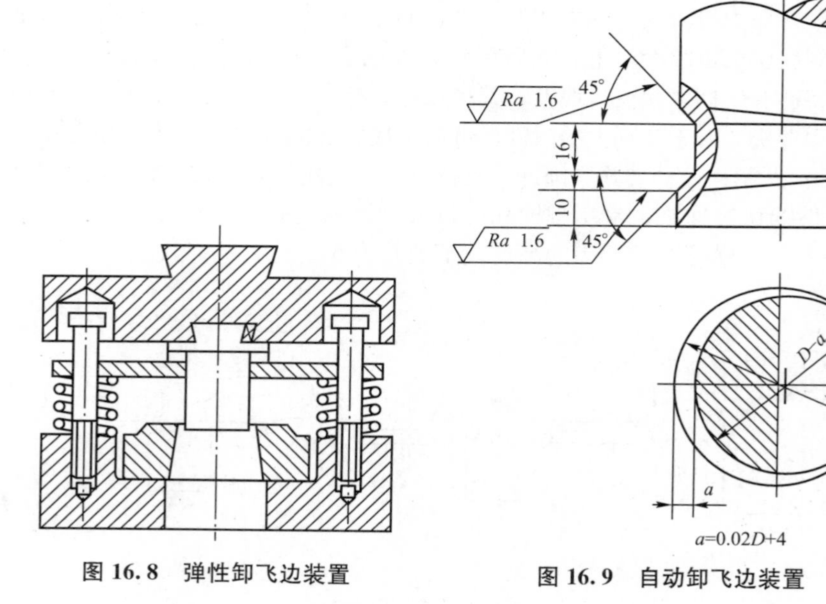

图 16.8　弹性卸飞边装置

图 16.9　自动卸飞边装置

5）切边压力中心

要使切边模合理工作，应使切边时金属抗剪切的合力点(即切边压力中心)与滑块的压力中心重合，否则模具容易错移，导致间隙不均匀、刃口钝化、导向机构磨损，甚至模具损坏。因此，确定切边压力中心对正确设计切边模来说非常重要。

4. 冲孔模和切边冲孔复合模

1）冲孔模

单独冲除孔内连皮时，可将锻件放在冲孔凹模内，靠冲孔冲头端面的刃口将连皮冲掉，如图 16.10 所示。冲头刃口部分的尺寸按锻件冲孔尺寸确定。冲头、凹模之间的间隙靠扩大凹模孔尺寸保证。

冲孔凹模起支承锻件作用，锻件以凹模的型腔定位，其垂直方向的尺寸按锻件上相应部分的公称尺寸确定，但凹模型腔的最大深度不必超过锻件的高度。形状对称的锻件，凹模型腔的深度可比锻件相应高度的 1/2 再小一点。凹模型腔水平方向的尺寸，在定位部分

（如图16.11中的C尺寸）的侧面与锻件间应有间隙Δ，其值为$\frac{e}{2}+(0.3\sim0.5)$（式中e为锻件在该处的正偏差）。在非定位部分（如图16.11中的B尺寸），间隙Δ_1可比Δ大一些，取$\Delta_1=\Delta+0.5$，该处制造精度也可低一些。

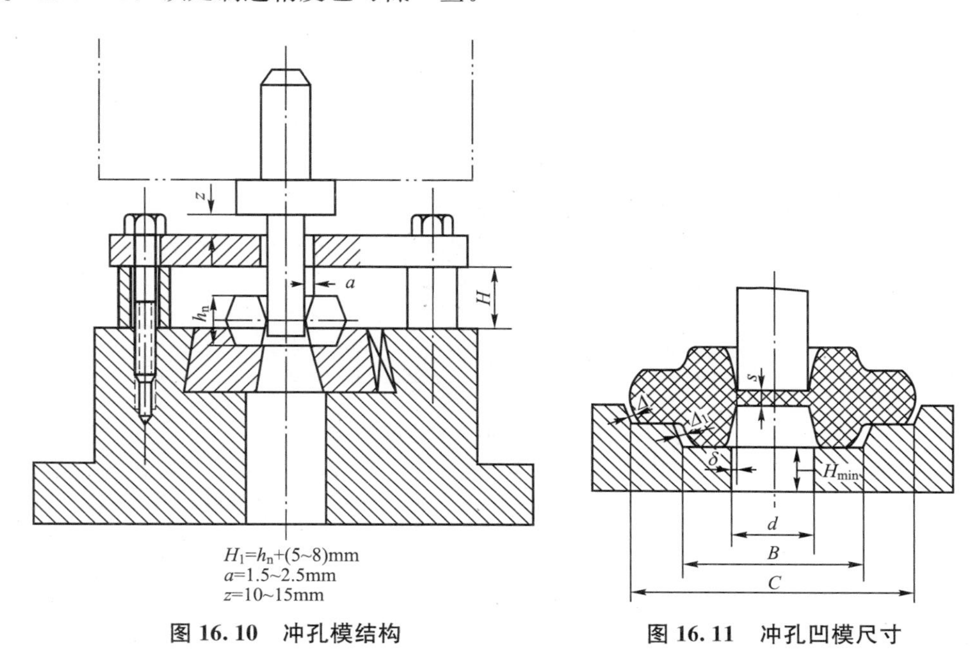

图16.10　冲孔模结构

图16.11　冲孔凹模尺寸

锻件底面应全部支承在凹模上，故凹模孔径d在保证连皮能落下的情况下应稍小于锻件底面内孔的直径。凹模孔的最小高度H_{min}应不小于$s+15$（式中s为连皮厚度）。

2）切边冲孔复合模

切边冲孔复合模的结构如图16.12所示。当压力机滑块处于上死点时，拉杆5通过其头部将托架6托住，使横梁15及顶件器12处于最高位置。将锻件置于顶件器上。当滑块下行时，拉杆5与凸模7同时向下移动，托架、横梁、顶件器及其上的锻件靠自重也向下移动。当锻件与凹模9的刃口接触后，顶件器仍继续下移，与锻件脱离，直到横梁15与下模板16接触。此后，拉杆继续下移，在到达下死点前，冲头与锻件接触并推压锻件，将飞边切除，进而锻件内孔连皮与冲头13接触进行冲孔，锻件便落在顶件器上。

滑块向上移动时，冲头与拉杆同时上移，当拉杆上移一段距离后，其头部又与托架接触，然后带动托架、横梁与顶件器一起上移，将锻件顶出凹模。

在生产批量不大的情况下，可采用简易切边、冲孔复合模。它是在一般的切边模上增加一个活动的冲子，用来冲除内孔的连皮的。

5. 切边或冲孔力的计算

切边或冲孔力数值可按式(16-2)计算。

$$P=\tau\times F \tag{16-2}$$

式中，P为切边或冲孔力(N)；τ为材料的剪切强度，通常取$\tau=0.8\sigma_b$，σ_b为金属在切边或冲孔温度下的强度极限(MPa)；F为剪切面积，$F=L\times Z$（L为锻件分型面的周长，Z

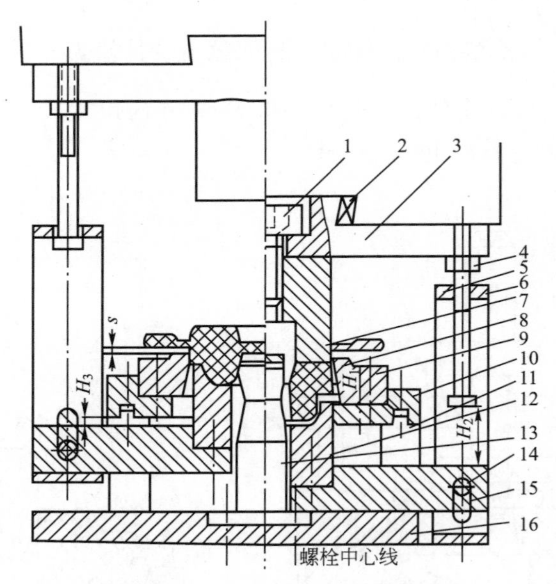

图 16.12　切边、冲孔复合模的结构

1、14—螺栓；2—楔；3—上模板；4—螺母；5—拉杆；6—托架；7—凸模；
8—锻件；9—凹模；10—垫板；11—支承板；12—顶件器；
13—冲头；15—横梁；16—下模板

为剪切厚度，$Z=2.5\times t+B$，t 为飞边桥部或连皮厚度，B 为锻件高度方向的正偏差）。

整理式(16-2)，可得

$$P=0.8\sigma_b\times L\times(2.5t+B) \tag{16-3}$$

考虑切边或冲孔的锻件发生弯曲、拉深、刃口变钝等现象，实际的切边力比式(16-3)计算所得要大得多，所以建议按式(16-4)计算。

$$P=1.6\sigma_b\times L\times(2.5t-B) \tag{16-4}$$

16.2　锻件的校正和精压

有些锻件，如细长轴类锻件、带薄法兰盘的锻件和其他形状复杂或要求严格的锻件，在模锻、切边、冲孔、热处理等生产工序或运输过程中，由于冷却不均、局部受力、碰撞等原因，很容易产生弯曲、扭转和翘曲等变形。如果锻件的这种变形超过锻件图技术条件所允许的范围，锻件就要报废。校正就是将这种变形校正过来，使锻件的形状和尺寸符合锻件图的要求。

校正可以在校正模内进行，也可以不用模具。例如，对某些长轴类锻件的校正，有时是直接将锻件放在液压机工作台上的两块V形铁上，用压头对弯曲部分加压进行校直。但一般锻件的校正大都是在校正模内进行的。在模具内校正时，还可以减小锻件高度方向的尺寸，改善欠压造成的尺寸超差现象。

精压是对已成形的锻件或粗加工的毛坯进一步改善其局部或全部表面粗糙度和尺寸精度的一种锻造方法。

1. 锻件的校正

1）热校正与冷校正

校正分为热校正和冷校正。

热校正通常与模锻同一火次，在切边和冲孔后进行，主要是校正切边和冲孔时产生的变形。热校正可在模锻锤的终锻模膛中进行，也可以在切边压力机的切边—校正或冲孔—校正复合模具中进行，还可以安排专门的校正设备来完成。热校正一般用于大型锻件、高合金钢锻件和容易在切边、冲孔时变形的复杂锻件。

冷校正作为模锻的最后工序，一般安排在热处理和清理工序之后进行。冷校正主要在摩擦压力机、曲柄压力机或模锻锤的校正模中完成，常用于结构钢的中小型锻件和容易在冷切边、冷冲孔、热处理及滚筒清理过程中产生变形的锻件。为了提高锻件塑性，防止产生裂纹，冷校正前锻件通常需进行退火或正火处理。

2）校正模型腔的设计

校正模型腔是根据锻件图设计的，应注意冷、热校正模一般不能通用。由于校正的主要目的在于校正变形，所以校正模没有必要与终锻模型腔完全一样。无论冷校正模还是热校正模，都应力求模膛形状简化、定位可靠、操作方便、制造简单。

图16.13所示为简化校正模型腔的几个典型例子。

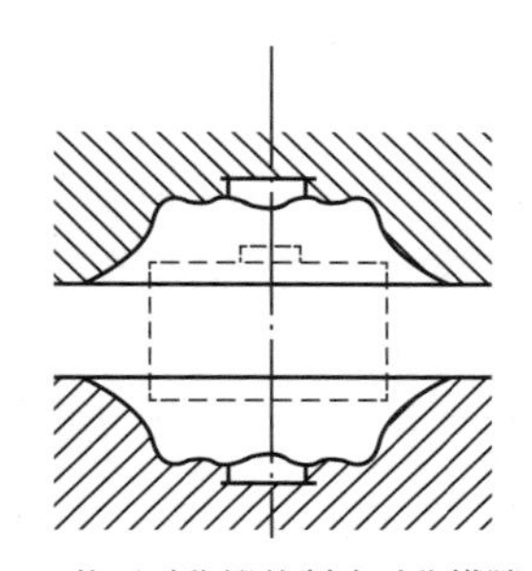

(a) 将不对称锻件制成对称模膛

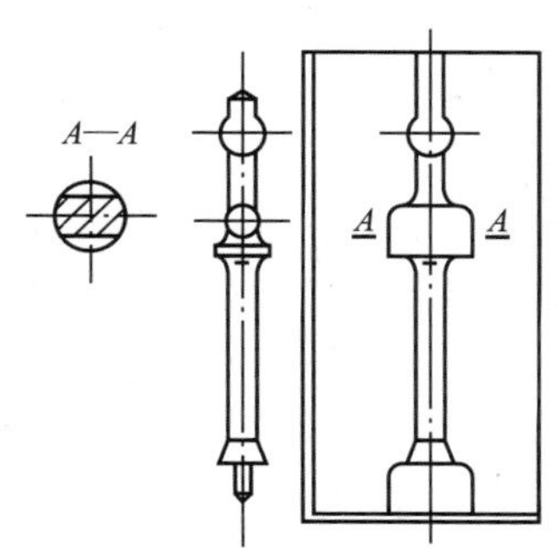

(b) 将锻件局部复杂的形状制成较简单的形状

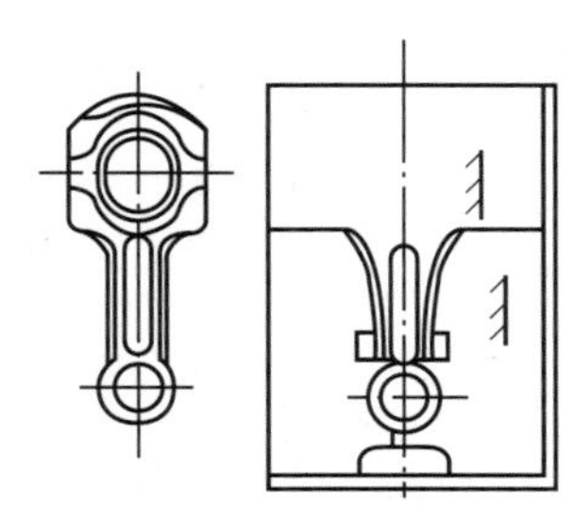

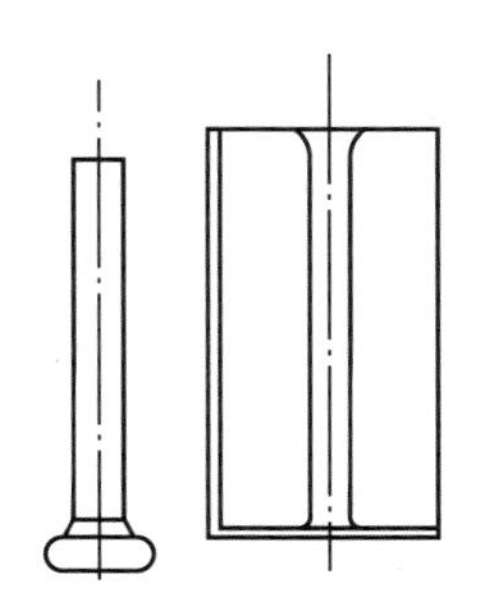

(c) 将形状复杂的连杆锻件大头部分制成敞开的两个平行平面　(d) 长轴类锻件只制出杆部的校正模膛

图16.13　简化校正模型腔形状的实例

曲轴、凸轮轴之类的复杂形状锻件，往往需从两个方向(互成90°)在两个模膛内进行校正。

校正模型腔设计的特点如下：

(1) 由于锻件在切边后可能留有飞边，以及锻件在高度方向欠压，校正后锻件水平方向尺寸有所增大。为便于取放锻件，校正模膛水平方向与锻件侧面之间要留有空隙，空隙的大小约为锻件水平方向尺寸正偏差的1/2。

(2) 模膛沿分模面的边缘应做成的圆角。

(3) 对于小锻件，在锻锤或螺旋压力机上校正时，校正模的模膛高度应等于锻件的高度；对于大、中型锻件，因欠压量较多，校正模模膛的高度可比锻件高度小，其高度差之值与锻件高度尺寸的负偏差值相等。例如，在曲柄压力机上校正时，在上、下模之间(即分模面上)应留有1～2mm的间隙，防止卡死。

(4) 校正模应有足够的承击面面积。当用螺旋压力机校正时，校正模的承击面面积为0.1～0.13cm^2/kN。

2. 锻件的精压

1) 精压的优点

锻件的精压是提高锻件精度和表面质量的一种锻造方法。

精压有如下优点：

(1) 精压可提高锻件的尺寸精度、减小表面粗糙度。

钢锻件经过精压，其尺寸精度可达±0.1mm，表面粗糙度可低至Ra2.5μm以下；有色金属锻件经过精压后，其尺寸精度可达±0.05mm，表面粗糙度可达Ra0.63～1.25μm。

(2) 精压可全部或部分代替零件的机械加工，节省机械加工工时、提高生产率、降低成本。

(3) 精压可减小或免除机械加工余量，使锻件尺寸缩小，降低了原材料消耗。

(4) 精压使锻件表面变形强化，提高零件的耐磨性和使用寿命。

2) 精压的分类

根据金属的流动特点，可将精压分为平面精压和体积精压两类，见表16-4。

表16-4 精压的分类

分类	图　例	变形特点	设　备	备注
平面精压	上模座 上平板 下平板 下模座	在两精压平板之间，对锻件上的一对或数对平行平面加压，使变形部分获得较高的尺寸精度和较低的表面粗糙度值。精压时金属在水平方向自由流动	一般在精压机上进行；也可在曲柄压力机或油压机上进行；如设计限制行程的模具，也可在螺旋压力机上进行	① 几何公差要求高的零件，不宜采用； ② 对于数对平面精压时易引起杆部或腹板弯曲变形的零件，在设计工艺过程和模具时，应采用分头精压、减小精压余量或在模具中增加防弯曲装置等措施

（续）

分类	图　例	变形特点	设　备	备注
体积精压		将模锻件放入精压模膛内精压，使其整个表面都受压而发生少量变形，多余金属挤压出模膛，在分型面上形成飞边。经体积精压后，锻件所有尺寸精度都得到提高，但变形抗力较大	一般在精压机上进行；也可在曲柄压力机或油压机上进行；如设计限制行程的模具，也可在螺旋压力机上进行。除精压机外，用其他锻压设备进行体积精压时，为克服弹性变形对高度尺寸的影响，可采用精密垫板微调	大多在热态或半热态下进行，但也可在冷态下进行。冷态精压多用于有色合金或钢精密模锻后的冷精整工序

3）精压件平面的凸起

平面精压后，精压件平面中心有凸起现象，如图16.14所示。单面凸起的高度f[$f=(H_{max}-H_{min})/2$] 可达0.13～0.5mm，对精压件尺寸精度影响很大。

凸起产生的原因：由于精压时金属受接触摩擦影响，引起精压面上的应力按图16.15所示分布，从而使精压模和锻件产生了不均匀的弹性变形。

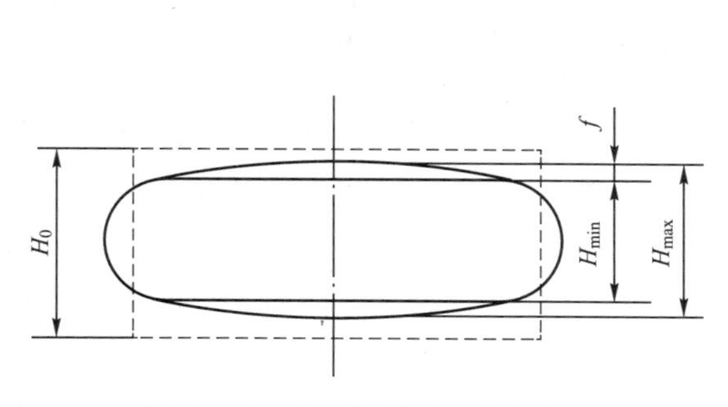

图16.14　平面精压时工件的变形

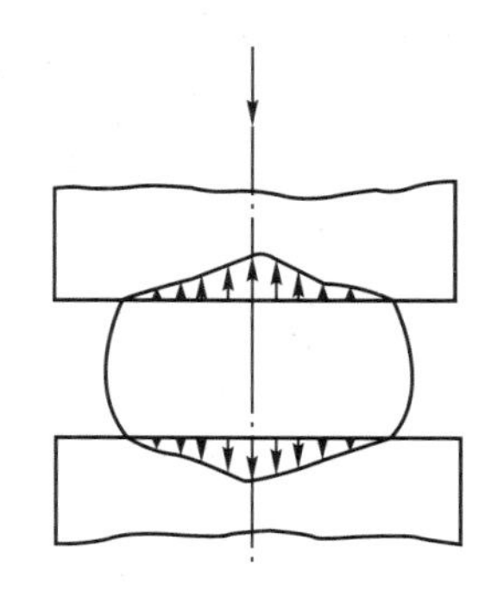

图16.15　精压面上的应力分布

为减小平面凸起，可采取以下措施：

（1）冷精压前先热精压一次，减小冷精压余量。

（2）多次精压。

（3）减小精压平板的表面粗糙度值，采用良好的平板润滑措施。

（4）减小精压面的受压面积，使精压面的应力分布趋于均匀。如对中间有机械加工孔或凹槽的精压面，可在模锻时将孔或凹槽压出。

（5）选用淬硬性高的材料做精压平板。

4）精压余量

（1）平面精压余量。平面精压余量可参照表16-5选用。

表 16-5 平面精压的双面余量 （单位：mm）

精压面积/cm^2	d/h（d 为精压平面直径，h 为精压平面高度）								
	＜2			2～4			4～8		
	毛坯精度级别								
	高精度	普通精度	热精压	高精度	普通精度	热精压	高精度	普通精度	热精压
＜10	0.25	0.35	0.35	0.20	0.30	0.30	0.15	0.25	0.25
10～16	0.30	0.45	0.45	0.25	0.35	0.35	0.20	0.30	0.30
17～25	0.35	0.50	0.50	0.30	0.45	0.45	0.25	0.35	0.45
26～40	0.40	0.60	0.60	0.35	0.50	0.50	0.30	0.45	0.50
41～80	—	0.70	0.70	—	0.60	0.60	—	0.50	0.60
81～160	—	—	0.80	—	—	0.70	—	—	0.70
161～320	—	—	0.90	—	—	0.80	—	—	0.80

（2）体积精压余量。体积精压余量原则上可参照平面精压余量确定。

在冷精压情况下，一般可在终锻模膛的高度方向留 0.3～0.5mm 的精压余量，终锻模膛的水平尺寸要比体积精压模膛稍小。

在热精压情况下，终锻模膛高度方向留的精压余量一般为 0.4～0.6mm，或更大；而终锻模膛的水平尺寸则可取和精压模膛的一样。有时还可利用精锻模，使锻件在模锻时欠压一定的数值来作为精压余量。

为了使锻件的精压余量不至于太大，锻件的高度尺寸公差应予以限制，通常将需要精压的锻件精度比普通锻件提高一级。

5）精压力的计算

精压力 P 可按式(16-5)计算。

$$P = p \times A \tag{16-5}$$

式中，P 为精压力(N)；p 为平均单位压力(N/cm^2)，按表 16-6 选取；A 为锻件精压时的投影面积(cm^2)。

表 16-6 各种金属精压时的平均单位压力 p （单位：MPa）

材 料	单位压力 p	
	平面精压	体积精压
LY11、LD5 等铝合金	1000～1200	1400～1700
10CrA、15CrA、13Ni2A	1300～1600	1800～2200
25CrNi3A、12CrNi3A、12Cr2Ni4A、21Ni5A	1800～2200	2500～3000
13CrNiWA、18CrNiWA、38CrA、40CrVA	1800～2200	2500～3000
35CrMnSiA、45CrMnSiA、30CrMnSiA、37CrNi3A	2500～3000	3000～4000

（续）

材　料	单位压力 p	
	平面精压	体积精压
38CrMoAlA、40CrNiMoA	2500～3000	3000～4000
铜、金、银	—	1400～2000

注：热精压时，可取表中数值的30%～50%；曲面精压时，可取平面精压与体积精压的平均值。

16.3 锻件的清理

为了提高锻件的表面质量，改善锻件的切削加工条件，锻件需要进行表面清理，消除在生产过程中形成的氧化皮和残余飞边等缺陷。表面清理还可以为精压和精密模锻提供合格的坯料。另外，清理后的锻件便于检查其表面质量，能及时发现折叠、发裂等缺陷。

1. 模锻前加热坯料氧化皮的清理

模锻前清理加热后坯料氧化皮的方法有用钢丝刷、刮板、刮轮等工具清除，高压水清理和锤上模锻的制坯工步清理三种方法。

1）高压水清理

用高压水清理是将加热好的坯料，以0.2～0.5m/s的速度迅速通过高压水喷射装置，让15～20MPa的高压水从四周向坯料喷射，坯料表层的氧化皮遇冷急剧收缩而裂开，立即被高压水冲走。由于坯料受高压水喷射的时间很短，坯料本身尚来不及冷却，温度下降很少。

高压水适用于清理断面尺寸较大的热坯料。

这种方法效率高、清理效果好，但需建造高压水泵站，投资费用大。

2）制坯工步清理

在锤上模锻时，制坯工步可清除坯料上的一部分氧化皮。要注意及时用压缩空气将击落的氧化皮吹掉，以免落入锻模模膛中。大型模锻件在锻模中应先轻击，再移开坯料，用压缩空气将锻模中的氧化皮吹干净，然后进行重击模锻。

为了使氧化皮容易在变形工序中脱落，热坯料出炉后，可先在冷水中浸沾2.0～3.0s，使氧化皮骤冷破裂和变脆。

2. 模锻后锻件氧化皮的清理

对于模锻后或热处理后的锻件上的氧化皮，生产中广泛采用滚筒清理、喷丸或喷砂清理、抛丸清理和酸洗清理等清理方法。

1）滚筒清理

锻件在旋转的滚筒中，靠相互碰撞或研磨来清除表面的氧化皮和飞边。这种清理方法使用的设备简单，操作方便，但噪声较大。该清理方法适用于能承受一定撞击而不易变形的中小型锻件。

滚筒清理分为无磨料滚筒清理和有磨料滚筒清理两种。前者不加入磨料，有时可加入直径为10～30mm的钢球或三角铁，主要靠碰撞清除氧化皮；后者要加入石英石、废砂轮碎块等磨料和碳酸钠、肥皂水等添加剂，主要靠研磨进行清理。

2）喷砂或喷丸清理

喷砂或喷丸都以压缩空气为动力，其压缩空气的工作压力分别为0.2～0.3MPa和0.5～0.6MPa。

喷砂是将粒度为1.5～2.0mm的石英砂(对有色金属用0.8～1.0 mm的石英砂)通过喷嘴喷射到锻件上，用以打掉氧化皮。这种方法对各种结构形状和重要的锻件都适用，但是清理灰尘大、生产率低、费用高、劳动条件差，多用于有特殊要求或特殊材料的锻件，如不锈钢、钛合金锻件等。

喷丸清理时使用的是粒度为0.8～2.0mm的钢丸，工作环境比较干净，但生产率也较低。

3）抛丸清理

抛丸清理是靠高速转动的叶轮的离心力，把钢丸抛射到锻件上以除去氧化皮。钢丸用含碳0.5%～0.7%、直径为0.8～2.0mm的钢丝切断制成，切断长度一般等于钢丝直径，淬火后硬度为HRC 60～64。对于有色金属，则采用含铁量为5%的铝丸，粒度也为0.8～2.0mm。抛丸清理的生产率高，一般比喷砂高1～3倍，清理质量也较高；但噪声大，在锻件表面可能打出印痕。

喷丸和抛丸清理过程中，钢丸在击落氧化皮的同时，也使工件表面层产生加工硬化。对于经过淬火或调质处理的锻件，或使用大粒度钢丸时，加工硬化现象尤其显著，硬化层可深达0.3～0.5mm，硬度可提高30%～40%。喷砂或使用小粒度钢丸时，由于石英砂、钢丸动量小，加工硬化程度较弱，可以不予考虑。

喷砂、喷丸和抛丸清理后的锻件，表面裂纹等缺陷可能被掩盖，容易造成漏检。因此，对于一些重要的锻件，应采用磁性探伤或荧光检查等方法来检查工件的表面的缺陷。

4）酸洗清理

酸洗清理的生产率高，可以用于各种类型的锻件和坯料。它主要的工艺特点是可以将锻件的深孔、凹槽等难清理部位的氧化皮清除干净，清理后锻件的局部表面缺陷显露清晰，便于检查。因此，酸洗清理广泛用于结构形状复杂、容易变形和重要的锻件。

碳素钢和合金钢锻件使用的酸洗溶液是硫酸和盐酸。

在硫酸酸洗过程中，进行得最快的是硫酸与基本金属铁和氧化皮内层铁粒子的化学反应，其反应式为

$$Fe+H_2SO_4 \rightarrow FeSO_4+H_2\uparrow$$

其次是硫酸和氧化皮内层的氧化亚铁的化学反应，其反应式为

$$FeO+H_2SO_4 \rightarrow FeSO_4+H_2O$$

这些反应生成氢和易溶的硫酸亚铁($FeSO_4$)，使氧化皮从基体金属上剥落。为了防止氢原子或氢离子扩散到金属中导致锻件产生氢脆，并防止氢气从酸液中逸出形成酸雾而污染空气，在硫酸溶液中应添加适量的附加剂，如NaCl、Lan－826多用酸洗缓蚀剂等，以减缓其反应速度。

盐酸酸洗和硫酸酸洗不同，氧化皮的清除主要靠氧化皮本身在盐酸溶液中溶解。盐酸酸洗过程中的化学反应，按其反应速度的快慢依次为

$$Fe_3O_4+8HCl \rightarrow 2FeCl_3+FeCl+4H_2O$$

$$Fe_2O_3 + 6HCl \rightarrow 2FeCl_3 + 3H_2O$$

$$FeO + 2HCl \rightarrow FeCl + H_2O$$

$$Fe + 2HCl \rightarrow FeCl + H_2 \uparrow$$

$$2FeCl_3 + H_2 \rightarrow 2FeCl_2 + 2HCl$$

基体金属与盐酸的反应相对于氧化皮的溶解是比较慢的。在使用 Lan－826 缓蚀剂等附加剂后还可以显著减慢基体金属与盐酸的反应速度，氢的生成量和扩散渗入量也随之显著减少。因此，盐酸酸洗一般不会产生氢脆，酸洗后的锻件表面质量也比硫酸酸洗的好。但是，硫酸价格便宜、储运方便，废酸和酸洗生成物(硫酸亚铁)回收用途较广。因此，生产中多采用硫酸酸洗，只有在锻件有特殊技术要求(如某些对氢脆敏感的高强度合金钢酸洗)时，才用盐酸酸洗。

高合金钢和有色金属需要使用多种酸的混合溶液进行酸洗，有时还要使用酸碱复合酸洗。

酸洗后工件表面附着有酸和亚铁盐，硫酸亚铁很容易在空气中氧化为不易被水洗掉的硫酸铁，因此酸洗后应立即进行水洗。水洗可用冷水，也可以在 60～90℃的热水中洗 3.0～5.0min；水洗之后应将锻件在中和液中浸洗 4.0～5.0min，以清除表面的残留硫酸；然后用水洗后取出晾干。

酸洗后的锻件表面比较粗糙，呈灰黑色。有时为了提高锻件非切削加工表面的质量，酸洗后还应进行抛丸清理。

16.4 锻件的质量检验

锻件的质量检验包括锻件的外观检验、力学性能检验和内部质量检验等。为了保证锻件的质量，除在生产过程中要随时对锻件作外观检验外，对锻后的锻件还必须根据技术要求进行外观、力学性能或内部质量的检验。至于检验的数量，应根据锻件的重要性、批量大小因素而定，进行 100％检验或一定数量的抽查。

1. 锻件的外观检验

锻件的外观检验包括表面质量检验及尺寸和形状的检验。

1) 表面质量检验

表面质量的检验方法是用肉眼或 5～10 倍放大镜观察锻件表面有无裂纹、折叠、凹坑、“缺肉”、压坏、表面过烧等缺陷。如有裂纹、折叠、凹坑等缺陷，经打磨后按锻件图技术要求判断验收与否。

为了便于发现表面缺陷，最好将锻件进行酸洗或喷砂清理后检验。

2) 尺寸和形状的检验

锻件尺寸和形状的检验，应以锻件图为依据。

一般锻件尺寸和形状的检验，采用通用的测量工具或专用的测量工具进行。通用的测量工具有钢直尺、卡钳、游标卡尺、深度卡尺、直角尺等。专用的测量工具有卡规、塞规、样板及各种检验夹具等。

尺寸和形状的检验内容及方法如下：

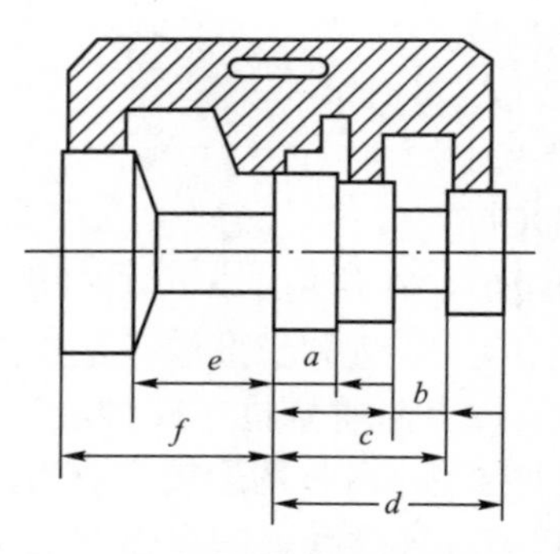

图 16.16　用样板检验长度尺寸

（1）锻件长、宽、高尺寸和直径的检验：可用卡钳、卡尺等进行检验，也可使用样板、卡规等进行检验。图 16.16 所示为用样板检验台阶轴锻件的长度尺寸。图 16.17 所示为用卡规检验锻件的直径和高度。

（2）锻件内孔的检验：无斜度时可用卡尺、卡钳等，有斜度时可用塞规。

（3）锻件弯曲的检验：通常将锻件放在平台上滚动，或用两个支点将锻件支起并转动锻件，用千分表或划线盘测量其弯曲的数值，如图 16.18 所示。

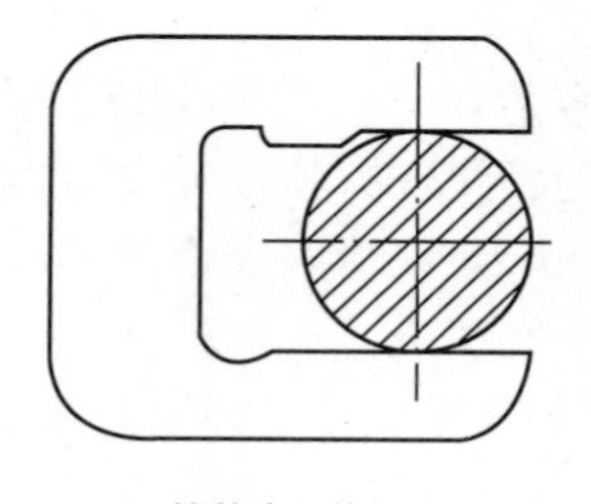

(a) 锻件直径的检验

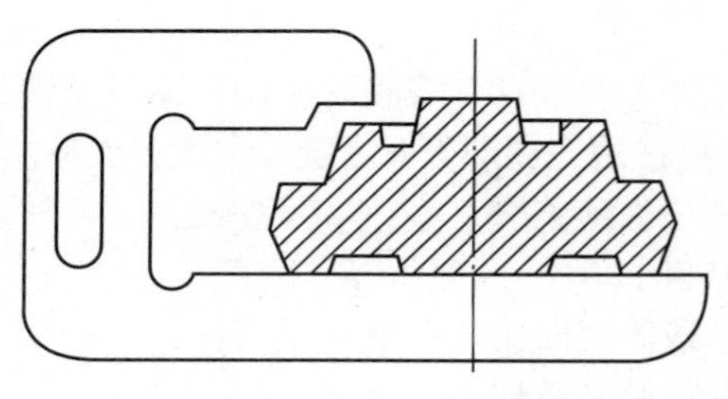

(b) 锻件高度的检验

图 16.17　用卡规检验锻件的直径和高度

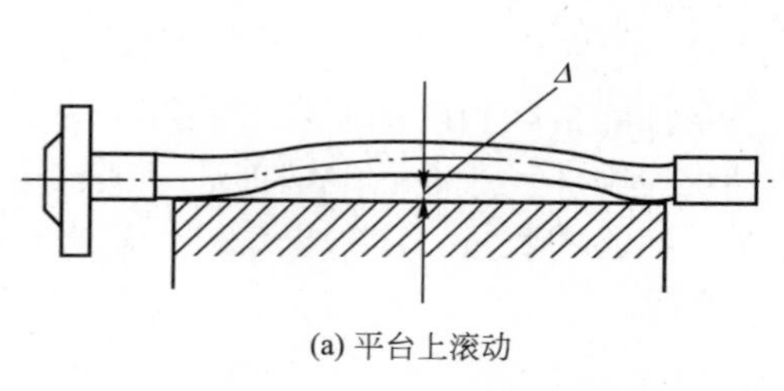

(a) 平台上滚动

(b) 两端支起旋转

图 16.18　检验轴类锻件弯曲度

（4）锻件翘曲度的检验：检验锻件一平面与另一平面是否在同一平面上或保持一定的位置。通常是将锻件放在平台上，将它的一端放平，测量另一端翘起的高度 Δ，如图 16.19 所示。

图 16.19　检验锻件的翘曲

（5）锻件特殊曲面的检验：如叶片的型线部分，可用专门的型线样板检验。

（6）锻件错差的检验：检验锻件的错移量。对于简单的锻件，可凭经验或借助于简单工具观察其错差是否在允许的范围内，也可以用样板检验，如图 16.20 所示。

形状复杂的模锻件，其尺寸和形状的检验，可用划线检验的方法。由于模锻件的划线检验工作量较大，一般只用于新锻模(或锻模修磨后)的首件检验，以便确定锻件是否合格及新锻模的制造精度；在锻模使用过程中，以及生产到最后的几个锻件时，也可使用划线检验，用以检验锻件的尺寸形状及了解锻模型腔的磨损情况。

划线检验除使用通用测量工具及一些专用测量工具外，还需用划线平台、方箱、V形块、划线盘等。划线前应做好如下准备工作：

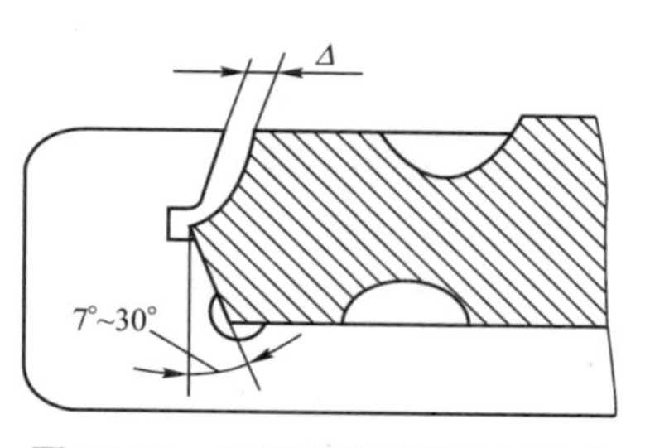

图 16.20 用样板检验锻件的错差

(1) 除去锻件表面的污垢、氧化皮及飞边等。

(2) 在锻件表面拟划线之处涂色，如涂酒精色溶液或粉浆。

(3) 凡是孔、凹坑，需要测量其直径或中心距时，需塞以木、铅、铝或铜制的塞块。

划线时，通常要利用锻件中心线或某一平面作为划线基准，然后利用V形块、小千斤顶等工具将作基准的中心线或某一平面调成水平，或将锻件压在方箱上调成垂直，锻件的其他加工界线都以此为基准进行测量和划线。划线基准有时与锻件图上的尺寸基准一致。划线基准选择得合理，可使划线方便、准确。

图16.21(a)所示是用划线检验的方法检验锻件错差的例子，先划出锻件上半部分的中心线，再划出下半部分的中心线，便可测量出错差Δ。图16.21(b)所示是用划线检验的方法测出的连杆锻件大头及大头孔的偏移量。

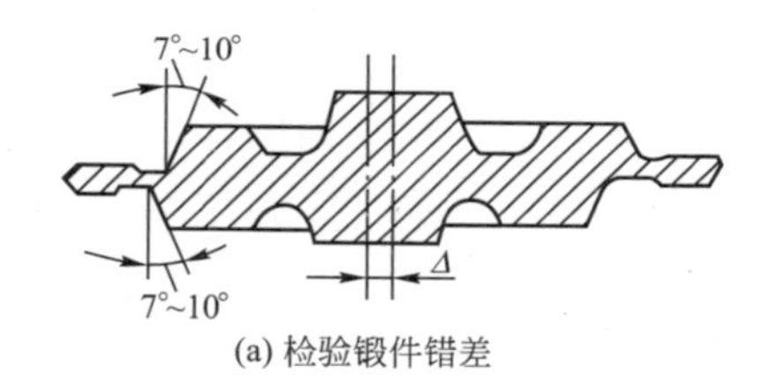

(a) 检验锻件错差

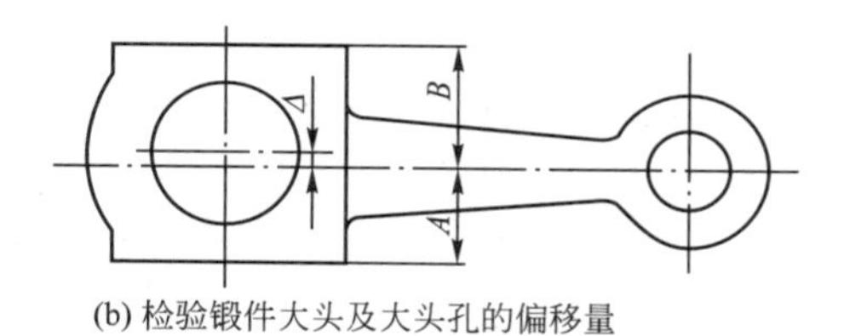

(b) 检验锻件大头及大头孔的偏移量

图 16.21 划线检验

2. 锻件的力学性能检验

锻件的力学性能检验是按照锻件技术要求所进行的检验项目。一般重要的锻件需进行此项检验。

锻件力学性能检验的内容有硬度试验、拉伸试验、冲击韧性试验、疲劳试验及高温蠕变试验等。

1) 硬度试验

硬度试验是在锻件表面上用砂轮磨出一块光洁的试验平面，然后在硬度机上测试，得出硬度值HB或HRC的大小。硬度试验常在热处理工段进行。硬度试验是生产中最常用的，也是判断力学性能时最简单的方法。

2) 拉伸试验

拉伸试验用来检验金属材料的强度和塑性，是力学性能试验中最基本的方法。进行拉伸试验，必须在锻件上切取预留的试棒，制备好试件，在材料试验机上进行试验，以获得该锻件的强度极限σ_b、屈服极限σ_s、断面缩减率δ及延伸率ψ等数据。

3) 冲击韧性试验

进行冲击韧性试验时，也必须在锻件上切取预留的试棒，制备好试件，在冲击试验机

上进行试验，以测出冲击韧性 α_k 的数据。受冲击载荷与振动载荷的零件，或在高温高速下工作的零件，一般需进行冲击韧性试验。

一些重要的大型锻件，或在特殊条件下工作的零件，根据技术要求还要进行疲劳、高温蠕变等试验。

3. 锻件的内部质量检验

锻件的内部质量检验的目的是检验锻件内部的缺陷和组织状态。其检验方法有磁粉检验、荧光检验、超声波检验、宏观(低倍组织)检验、微观(高倍组织)检验等。

1）磁粉检验

磁粉检验也称磁力探伤，可用来发现锻件表面层中微小的缺陷，如发裂、折叠、夹杂等。

磁粉检验方法是将模件置于两磁极之间，会有磁力线通过。若锻件有裂纹、气孔及非磁性夹杂等存在，则磁力线将绕过这些缺陷而发生弯曲现象；若缺陷在表面层，则弯曲的磁力线将漏到空气中，绕过缺陷，再回到锻件内部。这种漏磁现象在漏磁部位产生一个局部磁极，如图 16.22 中 a、b 两处所示。当移去外加磁极后，局部漏磁磁极仍保持相当长的时间，如将磁粉撒在锻件表面，则磁粉被吸于漏磁处，就会堆积成和缺陷的大小、形状相似的痕迹，这样就能探测到锻件表层的缺陷。但如果缺陷较深，磁力线不漏到锻件表面之外，则无法产生局部漏磁磁极，也就不能吸引磁粉来显示锻件内的缺陷，如图 16.22 中 c、d 两处所示。因此，磁粉检验只能显示出锻件表面上和表层一定深度处的缺陷，无法探查出过深的内部缺陷；此外，磁粉检验也不能用来检验非铁磁性材料的内部缺陷。

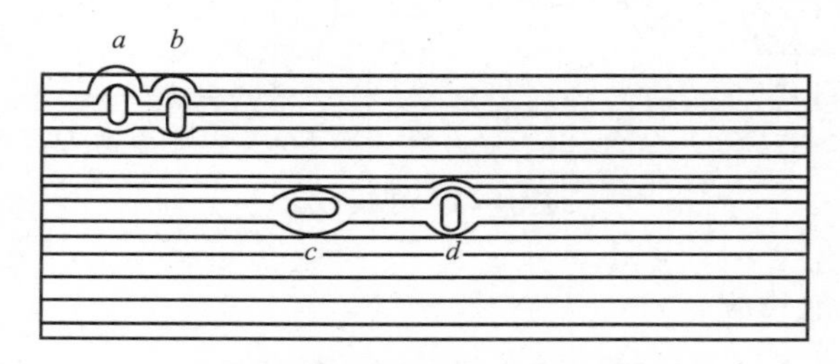

图 16.22　磁力线在锻件上的弯曲现象

磁粉检验时应使磁场方向和裂纹方向垂直。若方向平行，则不能产生局部漏磁磁极，或因磁极微弱难以显示缺陷。图 16.23(a)所示为试样纵向磁化，可以清晰地显示出横向裂纹；图 16.23(b)所示为试样横向磁化，可以显示纵向裂纹。如果锻件上有不同方向的缺陷，那么应使锻件受到两个垂直方向的磁化，以便检验出这些缺陷。

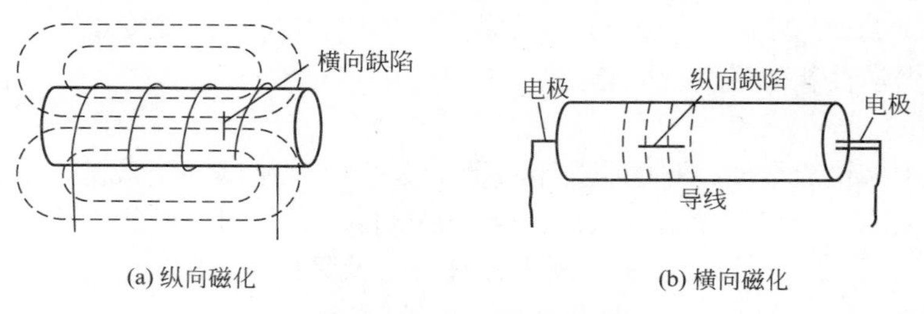

图 16.23　磁化方向与缺陷方向

磁粉检验要求试件表面光滑，其表面粗糙度值不大于 $Ra1.6\mu m$。

为了便于切削加工，磁粉检验后，锻件还应进行退磁处理。

2）荧光检验

对非磁性锻件的表层缺陷，可采用荧光检验，即荧光探伤。

荧光检验是用荧光液渗透到锻件裂纹中，借助显示剂在荧光探伤仪的紫外线的照射下，锻件缺陷处便发出清晰的荧光。

荧光检验可以显示肉眼看不到的、宽度小于 0.005mm 的表面裂纹，适用于各种金属材料和不同大小锻件的检验。

3）超声波检验

超声波能迅速而准确地发现锻件表层以内的宏观缺陷，如裂纹、夹杂、缩孔、白点及气泡的形状、位置和大小，但对缺陷性质不易判断，必须配合以标准试块或积累经验进行推断。

超声波检验具有穿透能力大(探测深度可达 10m)、灵敏度高、操作简单迅速、对人体无害等优点，同时能探测出缺陷的位置、形状和大小(但不能判断缺陷的性质)，所探测缺陷可小至 1～2mm，目前已成为大型锻件内部缺陷的主要检验方法。

使用超声波检验时，锻件的探测表面一般须表面粗糙度值为 $Ra3.2\mu m$。

超声波检验是以石英转换器，将电能通过石英转化为相同频率的超声波，以油或水层为介质，使声波射入锻件内部。若无缺陷，则超声波穿透锻件后反射回来；若在锻件内部碰到裂纹、夹杂等缺陷，则一部分超声波首先反射回来，而另一部分一直穿透到锻件的底部再反射回来。反射回来的超声波又通过石英转换器转换为电能，再通过接收、放大、检波输送到示波器的荧光屏上。荧光屏首先接收到的是缺陷脉冲反射信号，然后才接收到锻件底部反射回来的脉冲信号。由这些信号的比较，可判断锻件内的缺陷。

探测裂纹、夹杂等缺陷时，超声波穿透方向应与缺陷方向垂直，否则无缺陷信号输出(如图 16.24 中的探头放在 1 的位置上，荧光屏上没有缺陷信号)。若探头处于 2 的位置上，则能接收到缺陷信号。对于气孔、疏松之类的缺陷，可以从四个方向进行探测。

4）锻件宏观(低倍组织)检验

宏观检验就是用肉眼或借助低倍放大镜观察锻件表面或截面上的缺陷，如裂纹、偏析、白点、非金属夹杂、过热和过烧等。生产中常用的检验方法有酸蚀、断口、硫印等。

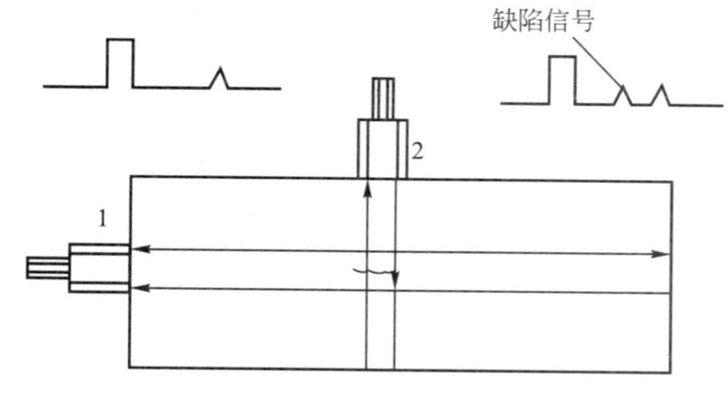

图 16.24 超声波检验示意图

酸蚀检验利用酸液显示材料的宏观组织，用以检验锻件的流线、偏析、缩孔、空洞、白点、夹杂、裂纹等。酸蚀方法有热酸蚀和冷酸蚀两种。热酸蚀适用于中小型锻件或切片。热酸蚀时，一般钢锻件用 1∶1 的工业浓盐酸的水溶液，工作温度为 65～80℃，浸蚀时间为 10～30min。

断口检验可以检验由于原材料有缺陷，或由于加热、锻造、热处理不当所造成的缺陷。断口检验可直接观察锻件的断口，或从锻件切取试棒按 GB 1814—1979 规定制备断口试样进行观察。

硫印检验可以检验钢中硫化物杂质及其分布情况。检验方法是将试样用砂纸磨平并保持磨面潮湿，另将相纸浸入5%硫酸水溶液中约5min，取出相纸贴到试样磨面上压紧，3～5min后揭下相纸用水冲洗，经定影、晾干后，相纸上黑褐斑点即表示试样上硫的分布。

5）锻件微观（高倍组织）检验

微观检验是在光学显微镜下观察模锻件切片试样的组织状态和各种微观缺陷的。试样切取部位及方向应符合检验的目的，并具有代表性。若检验金相组织、夹杂物和带状组织的伸长或破碎情况，则应切取纵向试样；若检验脱碳、过烧、表面淬透层及渗碳层深度等，则应切取横向试样；若检验晶粒度，则可按GB/T 6394—2002的规定切取试样。

习　题

1. 锻件在冷却过程中为什么会发生裂纹？
2. 正确选择锻后冷却方法有何重要意义？
3. 常用的锻后冷却方法有哪几种？本质上有何不同？
4. 选择锻造冷却规范的依据有哪些？
5. 锻件为什么要进行锻后热处理？
6. 常用的锻后热处理方法有哪些？试比较它们的工艺方法及其适用情况。
7. 试述白点的产生原因。为什么大型锻件容易出现白点？采用什么方法可以防止白点的产生？
8. 锻件的外观检验包括什么内容？内部质量检验的方法有哪些？试述磁粉检验和超声波检验的工作原理。
9. 切边、冲孔工序的实质是什么？切边模分为哪几类？
10. 切边时应当做到什么工艺要求？试用图表示出来？
11. 简述简单切边模和冲孔模的典型结构。
12. 切边凹模和凸模之间的间隙对切边有何影响？
13. 模锻件的清理主要有哪些方法？各有何优缺点？

第17章 锻造成形过程中的缺陷及其防止方法

17.1 钢锭和钢材中的缺陷及其防止方法

1. 钢锭的缺陷

钢锭的组织示意图如图17.1所示。通常钢锭中存在下列主要的缺陷：

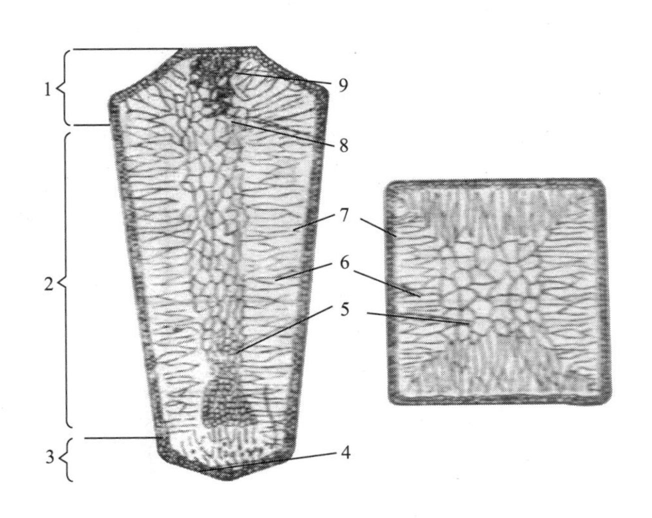

图17.1 钢锭的组织示意图

1—冒口；2—锭身；3—底部；4—底部沉积堆；5—中心粗大等轴晶粒区；6—柱状晶粒区；7—表层细晶粒区；8—疏松；9—缩孔

1）缩孔和疏松

钢锭中缩孔和疏松是不可避免的缺陷(图 17.2)，但它们出现的部位可以控制。钢锭中顶端的保温冒口，是造成钢液缓慢冷却和最后凝固的条件，一方面使锭身可以得到冒口中钢液的补充，另一方面使缩孔和疏松集中于此处，以便锻造时切除。

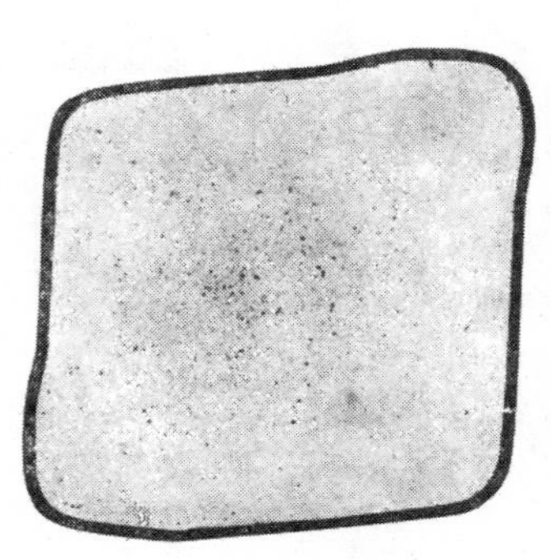

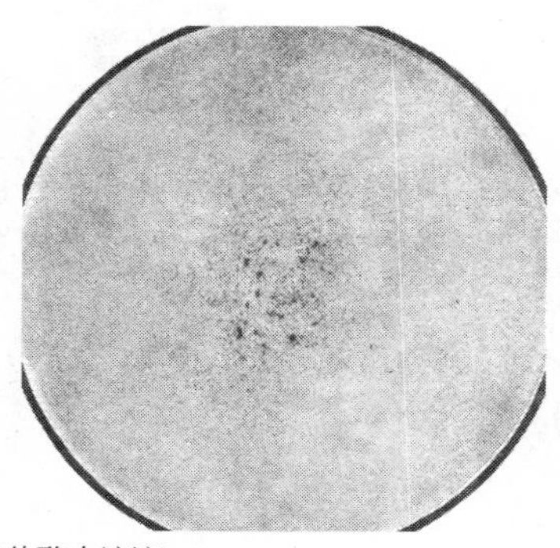

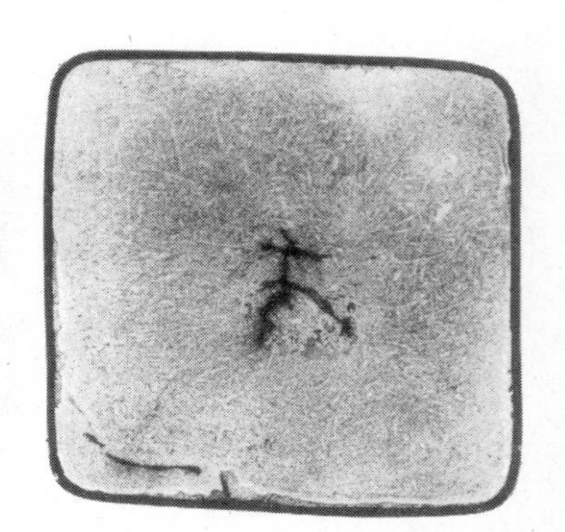

(浸蚀剂:60~70℃的1：1盐酸水溶液)

(a) 18CrMnTi 合金结构钢中的一般疏松　(b) CrMnMoVR 合金结构钢中的中心疏松　(c) GCr15轴承钢坯中的残余缩孔

图 17.2　缩孔与疏松

2）偏析

钢锭中各部分化学成分的不均匀性称为偏析，如图 17.3 所示。偏析分为枝晶偏析和区域偏析两种，前者可以通过锻造及锻后热处理得到消除，后者只能通过锻造来减轻其影响，使杂质分散，以及显微孔隙和疏松焊和。

3）夹杂

不溶于金属基体的非金属化合物称为夹杂，如图 17.4 所示。常见的夹杂有硫化物、氧化物、硅酸盐等。夹杂使钢锭锻造性能变化。例如，当晶界处低熔点夹杂过多时，钢锭锻造时会因热脆而锻裂。夹杂无法消除，但可以通过适当的锻造工艺加以破碎，或使密集的夹杂分散，可以在一定程度上改善夹杂对锻件质量的影响。

4）气体

钢液中溶解有大量气体，但在凝固过程中不可能完全析出，以不同形式残存在钢锭内部，如图 17.5 所示。例如，氧与氮以氧化物、氮化物的形式存在，成为钢锭中的夹杂。氢是钢中危害最大的气体，它会引起氢脆，使钢的塑性显著下降；或在大型锻件中造成白点，如图 17.6 所示，使锻件报废。

5）穿晶

当钢液浇注温度较高、钢锭冷却速度较大时，钢锭中柱状晶会得到充分的发展，在某些情况下甚至整个截面都形成柱状晶粒，这种组织称为穿晶，如图 17.7 所示。在柱状晶交界处(如方钢锭横截面对角线上)，常聚集有易熔夹杂，形成“弱面”，锻造时易于沿这些面破裂。在高合金钢锭中容易遇到这种缺陷。

6）裂纹

由于浇注工艺或钢锭模具设计不当，钢锭表面会产生裂纹，如图 17.8 所示。锻造前应将裂纹消除，否则锻造时由于裂纹的发展将导致锻件报废。

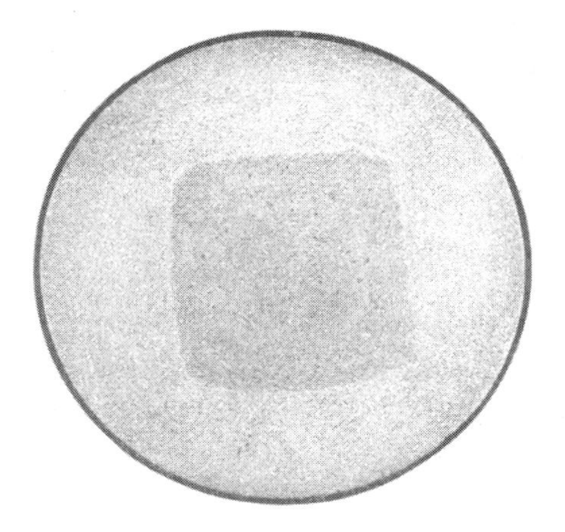
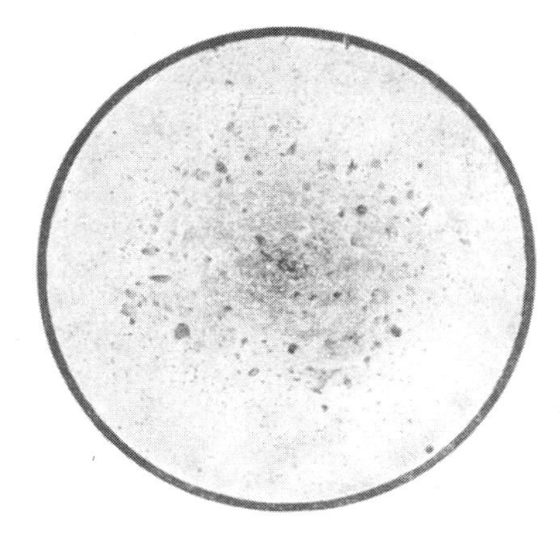

(浸蚀剂:60~70℃的1∶1盐酸水溶液)

(a) 45钢的锭型偏析　　(b) 10钢的点状偏析

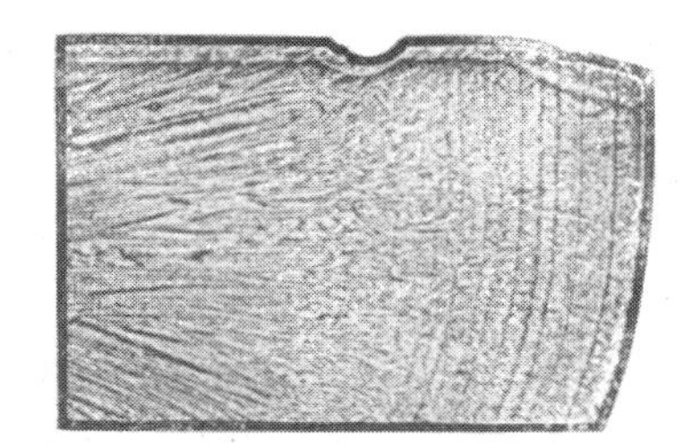

(c) 钢化学成分为0.64%C、0.22%Si、0.73%Mn的重轨钢锭纵剖面的V型及倒V型偏析　　(d) 钢锭的结晶前沿与树枝状晶粒

图 17.3　偏析

7）溅疤

当钢锭用上注法浇注时，钢液冲击钢锭模底而飞溅到钢锭模壁上，这些附着的溅沫最后不能和钢锭凝固成一体，便成溅疤。溅疤锻造前必须铲除，否则会形成表面夹层。

2. 钢材中的缺陷

钢材中往往存在如下缺陷：

1）裂纹和发裂

裂纹是由于钢锭缺陷未清除，经过轧制或锻造使之进一步发展造成的，如图 17.9 所

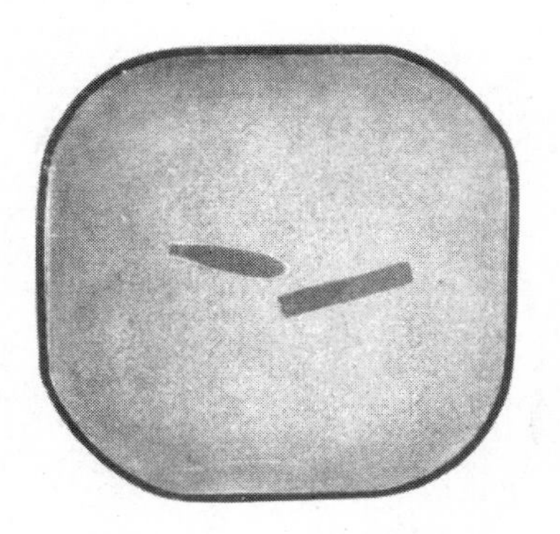

(浸蚀剂:60~70℃的1∶1盐酸水溶液)

(a) D60钢中的外来金属夹杂　　(b) 12CrNi3合金结构钢断口上的非金属夹杂

图 17.4　夹杂

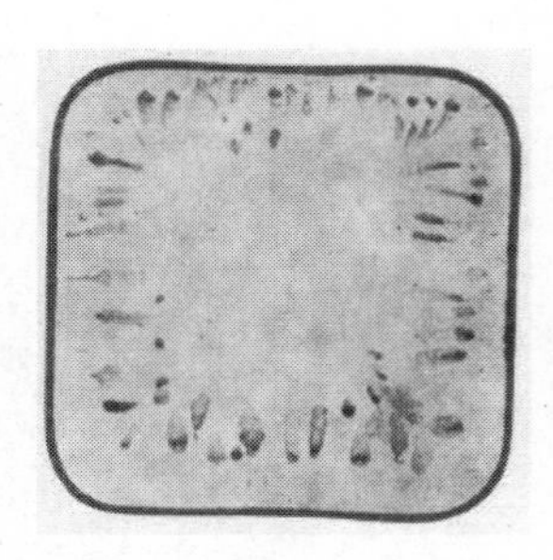

(a) 45钢中的皮下气泡　　(b) 20钢中的皮下气泡　　(c) 沸腾钢中下部横断面上的蜂窝气泡

图 17.5　气体

(a) 50钢纵向断口上的白点　　(b) 20钢横断面中的白点

图 17.6　白点

示。由于轧制或锻造的工艺规范不当，在钢材内引起很大的内应力，也会造成裂纹。断面大、合金元素多的钢材容易产生裂纹。

发裂是深度为0.50～1.50mm的发状裂纹，它是轧制或锻造时由于钢锭皮下气泡沿变形方向被拉长或夹杂物沿变形方向伸长而形成的，如图17.10所示。发裂一般需经酸洗后才能发现。

2）伤痕和折叠

伤痕是钢材表面上深度为0.2～0.30mm的擦伤、划伤细痕。

折叠一般由于轧制或锻造工艺不当造成，如图17.11所示。

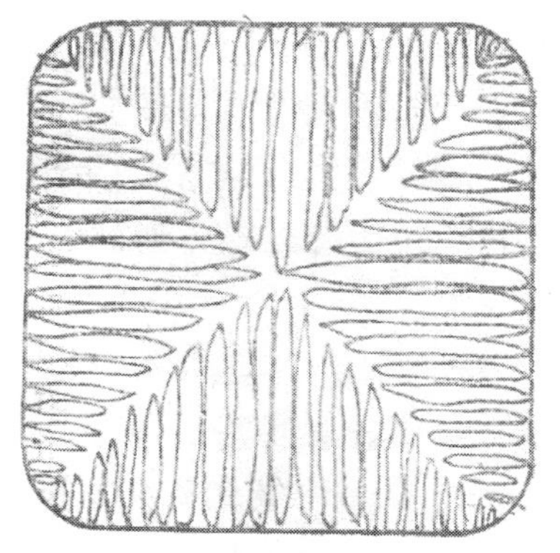

图 17.7　穿晶示意图

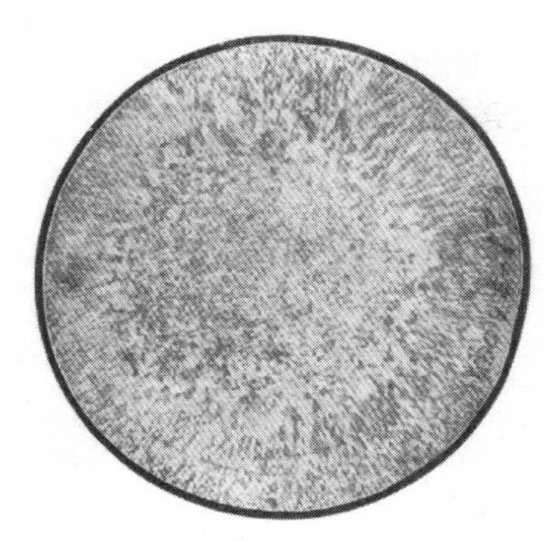

图 17.8　Cr27 不锈钢钢锭尾部的同心圆裂纹

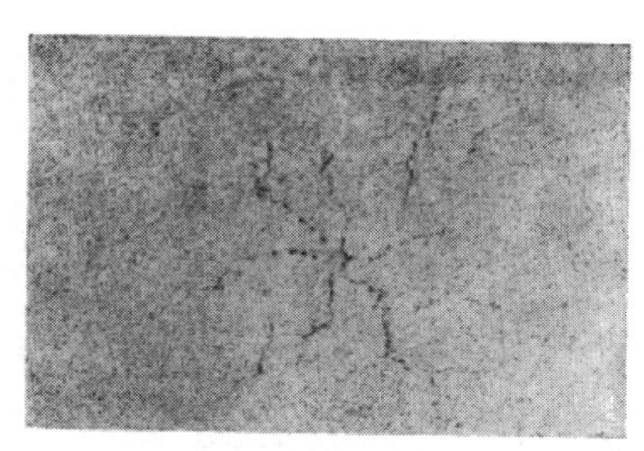

(a) 18CrNiW合金结构钢中的轴心裂纹

(b) 30CrMnMoTi合金结构钢中出现的裂纹

(c) 锚链钢(0.12%~0.18%C、0.30%~0.555%Mn、≤0.05%Si、≤0.03%S、P)中出现的轴心晶间裂纹

图 17.9　裂纹

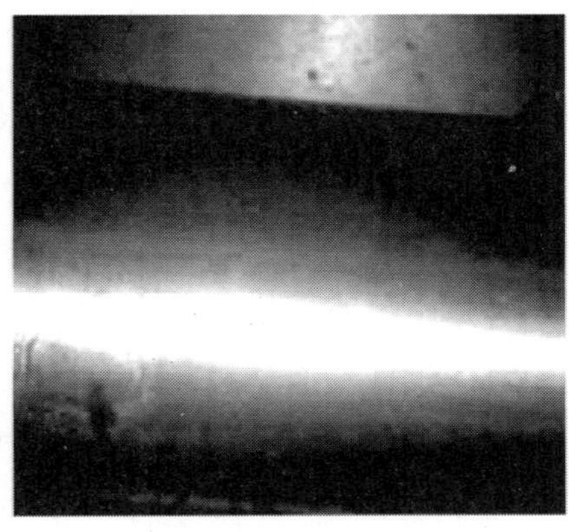

(a) 发纹宏观形貌

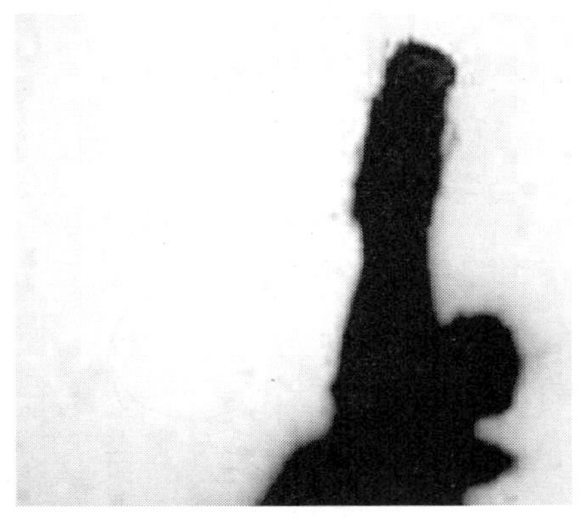

(b) 发纹微观形貌

图 17.10　40Cr 棒材表面上的发纹

图 17.11　45 钢的折叠

3）非金属夹杂和疏松

钢材中的非金属夹杂是直接由钢锭中的非金属夹杂物保留下来的。钢材锻造变形时，夹杂物聚集的部位会形成裂纹。

钢锭中的疏松，由于轧制工艺不当，仍会在钢材中保留下来。

4）白点

含氢量高的大钢锭，轧制或锻造后由于冷却工艺不当，内部过饱和的氢原子析出聚集在疏松等间隙中成为氢分子，造成巨大的压力，并与钢相变时的组织应力相叠加，使钢材内部产生许多细小裂纹，即为白点。但白点仅出现在对白点敏感性较强的钢种上，如 40CrNi、35CrMo、GCr15 等。

裂纹、发裂、伤痕和折叠是表面缺陷，这些缺陷在锻造变形时会进一步发展，使锻件报废，故事先必须清除。非金属夹杂、疏松和白点等是内部缺陷，有这方面缺陷的钢材根本不能使用。

17.2　剪切下料过程中的缺陷及其产生原因

在剪切下料过程中，上下刀片间的间隙是影响剪切质量的主要因素；此外，非冷剪时材料的预热温度也会影响剪切质量。

剪切下料时坯料易产生的缺陷及其产生原因见表 17－1。

表 17－1　剪切下料的常见缺陷及其产生原因

序号	缺陷名称	缺陷图示	产生原因
1	端面倾斜	δ_1 α δ_2	(1) 切刀间隙偏大； (2) 坯料过软； (3) 切刀刃口磨钝
2	圆度过大	d_1 d_0	(1) 径向间隙大； (2) 坯料过软； (3) 剪切速度低

（续）

序号	缺陷名称	缺陷图示	产生原因
3	压塌变形	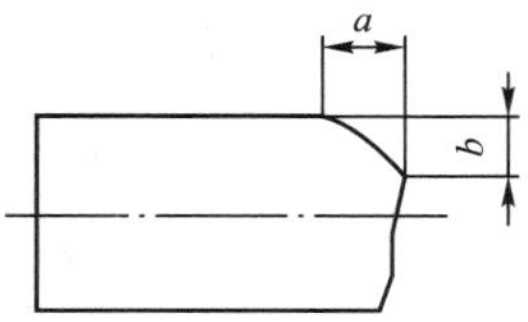 a b	（1）轴向间隙大； （2）坯料过软； （3）剪刀刃口变钝
4	耳状	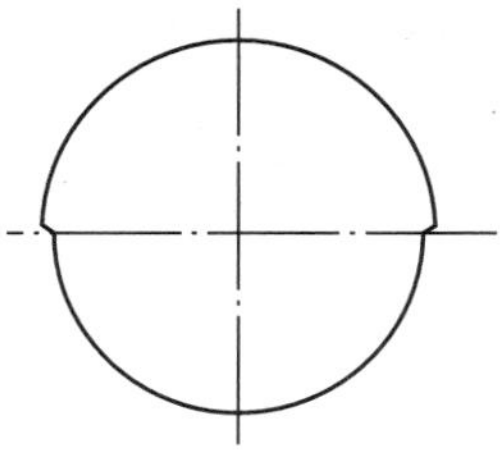	开式剪切时切刀尺寸小
5	舌状	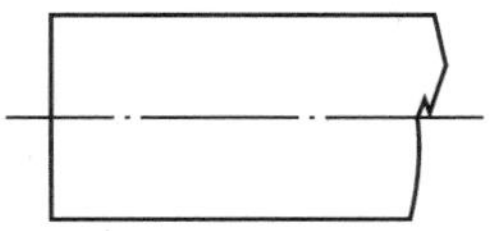	（1）由于切刀间隙很小，在坯料上的两道裂纹可能连不起来，一道裂纹跑到另一道裂纹的后面，在切断面中心形成金属舌； （2）坯料过软
6	切痕	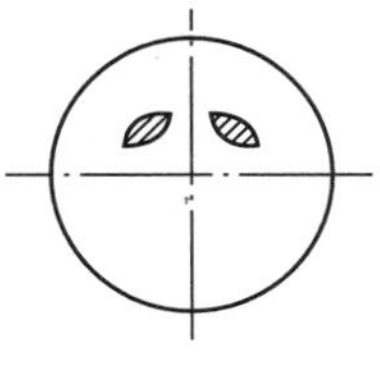	如果切刀间隙过大，在毛坯断裂面的中部或边缘上就会出现带有切痕的粗糙表面，即擦伤
7	横向断裂	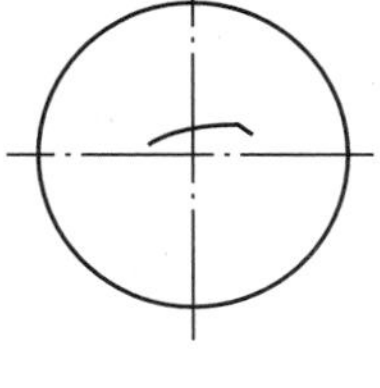	由于切刀间隙太小，使两个相对的裂纹的方向骤然变化
8	双剪	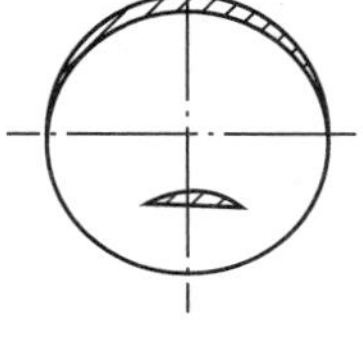	切刀吃刀过量，在断裂后切刀可能又剪切断裂面，从而造成双剪现象

（续）

序号	缺陷名称	缺陷图示	产生原因
9	凹陷		（1）材料太硬； （2）切刀间隙过小
10	质量不均		（1）送料不到位； （2）定位螺栓（块）松动； （3）材料弯曲，影响正常送进

17.3　加热过程中的缺陷及其防止方法

金属在锻造加热过程中可能产生的缺陷有氧化、脱碳、过热、过烧和开裂等。正确的加热应尽量减少或从根本上防止这些缺陷的产生。

1．氧化

氧化是金属加热时炉气中的氧化性气体（如 O_2、CO_2、H_2O、SO_2）与金属发生化学反应，在金属表面形成氧化皮的现象。

1）氧化皮的形成过程

钢材表层的铁以离子状态由里向外表面扩散，而氧化性气体中的氧以原子状态由钢材外表面经吸附后向里层扩散。

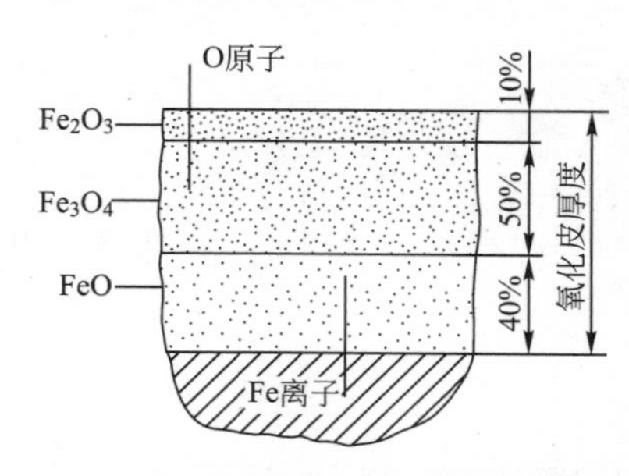

图 17.12　氧化皮形成过程示意图

氧化皮分为三层，如图 17.12 所示。其最外层是含氧较高的 Fe_2O_3，约占氧化皮厚度的 10%；中间层是粗大颗粒的 Fe_3O_4，约占氧化皮厚度的 50%；最里层是含氧较低的 FeO，约占氧化皮厚度的 40%。

由于氧化皮的膨胀系数和钢材不同，因此较易脱落；同时氧化皮的熔点（1300～1350℃）较低，高温时易熔化。氧化皮的脱落和熔化，使新暴露的钢料表面继续氧化，增加金属的损耗。

2）氧化皮的危害

（1）直接造成金属的损耗（称为火耗）。

（2）降低模锻件的表面质量。

（3）锻件表面附着氧化皮，热处理时导致锻件组织和性能的不均匀。

（4）氧化皮的硬度较高，模锻时会加速锻模型腔的磨损，机加工时会加速刀具的损坏。

(5) 氧化皮呈碱性，脱落在加热炉的炉膛内会和酸性的耐火材料起化学反应，缩短加热炉寿命。

(6) 使模锻件增加酸洗或喷丸等清理工序。

3) 防止和减少氧化的具体措施

火焰炉加热时为了防止或减少氧化皮的产生，可采取以下措施：

(1) 在确保金属加热质量的前提下，尽量采用高温下装炉的快速加热方法，缩短金属在炉内的停留时间，特别是缩短金属在高温下的保温时间。

(2) 严格控制进入炉内的空气量，在燃料完全燃烧的条件下，尽可能地减少过剩空气量。

(3) 注意消除燃料中的水分，避免水蒸气对金属表面的氧化作用。

(4) 炉膛应保持不大的正压力，防止炉外冷空气吸入炉内。

(5) 操作上应做到少装炉、勤装炉及适时出炉。

(6) 采用少、无氧化火焰加热炉。

2. 脱碳

脱碳是钢材表层的碳在高温下与氧化性炉气(如 O_2、CO_2、H_2O)和 H_2 发生化学反应，生成 CO 和 CH_4 等可燃性气体而被烧掉，使钢材表层含碳量降低的现象，如图 17.13 所示。

1) 脱碳的危害

(1) 使锻件加工后的零件表面变软，强度和耐磨性降低。

(2) 使锻件加工后的零件疲劳强度降低，零件在长期交变应力作用下易发生疲劳断裂。但是，如果脱碳层的厚度没有超过模锻件的机械加工余量，则脱碳层可随切屑除去而无危害。

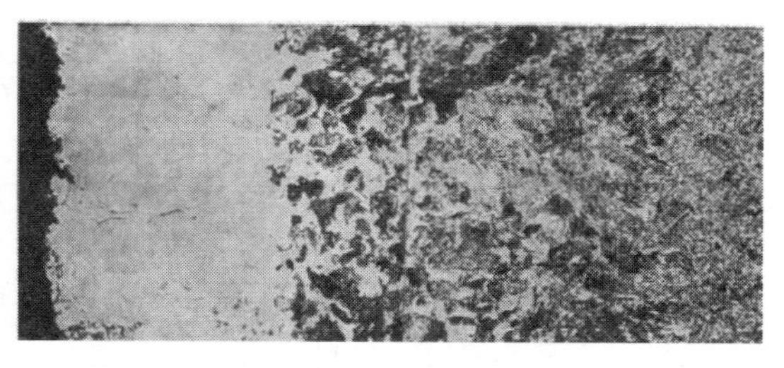

图 17.13 T12 钢退火加热过程中的脱碳

2) 防止脱碳的具体措施

坯料加热时应防止和减少脱碳，尤其对于弹簧钢、工具钢和轴承钢等锻件及精密模锻件更应尽可能防止脱碳。

火焰炉加热时防止和减少脱碳的措施有以下两种：

(1) 采用高温下装炉的快速加热方法，尤其应缩短坯料在加热炉内高温阶段的停留时间。

(2) 加热前坯料表面涂刷上保护涂层，如石墨粉与水玻璃的混合剂、硼砂水浸液、玻璃粉涂料等。

3. 过热

钢材在加热过程中的加热温度超过某一温度，或在高温下保温时间过长，导致奥氏体晶粒急剧粗大的现象，称为过热，如图 17.14 所示(锻后虽然采用空冷，但由于零件直径较小，冷却速度较大，所以得到粗大的针状马氏体，而沿晶界有部分屈氏体析出)。

钢材的过热受到加热温度和保温时间两个因素的影响，其中前者对奥氏体晶粒的粗大有更大的影响。通常，将钢材加热时晶粒开始急剧长大的温度，称为晶粒长大的临界

图 17.14　9CrSi 钢锻造加热温度较高引起的显著过热

温度。

几种钢材加热时晶粒长大的临界温度见表 17-2。

表 17-2　几种钢材加热时晶粒长大的临界温度

钢号	晶粒长大的临界温度/℃	钢号	晶粒长大的临界温度/℃
25	1250	12CrNi3A	1150
45	1200	38CrMoAlA	1100
T7	1150	18CrNi4WA	1200
38CrA	1200	1Cr18Ni9Ti	1200

过热会引起以下问题：

(1) 过热严重的钢材，锻造时边角可能产生裂纹。

(2) 一般性过热的钢材，并不影响锻造；但过热的钢材锻造的锻件，其晶粒度比正常的锻件粗大，使锻件的冲击韧性、塑性和强度等力学性能降低。

(3) 过热的钢材锻造的锻件在淬火过程容易引起变形和开裂。

过热的钢材，如果条件允许，可用热处理或再次锻造的方法使晶粒细化；但是有一些钢材过热后是无法用热处理改正的。所以，严格控制钢材的加热温度和保温时间，是防止过热的最好措施。

图 17.15　Cr12MoV 钢加热过程中的过烧

4. 过烧

当钢材加热到接近熔点时，不仅奥氏体晶粒粗大，而且炉气中的氧化性气体渗入晶粒边界，使晶间物质 Fe、C、S 发生氧化，形成易熔的共晶体，破坏了晶粒间的联系，这种现象称为过烧，如图 17.15 所示(由于加热炉温度控制失灵，导致模具的加热温度超过规定很多，淬火后得到粗大马氏体和大量残余奥氏体；同时由于淬火冷却速度较快，导致模具产生极大应力而开裂。在晶界处有粒状碳化物）。

过烧的钢材，其强度很低，而且失去塑性，因此不能锻造；若进行锻造，则在锻造时一击便破裂成碎块，断口晶粒粗大，呈浅灰蓝色。可见，过烧的钢材是不可补救的废品，只有回炉重新冶炼。

钢材的过烧温度因钢种而不同。由表17-3可见，碳素钢含碳量越高，其过烧温度越低，越易过烧；低碳合金钢中含Mn、Ni、Cr等元素，使钢较易过烧。例如，0.2%C的碳素钢，过烧温度为1470℃；0.5%C的碳素钢，过烧温度为1350℃；1.1%C的碳素钢，过烧温度为1180℃。

表17-3　部分钢材的过烧温度

钢种	过烧温度/℃	钢种	过烧温度/℃
45钢	>1400	W18Cr4V	1360
45Cr	1390	W6Mo5Cr4V2	1270
30CrNiMo	1450	2Cr13	1180
4Cr10Si2Mo	1350	Cr12MoV	1160
50CrV	1350	T8	1250
12CrNiA	1350	T12	1200
60Si2Mn	1350	GH135合金	1200
60Si2MnA	1400	GH136合金	1220
GCr15	1350		

防止钢材过烧的措施有以下几种：

（1）严格控制加热温度和高温下的保温时间。

（2）控制炉内气体成分，尽量减少过剩的空气量，确保炉气为弱氧化性炉气。

（3）使钢材与喷火口保持一定的距离，严禁火焰与钢材直接接触，以防止局部过烧。

（4）采用电阻炉加热时，钢材和电阻丝的距离不应小于100mm，以免局部过烧。

5. 开裂

如果金属在锻造加热过程的某一温度下，其内应力(一般指拉应力)超过它的强度极限，那么就要产生裂纹。通常内应力有热应力、组织应力和残余应力。

1）热应力

金属在加热时，其表面和中心部位间由于存在温度差而引起不均匀膨胀，使表面受到压应力、中心部位受到拉应力，如图17.16所示。这种由于温度不均匀而产生的内应力称为热应力。

热应力的大小与金属的性质和断面温度有关。一般只有金属出现温度梯度，并处在弹性状态时，才会产生较大的热应力并引起裂纹。

钢材在温度低于500～550℃时处在弹性状态，在这个温度范围以下，必须考虑热应力

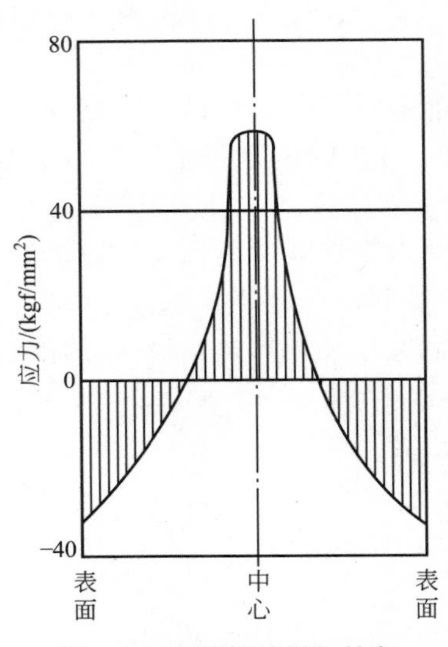

图 17.16 圆柱试样加热急冷后的热应力分布

的影响；当温度超过 500～550℃时，钢的塑性比较好，变形抗力较低，通过局部塑性变形可以使热应力得到消除，此时就不会产生热应力。

热应力一般都是处于三向拉应力状态。加热时，圆柱坯料中心部位受到的轴向温度应力较径向和切向温度应力都大，因此金属加热时心部产生裂纹的倾向性较大。

图 17.17 所示为简单形状工件在热应力作用下的变形趋向。

2）组织应力

具有相变的钢材在加热过程中，表层首先发生相变，心部后发生相变，并且相变前后组织的质量体积发生变化，这样引起的内应力称为组织应力，如图 17.18 所示。

在钢材加热过程中，表层首先发生相变，珠光体变为奥氏体；由于质量体积的减小，在表层形成拉应力，心部为压应力。当温度继续升高时，心部也发生相变；这时心部为拉应力，表层形成压应力。由于相变时钢材已处在高温，其塑性较好，尽管产生组织应力，也会很快被松弛消失；因此在钢材的加热过程中，组织应力无危险性。

图 17.19 所示为简单形状工件在组织应力作用下的变形趋向。

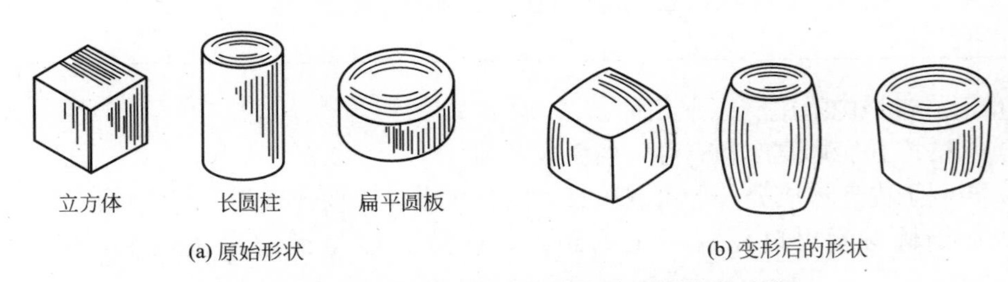

图 17.17 简单形状工件在热应力作用下的变形趋向

3）残余应力

金属在凝固和冷却过程中，由于外层和中心的冷却次序不同，各部分间的相互牵制将产生残余应力。外层冷却快，中心冷却慢，因此残余应力在外层为压应力，在中心部分为拉应力。当残余应力超过了金属的强度极限时，金属将产生裂纹。

综上所述，金属在锻造加热过程中，由于内应力引起的裂纹，主要是热应力造成的。一般来讲，裂纹发生在加热低温阶段，并且裂纹发生的部位在心部。因此，钢在 500～550℃以下加热时，应避免加热速度过快，而且应降低装炉温度。

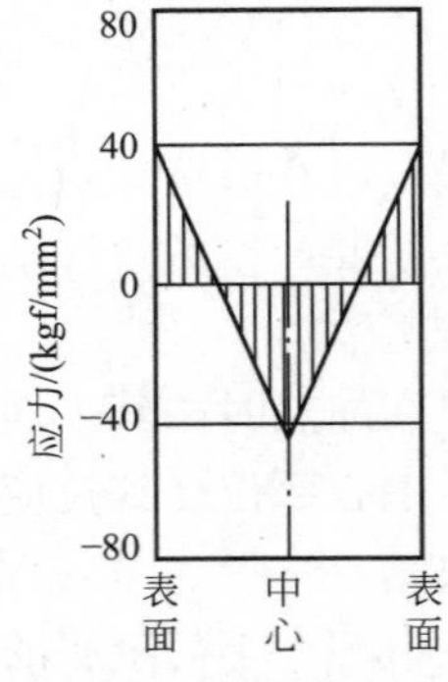

图 17.18 圆柱试样加热急冷后的组织应力分布(轴向应力)

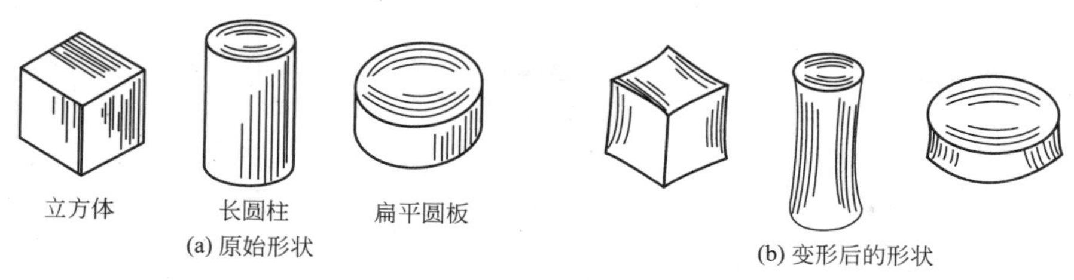

图 17.19 简单形状工件在组织应力作用下的变形趋向

17.4 锻造成形中的缺陷及其防止方法

17.4.1 自由锻件的主要缺陷

在自由锻造生产中，锻件的缺陷产生与如下因素有关。

(1) 原材料及下料所产生的缺陷未清除。

(2) 锻造加热不当。

(3) 锻造操作不当或工具不合适。

(4) 锻后冷却或热处理不当等。

所以，在自由锻造生产过程中应掌握各种情况下产生缺陷的特征，以便在发现锻件缺陷时进行综合分析，找出锻件产生缺陷的原因，并采取改进锻造工艺等措施来防止缺陷的产生。

1. 横向裂纹

(1) 表面横向裂纹。锻造时坯料表面出现较浅的横向裂纹，如图 17.20(a)所示。它是由于钢锭皮下气泡暴露于空气中不能焊合而形成的，其深度可达 10mm 以上。一些塑性较差的金属，相对送进量 l/h [图 17.20(b)] 过大时也会产生这种缺陷。

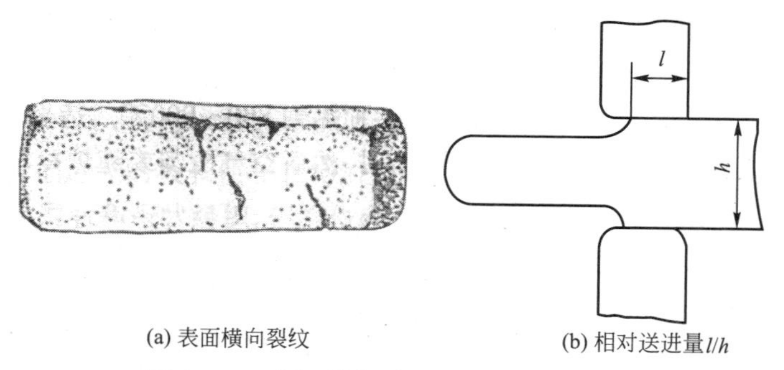

图 17.20 表面横向裂纹及相对送进量 l/h

锻造时坯料表面出现较深的横向裂纹，是由于钢锭浇注不当所造成的。例如，钢锭模内壁有缺陷，产生“挂锭”现象，冷却时便拉裂；高速、高温浇注时，钢锭外皮成形较慢及钢锭模受到摆动；钢锭与锭模铸合等原因。

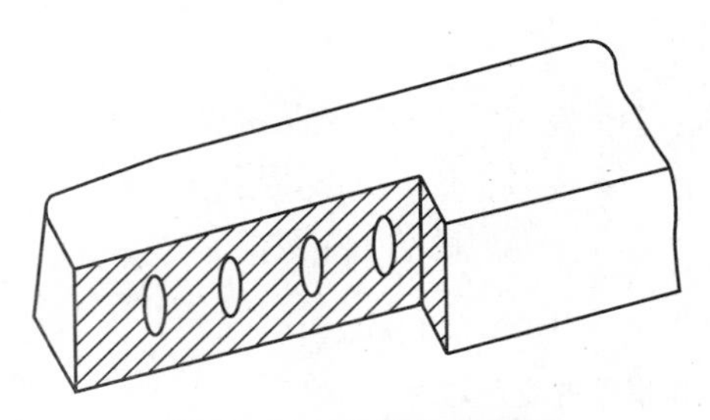

图 17.21 内部横向裂纹

表面横向裂纹往往在锻造时第一火即出现。一经发现，大型锻件可用吹氧除去，以免裂纹在以后锻造中扩大。

(2) 内部横向裂纹。内部横向裂纹(图 17.21)是锻件内部的缺陷，只能通过磁粉检验、超声波检验才能发现，如图 17.21 所示。

内部横向裂纹产生的原因：冷钢锭加热时在低温区加热速度过快，中心引起较大拉应力；塑性较差的高碳钢、高合金钢在拔长操作时的相对送进量 l/h(或 l/D)过小。

2. 纵向裂纹

(1) 表面纵向裂纹(图 17.22)。锻件的表面纵向裂纹一般在第一火拔长或镦粗时出现。

表面纵向裂纹产生的原因：钢锭模内壁有缺陷或新钢锭模使用前未很好地退火；浇注操作不当，如高温、高速浇注，引起凝固外皮破裂；钢锭脱模后，冷却方式不当或脱模过早；倒棱时压下量过大；钢锭轧制时产生纵向划痕等。

表面纵向裂纹锻造时一经发现应立即用吹氧除去，以免裂纹在以后锻造中扩大。

(2) 内部纵向裂纹(图 17.23)。锻件的内部纵向裂纹有以下三种情况。

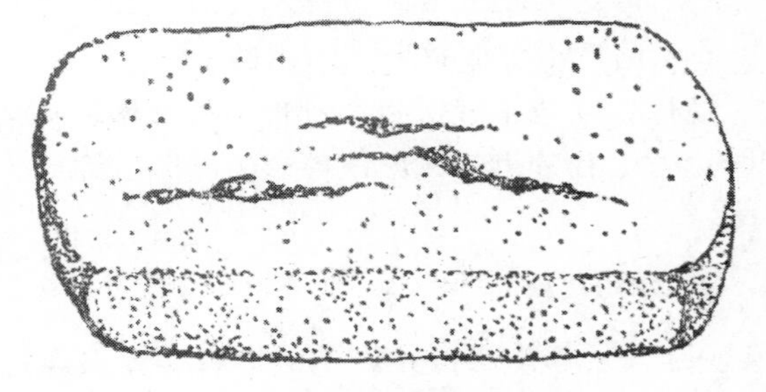

图 17.22 表面纵向裂纹

① 坯料近冒口端中心出现的纵向裂纹。这是由于钢锭凝固时缩孔未集中于冒口部分，或者锻造时冒口端的切头量过少，使坯料近冒口端存在二次缩孔或残余缩孔，锻造后引起内部纵向裂纹。

② 坯料内部出现的中心纵向裂纹。这是由于平砧拔长圆截面坯料，中心部分金属受拉应力作用所致；或者由于坯料加热未透，内部温度过低，拔长时内部沿纵向开裂等，如图 17.23(a)所示。

③ 坯料内部出现的对角线十字裂纹［图 17.23(b)］。这是由于拔长时送进量过大，或在同一部位反复拔长所致。这种内部纵向十字裂纹多出现在高合金钢中。

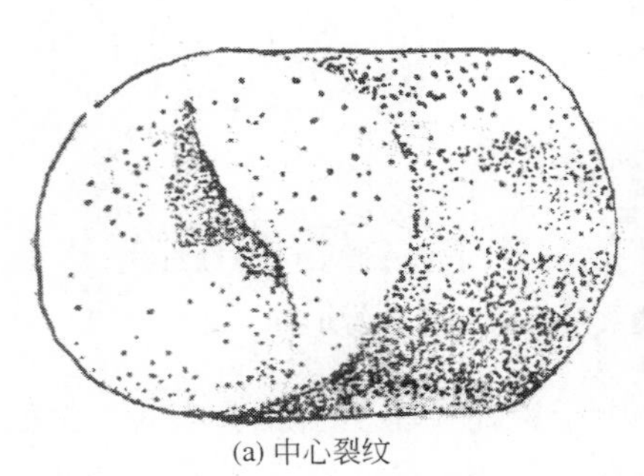

(a) 中心裂纹

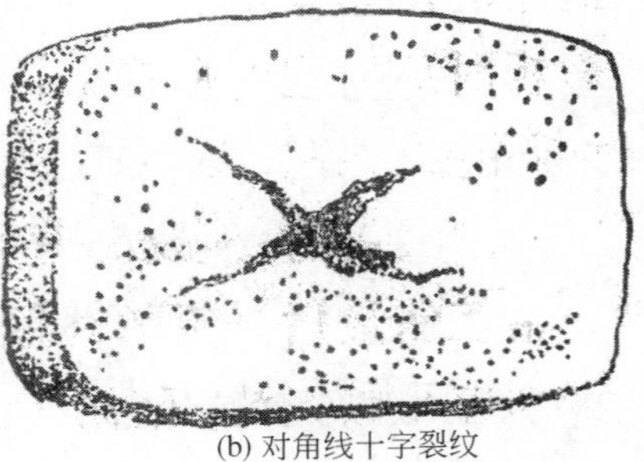

(b) 对角线十字裂纹

图 17.23 锻件内部纵向裂纹

3. 炸裂

炸裂是坯料在锻造前加热时或锻件在冷却、热处理后表面或内部炸开而形成的裂纹。

产生炸裂的原因：坯料具有较高的残余应力，在未予消除的情况下，错误地采用快速加热或不适当的冷却。

4. 自行开裂

自行开裂是锻件在锻造或热处理后产生的，或锻后经过长时间后发生的。

自行开裂发生的原因：坯料在锻造过程中已形成微小裂纹，冷却或热处理使之加剧；锻件内部有较大残余应力。

5. 龟裂

龟裂是锻造时在锻件表面出现的“龟甲状”浅裂纹。

龟裂产生的原因：钢中Cu、Sn、As、S的含量较多，或者在加热炉中加热铜料后未除尽炉渣，溶化的铜渗入钢坯的晶界，造成钢坯热脆；坯料始锻温度过高、开始锻造时锤击过重等。

钢坯表面较浅的龟裂裂纹应及时清除，清除后不妨碍继续锻造。

6. 过烧

过烧是加热时氧化性气体渗入钢坯的晶界，使Fe、C、S发生氧化，形成易熔共晶体氧化物，锻造时一锤击钢坯便破碎的现象。

过烧钢坯的断裂面，晶粒粗大，失去金属的光泽。

产生过烧的条件是加热温度过高或加热时间过长，在这种条件下，易使晶界氧化和熔融。

7. 晶粒度局部粗大

晶粒度局部粗大是由于锻件表面或内部在局部区域发生的晶粒粗大现象。对于结构钢来说，是由于钢中残余铝的含量不够，影响钢坯的本质晶粒度(本质晶粒度是反映钢加热时奥氏体晶粒长大倾向的一个指标，一般冶炼时用铝脱氧的钢都是本质细晶粒钢)；坯料加热温度过高，锻造比又较小，也会出现这种缺陷。对于奥氏体类高合金钢来说，锻造时变形不均匀、工具预热温度低、坯料与工具间接触摩擦大等原因，便会导致锻件晶粒度局部粗大的现象。

8. 白点

白点是锻件内部银白色、灰白色的圆形裂纹，在含Ni、Cr、Mo、W等元素的合金钢大型锻件中容易产生。

白点产生的原因：钢中含氢量过高，而锻后的冷却或热处理工艺不恰当。

9. 疏松

疏松是指沿钢锭中心的疏松组织锻造时未锻合。

疏松产生的原因：钢锭本身疏松较严重；锻造比不适当、变形方案不佳；相对送进量过小，使锻件不能锻透等。

10. 非金属夹杂

锻件内部有较集中的非金属夹杂，是一个严重的缺陷。锻件有微量非金属夹杂是不可避免的，可不认为是缺陷。锻件内部非金属夹杂的含量和分布情况，与钢的精炼和铸锭有关；而锻件内部非金属夹杂的分散和破碎程度，与锻造时的变形量和变形方案有关。

11. 化学成分不合适

锻件的化学成分不符合要求，是属于炼钢的问题，或由于备料时产生的差错。

12. 力学性能达不到要求

锻件的强度不合格，主要与炼钢和热处理有关，不是锻造引起的。锻件的塑性指标和冲击韧性不合格，可能是由于钢冶炼时杂质太多，也可能由于锻造比不够大。例如，锻件横向试件的塑性和冲击韧性不够，往往是由于锻造时镦粗比偏小造成的。

13. 折叠

锻件表面的折叠缺陷，是金属不合理流动造成的。

折叠形成的原因：砧子形状不适当，砧边圆角半径过小；拔长时送进量小于单边压下量等。

14. 歪斜和偏心

锻件的端部歪斜和中心线偏移等缺陷，是由于锻造工艺不合理、操作方法不当或坯料加热不均匀等原因造成的。

15. 弯曲和变形

锻件产生弯曲或变形，主要是由于锻造时的修整工序没有做好，或由于锻后冷却或热处理工序操作不当所造成的。

17.4.2 模锻件的常见缺陷

在模锻生产中，锻件会产生各种各样的缺陷。而产生缺陷的原因，也是多方面的。例如，原材料本身有缺陷，备料质量不好，模具设计不合理，模具加工不符合技术要求，加热、锻造、热处理、清理等操作不正确。所以，在分析模锻件缺陷时应从多方面来考虑缺陷产生的原因，以便采取正确的对策。

1. 错移

错移是锻件沿分模面的上半部分对下半部分产生了位移。

错移产生的原因：锻锤导轨的间隙过大；上、下模安装调整不当或锻模检验角有误差；锻模紧固部分有问题，如燕尾磨损、斜楔松动等。

在模锻成形过程中，锻模常易产生错移。因此，在模锻成形过程中，正确地找出锻模错移的原因，迅速而准确地调整好锻模，是非常重要的。

2. 充不满

金属未完全充满锻模型腔，造成锻件局部地区“缺肉”的现象，称为充不满。

出现充不满的原因有以下几种：

(1) 坯料尺寸偏小，体积不够。

(2) 坯料放偏，造成锻件一边“缺肉”，另一边因料过多而形成大量飞边。

(3) 加热时间过长，火耗太大。

(4) 加热温度过低，金属流动性差。

(5) 锻造设备吨位不足，锤击力太小。

(6) 润滑不当。

(7) 制坯、预锻型腔设计不合理，或终锻型腔飞边槽阻力小。

(8) 操作方法不正确。例如，滚挤时，操作者打击次数过少，没有达到滚挤的要求，或是误将坯料前后移动，使已经滚挤出来的大截面压扁压小，这样终锻时就充不满型腔。

(9) 氧化皮清除不及时。例如，滚挤型腔内氧化皮积存过多，使滚挤的坯料不能形成最大截面，终锻时就会充不满型腔。

(10) 终锻型腔磨损严重。

3. 锻不足

锻不足又称欠压，是指模锻件高度方向尺寸全部超过图样的规定。

锻不足产生的原因：原坯料质量过大；设备吨位不足，锤击力太小；加热温度偏低；制坯型腔设计不当或飞边阻力过大。

4. 压伤

压伤是指模锻过程中锻件被局部压坏。

压伤出现的原因：锤击中锻件跳出型腔被连击压坏；设备失控，单击时发生连击；切边时锻件在凹模内未放正。

5. 折叠

由于模锻时金属流动不合理，在锻件表面形成重叠层的现象称为折叠，也称折纹或夹层。

折叠产生的原因：拔长、滚挤时坯料未放正，放在型腔边缘，一锤击便形成压痕，再翻转锤击时便形成折叠；拔长、滚挤时，最初几次锤击过重，使坯料压扁展宽过长，随后翻转锤击时坯料便失稳而弯折，形成折叠；有轮毂、轮辐、轮缘的齿轮锻件，坯料中间镦粗的直径尺寸过小，终锻时会在轮缘转角处形成折叠；带有连皮或幅板的复杂模锻件，预锻型腔设计不当，模锻时造成金属回流，形成折叠。

6. 表面凹坑

表面凹坑是指锻件表面形成的局部凹陷。

表面凹坑产生的原因：坯料加热时间过长或粘上炉底熔渣，锻出的锻件清理后表面出现局部凹坑或麻点；型腔氧化皮未除净，模锻时氧化皮压入锻件表面，经清理后出现凹坑。

7. 尺寸不足

尺寸不足是指锻出的锻件尺寸偏差小于负公差。

出现尺寸不足的原因：终锻温度过高或设计终锻型腔时考虑断面收缩率不足；终锻型腔变形；切边模调整不当，使锻件局部被切。

8. 翘曲

翘曲是指锻件中心线发生弯曲，细长或扁薄的锻件一般易产生翘曲变形。

翘曲产生的原因：锻件从型腔中撬起时发生弯曲变形；切边时由于受力不均；冷却时各部分收缩不一致；热处理操作不当。

9. 氧化皮压入锻件

钢加热后在其表面都附有氧化皮，虽然经镦粗、拔长或滚挤工序后可以消除，但有时会将脱落的氧化皮吹入终锻模膛内，一经锻造就将氧化皮压入锻件表面，往往造成锻件的报废。

10. 残余飞边

锻件切边未净，有残余飞边。

残余飞边产生的原因：切边模与终锻型腔尺寸不符；切边模磨损或锻件切边时放置不正；锻件本身错移量大。

11. 锻件流线分布不正确

由于操作者违反锻造工艺规程使锻件纤维组织的纤维分布紊乱，造成锻件达不到锻件技术条件上对锻件流线分布的规定，称为锻件流线分布不正确。

不是所有的零件都有流线要求，只是重要零件才有这种要求。所以在操作时要按照锻造工艺规程上规定的操作方法进行，否则会造成锻件流线分布不均匀或方向不正确而影响锻件的力学性能，造成零件报废。

造成锻件流线分布不正确的原因有以下两种：

（1）毛坯镦粗方法不正确。例如，发动机上的齿轮有流线要求，若违反了锻造工艺规程中的镦粗后终锻这一工序的要求，虽然也能得到外形轮廓完整的锻件，但其金属纤维分布紊乱或不正确，严重地影响锻件的力学性能，造成锻件报废。

（2）毛坯在模膛中放歪，往往造成锻件流线分布紊乱不均，以至达不到零件质量要求。

12. 发裂和裂纹

锻件表面产生发裂和裂纹的原因有以下几种：

（1）钢锭皮下气泡被轧长，模锻及酸洗后呈现出细小的长裂纹，即发裂。

（2）坯料剪切下料不当，造成端部裂纹，经模锻后裂纹不仅不能消除，而且可能发展。

（3）原坯料的表面伤痕，经模锻后发展为裂纹。

（4）合金钢锻件冷却或热处理不当。

13. 夹渣

夹渣是原材料断面上有夹渣造成的。由于冶炼时耐火材料等杂质熔入钢液，轧制成钢材后内部就保留有夹渣。

14. 过热和过烧

坯料加热不当，轻则使坯料过热，得到晶粒粗大的锻件；重则使坯料过烧，锻出的锻件报废。

15. 晶粒粗大

锻件产生晶粒粗大的原因，除坯料加热时发生过热外，终锻温度过高也会使锻件在冷却过程中发生晶粒粗大。

17.4.3 高速钢锻件的缺陷

1. 碎裂

碎裂的特征是初锻时便裂成碎块。其产生原因是加热温度过高或在高温下停留时间过长，使锻件发生过烧而造成的。

2. 对角线十字裂纹

矩形截面坯料拔长时，在端面或内部产生的对角线十字裂纹。其产生原因是平砧拔长时坯料截面对角线上产生剧烈的交变剪切变形，如果坯料心部有疏松、偏析、夹杂等缺陷，加热时坯料心部已发生了过烧或过热，拔长送进量过大，锤击过重等，那么都可能使高速钢锻件产生对角线十字裂纹。

3. 中心裂纹

这是一种出现在锻件内部和两端面中心位置上的裂纹。它产生于圆截面坯料开始拔长，即由圆形拔成方形时，或在拔长以后滚圆锻件时。其产生原因是在拔长、倒角或滚圆时坯料的水平方向出现拉应力，愈靠近轴心部分受到的拉应力愈大；再加上坯料本身心部有缺陷，或加热时心部已过烧或过热，或坯料温度过低等，都会造成中心裂纹。

因此，高速钢锻造成形过程中，开始拔长时或倒角、滚圆时应控制锤击力，滚圆最好在摔模里进行。

4. 横向裂纹

横向裂纹是指在锻件内部存在的裂纹方向垂直于拔长坯料轴线方向的裂纹。

5. 角裂

角裂是反复镦拔时出现于与轴线方向垂直的表面裂纹，往往从棱角处开始产生，如图17.24所示。由于拔长锤击的印痕未压平，随后镦粗时沿印痕弯曲或皱折而引起裂纹；锤砧圆角半径太小，拔长时送进量小、压下量大，产生夹层。由于拔长棱角处温度容易下降，塑性降低，所以往往就从棱角处开始裂开。

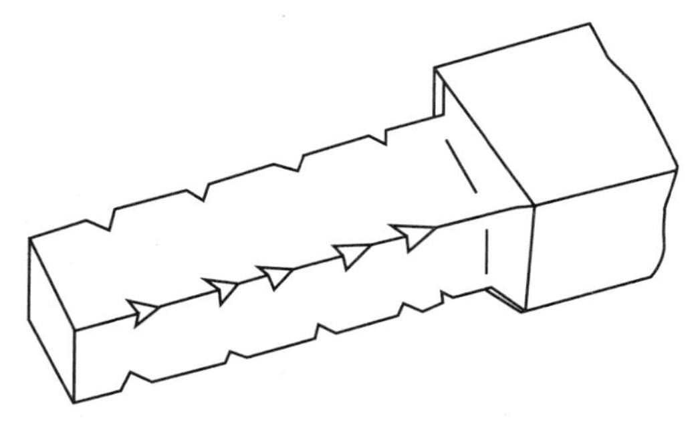

图17.24 角裂

6. 表面纵向裂纹

表面纵向裂纹常见于扁薄形锻件。其产生原因是拔长扁方坯料时，如果宽度超过厚度的3倍，则翻转90°锻造侧面时就产生弯曲现象，出现折叠，随后形成裂纹。

7. 萘状断口

萘状断口的特征是断口上呈鱼鳞状白亮闪点，晶粒粗大。

萘状断口产生的原因是终锻温度过高(超过 1000℃)，终锻时变形量又小(ε<10%～15%)，达到了临界变形程度的范围；此时钢的韧性很低，使用时容易崩刃和折断。

这种缺陷热处理无法消除。只有将最后一火的终锻温度严格控制在 930℃以下，并保证有足够的变形量，才能防止。

17.4.4 有色金属锻件的缺陷

除了充不满、变形等几何尺寸不合格外，有色金属锻件还会出现一些特殊缺陷。

1. 铝合金锻件的缺陷

表 17-4 为铝合金锻件的主要缺陷、形成原因和防止方法。

表 17-4 铝合金锻件的主要缺陷、形成原因和防止方法

缺陷名称	形成原因	防止方法
分型线裂纹	(1) 加热质量不好； (2) 飞边太薄； (3) 模膛到飞边槽的出口半径小； (4) 锻锤吨位过大	(1) 提高加热质量； (2) 加厚飞边； (3) 增大出口圆角半径； (4) 选择吨位适当的锻锤
穿流或射穿	(1) 筋太薄、筋间距太大； (2) 筋与腹板连接半径小； (3) 加热质量不好； (4) 模具预热不好； (5) 腹板太薄； (6) 预锻件金属量过多	(1) 增加筋的厚度； (2) 增大连接半径； (3) 提高加热质量； (4) 模具充分预热； (5) 加厚腹板； (6) 改善预锻模膛形状，使之与终锻模膛配合适当
折叠	由下列原因引起了金属的回流： (1) 模具圆角半径小； (2) 坯料放置不正； (3) 棒料有粗晶环； (4) 坯料过热； (5) 坯料局部金属过多或过少	(1) 坯料盖住筋的模膛，不使金属横向流动过多； (2) 增大圆角半径； (3) 正确放置坯料； (4) 除去粗晶环； (5) 严格控制加热温度在规范规定的范围内
粗晶	(1) 温度过高、变形量偏小，造成锻件加厚部分出现大晶粒； (2) 飞边区附近和筋根部变形量太大； (3) 表层变形程度太小	(1) 选择坯料时应使加厚处有必要的变形量； (2) 变形大时要多次模锻，逐步成形； (3) 抛光模膛表面，预热好模具，加强润滑

2. 铜合金锻件的缺陷

表 17-5 为铜合金锻件的主要缺陷、形成原因和防止方法。

表 17-5 铜合金锻件的主要缺陷、形成原因和防止方法

缺陷名称	形成原因	防止方法
橘皮表面	HPb 59-1 等($\alpha+\beta$)两相黄铜的加热温度超过了 $\alpha+\beta \to \beta$ 转变温度	加热温度控制在 $\alpha+\beta \to \beta$ 转变温度以下
与锤击方向成45°裂口	(1) 镦粗低塑性、难变形铜合金时，变形量过大； (2) 终锻温度过低，坯料塑性严重下降	(1) 减小镦粗时的变形量； (2) 终锻温度不能过低
镦粗毛坯侧表面纵向裂纹	(1) 镦粗变形量过大，侧表面上产生较大拉应力； (2) 加热温度偏高，锤击过重	(1) 减小变形量，及时消除侧表面上的不平度； (2) 严格控制加热温度，锤击力量要适当(锤击要轻而快)
分层	铸锭或毛坯中心有偏析、疏松等冶金缺陷	增大变形量，使锻件内各变形区均有较大的变形量($\varepsilon>15\%$)
表面龟裂或密集细小裂纹	(1) 锻件内有残余应力，在潮湿大气或含氨盐大气中引起应力腐蚀； (2) 锻后未及时进行消除内应力退火	(1) 锻件存放在干燥、洁净的空气中； (2) 锻后及时在 200～300℃退火

3. 钛合金锻件的缺陷

表 17-6 为钛合金锻件的主要缺陷、形成原因和防止方法。

表 17-6 钛合金锻件的主要缺陷、形成原因和防止方法

缺陷名称	形成原因	防止方法
表面裂纹	(1) 加热温度过高或时间过长，形成了较厚的 α 脆化层； (2) 表面缺陷未清除干净	(1) 严格控制加热温度和时间； (2) 在惰性气体中加热； (3) 用金刚砂砂轮将缺陷除净
内部裂纹	(1) 铸锭中心有冶金缺陷； (2) 润滑剂在挤压过程中被挤入棒材	用超声波检验或 X 射线透射检查，找出不合格的毛坯
裂缝或裂口	(1) 合金工艺塑性低； (2) 锻造温度偏低； (3) 锻造时毛坯局部变冷了	(1) 减轻锤击或在压力机上锻造； (2) 终锻温度不要低于表 12-6 的数据； (3) 预热工具到较高温度(200～250℃)
夹杂	(1) 铸锭中有冶金缺陷：Cr、W、Mo 等夹杂物，以及氧化膜； (2) 熔炼用的回炉料中带进了其他成分的夹杂物	用超声波检验或 X 射线透射检查，找出有夹杂物的毛坯
组织粗大不均匀或力学性能偏低、不均匀	(1) 没有充分锻透； (2) 锻造温度偏高； (3) 合金在锻造时发生过热； (4) 加热时合金没有均匀透热	(1) 采用两次或三次镦拔，变换侧面和棱角，使锻造温度从 β 相区温度逐渐降到($\alpha+\beta$)相区温度，在($\alpha+\beta$)相区温度终结锻造； (2) 锤击要轻，或改用压力机锻造

（续）

缺陷名称	形成原因	防止方法
β脆性（过热）	（1）加热温度偏高，或者毛坯距离加热炉的碳化硅棒太近； （2）变形量太大，变形热效应使坯料温度升高过多，超过了β转变温度	（1）严格控制加热温度，规定炉内装料区域； （2）减小设备每次行程的变形量

习　题

1．坯料表面缺陷一般指哪些？
2．坯料内部缺陷指哪些？
3．什么叫发裂？
4．钢材表面的发裂对锻件质量有何不良影响？
5．什么叫偏析？
6．白点是怎样产生的？
7．白点对钢材质量有何不良影响？
8．非金属夹杂物对钢的质量有何影响？
9．试述高速钢各种锻造裂纹的特征。如何避免这些裂纹的产生？
10．模锻时常见缺陷有哪些？各是怎样产生的？如何防止？
11．切边时常见缺陷有哪些？各是怎样产生的？如何防止？
12．镦粗时常见的缺陷有哪些？如何防止及校正？
13．钢锭中的偏析、夹杂物和气体是如何影响大型锻件的质量的？
14．坯料在加热时产生裂纹的原因有哪些？
15．锻件在冷却过程中为什么会发生裂纹？
16．挤压时的裂纹是怎样形成的？
17．挤压矮坯料时易产生哪些缺陷？

第 18 章 锻模的损坏及延寿措施

锻模的使用寿命与很多因素有关。例如，锻模材料的组织和硬度，锻造温度和成形设备类型，锻模的结构设计及锻模的冷却、润滑、使用等都直接影响锻模的寿命。

锻模的正常使用寿命见表 18－1。

表 18－1　锻模的正常使用寿命

模锻件类型	首次翻修前的锻件数	翻修次数	锻件总数
大和长的锻件	3500	3	10500
凸轮轴类锻件	5000	3	15000
中型连杆锻件	10000	4	40000
凸轮类锻件	15000	2	60000

18.1　锻模的损坏形式

在锻造生产过程中，锻模寿命是一个很重要的问题。由于对锻模的选材、设计制造和使用维护不当，常常引起大量锻模的过早报废。

1. 锻模的破裂

锻模的破裂是较严重的事故。据国外统计，在压力机上锻造，锻模损坏中的 60％为破裂；在锻锤上锻造，锻模损坏中的 90％为破裂。

锻模的破裂又分为冲击破裂和疲劳破裂。

(1) 冲击破裂。在一次打击或少数打击次数下的破裂为冲击破裂。

冲击破裂一般是在较高的应力下的打击破裂。冲击破裂常常是以应力集中处(圆角、机加工刀痕、材料缺陷等处)为起点，产生一条或两条裂纹，然后迅速扩展引起破裂。

(2) 疲劳破裂。锻模工作较多次数后易产生疲劳破裂。

疲劳破裂是在较小的交变应力作用下工作一定时间后，以应力集中处(圆角、机加工刀痕、材料缺陷、磨损沟痕等处)为起点产生疲劳裂纹，裂纹出现后逐渐深入扩大，发展到一定程度后突然断裂。

2. 热裂纹

锻造时，由于热毛坯与锻模接触及摩擦热的作用，使模具表面温度升高。锻模的表面温度高，其膨胀量较大；而锻模内部温度较低，其膨胀量较小，它会阻碍锻模表面的膨胀，使之产生压应力。这种压应力常超过屈服强度而成为塑性压缩。

当锻模降温时，其表面降温很快，锻模表面要收缩；此时锻模内部温度降低较慢，它会阻碍锻模表面的收缩，使之产生拉应力。

锻模表面的这种交替变化的应力(压应力与拉应力)，称为热应力。当热应力反复循环至一定次数后，有可能引起疲劳而产生裂纹，这种裂纹称为热裂纹。

3. 磨损

磨损是锻模与毛坯在高压下相对摩擦和锻模表面氧化所引起的结果。磨损易使锻模表面变为不平或出现沟痕。

4. 塑性变形

锻模受热软化或受力较大的部位，易发生塑性变形。塑性变形为锻模受力后发生的不可恢复的变形，即锻模被压塌后型腔尺寸改变，有时使锻件难以取出。

18.2 锻模的失效原因及防止措施

1. 锻模的破裂原因及防止措施

1) 模具材料方面

(1) 模具材料的韧性不足：应选用韧性较高的模具材料。

(2) 锻造不足：锻造比不够，纤维组织引起的方向性严重时易使锻模裂开。模具钢在“改锻”时，碳化物偏析程度改善不够时易破裂。

(3) 热处理不当：淬火温度过高，保温时间过长时韧性不足，易使锻模破裂。表面脱碳也会引起疲劳破裂。

(4) 硬度过高或过低：防止冲击破裂时，降低锻模的硬度会提高锻模的使用寿命；但过多地降低硬度易锻模磨损或压塌。防止疲劳破裂时，锻模应有一个适当的硬度；锻模硬度过高或过低都会引起疲劳破坏。

2) 锻模设计方面

(1) 圆角不够：因为裂纹常常由应力集中的圆角处产生，为了减少应力集中，锻模型腔中的圆角应取大一些；尤其是深型腔中的圆角半径过小时易发生裂纹。

(2) 壁厚不足：锻模应具有合适的壁厚。

(3) 预锻模设计不合理：预锻模的设计应合理，以防止终锻模局部压力过大而产生裂纹。

(4) 飞边槽设计不合理：若开式模锻的飞边槽设计不合理，则其锻造成形相当于闭式模锻，锻模易破裂。

(5) 锻模的纤维流线：锻模纤维流线的排列方向，应根据锻模型腔的形状，当能判断出易裂的方向时，应使易裂方向与纤维方向交叉。

(6) 金属流动不均匀：金属坯料在锻模型腔内流动不均匀，易使上、下锻模接触产生破裂。

(7) 采用大变形量的闭式模锻时，应留有挤出间隙来吸收已成形后的多余能量。

(8) 采用圆形凹模时，应采用与凹模过盈配合的预应力外套。

(9) 采用镶块组合锻模时，应减少模具的应力集中。

3) 模具加工方面

(1) 锻模的型腔应光洁并圆滑过渡。锻模的型腔要十分光洁，尤其是圆角等应力集中处及应力较大的部分更要光洁、平滑，不允许有加工刀痕、磨痕等缺陷，更不能有棱或沟槽存在。

(2) 锻模磨削加工时不要过热。锻模在磨削加工时若过热，轻则软化，重则出现磨削裂纹，从而降低疲劳强度。

(3) 锻模的精度要高。锻模的尺寸精度不高，以及其平行度很差，有可能使上、下锻模局部接触或载荷分布不均而引起破坏。

(4) 锻模镶块与模套应可靠接触。为了防止锻模镶块模与模套的不均匀接触，锻模镶块与模套采取带锥度的压配合时应进行配配，使其圆锥面上的接触面积大于90%，而且上、下要均匀接触。

4) 模具使用方面

(1) 锻模应充分预热。锻模的预热不足，特别是锻模的温度在200℃以下时，其韧性大大降低，容易开裂，因此，锻模必须进行充分的预热。其预热温度应为200～250℃，冬季更应很好地进行预热。

(2) 坯料加热温度不足。金属坯料的加热温度过低时，锻件变形困难，锻模因受力较大容易开裂。

(3) 润滑不良。润滑的目的是防止锻模的磨损，减轻变形力及冷却模具。但是，若锻造成形过程中润滑油过多，由于燃烧形成的高压气体被挤至锻模型腔的拐角处或被挤至已产生的裂纹中，则有可能引起破裂。因此，润滑剂必须均匀地涂抹在锻模上或在锻模上喷射薄薄的一层润滑剂。

2. 锻模的热裂纹及其防止措施

热裂纹的出现会促进磨损和破裂，使锻件表面光洁度变差，并使锻件脱模困难。如果锻模受到急热急冷，而且热、冷温度相差很大，那么有可能产生极大的热应力使得锻模早期破裂。

1) 模具材料方面

高温强度高、韧性高、导热性好、热膨胀系数小的模具材料抵抗热裂纹的能力强。实验结果表明，高温强度好的3Cr2W8V及奥氏体耐热钢较易出现热裂纹，由此可知，为了抵抗热裂纹的产生，在选用模具材料时，其韧性较高温强度更为重要。

钨系耐热模具钢(钨含量为5%～10%)，其抗热裂性差，易出现热裂纹。在20～600℃反复加热、冷却2000次的实验结果表明，3W4Cr2V的抗热裂性优于5CrNiMo；

5CrNiMo 的抗热裂性优于 5CrMnMo。

3Cr2W8V 的锻模如果水冷会在早期出现热裂纹，严重时会很快破裂；钨系模具钢因其韧性差不能水冷，铬系模具钢水冷时其寿命也不会很高。

3Cr3Mo3Co 钢可进行水冷，因为这种钢调整了韧性与高温强度，热裂抗力很高。

为了提高热裂抗力，锻模在热处理时应避免晶粒粗大和脱碳。

2）模具设计方面

(1) 锻模型腔应尽量避免尖角及细薄的突出部分，因为这些部分易因过热和过冷而出现热裂纹。

(2) 锻模模壁的厚度变化不应太大。

3）模具加工方面

(1) 模具型腔表面不允许有加工痕迹，应进行磨削加工和抛光。

(2) 电火花加工所形成的锻模型腔，应对型腔表面进行打磨、抛光，以去除电火花加工时形成的异常表层(该异常表层会促进热裂纹的产生)。

4）模具使用方面

(1) 锻模应充分预热。锻模的温度应控制好，预热应彻底。锻模必须预热至 200～250℃。在锻造成形过程中，锻模温度升高以后应进行适当的冷却；但过度的急冷有时会使锻模破裂。

3Cr2W8V 制锻模可以用到 500℃，4Cr5W2VSi 制锻模能用到 500～550℃，5CrMnMo 及 5CrNiMo 制锻模的耐用温度要更低；H11、H12 和 H13 制锻模只能用到 550℃。若锻模温度再高，则软化，同时易热裂。

因此，锻模的温度最好通过冷却保持在 300～400℃，最高不能超过 500℃。若在此条件下，锻模还出现热裂纹，则应更换抗热裂性较高的模具材料。

(2) 应选用隔热性良好的润滑剂。润滑剂兼有冷却作用时，冷却应适当；要避免急冷、急热。润滑剂不应过多，不得以液体状态残留于锻模的表面。

3. 锻模的磨损及防止措施

锻模的表面在高温时容易氧化，金属坯料在塑性变形时，沿着锻模的表面流动，因而产生磨损。在金属坯料塑性变形流动不大而压应力较大的部位，其磨损是呈现凹凸不平的氧化磨损；而在金属坯料塑性变形流动显著的部位，其磨损是锻模的表面出现线状磨痕。

1）模具材料方面

模具材料的热硬性对磨损有很大影响。为了耐磨，应选热硬性高的模具材料。

5CrNiMo、5CrMnMo 的热硬性不高。

对于磨损严重的锻模，可用热硬性较高的模具材料来做锻模镶块。

钨、钒含量的增高会提高热硬性，但会使韧性降低。

含 0.4%和 0.3%碳的热作模具钢都有较高的热硬性。含 0.4%碳的热作模具钢都是较好的锻模钢，含 0.3%碳的热作模具钢都是较好的热挤压模具钢。

3Cr2W8V 钢热硬性很高，但因含钨量高，其韧性较差，常用于制作锻模镶块。

4Cr5W2VSi 钢经热处理后硬度可在 HRC 45 以上，且有很高的热硬性；由于有 5%Cr 和 1%Si 的存在，使其具有很高的抗氧化能力，用于锻模时其使用寿命较高。

能在钢中形成碳化物的元素(如 Cr、W、Mo、V)对减少磨损起显著作用，这些元素对减少磨损的效果按Cr、W、Mo、V排列，其比值为2∶5∶10∶40(即V起到减少磨损的效果是Cr的20倍)。

2）模具设计方面

(1）锻模型腔的圆角半径要合适。锻模中棱角部位一般磨损比较严重，因此锻模设计时其角部圆角半径应取大值。

(2）锻模的飞边槽设计要合理。锻造成形过程中飞边不均匀流出时，锻模的局部会磨损严重。因此，锻模设计时应使飞边能均匀地向周围流出。

(3）采用组合式锻模。对磨损严重的锻模或锻模型腔中某部位磨损严重，都可以采用组合式锻模，即采用热硬性高的模具钢作为镶块，其镶块的硬度可以取高些。

(4）锻模型腔表面的强化处理。锻模型腔的表面可以镀硬铬，或进行氮化，以增强型腔表面的耐磨性。其镀铬层厚度以0.06～0.08mm为宜；为了避免氢脆，应进行脱氢处理，否则锻模容易破裂。

镀铬可以使锻模寿命提高；氮化层在550～650℃的高温下也有较基体材料高的硬度，这不仅增加了耐磨性，还能提高疲劳强度。

3）模具使用方面

(1）终锻温度过低时，或由于金属坯料加热不均匀而引起的局部温度过低时，金属的变形抗力提高，单位变形力增大，摩擦力也增大，则锻模的磨损严重。

(2）氧化皮对磨损影响很大。金属坯料最好进行无氧化加热或少氧化加热，也可以采用刷子刷或用高压水(水压力达到100～170atm，1atm＝101.325kPa)喷射的办法去除金属坯料表层的氧化皮。

(3）锻模的冷却和润滑。连续锻造生产时应该对锻模进行冷却，以防锻模温度升高；但为了防止热裂纹的产生，应避免急热或急冷，尤其是对韧性较差的材料(如3Cr2W8V等)应注意防止进行水冷。

润滑剂对磨损影响很大。在锻造生产时，应选择摩擦系数小、耐高温、无残渣、脱模性好的润滑剂。

(4）锤上模锻时，打击次数不能多。一般应尽可能以高的速度、少的打击次数来进行锻造生产。

4）模具加工方面

(1）锻模的型腔表面应抛光。

(2）避免磨削软化。

4. 锻模的塑性变形及其防止措施

1）模具材料方面

(1）应选择高温强度(即热硬性)高的模具材料。

(2）锻模的硬度过低或硬度不均匀都容易出现塑性变形。

2）模具设计方面

锻模所承受的单位压力过大时容易出现塑性变形，此时应加大锻模的承压面积。

3）模具使用方面

(1）要防止锻模温度上升引起的软化，应进行冷却。

(2）上、下锻模应对中良好，防止错移。

（3）要防止终锻温度过低，应迅速进行锻造。

18.3　锻模的修理与堆焊

1．锻模的修理

当锻模在使用过程中出现局部损伤（如飞边、表面裂纹、圆角处隆起、凸起部塌陷、模膛变形及磨损）时，应及时维修以防其扩大。对于飞边、圆角处隆起、凸起部塌陷、模膛变形及磨损等局部损伤一般用电动或气动的砂轮机进行修磨；对于细微的表面裂纹一般可用扁铲铲削。

在锻模的轮廓表面上，特别是在锻模的燕尾部分发现裂纹时，必须及时修理，其方法是浅的裂纹可用扁铲铲削，深的裂纹必须在裂纹末端钻一个直径不大的圆孔，以防裂纹扩展，如图 18.1 所示。

锻模发生局部断裂时可用补焊方法进行修复。

2．锻模的堆焊

手工电弧堆焊方法不仅用于修复锻模，而且可以用来翻新锻模（图 18.2），以提高锻模的使用寿命。

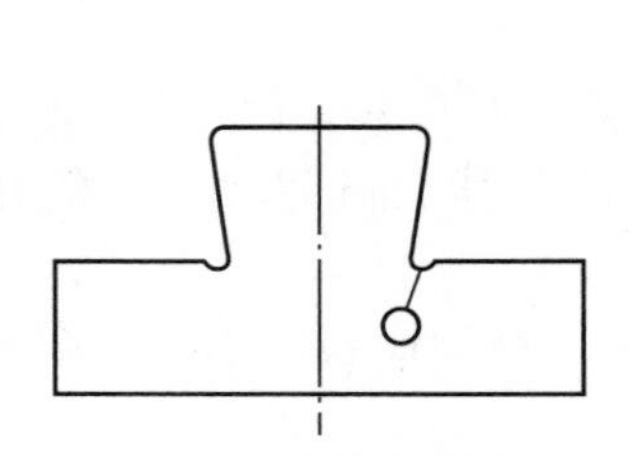

局部损坏堆焊处

图 18.1　锻模燕尾部分裂纹末端的钻孔　　图 18.2　锻模的局部堆焊

对于翻新锻模，堆焊表面的准备工作是在堆焊处去除棱角，淬火、回火，清理氧化皮、油污及其他杂质（特别是堆焊处的杂质）。

对于修复的锻模，堆焊表面的准备工作是找出裂纹、压坑和磨损等缺陷，用机械加工或切割方法将缺陷彻底去除，不允许有油污及其他脏物（以有金属光泽为佳）。

在堆焊部位的所有尖角都应铣成圆角 $R>2.0$mm，深而窄的部分应适当增大；垂直面应加工成 10°～15°的斜面，以保证堆焊操作。易磨损部位应加工成深坑（深度为 10mm）。

堆焊前锻模应预热。一般锤锻模、平锻模预热到 400～500℃。

在堆焊过程中锻模温度应大于 280℃。

当缺陷发生在锻模的模膛部位时，应选用与模膛部位金属成分相近的焊条。对于电渣堆焊，锻模焊后允许退火时应选用 4Cr2MnMo 焊条，而焊后不允许退火时应选用 3CrWSi 焊条。

当缺陷发生在锻模的非模膛部位（如导面、燕尾、飞边槽仓部）时，一般选用低氢型焊条；若缺陷面积较大需保持一定强度时，则应选用 45Mn2 焊条。

平锻模堆焊时应选用 3CrWSi 焊条。

在退火状态下以合金钢焊条补焊时，焊后应立即进行退火或高温回火处理。

在淬火、回火状态下以合金钢焊条补焊锻模模膛时，焊后应立即进行回火处理。

习　题

1. 锤锻模燕尾根部转角半径对锤锻模的寿命有什么影响?
2. 锤锻模的寿命受哪些因素影响?
3. 锤锻模的纤维方向能不能与打击方向相同? 为什么?
4. 长轴类锻件磨损是影响锻模寿命的主要原因时，锻模纤维方向应如何布置?
5. 当开裂是影响锻模寿命的主要原因时，锻模纤维方向应如何布置?
6. 短轴类锻件，锻模纤维方向应如何布置?

参考文献

[1] 西安交通大学金属压力加工教研组. 锻造工艺学［M］. 北京：中国工业出版社，1958.

[2] 西安电炉研究所. 电炉［M］. 北京：机械工业出版社，1974.

[3] 广州锻造一厂. 锻造［M］. 广州：广东人民出版社，1974.

[4] 锻工手册编写组. 锻工手册(上册)［M］. 北京：机械工业出版社，1974.

[5] 辛宗仁，李铁生，李万福. 胎模锻工艺［M］. 北京：机械工业出版社，1977.

[6] 高速锤锻造编写组. 高速锤锻造［M］. 北京：机械工业出版社，1978.

[7] 咸阳机器制造学校. 钢铁热处理［M］. 北京：机械工业出版社，1979.

[8] 技工学校机械类通用教材编审委员会. 锻工工艺学［M］. 北京：机械工业出版社，1980.

[9] 张振纯. 锻模图册［M］. 北京：机械工业出版社，1980.

[10] 罗秀文. 模锻工工艺学(初级本)［M］. 北京：科学普及出版社，1982.

[11] 戴生寅. 锻工工艺学(初级本)［M］. 北京：科学普及出版社，1982.

[12] 天津市第一机械工业局. 模锻工必读［M］. 北京：机械工业出版社，1982.

[13] 王祖堂. 锻压工艺学［M］. 北京：机械工业出版社，1983.

[14] 张志文. 锻造工艺学［M］. 北京：机械工业出版社，1983.

[15] 日本塑性加工学会. 压力加工手册［M］. 江国屏，等译. 北京：机械工业出版社，1984.

[16] 杨长顺. 冷挤压工艺实践［M］. 北京：国防工业出版社，1984.

[17] 肖景容，等. 精密模锻［M］. 北京：机械工业出版社，1985.

[18] 杨振恒. 锻造工艺学［M］. 西安：西北工业大学出版社，1986.

[19] 张质良. 温塑性成形技术［M］. 上海：上海科学技术文献出版社，1986.

[20] 杨振恒，陈镜清. 锻工工艺学［M］. 西安：西北工业大学出版社，1986.

[21] 林治平. 锻压变形力的工程计算［M］. 北京：机械工业出版社，1986.

[22] 国家机械工业委员会技术工人教育研究中心，天津市机械工业管理局教育教学研究室. 锻工［M］. 北京：机械工业出版社，1987.

[23] 国家机械工业委员会技术工人教育研究中心，天津市机械工业管理局教育教学研究室. 模锻工［M］. 北京：机械工业出版社，1987.

[24] 崔忠圻. 金属学与热处理［M］. 北京：机械工业出版社，1989.

[25] 锻压技术手册编委会. 锻压技术手册［M］. 北京：国防工业出版社，1989.

[26] 吕炎. 锻压成形理论与工艺［M］. 北京：机械工业出版社，1991.

[27] 李尚健. 锻造工艺及模具设计资料［M］. 北京：机械工业出版社，1991.

[28] 锻模设计手册编写组. 锻模设计手册［M］. 北京：机械工业出版社，1991.

[29] 刘润广. 锻造工艺学［M］. 哈尔滨：哈尔滨工业大学出版社，1992.

[30] 中国机械工程学会锻压学会. 锻压手册［M］. 北京：机械工业出版社，1993.

[31] 范宏才. 现代锻压机械［M］. 北京：机械工业出版社，1994.

[32] 吕炎. 锻造工艺学［M］. 北京：机械工业出版社，1995.

[33] 吴诗惇. 冷温挤压技术［M］. 北京：国防工业出版社，1995.

[34] 洪深泽. 挤压工艺及模具设计［M］. 北京：机械工业出版社，1996.

[35] 周大隽. 锻压技术数据手册［M］. 北京：机械工业出版社，1998.

[36] 卢险峰. 冷锻工艺与模具［M］. 北京：机械工业出版社，1999.

[37] 朱伟成. 汽车零件精密锻造技术［M］. 北京：北京理工大学出版社，1999.

[38] 程培源. 模具寿命与材料［M］. 北京：机械工业出版社，1999.

[39] 胡亚民. 精锻模具图册 [M]. 北京：机械工业出版社，2002.
[40] 中国机械工程学会塑性工程学会. 锻压手册：锻造 [M]. 2版. 北京：机械工业出版社，2002.
[41] 中国机械工程学会，中国模具设计大典编委会. 中国模具设计大典(第4卷) [M]. 南昌：江西科学技术出版社，2003.
[42] 谢懿. 实用锻压技术手册 [M]. 北京：机械工业出版社，2003.
[43] 郝海滨. 金属材料精密压力成形技术 [M]. 北京：化学工业出版社，2004.
[44] 李名尧. 模具CAD/CAM [M]. 北京：机械工业出版社，2004.
[45] 胡亚民，华林. 锻造工艺过程及模具设计 [M]. 北京：北京大学出版社，2006.
[46] 姚泽坤. 锻造工艺学与模具设计 [M]. 西安：西北工业大学出版社，2007.
[47] 王卫卫. 材料成形设备 [M]. 北京：机械工业出版社，2007.
[48] 高锦张. 塑性成形工艺与模具设计 [M]. 2版. 北京：机械工业出版社，2008.
[49] 洪慎章. 实用冷挤压模具结构图册 [M]. 北京：化学工业出版社，2008.
[50] 余世浩，朱春东. 材料成形CAD/CAE/CAM基础 [M]. 北京：北京大学出版社，2008.
[51] 夏巨谌. 塑性成形工艺及设备 [M]. 北京：机械工业出版社，2010.
[52] 伍太宾，胡亚民. 冷摆辗精密成形 [M]. 北京：机械工业出版社，2011.